Berger Automatisieren mit STEP 7 in AWL und SCL

# Automatisieren mit STEP 7 in AWL und SCL

Speicherprogrammierbare Steuerungen
SIMATIC S7-300/400

von Hans Berger

3. überarbeitete und erweiterte Auflage, 2002

Publicis Corporate Publishing

Die Deutsche Bibliothek – CIP-Einheitsaufnahme

Ein Titeldatensatz für diese Publikation ist bei Der Deutschen Bibliothek erhältlich.

Die Programmierbeispiele sind dafür vorgesehen, schwerpunktmäßig die AWL- und SCL-Funktionen zu beschreiben und Anwendern von SIMATIC S7 Anhaltspunkte zu geben, wie bestimmte Aufgabenstellungen mit dieser Steuerung programmtechnisch gelöst werden können.

Bei den im Buch gezeigten Programmierbeispielen handelt es sich um Lösungsideen ohne Anspruch auf Vollständigkeit oder auf Ablauffähigkeit bei zukünftigen Ausgabeständen von STEP 7 oder S7-300/400. Für die Einhaltung entsprechender Sicherheitsvorschriften ist bei der Anwendung zusätzliche Sorge zu tragen.

Autor und Verlag haben alle Texte und Abbildungen in diesem Buch mit großer Sorgfalt erarbeitet. Dennoch können Fehler nicht ausgeschlossen werden. Eine Haftung des Verlags oder des Autors, gleich aus welchem Rechtsgrund, für durch die Verwendung der Programmierbeispiele verursachte Schäden ist ausgeschlossen.

Für Anregungen zum Inhalt weiterer Auflagen sind Autor und Verlag immer dankbar.
Publicis Corporate Publishing
Postfach 3240
D-91052 Erlangen
Fax: 09131/7-2 78 38
E-mail: publishing-books@publicis-erlangen.de

ISBN 3-89578-197-5

3. Auflage, 2002

Herausgeber Siemens Aktiengesellschaft, Berlin und München
Verlag: Publicis Corporate Publishing, Erlangen


Printed in Germany

# Vorwort

Das neue Automatisierungssystem SIMATIC vereinigt erstmals alle Teilsysteme einer Automatisierungslösung unter einer einheitlichen Systemarchitektur zu einem homogenen Gesamtsystem von der Feldebene bis zur Leittechnik. Dies wird erreicht mit durchgängiger Projektierung und Programmierung, Datenhaltung und Kommunikation bei speicherprogrammierbaren Steuerungen (SIMATIC S7), Automatisierungsrechnern (SIMATIC M7) und Komplettstationen (SIMATIC C7). Bei den speicherprogrammierbaren Steuerungen dekken drei Baureihen die gesamte Prozeß- und Fertigungsautomatisierung ab: S7-200 als Kompaktgeräte („Micro-SPS"), S7-300 und S7-400 als modular erweiterbare Geräte für den unteren und den oberen Leistungsbereich.

STEP 7, eine Weiterentwicklung von STEP 5, ist die Programmiersoftware für die neue SIMATIC. Als Betriebssystem hat man Microsoft Windows gewählt und erschließt sich somit die Welt der Standard-PCs mit der entsprechenden Bedienoberfläche (Fenstertechnik, Mausbedienung).

Für die Bausteinprogrammierung stellt STEP 7 nach DIN EN 6.1131-3 genormte Programmiersprachen zur Verfügung: AWL (Anweisungsliste, eine Assembler-ähnliche Sprache), KOP (Kontaktplan, eine Stromlaufplan-ähnliche Darstellung), FUP (Funktionsplan) und das Optionspaket SCL (eine Pascal-ähnliche Hochsprache). Zusätzliche Optionspakete ergänzen diese Sprachen: S7-GRAPH (Ablaufkettensteuerung), S7-HiGraph (Programmierung als Zustandsgraph) und CFC (Funktionsplan-ähnliche Verschaltung von Bausteinen). Die verschiedenen Darstellungsarten geben jedem Anwender die Möglichkeit, sich die für ihn geeignete Beschreibung der Steuerungsfunktion auszuwählen. Die so gewonnene weitgehende Übereinstimmung mit der Darstellung der zu lösenden Steuerungsaufgabe vereinfacht wesentlich die Handhabung von STEP 7.

Der Inhalt des vorliegenden Buchs ist die Beschreibung der Programmiersprachen AWL und SCL für S7-300/400. Das Buch gibt im ersten Teil eine Einführung in das Automatisierungssystem S7-300/400 und erläutert die grundsätzliche Handhabung von STEP 7. Der nächste Teil wendet sich an Einsteiger oder an Umsteiger von Schützensteuerung; hier werden die „Basisfunktionen" einer binären Steuerung für die Programmiersprache AWL beschrieben. Die Digitalfunktionen erläutern die Verknüpfung digitaler Werte, z.B. Grundrechnungsarten, Vergleiche, Datentypwandlung. Mit AWL können Sie die Programmbearbeitung (den Programmfluß) steuern und ein Programm strukturiert aufbauen. Neben einem zyklisch bearbeiteten Hauptprogramm können Sie ereignisgesteuerte Programmteile einbinden sowie das Verhalten der Steuerung im Anlauf und im Fehlerfall beeinflussen.

Ein eigener Buchteil befaßt sich mit der Beschreibung der Programmiersprache SCL. SCL eignet sich insbesondere für die Programmierung von komplexen Algorithmen oder für Aufgabenstellungen aus dem Bereich der Datenverwaltung und ergänzt AWL in Richtung höhere Programmiersprache. Die STEP 7-Bausteinstruktur gestattet die Erstellung eines SIMATIC S7-Programms aus Bausteinen, die in verschiedenen Programmiersprachen geschrieben sind. Die Beschreibung eines Konvertierungsprogramms, mit dem Sie STEP 5-Programme in STEP 7-Programme umsetzen können, sowie eine Gesamtübersicht der Systemfunktionen und des Funktionsvorrats für AWL und SCL runden das Buch ab.

Der Inhalt des vorliegenden Buchs beschreibt die Programmiersoftware STEP 7 in der Version 5.1 mit Service Pack 3 und das Optionspaket S7-SCL in der Version 5.1.

# Der Inhalt des Buchs auf einen Blick

| Einführung | Basisfunktionen | Digitalfunktionen | Programmflußsteuerung |
|---|---|---|---|
| Überblick über das Automatisierungssystem S7-300/400 | SPS-Funktionen vergleichbar mit einer Schützensteuerung | Umgang mit Zahlen, Manipulation des Akkumulatorinhalts | Steuerung des Programmablaufs, Bausteinfunktionen |
| **1 Automatisierungssystem S7-300/400** Aufbau des Automatisierungssystems (Hardware-Komponenten von S7-300/400); Speicherbereiche; Dezentrale Peripherie (PROFIBUS-DP); Kommunikation (Subnetze); Baugruppenadressen; Operandenbereiche | **4 Binäre Verknüpfungen** UND-, ODER- und Exklusiv-ODER-Funktion; Klammerfunktionen | **9 Vergleichsfunktionen** Vergleiche nach INT, DINT und REAL | **15 Statusbits** Binäranzeigen, Digitalanzeigen; EN/ENO-Mechanismus |
| | **5 Speicherfunktionen** Zuweisung, Setzen und Rücksetzen; Flankenauswertung; Beispiel Förderbandsteuerung | **10 Arithmetische Funktionen** Grundrechnungsarten nach INT, DINT und REAL; Konstantenaddition, Dekrementieren und Inkrementieren | **16 Sprungfunktionen** Absoluter Sprung; Sprünge abhängig von VKE, BIE und den Anzeigen; Sprungverteiler, Schleifensprung |
| **2 Programmiersoftware STEP 7** Projekt bearbeiten; Station konfigurieren; Netz projektieren; Symboleditor; AWL-Programmeditor; SCL-Programmeditor; Online-Funktionen; AWL- und SCL-Programme testen | **6 Übertragungsfunktionen** Laden und Transferieren; Akkumulatorfunktionen; Systemfunktionen zur Datenübertragung | **11 Mathematische Funktionen** Winkelfunktionen; Arcusfunktionen; Logarithmische Funktionen | **17 Master Control Relais** MCR-Abhängigkeit, MCR-Bereich, MCR-Zone |
| | **7 Zeitfunktionen** SIMATIC-Zeiten mit fünf verschiedenen Verhaltensweisen; IEC-Zeitfunktionen | **12 Umwandlungsfunktionen** Datentypwandlung; Komplementbildung | **18 Bausteinfunktionen** Bausteinaufruf, Bausteinende; temporäre und statische Lokaldaten; Datenoperanden |
| **3 SIMATIC S7-Programm** Programmbearbeitung; Bausteinarten; AWL- und SCL-Codebausteine editieren; Datenbausteine editieren; Variablen adressieren, Konstantendarstellung, Datentypen (Übersicht) | **8 Zählfunktionen** SIMATIC-Zähler vorwärtszählen, rückwärtszählen, setzen und abfragen; IEC-Zählfunktionen | **13 Schiebefunktionen** Schieben und Rotieren | **19 Bausteinparameter** Formalparameter, Aktualparameter; Deklarieren, Versorgen und „Weiterreichen“ |
| | | **14 Wortverknüpfungen** Digitale UND-, ODER- und Exklusive-ODER-Verknüpfung | |

| Bearbeitung des Anwenderprogramms | Komplexe Variablen hantieren, indirekte Adressierung | Beschreibung der Programmiersprache SCL | S5/S7-Konverter, Bausteinbibliotheken, Übersichten |
|---|---|---|---|

## Programmbearbeitung

**20 Hauptprogramm**
Programmstruktur; Zyklussteuerung (Zykluszeit, Reaktionszeit, Startinformation, Hintergrundbearbeitung); Programmfunktionen; DP-Kommunikation; GD-Kommunikation; S7- und S7-Basis-Kommunikation

**21 Alarmbearbeitung**
Uhrzeitalarme; Verzögerungsalarme; Weckalarme; Prozeßalarme; DPV1-Alarme; Mehrprozessoralarm; Alarme hantieren

**22 Anlaufverhalten**
Kaltstart, Warmstart, Wiederanlauf; STOP, HALT, Urlöschen; Baugruppen parametrieren

**23 Fehlerbehandlung**
Synchronfehler; Asynchronfehler; Systemdiagnose

## Variablenhantierung

**24 Datentypen**
Aufbau und Struktur (Ablage im Speicher), Deklaration und Anwendung; Elementare Datentypen; Zusammengesetzte Datentypen; anwenderdefinierte Datentypen UDT

**25 Indirekte Adressierung**
Bereichszeiger, DB-Zeiger, ANY-Zeiger; speicher- und registerindirekte Adressierung (bereichsintern und bereichsübergreifend); Arbeiten mit Adreßregistern

**26 Direkter Variablenzugriff**
Variablenadresse laden Datenablage (Struktur) von Variablen im Speicher; Datenablage bei der Parameterübergabe; „Variabler" ANY-Zeiger; Kurzbeschreibung „Beispiel Telegramm"

## Structured Control Language SCL

**27 Einführung, Sprachelemente**
Adressierung, Operatoren, Ausdrücke, Wertzuweisungen

**28 Kontrollanweisungen**
IF, CASE, FOR, WHILE, REPEAT, CONTINUE, EXIT, GOTO, RETURN

**29 SCL-Bausteinaufrufe**
Funktionswert; OK-Variable, EN/ENO-Mechanismus, Beschreibung Beispiele

**30 SCL-Standardfunktionen**
Zeitfunktionen; Zählfunktionen; Konvertierungs- und Mathematische Funktionen; Schieben und Rotieren

**31 IEC-Funktionen**
Konvertierungs- und Vergleichsfunktionen; STRING-Funktionen; Datum/Uhrzeit-Funktionen; Numerische Funktionen

## Anhang

**32 S5/S7-Konverter**
Konvertierung vorbereiten; STEP 5-Programme konvertieren; Nachbearbeiten

**33 Bausteinbibliotheken**
Organisationsbausteine; Systembausteine; IEC-Funktionen; S5/S7-Konverterfunktionen; TI/S7-Konverterfunktionen; Regelungsfunktionen; DP-Funktionen

**34 Operationsübersicht AWL**
Basisfunktionen; Digitalfunktionen; Programmflußsteuerung; Indirekte Adressierung

**35 Anweisungs- und Funktionsübersicht SCL**
Operatoren; Kontrollanweisungen; Bausteinaufrufe; Standardfunktionen

# Der Inhalt der Diskette auf einen Blick

Das vorliegende Buch bietet viele Abbildungen zur Darstellung und Anwendung der Programmiersprachen AWL und SCL. Alle im Buch gezeigten Programmteile sowie zusätzliche Beispiele finden Sie auf der dem Buch beiliegenden Diskette in den zwei Bibliotheken AWL_Buch und SCL_Buch. Dearchiviert belegen diese Bibliotheken ca. 2,7 bzw. 1,6 MByte; (abhängig vom verwendeten Filesystem des PG/PC).

Die Bibliothek AWL_Buch enthält acht Programme, die im wesentlichen Anschauungsbeispiele zur AWL-Darstellung sind. Zwei umfangreichere Beispiele zeigen die Programmierung von Funktionen, Funktionsbausteinen und Lokalinstanzen (Beispiel Fördertechnik) und den Umgang mit Daten (Beispiel Telegramm). Alle Beispiele liegen als Quelle vor und enthalten Symbolik und Kommentare.

Die Bibliothek SCL_Buch enthält fünf Programme mit Darstellungen der SCL-Anweisungen und SCL-Funktionen. Die Programme „Beispiel Fördertechnik“ und „Beispiel Tele-

**Bibliothek AWL_Buch**

| | |
|---|---|
| **Basisfunktionen**<br>Beispiele zur AWL-Darstellung | **Programmbearbeitung**<br>Beispiele SFC-Aufrufe |
| FB 104 Kapitel 4: Binäre Verknüpfungen<br>FB 105 Kapitel 5: Speicherfunktionen<br>FB 106 Kapitel 6: Übertragungsfunktionen<br>FB 107 Kapitel 7: Zeitfunktionen<br>FB 108 Kapitel 8: Zählfunktionen | FB 120 Kapitel 20: Hauptprogramm<br>FB 121 Kapitel 21: Alarmbearbeitung<br>FB 122 Kapitel 22: Anlaufverhalten<br>FB 123 Kapitel 23: Fehlerbehandlung |
| **Digitalfunktionen**<br>Beispiele zur AWL-Darstellung | **Variablenhantierung**<br>Beispiele zu Datentypen und Variablenbearbeitung |
| FB 109 Kapitel 9: Vergleichsfunktionen<br>FB 110 Kapitel 10: Arithmetische Funktionen<br>FB 111 Kapitel 11: Mathematische Funktionen<br>FB 112 Kapitel 12: Umwandlungsfunktionen<br>FB 113 Kapitel 13: Schiebefunktionen<br>FB 114 Kapitel 14: Wortverknüpfungen | FB 124 Kapitel 24: Datentypen<br>FB 125 Kapitel 25: Indirekte Adressierung<br>FB 126 Kapitel 26: Direkter Variablenzugriff<br>FB 101 Elementare Datentypen<br>FB 102 Zusammengesetzte Datentypen<br>FB 103 Parametertypen |
| **Programmflußsteuerung**<br>Beispiele zur AWL-Darstellung | **Beispiel Fördertechnik**<br>Beispiele zu Basisfunktionen und Lokalinstanzen |
| FB 115 Kapitel 15: Statusbits<br>FB 116 Kapitel 16: Sprungfunktionen<br>FB 117 Kapitel 17: Master Control Relay<br>FB 118 Kapitel 18: Bausteinfunktionen<br>FB 119 Kapitel 19: Bausteinparameter<br>Quellprogramm Bausteinprogrammierung (Kapitel 3) | FC 11 Förderbandsteuerung<br>FC 12 Fördergutzähler<br>FB 20 Zuförderung<br>FB 21 Förderband<br>FB 22 Stückgutzähler |
| **Beispiel Telegramm**<br>Beispiele zum Umgang mit Daten | **Beispiele allgemein** |
| UDT 51 Datenstruktur Header<br>UDT 52 Datenstruktur Telegramm<br>FB 51 Telegramm generieren<br>FB 52 Telegramm speichern<br>FC 61 Uhrzeit abfragen<br>FC 62 Prüfsumme bilden<br>FC 63 Datum konvertieren | FC 41 Bereichsüberwachung<br>FC 42 Grenzwertmeldung<br>FC 43 Zinseszins-Rechnung<br>FC 44 Doppelwortweise Flankenauswertung<br>FC 45 Wandlung S5-Gleitpunkt nach S7-REAL<br>FC 46 Wandlung S7-REAL nach S5-Gleitpunkt<br>FC 47 Datenbereich kopieren (ANY-Zeiger) |

gramm“ zeigen die gleiche Funktion wie die gleichnamigen AWL-Beispiele. Das Programm „Beispiel allgemein“ enthält SCL-Funktionen zur Bearbeitung zusammengesetzter Datentypen, Datenspeicherung und – für SCL-Programmierer – eine Anweisung zum Programmieren einfacher AWL-Funktionen für SCL-Programme.

Zum Ausprobieren richten Sie ein Projekt ein, das der Ihnen vorliegenden Hardware-Konfiguration entspricht und kopieren das Programm einschließlich der Symboltabelle von der Bibliothek in das Projekt. Nun können Sie die Beispielprogramme aufrufen, für eigene Anwendungen abwandeln und online testen.

Wenn Sie nicht im Besitz einer Vollversion von STEP 7 oder STEP 7 Mini sind, können Sie die Beispiele auch mit der dem Buch beiliegenden STEP 7 Demo-CD ansehen (siehe Anhang letzte Seite).

**Bibliothek SCL_Buch**

| | |
|---|---|
| **27 Sprachelemente**<br>Beispiele zur SCL-Darstellung (Kapitel 27) | **30 SCL-Funktionen**<br>Beispiele zur SCL-Darstellung (Kapitel 30) |
| FC 271 Beispiel Begrenzer<br>OB 1 Hauptprogramm zum Beispiel Begrenzer<br>FB 271 Operatoren, Ausdrücke, Zuweisungen<br>FB 272 Indirekte Adressierung | FB 301 Zeitfunktionen<br>FB 302 Zählfunktionen<br>FB 303 Konvertierungsfunktionen<br>FB 304 Mathematische Funktionen<br>FB 305 Schieben und Rotieren |
| **28 Kontrollanweisungen**<br>Beispiele zur SCL-Darstellung (Kapitel 28) | **31 IEC-Funktionen**<br>Beispiele zur SCL-Darstellung (Kapitel 31) |
| FB 281 IF-Anweisung<br>FB 282 CASE-Anweisung<br>FB 283 FOR-Anweisung<br>FB 284 WHILE-Anweisung<br>FB 285 REPEAT-Anweisung | FB 311 Konvertierungsfunktionen<br>FB 312 Vergleichsfunktionen<br>FB 313 Stringfunktionen<br>FB 314 Datum/Uhrzeit-Funktionen<br>FB 315 Numerische Funktionen |
| **29 SCL-Bausteinaufrufe**<br>Beispiele zur SCL-Darstellung (Kapitel 29) | **Beispiele allgemein** |
| FC 291 FC-Baustein mit Funktionswert<br>FC 292 FC-Baustein ohne Funktionswert<br>FB 291 FB-Baustein<br>FB 292 Beispielaufrufe für FC- und FB-Bausteine<br>FC 293 FC-Baustein für EN/ENO-Beispiel<br>FB 293 FB-Baustein für EN/ENO-Beispiel<br>FB 294 Aufrufe für EN/ENO-Beispiele | FC 61 DT_TO_STRING<br>FC 62 DT_TO_DATE<br>FC 63 DT_TO_TOD<br>FB 61 Variablenlänge<br>FB 62 Prüfsumme<br>FB 63 Ringpuffer<br>FB 64 Fallregister<br>AWL-Funktionen für SCL selbst programmiert |
| **Beispiel Fördertechnik**<br>Beispiele zu Basisfunktionen und Lokalinstanzen | **Beispiel Telegramm**<br>Beispiele zum Umgang mit Daten |
| FC 11 Förderbandsteuerung<br>FC 12 Fördergutzähler<br>FB 20 Zuförderung<br>FB 21 Förderband<br>FB 22 Stückgutzähler | UDT 51 Datenstruktur Header<br>UDT 52 Datenstruktur Telegramm<br>FB 51 Telegramm generieren<br>FB 52 Telegramm speichern<br>FC 51 Uhrzeit abfragen |

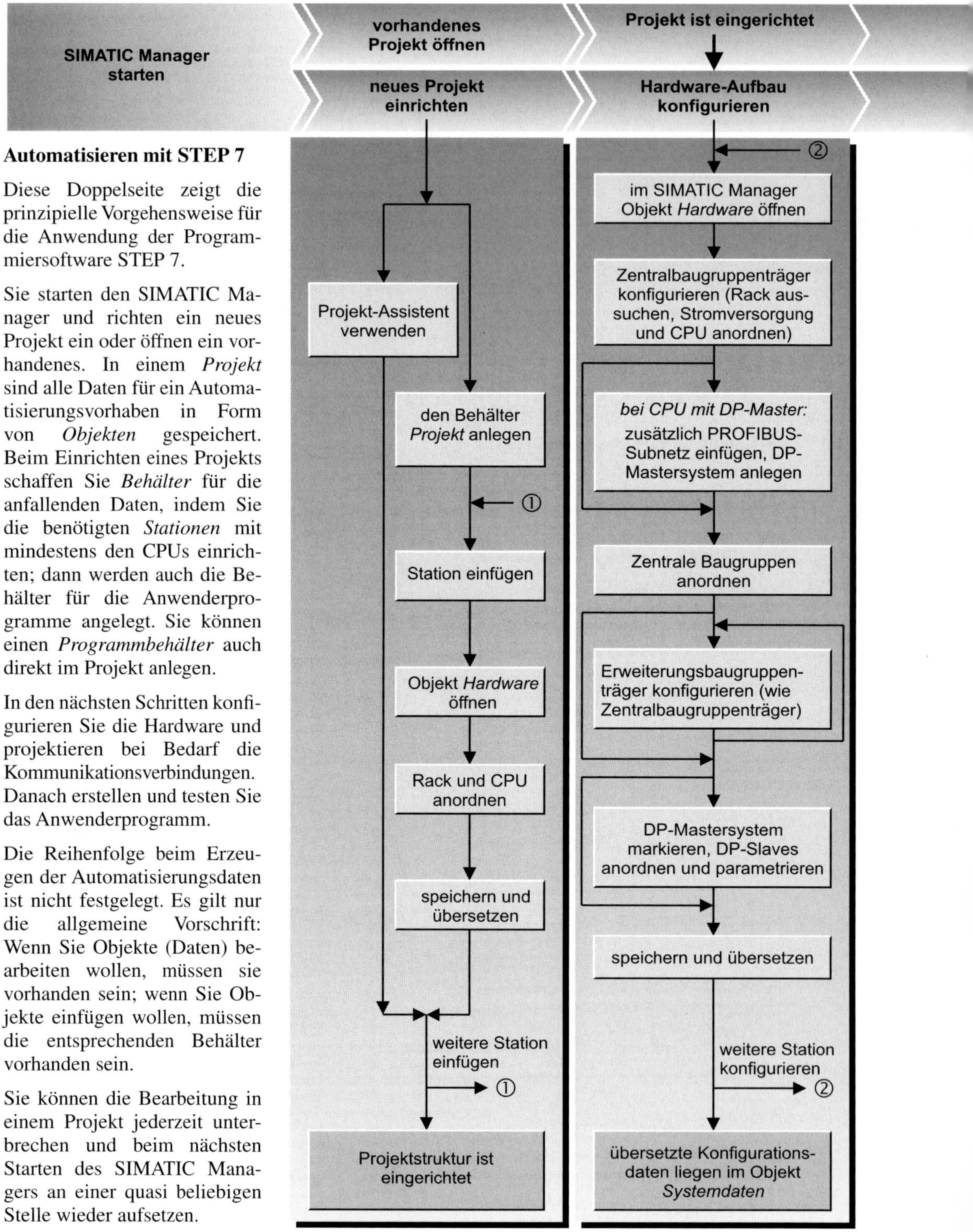


## Automatisieren mit STEP 7

Diese Doppelseite zeigt die prinzipielle Vorgehensweise für die Anwendung der Programmiersoftware STEP 7.

Sie starten den SIMATIC Manager und richten ein neues Projekt ein oder öffnen ein vorhandenes. In einem *Projekt* sind alle Daten für ein Automatisierungsvorhaben in Form von *Objekten* gespeichert. Beim Einrichten eines Projekts schaffen Sie *Behälter* für die anfallenden Daten, indem Sie die benötigten *Stationen* mit mindestens den CPUs einrichten; dann werden auch die Behälter für die Anwenderprogramme angelegt. Sie können einen *Programmbehälter* auch direkt im Projekt anlegen.

In den nächsten Schritten konfigurieren Sie die Hardware und projektieren bei Bedarf die Kommunikationsverbindungen. Danach erstellen und testen Sie das Anwenderprogramm.

Die Reihenfolge beim Erzeugen der Automatisierungsdaten ist nicht festgelegt. Es gilt nur die allgemeine Vorschrift: Wenn Sie Objekte (Daten) bearbeiten wollen, müssen sie vorhanden sein; wenn Sie Objekte einfügen wollen, müssen die entsprechenden Behälter vorhanden sein.

Sie können die Bearbeitung in einem Projekt jederzeit unterbrechen und beim nächsten Starten des SIMATIC Managers an einer quasi beliebigen Stelle wieder aufsetzen.

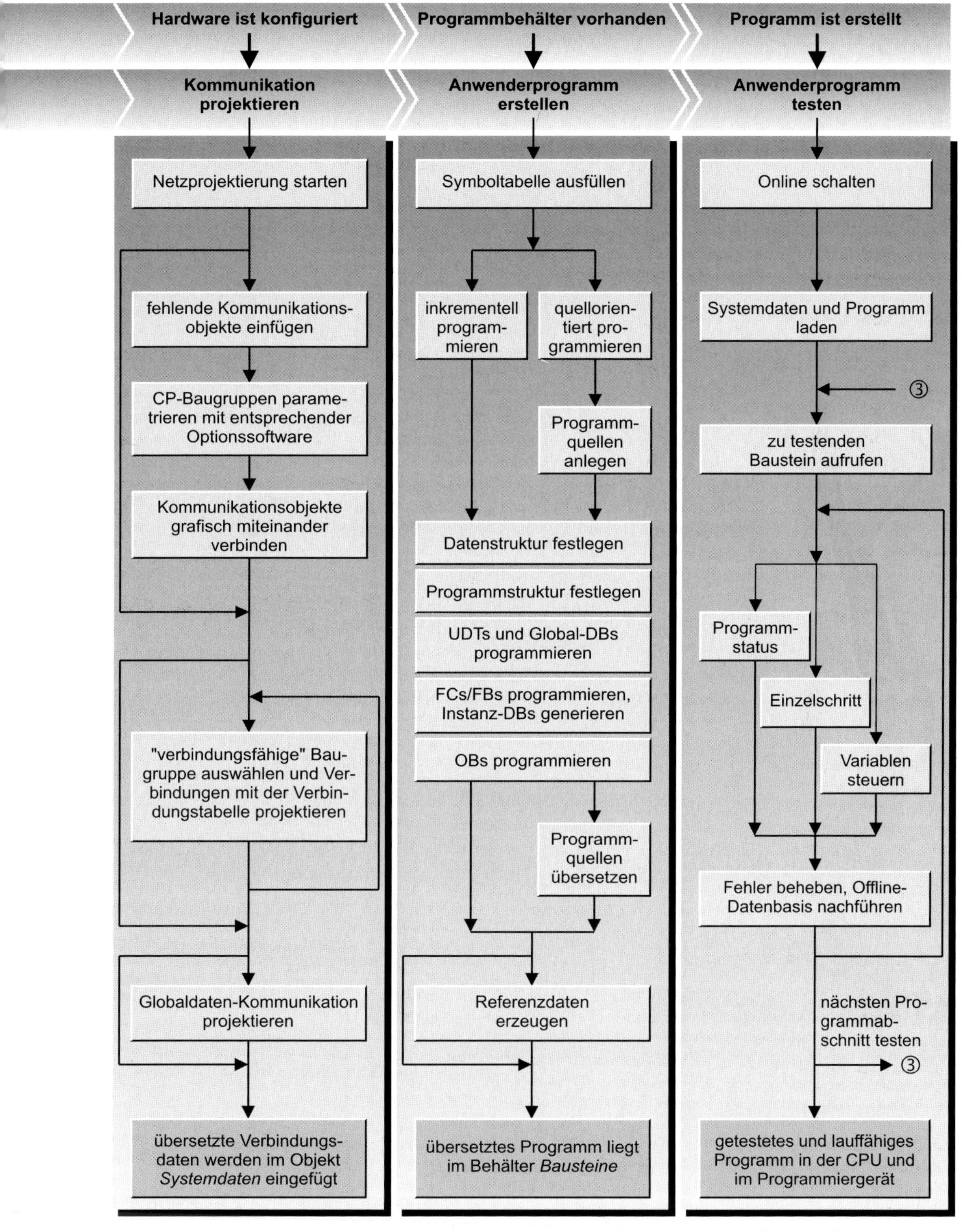

Hardware ist konfiguriert
Programmbehälter vorhanden
Programm ist erstellt
Kommunikation projektieren
Anwenderprogramm erstellen
Anwenderprogramm testen
Netzprojektierung starten
fehlende Kommunikations-objekte einfügen
CP-Baugruppen parame-trieren mit entsprechender Optionssoftware
Kommunikationsobjekte grafisch miteinander verbinden
"verbindungsfähige" Bau-gruppe auswählen und Ver-bindungen mit der Verbin-dungstabelle projektieren
Globaldaten-Kommunikation projektieren
übersetzte Verbindungs-daten werden im Objekt Systemdaten eingefügt
Symboltabelle ausfüllen
inkrementell program-mieren
quellorien-tiert pro-grammieren
Programm-quellen anlegen
Datenstruktur festlegen
Programmstruktur festlegen
UDTs und Global-DBs programmieren
FCs/FBs programmieren, Instanz-DBs generieren
OBs programmieren
Programm-quellen übersetzen
Referenzdaten erzeugen
übersetztes Programm liegt im Behälter Bausteine
Online schalten
Systemdaten und Programm laden
③
zu testenden Baustein aufrufen
Programm-status
Einzelschritt
Variablen steuern
Fehler beheben, Offline-Datenbasis nachführen
nächsten Pro-grammab-schnitt testen
③
getestetes und lauffähiges Programm in der CPU und im Programmiergerät

# Inhaltsverzeichnis

# Einführung

Dieser Teil des Buches stellt Ihnen das Automatisierungssystem SIMATIC S7-300/400 im Überblick vor.

Das **Automatisierungssystem S7-300/400** ist modular aus Baugruppen aufgebaut. Die Baugruppen können zentral (in der Nähe der CPU) oder dezentral vor Ort in der Anlage angeordnet sein, ohne daß Sie hierfür besondere Einstellungen und Parametrierungen benötigen. Die Dezentrale Peripherie ist bei SIMATIC S7 integraler Bestandteil des Systems. Die Zentralbaugruppe mit ihren verschiedenen Speicherbereichen bildet die hardwaremäßige Grundlage für die Bearbeitung der Anwenderprogramme. Ein Ladespeicher enthält das komplette Anwenderprogramm; die ablaufrelevanten Programmteile befinden sich in einem Arbeitsspeicher, der mit kurzen Zugriffszeiten Voraussetzung für eine schnelle Programmbearbeitung ist.

**STEP 7** ist die Programmiersoftware für S7-300/400, das Werkzeug zum Automatisieren ist der SIMATIC Manager. Er ist eine Applikation für die Windows-Betriebssysteme von Microsoft und enthält alle Funktionen zum Einrichten eines Projekts. Bei Bedarf startet der SIMATIC Manager weitere Werkzeuge, um z.B. Stationen zu konfigurieren, Baugruppen zu parametrieren, Programme zu erstellen und zu testen.

Mit den Programmiersprachen von STEP 7 formulieren Sie Ihre Automatisierungslösung. Das **SIMATIC S7-Programm** ist strukturiert aufgebaut, d.h. es besteht aus Bausteinen mit abgegrenzter Funktion, unterteilt nach Netzwerken und Anweisungen. Verschiedene Prioritätsklassen gestatten eine abgestufte Unterbrechbarkeit des gerade laufenden Anwenderprogramms. STEP 7 arbeitet mit Variablen unterschiedlicher Datentypen, angefangen von Binärvariablen (Datentyp BOOL) über Digitalvariablen (z.B. mit den Datentypen INT oder REAL für Rechenaufgaben) bis zu zusammengesetzten Datentypen wie Feldern oder Strukturen (Zusammenfassung von Variablen verschiedener Datentypen zu einer einzigen Variablen).

Das erste Kapitel enthält einen Überblick über die Hardware des Automatisierungssystems S7-300/400, das zweite Kapitel den gleichen Überblick über die Programmiersoftware STEP 7. Grundlage der Beschreibung ist der Funktionsumfang für STEP 7 Version 5.1.

Das Kapitel 3 „SIMATIC S7-Programm“ führt Sie in die wesentlichen Elemente eines S7-Programms ein und zeigt die Programmierung einzelner Bausteine in den Programmiersprachen AWL und SCL. In den weiteren Kapiteln des Buchs werden dann ausführlich die Funktionen und Anweisungen von AWL und SCL beschrieben. Alle Beschreibungen sind durch kurze Darstellungsbeispiele erläutert.

# 1 Automatisierungssystem SIMATIC S7-300/400

## 1.1 Aufbau des Automatisierungssystems

### 1.1.1 Komponenten

Das Automatisierungssystem SIMATIC S7-300/400 ist eine modular aufgebaute speicherprogrammierbare Steuerung, die aus folgenden Komponenten besteht:

▷ Baugruppenträger (Racks);
nehmen die Baugruppen auf und verbinden sie untereinander

▷ Stromversorgung (PS);
liefert die internen Versorgungsspannungen

▷ Zentralbaugruppe (CPU);
speichert und bearbeitet das Anwenderprogramm

▷ Anschaltungsbaugruppen (IM);
verbinden die Baugruppenträger untereinander

▷ Signalbaugruppen (SM);
passen die Signale der Anlage an den internen Signalpegel an oder steuern Stellgeräte über digitale und analoge Signale

▷ Funktionsbaugruppen (FM);
bearbeiten komplexe oder zeitkritische Prozesse unabhängig von der Zentralbaugruppe

▷ Kommunikationsbaugruppen (CP)
stellen den Anschluß zu Subnetzen her

▷ Subnetze
verbinden die Automatisierungssysteme untereinander oder mit anderen Geräten

Ein Automatisierungssystem (eine Station) kann aus mehreren Baugruppenträgern bestehen, die untereinander über Buskabel verbunden sind. Im Zentralbaugruppenträger stecken die Stromversorgung, die CPU und Peripheriebaugruppen (SM, FM und CP). Reicht der Platz im Zentralbaugruppenträger für die Peripheriebaugruppen nicht aus oder möchte man räumlich entfernt zum Zentralbaugruppenträger Peripheriebaugruppen anordnen, stehen Erweiterungsbaugruppenträger zur Verfügung, die über Anschaltungsbaugruppen die Verbindung zum Zentralbaugruppenträger herstellen (Bild 1.1). Zusätzlich besteht die Möglichkeit, Dezentrale Peripherie an eine Station anzuschließen (siehe Kapitel 1.2 „Dezentrale Peripherie").

Die Baugruppenträger verbinden die Baugruppen mit zwei Bussen: dem Peripheriebus (P-Bus) und dem Kommunikationsbus (K-Bus). Der P-Bus ist für den schnellen Signalaustausch von Ein- und Ausgabesignalen ausgelegt, der K-Bus für den Austausch größerer Datenmengen. Der K-Bus verbindet die CPU und die Programmiergeräteschnittstelle (MPI) mit Funktionsbaugruppen und Kommunikationsbaugruppen.

### 1.1.2 S7-300-Station

#### Zentraler Aufbau

Bei S7-300 können bis zu 8 Peripheriebaugruppen im Zentralbaugruppenträger gesteckt werden. Reicht dieser einzeilige Aufbau nicht aus, können Sie ab CPU 314

▷ entweder einen zweizeiligen Aufbau wählen (mit IM 365 bis zu 1 m)

▷ oder einen bis zu vierzeiligen Aufbau wählen (mit IM 360 und IM 361 bis zu 10 m zwischen den Baugruppenträgern)

Sie können maximal 8 Baugruppen in einem Baugruppenträger betreiben. Die Anzahl der Baugruppen wird durch den maximal zulässigen Strom pro Baugruppenträger von 1,2 A (0,8 A bei CPU 312 IFM) begrenzt.

Die Baugruppen werden durch einen seriellen Rückwandbus miteinander verbunden, der die Funktionen des P-Busses und des K-Busses vereint.

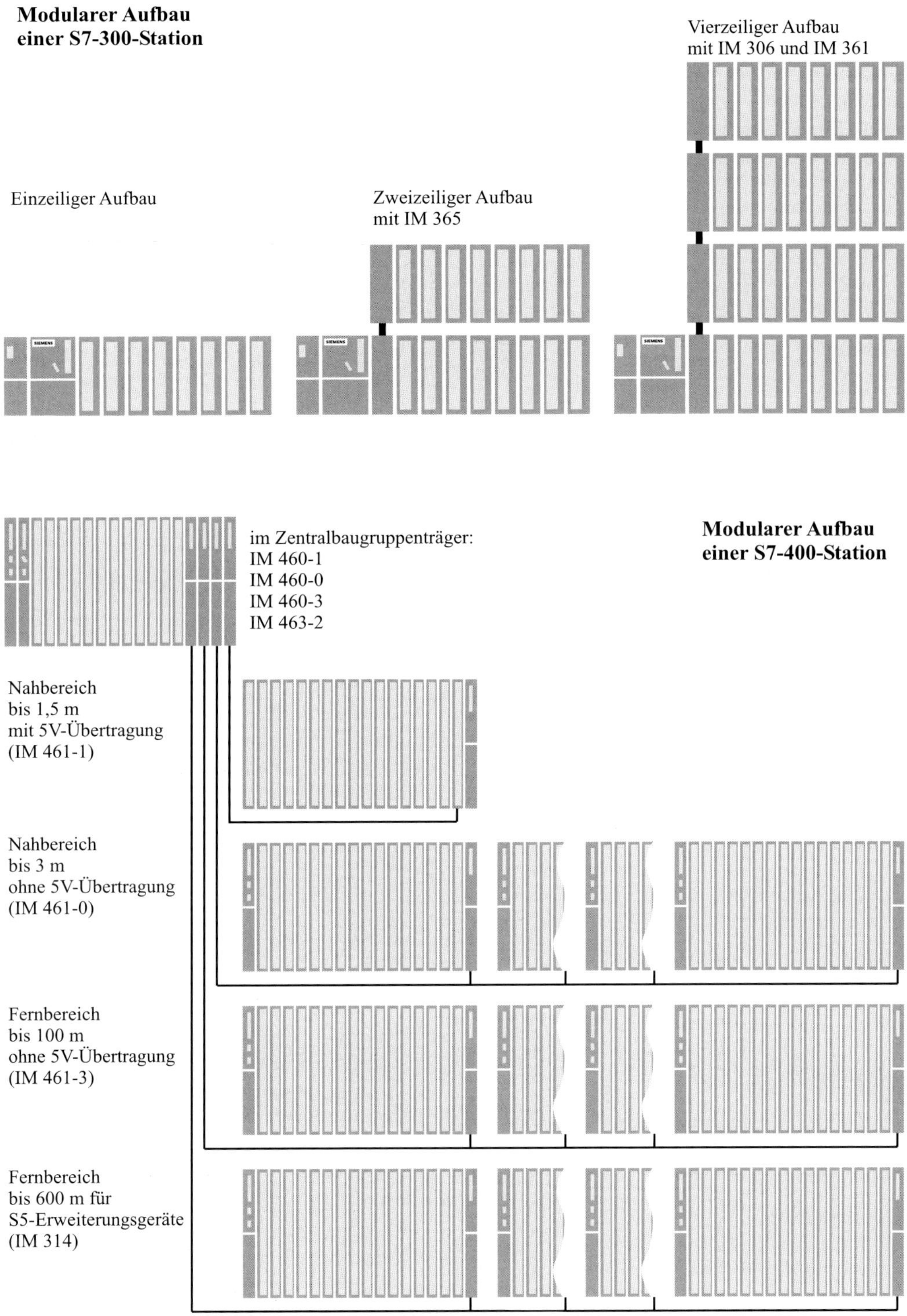


**Bild 1.1** Hardware-Aufbau S7-300/400

### Lokalbussegment

Eine Besonderheit bezüglich der Baugruppenanordnung stellt der Einsatz der Applikationsbaugruppe FM 356 aus der Familie der Automatisierungsrechner M7-300 dar. Eine FM 356 ist in der Lage, den Rückwandbus eines Baugruppenträgers „aufzutrennen" und die Ansteuerung der restlichen Baugruppen im abgetrennten „Lokalbus-Segment" selbst zu übernehmen. Für die Baugruppenanzahl und die Stromaufnahme gelten auch in diesem Fall die oben genannten Begrenzungen.

### SIMATIC Outdoor

Für SIMATIC S7-300 gibt es Baugruppen für den Einsatz in rauher Umgebung. Sie haben einen erweiterten Temperaturbereich von –25°C bis +60°C, weisen eine erhöhte Rüttel- und Stoßfestigkeit nach IEC 68 Teil 2-6 auf und erfüllen die Anforderungen für Feuchte, Betauung und Vereisung nach IEC 721-3-3 Klasse 3 K5 sowie die Anforderungen für Schienenfahrzeuge des Bahn nach EN 50155 (in Vorbereitung). Alle weiteren Technischen Daten sind identisch mit den Standard-Baugruppen.

### Kompakt-CPUs S7-300C

Die CPUs S7-300C gestatten einen kompakten Aufbau von Kleinsteuerungen. Je nach Ausführung enthalten sie bereits

▷ integrierte Peripherie
Digital- und Analog-Ein/Ausgänge

▷ integrierte Technologie-Funktionen
Zählen, Messen, Regeln, Positionieren

▷ integrierte Kommunikationsschnittstellen
PROFIBUS-DP-Master oder -Slave, Punkt-zu-Punkt-Kopplung (PtP)

Die Technologie-Funktionen sind Systembausteine, die die On-Board-Peripherie der Zentralbaugruppe verwenden.

Zum Betrieb der Kompakt-CPUs ist eine Micro Memory Card (MMC) erforderlich. Dieses Speichermedium eröffnet neue Anwendungsmöglichkeiten gegenüber der bisher eingesetzten Memory Card (siehe Kapitel 1.1.4 „Speicherbereiche der Zentralbaugruppe").

## 1.1.3 S7-400-Station

### Zentraler Aufbau

Die Zentralbaugruppenträger bei S7-400 gibt es in den Ausführungen UR1 (18 Steckplätze), UR2 (9 Steckplätze) und CR3 (4 Steckplätze). UR1 und UR2 können auch als Erweiterungsbaugruppenträger eingesetzt werden. In den Baugruppenträgern belegen auch die Stromversorgung und die CPU Steckplätze, evtl. sogar zwei oder mehr pro Baugruppe. Bei Bedarf wird mit Erweiterungsbaugruppenträgern die verfügbare Anzahl an Steckplätzen erhöht: UR1 und ER1 haben je 18 Steckplätze, UR2 und ER2 je 9.

Mit den Anschaltungen IM 460-1 und IM 461-1 kann pro Schnittstelle ein Erweiterungsbaugruppenträger bis 1,5 m entfernt vom Zentralbaugruppenträger angeordnet werden, hierbei wird die 5 V-Versorgungsspannung mit übertragen. Ebenfalls im Nahbereich bis 3 m können bis zu 4 Erweiterungsbaugruppenträger über IM 360-0 und 361-0 betrieben werden. Im Fernbereich schließlich ist es mit IM 360-3 und IM 361-3 möglich, bis zu 4 Erweiterungsbaugruppenträger bis zu 100 m entfernt zu betreiben.

Maximal sind bis zu 21 Erweiterungsbaugruppenträger an einen Zentralbaugruppenträger anschließbar. Zur Unterscheidung stellen Sie die Nummer des Baugruppenträgers am Kodierschalter der Empfangs-IM ein.

Der Rückwandbus besteht aus einem parallelen P-Bus und einem seriellen K-Bus. Die Erweiterungsbaugruppenträger ER1 und ER2 sind für „einfache" Signalbaugruppen ausgelegt, die keine Prozeßalarme auslösen, nicht mit 24 V über den P-Bus versorgt werden müssen, keine Pufferspannung benötigen und keinen K-Bus-Anschluß haben. Der K-Bus ist in den Baugruppenträgern UR1, UR2 und CR2 dann vorhanden, wenn sie entweder als Zentralbaugruppenträger oder als Erweiterungsbaugruppenträger mit den Nummern 1 bis 6 verwendet werden.

### Segmentierter Baugruppenträger

Eine Besonderheit stellt der segmentierte Baugruppenträger CR2 dar. Sie können hier zwei CPUs in einem Baugruppenträger mit gemeinsamer Stromversorgung funktionsmäßig getrennt betreiben. Beide CPUs können über den K-Bus miteinander Daten austauschen, haben jedoch vollständig getrennte P-Busse für ihre eigenen Signalbaugruppen.

### Mehrprozessorbetrieb

Bei S7-400 können sich in einem Zentralbaugruppenträger bis zu 4 entsprechend ausgelegte CPUs am Mehrprozessorbetrieb beteiligen. Jede Baugruppe in dieser Station wird einer einzigen CPU zugeordnet, sowohl mit ihrer Adresse als auch mit ihren Alarmen. Näheres siehe Kapitel 20.3.6 „Mehrprozessorbetrieb" und 21.7 „Mehrprozessoralarm".

### Anschluß von SIMATIC S5-Baugruppen

Mit der Anschaltungsbaugruppe IM 463-2 können Sie S5-Erweiterungsgeräte (EG 183U, EG 185U, EG 186U sowie ER 701-2 und ER 701-3) an eine S7-400 anschließen und diese Erweiterungsgeräte wiederum zentral erweitern. Im S5-Erweiterungsgerät übernimmt eine IM 314 die Kopplung. Sie können alle in den angegebenen Erweiterungsgeräten zugelassenen Digital- und Analogbaugruppen betreiben. Eine S7-400 kann maximal 4 IM 463-2 aufnehmen; an jede der beiden Schnittstellen einer IM 463-2 können Sie maximal 4 S5-Erweiterungsgeräte dezentral anschließen.

### Software-Redundanz

Mit SIMATIC S7-300/400-Standard-Komponenten können Sie ein auf Sofwarebasis redundantes System aufbauen, in dem eine Masterstation den Prozeß steuert und, bei deren Ausfall, eine Reservestation die Steuerung übernimmt.

Hochverfügbarkeit durch Software-Redundanz eignet sich für langsame Prozesse, denn die Umschaltung auf die Reservestation kann je nach Ausbau der Automatisierungsgeräte mehrere Sekunden benötigen. Während dieser Zeit sind die Prozeßsignale „eingefroren". Danach arbeitet die Reservestation mit den zuletzt in der Masterstation gültigen Daten weiter.

Die Redundanz der Ein-/Ausgabebaugruppen wird mit Dezentraler Peripherie realisiert (ET 200M mit Anschaltung IM 153-3 für redundant aufgebautem PROFIBUS-DP). Für die Projektierung gibt es die Optionssoftware „Software Redundanz".

### Hochverfügbare SIMATIC S7-400H

SIMATIC S7-400H ist ein hochverfügbares Automatisierungssystem mit redundant ausgelegtem Aufbau aus zwei Zentralbaugruppenträgern mit je einer H-CPU und einem Synchronisationsmodul zum Datenabgleich über Lichtwellenleiter. Beide Geräte arbeiten „hot standby"; im Fehlerfall übernimmt das intakte Gerät durch automatische stoßfreie Umschaltung die alleinige Bearbeitung.

Die Peripherie kann entweder normal verfügbar (einkanaliger einseitiger Aufbau) oder erhöht verfügbar (einkanaliger geschalteter Aufbau mit ET 200M) aufgebaut sein. Die Kommunikation erfolgt mit einfachem oder mit redundantem Bus.

Das Anwenderprogramm ist das gleiche wie für ein nicht redundantes Gerät; die Redundanzfunktion wird ausschließlich und vom Anwender verborgen durch die eingesetzte Hardware erbracht. Für die Projektierung ist die Optionssoftware „S7 H Systems" erforderlich.

### Fehlersichere Systeme SIMATIC S7-400F und S7-400FH

SIMATIC S7-400F/FH ist ein fehlersicheres Automatisierungssystem für Anlagen mit erhöhten Sicherheitsanforderungen. Es steuert Prozesse, bei denen eine unmittelbare Abschaltung keine Gefahr für Mensch oder Umwelt nach sich zieht. Es werden folgende Sicherheitsanforderungen erfüllt: Sicherheitsanforderungsklasse (Safety Integrity Level) SIL1 bis SIL3 nach IEC 61508, Anforderungsklasse AK1 bis AK6 nach DIN V 19250 (DIN V VDE 0801) und Kategorie 1 bis 4 nach EN954-1.

Die Sicherheitsfunktionen sind hauptsächlich in den fehlersicheren Signalbaugruppen und im sicherheitsgerichteten Anwenderprogramm auf der CPU enthalten. Hier werden spezielle Funktionsbausteine aus der mitgelieferten F-Bibliothek mit CFC aufgerufen und verschaltet. Sie enthalten neben Funktionen zur Programmierung von Sicherheitsfunktionen auch Funktionen zur Fehlererkennung und Fehlerreaktion. So wird sichergestellt, daß bei Ausfällen und Fehlern das F-System in einem sicheren Zustand gehalten wird oder es in einen sicheren Zustand überführt wird.

S7-400FH ist ein fehlersicheres System mit erhöhter Verfügbarkeit. Führt ein erkannter Fehler zum STOP der Master-CPU, wird auf die im „Hot-Stand-By“-Betrieb laufende Reserve-CPU rückwirkungsfrei umgeschaltet.

Die sicherheitsgerichtete Kommunikation über PROFIBUS-DP verwendet das speziell entwikkelte PROFIBUS-Profil PROFISafe. Es erlaubt die Übertragung von Nutzdaten der Sicherheitsfunktionen innerhalb des Standard-Datentelegramms.

Zusätzlich zum fehlersicheren und hochverfügbaren Betrieb ist ein Standardbetrieb mit Standardkomponenten und „normalem“ Anwenderprogramm möglich. Die Projektierung erfolgt mit den Standard-Applikationen von STEP 7 ab V5.1. Für die Parametrierung der fehlersicheren Signalbaugruppen und für die Programmierung der sicherheitsgerichteten Programmteile ist das Optionspaket S7 F Systems erforderlich, zusätzlich das Optionspaket CFC ab V5.0 SP3, das Optionspaket S7-SCL ab V5.0 und für die hochverfügbaren Funktionen das Optionspaket S7 H Systems ab V5.1.

Zum Betrieb einer S7-400F/FH muß eine F-Runtime-Lizenz auf jeder CPU geladen sein. Für den Sicherheitsbetrieb sind fehlersichere Signalbaugruppen erforderlich.

### Fehlersichere Signalbaugruppen

Für den Sicherheitsbetrieb in den fehlersicheren Systemen S7-400F und S7-400FH sind die fehlersicheren Signalbaugruppen (F-Baugruppen) notwendig. Die Fehlersicherheit wird durch die integrierten Sicherheitsfunktionen und eine entsprechende Verdrahtung der Sensoren und Aktoren erreicht. Die F-Baugruppen sind im Standardbetrieb auch im hochverfügbaren System S7-400H mit erhöhten Anforderungen an die Diagnose einsetzbar. Sowohl im Standard- als auch im Sicherheitsbetrieb können die F-Baugruppen zur Erhöhung der Verfügbarkeit redundant betrieben werden.

Die F-Baugruppen haben S7-300-Bauform und werden ausschließlich im dezentralen Peripheriegerät ET 200M eingesetzt. Die Kopplung im Sicherheitsbetrieb erfolgt über Lichtwellenleiter mit der Anschaltung IM 153-2 FO.

## 1.1.4 Speicherbereiche der Zentralbaugruppe

Das Bild 1.2 zeigt die für Ihr Programm wichtigen Speicherbereiche im Programmiergerät, in der Zentralbaugruppe und in den Signalbaugruppen. Das Programmiergerät enthält die *Offline-Daten.* Sie bestehen aus dem Anwenderprogramm (Programmcode und Anwenderdaten), aus den Systemdaten (z.B. Hardware-Projektierung, Netz- und Verbindungsprojektierung) und weiteren projektspezifischen Daten wie z.B. die Symboltabelle und die Kommentare. Die *Online-Daten* bestehen aus dem Anwenderprogramm und den Systemdaten auf der Zentralbaugruppe, die in zwei Speicherbereichen, dem Ladespeicher und dem Arbeitsspeicher, untergebracht sind. Zusätzlich sind hier noch der Systemspeicher und evtl. ein Backup-Speicher vorhanden. Die Peripheriebaugruppen schließlich enthalten Speicher für die Signalzustände der Ein- und Ausgänge.

### Memory Card

Es gibt zwei Arten von Memory Cards (MC): RAM Memory Cards und Flash EPROM Memory Cards.

Wenn Sie ausschließlich den Ladespeicher erweitern wollen, verwenden Sie eine RAM Memory Card (z.B. bei S7-400-CPUs). Mit einer RAM Memory Card können Sie das komplette Anwenderprogramm online ändern. RAM Memory Cards verlieren ihren Inhalt, wenn sie gezogen werden.

Wenn Sie Ihr Anwenderprogramm einschließlich der Konfigurationsdaten und Baugruppenparameter auch ohne Pufferbatterie spannungsausfallsicher halten wollen, verwenden Sie eine Flash EPROM Memory Card. Hierbei laden Sie das gesamte Programm offline auf die Flash EPROM Memory Card, wenn sie im Programmiergerät steckt. Bei entsprechend ausgelegten CPUs können Sie das Programm auch online laden, wenn die Memory Card in der CPU steckt.

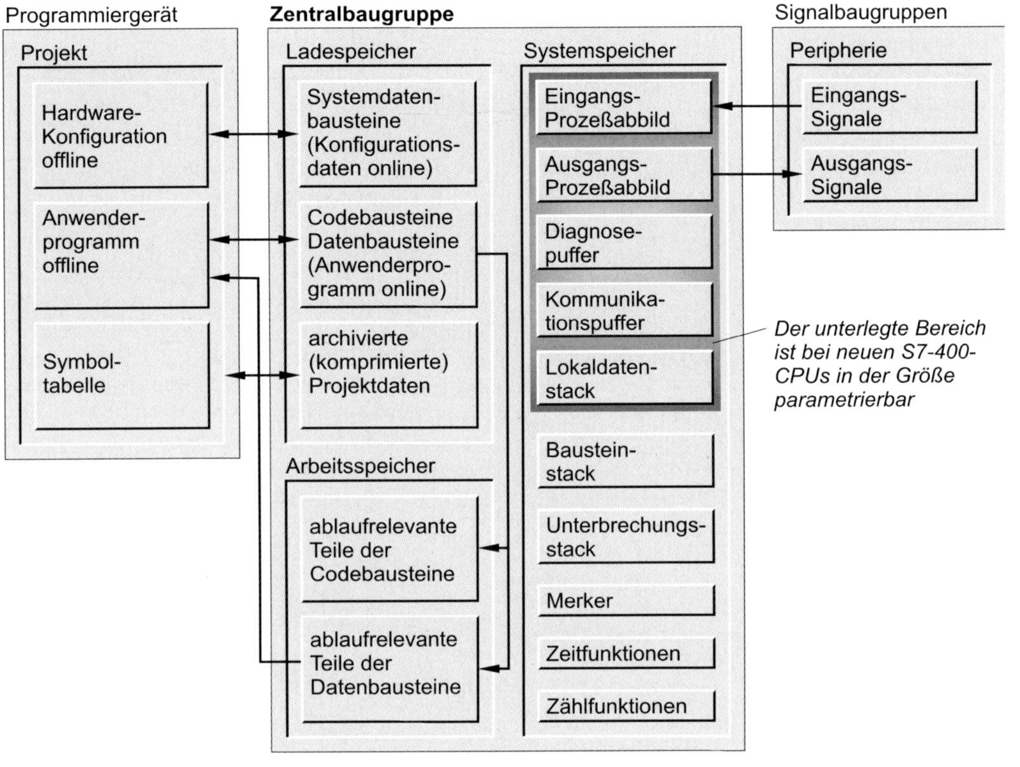


**Bild 1.2** Speicherbereiche auf der Zentralbaugruppe

## Micro Memory Card

In den Kompakt-CPUs S7-300C sind Micro Memory Cards (MMC) als Speichermedium eingesetzt. Die Daten auf der MMC sind nullspannungsfest abgelegt, können jedoch wie bei einem RAM-Speicher gelesen, geschrieben und gelöscht werden. Dieses Verhalten erlaubt eine Datenpufferung ohne Batterie.

Auf der MMC befindet sich der komplette Ladespeicher, so daß zum Betrieb einer S7-300C-CPU immer eine MMC erforderlich ist. Die MMC kann als portables Speichermedium für Anwenderprogramme oder Firmware-Updates genutzt werden. Mit speziellen Systemfunktionen lesen oder schreiben Sie vom Anwenderprogramm aus Datenbausteine auf der MMC und können so z.B. Rezepturen von der MMC lesen oder ein Meßwertarchiv auf der MMC anlegen und mit Daten versorgen.

## Ladespeicher

Hat eine CPU keine Micro Memory Card, ist der Ladespeicher als in der CPU integrierter Speicher oder als zusteckbare Memory Card ausgeführt. Er kann sowohl als RAM-Speicher als auch als Festwertspeicher ausgelegt sein. Im Ladespeicher steht das gesamte Anwenderprogramm einschließlich Konfigurationsdaten (Systemdaten). Vom Programmiergerät aus wird das Anwenderprogramm immer zuerst in den Ladespeicher übertragen und von hier aus in den Arbeitsspeicher. Das Programm im Ladespeicher wird nicht als Steuerungsprogramm bearbeitet.

Besteht der Ladespeicher aus integriertem RAM oder einer RAM Memory Card, ist eine Pufferbatterie erforderlich, um das Anwenderprogramm remanent zu halten. Bei integriertem EEPROM, bei zusteckbarer Flash EPROM Memory Card oder bei einer Micro Memory Card als Ladespeicher kann die CPU batterielos betrieben werden.

Ab STEP 7 V5.1 können Sie bei entsprechend ausgelegten S7-400-CPUs und bei den Kompakt-CPUs S7-300C die gesamten Projektdaten als komprimierte Archivdatei im Ladespeicher ablegen (siehe Kapitel 2.2.2 „Verwalten, reorganisieren und archivieren").

### Arbeitsspeicher

Der Arbeitsspeicher ist als schneller, in vollem Umfang in der CPU integrierter RAM-Speicher ausgelegt. Das Betriebssystem der CPU kopiert den „ablaufrelevanten" Programmcode und die Anwenderdaten in den Arbeitsspeicher. „Ablaufrelevant" ist eine Eigenschaft der vorhandenen Objekte, nicht gleichbedeutend mit der Tatsache, daß ein bestimmter Codebaustein auch aufgerufen und bearbeitet wird. Das „eigentliche" Steuerungsprogramm wird im Arbeitsspeicher bearbeitet.

Bei neuen S7-400-CPUs ist der Arbeitsspeicher durch steckbare Module erweiterbar.

Beim Zurückladen des Anwenderprogramms in das Programmiergerät werden die Bausteine aus dem Ladespeicher geholt, ergänzt um die aktuellen Werte der Datenoperanden aus dem Arbeitsspeicher (weitere Informationen hierzu in den Kapiteln 2.6.4 „Anwenderprogramm in die CPU laden" und 2.6.5 „Bausteinhantierung").

### Systemspeicher

Der Systemspeicher enthält die Operanden (Variablen), die Sie von Ihrem Programm aus ansprechen. Die Operanden sind zu Bereichen (Operandenbereiche) zusammengefaßt, die eine für jede CPU spezifische Menge an Operanden enthalten. Operanden sind z.B. Eingänge, mit denen Sie die Signalzustände von Tastern und Endschaltern abfragen, und Ausgänge, mit denen Sie Schütze und Lampen steuern.

Folgende Operandenbereiche liegen im Systemspeicher der CPU:

▷ Eingänge (E)
Sie sind ein Abbild („Prozeßabbild") der Digitaleingabebaugruppen.

▷ Ausgänge (A)
Sie sind ein Abbild („Prozeßabbild") der Digitalausgabebaugruppen.

▷ Merker (M)
Sie sind Informationsspeicher, die im Anwenderprogramm von jeder Stelle aus ansprechbar sind.

▷ Zeitfunktionen (T)
Sie stellen Zeitglieder dar, mit denen Warte- und Überwachungszeiten realisiert werden.

▷ Zählfunktionen (Z)
Sie sind Softwarezähler, die vorwärts und rückwärts zählen können.

▷ temporäre Lokaldaten (L)
Sie dienen als dynamische Zwischenspeicher während der Bausteinbearbeitung. Die temporären Lokaldaten stehen im L-Stack, den die CPU während der Programmbearbeitung dynamisch belegt.

In Klammern steht das Kurzzeichen, mit dem Sie die einzelnen Operanden beim Programmieren ansprechen können. Sie können jeder Variablen auch ein Symbol zuordnen und dann mit der symbolischen Bezeichnung anstelle der Operandenbezeichnung arbeiten.

Zusätzlich enthält der Systemspeicher Puffer für Kommunikationsaufträge und Systemmeldungen (Diagnosepuffer). Die Größe dieser Datenpuffer sowie die Größe des Prozeßabbilds und des L-Stacks sind bei neuen S7-400-CPUs parametrierbar.

### Backup-Speicher

Bei S7-300 können aktuelle Werte aus Teilen des Arbeitsspeichers (Datenbausteine) und des Systemspeichers (Merker, Zeiten und Zähler) nichtflüchtig gespeichert werden. Bei den Kompakt-CPUs wird die Remanenz mit der Micro Memory Card realisiert; die anderen S7-300-CPUs haben einen separaten Backup-Speicher. So behalten sie auch ohne Pufferbatterie bei einem Spannungsausfall ihre Daten bei (weitere Informationen zur Remanenz siehe Kapitel 22.2.3 „Remanenzverhalten").

### Physikalische Ausführung des Ladespeichers

Die physikalische Ausführung des Ladespeichers ist bei den verschiedenen CPU-Typen unterschiedlich ausgelegt (Bild 1.3).

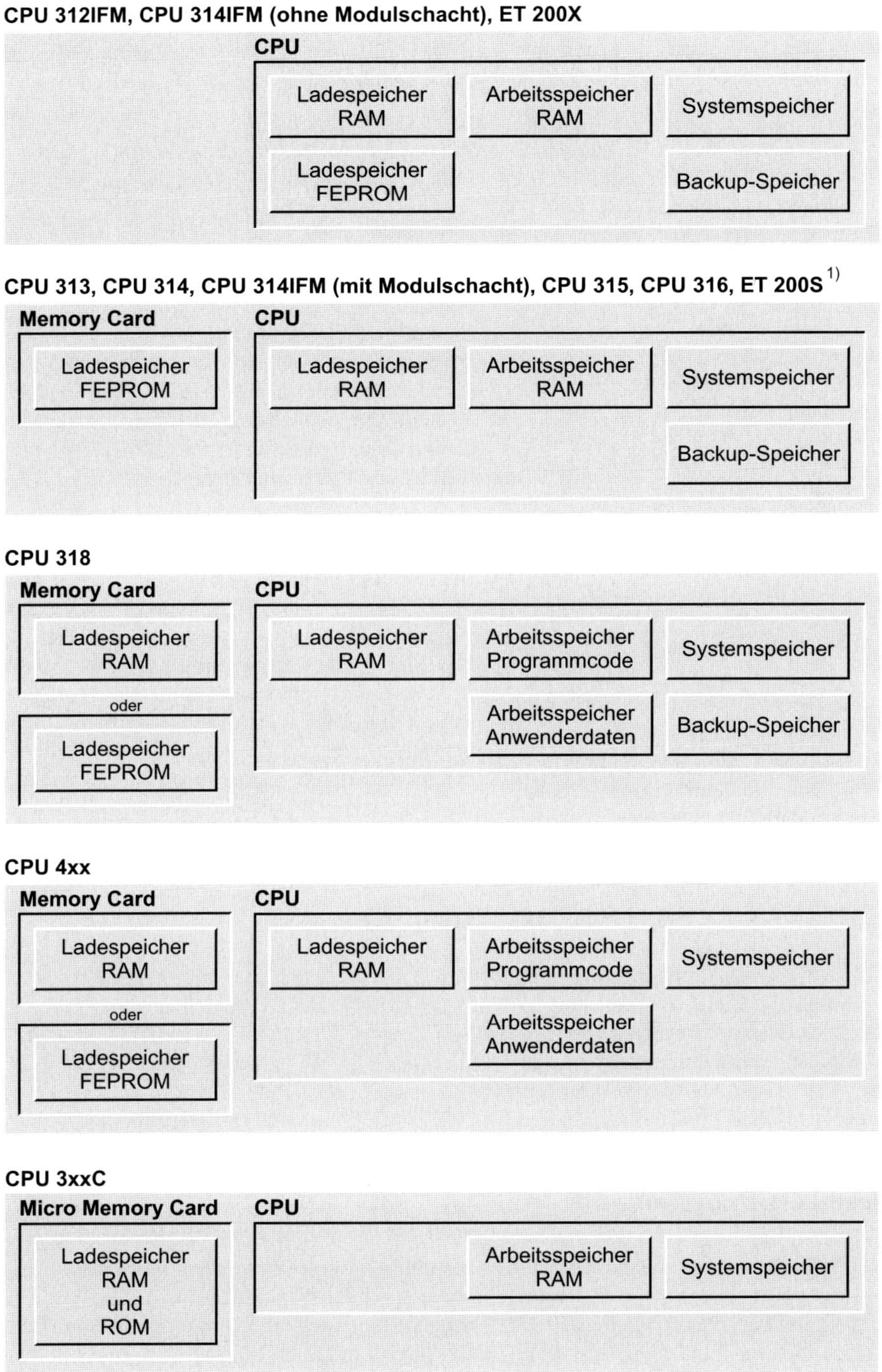


1) Bei ET 200S verhält sich die Micro Memory Card wie eine Flash EPROM Memory Card

**Bild 1.3** Ausführung des CPU-Speichers

Der Ladespeicher der CPUs 3xxIFM ohne Modulschacht besteht aus einem RAM- und einem EEPROM-Anteil. Sie übertragen und testen das Steuerungsprogramm im RAM und können dann per Menübefehl das getestete Programm im integrierten EEPROM spannungsausfallsicher ablegen.

S7-300-CPUs (außer CPU 318 und CPU 300C) besitzen einen integrierten RAM-Ladespeicher, der das gesamte Programm aufnehmen kann. Sie übertragen und testen das Steuerungsprogramm im RAM und können dann per Menübefehl das getestete Programm auf einer Flash EPROM Memory Card spannungsausfallsicher ablegen. Die Flash EPROM Memory Card läßt sich auch im Programmiergerät beschreiben und so als nullspannungssicherer Datenträger für das Anwenderprogramm verwenden.

Der integrierte RAM-Ladespeicher bei der CPU 318 und den S7-400-CPUs ist für kleine Programme bzw. für das Ändern von einzelnen Bausteinen ausgelegt, wenn der Ladespeicher eine Flash EPROM Memory Card ist. Ist das komplette Steuerungsprogramm größer als der integrierte Ladespeicher, benötigen Sie zum Testen eine RAM Memory Card. Das getestete Programm wird dann mit dem Programmiergerät auf eine Flash Memory Card übertragen, die Sie zum Betrieb in die CPU stecken.

Die Kompakt-CPUs S7-300C besitzen keinen integrierten Ladespeicher. Zum Betrieb muß immer eine Micro Memory Card stecken. Der Ladespeicher auf der Micro Memory Card verhält sich so, als würde er aus einem ROM- und einem RAM-Anteil bestehen. Sie übertragen und testen das Programm im RAM und schreiben es nach dem Test per Menübefehl in den ROM-Teil.

## 1.2 Dezentrale Peripherie

PROFIBUS-DP bietet eine standardisierte Schnittstelle für die Übertragung von überwiegend binären Prozeßdaten zwischen einer „Anschaltungsbaugruppe" im (zentralen) Automatisierungsgerät und den Feldgeräten. Diese „Anschaltungsbaugruppe" nennt man DP-Master und die Feldgeräte DP-Slaves. Unter Dezentraler Peripherie (DP) versteht man Baugruppen, die über PROFIBUS-DP an eine DP-Master-Baugruppe angeschlossen sind. PROFIBUS-DP ist ein herstellerunabhängiger Standard, genormt nach EN 50170 bzw. IEC 61158 für die Anbindung von DP-Normslaves.

Weitere Informationen zum Bussystem PROFIBUS siehe Kapitel 1.3.2 „Subnetze".

Der DP-Master und alle von ihm gesteuerten DP-Slaves bilden ein DP-Mastersystem. Maximal können 32 Stationen in einem Segment und bis zu 127 im gesamten Netz vorhanden sein. Ein DP-Master kann eine ihm spezifische Anzahl DP-Slaves steuern. Sie können auch Programmiergeräte an das PROFIBUS-DP-Netz anschließen, ebenso wie z.B. Geräte zum Bedienen und Beobachten, ET 200-Geräte oder SIMATIC S5-DP-Slaves.

### 1.2.1 DP-Mastersystem

#### Mono-Mastersystem

PROFIBUS-DP wird üblicherweise als „Mono-Mastersystem" betrieben, d.h. ein DP-Master steuert mehrere DP-Slaves. Der DP-Master ist, abgesehen von einem temporär vorhandenen Programmiergerät (Diagnose- und Servicegerät), der einzige Master am Bus. Der DP-Master und die ihm zugeordneten DP-Slaves bilden ein DP-Mastersystem (Bild 1.4).

#### Multi-Mastersystem

Sie können auf einem PROFIBUS-Subnetz auch mehrere DP-Mastersysteme installieren (Multi-Mastersystem). Dann jedoch verringert sich die Reaktionszeit in Einzelfall, denn wenn ein DP-Master „seine" DP-Slaves versorgt hat, bekommt die Zugriffsrechte der nächste DP-Master, der nun wiederum „seine" DP-Slaves versorgt, usw.

#### Mehrere DP-Mastersysteme pro Station

Sie können die Reaktionszeit verringern, wenn nur wenige DP-Slaves in einem DP-Mastersystem vorhanden sind. Da es möglich ist, in einer S7-Station mehrere DP-Master zu betreiben, können Sie die DP-Slaves der Station auf mehrere DP-Mastersysteme aufteilen. Im Mehrprozessorbetrieb hat jede CPU ihre eigenen DP-Mastersysteme.

Berger Hans
**Automatisieren mit STEP 7 in KOP und FUP**
2. Auflage, 2001, 364 Seiten,
ISBN 3-89578-164-9
€ 66,00 / sFr 111,00

**Automatisieren mit SIMATIC**
2000, 214 Seiten, 93 Abbildungen,
19 Tabellen, Hardcover
ISBN 3-89578-132-0
€ 44,90 / sFr 77,00

**Automatisieren mit SIMATIC S5-115U**
6., durchgesehene Auflage, 1998,
335 Seiten, 138 Abbildungen,
74 Tabellen, Hardcover
ISBN 3-89578-100-2
€ 55,00 / sFr 92,00

Weigmann, J.; Kilian, G.
**Dezentralisieren mit PROFIBUS-DP/DPV1**
3., überarbeitete und erweiterte Auflage, 2002,
252 Seiten, 129 Abbildungen,
88 Tabellen, Hardcover
ISBN 3-89578-189-4
€ 47,90 / sFr 82,00

**Grundlagen SIMATIC S7-300 und SIMATIC NET**
CD-ROM, Edition 2002
ISBN 3-89578-183-5
€ 118,00 / sFr 198,00

Müller, Jürgen
**Regeln mit SIMATIC**
2., überarbeitete und erweiterte Auflage, 2002,
162 Seiten, 20 Abbildungen, 22 Tabellen,
Hardcover, ISBN 3-89578-195-9
€ 44,90 / sFr 77,00

Logemann, G.; Olfs, D.; Reiners, T.
**Hardwareprogrammierung unter Windows**
1999, 355 Seiten, 135 Abbildungen,
44 Tabellen, CD-ROM, Hardcover
ISBN 3-89578-110-X
€ 44,90 / sFr 77,00

Brich, P.; Hinsken, G.; Krause, K.-H.
**Echtzeitprogrammierung in Java**
2000, 119 Seiten, 25 Abbildungen,
14 Tabellen, Hardcover
ISBN 3-89578-153-3
€ 44,90 / sFr 77,00

---

Name

Firma / Institut

Straße / Postfach

PLZ / Ort

Datum / Unterschrift

☐ Rechnung ☐ Scheck liegt bei

# Bestellkarte

Wiley-VCH GmbH
Postfach 10 11 61
D-69451 Weinheim

Bezner, Heinrich (Bearbeiter)

**Fachwörterbuch industrielle Elektrotechnik, Energie- und Automatisierungstechnik**

**Teil 1:** Deutsch-Englisch
4., überarbeitete und erweiterte Auflage, 1998,
608 Seiten, 14,3 cm x 22,5 cm, Hardcover
ISBN 3-89578-077-4
€ 69,00 / sFr 116,00

**Teil 2:** Englisch-Deutsch
4., überarbeitete und erweiterte Auflage, 1998,
532 Seiten, 14,3 cm x 22,5 cm, Hardcover
ISBN 3-89578-079-0
€ 69,00 / sFr 116,00

**CD-ROM:** Edition 1999
ISBN 3-89578-137-1
€ 159,00 / sFr 167,00

Antoni, Thomas

**Wörterbuch Antriebstechnik**
**Dictionary of Drives**
2., überarbeitete und erweiterte Auflage, 2000,
813 Seiten, Hardcover, ISBN 3-89578-156-8
€ 79,00 / sFr 137,00

**CD-ROM:** Edition 2002, ISBN 3-89578-171-1
€ 98,00 / sFr 164,00

Groß, H.; Hamann, J.; Wiegärtner, G.

**Elektrische Vorschubantriebe in der Automatisierungstechnik**
2000, 334 Seiten, Hardcover
ISBN 3-89578-058-8
€ 49,90 / sFr 85,00

Börnecke, Dirk (Hrsg.)

**Basiswissen für Führungskräfte**
2. überarbeitete Auflage, 2002,
352 Seiten, Hardcover
ISBN 3-89578-180-0
€ 39,90 / sFr 68,00

Rehbehn, R.; Yurdakul, Z. B.

**Mit Six Sigma zu Business Excellence**
2002, ca. 250 Seiten, Hardcover
ISBN 3-89578-185-1
€ 42,90 / sFr 73,00

Cichowski, Rolf R.

**Ihr Weg zum Erfolg**
2002, ca. 280 Seiten, Hardcover
ISBN 3-89578-186-X
€ 29,90 / sFr 51,00

| Expl. | ISBN | Titel |
|---|---|---|
| | 3-89578-164-9 | Automatisieren mit STEP 7 in KOP und FUP |
| | 3-89578-132-0 | Automatisieren mit SIMATIC |
| | 3-89578-100-2 | Automatisieren mit SIMATIC S5-115U |
| | 3-89578-189-4 | Dezentralisieren mit PROFIBUS-DP/DPV1 |
| | 3-89578-183-5 | Grundlagen SIMATIC S7-300 und SIMATIC NET (CD-ROM) |
| | 3-89578-195-9 | Regeln mit SIMATIC |
| | 3-89578-110-X | Hardwareprogrammierung unter Windows |
| | 3-89578-153-3 | Echtzeitprogrammierung in Java |
| | 3-89578-077-4 | FWB industrielle Elektrotechnik, Energie- u. Autom... (Teil 1) |
| | 3-89578-079-0 | FWB industrielle Elektrotechnik, Energie- u. Autom... (Teil 2) |
| | 3-89578-137-1 | FWB industrielle Elektrotechnik, Energie- u. Autom... (CD-ROM) |
| | 3-89578-156-8 | Wörterbuch Antriebstechnik / Dictionary of Drives |
| | 3-89578-171-1 | Wörterbuch Antriebstechnik / Dictionary of Drives (CD-ROM) |
| | 3-89578-058-8 | Elektrische Vorschubantriebe in der Automatisierungstechnik |
| | 3-89578-180-0 | Basiswissen für Führungskräfte |
| | 3-89578-185-1 | Mit Six Sigma zu Business Excellence |
| | 3-89578-186-X | Ihr Weg zum Erfolg |

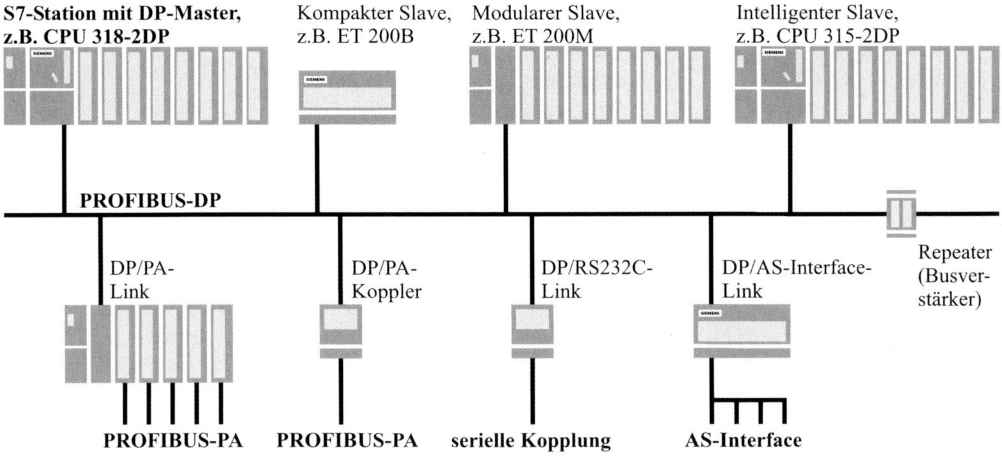


**Bild 1.4** Komponenten eines PROFIBUS-DP-Mastersystems

### 1.2.2 DP-Master

Der DP-Master ist der aktive Teilnehmer am PROFIBUS. Er tauscht zyklisch Daten mit „seinen" DP-Slaves aus. Ein DP-Master kann sein

▷ eine CPU mit integrierter DP-Master-Schnittstelle oder steckbarem Schnittstellenmodul (z.B. CPU 315-2DP, CPU 417)

▷ eine Anschaltungsbaugruppe in Verbindung mit einer CPU (z.B. IM 467)

▷ eine CP-Baugruppe in Verbindung mit einer CPU (z.B. CP 342-5, CP 443-5)

Es gibt „Klasse 1-Master" für den Datenaustausch im Prozeßbetrieb und „Klasse 2-Master" für Service und Diagnose (z.B. ein Programmiergerät).

### 1.2.3 DP-Slaves

Die DP-Slaves sind die passiven Teilnehmer am PROFIBUS. Bei SIMATIC S7 wird unterschieden nach

▷ Kompakten DP-Slaves
sie verhalten sich gegenüber dem DP-Master wie eine einzige Baugruppe

▷ Modularen DP-Slaves
sie setzen sich aus mehreren Baugruppen (Submodulen) zusammen

▷ Intelligenten DP-Slaves
sie enthalten ein Steuerungsprogramm, das die unterlagerten (eigenen) Baugruppen steuert

**Kompakte PROFIBUS-DP-Slaves**

Beispiele für kompakte DP-Slaves sind das ET 200B (Ausführung mit Digitalein-/ausgabe- oder Analogein-/ausgabemodulen; Schutzart IP 20; max. Übertragungsrate 12 MBit/s), das ET 200C (robuste Bauweise IP 66/IP 67; verschiedene Varianten mit Digitalein-/ausgängen und Analogein-/ausgängen; Übertragungsrate 1,5 MBit/s bzw. 12 MBit/s) und das ET 200L-SC (feinmodular bestückbar mit frei kombinierbaren Digitalein-/ausgabemodulen und Analogein-/ausgabemodulen; Schutzart IP 20; Übertragungsrate 1,5 MBit/s). Auch die Busübergänge, wie z.B. das DP/AS-i-Link verhalten sich am PROFIBUS-DP wie ein kompakter Slave.

**Modulare PROFIBUS-DP-Slaves**

Ein modularer DP-Slave ist z.B. das ET 200M. Der Aufbau entspricht einer S7-300-Station mit Profilschiene, Stromversorgung, Anschaltung

IM 153 anstelle der CPU und mit bis zu 8 Signalbaugruppen (SM) oder Funktionsbaugruppen (FM). Die Übertragungsrate beträgt 9,6 kBit/s bis 12 MBit/s.

Das ET 200M kann auch mit *aktiven Busmodulen* aufgebaut werden, wenn der DP-Master eine S7-400-Station ist. Damit ist ein Ziehen und Stecken der S7-300-Ein-/Ausgabebaugruppen während des laufenden Betriebes unter Spannung möglich. Der Betrieb der verbleibenden Baugruppen wird dabei fortgesetzt. Die Baugruppen müssen nicht mehr lückenlos gesteckt sein.

ET 200M kann mit der Anschaltung IM 153-3 als Slave an einem *redundanten Bus* verwendet werden. IM 153-3 hat zwei Anschlüsse, einen für den DP-Master in der Masterstation und einen für den DP-Master in der Reservestation.

#### Intelligente PROFIBUS-DP-Slaves

Intelligente DP-Slaves sind z.B. eine S7-300-Station, in der eine CPU mit DP-Schnittstelle betrieben wird, die auf Slave-Betrieb umgeschaltet werden kann (z.B. CPU 315-2DP) oder eine S7-300-Station mit CP 342-5 im Slave-Betrieb.

Auch das ET 200X mit dem Basismodul BM 147/CPU läßt sich als intelligenter DP-Slave betreiben. Es besteht aus dem Basismodul und aus bis zu 7 Erweiterungsmodulen. Als Basismodule können Sie „passive“ Basismodule mit Digitalein- bzw. -ausgängen einsetzen oder das „intelligente“ Basismodul BM 147/CPU, das in der Lage ist, ein STEP 7-Anwenderprogramm zu bearbeiten. Erweiterungsmodule gibt es mit Digitalein-/ausgängen, Analogein-/ausgängen und als Verbraucherabzweige (Schalten und Schützen beliebiger Drehstromverbraucher bis 5,5 kW bei AC 400 V). Die Basismodule arbeiten mit Übertragungsraten von 9,6 kBit/s bis 12 MBit/s.

### 1.2.4 Kopplung zu PROFIBUS-PA

#### PROFIBUS-PA

PROFIBUS-PA (Process Automation) ist ein Bussystem für die Verfahrenstechnik, sowohl für eigensichere Bereiche (Ex-Bereich Zone 1) z.B. in der chemischen Industrie als auch für nicht eigensichere Bereiche z.B. in der Lebensmittelindustrie.

Das Protokoll für PROFIBUS-PA basiert auf der Norm EN 50170, Volume 2 (PROFIBUS-DP), die Übertragungstechnik auf IEC 1158-2.

Zur Kopplung zwischen PROFIBUS-DP und PROFIBUS-PA gibt es zwei Möglichkeiten:

▷ DP/PA-Koppler, wenn der PROFIBUS-DP mit 45,45 kBit/s betrieben werden kann

▷ DP/PA-Link, das die Übertragungsraten von PROFIBUS-DP umsetzt auf die Übertragungsrate von PROFIBUS-PA

#### DP/PA-Koppler

Der DP/PA-Koppler ermöglicht die Verbindung von PA-Feldgeräten zu PROFIBUS-DP. Am PROFIBUS-DP ist der DP/PA-Koppler ein DP-Slave, der mit 45,45 kBit/s betrieben wird. An einen DP/PA-Koppler können bis zu 31 PA-Feldgeräte angeschlossen werden, die ein PROFIBUS-PA-Segment bilden mit einer Übertragungsrate von 31,25 kBit/s. Alle PROFIBUS-PA-Segmente zusammen bilden ein gemeinsames PROFIBUS-PA-Bussystem.

Der DP/PA-Koppler existiert in zwei Varianten: eine Nicht-Ex-Version mit max. 400 mA Ausgangsstrom und eine Ex-Version mit max. 100 mA Ausgangsstrom.

#### DP/PA-Link

Das DP/PA-Link ermöglicht die Verbindung von PA-Feldgeräten zu PROFIBUS-DP mit Übertragungsraten von 9,6 kBit/s bis 12 Mbit/s. Ein DP/PA-Link besteht aus einer Anschaltung IM 157 und aus bis zu 5 DP/PA-Kopplern, die über SIMATIC S7-Busverbinder miteinander verbunden sind. Es bildet das aus allen PROFIBUS-PA-Segmenten bestehende Bussystem auf einen PROFIBUS-DP-Slave ab. Pro DP/PA-Link dürfen Sie maximal 31 PA-Feldgeräte anschließen.

#### SIMATIC PDM

SIMATIC PDM (Process Device Manager, früher SIPROM) ist ein herstellerübergreifendes Werkzeug zur Parametrierung, Inbetriebnahme und Diagnose von intelligenten Feldgeräten mit PROFIBUS-PA- oder HART-Funktionalität.

Für die Parametrierung von HART-Meßumformern (Highway Adressable Remote Transducer) steht die Sprache DDL (Device Description Language) zur Verfügung.

SIMATIC PDM können Sie als „Stand-alone“-Version unter Windows 9x/NT betreiben oder als in STEP 7 integriertes Werkzeug.

### 1.2.5 Kopplung zum AS-Interface

#### Aktor-/Sensor-Interface

Das Aktor-/Sensor-Interface (AS-i) ist ein Vernetzungssystem für die unterste Prozeßebene in Automatisierungsanlagen. Ein AS-i-Master steuert bis zu 31 AS-i-Slaves über eine 2-Draht-AS-i-Leitung, die sowohl die Steuersignale als auch die Versorgungsspannung überträgt. AS-i-Slaves können busfähige Aktoren oder Sensoren sein oder es sind AS-i-Module, an die bis zu 8 binäre („normale“) Aktoren bzw. Sensoren angeschlossen werden.

Ein AS-i-Segment kann bis zu 100 m lang sein; mit einem Repeater (AS-i-Slaves und AS-i-Netzgeräte auf beiden Seiten) oder einem Extender (AS-i-Slaves und AS-i-Netzgerät nur auf der dem AS-i-Master abgewandten Seite) kann ein Segment um bis zu 2 mal 100 m verlängert werden.

#### AS-i-Master

Der AS-i-Master aktualisiert in max. 5 ms seine Daten und die Daten aller angeschlossenen AS-i-Slaves. Den AS-i-Bus können sie mit dem CP 342-2 direkt an SIMATIC S7 anschließen oder an PROFIBUS-DP mit einem DP/AS-Interface-Link (Bild 1.5).

Der **AS-i-Master CP 342-2** kann in einer S7-300-Station oder in einer ET-200M-Station eingesetzt werden. Er unterstützt zwei Betriebsarten:

Im *Standardbetrieb* verhält sich der CP 342-2 wie ein E/A-Baugruppe. Er belegt 16 Eingangs- und 16 Ausgangsbyte im Analogadreßraum (ab 128 aufwärts). Die Parametrierung der AS-i-Slaves erfolgt mit im CP gespeicherten Defaultwerten.

Im *Erweiterten Betrieb* steht der volle Funktionsumfang entsprechend der AS-i-Masterspe-

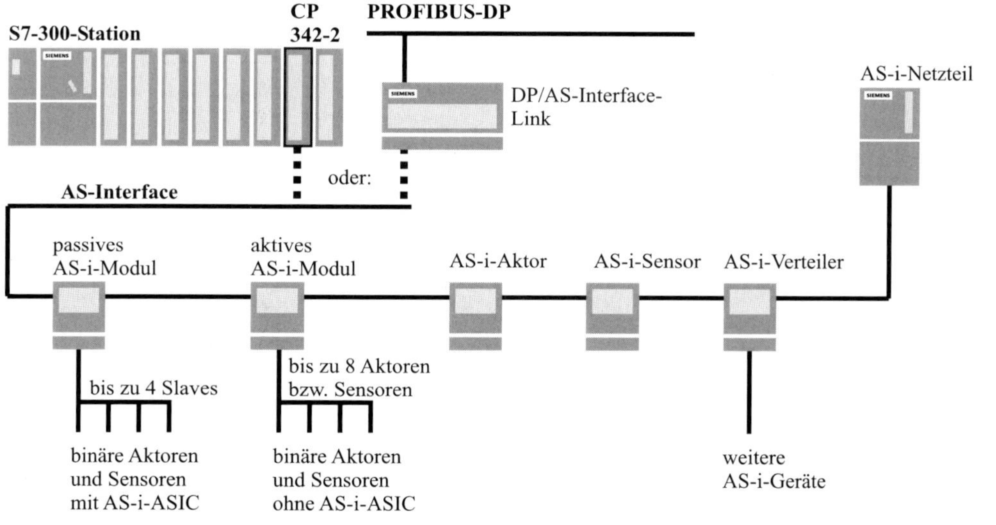


**Bild 1.5** Ankopplung des AS-i-Bussystems an SIMATIC S7

zifikation zur Verfügung. Bei Verwendung des mitgelieferten FC-Bausteins können zusätzlich zum Standardbetrieb auch Masteraufrufe vom Anwenderprogramm aus durchgeführt werden (Übertragung von Parametern während des laufenden Betriebs, Prüfung der Soll-/Ist-Konfiguration, Test und Diagnose).

Ein **DP/AS-Interface-Link** ermöglicht die Verbindung von AS-i-Aktoren und AS-i-Sensoren zu PROFIBUS-DP. Am PROFIBUS-DP ist das Link ein modularer DP-Slave, am AS-Interface ist es AS-i-Master, der bis zu 31 AS-i-Slaves steuern kann. Ein DP/AS-Interface-Link belegt bei maximal 31 AS-i-Slaves 16 Eingangsbytes und 16 Ausgangsbytes. Die Übertragungsrate kann bis zu 12 MBit/s betragen.

Das DP/AS-Interface-Link gibt es in zwei Ausführungen: das robuste DP/AS-Interface-Link 65 mit Schutzart IP 66/67 und das DP/AS-Interface-Link 20 mit Schutzart IP 20, einstellbar mit zusätzlicher Kommandoschnittstelle, so daß sich der Ein- und Ausgangsbereich auf jeweils 20 Bytes erhöht.

### 1.2.6 Kopplung zu einer seriellen Schnittstelle

Das **PROFIBUS-DP/RS 232C-Link** ist ein Umsetzer zwischen einer RS 232C (V.24)-Schnittstelle und PROFIBUS-DP. Geräte mit einer RS 232C-Schnittstelle können mit dem DP/RS 232C-Link an PROFIBUS-DP gekoppelt werden. Das DP/RS 232C-Link unterstützt die Prozeduren 3964 R und freies ASCII-Protokoll.

Das PROFIBUS-DP/RS 232C-Link wird über eine Punkt-zu-Punkt-Verbindung mit dem Gerät verbunden. Im PROFIBUS-DP/RS 232C-Link erfolgt die Umsetzung auf das PROFIBUS-DP-Protokoll. Die Daten werden in beiden Richtungen konsistent übertragen. Je Telegramm sind maximal 224 Byte Nutzdaten übertragbar.

Die Übertragungsrate am PROFIBUS-DP kann max. 12 MBit/s betragen; RS 232C kann bis max. 38,4 kBit/s betrieben werden mit keiner, gerader oder ungerader Parität, 8 Datenbits, 1 Stoppbit.

## 1.3 Kommunikation

Die Kommunikation – der Datenaustausch zwischen programmierbaren Baugruppen – ist integrierter Bestandteil bei SIMATIC S7. Fast alle Kommunikationsfunktionen laufen über das Betriebssystem. Schon ohne zusätzliche Baugruppen, mit nur einem Verbindungskabel zwischen zwei CPU-Baugruppen, können Sie Daten austauschen (lassen). Mit CP-Baugruppen erschließen Sie sich leistungsfähige Netzverbindungen und die Möglichkeit, auch zu Fremdsystemen zu koppeln.

SIMATIC NET ist der Oberbegriff für die Kommunikation in der SIMATIC. Er steht für den Informationsaustausch zwischen Automatisierungsgeräten untereinander und zu Bedien- und Beobachtungsgeräten. Hierbei stehen – je nach Leistungsanforderung – verschiedene Kommunikationswege zur Verfügung.

### 1.3.1 Einführung

Das Bild 1.6 zeigt die wichtigsten Objekte der Kommunikation. Das sind zuerst SIMATIC-Stationen oder Fremdgeräte, zwischen denen Sie Daten austauschen wollen. Hierbei benötigen Sie „kommunikationsfähige" Baugruppen. Bei SIMATIC S7 haben alle CPUs eine MPI-Schnittstelle, über die sie die Kommunikation abwickeln können.

Zusätzlich stehen Kommunikationsprozessoren (CP-Baugruppen) zur Verfügung, die den Datenaustausch mit höherem Datendurchsatz und mit anderen Protokollen ermöglichen. Diese kommunikationsfähigen Baugruppen müssen Sie miteinander über Netze verbinden. Ein Netz ist die hardwaremäßige Verbindung zwischen den Kommunikationsteilnehmern.

Der Datenaustausch wird über eine „Verbindung" nach einem bestimmten Ablaufschema („Kommunikationsdienst") ausgeführt, dem u.a. ein bestimmtes Koordinierungsverfahren („Protokoll") zugrunde liegt. Zwischen kommunikationsfähigen S7-Baugruppen ist z.B. die S7-Verbindung der Standard.

#### Netz

Ein Netz ist der Verbund von mehreren Geräten zum Zwecke der Kommunikation. Es besteht

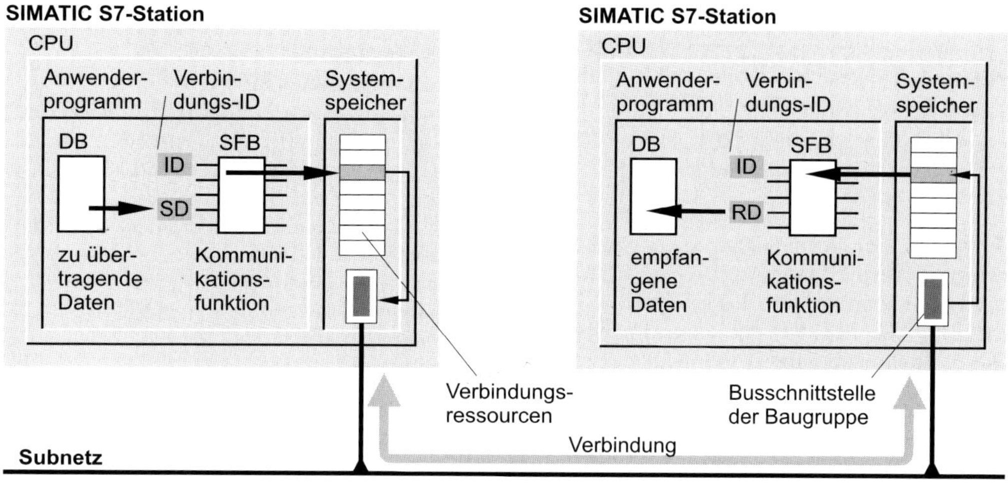


**Bild 1.6** Datenaustausch zwischen zwei SIMATIC S7-Stationen

aus einem oder mehreren miteinander verknüpften Subnetzen gleicher oder unterschiedlicher Art.

### Subnetz

In einem Subnetz sind alle Kommunikationsteilnehmer zusammengefaßt, die durch eine Hardware-Verbindung mit einheitlichen physikalischen Eigenschaften und Übertragungsparametern, wie z.B. der Übertragungsrate, miteinander verbunden sind und über ein gemeinsames Übertragungsverfahren Daten austauschen. SIMATIC kennt als Subnetze MPI, PROFIBUS und Industrial Ethernet sowie die Punkt-zu-Punkt-Kopplung (PTP).

### Kommunikationsdienst

Ein Kommunikationsdienst legt fest, wie die Daten zwischen den Kommunikationsteilnehmern ausgetauscht werden und wie diese Daten zu behandeln sind. Er basiert auf einem Protokoll, das unter anderem das Koordinierungsverfahren zwischen den Kommunikationsteilnehmern beschreibt.

SIMATIC kennt die Dienste: S7-Funktionen, PROFIBUS-DP, PROFIBUS-FMS, PROFIBUS-FDL (SDA), ISO-Transport, ISO-on-TCP und Globaldaten-Kommunikation.

### Verbindung

Eine Verbindung definiert die Kommunikationsbeziehungen zwischen zwei Kommunikationsteilnehmern. Sie ist die logische Zuordnung zweier Teilnehmer zur Ausführung eines bestimmten Kommunikationsdienstes und beinhaltet auch spezielle Eigenschaften, wie z.B. die Art der Verbindung (dynamisch, statisch) und wie sie zustande kommt.

SIMATIC kennt die Verbindungstypen S7-Verbindung, S7-Verbindung (hochverfügbar), Punkt-zu-Punkt-Verbindung, FMS- und FDL-Verbindung, ISO-Transport-Verbindung, ISO-on-TCP- und TCP-Verbindung, UDP-Verbindung und E-Mail-Verbindung.

### Kommunikationsfunktionen

Die Kommunikationsfunktionen sind die Schnittstelle im Anwenderprogramm zum Kommunikationsdienst. Für SIMATIC S7-interne Kommunikation sind die Kommunikationsfunktionen im Betriebssystem der CPU integriert und werden über Systembausteine aufgerufen. Für die Kommunikation zu Fremdgeräten über Kommunikationsprozessoren stehen ladbare Bausteine zur Verfügung.

**Übersicht Kommunikationsobjekte**

Die Tabelle 1.1 zeigt Ihnen die Beziehungen zwischen Subnetzen, kommunikationsfähigen Baugruppen und Kommunikationsdiensten.

### 1.3.2 Subnetze

Subnetze sind Kommunikationswege mit gleichen physikalischen Eigenschaften und gleichen Kommunikationsverfahren. Subnetze sind im SIMATIC Manager die zentralen Objekte für die Kommunikation.

Die Subnetze unterscheiden sich in ihrer Leistungsfähigkeit:

▷ MPI
kostengünstige Vernetzungsmöglichkeit von wenigen SIMATIC-Geräten mit kleinen Datenmengen.

▷ PROFIBUS
schneller Datenaustausch kleiner und mittlerer Datenmengen, im Schwerpunkt bei Dezentraler Peripherie eingesetzt

▷ Industrial Ethernet
Kommunikation zwischen Rechnern und Automatisierungsgeräten zum schnellen Austausch großer Datenmengen

▷ Punkt-zu-Punkt (PTP)
serielle Kopplung zwischen zwei Kommunikationspartnern mit besonderen Protokollen

**Tabelle 1.1** Kommunikationsobjekte

| Subnetz | Baugruppen | Kommunikationsdienst | Projektierung, Schnittstelle |
|---|---|---|---|
| MPI | alle CPUs | Globaldaten-Kommunikation | GD-Tabelle |
| | | stationsexterne S7-Basiskommunikation | SFC-Aufrufe |
| | | S7-Kommunikation (aktiv nur S7-400) | Verbindungstabelle, SFB-Aufrufe |
| PROFI-BUS | CPUs mit DP-Master | PROFIBUS-DP (Master, auch Slave möglich) | Hardware-Konfiguration, Ein-/Ausgänge, SFC-Aufrufe |
| | | stationsinterne S7-Basiskommunikation | SFC-Aufrufe |
| | IM 467 | PROFIBUS-DP (Master oder Slave) | Hardware-Konfiguration, Ein-/Ausgänge, SFC-Aufrufe |
| | | stationsinterne S7-Basiskommunikation | SFC-Aufrufe |
| | CP 342-5<br>CP 443-5 Extended | PROFIBUS-FDL<br>PROFIBUS-DP (Master oder Slave) | NCM, Verbindungstabelle, SEND/RECEIVE |
| | | stationsinterne S7-Basiskommunikation | SFC-Aufrufe |
| | | S7-Kommunikation (aktiv nur S7-400) | Verbindungstabelle, SFB-Aufrufe |
| | CP 343-5<br>CP 443-5 Basic | PROFIBUS-FMS<br>PROFIBUS-FDL | NCM, Verbindungstabelle, FMS-Schnittstelle, SEND/RECEIVE |
| | | stationsinterne S7-Basiskommunikation | SFC-Aufrufe |
| | | S7-Kommunikation (aktiv nur S7-400) | Verbindungstabelle, SFB-Aufrufe |
| Industrial Ethernet | CP 343-1<br>CP 443-1 | Transportprotokoll ISO und TCP/IP | NCM, Verbindungstabelle, SEND/RECEIVE |
| | | S7-Kommunikation (aktiv nur S7-400) | Verbindungstabelle, SFB-Aufrufe |
| | CP 343-1 IT<br>CP 443-1 IT | Transportprotokoll ISO und TCP/IP<br>IT-Kommunikation | NCM, Verbindungstabelle, SEND/RECEIVE |
| | | S7-Kommunikation (aktiv nur S7-400) | Verbindungstabelle, SFB-Aufrufe |

NCM ist die Projektierungssoftware für die CP-Baugruppen; NCM gibt es für PROFIBUS und für Industrial Ethernet.

Ab STEP 7 V5 können Sie mit einem Programmiergerät SIMATIC S7-Stationen über Subnetzgrenzen hinweg erreichen, z.B. zum Programmieren oder Parametrieren. Der Übergang zwischen den Subnetzen muß in einer „routingfähigen" S7-Station liegen.

### MPI

Jede Zentralbaugruppe bei SIMATIC S7 hat eine „mehrpunktfähige Schnittstelle" (MPI, Multi Point Interface). Sie ermöglicht den Aufbau eines Subnetzes, in dem Zentralbaugruppen, Bedien- und Beobachtungsgeräte und Programmiergeräte untereinander Daten austauschen können. Der Datenaustausch wird über ein Siemens-eigenes Protokoll abgewickelt.

MPI verwendet als Übertragungsmedium entweder eine geschirmte Zweidrahtleitung oder einen Lichtwellenleiter aus Glas bzw. Kunststoff. Die Leitungslänge in einem Bussegment kann bis zu 50 m betragen. Sie läßt sich erhöhen durch dazwischen geschaltete RS485-Repeater (bis zu 1100 m) bzw. Optical Link Moduls (bis > 100 km). Die Übertragungsrate beträgt in der Regel 187,5 kBit/s.

Die maximale Teilnehmeranzahl ist 32. Jeder Teilnehmer erhält für eine bestimmte Zeit Zugriff auf den Bus und darf Datentelegramme senden. Nach dieser Zeit gibt er die Zugriffsberechtigung an den nächsten Teilnehmer weiter (Zugriffsverfahren „Token Passing").

Über ein MPI-Subnetz können Sie mit der Globaldaten-Kommunikation, mit der stationsexternen S7-Basiskommunikation oder der S7-Kommunikation Daten zwischen CPUs austauschen. Es werden keine zusätzlichen Baugruppen benötigt.

### PROFIBUS

PROFIBUS steht für „Process Field Bus" und ist ein herstellerunabhängiger Standard nach EN 50170 Volume 2 für die Vernetzung von Feldgeräten.

Als Übertragungsmedium wird eine geschirmte Zweidrahtleitung oder ein Lichtwellenleiter aus Glas bzw. Kunststoff verwendet. Die Leitungslänge in einem Bussegment ist von der Übertragungsrate abhängig; sie beträgt 100 m bei der größten Übertragungsrate (12 MBit/s) und 1000 m bei der kleinsten (9,6 kBit/s). Die Netzausdehnung kann mit Repeatern bzw. Optical Link Moduls vergrößert werden.

Die maximale Teilnehmeranzahl ist 127; es wird zwischen aktiven und passiven Teilnehmern unterschieden. Ein aktiver Teilnehmer erhält für eine bestimmte Zeit Zugriff auf den Bus und darf Datentelegramme senden. Nach dieser Zeit gibt er die Zugriffsberechtigung an den nächsten aktiven Teilnehmer weiter (Zugriffsverfahren „Token Passing"). Sind einem aktiven Teilnehmer (Master) passive Teilnehmer (Slaves) zugeordnet, so führt der Master, während er die Zugriffsberechtigung hat, den Datenaustausch mit den ihm zugeordneten Slaves durch. Ein passiver Teilnehmer erhält keine Zugriffberechtigung.

Über ein PROFIBUS-Subnetz realisieren Sie die Ankopplung der Dezentralen Peripherie; der dazugehörende Kommunikationsdienst PROFIBUS-DP ist implizit enthalten. Sie können CPUs mit integriertem oder steckbarem DP-Master oder entsprechende CP-Baugruppen verwenden. Über dieses Netz können Sie auch stationsinterne S7-Basiskommunikation oder S7-Kommunikation betreiben.

Mit entsprechenden CP-Baugruppen übertragen Sie Daten mit PROFIBUS-FMS und PROFIBUS-FDL. Als Schnittstelle zum Anwenderprogramm gibt es ladbare Bausteine (FMS-Schnittstelle bzw. SEND/RECEIVE-Schnittstelle).

### Industrial Ethernet

Industrial Ethernet ist das Subnetz für den Verbund von Rechnern und Automatisierungsgeräten mit Einsatzschwerpunkt im industriellen Bereich, definiert durch den internationalen Standard IEEE 802.3.

Die physikalische Verbindung ist elektrisch eine zweifach geschirmte Koaxialleitung oder eine „Industrial Twisted Pair" Verkabelung und optisch ein Glas-Lichtwellenleiter. Bei elektrischer Vernetzung beträgt die Ausdehnung 1,5 km, bei optischer Vernetzung 4,5 km. Die Übertragungsrate ist auf 10 MBit/s festgelegt.

Es können mehr als 1000 Teilnehmer mit Industrial Ethernet vernetzt werden. Jeder Teilnehmer prüft vor einem Netzzugriff, ob gerade ein anderer Teilnehmer Daten sendet. Ist das der Fall, wird eine zufallsabhängige Zeit gewartet, bevor ein neuer Netzzugriff versucht wird (Zugriffsverfahren CSMA/CD). Alle Teilnehmer sind gleichberechtigt.

Auch über Industrial Ethernet können Sie mit der S7-Kommunikation Daten austauschen und die S7-Funktionen nutzen. Sie benötigen für Industrial Ethernet entsprechende CP-Baugruppen und können dann auch ISO-Transport- bzw. ISO-on-TCP-Verbindungen aufbauen und mit der SEND/RECEIVE-Schnittstelle steuern.

### Punkt-zu-Punkt-Kopplung

Eine Punkt-zu-Punkt-Kopplung (PTP, point to point) ermöglicht den Datenaustausch über eine serielle Verbindung. Eine Punkt-zu-Punkt-Kopplung wird im SIMATIC Manager als Subnetz behandelt und ähnlich projektiert.

Das Übertragungsmedium ist ein elektrisches Kabel mit schnittstellenabhängiger Belegung. Als Schnittstellen stehen RS 232C (V.24), 20 mA (TTY) und RS 422/485 zur Verfügung. Die Übertragungsrate liegt im Bereich von 300 Bit/s bis maximal 19,2 kBit/s bei 20 mA-Schnittstelle bzw. 76,8 kBit/s bei RS 232C und RS 422/485. Die Leitungslänge ist abhängig von der Schnittstellenphysik und der Übertragungsrate; sie beträgt 10 m bei RS 232C, 1000 m bei 20 mA-Schnittstelle mit 9,6 kBit/s und 1200 m bei RS 422/485 mit 19,2 kBit/s.

Als Protokolle (Prozeduren) stehen 3964 (R), RK 512, Druckertreiber und ein ASCII-Treiber zur Verfügung, der das Definieren einer eigenen Prozedur ermöglicht.

### AS-Interface

Das AS-Interface (Aktor-/Sensor-Interface, AS-i) vernetzt entsprechend ausgelegte binäre Sensoren und Aktoren nach der AS-Interface-Spezifikation IEC TG 178. Im SIMATIC Manager taucht das AS-Interface nicht als Subnetz auf; lediglich der AS-i-Master wird mit der Hardware-Konfiguration bzw. mit der Netzkonfiguration projektiert.

Das Übertragungsmedium ist eine ungeschirmte Zweidrahtleitung, die die Aktoren und Sensoren sowohl mit Daten als auch mit Spannung versorgt (Netzteil erforderlich). Die Netzausdehnung kann mit Repeater bis zu 300 m betragen. Die Übertragungsrate ist auf 167 kBit/s festgelegt.

Ein Master steuert bis zu 31 Slaves durch zyklisches Abfragen und gewährleistet so eine definierte Reaktionszeit.

## 1.3.3 Kommunikationsdienste

Der Datenaustausch über die Subnetze wird – je nach gewählter Verbindung – von verschiedenen Kommunikationsdiensten gesteuert. Diese Dienste werden mit folgenden Schwerpunkten eingesetzt:

Die **S7-Funktionen** sind der zentrale Kommunikationsdienst bei SIMATIC. Sie sind weitgehend im Betriebssystem der CPU integriert und steuern die Kommunikation zwischen Zentralbaugruppen, Bedien- und Beobachtungsgeräten und Programmiergeräten. Die Funktionen in der Übersicht:

▷ PG-Funktionen: Test-, Inbetriebnahme- und Servicefunktionen. Wird z.B. von einem PG genutzt, um die Funktion „Variablen beobachten“ oder „Diagnosepuffer lesen“ auszuführen oder um Anwenderprogramme zu laden.

▷ B&B-Funktionen: Bedien- und Beobachtungsfunktionen; werden z.B. von angeschlossenen OPs genutzt, um Variablen zu lesen und zu schreiben

▷ S7-Kommunikation: ist ein ereignisgesteuerter Dienst zum Austausch größerer Datenmengen, wird gestartet durch SFB-Aufrufe im Anwenderprogramm, mit Steuer- und Überwachungsfunktionen; statische, projektierte Verbindungen

▷ S7-Basiskommunikation: ist ein ereignisgesteuerter Dienst zum Austausch von bis zu 76 Bytes pro Übertragung, wird gestartet durch SFC-Aufrufe im Anwenderprogramm; dynamische, nicht projektierte Verbindungen

Die S7-Funktionen können über die Subnetze MPI, PROFIBUS und Industrial Ethernet ausgeführt werden.

Die **Globaldaten-Kommunikation** ermöglicht den Austausch von kleinen Datenmengen zwischen mehreren CPUs ohne zusätzlichen Programmieraufwand im Anwenderprogramm. Die Übertragung kann zyklisch oder ereignisgesteuert erfolgen.

Die Globaldaten-Kommunikation ist ein Broadcast-Verfahren; der Empfang der Daten wird nicht quittiert. Der Status der Kommunikation wird gemeldet.

Die Globaldaten-Kommunikation ist nur über den MPI-Bus bzw. den K-Bus möglich.

Mit **PROFIBUS-DP** erfolgt der Datenaustausch zwischen Master und Slaves bei Dezentraler Peripherie. Die Kommunikation ist transparent und genormt nach EN 50170 Volume 2. Mit diesem Dienst können SIMATIC S7-Slaves und DP-Norm-Slaves über ein PROFIBUS-Subnetz angesprochen werden.

**PROFIBUS-FMS** (Fieldbus Message Specification) bietet Dienste für die Übertragung von strukturierten Variablen (FMS-Variablen) nach EN 50170 Volume 2. Die Kommunikation erfolgt mit statischen Verbindungen ausschließlich über ein PROFIBUS-Subnetz.

**PROFIBUS-FDL** (Fieldbus Data Link) überträgt Daten mit der Funktion SDA (Send Data with Acknowledge), genormt nach EN 50170 Volume 2. Die Kommunikation erfolgt mit statischen Verbindungen. Mit PROFIBUS-FDL können z.B. Daten mit einer SIMATIC S5-Steuerung über ein PROFIBUS-Subnetz ausgetauscht werden.

Der Kommunikationsdienst **ISO-Transport** ermöglich die Datenübertragung nach ISO 8073 class 4. Die Kommunikation erfolgt über statische Verbindungen. Mit ISO-Transport können z.B. Daten mit einer SIMATIC S5-Steuerung über Industrial Ethernet ausgetauscht werden.

Der Kommunikationsdienst **ISO-on-TCP** entspricht dem Standard TCP/IP mit der Erweiterung RFC 1006. Die Kommunikation erfolgt mit statischen Verbindungen über Industrial Ethernet.

### 1.3.4 Verbindungen

Eine Verbindung ist je nach gewähltem Kommunikationsdienst entweder dynamisch oder statisch. Dynamische Verbindungen werden nicht projektiert; deren Auf- und Abbau geschieht ereignisgesteuert („Kommunikation über nichtprojektierte Verbindungen"). Es kann immer nur eine nichtprojektierte Verbindung zu einem Kommunikationspartner bestehen.

Statische Verbindungen werden in der Verbindungstabelle projektiert; sie werden im Anlauf aufgebaut und bleiben während der gesamten Programmbearbeitung bestehen („Kommunikation über projektierte Verbindungen"). Es können zu einem Kommunikationspartner mehrere Verbindungen parallel aufgebaut sein. Mit einem „Verbindungstyp" wählen Sie in der Netzkonfiguration den gewünschten Kommunikationsdienst aus (siehe Kapitel 2.4 „Netz projektieren").

Für die Globaldaten-Kommunikation und PROFIBUS-DP sowie für S7-Basiskommunikation bei den S7-Funktionen brauchen Sie mit der Netzkonfiguration keine Verbindung zu projektieren. Die Kommunikationspartner für die Globaldaten-Kommunikation legen Sie in der Globaldaten-Tabelle fest; bei PROFIBUS-DP und der S7-Basiskommunikation bestimmen Sie den Partner über die Teilnehmeradresse.

**Verbindungsressourcen**

Jede Verbindung benötigt auf den beteiligten Kommunikationspartnern Verbindungsressourcen für den Endpunkt der Verbindung bzw. für den Übergangspunkt in einer CP-Baugruppe. Werden beispielsweise S7-Funktionen über die MPI-Schnittstelle der CPU ausgeführt, wird in der CPU eine Verbindung belegt; dieselben Funktionen über die MPI-Schnittstelle der CP-Baugruppe belegt sowohl in der CP-Baugruppe als auch in der CPU je eine Verbindung.

Jede CPU hat eine ihr spezifische Anzahl an möglichen Verbindungen. Grundsätzlich ist eine Verbindung für ein PG reserviert und eine Verbindung für ein OP (diese können nicht anderweitig verwendet werden).

Auch für die „nichtprojektierten Verbindungen" bei der S7-Basiskommunikation werden temporär Verbindungsressourcen benötigt.

## 1.4 Baugruppenadressen

### 1.4.1 Signalweg

Mit der Verdrahtung Ihrer Maschine oder Anlage legen Sie fest, welche Signale wo an das Automatisierungsgerät angeschlossen werden (Bild 1.7).

Ein Eingangssignal, z.B. das Signal vom Taster +HP01-S10 mit der Bedeutung „Motor einschalten“, wird auf eine Eingabebaugruppe geführt, wo es an einer bestimmten Klemme angeschlossen wird. Diese Klemme hat eine „Adresse“, die Peripherieadresse (z.B. Byte 5 Bit 2).

Die CPU kopiert automatisch jedes Mal vor Beginn der Programmbearbeitung das Signal von der Eingabebaugruppe in das Eingangs-Prozeßabbild, wo es dann als Operand „Eingang“ (z.B. E 5.2) angesprochen wird. Der Ausdruck „E 5.2“ ist die absolute Adresse.

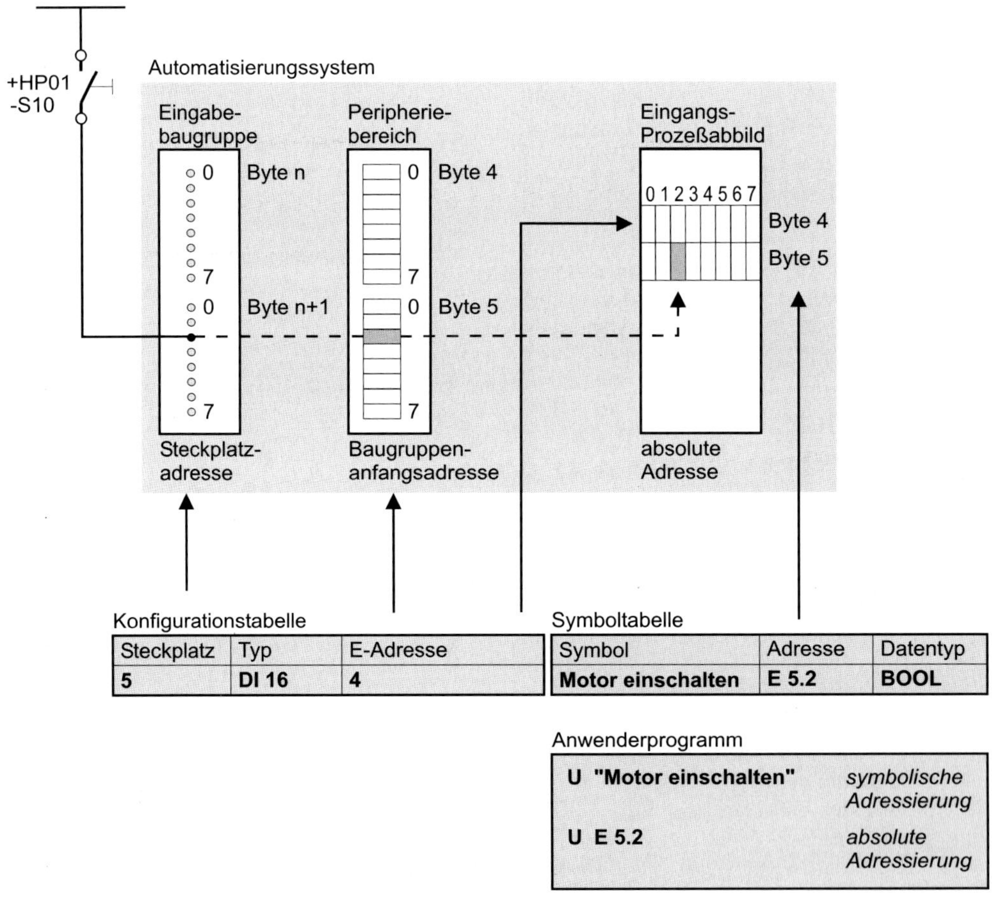


**Bild 1.7**
Zusammenhang zwischen Baugruppenadresse, Absolutadresse und Symboladresse
(Weg eines Signals vom Geber bis zur Abfrage im Programm)

Sie können nun diesem Eingang einen Namen geben, indem Sie in der Symboltabelle der absoluten Adresse ein alphanumerisches Symbol zuordnen, das der Bedeutung dieses Eingangssignals entspricht (z.B. „Motor einschalten“). Der Ausdruck „Motor einschalten“ ist die symbolische Adresse.

### 1.4.2 Steckplatzadresse

Jeder Steckplatz hat im Automatisierungssystem (in einer S7-Station) eine feste Adresse. Diese Steckplatzadresse setzt sich zusammen aus der Nummer des Baugruppenträgers und der Nummer des Einbauplatzes. Eine Baugruppe ist über die Steckplatzadresse („geographische Adresse“) eindeutig bestimmt.

Befinden sich auf der Baugruppe Schnittstellenmodule, bekommt jedes Modul auf der Baugruppe zusätzlich eine Moduladresse. Auf diese Weise ist jedes binäre und analoge Signal und jeder serielle Anschluß im System eindeutig adressierbar.

Entsprechend haben auch Baugruppen der Dezentralen Peripherie eine „geographische“ Adresse. Die Nummer des DP-Mastersystems und die Stationsnummer ersetzen hier die Nummer des Baugruppenträgers.

Sie planen den Hardware-Aufbau einer S7-Station mit dem Werkzeug „Hardware-Konfiguration“ von STEP 7 entsprechend der physikalischen Anordnung der Baugruppen. Dieses Werkzeug gestattet auch das Einstellen der Baugruppenanfangsadressen und das Parametrieren der Baugruppen (siehe Kapitel 2.3 „Station konfigurieren“).

### 1.4.3 Baugruppenanfangsadresse

Zusätzlich zur Steckplatzadresse, die den Steckplatz definiert, hat jede Baugruppe eine Anfangsadresse, die den Platz im logischen Adreßraum (im Peripherie-Adreßvolumen) definiert. Das Peripherie-Adreßvolumen beginnt bei Adresse 0 und endet an einer CPU-spezifischen Obergrenze.

Die Baugruppenanfangsadresse ist bestimmend für das Ansprechen der Ein- und Ausgangssignale durch das Programm. Bei Digitalbaugruppen faßt man die einzelnen Signale (die einzelnen Bits) zu 8er-Bündeln zusammen, die man „Bytes“ nennt. Es gibt Baugruppen mit einem, zwei oder vier Bytes. Diese Bytes haben die Relativadressen 0, 1, 2 und 3; die Adressierung der Bytes beginnt an der Baugruppenanfangsadresse. Beispiel: Bei einer Digitalbaugruppe mit vier Bytes und mit der Anfangsadresse 8 werden die einzelnen Bytes mit den Adressen 8, 9, 10 und 11 angesprochen. Bei Analogbaugruppen heißen die einzelnen Analogsignale (Spannungen, Ströme) „Kanäle“, von denen jeder zwei Bytes beansprucht. Es gibt, je nach Bauform, Analogbaugruppen mit 2, 4, 8 oder 16 Kanälen entsprechend 4, 8, 16 oder 32 Bytes Adreßbereich.

Defaultmäßig vergibt die CPU beim Einschalten, wenn keine Soll-Konfiguration vorliegt, eine steckplatzorientierte Baugruppenanfangsadresse, die abhängig ist vom Baugruppentyp, vom Steckplatz und vom Baugruppenträger. Diese Baugruppenanfangsadresse entspricht dem (relativen) Byte 0 der Baugruppe. Sie erfahren diese Adresse aus der Hardware-Konfiguration.

Ab S7-315 und bei S7-400 können Sie diese Adresse ändern. Die wahlfreie Adressenbelegung gestattet es, die Anfangsadressen der Baugruppen innerhalb des zugelassenen Adreßvolumens selbst festzulegen. Zusätzlich besteht die Möglichkeit, für Ein- und Ausgänge einer gemischt belegten Digital- oder Analogbaugruppe unterschiedliche Anfangsadressen zu vergeben. FM- und CP-Baugruppen belegen in der Regel die gleiche Anfangsadresse bei Eingängen und bei Ausgängen.

Baugruppen (Stationen) der Dezentralen Peripherie belegen wie die zentral angeordneten Baugruppen je nach Ausführung eine bestimmte Anzahl Bytes im Peripherie-Adreßvolumen. Die Adressen der zentral angeordneten Baugruppen und die der Dezentralen Peripherie dürfen sich nicht überschneiden.

In der Regel werden die Digitalbaugruppen adressenmäßig im Prozeßabbild angeordnet, so daß deren Signalzustände automatisch aktualisiert werden und sie mit den Operandenbereichen „Eingang“ und „Ausgang“ angesprochen werden können. Analogbaugruppen, FM- und CP-Baugruppen erhalten eine Adresse, die nicht im Prozeßabbild liegt.

### 1.4.4 Diagnoseadresse

Entsprechend ausgelegte Baugruppen können Diagnosedaten liefern, die Sie in Ihrem Programm auswerten können. Haben zentral angeordnete Baugruppen eine Nutzdatenadresse (Baugruppenanfangsadresse), sprechen Sie beim Lesen der Diagnosedaten die Baugruppe über diese Adresse an. Haben die Baugruppen keine Nutzdatenadresse (z.B. Stromversorgungen) oder gehören sie zur Dezentralen Peripherie, gibt es für diesen Zweck eine Diagnoseadresse.

Die Diagnoseadresse ist immer eine Adresse im Peripherie-Eingangsbereich und belegt ein Byte. Die Nutzdatenlänge dieser Adresse ist Null; sollte sie im Prozeßabbild liegen, was durchaus zugelassen ist, wird sie von der CPU beim Aktualisieren des Prozeßabbilds nicht berücksichtigt.

STEP 7 vergibt automatisch die Diagnoseadresse absteigend von der höchst möglichen Peripherieadresse beginnend. Sie können die Diagnoseadresse mit der Hardware-Konfiguration ändern.

Die Diagnosedaten können nur mit speziellen Systemfunktionen gelesen werden; ein Zugriff mit Ladeanweisungen auf diese Adresse bleibt wirkungslos (siehe auch Kapitel 20.4.1 „Dezentrale Peripherie adressieren").

### 1.4.5 Adressen für Busteilnehmer

#### Teilnehmeradresse, Stationsnummer

Jede DP-Station (z.B. DP-Master, DP-Slave, Programmiergerät) am PROFIBUS hat zusätzlich eine Teilnehmeradresse, mit der sie eindeutig am Bus angesprochen werden kann.

#### MPI-Adresse

Baugruppen, die Teilnehmer am MPI-Netz sind (CPUs, FM- und CP-Baugruppen), erhalten zusätzlich eine MPI-Adresse. Diese Adresse ist maßgebend für die Verbindung zu Programmiergeräten, die Verbindung zu Bedien- und Beobachtungsgeräten und für die Globaldaten-Kommunikation.

Beachten Sie, daß bei älteren Ausgabeständen der S7-300-CPUs die in der gleichen Station betriebenen FM- und CP-Baugruppen eine aus der MPI-Adresse der CPU abgeleitete MPI-Adresse erhalten.

Bei neueren S7-300-CPUs lassen sich die MPI-Adressen von FM- und CP-Baugruppen in der gleichen Station unabhängig von der MPI-Adresse der CPU festlegen.

Bei der CPU 318 liegen die Baugruppen mit MPI-Anschluß in einem eigenen Segment, so daß sie keine MPI-Adresse aufweisen. Sie werden vom Programmiergerät über Racknummer und Steckplatznummer adressiert.

## 1.5 Operandenbereiche

Die in jedem Automatisierungsgerät vorhandenen Operandenbereiche sind

- ▷ die Peripherie-Eingänge und -Ausgänge
- ▷ das Prozeßabbild für Ein- und Ausgänge
- ▷ der Merkerbereich
- ▷ die Zeit- und Zählfunktionen (siehe Kapitel 7 „Zeitfunktionen" und 8 „Zählfunktionen")
- ▷ der L-Stack (siehe Kapitel 18.1.5 „Temporäre Lokaldaten")

Hinzu kommen je nach Anwenderprogramm die Code- und Datenbausteine mit den bausteinlokalen Variablen.

### 1.5.1 Nutzdatenbereich

Bei SIMATIC S7 kann jede Baugruppe zwei Adreßbereiche haben: einen Nutzdatenbereich, der direkt mit Laden und Transferieren angesprochen werden kann, und einen Systemdatenbereich für die Übertragung der Datensätze.

Beim Ansprechen der Baugruppen spielt es keine Rolle, ob die Baugruppen in Baugruppenträgern mit zentralem Aufbau untergebracht sind, oder ob sie als Dezentrale Peripherie eingesetzt werden. Alle Baugruppen sind gleichermaßen im (logischen) Adreßvolumen angeordnet.

Die Nutzdateneigenschaften einer Baugruppe hängen vom Baugruppentyp ab. Bei Signalbaugruppen sind es digitale oder analoge Ein-/Ausgangssignale, bei Funktions- und Kommunikationsbaugruppen z.B. Steuer- und Statusinformationen. Die Anzahl der Nutzdaten ist baugruppenspezifisch. Es gibt Baugruppen, die ein, zwei, vier oder mehr Bytes in diesem Bereich belegen. Die Belegung beginnt immer beim relativen Byte 0. Die Adresse des Bytes 0 ist die Baugruppenanfangsadresse; sie ist in der Hardware-Konfiguration festgelegt.

Die Nutzdaten stellen den Operandenbereich Peripherie dar, unterteilt je nach Übertragungsrichtung in Peripherie-Eingänge PE und Peripherie-Ausgänge PA. Liegen die Adressen der Nutzdaten im Bereich der Prozeßabbilder, werden beim Aktualisieren der Prozeßabbilder die Daten zwischen den Baugruppen und den Prozeßabbildern ausgetauscht. Dann können die Nutzdaten auch als Eingänge (E) und als Ausgänge (A) angesprochen werden.

**Peripherie-Eingänge**

Sie verwenden den Operandenbereich Peripherie-Eingänge PE, wenn Sie von den Eingabebaugruppen Werte aus dem Nutzdatenbereich lesen. Ein Teil des Operandenbereichs PE führt auf das Prozeßabbild. Dieser Teil fängt immer bei der Peripherieadresse 0 an; die Länge des Bereichs ist CPU-spezifisch.

Mit dem direkten Lesen von der Peripherie können Sie Baugruppen ansprechen, deren Schnittstelle nicht auf das Eingangs-Prozeßabbild führt, wie z.B. Analogeingabe-Baugruppen. Auch die Signalzustände von Baugruppen, die auf das Eingangs-Prozeßabbild führen, können direkt gelesen werden. Es wird dann der augenblickliche Signalzustand der Eingabebits abgefragt. Beachten Sie, daß sich dieser Signalzustand von den entsprechenden Eingängen im Prozeßabbild unterscheiden kann, denn das Eingangs-Prozeßabbild wird bereits am Anfang der Programmbearbeitung aktualisiert.

Peripherie-Eingänge können die gleichen absoluten Adressen wie Peripherie-Ausgänge belegen.

**Peripherie-Ausgänge**

Sie verwenden den Operandenbereich Peripherie-Ausgänge PA, wenn Sie Werte zum Nutzdatenbereich der Ausgabebaugruppen schreiben. Ein Teil des Operandenbereichs PA führt auf das Prozeßabbild. Dieser Teil fängt immer bei der Peripherieadresse 0 an; die Länge des Bereichs ist CPU-spezifisch.

Mit dem direkten Schreiben zur Peripherie können Sie Baugruppen ansprechen, deren Schnittstelle nicht auf das Ausgangs-Prozeßabbild führt, wie z.B. Analogausgabe-Baugruppen. Auch die Signalzustände von Baugruppen, die vom Ausgangs-Prozeßabbild gesteuert werden, können direkt beeinflußt werden. Es ändert sich dann sofort der Signalzustand der Baugruppenbits. Beachten Sie, daß das direkte Schreiben zur Peripherie die Signalzustände der entsprechenden Baugruppen im Ausgangs-Prozeßabbild nachführt! Auf diese Weise tritt keine Differenz zwischen dem Ausgangs-Prozeßabbild und den Signalzuständen auf den Ausgabebaugruppen auf.

Peripherie-Ausgänge können die gleichen absoluten Adressen wie Peripherie-Eingänge belegen.

### 1.5.2 Prozeßabbild

Das Prozeßabbild enthält das Abbild der Digitaleingabe- und Digitalausgabe-Baugruppen und gliedert sich dementsprechend in ein Eingangs-Prozeßabbild und ein Ausgangs-Prozeßabbild. Das Eingangs-Prozeßabbild sprechen Sie über den Operandenbereich Eingänge E an, das Ausgangs-Prozeßabbild über den Operandenbereich Ausgänge A. In der Regel wird über die Eingänge und die Ausgänge die Maschine oder der Prozeß gesteuert.

Das Prozeßabbild kann in einzelne Teilprozeßabbilder aufgeteilt werden, die entweder automatisch oder durch das Anwenderprogramm aktualisiert werden können. Weitere Informationen hierzu siehe Kapitel 20.2.1 „Prozeßabbild-Aktualisierung“.

Die nicht mit Baugruppen belegten Adressen des Prozeßabbilds können Sie bei S7-300-CPUs und, ab Lieferdatum 10/98, auch bei S7-400-CPUs als zusätzlichen Speicherbereich ähnlich dem Merkerbereich verwenden. Dies gilt sowohl für das Prozeßabbild der Eingänge als auch für das der Ausgänge.

Bei entsprechend ausgelegten CPUs, z.B. bei der CPU 417, kann die Größe des Prozeßabbilds parametriert werden. Wenn Sie das Prozeßabbild vergrößern, verringern Sie in gleichem Maß die Größe des Arbeitsspeichers. Nach einer Änderung des Prozeßabbildumfangs führt die CPU eine Initialisierung des Arbeitsspeichers durch, was in den Auswirkungen einem Kaltstart entspricht.

### Eingänge

Ein Eingang ist das Abbild des entsprechenden Bits auf der Digitaleingabe-Baugruppe. Die Abfrage eines Eingangs ist gleichbedeutend mit der Abfrage des Bits direkt auf der Baugruppe. Das Betriebssystem der CPU kopiert in jedem Programmzyklus vor der Programmbearbeitung den Signalzustand von der Baugruppe zum Eingangs-Prozeßabbild.

Die Einführung eines Eingangs-Prozeßabbilds hat mehrere Vorteile:

▷ Eingänge können bitweise abgefragt und verknüpft werden, Peripheriebits dagegen können nicht direkt adressiert werden.

▷ Die Abfrage eines Eingangs geht wesentlich schneller vor sich als das Ansprechen einer Eingabebaugruppe, z.B. entfallen die Einschwingzeiten am Peripheriebus, die Antwortzeiten des Systemspeichers sind kürzer als die Antwortzeiten der Baugruppe. Das Programm wird dadurch schneller bearbeitet.

▷ Der Signalzustand eines Eingangs ist über den ganzen Programmzyklus hinweg gleich (Datenkonsistenz während eines Programmzyklus). Wenn sich ein Bit auf einer Eingabebaugruppe ändert, wird die Änderung des Signalzustands am Anfang des nächsten Programmzyklus an den Eingang übertragen.

▷ Eingänge können auch gesetzt und rückgesetzt werden, da sie in einem Schreib-Lese-Speicher abgelegt sind. Digitaleingabe-Baugruppen können nur gelesen werden. Das Setzen der Eingänge kann während des Programmtests oder der Inbetriebsetzung Geberzustände simulieren und damit die Erprobung des Programms vereinfachen.

Diesen Vorteilen gegenüber steht eine erhöhte Reaktionszeit des Programms, näheres hierzu siehe Kapitel 20.2.4 „Reaktionszeit“.

### Ausgänge

Ein Ausgang stellt das Abbild des entsprechenden Bits auf der Digitalausgabe-Baugruppe dar. Das Setzen eines Ausgangs ist gleichbedeutend mit dem Setzen des Bits direkt auf der Baugruppe. Das Kopieren des Signalzustands vom Ausgangs-Prozeßabbild zur Baugruppe übernimmt das Betriebssystem der CPU.

Die Einführung eines Ausgangs-Prozeßabbilds hat mehrere Vorteile:

▷ Ausgänge können bitweise gesetzt und rückgesetzt werden, Peripheriebits dagegen können nicht direkt adressiert werden.

▷ Das Setzen eines Ausgangs geht wesentlich schneller vor sich als das Ansprechen einer Ausgabebaugruppe, z.B. entfallen die Einschwingzeiten am Peripheriebus; die Antwortzeiten des Systemspeichers sind kürzer als die Antwortzeiten der Baugruppe. Das Programm wird dadurch schneller bearbeitet.

▷ Ein mehrfacher Signalzustandswechsel eines Ausgangs während eines Programmzyklus wirkt sich nicht auf das Bit auf der Ausgabebaugruppe aus. Es wird der Signalzustand des Ausgangs, den er am Ende des Programmzyklus hat, zur Baugruppe übertragen.

▷ Ausgänge können auch abgefragt werden, da sie in einem Schreib-Lese-Speicher abgelegt sind. Digitalausgabe-Baugruppen können nur geschrieben werden. Das Abfragen und Verknüpfen der Ausgänge spart die zusätzliche Speicherung der abzufragenden Ausgabebits.

Den Vorteilen gegenüber steht eine erhöhte Reaktionszeit des Programms. Im Kapitel 20.2.4 „Reaktionszeit“ steht, wie die Reaktionszeit einer speicherprogrammierbaren Steuerung zustande kommt.

### 1.5.3 Merker

Die Merker sind sozusagen die „Hilfsschütze“ der Steuerung. Sie dienen vorwiegend zum Speichern von binären Signalzuständen. Sie können wie Ausgänge behandelt werden, führen jedoch nicht „nach außen“. Die Merker liegen im Systemspeicher der CPU; sie sind somit immer verfügbar. Die Anzahl der Merker ist CPU-spezifisch.

Merker werden verwendet, wenn Zwischenergebnisse über Bausteingrenzen hinweg Gültigkeit haben und in mehreren Bausteinen bearbeitet werden. Für das Speichern von Zwischenergebnissen stehen – außer den Daten in Global-Datenbausteinen – zusätzlich zur Verfügung

- ▷ die temporären Lokaldaten, die in allen Bausteinen vorhanden sind und deren Werte nur für den aktuellen Aufruf des Bausteins Gültigkeit haben, und
- ▷ die statischen Lokaldaten, die nur in Funktionsbausteinen vorhanden sind und deren Werte über mehrere Aufrufe hinweg ihre Gültigkeit behalten.

#### Remanente Merker

Einen Teil der Merker können Sie „remanent“ einstellen, d.h. dieser Teil behält dann seinen Signalzustand auch im spannungslosen Zustand bei. Die Remanenz beginnt immer mit dem Merkerbyte 0 und endet an der eingestellten Obergrenze. Die Remanenz stellen Sie bei der Parametrierung der CPU ein. Weitere Informationen finden Sie im Kapitel 22.2.3 „Remanenzverhalten“.

#### Taktmerker

Viele Vorgänge in der Steuerung benötigen ein periodisches Signal. Dies kann mit Zeitfunktionen (Taktgeber), Weckalarmen (zeitgesteuerte Programmbearbeitung) oder auf besonders einfache Weise mit Taktmerkern realisiert werden.

Taktmerker sind Merker, deren Signalzustand sich periodisch mit einem Puls-Pausen-Verhältnis 1:1 ändert. Die Taktmerker sind in einem Byte zusammengefaßt, dessen einzelne Bits festgelegten Frequenzen entsprechen (Bild 1.8). Die Nummer des Taktmerkerbytes legen Sie bei der Parametrierung der CPU fest. Beachten Sie, daß die Aktualisierung der Taktmerker asynchron zur Bearbeitung des Hauptprogramms erfolgt.

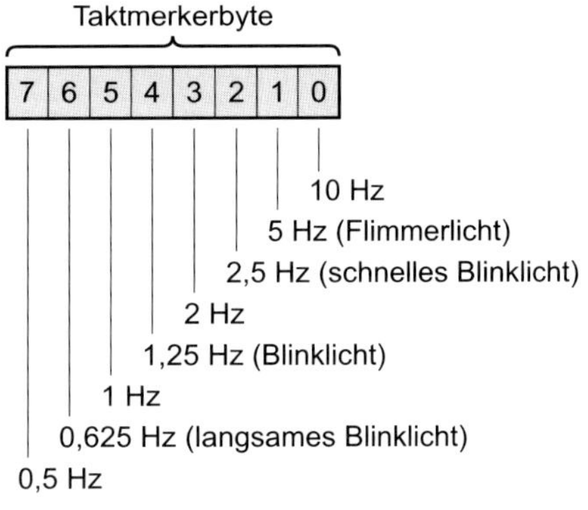


**Bild 1.8** Belegung des Taktmerkerbytes

# 2 Programmiersoftware STEP 7

## 2.1 STEP 7 Basis

Dieses Kapitel beschreibt die Anwendung des Basispakets STEP 7 Version 5.1. Nachdem Sie im ersten Kapitel eine Übersicht über die Eigenschaften des Automatisierungssystems erhalten haben, können Sie hier nachlesen, wie diese Eigenschaften eingestellt werden.

Das Basispaket enthält die Programmiersprachen Anweisungsliste (AWL), Kontaktplan (KOP) und Funktionsplan (FUP). Neben dem Basispaket sind Optionspakete erhältlich, wie z.B. S7-SCL (Structured Control Language), S7-GRAPH (Ablaufkettenprojektierung), S7-HiGraph (Zustandsgraph).

### 2.1.1 Installation

STEP 7 V5 ist eine 32-Bit-Applikation, die unter folgenden Betriebssystemen läuft: MS Windows 95 (ab Version 4.00.95a), MS Windows 98, MS Windows ME, MS Windows NT (ab Version 4.00.1381) und MS Windows 2000 (mit Service Pack 1). Zum Installieren von STEP 7 benötigen Sie bei MS Windows NT und MS Windows 2000 Administrationsrechte.

Möchten Sie mit STEP 7 zügig arbeiten oder bearbeiten Sie große Projekte mit z.B. mehreren hundert Baugruppen, sollten Sie ein Programmiergerät oder einen PC mit der zur Zeit gängigen Leistungsfähigkeit verwenden.

STEP 7 V5 belegt für eine Sprache (z.B. Deutsch) je nach Betriebssystem und verwendetem Filesystem ca. 200 bis 380 MB auf der Festplatte. Zusätzlich ist eine Auslagerungsdatei erforderlich, deren Größe etwa 128 bis 256 MB abzüglich Hauptspeicherausbau beträgt.

Auf dem Laufwerk, auf dem Ihre Projektdaten liegen, sollten Sie für ausreichend freien Speicherplatz sorgen. Bei bestimmten Operationen, z.B. beim Kopieren eines Projekts, kann sich der benötigte Speicherplatz erhöhen. Falls nicht genügend Platz für die Auslagerungsdatei vorhanden ist, kann es zu Fehlfunktionen, z.B. zu Programmabstürzen, kommen. Es wird empfohlen, die Projektdaten nicht auf dem Laufwerk abzulegen, auf dem sich die Windows-Auslagerungsdatei befindet.

Die Installation erfolgt mit dem SETUP-Programm auf der CD, bzw. STEP 7 ist auf dem PG bereits ab Werk installiert. Die CD enthält zusätzlich zu STEP 7 unter anderem das Programm für die Autorisierung (siehe unten), die NCM-Programme für die Projektierung von CP-Baugruppen und die elektronischen Handbücher zu STEP 7 mit dem Leseprogramm Acrobat Reader V3.01.

Für die Nutzung der Online-Hilfe ist der MS Internet Explorer in der Version V4.01 mit mindestens Service Pack 1 oder in der Version V5.0 (Minimal-Installation ist ausreichend) erforderlich.

Für die Online-Verbindung wird eine MPI-Schnittstelle benötigt, die in den Programmiergeräten bereits eingebaut ist. Bei einem PC muß die MPI-Baugruppe nachgerüstet werden. Wenn Sie mit einem PC Memory Cards oder Micro Memory Cards bearbeiten wollen, brauchen Sie einen entsprechenden Prommer.

STEP 7 V5 ist „multiuserfähig“, d.h. Sie können von mehreren Arbeitsplätzen ein Projekt, das z.B. auf einem zentralen Server liegt, gleichzeitig bearbeiten. Die Einstellungen hierzu nehmen Sie in der Windows Systemsteuerung mit dem Programm „SIMATIC Arbeitsplatz“ vor. Im aufgeblendeten Dialogfeld können Sie den Arbeitsplatz als Einzelplatz oder als Mehrplatzsystem mit den verwendeten Protokollen parametrieren.

Die Deinstallation von STEP 7 führen Sie, wie in MS Windows üblich, mit dem Programm „Software“ in der Windows Systemsteuerung durch.

### 2.1.2 Autorisierung

Zum Betreiben von STEP 7 benötigen Sie eine Autorisierung (Nutzungsberechtigung). Diese wird auf einer Diskette mitgeliefert. Nach der Installation von STEP 7 werden Sie zur Autorisierung aufgefordert, falls sich noch keine Autorisierung auf der Festplatte befindet. Sie können die Autorisierung auch zu einem späteren Zeitpunkt nachholen.

Sie können die Autorisierung auch auf ein anderes Gerät übertragen, indem Sie die Autorisierung wieder zurück auf die (Original-) Autorisierungsdiskette holen und danach auf das neue Gerät übertragen.

Geht Ihnen die Autorisierung z.B. durch einen Festplattendefekt verloren, können Sie auf die zeitlich begrenzte Notautorisierung zurückgreifen, bis Sie eine neue Autorisierung beschafft haben. Die Notautorisierung befindet sich ebenfalls auf der mitgelieferten Autorisierungsdiskette.

### 2.1.3 SIMATIC Manager

Der SIMATIC Manager ist das zentrale Werkzeug in STEP 7; Sie finden sein Symbol auf der Windows-Oberfläche.

Ein Doppelklick auf das Symbol startet den SIMATIC Manager.

Beim ersten Aufrufen wird der Projekt-Assistent angezeigt, mit dem auf einfache Weise neue Projekte angelegt werden. Sie können ihn mit dem Kontrollkästchen „Assistent beim Start von SIMATIC Manager anzeigen“ und der Schaltfläche „Abbrechen“ deaktivieren, denn er ist bei Bedarf auch über den Menübefehl DATEI → ASSISTENT 'NEUES PROJEKT' aufrufbar.

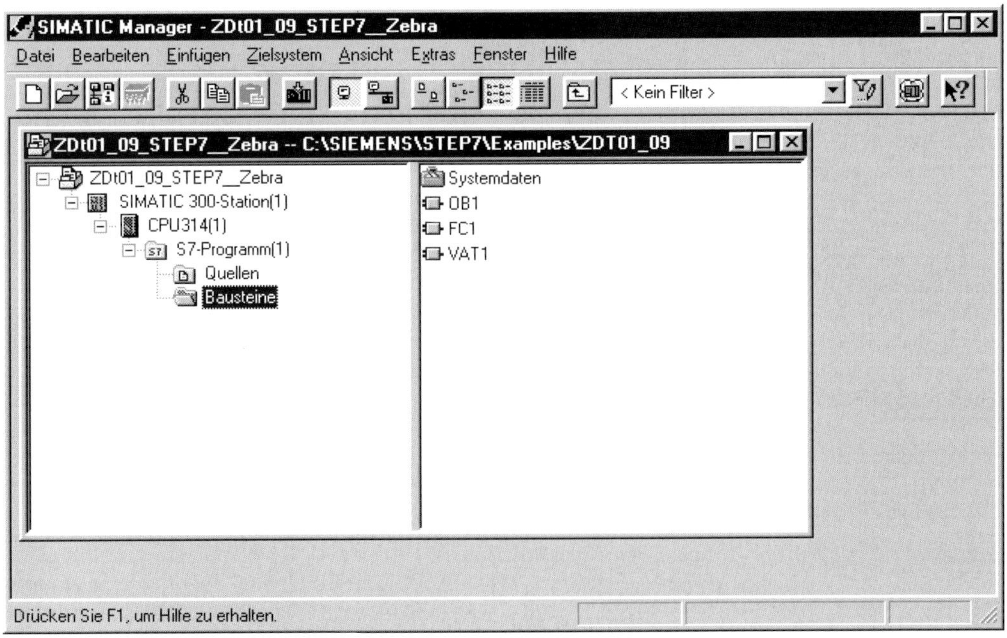


**Bild 2.1** Beispiel für den SIMATIC Manager

Der Einstieg in die Programmierung geschieht über das Öffnen oder Neuanlegen eines „Projekts“. Zum Kennenlernen sind die mitgelieferten Beispielprojekte geeignet.

Wenn Sie mit DATEI → ÖFFNEN das Beispielprojekt ZDt01_09_STEP7__ZEBRA öffnen, sehen Sie das zweigeteilte Projektfenster: Links befindet sich die Struktur des geöffneten Objekts (die Objekt-Hierarchie), rechts der Inhalt des markierten Objekts. Ein Mausklick auf das Kästchen mit dem Pluszeichen im linken Fenster öffnet weitere Ebenen der Struktur; das Markieren eines Objekts im linken Fenster zeigt dessen Inhalt im rechten Fenster an (Bild 2.1).

Unter dem SIMATIC Manager arbeiten Sie mit den Objekten in der STEP 7-Welt. Diese „logischen“ Objekte entsprechen „realen“ Objekten Ihrer Anlage. Ein Projekt enthält die gesamte Anlage, eine Station entspricht einem Automatisierungssystem. Ein Projekt kann mehrere Stationen enthalten, die z.B. durch ein MPI-Subnetz miteinander verbunden sind. In einer Station steckt eine CPU, die ein Programm enthält, in unserem Fall ein S7-Programm. Dieses Programm ist wiederum „Behälter“ für weitere Objekte, wie z.B. das Objekt *Bausteine*, das u.a. die übersetzten Bausteine enthält.

Die STEP 7-Objekte sind durch eine Baumstruktur miteinander verbunden. Bild 2.2 zeigt die wesentlichen Teile der Baumstruktur (sozusagen den „Hauptast“), wenn Sie mit dem STEP 7-Basispaket für S7-Anwendungen in der Offline-Ansicht arbeiten. Die fett dargestellten Objekte sind Behälter für weitere Objekte. Alle im Bild enthaltenen Objekte stehen Ihnen in der Offline-Ansicht zur Verfügung. Das sind diejenigen Objekte, die sich auf der Festplatte des Programmiergeräts befinden. Befindet sich ihr Programmiergerät online an einer CPU (allgemein: an einem Zielsystem), können Sie mit dem Menübefehl ANSICHT → ONLINE zur Online-Ansicht umschalten. Dann sehen Sie in einem weiteren Projektfenster die Objekte, die sich auf dem Zielgerät befinden; die im Bild kursiv dargestellten Objekte sind dann nicht mehr dabei.

Der Titelleiste des aktiven Projektfensters entnehmen Sie, ob Sie gerade offline oder online arbeiten. Zur besseren Unterscheidung können die Titelleiste und der Fenstertitel des Online-Fensters mit einer anderen Farbe als die des Offline-Fensters versehen werden. Wählen Sie hierzu EXTRAS → EINSTELLUNGEN und ändern Sie die Einträge in der Registerkarte „Ansicht“.

Mit EXTRAS → EINSTELLUNGEN nehmen Sie weitere Grundeinstellungen des SIMATIC Managers vor, wie z.B. Festlegen der Sitzungssprache, des Ablageordners für Projekte und Bibliotheken und Konfigurieren des Archivprogramms.

**Bedienfolgen**

Für die allgemeine Bearbeitung der Objekte gilt folgendes:

Ein *Objekt markieren* heißt, es mit der Maus einmal anklicken, so daß es dunkel unterlegt erscheint (ist in beiden Teilen des Projektfensters möglich).

Ein *Objekt benennen* Sie, indem Sie einmal auf den Namen des markierten Objekts klicken (es erscheint ein Rahmen um den Namen und Sie können den Namen im Fenster ändern) oder indem Sie bei markiertem Objekt den Menübefehl BEARBEITEN → OBJEKTEIGENSCHAFTEN wählen und im aufgeblendeten Dialogfeld den Namen ändern. Bei einigen Objekten, wie z.B. einer CPU, können Sie den Namen nur mit dem entsprechenden Werkzeug (Applikation), in diesem Fall mit der Hardware-Konfiguration, ändern.

Ein *Objekt öffnen* Sie mit einem Doppelklick auf das Objekt. Ist das Objekt ein Behälter für weitere Objekte, zeigt der SIMATIC Manager den Inhalt des Objekts im rechten Fenster an. Befindet sich das Objekt an der untersten Hierarchie-Ebene, startet der SIMATIC Manager das entsprechende Werkzeug, um das Objekt zu bearbeiten (z.B. startet ein Doppelklick auf einen Baustein den Programmeditor, so daß Sie den Baustein bearbeiten können).

In diesem Buch sind als Bedienfolgen die Menübefehle der Standard-Menüleiste am oberen Fensterrand beschrieben. In der Bedienung erfahrene Programmierer verwenden die entsprechenden Symbole in der Funktionsleiste. Sehr effektiv ist die Benutzung der rechten Maustaste. Mit einem Klick der rechten Maustaste auf ein Objekt erhalten Sie ein Menü, das die gerade aktuellen Bearbeitungsmöglichkeiten anzeigt.

| ***Struktur*** | ***Objekt*** | ***Beschreibung*** |
|---|---|---|
| Projekt | Behälter für alle Objekte in einem Projekt | |
| – MPI [PTP, PROFIBUS, Ethernet] | **Subnetz** | enthält die Einstellungen der Netzparameter eines Subnetzes (Funktionsumfang der Basissoftware) |
| – SIMATIC 300/400-Station | Behälter für alle Objekte in einer Station | |
| – – Hardware | **Konfigurationstabelle** | enthält die Konfigurationsdaten der Station und die Parameter der Baugruppen |
| – – CPU xxx | Behälter für alle Objekte in einer CPU | |
| – – – Verbindungen | **Verbindungstabelle** | enthält die Definition der Kommunikationsverbindungen zwischen Teilnehmern in einem Netz |
| – – – S7-Programm | Behälter für alle Objekte des Anwenderprogramms | |
| – – – – Symbole | **Symboltabelle** | enthält die Zuordnungen von Symbolen (= Namen) zu den Absolutadressen von Globaldaten |
| – – – – Quellen | Behälter für die Programmquellen | |
| – – – – – Quelldateien | **Quellprogramme** | enthalten die Quellen für das Anwenderprogramm (z.B. für AWL- und SCL-Programme) |
| – – – – Bausteine | Behälter für alle übersetzten Objekte des Anwenderprogramms | |
| – – – – – OB n<br>– – – – – FB n<br>– – – – – FC n<br>– – – – – DB n | **Organisationsbausteine**<br>**Funktionsbausteine**<br>**Funktionen**<br>**Datenbausteine** | enthalten den übersetzten Code und die Daten des Anwenderprogramms |
| – – – – – SFC n<br>– – – – – SFB n | **Systemfunktionen**<br>**Systemfunktionsbausteine** | enthalten die Aufrufschnittstelle für die in der CPU integrierten Systembausteine |
| – – – – – System-daten | **Systemdatenbausteine** | enthalten die übersetzten Daten der Konfigurationstabelle |
| – – – – – UDT n | **Datentypen** | enthalten die Definitionen der anwenderdefinierten Datentypen |
| – – – – – VAT n | **Variablentabellen** | enthalten eine Zusammenstellung von Variablen, die beobachtet und gesteuert werden sollen |
| – S7-Programm | Behälter für ein Anwenderprogramm, der keiner CPU zugeordnet ist (mit der gleichen Struktur wie ein einer CPU zugeordnetes S7-Programm) | |

**Bild 2.2** Objekthierarchie in einem STEP 7-Projekt

### 2.1.4 Projekte und Bibliotheken

An der Spitze der Objekthierarchie bei STEP 7 stehen als „Hauptobjekte" das Projekt und die Bibliothek.

*Projekte* dienen zur geordneten Ablage aller Daten und Programme, die beim Lösen einer Automatisierungsaufgabe anfallen. Dies sind im wesentlichen

- ▷ die Konfigurationsdaten über den Hardware-Aufbau,
- ▷ die Parametrierdaten für die Baugruppen,
- ▷ die Projektierungsdaten für die Kommunikation über Netze,
- ▷ die Programme (Code und Daten, Symbolik, Quellen).

Die Objekte in einem Projekt sind hierarchisch gegliedert. Das Öffnen eines Projekts ist der Einstieg in die Bearbeitung aller in ihm enthaltenen (darunter liegenden) Objekte. Die Beschreibung in den nächsten Abschnitten zeigt Ihnen die Bearbeitung dieser Objekte.

*Bibliotheken* dienen zur Ablage von wiederverwendbaren Programmkomponenten. Bibliotheken sind hierarchisch gegliedert: Sie können S7-Programme enthalten, diese wiederum ein Anwenderprogramm (einen Behälter für übersetzte Bausteine), einen Behälter für Quellprogramme und eine Symboltabelle. Mit Ausnahme von Online-Verbindungen (keine Testmöglichkeit) steht Ihnen bei der Erstellung eines Programms oder Programmteils in einer Bibliothek die gleiche Funktionalität zur Verfügung wie in einem Projekt.

Im Auslieferungszustand stellt STEP 7 V5 die Bibliothek *Standard Library* bereit, die folgende Programme aufweist:

▷ System Function Blocks
enthält die Aufrufschnittstellen der in der CPU integrierten Systembausteine für die Offline-Programmierung

▷ S5-S7 Converting Blocks
enthält ladbare Funktionen für den S5/S7-Konverter (Ersatz der S5-Standard-Funktionsbausteine bei der Programmkonvertierung)

▷ TI-S7 Converting Blocks
enthält ladbare Funktionen und Funktionsbausteine für den TI/S7-Konverter

▷ IEC Function Blocks
enthält ladbare Funktionen für die Bearbeitung von Variablen mit den zusammengesetzten Datentypen DATE_AND_TIME und STRING

▷ Communication Blocks
enthält ladbare Funktionen für die Ansteuerung von CP-Baugruppen

▷ PID Control Blocks
enthält ladbare Funktionsbausteine für Regelungsaufgaben

▷ Organization Blocks
enthält die Vorlagen für die Organisationsbausteine (im wesentlichen die Variablendeklaration für die Startinformation)

Eine Übersicht über den Inhalt dieser Bibliotheken finden Sie im Kapitel 33 „Baustein-Bibliotheken". Erwerben Sie z.B. eine S7-Baugruppe mit Standardbausteinen, legt das dazugehörende Installationsprogramm die Standardbausteine als Bibliothek auf die Festplatte. Sie können dann diese Bausteine von der Bibliothek in Ihr Projekt kopieren. Eine Bibliothek öffnen Sie mit DATEI → ÖFFNEN und bearbeiten sie wie ein Projekt. Sie können auch eigene Bibliotheken anlegen.

Mit dem Menübefehl DATEI → NEU erzeugen Sie ein neues Objekt an der Spitze der Objekthierarchie (Projekt, Bibliothek). An welcher Stelle in der Verzeichnisstruktur der SIMATIC Manager ein Projekt oder eine Bibliothek anlegt, geben Sie unter dem Menübefehl EXTRAS → EINSTELLUNGEN vor bzw. stellen Sie im Neu-Dialogfenster ein.

Für das Hinzufügen neuer Objekte zu bereits bestehenden, z.B. einen neuen Baustein in ein Programm aufnehmen, verwenden Sie das Menü EINFÜGEN. Zuvor müssen Sie den Objektbehälter, in den Sie einfügen wollen, im linken Fenster des SIMATIC Managers markiert haben.

Objektbehälter und Objekte kopieren Sie mit BEARBEITEN → KOPIEREN und BEARBEITEN → EINFÜGEN oder, wie bei Windows üblich, durch Ziehen des markierten Objekts mit der Maus von einem in das andere Fenster. Beachten Sie, daß das Löschen eines Objekts oder eines Objektbehälters im SIMATIC Manager nicht rückgängig gemacht werden kann.

### 2.1.5 Online-Hilfe

Die Online-Hilfe des SIMATIC Managers liefert Ihnen während der Programmiersitzung Informationen, ohne daß Sie in Handbüchern nachschlagen müssen. Die Hilfethemen wählen Sie über das Menü HILFE aus. Die Online-Hilfe gibt z.B. unter ERSTE SCHRITTE einen knappen Überblick über das Arbeiten mit dem SIMATIC Manager.

HILFE → HILFETHEMEN startet aus jeder Applikation heraus die zentrale Hilfe zu STEP 7, die das gesamte Basiswissen enthält.

HILFE → HILFE ZUM KONTEXT F1 bietet eine kontextabhängige Hilfe, d.h. Sie erhalten Informationen über ein mit der Maus markiertes Objekt oder über die aktuelle Fehlermeldung, wenn Sie die F1-Taste betätigen.

In der Symbolleiste befindet sich eine Schaltfläche mit einem Pfeil und einem Fragezeichen. Wenn Sie auf diese Schaltfläche klicken, erhält der Mauszeiger zusätzlich ein Fragezeichen.

Mit diesem „Hilfe“-Mauszeiger können Sie nun ein Objekt auf dem Bildschirm, z.B. ein Symbol oder einen Menübefehl, anklicken und erhalten dann die dazugehörende Online-Hilfe.

## 2.2 Projekt bearbeiten

Wenn Sie ein Projekt neu einrichten, schaffen Sie „Behälter“ für die anfallenden Daten, anschließend erzeugen Sie die Daten und füllen damit diese Behälter. Im Normalfall legen Sie ein Projekt mit der entsprechenden Hardware an, konfigurieren die Hardware – mindestens jedoch die CPU – und erhalten dann Behälter für das Anwenderprogramm. Sie können aber auch ein S7-Programm ohne Hardware direkt im Projektbehälter anordnen. Beachten Sie, daß das Parametrieren von Baugruppen, wie z.B. Adressenänderungen, CPU-Einstellungen oder Verbindungsprojektierung, nur mit der Hardware-Konfiguration möglich ist.

Es wird dringend empfohlen, die gesamte Projektbearbeitung über den SIMATIC Manager abzuwickeln. Das Anlegen, Kopieren oder Löschen von Ordnern oder Dateien sowie das Ändern von Namen (!) mit dem Windows-Explorer innerhalb der Ordnerstruktur eines Projekts kann die einwandfreie Bearbeitung durch den SIMATIC Manager beeinträchtigen.

### 2.2.1 Projekt anlegen

#### Projekt-Assistent

Ab STEP 7 V3.2 hilft Ihnen der STEP 7 Assistent ein neues Projekt anzulegen. Sie bestimmen die verwendete CPU und der Assistent legt Ihnen ein Projekt mit einer S7-Station und der gewählten CPU, sowie einen S7-Programm-Behälter, einen Quellen-Behälter und einen Bausteine-Behälter mit den ausgewählten Organisationsbausteinen an.

#### Projekt mit S7-Station anlegen

Möchten Sie „manuell“ ein Projekt anlegen, beschreibt Ihnen dieser Abschnitt in Stichworten die erforderlichen Tätigkeiten. Allgemeine Bedienhinweise zur Objektbearbeitung sind im Kapitel 2.1.3 „SIMATIC Manager“ enthalten.

*Neues Projekt erzeugen*

Mit DATEI → NEU im Dialogfeld den gewünschten Namen angeben, evtl. Typ und Ablageort ändern und „OK“ oder Return.

*Neue Station in das Projekt einfügen*

Projekt markieren, mit EINFÜGEN → STATION → SIMATIC 300-STATION eine Station einfügen (in diesem Fall eine S7-300).

*Station konfigurieren*

In der linken Hälfte des Projektfensters auf das Plus-Kästchen neben dem Projekt klicken und die Station markieren; der SIMATIC Manager zeigt im rechten Fenster das Objekt *Hardware*. Ein Doppelklick auf *Hardware* startet die Hardware-Konfiguration, mit der Sie die Konfigurationstabellen bearbeiten.

Ist in der Hardware-Konfiguration der Hardware-Katalog nicht zu sehen, holen Sie ihn mit ANSICHT → KATALOG.

Sie beginnen mit der Konfiguration, indem Sie aus dem Hardware-Katalog z.B. unter „SIMATIC 300“ und „RACK-300“ die Profilschiene mit der Maus markieren und „festhalten“, auf die freie Fläche im oberen Teil des Stationsfensters ziehen und „loslassen“ (drag & drop). Sie erhalten eine Tabelle, die die Steckplätze auf der Profilschiene darstellt.

Nun die gewünschten Baugruppen dem Hardware-Katalog entnehmen und in der gleichen Weise auf die vorgesehenen Steckplätze ziehen. Zum weiteren Bearbeiten der Projektstruktur benötigt eine Station mindestens eine CPU, z.B. die CPU 314 auf dem Steckplatz 2. Alle anderen Baugruppen können Sie nachträglich zu einem späteren Zeitpunkt anordnen. Die Bearbeitung der Hardware-Konfiguration zeigt Ihnen ausführlich Kapitel 2.3 „Station konfigurieren“.

Station speichern und übersetzen, danach schließen, zurück zum SIMATIC Manager. Die geöffnete Station zeigt nun zusätzlich zur Hardware-Konfiguration die CPU an.

Mit der CPU legt der SIMATIC Manager gleichzeitig ein S7-Programm mit allen enthaltenen Objekten an. Nun ist die Projektstruktur komplett eingerichtet.

*Inhalte des S7-Programms ansehen*

CPU öffnen; im rechten Teil des Projektfensters sehen Sie die Symbole für das Anwenderprogramm (*S7-Programm*) und für die Verbindungstabelle (*Verbindungen*).

*S7-Programm* öffnen; der SIMATIC Manager zeigt im rechten Fenster die Symbole für das übersetzte Anwenderprogramm (*Bausteine*), den Behälter für die Quellprogramme und die Symboltabelle.

Anwenderprogramm (*Bausteine*) öffnen; der SIMATIC Manager zeigt im rechten Fenster die Symbole für die übersetzten Konfigurationsdaten (*Systemdaten*) und einen leeren Organisationsbaustein für das Hauptprogramm (OB 1).

*Objekte des Anwenderprogramms bearbeiten*

Wir sind nun auf der untersten Stufe der Objekt-Hierarchie angekommen. Das erste Öffnen des OB 1 bringt das Fenster mit den Objekteigenschaften und öffnet dann den Editor zum Bearbeiten des Programms im Organisationsbaustein. Sie fügen einen weiteren leeren Baustein beim inkrementellen Programmieren ein, indem Sie bei markiertem Objekt *Bausteine* den Menübefehl EINFÜGEN → S7-BAUSTEIN → ... aufschlagen und den gewünschten Bausteintyp aus der Liste auswählen.

Das Objekt *Systemdaten* zeigt im geöffneten Zustand eine Liste der vorhandenen Systemdatenbausteine. Sie enthalten die übersetzten Konfigurationsdaten. Die Bearbeitung dieser Systemdatenbausteine geschieht über das Objekt *Hardware* im Behälter *Station*. *Systemdaten* können Sie mit ZIELSYSTEM → LADEN zur angeschlossenen CPU übertragen und auf diese Weise die CPU parametrieren.

Der Objektbehälter *Quellen* ist leer. Sie können bei markiertem Objekt *Quellen* mit EINFÜGEN → S7-SOFTWARE → AWL-QUELLE eine leere Quelltextdatei einfügen oder mit EINFÜGEN → EXTERNE QUELLE eine z.B. mit einem anderen Editor im ASCII-Format erstellte Quelltextdatei in den Behälter *Quellen* übertragen.

**Projekt ohne S7-Station anlegen**

Sie haben die Möglichkeit, ein Programm zu erstellen, ohne vorher eine Station konfigurieren zu müssen. Hierzu legen Sie den Behälter für das Anwenderprogramm selbst an. Sie markieren das Projekt und erzeugen mit EINFÜGEN → PROGRAMM → S7-PROGRAMM ein S7-Programm. Der SIMATIC Manager erstellt unter *S7-Programm* das Objekt *Symbole* und die Objektbehälter *Quellen* und *Bausteine*. *Bausteine* enthält einen leeren OB 1.

**Bibliothek anlegen**

Sie können ein Programm auch unter einer Bibliothek anlegen, wenn Sie es z.B. mehrfach wiederverwenden wollen. So haben Sie immer das Standard-Programm zur Verfügung und können es ganz oder teilweise in Ihr aktuelles Programm kopieren.

Beachten Sie, daß Sie in einer Bibliothek keine Online-Verbindungen aufbauen können; ein STEP 7-Programm können Sie also nur innerhalb eines Projekts testen.

### 2.2.2 Verwalten, reorganisieren und archivieren

Der SIMATIC Manager führt eine Liste aller ihm bekannten „Hauptobjekte", unterteilt nach Anwenderprojekten, Bibliotheken und Beispielprojekten. Die Beispielprojekte und die Standard-Bibliotheken installieren Sie zusammen mit STEP 7, die Anwenderprojekte und Ihre eigenen Bibliotheken erstellen Sie selbst.

Mit DATEI → VERWALTEN zeigt Ihnen der SIMATIC Manager alle ihm bekannten Projekte und Bibliotheken mit Name und Ablagepfad. Sie können nun Projekte oder Bibliotheken, die Sie nicht mehr anzeigen lassen wollen, aus der Liste löschen („Verbergen") oder neue Projekte und Bibliotheken in die Liste aufnehmen („Anzeigen").

Beim Ausführen von DATEI → REORGANISIEREN beseitigt der SIMATIC Manager die durch Löschen von Objekten entstandenen Lücken und optimiert die Datenablage ähnlich wie ein Defragmentierungsprogramm die Datenablage auf der Festplatte. Das Reorganisieren kann, je nach Datenbewegungen, längere Zeit dauern.

Ein Projekt oder eine Bibliothek können Sie mit DATEI → ARCHIVIEREN auch archivieren. Hierbei legt der SIMATIC Manager in einer Archivdatei das ausgewählte Objekt (das Projekt- bzw. Bibliotheksverzeichnis mit allen darunterliegenden Verzeichnissen und Dateien) komprimiert ab.

Zum Archivieren benötigen Sie ein Archivprogramm. STEP 7 V5 enthält die Archivprogramme ARJ und PKZIP 4.0. Sie können aber auch andere Archivprogramme verwenden (WINZIP ab Version 6.0, PKZIP ab Version 2.04g, JAR ab Version 1.02 oder LHARC ab Version 2.13).

Im archivierten (komprimierten) Zustand sind Projekte und Bibliotheken nicht bearbeitbar. Mit DATEI → DEARCHIVIEREN entpacken Sie ein archiviertes Objekt und können es dann wieder bearbeiten. Die dearchivierten Objekte werden automatisch in die Projekt- bzw. Bibliotheksverwaltung aufgenommen.

Die Einstellungen zum Archivieren und Dearchivieren nehmen Sie mit EXTRAS → EINSTELLUNGEN auf der Registerkarte „Archivieren" vor; z.B. Einstellen des Zielverzeichnisses für das Archivieren und Dearchivieren oder „Archivpfad automatisch erzeugen" (dann sind beim Archivieren keine zusätzlichen Angaben mehr erforderlich, denn der Name der Archivdatei wird aus dem Projektnamen erzeugt).

**Projekt in der CPU archivieren**

Ab STEP 7 V5.1 können Sie bei entsprechend ausgelegten CPUs ein Projekt im archivierten (komprimierten) Zustand im Ladespeicher der CPU, d.h. auf der Memory Card bzw. Micro Memory Card, ablegen. Auf diese Weise speichern Sie direkt an der Maschine oder der Anlage alle Projektdaten, die zu einer kompletten Bearbeitung des Anwenderprogramms notwendig sind, wie z.B. Symbole oder Quellen. Ist eine Programmänderung oder -ergänzung notwendig, laden Sie die vor Ort gespeicherten Projektdaten auf die Festplatte, korrigieren das Anwenderprogramm und sichern die aktuellen Projektdaten wieder auf der CPU.

Beim Laden der Projektdaten auf eine Memory Card oder Micro Memory Card, die in der CPU steckt, öffnen Sie das Projekt, markieren Sie die CPU und wählen ZIELSYSTEM → PROJEKT AUF MEMORY CARD SPEICHERN. Im umgekehrten Fall übertragen Sie mit ZIELSYSTEM → PROJEKT AUS MEMORY CARD HOLEN die gespeicherten Daten zurück auf die Festplatte. Beachten Sie, daß beim Schreiben auf eine in der CPU steckende Memory Card der gesamte Ladespeicherinhalt, d.h. auch die Systemdaten und Anwenderprogramme, zur CPU geschrieben werden.

Möchten Sie die auf der CPU gespeicherten Projektdaten ohne ein auf der Festplatte angelegtes Projekt zurückholen, wählen Sie mit ZIELSYSTEM → ERREICHBARE TEILNEHMER ANZEIGEN die betreffende CPU aus. Steckt die Memory Card im Modulschacht des Programmiergeräts, wählen Sie vor dem Übertragen mit DATEI → S7-MEMORY CARD → ÖFFNEN die Memory Card aus.

### 2.2.3 Projektversionen

Mit Liefereinsatz von STEP 7 V5 existieren drei verschiedene Versionen von SIMATIC-Projekten. STEP 7 V1 erstellt Projekte der Version 1, STEP 7 V2 Projekte der Version 2 und mit STEP 7 V3/V4/V5.0 können Sie sowohl Projekte der Version 2 als auch Projekte der Version 3 erstellen und bearbeiten. Mit STEP 7 V5.1 erstellen und bearbeiten Sie V3-Projekte und V3-Bibliotheken.

Haben Sie ein Projekt der Version 1 vorliegen, können Sie es mit DATEI → VERSION 1-PROJEKT ÖFFNEN in ein Version 2-Projekt umwandeln. Es bleiben die Projektstruktur mit den Programmen, die übersetzten Bausteine als Version 1-Bausteine, die Quellprogramme, die Symboltabelle und die Hardware-Konfiguration erhalten.

Version 2-Projekte können Sie mit den STEP 7 Versionen V2, V3, V4 und V5.0 anlegen und bearbeiten (Bild 2.3).

STEP 7 V5.1 arbeitet ausschließlich mit Projekten der Version 3. Allerdings können Sie mit DATEI → VERSION 1-PROJEKT ÖFFNEN ein V1-Projekt in ein V2-Projekt umwandeln und mit DATEI → ÖFFNEN auch ein V2-Projekt öffnen. Das Anlegen eines V2-Projekts oder das Speichern als V2-Projekt ist nicht möglich.

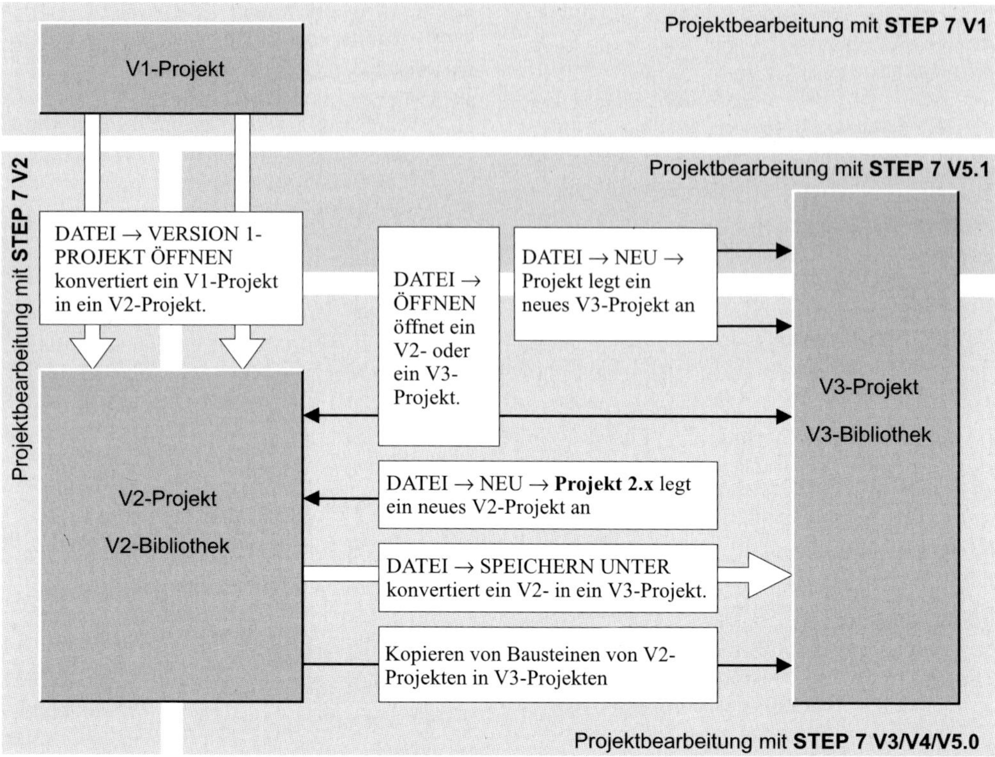


**Bild 2.3** Bearbeitung von Projekten mit verschiedenen Versionen

## 2.3 Station konfigurieren

Mit der Hardware-Konfiguration planen Sie den Hardware-Aufbau Ihres Automatisierungssystems. Das Konfigurieren geschieht offline ohne Verbindung zur CPU. Mit diesem Werkzeug können Sie auch die Baugruppen adressieren und parametrieren. Sie können die Hardware-Konfiguration im Planungsstadium erstellen oder erst dann, wenn die Hardware bereits aufgebaut ist.

Sie starten die Hardware-Konfiguration bei markierter Station mit BEARBEITEN → OBJEKT ÖFFNEN oder durch einen Doppelklick auf das Objekt *Hardware* im geöffneten Behälter *SIMATIC 300/400-STATION*. Die Grundeinstellungen der Hardware-Konfiguration nehmen Sie mit EXTRAS → EINSTELLUNGEN vor.

Nach dem Projektieren zeigt Ihnen STATION → KONSISTENZ PRÜFEN an, ob die Eingaben fehlerfrei sind. STATION → SPEICHERN legt die Konfigurationstabellen mit sämtlichen Parametrierdaten in Ihrem Projekt auf der Festplatte ab.

Mit STATION → SPEICHERN UND ÜBERSETZEN werden gleichzeitig mit dem Speichern die Konfigurationstabellen übersetzt und die übersetzten Daten in das Objekt *Systemdaten* im Offline-Behälter *Bausteine* abgelegt. Nach dem Übersetzen können Sie die Konfigurationsdaten mit ZIELSYSTEM → LADEN IN BAUGRUPPE zu einer angeschlossenen CPU übertragen. Das Objekt *Systemdaten* im Online-Behälter *Bausteine* repräsentiert die aktuellen Konfigurationsdaten auf der CPU. Diese können Sie mit ZIELSYSTEM → LADEN IN PG auf die Festplatte „zurückholen“.

Die Daten der Hardware-Konfiguration exportieren Sie mit STATION → EXPORTIEREN. STEP 7 legt daraufhin eine Datei im ASCII-Format an, die die Konfigurations- und Parametrierdaten der Baugruppen enthält. Sie können wählen zwischen einem textuellen Format, das die Daten in „lesbaren“ englischen Bezeichnungen enthält, oder einem kompakten Format mit hexadezimalen Daten. Eine entsprechend aufgebaute ASCII-Datei können Sie auch importieren.

### Prüfsumme

Die Hardware-Konfiguration bildet über eine fehlerfrei übersetzte Station eine Prüfsumme und legt sie in den Systemdaten ab. Identische Systemkonfigurationen haben die gleiche Prüfsumme, so daß Sie z.B. eine Online-Konfiguration auf einfache Weise mit einer Offline-Konfiguration vergleichen können.

Die Prüfsumme ist eine Eigenschaft des Objekts *Systemdaten*. Zum Lesen der Prüfsumme öffnen Sie den Behälter *Bausteine* im *S7-Programm*, markieren Sie das Objekt *Systemdaten* und öffnen es mit BEARBEITEN → OBJEKT ÖFFNEN. Auch das Anwenderprogramm hat eine entsprechende Prüfsumme. Sie finden diese zusammen mit der Prüfsumme der Systemdaten in den Eigenschaften von *Bausteine*: Den Behälter *Bausteine* markieren und BEARBEITEN → OBJEKTEIGENSCHAFTEN auf der Registerkarte „Prüfsummen“.

### Stationsfenster

Die Hardware-Konfiguration zeigt nach dem Öffnen das Stationsfenster und den Hardware-Katalog (Bild 2.4). Zur besseren Bearbeitung vergrößern oder maximieren Sie das Stationsfenster. Es zeigt im oberen Teil die Baugruppenträger in Form von Tabellen und die DP-Stationen im Form von Symbolen. Bei mehreren Baugruppenträgern sehen Sie hier die Verbindung zwischen den Anschaltungsbaugruppen und bei der Verwendung von PROFIBUS den Aufbau des DP-Mastersystems. Der untere Teil des Stationsfensters zeigt in Form der Konfigurationstabelle die Detailsicht auf den im oberen Teil markierten Baugruppenträger bzw. DP-Slave.

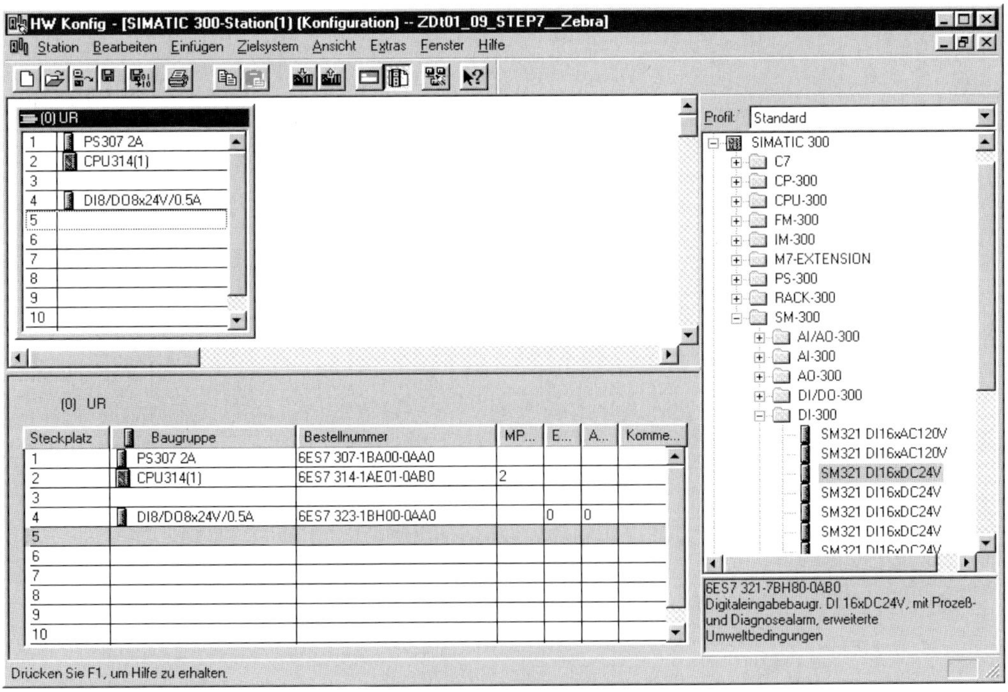


**Bild 2.4** Beispiel für ein Stationsfenster der Hardware-Konfiguration

### Hardware-Katalog

Den Hardware-Katalog können Sie mit ANSICHT → KATALOG ein- und ausblenden. Er enthält alle verfügbaren Baugruppenträger, Baugruppen und Schnittstellenmodule, die STEP 7 kennt. Mit EXTRAS → KATALOGPROFILE BEARBEITEN können Sie sich einen eigenen Hardware-Katalog zusammenstellen, der – in selbstgewählter Struktur – nur die Baugruppen anzeigt, mit denen Sie arbeiten wollen. Mit einem Doppelklick auf die Titelleiste können Sie den Hardware-Katalog am rechten Rand des Stationsfensters „andocken“ bzw. wieder lösen.

### Konfigurationstabelle

Die Hardware-Konfiguration arbeitet mit Tabellen, die je einen Baugruppenträger, eine Baugruppe oder eine DP-Station darstellen. Eine Konfigurationstabelle zeigt die Steckplätze mit den darin angeordneten Baugruppen bzw. die Eigenschaften der Baugruppe, wie z.B. die Adressen und die Bestellnummer. Ein Doppelklick auf eine Baugruppenzeile öffnet das Eigenschaftsfenster der Baugruppe und gestattet die Parametrierung der Baugruppe.

## 2.3.1 Baugruppen anordnen

Sie beginnen mit dem Anordnen der Baugruppen, indem Sie aus dem Hardware-Katalog z.B. unter „SIMATIC 300“ und „RACK-300“ die Profilschiene mit der Maus markieren und „festhalten“, in den oberen Teil des Stationsfensters ziehen und an einer beliebigen Stelle „loslassen“ (drag & drop). Sie erhalten die leere Konfigurationstabelle für den Zentralbaugruppenträger. Nun die gewünschten Baugruppen dem Hardware-Katalog entnehmen und in der gleichen Weise auf die vorgesehenen Steckplätze ziehen. Ein Symbol für ein Halteverbot zeigt an, daß Sie die gerade ausgesuchte Baugruppe nicht auf den angewählten Steckplatz ziehen können.

Bei einzeilig aufgebauten S7-300-Stationen bleibt der Steckplatz 3 leer; er ist für die Anschaltungsbaugruppe zum Erweiterungsbaugruppenträger reserviert.

Sie erzeugen die Konfigurationstabelle für einen weiteren Baugruppenträger, indem Sie den aus dem Katalog ausgewählten Baugruppenträger in das Stationsfenster ziehen. Über die Registerkarte „Ankopplung“ im Eigenschaftsfenster einer Sende-Anschaltungsbaugruppe (Baugruppe markieren und BEARBEITEN → OBJEKTEIGENSCHAFTEN) ordnen Sie bei S7-400 nicht gekoppelte Baugruppenträger (genauer: die entsprechende Empfangs-Anschaltungsbaugruppe) einer Schnittstelle zu.

Das Anordnen von Stationen der Dezentralen Peripherie ist im Kapitel 20.4.2 „Dezentrale Peripherie projektieren“ beschrieben.

## 2.3.2 Baugruppen adressieren

Beim Anordnen der Baugruppen vergibt die Hardware-Konfiguration automatisch eine Baugruppenanfangsadresse. Diese Adresse sehen Sie in der Konfigurationstabelle im unteren Teil des Stationsfensters oder in den Objekteigenschaften der betreffenden Baugruppe. Bei entsprechend ausgelegten CPU-Baugruppen können Sie die Baugruppenadressen ändern. Beachten Sie beim Adressenändern die Regeln für die Adressierung bei S7-300 und S7-400 sowie das Adreßvolumen der einzelnen Baugruppen.

Es gibt Baugruppen, die sowohl Eingänge als auch Ausgänge haben, die Sie (theoretisch) mit verschiedenen Anfangsadressen belegen können. Beachten Sie jedoch die entsprechenden Hinweise in den Gerätehandbüchern: Die meisten Funktions- und Kommunikationsbaugruppen fordern die gleiche Anfangsadresse für Ein- und Ausgänge.

Bei der Vergabe der Baugruppenanfangsadresse können Sie bei S7-400 auch die Zuordnung zu einem Teilprozeßabbild treffen. Steckt im Zentralbaugruppenträger mehr als eine CPU, ist automatisch der Mehrprozessorbetrieb eingestellt und Sie müssen die Baugruppe einer CPU zuordnen.

Mit ANSICHT → ADREßÜBERSICHT erhalten Sie ein Fenster mit allen verwendeten Baugruppenadressen für die markierte CPU.

Baugruppen am MPI-Bus bzw. K-Bus haben eine MPI-Adresse. Auch diese Adresse können Sie ändern. Beachten Sie, daß sich mit dem Übertragen der Konfigurationsdaten zur angeschlossenen CPU die Änderungen, die die CPU direkt betreffen wie z.B. die eigene MPI-Adresse, sofort auswirken.

**Symbole für Nutzdatenadressen**

Bereits in der Hardware-Konfiguration können Sie den Ein- und Ausgängen Symbole (Namen) zuweisen, die in die Symboltabelle übernommen werden.

Nachdem Sie die Digital- und Analogbaugruppen angeordnet und adressiert haben, speichern Sie die Stationsdaten. Anschließend markieren Sie eine Baugruppe(nzeile) und wählen BEARBEITEN → SYMBOLE. Im aufgeblendeten Fenster können Sie für jeden Kanal (bitweise bei Digitalbaugruppen, wortweise bei Analogbaugruppen) der absoluten Adresse ein Symbol, einen Datentyp und einen Kommentar zuordnen.

Mit der Schaltfläche „Symbol ergänzen" werden bei Absolutadressen ohne Symbol die Absolutadressen als Symbole eingetragen. Die Schaltfläche „Übernehmen" übernimmt die Symbole in die Symboltabelle, „OK" schließt zusätzlich das Dialogfeld.

### 2.3.3 Baugruppen parametrieren

Mit dem Parametrieren einer Baugruppe legen Sie deren Eigenschaften fest. Das Parametrieren ist nur dann erforderlich, wenn Sie die voreingestellten Parameter verändern wollen. Voraussetzung für das Parametrieren ist die Anordnung der Baugruppe in einer Konfigurationstabelle.

Doppelklicken Sie in der Konfigurationstabelle auf die Baugruppe oder wählen Sie bei markierter Baugruppe den Menübefehl BEARBEITEN → OBJEKTEIGENSCHAFTEN. Es erscheint ein Dialogfeld mit baugruppenspezifischen Registerkarten, die die einstellbaren Parameter zeigen. Wenn Sie auf diese Weise eine CPU parametrieren, stellen Sie damit die Ablaufeigenschaften Ihres Anwenderprogramms ein.

Sie können bei einigen Baugruppen auch mit den Systemfunktionen SFC 55 WR_PARM, SFC 56 WR_DPARM und SFC 57 PARM_MOD die Parameter zur Laufzeit vom Anwenderprogramm aus einstellen.

### 2.3.4 Baugruppen mit MPI vernetzen

Die Teilnehmer für das MPI-Subnetz legen Sie mit den Baugruppen-Eigenschaften fest. Markieren Sie in der Konfigurationstabelle die CPU bzw. die MPI-Schnittstellenkarte, falls die CPU damit ausgerüstet ist, und öffnen Sie sie mit BEARBEITEN → OBJEKTEIGENSCHAFTEN. Das folgende Dialogfeld enthält in der Registerkarte „Allgemein" die Schaltfläche „Eigenschaften" im Kasten „Schnittstelle". Wenn Sie auf diese Schaltfläche klicken, erhalten Sie ein weiteres Dialogfeld, in dessen Registerkarte „Parameter" Sie das passende Subnetz aussuchen.

Stellen Sie bei dieser Gelegenheit auch die MPI-Adresse ein, die Sie für diese CPU vorgesehen haben. Beachten Sie, daß bei S7-300-CPUs mit älteren Ausgabeständen FM- oder CP-Baugruppen mit MPI-Anschluß automatisch eine von der CPU abgeleitete MPI-Adresse erhalten.

Die höchste MPI-Adresse muß größer oder gleich der höchsten im Subnetz belegten MPI-Adresse sein (automatische Vergabe bei FM- und CP-Baugruppen berücksichtigen!). Sie muß bei allen Teilnehmern im Subnetz den gleichen Wert haben.

Tip: Wenn Sie mehrere Stationen mit gleichartigen CPUs haben, geben Sie den CPUs in den verschiedenen Stationen unterschiedliche Namen. Defaultmäßig tragen alle den Namen „CPUxxx(1)", so daß sie im Subnetz nur durch ihre MPI-Adresse unterschieden werden können. Wenn Sie keinen eigenen Namen vergeben wollen, können Sie z.B. die voreingestellte Bezeichnung von „CPUxxx(1)" auf „CPUxxx(n)" ändern mit „n" gleich der MPI-Adresse.

Berücksichtigen Sie bei der Vergabe der MPI-Adresse auch die Möglichkeit, später für Service oder Wartung ein PG oder OP zusätzlich an das MPI-Netz anzuschließen. Fest installierte PGs oder OPs sollten Sie direkt an das MPI-Netz anschließen; für zusteckbare Geräte über eine Stichleitung gibt es einen MPI-Stecker mit PG-Buchse. Tip: Reservieren Sie die Adressen 0 für ein Service-PG, 1 für ein Service-OP und 2 für eine Austausch-CPU (entspricht den voreingestellten Adressen).

### 2.3.5 Baugruppen beobachten und steuern

Mit der Hardware-Konfiguration können Sie eine Verdrahtungsprüfung der Maschine oder Anlage ohne Anwenderprogramm durchführen.

Voraussetzung: Das Programmiergerät ist an die Station angeschlossen (online) und die Konfiguration ist gespeichert, übersetzt und in die CPU geladen. Nun können Sie jede Digital- und Analogbaugruppe ansprechen. Wählen Sie bei markierter Baugruppe ZIELSYSTEM → BEOBACHTEN/STEUERN und stellen Sie die Betriebsarten Beobachten oder Steuern und die Triggerbedingungen ein.

Mit der Schaltfläche „Statuswert" zeigt Ihnen die Hardwarekonfiguration die Signalzustände bzw. die Werte der Baugruppenkanäle. Die Schaltfläche „Steuerwert" schreibt die in der Spalte Steuerwert vorgegebenen Werte zur Baugruppe.

Ist das Kontrollkästchen „Anzeige Peripherie" aktiviert, werden statt der Ein-/Ausgänge (Prozeßabbild) die Peripherie-Ein-/Ausgänge (Baugruppenspeicher) angezeigt. Das Kontrollkästchen „PA freischalten" hebt die Ausgabesperre der Ausgabebaugruppen auf, wenn sich die CPU im Betriebszustand STOP befindet (siehe Kapitel 2.7.5 „Peripherieausgänge freischalten").

Weitere Möglichkeiten zum Beobachten und Steuern von Ein- und Ausgängen finden Sie in den Kapiteln 2.7.3 „Variablen beobachten und steuern" und 2.7.4 „Variablen forcen".

## 2.4 Netz projektieren

Die Grundlage der Kommunikation bei SIMATIC ist die Vernetzung der S7-Stationen. Die erforderlichen Objekte sind die Subnetze und die kommunikationsfähigen Baugruppen in den Stationen. Neue Subnetze und Stationen können Sie mit dem SIMATIC Manager innerhalb der Projekthierarchie anlegen. Die kommunikationsfähigen Baugruppen (CPU- und CP-Baugruppen) fügen Sie dann mit der Hardware-Konfiguration ein; gleichzeitig ordnen Sie die Kommunikationsschnittstellen dieser Baugruppen einem Subnetz zu. Die Kommunikationsbeziehungen zwischen diesen Baugruppen – die Verbindungen – legen Sie dann mit der Netzprojektierung in der Verbindungstabelle fest.

Die Netzprojektierung gestattet die grafische Darstellung und Dokumentation der projektierten Netze und deren Teilnehmer. Auch in der Netzprojektierung können Sie alle erforderlichen Subnetze und Stationen anlegen; dann ordnen Sie die Stationen den Subnetzen zu und parametrieren die Teilnehmereigenschaften der kommunikationsfähigen Baugruppen.

Um über die Netzprojektierung die Kommunikationsbeziehungen in einem Projekt festzulegen, können Sie wie folgt vorgehen:

- ▷ Öffnen des standardmäßig im Projektbehälter angelegten MPI-Subnetzes (wenn es nicht mehr vorhanden ist, einfach mit EINFÜGEN → SUBNETZ ein neues Subnetz anlegen)
- ▷ Mit der Netzkonfiguration nun die benötigten Stationen und – bei Bedarf – weitere Subnetze anlegen.
- ▷ Die Stationen öffnen und mit den kommunikationsfähigen Baugruppen versehen.
- ▷ Die Baugruppen mit den entsprechenden Subnetzen verbinden.
- ▷ Bei Bedarf die Netzparameter anpassen.
- ▷ Bei Bedarf in der Verbindungstabelle die Kommunikationsverbindungen festlegen.

Innerhalb der Netzprojektierung können Sie auch die Globaldaten-Kommunikation projektieren: MPI-Subnetz markieren und EXTRAS → GLOBALDATEN DEFINIEREN (siehe Kapitel 20.5 „Globaldatenkommunikation").

NETZ → SPEICHERN sichert eine unvollständig eingegebene Netzkonfiguration. Die Widerspruchsfreiheit einer Netzkonfiguration testen Sie mit NETZ → KONSISTENZ PRÜFEN.

MIT NETZ → SPEICHERN UND ÜBERSETZEN schließen Sie die Netzkonfiguration ab.

### Netzfenster

Die Voraussetzung zum Starten der Netzprojektierung ist, daß Sie ein Projekt angelegt haben. Zusammen mit dem Projekt legt der SIMATIC Manager automatisch ein MPI-Subnetz an.

Ein Doppelklick auf dieses oder ein beliebiges anderes Subnetz startet die Netzprojektierung. Sie gelangen auch in die Netzprojektierung, wenn Sie das Objekt *Verbindungen* im Behälter *CPU* öffnen.

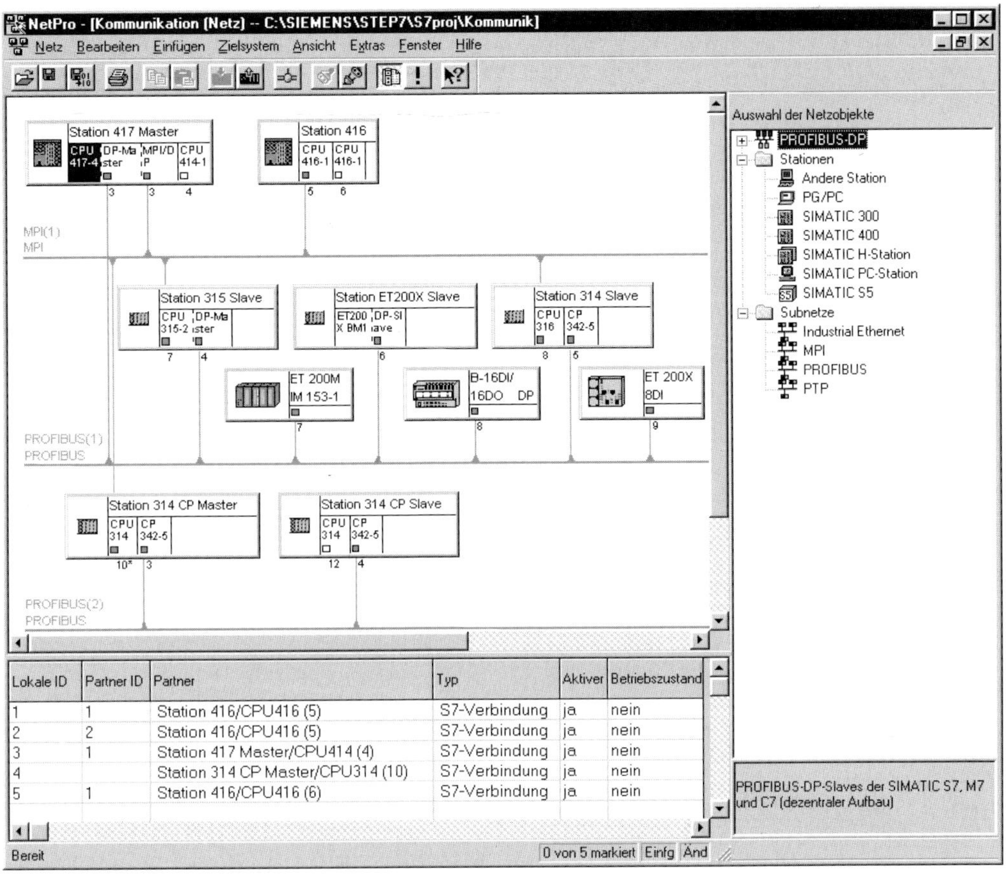


**Bild 2.5** Beispiel für eine Netzprojektierung

Das Fenster für die Netzkonfiguration zeigt im oberen Teil alle bisher im Projekt angelegten Subnetze und Stationen (Teilnehmer) mit den projektierten Anschlüssen.

Im unteren Teilfenster wird die Verbindungstabelle angezeigt, wenn im oberen Teilfenster eine „verbindungsfähige“ Baugruppe, z.B. eine S7-400-CPU, markiert ist.

Ein zweites Fenster zeigt den Netzobjekt-Katalog mit einer Auswahl der verfügbaren SIMATIC-Stationen, Subnetze und DP-Stationen. Den Katalog können Sie mit ANSICHT → KATALOG ein- und ausblenden und Sie können ihn am rechten Rand des Netzfenster „andocken“ (Doppelklick auf die Titelleiste). Mit ANSICHT → VERGRÖßERN, ANSICHT → VERKLEINERN UND ANSICHT → ZOOMFAKTOR passen Sie die grafische Darstellung an die Übersichtlichkeit an.

### 2.4.1 Netzansicht konfigurieren

#### Auswahl und Anordnung der Komponenten

Sie beginnen die Netzkonfiguration mit der Auswahl eines Subnetzes, das Sie im Katalog mit der Maus markieren, festhalten und in das Netzfenster ziehen. Das Subnetz wird als waagrechte Linie in Fenster dargestellt. Nicht erlaubte Positionen werden durch ein Verbotszeichen am Mauszeiger angezeigt.

Mit den gewünschten Stationen verfahren Sie gleichermaßen, zunächst noch ohne Anschluß an ein Subnetz. Die Stationen sind noch „leer“. Ein Doppelklick auf eine Station öffnet die Hardware-Konfiguration, so daß Sie die Station konfigurieren können, mindestens jedoch die

Baugruppe(n) mit Netzanschluß. Station speichern, zurück zur Netzkonfiguration.

Die Schnittstelle einer kommunikationsfähigen Baugruppe wird in der Netzkonfiguration als kleines Kästchen unter der Baugruppenansicht dargestellt. Auf dieses Kästchen klicken, festhalten und zum entsprechenden Subnetz ziehen. Der Anschluß an das Subnetz wird als senkrechte Linie dargestellt.

Mit allen anderen Teilnehmern verfahren Sie genauso.

Erzeugte Subnetze und Stationen können Sie im Netzfenster verschieben. Dadurch können Sie auch optisch Ihren Hardware-Aufbau nachbilden.

### Kommunikationseigenschaften einstellen

Nach der Erstellung der grafischen Ansicht parametrieren Sie die Subnetze: Subnetz markieren und BEARBEITEN → OBJEKTEIGENSCHAFTEN. Das aufgeblendete Eigenschaftsfenster zeigt unter anderem in der Registerkarte „Allgemein" die S7-Subnetz-ID, die sich aus zwei hexadezimalen Nummern zusammensetzt, die Projektnummer und die Subnetznummer. Sie benötigen diese S7-Subnetz-ID, wenn Sie ohne passendes Projekt mit dem Programmiergerät online gehen wollen, um über das Subnetz andere Teilnehmer zu erreichen. In der Registerkarte „Netzeinstellungen" stellen Sie die Netzeigenschaften ein, z.B. die Übertragungsgeschwindigkeit oder die höchste Teilnehmeradresse.

Bei markiertem Netzanschluß eines Teilnehmers können sie mit BEARBEITEN → OBJEKTEIGENSCHAFTEN die Netzeigenschaften des Teilnehmers bestimmen, z.B. die Teilnehmeradresse, mit welchem Subnetz er verbunden ist oder Sie können ein neues Subnetz anlegen.

Die Stationseigenschaften zeigen Ihnen auf der Registerkarte „Schnittstellen" eine Übersicht aller kommunikationsfähigen Baugruppen mit den Teilnehmeradressen und den verwendeten Subnetztypen.

In ähnlicher Weise bestimmen Sie die Baugruppeneigenschaften der Teilnehmer (mit der gleichen Bedienung wie in der Hardware-Konfiguration).

### 2.4.2 DP-Mastersystem mit der Netzprojektierung konfigurieren

Sie können mit der Netzprojektierung auch die Dezentrale Peripherie konfigurieren. Wählen Sie ANSICHT → MIT DP-SLAVES, um DP-Slaves in der Netzansicht anzuzeigen bzw. auszublenden.

Um ein DP-Mastersystem zu konfigurieren, benötigen Sie

▷ ein PROFIBUS-Subnetz (falls noch nicht vorhanden, PROFIBUS-Subnetz aus dem Netzobjekt-Katalog in das Netzfenster ziehen),

▷ einen DP-Master in einer Station (falls noch nicht vorhanden, Station aus dem Netzobjekt-Katalog in das Netzfenster ziehen, Station öffnen und mit der Hardware-Konfiguration einen DP-Master auswählen, entweder in der CPU integriert oder als eigenständige Baugruppe)

▷ die Verbindung vom DP-Master zum PROFIBUS-Subnetz (entweder bereits in der Hardware-Konfiguration das Subnetz wählen oder in der Netzprojektierung Netzanschluß am DP-Master anklicken, „festhalten" und zum PROFIBUS-Subnetz ziehen)

Markieren Sie den DP-Master im Netzfenster, dem der Slave zugeordnet werden soll. Suchen Sie den DP-Slave im Netzobjekt-Katalog unter „PROFIBUS" und dem entsprechenden Unterkatalog, ziehen Sie ihn in das Netzfenster und füllen Sie das aufgeblendete Eigenschaftsfenster aus.

Einen DP-Slave parametrieren Sie, indem Sie ihn markieren und BEARBEITEN → OBJEKT ÖFFNEN wählen. Es wird die Hardware-Konfiguration gestartet. Nun können Sie die Nutzdatenadressen einstellen oder bei modularen Slaves die E/A-Baugruppen auswählen (siehe Kapitel 2.3 „Station konfigurieren").

Einen intelligenten DP-Slave können Sie nur dann an ein Subnetz anbinden, wenn Sie ihn vorher angelegt haben (siehe Kapitel 20.4.2 „Dezentrale Peripherie projektieren"). Im Netzobjekt-Katalog finden Sie unter „bereits angelegte Stationen" den Typ des intelligenten DP-Slaves; ziehen Sie ihn bei markiertem DP-Master in das Netzfenster und füllen Sie das aufgeblendete Eigenschaftsfenster aus (wie in der Hardware-Konfiguration).

Mit ANSICHT → HERVORHEBEN → MASTERSYSTEM stellen Sie die Zuordnung der Teilnehmer eines DP-Mastersystems grafisch heraus; zuvor markieren Sie den Master oder einen Slave dieses Mastersystems. Mit ANSICHT → NEU ANORDNEN werden die DP-Slaves optisch ihren DP-Mastern zugeordnet.

### 2.4.3 Verbindungen projektieren

Verbindungen beschreiben die Kommunikationsbeziehungen zwischen zwei Geräten. Verbindungen müssen projektiert werden, wenn

▷ Sie eine S7-Kommunikation zwischen zwei SIMATIC S7-Geräten aufbauen wollen („Kommunikation über projektierte Verbindungen") oder

▷ der Kommunikationspartner kein SIMATIC S7-Gerät ist.

Hinweis: Für den direkten Online-Anschluß eines Programmiergeräts an das MPI-Netz zum Programmieren bzw. Testen einer Station benötigen Sie keine projektierte Verbindung. Möchten Sie mit dem Programmiergerät andere Teilnehmer erreichen, die in anderen, verbundenen Subnetzen angeordnet sind, müssen sie den Anschluß des Programmiergeräts projektieren: Im Netzobjekt-Katalog unter *Stationen* das Objekt *PG/PC* mit Doppelklick auswählen, im Netzfenster *PG/PC* mit Doppelklick öffnen, die Schnittstelle auswählen und einem Subnetz zuordnen.

#### Verbindungstabelle

Die Kommunikationsverbindungen werden in der Verbindungstabelle projektiert. Voraussetzung: Sie haben ein Projekt angelegt mit allen Stationen, die miteinander Daten austauschen sollen, und Sie haben die kommunikationsfähigen Baugruppen einem Subnetz zugeordnet.

Das Objekt *Verbindungen* im Behälter *CPU* repräsentiert die Verbindungstabelle. Ein Doppelklick auf Verbindungen startet die Netzprojektierung ebenso wie ein Doppelklick auf ein Subnetz im Projektbehälter.

Zum Projektieren der Verbindungen markieren Sie in der Netzkonfiguration eine S7-400-CPU. Sie erhalten im unteren Teil des Netzfensters die Verbindungstabelle (Tabelle 2.1; ist sie nicht sichtbar, stellen Sie den Mauszeiger auf den unteren Fensterrand bis er seine Darstellung ändert und „ziehen" Sie den Fensterrand nach oben). Mit EINFÜGEN → NEUE VERBINDUNG oder mit einem Doppelklick auf eine leere Zeile tragen Sie eine neue Kommunikationsverbindung ein.

Für jede „aktive" CPU erstellen Sie eine Verbindungstabelle. Beachten Sie, daß Sie für eine S7-300-CPU keine Verbindungstabelle erstellen können; S7-300-CPUs können nur „passive" Partner in einer S7-Verbindung sein.

Im Fenster „Neue Verbindung" wählen Sie in den Dialogfeldern „Station" und „Baugruppe" den Verbindungspartner aus (Bild 2.6); die Station und die Baugruppe müssen bereits vorhanden sein. In diesem Fenster bestimmen Sie auch den Typ der Verbindung.

Möchten Sie weitere Verbindungseigenschaften einstellen, aktivieren Sie das Kontrollkästchen „Eigenschaftsdialog aufblenden".

Die Verbindungstabelle enthält alle Daten der projektierten Verbindungen. Um sie übersichtlich darstellen zu können, verwenden Sie die Menü-Befehle ANSICHT → SPALTENBREITE OPTIMIEREN und ANSICHT → SPALTEN ANZEIGEN.

**Tabelle 2.1** Beispiel für eine Verbindungstabelle

| Lokale ID | Partner ID | Partner | Typ | Aktiver Verbindungsaufbau | Betriebszustandsmeldungen senden |
|---|---|---|---|---|---|
| 1 | 1 | Station 416 / CPU416(5) | S7-Verbindung | ja | nein |
| 2 | 2 | Station 416 / CPU416(5) | S7-Verbindung | ja | nein |
| 3 | | Station 315 / CPU315(7) | S7-Verbindung | ja | nein |
| 4 | 1 | Station 417 / CPU414(4) | S7-Verbindung | ja | nein |

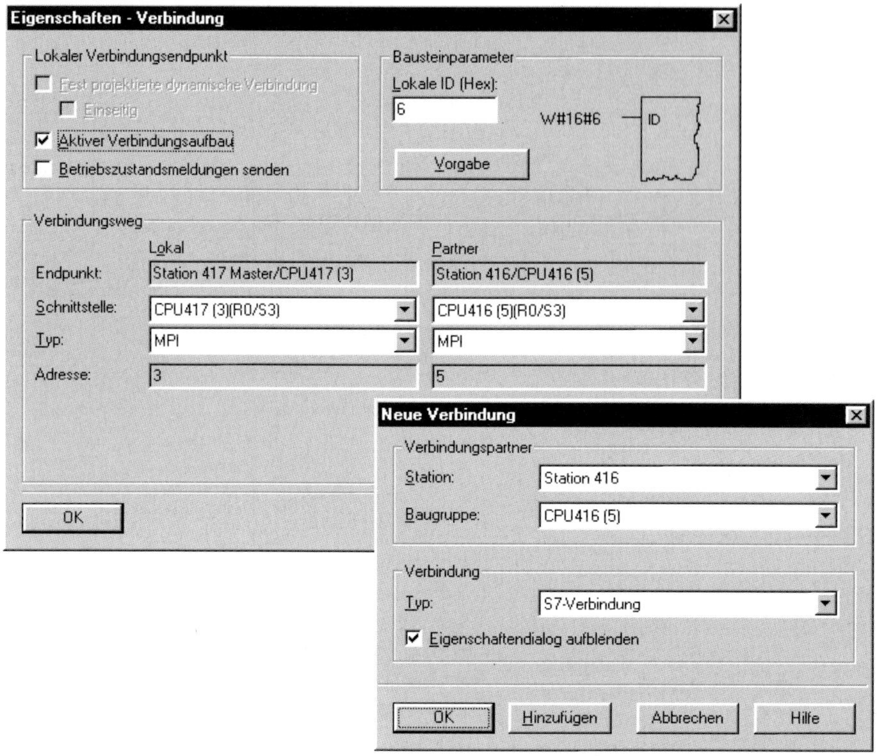


**Bild 2.6** Kommunikationsverbindungen projektieren

### Verbindungs-ID

Die Anzahl der möglichen Verbindungen ist CPU-spezifisch. STEP 7 legt für jede Verbindung und für jeden Partner eine Verbindungs-ID fest. Sie benötigen diese Angabe, wenn Sie die Kommunikationsbausteine in Ihrem Programm einsetzen.

Sie können die **Lokale ID** (die Verbindungs-ID der gerade geöffneten Baugruppe) ändern. Das ist dann notwendig, wenn Sie bereits Kommunikationsbausteine programmiert haben und Sie die dort angegebene Lokale ID für die Verbindung verwenden wollen.

Die neue Lokale ID geben Sie als Hexadezimalzahl ein. Sie muß in Abhängigkeit vom Verbindungstyp in den folgenden Wertebereichen liegen und darf noch nicht vergeben worden sein:

▷ Wertebereich für S7-Verbindungen: $0001_{hex}$ bis $0FFF_{hex}$

▷ Wertebereich für PtP-Verbindungen: $1000_{hex}$ bis $1400_{hex}$

Die **Partner ID** ändern Sie, indem Sie in der Verbindungstabelle der Partner-CPU die (dann) Lokale ID ändern: Verbindungszeile markieren und BEARBEITEN → OBJEKTEIGENSCHAFTEN. Trägt STEP 7 keine Partner ID ein, handelt es sich um eine einseitige Verbindung (siehe nachfolgend).

### Partner

In dieser Spalte wird der Verbindungspartner angezeigt. Wenn Sie ohne ein Partnergerät zu nennen eine Verbindungsressource reservieren wollen, tragen Sie im Dialogfeld unter Station „unspezifiziert“ ein.

Bei einer **einseitigen Verbindung** kann die Kommunikation nur von einem Partner aus angestoßen werden; Beispiel: S7-Kommunikation zwischen einer S7-400- und S7-300-CPU. Auch ohne SFB-Kommunikationsfunktionen in der S7-300-CPU können von einer S7-400-CPU mit SFB 14 GET und SFB 15 PUT Daten ausgetauscht werden. In der S7-300-CPU läuft dann kein Anwenderprogramm zu dieser Kommunikation, sondern der Datenaustausch wird vom Betriebssystem abgewickelt.

Eine einseitige Verbindung wird in der Verbindungstabelle der „aktiven" CPU projektiert. STEP 7 vergibt dann nur eine „Lokale ID". Sie laden diese Verbindung auch nur in die lokale Station.

Bei einer **zweiseitigen Verbindung** können beide Partner aktiv die Kommunikation aufnehmen; z.B. zwei S7-400-CPUs mit den Kommunikationsfunktionen SFB 8 BSEND und SFB 9 BRCV.

Eine zweiseitige Verbindung projektieren Sie nur einmal für einen der beiden Partner. STEP 7 vergibt dann eine „Lokale ID" und eine „Partner ID" und erzeugt die Verbindungsdaten für beide Stationen. Sie müssen beide Verbindungstabellen laden, in jeden Partner seine eigene.

### Verbindungstyp

STEP 7 Basis stellt Ihnen in der Netzprojektierung unter anderem folgende Verbindungstypen zur Verfügung:

**PtP-Verbindung** zugelassen für das Subnetz PTP (Prozeduren 3964(R) und RK 512) mit der S7-Kommunikation. Eine PtP-Verbindung (point to point, Punkt-zu-Punkt-Verbindung) ist eine serielle Verbindung zwischen zwei Partnern. Es können zwei SIMATIC S7-Geräte mit den entsprechenden CP-Baugruppen sein oder die Verbindung von einem SIMATIC-S7-Gerät zu einem Fremdgerät, z.B. einem Drucker oder Barcode-Leser.

**S7-Verbindung** zugelassen für die Subnetze MPI, PROFIBUS und Industrial Ethernet mit der S7-Kommunikation. Eine S7-Verbindung ist die Verbindung zwischen SIMATIC S7-Geräten, das können auch Programmiergeräte und Bedien- und Beobachtungsgeräte sein. Über die S7-Verbindung werden Daten ausgetauscht oder Programmier- und Steuerfunktionen ausgeführt.

**S7-Verbindung hochverfügbar** zugelassen für die Subnetze PROFIBUS und Industrial Ethernet mit der S7-Kommunikation. Eine hochverfügbare S7-Verbindung kommt zwischen hochverfügbaren SIMATIC S7-Geräten zustande, auch zu einem entsprechend ausgelegten PC kann sie aufgebaut werden.

Zum **Parametrieren von CP-Baugruppen** gibt es die Optionspakete „NCM S7 für PROFIBUS" und „NCM S7 für Industrial Ethernet". Je nach installierter NCM-Software haben Sie dann zusätzliche Verbindungstypen zur Auswahl: FMS-Verbindung, FDL-Verbindung, ISO-Transportverbindung, ISO-on-TCP-Verbindung, TCP-Verbindung, UDP-Verbindung und E-Mail-Verbindung.

### Aktiver Verbindungsaufbau

Vor dem eigentlichen Datentransfer muß die Verbindung aufgebaut (initialisiert) werden. Haben beide Verbindungspartner diese Fähigkeit, stellen Sie hier ein, welches Gerät die Verbindung aufbauen soll. Die Einstellung geschieht mit dem Kontrollkästchen „Aktiver Verbindungsaufbau" im Eigenschaftsfenster der Verbindung (Verbindung markieren und BEARBEITEN → OBJEKTEIGENSCHAFTEN).

### Betriebszustandsmeldungen senden

Verbindungenspartner mit einer projektierten zweiseitigen Verbindung können Betriebszustandsmeldungen austauschen. Soll der lokale Teilnehmer seine Betriebszustandsmeldungen senden, aktivieren Sie das entsprechende Kontrollkästchen im Eigenschaftsfenster der Verbindung. Im Anwenderprogramm der Partner-CPU können diese Meldungen mit dem SFB 23 USTATUS empfangen werden.

### Verbindungsweg

Das Eigenschaftsfenster der Verbindung zeigt als Verbindungsweg die Endpunkte der Verbindung und das Subnetz, über das die Verbindung läuft. Stehen mehrere Subnetze zur Auswahl, wählt STEP 7 die Reihenfolge Industrial Ethernet vor Industrial Ethernet/TCP-IP vor MPI vor PROFIBUS.

Als Endpunkte der Verbindung werden die Station und die CPU angezeigt, über die die Verbindung läuft. Unter „Schnittstelle" stehen die kommunikationsfähigen Baugruppen mit der

Angabe der Racknummer und des Steckplatzes. Befinden sich beide CPUs im gleichen Rack (z.B. S7-400-CPUs im Mehrprozessorbetrieb), steht „AS-intern“ im Anzeigenfeld.

Unter „Typ“ wählen Sie das Subnetz aus, über das die Verbindung laufen soll. Sind beispielsweise beide Partner sowohl am selben MPI- als auch am selben PROFIBUS-Subnetz angeschlossen, steht hier „MPI“; Sie können nun die Angabe auf „PROFIBUS“ ändern und STEP 7 paßt automatisch die restlichen Einstellungen an. Unter „Adresse“ sehen Sie dann die MPI- bzw. PROFIBUS-Adresse des Teilnehmers.

**Projektübergreifende Verbindungen**

Für den Datenaustausch zwischen zwei S7-Baugruppen, die unterschiedlichen SIMATIC-Projekten angehören, projektieren Sie in der Verbindungstabelle als Verbindungspartner „unspezifiziert“ (jeweils in der lokalen Station in beiden Projekten).

Achten Sie darauf, daß die Daten der Verbindung in beiden Projekten übereinstimmen (STEP 7 führt hier keine Prüfung durch). Nach dem Sichern und Übersetzen laden Sie dann die Verbindungsdaten jeweils in die lokale Station.

**Verbindung zu Nicht-S7-Stationen**

Innerhalb eines Projekts können Sie auch andere als S7-Stationen als Verbindungspartner angeben:

▷ Andere Station (Geräte von Fremdherstellern, auch S7-Stationen in einem anderen Projekt)

▷ PG/PC

▷ SIMATIC S5

Voraussetzung für die Verbindungsprojektierung ist, daß die Nicht-S7-Station als Objekt im Projektbehälter vorhanden ist und Sie die Nicht-S7-Station in den Stationseigenschaften mit dem entsprechenden Subnetz verbunden haben (z.B. in der Netzprojektierung die Station markieren, BEARBEITEN → OBJEKTEIGENSCHAFTEN und auf der Registerkarte „Schnittstellen“ die Station mit dem gewünschten Subnetz verbinden).

### 2.4.4 Netzübergänge

Ist das Programmiergerät an einem Subnetz angeschlossen, erreicht es alle weiteren Teilnehmer an diesem Subnetz. Beispielsweise können Sie von einer Anschlußstelle aus alle an ein MPI-Netz angeschlossenen S7-Stationen programmieren und testen. Ist an einer S7-Station ein weiteres Subnetz angeschlossen, z.B. ein PROFIBUS-Subnetz, kann das Programmiergerät auch die Stationen an dem anderen Subnetz erreichen. Voraussetzung ist, die Station mit dem Subnetzübergang ist „routingfähig“, d.h. „durchlässig“ für die übertragenen Telegramme.

Die Netzprojektierung erzeugt beim Übersetzen der Netzkonfiguration automatisch Routingtabellen für die Stationen mit Subnetzübergang, die alle erforderlichen Informationen enthalten. Alle erreichbaren Kommunikationspartner müssen in einem Anlagennetz innerhalb eines S7-Projekts konfiguriert sein und mit dem „Wissen“ versorgt werden, welche Stationen über welche Subnetze und Subnetzübergänge erreicht werden können.

Möchten Sie in einem Subnetzverbund alle Teilnehmer mit einem Programmiergerät von einer Anschlußstelle aus erreichen, müssen Sie die Anschlußstelle projektieren. Sie fügen in der Netzprojektierung an dem betreffenden Subnetz einen „Platzhalter“, eine PG/PC-Station aus dem Netzobjekt-Katalog, ein. An jedem Subnetz, an das Sie ein Programmiergerät anschließen wollen, projektieren Sie eine PG/PC-Station.

Im Betrieb stecken Sie das Programmiergerät an das Subnetz und wählen ZIELSYSTEM → PG/PC ZUORDNEN. Dadurch passen Sie die Schnittstellen des Programmiergeräts an die projektierten Einstellungen für das Subnetz an. Bevor Sie das Programmiergerät wieder vom Subnetz lösen, wählen Sie ZIELSYSTEM → PG/PC-ZUORDNUNG AUFHEBEN.

Gehen Sie mit einem Programmiergerät online, auf dem das passende Projekt nicht vorhanden ist, benötigen Sie für den Netzzugang die S7-Subnetz-ID. Die S7-Subnetz-ID setzt sich aus zwei Nummern zusammen: der Projektnummer und der Subnetznummer. Sie erhalten die S7-Subnetz-ID in der Netzprojektierung bei markiertem Subnetz mit BEARBEITEN → OBJEKTEIGENSCHAFTEN auf der Registerkarte „Allgemein“.

### 2.4.5 Verbindungsdaten laden

Um die Verbindungen zu aktivieren, müssen Sie nach dem Speichern und Übersetzen die Verbindungstabelle in das Zielsystem laden (alle Verbindungstabellen in alle „aktiven" CPUs).

Voraussetzung: Sie befinden sich im Netzfenster, die Verbindungstabelle ist sichtbar. Das Programmiergerät ist Teilnehmer des Subnetzes, über das die Verbindungsdaten in die kommunikationsfähigen Baugruppen geladen werden sollen. Allen Subnetz-Teilnehmern wurden eindeutige Teilnehmeradressen zugewiesen. Die Baugruppen, zu denen Verbindungsdaten übertragen werden sollen, befinden sich im Betriebszustand STOP.

Mit ZIELSYSTEM → LADEN → ... übertragen Sie die Verbindungs- und Konfigurationsdaten zu den erreichbaren Baugruppen. Je nach markiertem Objekt und ausgewähltem Menüpunkt können Sie wählen zwischen

→ MARKIERTE STATIONEN

→ MARKIERTE UND PARTNERSTATIONEN

→ STATIONEN AM SUBNETZ

→ MARKIERTE VERBINDUNGEN

→ VERBINDUNGEN UND NETZÜBERGÄNGE

Um alle Verbindungen einer programmierbaren Baugruppe zu löschen, laden Sie eine leere Verbindungstabelle in die betreffende Baugruppe.

Die übersetzten Verbindungsdaten sind auch Bestandteil der *Systemdaten* im Behälter *Bausteine*. Mit dem Übertragen der Systemdaten und anschließendem Anlauf der CPUs werden die Verbindungsdaten ebenfalls zu den kommunikationsfähigen Baugruppen übertragen.

Für den Online-Betrieb über MPI benötigt ein Programmiergerät keine zusätzliche Hardware. Koppeln Sie einen PC an ein Netz oder koppeln Sie ein PG an ein Ethernet- bzw. PROFIBUS-Netz, benötigen Sie die entsprechende Anschaltungsbaugruppe. Die Baugruppe parametrieren Sie mit der Applikation „PG/PC-Schnittstelle einstellen" in der Windows-Systemsteuerung.

## 2.5 S7-Programm erstellen

### 2.5.1 Einführung

Das Anwenderprogramm wird unter dem Objekt *S7-Programm* erstellt. Dieses Objekt können Sie in der Projekt-Hierarchie einer CPU zuordnen oder CPU-unabhängig erstellen. Es enthält das Objekt *Symbole* und die Behälter *Quellen* und *Bausteine* (Bild 2.7).

Bei der **quellorientierten** Programmerstellung schreiben Sie eine oder mehrere Programmquellen und legen diese in den Behälter *Quellen* ab. Programmquellen sind ASCII-Textdateien, die die Programmanweisungen für einen oder mehrere Bausteine, evtl. sogar für das gesamte Programm enthalten. Diese Quellen übersetzen Sie und erhalten die übersetzten Bausteine im Behälter *Bausteine*. Die übersetzten Bausteine bestehen aus MC7-Code und sind auf einer S7-CPU ablauffähig.

Bei der **inkrementellen** Programmerstellung geben Sie das Programm direkt bausteinweise ein. Die Eingaben werden sofort auf richtige Schreibweise (Syntax) überprüft. Gleichzeitig mit dem Speichern des Bausteins wird er übersetzt und im Behälter *Bausteine* abgelegt. Mit der inkrementellen Programmierung können Sie auch Bausteine online in der CPU editieren, sogar während des laufenden Betriebs.

Im Programm werden die Signalzustände oder die Werte von Operanden verarbeitet. Ein Operand ist z.B. der Eingang E 1.0 (*absolute Adressierung*). Mit Hilfe der **Symboltabelle** unter dem Objekt *Symbole* können Sie einem Operanden ein Symbol (einen alphanumerischen

**Bild 2.7** Objekte für die Programmerstellung

Namen, z.B. „Motor einschalten") zuordnen und ihn dann mit diesem Symbol ansprechen (*symbolische Adressierung*). In den Eigenschaften des Offline-Objektbehälters *Bausteine* stellen Sie ein, ob bei einer Änderung in der Symboltabelle für die bereits übersetzten Bausteine beim nächsten Speichern die Absolutadresse oder das Symbol maßgeblich sein soll (*Operandenvorrang*).

### Speicherbedarf

Der Speicherbedarf eines übersetzten Bausteins steht in den Bausteineigenschaften (im SIMATIC Manager den Baustein markieren und über BEARBEITEN → OBJEKTEIGENSCHAFTEN die Registerkarte „Allgemein - Teil 2" anwählen). Sie erhalten für diesen Baustein den Lade- und Arbeitsspeicherbedarf.

Wieviel Speicherplatz Ihr gesamtes Programm belegt, erfahren Sie, wenn Sie im SIMATIC Manager das Programm (Objekt *Bausteine*) markieren und den Menübefehl BEARBEITEN → OBJEKTEIGENSCHAFTEN wählen. Aus der Registerkarte „Bausteine" entnehmen Sie die Programmgröße im Lade- und im Arbeitsspeicher sowie die Anzahl der enthaltenen Bausteine pro Bausteintyp.

Bei diesen Angaben sind die Systemdaten nicht berücksichtigt; sie belegen zusätzlich Speicherplatz im Ladespeicher.

## 2.5.2 Symboltabelle

Im Steuerungsprogramm arbeiten Sie mit Operanden, das sind z.B. Eingänge, Ausgänge, Zeiten, Bausteine. Diese Operanden können Sie absolut adressieren (z.B. E 1.0) oder symbolisch adressieren (z.B. Startsignal). Die symbolische Adressierung verwendet Namen statt der Absolutadresse. Sie können Ihr Programm leichter lesbar gestalten, wenn Sie aussagekräftige Namen verwenden.

Bei der symbolischen Adressierung wird unterschieden zwischen *lokalen* Symbolen und *globalen* Symbolen. Ein lokales Symbol ist nur in dem Baustein bekannt, in dem es definiert worden ist. Sie können gleiche lokale Symbole in verschiedenen Bausteinen für unterschiedliche Zwecke verwenden. Ein globales Symbol ist im gesamten Anwenderprogramm bekannt und hat in allen Bausteinen die gleiche Bedeutung. Globale Symbole definieren Sie in der Symboltabelle (Objekt *Symbole* im Behälter *S7-Programm*).

Ein globales Symbol beginnt mit einem Buchstaben und kann bis zu 24 Zeichen lang sein. Ein globales Symbol kann auch Leerzeichen, Sonderzeichen und länderspezifische Zeichen wie z.B. Umlaute enthalten. Ausgenommen sind die Zeichen $00_{hex}$, $FF_{hex}$ und das Anführungszeichen ("). Symbole mit Sonderzeichen müssen Sie beim Programmieren in Anführungszeichen setzen. Im übersetzten Baustein zeigt der Programmeditor alle globalen Symbole in Anführungszeichen an. Der Symbolkommentar kann bis zu 80 Zeichen lang sein.

In der Symboltabelle können Sie folgende Operanden und Objekte mit einem Namen versehen:

- ▷ Eingänge E, Ausgänge A, Peripherie-Eingänge PE und Peripherie-Ausgänge PA
- ▷ Merker M, Zeitfunktionen T und Zählfunktionen Z
- ▷ Codebausteine OB, FB, FC, SFC, SFB und Datenbausteine DB
- ▷ anwenderdefinierte Datentypen UDT
- ▷ Variablentabellen VAT

Datenoperanden in Datenbausteinen zählen zu den lokalen Operanden; die dazugehörenden Symbole werden bei Global-Datenbausteinen im Deklarationsteil des Datenbausteins und bei Instanz-Datenbausteinen im Deklarationsteil des Funktionsbausteins definiert.

Beim Anlegen eines S7-Programms legt der SIMATIC Manager auch eine leere Symboltabelle *Symbole* an. Diese öffnen Sie und können nun die globalen Symbole festlegen und Absolutadressen zuordnen (Bild 2.8). In einem S7-Programm kann es immer nur eine einzige Symboltabelle geben.

Zur Festlegung eines Symbols gehört auch der Datentyp. Er definiert bestimmte Eigenschaften der sich hinter dem Symbol verbergenden Daten, im wesentlichen die Darstellung des Dateninhalts. Beispielsweise bezeichnet der Datentyp BOOL eine Binärvariable und der Datentyp INT eine Digitalvariable, deren Inhalt eine 16-bit-Ganzzahl darstellt. Eine Übersicht über die

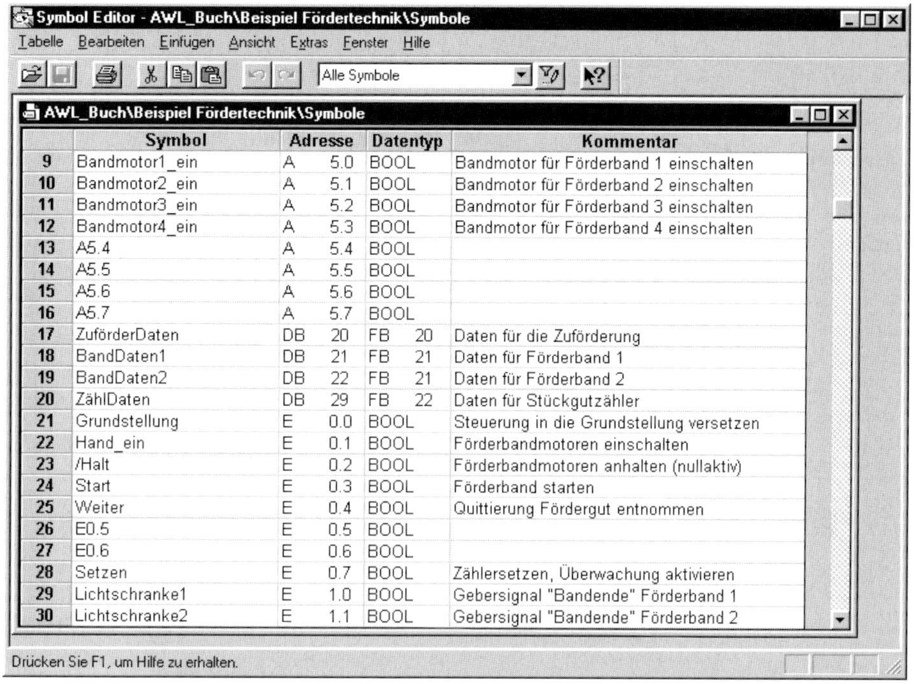


| | Symbol | Adresse | | Datentyp | | Kommentar |
|---|---|---|---|---|---|---|
| 9 | Bandmotor1_ein | A | 5.0 | BOOL | | Bandmotor für Förderband 1 einschalten |
| 10 | Bandmotor2_ein | A | 5.1 | BOOL | | Bandmotor für Förderband 2 einschalten |
| 11 | Bandmotor3_ein | A | 5.2 | BOOL | | Bandmotor für Förderband 3 einschalten |
| 12 | Bandmotor4_ein | A | 5.3 | BOOL | | Bandmotor für Förderband 4 einschalten |
| 13 | A5.4 | A | 5.4 | BOOL | | |
| 14 | A5.5 | A | 5.5 | BOOL | | |
| 15 | A5.6 | A | 5.6 | BOOL | | |
| 16 | A5.7 | A | 5.7 | BOOL | | |
| 17 | ZuförderDaten | DB | 20 | FB | 20 | Daten für die Zuförderung |
| 18 | BandDaten1 | DB | 21 | FB | 21 | Daten für Förderband 1 |
| 19 | BandDaten2 | DB | 22 | FB | 21 | Daten für Förderband 2 |
| 20 | ZählDaten | DB | 29 | FB | 22 | Daten für Stückgutzähler |
| 21 | Grundstellung | E | 0.0 | BOOL | | Steuerung in die Grundstellung versetzen |
| 22 | Hand_ein | E | 0.1 | BOOL | | Förderbandmotoren einschalten |
| 23 | /Halt | E | 0.2 | BOOL | | Förderbandmotoren anhalten (nullaktiv) |
| 24 | Start | E | 0.3 | BOOL | | Förderband starten |
| 25 | Weiter | E | 0.4 | BOOL | | Quittierung Fördergut entnommen |
| 26 | E0.5 | E | 0.5 | BOOL | | |
| 27 | E0.6 | E | 0.6 | BOOL | | |
| 28 | Setzen | E | 0.7 | BOOL | | Zählersetzen, Überwachung aktivieren |
| 29 | Lichtschranke1 | E | 1.0 | BOOL | | Gebersignal "Bandende" Förderband 1 |
| 30 | Lichtschranke2 | E | 1.1 | BOOL | | Gebersignal "Bandende" Förderband 2 |

**Bild 2.8** Beispiel für eine Symboltabelle

bei STEP 7 verwendeten Datentypen finden Sie im Kapitel 3.7 „Variablen und Konstanten"; die detaillierte Beschreibung enthält Kapitel 24 „Datentypen".

Bei inkrementeller Programmierung erstellen Sie die Symboltabelle vor der Programmeingabe; auch während der Programmeingabe können Sie einzelne Symbole nachtragen oder korrigieren. Bei quellorientierter Programmierung muß die komplette Symboltabelle bei der Übersetzung der Programmquelle zur Verfügung stehen.

### Importieren, Exportieren

Symboltabellen können importiert und exportiert werden. „Exportiert" bedeutet, es wird eine Datei mit dem Inhalt Ihrer Symboltabelle erstellt, wobei Sie die gesamte Symboltabelle, eine durch Filter begrenzte Teilmenge oder nur markierte Zeilen auswählen können. Beim Dateiformat können Sie wählen zwischen reinem ASCII-Text (Namensendung *.asc), sequentieller Zuordnungsliste (*.seq), System Data Format (*.sdf für Microsoft Access) und Data Interchange Format (*.dif für Microsoft Excel). Die exportierte Datei können Sie mit einem geeigneten Editor bearbeiten. Eine in den genannten Formaten vorliegende Symboltabelle können Sie auch einlagern („importieren").

### Spezielle Objekteigenschaften

Mit BEARBEITEN → SPEZIELLE OBJEKTEIGENSCHAFTEN → ... stellen Sie in der Symboltabelle für jedes Symbol Attribute ein, die Verwendung finden bei:

- ▷ Bedienen und Beobachten für die Überwachung mit WinCC
- ▷ der Kommunikationsprojektierung
- ▷ der Meldungsprojektierung
- ▷ der Prozeßüberwachung mit S7-PDIAG

ANSICHT → SPALTEN B, M, K, Ü macht die Einstellungen sichtbar. Mit EXTRAS → EINSTELLUNGEN können Sie festlegen, ob die speziellen Objekteigenschaften mitkopiert werden und wie das Verhalten beim Importieren von Symbolen ist.

### 2.5.3 AWL-Programmeditor

STEP 7 Basis enthält zur Erstellung des Anwenderprogramms einen Programmeditor für die Programmiersprachen KOP, FUP und AWL. Mit AWL programmieren Sie entweder inkrementell, d.h. Sie geben direkt einen ablauffähigen Baustein ein, oder Sie programmieren quellorientiert, d.h. Sie erstellen eine Textdatei im ASCII-Format (die Programmquelle), aus der Sie durch Übersetzen den ablauffähigen Baustein gewinnen. Bild 2.9 zeigt die möglichen Handlungen in Verbindung mit der AWL-Programmerstellung.

Wenn Sie für globale Operanden die symbolische Adressierung verwenden, müssen bei der inkrementellen Programmierung die Symbole bereits einer Absolutadresse zugeordnet sein; Sie können jedoch auch während der Programmeingabe Symbole neu aufnehmen oder ändern. Bei quellorientierter Programmierung muß die komplette Symboltabelle erst bei der Übersetzung vorhanden sein.

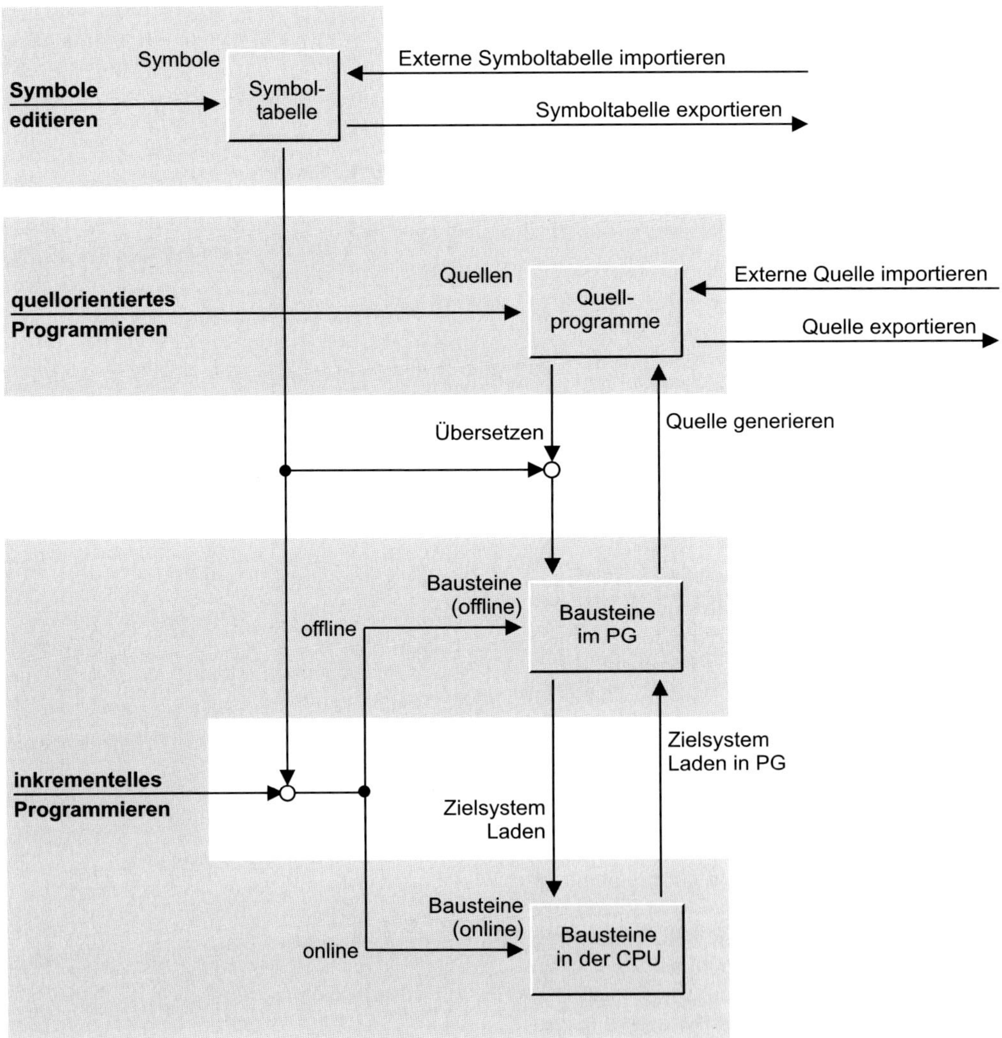


**Bild 2.9** Programmerstellung mit dem AWL-Programmeditor

AWL-Bausteine sind „rückübersetzbar", d.h. aus dem MC7-Code kann ohne Offline-Datenbasis wieder ein lesbarer Baustein erstellt werden (Sie können mit einem Programmiergerät ohne dazugehörendes Projekt jeden Baustein aus einer CPU auslesen). Zusätzlich kann aus jedem übersetzten Baustein wieder eine AWL-Programmquelle erzeugt werden.

### AWL-Programmeditor starten

Sie gelangen in den Programmeditor, wenn Sie einen Baustein im SIMATIC Manager öffnen, z.B. mit einem Doppelklick auf das automatisch erzeugte Symbol des Organisationsbausteins OB 1, oder über die Windows-Taskleiste mit START → SIMATIC → STEP 7 → KOP, AWL, FUP - S7 BAUSTEINE PROGRAMMIEREN.

Die Eigenschaften des Programmeditors können Sie mit EXTRAS → EINSTELLUNGEN Ihren Wünschen anpassen. Wählen Sie in der Registerkarte „Editor" die Eigenschaften, mit denen ein neuer Baustein angezeigt werden soll, wie z.B. Erstellsprache, Vorwahl für Kommentar und Symbolik.

Wenn Sie im Behälter *Bausteine* einen übersetzten Baustein öffnen (z.B. mit Doppelklick), wird er für die inkrementelle Programmierung geöffnet. Für die quellorientierte Programmierung müssen Sie eine Programmquelle im Behälter *Quellen* öffnen.

Sie können auch mischen: einige Bausteine direkt eingeben und einige Bausteine über eine Quelle programmieren. Es können auch Bausteine im Programm aufgerufen werden, die mit einer anderen Programmiersprache, z.B. FUP oder SCL erstellt wurden. Denn das Anwenderprogramm wird bausteinweise erstellt und letztlich steht in jedem Baustein, gleich mit welcher Programmiersprache er erstellt wurde, ein ablauffähiger MC7-Code.

Zu empfehlen ist die quellorientierte Programmerstellung mit symbolischer Adressierung. Das Editieren ist einfacher, die Anzahl der Schreibfehler ist geringer und es kann auch ein anderer Texteditor verwendet werden. Über die Symboltabelle können Sie bei jeder Übersetzung andere absolute Adressen vorgeben, so daß Sie auf diese Weise wiederverwendbare „Standardprogramme" unabhängig von einer Hardware-Konfiguration erstellen können.

Die quellorientierte Programmerstellung ist sogar die einzig mögliche, um Ihr Programm mit einem Bausteinschutz (KNOW_HOW_PROTECT) zu versehen.

Die inkrementelle Programmierung ist optimal zum „schnellen Ausprobieren" einer Programmänderung direkt in der CPU. Hat sich die Änderung bewährt, diese dann in der Programmquelle nachführen und erneut übersetzen. So haben Sie immer den aktuellen Stand des Programms als ASCII-Textdatei vorliegen. Die inkrementelle Programmierung ist auch gut geeignet, um online einige Programmanweisungen zum Testen des Programms zu schreiben, die Sie anschließend nicht mehr benötigen.

### Quellorientiertes Programmieren

Mit der quellorientierten Programmierung bearbeiten Sie eine AWL-Quelle im Objektbehälter *Quellen*. Eine AWL-Quelle ist eine reine ASCII-Textdatei. Sie kann das Quellprogramm für einen oder mehrere Code- oder Datenbausteine bzw. eines ganzen Programms sowie die Definition der anwenderdefinierten Datentypen enthalten.

Im SIMATIC Manager markieren Sie den Behälter *Quellen* und erstellen eine neue Quelldatei mit EINFÜGEN → S7-SOFTWARE → AWL-QUELLE. Diese können Sie z.B. mit einem Doppelklick öffnen und mit dem Programmeditor bearbeiten.

Mit EINFÜGEN → BAUSTEINVORLAGE → ... (im Editor) erleichtern Sie sich die Erstellung neuer Bausteine. Der Editor verwendet die Vorlagen aus dem Verzeichnis ...\Step7\S7ska, die in den Textdateien S7kaf*nnx*.txt enthalten sind; Sie können diese Vorlagen Ihren Wünschen anpassen. Mit EINFÜGEN → OBJEKT → BAUSTEIN fügt der Programmeditor nach der Schreibmarke einen bereits übersetzten Baustein als ASCII-Quelle in die Quelldatei ein.

Sie haben auch die Möglichkeit, unter dem Programmeditor mit DATEI → QUELLE GENERIEREN aus einem oder mehreren übersetzten Bausteinen eine neue AWL-Quelle zu generieren.

Wenn Sie mit einem anderen Texteditor eine AWL-Quelldatei erstellt haben, können Sie diese mit EINFÜGEN → EXTERNE QUELLE unter dem SIMATIC Manager in den Behälter *Quellen* holen. Mit BEARBEITEN → QUELLE EXPORTIEREN kopieren Sie die markierte Quelldatei in einen Ordner (in ein Verzeichnis) Ihrer Wahl.

Bei der quellorientierten Programmierung müssen Sie gewisse Regeln beachten und Schlüsselwörter verwenden, die für den Übersetzer bestimmt sind. Wie eine AWL-Quelle aufgebaut ist, zeigen Ihnen die Kapitel 3.4.3 „AWL-Codebaustein quellorientiert programmieren" und 3.6.2 „Datenbaustein quellorientiert programmieren".

### AWL-Quelle übersetzen

Sie können die Programmquelle während der Bearbeitung zu einem beliebigen Zeitpunkt speichern, auch dann, wenn das Programm noch unvollständig ist. Erst mit dem Übersetzen der Quelldatei erzeugt der Programmeditor ablauffähige Bausteine, die er im Behälter *Bausteine* ablegt. Haben Sie in der AWL-Quelle globale Symbole verwendet, muß bei der Übersetzung auch die ausgefüllte Symboltabelle zur Verfügung stehen.

Mit EXTRAS → EINSTELLUNGEN auf der Registerkarte „Quellen" stellen Sie die Eigenschaften des Übersetzers ein, z.B. ob vorhandene Bausteine überschrieben werden sollen oder ob nur dann Bausteine erzeugt werden sollen, wenn die gesamte Programmquelle fehlerfrei ist. Auf der Registerkarte „Baustein erzeugen" können Sie die automatische Nachführung der Referenzdaten beim Übersetzen eines Bausteins einstellen.

Sie können mit DATEI → KONSISTENZ PRÜFEN die Programmquelle auf syntaktische Richtigkeit prüfen, ohne die Bausteine zu übersetzen.

Sie starten die Übersetzung bei geöffneter Programmquelle mit DATEI → ÜBERSETZEN. Es werden alle fehlerfreien Bausteine, die sich in der Programmquelle befinden, übersetzt. Ein fehlerhafter Baustein wird nicht übersetzt. Treten Warnungen auf, wird der Baustein dennoch übersetzt; der Ablauf in der CPU kann jedoch fehlerhaft sein.

Aufgerufene Bausteine müssen bereits als übersetzte Bausteine vorliegen oder in der Programmquelle vor dem Aufruf stehen (weitere Einzelheiten zur Bausteinreihenfolge siehe Kapitel 3.4.3 „AWL-Codebaustein quellorientiert programmieren").

### AWL-Quellen aktualisieren bzw. erzeugen

Sie können mit EXTRAS → EINSTELLUNGEN auf der Registerkarte „Quellen" die Option „Quelle automatisch generieren" wählen, so daß beim Speichern eines (inkrementell bearbeiteten) Bausteins die Programmquelle nachgeführt wird bzw. angelegt wird, falls sie noch nicht existiert. Den Namen einer neuen Quelldatei können Sie aus der absoluten oder der symbolischen Adresse des Bausteins ableiten lassen. Die Operandenadressen können hierbei absolut oder symbolisch in die Quelle übernommen werden.

Mit der Schaltfläche „Ausführen" wählen Sie im Folgedialog die Bausteine aus, von denen Sie eine Programmquelle erzeugen wollen.

### Inkrementelles Programmieren

Mit der inkrementellen Programmierung bearbeiten Sie Bausteine sowohl im Offline- als auch im Online-Behälter *Bausteine*. Der Programmeditor prüft im inkrementellen Mode Ihre Eingaben sofort nach Beenden der eingegebenen Programmzeile. Beim Schließen des Bausteins wird dieser übersetzt, so daß nur fehlerfreie Bausteine gespeichert werden können.

Mit EXTRAS → EINSTELLUNGEN auf der Registerkarte „Baustein erzeugen" stellen Sie die automatische Nachführung der Referenzdaten beim Speichern eines Bausteins ein.

Die Bearbeitung der Bausteine kann sowohl offline in der PG-Datenhaltung erfolgen als auch online in der angeschlossenen CPU, allgemein „Zielsystem" genannt. Im SIMATIC Manager haben Sie hierfür ein Offline- und ein Online-Fenster zur Verfügung, die durch die Farbe und die Beschriftung in der Titelleiste unterschieden werden.

Im Offline-Fenster bearbeiten Sie Bausteine direkt in der PG-Datenhaltung. Befinden Sie sich im Programmeditor, legen Sie den aktuell geöffneten Baustein mit DATEI → SPEICHERN in der Offline-Datenhaltung ab, mit ZIELSYSTEM → LADEN übertragen Sie ihn in die angeschlossene CPU. Möchten Sie den geöffneten Baustein mit anderer Nummer speichern oder in ein anderes Projekt, in eine Bibliothek oder zu einer anderen CPU übertragen, verwenden Sie den Menübefehl DATEI → SPEICHERN UNTER.

Zum Bearbeiten eines Bausteins in der CPU öffnen Sie ihn im Online-Fenster z.B. mit einem Doppelklick. Daraufhin wird der Baustein von der CPU in das Programmiergerät übertragen, damit er bearbeitet werden kann. Den geänderten Baustein schreiben Sie mit ZIELSYSTEM → LADEN in die CPU zurück. Befindet sich die CPU im Betriebszustand RUN, wird der geänderte (und aufgerufene) Baustein im nächsten Programmzyklus von der CPU bearbeitet. Möchten Sie den online geänderten Baustein auch in der Offline-Datenhaltung speichern, verwenden Sie den Menübefehl DATEI → SPEICHERN.

Weitere Hinweise zur Online-Programmierung stehen in den Kapiteln 2.6.4 „Anwenderprogramm in die CPU laden“ und 2.6.5 „Bausteinhantierung“. Die Eingabe eines AWL-Bausteins zeigen Ihnen die Kapitel 3.4.2 „AWL-Codebaustein inkrementell programmieren“ und 3.6.1 „Datenbaustein inkrementell programmieren“.

### 2.5.4 SCL-Programmeditor

Die Optionssoftware S7-SCL stellt Ihnen für die Programmierung in SCL einen eigenen Programmeditor zur Verfügung. Beim Installieren wird dieser in den SIMATIC Manager eingebunden. Sie verwenden ihn genauso wie den Programmeditor für die Basissprachen. Mit SCL programmieren Sie quellorientiert (Bild 2.10).

Sie erstellen eine SCL-Quelle, die Sie anschließend übersetzen. Hierbei können Sie auch bereits übersetzte Bausteine aufrufen (quasi in Ihr Programm einbinden), die sich im Behälter *Bausteine* befinden. Diese Bausteine können auch mit einer anderen Programmiersprache erstellen worden sein, z.B. mit AWL.

Verwenden Sie im Programm die symbolische Adressierung für Globaloperanden, muß bei der Übersetzung die komplette Symboltabelle verfügbar sein.

Aus einem übersetzten Baustein können Sie keine SCL-Quelle generieren, z.B. wenn Sie aus Versehen die Programmquelle gelöscht haben. (Hinweis: Auch ohne vorhandene Programmquelle ist ein bereits übersetzter SCL-Baustein in der CPU ablauffähig.)

#### SCL-Programmeditor starten

Sie starten den SCL-Programmeditor im SIMATIC Manager durch das Öffnen eines übersetzten SCL-Bausteins im Behälter *Bausteine,* durch das Öffnen einer SCL-Quelle im Behälter *Quellen* oder über die Windows-Taskleiste mit START → SIMATIC → STEP 7 → S7-SCL - S7 BAUSTEINE PROGRAMMIEREN.

Findet der Programmeditor beim Starten über einen übersetzten Baustein die dazugehörende Programmquelle nicht, z.B. weil sie gelöscht oder verschoben worden ist, wird der Baustein mit dem AWL-Programmeditor geöffnet. Sobald Sie jedoch den Baustein wieder zurückschreiben, auch ohne Änderung, ist er für den SCL-Programmeditor „unbrauchbar“.

Die Eigenschaften des SCL-Programmeditors können Sie mit EXTRAS → EINSTELLUNGEN Ihren Wünschen anpassen. Wählen Sie in der Registerkarte „Editor“ die Eigenschaften, mit denen ein neuer Baustein erzeugt und angezeigt werden soll, wie z.B. Anzeige mit Zeilennummern.

#### SCL-Quelle erstellen

Sie legen eine neue SCL-Quelle im SIMATIC Manager an, wenn Sie den Behälter *Quellen* markieren und EINFÜGEN → S7-SOFTWARE → SCL-QUELLE wählen. Ein Doppelklick auf die Quelle öffnet sie. Mit EINFÜGEN → BAUSTEINVORLAGE → ... erleichtern Sie sich die Erstellung neuer Bausteine, mit EINFÜGEN → KONTROLLSTRUKTUR → ... können Sie vorgefertigte Programmstrukturen an der Schreibmarke in die Programmquelle einfügen.

Wenn Sie mit einem anderen Texteditor eine SCL-Quelldatei erstellt haben, können Sie diese mit EINFÜGEN → EXTERNE QUELLE unter dem SIMATIC Manager in den Behälter *Quellen* holen. Mit BEARBEITEN → QUELLE EXPORTIEREN kopieren Sie die markierte Quelldatei in einen Ordner (in ein Verzeichnis) Ihrer Wahl.

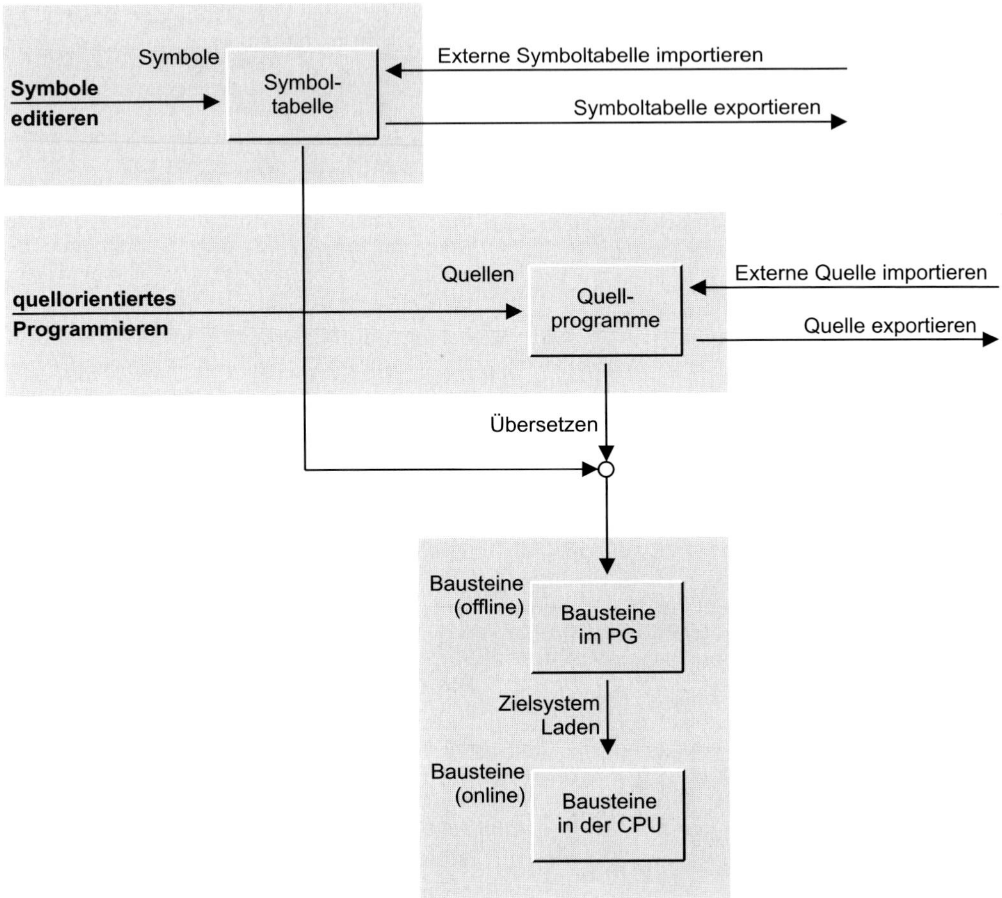


**Bild 2.10** Programmerstellung mit dem SCL-Programmeditor

Eine veränderte Quelle, die noch nicht gespeichert ist, wird durch einen Stern nach dem Dateinamen in der Titelleiste des Editorfensters bzw. im Menü „Fenster" angezeigt.

Bei der quellorientierten Programmierung müssen Sie gewisse Regeln beachten und Schlüsselwörter verwenden, die für den Übersetzer bestimmt sind. Wie eine SCL-Quelle aufgebaut ist, zeigen Ihnen die Kapitel 3.5.2 „SCL-Codebaustein programmieren" und 3.6.2 „Datenbaustein quellorientiert programmieren".

### SCL-Quelle übersetzen

Sie können die Programmquelle während der Bearbeitung zu einem beliebigen Zeitpunkt speichern, auch dann, wenn das Programm noch unvollständig ist. Erst mit dem Übersetzen (Compilieren) der Quelldatei erzeugt der Programmeditor Bausteine, die er im Offline-Behälter *Bausteine* ablegt. Haben Sie in der SCL-Quelle globale Symbole verwendet, muß bei der Übersetzung auch die ausgefüllte Symboltabelle zur Verfügung stehen.

Mit EXTRAS → EINSTELLUNGEN auf der Registerkarte „Compiler" können Sie unter anderem folgende Einstellungen vornehmen:

▷ Objectcode erstellen
Wenn diese Option gewählt ist, werden bei fehlerfreier Übersetzung Bausteine erzeugt; andernfalls können Sie die Programmquelle

auf syntaktische Richtigkeit prüfen, ohne Bausteine zu erzeugen.

▷ Objectcode optimieren
Die erzeugten Bausteine werden bezüglich Speicherbedarf und Laufzeit optimiert.

▷ Feldgrenzen überwachen
Hiermit erstellt der Übersetzer zusätzlichen Programmcode, der die Überprüfung von z.B. Feldgrenzen während der Laufzeit gestattet.

▷ Debug Info erstellen
Wenn Sie die übersetzten Bausteine mit dem Programmstatus noch testen müssen, wählen Sie diese Option (die Information zum Testen wird intern erzeugt; es wird kein zusätzlicher Programmcode abgesetzt).

▷ OK Flag setzen
Diese Option müssen Sie wählen, wenn Sie die OK-Variable oder den EN/ENO-Mechanismus im Programm verwenden.

Sie starten die Übersetzung bei geöffneter Programmquelle mit DATEI → ÜBERSETZEN. Es werden alle fehlerfreien Bausteine, die sich in der Programmquelle befinden, übersetzt. Ein fehlerhafter Baustein wird nicht übersetzt. Treten Warnungen auf, wird der Baustein dennoch übersetzt; der Ablauf in der CPU kann jedoch fehlerhaft sein. Möchten Sie ausgewählte Bausteine der Quelle übersetzen, wählen Sie DATEI → TEIL-ÜBERSETZEN.

Aufgerufene Bausteine müssen bereits als übersetzte Bausteine vorliegen oder in der Programmquelle vor dem Aufruf stehen (weitere Einzelheiten zur Bausteinreihenfolge siehe Kapitel 3.5.2 „SCL-Codebaustein programmieren"). Der SCL-Übersetzer legt fehlende Instanz-Datenbausteine bei Funktionsbausteinaufrufen automatisch an. Die DB-Nummer wird der Symboltabelle entnommen oder es wird die kleinste freie Nummer gewählt.

Die in der ersten Aufrufebene aufgerufenen Standard-Bausteine, wie z.B. eine IEC-Funktion, werden beim Übersetzen aus der Standard-Bibliothek in den Behälter *Bausteine* kopiert.

ZIELSYSTEM → LADEN lädt alle Bausteine in die angeschlossene CPU, die bei der letzten Übersetzung erzeugt oder automatisch von einer Standard-Bibliothek in den Behälter *Bausteine* kopiert wurden.

**Übersetzungssteuerdatei**

Bei SCL haben Sie die Möglichkeit, mehrere Programmquellen in einer bestimmten Reihenfolge in einem Lauf zu übersetzen. Sie erstellen eine Übersetzungssteuerdatei mit markiertem Behälter *Quellen* und EINFÜGEN → SCL-ÜBERSETZUNGSSTEUERDATEI.

Öffnen Sie die Übersetzungssteuerdatei und geben Sie die Namen der Programmquellen in der beim Übersetzen gewünschten Reihenfolge an. Mit DATEI → ÜBERSETZEN starten Sie den Übersetzungsvorgang.

### 2.5.5 Umverdrahten

Die Funktion *Umverdrahten* gestattet Ihnen den Austausch von Operanden in einzelnen übersetzten Bausteinen oder im gesamten Anwenderprogramm. Beispielsweise können Sie die Eingangsbits E 0.0 bis E 0.7 durch die Eingangsbits E 16.0 bis E 16.7 ersetzen lassen. Erlaubte Operanden sind Eingänge, Ausgänge, Merker, Zeiten und Zähler sowie Funktionen FC und Funktionsbausteine FB.

Sie markieren im SIMATIC Manager die Objekte, in denen Sie die Umverdrahtung vornehmen wollen, entweder einen einzigen Baustein, eine Gruppe von Bausteinen mit gedrückter Crtl/Strg-Taste und Mausklick oder das gesamte Anwenderprogramm *Bausteine*. Mit EXTRAS → UMVERDRAHTEN erhalten Sie eine Tabelle, in der Sie die zu ersetzenden, alten Operanden und die neuen Operanden angeben. Mit „OK" tauscht dann der SIMATIC Manager die Operanden aus. Im Anschluß daran zeigt Ihnen eine Info-Datei, in welchem Baustein wieviele Änderungen vorgenommen worden sind.

Weitere Möglichkeiten für ein „Umverdrahten" sind:

▷ Bei einzelnen übersetzten Bausteinen können Sie auch die Funktion *Operandenvorrang* verwenden.

▷ Liegt eine Programmquelle mit symbolischer Adressierung vor, ändern Sie vor dem Übersetzen die Absolutadressen in der Symboltabelle und erhalten nach dem Übersetzen ein „umverdrahtetes" Programm.

### 2.5.6 Operandenvorrang

Im Eigenschaftsfenster des Offline-Objektbehälters *Bausteine* im Register „Bausteine" können Sie einstellen, ob bei einer Änderung in der Symboltabelle oder in der Deklaration bzw. Belegung von Global-Datenbausteinen für die bereits gespeicherten Bausteine beim erneuten Anzeigen und Speichern die Absolutadresse oder das Symbol Vorrang haben soll.

Die Voreinstellung ist „Absolutadresse hat Vorrang" (das gleiche Verhalten wie bei den bisherigen STEP 7-Versionen). Diese Voreinstellung bedeutet, daß bei einer Änderung in der Symboltabelle die Absolutadresse im Programm erhalten bleibt und sich entsprechend das Symbol ändert. Bei der Einstellung „Symbol hat Vorrang" ändert sich die Absolutadresse und das Symbol bleibt bestehen.

Beispiel: In der Symboltabelle steht:

```
E 1.0 "Endschalter oben"
E 1.1 "Endschalter unten"
```

Im Programm eines bereits übersetzten Bausteins wird der Eingang E 1.0 abgefragt:

```
U   E 1.0 "Endschalter oben"
```

Wenn nun in der Symboltabelle die Zuordnung für die Eingänge E 1.0 und E 1.1 geändert wird in:

```
E 1.0 "Endschalter unten"
E 1.1 "Endschalter oben"
```

und der bereits übersetzte Baustein wird ausgelesen, steht im Programm bei der Einstellung

„Symbol hat Vorrang"

```
U   E 1.1 "Endschalter oben"
```

„Absolutadresse hat Vorrang"

```
U   E 1.0 "Endschalter unten"
```

Besteht durch eine Änderung in der Symboltabelle keine Zuordnung mehr zwischen einer verwendeten Absolutadresse und einem verwendeten Symbol, steht bei der Einstellung „Absolutadresse hat Vorrang" die Absolutadresse in der Anweisung (auch bei symbolischer Anzeige, denn das Symbol fehlt ja nun); bei der Einstellung „Symbol hat Vorrang" wird die Anweisung als fehlerhaft ausgewiesen (denn die unbedingt notwendige Absolutadresse fehlt).

Mit der Einstellung „Symbol hat Vorrang" behalten inkrementell programmierte Bausteine mit symbolischer Adressierung bei einer Änderung in der Symboltabelle die symbolische Adressierung bei. Auf diese Weise kann ein bereits programmierter Baustein über Änderung der Adressenzuordnung „umverdrahtet" werden.

Beachten Sie, daß dieses „Umverdrahten" nicht automatisch geschieht, denn die bereits übersetzten Bausteine enthalten den ablauffähigen MC7-Code der Anweisungen mit der Absolutadresse. Erst beim Öffnen und wieder Abspeichern wird – nach einer entsprechenden Meldung – in den betreffenden Bausteinen die Änderung vorgenommen.

### 2.5.7 Referenzdaten

Ergänzend zum Programm zeigt Ihnen der SIMATIC Manager Referenzdaten, die Sie als Grundlage für Korrekturen oder Tests verwenden können. Diese Referenzdaten sind:

- ▷ Querverweise
- ▷ Belegung (E, A, M und T, Z)
- ▷ Programmstruktur
- ▷ Nicht verwendete Symbole
- ▷ Operanden ohne Symbol

Zur Erzeugung der Referenzdaten markieren Sie das Objekt *Bausteine* und wählen den Menübefehl EXTRAS → REFERENZDATEN → ANZEIGEN. Die Darstellung der Referenzdaten können Sie mit ANSICHT → FILTERN spezifisch für jedes Arbeitsfenster ändern; diese Vorgabe halten Sie mit FENSTER → ANORDNUNG BEIM BEENDEN SPEICHERN für spätere Bearbeitungen fest. Sie können sich mehrere Listen gleichzeitig am Bildschirm anzeigen lassen.

Mit EXTRAS → EINSTELLUNGEN im Programmeditor wählen Sie auf der Registerkarte „Bausteine erzeugen", ob beim Übersetzen einer Programmquelle oder beim Speichern eines inkrementell bearbeiteten Bausteins die Referenzdaten aktualisiert werden sollen.

Beachten Sie, daß die Referenzdaten nur in der Offline-Datenhaltung vorhanden sind; auch wenn die Funktion in einem online geöffneten Baustein aufgerufen wird, werden die Offline-Referenzdaten angezeigt.

### Querverweise

Die Querverweisliste zeigt die Verwendung der Operanden und Bausteine im Anwenderprogramm. Sie sehen die Absolutadresse, das Symbol (sofern vorhanden), den Baustein, in dem der Operand verwendet wird, die Art der Verwendung (lesend oder schreibend) und sprachabhängige Informationen. Für AWL steht hier das Netzwerk, die Zeile und die Operation, wo und wie der Operand verwendet wird; für SCL die Zeilen- und Spaltennummer. Ein Mausklick auf einen Spaltentitel sortiert die Tabelle nach dem Spalteninhalt.

BEARBEITEN → GEHE ZU → VERWENDUNGSSTELLE bei markiertem Operanden startet den Programmeditor und zeigt den Operanden in der programmierten Umgebung.

Die Querverweisliste zeigt diejenigen Operanden, die Sie über ANSICHT → FILTERN ausgewählt haben (z.B. die Merker). Mit einem Doppelklick auf einen Operanden öffnet der Editor den in der Zeile gezeigten Baustein an der Stelle, an der der Operand vorkommt. Den „als Standardvorgabe“ gespeicherten Filter verwendet STEP 7 dann jedesmal beim Öffnen der Querverweisliste.

Nutzen: Aus den Querverweisen ersehen Sie, ob die gesetzten Operanden auch abgefragt werden oder ob gesetzte Operanden wieder zurückgesetzt werden. Sie erkennen auch, in welchen Bausteinen Operanden (evtl. doppelt) verwendet werden.

### Belegung

Der E/A/M-Belegungsplan zeigt, welche Bits der Operandenbereiche E, A und M im Programm belegt sind. Pro Zeile ist ein Byte angegeben, dessen einzelne Bits bezüglich Belegung gekennzeichnet sind. Außerdem ist angegeben, ob der Zugriff byte-, wort- oder doppelwortweise erfolgt. Der T/Z-Belegungsplan zeigt die im Programm verwendeten Zeiten und Zähler. Pro Zeile wird die Verwendung von 10 Zeiten bzw. 10 Zähler angezeigt.

Nutzen: Sie sehen, ob (fälschlicherweise) Operandenbereiche belegt wurden oder wo noch freie Operanden sind.

### Programmstruktur

Die Programmstruktur zeigt die Aufruf-Hierarchie der Bausteine innerhalb eines Anwenderprogramms. Den „Startbaustein“ für die Aufruf-Hierarchie legen Sie mit Filtereinstellungen fest. Sie haben zwei Ansichten zur Auswahl:

Die *Baumdarstellung* zeigt sämtliche Schachtelungen der Bausteinaufrufe. Die Anzeige der Schachtelungen steuern Sie mit den Kästchen „+“ und „–“. Der Bedarf an temporären Lokaldaten wird für den gesamten, dem Startbaustein folgenden Pfad und/oder pro Aufrufpfad angezeigt. Ein rechter Mausklick auf einen Baustein blendet ein Menüfeld auf, in dem Sie den Baustein öffnen können, zur Aufrufstelle wechseln können oder zusätzliche Bausteininformationen bekommen.

Die Darstellung als *paarweise Aufrufbeziehung* zeigt zwei Aufrufebenen mit einem Bausteinaufruf. Ergänzend werden sprachabhängige Informationen angezeigt.

Nutzen: Welche Bausteine sind verwendet worden? Werden alle vorhandenen Bausteine aufgerufen? Wieviele temporäre Lokaldaten belegen die Bausteine? Reicht die vorgegebene Anzahl Lokaldaten pro Prioritätsklasse (pro Organisationsbaustein)?

### Nicht verwendete Symbole

Diese Liste zeigt alle Operanden mit in der Symboltabelle zugeordneten Symbolen, die jedoch im Programm nicht verwendet wurden. Sie zeigt das Symbol, den Operanden, den Datentyp und den Kommentar aus der Symboltabelle.

Nutzen: Sind die angezeigten Operanden beim Programmieren vergessen worden? Oder sind sie überflüssig, werden sie nicht benötigt?

### Operanden ohne Symbol

Diese Liste zeigt alle im Programm verwendeten Operanden, denen kein Symbol zugeordnet wurde. Sie sehen die Operanden und wie oft sie verwendet wurden.

Nutzen: Sind (fälschlicherweise, z.B. durch Schreibfehler) nicht geplante Operanden verwendet worden?

### 2.5.8 Mehrsprachige Kommentare und Anzeigetexte

Mit dem SIMATIC Manager können Sie in einem S7-Programm mehrere Sprachvarianten von Kommentaren und Anzeigetexten verwalten.

Die Sprachwahl für Kommentare und Anzeigetexte verwaltet die vom Anwender eingegebenen Texte. Die Sitzungssprache, die z.B. die Bezeichnungen der Menüs und die Fehlermeldungen festlegt, wird mit STEP 7 installiert und im SIMATIC Manager mit EXTRAS → EINSTELLUNGEN auf der Registerkarte „Sprache" ausgewählt. Auf dieser Karte stellen Sie auch die Mnemonik ein, d.h. in welcher Sprache STEP 7 die Operanden und Operationen verwendet. Alle drei Einstellungen sind voneinander unabhängig.

#### Allgemeines Vorgehen

Sie haben die Texte in der Ursprungssprache, z.B. in Deutsch, eingegeben und möchten eine englischsprachige Version Ihres Programms erzeugen. Hierzu exportieren Sie die gewünschten Texte bzw. Texttypen. Die Exportdatei ist eine *.csv-Datei, die Sie z.B. mit Microsoft Excel bearbeiten können. Zu jedem Text können Sie die Übersetzung eingeben. Die fertige Übersetzungstabelle importieren Sie zurück in Ihr Projekt. Nun können Sie zwischen den Sprachen umschalten. Sie können auch mehrere Sprachen verwenden.

#### Texte exportieren und importieren

Sie markieren im SIMATIC Manager das Objekt, von dem Sie die Kommentare übersetzen wollen, z.B. die Symboltabelle, den Bausteinbehälter, mehrere Bausteine oder einen einzelnen Baustein. Wählen Sie EXTRAS → TEXTE MEHRSPRACHIG VERWALTEN → EXPORTIEREN. Im aufgeblendeten Dialogfenster geben Sie den Ablageort der Exportdatei und die Zielsprache an. Wählen Sie die Texttypen aus, die Sie übersetzen möchten (Tabelle 2.2).

Für jeden Texttyp wird eine eigene Datei angelegt, z.B. die Datei SymbolComment.csv für die Kommentare aus der Symboltabelle. Bereits vorhandene Exportdateien können erweitert werden.

**Tabelle 2.2**
Texttypen der übersetzbaren Texte (Auswahl)

| Texttyp | Bedeutung |
|---|---|
| BlockTitle | Bausteintitel |
| BlockComment | Bausteinkommentar |
| NetworkTitle | Netzwerktitel |
| NetworkComment | Netzwerkkommentar |
| LineComment | AWL-Zeilenkommentar |
| InterfaceComment | Kommentar in<br>▷ der Deklarationstabelle von Codebausteinen<br>▷ Datenbausteinen<br>▷ anwenderdefinierten Datentypen UDT |
| SymbolComment | Symbolkommentar |

Öffnen Sie die Exportdatei(en) mit dem Dialog DATEI → ÖFFNEN in Microsoft Excel (nicht über Doppelklick). In der ersten Spalte werden die exportierten Texte angezeigt. Nun können Sie die Texte in der zweiten Spalte übersetzen.

Mit EXTRAS → TEXTE MEHRSPRACHIG VERWALTEN → IMPORTIEREN holen Sie die übersetzten Texte zurück in das Projekt. Eine Protokolldatei gibt Auskunft über die importierten Texte und eventuell aufgetretene Fehler.

Beachten Sie, daß der Name der Importdatei nicht geändert werden darf, da er in direktem Bezug zu den Textarten steht, die die Datei enthält.

#### Sprache wählen, Sprache löschen

Im SIMATIC Manager wechseln Sie auf alle importierten Sprachen mit EXTRAS → TEXTE MEHRSPRACHIG VERWALTEN → SPRACHWECHSEL. Der Sprachwechsel wird für die Objekte (Bausteine, Symboltabelle) durchgeführt, für die entsprechende Texte importiert worden sind. Welche das sind, steht in einer Protokolldatei.

Mit EXTRAS → TEXTE MEHRSPRACHIG VERWALTEN → SPRACHE LÖSCHEN können Sie eine importierte Sprache wieder löschen.

## 2.6 Online-Betrieb

Sie erstellen die Hardware-Konfiguration und das Anwenderprogramm auf dem Programmiergerät, allgemein „Engineering-System" (ES) genannt. Das S7-Programm ist hierbei „offline" auf der Festplatte gespeichert, auch in der übersetzten Form.

Um das Programm in die CPU zu übertragen und bearbeiten zu lassen, müssen Sie das Programmiergerät und die CPU verbinden. Sie stellen eine „Online"-Verbindung her. Über diese Verbindung können Sie auch den Betriebszustand der CPU und der zugeordneten Baugruppen ermitteln, d.h. Diagnosefunktionen ausführen.

### 2.6.1 Zielsystem anschließen

Die Verbindung der MPI-Schnittstellen von PG und CPU ist die mechanische Voraussetzung einer Online-Verbindung. Die Verbindung ist eindeutig, wenn eine CPU als einzige programmierbare Baugruppe angeschlossen ist. Befinden sich mehrere CPUs im MPI-Subnetz, muß jede CPU eine eindeutige Teilnehmernummer (MPI-Adresse) bekommen. Sie stellen die MPI-Adresse bei der Parametrierung der CPU ein. Bevor Sie alle CPUs zu einem Netz zusammenschalten, schließen Sie das PG an nur jeweils eine CPU an und übertragen das Objekt *Systemdaten* aus dem Offline-Behälter *Bausteine* oder direkt mit dem Editor der Hardware-Konfiguration mit ZIELSYSTEM → LADEN IN BAUGRUPPE. So erhält eine CPU zusammen mit den anderen Eigenschaften auch die für sie vorgesehene MPI-Adresse („Taufe").

Die MPI-Adresse einer im MPI-Netz betriebenen CPU läßt sich jederzeit ändern, indem Sie einen neuen Parametersatz mit der neuen MPI-Adresse zur CPU übertragen. Achtung: Die Änderung der MPI-Adresse wird sofort wirksam. Das PG stellt sich zwar sofort auf die neue Adresse ein, andere Anwendungen jedoch, wie z.B. die Globaldaten-Kommunikation, müssen Sie an die neue MPI-Adresse anpassen.

Die MPI-Parameter in einer CPU bleiben auch nach Urlöschen erhalten. So ist die CPU auch im urgelöschten Zustand ansprechbar.

Sie können ein PG immer online an einer CPU betreiben, auch mit CPU-unabhängigem Programm und sogar ohne eingerichtetes Projekt.

**Ohne eingerichtetes Projekt** stellen Sie die Verbindung zur angeschlossenen CPU über ZIELSYSTEM → ERREICHBARE TEILNEHMER ANZEIGEN her. Sie erhalten ein Projektfenster mit der Struktur „Erreichbare Teilnehmer" – „Baugruppe *(MPI=n)*" – „Online-Anwenderprogramm *(Bausteine)*". Wenn Sie das Objekt *Baugruppe* markieren, können Sie die Online-Baugruppenfunktionen nutzen, z.B. Baugruppenzustand abfragen, Betriebszustand ändern. Markieren Sie das Objekt *Bausteine*, werden die sich im Anwenderspeicher der CPU befindlichen Bausteine angezeigt. Nun können Sie einzelne Bausteine bearbeiten (ändern, löschen, einfügen).

Sie können, ohne das dazugehörende Projekt in der PG-Datenhaltung zu besitzen, die Systemdaten von einer angeschlossenen CPU zurückholen, um z.B. auf der Grundlage der bereits vorhandenen und aufgebauten Konfiguration weiterzuarbeiten. Legen Sie im SIMATIC Manager ein neues Projekt an, markieren Sie das Projekt und wählen Sie ZIELSYSTEM → STATION LADEN IN PG. Nachdem Sie im aufgeblendeten Dialogfenster die gewünschte CPU spezifiziert haben, werden die Online-Systemdaten auf die Festplatte geladen.

Liegt ein **CPU-unabhängiges Programm** im Projektfenster vor, erzeugen Sie das dazugehörende Online-Projektfenster. Sind am MPI-Bus mehrere CPUs angeschlossen und ansprechbar, wählen Sie bei markiertem Online-S7-Programm BEARBEITEN → OBJEKTEIGENSCHAFTEN und stellen in der Registerkarte „Adressen Baugruppe" die Nummer des Baugruppenträgers und des Steckplatzes der CPU ein.

Markieren Sie das *S7-Programm* im Online-Fenster, stehen Ihnen alle Online-Funktionen zur angeschlossenen CPU zur Verfügung. *Bausteine* zeigt die Bausteine, die sich im Anwenderspeicher der CPU befinden. Wenn die Bausteine im Offline- und im Online-Programm übereinstimmen, können Sie die Bausteine im Anwenderspeicher mit den Informationen aus der PG-Datenhaltung (symbolische Adresse, Kommentare) editieren.

Wenn Sie mit ANSICHT → ONLINE ein **CPU-zugeordnetes Programm** online schalten, können Sie genauso wie in einem CPU-unabhängigen Programm Programmänderungen durchführen. Zusätzlich haben Sie nun die Möglichkeit, die SIMATIC-Station zu konfigurieren, d.h. CPU-Parameter einstellen, Baugruppen adressieren und parametrieren.

### 2.6.2 Schutz des Anwenderprogramms

Bei entsprechend ausgelegten CPUs kann der Zugang zum Anwenderprogramm durch ein Paßwort geschützt werden. Jeder mit Kenntnis des Paßworts hat uneingeschränkten Zugriff auf das Anwenderprogramm. Für alle, die das Paßwort nicht kennen, können Sie 3 Schutzstufen festlegen. Die Schutzstufen stellen Sie mit der Hardware-Konfiguration beim Parametrieren der CPU im Register „Schutz" ein.

#### Schutzstufe 1: Schlüsselschalterstellung

Diese Schutzstufe ist voreingestellt (ohne Paßwort). Hier wird der Schutz des Anwenderprogramms durch den Betriebsartenschalter auf der CPU-Frontseite eingestellt. In der Stellung RUN-P und STOP haben Sie uneingeschränkten Zugang zum Anwenderprogramm; in der Stellung RUN ist nur lesender Zugriff durch das PG möglich. In dieser Stellung können Sie auch den Schlüsselschalter abziehen, so daß die Betriebsart über den Schalter nicht mehr verändert werden kann.

Den Schutz durch die Schlüsselschalterstellung RUN können Sie durch Anwahl der Option „Durch Paßwort aufhebbar" umgehen, z.B. wenn bei der Inbetriebsetzung die CPU, und damit der Schlüsselschalter, schlecht zugänglich oder weit entfernt ist.

#### Schutzstufe 2: Schreibschutz

In dieser Schutzstufe kann das Anwenderprogramm nur gelesen werden, unabhängig von der Schlüsselschalterstellung.

#### Schutzstufe 3: Schreib-/Leseschutz

Unabhängig von der Schlüsselschalterstellung besteht kein Zugriff auf das Anwenderprogramm.

#### Paßwortschutz

Wenn Sie eine der Schutzstufen 2 oder 3 oder die Schutzstufe 1 mit „Durch Paßwort aufhebbar" wählen, werden Sie zum Festlegen eines Paßworts aufgefordert. Das Paßwort kann maximal 8 Zeichen lang sein.

Versuchen Sie, auf eine mit Paßwort geschützte CPU zuzugreifen, werden Sie zur Eingabe des Paßworts aufgefordert. Vor dem Zugriff auf eine geschützte CPU können Sie auch mit ZIELSYSTEM → ZUGANGSBERECHTIGUNG das Paßwort eingeben. Vorher markieren Sie die entsprechende CPU oder das S7-Programm.

Im Dialogfeld „Paßwort eingeben" können Sie die Option „Paßwort als Vorgabe für weitere geschützte Baugruppen verwenden" anwählen und erhalten so Zugang zu allen mit dem selben Paßwort geschützten Baugruppen.

Die Zugangsberechtigung durch das Paßwort gilt solange, bis die letzte S7-Applikation beendet ist.

Jeder, der im Besitz des Paßworts ist, hat uneingeschränkten Zugriff auf das Anwenderprogramm in der CPU, unabhängig von der eingestellten Schutzstufe und unabhängig von der Schlüsselschalterstellung.

### 2.6.3 CPU-Informationen

Im Online-Betrieb stehen Ihnen die nachfolgend aufgelisteten CPU-Informationen zur Verfügung. Sie erhalten die Menübefehle bei markierter Baugruppe (im Online-Betrieb ohne eingerichtetes Projekt) oder bei markiertem S7-Programm (im Online-Projektfenster).

▷ ZIELSYSTEM → HARDWARE DIAGNOSTIZIEREN
(siehe Kapitel 2.7.1 „Hardware diagnostizieren")

▷ ZIELSYSTEM → BAUGRUPPENZUSTAND
Allgemeine Information (z.B. Version), Diagnosepuffer, Speicher (aktuelle Belegung von Arbeitsspeicher und Ladespeicher, Komprimieren), Zykluszeit (Dauer des letzten, längsten und kürzesten Programmzyklus), Zeitsystem (Eigenschaften der CPU-Uhr, Uhrensynchronisation, Betriebsstundenzähler), Leistungsdaten (Speicherausbau, Größe der Operandenbereiche, An-

zahl der verfügbaren Bausteine, vorhandene SFCs und SFBs), Kommunikation (Baudrate und Kommunikationsverbindungen), Stacks im STOP-Zustand (B-Stack, U-Stack und L-Stack)

▷ ZIELSYSTEM → BETRIEBSZUSTAND
Anzeige des aktuellen Betriebszustands (z.B. RUN, STOP), Ändern des Betriebszustands

▷ ZIELSYSTEM → URLÖSCHEN
Urlöschen der CPU im STOP-Zustand

▷ ZIELSYSTEM → UHRZEIT STELLEN
Stellen der CPU-internen Uhr

▷ ZIELSYSTEM → CPU-MELDUNGEN
Melden von asynchronen Systemfehlern und von anwenderdefinierten Meldungen, die im Programm mit SFC 52 WR_USMSG, SFC 18 ALARM_S und SFC 17 ALARM_SQ generiert werden.

▷ ZIELSYSTEM → FORCEWERTE ANZEIGEN, ZIELSYSTEM → VARIABLE BEOBACHTEN/STEUERN,
(siehe Kapitel 2.7.3 „Variablen beobachten und steuern“ und 2.7.4 „Variablen forcen“)

### 2.6.4 Anwenderprogramm in die CPU laden

Wenn Sie das gesamte Anwenderprogramm (übersetzte Bausteine und Konfigurationsdaten) in die CPU übertragen, wird es in den Ladespeicher der CPU geschrieben. Physikalisch kann der Ladespeicher ein in der CPU integrierter Speicher, eine Memory Card oder eine Micro Memory Card sein (siehe Kapitel 1.1.4 „Speicherbereiche der Zentralbaugruppe“).

Bei einer Micro Memory Card bzw. einer Flash EPROM Memory Card können Sie die Card im Programmiergerät beschreiben und als Datenträger benutzen. Sie stecken die Card im spannungslosen Zustand in die CPU; beim Einschalten werden dann nach einem Urlöschen die ablaufrelevanten Daten der Card in den Arbeitsspeicher der CPU übernommen. Bei entsprechend ausgelegten CPUs können Sie eine Flash EPROM Memory Card bzw. eine Micro Memory Card auch beschreiben, wenn sie in der CPU steckt; dann allerdings nur mit dem gesamten Programm.

Bei einem RAM-Ladespeicher (in der CPU integriert, als Memory Card oder als Micro Memory Card) übertragen Sie ein komplettes Anwenderprogramm, indem Sie die CPU in den STOP-Zustand schalten, urlöschen und das Anwenderprogramm übertragen. Es werden dann auch die Konfigurationsdaten übertragen.

Wenn Sie nur die Konfigurationsdaten ändern wollen (CPU-Eigenschaften, Projektierung von Verbindungen, GD-Kommunikation, Baugruppenparameter usw.) genügt es, das Objekt *Systemdaten* in die CPU zu laden (*Systemdaten* markieren und mit ZIELSYSTEM → LADEN zur CPU übertragen). Die Parameter für die CPU werden sofort wirksam, die Parameter der übrigen Baugruppen überträgt dann die CPU im Anlauf zu den entsprechenden Baugruppen.

Beachten Sie, daß mit dem Objekt *Systemdaten* immer die komplette Konfiguration ins Zielsystem geladen wird. Wenn Sie ZIELSYSTEM → LADEN in einer Applikation verwenden, z.B. in der Globaldaten-Kommunikation, werden nur die durch die Applikation bearbeiteten Daten übertragen.

Hinweis: Mit ZIELSYSTEM → PROJEKT AUF MEMORY CARD SPEICHERN wird die komprimierte Archivdatei geladen (siehe Kapitel 2.2.2 „Verwalten, reorganisieren und archivieren“). Das Projekt in der Archivdatei kann nicht direkt bearbeitet werden, weder mit dem Programmiergerät noch von der CPU aus.

### 2.6.5 Bausteinhantierung

#### Bausteine übertragen

Bei einem RAM-Ladespeicher können Sie zusätzlich zur Übertragung des gesamten Programms online auch einzelne Bausteine ändern, löschen oder nachladen.

Einzelne Bausteine übertragen Sie zur CPU, indem Sie sie im Offline-Fenster markieren und ZIELSYSTEM → LADEN wählen. Sie können auch bei gleichzeitig geöffnetem Offline- und Online-Fenster die Bausteine mit der Maus von einem Fenster zum anderen „ziehen“.

Besondere Vorsicht ist geboten, wenn Sie einzelne Bausteine im laufenden Betrieb übertragen. Werden in einem Baustein andere Bausteine aufgerufen (die im CPU-Speicher nicht vorhanden sind), müssen Sie die „unterlagerten" Bausteine zuerst laden. Das gilt auch für Datenbausteine, deren Operanden im geladenen Baustein verwendet werden. Als letzten laden Sie den „obersten" Baustein. Er wird dann, sofern er aufgerufen wird, sofort beim nächsten Programmzyklus bearbeitet.

Auch bei SCL können Sie mit dem SIMATIC Manager einzelne Bausteine oder das gesamte Programm aus dem Offline-Behälter *Bausteine* zur CPU übertragen. Ein Zurückübertragen von der CPU zur Festplatte macht wenig Sinn, da übersetzte Bausteine nicht mehr vom SCL-Editor bearbeitbar sind. Sie können nur die SCL-Programmquelle bearbeiten und daraus die übersetzten Bausteine erzeugen.

### Bausteine online ändern oder löschen

Mit einem Programmiergerät online an der CPU können Sie Bausteine im Ladespeicher bearbeiten.

Ist der RAM-Anteil des Ladespeichers so groß, daß er das gesamte Anwenderprogramm und zusätzlich noch die geänderten Bausteine aufnehmen kann, können Sie Bausteine ohne Einschränkungen bearbeiten.

Steht das Anwenderprogramm auf einer Flash EPROM Memory Card, können Sie Bausteine bearbeiten, solange der RAM-Anteil des Ladespeichers groß genug ist, um die geänderten Bausteine aufzunehmen. Zur Laufzeit sind die geänderten Bausteine im RAM gültig, die im FEPROM stehenden werden als ungültig markiert. Beachten Sie, daß nach einem Urlöschen oder einem ungepufferten Einschalten wieder die ursprünglichen Bausteine aus dem FEPROM in den Arbeitsspeicher geladen werden.

Verwenden Sie eine Micro Memory Card wie z.B. bei den Kompakt-CPUs, sind alle Bausteine im Ladespeicher nullspannungsfest. Sie können online einzelne Bausteine ändern und diese Bausteine behalten ihre Änderungen auch nach einem Urlöschen oder einem ungepufferten Einschalten bei. Gelöschte Bausteine sind dann nicht mehr vorhanden.

Im inkrementellen Programmiermodus können Sie Bausteine in der Offline-Datenhaltung auf dem Programmiergerät und in der Online-Datenhaltung auf der CPU unabhängig voneinander ändern. Wenn jedoch die Online- und die Offline-Datenhaltung auseinanderlaufen, kann unter Umständen der Editor die zusätzlichen Informationen der Offline-Datenhaltung nicht mehr anzeigen; sie können dann verlorengehen (symbolische Bezeichnungen, Sprungmarken, Kommentare, anwenderdefinierte Datentypen).

Es wird empfohlen, online geänderte Bausteine auf der Festplatte offline zu speichern, um einer Dateninkonsistenz vorzubeugen (z.B. einem „Zeitstempelkonflikt", wenn die Schnittstelle des aufgerufenen Bausteins jünger ist als das Programm im aufrufenden Baustein).

### Komprimieren

Wenn Sie einen neuen oder einen geänderten Baustein in die CPU laden, legt die CPU den Baustein im Ladespeicher ab und überträgt die ablaufrelevanten Teile in den Arbeitsspeicher. Ist ein Baustein mit gleicher Nummer schon vorhanden, wird dieser „alte" Baustein (nach Rückfrage) für ungültig erklärt und der neue Baustein im Speicher „hinten angefügt". Auch ein gelöschter Baustein wird „nur" für ungültig erklärt und nicht tatsächlich aus dem Speicher entfernt.

Auf diese Weise entstehen Lücken im Anwenderspeicher, die die nutzbare Speicherbelegung immer weiter verringern. Die Lücken können nur mit der Funktion Komprimieren gefüllt werden. Wenn Sie im Betriebszustand RUN komprimieren, werden die gerade bearbeiteten Bausteine nicht verschoben; nur im Betriebszustand STOP erreichen Sie eine lückenlose Komprimierung.

Die aktuelle Speicherbelegung bekommen Sie über ZIELSYSTEM → BAUGRUPPENZUSTAND in der Registerkarte „Speicher" prozentual angezeigt. Das aufgeblendete Dialogfeld bietet auch eine Schaltfläche zum vorbeugenden Komprimieren an.

Mit dem Aufruf der SFC 25 COMPRESS können Sie ereignisgesteuert per Programm das Komprimieren anstoßen.

### Datenbausteine offline/online

Beim Programmieren versehen Sie die Datenoperanden in einem Datenbaustein mit einem

Vorbelegungswert und einem Anfangswert (siehe auch Kapitel 3.6 „Datenbaustein programmieren“). Wird ein Datenbaustein in die CPU geladen, werden die Anfangswerte in den Ladespeicher und anschließend in den Arbeitsspeicher übernommen, wo sie zu Aktualwerten werden. Jede Wertänderung eines Datenoperanden per Programm entspricht einer Änderung des Aktualwerts im Arbeitsspeicher (Bild 2.11).

Übertragen Sie einen Datenbaustein aus der CPU zurück in die Offline-Datenhaltung, werden die im Arbeitsspeicher stehenden Aktualwerte als Anfangswerte in die Offline-Datenhaltung übernommen. Die Anfangswerte im Ladespeicher ändern sich dadurch nicht. Nach einem Urlöschen oder einem ungepufferten Einschalten werden beim Einsatz einer Flash EPROM Memory Card oder einer Micro Memory Card die im Ladespeicher stehenden Anfangswerte als (neue) Aktualwerte in den Arbeitsspeicher übernommen.

Möchten Sie beim Einsatz eines RAM-Ladespeichers oder einer Micro Memory Card die Aktualwerte in den Ladespeicher übernehmen, laden Sie den Datenbaustein von der CPU in das Programmiergerät und dann wieder zurück in die CPU. Zentralbaugruppen mit Micro Memory Card stellen die Systemfunktion SFC 84 WRIT_DBL zur Verfügung, mit der Sie Aktualwerte direkt in den Ladespeicher schreiben können. Bei entsprechend ausgelegten CPUs übertragen Sie mit ZIELSYSTEM → RAM NACH ROM KOPIEREN den gesamten Arbeitsspeicherinhalt in den ROM-Anteil des Ladespeichers.

Ein mit der Eigenschaft UNLINKED erzeugter Datenbaustein wird nicht in den Arbeitsspeicher übernommen; er bleibt im Ladespeicher. Ein Datenbaustein mit dieser Eigenschaft kann mit der SFC 20 BLKMOV oder – bei entsprechend ausgelegten CPUs – mit der SFC 83 READ_DBL gelesen werden.

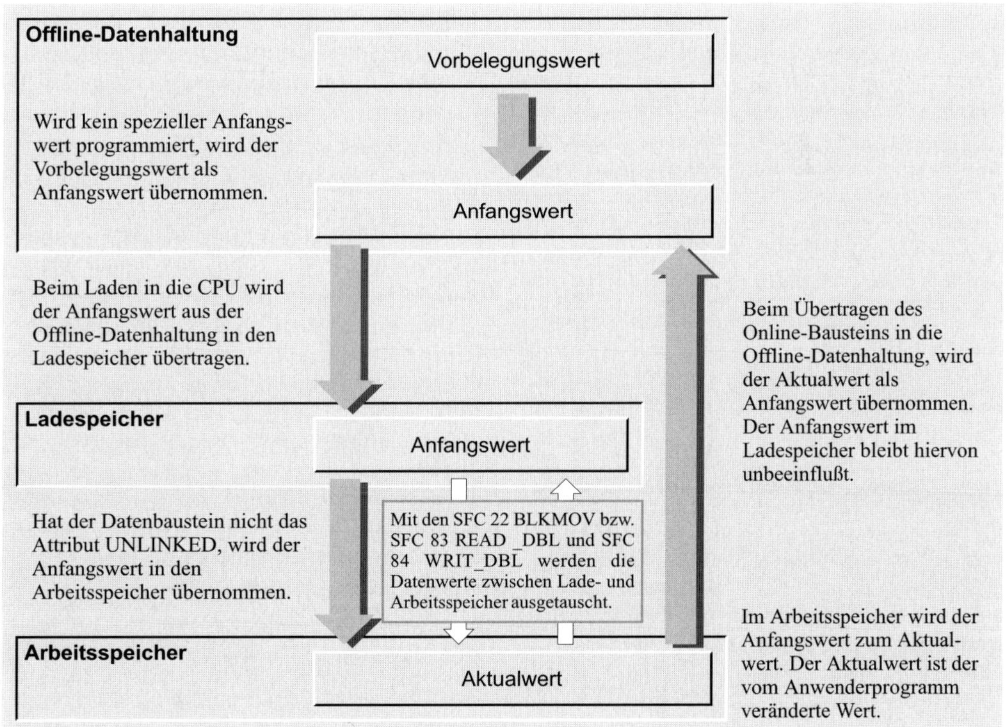


**Bild 2.11** Datenablage im Anwenderspeicher

Im inkrementellen Programmiermodus können Sie Datenbausteine direkt in der CPU erzeugen. Es wird empfohlen, diese Datenbausteine auch offline zu speichern. Wenn Sie Datenbausteine, die nur auf der CPU vorhanden sind, in die Offline-Datenhaltung zurückladen, geben z.B. die Operandennamen verloren (siehe oben „Bausteine online ändern oder löschen").

## 2.7 Programm testen

Nach dem Herstellen einer Verbindung zu einer CPU und dem Laden des Anwenderprogramms können Sie es als Ganzes oder Teile davon, wie etwa einzelne Bausteine, testen. Sie versorgen die Variablen mit Signalen und Werten, z.B. mit Hilfe von Simulatorbaugruppen, und werten die von Ihrem Programm zurückgegebenen Informationen aus. Geht die CPU infolge eines Fehlers in den STOP-Zustand, erhalten Sie unter anderem über die CPU-Informationen Unterstützung bei der Suchen nach der Ursache.

Umfangreiche Programme werden abschnittsweise getestet. Wenn Sie z.B. nur einen Baustein testen wollen, laden Sie den Baustein in die CPU und rufen ihn dann im OB 1 auf. Ist der OB 1 so gegliedert, daß das Programm abschnittsweise „von vorne nach hinten" getestet werden kann, können Sie die zu testenden Bausteine oder Programmteile auswählen, indem Sie die Aufrufe oder Programmteile, die nicht bearbeitet werden sollen, z.B. mit einer Sprungfunktion überspringen.

Mit der Optionssoftware PLCSIM können Sie eine CPU im Programmiergerät simulieren und so ohne zusätzliche Hardware Ihr Programm testen.

### 2.7.1 Hardware diagnostizieren

Im Störungsfall können Sie mit Hilfe der Funktion „Hardware diagnostizieren" die Diagnoseinformationen der gestörten Baugruppen einholen. Sie verbinden das PG mit dem MPI-Bus und starten den SIMATIC Manager.

Ist das zur Anlagenprojektierung gehörende Projekt in der PG-Datenhaltung verfügbar, öffnen Sie mit ANSICHT → ONLINE das Online-Projektfenster. Andernfalls wählen Sie im SIMATIC Manager ZIELSYSTEM → ERREICHBARE TEILNEHMER ANZEIGEN und markieren die CPU.

Nun erhalten Sie mit ZIELSYSTEM → HARDWARE DIAGNOSTIZIEREN eine schnelle Übersicht über die gestörten Baugruppen (Voreinstellung). Die ausführlichen Diagnoseinformationen von den Baugruppen liefert die Hardware-Konfiguration in der Online-Sicht; einstellbar im SIMATIC Manager unter EXTRAS → EINSTELLUNGEN im Register „Ansicht".

Sie erhalten Informationen über Status und Betriebszustand der online erreichbaren Baugruppen als Projektsicht (Anzeige der fehlermeldenden Stationen), als Stationssicht (fehlermeldende Baugruppen) und als Baugruppensicht (Anzeige der verfügbaren Diagnoseinformationen).

### 2.7.2 STOP-Ursache ermitteln

Geht die CPU aufgrund eines Fehlers in den STOP-Zustand, ist die erste Maßnahme zur Ermittlung der STOP-Ursache das Ausgeben des Diagnosepuffers. In den Diagnosepuffer trägt die CPU alle Meldungen ein, auch eine STOP-Ursache und die Fehler, die dazu geführt haben.

Zum Ausgeben des Diagnosepuffers schalten Sie das PG online und wählen bei markiertem S7-Programm mit ZIELSYSTEM → BAUGRUPPENZUSTAND die Registerkarte „Diagnosepuffer". Sie sehen hier als letzte Meldung (die die Nummer 1 trägt) die STOP-Ursache, z.B. „STOP durch nicht geladenen Programmierfehler-OB". Der Fehler, der dazu geführt hat, ist in den Meldungen vorher zu finden, z.B. „FC nicht geladen". Durch Anklicken der Meldungsnummer wird im darunterliegenden Anzeigefeld ein erweiterter Kommentar zur Meldung angezeigt. Betrifft die Meldung einen Programmierfehler in einem Baustein, können Sie mit der Schaltfläche „Baustein öffnen" den Baustein öffnen und bearbeiten.

Ist die STOP-Ursache z.B. ein Programmierfehler, können Sie die Fehlerumgebung mit der Registerkarte „Stacks" ermitteln. Beim Aufschlagen der Registerkarte „Stacks" sehen Sie den B-Stack (Baustein-Stack). Er zeigt Ihnen den Aufrufpfad aller nicht beendeten Bausteine bis zum Baustein mit der Unterbrechungsstelle. Mit der Schaltfläche „U-Stack" gelangen Sie in den Unterbrechungs-Stack. Er zeigt Ihnen die Inhalte der CPU-Register (Akkumulatoren, Adreßregister, Datenbausteinregister, Statuswort) an der Unterbrechungsstelle zum Zeitpunkt des Fehlers. Der L-Stack (Lokaldaten-Stack) zeigt die Belegung der temporären Lokaldaten des Bausteins, den Sie im B-Stack durch Anklicken auswählen.

### 2.7.3 Variablen beobachten und steuern

Ein hervorragendes Mittel zum Testen des Anwenderprogramms ist das Beobachten und Steuern von Variablen mit Variablentabellen (VAT). Es lassen sich die Signalzustände oder Werte von Variablen mit elementaren Datentypen anzeigen. Haben Sie Zugriff zum Anwenderprogramm können Sie Variablen auch steuern, d.h. den Signalzustand ändern oder neue Werte zuweisen.

*Vorsicht: Vergewissern Sie sich, daß beim Steuern von Variablen keine gefährlichen Zustände auftreten können!*

#### Variablentabelle anlegen

Zum Beobachten oder Steuern von Variablen erstellen Sie eine Variablentabelle mit den Variablen und den dazugehörenden Datenformaten. Sie können bis zu 255 Variablentabellen anlegen (VAT 1 bis VAT 255) und mit einem Namen versehen. Die maximale Größe einer Variablentabelle beträgt 1024 Zeilen mit maximal 255 Zeichen (Bild 2.12).

Sie erstellen offline eine VAT bei markiertem Anwenderprogramm *Bausteine* mit EINFÜGEN → S7-BAUSTEIN → VARIABLENTABELLE und online eine unbenannte VAT bei markiertem *S7-Programm* mit ZIELSYSTEM → VARIABLE BEOBACHTEN/STEUERN.

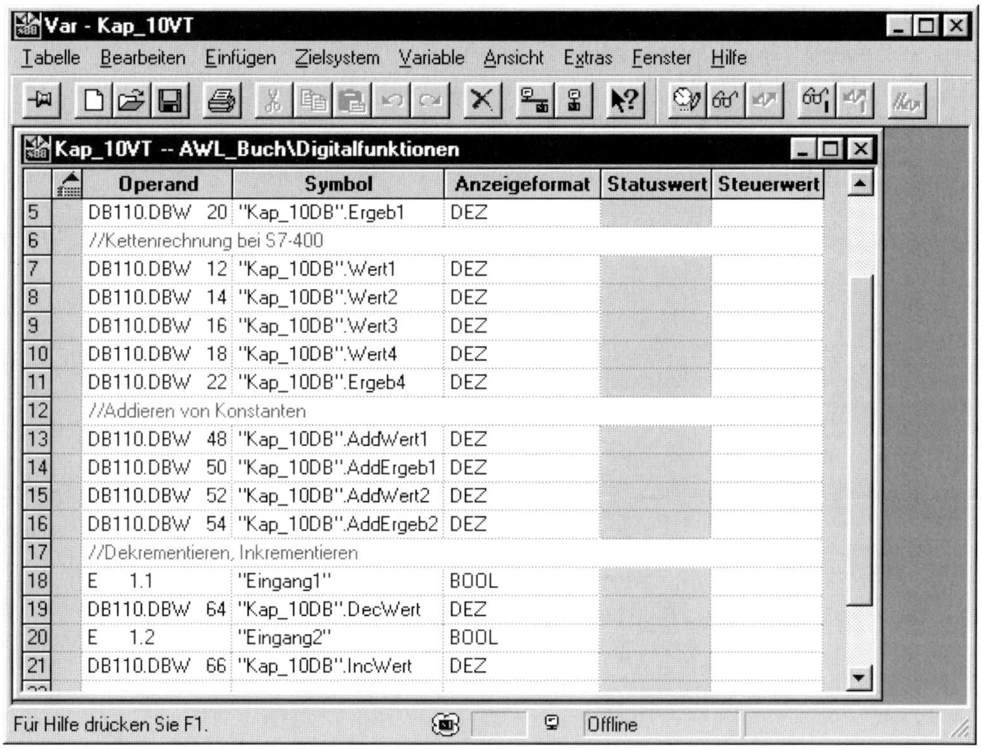


**Bild 2.12** Beispiel für eine Variablentabelle

Die Variablen geben Sie entweder mit absoluter oder mit symbolischer Adressierung vor und bestimmen den Datentyp (das Anzeigeformat), mit dem die Variable angezeigt und gesteuert werden soll (die zu ändernden Zeilen markieren und ANSICHT → ANZEIGEFORMAT wählen oder Klick mit der rechten Maustaste auf das Anzeigeformat).

Mit Kommentarzeilen geben Sie bestimmten Abschnitten der Tabelle eine Überschrift. Sie können auch festlegen, welche Spalten angezeigt werden sollen. Es ist jederzeit möglich, nachträglich Variable oder Anzeigeformat zu ändern oder Zeilen einzufügen bzw. zu löschen. Mit TABELLE → SPEICHERN sichern Sie die Variablentabelle im Objektbehälter *Bausteine*.

### Online-Verbindung herstellen

Zum Betreiben einer offline erstellten Variablentabelle schalten Sie diese mit ZIELSYSTEM → VERBINDUNG HERSTELLEN ZU → ... online. Sie müssen jede einzelne VAT online schalten und können die Verbindung mit ZIELSYSTEM → VERBINDUNG ABBAUEN auch wieder trennen.

### Triggerbedingungen

In der Variablentabelle stellen Sie mit VARIABLE → TRIGGER den Triggerpunkt und die Triggerbedingungen getrennt für Beobachten und Steuern ein. Das ist der Zeitpunkt, an dem die CPU die Werte aus dem Systemspeicher liest oder in den Systemspeicher schreibt. Sie stellen ein, ob das Lesen und Schreiben einmalig oder periodisch erfolgen soll.

Bei gleichen Triggerbedingungen für Beobachten und Steuern wird Beobachten vor dem Steuern ausgeführt. Wenn Sie für Steuern den Triggerpunkt „Zyklusbeginn“ wählen, werden nach dem Aktualisieren des Eingangsprozeßabbilds und vor dem Aufruf des OB 1 die Variablen gesteuert. Wenn Sie für Beobachten den Triggerpunkt „Zyklusende“ wählen, werden die Statuswerte nach Beenden des OB 1 und vor der Ausgabe des Ausgangsprozeßabbilds angezeigt.

### Variablen beobachten

Mit VARIABLE → BEOBACHTEN schalten Sie das Beobachten der Variablen ein. Die in der VAT stehenden Variablen werden abhängig von den eingestellten Triggerbedingungen aktualisiert. Bei permanentem Beobachten können Sie die Änderung der Werte am Bildschirm verfolgen. Die Werte werden in dem Datenformat angezeigt, das Sie in der Spalte Anzeigeformat eingestellt haben. Die ESC-Taste beendet ein permanentes Beobachten.

Mit VARIABLE → STATUSWERTE AKTUALISIEREN werden die Werte unabhängig von den eingestellten Triggerbedingungen einmalig und sofort aktualisiert.

### Variablen steuern

Mit VARIABLE → STEUERN übertragen Sie die vorgegebenen Werte abhängig von den Triggerbedingungen zur CPU. Die Steuerwerte geben Sie vorher in der Spalte „Steuerwert“ vor. Sie tragen nur in den Zeilen bei den Variablen Werte ein, die Sie steuern möchten. Eingetragene Werte können Sie mit vorangestelltem „//“ oder mit VARIABLE → STEUERWERT ALS KOMMENTAR auskommentieren; diese Werte werden beim Steuern nicht berücksichtigt. Sie müssen die Werte in dem Datenformat vorgeben, das Sie in der Spalte Anzeigeformat eingestellt haben. Es werden nur die beim Starten des Steuerns sichtbaren Werte gesteuert. Die ESC-Taste beendet ein permanentes Steuern.

Mit VARIABLE → STEUERWERTE AKTIVIEREN werden die Steuerwerte unabhängig von den eingestellten Triggerbedingungen sofort und einmalig übertragen.

## 2.7.4 Variablen forcen

Bei entsprechend ausgelegten CPUs können Sie bestimmten Variablen feste Werte vorgeben, die das Anwenderprogramm nicht mehr verändern kann („Forcen“). Forcen ist in jedem Betriebszustand der CPU zulässig und wird sofort ausgeführt.

*Vorsicht: Vergewissern Sie sich, daß beim Forcen von Variablen keine gefährlichen Zustände auftreten können!*

Ausgangspunkt für das Forcen ist eine Variablentabelle (VAT). Legen Sie eine VAT an, tragen Sie die zu forcenden Operanden ein und stellen Sie eine Verbindung zu der CPU her. Mit VARIABLE → FORCEWERTE ANZEIGEN öffnen Sie ein Fenster mit den Forcewerten.

Sind in der CPU bereits Forcewerte aktiv, werden diese im Forcefenster in fetter Schrift angezeigt. Sie können nun aus der Variablentabelle einige oder alle Operanden in das Forcefenster übernehmen oder neue Operanden eintragen. Mit TABELLE → SPEICHERN UNTER sichern Sie den Inhalt des Forcefenster in einer VAT.

Folgende Operandenbereiche können mit einem Forcewert versehen werden:

- ▷ Eingänge E (Prozeßabbild) [S7-300 und S7-400]
- ▷ Ausgänge A (Prozeßabbild) [S7-300 und S7-400]
- ▷ Peripherieeingänge PE [nur S7-400]
- ▷ Peripherieausgänge PA [S7-300 und S7-400]
- ▷ Merker M [nur S7-400]

Sie starten den Forceauftrag mit VARIABLE → FORCEN. Die CPU übernimmt die Forcewerte und läßt an den geforcten Operanden keine Änderung mehr zu.

Solange das Forcen aktiv ist, gilt:

- ▷ sämtliche Lesezugriffe durch das Anwenderprogramm (z.B. Laden) und durch das Systemprogramm (z.B. Prozeßabbildaktualisierung) auf einen geforcten Operanden liefern immer den Forcewert.
- ▷ bei S7-400 bleiben sämtliche Schreibzugriffe durch das Anwenderprogramm (z.B. Transferieren) und durch das Systemprogramm (z.B. durch SFC) auf einen geforcten Operanden wirkungslos. Bei S7-300 kann das Anwenderprogramm die Forcewerte überschreiben.

Das Forcen bei S7-300 entspricht einem zyklischen Steuern: Nachdem das Eingangs-Prozeßabbild aktualisiert worden ist, überschreibt die CPU die Eingänge mit dem Forcewert; bevor das Ausgangs-Prozeßabbild ausgegeben wird, überschreibt die CPU die Ausgänge mit dem Forcewert.

*Achtung: Ein Schließen des Forcefensters oder der Variablentabelle oder ein Unterbrechen der Verbindung zur CPU beenden nicht das Forcen!* Sie können einen Forceauftrag nur mit VARIABLE → FORCE LÖSCHEN wieder löschen.

Das Forcen wird auch durch Urlöschen oder durch Netzaus bei einer ungepufferten CPU gelöscht. Beim Beenden des Forcens behalten die Operanden solange die Forcewerte bei, bis sie entweder durch das Anwenderprogramm oder das Systemprogramm überschrieben werden.

Das Forcen wirkt nur auf die einer CPU zugeteilten Peripherie. Werden nach einem Anlauf geforcte Peripherie-Eingänge und -Ausgänge nicht mehr zugeteilt (z.B. durch Umparametrierung), werden die entsprechenden Peripherie-Eingänge und -Ausgänge nicht mehr geforct.

### Fehlerbehandlung

Ist beim Lesen die Zugriffsbreite größer als die Forcebreite (z.B. geforctes Byte in einem Wort), wird der nicht geforcte Anteil des Operandenwerts wie üblich gelesen. Tritt hierbei ein Synchronfehler auf (Zugriffs- oder Bereichslängenfehler), so wird der durch das Anwenderprogramm oder durch die CPU vorgegebene „Fehler-Ersatzwert" gelesen bzw. die CPU geht in STOP.

Ist beim Schreiben die Zugriffsbreite größer als die Forcebreite (z.B. geforctes Byte in einem Wort), wird der nicht geforcte Anteil des Operandenwerts wie üblich beschrieben. Ein fehlerhafter Schreibzugriff läßt den geforcten Anteil des Operanden unverändert, d.h. der Schreibschutz wird durch den Synchronfehler nicht aufgehoben.

Ein Laden von geforcten Peripherie-Eingängen liefert den Forcewert. Stimmt die Zugriffsbreite mit der Forcebreite überein, können Eingabebaugruppen, die ausgefallen oder (noch) nicht gesteckt sind, durch einen Forcewert „ersetzt" werden.

Der zu einem geforcten Peripherie-Eingang PE gehörende Eingang E im Prozeßabbild wird nicht geforct; er wird nicht vorbesetzt und bleibt überschreibbar. Beim Aktualisieren des

Prozeßabbilds erhält der Eingang den Forcewert des Peripherieeingangs.

Beim Forcen von Peripherie-Ausgängen PA wird der dazugehörenden Ausgang A im Prozeßabbild nicht nachgezogen und nicht geforct (das Forcen wirkt nur „nach außen“ auf die Baugruppenausgänge). Die Ausgänge A bleiben erhalten und sind beschreibbar; ein Lesen der Ausgänge liefert den geschriebenen Wert (nicht den Forcewert). Wird eine Ausgabebaugruppe geforct und fällt diese Baugruppe aus bzw. wird gezogen, so erhält sie direkt nach dem Stecken wieder den Forcewert.

Mit dem OD-Signal (Ausgabebaugruppen sperren im STOP, HALT oder ANLAUF) geben – auch bei geforcten Peripherie-Ausgängen – die Ausgabebaugruppen Signalzustand „0“ oder den Ersatzwert aus (Ausnahme: Analogbaugruppen ohne OD-Auswertung geben weiterhin den Forcewert aus). Wird das OD-Signal deaktiviert, wirkt wieder der Forcewert.

Wenn im STOP die Funktion *PA freischalten* eingeschaltet wird, werden auch im STOP die Forcewerte wirksam (wegen Deaktivierung des OD-Signals). Beim Beenden von *PA freischalten* werden die Baugruppen wieder in den „sicheren“ Zustand gesteuert (Signalzustand „0“ oder Ersatzwert); beim Übergang nach RUN wirkt wieder der Forcewert.

### 2.7.5 Peripherieausgänge freischalten

Im Betriebszustand STOP sind normalerweise die Ausgabebaugruppen durch das OD-Signal gesperrt; mit der Funktion *PA freischalten* können Sie das OD-Signal abschalten, so daß Sie auch im STOP der CPU die Ausgabebaugruppen steuern können. Das Steuern geschieht über eine Variablentabelle. Es werden nur die einer CPU zugeordneten Peripherieausgänge gesteuert. Anwendungsfall: Verdrahtungsprüfung der Ausgänge im STOP und ohne Anwenderprogramm.

*Vorsicht: Vergewissern Sie sich, daß beim PA freischalten keine gefährlichen Zustände auftreten können!*

Legen Sie eine Variablentabelle an und tragen Sie die zu steuernden Peripherieausgänge (PA) und die Steuerwerte ein. Schalten Sie die Variablentabelle mit ZIELSYSTEM → VERBINDUNG HERSTELLEN ZU → ... online und stoppen Sie gegebenenfalls die CPU, z.B. mit ZIELSYSTEM → BETRIEBSZUSTAND und „STOP“.

Mit VARIABLE → PA FREISCHALTEN deaktivieren Sie das OD-Signal; die Baugruppenausgänge führen nun Signalzustand „0“ oder den Ersatzwert bzw. den Forcewert. Mit VARIABLE → STEUERWERTE AKTIVIEREN steuern Sie die Peripherieausgänge. Sie können den Steuerwert ändern und erneut steuern.

Ein erneutes VARIABLE → PA FREISCHALTEN oder die ESC-Taste schalten die Funktion wieder aus. Das OD-Signal ist wieder aktiv und die Baugruppenausgänge auf „0“, den Ersatzwert oder den Forcewert zurückgesetzt

Wird STOP verlassen während PA freischalten noch läuft, werden alle Peripherieausgänge gelöscht, das OD-Signal beim Übergang nach ANLAUF aktiviert und beim Übergang nach RUN wieder deaktiviert.

### 2.7.6 AWL-Programmstatus

Eine zusätzliche Testmöglichkeit für das Anwenderprogramm bietet der Programmeditor mit der Funktion *Programmstatus*. Hierbei zeigt Ihnen der Editor zeilenweise die Belegung der Register, die Sie unter EXTRAS → EINSTELLUNGEN in der Registerkarte „AWL“ ausgewählt haben („Standard“ bedeutet hierbei Akkumulator 1 bzw. Zeit- oder Zählwert).

Der Baustein, dessen Programm Sie testen wollen, befindet sich im Anwenderspeicher der CPU, wird dort aufgerufen und bearbeitet. Sie öffnen diesen Baustein z.B. durch einen Doppelklick auf das Bausteinsymbol im Online-Fenster des SIMATIC Managers. Der Editor wird gestartet und zeigt das Programm des Bausteins.

Sie wählen das Netzwerk aus, das Sie testen wollen. Mit TEST → BEOBACHTEN schalten Sie den Programmstatus ein. Nun sehen Sie die Operandenstati, das Verknüpfungsergebnis und die Registerbelegung. Mit erneuter Anwahl TEST → BEOBACHTEN schalten Sie den Programmstatus wieder aus.

Mit TEST → AUFRUFUMGEBUNG stellen Sie die Triggerbedingungen ein. Sie benötigen diese Einstellung, wenn der zu testende Baustein mehrfach in Ihrem Programm aufgerufen wird.

Sie können die Statusaufzeichnung auslösen entweder durch die Angabe der Aufrufreihenfolge oder abhängig von einem geöffneten Datenbaustein. Wird der Baustein nur ein einziges Mal aufgerufen, wählen Sie „Keine Bedingung".

Im Programmstatus können Sie Variablen steuern. Markieren Sie den zu steuernden Operanden und wählen Sie TEST → OPERAND STEUERN.

Die Aufzeichnung des Programmstatus benötigt zusätzliche Bearbeitungszeit im zyklischen Programm. Für den Test können Sie deshalb zwei Betriebsarten wählen: Testbetrieb und Prozeßbetrieb. Im *Testbetrieb* sind alle Testfunktionen ohne Einschränkungen nutzbar. Sie wählen ihn z.B. für Bausteintest ohne angeschlossene Anlage, denn hierbei kann die Zyklusbearbeitungszeit erheblich verlängert werden. Beim *Prozeßbetrieb* wird auf möglichst geringe Zykluszeitverlängerung geachtet, dadurch bestehen hier Einschränkungen beim Testen, z.B. bei Programmschleifen (es wird nicht jeder Schleifendurchlauf angezeigt). Die Betriebsart stellen Sie bei entsprechend ausgelegten CPUs während der CPU-Parametrierung im Register „Schutz" ein.

Falls der Testmodus im Rahmen der CPU-Parametrierung festgelegt wurde, können Sie den Testmodus nur durch Umparametrieren ändern. Andernfalls läßt er sich im angezeigten Dialogfeld ändern. Mit TEST → BETRIEB wird der eingestellte Betriebsmodus angezeigt.

### Haltepunkte, Einzelschrittmodus

In der Programmiersprache AWL können Sie bei entsprechend ausgelegten CPUs das Programm Anweisung für Anweisung im Einzelschrittmodus testen. Die CPU befindet sich hierbei im Betriebszustand HALT; sicherheitshalber sind die Peripherieausgänge abgeschaltet. Mit Haltepunkten können Sie das Programm an jeder von Ihnen gewünschten Stelle anhalten und schrittweise testen.

Es muß der Testbetrieb eingestellt sein. Falls der Testmodus im Rahmen der CPU-Parametrierung festgelegt wurde, können Sie den Testmodus nur durch Umparametrieren ändern. Andernfalls läßt er sich im angezeigten Dialogfeld ändern.

Um einen Haltepunkt zu setzen, positionieren Sie die Schreibmarke in die entsprechende Anweisungszeile und wählen Sie TEST → HALTEPUNKT SETZEN. Zum Testen wählen Sie TEST → HALTEPUNKTE AKTIV; daraufhin werden die Haltepunkte in die CPU übertragen und aktiviert. Falls die CPU nicht schon läuft, läuft sie jetzt an und geht in den Betriebszustand HALT, wenn sie auf einen Haltepunkt trifft. Dann werden in einem eigenen Fenster die aktuellen Registerinhalte an der Anweisung angezeigt.

Sie können nun mit TEST → NÄCHSTE ANWEISUNG AUSFÜHREN das Programm zeilenweise bearbeiten lassen. Bei jeder Anweisung stoppt die Programmbearbeitung und zeigt die Registerinhalte an. Bei einem Bausteinaufruf können Sie mit TEST → AUFRUF AUSFÜHREN die Bearbeitung im aufgerufenen Baustein fortsetzen.

Mit TEST → FORTSETZEN wird das Programm mit normaler Geschwindigkeit bis zum nächsten Haltepunkt bearbeitet.

Bausteine, die Haltepunkte besitzen, können nicht online geändert bzw. nachgeladen werden. Es müssen vorher alle Haltepunkte gelöscht werden. Um das Testen mit Haltepunkten zu beenden, müssen Sie ebenfalls alle Haltepunkte löschen. Mit TEST → FORTSETZEN wechselt die CPU dann wieder in den RUN-Zustand.

## 2.7.7 SCL-Programme testen

Wenn Sie ein SCL-Programm testen möchten, müssen Sie es mit der Option „Debug Info erstellen" übersetzen. Diese Option können Sie im SCL-Editor mit EXTRAS → EINSTELLUNGEN auf der Registerkarte „Compiler" einstellen. Nach dem Übersetzen mit „Objektcode erstellen" übertragen Sie das Programm mit ZIELSYSTEM → LADEN in die CPU.

Der SCL-Debugger ist integraler Bestandteil des SCL-Programmeditors.

### SCL-Programmstatus

Mit dieser Testfunktion können Sie eine Gruppe von Anweisungen, den „Beobachtungsbereich", während des laufenden Betriebs testen. Der Beobachtungsbereich hat abhängig von den verwendeten Anweisungen eine variable Länge. Die Werte der in diesem Bereich liegenden Variablen werden zyklisch aktualisiert und angezeigt.

Liegt der Beobachtungsbereich in einem Programmteil, der in jedem Programmzyklus bearbeitet wird, können in der Regel die Variablenwerte aus aufeinanderfolgenden Zyklen nicht erfaßt werden. Werte, die sich im aktuellen Durchlauf geändert haben, werden in schwarzer Schrift dargestellt, Werte, die sich nicht geändert haben, in hellgrauer Schrift.

Zum Testen des SCL-Programms schalten Sie die CPU in RUN bzw. RUN-P und öffnen Sie die Programmquelle, in der sich der zu testende Programmteil befindet. Wählen Sie die Betriebsart mit TEST → BETRIEB → TESTBETRIEB.

Positionieren Sie die Schreibmarke an den Anfang des zu testenden Bereichs. Mit TEST → BEOBACHTEN schalten Sie das Testen ein. In einem aufgeblendeten rechten Teil des Fensters werden die Namen und Werte der im Beobachtungsbereich liegenden Variablen zeilengerecht angezeigt.

Ein nochmaliges Anwählen von TEST → BEOBACHTEN unterbricht den Testlauf; TEST → TEST BEENDEN beendet ihn.

### Haltepunkte, Einzelschrittmodus

Beim Testen im Einzelschrittmodus können Sie das SCL-Programm Anweisung für Anweisung ausführen und die Variablenwerte beobachten. Nach dem Setzen von Haltepunkten können Sie das Programm zunächst bis zu einem Haltpunkt ausführen lassen und von dort aus mit dem schrittweisen Beobachten beginnen.

Für das Testen im Einzelschrittmodus müssen folgende Voraussetzungen erfüllt sein: Der zu testende Baustein darf nicht geschützt sein, er muß online geöffnet sein und der geöffnete Baustein darf im Editor nicht verändert worden sein. Der Einzelschrittmodus funktioniert nur bei CPUs, die diese Funktion auch unterstützen. Es muß die Betriebsart „Testbetrieb" eingestellt sein und das Testen mit dem Programmstatus ausgeschaltet sein. Das Halten am Haltepunkt und das schrittweise Bearbeiten führt die CPU nur im Betriebszustand HALT durch.

Zum Testen öffnen Sie die Programmquelle und definieren Sie die Haltepunkte, indem Sie die Schreibmarke an die gewünschte Anweisung positionieren und TEST → HALTEPUNKT SETZEN wählen. Vergewissern Sie sich, daß keine gefährlichen Zustände eintreten können und wählen Sie TEST → HALTEPUNKTE AKTIV. Falls die CPU nicht schon läuft, geht sie in den Betriebszustand RUN und am nächsten Haltepunkt in den Betriebszustand HALT (Bild 2.13).

Mit TEST → NÄCHSTE ANWEISUNG AUSFÜHREN geht die CPU in den Betriebszustand RUN und hält an der unmittelbar folgenden Anweisung wieder an. Die Variablenwerte der ausgeführten Anweisungszeile werden in der rechten Hälfte des Editorfensters angezeigt. TEST → AUFRUF AUSFÜHREN verwenden Sie, wenn die CPU an einem Bausteinaufruf anhält und Sie die Einzelschrittbearbeitung in dem aufgerufenen SCL-Baustein fortsetzen möchten. Mit ANSICHT → SYMBOLISCHE DARSTELLUNG kann die Anzeige der Symbolnamen ein- und ausgeschaltet werden.

Mit TEST → FORTSETZEN geht die CPU in den Betriebszustand RUN und hält am nächsten Haltepunkt an. Mit TEST → AUSFÜHREN BIS MARKIERUNG geht die CPU in den Betriebszustand RUN und hält an der mit der Schreibmarke markierten Programmstelle an.

Die Haltepunkte im Programm können Sie mit TEST → HALTEPUNKTE BEARBEITEN verwalten. Mit wiederholtem TEST → HALTEPUNKTE AKTIV unterbrechen Sie den Testvorgang; mit TEST → TEST BEENDEN beenden Sie ihn.

Hinweis: Die Menübefehle TEST → NÄCHSTE ANWEISUNG AUSFÜHREN und TEST → AUSFÜHREN BIS MARKIERUNG setzen und aktivieren einen Haltepunkt. Achten Sie darauf, daß die CPU-spezifische Anzahl an Haltepunkten nicht überschritten wird, wenn Sie diese Funktionen einschalten.

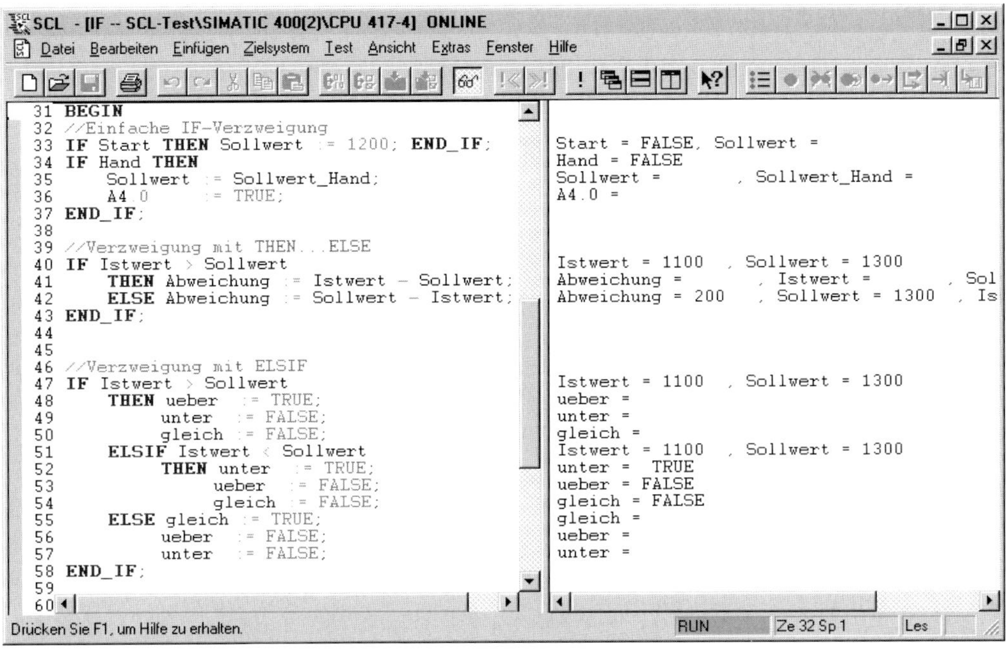


**Bild 2.13** Debuggen mit SCL

# 3 SIMATIC S7-Programm

Dieses Kapitel zeigt Ihnen den Aufbau des Anwenderprogramms für SIMATIC S7-300/ 400-CPUs, ausgehend von den verschiedenen Prioritätsklassen (Programmbearbeitungsarten) über die Bestandteile eines Anwenderprogramms (Bausteine) bis hin zu den Variablen und Datentypen. Der Schwerpunkt in diesem Kapitel bildet die Beschreibung der Bausteinprogrammierung mit AWL und SCL. Die Datentypen werden ausführlich im Kapitel 24 „Datentypen" behandelt.

Die Gliederung des Anwenderprogramms legen Sie bereits in der Entwurfsphase durch Anpassung an technologische und funktionelle Gegebenheiten fest; sie ist bestimmend für die Programmerstellung, den Programmtest und die Inbetriebsetzung. Im Sinne einer effektiven Programmierung ist es deshalb notwendig, der Programmstruktur besondere Aufmerksamkeit zu widmen.

## 3.1 Programmbearbeitung

Das Gesamtprogramm einer Zentralbaugruppe (CPU) besteht aus dem Betriebssystem und dem Anwenderprogramm.

Das Betriebssystem ist die Gesamtheit aller Anweisungen und Vereinbarungen geräteinterner Betriebsfunktionen (z.B. Sicherstellung von Daten bei Ausfall der Versorgungsspannung, Aktivieren der Prioritätsklassen, usw.). Das Betriebssystem ist fester Bestandteil der CPU und kann von Ihnen nicht verändert werden. Das Betriebssystem können Sie jedoch z.B. bei einem Programm-Update von einer Memory Card aus neu laden.

Das Anwenderprogramm ist die Gesamtheit aller von Ihnen programmierten Anweisungen und Vereinbarungen für die Signalverarbeitung, durch die eine zu steuernde Anlage (Prozeß) gemäß der Steuerungsaufgabe beeinflußt wird.

### 3.1.1 Programmbearbeitungsarten

Das Anwenderprogramm kann sich aus Programmteilen zusammensetzen, die die CPU zu bestimmten Ereignissen bearbeitet. Diese Ereignisse können z.B. der Anlauf des Automatisierungssystems sein, ein Alarm oder das Erkennen eines Programmfehlers (Bild 3.1). Die den Ereignissen zugeordneten Programme sind in Prioritätsklassen eingeteilt, die beim Auftreten mehrerer Ereignisse die Reihenfolge der Programmbearbeitung (die gegenseitige Unterbrechbarkeit) festschreiben.

Die niedrigste Bearbeitungspriorität hat das Hauptprogramm, das von der CPU zyklisch bearbeitet wird. Alle anderen Ereignisse können das Hauptprogramm nach jeder Anweisung unterbrechen; die CPU bearbeitet dann das dazugehörende Alarm- oder Fehlerprogramm und kehrt danach zur Bearbeitung des Hauptprogramms zurück.

Jedem Ereignis ist ein bestimmter Organisationsbaustein (OB) zugeordnet. Die Organisationsbausteine repräsentieren die Prioritätsklassen im Anwenderprogramm. Tritt ein Ereignis auf, ruft die CPU den zugeordneten Organisationsbaustein auf. Ein Organisationsbaustein ist ein Teil des Anwenderprogramms, den Sie programmieren können.

Bevor die CPU mit der Bearbeitung des Hauptprogramms beginnt, durchläuft sie ein Anlaufprogramm. Dieser Anlauf kann ausgelöst werden durch das Einschalten der Spannungsversorgung, durch den Betriebsartenschalter an der Frontseite der Zentralbaugruppe oder durch Bedienung am Programmiergerät. Die Programmbearbeitung nach dem Anlaufprogramm beginnt bei S7-300 immer am Anfang des Hauptprogramms (Kaltstart bzw. Neustart); bei S7-400 ist auch eine Programmfortsetzung an der unterbrochenen Stelle möglich (Wiederanlauf).

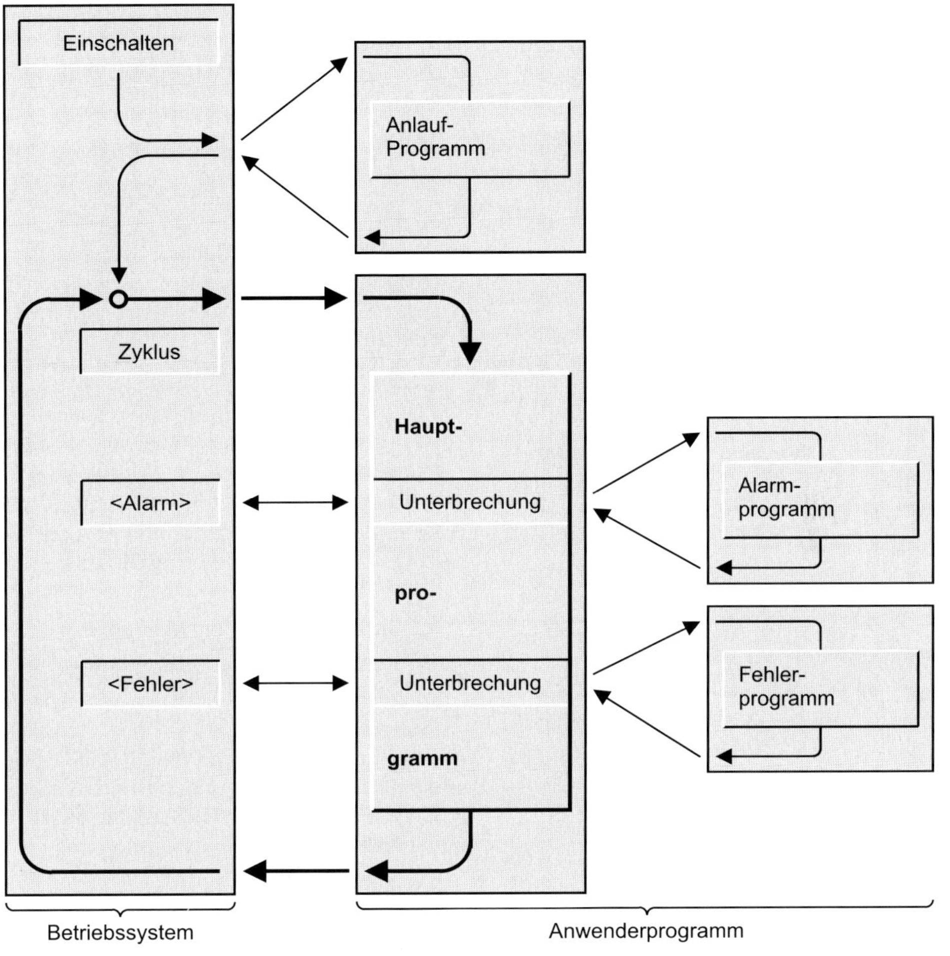


**Bild 3.1** Bearbeitungsarten eines SIMATIC S7-Programms

Das Hauptprogramm steht im Organisationsbaustein OB 1, der von der CPU immer bearbeitet wird. Der Programmanfang ist identisch mit der ersten Anweisung im OB 1. Nach der Bearbeitung des OB 1 (am Programmende) verzweigt die CPU in das Betriebssystem und ruft nach der Bearbeitung verschiedener Betriebssystemfunktionen (z.B. Prozeßabbilder aktualisieren) den OB 1 erneut auf.

Die unterbrechenden Ereignisse sind Alarme und Fehler. Alarme kommen z.B. von der zu steuernden Anlage (Prozeßalarme) oder von der CPU (Weckalarme, Uhrzeitalarme, usw.). Bei den Fehlern unterscheidet man zwischen Asynchronfehlern und Synchronfehlern.

Ein Asynchronfehler ist ein von der Programmbearbeitung unabhängiger Fehler, wie z.B. der Versorgungsspannungsausfall in einem Erweiterungsgerät oder der Alarm beim Wechseln einer Baugruppe.

Ein Synchronfehler ist ein durch die Programmbearbeitung verursachter Fehler, wie z.B. das Ansprechen eines nicht vorhandenen Operanden oder Fehler beim Datentypwandeln. Die Art und Anzahl der erfaßten Ereignisse und die dazugehörenden Organisationsbausteine sind CPU-spezifisch (nicht jede CPU beherrscht die Bearbeitung aller in STEP 7 definierten Ereignisse).

### 3.1.2 Prioritätsklassen

Die Tabelle 3.1 zeigt die bei SIMATIC S7 vorhandenen Organisationsbausteine mit der voreingestellten Bearbeitungspriorität. Bei einigen Prioritätsklassen können Sie diese Priorität im CPU-spezifisch zugelassenen Rahmen ändern. Die Tabelle zeigt den Maximalumfang; eine bestimmte CPU belegt einen Ausschnitt aus dieser Übersicht.

Der Organisationsbaustein OB 90 (Hintergrundbearbeitung) arbeitet wechselweise mit dem Organisationsbaustein OB1. Er kann, wie auch der OB 1, durch alle anderen Alarme und Fehler unterbrochen werden.

Das Anlaufprogramm kann in den Organisationsbausteinen OB 100 (Neustart), OB 101 (Wiederanlauf) oder OB 102 (Kaltstart) stehen und hat die Priorität 27. Auftretende Asynchronfehler im Anlauf gehören zur Prioritätsklasse 28. Zu den Asynchronfehlern zählen auch die Redundanzfehler bei H-Systemen und der Diagnosealarm.

Mit der CPU-Parametrierung legen Sie fest, welche der angebotenen Prioritätsklassen Sie verwenden wollen. Nicht verwendeten Prioritätsklassen (Organisationsbausteinen) geben Sie die Priorität 0.

Für die angewählten Prioritätsklassen müssen die entsprechenden Organisationsbausteine vorhanden sein, sonst ruft beim Eintreffen des Startereignisses die CPU den OB 85 „Programmbearbeitungsfehler“ auf oder geht in STOP.

Für jede angewählte Prioritätsklasse müssen auch temporäre Lokaldaten (L-Stack) in ausreichender Menge vorhanden sein (weitere Einzelheiten siehe Kapitel 18.1.5 „Temporäre Lokaldaten“).

### 3.1.3 Festlegungen zur Programmbearbeitung

Das Betriebssystem der CPU arbeitet mit standardmäßigen Voreinstellungen zur Programmbearbeitung. Diese Voreinstellungen können Sie bei der Parametrierung der CPU (in der Hardware-Konfiguration) ändern und somit gezielt Ihren Erfordernissen anpassen. Eine nachträgliche Änderung ist jederzeit möglich.

Jede CPU hat eine für sie spezifische Anzahl an Einstellungen. Die folgende Auflistung gibt einen Überblick über alle bei STEP 7 möglichen Parametrierungen mit den wichtigsten Einstellmöglichkeiten.

- ▷ Anlauf
  Festlegung der Anlaufart (Kaltstart, Neustart, Wiederanlauf); zeitliche Überwachung der Fertigmeldungen bzw. des Parametrierens der Baugruppen; maximale Unterbrechungszeit, nach der noch ein Wiederanlauf zulässig ist
- ▷ Zyklus/Taktmerker
  Zyklische Aktualisierung des Prozeßabbilds ein/ausschalten; Einstellung der Zyklusüberwachungszeit und der Mindestzykluszeit; prozentuale Zyklusbelastung durch Kommunikation; Nummer des Taktmerkerbytes; Größe der Prozeßabbilder
- ▷ Remanenz
  Anzahl der remanenten Merkerbytes, Zeit- und Zählfunktionen; Festlegung der Remanenzbereiche bei Datenbausteinen
- ▷ Speicher
  max. Anzahl der temporären Lokaldaten in den Prioritätsklassen (Organisationsbausteinen); max. Größe des L-Stacks und Anzahl der Kommunikationsaufträge
- ▷ Alarme
  Einstellung der Priorität der Prozeßalarme, Verzögerungsalarme, Asynchronfehler und DPV1-Alarme
- ▷ Uhrzeitalarme
  Einstellung der Priorität; Festlegung des Startzeitpunkts und der Periodizität
- ▷ Weckalarme
  Einstellung der Priorität, des Zeittakts und der Phasenverschiebung
- ▷ Diagnose/Uhr
  STOP-Ursache anzeigen; Art und Zeitintervall der Synchronisation der Uhr, Korrekturfaktor
- ▷ Schutz
  Einstellung der Schutzstufe; Festlegung eines Paßworts
- ▷ Multicomputing
  Festlegung der CPU-Nummer

**Tabelle 3.1** Organisationsbausteine bei SIMATIC S7

| Organisationsbaustein | wird aufgerufen | Priorität | |
|---|---|---|---|
| | | voreingestellt | veränderbar |
| Freier Zyklus<br>OB 1 | zyklisch durch das Betriebssystem | 1 | nein |
| Uhrzeitalarme<br>OB 10 bis OB 17 | bei einer bestimmten Uhrzeit oder in periodischen Abständen (z.B. monatlich) | 2 | 2 bis 24 |
| Verzögerungsalarme<br>OB 20 bis OB 23 | nach einer einstellbaren Zeit, gesteuert durch das Anwenderprogramm | 3 bis 6 | 2 bis 24 |
| Weckalarme<br>OB 30 bis OB 38 | periodisch in einstellbaren Zeitintervallen (z.B. alle 100 ms) | 7 bis 15 | 2 bis 24 |
| Prozeßalarme<br>OB 40 bis OB 47 | bei Alarmsignalen von Peripheriebaugruppen | 16 bis 23 | 2 bis 24 |
| DPV1-Alarme<br>OB 55 bis OB 57 | bei Status-, Update- und Herstelleralarmen von PROFIBUS-DPV1-Slaves | 2 | 2 bis 24 |
| Mehrprozessoralarm<br>OB 60 | ereignisgesteuert durch das Anwenderprogramm im Mehrprozessorbetrieb | 25 | nein |
| Redundanzfehleralarme<br>OB 70<br>OB 72<br>OB 73 | <br>bei Redundanzverlust durch Peripheriefehler<br>bei CPU-Redundanzfehler<br>bei Kommunikations-Redundanzfehler | <br>25<br>28<br>25 | <br>2 bis 26<br>2 bis 28<br>2 bis 26 |
| Asynchronfehler<br>OB 80<br>OB 81 bis OB 84, 86, 87<br>OB 85 | bei Fehlern, die nicht im Zusammenhang mit der Programmbearbeitung stehen (z.B. Zeitfehler, SV-Fehler, Diagnosealarm, Ziehen/Stecken-Alarm, Baugruppenträger-/Stationsausfall) | <br>26 [2)]<br>25 [2)]<br>25 [2)] | <br>nein<br>2 bis 26<br>24 bis 26 |
| Hintergrundbearbeitung<br>OB 90 | wenn die Mindestzyklusdauer noch nicht erreicht ist | 29 [1)] | nein |
| Anlauf<br>OB 100, OB 101, OB 102 | beim Anlauf des Automatisierungssystems | 27 | nein |
| Synchronfehler<br>OB 121, OB 122 | bei Fehlern im Zusammenhang mit der Programmbearbeitung (z.B. Peripheriezugriffsfehler) | Priorität des verursachenden OBs | |

[1)] siehe Text [2)] im Anlauf: 28

▷ Integrierte Peripherie
Aktivierung und Parametrierung der integrierten Peripherie

Die CPU übernimmt bei einem Anlauf die von der standardmäßigen Voreinstellung abweichenden Angaben. Sie gelten dann für den weiteren Betrieb.

## Programmlänge

Die Länge des Anwenderprogramms steht in den Eigenschaften des Offline-Behälters *Bausteine* (*Bausteine* markieren und BEARBEITEN → OBJEKTEIGENSCHAFTEN). Auf der Registerkarte „Bausteine" finden Sie die Angaben „Größe im Arbeitsspeicher" und „Größe im Ladespeicher".

Beachten Sie, daß bei der Größenangabe für den Ladespeicher die Konfigurationsdaten (Systemdatenbausteine) fehlen. Der SIMATIC-Manager zeigt Ihnen bei geöffnetem Behälter Bausteine in der Detailsicht (Anzeige als Tabelle) und markiertem Objekt *Systemdaten* den Speicherbedarf in der Statuszeile (rechts unten im Fenster) an.

Die aktuelle Belegung des CPU-Speichers zeigt Ihnen der SIMATIC Manager bei online geschaltetem Programmiergerät unter ZIELSYSTEM → BAUGRUPPENZUSTAND, Registerkarte „Speicher".

**Prüfsumme**

Der Programmeditor bildet über alle Bausteine des Anwenderprogramms eine Prüfsumme und legt sie in den Objekteigenschaften des Behälters *Bausteine* ab. Identische Programme haben die gleiche Prüfsumme, jede Programmänderung ändert auch die Prüfsumme. Über die Systemdaten wird ebenfalls eine Prüfsumme gebildet. Sie erhalten die Prüfsummen im SIMATIC Manager mit markiertem Behälter Bausteine und BEARBEITEN → OBJEKTEIGENSCHAFTEN.

Die Prüfsumme des Anwenderprogramms wird aus dem Programmcode und den Vorbelegungs- und Anfangsdaten der Datenbausteine gebildet. Ein mit der SFC 82 CREA_DBL im Ladespeicher erzeugter Datenbaustein ändert die Prüfsumme nicht, auch dann nicht, wenn er mit der SFC 84 WRIT_DBL beschrieben wird. Die Prüfsumme wird verändert, wenn mit der SFC 84 WRIT_DBL ein geladener (programmierter) Datenbaustein beschrieben wird.

**Anlagenkennzeichen**

Bei entsprechend ausgelegten CPUs können sie ein der CPU zugeordnetes Anlagenkennzeichen vergeben und später im Programm auswerten. Sie markieren in der Hardwarekonfiguration die CPU, wählen BEARBEITEN → OBJEKTEIGENSCHAFTEN und können im Register „Allgemein" das Anlagenkennzeichen eingeben. Es kann aus bis zu 32 ASCII-Zeichen bestehen. Zum Auswerten lesen Sie mit der SFC 51 RDSYSST die Systemzustandsliste mit der SZL-ID 16#011C Index 16#0003.

## 3.2 Bausteine

Sie können Ihr Programm nach Belieben in einzelne Abschnitte aufteilen. Die STEP 7-Programmiersprachen unterstützen diese Programmaufteilung, indem sie die dafür notwendigen Anweisungen zur Verfügung stellen. Die einzelnen Programmabschnitte sollten in sich abgeschlossene Programmteile sein, die jeweils einen technologischen oder funktionellen Rahmen aufweisen. Diese Programmteile werden „Bausteine" genannt. Ein Baustein ist ein durch Funktion, Struktur oder Verwendungszweck abgegrenzter Teil des Anwenderprogramms.

### 3.2.1 Bausteinarten

Für unterschiedliche Aufgaben stehen unterschiedliche Bausteinarten zur Verfügung:

▷ Anwenderbausteine
Bausteine mit Anwenderprogramm und Anwenderdaten

▷ Systembausteine
Bausteine mit Systemprogramm und Systemdaten

▷ Standardbausteine
Von Siemens gelieferte ladbare Bausteine für Funktionen und Treiber für FM- und CP-Baugruppen

**Anwenderbausteine**

Bei umfangreichen und komplexen Programmen ist eine „Strukturierung" (Aufteilung) des Programms in einzelne Bausteine empfehlenswert und zum Teil erforderlich. Je nach Anwendungsfall können Sie zwischen unterschiedlichen Bausteintypen wählen:

*Organisationsbausteine OB*

Sie stellen die Schnittstelle zwischen Betriebssystem und Anwenderprogramm dar. Das Betriebssystem der CPU ruft die Organisationsbausteine bei bestimmten Ereignissen auf, z.B. bei Prozeß- oder Uhrzeitalarmen. Das Hauptprogramm steht im Organisationsbaustein OB 1. Die anderen Organisationsbausteine haben entsprechend den Aufrufereignissen festgelegte Nummern.

*Funktionsbausteine FB*

Sie sind Teile des Programms, deren Aufruf über Bausteinparameter parametrierbar ist. Sie haben einen Variablenspeicher, der in einem Datenbaustein liegt. Dieser Datenbaustein ist dem Funktionsbaustein fest zugeordnet, genauer: dem Aufruf des Funktionsbausteins. Es ist möglich, für jeden Aufruf des Funktionsbausteins einen anderen Datenbaustein (mit gleicher Datenstruktur jedoch mit unterschiedlichen Werten) zuzuordnen. Den fest zugeordneten Datenbaustein nennt man Instanz-Datenbaustein, die Kombination aus dem Aufruf eines Funktionsbausteins mit einem Instanz-Datenbaustein eine Aufrufinstanz oder kurz „Instanz". Funktionsbausteine können ihre Variablen auch im Instanz-Datenbaustein des aufrufenden Funktionsbausteins ablegen; man spricht dann von einer „Lokalinstanz".

*Funktionen FC*

Sie dienen zum Programmieren von häufig wiederkehrenden Automatisierungsfunktionen. Sie sind parametrierbar und liefern einen Rückgabewert (den Funktionswert) an den aufrufenden Baustein zurück. Der Funktionswert ist optional; neben dem Funktionswert können Funktionen noch weitere Ausgangsparameter haben. Funktionen speichern keine Informationen; sie haben keinen zugeordneten Datenbaustein.

*Datenbausteine DB*

Sie enthalten die Daten Ihres Programms. Durch die Programmierung der Datenbausteine bestimmen Sie, in welcher Form die Daten abgelegt werden (in welchem Datenbaustein, in welcher Reihenfolge, mit welchem Datentyp). Sie können Datenbausteine gegen Überschreiben schützen (nur lesbar) oder Datenbausteine nur im Ladespeicher ablegen. Für die Anwendung der Datenbausteine gibt es zwei Ausprägungen: als Global-Datenbausteine und als Instanz-Datenbausteine. Ein Global-Datenbaustein ist sozusagen ein „freier" Datenbaustein im Anwenderprogramm; er ist keinem Codebaustein zugeordnet. Ein Instanz-Datenbaustein ist einem Funktionsbaustein fest zugeordnet; in ihm ist ein Teil der Lokaldaten des Funktionsbausteins gespeichert.

Die Anzahl der Bausteine pro Bausteintyp und die Länge der Bausteine sind CPU-abhängig. Bei den Organisationsbausteinen liegen die Anzahl und die Bausteinnummern fest; sie werden durch das Betriebssystem des Zentralprozessors vorgegeben. Die Bausteinnummer der übrigen Bausteine können Sie im zugelassenen Rahmen frei vergeben. Sie haben auch die Möglichkeit, über die Symboltabelle allen Bausteinen einen Namen (ein Symbol) zuzuordnen, um dann über diesen Namen einen Baustein anzusprechen.

**Systembausteine**

Systembausteine sind Bestandteil des Betriebssystems. Sie können Programme enthalten (Systemfunktionen SFC oder Systemfunktionsbausteine SFB) oder Daten (Systemdatenbausteine SDB). Systembausteine machen Ihnen einige wichtige Systemfunktionen zugänglich, z.B. Handhabung der CPU-internen Uhr oder Kommunikationsfunktionen.

SFCs und SFBs können Sie aufrufen, jedoch nicht ändern oder selbst programmieren. Die Bausteine selbst belegen keinen Platz im Anwenderspeicher; lediglich der Bausteinaufruf und die Instanz-Datenbausteine der SFBs liegen im Anwenderspeicher.

In SDBs stehen z.B. Angaben über die Konfiguration des Automatisierungssystems oder über die Parametrierung der Baugruppen. Diese Bausteine erzeugt und verwaltet STEP 7 selbst. Den Inhalt der SDBs bestimmen Sie z.B. beim Konfigurieren der Stationen. In der Regel liegen SDBs im Ladespeicher. SDBs können Sie nicht aufschlagen und von Ihrem Programm aus nur mit speziellen SFCs lesen.

**Standardbausteine**

Neben den Funktionen und Funktionsbausteinen, die Sie selbst erstellen, gibt es auch fertige Bausteine („Standardbausteine") auf Datenträger zu beziehen oder sie werden mit STEP 7 geliefert (z.B. IEC-Funktionen oder Funktionen für den S5/S7-Konverter).

Im Kapitel 33 „Baustein-Bibliotheken" finden Sie eine Übersicht der in der Bibliothek *Standard Library* gelieferten Standardbausteine.

### 3.2.2 Bausteinstruktur

Codebausteine sind im wesentlichen aus drei Teilen aufgebaut (Bild 3.2):

▷ dem Bausteinkopf,
er enthält die Bausteineigenschaften, wie z.B. Bausteinname

▷ dem Deklarationsteil
in ihm werden die bausteinlokalen Variablen deklariert, d.h. festgelegt

▷ dem Programmteil
hier steht das Programm mit Kommentaren

Die Struktur eines Datenbausteins ist ähnlich gegliedert:

▷ der Bausteinkopf enthält die Bausteineigenschaften

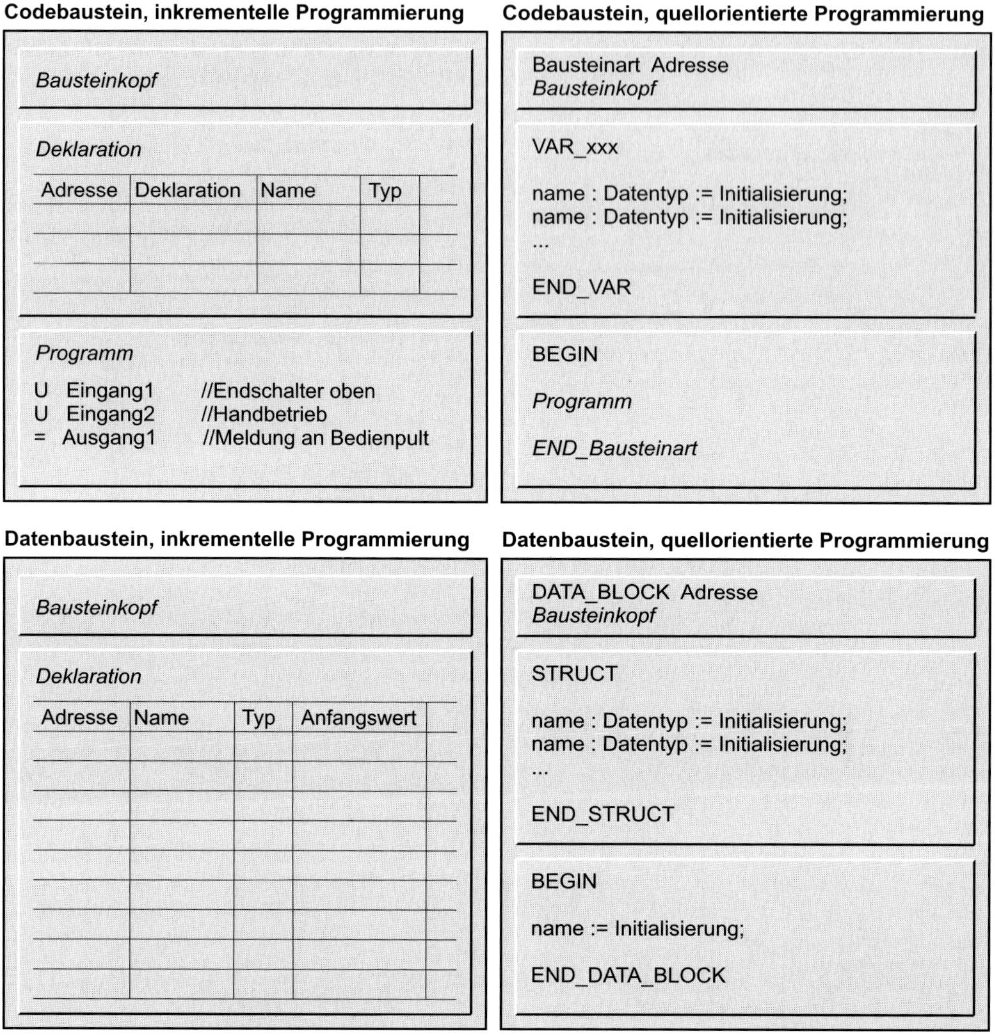


**Bild 3.2** Aufbau eines Bausteins

▷ der Deklarationsteil enthält die Festlegung der bausteinlokalen Variablen, hier: Datenoperanden mit Datentyp

▷ der Initialisierungsteil gestattet die individuelle Vorbelegung der Datenoperanden

Bei der inkrementellen Programmierung (direkte Programmeingabe ohne Quelltextdatei) sind der Deklarationsteil und der Initialisierungsteil zusammengefaßt. Hier bestimmen Sie in der „Deklarationssicht" die Datenoperanden und deren Datentyp; in der „Datensicht" können Sie jeden Datenoperanden mit individuellen Werten vorbelegen.

### 3.2.3 Bausteineigenschaften

Die Eigenschaften eines Bausteins sind im Bausteinkopf zusammengefaßt. Mit dem Menübefehl DATEI → EIGENSCHAFTEN im Editor können Sie die Eigenschaften des geöffneten Bausteins einsehen und ändern (Bild 3.3).

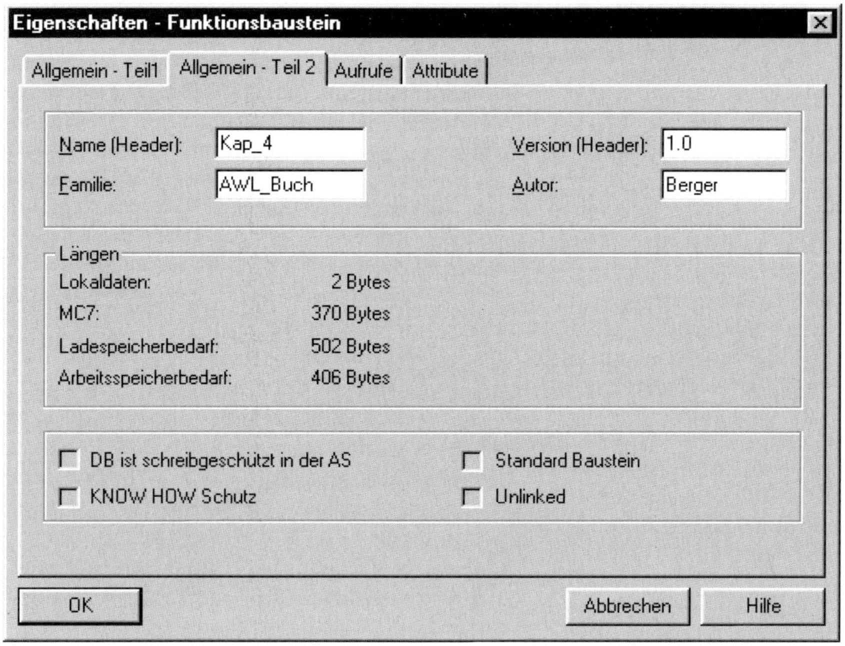


**Bild 3.3** Baustein-Eigenschaften

Die Registerkarte „Allgemein - Teil 2" zeigt die Speicherbelegung des Bausteins in Bytes:

- ▷ Lokaldaten: Belegung im Lokaldatenstack (temporäre Lokaldaten)
- ▷ MC7: Größe des Bausteins (nur Code)
- ▷ Ladespeicherbedarf
- ▷ Arbeitsspeicherbedarf

Die Eigenschaft *KNOW HOW Schutz* steht für den Bausteinschutz. Das Programm eines derart geschützten Bausteins können Sie nicht einsehen, nicht ausdrucken und nicht verändern. Der Editor zeigt dann bei der Ausgabe nur den Bausteinkopf und die Deklarationstabelle mit den Bausteinparametern an. Mit dem Schlüsselwort KNOW_HOW_PROTECT können Sie bei der quellorientierten Eingabe jeden Baustein selbst schützen. Somit kann niemand den übersetzten Baustein einsehen, auch Sie selbst nicht mehr (Quelldatei gut aufheben!).

Die Eigenschaft *Standard Baustein* finden Sie im Bausteinkopf bei von Siemens gelieferten Standardbausteinen.

*„DB ist schreibgeschützt in der AS"* ist eine Eigenschaft nur für Datenbausteine. Sie bedeutet, Sie können per Programm aus diesem Datenbaustein nur lesen. Ein Überschreiben der Daten wird unter Angabe einer Fehlermeldung verhindert. Der Schreibschutz darf nicht mit dem Bausteinschutz verwechselt werden: Ein mit dem Bausteinschutz versehener Datenbaustein kann vom Programm aus gelesen und geschrieben werden; seine Daten können jedoch nicht mehr mit einem Programmier- oder Beobachtungsgerät eingesehen werden.

Ein mit der Eigenschaft *Unlinked* versehener Datenbaustein befindet sich nur im Ladespeicher; er ist nicht „ablaufrelevant". Datenbausteine, die nur im Ladespeicher liegen, können Sie mit der Systemfunktion SFC 20 BLKMOV lesen und – wenn der Ladespeicher eine Micro Memory Card ist – mit den Systemfunktionen SFC 83 READ_DBL lesen und SFC 84 WRIT_DBL beschreiben.

Weitere Angaben auf der Registerkarte „Allgemein - Teil 2": Der *Name* dient zur Identifikation des Bausteins; er ist nicht identisch mit der

Symboladresse. Verschiedene Bausteine können den gleichen Namen haben. Mit der *Familie* können Sie einer Gruppe von Bausteinen ein gemeinsames Merkmal geben. Der Bausteinname und die Bausteinfamilie werden Ihnen beim Einfügen von Bausteinen angezeigt, wenn Sie im Dialogfenster des Programmelemente-Katalogs den Baustein auswählen. Unter *Autor* geben Sie den Ersteller des Bausteins an. Der Name, die Familie und der Autor können jeweils aus bis zu 8 Zeichen bestehen, beginnend mit einem Buchstaben. Es sind Buchstaben, Ziffern sowie der Unterstrich erlaubt. Die *Version* wird zweimal zweistellig von 0 bis 15 eingegeben.

Registerkarte „Allgemein - Teil 1": Der Editor hält das Erstellungs- bzw. Änderungsdatum des Bausteins in zwei Zeitstempeln fest: für den Programmcode und für die Schnittstelle, das sind die Bausteinparameter und die statischen Lokaldaten. Beachten Sie, daß das Änderungsdatum der Schnittstelle gleich oder kleiner (älter) sein muß als das Änderungsdatum des Programmcodes im aufrufenden Baustein. Ist das nicht der Fall, meldet der Editor einen „Zeitstempelkonflikt" bei der Ausgabe des aufrufenden Bausteins.

Bausteine können als Version 1- oder als Version 2-Bausteine angelegt bzw. übersetzt werden. Praktische Bedeutung hat dies nur für die Funktionsbausteine. Ist die Eigenschaft „Multiinstanzfähig" eingeschaltet, was der Normalfall ist, handelt es sich um einen Version 2-Baustein. Ist „Multiinstanzfähig" ausgeschaltet, können Sie den Baustein selbst nicht als Lokalinstanz aufrufen und Sie können in ihm keinen weiteren Funktionsbaustein als Lokalinstanz aufrufen. Der Vorteil eines Version 1-Bausteins ist die uneingeschränkte Verwendung von Instanzdaten bei indirekter Adressierung (nur bei AWL-Programmierung von Bedeutung).

Registerkarte „Aufrufe": Sie sehen eine Liste aller in diesem Baustein aufgerufenen Bausteine mit den Zeitstempeln für den Code und die Schnittstelle.

Registerkarte „Attribute": Bausteine können Systemattribute besitzen. Systemattribute steuern und koordinieren den Informationsaustausch zwischen Applikationen, z.B. im Leitsystem SIMATIC PCS7.

### 3.2.4 Bausteinschnittstelle

Die Deklarationstabelle enthält die Schnittstelle des Bausteins zum restlichen Programm. Sie besteht aus den Bausteinparametern (Eingangs-, Ausgangs- und Durchgangsparameter) und – bei Funktionsbausteinen – zusätzlich aus den statischen Lokaldaten. Die temporären Lokaldaten gehören nicht zur Bausteinschnittstelle. Die Bausteinschnittstelle wird in der Deklarationstabelle definiert und beim Aufruf des Bausteins mit Variablen versorgt (siehe Kapitel 19 „Bausteinparameter").

Der Programmeditor prüft, ob die im aufrufenden Baustein stehende Versorgung der Bausteinparameter mit der Schnittstelle des aufgerufenen Bausteins übereinstimmt. Er verwendet dazu die Zeitstempel: Die Schnittstelle des aufgerufenen Bausteins muß älter sein als der Code im aufrufenden Baustein; d.h. die letzte Schnittstellenänderung muß vor dem Einbinden des Bausteins erfolgt sein. Der Programmeditor aktualisiert den Schnittstellen-Zeitstempel, wenn sich die Anzahl der Parameter, ein Datentyp oder ein Vorbelegungswert ändert.

#### Zeitstempelkonflikt

Ein Zeitstempelkonflikt tritt auf, wenn die Schnittstelle des aufgerufenen Bausteins einen jüngeren Zeitstempel aufweist als der Code des aufrufenden Bausteins. Sie bemerken einen Zeitstempelkonflikt, wenn Sie einen bereits übersetzten Baustein erneut öffnen. Der Programmeditor stellt dann den fehlerhaften Bausteinaufruf rot dar. Ein Zeitstempelkonflikt kann beispielsweise verursacht werden, wenn Sie die Schnittstelle von Bausteinen ändern, die in anderen Bausteinen bereits aufgerufen werden, wenn Sie Bausteine aus verschiedenen Programmen zu einem neuen Programm zusammenstellen oder wenn Sie mit einer Quelldatei einen Teil des Gesamtprogramms neu übersetzen.

Der allgemein als „Zeitstempelkonflikt" bezeichnete Schnittstellenkonflikt kann jedoch noch andere Ursachen haben. Er tritt auch dann auf, wenn ein aufgerufener oder referenzierter Baustein jünger ist als der aufrufende Baustein. Einige Beispiele für das Auftreten eines Zeitstempelkonflikts:

▷ Die Schnittstelle eines aufgerufenen Bausteins ist jünger als der Code des aufrufenden Bausteins.

▷ Die Schnittstellenversorgung stimmt nicht mit der Bausteinschnittstelle überein.

▷ Ein Funktionsbaustein ist jünger als sein Instanz-Datenbaustein (der Instanz-Datenbaustein wird aus der Schnittstellenbeschreibung des Funktionsbausteins erzeugt und sollte deshalb jünger bzw. gleich alt sein).

▷ Eine Lokalinstanz ist jünger als die aufrufende Instanz (betrifft Funktionsbausteine).

▷ Ein anwenderdefinierter Datentyp UDT ist jünger als der Baustein, dessen Variablen mit dem UDT deklariert sind; das kann jeder Baustein sein, auch ein Datenbaustein oder ein anderer UDT.

### Ungültige Bausteinaufrufe korrigieren

Der Programmeditor unterstützt Sie beim Korrigieren ungültiger Bausteinaufrufe oder UDT-Anwendungen mit dem Menübefehl BEARBEITEN → AUFRUF → AKTUALISIEREN. Bei gleichen Namen, Datentypen oder Positionen kann er eine in den meisten Fällen zutreffende Zuordnung finden; andernfalls müssen Sie per Hand korrigieren. In jedem Fall sollten Sie den korrigierten Aufruf prüfen.

### Bausteinkonsistenz prüfen

Der Programmeditor zeigt Ihnen einen Zeitstempelkonflikt nur dann an, wenn Sie einen Baustein öffnen, der einen Zeitstempelkonflikt in sich trägt. Möchten Sie ein komplettes Programm prüfen, bietet sich die Funktion „Bausteinkonsistenz prüfen“ an. Sie bereinigt einen Großteil der Schnittstellenkonflikte und führt Sie zu den Programmstellen, die nachbearbeitet werden müssen.

Zur Konsistenzprüfung markieren Sie den Behälter *Bausteine* und wählen Sie BEARBEITEN → BAUSTEINKONSISTENZ PRÜFEN. Die zur Konsistenzprüfung erforderlichen Daten generiert der Programmeditor ab STEP 7 V5.0 SP3. Ist das Anwenderprogramm mit einer früheren Version übersetzt worden oder enthält es Bausteine, die mit einer früheren Version übersetzt worden sind (Sie erkennen es, wenn im Fenster „Bausteinkonsistenz prüfen“ die entsprechenden Abhängigkeiten nicht angezeigt werden), wählen Sie in diesem Fenster PROGRAMM → ÜBERSETZEN.

Den Verlauf und das Ergebnis der Konsistenzprüfung zeigt der Programmeditor im Ausgabefenster „1:Übersetzen“. Die Konsistenzprüfung ist auf Programme in Bibliotheken nicht anwendbar.

Die Abhängigkeiten bei aufgerufenen oder referenzierten Bausteinen wird als Baumdarstellung angezeigt (Bild 3.4). Sie haben zwei Darstellungen zur Auswahl:

Der *Referenzbaum* zeigt die Abhängigkeiten ähnlich wie die Programmstruktur: Links stehen die aufrufenden Bausteine, weiter nach rechts die in den links stehenden Bausteinen aufgerufenen Bausteine. Beispiel: Im OB1 wird die Instanz DB 20/FB 20 aufgerufen und im FB 20 die Lokalinstanzen FB 21 und FB 22.

Der *Abhängigkeitsbaum* zeigt die Abhängigkeiten ausgehend von allen aufgerufenen oder referenzierten Bausteinen. Sie stehen in der linken Spalte und rechts daneben die aufrufenden Bausteine. Beispiel: Der FB 22 legt seine Daten in der Instanz DB 20/FB 20 ab, die im OB 1 aufgerufen wird, er hat außerdem eine eigene Instanz DB 29 und er wird als Lokalinstanz im FB 20 aufgerufen.

In beiden Fällen zeigt z.B. ein Ausrufezeichen an, daß der betreffende Baustein korrigiert und neu übersetzt werden muß. Ein weißes Kreuz auf rotem Grund zeigt den fehlerverursachenden (aufgerufenen bzw. referenzierten) Baustein an.

Wenn Sie in der Baumdarstellung oder im Ausgabefenster einen Baustein markieren, können Sie ihn mit BEARBEITEN BAUSTEIN → ÖFFNEN bearbeiten, z.B. einen fehlerhaften Aufruf korrigieren.

## 3.3 Variablen adressieren

Bei der Adressierung von Variablen können Sie wählen zwischen einer absoluten Adressierung und einer symbolischen Adressierung. Die absolute Adressierung verwendet numerische Adressen beginnend bei Null für jeden Operan-

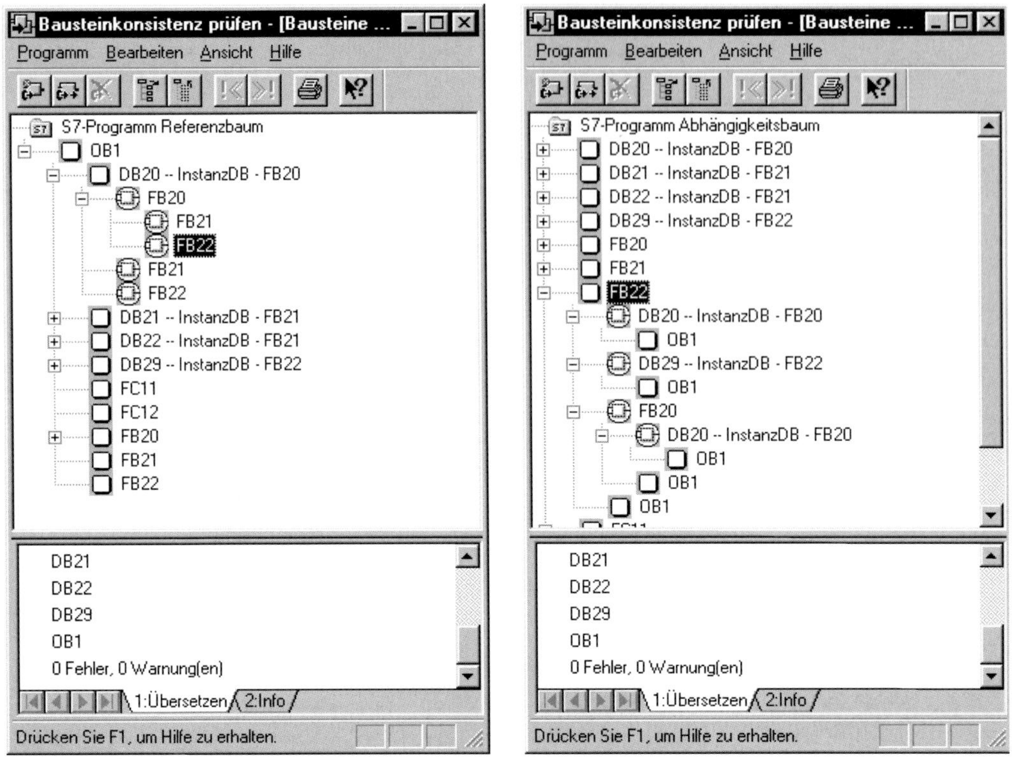


**Bild 3.4** Beispiel für die Darstellung der Abhängigkeiten bei „Bausteinkonsistenz prüfen“

denbereich. Die symbolische Adressierung verwendet alphanumerische Namen, die Sie selbst in der Symboltabelle für die globalen Operanden oder im Deklarationsteil für bausteinlokale Operanden festlegen. Eine Erweiterung der absoluten Adressierung ist die indirekte Adressierung; hier werden die Adressen der verwendeten Operanden erst zur Laufzeit berechnet.

### 3.3.1 Variablen absolut adressieren

Alle Variablen mit elementarem Datentyp lassen sich absolut adressieren.

Die Absolutadresse eines Eingangs oder Ausgangs ermitteln Sie aus der Baugruppenanfangsadresse, die Sie in der Konfigurationstabelle eingestellt haben oder haben lassen, und dem Anschluß des Signals an der Baugruppe. Hierbei wird unterschieden zwischen Binärsignalen und Analogsignalen.

*Binärsignale*

enthalten als Information ein Bit. Es sind einerseits Eingangssignale von Endschaltern, Tastern usw., die auf Digitaleingabebaugruppen führen und andererseits Ausgangssignale, die über Digitalausgabebaugruppen Lampen, Schütze usw. steuern.

*Analogsignale*

enthalten als Information 16 Bits. Ein Analogsignal entspricht einem „Kanal“, das als Wort (2 Bytes) in der Steuerung abgebildet wird (siehe unten). Analogeingangssignale (z.B. Spannungen von Widerstandsthermometern) werden auf Analogeingabebaugruppen geführt, digitalisiert und der Steuerung als 16 Bit breite Information angeboten. Umgekehrt kann eine 16 Bit breite Information über eine Analogausgabebaugruppe, wo sie in einen Analogwert (z.B. einen Stromwert) umgewandelt wird, ein Anzeigeinstrument steuern.

Die Informationsbreite eines Signals entspricht auch der Informationsbreite der Variablen, in der das Signal abgelegt und verarbeitet wird. Die Informationsbreite und die Interpretation der Information (z.B. Stellenwert) ergeben zusammen den Datentyp der Variablen. Binärsignale werden in Variablen mit dem Datentyp BOOL abgelegt, Analogsignale z.B. in Variablen mit dem Datentyp INT.

Für die Adressierung der Variablen ist nur die Informationsbreite ausschlaggebend. Hierbei gibt es bei STEP 7 vier Breiten, die absolut adressiert werden können:

- ▷ 1 Bit Datentyp BOOL
- ▷ 8 Bit Datentyp BYTE oder ein anderer Datentyp mit 8 Bits
- ▷ 16 Bit Datentyp WORD oder ein anderer Datentyp mit 16 Bits
- ▷ 32 Bit Datentyp DWORD oder ein anderer Datentyp mit 32 Bits

Variablen mit Datentyp BOOL werden mit einem Operandenkennzeichen, einer Bytenummer und – getrennt durch einen Punkt – einer Bitnummer adressiert. Die Numerierung der Bytes beginnt für jeden Operandenbereich bei Null. Die Obergrenze ist CPU-spezifisch. Die Numerierung der Bits geht von 0 bis 7. Beispiele:

E 1.0 Eingangsbit Nr. 0 im Byte Nr. 1
A 16.4 Ausgangsbit Nr. 4 im Byte Nr. 16

Variablen mit Datentyp BYTE haben als Absolutadresse das Operandenkennzeichen und die Nummer des Bytes, in dem die Variable liegt. Das Operandenkennzeichen ist durch ein B ergänzt. Beispiele:

EB 2 Eingangsbyte Nr. 2
AB 18 Ausgangsbyte Nr. 18

Variablen mit Datentyp WORD bestehen aus zwei Bytes (ein Wort). Sie haben als Absolutadresse das Operandenkennzeichen und die Nummer des niedrigeren Bytes, in dem die Variable liegt. Das Operandenkennzeichen ist durch ein W ergänzt. Beispiele:

EW 4 Eingangswort Nr. 4, enthält die Bytes 4 und 5
AW 20 Ausgangswort Nr. 20, enthält die Bytes 20 und 21

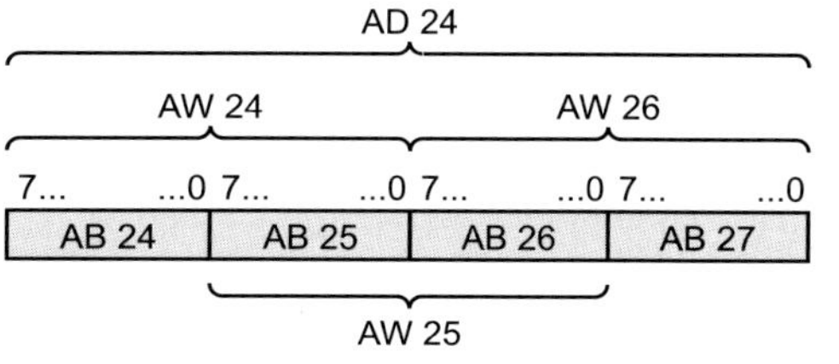


**Bild 3.5**
Bit- und Bytebelegung in Wörtern und Doppelwörtern

Variablen mit Datentyp DWORD bestehen aus vier Bytes (ein Doppelwort). Sie haben als Absolutadresse das Operandenkennzeichen und die Nummer des niedrigsten Bytes, in dem die Variable liegt. Das Operandenkennzeichen ist durch ein D ergänzt. Beispiele:

ED 8 Eingangsdoppelwort Nr. 8, enthält die Bytes 8, 9, 10 und 11
AD 24 Ausgangsdoppelwort Nr. 24, enthält die Bytes 24, 25, 26 und 27

Für Datenoperanden gibt es die Komplettadressierung inklusive Datenbaustein. Beispiele:

DB 10.DBX 2.0
Datenbit 2.0 im Datenbaustein DB 10

DB 11.DBB 14
Datenbyte 14 im Datenbaustein DB 11

DB 20.DBW 20
Datenwort 20 im Datenbaustein DB 20

DB 22.DBD 10
Datendoppelwort 10 im Datenbaustein DB 22

Weitere Informationen zur Adressierung von Datenoperanden finden Sie im Kapitel 18.2.2 „Zugriff auf Datenoperanden".

### 3.3.2 Indirekte Adressierung

Die indirekte Adressierung bietet Ihnen die Möglichkeit, die Adresse eines Operanden erst zur Laufzeit zu berechnen. AWL und SCL verwenden unterschiedlichen Methoden zur indirekten Adressierung. Bei AWL wird unterschieden zwischen speicherindirekter und registerindirekter Adressierung:

- ▷ speicherindirekte Adressierung,
  EW [MD 200]
  die Adresse steht im Merkerdoppelwort
- ▷ registerindirekte bereichsinterne Adressierung,
  EW [AR1, P#2.0]
  die Adresse steht im Adreßregister AR1; sie wird bei Operationsausführung um den Offset P#2.0 erhöht
- ▷ registerindirekte bereichsübergreifende Adressierung,
  W [AR1, P#0.0]
  der Operandenbereich und die Adresse stehen im Adreßregister AR 1

Für das Speichern der Adressen bei der speicherindirekten Adressierung stehen Ihnen Doppelwörter aus den Operandenbereichen Daten (DBD und DID), Merker (MD) und temporäre Lokaldaten (LD) zur Verfügung. Die registerindirekte Adressierung können Sie mit zwei Adreßregistern (AR1 und AR2) durchführen.

Die indirekte Adressierung bei AWL ist ausführlich im Kapitel 25 „Indirekte Adressierung" beschrieben.

Für SCL bestehen die Operandenbereiche aus einem Feld, dessen Elemente dann einzeln indirekt angesprochen werden. Beispielsweise wird mit MW[*index*] ein Merkerwort adressiert, dessen Adresse in der Variablen *index* steht. Die Variable *index* kann zur Laufzeit gezielt verändert werden. Detaillierte Informationen finden Sie im Kapitel 27.2.3 „Indirekte Adressierung bei SCL".

### 3.3.3 Variablen symbolisch adressieren

Die symbolische Adressierung verwendet anstelle der Absolutadresse einen Namen (ein Symbol). Den Namen legen Sie fest. Er beginnt mit einem Buchstaben und kann bis zu 24 Zeichen lang sein. Ein Schlüsselwort als Symbol ist bei AWL nicht erlaubt; bei SCL setzen Sie bei einem Schlüsselwort als Symbol das Nummernzeichen (#) vor den Namen.

Bei der Eingabe eines Symbols wird die Groß- und Kleinschreibung nicht unterschieden. Bei der Ausgabe setzt der Editor die Schreibweise ein, die bei der Deklaration des Symbols festgelegt wurde.

Der Name bzw. das Symbol muß einer absoluten Adresse zugeordnet werden. Hierbei wird unterschieden zwischen globalen und bausteinlokalen Symbolen.

#### Globale Symbole

In der Symboltabelle können Sie folgende Objekte mit Namen belegen:

- ▷ Datenbausteine und Codebausteine
- ▷ Eingänge, Ausgänge, Peripherie-Eingänge und Peripherie-Ausgänge
- ▷ Merker, Zeitfunktionen und Zählfunktionen
- ▷ anwenderdefinierte Datentypen
- ▷ Variablentabellen

Ein globales Symbol kann auch Leerzeichen, Sonderzeichen und länderspezifische Zeichen (z.B. Umlaute) enthalten. Ausgenommen sind die Zeichen $00_{hex}$, $FF_{hex}$ und das Anführungszeichen ("). Wenn Sie Symbole mit Sonderzeichen verwenden, müssen Sie die Symbole im Programm in Anführungszeichen setzen. Im übersetzten Baustein zeigt der Programmeditor globale Symbole immer in Anführungszeichen an.

Globale Symbole können Sie im gesamten Programm verwenden; sie müssen programmweit eindeutig sein.

Im Kapitel 2.5.2 „Symboltabelle" ist das Editieren, Importieren und Exportieren von globalen Symbolen beschrieben.

#### Bausteinlokale Symbole

Die Namen für die Lokaldaten werden im Deklarationsteil des entsprechenden Bausteins festgelegt. Es sind nur Buchstaben, Ziffern und der Unterstrich erlaubt (keine Umlaute!).

Lokale Symbole sind innerhalb eines Bausteins gültig. Das gleiche Symbol (der gleiche Variablenname) kann in einem anderen Baustein in anderer Bedeutung verwendet werden. Der Programmeditor zeigt lokale Symbole mit einem vorangestellten Nummernzeichen (#) an. Wenn der Programmeditor ein lokales Symbol nicht von einem Operanden unterscheiden kann, müssen Sie auch bei der Eingabe ein „#" vor das Symbol stellen.

Lokale Symbole sind nur in der Datenhaltung des Programmiergeräts vorrätig (im Offline-Behälter *Bausteine*). Fehlt bei der Rückübersetzung diese Information, setzt der Programmeditor eine Ersatzsymbolik ein.

**Symbolnamen verwenden**

Verwenden Sie bei inkrementeller Programmeingabe symbolische Namen, müssen diese bereits einer absoluten Adresse zugeordnet sein. Sie haben auch die Möglichkeit, während der Programmeingabe symbolische Namen in der Symboltabelle nachzutragen. Danach können Sie die Programmeingabe mit dem neuen Symbol fortsetzen.

Verwenden Sie zur Programmeingabe eine Quelltextdatei, ist die komplette Zuordnung der symbolischen Bezeichnungen zur Absolutadresse erst bei der Übersetzung zur Verfügung zu stellen.

Einzelne Feldkomponenten werden mit dem Feldnamen und einem Index angesprochen, z.B. MESSREIHE[1] für die erste Komponente. Bei AWL ist der Index ein konstanter INT-Wert, bei SCL kann er auch eine INT-Variable oder ein INT-Ausdruck sein.

Bei einer Strukturkomponente geben Sie den Strukturnamen und alle folgenden Teilbezeichnungen durch einen Punkt getrennt an, z.B. TELEGRAMM.KOPF.LFDNR. Die Komponente eines anwenderdefinierten Datentyps adressieren Sie genauso wie eine Strukturkomponente. Nähere Einzelheiten entnehmen Sie dem Kapitel 24 „Datentypen".

**Datenoperanden**

Die symbolische Adressierung von Datenoperanden verwendet die Komplettadressierung inklusive Datenbaustein.

Beispiel: Im Datenbaustein mit der Symboladresse MESSWERTE liegen die Variablen MESSWERT_1, MESSWERT_2 sowie MESSZEIT. Sie können wie folgt adressiert werden:

```
"MESSWERTE".MESSWERT_1
"MESSWERTE".MESSWERT_2
"MESSWERTE".MESSZEIT
```

Weitere Informationen zur Adressierung von Datenoperanden finden Sie in den Kapiteln 18.2.2 „Zugriff auf Datenoperanden" (AWL) und 27.2.2 „Symbolische Adressierung" (SCL).

## 3.4 Codebaustein mit AWL programmieren

### 3.4.1 Aufbau einer AWL-Anweisung

Das AWL-Programm besteht aus einer Folge einzelner AWL-Anweisungen. Eine Anweisung ist die kleinste selbständige Einheit des Anwenderprogramms. Sie stellt eine Arbeitsvorschrift für die CPU dar. Bild 3.6 zeigt den Aufbau einer AWL-Anweisung.

Eine AWL-Anweisung besteht aus

▷ einer Sprungmarke (optional), die aus bis zu 4 Zeichen besteht und mit einem Doppelpunkt abgeschlossen wird (siehe Kapitel 16 „Sprungfunktionen")

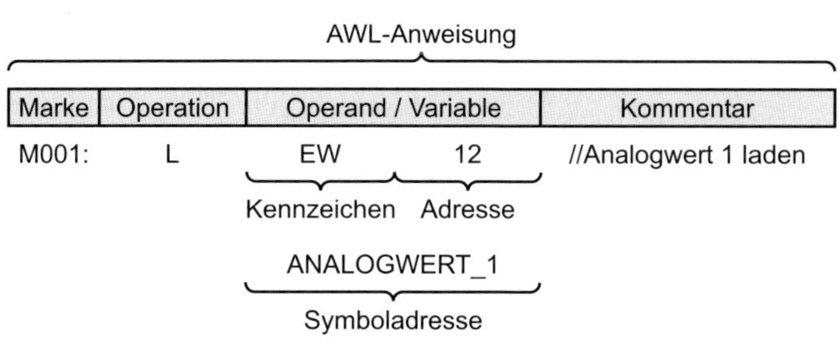


**Bild 3.6** Aufbau einer AWL-Anweisung

- ▷ einer Operation, die beschreibt, was die CPU ausführen soll (z.B. Laden, Abfragen und nach UND Verknüpfen, Vergleichen, usw.)
- ▷ einem Operanden, der die für die Ausführung der Operation notwendigen Angaben enthält (z.B. einen absolut adressierten Operanden EW 12, eine symbolisch adressierte Variable ANALOGWERT_1, eine Konstante W#16#F001, usw.). Je nach Operation kann der Operand auch entfallen.
- ▷ einem Kommentar (optional), beginnend mit zwei Schrägstrichen bis Zeilenende (nur abdruckbare Zeichen, kein Tabulator).

Bei der quellorientierten Eingabe müssen Sie jede Anweisung (vor einem evtl. Kommentar) mit einem Strichpunkt abschließen. Eine AWL-Zeile darf maximal 200 Zeichen enthalten, ein Kommentar maximal 160 Zeichen.

### 3.4.2 AWL-Codebaustein inkrementell programmieren

Eine Einführung in die Programmerstellung und die Bedienung des Programmeditors sind im Kapitel 2.5 „S7-Programm erstellen" beschrieben.

#### Baustein erzeugen

Sie beginnen die Bausteinprogrammierung mit dem Öffnen eines Bausteins, entweder mit einem Doppelklick auf den Baustein im Projektfenster des SIMATIC Managers oder mit DATEI → ÖFFNEN im Editor. Ist der Baustein noch nicht vorhanden, erzeugen Sie ihn:

- ▷ im SIMATIC Manager: Sie markieren im linken Teil des Projektfensters das Objekt *Bausteine* und erzeugen mit EINFÜGEN → S7-BAUSTEIN → ... einen neuen Baustein. Sie erhalten das Eigenschaftsfenster des Bausteins. Wählen Sie auf der Registerkarte „Allgemein - Teil 1" die Nummer des Bausteins und die Erstellsprache „AWL". Die restlichen Bausteineigenschaften können Sie auch später eingeben.
- ▷ im Editor: Mit DATEI → NEU erhalten Sie ein Dialogfeld, in dem Sie unter „Objektname" den gewünschten Baustein eingeben. Nach dem Schließen des Dialogfelds können Sie den Bausteininhalt programmieren. Der Programmeditor verwendet die Erstellsprache, die mit EXTRAS → EINSTELLUNGEN auf der Registerkarte „Baustein erzeugen" eingestellt worden ist.

Sie können gleich beim Erzeugen des Bausteins dessen Bausteinkopf ausfüllen oder zu einem späteren Zeitpunkt die Bausteineigenschaften nachtragen. Nachträgliche Ergänzungen im Bausteinkopf programmieren Sie im Programmeditor bei geöffnetem Baustein mit DATEI → EIGENSCHAFTEN.

#### Bausteinfenster

Ein geöffneter Codebaustein zeigt drei Fenster (Bild 3.7):

- ▷ oben die Variablendeklarationstabelle
  hier definieren Sie die bausteinlokalen Variablen
- ▷ darunter das Programmfenster
  hier geben Sie das Programm ein
- ▷ den Programmelemente-Katalog
  er enthält bei AWL-Programmierung die verfügbaren Bausteine.

#### Variablendeklarationstabelle

Die Tabelle für die Variablendeklaration befindet sich im Fenster über dem Programmteil. Ist sie nicht sichtbar, stellen Sie den Mauszeiger auf die obere Begrenzung des Programmteils, klicken auf die linke Maustaste wenn der Mauszeiger seine Darstellung ändert und ziehen ihn nach unten. Sie erhalten die Variablendeklarationstabelle, in der Sie die bausteinlokalen Variablen definieren (siehe Tabelle 3.2). Nicht jede Variablenart kann in jedem Codebaustein programmiert werden. Verwenden Sie eine Variablenart nicht, bleibt die entsprechende Zeile leer.

Die Deklaration einer Variablen besteht aus dem Namen, dem Datentyp, evtl. einer Vorbelegung und einem Variablenkommentar (optional). Nicht alle Variablen können vorbelegt werden (z.B. ist keine Vorbelegung bei den temporären Lokaldaten möglich). Im Kapitel 19 „Bausteinparameter" ist die Vorbelegung für Funktionen und Funktionsbausteine beschrieben.

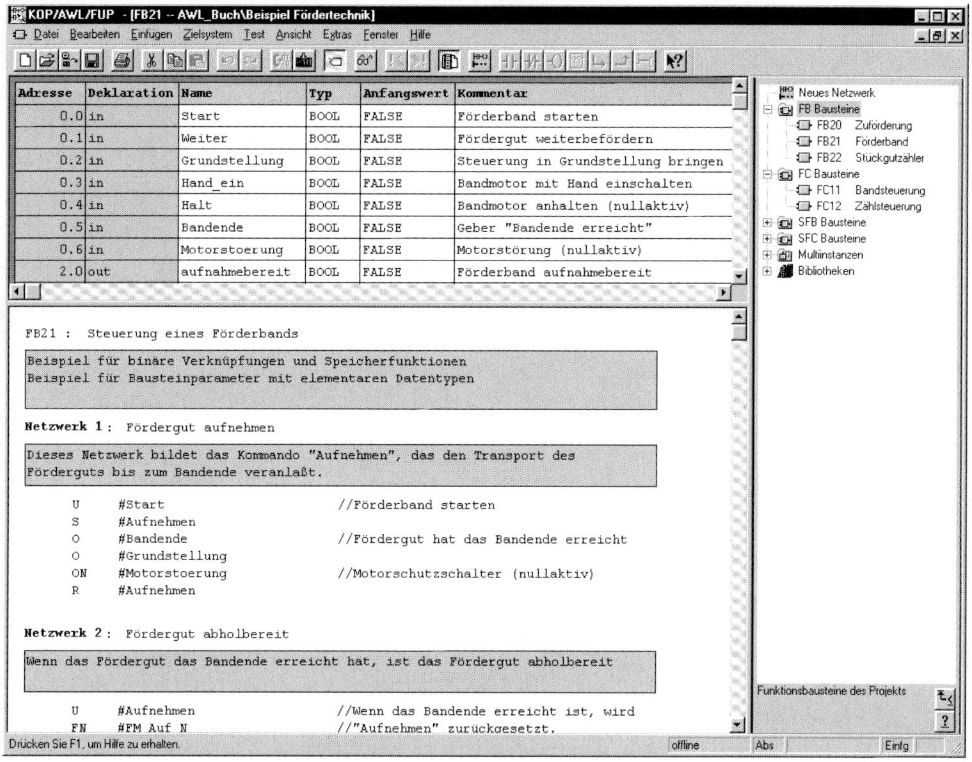


**Bild 3.7** Beispiel für einen geöffneten AWL-Baustein

Die Reihenfolge der einzelnen Deklarationen bei Codebausteinen ist festgelegt (wie in der Tabelle angegeben), die Reihenfolge innerhalb einer Variablenart ist beliebig. Sie können Speicherplatz sparen, indem Sie Binärvariablen zu 8er- oder 16er-Blöcken bündeln und BYTE-Variablen paarweise zusammenfassen. Der Editor legt eine (neue) BOOL- oder eine BYTE-Variable an einer Bytegrenze ab, eine Variable mit einem anderen Datentyp an einer Wortgrenze (beginnend an einem Byte mit einer geraden Adresse).

## Programmfenster

Im Programmfenster sehen Sie – je nach Voreinstellung des Editors – die Felder für den Bausteintitel und den Bausteinkommentar sowie beim ersten Netzwerk die Felder für den Netzwerktitel, den Netzwerkkommentar und das Feld für die Programmeingabe. Im Programmteil eines Codebausteins steuern Sie mit den Menübefehlen ANSICHT → ANZEIGEN MIT... die Anzeige von Kommentaren und Symbolen. Mit ANSICHT → VERGRÖßERN, ANSICHT → VERKLEINERN und ANSICHT → ZOOMFAKTOR ändern Sie die Größe der Darstellung.

Ein AWL-Programm können Sie in Netzwerke unterteilen. Der Editor numeriert die Netzwerke automatisch von 1 beginnend durch. Jedes Netzwerk können Sie mit einem Netzwerktitel und mit einem Netzwerkkommentar versehen. Beim Editieren können Sie mit BEARBEITEN → GEHE ZU → ... jedes Netzwerk direkt anwählen. Die Unterteilung in Netzwerke ist freigestellt.

Zur Eingabe des Programmcodes klicken Sie einmal unterhalb des Netzwerktitels oder, falls Sie „Anzeige mit Kommentaren" eingestellt haben, einmal unterhalb des grau ausgefüllten Rahmens für den Netzwerkkommentar. Es erscheint ein leerer Rahmen, in dem Sie an beliebiger Stelle mit der Programmeingabe beginnen können. Wie eine AWL-Anweisung aus-

**Tabelle 3.2** Variablenarten im Deklarationsteil

| Variablenart | Deklaration | möglich in der Bausteinart | | |
|---|---|---|---|---|
| Eingangsparameter | in | - | FC | FB |
| Ausgangsparameter | out | - | FC | FB |
| Durchgangsparameter | in_out | - | FC | FB |
| statischen Lokaldaten | stat | - | - | FB |
| temporäre Lokaldaten | temp | OB | FC | FB |

sieht, entnehmen Sie Kapitel 3.4.1 „Aufbau einer AWL-Anweisung". Operation und Operand trennen Sie durch ein oder mehrere Leerzeichen oder Tabulatoren. Nach dem Operanden können Sie zwei Schrägstriche und einen Anweisungskommentar eingeben. Eine Anweisung schließen Sie mit RETURN ab. Sie können auch einen Zeilenkommentar eingeben, indem Sie eine Zeile mit zwei Schrägstrichen beginnen.

Ein neues Netzwerk programmieren Sie mit EINFÜGEN → NETZWERK. Der Editor fügt dann nach dem aktuell markierten Netzwerk ein leeres Netzwerk ein.

Möchten Sie bei inkrementeller Programmeingabe symbolische Namen verwenden, müssen diese bereits einer absoluten Adresse zugeordnet sein. Sie können sich mit EINFÜGEN → SYMBOL eine Auswahl der in der Symboltabelle eingetragenen Symbole anzeigen lassen und mit einem Mausklick das gewünschte Symbol übernehmen.

Sie haben auch die Möglichkeit, während der Eingabe mit dem inkrementellen Editor symbolische Namen in der Symboltabelle nachzutragen oder zu korrigieren. Mit EXTRAS → SYMBOLTABELLE erhalten Sie die komplette Symboltabelle, mit BEARBEITEN → SYMBOL eine Zeile daraus. Nach dem Editieren des Symbols setzen Sie die Programmeingabe mit dem neuen oder geänderten Symbol fort.

Einen Baustein brauchen Sie nicht mit einer speziellen Anweisung abschließen; Sie beenden einfach die Bausteineingabe. Sie können jedoch ein letztes (leeres) Netzwerk z.B. mit dem Titel „Bausteinende" programmieren und sehen dann sofort das Ende des Bausteins (was besonders bei sehr langen Bausteinen von Vorteil ist).

Wenn der Editor einen übersetzen Baustein öffnet, führt er eine „Rückübersetzung" in die AWL-Darstellung durch. Hierbei verwendet er die nicht ablaufrelevanten Programmteile in der PG-Datenhaltung, um z.B. Symbole, Kommentare und Sprungmarken darzustellen. Wenn bei der Rückübersetzung die Informationen aus der PG-Datenhaltung fehlen, verwendet der Editor eine Ersatzsymbolik.

Im Editor können Sie neue Bausteine anlegen oder bestehende öffnen und bearbeiten, ohne in den SIMATIC Manager zurückzuwechseln.

**Programmelemente-Katalog**

Ist der Programmelemente-Katalog nicht sichtbar, holen Sie ihn mit ANSICHT → KATALOG auf den Bildschirm.

Der Programmelemente-Katalog befindet sich in einem eigenen Fenster, das Sie am rechten Rand des Editorfenster „andocken" und auch wieder lösen können (jeweils Doppelklick auf die Titelleiste des Katalogfensters).

Der Programmelemente-Katalog unterstützt Sie bei der Programmierung in den Sprachen KOP und FUP, indem er die zur Verfügung stehenden grafischen Elemente anbietet. In der AWL-Darstellung zeigt er lediglich die Bausteine, die sich bereits im Offline-Behälter Bausteine befinden, sowie die bereits programmierten Multiinstanzen und die verfügbaren Bibliotheken.

### 3.4.3 AWL-Codebaustein quellorientiert programmieren

Eine Einführung in die Programmerstellung und die Bedienung des Programmeditors sind im Kapitel 2.5 „S7-Programm erstellen" beschrieben.

Sie beginnen die quellorientierte Programmierung mit dem Erzeugen einer leeren AWL-Programmquelle im SIMATIC Manager (siehe Kapitel 2.5.3 „AWL-Programmeditor" unter „Quellorientiertes Programmieren"). Mit dem Öffnen der Programmquelle starten Sie den Editor und können sofort mit der Eingabe des Programms beginnen, z.B. mit dem Schlüsselwort für einen Funktionsbaustein.

Tabelle 3.3 zeigt Ihnen, welche Schlüsselwörter Sie für die Bausteinprogrammierung benötigen und in welcher Reihenfolge Sie die Schlüsselwörter verwenden.

**Tabelle 3.3** Schlüsselwörter für die Programmierung von AWL-Codebausteinen

| Bausteintyp | Organisationsbaustein | Funktionsbaustein | Funktion |
|---|---|---|---|
| Bausteinart | ORGANIZATION_BLOCK | FUNCTION_BLOCK | FUNCTION : *Funktionswert* |
| Kopf | TITLE = *Bausteintitel*<br>*//Bausteinkommentar*<br><br>KNOW_HOW_PROTECT<br>NAME : *Bausteinname*<br>FAMILY : *Bausteinfamilie*<br>AUTHOR : *Ersteller*<br>VERSION : *Version* | TITLE = *Bausteintitel*<br>*//Bausteinkommentar*<br>CODE_VERSION1<br>KNOW_HOW_PROTECT<br>NAME : *Bausteinname*<br>FAMILY : *Bausteinfamilie*<br>AUTHOR : *Ersteller*<br>VERSION : *Version* | TITLE = *Bausteintitel*<br>*//Bausteinkommentar*<br><br>KNOW_HOW_PROTECT<br>NAME : *Bausteinname*<br>FAMILY : *Bausteinfamilie*<br>AUTHOR : *Ersteller*<br>VERSION : *Version* |
| Deklaration | | VAR_INPUT<br>*Eingangsparameter*<br>END_VAR | VAR_INPUT<br>*Eingangsparameter*<br>END_VAR |
| | | VAR_OUTPUT<br>*Ausgangsparameter*<br>END_VAR | VAR_OUTPUT<br>*Ausgangsparameter*<br>END_VAR |
| | | VAR_IN_OUT<br>*Durchgangsparameter*<br>END_VAR | VAR_IN_OUT<br>*Durchgangsparameter*<br>END_VAR |
| | | VAR<br>*statische Lokaldaten*<br>END_VAR | |
| | VAR_TEMP<br>*temporäre Lokaldaten*<br>END_VAR | VAR_TEMP<br>*temporäre Lokaldaten*<br>END_VAR | VAR_TEMP<br>*temporäre Lokaldaten*<br>END_VAR |
| Programm | BEGIN<br>NETWORK<br>TITLE = *Netzwerktitel*<br>*//Netzwerkkommentar*<br>... AWL-Anweisungen<br>*//Zeilenkommentar*<br>NETWORK<br>... usw. | BEGIN<br>NETWORK<br>TITLE = *Netzwerktitel*<br>*//Netzwerkkommentar*<br>... AWL-Anweisungen<br>*//Zeilenkommentar*<br>NETWORK<br>... usw. | BEGIN<br>NETWORK<br>TITLE = *Netzwerktitel*<br>*//Netzwerkkommentar*<br>... AWL-Anweisungen<br>*//Zeilenkommentar*<br>NETWORK<br>... usw. |
| Bausteinende | END_ORGANIZATION_<br>BLOCK | END_FUNCTION_<br>BLOCK | END_FUNCTION |

### Bausteinkopf

Die Eigenschaften des Bausteins programmieren Sie im Bausteinkopf nach der Bausteinart und vor der Variablendeklaration. Alle Angaben zum Bausteinkopf sind optional; sie können einzeln oder auch alle weggelassen werden. Die Beschreibung und Belegung der Bausteineigenschaften finden Sie im Kapitel 3.2.3 „Bausteineigenschaften".

Mit dem Schlüsselwort „TITLE =" gleich nach der Zeile für die Bausteinart haben sie die Möglichkeit, einen bis zu 64 Zeichen langen Bausteintitel anzugeben. Danach können sich eine oder mehrere Kommentarzeilen, die mit einen doppelten Schrägstrich beginnen, als Bausteinkommentar anschließen. Der Bausteinkommentar kann maximal 18 kByte lang sein.

### Variablendeklaration

Der Deklarationsteil enthält die Definition der bausteinlokalen Variablen, d.h. derjenigen Variablen, die Sie nur in diesem Baustein verwenden. Nicht jede Variablenart können Sie in jedem Baustein programmieren (siehe Tabelle 3.3). Verwenden Sie eine Variablenart nicht, lassen Sie die entsprechende Deklaration einschließlich der Schlüsselwörter weg.

Die Deklaration einer Variablen besteht aus dem Namen, dem Datentyp, evtl. einer Vorbelegung und einem Variablenkommentar (optional). Beispiel:

```
Anzahl : INT := +500; //Stück pro Charge
```

Nicht alle Variablen können vorbelegt werden (z.B. ist keine Vorbelegung bei den temporären Lokaldaten möglich). Im Kapitel 19 „Bausteinparameter" ist die Vorbelegung für Funktionen und Funktionsbausteine beschrieben.

Die Reihenfolge der einzelnen Deklarationen bei Codebausteinen ist festgelegt (wie in der Tabelle angegeben). Die Reihenfolge innerhalb einer Variablenart ist beliebig; sie bestimmt auch in Verbindung mit dem Datentyp den benötigten Speicherplatz; das Kapitel 24 „Datentypen" zeigt Ihnen, wie Sie durch geschickte Wahl der Reihenfolge den Speicherbedarf optimieren können.

### Programmteil

Der Programmteil eines Codebausteins beginnt mit dem Schlüsselwort BEGIN und endet mit END_xxx mit der Bausteinart ORGANIZATION_BLOCK, FUNCTION_BLOCK oder FUNCTION anstelle von xxx. Das Schlüsselwort END_xxx ersetzt das ausprogrammierte Bausteinende BE.

Der Editor akzeptiert bei den Schlüsselwörtern und dem Programmcode Groß- und Kleinschreibung. Die Syntax einer Anweisung entnehmen Sie Kapitel 3.4.1 „Aufbau einer AWL-Anweisung". Zwischen Operation und Operand setzen Sie ein oder mehrere Leerzeichen oder Tabulatoren. Zur besseren Gestaltung des Quelltextes können Sie zwischen den Wörtern beliebige Leerzeichen und/oder Tabulatoren setzen. Jede Anweisung müssen Sie mit einem Strichpunkt abschließen. Nach dem Strichpunkt können Sie, getrennt durch zwei Schrägstriche, einen Anweisungskommentar angeben; er geht bis zum Zeilenende. Pro Zeile können Sie auch mehrere durch je einen Strichpunkt getrennte Anweisungen programmieren.

Einen Zeilenkommentar beginnen Sie mit zwei Schrägstrichen am Zeilenanfang. Ein Zeilenkommentar kann maximal 160 Zeichen lang sein; er darf keine Tabulatoren und keine nicht abdruckbaren Zeichen enthalten.

Sie haben die Möglichkeit, zur besseren Gliederung das Programm eines Bausteins in Netzwerke zu unterteilen. Die Unterteilung in Netzwerke ist bei den grafischen Sprachen notwendig; bei AWL kann darauf verzichtet werden. Netzwerke haben keine funktionelle Eigenschaft; sie dienen nur zur Gliederung und Kommentierung des Programms. Bei sehr langen Programmen ist von Vorteil, daß Sie die Netzwerke im übersetzen Baustein direkt adressieren können und so schnell an eine bestimmte Stelle im Programm gelangen (mit BEARBEITEN → GEHE ZU → ... können Sie die Netzwerksnummer oder die Zeilennummer ab Netzwerkanfang vorgeben). Netzwerke beginnen mit dem Schlüsselwort NETWORK; mit dem in der nächsten Zeile stehenden Schlüsselwort „TITLE =" können Sie jedem Netzwerk eine bis zu 64 Zeichen umfassende Überschrift geben. Die Zeilenkommentare gleich im Anschluß an den Netzwerktitel bilden den Netzwerkkommentar; er darf bis zu 18 kByte lang sein. AWL numeriert die Netzwerke automatisch von 1 beginnend; es sind maximal 999 Netzwerke pro Baustein möglich. Pro Baustein stehen Ihnen 64 kByte für Baustein- und Netzwerkkommentare zur Verfügung.

**Bausteinreihenfolge bei quellorientierter Programmierung**

Beim Aufruf eines Bausteins braucht der Editor die Angaben im Kopf des Bausteins, welche Bausteinparameter zu versorgen sind und welcher Deklarationstyp und Datentyp der jeweilige Bausteinparameter hat. Das bedeutet, daß Sie die aufgerufenen Funktionen und Funktionsbausteine vorher programmieren müssen bzw. daß Sie die Programmierung mit den Bausteinen der „untersten Schicht" beginnen (entsprechend in der Quelltextdatei an den Anfang stellen).

Es genügt jedoch auch, wenn Sie nur den Bausteinkopf mit der Parameterdeklaration programmieren (sozusagen nur als „Schnittstellenbeschreibung"). Zu einem späteren Zeitpunkt können Sie dann diese Schnittstellenbeschreibung mit Programm versehen. (Achten Sie jedoch darauf, daß Sie die Schnittstelle eines bereits aufgerufenen Bausteins nicht mehr ändern! Sonst meldet der Editor einen Zeitstempelkonflikt beim Ausgeben des Bausteinaufrufs.)

Bei umfangreichen Anwenderprogrammen werden Sie sicherlich die gesamte Programmquelle in einzelne „handliche" Dateien aufteilen, beispielsweise in „Programmstandards", die Sie im gesamten Programm verwenden, in einzelne, technologisch oder funktionell abgrenzbare Teilprogramme und in ein „Hauptprogramm", das z.B. die Organisationsbausteine enthält. Bei der Erstellung einzelner Quelldateien müssen Sie – aus den oben genannten Überlegungen zu den Bausteinaufrufen – die Übersetzungsreihenfolge in Auge behalten. Hierbei empfiehlt sich folgende Reihenfolge:

- ▷ Anwenderdefinierte Datentypen UDT
- ▷ Global-Datenbausteine
- ▷ Funktionen und Funktionsbausteine, beginnend mit den Bausteinen der „untersten" Aufrufschicht
- ▷ Instanz-Datenbausteine (können auch direkt nach dem zugeordneten Funktionsbaustein stehen)
- ▷ Organisationsbausteine

**Beispiel für einen AWL-Funktionsbaustein mit Instanz-Datenbaustein**

Bild 3.9 zeigt Ihnen ein Beispiel für einen Funktionsbaustein mit statischen Lokaldaten. Im Anschluß daran ist der dazugehörende Instanz-Datenbaustein programmiert.

## 3.5 Codebaustein mit SCL programmieren

### 3.5.1 Aufbau einer SCL-Anweisung

Das SCL-Programm besteht aus einer Folge einzelner Anweisungen. Eine Anweisung ist die kleinste selbständige Einheit des Anwenderprogramms. Sie stellt eine Arbeitsvorschrift für die CPU dar. Bild 3.8 zeigt einige Beispiele für SCL-Anweisungen.

Wertzuweisungen

```
Leistung := Spannung * Strom;
ZuGross := Strom_Ist > Strom_Soll;
Einschalten := Hand_ein OR Auto_Ein;
```

Kontrollanweisungen

```
IF Eingang > Maximum
   THEN Begrenzung := Maximum;
   ELSIF Eingang < Minimum
      THEN Begrenzung := Minimum;
   ELSE Begrenzung := Eingang;
END_IF;
FOR i := 1 TO 32 DO
   Messwert[i] := 0;
END_FOR;
```

Funktionsaufruf

```
Ergebnis := Begrenzung(
      Eingang := Istwert,
      Minimum := Untergrenze,
      Maximum := Obergrenze);
```

**Bild 3.8** Beispiele für SCL-Anweisungen

```
FUNCTION_BLOCK W_Speicher_AWL
TITLE = Zwischenspeicher für 4 Werte
//Beispiel für einen Funktionsbaustein mit statischen Lokaldaten in AWL
AUTHOR  : Berger
FAMILY  : AWL_Buch
NAME    : Speicher
VERSION : 01.00
VAR_INPUT
  Uebernahme  : BOOL := FALSE;     //Übernahme bei positiver Flanke
  Eingabewert : REAL := 0.0;       //im Datenformat REAL (gebrochene Zahl)
END_VAR
VAR_OUTPUT
  Ausgabewert : REAL := 0.0;       //im Datenformat REAL (gebrochene Zahl)
END_VAR
VAR
  Wert1 : REAL := 0.0;             //erster gespeicherter REAL-Wert
  Wert2 : REAL := 0.0;             //zweiter Wert
  Wert3 : REAL := 0.0;             //dritter Wert
  Wert4 : REAL := 0.0;             //vierter Wert
  Flankenmerker : BOOL := FALSE;   //Flankenmerker für die Übernahme
END_VAR
BEGIN
NETWORK
TITLE = Programm für die Übernahme und Ausgabe
//Die Übernahme und die Ausgabe erfolgen mit positiver Flanke an Uebernahme
      U    Uebernahme;             //Wenn Uebernahme nach "1" wechselt
      FP   Flankenmerker;          //ist nach FP das VKE = "1"
      SPBN Ende;                   //Sprung wenn keine positive Flanke vorliegt
//Übertragung der Werte mit dem letzten Wert beginnend
      L    Wert4;
      T    Ausgabewert;            //Ausgabe des letzten Werts
      L    Wert3;
      T    Wert4;
      L    Wert2;
      T    Wert3;
      L    Wert1;
      T    Wert2;
      L    Eingabewert;            //Übernahme des Eingabewerts
      T    Wert1;
Ende: BE;
END_FUNCTION_BLOCK

DATA_BLOCK Speicher1_AWL
TITLE = Instanz-Datenbaustein für "W-Speicher_AWL"
//Beispiel für einen Instanz-Datenbaustein
AUTHOR  : Berger
FAMILY  : AWL_Buch
NAME    : W_SP_DB1
VERSION : 01.00
W_Speicher_AWL                     //Instanz für den FB "W_Speicher_AWL"
BEGIN
  Wert1 := 1.0;                    //individuelle Vorbelegung
  Wert2 := 1.0;                    //ausgesuchter Werte
END_DATA_BLOCK
```

**Bild 3.9**
Beispiel für die Programmierung eines AWL-Funktionsbausteins und des dazugehörenden Instanz-Datenbausteins

Eine SCL-Anweisung besteht aus

- ▷ einer Sprungmarke (optional), die aus bis zu 24 Zeichen besteht und mit einem Doppelpunkt abgeschlossen wird; Sprungmarken müssen deklariert werden
- ▷ einer Arbeitsvorschrift, die beschreibt, was die CPU ausführen soll (z.B. Wertzuweisungen, Kontrollanweisungen, usw.)
- ▷ einem Kommentar (optional), beginnend mit zwei Schrägstrichen bis Zeilenende (nur abdruckbare Zeichen, kein Tabulator)

Sie müssen jede Anweisung (vor einem evtl. Kommentar) mit einem Strichpunkt abschließen. Eine SCL-Anweisung darf maximal 126 Zeichen enthalten.

### 3.5.2 SCL-Codebaustein programmieren

Eine Einführung in die Programmerstellung und die Bedienung des Programmeditors sind im Kapitel 2.5 „S7-Programm erstellen" beschrieben.

Sie beginnen die Programmierung mit dem Erzeugen einer leeren SCL-Programmquelle im SIMATIC Manager (siehe Kapitel 2.5.4 „SCL-Programmeditor" unter „SCL-Quelle erstellen"). Mit dem Öffnen der Programmquelle starten Sie den Editor und können sofort mit der Eingabe des Programms beginnen, z.B. mit dem Schlüsselwort für einen Funktionsbaustein.

Tabelle 3.4 zeigt Ihnen die für die Bausteinprogrammierung notwendigen Schlüsselwörter und die Reihenfolge, in der sie zu verwenden sind.

#### Bausteinkopf

Die Eigenschaften des Bausteins programmieren Sie im Bausteinkopf nach der Bausteinart und vor der Variablendeklaration. Alle Angaben zum Bausteinkopf sind optional; sie können einzeln oder auch alle weggelassen werden. Die Beschreibung und Belegung der Bausteineigenschaften finden Sie im Kapitel 3.2.3 „Bausteineigenschaften".

Mit dem Schlüsselwort „TITLE =" gleich nach der Zeile für die Bausteinart haben sie die Möglichkeit, einen bis zu 64 Zeichen langen Bausteintitel anzugeben. Danach können sich eine oder mehrere Kommentarzeilen, die mit einen doppelten Schrägstrich beginnen, als Bausteinkommentar anschließen. Der Bausteinkommentar kann maximal 18 kByte lang sein.

#### Variablendeklaration

Der Deklarationsteil enthält die Definition der bausteinlokalen Variablen, d.h. derjenigen Variablen, die Sie nur in diesem Baustein verwenden. Nicht jede Variablenart können Sie in jedem Baustein programmieren (siehe Tabelle). Verwenden Sie eine Variablenart nicht, lassen Sie die entsprechende Deklaration einschließlich der Schlüsselwörter weg.

Die Deklaration einer Variablen besteht aus dem Namen und dem Datentyp, optional können eine Vorbelegung und ein Variablenkommentar angefügt werden:

```
Anzahl : INT := +500;//Stück pro Charge
```

SCL erlaubt bei der Deklaration die Zusammenfassung von Variablen mit gleichen Datentypen in einer Zeile:

```
Wert1, Wert2, Wert3, Wert4 : INT;
```

Nicht alle Variablen können vorbelegt werden (z.B. ist keine Vorbelegung bei den temporären Lokaldaten möglich). Im Kapitel 19 „Bausteinparameter" ist die Vorbelegung für Funktionen und Funktionsbausteine beschrieben.

Die Reihenfolge der einzelnen Deklarationen sowie die Reihenfolge innerhalb einer Variablenart ist beliebig. Sie bestimmt auch in Verbindung mit dem Datentyp den benötigten Speicherplatz; das Kapitel 24 „Datentypen" zeigt Ihnen, wie Sie durch geschickte Wahl der Reihenfolge den Speicherbedarf optimieren können.

Bei SCL können Sie Konstanten deklarieren, d.h. Sie ordnen einem festen Wert ein Symbol zu. Verwenden Sie Sprungmarken im Baustein, müssen Sie diese deklarieren.

#### Programmteil

Der Programmteil eines SCL-Codebausteins beginnt (optional) mit dem Schlüsselwort

**Tabelle 3.4** Schlüsselwörter für die Programmierung von SCL-Codebausteinen

| Bausteintyp | Organisationsbaustein | Funktionsbaustein | Funktion |
|---|---|---|---|
| Bausteinart | ORGANIZATION_BLOCK | FUNCTION_BLOCK<br>PROGRAM [3] | FUNCTION : *Funktionswert* |
| Kopf | TITLE = '*Bausteintitel*'<br>//*Bausteinkommentar*<br>KNOW_HOW_PROTECT<br>NAME : *Bausteinname*<br>FAMILY : *Bausteinfamilie*<br>AUTHOR : *Ersteller*<br>VERSION : '*Version*' | TITLE = '*Bausteintitel*'<br>//*Bausteinkommentar*<br>KNOW_HOW_PROTECT<br>NAME : *Bausteinname*<br>FAMILY : *Bausteinfamilie*<br>AUTHOR : *Ersteller*<br>VERSION : '*Version*' | TITLE = '*Bausteintitel*'<br>//*Bausteinkommentar*<br>KNOW_HOW_PROTECT<br>NAME : *Bausteinname*<br>FAMILY : *Bausteinfamilie*<br>AUTHOR : *Ersteller*<br>VERSION : '*Version*' |
| Deklaration | | VAR_INPUT<br>*Eingangsparameter*<br>END_VAR | VAR_INPUT<br>*Eingangsparameter*<br>END_VAR |
| | | VAR_OUTPUT<br>*Ausgangsparameter*<br>END_VAR | VAR_OUTPUT<br>*Ausgangsparameter*<br>END_VAR |
| | | VAR_IN_OUT<br>*Durchgangsparameter*<br>END_VAR | VAR_IN_OUT<br>*Durchgangsparameter*<br>END_VAR |
| | | VAR<br>*statische Lokaldaten*<br>END_VAR | VAR [1]<br>*temporäre Lokaldaten*<br>END_VAR |
| | VAR_TEMP<br>*temporäre Lokaldaten*<br>END_VAR | VAR_TEMP<br>*temporäre Lokaldaten*<br>END_VAR | VAR_TEMP<br>*temporäre Lokaldaten*<br>END_VAR |
| | CONST<br>*Konstanten*<br>END_CONST | CONST<br>*Konstanten*<br>END_CONST | CONST<br>*Konstanten*<br>END_CONST |
| | LABEL<br>*Sprungmarken*<br>END_LABEL | LABEL<br>*Sprungmarken*<br>END_LABEL | LABEL<br>*Sprungmarken*<br>END_LABEL |
| Programm | BEGIN [2]<br>... SCL-Anweisungen<br>//*Zeilenkommentar*<br>(* *Blockkommentar ...*<br>*... Blockkommentar* *)<br>... usw. | BEGIN [2]<br>... SCL-Anweisungen<br>//*Zeilenkommentar*<br>(* *Blockkommentar ...*<br>*... Blockkommentar* *)<br>... usw. | BEGIN [2]<br>... SCL-Anweisungen<br>//*Zeilenkommentar*<br>(* *Blockkommentar ...*<br>*... Blockkommentar* *)<br>... usw. |
| Bausteinende | END_ORGANIZATION_<br>BLOCK | END_FUNCTION_<br>BLOCK<br>END_PROGRAM [3] | END_FUNCTION |

[1] Die in einer SCL-Funktion FC unter VAR vereinbarten Lokaldaten werden wie temporäre Lokaldaten (VAR_TEMP) behandelt.
[2] Bei SCL nicht notwendig
[3] Alternativ zu FUNCTION_BLOCK bzw. END_FUNCTION_BLOCK

BEGIN und endet mit END_xxx, wobei xxx für die Bausteinart ORGANIZATION_BLOCK, FUNCTION_BLOCK oder FUNCTION steht.

Der Programmeditor akzeptiert bei den Schlüsselwörtern und dem Programmcode Groß- und Kleinschreibung. Die Syntax einer Anweisung entnehmen Sie Kapitel 3.5.1 „Aufbau einer SCL-Anweisung". Zwischen Operation und Operand setzen Sie ein oder mehrere Leerzeichen oder Tabulatoren. Zur besseren Gestaltung des Quelltextes können Sie zwischen den Wörtern beliebige Leerzeichen und/oder Tabulatoren setzen.

Jede Anweisung müssen Sie mit einem Strichpunkt abschließen. Nach dem Strichpunkt können Sie, getrennt durch zwei Schrägstriche, einen Anweisungskommentar angeben; er geht bis zum Zeilenende. Pro Zeile können Sie auch mehrere durch je einen Strichpunkt getrennte Anweisungen programmieren.

Ein SCL-Baustein muß mindestens eine Anweisung (einen Strichpunkt) enthalten. SCL kennt keine Netzwerke wie AWL.

Einen Zeilenkommentar beginnen Sie mit zwei Schrägstrichen am Zeilenanfang. Ein Zeilenkommentar kann maximal 160 Zeichen lang sein; er darf keine Tabulatoren und keine nicht abdruckbaren Zeichen enthalten.

SCL kennt einen Blockkommentar, der sich über mehrere Zeilen erstrecken kann. Er beginnt mit einer Klammer-auf und Stern und endet mit Stern und Klammer-zu. Der Blockkommentar darf auch innerhalb einer SCL-Anweisung stehen; er darf jedoch weder einen symbolischen Namen noch eine Konstante (Ausnahme: Zeichenkette) unterbrechen.

#### Bausteinreihenfolge bei quellorientierter Programmierung

Beim Aufruf eines Bausteins braucht der Programmeditor die Angaben im Kopf des Bausteins, welche Bausteinparameter zu versorgen sind und welchen Deklarationstyp und Datentyp der jeweilige Bausteinparameter hat. Das bedeutet, daß Sie die aufgerufenen Funktionen und Funktionsbausteine vorher programmieren müssen bzw. daß Sie die Programmierung mit den Bausteinen der „untersten Schicht" beginnen (entsprechend in der Quelltextdatei an den Anfang stellen).

Es genügt jedoch auch, wenn Sie nur den Bausteinkopf mit der Parameterdeklaration programmieren (sozusagen nur als „Schnittstellenbeschreibung"). Zu einem späteren Zeitpunkt können Sie dann diese Schnittstellenbeschreibung mit Programm versehen. (Achten Sie jedoch darauf, daß Sie die Schnittstelle der bereits aufgerufenen Bausteine nicht mehr ändern! Sonst meldet der Programmeditor einen Zeitstempelkonflikt beim Ausgeben des Bausteinaufrufs.)

Wenn Sie bei einem umfangreichen Anwenderprogramm das gesamte Programm in einzelne Programmquellen aufteilen, müssen Sie bei der Erstellung – aus den oben genannten Überlegungen zu den Bausteinaufrufen – die Übersetzungsreihenfolge in Auge behalten.

Für die Erstellung einer Quelldatei empfiehlt sich folgende Reihenfolge:

- ▷ Anwenderdefinierte Datentypen UDT
- ▷ Global-Datenbausteine
- ▷ Funktionen und Funktionsbausteine, beginnend mit den Bausteinen der „untersten" Aufrufschicht
- ▷ Instanz-Datenbausteine (können auch direkt nach dem zugeordneten Funktionsbaustein stehen bzw. werden vom SCL-Übersetzer automatisch beim Aufruf erzeugt)
- ▷ Organisationsbausteine

#### Beispiel für einen SCL-Funktionsbaustein mit Instanz-Datenbaustein

Bild 3.10 zeigt Ihnen ein Beispiel für einen Funktionsbaustein mit statischen Lokaldaten. Im Anschluß daran ist der dazugehörende Instanz-Datenbaustein programmiert.

## 3.6 Datenbaustein programmieren

Eine Einführung in die Programmerstellung und die Bedienung des Programmeditors sind im Kapitel 2.5 „S7-Programm erstellen" beschrieben.

```
FUNCTION_BLOCK W_Speicher_SCL
TITLE = 'Zwischenspeicher für 4 Werte'
//Beispiel für einen Funktionsbaustein mit statischen Lokaldaten in SCL

AUTHOR  : Berger
FAMILY  : SCL_Buch
NAME    : Speicher
VERSION : '01.00'

VAR_INPUT
  Uebernahme  : BOOL := FALSE;    //Übernahme bei positiver Flanke
  Eingabewert : REAL := 0.0;      //im Datenformat REAL (gebrochene Zahl)
END_VAR

VAR_OUTPUT
  Ausgabewert : REAL := 0.0;      //im Datenformat REAL (gebrochene Zahl)
END_VAR

VAR
  Wert1 : REAL := 0.0;            //erster gespeicherter REAL-Wert
  Wert2 : REAL := 0.0;            //zweiter Wert
  Wert3 : REAL := 0.0;            //dritter Wert
  Wert4 : REAL := 0.0;            //vierter Wert
  Flankenmerker : BOOL := FALSE;  //Flankenmerker für die Übernahme
END_VAR

BEGIN
//Die Übernahme und die Ausgabe erfolgen mit positiver Flanke an Uebernahme
IF Uebernahme = 1 AND Flankenmerker = 0
THEN Ausgabewert := Wert4;
     //Übertragung der Werte mit dem letzten Wert beginnend
     Wert4 := Wert3;
     Wert3 := Wert2;
     Wert2 := Wert1;
     Wert1 := Eingabewert;
     Flankenmerker := Uebernahme; //Flankenmerker nachführen
ELSE Flankenmerker := Uebernahme; //auch wenn keine Flanke vorliegt
END_IF;
END_FUNCTION_BLOCK

DATA_BLOCK Speicher1_SCL
TITLE = 'Instanz-Datenbaustein für "W-Speicher_SCL" '
//Beispiel für einen Instanz-Datenbaustein

AUTHOR  : Berger
FAMILY  : SCL_Buch
NAME    : W_SP_DB1
VERSION : '01.00'

W_Speicher_SCL                    //Instanz für den FB "W_Speicher_SCL"

BEGIN
  Wert1 := 1.0;                   //individuelle Vorbelegung
  Wert2 := 1.0;                   //ausgesuchter Werte
END_DATA_BLOCK
```

**Bild 3.10**
Beispiel für die Programmierung eines SCL-Funktionsbausteins und des dazugehörenden Instanz-Datenbausteins

Datenbausteine werden in AWL und SCL auf die gleiche Art und Weise programmiert. Für die inkrementelle Programmierung verwenden Sie den AWL-Programmeditor; für die quellorientierte Programmierung stehen Ihnen sowohl der AWL- als auch der SCL-Programmeditor zur Verfügung.

### 3.6.1 Datenbaustein inkrementell programmieren

#### Baustein erzeugen

Sie beginnen die Bausteinprogrammierung mit dem Öffnen eines Bausteins, entweder mit einem Doppelklick auf den Baustein im Projektfenster des SIMATIC Managers oder mit DATEI → ÖFFNEN im Editor. Ist der Baustein noch nicht vorhanden, erzeugen Sie ihn:

▷ im SIMATIC Manager: Sie markieren im linken Teil des Projektfensters das Objekt *Bausteine* und erzeugen mit EINFÜGEN → S7-BAUSTEIN → DATENBAUSTEIN einen neuen Datenbaustein. Sie erhalten das Eigenschaftsfenster des Bausteins. Auf der Registerkarte „Allgemein - Teil 1" geben Sie die Nummer und den Typ des Datenbausteins ein (siehe unten). Die restlichen Bausteineigenschaften können Sie auch später eingeben.

▷ im Editor: Mit DATEI → NEU erhalten Sie ein Dialogfeld, in dem Sie unter „Objektname" den gewünschten Baustein eingeben. Im anschließend aufgeblendeten Dialogfenster „neuer Datenbaustein" werden Sie aufgefordert, den Typ des Datenbausteins festzulegen (siehe unten). Nach dem Schließen des Dialogfelds können Sie den Bausteininhalt programmieren.

Sie können gleich beim Erzeugen des Bausteins dessen Bausteinkopf ausfüllen oder zu einem späteren Zeitpunkt die Bausteineigenschaften nachtragen. Nachträgliche Ergänzungen im Bausteinkopf programmieren Sie im Editor bei geöffnetem Baustein mit DATEI → EIGENSCHAFTEN.

#### Datenbaustein-Typen

Beim Anlegen eines neuen Datenbausteins werden Sie aufgefordert, den Typ des Datenbausteins festzulegen. Beim Anlegen mit dem SIMATIC Manager stellen Sie den Typ im Auswahlfeld des Eigenschaftsfensters ein; beim Anlegen mit dem Programmeditor im Fenster „Neuer Datenbaustein" durch Anklicken einer der angebotenen Optionen.

Abhängig von der Erstellung und der Anwendung unterscheidet man drei Datenbausteintypen:

▷ „Datenbaustein" bzw. „Global-DB"
Anlegen als Global-Datenbaustein; hierbei deklarieren Sie die Datenoperanden bei der Programmierung des Datenbausteins

▷ „Datenbaustein mit zugeordnetem anwenderdefinierten Datentyp" bzw. „DB vom Typ"
Anlegen als Datenbaustein mit anwenderdefiniertem Datentyp; hierbei deklarieren Sie die Datenstruktur als anwenderdefinierten Datentyp UDT

▷ „Datenbaustein mit zugeordnetem Funktionsbaustein" bzw. „Instanz-DB"
Anlegen als Instanz-Datenbaustein; hierbei wird die Datenstruktur übernommen, die Sie beim Programmieren des entsprechenden Funktionsbausteins deklariert haben

Beim Anlegen eines Datenbausteins auf der Grundlage eines anwenderdefinierten Datentyps geben Sie auch gleich den zugrunde gelegten UDT an; d.h. der UDT muß bereits im Bausteinbehälter vorhanden sein. Entsprechendes gilt für das Anlegen eines Datenbausteins mit zugeordnetem Funktionsbaustein.

#### Bausteinfenster und Sichten

Der Programmeditor stellt für die Programmierung von Datenbausteinen zwei Sichten zur Verfügung:

▷ Die Deklarationssicht dient zur Festlegung der Offline-Werte.

▷ In der Datensicht hantieren Sie die Online-Werte.

In jeder Sicht wird eine Tabelle angezeigt, die die Datenoperanden in ihrer absoluten Adresse und Reihenfolge, die Namen und die Datentypen, die Anfangswerte und die Kommentare enthält (Bild 3.11). Zusätzlich kommt in der Datensicht eine Spalte mit dem Aktualwert hinzu.

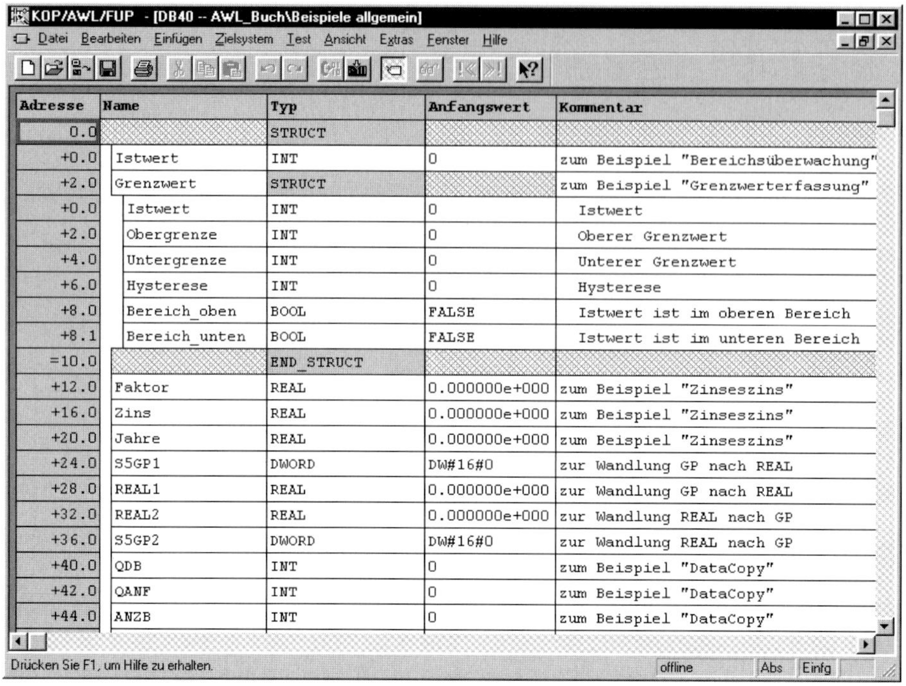


| Adresse | Name | Typ | Anfangswert | Kommentar |
|---|---|---|---|---|
| 0.0 | | STRUCT | | |
| +0.0 | Istwert | INT | 0 | zum Beispiel "Bereichsüberwachung" |
| +2.0 | Grenzwert | STRUCT | | zum Beispiel "Grenzwerterfassung" |
| +0.0 | Istwert | INT | 0 | Istwert |
| +2.0 | Obergrenze | INT | 0 | Oberer Grenzwert |
| +4.0 | Untergrenze | INT | 0 | Unterer Grenzwert |
| +6.0 | Hysterese | INT | 0 | Hysterese |
| +8.0 | Bereich_oben | BOOL | FALSE | Istwert ist im oberen Bereich |
| +8.1 | Bereich_unten | BOOL | FALSE | Istwert ist im unteren Bereich |
| =10.0 | | END_STRUCT | | |
| +12.0 | Faktor | REAL | 0.000000e+000 | zum Beispiel "Zinseszins" |
| +16.0 | Zins | REAL | 0.000000e+000 | zum Beispiel "Zinseszins" |
| +20.0 | Jahre | REAL | 0.000000e+000 | zum Beispiel "Zinseszins" |
| +24.0 | S5GP1 | DWORD | DW#16#0 | zur Wandlung GP nach REAL |
| +28.0 | REAL1 | REAL | 0.000000e+000 | zur Wandlung GP nach REAL |
| +32.0 | REAL2 | REAL | 0.000000e+000 | zur Wandlung REAL nach GP |
| +36.0 | S5GP2 | DWORD | DW#16#0 | zur Wandlung REAL nach GP |
| +40.0 | QDB | INT | 0 | zum Beispiel "DataCopy" |
| +42.0 | QANF | INT | 0 | zum Beispiel "DataCopy" |
| +44.0 | ANZB | INT | 0 | zum Beispiel "DataCopy" |

**Bild 3.11** Beispiel für einen geöffneten Datenbaustein (Deklarationssicht)

Wenn Sie einen Datenbaustein aus der Offline-Datenhaltung öffnen, erhalten Sie das Offline-Fenster, mit dem Sie die Daten im Programmiergerät editieren. Wenn Sie einen Datenbaustein öffnen, der sich im Anwenderspeicher der CPU befindet, zeigt Ihnen der Editor das Online-Fenster, mit dem Sie die Datenwerte auf der CPU hantieren können.

## Offline-Fenster

Die Deklarationssicht verwenden Sie bei Global-Datenbausteinen zur Eingabe. In dieser Sicht deklarieren Sie die Datenoperanden: Sie legen die Reihenfolge der Datenoperanden fest, Sie vergeben einen Namen und den Datentyp für jeden Datenoperanden und Sie können zusätzlich einen Operanden-Kommentar eingeben. Jeder Datenoperand wird mit einem Defaultwert vorbelegt. Je nach Datentyp ist das Null, der kleinste Wert oder ein Leerzeichen. In der Spalte Anfangswert haben Sie Gelegenheit, den defaultmäßig vorgegeben Vorbelegungswert zu ändern.

Bei Datenbausteinen, die aus einem anwenderdefinierten Datentyp oder aus einem Funktionsbaustein abgeleitet sind, stehen die Datenoperanden und die Vorbelegungswerte bereits fest. Sie werden aus der Deklaration des anwenderdefinierten Datentyps bzw. aus der Deklaration des Funktionsbausteins entnommen.

Die Datensicht zeigt zusätzlich die Spalte Aktualwert. Defaultmäßig werden in diese Spalte die Vorbelegungswerte aus der Spalte Anfangswert eingetragen. In der Datensicht haben Sie Gelegenheit, einen davon abweichenden Anfangswert für den Ladespeicher und damit einen Aktualwert für den Arbeitsspeicher vorzugeben (Bild 3.12).

Die für jeden Datenbaustein bestehende Möglichkeit zur individuellen Datenvorbelegung kommt besonders bei den aus einem anwenderdefinierten Datentyp oder aus einem Funktionsbaustein abgeleiteten Datenbausteinen zum

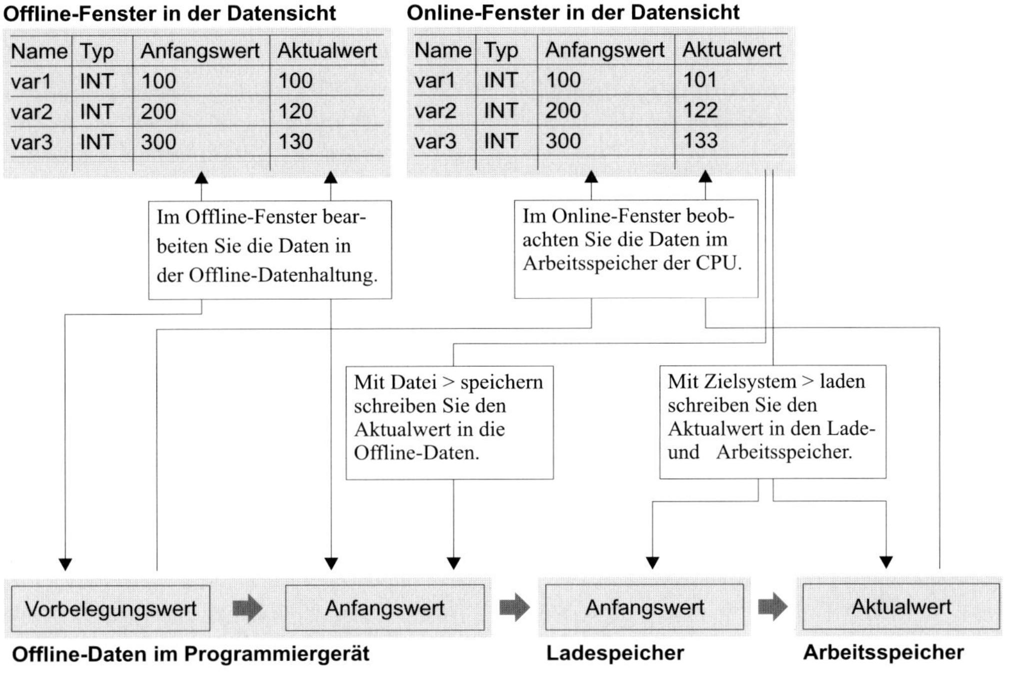


**Bild 3.12** Datenablage bei inkrementeller Programmierung

Tragen. Wenn Sie beispielsweise mehrere Instanz-Datenbausteine eines Funktionsbausteins bilden, haben alle Datenbausteine die im Funktionsbaustein getroffene Vorbelegung. Nun können Sie in der Datensicht für jede Instanz individuell einige Datenoperanden mit anderen Werten vorbelegen.

## Online-Fenster

Das Online-Fenster verwenden Sie normalerweise, um sich die aktuellen Datenwerte im Anwenderspeicher der CPU anzusehen. Sie können mit ihm jedoch auch Datenbausteine erzeugen.

In der Deklarationssicht sehen Sie in der Spalte Anfangswert den Anfangswert aus der Offline-Datenhaltung bzw. den Anfangswert aus dem Ladespeicher, falls das zum CPU-Programm gehörende Offline-Projekt nicht vorliegt. In der Datensicht wird in der Spalte Aktualwert der Aktualwert aus dem Arbeitsspeicher angezeigt. Mit BEARBEITEN → DATENBAUSTEIN INITIALISIEREN veranlassen Sie den Editor, alle Aktualwerte wieder durch die Anfangswerte zu ersetzen.

Beim Zurückschreiben mit ZIELSYSTEM → LADEN schreiben Sie den Wert in der Spalte Aktualwert zum Arbeitsspeicher. So haben Sie die Möglichkeit, während der Programmlaufzeit die Werte von Datenoperanden mit dem Programmiergerät zu beeinflussen. Der Wert in der Spalte Anfangswert wird verworfen.

Beim Zurückschreiben mit DATEI → SPEICHERN schreiben Sie den Wert in der Spalte Anfangswert als Vorbelegungswert und den Wert in der Spalte Aktualwert als Anfangswert in die Offline-Datenhaltung.

Beachten Sie, daß nur in der Offline-Datenhaltung die kompletten Informationen bezüglich Datenoperanden, wie z.B. der Name, vorhanden sind. Es wird empfohlen, die im Anwenderspeicher der CPU erzeugten Datenbausteine auch in die Offline-Datenhaltung zu schreiben, damit die Datenkonsistenz gewahrt bleibt (Kapitel 2.6.5 „Bausteinhantierung“ unter „Datenbausteine offline/online“).

### 3.6.2 Datenbaustein quellorientiert programmieren

Wenn Sie eine Quelldatei für einen Datenbaustein erstellen, müssen Sie sich bei der Bausteinprogrammierung an die in der Tabelle 3.5 gezeigt Struktur bzw. Reihenfolge halten. Dies gilt sowohl für AWL-Programmquellen als auch für SCL-Programmquellen.

#### Bausteinkopf

Die Eigenschaften des Bausteins programmieren Sie im Bausteinkopf nach der Bausteinart und vor der Variablendeklaration. Alle Angaben zum Bausteinkopf sind optional; sie können einzeln oder auch alle weggelassen werden. Die Beschreibung und Belegung der Bausteineigenschaften finden Sie im Kapitel 3.2.3 „Bausteineigenschaften“.

Mit dem Schlüsselwort „TITLE =“ gleich nach der Zeile für die Bausteinart haben sie die Möglichkeit, einen bis zu 64 Zeichen langen Bausteintitel anzugeben. Danach können sich eine oder mehrere Kommentarzeilen, die mit einen doppelten Schrägstrich beginnen, als Bausteinkommentar anschließen. Der Bausteinkommentar kann maximal 18 kByte lang sein.

#### Deklaration im Datenbaustein

Der Deklarationsteil enthält die Definition der bausteinlokalen Variablen, d.h. derjenigen Variablen, die Sie nur in diesem Baustein verwenden. Einen Datenbaustein können Sie als Global-Datenbaustein mit „einzelnen“ Variablen deklarieren, als Global-Datenbaustein mit UDT und als Instanz-Datenbaustein.

Die Deklaration einer Variablen in einem Global-Datenbaustein besteht aus dem Namen, dem Datentyp, evtl. einer Vorbelegung und einem Variablenkommentar (optional).

Beispiel:

```
Anzahl : INT := +500;//Stück pro
Charge
```

Alle Variablen können vorbelegt werden. Die Reihenfolge der Variablen ist beliebig; sie bestimmt auch in Verbindung mit dem Datentyp den benötigten Speicherplatz. Das Kapitel 24 „Datentypen“ zeigt Ihnen, welchen Speicherplatz die Variablen belegen. Im Kapitel 26.2 „Datenablage von Variablen“ erfahren Sie, wie die Variablen in Datenbausteinen abgelegt werden. Durch geschickte Wahl der Reihenfolge können Sie den Speicherbedarf optimieren.

**Tabelle 3.5** Schlüsselwörter für die Programmierung von Datenbausteinen

| Bausteintyp | Global-Datenbaustein | Global-Datenbaustein aus UDT | Instanz-Datenbaustein |
|---|---|---|---|
| Bausteinart | DATA_BLOCK | DATA_BLOCK | DATA_BLOCK |
| Kopf | TITLE = *Bausteintitel*<br>*//Bausteinkommentar*<br>KNOW_HOW_PROTECT<br>NAME : *Bausteinname*<br>FAMILY : *Bausteinfamilie*<br>AUTHOR : *Ersteller*<br>VERSION : *Version*<br>READ_ONLY<br>UNLINKED | TITLE = *Bausteintitel*<br>*//Bausteinkommentar*<br>KNOW_HOW_PROTECT<br>NAME : *Bausteinname*<br>FAMILY : *Bausteinfamilie*<br>AUTHOR : *Ersteller*<br>VERSION : *Version*<br>READ_ONLY<br>UNLINKED | TITLE = *Bausteintitel*<br>*//Bausteinkommentar*<br>KNOW_HOW_PROTECT<br>NAME : *Bausteinname*<br>FAMILY : *Bausteinfamilie*<br>AUTHOR : *Ersteller*<br>VERSION : *Version* |
| Deklaration | STRUCT<br>*name : Typ := Vorbelegung;*<br>END_STRUCT | *UDTname* | *FBname* |
| Initialisierung | BEGIN<br>*name := Vorbelegung;*<br>...usw. | BEGIN<br>*KOMPname := Vorbelegung;*<br>...usw. | BEGIN<br>*KOMPname := Vorbelegung;*<br>...usw. |
| Bausteinende | END_DATA_ BLOCK | END_DATA_BLOCK | END_DATA_BLOCK |

Nehmen Sie die Möglichkeit der Vorbelegung nicht wahr, schreibt der Editor – je nach Datentyp – Null oder den kleinsten Wert in die Variable oder füllt sie mit Leerzeichen (Blanks) auf.

Der Deklarationsteil eines Datenbausteins, der aus einem UDT abgeleitet wird, besteht nur aus dem UDT. Sie können die Absolutadresse (z.B. UDT 51) verwenden oder die symbolische Adresse (z.B. „Telegrammkopf").

Der Deklarationsteil eines Instanz-Datenbausteins besteht nur aus der Angabe des zugeordneten Funktionsbausteins, entweder absolut oder symbolisch adressiert.

### Initialisierung im Datenbaustein

Der Initialisierungsteil fängt mit BEGIN an und endet mit DATA_END_BLOCK. Auch wenn Sie keine Vorbelegung der Variablen im Initialisierungsteil vornehmen, müssen Sie diese Schlüsselwörter angeben.

Geben Sie für einen Datenoperanden keinen Initialisierungswert an, übernimmt der Editor den Wert aus dem Deklarationsteil. Verwenden Sie in der Deklaration anwenderdefinierte Datentypen, die mit Defaultwerten vorbelegt sind, können Sie im Initialisierungsteil die defaultmäßige Vorbelegung überschreiben. Das gleiche gilt für Instanz-Datenbausteine, die als Datenstruktur den zugeordneten Funktionsbaustein (mit dessen Vorbelegung) haben. Hier können Sie dann für diese Instanz (für den Aufruf des Funktionsbausteins mit diesem Datenbaustein) die Anfangswerte individuell gestalten.

Die Vorbelegung der Datenoperanden im Deklarationsteil ergibt den Vorbelegungswert in der Offline-Datenhaltung. Dieser Wert wird auch als Anfangswert übernommen. Mit der Vorbelegung im Initialisierungsteil überschreiben Sie den Anfangswert (Bild 3.13).

Beim Übertragen in die CPU schreibt das Programmiergerät den Anfangswert in den Ladespeicher. Anschließend kopiert die CPU den Anfangswert aus dem Ladespeicher in den Arbeitsspeicher, wo er zum Aktualwert wird. Das Anwenderprogramm arbeitet mit den Aktualwerten der Datenoperanden im Arbeitsspeicher (Kapitel 2.6.5 „Bausteinhantierung" unter „Datenbausteine offline/online").

## 3.7 Variablen und Konstanten

### 3.7.1 Allgemeines zu Variablen

Eine Variable ist ein Wert mit einer bestimmten Formatierung (Bild 3.14). Einfache Variablen bestehen aus einem Operanden (z.B. Eingang 5.2) und einem Datentyp (z.B. BOOL für binären Wert). Der Operand wiederum setzt sich zu-

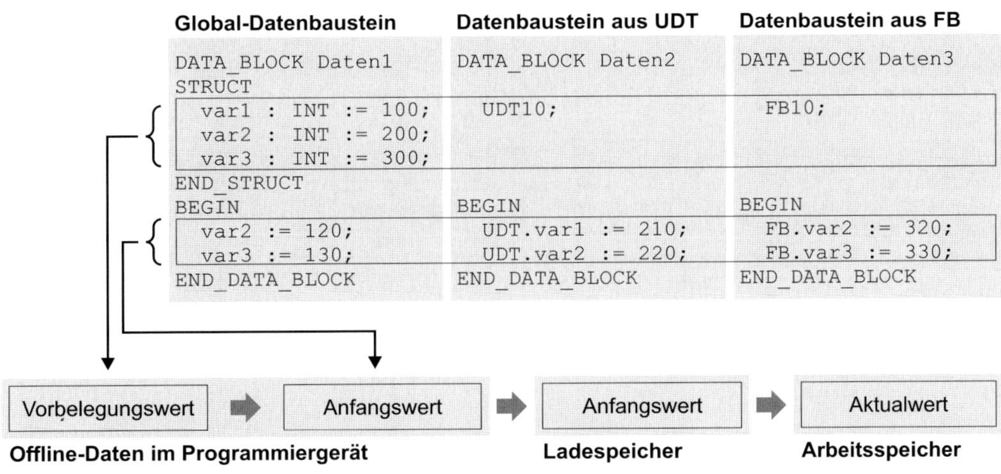


**Bild 3.13** Datenablage bei quellorientierter Programmierung

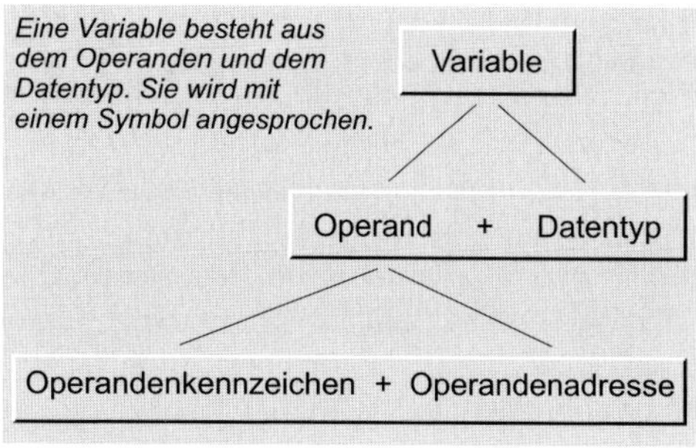


**Bild 3.14** Aufbau einer Variablen

sammen aus dem Operandenkennzeichen (z.B. E für Eingang) und der absoluten Adresse (z.B. 5.2 für Byte 5 Bit 2). Sie können einen Operanden bzw. eine Variable auch symbolisch ansprechen, indem Sie in der Symboltabelle dem Operanden einen Namen (ein Symbol) zuordnen.

Bei einem Bit oder dem Datentyp BOOL spricht man von einem *Binäroperanden*. Operanden, die ein, zwei oder vier Bytes enthalten oder Variablen mit den entsprechenden Datentypen heißen *Digitaloperanden*.

Variablen, die Sie innerhalb eines Bausteins deklarieren, nennt man (baustein-) lokale Variablen. Dazu gehören die Bausteinparameter, die statischen und temporären Lokaldaten und auch die Datenoperanden in Global-Datenbausteinen. Wenn diese Variablen einen elementaren Datentyp aufweisen, kann man sie auch als Operanden ansprechen (z.B. statische Lokaldaten als DI-Operanden, temporäre Lokaldaten als L-Operanden und Daten in Global-Datenbausteinen als DB-Operanden).

Lokale Variablen können aber auch einen zusammengesetzten Datentyp haben (z.B. Strukturen oder Felder). Variablen mit einem derartigen Datentyp beanspruchen mehr als 32 Bits, so daß sie z.B. nicht mehr in den Akkumulator geladen werden können. Sie können deshalb auch nicht mit „normalen" AWL-Anweisungen angesprochen werden. Für die Hantierung dieser Variablen gibt es spezielle Funktionen, z.B. die IEC-Funktionen, die als Standardbibliothek mit STEP 7 ausgeliefert werden (Variablen mit zusammengesetztem Datentyp können Sie an Bausteinparametern gleichen Datentyps anlegen).

**Tabelle 3.6** Aufteilung der Datentypen

| elementare Datentypen | zusammengesetzte Datentypen | anwenderdefinierte Datentypen | Parameter-Datentypen |
|---|---|---|---|
| BOOL, BYTE, CHAR, WORD, INT, DATE, DWORD, DINT, REAL, S5TIME, TIME, TOD | DT, STRING, ARRAY, STRUCT | UDT, Global-Datenbausteine, Instanzen | TIMER, COUNTER, BLOCK_DB, BLOCK_SDB, BLOCK_FC, BLOCK_FB, POINTER, ANY |
| Datentypen, die maximal ein Doppelwort (32 Bits) aufweisen | Datentypen, die größer als ein Doppelwort sein können (DT, STRING) oder die aus mehreren Komponenten bestehen | Strukturen oder Datenbereiche, die mit einem Namen versehen werden können | Bausteinparameter |
| können auf absolut und symbolisch adressierte Operanden abgebildet werden | können nur auf symbolisch adressierte Variablen abgebildet werden | | können nur auf Bausteinparameter abgebildet werden (nur symbolische Adressierung) |
| in allen Operandenbereichen zugelassen | zugelassen in Datenbausteinen (als Globaldaten und Instanzdaten), als temporäre Lokaldaten und als Bausteinparameter | | in Verbindung mit Bausteinparametern zugelassen |

Sind in Variablen mit zusammengesetztem Datentyp einzelne Komponenten vorhanden, die einen elementaren Datentyp aufweisen, können Sie diese Komponenten wie einzelne Variablen behandeln (z.B. können Sie eine einzelne Komponente eines Felds, das aus 30 INT-Werten besteht, in den Akkumulator laden und weiterbearbeiten).

Die Vorbelegung von Variablen mit festen Werten nehmen Sie mit Konstanten vor. Je nach Datentyp kennzeichnen Sie die Konstante mit dem entsprechenden Präfix (vorangestellten Zeichen).

### 3.7.2 Allgemeines zu Datentypen

Datentypen legen die Eigenschaften von Daten fest, im wesentlichen die Darstellung des Inhalts einer Variablen und die zulässigen Bereiche. STEP 7 stellt vordefinierte Datentypen zur Verfügung, die Sie auch zu selbst definierten Datentypen zusammenstellen können. Die Datentypen sind global verfügbar; sie können in jedem Baustein verwendet werden.

Dieses Kapitel zeigt eine Übersicht über alle Datentypen und eine kurze Einweisung besonders in die elementaren Datentypen. Sie können mit diesem Wissen eine speicherprogrammierbare Steuerung programmieren.

Die Tabelle 3.6 zeigt die Grobaufteilung der Datentypen bei STEP 7.

Weitergehende Einzelheiten, z.B. die Struktur und den Aufbau von Variablen mit komplexen Datentypen, erfahren Sie im Kapitel 24 „Datentypen" und zu Datentypen in Verbindung mit Bausteinparametern im Kapitel 19 „Bausteinparameter".

Die Programmierung anwenderdefinierter Datentypen ist im Kapitel 24 „Datentypen" beschrieben.

### 3.7.3 Elementare Datentypen

Mit diesen Datentypen belegte Variablen können bei AWL direkt bearbeitet werden, da Sie entweder ein Bit darstellen oder maximal eine Akkumulatorbreite (32 Bits) umfassen. Entsprechendes gilt für SCL bei den Wertzuweisungen.

Variablen mit elementaren Datentypen können bei der Deklaration mit festen Werten (Konstanten) vorbelegt werden. Hierbei unterscheiden sich die Schreibweisen von AWL (Tabelle 3.7) und SCL (Tabelle 3.8). Für viele Datentypen gibt es mehr als eine Konstantenschreibweise, die Sie gleichermaßen verwenden können (z.B. TIME# oder T#).

**Konstantenschreibweise bei AWL**

Eine Beschränkung der Operationen (Operatoren) auf bestimmte Datentypen gibt es bei AWL nicht (mit der Ausnahme der Unterscheidung zwischen Binäroperand und Digitaloperand). Vergleichsfunktionen z.B. vergleichen die Akkumulatorinhalte unabhängig vom Datentyp der darin enthaltenen Variablen.

**Konstantenschreibweise bei SCL**

Bei SCL können Sie Operationen nur mit Variablen ausführen, die die dafür zugelassenen Datentypen aufweisen. Bei SCL erhalten die Konstanten den Datentyp erst bei der Anwendung in Verbindung mit der Operation.

Beispiel: die Konstante 12345 hat bei SCL die Datentypklasse ANY_NUM, je nach Anwendung also INT, DINT oder REAL. Mit der „typisierten" Konstantenschreibweise weisen Sie einer Konstanten direkt einen bestimmten Datentyp zu, z.B. mit DINT#12345 den Datentyp DINT.

### 3.7.4 Zusammengesetzte Datentypen

Zusammengesetzte Datentypen (Tabelle 3.9) können Sie nur in Verbindung mit Variablen verwenden, die in Global-Datenbausteinen, in Instanz-Datenbausteinen oder im L-Stack liegen bzw. Bausteinparameter sind.

Variablen mit zusammengesetzten Datentypen können als komplette Variable nur an Bausteinparametern angelegt werden; einzelne Teile können mit „normalen" Anweisungen nicht bearbeitet werden. AWL bietet Ihnen mit dem „direkten Variablenzugriff" und der indirekten Adressierung jedoch die Möglichkeit, bei Kenntnis des internen Aufbaus der Variablen diese zu manipulieren.

**Tabelle 3.7** Übersicht elementare Datentypen mit AWL-Konstantenschreibweise

| Datentyp (Breite) | Beschreibung | Beispiele zur AWL-Konstantenschreibweise | |
|---|---|---|---|
| | | Minimalwert | Maximalwert |
| BOOL (1 Bit) | Bit | FALSE | TRUE |
| BYTE (8 Bits) | 8bit-Hexazahl | B#16#00, 16#00 | B#16#FF, 16#FF |
| CHAR (8 Bits) | ein Zeichen (ASCII) | abdruckbares Zeichen, z.B.'A' | abdruckbares Zeichen, z.B.'A' |
| WORD (16 Bits) | 16bit-Hexazahl | W#16#0000, 16#0000 | W#16#FFFF, 16#FFFF |
| | 16bit-Binärzahl | 2#0000_0000_0000_0000 | 2#1111_1111_1111_1111 |
| | Zählwert, 3 Dekaden BCD | C#000 | C#999 |
| | 2 × 8bit-Dezimalzahlen ohne Vorzeichen | B#(0,0) | B#(255,255) |
| DWORD (32 Bits) | 32bit-Hexazahl | DW#16#0000_0000, 16#0000_0000 | DW#16#FFFF_FFFF, 16#FFFF_FFFF |
| | 32bit-Binärzahl | 2#0000_0000_..._0000_0000 | 2#1111_1111_..._1111_1111 |
| | 4 × 8bit-Dezimalzahlen ohne Vorzeichen | B#(0,0,0,0) | B#(255,255,255,255) |
| INT (16 Bits) | Festpunktzahl | –32 768 | +32 767 |
| DINT (32 Bits) | Festpunktzahl | L#–2 147 483 648 [1)] | L#+2 147 483 647 [1)] |
| REAL (32 Bits) | Gleitpunktzahl | Exponentialdarstellung: +1.234567E+02 [2)] | |
| | | Dezimaldarstellung: 123.4567 [2)] | |
| S5TIME (16 Bits) | Zeitwert im SIMATIC-Format | S5T#0ms, S5TIME#0ms | S5T#2h46m30s, S5TIME#2h46m30s |
| TIME (32 Bits) | Zeitwert im IEC-Format | T#–24d20h31m23s647ms, TIME#–24d20h31m23s647ms | T#24d20h31m23s647ms, TIME#24d20h31m23s647ms |
| | | T#–24.855134d, TIME#–24.855134d | T#24.855134d, TIME#24.855134d |
| DATE (16 Bits) | Datum | D#1990-01-01, DATE#1990-01-01 | D#2168-12-31, DATE#2168-12-31 |
| TIME_OF_DAY (32 Bits) | Tageszeit | TOD#00:00:00, TIME_OF_DAY#00:00:00 | TOD#23:59:59.999, TIME_OF_DAY#23:59:59.999 |

1) „L#" kann entfallen, wenn die Zahl außerhalb des INT-Zahlenbereichs liegt

2) Wertebereich siehe Kapitel 24.1.3 „Zahlendarstellungen"

**Tabelle 3.8** Übersicht elementare Datentypen mit SCL-Konstantenschreibweise

| Datentyp (Breite) | Beschreibung | Beispiele zur SCL-Konstantenschreibweise |
|---|---|---|
| BOOL<br>(1 Bit) | Bit<br>Binärzahl | FALSE, TRUE, BOOL#FALSE, BOOL#TRUE<br>2#0, 2#1, BOOL#0, BOOL#1 |
| BYTE<br>(8 Bits) | 8bit-Dezimalzahl<br>8bit-Hexazahl<br>8bit-Oktalzahl<br>8bit-Binärzahl | 0, B#127, BYTE#255<br>16#0, B#16#7F, BYTE#16#FF<br>8#0, B#8#177, BYTE#8#377<br>2#0, B#2#0111_1111, BYTE#2#1111_1111 |
| CHAR<br>(8 Bits) | ein abdruckbares<br>Zeichen (ASCII) | ' ', CHAR#' ', CHAR#20<br>'z', CHAR#'z', CHAR#122 |
| WORD<br>(16 Bits) | 16bit-Dezimalzahl<br>16bit-Hexazahl<br>16bit-Oktalzahl<br>16bit-Binärzahl | 0, W#32767, WORD#65535<br>16#0, W#16#7FFF, WORD#16#FFFF<br>8#0, W#8#7_7777, WORD#8#17_7777<br>2#0, W#2#0111_1111_...., WORD#2#1111_1111_... |
| DWORD<br>(32 Bits) | 32bit-Dezimalzahl<br>32bit-Hexazahl<br>32bit-Oktalzahl<br>32bit-Binärzahl | 0, DW#2147483647, DWORD#4294967295<br>16#0, DW#16#7FFF_FFFF, DWORD#16#FFFF_FFFF<br>8#0, DW#8#177_7777_7777, DWORD#8#377_7777_7777<br>2#0, DW#2#0111_1111_..., DWORD#2#1111_1111_... |
| INT<br>(16 Bits) | 16bit-Dezimalzahl<br>16bit-Hexazahl<br>16bit-Oktalzahl<br>16bit-Binärzahl | –32_768, 0, INT#+32_767<br>INT#16#0, INT#16#7FFF, INT#16#FFFF<br>INT#8#0, INT#8#7_7777, INT#8#17_7777<br>INT#2#0, INT#2#0111_1111_..., INT#2#1111_1111_... |
| DINT<br>(32 Bits) | 32bit-Dezimalzahl<br>32bit-Hexazahl<br>32bit-Oktalzahl<br>32bit-Binärzahl | –2_147_483_648, 0, DINT#+2_147_483_647<br>DINT#16#0, DINT#16#7FFF_FFFF, DINT#16#FFFF_FFFF<br>DINT#8#0, DINT#8#177_7777_7777, DINT#8#377_7777_7777<br>DINT#2#0, DINT#2#0111_1111_..., DINT#2#1111_1111_... |
| REAL<br>(32 Bits) | Gleitpunktzahl | Exponentialdarstellung:+1.234567E+02 [1)]<br>Dezimaldarstellung: –123.4567 [1)]<br>Ganzzahl: +1234567 [1)] |
| S5TIME<br>(16 Bits) | Zeitwert für<br>SIMATIC-Zeiten | T#0ms, TIME#2h46m30s<br>T#0.0s, TIME#24.855134d |
| TIME<br>(32 Bits) | Zeitwert im<br>IEC-Format | T#–24d20h31m23s647ms, T#0ms, TIME#24d20h31m23s647ms<br>T#–24.855134d, T#0.0ms, TIME#24.855134d |
| DATE<br>(16 Bits) | Datum | D#1990-01-01, D#2168-12-31<br>DATE#1990-01-01, DATE#2168-12-31 |
| TIME_OF_DAY<br>(32 Bits) | Tageszeit | TOD#00:00:00, TOD#23:59:59.999<br>TIME_OF_DAY#00:00:00, TIME_OF_DAY#23:59:59.999 |

[1)] Wertebereich siehe Kapitel 24.1.3 „Zahlendarstellungen"

**Tabelle 3.9** Übersicht zusammengesetzte Datentypen

| Datentyp | Beschreibung | | Beispiele, Bemerkungen |
|---|---|---|---|
| DATE_AND_TIME | Datum und Uhrzeit | 64 Bits | DT#1990-01-01-00:00:00.000<br>DATE_AND_TIME#2168-12-31:23:59:59.999 |
| STRING | Zeichenkette | variabel | Zusammenfassung von ASCII-codierten Zeichen, z.B. 'Zeichenkette 1' |
| ARRAY | Feld | variabel | Zusammenfassung von Komponenten mit gleichem Datentyp, bis zu 6 Dimensionen möglich |
| STRUCT | Struktur | variabel | Zusammenfassung von Komponenten mit beliebigem Datentyp, bis zu 6 Schachtelungsebenen möglich |

Zusätzlich gibt es die IEC-Funktionen, die DT- und STRING-Variablen bearbeiten können (z.B. zwei Zeichenketten zu einer zusammenfassen). Die IEC-Funktionen sind Bestandteil von STEP 7; Sie finden sie in der Bibliothek *Standard Library* im Programm *IEC Function Blocks*. Die IEC-Funktionen können in jeder Programmiersprache verwendet werden.

Die Länge einer DT-Variablen ist festgelegt; die Länge von STRING-, ARRAY- und STRUCT-Variable bestimmen Sie selbst durch die Definition dieser Variablen.

Eine Zeichenkette kann bis zu 254 Zeichen lang sein und belegt im Speicher 2 Bytes mehr als die Anzahl der Zeichen.

Ein Feld kann (theoretisch) bis zu 65 536 Elemente je Dimension aufnehmen (von –32 768 bis +32 767).

### 3.7.5 Parametertypen

Die Parametertypen sind Datentypen für Bausteinparameter (Tabelle 3.10). Die Längenangaben in der Tabelle beziehen sich auf den Speicherbedarf für Bausteinparameter bei Funktionsbausteinen. TIMER und COUNTER verwenden Sie auch in der Symboltabelle als Datentypen für Zeit- und Zählfunktionen.

**Tabelle 3.10** Übersicht Parametertypen

| Parametertyp | Beschreibung | | Beispiele für Aktualoperanden |
|---|---|---|---|
| TIMER | Zeitfunktion | 16 Bits | T 15 oder Symbol |
| COUNTER | Zählfunktion | 16 Bits | Z 16 oder Symbol |
| BLOCK_FC | Funktion | 16 Bits | FC 17 oder Symbol |
| BLOCK_FB | Funktionsbaustein | 16 Bits | FB 18 oder Symbol |
| BLOCK_DB | Datenbaustein | 16 Bits | DB 19 oder Symbol |
| BLOCK_SDB | Systemdatenbaustein | 16 Bits | (wird bislang nicht verwendet) |
| POINTER | DB-Zeiger | 48 Bits | als Zeiger: P#M10.0 oder P#DB20.DBX22.2<br>als Operand: MW 20 oder E 1.0 oder Symbol |
| ANY | ANY-Zeiger | 80 Bits | als Bereich: P#DB10.DBX0.0 WORD 20<br>oder jede beliebige (ganze) Variable |

# Basisfunktionen

Dieser Teil des Buches beschreibt die Funktionen der Programmiersprache AWL, die eine gewisse „Basisfunktionalität“ darstellen. Mit diesen Funktionen sind Sie in der Lage, eine SPS auf der Basis von Schütz- oder Relaissteuerungen zu programmieren.

Mit den **binären Verknüpfungen** bilden Sie Reihen- und Parallelschaltung eines Stromlaufplans nach oder verwirklichen die UND- und ODER-Funktionen elektronischer Schaltkreissysteme. Mit Hilfe der Klammerfunktionen können Sie auch komplexe binäre Verknüpfungen realisieren.

Die **Speicherfunktionen** halten ein erarbeitetes Verknüpfungsergebnis fest, so daß es z.B. an einer anderen Stelle im Programm abgefragt und weiterverarbeitet werden kann.

Die **Übertragungsfunktionen** sind die Voraussetzung zur Handhabung digitaler Werte. Sie benötigen die Übertragungsfunktionen auch, um z.B. einer Zeitfunktion die Zeitdauer mitzuteilen.

Was bei Schützensteuerungen die Zeitrelais sind und bei elektronischen Schaltkreissystemen die Zeitglieder, sind bei den speicherprogrammierbaren Steuerungen die **Zeitfunktionen**. Die in der CPU integrierten Zeitfunktionen gestatten es Ihnen, beispielsweise Warte- und Überwachungszeiten zu programmieren.

Die **Zählfunktionen** schließlich stellen Zähler dar, die im Bereich von 0 bis 999 vorwärts und rückwärts zählen können.

Dieser Teil des Buchs beschreibt die Funktionen anhand der Operandenbereiche Eingänge, Ausgänge und Merker. Eingänge und Ausgänge sind die Verbindung zum Prozeß oder zur Anlage. Die Merker entsprechen Hilfsschützen, die binäre und digitale Zustände speichern. In den folgenden Teilen des Buchs sind dann die restlichen Operandenbereiche beschrieben, die Sie ebenfalls binär verknüpfen können. Im wesentlichen sind das die Datenbits in Global-Datenbausteinen sowie die temporären und die statischen Lokaldatenbits.

Im Kapitel 5 „Speicherfunktionen“ finden Sie ein Programmierbeispiel für die binären Verknüpfungen und die Speicherfunktionen, im Kapitel 8 „Zählfunktionen“ ein Beispiel für die Zeit- und Zählfunktionen. In beiden Fällen steht das Beispiel in einer Funktion FC ohne Bausteinparameter.

# 4 Binäre Verknüpfungen

Dieses Kapitel beschreibt die UND-, die ODER- und die Exklusiv-ODER-Funktion sowie Kombinationen dieser Funktionen für die Programmiersprache AWL. Mit diesen Funktionen fragen Sie die Signalzustände von Binäroperanden ab und verknüpfen sie miteinander.

Sie können die Binäroperanden auf Signalzustand „1“ oder auf Signalzustand „0“ abfragen. Mit der Negation des Verknüpfungsergebnisses und unter Verwendung von Klammerausdrükken können Sie auch komplexe binäre Verknüpfungen programmieren, ohne das Zwischenergebnis in einem Operanden zu speichern.

Die in diesem Kapitel gezeigten Beispiele sind auch auf der dem Buch beiliegenden Diskette in der Bibliothek AWL_Buch unter dem Programm „Basisfunktionen“ im Funktionsbaustein FB 104 bzw. in der Quelldatei Kap_4 dargestellt.

## 4.1 Bearbeitung einer binären Verknüpfung

Bild 4.1 zeigt in groben Zügen die Bearbeitung einer binären Verknüpfung: Eine Eingabebaugruppe wählt aufgrund der angegebenen Adresse einen Sensor aus, z.B. den Sensor am Eingang E 1.2. Die CPU fragt den Signalzustand des ausgewählten Sensors (den Status) ab und verknüpft das Ergebnis der Abfrage (das Abfrageergebnis) mit dem gespeicherten Verknüpfungsergebnis (VKE) aus der vorangegangenen Verknüpfung. Das Ergebnis dieser Verknüpfung wird als neues Verknüpfungsergebnis gespeichert. Danach bearbeitet die CPU die nächstfolgende Anweisung im Programm, z.B. speichern des Verknüpfungsergebnisses in einem Operanden. Nach dem Speichern des dann „alten“ Verknüpfungsergebnisses beginnt mit der ersten Abfrage eine neue Verknüpfung, bei der das Verknüpfungsergebnis gleich dem Abfrageergebnis gesetzt wird.

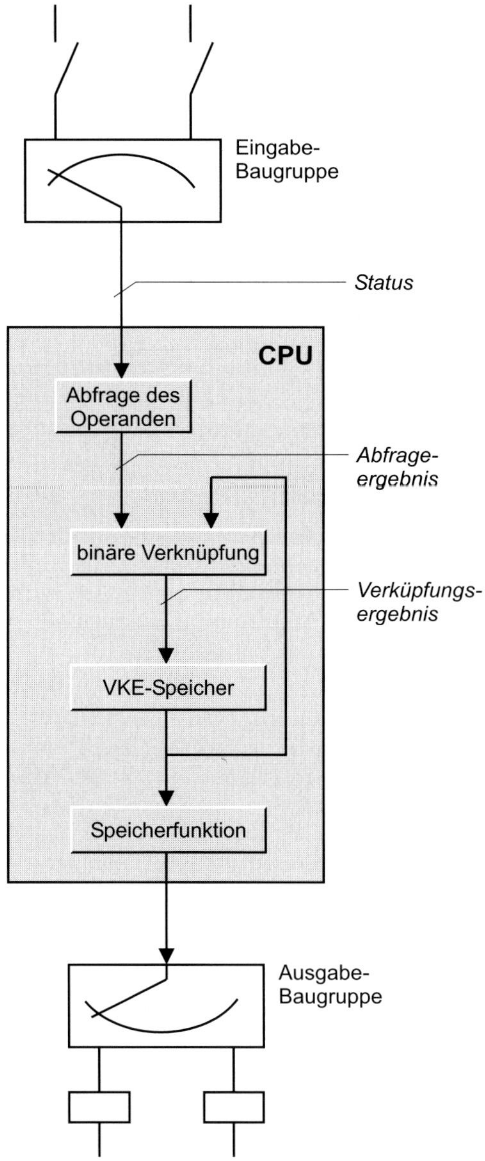


**Bild 4.1**
Arbeitsweise einer SPS am Beispiel einer binären Verknüpfung

### Status

Der Status eines Operanden ist identisch mit dem Signalzustand, den der Operand führt. Er kann „0“ oder „1“ sein. Bei SIMATIC S7 liegt Signalzustand „1“ vor, wenn am Eingang Spannung anliegt (je nach Baugruppe z.B. AC 230 V oder DC 24 V); liegt keine Spannung an, führt der Eingang Signalzustand „0“.

Eine Abfrageanweisung fragt den Operandenstatus ab. Sie enthält gleichzeitig die Verknüpfungsvorschrift, mit der der abgefragte Signalzustand mit dem im Prozessor stehenden Verknüpfungsergebnis verknüpft werden soll. Beispielsweise fragt die Anweisung

```
U   E 17.1
```

den Eingang E 17.1 nach Signalzustand „1“ ab und verknüpft den abgefragten Signalzustand nach UND; die Anweisung

```
ON  M 20.5
```

fragt den Merker M 20.5 nach Signalzustand „0“ ab und verknüpft den abgefragten Signalzustand nach ODER.

### Abfrageergebnis

Genaugenommen verknüpft die CPU nicht den Signalzustand des abgefragten Operanden, sondern sie bildet erst ein Abfrageergebnis. Das Abfrageergebnis ist bei Abfragen auf Signalzustand „1“ mit dem Signalzustand des abgefragten Operanden identisch. Bei Abfragen auf Signalzustand „0“ ist das Abfrageergebnis der negierte Signalzustand des abgefragten Operanden.

### Verknüpfungsergebnis

Das Verknüpfungsergebnis (VKE) ist der Signalzustand in der CPU, den sie zur weiteren binären Signalverarbeitung verwendet. Das Verknüpfungsergebnis wird durch Abfrageanweisungen gebildet und verändert. Es enthält den Zustand der binären Verknüpfung: „1“ bedeutet, die Verknüpfung ist erfüllt; „0“ bedeutet, die Verknüpfung ist nicht erfüllt. Mit dem Verknüpfungsergebnis werden Binäroperanden gesetzt oder rückgesetzt.

### Verknüpfungsschritt

Analog zu einem Ablaufschritt in einer Ablaufsteuerung kann man einen Verknüpfungsschritt in einer Verknüpfungssteuerung definieren. In einem Verknüpfungsschritt wird ein Verknüpfungsergebnis gebildet und ausgewertet (weiterverarbeitet). Ein Verknüpfungsschritt besteht aus Abfrageoperationen und bedingten Operationen. Die erste Abfrageoperation nach einer bedingten Operation ist die Erstabfrage. Im nachfolgend gezeigten Programmausschnitt ist der Verknüpfungsschritt hervorgehoben:

```
...  ...
=    A 4.0      Bedingte Operation
U    E 2.0      Erstabfrage
U    E 2.1      Abfrageoperation
...  ...
U    E 1.7      Abfrageoperation
=    A 5.1      Bedingte Operation
...  ...
=    A 4.3      Bedingte Operation
O    E 2.6      Erstabfrage
O    E 2.5      Abfrageoperation
...  ...
```

### Erstabfrage

Die erste nach einer bedingten Operation bearbeitete Abfrageoperation nennt man Erstabfrage. Sie hat eine besondere Bedeutung, da die CPU das Abfrageergebnis dieser Anweisung direkt als Verknüpfungsergebnis übernimmt. Das „alte“ Verknüpfungsergebnis geht somit verloren. Die Erstabfrage stellt immer den Beginn einer Verknüpfung dar. Die bei einer Erstabfrage stehende Verknüpfungsvorschrift (UND, ODER, Exklusiv-ODER) spielt dabei keine Rolle.

### Abfrageoperationen

Mit den Abfrageoperationen wird das Verknüpfungsergebnis gebildet. Sie fragen den Signalzustand eines Binäroperanden nach Signalzustand „1“ oder „0“ ab und verknüpfen ihn nach UND, ODER oder Exklusiv-ODER. Das Ergebnis dieser Verknüpfung speichert die CPU als neues VKE.

Die Funktionsweise der Abfrage auf Signalzustand „1“ und auf Signalzustand „0“ erläutert Bild 4.2. Die Abfrage auf Signalzustand „1“ übernimmt den Status des abgefragten Operanden als Abfrageergebnis, das weiterverknüpft wird. Die Abfrage auf Signalzustand „0“ bildet aus dem negierten Status das Abfrageergebnis.

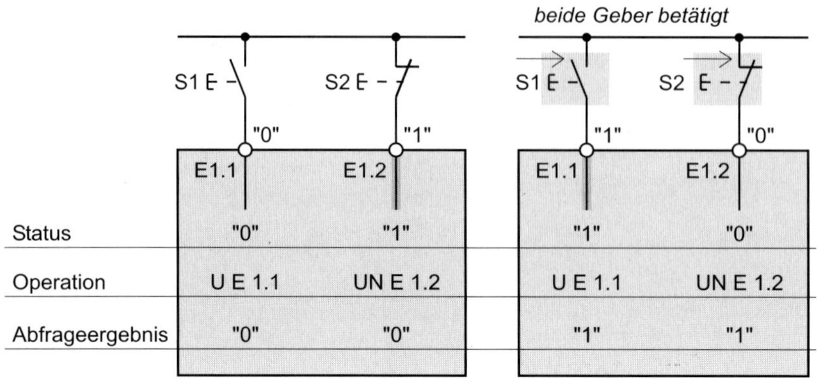


**Bild 4.2** Abfrage auf Signalzustand „1“ und „0“

**Bedingte Operationen**

Bedingte Operationen sind Operationen, deren Ausführung vom Verknüpfungsergebnis abhängt. Es sind Operationen zum Zuweisen, Setzen und Rücksetzen von Binäroperanden, zum Starten von Zeiten und zum Zählen, usw.

Die bedingten Operationen werden (von wenigen Ausnahmen abgesehen) bei VKE „1“ ausgeführt und bei VKE „0“ nicht ausgeführt. Sie verändern nicht das VKE (von wenigen Ausnahmen abgesehen), so daß das VKE für mehrere hintereinander stehende bedingte Operationen gleich ist.

**Verständliche Programmierung**

Die bei einer Erstabfrage stehende Verknüpfungsvorschrift spielt keine Rolle, da das Abfrageergebnis direkt als Verknüpfungsergebnis übernommen wird. Im Sinne einer verständlichen Programmierung sollte die Verknüpfungsvorschrift einer Erstabfrage mit der gewünschten Funktion identisch sein.

Beispielsweise stellt die Anweisungsfolge

```
...
=   A 15.3
O   E 18.5     erste UND-Funktion
U   E 21.7
=   A 15.4
U   E 18.4     zweite UND-Funktion
U   E 21.6
=   A 15.5
...
```

zwei UND-Funktionen dar, wobei Sie die Programmierung der zweiten UND-Funktion (in der beide Abfragen nach UND programmiert sind) vorziehen sollten.

Bei einzelnen Abfrageanweisungen, wie z.B.

```
...
=   A 10.0
U   E 20.1          Zuweisung von
=   A 10.1          E 20.1 zu A 10.1
...
```

bevorzugt man die UND-Funktion.

## 4.2 Elementare binäre Verknüpfungen

AWL stellt die binären Funktionen UND, ODER und Exklusiv-ODER zur Verfügung. Diese Funktionen sind mit der Abfrage auf Signalzustand „1“ oder mit der Abfrage auf Signalzustand „0“ verbunden.

U *Binäroperand*
Abfrage auf Signalzustand „1“ und Verknüpfung nach UND

UN *Binäroperand*
Abfrage auf Signalzustand „0“ und Verknüpfung nach UND

O *Binäroperand*
Abfrage auf Signalzustand „1“ und Verknüpfung nach ODER

ON *Binäroperand*
Abfrage auf Signalzustand „0“ und Verknüpfung nach ODER

X *Binäroperand*
Abfrage auf Signalzustand „1" und Verknüpfung nach Exklusiv-ODER

XN *Binäroperand*
Abfrage auf Signalzustand „0" und Verknüpfung nach Exklusiv-ODER

Die Abfragen auf Signalzustand „1" setzen das Abfrageergebnis auf „1", wenn der Operand Signalzustand „1" führt. Die Abfragen auf Signalzustand „0" liefern bei Signalzustand „0" das Abfrageergebnis „1". Dies entspricht einem Eingang, der negiert auf die entsprechende Funktion führt.

Die CPU verknüpft dann das Abfrageergebnis mit dem gespeicherten VKE entsprechend der angegebenen Funktion und bildet das VKE neu. Bei einer binären Verknüpfung unmittelbar im Anschluß an eine Speicherfunktion übernimmt der VKE-Speicher das Abfrageergebnis ohne vorherige Verknüpfung.

Die Anzahl der binären Funktionen und der Umfang einer binären Funktion sind theoretisch beliebig; in der Praxis liegt die Begrenzung in der Länge eines Bausteins bzw. in der Größe des CPU-Arbeitsspeichers.

### 4.2.1 UND-Funktion

Die UND-Funktion verknüpft zwei binäre Zustände miteinander und liefert ein Verknüpfungsergebnis „1", wenn beide Zustände (beide Abfrageergebnisse) gleichzeitig „1" sind. Wenn Sie die UND-Funktion mehrfach nacheinander anwenden, müssen alle Abfrageergebnisse „1" sein, damit das gemeinsame Verknüpfungsergebnis „1" ist. In allen anderen Fällen liefert die UND-Funktion Verknüpfungsergebnis „0".

Bild 4.3 zeigt ein Beispiel für eine UND-Funktion: Im Netzwerk 1 hat die UND-Funktion drei Eingänge; es können beliebige Binäroperanden sein. Alle Operanden werden auf Signalzustand „1" abgefragt, so daß der Signalzustand der Operanden direkt nach UND verknüpft wird. Führen alle abgefragten Operanden Signalzustand „1", setzt die Zuweisungsoperation den Operanden *Ausgang1* auf Signalzustand „1". In allen anderen Fällen ist die UND-Funktion nicht erfüllt und der Operand *Ausgang1* wird auf Signalzustand „0" zurückgesetzt.

Das Netzwerk 2 zeigt eine UND-Funktion mit einem negierten Eingang. Die Negation des Eingangs wird durch die Abfrage auf Signalzustand „0" gebildet. Das Abfrageergebnis eines auf „0" abgefragten Operanden ist „1", wenn dieser Operand den Status „0" hat. D.h., die UND-Verknüpfung im Beispiel ist dann erfüllt, wenn der Operand *Eingang4* Signalzustand „1" und der Operand *Eingang5* Signalzustand „0" führen.

### 4.2.2 ODER-Funktion

Die ODER-Funktion verknüpft zwei binäre Zustände miteinander und liefert Verknüpfungsergebnis „1", wenn einer der Zustände (eines der Abfrageergebnisse) „1" ist. Wenn Sie die ODER-Funktion mehrfach nacheinander anwenden, genügt es, wenn ein Abfrageergebnis „1" ist, damit das gemeinsame Verknüpfungsergebnis „1" ist. Sind alle Abfrageergebnisse „0", liefert die ODER-Funktion Verknüpfungsergebnis „0".

Bild 4.3 zeigt ein Beispiel für eine ODER-Funktion: Im Netzwerk 3 hat die ODER-Funktion drei Eingänge; es können beliebige Binäroperanden sein. Alle Operanden werden auf Signalzustand „1" abgefragt, so daß der Signalzustand der Operanden direkt nach ODER verknüpft wird. Führen einer oder mehrere abgefragte Operanden Signalzustand „1", setzt die nachfolgende Zuweisungsoperation den Operanden *Ausgang3* auf Signalzustand „1". Führen alle abgefragten Operanden Signalzustand „0", ist die ODER-Funktion nicht erfüllt und der Operand *Ausgang3* wird auf Signalzustand „0" zurückgesetzt.

Das Netzwerk 4 zeigt eine ODER-Funktion mit negiertem Eingang. Die Negation des Eingangs wird durch die Abfrage auf Signalzustand „0" gebildet. Das Abfrageergebnis eines auf „0" abgefragten Operanden ist „1", wenn dieser Operand den Status „0" hat. D.h. die ODER-Verknüpfung im Beispiel ist dann erfüllt, wenn der Operand *Eingang4* Signalzustand „1" oder der Operand *Eingang5* Signalzustand „0" führen.

### 4.2.3 Exklusiv-ODER-Funktion

Die Exklusiv-ODER-Funktion verknüpft zwei binäre Zustände miteinander und liefert Ver-

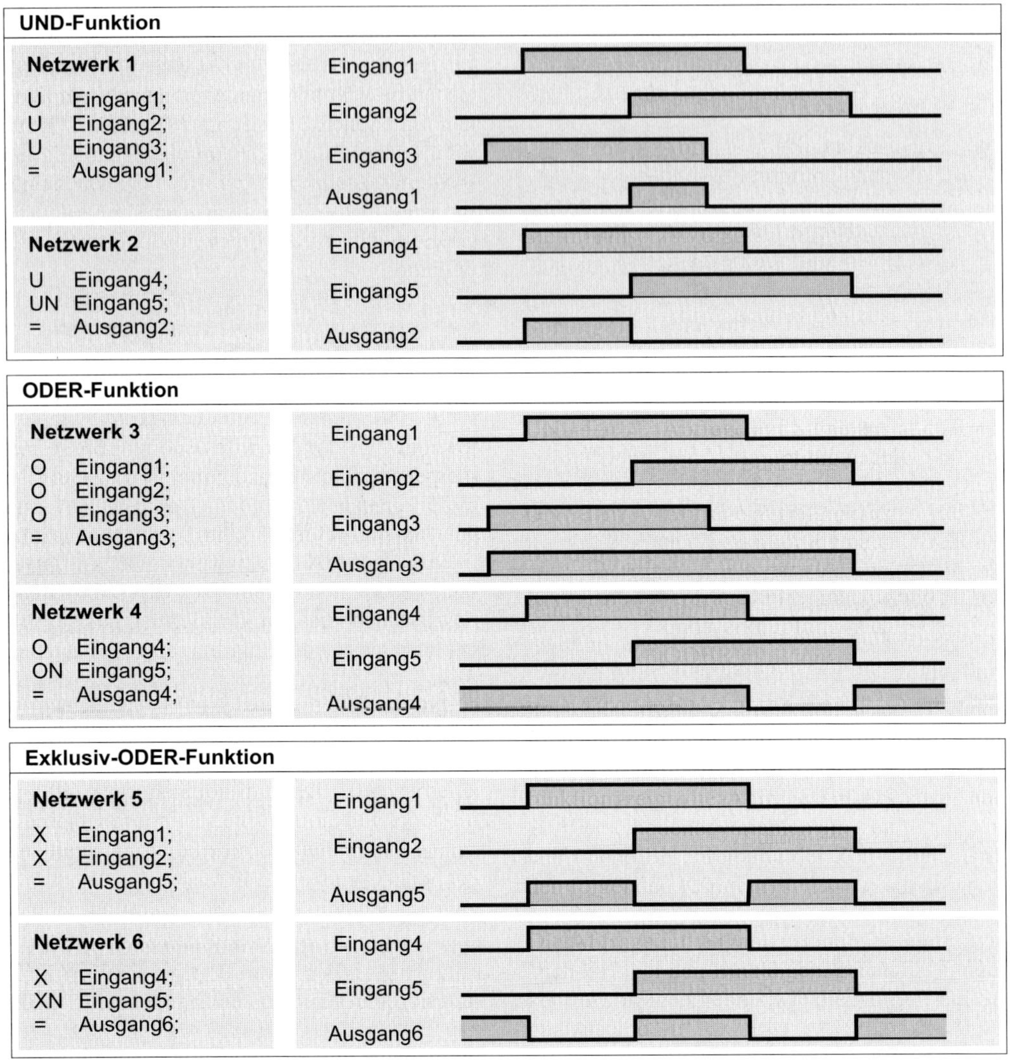


**Bild 4.3** Elementare binäre Funktionen

knüpfungsergebnis „1", wenn beide Zustände (beide Abfrageergebnisse) ungleich sind. Sie liefert Verknüpfungsergebnis „0", wenn beide Zustände (beide Abfrageergebnisse) gleich sind.

Bild 4.3 zeigt ein Beispiel für eine Exklusiv-ODER-Funktion: Im Netzwerk 5 führen zwei Eingänge (beliebige Binäroperanden) auf die Exklusiv-ODER-Funktion, die beide nach Signalzustand „1" abgefragt werden. Führt nur einer der abgefragten Operanden Signalzustand „1", ist die Exklusiv-ODER-Funktion erfüllt und die Zuweisungsoperation setzt den Operanden *Ausgang5* auf Signalzustand „1". Führen beide Operanden Signalzustand „1" oder „0", wird der Operand *Ausgang5* auf Signalzustand „0" zurückgesetzt.

Das Netzwerk 6 zeigt eine Exklusiv-ODER-Funktion mit einem negierten Eingang. Die Negation des Eingangs wird durch die Abfrage auf Signalzustand „0" gebildet. Das Abfrageergebnis eines auf „0" abgefragten Operanden ist

„1", wenn dieser Operand den Status „0" hat. D.h. die Exklusiv-ODER-Funktion im Beispiel ist dann erfüllt, wenn beide Eingangsoperanden den gleichen Signalzustand führen.

Sie können die Exklusiv-ODER-Funktion auch mehrfach nacheinander anwenden; dann ist das gemeinsame Verknüpfungsergebnis „1", wenn eine ungerade Anzahl der abgefragten Operanden Abfrageergebnis „1" liefert.

### 4.2.4 Berücksichtigung der Geberart

Die binären Funktionen UND, ODER und Exklusiv-ODER sind weiter oben in diesem Kapitel so beschrieben worden, als wären Schließer an den Eingabebaugruppen angeschlossen (Schließer sind Signalgeber, die bei Betätigung den Signalzustand „1" liefern). Bei der Realisierung einer Steuerungsfunktion kann jedoch nicht immer ein Schließer verwendet werden. In vielen Fällen, z.B. bei Ruhestromkreisen, ist die Verwendung von Öffnern unerläßlich (ein Öffner ist ein Signalgeber, der bei Betätigung den Signalzustand „0" liefert).

Ist der an einem Eingang angeschlossene Geber ein Schließer, führt der Eingang Signalzustand „1" bei Betätigung des Gebers. Ist der Geber ein Öffner, führt der Eingang Signalzustand „1" wenn der Geber in Ruhe ist. Die CPU hat keine Möglichkeit festzustellen, ob ein Eingang mit einem Schließer oder mit einem Öffner belegt ist. Sie kann nur Signalzustand „1" oder Signalzustand „0" erkennen.

Bei der Erstellung des Programms ist es deshalb notwendig, die Ausführung der Geber zu beachten. Sie müssen vor der Programmerstellung wissen, ob der verwendete Geber ein Öffner oder ein Schließer ist. Da sich die Programmierung nach der Funktion des Gebers richtet („Geber betätigt" oder „Geber nicht betätigt"), folgt, daß Sie je nach Ausführung des Gebers den Eingang auf Signalzustand „1" oder auf Signalzustand „0" abfragen müssen. Auf diese Weise können Sie auch Eingänge, die bei Signalzustand „0" Aktivitäten ausführen sollen („nullaktiv" sind), direkt abfragen und das Abfrageergebnis weiterverknüpfen.

Bild 4.4 zeigt die von der Art des Gebers abhängige Programmierung. Im ersten Fall seien zwei Schließer an das Automatisierungsgerät

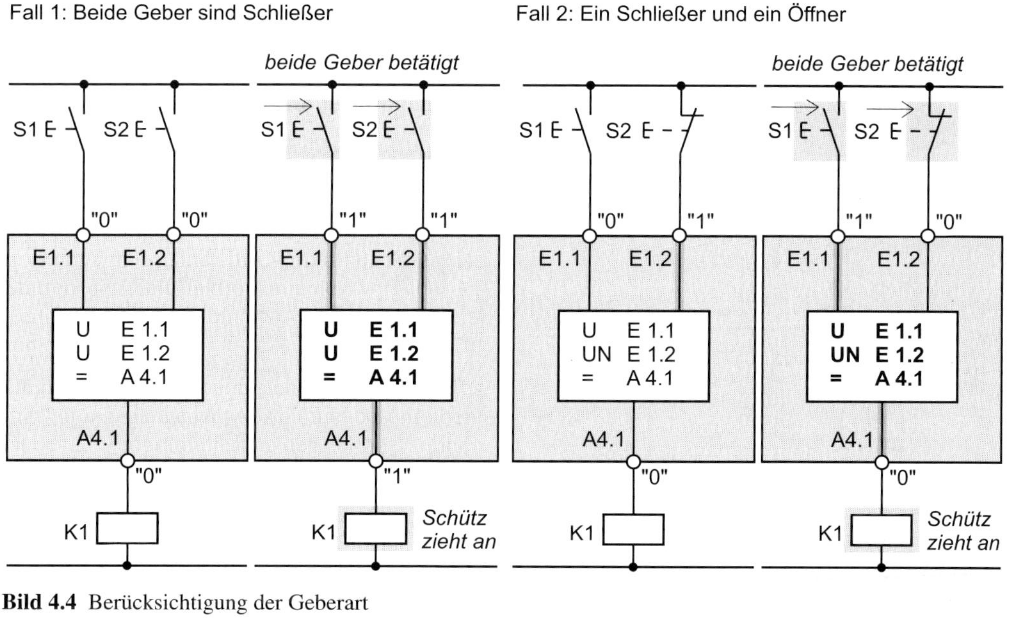


**Bild 4.4** Berücksichtigung der Geberart

angeschlossen, im zweiten Fall ein Schließer und ein Öffner. In beiden Fällen soll ein an einem Ausgang angeschlossenes Schütz anziehen, wenn beide Geber betätigt werden.

Bei Betätigung eines Schließers ist der Status am Eingang „1" und um die UND-Funktion mit Abfrageergebnis „1" zu erfüllen, wird auf Signalzustand „1" abgefragt. Bei Betätigung eines Öffners ist der Status am Eingang „0". Um in diesem Fall zur Erfüllung der UND-Funktion ein Abfrageergebnis „1" zu erhalten, muß auf Signalzustand „0" abgefragt werden.

## 4.3 Verknüpfungsergebnis negieren

Die Operation NOT negiert das Verknüpfungsergebnis. Sie können NOT an beliebiger Stelle, auch innerhalb einer Verknüpfung, anwenden. Mit dieser Operation können Sie z.B. eine UND-Funktion negiert auf einen Ausgang führen (NAND-Funktion, Bild 4.5 Netzwerk 7). Netzwerk 8 zeigt die Negation einer ODER-Funktion, eine NOR-Funktion.

Weitere Beispiele mit der Operation NOT finden Sie weiter unten im Kapitel 4.4.6 „Negation von Klammerausdrücken".

## 4.4 Zusammengesetzte binäre Verknüpfungen

Sie können binäre Verknüpfungen untereinander kombinieren, z.B. UND- und ODER-Funktionen in beliebiger Reihenfolge programmieren. Bei willkürlicher Reihenfolge der Operationen ist die Arbeitsweise der CPU nur schwer nachzuvollziehen. Besser ist es, wenn Sie sich für die Aufgabenlösung z.B. eine Darstellung als Funktionsplan zeichnen und danach in AWL programmieren.

AWL behandelt bei den kombinierten binären Verknüpfungen die ODER- und die Exklusiv-ODER-Funktion gleich (sie haben die gleiche Priorität). Die UND-Funktion wird quasi „vor" der ODER- bzw. der Exklusiv-ODER-Funktion ausgeführt; sie hat eine höhere Priorität.

Für die Bearbeitung der Funktionen in der gewünschten Reihenfolge ist es mitunter erforderlich, daß die CPU sich den Funktionswert (das bis zu einer bestimmten Stelle erarbeitete VKE) zwischenspeichert. Hierfür gibt es die Klammerfunktionen, die, wie auch in der Schreibweise der Booleschen Algebra, eine Bearbeitung einer Funktion „vor" einer anderen bewirken. Zu den Klammerfunktionen zählt auch das einzelne ODER.

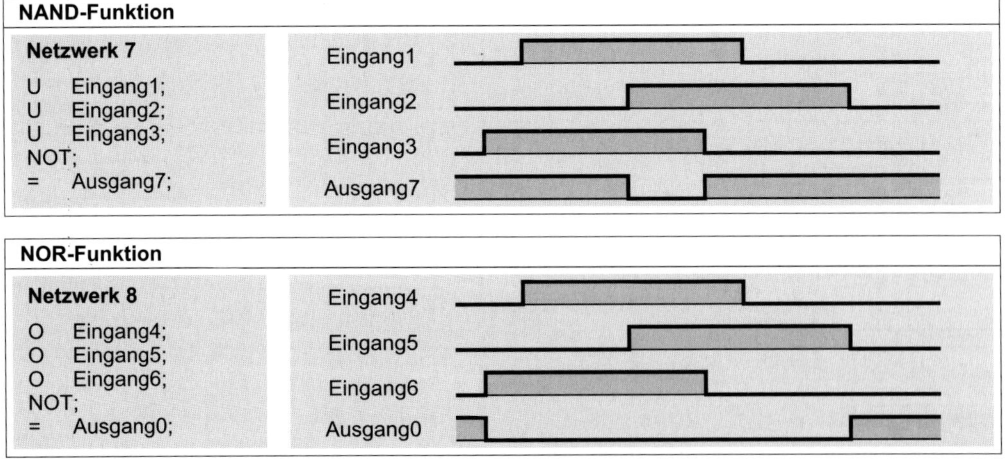


**Bild 4.5** Beispiele für die Operation NOT

Die Programmiersprache AWL hat folgende binäre Klammerfunktionen vorrätig:

O ODER-Verknüpfung von UND-Funktionen

U( Klammer auf mit UND-Verknüpfung

O( Klammer auf mit ODER-Verknüpfung

X( Klammer auf mit Exklusiv-ODER-Verknüpfung

UN( Klammer auf mit Negation und UND-Verknüpfung

ON( Klammer auf mit Negation und ODER-Verknüpfung

XN( Klammer auf mit Negation und Exklusiv-ODER-Verknüpfung

) Klammer zu

Die Verknüpfungsvorschrift bei der Klammer-auf-Operation gibt an, wie bei der Klammer-zu-Operation das Ergebnis des Klammerausdrucks mit dem gespeicherten Verknüpfungsergebnis verknüpft werden soll. Vor dieser Verknüpfung wird das Ergebnis des Klammerausdrucks negiert, wenn ein Negationszeichen angegeben ist.

### 4.4.1 Bearbeitung von Klammerausdrücken

Mit den binären Klammeroperationen legen Sie in der Programmiersprache AWL die Bearbeitungsreihenfolge der binären Verknüpfung fest. In der Ausführung wirkt das Setzen von Klammern so, als würde die CPU die sich in dem Klammerausdruck befindlichen Operationen „zuerst" bearbeiten, bevor sie die Operationen außerhalb der Klammern ausführt.

Die CPU speichert bei der Bearbeitung einer Klammer-auf-Operation das bis dahin erarbeitete Verknüpfungsergebnis intern ab, bearbeitet dann den Klammerausdruck und verknüpft bei Bearbeitung der Klammer-zu-Operation das Verknüpfungsergebnis des Klammerausdrucks mit dem vorher gespeicherten VKE nach der Funktion, die bei der Klammer-auf-Operation stand (Bild 4.6).

Eine Abfrageanweisung nach einer Klammer-auf-Anweisung ist immer eine Erstabfrage, da die CPU das VKE innerhalb eines Klammerausdrucks neu bildet. Eine Abfrageanweisung nach einer Klammer-zu-Anweisung ist nie eine Erstabfrage, da – wenn ein Klammerausdruck am Anfang einer Verknüpfung steht – die CPU das VKE des Klammerausdrucks wie das Abfrageergebnis einer Erstabfrage behandelt.

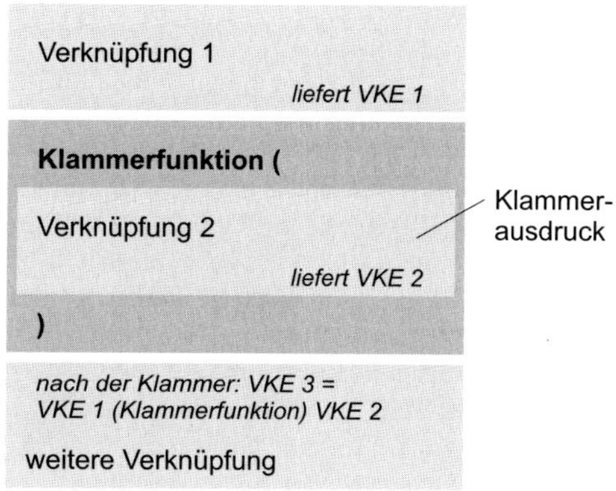


**Bild 4.6** Bearbeitung von Klammerausdrücken

Sie können Klammerausdrücke schachteln, d.h. in einem Klammerausdruck können Sie wieder einen Klammerausdruck programmieren (Bild 4.7). Die Schachtelungstiefe hat den Wert 7; d.h. Sie dürfen insgesamt 7 mal einen Klammerausdruck beginnen, ohne daß Sie vorher einen Klammerausdruck beenden. Die Bearbeitung innerhalb der geschachtelten Klammern geschieht sinngemäß nach der Beschreibung weiter oben.

#### Speichern von Zwischenergebnissen mit Hilfe des Klammerspeichers

Die CPU baut sich intern einen Stack auf, um die Klammerfunktionen bearbeiten zu können. Sie speichert in diesem Klammerstack:

- ▷ das Verknüpfungsergebnis VKE vor der Klammer,
- ▷ das Binärergebnis BIE vor der Klammer,
- ▷ das Statusbit OR (ob eine ODER-Funktion bereits erfüllt war) und
- ▷ die Klammerfunktion (mit welcher Funktion das Ergebnis des Klammerausdrucks verknüpft werden soll).

```
X(  ;            //XOR-Funktion ⑥
U(  ;            //UND-Funktion ④
O   Eingang0;    //ODER-Funktion ①
O   Eingang1;
)   ;
U(  ;
O   Eingang2;    //ODER-Funktion ②
O   Eingang3;
)   ;
U   Eingang4;
)   ;
X(  ;            //XOR-Funktion ⑥
U   Eingang5;    //UND-Funktion ⑤
U(  ;
O   Eingang6;    //ODER-Funktion ③
O   Eingang7;
)   ;
)   ;
=   Ausgang20;
```

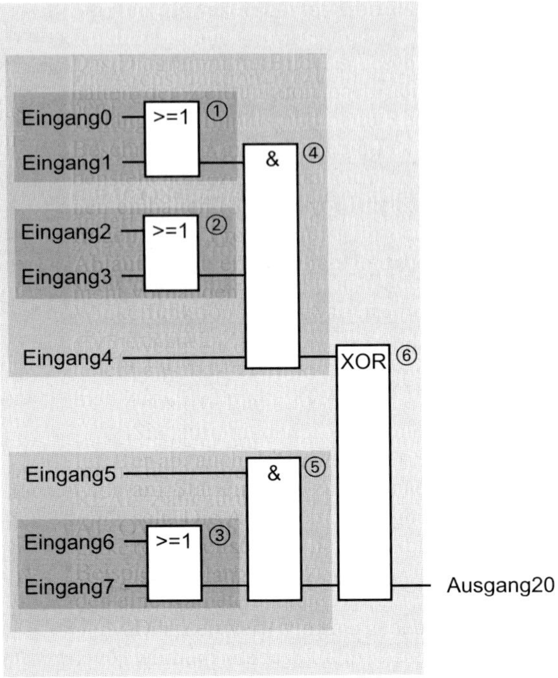


**Bild 4.7** Beispiel für geschachtelte Klammerausdrücke

Die CPU setzt das Binärergebnis BIE nach der Operation Klammer zu wieder auf den Signalzustand, in dem es vor dem Klammerausdruck war.

Innerhalb eines Klammerausdrucks können Sie nicht nur binäre Verknüpfungen, sondern alle Anweisungen der Programmiersprache AWL programmieren. Sie müssen jedoch darauf achten, daß Sie jeden Klammerausdruck ordnungsgemäß mit der Operation Klammer zu abschließen. So ist es z.B. möglich, mehrere Verknüpfungsschritte oder Speicher- und Vergleichsfunktionen innerhalb eines Klammerausdrucks zu programmieren.

### 4.4.2 ODER-Verknüpfung von UND-Funktionen

Diese aus UND- und ODER-Funktionen zusammengesetzten Verknüpfungen lassen sich in der Booleschen Algebra ohne Klammern schreiben. Es ist definiert, daß „zuerst" die UND-Funktionen bearbeitet werden. Danach erfolgt die Verknüpfung der Ergebnisse der UND-Funktionen zusammen mit eventuellen weiteren ODER-Abfragen nach ODER.

Beispiel:

```
U    Eingang0;
U    Eingang1;
O    ;
U    Eingang2;
U    Eingang3;
=    Ausgang8;
```

Im Beispiel steht zwischen der ersten und der zweiten UND-Funktion ein einzelnes O (für ODER-Funktion). Diese Operation ermöglicht die „UND-vor-ODER"-Bearbeitung. Sie ist immer dann notwendig, wenn man eine UND-Funktion „vor" eine ODER-Funktion setzt. Das einzelne „O" steht vor der UND-Funktion, nach der UND-Funktion ist es nicht mehr notwendig.

Im Beispiel wird *Ausgang8* gesetzt, wenn {*Eingang0* und *Eingang1*} oder {*Eingang2* und *Eingang3*} Signalzustand „1" führen.

### 4.4.3 UND-Verknüpfung von ODER- und Exklusiv-ODER-Funktionen

Diese aus UND- und ODER-Funktionen zusammengesetzte Verknüpfung muß man in der Booleschen Algebra mit Klammern schreiben, um anzudeuten, daß die ODER-Funktionen „vor" der UND-Funktion zu bearbeiten sind.

Beispiel:

```
U(    ;
O     Eingang0;
O     Eingang1;
)     ;
U(    ;
O     Eingang2;
O     Eingang3;
)     ;
=     Ausgang10;
```

Die Anweisung *Klammer auf* ist mit einer UND-Funktion „kombiniert". Innerhalb des Klammerausdrucks steht die ODER-Funktion. Die Anweisung *Klammer zu* verknüpft hier das Ergebnis der ODER-Funktion (allgemein: das in der Klammer erarbeitete Verknüpfungsergebnis) mit eventuellen weiteren Abfragen nach UND.

Im Beispiel wird *Ausgang10* gesetzt, wenn {*Eingang0* oder *Eingang1*} und {*Eingang2* oder *Eingang3*} Signalzustand „1" führen.

Eine UND-Verknüpfung von Exklusiv-ODER-Funktionen programmieren Sie genauso. Anstelle einer ODER-Funktion im Beispiel kann auch eine Exklusiv-ODER-Funktion treten, da beide Funktionen die gleiche Priorität in der Bearbeitung haben.

### 4.4.4 Exklusiv-ODER-Verknüpfung von UND-Funktionen

Eine UND-Funktion vor einer Exklusiv-ODER-Funktion wird in Klammern geschrieben. Mit Hilfe der Klammern speichert die CPU das Ergebnis der UND-Funktion und kann es dann mit eventuellen weiteren Abfragen nach Exklusiv-ODER verknüpfen.

Beispiel:

```
X(    ;
U     Eingang0;
U     Eingang1;
)     ;
X(    ;
U     Eingang2;
U     Eingang3;
)     ;
=     Ausgang12;
```

Im Beispiel muß die erste UND-Funktion nicht in Klammern gesetzt werden, da eine UND-Funktion eine höhere Priorität als eine Exklusiv-ODER-Funktion hat. Die Klammer erhöht jedoch die Lesbarkeit.

*Ausgang12* im Beispiel wird gesetzt, wenn entweder {*Eingang0* und *Eingang1*} oder {*Eingang2* und *Eingang3*} Signalzustand „1" führen.

### 4.4.5 Verknüpfung von ODER-Funktionen und Exklusiv-ODER-Funktionen

Eine ODER-Funktion vor einer Exklusiv-ODER-Funktion schreiben Sie in Klammern. Mit Hilfe der Klammern speichert die CPU das Ergebnis der ODER-Funktion und kann es dann mit eventuellen weiteren Abfragen nach Exklusiv-ODER verknüpfen.

Beispiel:

```
X(    ;
O     Eingang0;
O     Eingang1;
)     ;
X(    ;
O     Eingang2;
O     Eingang3;
)     ;
=     Ausgang14;
```

Im Beispiel wird *Ausgang14* gesetzt, wenn eine und nur eine der beiden ODER-Funktionen erfüllt ist.

Eine ODER-Verknüpfung von Exklusiv-ODER-Funktionen programmieren Sie genauso. Anstelle einer ODER-Funktion im Beispiel kann auch eine Exklusiv-ODER-Funktion treten und umgekehrt, da beide Funktionen die gleiche Priorität in der Bearbeitung haben.

### 4.4.6 Negation von Klammerausdrücken

Ebenso wie Sie einen Binäroperanden auf Signalzustand „0“ abfragen können (quasi den Operandenstatus negieren), können Sie auch einen Klammerausdruck negieren. Das bedeutet, daß die CPU das Ergebnis des Klammerausdrucks negiert weiterverarbeitet. Diese Negation geben Sie in der Operation Klammer auf durch ein zusätzliches N an.

Beispiel:

```
UN(    ;
O      Eingang0;
O      Eingang1;
)      ;
UN(    ;
X      Eingang2;
X      Eingang3;
)      ;
=      Ausgang16;
```

Im Beispiel wird *Ausgang16* gesetzt, wenn weder die ODER-Funktion noch die Exklusiv-ODER-Funktion erfüllt ist.

Eine zweite Möglichkeit des Negierens von Klammerausdrücken ist die Anweisung NOT (Negation). Ein vor der Klammer-zu-Anweisung geschriebenes NOT negiert das Verknüpfungsergebnis des Klammerausdrucks vor der Weiterverknüpfung.

Beispiel:

```
U(     ;
O      Eingang0;
O      Eingang1;
NOT    ;
)      ;
U(     ;
X      Eingang2;
X      Eingang3;
NOT    ;
)      ;
=      Ausgang17;
```

Diese Verknüpfung hat die gleiche Funktion wie die vorhergehende Verknüpfung. Die Negation des Klammerausdruck wird hier noch innerhalb der Klammer mit NOT erreicht.

# 5 Speicherfunktionen

Dieses Kapitel beschreibt die Speicherfunktionen für die Programmiersprache AWL; zu ihnen gehören die Zuweisung als dynamisches Steuern von Binäroperanden und das Setzen und Rücksetzen als statisches Steuern. Zu den Speicherfunktionen zählen auch die Flankenauswertungen.

Die Speicherfunktionen werden in Verbindung mit den binären Verknüpfungen verwendet, um mit Hilfe des in der CPU gebildeten Verknüpfungsergebnisses die Signalzustände von Binäroperanden zu beeinflussen.

Mit den Speicherfunktionen können Sie alle bitweise adressierten Operanden steuern: das Prozeßabbild der Ein- und Ausgänge, die Merker, die Globaldaten und die statischen und temporären Lokaldaten.

Die Beispiele in diesem Kapitel sind auch auf der dem Buch beiliegenden Diskette in der Bibliothek AWL_Buch unter dem Programm „Basisfunktionen" im Funktionsbaustein FB 105 bzw. in der Quelldatei Kap_5 dargestellt.

## 5.1 Zuweisung

= *Binäroperand*
Zuweisung des Verknüpfungsergebnisses

Die Operation Zuweisung „=" weist das im Prozessor vorhandene Verknüpfungsergebnis direkt dem bei der Operation stehenden Operanden zu. Ist das Verknüpfungsergebnis = „1", wird der Operand gesetzt; ist das Verknüpfungsergebnis = „0", wird der Operand rückgesetzt (Bild 5.1 Netzwerk 1). Wünschen Sie ein Setzen mit VKE = „0", können Sie mit der Anweisung NOT das VKE vor der Zuweisung negieren (Netzwerk 2).

Weitere Beispiele zur Zuweisung finden Sie im vorhergehenden Kapitel 4 „Binäre Verknüpfungen".

**Gleichzeitige Ausführung mehrerer Zuweisungen**

Das Verknüpfungsergebnis können Sie gleichzeitig auch mehreren Operanden zuweisen, indem Sie die Zuweisungsoperationen mit den entsprechenden Operanden untereinander anordnen (Bild 5.1 Netzwerk 3).

Alle angegebenen Operanden reagieren gleich, denn die Operationen zum Ansteuern der Binäroperanden ändern nicht das VKE. Erst wieder mit der nächstfolgenden Abfrageanweisung bildet die CPU ein neues Verknüpfungsergebnis.

Möchten Sie den Signalzustand eines Ausgangs weiterverknüpfen, fragen Sie ihn einfach mit der entsprechenden Abfrageanweisung ab (Netzwerk 4).

## 5.2 Setzen und Rücksetzen

S *Binäroperand*
Setzen des Operanden bei Verknüpfungsergebnis „1"

R *Binäroperand*
Rücksetzen des Operanden bei Verknüpfungsergebnis „1"

Die Operationen Setzen S und Rücksetzen R werden nur bei Verknüpfungsergebnis „1" ausgeführt. Die Setzoperation setzt dann den Operanden auf Signalzustand „1", die Rücksetzoperation auf „0". VKE „0" hat auf die Setz- und Rücksetzoperation keinen Einfluß; der bei einer Setz- oder Rücksetzoperation stehende Operand behält bei VKE „0" seinen augenblicklichen Signalzustand bei (Bild 5.1 Netzwerke 5 und 6).

**Gleichzeitige Ausführung mehrerer Speicherfunktionen**

Mit dem gleichen Verknüpfungsergebnis können Sie mehrere Setz- und Rücksetzoperationen in beliebiger Kombination und zusammen mit Zuweisungen steuern. Sie schreiben die Operationen mit den entsprechenden Operanden einfach untereinander (Bild 5.1 Netzwerk 7). Solange Setz-, Rücksetz- und Zuweisungsoperationen bearbeitet werden, ändert sich das Verknüpfungsergebnis nicht. Erst wieder mit der nächstfolgenden Abfrageanweisung bildet die CPU ein neues Verknüpfungsergebnis.

Auch hier können Sie mit der Operation NOT das Verknüpfungsergebnis innerhalb der Sequenz aus Speicheroperationen negieren.

In Sinne einer übersichtlichen Programmierung sollten Sie die einen Operanden betreffenden Setz- und Rücksetzoperationen paarweise miteinander verwenden, und zwar nur jeweils einmal.

## 5.3 RS-Speicherfunktion

Die RS-Speicherfunktion besteht aus einer Setz- und einer Rücksetzoperation; eine spezielle Kennzeichnung fehlt bei AWL. Sie realisieren die RS-Speicherfunktion durch aufeinanderfolgende Setz- und Rücksetzoperationen mit demselben Operanden. Hierbei ist es für die Funktionsweise der RS-Speicherfunktion wichtig, in welcher Reihenfolge Sie die Setz- und die Rücksetzoperation programmieren.

Beachten Sie, daß die bei Speicherfunktionen verwendeten Operanden im Anlauf in der Regel rückgesetzt werden. In besonderen Fällen bleiben die Signalzustände der Speicherfunktionen erhalten: Dies ist abhängig von der Anlaufart (z.B. Wiederanlauf), vom verwendeten Operanden (z.B. statische Lokaldaten) und von Einstellungen in der CPU (z.B. Remanenzverhalten).

### 5.3.1 Speicherfunktion mit vorrangigem Rücksetzen

Vorrangiges Rücksetzen heißt, die Speicherfunktion ist rückgesetzt, wenn die Setz- und die Rücksetzoperation „gleichzeitig" Signalzustand „1" führen. Die Rücksetzoperation hat dann Vorrang vor der Setzoperation (Bild 5.1 Netzwerk 8).

Bedingt durch die sequentielle Bearbeitung der Anweisungen setzt die CPU mit der zuerst bearbeiteten Setzoperation den Binäroperanden, setzt ihn jedoch anschließend beim Bearbeiten der Rücksetzoperation wieder zurück. Für den Rest der Programmbearbeitung bleibt der Ausgang rückgesetzt.

Ist der Binäroperand ein Ausgang, findet dieses kurzzeitige Setzen nur im Prozeßabbild statt, der (externe) Ausgang auf der dazugehörenden Ausgabebaugruppe wird nicht beeinflußt. Die CPU überträgt das Prozeßabbild der Ausgänge erst am Ende des Programmzyklus zu den Ausgabebaugruppen.

Die Speicherfunktion mit vorrangigem Rücksetzen ist die „normale" Anwendung der Speicherfunktion, da in der Regel der zurückgesetzte Zustand (Signalzustand „0") der sichere bzw. ungefährlichere Zustand ist.

### 5.3.2 Speicherfunktion mit vorrangigem Setzen

Vorrangiges Setzen heißt, die Speicherfunktion ist gesetzt, wenn die Setz- und die Rücksetzoperation „gleichzeitig" Signalzustand „1" führen; die Setzoperation hat dann Vorrang vor der Rücksetzoperation (Bild 5.1 Netzwerk 9).

Beim Bearbeiten der Anweisungsfolge setzt die CPU den Binäroperanden zuerst auf Signalzustand „0" und anschließend, beim Bearbeiten der Setzoperation, auf Signalzustand „1". Für den Rest der Programmbearbeitung bleibt der Ausgang gesetzt.

Ist der Binäroperand ein Ausgang, findet dieses kurzzeitige Rücksetzen nur im Prozeßabbild statt, der (externe) Ausgang auf der dazugehörenden Ausgabebaugruppe bleibt unbeeinflußt.

Das vorrangige Setzen ist die Ausnahme bei der Anwendung der Speicherfunktion. Vorrangiges Setzen wendet man z.B. bei der Realisierung eines Störmeldespeichers an, wenn trotz einer Quittierung am Rücksetzeingang die noch aktuelle Störungsmeldung am Setzeingang die Speicherfunktion weiterhin setzen soll.

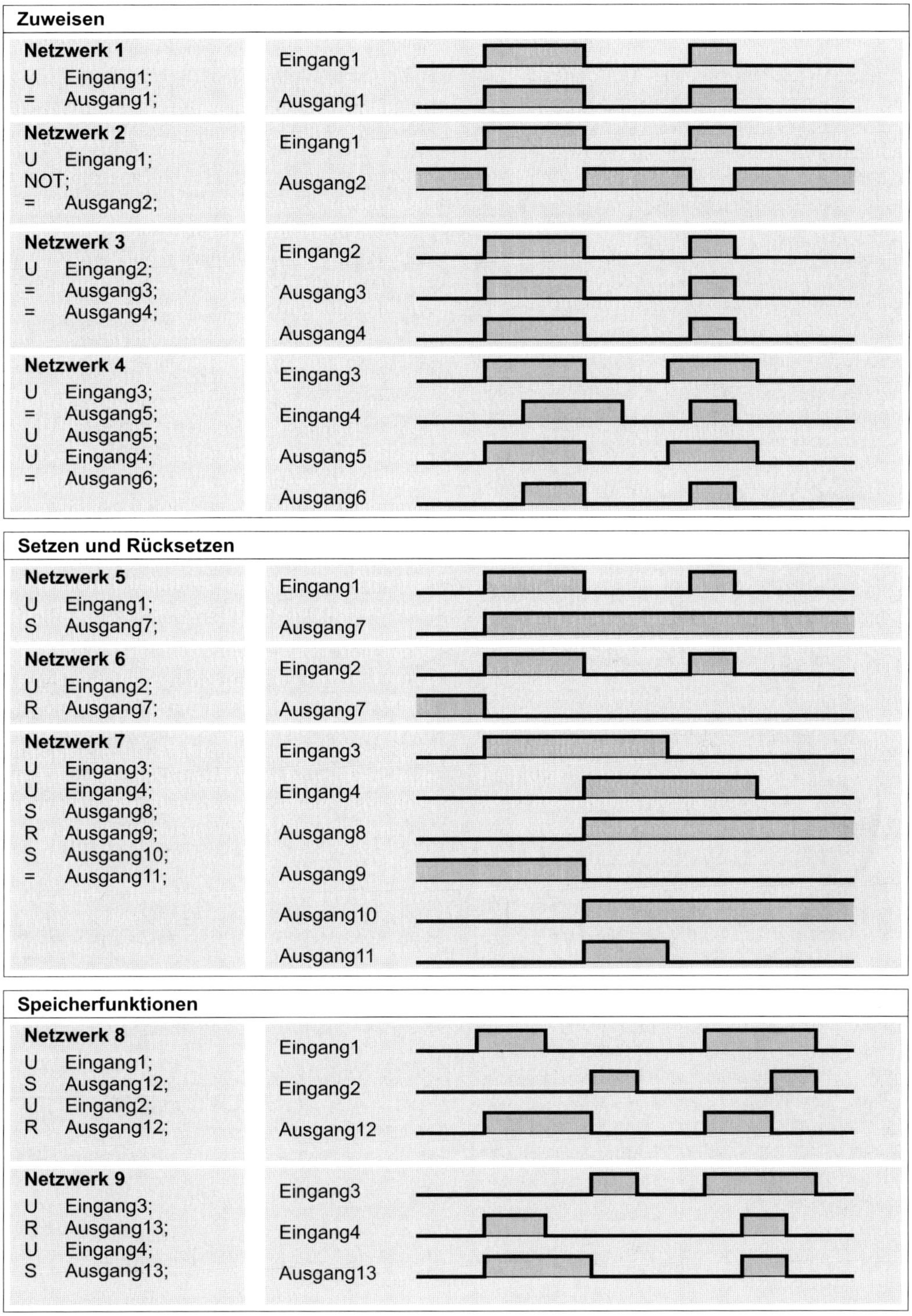


**Bild 5.1** Zuweisung, Setzen und Rücksetzen

### 5.3.3 Speicherfunktion innerhalb einer binären Verknüpfung

In der Programmiersprache AWL können Sie die Speicherfunktionen sehr freizügig verwenden. An jeder Stelle des Programms ist es möglich, das VKE in einem Operanden zu speichern und später wieder zu verwenden.

Das Beispiel im Bild 5.2 verwendet die Klammeroperationen nicht, um die Reihenfolge einer binären Verknüpfung zu steuern, sondern um ein Verknüpfungsergebnis zwischenzuspeichern.

Innerhalb eines Klammerausdrucks wird hier eine RS-Speicherfunktion verwendet. Deren Signalzustand soll weiterverknüpfen werden. Hierfür ist es notwendig, daß die Speicherfunktion am Ende des Klammerausdrucks abgefragt wird, um vor der Klammer-zu-Anweisung den Signalzustand der Speicherfunktion zu erhalten. Fehlt diese Anweisung, würde in diesem Fall der Signalzustand der vor dem Rücksetzeingang stehenden Verknüpfung weiterverknüpft werden.

Sie können beliebige AWL-Anweisungen innerhalb der Klammern verwenden; achten Sie jedoch darauf, daß vor der Klammer-zu-Operation das von Ihnen gewünschte (Klammer-) VKE steht.

**Binäre Zwischenergebnisse**

Für das Zwischenspeichern binärer Ergebnisse eignen sich folgende Binäroperanden:

▷ Temporäre Lokaldatenbits eignen sich am besten, wenn Sie das Zwischenergebnis nur innerhalb des Bausteins benötigen. Alle Codebausteine haben temporäre Lokaldaten.

▷ Statische Lokaldatenbits gibt es nur innerhalb eines Funktionsbausteins; sie speichern ihren Signalzustand bis zur nächsten Ansteuerung.

▷ Merkerbits stehen global in einer festen, CPU-spezifischen Anzahl zur Verfügung; mehrfache Verwendung von Merkern (dieselben Merker für unterschiedliche Aufgaben) sollten Sie mit Blick auf eine übersichtliche Programmierung vermeiden.

▷ Datenbits in Global-Datenbausteinen stehen ebenfalls im gesamten Programm zur Verfügung, benötigen jedoch vor ihrer Verwendung das Aufschlagen des entsprechenden Datenbausteins (auch wenn es implizit bei der Komplettadressierung geschieht).

Hinweis: Die bei STEP 5 verwendeten „Schmiermerker" können Sie durch die temporären Lokaldaten ersetzen, die in jedem Baustein zur Verfügung stehen.

```
U     Eingang1;
U     Eingang2;
NOT ;
O(    ;
U     Eingang3;
U     Eingang4;
S     Speicher1;
O     Eingang5;
O     Eingang6;
R     Speicher1;
UN    Speicher1;
)     ;
O     Eingang7;
=     Ausgang14;
```

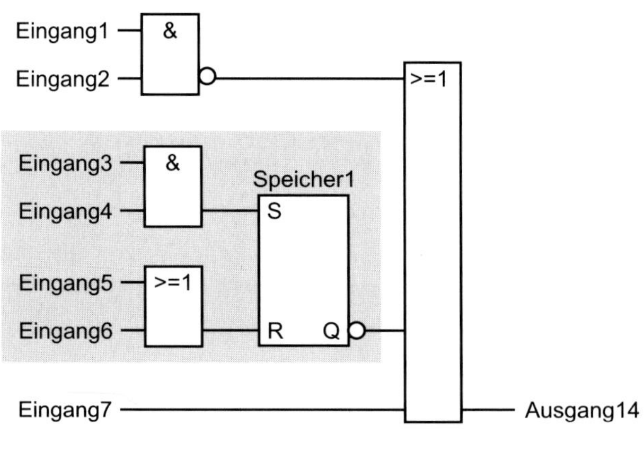


**Bild 5.2** Klammerausdruck als binärer Zwischenspeicher

## 5.4 Flankenauswertung

FP *Binäroperand*
positive (steigende) Flanke

FN *Binäroperand*
negative (fallende) Flanke

Mit einer Flankenauswertung erfassen Sie die Änderung eines Signalzustands, eine Signalflanke. Eine positive (steigende) Flanke liegt vor, wenn das Signal von Zustand „0" nach Zustand „1" wechselt. Im umgekehrten Fall spricht man von einer negativen (fallenden) Flanke.

Im Stromlaufplan ist das Äquivalent einer Flankenauswertung ein Wischkontakt. Gibt dieser Wischkontakt beim Einschalten des Relais einen Impuls ab, entspricht dies der steigenden Flanke. Ein Impuls des Wischkontakts beim Abschalten entspricht einer fallenden Flanke.

Den bei der Flankenauswertung stehenden Binäroperanden nennt man „Flankenmerker" (es muß nicht unbedingt ein Merker sein). Es muß ein Operand sein, dessen Signalzustand bei der nächsten Bearbeitung der Flankenauswertung (im nächsten Programmzyklus) wieder zur Verfügung steht und den Sie sonst nicht weiter im Programm verwenden. Als Operanden geeignet sind Merkerbits, Datenbits in Global-Datenbausteinen und statische Lokaldatenbits in Funktionsbausteinen.

Dieser Flankenmerker speichert das „alte" Verknüpfungsergebnis, nämlich das VKE, mit dem die CPU die Flankenauswertung zuletzt bearbeitet hat. Die CPU vergleicht nun bei der Bearbeitung der Flankenauswertung das aktuelle VKE mit dem Signalzustand des Flankenmerkers. Sind beide Signalzustände unterschiedlich, liegt eine Flanke vor. In diesem Fall führt die CPU den Signalzustand des Flankenmerkers nach, indem sie ihm das aktuelle VKE zuweist, und setzt je nach Operation bei positiver oder negativer Flanke das VKE nach der Flankenauswertung auf Signalzustand „1". Erkennt die CPU keine Flanke, setzt sie das VKE auf Signalzustand „0".

Signalzustand „1" nach einer Flankenauswertung heißt also „Flanke erkannt". Der Signalzustand „1" steht nur kurzfristig an, in der Regel nur einen Bearbeitungszyklus lang. Da beim nächsten Bearbeiten der Flankenauswertung die CPU keine Flanke erkennt (wenn sich das „Eingangs-VKE" der Flankenauswertung nicht ändert), setzt sie das VKE nach der Flankenauswertung wieder auf „0".

Das VKE nach einer Flankenauswertung können Sie direkt verarbeiten, z.B. mit einer Setzoperation, oder es in einem Binäroperanden speichern (in einem „Impulsmerker"). Einen Impulsmerker verwendet man dann, wenn das VKE der Flankenauswertung auch an anderer Stelle im Programm verarbeitet werden soll; er ist quasi der Zwischenspeicher für eine erkannte Flanke. Für den Impulsmerker geeignete Operanden sind Merkerbits, Datenbits in Global-Datenbausteinen, temporäre und statische Lokaldatenbits.

Das VKE nach einer Flankenauswertung können Sie auch mit nachfolgenden Abfrageanweisungen direkt weiterverknüpfen.

Beachten Sie das Verhalten der Flankenauswertung beim Einschalten der CPU. Soll keine Flanke erkannt werden, müssen beim Einschalten das VKE vor der Flankenauswertung und der Signalzustand des Flankenmerkers gleich sein. Unter Umständen muß (je nach gewünschtem Verhalten und verwendetem Operanden) im Anlauf der Flankenmerker zurückgesetzt werden.

Die nachfolgenden Beispiele erläutern die Funktionsweise der Flankenauswertung. In vereinfachter Form stellt ein Eingang das VKE vor der Flankenauswertung und ein Merker (der „Impulsmerker") das VKE nach der Flankenauswertung dar. Selbstverständlich kann vor und nach der Flankenauswertung auch eine binäre Verknüpfung stehen.

### 5.4.1 Positive Flanke

Die CPU erkennt eine positive (steigende) Flanke, wenn das Verknüpfungsergebnis vor der Flankenauswertung von „0" nach „1" wechselt. Die dabei ablaufenden Vorgänge zeigt Bild 5.3 oben; die fortlaufende Nummer steht für aufeinanderfolgende Bearbeitungszyklen:

① Bei der ersten Bearbeitung ist der Signalzustand des Eingangs und der des Flankenmerkers gleich „0". Der Impulsmerker bleibt zurückgesetzt.

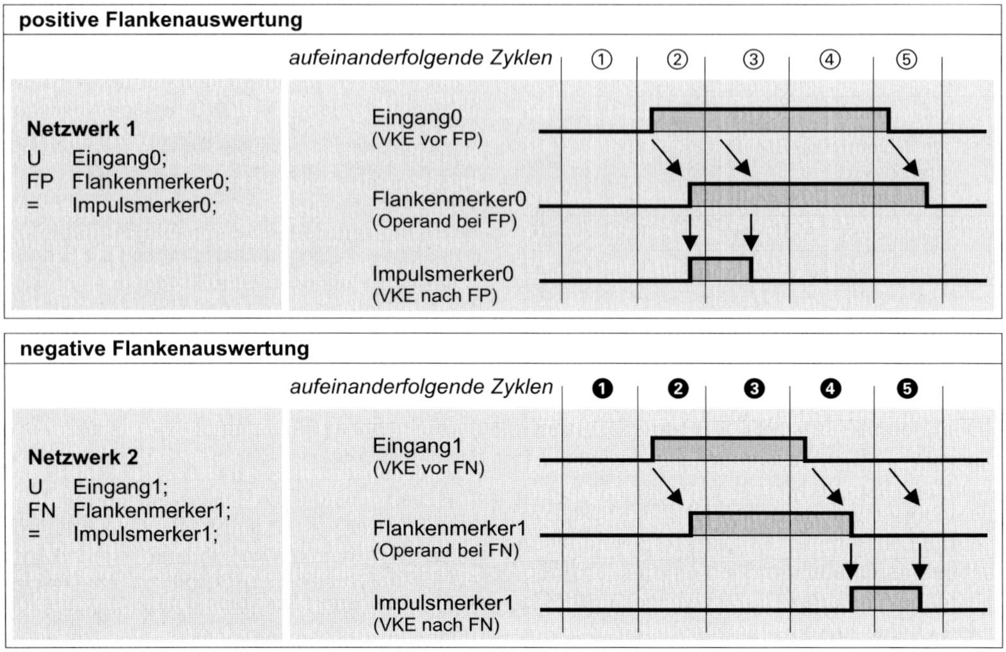


**Bild 5.3** Flankenauswertungen

② Bei der zweiten Bearbeitung soll sich der Signalzustand des Eingangs von „0“ nach „1“ geändert haben. Die Änderung stellt die CPU fest, indem sie das aktuelle Verknüpfungsergebnis mit dem Status des Flankenmerkers vergleicht. Ist das VKE = „1“ und der Zustand des Flankenmerkers = „0“, wird der Flankenmerker auf „1“ gesetzt. Ebenso wird das aktuelle VKE auf „1“ gesetzt.

③ Bei der darauffolgenden Bearbeitung stellt die CPU fest, daß sich die Zustände des Eingangs und des Flankenmerkers nicht unterscheiden. Sie setzt deshalb das aktuelle VKE auf „0“.

④ Solange sich die Zustände nicht unterscheiden, bleiben das VKE gleich „0“ und der Flankenmerker gesetzt.

⑤ Führt der Eingang wieder Signalzustand „0“, führt die CPU den Zustand des Flankenmerkers nach. Das VKE bleibt „0“. Danach ist der Anfangszustand wieder hergestellt.

### 5.4.2 Negative Flanke

Die CPU erkennt eine negative (fallende) Flanke, wenn das VKE vor der Flankenauswertung von „1“ nach „0“ wechselt. Die dabei ablaufenden Vorgänge zeigt Bild 5.3 unten; die fortlaufende Nummer steht für aufeinanderfolgende Bearbeitungszyklen:

❶ Bei der ersten Bearbeitung ist der Signalzustand des Eingangs und der des Flankenmerkers gleich „0“. Der Impulsmerker bleibt zurückgesetzt.

❷ Bei der zweiten Bearbeitung soll sich der Signalzustand des Eingangs von „0“ nach „1“ geändert haben. Die Änderung stellt die CPU fest, indem sie das aktuelle Verknüpfungsergebnis mit dem Status des Flankenmerkers vergleicht. Ist das VKE = „1“ und der Zustand des Flankenmerkers = „0“, wird der Flankenmerker auf „1“ gesetzt. Das VKE nach der Flankenauswertung bleibt „0“

❸ Solange sich die Zustände nicht unterscheiden, bleiben das VKE „0“ und der Flankenmerker gesetzt.

❹ Führt der Eingang wieder Signalzustand „0", führt die CPU den Zustand des Flankenmerkers nach und setzt das VKE nach der Flankenauswertung auf „1".

❺ In der nächsten Bearbeitung unterscheiden sich die Zustände des Eingangs und des Flankenmerkers nicht. Deshalb setzt die CPU das VKE wieder auf „0". Danach ist der Anfangszustand wieder hergestellt.

### 5.4.3 Testen eines Impulsmerkers

Die Signalzustände der Impulsmerker lassen sich mit den Testfunktionen der Programmiergeräte nur sehr schlecht beobachten, denn die Impulsmerker führen nur einen Programmzyklus lang Signalzustand „1".

Deshalb ist auch ein Ausgang als Impulsmerker ungeeignet, da die Signalverstärker auf der Ausgabebaugruppe bzw. die Stellgeräte die Signaländerung gar nicht so schnell nachvollziehen können.

Mit einer „Fangschaltung" können Sie jedoch die zeitlich sehr kurzen Signalzustände der Impulsmerker in einer Speicherfunktion festhalten. Der Impulsmerker setzt die RS-Speicherfunktion und speichert so das Signal „Flanke erkannt".

```
O       IMerker0;
O       IMerker1;
S       Speicher2;
U       Eingang2;
R       Speicher2;
```

Nachdem Sie die gespeicherte Flanke ausgewertet haben, können Sie die Speicherfunktion wieder zurücksetzen.

### 5.4.4 Flankenauswertung innerhalb einer binären Verknüpfung

Sie können eine Flankenauswertung innerhalb einer binären Verknüpfung nur dann sinnvoll einsetzen, wenn Sie mit dem Signalzustand nach der Flankenauswertung (dem „Impuls") eine Speicherfunktion, eine Zeitfunktion oder eine Zählfunktion steuern. Zwischen der Flankenauswertung und dem Steuern der entsprechenden Funktion können binäre Abfragen liegen.

```
O       Eingang3;
O       Eingang4;
FP      FMerker2
U       Eingang5;
S       Ausgang15;
U       Eingang6;
FN      FMerker3;
R       Ausgang15;
```

Im Beispiel wird *Ausgang15* in dem Moment gesetzt, in dem die ODER-Funktion erfüllt wird (wenn sie ihren Zustand von „0" nach „1" wechselt) und wenn zu dem Zeitpunkt *Eingang5* Signalzustand „1" führt. *Ausgang15* wird mit fallender Flanke am *Eingang6* zurückgesetzt.

Eine Flankenauswertung ist quasi eine Erstabfrage, denn das von der Flankenauswertung gebildete VKE kann weiterverknüpft werden. Das bedeutet auch, daß die Verknüpfung bis zur Flankenauswertung als „abgeschlossen" gilt (eine erfüllte ODER-Verknüpfung wird nicht gespeichert). Eine Flankenauswertung beeinflußt nicht die Bearbeitung von Klammerausdrücken.

### 5.4.5 Binäruntersetzer

Ein Binäruntersetzer hat einen Eingang und einen Ausgang. Wechselt das Signal am Eingang des Binäruntersetzers seinen Zustand, z.B. von „0" nach „1", so wechselt auch der Ausgang seinen Signalzustand (Bild 5.4). Dieser (neue) Signalzustand bleibt dann bis zum nächsten, in unserem Beispiel positiven, Signalzustandswechsel erhalten. Erst dann ändert sich der Signalzustand des Ausgangs erneut. Am Ausgang des Binäruntersetzers erscheint somit die halbe Eingangsfrequenz.

Zur Lösung dieser Aufgabe gibt es verschiedene Methoden, von denen im folgenden zwei vorgestellt werden.

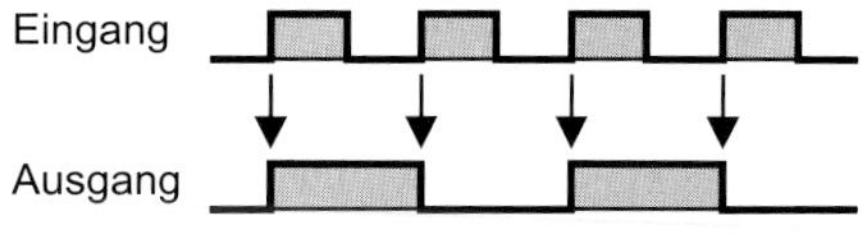


**Bild 5.4** Impulsdiagramm eines Binäruntersetzers

In der ersten Lösung wird ein Impulsmerker verwendet, der den Ausgang setzt, wenn er zurückgesetzt war, und ihn rücksetzt, wenn er gesetzt war. Wichtig ist bei der Programmierung, daß der Impulsmerker, nachdem er den Ausgang gesetzt hat, wieder zurückgesetzt wird (sonst wird der Ausgang gleich wieder zurückgesetzt).

```
U       Eingang_1;
FP      FMerker_1;
=       IMerker_1;
U       IMerker_1;
UN      Ausgang_1;
S       Ausgang_1;
R       IMerker_1;
U       IMerker_1;
U       Ausgang_1;
R       Ausgang_1;
```

Die zweite Lösung verwendet einen bedingten Sprung SPBN zur Auswertung der Flanke. Wenn die CPU keine Flanke erkennt, ist das VKE = „0“ und die Programmbearbeitung wird an der Sprungmarke fortgesetzt.

Bei einer positiven Flanke führt die CPU den Sprung nicht aus und bearbeitet die nachfolgenden beiden Anweisungen. Ist der Ausgang rückgesetzt, wird er gesetzt; ist er gesetzt, wird er rückgesetzt. Obwohl eine Zuweisung den Ausgang steuert, zeigt er speicherndes Verhalten, da dieser Programmteil nur bei einer positiven Flanke durchlaufen wird.

```
        U       Eingang_2;
        FP      FMerker_2;
        SPBN    M1;
        UN      Ausgang_2;
        =       Ausgang_2;
M1:     ...     ;
```

## 5.5 Beispiel Förderbandsteuerung

Am Beispiel einer von der Funktion her sehr einfachen Steuerung eines Förderbands wird die Funktionsweise der binären Verknüpfungen und Speicherfunktionen in Verbindung mit Eingängen, Ausgängen und Merkern gezeigt.

### Funktionsbeschreibung

Auf einem Förderband soll Stückgut transportiert werden, pro Band eine Kiste oder Palette. Die wesentlichen Funktionen sind hierbei:

- ▷ wenn das Band leer ist, fordert die Steuerung mit dem Signal „aufnahmebereit“ ein neues Fördergut an
- ▷ mit dem Signal „Start“ läuft das Band an und transportiert das Fördergut
- ▷ am Ende des Förderbands erfaßt ein Geber „Bandende“ (z.B. eine Lichtschranke) das Fördergut, woraufhin sich der Bandmotor ausschaltet und das Signal „abholbereit“ auslöst
- ▷ mit dem Signal „Weiter“ wird nun das Fördergut weitertransportiert bis der Geber „Bandende“ das Fördergut nicht mehr erfaßt.

Der Funktionsplan der Förderbandsteuerung ist im Bild 5.5 gezeigt. Das Beispiel ist mit Eingängen, Ausgängen und Merkern programmiert. Es kann in jedem Baustein an jeder Stelle stehen. In diesem Fall ist eine Funktion ohne Funktionswert als Baustein gewählt worden.

Im Kapitel 19 „Bausteinparameter“ ist das gleiche Beispiel in einem Funktionsbaustein mit Bausteinparametern programmiert, der dann auch mehrfach (für mehrere Förderbänder) aufgerufen werden kann.

### Signale, Symbole

Einige zusätzliche Signale ergänzen die Funktionalität der Förderbandsteuerung:

- ▷ Grundstellung
  Versetzt die Steuerung in den Grundzustand
- ▷ Hand_ein
  Schaltet das Band unabhängig von Bedingungen ein
- ▷ /Halt
  Hält das Band an, solange das Signal „0“ führt (ein Öffner als Geber, „nullaktiv“)
- ▷ Lichtschranke1
  das Fördergut hat das Ende des Bands erreicht
- ▷ /Motorstörung1
  Störungsmeldung des Bandmotors (z.B. Motorschutzschalter); ist als „nullaktives“ Signal ausgeführt, so daß z.B. ein Drahtbruch auch zu einer Störungsmeldung führt

Wir wollen symbolisch adressieren, d.h. die Operanden erhalten Namen, mit denen wir dann programmieren. Vor der inkrementellen Programmeingabe oder vor dem Übersetzen (beim quellorientierten Programmieren) erstellen wir eine Symboltabelle (Tabelle 5.1), die die Eingänge, Ausgänge, Merker und Bausteine enthält.

## Programm

Das Beispiel steht in einer Funktion ohne Bausteinparameter. Diese Funktion kann z.B. im Organisationsbaustein OB 1 wie folgt aufgerufen werden:

```
CALL Bandsteuerung;
```

Das Beispiel liegt als Quelltext mit symbolischer Adressierung vor. Die globalen Symbole können auch ohne Anführungszeichen verwendet werden, wenn sie keine Sonderzeichen enthalten. Steht ein Sonderzeichen (z.B. ein Umlaut oder ein Leerzeichen) in einem Symbol, muß das Symbol in Anführungszeichen stehen. Der Editor zeigt im übersetzten Baustein alle globalen Symbole mit Anführungszeichen an.

Das Programm ist in Netzwerke unterteilt, um die Übersichtlichkeit zu erhöhen. Das letzte Netzwerk mit dem Titel BAUSTEINENDE ist nicht unbedingt erforderlich. Es ist jedoch ein sichtbares Zeichen für das Ende des Bausteins, was besonders bei sehr langen Bausteinen nützlich ist.

**Tabelle 5.1** Symboltabelle für das Beispiel „Förderbandsteuerung“

| Symbol | Adresse | Datentyp | Kommentar |
|---|---|---|---|
| Bandsteuerung | FC 11 | FC 11 | Steuerung des Förderbands |
| Grundstellung | E 0.0 | BOOL | Steuerungen in die Grundstellung versetzen |
| Hand_ein | E 0.1 | BOOL | Förderbandmotor einschalten |
| /Halt | E 0.2 | BOOL | Förderbandmotor anhalten (nullaktiv) |
| Start | E 0.3 | BOOL | Förderband starten |
| Weiter | E 0.4 | BOOL | Quittierung Fördergut entnommen |
| Lichtschranke1 | E 1.0 | BOOL | Gebersignal „Bandende“ Förderband 1 |
| /Motorstörung1 | E 2.0 | BOOL | Motorschutzschalter Förderband 1, nullaktiv |
| aufnahmebereit | A 4.0 | BOOL | neues Fördergut auf das Band legen |
| abholbereit | A 4.1 | BOOL | Fördergut vom Band nehmen |
| Bandmotor1_ein | A 5.0 | BOOL | Bandmotor für Förderband 1 einschalten |
| Aufnehmen | M 2.0 | BOOL | Kommando Fördergut aufnehmen |
| Abgeben | M 2.1 | BOOL | Kommando Fördergut abgeben |
| FM_Ab_N | M 2.2 | BOOL | Flankenmerker Abgeben negative Flanke |
| FM_Ab_P | M 2.3 | BOOL | Flankenmerker Abgeben positive Flanke |
| FM_Auf_N | M 2.4 | BOOL | Flankenmerker Aufnehmen negative Flanke |
| FM_Auf_P | M 2.5 | BOOL | Flankenmerker Aufnehmen positive Flanke |

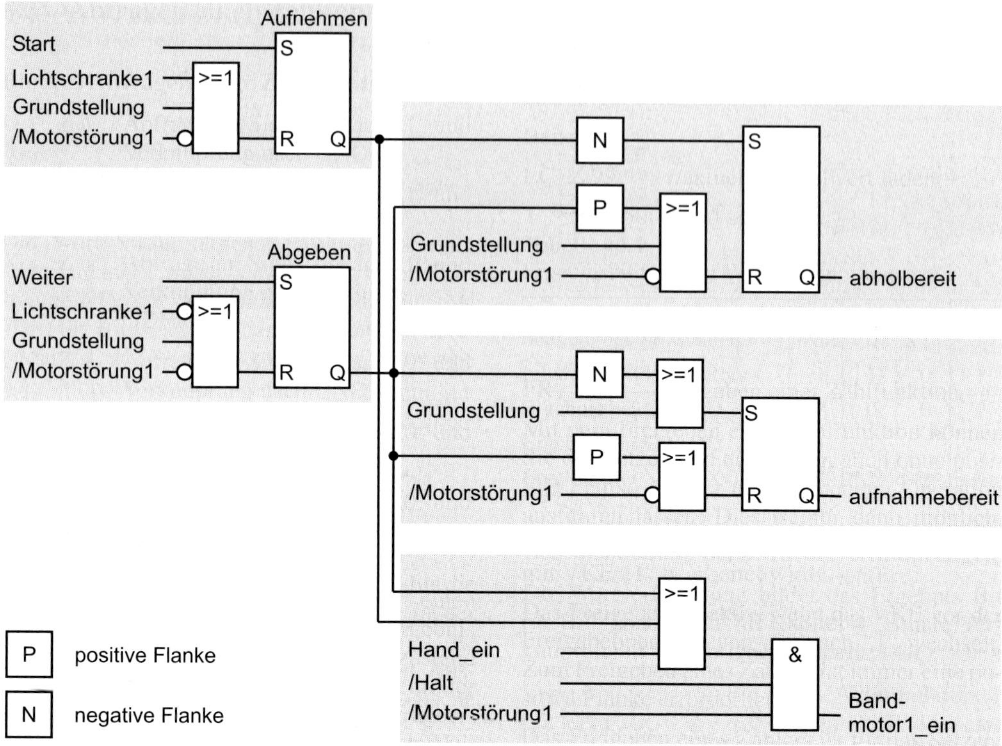


**Bild 5.5** Beispiel Förderbandsteuerung

```
FUNCTION Bandsteuerung : VOID
TITLE = Steuerung eines Förderbands
//Beispiel für binäre Verknüpfungen und Speicherfunktionen, ohne Bausteinparameter
NAME    : Band1
AUTHOR  : Berger
FAMILY  : AWL_Buch
VERSION : 01.00
BEGIN
NETWORK
TITLE = Fördergut aufnehmen
//Dieses Netzwerk bildet das Kommando "Aufnehmen", das den Transport des
//Förderguts bis zum Bandende veranlaßt.
      U     Start;                   //Förderband starten
      S     Aufnehmen;
      O     Lichtschranke1;          //Fördergut hat das Bandende erreicht
      O     Grundstellung;
      ON    "/Motorstörung1";        //Motorschutzschalter (nullaktiv)
      R     Aufnehmen;
NETWORK
TITLE = Fördergut abholbereit
//Wenn das Fördergut das Bandende erreicht hat, ist das Fördergut abholbereit.
      U     Aufnehmen;               //Wenn das Bandende erreicht ist, wird
      FN    FM_Auf_N;                //"Aufnehmen" zurückgesetzt.
      S     abholbereit;             //Das Fördergut ist dann "abholbereit"
      U     Abgeben;
      FP    FM_Ab_P;                 //das Fördergut wird abgeholt
      O     Grundstellung;
      ON    "Motorstörung1";
      R     abholbereit;
NETWORK
TITLE = Fördergut abgeben
//Das Kommando "Abgeben" veranlaßt den Transport des Förderguts vom Band.
      U     Weiter;                  //Wiedereinschalten des Förderbands
      S     Abgeben;
      ON    Lichtschranke1;          //Fördergut verläßt das Bandende
      O     Grundstellung;
      ON    "/Motorstörung1";        //Motorschutzschalter (nullaktiv)
      R     Abgeben;
NETWORK
TITLE = Band aufnahmebereit
//Das Förderband ist aufnahmebereit, wenn das Fördergut das Band verlassen hat.
      U     Abgeben;
      FN    FM_Ab_N;                 //Fördergut hat das Band verlassen
      O     Grundstellung;
      S     aufnahmebereit;          //Band ist leer
      U     Aufnehmen;
      FP    FM_Auf_P;                //Förderband wird gestartet
      ON    "/Motorstörung1";
      R     aufnahmebereit;
NETWORK
TITLE = Bandmotor steuern
//In diesem Netzwerk wird der Bandmotor ein- und ausgeschaltet.
      U(;
      O     Aufnehmen;               //Fördergut auf das Band nehmen
      O     Abgeben;                 //Fördergut vom Band transportieren
      O     Hand_ein;                //Starten mit "Hand_ein" (nichtspeichernd)
      );
      U     "/Halt";                 //Anhalten und Motorstörung verhindern
      U     "/Motorstörung1";        //das Laufen des Bandmotors
      =     Bandmotor1_ein;
NETWORK
TITLE = Bausteinende
      BE;
END_FUNCTION
```

# 6 Übertragungsfunktionen

Dieses Kapitel beschreibt für die Programmiersprache AWL Funktionen, die einen Datenaustausch mit den Akkumulatoren (Rechenregistern) durchführen. Im einzelnen sind dies die

▷ Ladefunktionen
Die Ladefunktionen verwenden Sie zum Füllen der Akkumulatoren, um anschließend die Werte digital weiterzuverarbeiten, z.B. Vergleichen, Rechnen, usw.

▷ Transferfunktionen
Die Transferfunktionen übertragen die digitalen Ergebnisse aus dem Akkumulator 1 in die Speicherbereiche der CPU, z.B. in den Merkerbereich.

▷ Akkumulatorfunktionen
Sie übertragen Informationen zwischen den Akkumulatoren oder tauschen Informationen im Akkumulator 1.

Die Ladefunktionen benötigen Sie auch, um bei den Zeit- und Zählfunktionen Anfangswerte vorzugeben oder die aktuellen Zeit- und Zählwerte zu verarbeiten.

Zum Kopieren größerer Datenmengen im Speicher oder zum Vorbesetzen von Datenbereichen stehen die Systemfunktionen SFC 20 BLKMOV, SFC 81 UBLKMOV und SFC 21 FILL zur Verfügung.

Zum Ansprechen von Baugruppen über den Nutzdatenbereich benötigen Sie die Lade- und Transferfunktionen; sprechen Sie Baugruppen über den Systemdatenbereich an, benötigen Sie Systemfunktionen zum Übertragen von Datensätzen. Mit diesen Systemfunktionen können Sie die Baugruppen auch parametrieren.

Die Beispiele in diesem Kapitel sind auch auf der dem Buch beiliegenden Diskette in der Bibliothek AWL_Buch unter dem Programm „Basisfunktionen“ im FB 106 bzw. in der Quelldatei Kap_6 dargestellt.

## 6.1 Allgemeines zum Laden und Transferieren

Die Lade- und Transferfunktionen ermöglichen das Austauschen von Informationen zwischen verschiedenen Speicherbereichen. Dieser Informationsaustausch geht nicht direkt vor sich, sondern ist immer mit einem „Umweg“ über den Akkumulator 1 verbunden. Ein Akkumulator ist ein besonderes Register im Prozessor und dient als „Zwischenspeicher“.

Beim Informationsaustausch wird die Richtung des Informationsflusses gekennzeichnet. Der Informationsfluß von einem Speicherbereich in den Akkumulator 1 wird *Laden* genannt (der Akkumulator 1 wird „geladen“), der umgekehrte Informationsfluß *Transferieren* (der Akkumulatorinhalt wird zum Speicherbereich „transferiert“).

Das Laden und Transferieren ist die Voraussetzung für die Verwendung der *Digitalfunktionen,* die einen Digitalwert manipulieren (z.B. umwandeln, schieben) oder zwei Digitalwerte miteinander verknüpfen (z.B. vergleichen, addieren). Zum Verknüpfen zweier Digitalwerte braucht man zwei Zwischenspeicher, nämlich den Akkumulator 1 und den Akkumulator 2. Alle CPUs besitzen diese zwei Register. Die S7-400-CPUs und die CPU 318 haben zusätzlich noch zwei Zwischenspeicher, die Akkumulatoren 3 und 4. Sie dienen vorwiegend als Zwischenspeicher bei Rechenfunktionen. Für das Kopieren der Akkumulatorinhalte untereinander gibt es die *Akkumulatorfunktionen.*

Diese Zusammenhänge sehen Sie im Bild 6.1 grafisch dargestellt. Die Ladefunktion überträgt Informationen vom Systemspeicher, vom Arbeitsspeicher und von der Peripherie zum Akkumulator 1 und schiebt dabei den „alten“ Inhalt des Akkumulators 1 in den Akkumulator 2. Die Digitalfunktionen manipulieren den Inhalt des Akkumulators 1 oder verknüpfen die

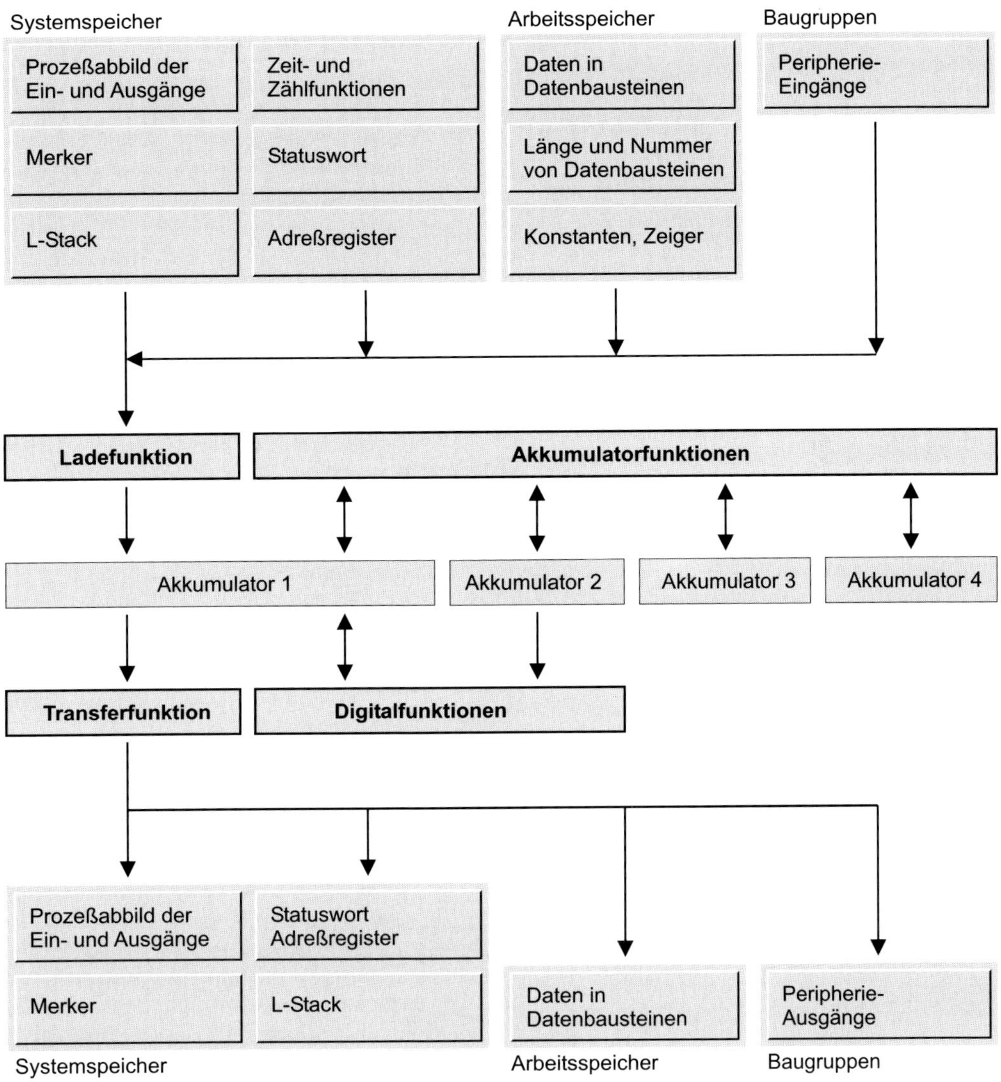


**Bild 6.1** Speicherbereiche für Laden und Transferieren

Inhalte der Akkumulatoren 1 und 2 und schreiben das Ergebnis zurück zum Akkumulator 1. Die Akkumulatorfunktionen haben Zugriff auf die Inhalte aller Akkumulatoren. Das Transferieren zum Systemspeicher, zum Arbeitsspeicher und zur Peripherie geht immer und nur vom Akkumulator 1 aus.

Alle Akkumulatoren sind 32 Bits breit, alle Speicherbereiche byteweise organisiert. Die Informationen zwischen den Speicherbereichen und dem Akkumulator 1 können byte-, wort- oder doppelwortweise ausgetauscht werden.

In diesem Kapitel werden die Lade- und Transferfunktionen in Verbindung mit den Operandenbereichen Eingänge, Ausgänge, Merker, Peripherie und das Laden von Konstanten beschrieben.

Die Lade- und Transferfunktionen können Sie auch mit folgenden Operandenbereichen kombinieren:

▷ Zeit- und Zählfunktionen (Kapitel 7 „Zeitfunktionen“ und 8 „Zählfunktionen“)

▷ Statuswort (Kapitel 15 „Statusbits“)

▷ Temporäre Lokaldaten (L-Stack, Kapitel 18.1.5 „Temporäre Lokaldaten“)

▷ Datenoperanden, Länge und Nummer von Datenbausteinen (Kapitel 18.2 „Bausteinfunktionen für Datenbausteine“)

▷ Adreßregister, Zeiger (Kapitel 25 „Indirekte Adressierung“)

▷ Variablenadresse (Kapitel 26 „Direkter Variablenzugriff“)

## 6.2 Ladefunktionen

### 6.2.1 Allgemeine Darstellung einer Ladefunktion

Die Ladefunktion besteht aus der Operation L (für Laden) und einem Operanden, dessen Inhalt sie in den Akkumulator 1 lädt.

| | | |
|---|---|---|
| L | +1200 | Konstante (unmittelbare Adressierung) |
| L | EW 16 | Digitaloperand (direkte, absolute Adressierung) |
| L | Istwert | Variable (symbolische Adressierung) |

Die CPU führt die Ladefunktion unabhängig vom Verknüpfungsergebnis und den Statusbits aus. Die Ladefunktion beeinflußt weder das Verknüpfungsergebnis noch die Statusbits.

**Beeinflussung des Akkumulators 2**

Die Ladefunktion verändert zusätzlich auch den Inhalt des Akkumulators 2. Während der Wert des bei der Ladeoperation angegebenen Operanden in den Akkumulator 1 geladen wird, erhält gleichzeitig der Akkumulator 2 den alten Wert des Akkumulators 1. Die Ladefunktion überträgt den gesamten Inhalt vom Akkumulator 1 zum Akkumulator 2. Der vorherige Inhalt des Akkumulators 2 geht dabei verloren.

Die Ladefunktion verändert nicht die Inhalte der Akkumulatoren 3 und 4 bei den S7-400-CPUs und bei der CPU 318.

**Laden allgemein**

Der bei der Ladefunktion stehende Digitaloperand kann ein Byte, ein Wort oder ein Doppelwort sein (Bild 6.2).

*Laden eines Bytes*

Das Laden eines Bytes schreibt den Inhalt des angegebenen Bytes rechtsbündig in den Akkumulator 1. Die restlichen Bytes im Akkumulator werden mit „0“ aufgefüllt.

*Laden eines Worts*

Das Laden eines Worts schreibt den Inhalt des angegebenen Worts rechtsbündig in den Akkumulator 1. Das höher adressierte Byte (n+1) steht hierbei ganz rechts im Akkumulator, links daneben das niedriger adressierte Byte (n). Die restlichen Bytes im Akkumulator werden mit „0“ aufgefüllt.

*Laden eines Doppelworts*

Das Laden eines Doppelworts schreibt den Inhalt des angegebenen Doppelworts in den Akkumulator 1. Das am niedrigsten adressierte Byte (n) steht hierbei ganz links im Akkumulator, das am höchsten adressierte Byte (n+3) ganz rechts.

### 6.2.2 Laden von Operanden

**Laden von Eingängen**

| | | |
|---|---|---|
| L | EB n | Laden eines Eingangsbytes |
| L | EW n | Laden eines Eingangsworts |
| L | ED n | Laden eines Eingangsdoppelworts |

Bei den S7-300-CPUs und ab 10/98 auch bei den S7-400-CPUs ist das Laden von Eingängen auch dann zugelassen, wenn die entsprechenden Eingabebaugruppen nicht vorhanden sind.

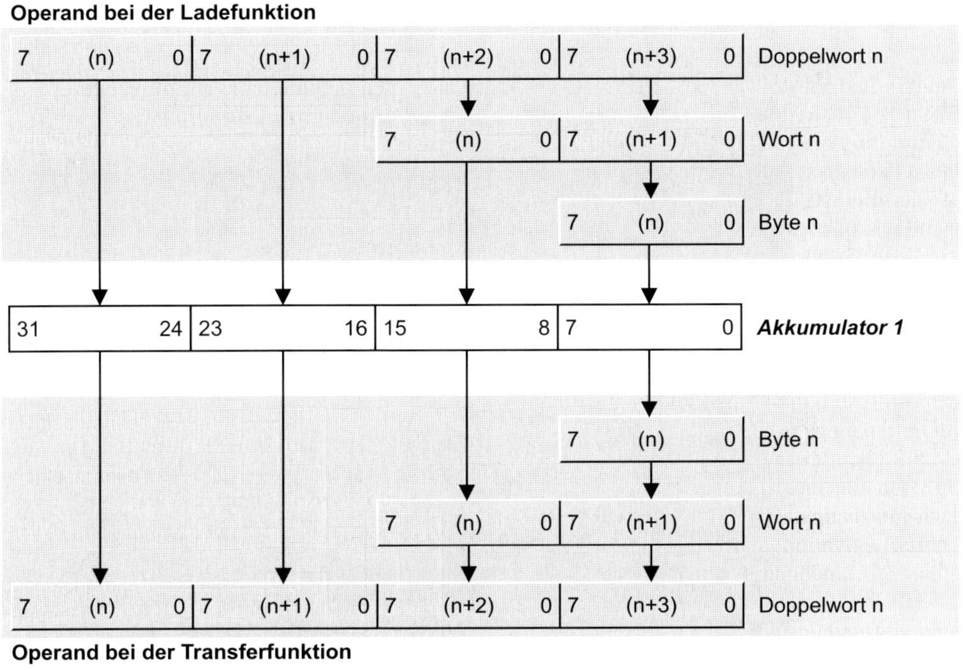


**Bild 6.2** Laden und Transferieren bei unterschiedlichen Operandenbreiten

### Laden von Ausgängen

| | | |
|---|---|---|
| L | AB n | Laden eines Ausgangsbytes |
| L | AW n | Laden eines Ausgangsworts |
| L | AD n | Laden eines Ausgangsdoppelworts |

Bei den S7-300-CPUs und ab 10/98 auch bei den S7-400-CPUs ist das Laden von Ausgängen auch dann zugelassen, wenn die entsprechenden Ausgabebaugruppen nicht vorhanden sind.

### Laden von Peripherie

| | | |
|---|---|---|
| L | PEB n | Laden eines Peripheriebytes |
| L | PEW n | Laden eines Peripherieworts |
| L | PED n | Laden eines Peripheriedoppelworts |

Beim Laden aus dem Peripheriebereich werden die Eingabebaugruppen als Peripherie-Eingänge PE angesprochen. Es dürfen nur die vorhandenen Baugruppen angesprochen werden.

Beachten Sie, daß das Laden direkt von den Peripheriebaugruppen einen anderen Wert übertragen kann als das Laden von Eingängen der gleichadressierten Baugruppe: Während der Signalzustand der Eingänge dem Wert am Anfang des Programmzyklus entspricht (als die CPU das Prozeßabbild aktualisiert hat) laden Sie direkt von den Peripheriebaugruppen den aktuellen Wert.

### Laden von Merkern

| | | |
|---|---|---|
| L | MB n | Laden eines Merkerbytes |
| L | MW n | Laden eines Merkerworts |
| L | MD n | Laden eines Merkerdoppelworts |

Das Laden aus dem Merkerbereich ist immer zugelassen, da die Merker komplett im Speicher der CPU vorhanden sind. Beachten Sie hierbei den unterschiedlich großen Merkerbereich der einzelnen CPUs.

### 6.2.3 Laden von Konstanten

#### Laden von Konstanten mit elementaren Datentypen

Sie können in den Akkumulator unmittelbar einen festen Wert laden. Diese Konstante können Sie zur besseren Anschaulichkeit in verschiedenen Darstellungsformaten angeben. Im Kapitel 3 „SIMATIC S7-Programm" finden Sie eine Übersicht über die möglichen Darstellungen. Alle in den Akkumulator ladbaren Konstanten gehören zu den elementaren Datentypen.

Beispiele:

| | | |
|---|---|---|
| L | B#16#F1 | Laden einer 2stelligen Hexazahl |
| L | –1000 | Laden einer INT-Zahl |
| L | 5.0 | Laden einer REAL-Zahl |
| L | S5T#2s | Laden einer S5-Zeit |
| L | C#250 | Laden einer BCD-Zahl (Zählwert) |
| L | TOD#8:30:00 | Laden einer Tageszeit |

Die Bitbelegung der Konstanten (Aufbau der Datentypen) finden Sie im Kapitel 24 „Datentypen".

#### Laden von Zeigern

Zeiger (Pointer) sind eine besondere Form von Konstanten; sie werden zur Berechnung von Operandenadressen verwendet. Folgende Zeiger können in den Akkumulator geladen werden:

| | | |
|---|---|---|
| L | P#1.0 | Laden eines bereichsinternen Zeigers |
| L | P#M2.1 | Laden eines bereichsübergreifenden Zeigers |
| L | P#name | Laden der Adresse einer Lokalvariablen |

Einen DB-Zeiger oder einen ANY-Zeiger können Sie nicht in den Akkumulator laden, da diese Zeiger länger als 32 Bits sind.

Weitere Informationen zu diesem Thema finden Sie in den Kapiteln 25 „Indirekte Adressierung" und 26 „Direkter Variablenzugriff".

## 6.3 Transferfunktionen

### 6.3.1 Allgemeine Darstellung einer Transferfunktion

Die Transferfunktion besteht aus der Transferoperation T und einem Digitaloperanden, zu dem sie den Inhalt des Akkumulators 1 transferiert.

| | | |
|---|---|---|
| T | MW 120 | Akkumulatorinhalt im Operanden speichern (absolute Adressierung) |
| T | Sollwert | Akkumulatorinhalt in einer Variablen speichern (symbolische Adressierung) |

Die CPU führt die Transferfunktion unabhängig vom Verknüpfungsergebnis und den Statusbits aus. Die Transferfunktion beeinflußt weder das Verknüpfungsergebnis noch die Statusbits.

Die Transferfunktion überträgt den Inhalt des Akkumulators 1 byte-, wortweise oder doppelwortweise zum angegebenen Operanden. Der Inhalt des Akkumulators 1 ändert sich dabei nicht. Er bleibt gleich, so daß er auch mehrfach transferiert werden kann.

Sie können die Transferfunktion nur auf den Akkumulator 1 anwenden. Möchten Sie einen Wert aus einem anderen Akkumulator transferieren, übertragen Sie mit den Akkumulatorfunktionen den Inhalt des entsprechenden Akkumulators in den Akkumulator 1 und transferieren dann den Wert zum Speicher.

#### Transferieren allgemein

Der bei der Transferfunktion stehende Digitaloperand kann byte-, wort- oder doppelwortbreit sein (Bild 6.2).

*Transferieren eines Bytes*

Das Transferieren eines Bytes überträgt den Inhalt des rechtsbündig im Akkumulator 1 gelegenen Bytes zu dem angegebenen Operandenbyte.

*Transferieren eines Worts*

Das Transferieren eines Worts überträgt den Inhalt des rechtsbündig im Akkumulator 1 gelegenen Worts zu dem angegebenen Operandenwort. Das ganz rechts im Akkumulator liegende Byte wird hierbei zum höher adressierte Byte (n+1) übertragen, das links daneben liegende zum niedriger adressierten Byte (n).

*Transferieren eines Doppelworts*

Das Transferieren eines Doppelworts überträgt den Inhalt des Akkumulators 1 zum angegebenen Operandendoppelwort. Das ganz links im Akkumulator liegende Byte wird hierbei zum am niedrigsten adressierten Byte (n) übertragen, das ganz rechts liegende Byte zum am höchsten adressierten Byte (n+3).

### 6.3.2 Transferieren zu Operanden

#### Transferieren zu Eingängen

| | | |
|---|---|---|
| T | EB n | Transferieren zu einem Eingangsbyte |
| T | EW n | Transferieren zu einem Eingangswort |
| T | ED n | Transferieren zu einem Eingangsdoppelwort |

Bei den S7-300-CPUs und ab 10/98 auch bei den S7-400-CPUs ist das Transferieren zu Eingängen auch dann zugelassen, wenn die entsprechenden Eingabebaugruppen nicht vorhanden sind.

Das Transferieren zu den Eingängen beeinflußt nur die Bits im Prozeßabbild, genauso wie das Setzen und Rücksetzen von Eingängen. Eine mögliche Anwendung ist die Vorgabe von Werten zum Testen oder Inbetriebsetzen: Wenn Sie die Eingänge am Anfang des Programms mit den von Ihnen gewünschten Signalzuständen steuern, arbeitet dann das Programm mit diesen neuen Werten und nicht mit den Werten von den Eingabebaugruppen.

#### Transferieren zu Ausgängen

| | | |
|---|---|---|
| T | AB n | Transferieren zu einem Ausgangsbyte |
| T | AW n | Transferieren zu einem Ausgangswort |
| T | AD n | Transferieren zu einem Ausgangsdoppelwort |

Bei den S7-300-CPUs und ab 10/98 auch bei den S7-400-CPUs ist das Transferieren zu Ausgängen auch dann zugelassen, wenn die entsprechenden Ausgabebaugruppen nicht vorhanden sind.

#### Transferieren zur Peripherie

| | | |
|---|---|---|
| T | PAB n | Transferieren zu einem Peripheriebyte |
| T | PAW n | Transferieren zu einem Peripheriewort |
| T | PAD n | Transferieren zu einem Peripheriedoppelwort |

Das Transferieren zur Peripherie verwendet den Operandenbereich Peripherie-Ausgänge PA. Es können nur Adressen angesprochen werden, die auch mit Ausgabebaugruppen belegt sind.

Das Transferieren zu Peripheriebaugruppen, die ein Ausgangs-Prozeßabbild haben, führt gleichzeitig dieses Prozeßabbild nach, so daß kein Unterschied zwischen gleichadressierten Ausgängen und Peripherie-Ausgängen besteht.

#### Transferieren zu Merkern

| | | |
|---|---|---|
| T | MB n | Transferieren zu einem Merkerbyte |
| T | MW n | Transferieren zu einem Merkerwort |
| T | MD n | Transferieren zu einem Merkerdoppelwort |

Das Transferieren zum Merkerbereich ist immer zugelassen, da die Merker komplett im Speicher der CPU vorhanden sind. Beachten Sie hierbei den unterschiedlich großen Merkerbereich der einzelnen CPUs.

## 6.4 Akkumulatorfunktionen

Die Akkumulatorfunktionen übertragen Werte zwischen den Akkumulatoren oder tauschen Bytes im Akkumulator 1. Die Ausführung der Akkumulatorfunktionen ist unabhängig vom Verknüpfungsergebnis und von den Statusbits. Weder das Verknüpfungsergebnis noch die Statusbits werden beeinflußt.

### 6.4.1 Direkte Übertragung zwischen den Akkumulatoren

| | |
|---|---|
| PUSH | Schieben der Akkumulatorinhalte nach „oben“ |
| POP | Schieben der Akkumulatorinhalte nach „unten“ |
| ENT | Schieben der Akkumulatorinhalte nach „oben“ (ohne Akku 1) |
| LEAVE | Schieben der Akkumulatorinhalte nach „unten“ (ohne Akku 1) |
| TAK | Tauschen der Inhalte der Akkumulatoren 1 und 2 |

CPUs mit 2 Akkumulatoren (S7-300 außer CPU 318) kommen mit den Operationen PUSH, POP und TAK aus; bei CPUs mit 4 Akkumulatoren (S7-400 und CPU 318) sind alle Operationen vorhanden (Bild 6.3).

#### PUSH

Die Operation PUSH schiebt den Inhalt der Akkumulatoren 1 bis 3 jeweils in den nächst höheren Akkumulator. Der Inhalt des Akkumulators 1 ändert sich hierbei nicht.

PUSH können Sie verwenden, um denselben Wert mehrfach in die Akkumulatoren einzutragen.

#### POP

Die Operation POP schiebt den Inhalt der Akkumulatoren 4 bis 2 jeweils in den darunter liegenden Akkumulator. Der Inhalt des Akkumulators 4 ändert sich hierbei nicht.

Mit POP holen Sie die in den Akkumulatoren 2 bis 4 stehenden Werte in den Akkumulator 1, um sie dann zum Speicher transferieren zu können.

#### TAK

Die Operation TAK tauscht die Inhalte der Akkumulatoren 1 und 2. Die Inhalte der Akkumulatoren 3 und 4 ändern sich hierbei nicht.

#### ENT

Die Operation ENT schiebt den Inhalt der Akkumulatoren 2 und 3 jeweils in den nächst höheren Akkumulator. Die Inhalte der Akkumulatoren 1 und 2 ändern sich hierbei nicht.

ENT in Verbindung mit einer unmittelbar folgenden Ladefunktion hat zum Ergebnis, das beim Laden die Inhalte der Akkumulatoren 1 bis 3 „nach oben“ geschoben werden (ähnlich wie bei PUSH) und der neue Wert im Akkumulator 1 steht.

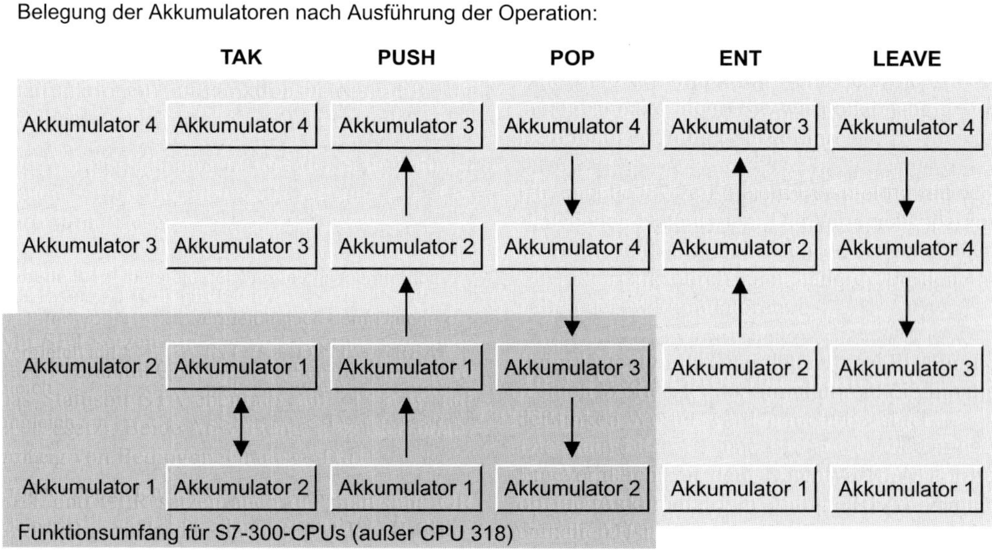


**Bild 6.3** Direkte Übertragung zwischen den Akkumulatoren bei S7-300 und S7-400

**LEAVE**

Die Operation LEAVE schiebt den Inhalt der Akkumulatoren 3 und 4 jeweils in den darunter liegenden Akkumulator. Die Inhalte der Akkumulatoren 4 und 1 ändern sich hierbei nicht.

Die arithmetischen Funktionen enthalten die Funktionalität von LEAVE. Mit LEAVE können Sie die gleiche Funktionalität auch bei anderen Digitalverknüpfungen (z.B. einer Wortverknüpfung) nachbilden.

LEAVE nach einer Digitalverknüpfung programmiert holt die Inhalte der Akkumulatoren 3 und 4 in die Akkumulatoren 2 und 3; das Ergebnis der Digitalverknüpfung steht unverändert im Akkumulator 1.

## 6.5 Bytes im Akkumulator 1 tauschen

TAW Tausche Bytes im Akkumulator 1 im rechten Wort

TAD Tausche Bytes im gesamten Akkumulator 1

Die Operation TAW tauscht die beiden rechten Bytes im Akkumulator 1 (Bild 6.4). Die linken Bytes bleiben unbeeinflußt.

Die Operation TAD tauscht alle Bytes im Akkumulator 1. Das ganz links stehende Byte steht nach TAD ganz rechts; die beiden Bytes in der Mitte tauschen die Plätze.

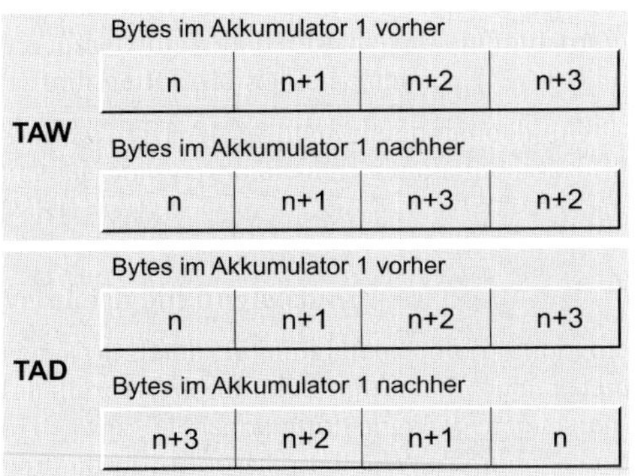


**Bild 6.4** Tauschen der Bytes im Akkumulator 1

## 6.6 Systemfunktionen für Datenübertragung

Für die Datenübertragung stehen folgende Systemfunktionen zur Verfügung

- ▷ SFC 20 BLKMOV
  Datenbereich kopieren
- ▷ SFC 21 FILL
  Datenbereich füllen
- ▷ SFC 81 UBLKMOV
  Datenbereich ununterbrechbar kopieren
- ▷ SFC 83 READ_DBL
  Lesen aus dem Ladespeicher
- ▷ SFC 84 WRIT_DBL
  Schreiben in den Ladespeicher

**ANY-Parameter bei den SFC 20, 21 und 81**

Diese Systemfunktionen besitzen je zwei Parameter mit dem Datentyp ANY (Tabelle 6.1). An diesen Parameter können Sie (im Prinzip) einen beliebigen Operanden, eine beliebige Variable oder einen beliebigen absolutadressierten Bereich anlegen.

Verwenden Sie eine Variable mit zusammengesetztem Datentyp, kann es nur eine „komplette" Variable sein; Komponenten einer Variablen (z.B. einzelne Feld- oder Strukturkomponenten) sind nicht zugelassen. Für die Angabe eines absolutadressierten Bereichs verwenden Sie den ANY-Zeiger; dessen Aufbau ist im Kapitel 25.1 „Zeiger" beschrieben. Bei einem ANY-Zeiger vom Typ BOOL (z.B. bei einem Feld) muß die Länge durch 8 teilbar sein.

Sie können auch einzelne Variablen mit dem Datentyp STRING kopieren. Allerdings verhalten sich in diesem Fall der AWL-Programmeditor und der SCL-Programmeditor unterschiedlich (siehe Kapitel 6.6.4 „STRING-Variablen kopieren").

Wenn Sie an einem Bausteinparameter vom Datentyp ANY einen Aktualparameter anlegen, der in den temporären Lokaldaten liegt, geht der Editor davon aus, daß dieser Aktualparameter die Struktur eines ANY-Zeigers aufweist. Sie können auf diese Weise in den temporären Lokaldaten einen ANY-Zeiger aufbauen, den Sie zur Laufzeit verändern können, d.h. Sie können den Bereich variabel gestalten. Das Beispiel „Telegramm speichern" im Kapitel 26

**Tabelle 6.1** Parameter der SFCs 20, 21 und 81

| SFC | Parameter | Deklaration | Datentyp | Belegung, Beschreibung |
|---|---|---|---|---|
| 20 | SRCBLK | INPUT | ANY | Quellbereich, aus dem kopiert werden soll |
| | RET_VAL | OUTPUT | INT | Fehlerinformation |
| | DSTBLK | OUTPUT | ANY | Zielbereich, in den kopiert werden soll |
| 21 | BVAL | INPUT | ANY | Quellbereich, der kopiert werden soll |
| | RET_VAL | OUTPUT | INT | Fehlerinformation |
| | BLK | OUTPUT | ANY | Zielbereich, in den der Quellbereich (auch mehrfach) kopiert werden soll |
| 81 | SRCBLK | INPUT | ANY | Quellbereich, aus dem kopiert werden soll |
| | RET_VAL | OUTPUT | INT | Fehlerinformation |
| | DSTBLK | OUTPUT | ANY | Zielbereich, in den kopiert werden soll |

„Direkter Variablenzugriff" zeigt eine Anwendung dieses „variablen ANY-Zeigers".

### ANY-Parameter bei den SFC 83 und 84

Die Systemfunktionen SFC 83 READ_DBL und SFC 84 WRIT_DBL übertragen Daten zwischen Datenbausteinen, die im Lade- und im Arbeitsspeicher liegen. An den Bausteinparametern SRCBLK und DSTBLK sind als Aktualparameter ganze Datenbausteine oder Teile aus Datenbausteinen zugelassen. Bei symbolischer Adressierung werden nur „komplette" Variablen akzeptiert, die in einem Datenbaustein liegen; einzelne Feld- oder Strukturkomponenten sind nicht zugelassen. Einen absolut adressierten Datenbereich geben Sie wie folgt an: P#Datenbaustein.Datenoperand Typ Anzahl. Bei einem ANY-Zeiger vom Typ BOOL (z.B. bei einem Feld) muß die Länge durch 8 teilbar sein.

## 6.6.1 Datenbereich kopieren

Die Systemfunktion SFC 20 BLKMOV kopiert in Richtung aufsteigender Adressen (inkrementierend) den Inhalt eines Quellbereichs (Parameter SRCBLK) zu einem Zielbereich (Parameter DSTBLK).

An den Parametern können folgende Aktualparameter angelegt werden:

▷ beliebige Variablen aus den Operandenbereichen Eingänge E, Ausgänge A, Merker M, Datenbausteine (Variablen aus Global-Datenbausteinen und aus Instanz-Datenbausteinen)

▷ Variablen aus den temporären Lokaldaten (Sonderbehandlung beim Datentyp ANY)

▷ absolutadressierte Datenbereiche unter Angabe eines ANY-Zeigers

Mit der SFC 20 nicht kopieren können Sie Zeit- und Zählfunktionen sowie Informationen von und zu den Baugruppen (Operandenbereich Peripherie) und Systemdatenbausteinen SDB.

Bei Eingängen und Ausgängen wird der angegebene Bereich kopiert, unabhängig von der tatsächlichen Belegung mit Eingabe- oder Ausgabebaugruppen. Besitzt die CPU keine SFC 83 READ_DBL, können Sie als Quellbereich auch eine Variable oder einen Bereich aus einem Datenbaustein im Ladespeicher angeben.

Quell- und Zielbereich dürfen sich nicht überlappen. Sind Quell- und Zielbereich unterschiedlich lang, wird nur bis zur Länge des kleineren Bereichs übertragen.

Beispiel: Die Variable *Telegramm* (z.B. eine strukturierte Variable als anwenderdefinierter Datentyp) im Datenbaustein „Empfangsfach" soll in die Variable *Telegramm1* (vom gleichen Datentyp wie die Variable *Telegramm*) im Datenbaustein „Puffer" kopiert werden. Der Funktionswert soll in der Variablen *Kopierfehler* im Datenbaustein „Auswertung" abgelegt werden.

```
CALL BLKMOV (
     SRCBLK  := Empfangsfach.Telegramm,
     RET_VAL := Auswertung.Kopierfehler,
     DSTBLK  := Puffer.Telegramm1);
```

## 6.6.2 Datenbereich ununterbrechbar kopieren

Die Systemfunktion SFC 81 UBLKMOV kopiert in Richtung aufsteigender Adressen (inkrementierend) den Inhalt eines Quellbereichs (Parameter SRCBLK) zu einem Zielbereich (Parameter DSTBLK). Der Kopiervorgang ist nicht unterbrechbar, so daß sich unter Umständen die Reaktionszeiten auf Alarme vergrößern können. Maximal werden 512 Bytes kopiert.

An den Parametern können folgende Aktualparameter angelegt werden:

- ▷ beliebige Variablen aus den Operandenbereichen Eingänge E, Ausgänge A, Merker M, Datenbausteine (Variablen aus Global-Datenbausteinen und aus Instanz-Datenbausteinen)
- ▷ Variablen aus den temporären Lokaldaten (Sonderbehandlung beim Datentyp ANY)
- ▷ absolutadressierte Datenbereiche unter Angabe eines ANY-Zeigers

Mit der SFC 81 nicht kopieren können Sie Zeit- und Zählfunktionen sowie Informationen von und zu den Baugruppen (Operandenbereich Peripherie), Systemdatenbausteinen SDB und Datenbausteinen im Ladespeicher (mit dem Schlüsselwort UNLINKED programmierte Datenbausteine).

Bei Eingängen und Ausgängen wird der angegebene Bereich kopiert, unabhängig von der tatsächlichen Belegung mit Eingabe- oder Ausgabebaugruppen.

Quell- und Zielbereich dürfen sich nicht überlappen. Sind Quell- und Zielbereich unterschiedlich lang, wird nur bis zur Länge des kleineren Bereichs übertragen.

Beispiel: Aus dem Datenbaustein „Puffer" soll die erste Komponente des Felds *Daten* in den Datenbaustein „Sendefach" in die Variable *Telegramm* kopiert werden. Der Funktionswert soll in der Variablen *Kopierfehler* im Datenbaustein „Auswertung" abgelegt werden.

```
CALL UBLKMOV (
    SRCBLK  := Puffer.Daten[1],
    RET_VAL := Auswertung.Kopierfehler,
    DSTBLK  := Sendefach.Telegramm);
```

### 6.6.3 Datenbereich füllen

Die Systemfunktion SFC 21 FILL kopiert einen vorgegebenen Wert (Quellbereich) in einen Speicherbereich (Zielbereich) so oft, bis der Zielbereich komplett beschrieben ist. Die Übertragung erfolgt in Richtung aufsteigender Adressen (inkrementierend). An den Parametern können folgende Aktualparameter angelegt werden:

- ▷ beliebige Variable aus den Operandenbereichen Eingänge E, Ausgänge A, Merker M, Datenbausteine (Variable aus Global-Datenbausteinen und aus Instanz-Datenbausteinen)
- ▷ absolutadressierte Datenbereiche unter Angabe eines ANY-Zeigers
- ▷ Variable in den temporären Lokaldaten vom Datentyp ANY (Sonderbehandlung)

Mit der SFC 21 nicht kopieren können Sie Zeit- und Zählfunktionen sowie Informationen von und zu den Baugruppen (Operandenbereich Peripherie) und Systemdatenbausteinen SDB.

Bei Eingängen und Ausgängen wird der angegebene Bereich kopiert, unabhängig von der tatsächlichen Belegung mit Eingabe- oder Ausgabebaugruppen.

Quell- und Zielbereich dürfen sich nicht überlappen. Der Zielbereich wird immer komplett beschrieben, auch wenn der Quellbereich größer als der Zielbereich ist oder wenn die Länge des Zielbereichs kein ganzzahliges Vielfaches der Länge des Quellbereichs ist.

Beispiel: Der Datenbaustein DB 13 besteht aus 128 Datenbytes, die alle mit dem Wert des Merkerbytes MB 80 vorbesetzt werden sollen.

```
CALL SFC 21 (
    BVAL    := MB 80,
    RET_VAL := MW 32,
    BLK     := P#DB13.DBX0.0 BYTE 128);
```

### 6.6.4 STRING-Variablen kopieren

Sie können mit den Systemfunktionen SFC 20 BLKMOV und SFC 81 UBLKMOV einzelne STRING-Variablen kopieren. Hierbei verhalten sich der AWL-Programmeditor und der SCL-Programmeditor unterschiedlich.

Der AWL-Programmeditor behandelt in diesem Fall die STRING-Variable wie ein BYTE-Feld, so daß die SFC die einzelnen Bytes 1:1 überträgt (auch die beiden ersten Bytes mit den Längenangaben). Übertragen Sie z.B. ein BYTE-Feld in eine STRING-Variable, müssen Sie selbst die Längenbytes der STRING-Variablen im BYTE-Feld mit der richtigen Länge belegen.

Der SCL-Programmeditor schreibt den Datentyp STRING in den ANY-Zeiger. Die SFC überträgt daraufhin nur die relevanten „Zeichenplätze" der STRING-Variablen. Ist die STRING-Variable das Ziel, wird gegebenenfalls die aktuelle Länge nachgeführt. Sie können so z.B. auf einfache Weise eine STRING-Variable in ein ARRAY OF CHAR überführen und umgekehrt.

Sowohl mit dem AWL- als auch mit dem SCL-Programmeditor wird eine STRING-Variable richtig in eine andere STRING-Variable kopiert.

### 6.6.5 Lesen aus dem Ladespeicher

Die Systemfunktion SFC 83 READ_DBL liest Daten aus einem Datenbaustein, der im Ladespeicher liegt, und schreibt sie in einen im Arbeitsspeicher liegenden Datenbaustein. Der Inhalt des gelesenen Datenbausteins wird nicht verändert. Die Bausteinparameter sind in der Tabelle 6.2 beschrieben.

Die Systemfunktion SFC 83 READ_DBL arbeitet asynchron: Sie stoßen den Lesevorgang mit Signalzustand „1" am Parameter REQ an. Auf die gelesenen und beschriebenen Datenbereiche dürfen Sie erst dann wieder zugreifen, wenn der Parameter BUSY wieder Signalzustand „0" führt.

Ein Datenbaustein steht normalerweise zweimal im Anwenderspeicher einer CPU: einmal im Ladespeicher und – der ablaufrelevante Teil – im Arbeitsspeicher. Hat ein Datenbaustein die Eigenschaft UNLINKED, steht er nur im Ladespeicher (Bild 6.5). Die SFC 83 READ_DBL liest nur die Werte aus dem Ladespeicher. Hier stehen die Anfangswerte der Datenoperanden, die sich von den Aktualwerten im Arbeitsspeicher unterscheiden können (siehe auch Kapitel 2.6.5 „Bausteinhantierung" unter „Datenbausteine offline/online").

An den Parametern SRCBLK und DSTBLK können ganze Datenbausteine, z.B. DB 100 oder „Rezeptur 1", Variablen aus Datenbausteinen oder ein absolut adressierter Datenbereich als ANY-Zeiger, z.B. P#DB100.DBX16.0 BYTE 64, angegeben werden.

Ist der Quellbereich kleiner als der Zielbereich, wird der Quellbereich komplett in den Zielbereich geschrieben. Die restlichen Bytes des Zielbereichs werden nicht verändert. Ist der Quellbereich größer als der Zielbereich, wird der Zielbereich komplett beschrieben; die restlichen Bytes des Quellbereichs werden ignoriert.

### 6.6.6 Schreiben in den Ladespeicher

Die Systemfunktion SFC 84 WRIT_DBL liest Daten aus einem Datenbaustein, der im Arbeitsspeicher liegt, und schreibt sie in einen im Ladespeicher liegenden Datenbaustein. Der Inhalt des gelesenen Datenbausteins wird nicht verändert. Die Bausteinparameter sind in der Tabelle 6.2 beschrieben.

Die Systemfunktion SFC 84 WRIT_DBL arbeitet asynchron: Sie stoßen den Schreibvorgang mit Signalzustand „1" am Parameter REQ

**Tabelle 6.2** Parameter der SFCs 83 und 84

| SFC | Parameter | Deklaration | Datentyp | Belegung, Beschreibung |
|---|---|---|---|---|
| 83 | REQ | INPUT | BOOL | Anstoß zum Lesen mit Signalzustand „1" |
| | SRCBLK | INPUT | ANY | Datenbereich im Ladespeicher, aus dem gelesen wird |
| | RET_VAL | OUTPUT | INT | Fehlerinformation |
| | BUSY | OUTPUT | BOOL | bei Signalzustand „1": Das Lesen ist noch nicht beendet |
| | DSTBLK | OUTPUT | ANY | Datenbereich im Arbeitsspeicher, in den geschrieben wird |
| 84 | REQ | INPUT | BOOL | Anstoß zum Schreiben mit Signalzustand „1" |
| | SRCBLK | INPUT | ANY | Datenbereich im Arbeitsspeicher, aus dem gelesen wird |
| | RET_VAL | OUTPUT | INT | Fehlerinformation |
| | BUSY | OUTPUT | BOOL | bei Signalzustand „1": Das Schreiben ist noch nicht beendet |
| | DSTBLK | OUTPUT | ANY | Datenbereich im Ladespeicher, in den geschrieben wird |

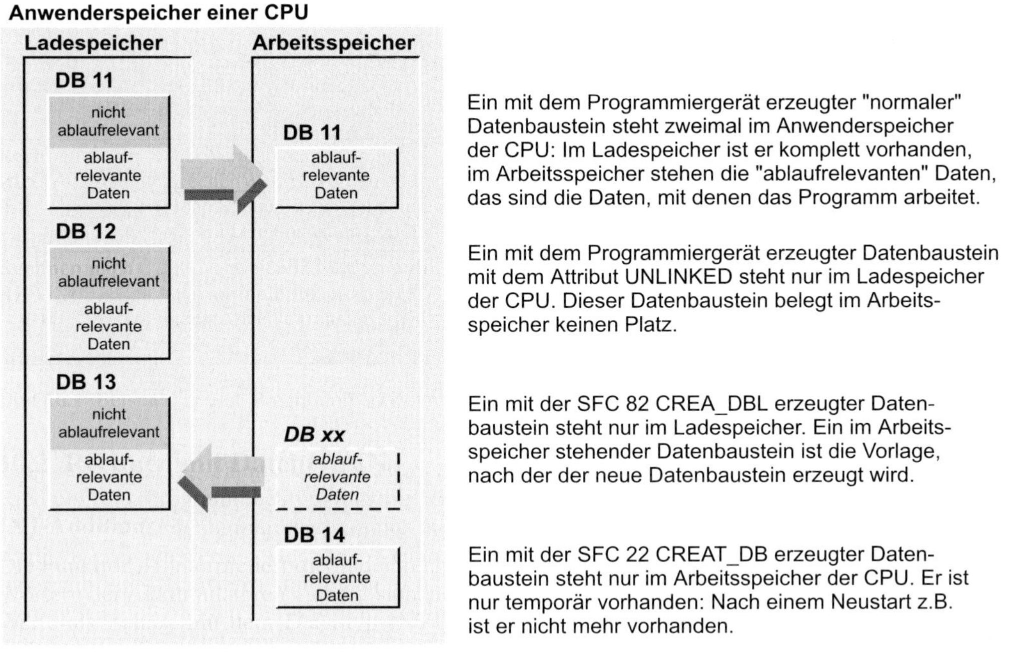


**Bild 6.5** Datenbausteine im Anwenderspeicher

an. Auf die gelesenen und beschriebenen Datenbereiche dürfen Sie erst dann wieder zugreifen, wenn der Parameter BUSY wieder Signalzustand „0“ führt.

Ein Datenbaustein steht normalerweise zweimal im Anwenderspeicher einer CPU: einmal im Ladespeicher und – der ablaufrelevante Teil – im Arbeitsspeicher. Hat ein Datenbaustein die Eigenschaft UNLINKED, steht er nur im Ladespeicher (Bild 6.5). Die SFC 84 WRIT_DBL liest nur die Werte aus dem Arbeitsspeicher. Hier stehen die Aktualwerte der Datenoperanden, die sich von den Anfangswerten im Ladespeicher unterscheiden können (siehe auch Kapitel 2.6.5 „Bausteinhantierung“ unter „Datenbausteine offline/online“).

An den Parametern SRCBLK und DSTBLK können ganze Datenbausteine, z.B. DB 200 oder „Archiv 1“, Variablen aus Datenbausteinen oder ein absolut adressierter Datenbereich als ANY-Zeiger, z.B. P#DB200.DBX0.0 WORD 4, angegeben werden.

Ist der Quellbereich kleiner als der Zielbereich, wird der Quellbereich komplett in den Zielbereich geschrieben. Die restlichen Bytes des Zielbereichs werden nicht verändert. Ist der Quellbereich größer als der Zielbereich, wird der Zielbereich komplett beschrieben; die restlichen Bytes des Quellbereichs werden ignoriert.

Beachten Sie: Wenn Sie in einen Datenbaustein im Ladespeicher schreiben (wenn die Anfangswerte verändert werden), verändern Sie die Prüfsumme des Anwenderprogramms.

Beachten Sie weiterhin, daß der Ladespeicher in der Regel – physikalisch bedingt – nur eine begrenzte Anzahl an Schreibzugriffen zuläßt. Allzu häufiges Schreiben, z.B. zyklisch, schränkt die Lebensdauer des Ladespeichers ein.

# 7 Zeitfunktionen

Mit den Zeitfunktionen realisieren Sie programmtechnisch zeitliche Abläufe, wie z.B. Warte- und Überwachungszeiten, Messungen einer Zeitspanne oder die Bildung von Impulsen.

In diesem Kapitel sind die Anweisungen für die Programmiersprache AWL beschrieben; in der Programmiersprache SCL gehören die Zeitfunktionen zu den SCL-Standardfunktionen (siehe Kapitel 30.1 „Zeitfunktionen").

Als Verhaltensweisen einer Zeitfunktion stehen zur Verfügung:

- ▷ Impulsbildung
- ▷ verlängerter Impuls
- ▷ Einschaltverzögerung
- ▷ speichernde Einschaltverzögerung
- ▷ Ausschaltverzögerung

Beim Starten einer Zeitfunktion geben Sie das Zeitverhalten und die Zeitdauer an; zusätzlich können Sie eine Zeitfunktion rücksetzen oder freigeben („nachtriggern"). Die Abfrage einer Zeitfunktion („Zeit läuft") geschieht mit den binären Verknüpfungen. Mit den Ladefunktionen übertragen Sie den aktuellen Zeitwert dualcodiert oder BCD-codiert in den Akkumulator 1.

Die in diesem Kapitel gezeigten Beispiele und die Aufrufe der IEC-Zeitfunktionen finden Sie auf der dem Buch beiliegenden Diskette in der Bibliothek AWL_Buch unter dem Programm „Basisfunktionen" im Funktionsbaustein FB 107 bzw. in der Quelldatei Kap_7.

## 7.1 Programmieren einer Zeitfunktion

### 7.1.1 Starten einer Zeitfunktion

Eine Zeitfunktion startet (die Zeit läuft an), wenn das Verknüpfungsergebnis (VKE) vor der Startoperation wechselt. Bei einer Ausschaltverzögerung muß das VKE von „1" nach „0" wechseln, in allen anderen Fällen startet der Zeitablauf bei einem Wechsel von „0" nach „1".

Sie können jede Zeitfunktion mit einer der fünf möglichen Verhaltensweisen starten (Bild 7.1). Es ist jedoch nicht sinnvoll, einer Zeitfunktion mehrere Verhaltensweisen zuzuordnen.

| Sie starten die Zeitfunktion als | bei AWL mit | bei SCL mit |
|---|---|---|
| Impuls | SI | S_PULSE |
| verlängerter Impuls | SV | S_PEXT |
| Einschaltverzögerung | SE | S_ODT |
| speichernde Einschaltverzögerung | SS | S_ODTS |
| Ausschaltverzögerung | SA | S_OFFDT |

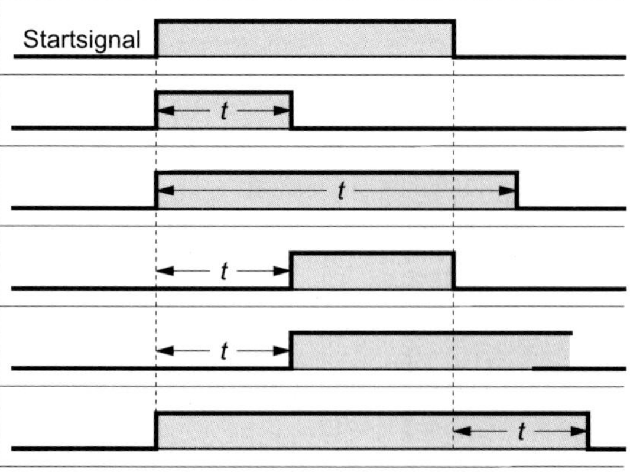


**Bild 7.1** Startoperationen für die Zeitfunktionen

### 7.1.2 Vorgabe der Zeitdauer

Die Zeitfunktion übernimmt beim Starten den im Akkumulator 1 stehenden Wert als Zeitdauer. Wie und wann dieser Wert in den Akkumulator gelangt, spielt keine Rolle. Um Ihr Programm leichter lesbar zu gestalten, sollten Sie die Zeitdauer bevorzugt direkt vor der Startoperation in den Akkumulator laden, entweder als Konstante (direkte Angabe der Zeitdauer) oder als Variable (z.B. ein Merkerwort, das die Zeitdauer enthält).

Hinweis: Es muß auch dann ein gültiger Zeitwert im Akkumulator 1 stehen, wenn bei Bearbeitung der Startoperation die Zeit nicht gestartet wird.

*Vorgabe der Zeitdauer als Konstante*

```
L  S5TIME#10s;   //Zeitdauer 10 s
L  S5T#1m10ms;   //Zeitdauer 1 min + 10 ms
```

Die Zeitdauer wird in den Basissprachen AWL, KOP und FUP in Stunden, Minuten, Sekunden und Millisekunden angegeben. Der definierte Zahlenbereich geht von S5TIME#10ms bis S5TIME#2h46m30s (entsprechend 9990 s). Als Kennzeichnung der Konstantendarstellung können Sie S5TIME# oder S5T# verwenden.

*Vorgabe der Zeitdauer als Variable*

```
L   S5T#10m;     //Zeitdauer 10 min
T   MW 20;       //Zeitdauer speichern
... ;
L   MW 20;       //Zeitdauer laden
```

*Aufbau der Zeitdauer*

Die Zeitdauer setzt sich intern aus dem Zeitwert und dem Zeitraster zusammen: Zeitdauer = Zeitwert × Zeitraster. Die Zeitdauer ist die Zeitspanne, während der eine Zeitfunktion aktiv ist („Zeit läuft“). Der Zeitwert repräsentiert die Anzahl der Zeitperioden, die die Zeitfunktion läuft. Das Zeitraster gibt an, mit welcher Zeitperiode das Betriebssystem der CPU den Zeitwert verändert (Bild 7.2).

Die Zeitdauer können Sie auch direkt in einem Wortoperanden aufbauen. Je kleiner Sie dabei das Zeitraster wählen, desto genauer ist die real abgearbeitete Zeitdauer. Wollen Sie z.B. eine Zeitdauer von einer Sekunde realisieren, sind drei Angaben möglich:

Zeitdauer = $2001_{hex}$ Zeitraster 1 s

Zeitdauer = $1010_{hex}$ Zeitraster 100 ms

Zeitdauer = $0100_{hex}$ Zeitraster 10 ms

Die im Beispiel letzte Angabe ist in diesem Fall vorzuziehen.

Beim Starten der Zeitfunktion übernimmt die CPU den programmierten Zeitwert. In einem festen Raster und unabhängig von der Bearbeitung des Anwenderprogramms aktualisiert das Betriebssystem die Zeitfunktionen, d.h. bei aktiven Zeiten zählt es den Zeitwert in der Periode des Zeitrasters herunter.

Ist der Wert Null erreicht, gilt die Zeit als abgelaufen. Dann setzt die CPU den Zeitstatus (Signalzustand „0“ oder „1“ je nach Zeitverhalten) und unterläßt alle weiteren Aktivitäten bis zum nächsten Starten der Zeitfunktion.

Bei der Angabe eines Zeitwerts von Null ist die Zeitfunktion so lange aktiv, bis die CPU die Zeitfunktion bearbeitet und feststellt, daß die Zeit abgelaufen ist.

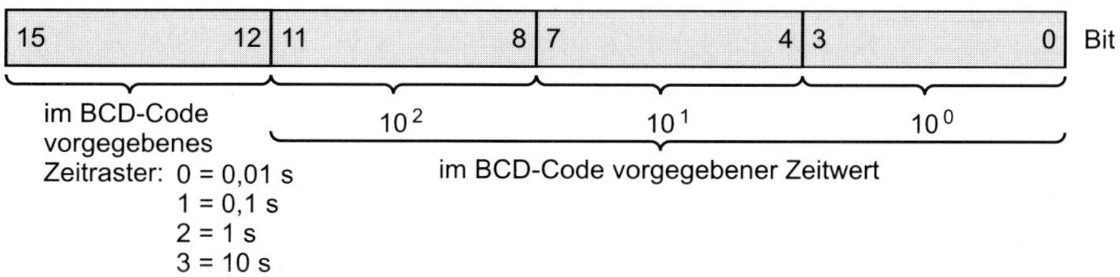


**Bild 7.2** Bitbelegung der Zeitdauer

Die Aktualisierung der Zeitfunktionen geschieht asynchron zur Programmbearbeitung. Dadurch kann es vorkommen, daß der Zeitstatus am Zyklusanfang einen anderen Wert hat als am Zyklusende. Wenn Sie die Zeitoperationen nur an einer Stelle im Programm in der vorgeschlagenen Reihenfolge verwenden (siehe weiter unten), können durch die asynchrone Zeitaktualisierung keine Fehlfunktionen auftreten.

### 7.1.3 Rücksetzen einer Zeitfunktion

R T n Rücksetzen einer Zeitfunktion

Eine Zeitfunktion wird rückgesetzt, wenn vor der Rücksetzoperation das Verknüpfungsergebnis „1" ansteht. Solange dieses ansteht, liefern Abfragen der Zeitfunktion auf Signalzustand „1" Abfrageergebnis „0" und Abfragen auf Signalzustand „0" Abfrageergebnis „1". Das Rücksetzen der Zeitfunktion setzt den Zeitwert und das Zeitraster auf Null.

Hinweis: Das Rücksetzen einer Zeitfunktion setzt nicht den internen Flankenmerker für das Starten zurück. Zum erneuten Starten muß zuerst die Startoperation mit VKE „0" bearbeitet werden, bevor die Zeitfunktion mit einer Signalflanke gestartet werden kann.

### 7.1.4 Freigeben einer Zeitfunktion

FR T n Freigeben einer Zeitfunktion

Das Freigeben verwenden Sie, um eine laufende Zeit „nachzutriggern", d.h. zum Neustart anzuregen.

Eine Zeitfunktion wird freigegeben, wenn die Freigabeoperation mit einer positiven (steigenden) Flanke bearbeitet wird. Dann wird der interne Flankenmerker für das Starten der Zeitfunktion zurückgesetzt. Ist nun beim nächsten Bearbeiten der Startoperation das VKE „1", wird die Zeitfunktion gestartet, auch ohne Signalflanke an der Startoperation.

Das Freigeben ist für das Starten und Rücksetzen einer Zeitfunktion, d.h. für den normalen Ablauf, nicht notwendig.

### 7.1.5 Abfragen einer Zeitfunktion

**Zeitstatus abfragen**

| | | |
|---|---|---|
| U | T n | Abfrage auf Signalzustand „1" und Verknüpfung nach UND |
| O | T n | Abfrage auf Signalzustand „1" und Verknüpfung nach ODER |
| X | T n | Abfrage auf Signalzustand „1" und Verknüpfung nach Exklusiv-ODER |
| UN | T n | Abfrage auf Signalzustand „0" und Verknüpfung nach UND |
| ON | T n | Abfrage auf Signalzustand „0" und Verknüpfung nach ODER |
| XN | T n | Abfrage auf Signalzustand „0" und Verknüpfung nach Exklusiv-ODER |

Sie können eine Zeitfunktion wie z.B. einen Eingang abfragen und das Abfrageergebnis weiterverknüpfen. Je nach Verhalten der Zeitfunktion zeigt die Abfrage auf Signalzustand „1" verschiedene Varianten im zeitlichen Ablauf (siehe Beschreibung des Zeitverhaltens in den folgenden Kapiteln).

Die Abfrage auf Signalzustand „0" ergibt, wie auch z.B. bei den Eingängen, genau das umgekehrte Abfrageergebnis wie die Abfrage auf Signalzustand „1".

**Zeitwert abfragen**

L T n Direktes Laden eines Zeitwerts

LC T n Codiertes Laden eines Zeitwerts

Die Ladefunktionen L T und LC T fragen den in der Zeitfunktion vorliegenden Zeitwert ab und stellen ihn dualcodiert (L) oder BCD-codiert (LC) im Akkumulator 1 zur Verfügung. Es ist der aktuell zum Zeitpunkt der Abfrage vorliegende Wert (bei einer laufenden Zeitfunktion wird der Zeitwert vom gesetzten Wert aus rückwärts gegen Null gezählt).

*Direktes Laden eines Zeitwerts*

Der Zeitwert liegt dualcodiert in der Zeitfunktion vor und kann in dieser Form in den Akkumulator 1 geladen werden. Hierbei geht das Zeitraster verloren; an seiner Stelle steht „0“ im Akkumulator 1.

Der nun im Akkumulator 1 stehende Wert entspricht einer positiven Zahl im Datenformat INT; Sie können ihn z.B. mit Vergleichsfunktionen weiterverarbeiten. Beachten Sie: Der *Zeitwert* steht im Akkumulator, nicht die *Zeitdauer*!

Beispiel:

```
L   T 15;    //aktuellen Zeitwert laden
T   MW 34;   //und speichern
```

*Codiertes Laden eines Zeitwerts*

Den in dualer Form vorliegenden Zeitwert können Sie auch „codiert“ in den Akkumulator 1 laden. In diesem Fall steht neben dem im BCD-Code vorliegenden Zeitwert auch das Zeitraster im BCD-Code zur Verfügung. Der Akkumulatorinhalt ist so aufgebaut, wie bei der Vorgabe eines Zeitwerts (siehe oben); das linke Wort im Akkumulator ist mit Null belegt.

Beispiel:

```
LC  T 16;    //aktuellen Zeitwert codiert laden
T   MW 122;//und speichern
```

### 7.1.6 Reihenfolge der Zeitoperationen

Bei der Programmierung einer Zeitfunktion brauchen Sie nicht alle für die Zeitfunktion verfügbaren Anweisungen verwenden. Es genügen die Anweisungen, die für die gewünschte Funktion notwendig sind. Im Normalfall ist es das Starten der Zeitfunktion mit der Vorgabe der Zeitdauer und das binäre Abfragen der Zeitfunktion.

Damit eine Zeitfunktion sich so verhält, wie es die vorangegangenen Abschnitte beschreiben, ist bei der Programmierung der Zeitoperationen eine bestimmte Reihenfolge einzuhalten.

Die Tabelle 7.1 zeigt die optimale Reihenfolge für alle Zeitoperationen. Die nicht benötigten Anweisungen lassen Sie bei der Programmierung weg, z.B. das Freigeben der Zeitfunktion.

**Tabelle 7.1** Reihenfolge der Zeitoperationen

| Zeitoperationen | Beispiele: |
|---|---|
| Freigeben der Zeit | U E 16.5<br>FR T 5 |
| Starten der Zeit | U E 17.5<br>L S5T#1s<br>SI T 5 |
| Rücksetzen der Zeit | U E 18.0<br>R T 5 |
| Digitales Abfragen der Zeit | L T 5<br>T MW 20<br>LC T 5<br>T MW 22 |
| Binäres Abfragen der Zeit | U T 5<br>= A 2.0 |

Wird bei der gezeigten Anweisungsfolge die Zeitfunktion „gleichzeitig“ gestartet und rückgesetzt, so läuft die Zeit zwar an, die nachfolgende Rücksetzanweisung setzt die Zeit jedoch sofort wieder zurück. Bei der darauffolgenden Abfrage der Zeitfunktion wird deshalb das Anlaufen der Zeit nicht bemerkt.

### 7.1.7 Beispiel Taktgenerator

Das Beispiel zeigt einen Taktgenerator mit einem unterschiedlichen Puls-Pausenverhältnis, der mit einer einzigen Zeitfunktion realisiert wird.

*Starteingang* startet den Taktgenerator. Wenn die Zeit nicht läuft bzw. abgelaufen ist, wird sie als verlängerter Impuls gestartet. Bei jedem Starten wechselt der Binäruntersetzer *Ausgang* seinen Signalzustand und bestimmt somit auch, mit welcher Zeitdauer die Zeit gestartet wird.

```
      UN    Starteingang;
      R     Zeitfunktion;
      R     Ausgang;
      SPB   M1;
      U     Zeitfunktion;
      SPB   M1;
      UN    Ausgang;
      =     Ausgang;
      L     Pulsdauer;
      SPB   M2;
      L     Pausendauer;
M2:   SV    Zeitfunktion;
M1:   ;     //weiteres Programm
```

## 7.2 Zeitverhalten als Impuls

Die komplette AWL-Anweisungsfolge für das Starten einer Zeitfunktion als Impuls lautet:

```
U     Freigabeeingang;
FR    Zeitfunktion;
U     Starteingang;
L     Zeitdauer;
SI    Zeitfunktion;
U     Rücksetzeingang;
R     Zeitfunktion;
L     Zeitfunktion;
T     Zeitwert_dual;
LC    Zeitfunktion;
T     Zeitwert_BCD;
U     Zeitfunktion;
=     Zeitstatus;
```

Für SCL lautet der Aufruf einer Zeitfunktion als Impulszeit:

```
Zeitwert_BCD := S_PULSE (
        T_NO  := Zeitfunktion,
        S     := Starteingang,
        TV    := Zeitdauer,
        R     := Rücksetzeingang,
        Q     := Zeitstatus,
        BI    := Zeitwert_dual);
```

**Starten einer Impulszeit**

Das Diagramm im Bild 7.3 beschreibt das Verhalten der Zeitfunktion nach dem Starten als Impuls und beim Rücksetzen. Die Beschreibung gilt, wenn Sie bei AWL die nebenstehend gezeigte Reihenfolge der Operationen einhalten (Starten vor Rücksetzen vor Abfragen). Das Freigeben ist für den „normalen“ Ablauf nicht erforderlich und bei SCL auch nicht vorhanden.

① Wechselt der Signalzustand am Starteingang der Zeitfunktion von „0“ nach „1“ (positive Flanke), startet die Zeitfunktion. Sie läuft mit der programmierten Zeitdauer ab, solange der Signalzustand am Starteingang „1“ bleibt. Die Abfragen auf Signalzustand „1“ (der Zeitstatus) liefern Abfrageergebnis „1“, solange die Zeit läuft.

Der Zeitwert wird ausgehend vom Startwert im eingestellten Raster heruntergezählt.

② Wechselt der Signalzustand am Starteingang der Zeitfunktion nach „0“, bevor die Zeit abgelaufen ist, hält die Zeitfunktion an. Die Abfrage der Zeitfunktion auf Signalzustand „1“ (der Zeitstatus) liefert dann Abfrageergebnis „0“. Der Zeitwert zeigt die restliche Zeitdauer an, um die der Zeitablauf zu früh unterbrochen wurde.

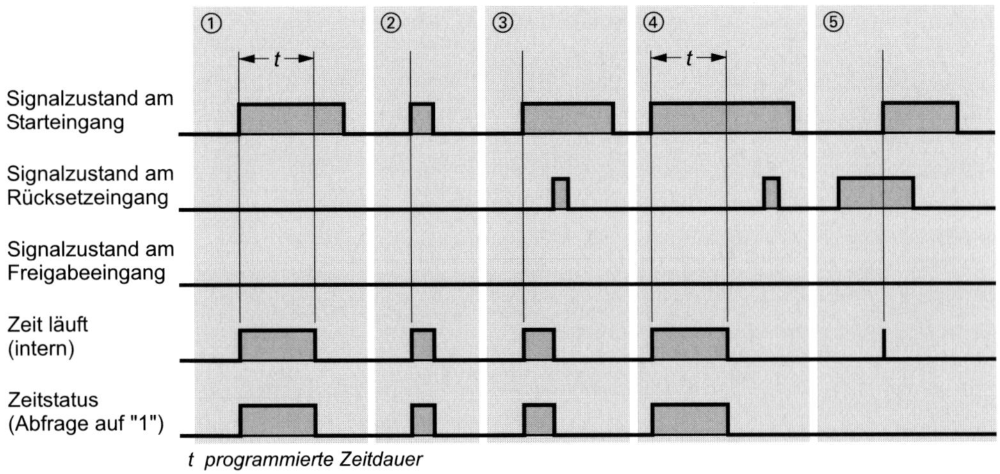


**Bild 7.3** Zeitverhalten beim Starten und Rücksetzen als Impuls

### Rücksetzen einer Impulszeit

Das Rücksetzen einer Impulszeit wirkt statisch und hat Vorrang vor dem Starten der Zeitfunktion (Bild 7.3).

③ Der Signalzustand „1“ am Rücksetzeingang der Zeitfunktion bei laufender Zeit setzt die Zeitfunktion zurück. Eine Abfrage auf Signalzustand „1“ (der Zeitstatus) ergibt dann Abfrageergebnis „0“. Der Zeitwert und das Zeitraster werden ebenfalls auf Null gesetzt. Wechselt der Signalzustand am Rücksetzeingang von „1“ nach „0“ während noch Signalzustand „1“ am Starteingang anliegt, bleibt die Zeitfunktion unbeeinflußt.

④ Bei nicht laufender Zeit hat Signalzustand „1“ am Rücksetzeingang keine Wirkung.

⑤ Wechselt bei anliegendem Rücksetzsignal der Signalzustand am Starteingang von „0“ nach „1“ (positive Flanke), startet zwar die Zeitfunktion, das nachfolgende Rücksetzen setzt sie jedoch sofort wieder zurück (durch einen Strich im Diagramm angedeutet). Wird die Abfrage des Zeitstatus nach dem Rücksetzen programmiert, beeinflußt das kurzzeitige Starten die Abfrage der Zeitfunktion nicht.

### Freigeben einer Impulszeit

Mit einer positiven Flanke an Freigabeeingang wird die Zeitfunktion „nachgetriggert“, d.h. zu einem Neustart angeregt. Das Freigeben ist nur in der Programmiersprache AWL möglich.

Das Diagramm im Bild 7.4 zeigt das Freigeben einer als Impuls gestarteten Zeitfunktion.

❶ Wechselt bei laufender Zeit der Signalzustand am Freigabeeingang von „0“ nach „1“ (positive Flanke), läuft die Zeit bei der Bearbeitung der Startoperation neu an, sofern am Starteingang noch Signalzustand „1“ ansteht. Bei diesem Neustart wird die programmierte Zeitdauer als aktueller Zeitwert übernommen. Ein Wechsel des Signalzustands von „1“ nach „0“ am Freigabeeingang zeigt keine Wirkung.

❷ Wechselt bei nicht laufender Zeit der Signalzustand am Freigabeeingang von „0“ nach „1“ (positive Flanke) und liegt am Starteingang noch Signalzustand „1“ an, so startet die Zeitfunktion ebenfalls mit der programmierten Zeitdauer als Impuls.

❸ Bei Signalzustand „0“ am Starteingang hat eine positive Signalflanke am Freigabeeingang keinen Einfluß.

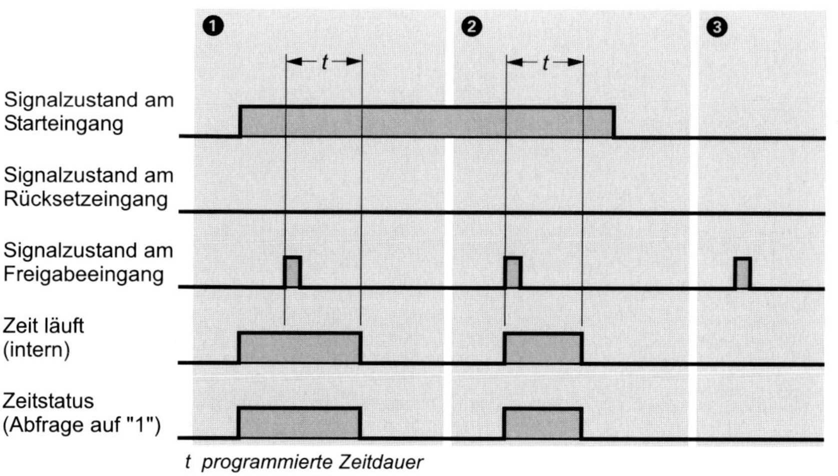


**Bild 7.4** Freigeben bei einer Impulszeit

## 7.3 Zeitverhalten als verlängerter Impuls

Die komplette AWL-Anweisungsfolge für das Starten einer Zeitfunktion als verlängerter Impuls lautet:

```
U       Freigabeeingang;
FR      Zeitfunktion;
U       Starteingang;
L       Zeitdauer;
SV      Zeitfunktion;
U       Rücksetzeingang;
R       Zeitfunktion;
L       Zeitfunktion;
T       Zeitwert_dual;
LC      Zeitfunktion;
T       Zeitwert_BCD;
U       Zeitfunktion;
=       Zeitstatus;
```

Für SCL lautet der Aufruf einer Zeitfunktion als verlängerter Impuls:

```
Zeitwert_BCD := S_PEXT (
         T_NO  := Zeitfunktion,
         S     := Starteingang,
         TV    := Zeitdauer,
         R     := Rücksetzeingang,
         Q     := Zeitstatus,
         BI    := Zeitwert_dual);
```

### Starten als verlängerter Impuls

Das Diagramm im Bild 7.5 beschreibt das Verhalten der Zeitfunktion nach dem Starten als verlängerter Impuls und beim Rücksetzen. Die Beschreibung gilt, wenn Sie bei AWL die nebenstehend gezeigte Reihenfolge der Operationen einhalten (Starten vor Rücksetzen vor Abfragen). Das Freigeben ist für den „normalen" Ablauf nicht erforderlich und bei SCL auch nicht vorhanden.

①② Wechselt der Signalzustand am Starteingang der Zeitfunktion von „0" nach „1" (positive Flanke), startet die Zeitfunktion. Sie läuft mit der programmierten Zeitdauer ab, auch dann, wenn der Signalzustand am Starteingang zurück nach „0" wechselt. Die Abfragen auf Signalzustand „1" (der Zeitstatus) liefern Abfrageergebnis „1", solange die Zeit läuft.

Der Zeitwert wird ausgehend vom Startwert im eingestellten Raster heruntergezählt.

③ Wechselt der Signalzustand am Starteingang von „0" nach „1" (positive Flanke) während die Zeit läuft, startet die Zeitfunktion erneut mit dem programmierten Zeitwert (die Zeitfunktion wird „nachgetriggert"). Sie kann beliebig oft neu gestartet werden, ohne vorher abzulaufen.

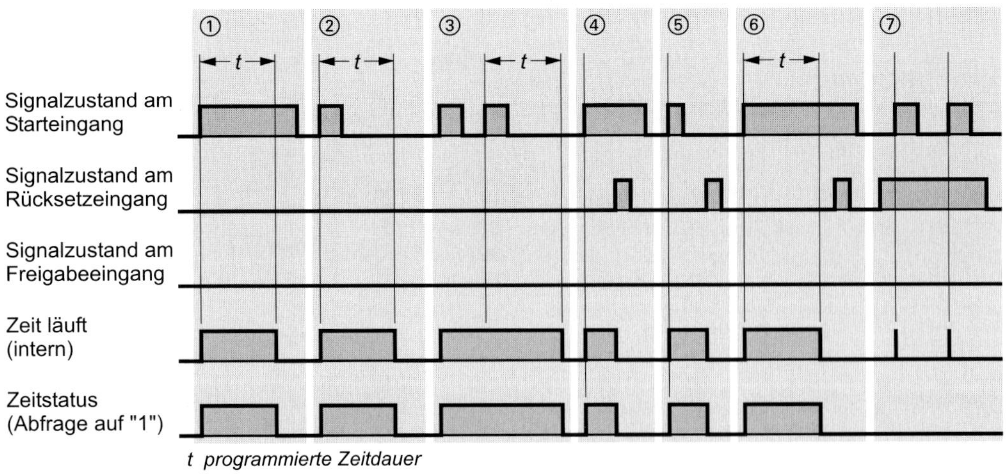


**Bild 7.5** Zeitverhalten als verlängerter Impuls

### Rücksetzen bei verlängertem Impuls

Das Rücksetzen einer als verlängerter Impuls gestarteten Zeit wirkt statisch und hat Vorrang vor dem Starten der Zeitfunktion (Bild 7.5).

④⑤ Signalzustand „1“ am Rücksetzeingang der Zeitfunktion bei laufender Zeit setzt die Zeitfunktion zurück. Eine Abfrage auf Signalzustand „1“ (Zeitstatus) ergibt bei einer zurückgesetzten Zeitfunktion das Abfrageergebnis „0“. Der Zeitwert und das Zeitraster werden ebenfalls auf Null gesetzt.

⑥ Bei nicht laufender Zeit bleibt eine Bearbeitung des Rücksetzeingangs mit Signalzustand „1“ ohne Wirkung.

⑦ Wechselt bei anliegendem Rücksetzsignal der Signalzustand am Starteingang von „0“ nach „1“ (positive Flanke), startet zwar die Zeitfunktion, das nachfolgende Rücksetzen setzt sie jedoch sofort wieder zurück (durch einen Strich im Diagramm angedeutet). Wird die Abfrage des Zeitstatus nach dem Rücksetzen programmiert, beeinflußt das kurzzeitige Starten die Abfrage der Zeitfunktion nicht.

### Freigeben bei verlängertem Impuls

Mit einer positiven Flanke an Freigabeeingang wird die Zeitfunktion „nachgetriggert“, d.h. zu einem Neustart angeregt. Das Freigeben ist nur in der Programmiersprache AWL möglich.

Das Diagramm im Bild 7.6 zeigt das Freigeben einer als verlängerter Impuls gestarteten Zeitfunktion.

❶ Wechselt bei laufender Zeit der Signalzustand am Freigabeeingang von „0“ nach „1“ (positive Flanke), läuft die Zeit bei der Bearbeitung der Startoperation neu an, sofern am Starteingang noch Signalzustand „1“ ansteht. Bei diesem Neustart wird die programmierte Zeitdauer als aktueller Zeitwert übernommen. Ein Wechsel des Signalzustands von „1“ nach „0“ am Freigabeeingang zeigt keine Wirkung.

❷ Wechselt bei nicht laufender Zeit der Signalzustand am Freigabeeingang von „0“ nach „1“ (positive Flanke) und liegt am Starteingang noch Signalzustand „1“ an, so startet die Zeitfunktion ebenfalls mit der programmierten Zeitdauer als verlängerter Impuls.

❸❹ Bei Signalzustand „0“ am Starteingang hat eine positive Signalflanke am Freigabeeingang keinen Einfluß.

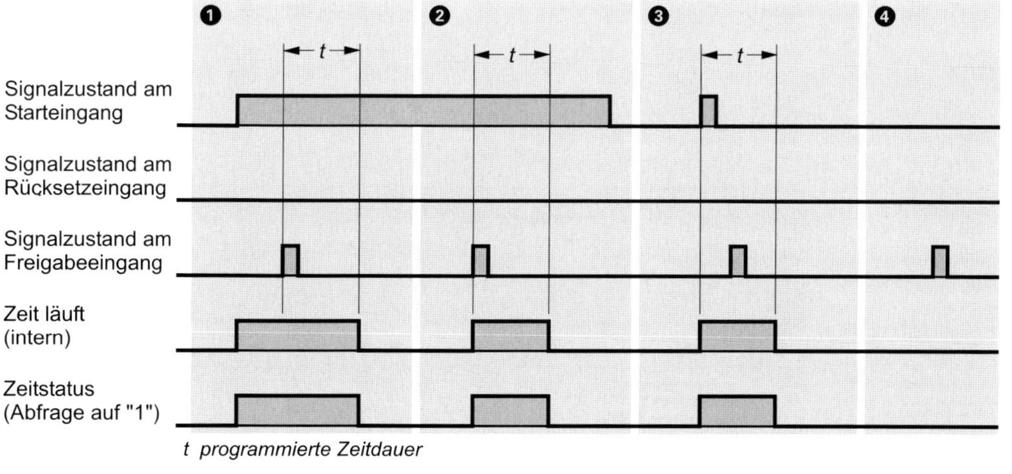


**Bild 7.6** Freigeben bei verlängertem Impuls

## 7.4 Zeitverhalten als Einschaltverzögerung

Die komplette AWL-Anweisungsfolge für das Starten einer Zeitfunktion als Einschaltverzögerung lautet:

```
U     Freigabeeingang;
FR    Zeitfunktion;
U     Starteingang;
L     Zeitdauer;
SE    Zeitfunktion;
U     Rücksetzeingang;
R     Zeitfunktion;
L     Zeitfunktion;
T     Zeitwert_dual;
LC    Zeitfunktion;
T     Zeitwert_BCD;
U     Zeitfunktion;
=     Zeitstatus;
```

Für SCL lautet der Aufruf einer Zeitfunktion als Einschaltverzögerung:

```
Zeitwert_BCD := S_ODT (
        T_NO  := Zeitfunktion,
        S     := Starteingang,
        TV    := Zeitdauer,
        R     := Rücksetzeingang,
        Q     := Zeitstatus,
        BI    := Zeitwert_dual);
```

**Starten als Einschaltverzögerung**

Das Diagramm im Bild 7.7 beschreibt das Verhalten der Zeitfunktion nach dem Starten als Einschaltverzögerung und beim Rücksetzen. Die Beschreibung gilt, wenn Sie bei AWL die nebenstehend gezeigte Reihenfolge der Operationen einhalten (Starten vor Rücksetzen vor Abfragen). Das Freigeben ist für den „normalen“ Ablauf nicht erforderlich und bei SCL auch nicht vorhanden.

① Wechselt der Signalzustand am Starteingang der Zeitfunktion von „0“ nach „1“ (positive Flanke), startet die Zeitfunktion. Sie läuft mit der programmierten Zeitdauer ab. Die Abfragen auf Signalzustand „1“ (Zeitstatus) liefern Abfrageergebnis „1“, wenn die Zeit ordnungsgemäß abgelaufen ist und der Starteingang noch mit Signalzustand „1“ angesteuert wird (verzögertes Einschalten).

Der Zeitwert wird ausgehend vom Startwert im eingestellten Raster heruntergezählt.

② Wechselt bei laufender Zeit der Signalzustand am Starteingang von „1“ nach „0“, hält die Zeitfunktion an. Eine Abfrage der Zeitfunktion auf Signalzustand „1“ (Zeitstatus) liefert in solchen Fällen immer das Abfrageergebnis „0“. Der Zeitwert zeigt die restliche Zeitdauer an, um die der Zeitablauf zu früh unterbrochen wurde.

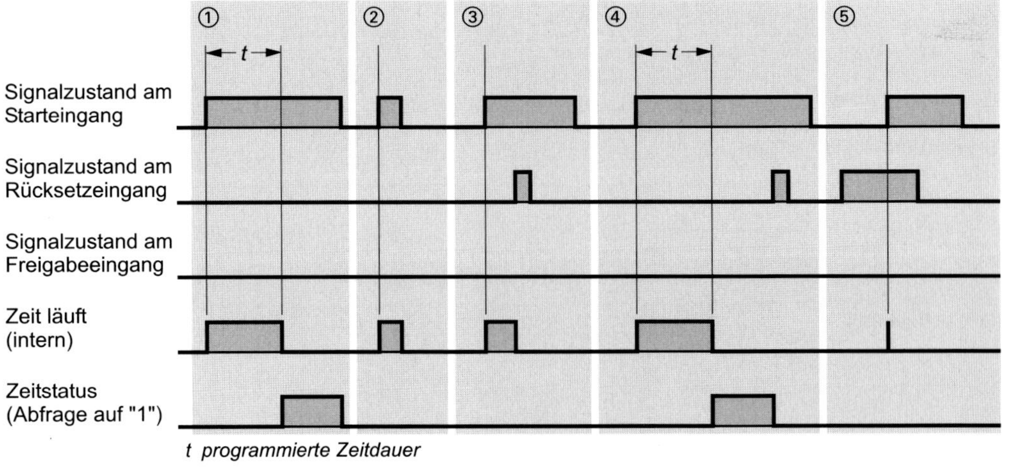


**Bild 7.7** Zeitverhalten als Einschaltverzögerung

### Rücksetzen als Einschaltverzögerung

Das Rücksetzen einer Einschaltverzögerung wirkt statisch und hat Vorrang vor dem Starten der Zeitfunktion (Bild 7.7).

③④ Signalzustand „1" am Rücksetzeingang setzt sowohl bei laufender als auch bei nicht laufender Zeit die Zeitfunktion zurück. Eine Abfrage auf Signalzustand „1" (Zeitstatus) ergibt dann Abfrageergebnis „0", auch wenn die Zeit nicht läuft und noch der Signalzustand „1" am Starteingang ansteht. Zeitwert und Zeitraster werden ebenfalls auf Null gesetzt.

Wechselt der Signalzustand am Rücksetzeingang von „1" nach „0" während Signalzustand „1" am Starteingang noch anliegt, bleibt die Zeitfunktion unbeeinflußt.

⑤ Wechselt bei anliegendem Rücksetzsignal der Signalzustand am Starteingang von „0" nach „1" (positive Flanke), startet zwar die Zeitfunktion, das nachfolgende Rücksetzen setzt jedoch die Zeitfunktion sofort wieder zurück (durch einen Strich im Diagramm angedeutet). Wird die Abfrage des Zeitstatus nach dem Rücksetzen programmiert, beeinflußt das kurzzeitige Starten die Abfrage der Zeitfunktion nicht.

### Freigeben als Einschaltverzögerung

Mit einer positiven Flanke an Freigabeeingang wird die Zeitfunktion „nachgetriggert", d.h. zu einem Neustart angeregt (nur bei AWL). Das Diagramm im Bild 7.8 zeigt das Freigeben einer Zeitfunktion als Einschaltverzögerung.

❶ Wechselt bei laufender Zeit der Signalzustand am Freigabeeingang von „0" nach „1" (positive Flanke), läuft die Zeit bei der Bearbeitung der Startoperation neu an, sofern am Starteingang noch Signalzustand „1" ansteht. Bei diesem Neustart wird die programmierte Zeitdauer als aktueller Zeitwert übernommen. Ein Wechsel des Signalzustands am Freigabeeingang von „1" nach „0" zeigt keine Wirkung.

❷ Wechselt bei ordnungsgemäß abgelaufener Zeit der Signalzustand am Freigabeeingang von „0" nach „1" (positive Flanke), bleibt bei der Bearbeitung der Startoperation die Zeitfunktion unbeeinflußt.

❸❹ Eine positive Signalflanke am Freigabeeingang bei rückgesetzter Zeitfunktion startet die Zeitfunktion neu, wenn am Starteingang noch Signalzustand „1" anliegt. Dieser Neustart übernimmt die programmierte Zeitdauer als aktuellen Zeitwert.

Bei Signalzustand „0" am Starteingang ist eine positive Flanke am Freigabeeingang ohne Einfluß.

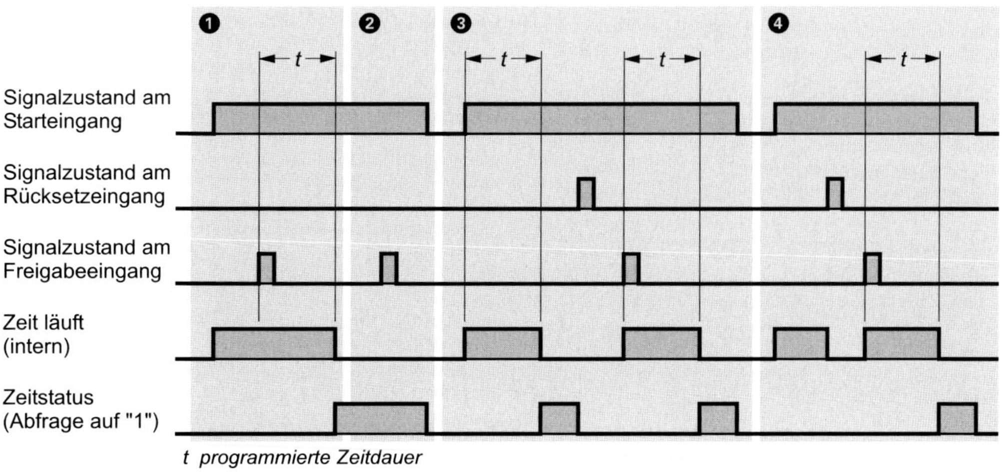


**Bild 7.8** Freigeben bei Einschaltverzögerung

## 7.5 Zeitverhalten als speichernde Einschaltverzögerung

Die komplette AWL-Anweisungsfolge für das Starten einer Zeitfunktion als speichernde Einschaltverzögerung lautet:

```
U     Freigabeeingang;
FR    Zeitfunktion;
U     Starteingang;
L     Zeitdauer;
SS    Zeitfunktion;
U     Rücksetzeingang;
R     Zeitfunktion;
L     Zeitfunktion;
T     Zeitwert_dual;
LC    Zeitfunktion;
T     Zeitwert_BCD;
U     Zeitfunktion;
=     Zeitstatus;
```

Für SCL lautet der Aufruf einer Zeitfunktion als speichernde Einschaltverzögerung:

```
Zeitwert_BCD := S_ODTS (
        T_NO  := Zeitfunktion,
        S     := Starteingang,
        TV    := Zeitdauer,
        R     := Rücksetzeingang,
        Q     := Zeitstatus,
        BI    := Zeitwert_dual);
```

**Starten als speichernde Einschaltverzögerung**

Das Diagramm im Bild 7.9 beschreibt das Verhalten der Zeitfunktion nach dem Starten und beim Rücksetzen. Die Beschreibung gilt, wenn Sie bei AWL die nebenstehend gezeigte Reihenfolge der Operationen einhalten. Das Freigeben ist für den „normalen" Betrieb nicht erforderlich und bei SCL auch nicht vorhanden.

①② Wechselt der Signalzustand am Starteingang der Zeitfunktion von „0" nach „1" (positive Flanke), startet die Zeitfunktion. Sie läuft mit der programmierten Zeitdauer ab, auch dann, wenn der Signalzustand am Starteingang wieder nach „0" wechselt. Wenn die Zeit abgelaufen ist, liefert ein Abfragen der Zeitfunktion auf Signalzustand „1" (Zeitstatus) das Abfrageergebnis „1", unabhängig vom Signalzustand am Starteingang. Das Abfrageergebnis wird erst dann wieder „0", wenn die Zeitfunktion rückgesetzt worden ist, unabhängig vom Signalzustand am Starteingang. Der Zeitwert wird ausgehend vom Startwert im eingestellten Raster heruntergezählt.

③ Wechselt der Signalzustand am Starteingang von „0" nach „1" (positive Flanke), während die Zeit läuft, startet die Zeitfunktion erneut mit dem programmierten Zeitwert (die Zeitfunktion wird „nachgetriggert"). Sie kann beliebig oft neu gestartet werden, ohne vorher abzulaufen.

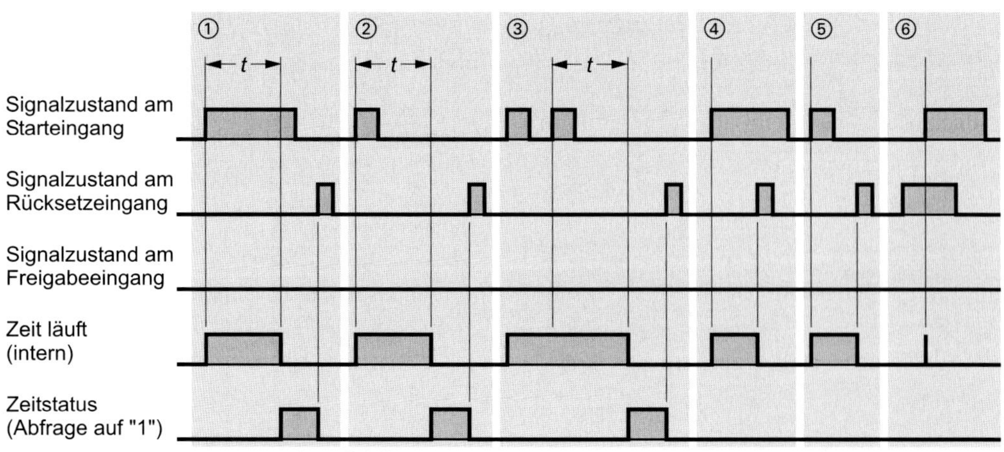


**Bild 7.9** Zeitverhalten als speichernde Einschaltverzögerung

## Rücksetzen als speichernde Einschaltverzögerung

Das Rücksetzen einer speichernden Einschaltverzögerung wirkt statisch und hat Vorrang vor dem Starten der Zeitfunktion (Bild 7.9).

④⑤ Signalzustand „1“ am Rücksetzeingang setzt die Zeitfunktion zurück, unabhängig vom Signalzustand am Starteingang. Die Abfragen der Zeitfunktion auf Signalzustand „1“ (Zeitstatus) liefern dann Abfrageergebnis „0“. Zeitwert und Zeitraster werden auf Null gesetzt.

⑥ Wechselt bei anliegendem Rücksetzsignal der Signalzustand am Starteingang von „0“ nach „1“ (positive Flanke), startet zwar die Zeitfunktion, das nachfolgende Rücksetzen setzt sie jedoch sofort wieder zurück (durch eine Strich im Diagramm angedeutet). Wird die Abfrage des Zeitstatus nach dem Rücksetzen programmiert, beeinflußt das kurzzeitige Starten die Abfrage der Zeitfunktion nicht.

## Freigeben als speichernde Einschaltverzögerung

Mit einer positiven Flanke an Freigabeeingang wird die Zeitfunktion „nachgetriggert“, d.h. zu einem Neustart angeregt. Das Freigeben ist nur in der Programmiersprache AWL möglich.

Das Diagramm im Bild 7.10 zeigt das Freigeben einer als speichernde Einschaltverzögerung gestarteten Zeitfunktion.

❶ Wechselt bei laufender Zeit der Signalzustand am Freigabeeingang von „0“ nach „1“ (positive Flanke), läuft die Zeitfunktion bei der Bearbeitung der Startoperation neu an, sofern am Starteingang noch Signalzustand „1“ ansteht. Bei diesem Neustart übernimmt die Zeitfunktion die programmierte Zeitdauer als aktuellen Zeitwert. Ein Wechsel des Signalzustands am Freigabeeingang von „1“ nach „0“ zeigt keine Wirkung.

❷ Wechselt bei ordnungsgemäß abgelaufener Zeit der Signalzustand am Freigabeeingang von „0“ nach „1“ (positive Flanke), bleibt die Zeitfunktion bei der Bearbeitung der Startoperation unbeeinflußt.

❸ Bei Signalzustand „0“ am Starteingang hat eine positive Signalflanke am Freigabeeingang keinen Einfluß.

❹❺ Eine positive Flanke am Freigabeeingang bei zurückgesetzter Zeitfunktion und Signalzustand „1“ am Starteingang, startet die Zeitfunktion neu. Dieser Neustart übernimmt die programmierte Zeitdauer als aktuellen Zeitwert.

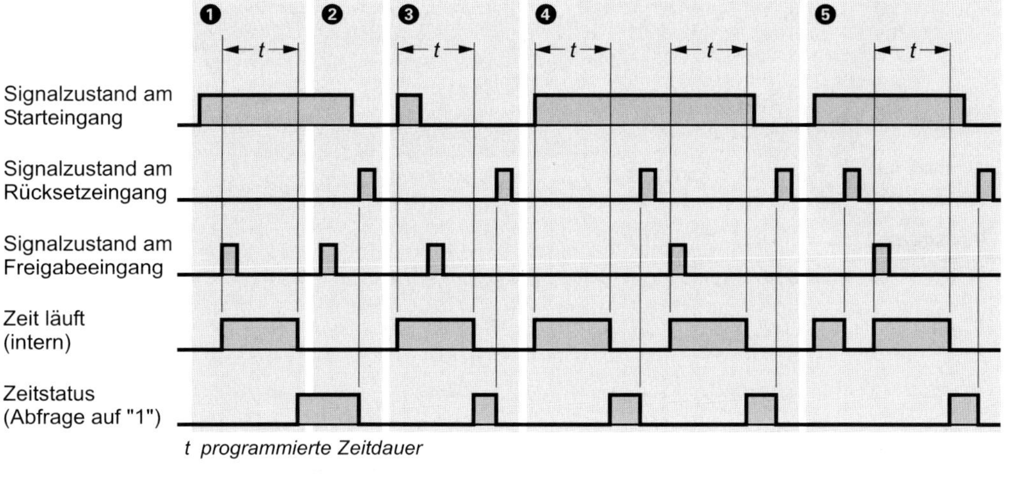


**Bild 7.10** Freigeben bei speichernder Einschaltverzögerung

## 7.6 Zeitverhalten als Ausschaltverzögerung

Die komplette AWL-Anweisungsfolge für das Starten einer Zeitfunktion als Ausschaltverzögerung lautet:

```
U     Freigabeeingang;
FR    Zeitfunktion;
U     Starteingang;
L     Zeitdauer;
SA    Zeitfunktion;
U     Rücksetzeingang;
R     Zeitfunktion;
L     Zeitfunktion;
T     Zeitwert_dual;
LC    Zeitfunktion;
T     Zeitwert_BCD;
U     Zeitfunktion;
=     Zeitstatus;
```

Für SCL lautet der Aufruf einer Zeitfunktion als Ausschaltverzögerung:

```
Zeitwert_BCD := S_OFFDT (
         T_NO := Zeitfunktion,
         S    := Starteingang,
         TV   := Zeitdauer,
         R    := Rücksetzeingang,
         Q    := Zeitstatus,
         BI   := Zeitwert_dual);
```

**Starten als Ausschaltverzögerung**

Das Diagramm im Bild 7.11 beschreibt das Verhalten der Zeitfunktion nach dem Starten als Ausschaltverzögerung und beim Rücksetzen. Die Beschreibung gilt, wenn Sie bei AWL die nebenstehend gezeigte Reihenfolge der Operationen einhalten (Starten vor Rücksetzen vor Abfragen). Das Freigeben ist für den „normalen" Ablauf nicht erforderlich und bei SCL auch nicht vorhanden.

①③ Wechselt der Signalzustand am Starteingang der Zeitfunktion von „1" nach „0" (negative Flanke), startet die Zeitfunktion. Sie läuft mit der programmierten Zeitdauer ab. Die Abfragen der Zeitfunktion auf Signalzustand „1" (Zeitstatus) liefern Abfrageergebnis „1", wenn der Signalzustand am Starteingang „1" ist oder wenn die Zeit läuft (verzögertes Ausschalten).

Der Zeitwert wird ausgehend vom Startwert im eingestellten Raster heruntergezählt.

② Wechselt der Signalzustand am Starteingang von „0" nach „1" (positive Flanke), während die Zeit läuft, wird die Zeitfunktion rückgesetzt. Erst eine negative Flanke am Starteingang startet wieder die Zeit.

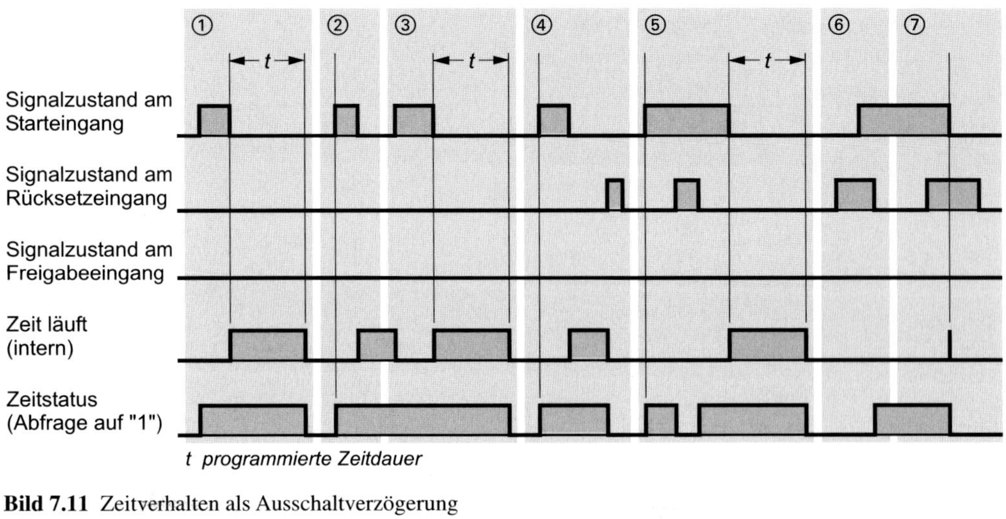


**Bild 7.11** Zeitverhalten als Ausschaltverzögerung

**Rücksetzen als Ausschaltverzögerung**

Das Rücksetzen einer Ausschaltverzögerung wirkt statisch und hat Vorrang vor dem Starten der Zeitfunktion (Bild 7.11).

④ Der Signalzustand „1“ bei laufender Zeit am Rücksetzeingang der Zeitfunktion setzt die Zeitfunktion zurück. Das Abfrageergebnis bei Abfragen auf Signalzustand „1“ (Zeitstatus) ist dann „0“. Zeitwert und Zeitraster werden ebenfalls auf Null gesetzt.

⑤⑥ Der Signalzustand „1“ am Starteingang und am Rücksetzeingang setzt den binären Ausgang der Zeitfunktion zurück (eine Abfrage der Zeitfunktion auf Signalzustand „1“, der Zeitstatus, liefert dann Abfrageergebnis „0“). Wechselt der Signalzustand am Rücksetzeingang jetzt wieder auf „0“, führt der Ausgang der Zeitfunktion wieder Signalzustand „1“.

⑦ Wechselt bei anliegendem Rücksetzsignal der Signalzustand am Starteingang von „1“ nach „0“ (negative Flanke), startet zwar die Zeitfunktion, das nachfolgende Rücksetzen setzt sie jedoch sofort wieder zurück (durch einen Strich im Diagramm angedeutet). Die Abfrage auf Signalzustand „1“ (der Zeitstatus) liefert dann sofort Abfrageergebnis „0“.

**Freigeben als Ausschaltverzögerung**

Mit einer positiven Flanke an Freigabeeingang wird die Zeitfunktion „nachgetriggert“, d.h. zu einem Neustart angeregt. Das Freigeben ist nur in der Programmiersprache AWL möglich.

Das Diagramm im Bild 7.12 zeigt das Freigeben einer als Ausschaltverzögerung gestarteten Zeitfunktion.

❶ Wechselt bei nicht laufender Zeit der Signalzustand am Freigabeeingang von „0“ nach „1“ (positive Flanke), so bleibt die Zeitfunktion bei Bearbeitung der Startoperation unbeeinflußt. Ein Wechsel des Signalzustands von „1“ nach „0“ am Freigabeeingang zeigt ebenfalls keine Wirkung.

❷ Wechselt bei laufender Zeit der Signalzustand am Freigabeeingang von „0“ nach „1“ (positive Flanke), startet die Zeitfunktion bei Bearbeitung der Startoperation neu. Dieser Neustart übernimmt die programmierte Zeitdauer als aktuellen Zeitwert.

❸ Ein Wechsel des Signalzustands am Freigabeeingang von „0“ nach „1“ (positive Flanke) und ein Wechsel des Signalzustands von „1“ nach „0“ (negative Flanke) am Freigabeeingang bei nicht laufender Zeit zeigen keine Wirkung.

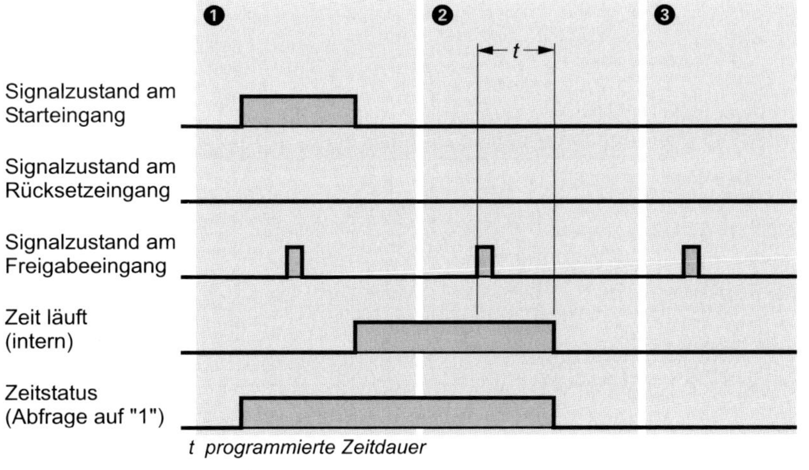


**Bild 7.12** Freigeben bei Ausschaltverzögerung

## 7.7 IEC-Zeitfunktionen

Die IEC-Zeitfunktionen sind als System-Funktionsbausteine SFB im Betriebssystem der CPU integriert.

Folgende Funktionen stehen bei entsprechend ausgelegten CPUs zur Verfügung:

▷ SFB 3 TP
Impulsbildung

▷ SFB 4 TON
Einschaltverzögerung

▷ SFB 5 TOF
Ausschaltverzögerung

Das Bild 7.13 zeigt das Zeitverhalten dieser Zeitfunktionen.

Sie rufen diese SFBs mit einem Instanz-Datenbaustein auf oder Sie verwenden diese SFBs als Lokalinstanzen in einem Funktionsbaustein.

Die Schnittstellenbeschreibung für die Offline-Programmierung finden Sie in der Standardbibliothek *Standard Library* unter dem Programm *System Function Blocks*.

Beispiele für den Aufruf finden Sie auf der dem Buch beiliegenden Diskette in der Bibliothek AWL_Buch unter dem Programm „Basisfunktionen" im Funktionsbaustein FB 107 bzw. in der Quelldatei Kap_7 oder in der Bibliothek SCL_Buch unter dem Programm „30 SCL-Funktionen".

**Tabelle 7.2** Parameter der IEC-Zeitfunktionen

| Name | Deklaration | Datentyp | Beschreibung |
|---|---|---|---|
| IN | INPUT | BOOL | Starteingang |
| PT | INPUT | TIME | Impulslänge bzw. Verzögerungsdauer |
| Q | OUTPUT | BOOL | Zeitstatus |
| ET | OUTPUT | TIME | abgelaufene Zeit |

### 7.7.1 Impulsbildung SFB 3 TP

Die IEC-Zeit SFB 3 TP hat die in der Tabelle 7.2 angegebenen Parameter.

Wechselt das VKE am Starteingang der Zeitfunktion von „0" nach „1", startet die Zeitfunktion. Sie läuft mit der programmierten Zeitdauer ab, unabhängig vom weiteren Verlauf des VKEs am Starteingang. Der Ausgang Q liefert Signalzustand „1", solange die Zeit läuft.

Der Ausgang ET liefert die Zeitdauer, die der Ausgang Q gesetzt ist. Diese Zeitdauer beginnt bei T#0s und endet an der eingestellten Zeitdauer PT. Ist PT abgelaufen, bleibt ET solange auf dem abgelaufenen Wert stehen, bis der Eingang IN wieder nach „0" wechselt. Führt der Eingang IN vor Ablauf von PT Signalzustand „0", wechselt der Ausgang ET sofort nach Ablauf von PT auf T#0s.

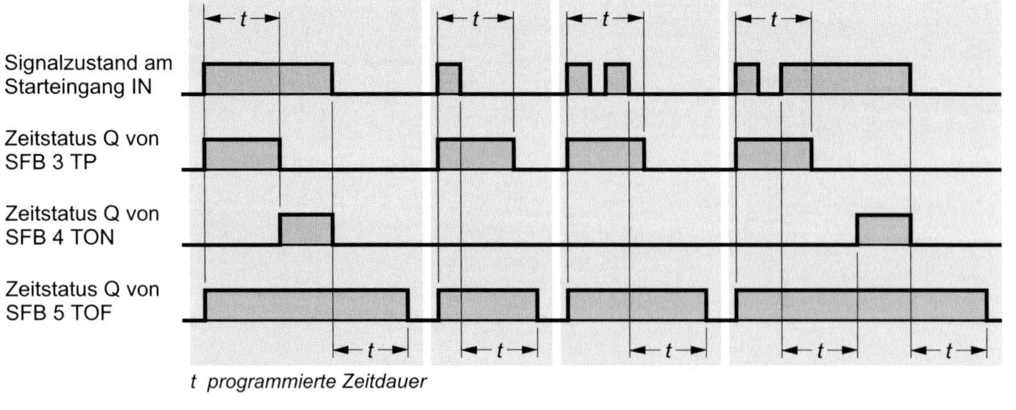


**Bild 7.13** Zeitverhalten der IEC-Zeitfunktionen

Möchten Sie die Zeitfunktion neu initialisieren, starten Sie sie mit der Zeitdauer PT = T#0s.

Der SFB 3 TP läuft in den Betriebszuständen ANLAUF und RUN. Er wird bei einem Kaltstart zurückgesetzt (initialisiert).

### 7.7.2 Einschaltverzögerung SFB 4 TON

Die IEC-Zeit SFB 4 TON hat die in der Tabelle 7.2 angegebenen Parameter.

Wechselt das VKE am Starteingang der Zeitfunktion von „0“ nach „1“, startet die Zeitfunktion. Sie läuft mit der programmierten Zeitdauer ab. Der Ausgang Q liefert Signalzustand „1“, wenn die Zeit abgelaufen ist und solange der Starteingang noch „1“ führt. Wechselt vor Ablauf der Zeit das VKE am Starteingang von „1“ nach „0“, wird die laufende Zeit rückgesetzt. Mit der nächsten positiven Flanke startet sie wieder.

Der Ausgang ET liefert die Zeitdauer, die die Zeit läuft. Diese Zeitdauer beginnt bei T#0s und endet an der eingestellten Zeitdauer PT. Ist PT abgelaufen, bleibt ET solange auf dem abgelaufenen Wert stehen, bis der Eingang IN wieder nach „0“ wechselt. Führt der Eingang IN vor Ablauf von PT Signalzustand „0“, wechselt der Ausgang ET sofort auf T#0s.

Möchten Sie die Zeitfunktion neu initialisieren, starten Sie sie mit der Zeitdauer PT = T#0s.

Der SFB 4 TON läuft in den Betriebszuständen ANLAUF und RUN. Er wird bei einem Kaltstart zurückgesetzt (initialisiert).

### 7.7.3 Ausschaltverzögerung SFB 5 TOF

Die IEC-Zeit SFB 5 TOF hat die in der Tabelle 7.2 angegebenen Parameter.

Wechselt das VKE am Starteingang der Zeitfunktion von „0“ nach „1“, führt der Ausgang Q Signalzustand „1“. Wechselt das VKE am Starteingang zurück nach „0“, läuft die Zeit an. Solange die Zeit läuft, bleibt der Ausgang Q auf Signalzustand „1“. Ist die Zeit abgelaufen, wird der Ausgang Q zurückgesetzt. Wechselt vor Ablauf der Zeit das VKE am Starteingang erneut auf „1“, wird die Zeit zurückgesetzt und der Ausgang Q bleibt „1“.

Der Ausgang ET liefert die Zeitdauer, die die Zeit läuft. Diese Zeitdauer beginnt bei T#0s und endet an der eingestellten Zeitdauer PT. Ist PT abgelaufen, bleibt ET solange auf dem abgelaufenen Wert stehen, bis der Eingang IN wieder nach „1“ wechselt. Führt der Eingang IN vor Ablauf von PT Signalzustand „1“, wechselt der Ausgang ET sofort nach T#0s.

Möchten Sie die Zeitfunktion neu initialisieren, starten Sie sie mit der Zeitdauer PT = T#0s.

Der SFB 5 TOF läuft in den Betriebszuständen ANLAUF und RUN. Er wird bei einem Kaltstart zurückgesetzt (initialisiert).

# 8 Zählfunktionen

Mit den Zählfunktionen können Sie Zählaufgaben direkt durch den Zentralprozessor ausführen lassen. Die Zählfunktionen können sowohl vorwärts als auch rückwärts zählen; der Zählbereich geht über drei Dekaden (000 bis 999).

In diesem Kapitel sind die Anweisungen für die Programmiersprache AWL beschrieben. In der Programmiersprache SCL gehören die Zählfunktionen zu den SCL-Standardfunktionen (siehe Kapitel 30.2 „Zählfunktionen").

Die Zählfrequenz dieser Zählfunktionen richtet sich nach der Bearbeitungszeit Ihres Programms! Um zählen zu können, muß die CPU einen Signalzustandswechsel des Eingangsimpulses erkennen, d.h. ein Eingangsimpuls (oder eine Pause) muß mindestens einen Programmzyklus lang anstehen. Je größer die Programmbearbeitungszeit ist, desto niedriger ist also die Zählfrequenz.

Hinweis: Bei den S7-300-CPUs mit integrierten Funktionen (CPU 3xx IFM) sind Zählfunktionen integriert, die über einen speziellen Zähleingang mit bis zu 10 kHz zählen können.

Die in diesem Kapitel beschriebenen Zählfunktionen liegen im Systemspeicher der CPU. Sie können den Zählwert auf einen bestimmten Anfangswert einstellen oder löschen, vorwärts oder rückwärts zählen. Mit der Abfrage der Zählfunktion erfahren Sie, ob der Zählwert Null oder nicht Null ist. Der aktuelle Zählwert kann dual- oder BCD-codiert in den Akkumulator 1 geladen werden.

Die in diesem Kapitel gezeigten Beispiele und die Aufrufe der IEC-Zählfunktionen finden Sie auf der dem Buch beiliegenden Diskette in der Bibliothek AWL_Buch unter dem Programm „Basisfunktionen" im Funktionsbaustein FB 108 bzw. in der Quelldatei Kap_8.

## 8.1 Zähler setzen und rücksetzen

### Zähler setzen

S Zn Zählfunktion setzen

Ein Zähler wird gesetzt, wenn das VKE vor der Setzoperation S von „0" nach „1" wechselt. Zum Setzen eines Zählers ist immer eine positive Flanke erforderlich.

„Zähler setzen" heißt, die Zählfunktion wird auf einen Anfangswert gesetzt. Der Anfangswert befindet sich im Akkumulator 1 (siehe unten). Der Wertebereich geht von 0 bis 999.

### Vorgabe des Zählwerts

Die Operation „Zähler setzen" übernimmt den im Akkumulator 1 stehenden Wert als Zählwert. Wie und wann dieser Wert in den Akkumulator gelangt spielt keine Rolle.

Um Ihr Programm leichter lesbar zu gestalten, sollten Sie den Zählwert direkt vor der Setzoperation in den Akkumulator laden, entweder als Konstante (direkte Angabe des Zählwerts) oder als Variable (z.B. ein Merkerwort, das den Zählwert enthält).

Hinweis: Es muß auch dann ein gültiger Zählwert im Akkumulator 1 stehen, wenn bei Bearbeitung der Setzoperation der Zähler nicht gesetzt wird.

*Vorgabe des Zählwerts als Konstante*

```
L  C#100;        //Zählwert 100

L  W#16#0100;    //Zählwert 100
```

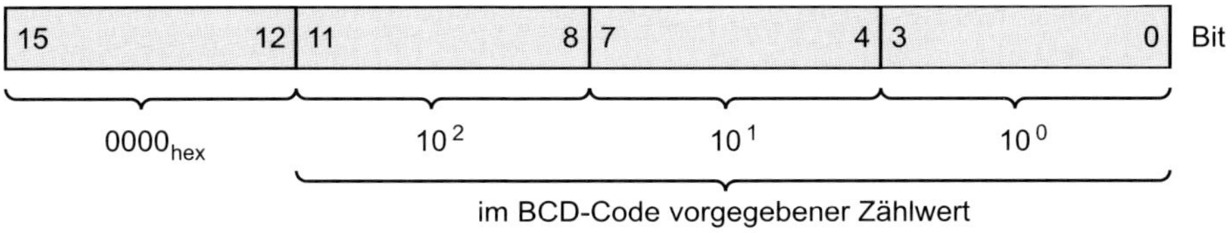


**Bild 8.1** Bitbelegung des Zählwerts

Die Größe des Zählwerts beträgt drei Dekaden im Bereich von 000 bis 999. Es sind nur positive Werte im BCD-Code erlaubt, negative Werte kann die Zählfunktion nicht verarbeiten. Als Kennzeichnung der Konstantendarstellung können Sie C# oder W#16# (nur in Verbindung mit dezimalen Ziffern) verwenden.

*Vorgabe des Zählwerts als Variable*

```
L  C#200;    //Zählwert 200
T  MW 56;    //Zählwert speichern
..  ;
L  MW 56;    //Zählwert laden
```

Beim Setzen erwartet die Zählfunktion einen Zählwert im Akkumulator 1, der aus drei rechtsbündig im Akkumulator stehenden Dekaden besteht. Die Bitbelegung des Zählwerts (Datentyp C#) finden Sie im Kapitel 24 „Datentypen".

### Zähler rücksetzen

R  Z n  Zählfunktion rücksetzen

Eine Zählfunktion wird rückgesetzt, wenn vor der Rücksetzoperation R das VKE „1" ansteht. Solange VKE „1" ansteht, liefern Abfragen der Zählfunktion auf Signalzustand „1" das Abfrageergebnis „0" und Abfragen auf Signalzustand „0" das Abfrageergebnis „1". Das Rücksetzen der Zählfunktion setzt den Zählwert auf „Null".

Hinweis: Das Rücksetzen einer Zählfunktion setzt nicht die internen Flankenmerker für das Setzen, das Vorwärts- und das Rückwärtszählen zurück. Zum erneuten Setzen oder Zählen muß zuerst die entsprechende Anweisung mit VKE „0" bearbeitet werden, bevor mit einer positiven Flanke die Zählfunktion erneut gesetzt bzw. gezählt werden kann. Sie können hierfür auch das Freigeben der Zählfunktion verwenden.

## 8.2 Zählen

### Vorwärtszählen

ZV  Z n  Vorwärtszählen

Eine Zählfunktion wird vorwärts gezählt, wenn das VKE vor der Vorwärtszähloperation ZV von „0" nach „1" wechselt. Zum Vorwärtszählen ist immer eine positive Flanke erforderlich.

Jede positive Flanke vor der Vorwärtszähloperation erhöht den Zählwert um eine Einheit, bis er die obere Grenze 999 erreicht. Eine positive Flanke an der Vorwärtszähloperation zeigt dann keine Wirkung mehr.

Ein Übertrag findet nicht statt.

### Rückwärtszählen

ZR  Z n  Rückwärtszählen

Eine Zählfunktion wird rückwärts gezählt, wenn das VKE vor der Rückwärtszähloperation ZR von „0" nach „1" wechselt. Zum Rückwärtszählen ist immer eine positive Flanke erforderlich.

Jede positive Flanke vor der Rückwärtszähloperation verringert den Zählwert um eine Einheit, bis er die untere Grenze 0 erreicht. Eine positive Flanke vor der Rückwärtszähloperation zeigt dann keine Wirkung mehr.

Ein Zählen mit negativem Zählwert findet nicht statt.

## 8.3 Abfragen einer Zählfunktion

### Binäres Abfragen einer Zählfunktion

| | | |
|---|---|---|
| U | Z n | Abfrage auf Signalzustand „1" und Verknüpfung nach UND |
| O | Z n | Abfrage auf Signalzustand „1" und Verknüpfung nach ODER |
| X | Z n | Abfrage auf Signalzustand „1" und Verknüpfung nach Exklusiv-ODER |
| UN | Z n | Abfrage auf Signalzustand „0" und Verknüpfung nach UND |
| ON | Z n | Abfrage auf Signalzustand „0" und Verknüpfung nach ODER |
| XN | Z n | Abfrage auf Signalzustand „0" und Verknüpfung nach Exklusiv-ODER |

Sie können eine Zählfunktion wie z.B. einen Eingang abfragen und das Abfrageergebnis weiter verknüpfen. Abfragen auf Signalzustand „1" liefern das Abfrageergebnis „1", wenn der Zählerstand größer Null ist, und das Abfrageergebnis „0", wenn der Zählerstand gleich Null ist.

### Direktes Laden eines Zählwerts

L Z n Direktes Laden eines Zählwerts

Die Ladefunktion L Z überträgt den in der Zählfunktion vorliegenden Zählwert dualcodiert in den Akkumulator 1. Es ist der aktuell zum Zeitpunkt der Abfrage vorliegende Wert. Der nun im Akkumulator 1 stehende Wert entspricht einer positiven Zahl im Datenformat INT und kann z.B. mit arithmetischen Funktionen weiterverarbeitet werden.

Beispiel:

```
L  Z 99;   //aktuellen Zählwert laden
T  MW 76;  //und speichern
```

### Codiertes Laden eines Zählwerts

LC Z n Codiertes Laden eines Zählwerts

Die Ladefunktion LC Z überträgt den in der Zählfunktion vorliegenden Zählwert BCD-codiert in den Akkumulator 1. Es ist der aktuell zum Zeitpunkt der Abfrage vorliegende Wert. Im Akkumulator steht dann der Zählwert in BCD-codierter Form rechtsbündig zur weiteren Verarbeitung zur Verfügung. Er ist so wie bei der Vorgabe des Zählwerts aufgebaut.

Beispiel:

```
LC  Z 99;  //aktuellen Zählwert laden
T   MW 50; //und speichern
```

## 8.4 Freigeben einer Zählfunktion

FR Z n Freigeben einer Zählfunktion

Mit dem Freigeben einer Zählfunktion können Sie das Setzen und das Zählen auch ohne positive Flanke vor der entsprechenden Operation ausführen lassen. Dies ist nur dann möglich, wenn die entsprechende Operation weiterhin mit VKE „1" bearbeitet wird.

Das Freigeben ist aktiv, wenn das VKE vor der Freigabeoperation von „0" nach „1" wechselt. Zum Freigeben eines Zählers ist immer eine positive Flanke erforderlich.

Das Freigeben eines Zählers ist für das Setzen, das Rücksetzen und das Zählen (d.h. für den normalen Betrieb) nicht erforderlich.

Hinweis: Das Freigeben wirkt auf das Setzen, das Vorwärtszählen und das Rückwärtszählen gleichzeitig! Eine positive Flanke an der Freigabeoperation bewirkt, daß alle nachfolgend bearbeiteten Operationen (S, ZV und ZR), die Signalzustand „1" führen, auch ausgeführt werden.

Folgendes Beispiel zu den Zählfunktionen soll die Funktionsweise der Freigabe auf die restlichen Eingänge erläutern (das Diagramm ist im Bild 8.2 dargestellt):

```
U    "Freigeben";
FR   "Zähler";
U    "Vorwärts";
ZV   "Zähler";
U    "Rückwärts";
ZR   "Zähler";
U    "Setzen";
L    C#020;
S    "Zähler";
U    "Rücksetzen";
R    "Zähler";
U    "Zähler";
=    "Zählerstatus";
```

① Die positive Flanke am Setzeingang stellt den Zähler auf den Anfangswert 20.

② Eine positive Flanke am Vorwärtszähleingang erhöht den Zählwert um eine Einheit.

③ Da der Signalzustand am Vorwärtszähleingang „1" ist, wird beim Freigeben der Zählwert um eine Einheit erhöht.

④ Die positive Flanke am Rückwärtszähleingang verringert den Zählwert um eine Einheit.

⑤ Durch das Freigeben wird das Vorwärts- und das Rückwärtszählen ausgeführt, da an beiden Eingängen Signalzustand „1" anliegt.

⑥ Die positive Flanke am Setzeingang stellt die Zählfunktion auf den Anfangswert 20.

⑦ Signalzustand „1" am Rücksetzeingang setzt die Zählfunktion zurück. Die Abfrage der Zählfunktion auf Signalzustand „1" liefert Abfrageergebnis „0".

⑧ Da am Setzeingang noch Signalzustand „1" ansteht, wird durch das Freigeben die Zählfunktion erneut mit dem Wert 20 voreingestellt. Die Abfrage auf Signalzustand „1" liefert jetzt das Abfrageergebnis „1".

## 8.5 Reihenfolge der Zähloperationen

Bei der Programmierung einer Zählfunktion brauchen Sie nicht alle für die Zählfunktion verfügbaren Anweisungen verwenden. Es genügen die Anweisungen, die für die gewünschte Funktion notwendig sind. Zum Beispiel sind für einen Rückwärtszähler nur das Setzen auf den Anfangszählwert, das Rückwärtszählen und die binäre Abfrage auf „0" notwendig.

Damit eine Zählfunktion sich so verhält, wie es in den vorhergehenden Abschnitten beschrieben ist, müssen Sie bei der Programmierung der Zähloperationen eine bestimmte Reihenfolge einhalten. Tabelle 8.1 zeigt die optimale Reihenfolge für alle Zähloperationen. Die nicht benötigten Anweisungen können Sie bei der Programmierung einfach weglassen, z.B. das Freigeben der Zählfunktion.

Soll das Rücksetzen einer Zählfunktion „statisch" und unabhängig vom Verknüpfungsergebnis (VKE) an den Anweisungen zum Vorwärtszählen, Rückwärtszählen und Setzen wirken, ist es notwendig, daß Sie das Rücksetzen der Zählfunktion nach diesen Anweisungen und noch vor der Abfrage der Zählfunktion programmieren.

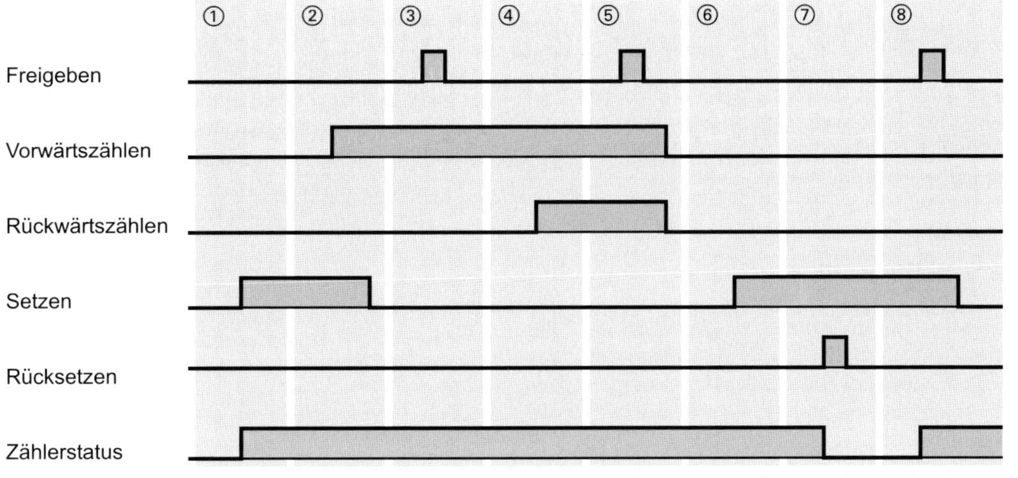


**Bild 8.2** Freigeben einer Zählfunktion

**Tabelle 8.1** Reihenfolge der Zähloperationen

| Zähloperationen | Beispiele |
|---|---|
| Freigeben des Zählers | U E 22.0<br>FR Z 17 |
| Vorwärtszählen | U E 22.1<br>ZV Z 17 |
| Rückwärtszählen | U E 22.2<br>ZR Z 17 |
| Setzen des Zählers | U E 22.3<br>L C#500<br>S Z 17 |
| Rücksetzen des Zählers | U E 22.4<br>R Z 17 |
| Digitales Abfragen | L Z 17<br>T MW 30<br>LC Z 17<br>T MW 32 |
| Binäres Abfragen | U Z 17<br>= A 13.0 |

Wird dann die Zählfunktion „gleichzeitig" gesetzt und rückgesetzt, so erhält der Zähler zwar einen Wert zugewiesen, wird aber gleich darauf mit der Rücksetzanweisung wieder zurückgesetzt. Die darauffolgende Abfrage der Zählfunktion bemerkt deshalb das Setzen der Zählfunktion nicht.

Soll das Setzen einer Zählfunktion „statisch" und unabhängig vom VKE bei den Zählanweisungen wirken, ist es notwendig, daß Sie das Setzen der Zählfunktion nach den Operationen zum Zählen programmieren. Bei „gleichzeitigem" Zählen und Setzen wird der Zählerinhalt durch die Zählanweisungen noch beeinflußt, er wird aber anschließend auf den programmierten Wert gesetzt, den er für den Rest der Programmbearbeitung beibehält.

Die Reihenfolge der Anweisungen zum Vorwärtszählen und zum Rückwärtszählen spielt keine Rolle.

## 8.6 IEC-Zählfunktionen

Die IEC-Zählfunktionen sind als System-Funktionsbausteine SFB im Betriebssystem der CPU integriert. Folgende Funktionen stehen bei entsprechend ausgelegten CPUs zur Verfügung:

- ▷ SFB 0 CTU
  Vorwärtszähler
- ▷ SFB 1 CTD
  Rückwärtszähler
- ▷ SFB 2 CTUD
  Vorwärts-Rückwärtszähler

Sie rufen diese SFBs mit einem Instanz-Datenbaustein auf oder Sie verwenden diese SFBs als Lokalinstanzen in einem Funktionsbaustein.

Die Schnittstellenbeschreibung für die Offline-Programmierung finden Sie in der Standardbibliothek *Standard Library* unter dem Programm *System Function Blocks*.

Beispiele für den Aufruf finden Sie auf der dem Buch beiliegenden Diskette in der Bibliothek AWL_Buch unter dem Programm „Basisfunktionen" im Funktionsbaustein FB 108 bzw. in der Quelldatei Kap_8 und in der Bibliothek SCL_Buch unter dem Programm „30 SCL-Funktionen".

### 8.6.1 Vorwärtszähler SFB 0 CTU

Die IEC-Zählfunktion SFB 0 CTU hat die in der Tabelle 8.2 gezeigten Parameter.

Wechselt der Signalzustand am Vorwärtszähleingang CU von „0" nach „1" (positive Flanke), wird der aktuelle Zählwert um 1 erhöht und am Ausgang CV angezeigt. Der Zählwert entspricht beim erstenmal Aufrufen (mit Signalzustand „0" am Rücksetzeingang R) dem Vorbesetztwert am Eingang PV.

Erreicht der aktuelle Zählwert den oberen Grenzwert 32767, wird er nicht mehr erhöht. CU bleibt dann ohne Wirkung.

Der Zählwert wird auf Null zurückgesetzt, wenn der Rücksetzeingang R Signalzustand „1" führt. Solange der Eingang R Signalzustand „1" führt, bleibt eine positive Flanke an CU ohne Wirkung.

Der Ausgang Q führt Signalzustand „1", wenn der Wert an CV größer oder gleich dem Wert an PV ist.

Der SFB 0 CTU läuft in den Betriebszuständen ANLAUF und RUN. Er wird bei einem Kaltstart zurückgesetzt (initialisiert).

**Tabelle 8.2** Parameter der IEC-Zählfunktionen

| Name | vorhanden bei SFB | | | Deklaration | Datentyp | Beschreibung |
|---|---|---|---|---|---|---|
| CU | 0 | - | 2 | INPUT | BOOL | Vorwärtszähleingang |
| CD | - | 1 | 2 | INPUT | BOOL | Rückwärtszähleingang |
| R | 0 | - | 2 | INPUT | BOOL | Rücksetzeingang |
| LOAD | - | 1 | 2 | INPUT | BOOL | Ladeeingang |
| PV | 0 | 1 | 2 | INPUT | INT | Vorbesetztwert |
| Q | 0 | 1 | - | OUTPUT | BOOL | Zählerstatus |
| QU | - | - | 2 | OUTPUT | BOOL | Zählerstatus vorwärtszählen |
| QD | - | - | 2 | OUTPUT | BOOL | Zählerstatus rückwärtszählen |
| CV | 0 | 1 | 2 | OUTPUT | INT | aktueller Zählwert |

### 8.6.2 Rückwärtszähler SFB 1 CTD

Die IEC-Zählfunktion SFB 1 CTD hat die in der Tabelle 8.2 gezeigten Parameter.

Wechselt der Signalzustand am Rückwärtszähleingang CD von „0“ nach „1“ (positive Flanke), wird der aktuelle Zählwert um 1 erniedrigt und am Ausgang CV angezeigt. Der Zählwert entspricht beim erstenmal Aufrufen (mit Signalzustand „0“ am Ladeeingang LOAD) dem Vorbesetztwert am Eingang PV.

Erreicht der aktuelle Zählwert den unteren Grenzwert –32768, wird er nicht mehr erniedrigt. CD bleibt dann ohne Wirkung.

Der Zählwert wird auf den Vorbesetztwert PV gesetzt, wenn der Ladeeingang LOAD Signalzustand „1“ führt. Solange der Eingang LOAD Signalzustand „1“ führt, bleibt eine positive Flanke am Eingang CD ohne Wirkung.

Der Ausgang Q führt Signalzustand „1“, wenn der Wert an CV kleiner oder gleich Null ist.

Der SFB 1 CTD läuft in den Betriebszuständen ANLAUF und RUN. Er wird bei einem Kaltstart zurückgesetzt (initialisiert).

### 8.6.3 Vorwärts-Rückwärtszähler SFB 2 CTUD

Die IEC-Zählfunktion SFB 2 CTUD hat die in der Tabelle 8.2 gezeigten Parameter.

Wechselt der Signalzustand am Vorwärtszähleingang CU von „0“ nach „1“ (positive Flanke), wird der Zählwert um 1 erhöht und am Ausgang CV angezeigt. Wechselt der Signalzustand am Rückwärtszähleingang CD von „0“ nach „1“ (positive Flanke), wird der Zählwert um 1 erniedrigt und am Ausgang CV angezeigt. Zeigen beide Zähleingänge eine positive Flanke, ändert sich der aktuelle Zählwert nicht.

Erreicht der aktuelle Zählwert den oberen Grenzwert 32767, wird er bei einer positiven Flanke am Vorwärtszähleingang CU nicht mehr erhöht. CU bleibt dann ohne Wirkung.

Erreicht der aktuelle Zählwert den unteren Grenzwert –32768, wird er bei einer positiven Flanke am Rückwärtszähleingang CD nicht mehr erniedrigt. CD bleibt dann ohne Wirkung.

Der Zählwert wird auf den Vorbesetztwert PV gesetzt, wenn der Ladeeingang LOAD Signalzustand „1“ führt. Solange der Eingang LOAD „1“ führt, bleiben positive Signalflanken an den Zähleingängen ohne Wirkung.

Der Zählwert wird auf Null zurückgesetzt, wenn der Rücksetzeingang R Signalzustand „1“ führt. Solange der Eingang R Signalzustand „1“ führt, bleiben positive Signalflanken an den Zähleingängen und Signalzustand „1“ am Ladeeingang LOAD ohne Wirkung.

Der Ausgang QU führt Signalzustand „1“, wenn der Wert an CV größer oder gleich dem Wert an PV ist.

Der Ausgang QD führt Signalzustand „1“, wenn der Wert an CV kleiner oder gleich Null ist.

Der SFB 2 CTUD läuft in den Betriebszuständen ANLAUF und RUN. Er wird bei einem Kaltstart zurückgesetzt (initialisiert).

## 8.7 Beispiel Fördergutzähler

Das Beispiel zeigt den Umgang mit Zeit- und Zählfunktionen. Es ist mit Eingängen, Ausgängen und Merkern programmiert, so daß es in jedem Baustein an jeder Stelle programmiert werden kann. Im Beispiel wird eine Funktion ohne Bausteinparameter verwendet.

### Funktionsbeschreibung

Auf einem Förderband läuft Stückgut vorbei. Eine Lichtschranke erfaßt und zählt das Stückgut. Nach einer eingestellten Anzahl gibt die Zählfunktion das Signal *fertig* ab. Die Zählung ist mit einer Überwachungsschaltung versehen: Ändert sich der Signalzustand der Lichtschranke nicht innerhalb einer bestimmten Zeit, gibt die Überwachungsschaltung eine Meldung aus.

Der Eingang *Setzen* gibt dem Zähler den Anfangswert (die zu zählende Anzahl) vor. Eine positive Flanke der Lichtschranke zählt den Zähler um eine Einheit nach unten. Ist der Wert Null erreicht, gibt der Zähler das Signal *fertig* aus. Voraussetzung ist, daß das Fördergut vereinzelt (mit Abständen) auf dem Band liegt (Bild 8.3).

Der Eingang *Setzen* setzt auch das Signal *aktiv*. Nur im aktiven Zustand überwacht die Steuerung einen Signalzustandswechsel der Lichtschranke. Ist das Zählen beendet und hat das zuletzt gezählte Fördergut die Lichtschranke verlassen, wird *aktiv* ausgeschaltet.

Im aktiven Zustand startet eine positive Flanke der Lichtschranke die Zeit mit dem Zeitwert *Dauer1* als speichernden Impuls. Wird der Starteingang der Zeit im nächsten Zyklus mit „0" bearbeitet, läuft sie dennoch weiter. Mit einer erneuten positiven Flanke wird die Zeit „nachgetriggert", läuft also neu an. Die nächste positive Flanke zum erneuten Starten der Zeitfunktion wird generiert, wenn die Lichtschranke eine negative Flanke meldet. Dann startet die Zeit mit dem Zeitwert *Dauer2*. Ist nun die Lichtschranke länger als der Zeitwert *Dauer1* bedeckt oder länger als der Zeitwert *Dauer2* frei, läuft die Zeit ab und meldet *Störung*. Beim ersten Aktivschalten wird die Zeit mit dem Zeitwert *Dauer2* gestartet.

Das Signal *Setzen* aktiviert die Zählung und die Überwachung. Die Lichtschranke steuert über positive und negative Flanken den Zähler, den Zustand *aktiv*, die Zeitwertauswahl und das Starten (Nachtriggern) der Überwachungszeit.

Die Auswertung der positiven und negativen Flanke der Lichtschranke wird mehrfach benötigt, hier eignen sich temporäre Lokaldaten als „Schmiermerker". Temporäre Lokaldaten sind bausteinlokale Variable; sie werden im Baustein deklariert (nicht in der Symboltabelle). Im Beispiel werden die Impulsmerker der Flankenauswertung in temporären Lokaldaten gespeichert. (Die Flankenmerker benötigen ihren Signalzustand auch noch im nächsten Zyklus; sie dürfen also keine temporären Lokaldaten sein.)

Das Programm steht in einer Funktion ohne Bausteinparameter. Diese Funktion können Sie z.B. im Organisationsbaustein OB 1 wie folgt aufrufen:

```
CALL "Zählsteuerung";
```

Das Beispiel liegt als Quelltext mit symbolischer Adressierung vor. Die globalen Symbole können auch ohne Anführungszeichen verwendet werden, wenn sie keine Sonderzeichen enthalten. Steht ein Sonderzeichen (z.B. ein Umlaut oder ein Leerzeichen) in einem Symbol, muß das Symbol in Anführungszeichen stehen. Der Editor zeigt im übersetzten Baustein alle globalen Symbole mit Anführungszeichen an.

Das Programm ist in Netzwerke unterteilt, um die Übersichtlichkeit zu erhöhen. Das letzte Netzwerk mit dem Titel Bausteinende ist nicht unbedingt erforderlich. Es ist jedoch ein sichtbares Zeichen für das Ende des Bausteins, was besonders bei sehr langen Bausteinen nützlich ist.

Auf der dem Buch beiliegenden Diskette finden Sie in der Bibliothek AWL_Buch im Programm „Beispiel Fördertechnik" unter dem Objekt *Symbole* die Symboltabelle, im Behälter *Quellen* das Quellprogramm „Fördertechnik" und im Behälter *Bausteine* das übersetzte Programm in der Funktion FC 12.

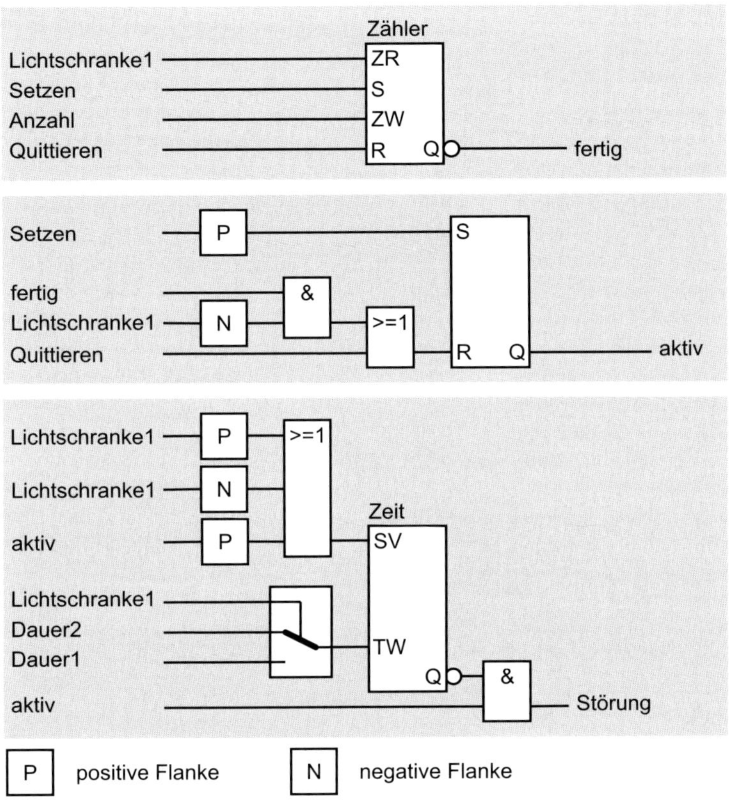


**Bild 8.3** Programmierbeispiel Fördergutzähler

*(Programm siehe nächste Seite)*

```
FUNCTION "Zählsteuerung" : VOID
TITLE = Stückgutzähler mit Überwachung
//Beispiel für Zeit- und Zählfunktionen
NAME    : Zaehler1
AUTHOR  : Berger
FAMILY  : AWL_Buch
Version : 01.00
VAR_TEMP
  IM_LS_P : BOOL;                    //Impuls positive Flanke Lichtschranke
  IM_LS_N : BOOL;                    //Impuls negative Flanke Lichtschranke
END_VAR
BEGIN
NETWORK
TITLE = Zählersteuerung
      U     Lichtschranke1;          //Bei Ansprechen der Lichtschranke
      ZR    "Stückzähler";           //den Zähler um 1 rückwärtszählen
      U     Setzen;
      L     Anzahl;                  //Voreinstellung des Zählwerts mit "Anzahl"
      S     "Stückzähler";
      U     Quittieren;
      R     "Stückzähler";
      UN    "Stückzähler";           //Ist der Zählwert Null erreicht
      =     fertig;                  //Signal "fertig" ausgeben
NETWORK
TITLE = Überwachung aktivieren
      U     Lichtschranke1;
      FP    FM_LS_P;                 //Bildung des Impulsmerkers bei
      =     IM_LS_P;                 //positiver Flanke der Lichtschranke
      U     Lichtschranke1;
      FN    FM_LS_N;                 //Bildung des Impulsmerkers bei
      =     IM_LS_N;                 //negativer Flanke der Lichtschranke
      U     Setzen;
      FP    FM_ST_P;
      S     aktiv;                   //Überwachung aktivieren
      U     fertig;
      U     IM_LS_N;
      O     Quittieren;
      R     aktiv;                   //Überwachung deaktivieren
NETWORK
TITLE = Überwachungsschaltung
      L     Dauer1;                  //Wenn die Lichtschranke "1" führt
      U     Lichtschranke1;          //wird der Sprung SPB nach D1 ausgeführt
      SPB   D1;                      //und es steht "Dauer1" im Akkumulator
      L     Dauer2;                  //andernfalls steht "Dauer2" im Akkumulator
D1:   U     aktiv;
      FP    FM_AK_P;                 //Bei positiver Flanke von "aktiv"
      O     IM_LS_P;                 //oder bei positiver Flanke der Lichtschr.
      O     IM_LS_N;                 //oder bei negativer Flanke der Lichtschr.
      SV    "Überwachung";           //wird die Zeit gestartet bzw. neu gestartet
      UN    "Überwachung";
      U     aktiv;                   //Ist bei "aktiv" die Zeit abgelaufen
      =     "Störung";               //wird "Störung" gemeldet
NETWORK
TITLE = Bausteinende
      BE;
END_FUNCTION
```

# Digitalfunktionen

Die Digitalfunktionen verarbeiten digitale Werte vorwiegend mit den Datentypen INT, DINT und REAL und erweitern so die Funktionalität der SPS. An dieser Stelle werden die Digitalfunktionen für die Programmiersprache AWL beschrieben. In der Programmiersprache SCL werden Vergleiche, Wortverknüpfungen und arithmetische Verknüpfungen mit Operatoren realisiert (Kapitel 27.4 „Ausdrücke"); die übrigen Digitalfunktionen zählen bei SCL zu den Standardfunktionen (Kapitel 30.3 „Mathematische Funktionen", 30.4 „Schieben und Rotieren" und 30.5 „Konvertierungsfunktionen").

Die **Vergleichsfunktionen** bilden aus dem Vergleich zweier Werte ein binäres Ergebnis. Sie berücksichtigen die Datentypen INT, DINT und REAL.

Mit den **arithmetischen Funktionen** rechnen Sie in Ihrem Programm. Alle Grundrechnungsarten in den Datentypen INT, DINT und REAL stehen zur Verfügung.

Die **mathematischen Funktionen** erweitern die Rechenmöglichkeiten über die Grundrechnungsarten hinaus z.B. mit trigonometrischen Funktionen.

Vor oder nach dem Rechnen passen Sie die digitalen Werte mit den **Umwandlungsfunktionen** an den gewünschten Datentyp an.

Die **Schiebefunktionen** gestatten ein Ausrichten des Akkumulatorinhalts durch Verschieben nach rechts oder links. Hierbei können Sie jeweils das zuletzt geschobene Bit abfragen.

Mit den **Wortverknüpfungen** maskieren Sie digitale Werte, indem Sie gezielt einzelne Bits auf „1" oder „0" setzen.

Die Digitalverknüpfungen werden vorwiegend in Verbindung mit Werten eingesetzt, die in Datenbausteinen liegen. Es können Global-Datenbausteine sein oder Instanz-Datenbausteine, wenn statische Lokaldaten verwendet werden. Das Kapitel 18.2 „Bausteinfunktionen für Datenbausteine" zeigt den Umgang mit Datenbausteinen und die Adressiermöglichkeiten für Datenoperanden.

Außer den Akkumulatoren eignen sich auch die temporären Lokaldaten ausgezeichnet, um Zwischenergebnisse aufzunehmen.

# 9 Vergleichsfunktionen

Die Vergleichsfunktionen vergleichen zwei digitale Werte, die in den Akkumulatoren 1 und 2 stehen. Als Vergleichsergebnis setzt die Vergleichsfunktion das Verknüpfungsergebnis (VKE) und die Statusbits A0 und A1. Die Weiterverarbeitung des Ergebnisses geschieht mit binären Verknüpfungen, mit Speicherfunktionen oder mit Sprungfunktionen. Die Tabelle 9.1 zeigt eine Übersicht über die Vergleichsoperationen.

Wie die Vergleichsfunktionen die Statusbits A0 und A1 setzen erfahren Sie im Kapitel 15 „Statusbits".

In diesem Kapitel sind die Vergleichsfunktionen für die Programmiersprache AWL beschrieben. In der Programmiersprache SCL werden die Vergleichsfunktionen mit Vergleichsausdrücken formuliert (Kapitel 27.4.2 „Vergleichsausdrücke").

Die Beispiele in diesem Kapitel sind auch auf der dem Buch beiliegenden Diskette in der Bibliothek AWL_Buch unter dem Programm „Digitalfunktionen" im Funktionsbaustein FB 109 bzw. in der Quelldatei Kap_9 dargestellt.

**Tabelle 9.1** Übersicht der Vergleichsoperationen

| | Vergleich nach dem Datentyp | | |
|---|---|---|---|
| Vergleich auf | INT | DINT | REAL |
| gleich | ==I | ==D | ==R |
| ungleich | <>I | <>D | <>R |
| größer | >I | >D | >R |
| größer oder gleich | >=I | >=D | >=R |
| kleiner | <I | <D | <R |
| kleiner oder gleich | <=I | <=D | <=R |

## 9.1 Allgemeine Darstellung einer Vergleichsfunktion

Sie programmieren eine Vergleichsfunktion nach folgendem allgemeinen Schema:

```
Laden                  Operand1;
Laden                  Operand2;
Vergleichsfunktion;
Zuweisen               Ergebnis;
```

Zuerst wird der erste der zu vergleichenden Operanden in den Akkumulator 1 geladen. Mit dem Laden des zweiten Operanden wird der Inhalt des Akkumulator 1 in den Akkumulator 2 geschoben (siehe Kapitel 6.2 „Ladefunktionen"). Nun können mit der Vergleichsfunktion die Inhalte der Akkumulatoren 2 und 1 miteinander verglichen werden.

Die Vergleichsfunktion liefert ein binäres Ergebnis (Datentyp BOOL), das einem Binäroperanden zugewiesen oder mit weiteren binären Abfragen verknüpft werden kann.

Eine Vergleichsfunktion verändert die Akkumulatorinhalte nicht. Sie wird unabhängig von Bedingungen immer ausgeführt.

Die Tabelle 9.2 zeigt je ein Beispiel für die verschiedenen Datentypen. Die Vergleichsoperation führt den Vergleich nach der angegebenen Charakteristik durch, unabhängig von den Inhalten der Akkumulatoren.

Beim Datentyp INT vergleicht die CPU nur die rechten Wörter der Akkumulatoren; die Inhalte der linken Wörter werden nicht beachtet.

Ein Vergleich mit dem Datentyp REAL prüft, ob die Akkumulatoren gültige REAL-Zahlen enthalten. Ist das nicht der Fall, setzt die CPU das Verknüpfungsergebnis auf „0" und die Statusbits A0, A1, OV und OS auf „1".

**Tabelle 9.2** Beispiele für Vergleichsfunktionen

| | | |
|---|---|---|
| **Vergleich nach INT** | Der Merker M 99.0 wird rückgesetzt, wenn der Wert im Merkerwort MW 92 gleich 120 ist, andernfalls nicht beeinflußt. | `L MW 92;`<br>`L 120;`<br>`==I ;`<br>`R M 99.0;` |
| **Vergleich nach DINT** | Die Variable „VerglErgeb" im Datenbaustein „Global_DB" wird gesetzt, wenn die Variable „VerglWert1" kleiner als „VerglWert2" ist, andernfalls rückgesetzt. | `L "Global_DB".VerglWert1;`<br>`L "Global_DB".VerglWert2;`<br>`<D ;`<br>`= "Global_DB".VerglErgeb;` |
| **Vergleich nach REAL** | Wenn die Variable #Istwert größer oder gleich der Variablen #Kalibri ist, wird #NeuKali gesetzt, andernfalls nicht beeinflußt. | `L #Istwert;`<br>`L #KALIBRI;`<br>`>=R ;`<br>`S #NeuKali;` |

## 9.2 Beschreibung der Vergleichsfunktionen

### Vergleich auf gleich

Der „Vergleich auf gleich" interpretiert die Inhalte der Akkumulatoren entsprechend dem in der Vergleichsoperation angegebenen Datentyp und prüft, ob beide Werte gleich sind. Nach der Vergleichsoperation hat das VKE den Signalzustand „1", wenn

- ▷ beim Datentyp INT
  der Inhalt des rechten Worts im Akkumulator 2 gleich dem Inhalt des rechten Worts im Akkumulator 1 ist,
- ▷ beim Datentyp DINT
  der Inhalt des Akkumulators 2 gleich dem Inhalt des Akkumulators 1 ist,
- ▷ beim Datentyp REAL
  der Inhalt des Akkumulators 2 gleich dem Inhalt des Akkumulators 1 ist unter der Voraussetzung, daß in den Akkumulatoren gültige REAL-Zahlen stehen.

Sind zwei REAL-Zahlen gleich, jedoch ungültig, ist ein Vergleich auf gleich nicht erfüllt (VKE = „0").

### Vergleich auf ungleich

Der „Vergleich auf ungleich" interpretiert die Inhalte der Akkumulatoren entsprechend dem in der Vergleichsoperation angegebenen Datentyp und prüft, ob sich beide Werte unterscheiden. Nach der Vergleichsoperation hat das VKE den Signalzustand „1", wenn

- ▷ beim Datentyp INT
  der Inhalt des rechten Worts im Akkumulator 2 ungleich dem Inhalt des rechten Worts im Akkumulator 1 ist,
- ▷ beim Datentyp DINT
  der Inhalt des Akkumulators 2 ungleich dem Inhalt des Akkumulators 1 ist,
- ▷ beim Datentyp REAL
  der Inhalt des Akkumulators 2 ungleich dem Inhalt des Akkumulators 1 ist unter der Voraussetzung, daß in den Akkumulatoren gültige REAL-Zahlen stehen.

Sind zwei REAL-Zahlen ungleich, jedoch eine von beiden oder beide ungültig, ist ein Vergleich auf ungleich nicht erfüllt (VKE = „0").

### Vergleich auf größer

Der „Vergleich auf größer" interpretiert die Inhalte der Akkumulatoren entsprechend dem in der Vergleichsoperation angegebenen Datentyp und prüft, ob der Wert im Akkumulator 2 größer als der Wert im Akkumulator 1 ist. Nach der Vergleichsoperation hat das VKE den Signalzustand „1", wenn

- ▷ beim Datentyp INT
  der Inhalt des rechten Worts im Akkumulator 2 größer ist als der Inhalt des rechten Worts im Akkumulator 1,
- ▷ beim Datentyp DINT
  der Inhalt des Akkumulators 2 größer ist als der Inhalt des Akkumulators 1,
- ▷ beim Datentyp REAL
  der Inhalt des Akkumulators 2 größer ist als

der Inhalt des Akkumulators 1 unter der Voraussetzung, daß in den Akkumulatoren gültige REAL-Zahlen stehen.

**Vergleich auf größer oder gleich**

Der „Vergleich auf größer oder gleich" interpretiert die Inhalte der Akkumulatoren entsprechend dem in der Vergleichsoperation angegebenen Datentyp und prüft, ob der Wert im Akkumulator 2 größer als oder gleich dem Wert im Akkumulator 1 ist. Nach der Vergleichsoperation hat das VKE den Signalzustand „1", wenn

- ▷ beim Datentyp INT
  der Inhalt des rechten Worts im Akkumulator 2 größer ist als der Inhalt des rechten Worts im Akkumulator 1 oder wenn die Bitmuster beider Wörter gleich sind,
- ▷ beim Datentyp DINT
  der Inhalt des Akkumulators 2 größer ist als der Inhalt des Akkumulators 1 oder wenn die Bitmuster in beiden Akkumulatoren gleich sind,
- ▷ beim Datentyp REAL
  der Inhalt des Akkumulators 2 größer ist als der Inhalt des Akkumulators 1 oder wenn die Inhalte in beiden Akkumulatoren gleich sind unter der Voraussetzung, daß in den Akkumulatoren gültige REAL-Zahlen stehen.

**Vergleich auf kleiner**

Der „Vergleich auf kleiner" interpretiert die Inhalte der Akkumulatoren entsprechend dem in der Vergleichsoperation angegebenen Datentyp und prüft, ob der Wert im Akkumulator 2 kleiner als der Wert im Akkumulator 1 ist. Nach der Vergleichsoperation hat das VKE den Signalzustand „1", wenn

- ▷ beim Datentyp INT
  der Inhalt des rechten Worts im Akkumulator 2 kleiner ist als der Inhalt des rechten Worts im Akkumulator 1,
- ▷ beim Datentyp DINT
  der Inhalt des Akkumulators 2 kleiner ist als der Inhalt des Akkumulators 1,
- ▷ beim Datentyp REAL
  der Inhalt des Akkumulators 2 kleiner ist als der Inhalt des Akkumulators 1 unter der Voraussetzung, daß in den Akkumulatoren gültige REAL-Zahlen stehen.

**Vergleich auf kleiner oder gleich**

Der „Vergleich auf kleiner oder gleich" interpretiert die Inhalte der Akkumulatoren entsprechend dem in der Vergleichsoperation angegebenen Datentyp und prüft, ob der Wert im Akkumulator 2 kleiner als oder gleich dem Wert im Akkumulator 1 ist. Nach der Vergleichsoperation hat das VKE den Signalzustand „1", wenn

- ▷ beim Datentyp INT
  der Inhalt des rechten Worts im Akkumulator 2 kleiner ist als der Inhalt des rechten Worts im Akkumulator 1 oder wenn die Bitmuster beider Wörter gleich sind,
- ▷ beim Datentyp DINT
  der Inhalt des Akkumulators 2 kleiner ist als der Inhalt des Akkumulators 1 oder wenn die Bitmuster in beiden Akkumulatoren gleich sind,
- ▷ beim Datentyp REAL
  der Inhalt des Akkumulators 2 kleiner ist als der Inhalt des Akkumulators 1 oder wenn die Inhalte in beiden Akkumulatoren gleich sind unter der Voraussetzung, daß in den Akkumulatoren gültige REAL-Zahlen stehen.

## 9.3 Vergleichsfunktion in einer Verknüpfung

Die Vergleichsfunktion liefert ein binäres Verknüpfungsergebnis und kann deshalb im Zusammenhang mit anderen binären Funktionen eingesetzt werden. Die Vergleichsfunktion setzt das Statusbit /ER, d.h. sie ist bei den binären Verknüpfungen immer eine Erstabfrage.

**Vergleich am Anfang einer Verknüpfung**

Am Anfang einer Verknüpfung ist eine Vergleichsfunktion immer eine Erstabfrage. Sie können das von der Vergleichsfunktion gelieferte VKE direkt mit binären Abfragen weiterverknüpfen.

```
L    MW 120;
L    512;
>I   ;
U    Eingang1;
=    Ausgang1;
```

Im Beispiel wird *Ausgang1* gesetzt, wenn der Vergleich erfüllt ist und *Eingang1* Signalzustand „1" führt.

### Vergleich innerhalb einer Verknüpfung

Eine Vergleichsfunktion innerhalb einer binären Verknüpfung müssen Sie in Klammern setzen, da mit der Vergleichsfunktion ein neuer Verknüpfungsschritt beginnt (Erstabfrage).

```
O    Eingang2;
O(   ;
L    MW 122;
L    200;
<=I  ;
)    ;
O    Eingang3;
=    Ausgang2;
```

Im Beispiel wird *Ausgang2* gesetzt, wenn *Eingang2* oder *Eingang3* Signalzustand „1" führen oder der Vergleich erfüllt ist.

### Mehrfacher Vergleich

Da eine Vergleichsfunktion die Akkumulatorinhalte nicht verändert, ist in AWL ein mehrfach hintereinander ausgeführter Vergleich möglich.

```
L    MW 124;
L    1200;
>I   ;
SPB  GROE;
==I  ;
SPB  GLEI;
```

Im Beispiel werden zwei Vergleichsfunktionen auf die gleichen Akkumulatorinhalte angewandt. Der erste Vergleich erzeugt VKE = „1", wenn MW 124 größer als 1200 ist, so daß der Sprung zur Marke GROE ausgeführt wird. Ohne die Akkumulatoren neu zu laden erfolgt daran anschließend der zweite Vergleich auf gleich, der ein neues VKE bildet.

Die Vergleichsfunktion setzt die Statusbits aufgrund der Relation der verglichenen Werte, also unabhängig von der angegebenen Vergleichsoperation. Diese Tatsache können Sie nutzen, in dem Sie die Statusbits mit den entsprechenden Sprungfunktionen abfragen. Das oben angeführte Beispiel kann auch wie folgt programmiert werden:

```
L    MW 124;
L    1200;
>I   ;
SPP  GROE;
SPZ  GLEI;
```

In diesem Beispiel erfolgt die Auswertung des Vergleichs über die Statusbits A0 und A1. Die Vergleichsrelation, hier „größer", spielt beim Setzen der Statusbits keine Rolle, man hätte auch eine andere Relation, z.B. „kleiner", nehmen können. Mit SPP wird abgefragt, ob der erste Vergleichswert größer als der zweite ist, mit SPZ, ob sie beide gleichgroß sind.

# 10 Arithmetische Funktionen

Die arithmetischen Funktionen verknüpfen zwei digitale Werte, die in den Akkumulatoren 1 und 2 stehen, nach den Grundrechnungsarten. Das Ergebnis der Rechnung steht im Akkumulator 1. Die Statusbits A0, A1, OV und OS informieren über das Ergebnis und den Verlauf der Rechnung (siehe Kapitel 15 „Statusbits"). Die Tabelle 10.1 zeigt eine Übersicht über die arithmetischen Funktionen.

Zusätzlich zu den Grundrechnungsarten mit Werten aus dem Akkumulator 2 können Sie auch Konstanten direkt zum Inhalt des Akkumulators 1 addieren oder den Inhalt des Akkumulators 1 um einen festen Betrag verändern.

In diesem Kapitel sind die Anweisungen für die Programmiersprache AWL beschrieben. In der Programmiersprache SCL werden die Arithmetischen Funktionen durch arithmetische Ausdrücke formuliert (Kapitel 27.4.1 „Arithmetische Ausdrücke").

Die Beispiele in diesem Kapitel sind auch auf der dem Buch beiliegenden Diskette in der Bibliothek AWL_Buch unter dem Programm „Digitalfunktionen" im Funktionsbaustein FB 110 bzw. in der Quelldatei Kap_10 dargestellt.

**Tabelle 10.1**
Übersicht über die arithmetischen Funktionen

| Arithmetische Funktion | mit dem Datentyp | | |
|---|---|---|---|
| | INT | DINT | REAL |
| Addition | +I | +D | +R |
| Subtraktion | –I | –D | –R |
| Multiplikation | *I | *D | *R |
| Division mit Quotient als Ergebnis | /I | /D | /R |
| Division mit Rest als Ergebnis | - | MOD | - |

## 10.1 Allgemeine Darstellung einer arithmetischen Funktion

Sie programmieren eine arithmetische Funktion nach folgendem allgemeinen Schema:

```
Laden                Operand1;
Laden                Operand2;
Arithmetische Funktion;
Transferieren        Ergebnis;
```

Zuerst wird der erste der zu verknüpfende Operand in den Akkumulator 1 geladen. Mit dem Laden des zweiten Operanden wird der Inhalt des Akkumulator 1 in den Akkumulator 2 geschoben (siehe Kapitel 6.2 „Ladefunktionen"). Nun können mit der arithmetischen Funktion die Inhalte der Akkumulatoren 2 und 1 miteinander verknüpft werden. Das Ergebnis wird im Akkumulator 1 abgelegt.

Eine arithmetische Funktion führt die Rechnung nach der angegebenen Charakteristik durch, unabhängig von den Inhalten der Akkumulatoren und unabhängig von Bedingungen. Die Tabelle 10.2 zeigt je ein Beispiel für die verschiedenen Datentypen.

Eine arithmetische Funktion verwendet beim Datentyp INT nur die rechten Wörter der Akkumulatoren; die Inhalte der linken Wörter beachtet sie nicht. Beim Datentyp REAL wird geprüft, ob die Akkumulatoren gültige REAL-Zahlen enthalten.

Bei S7-300-CPUs (außer CPU 318) bleibt der Inhalt des Akkumulators 2 bei der Ausführung einer arithmetischen Funktion unverändert, bei den S7-400-CPUs und bei der CPU 318 wird der Inhalt des Akkumulators 2 vom Inhalt des Akkumulators 3 überschrieben. Der Inhalt des Akkumulators 4 „rutscht" dabei in den Akkumulator 3 nach (Bild 10.1).

**Tabelle 10.2** Beispiele für arithmetische Funktionen

| | | |
|---|---|---|
| **Rechnen nach INT** | Der Wert im Merkerwort MW 100 wird durch 250 dividiert; das ganzzahlige Ergebnis wird im Merkerwort MW 102 abgelegt. | `L MW 100;`<br>`L 250;`<br>`/I ;`<br>`T MW 102;` |
| **Rechnen nach DINT** | Die Werte in den Variablen „RechenWert1" und „RechenWert2" werden addiert und in der Variablen „RechenErgeb" abgelegt. Alle Variablen liegen im Datenbaustein „Global_DB". | `L "Global_DB".RechenWert1;`<br>`L "Global_DB".RechenWert2;`<br>`+D ;`<br>`T "Global_DB".RechenErgeb;` |
| **Rechnen nach REAL** | Die Variable #Istwert wird mit der Variablen #Faktor multipliziert; das Produkt wird zur Variablen #Anzeige transferiert. | `L #Istwert;`<br>`L #Faktor;`<br>`*R ;`<br>`T #Anzeige;` |

## 10.2 Rechnen mit Datentyp INT

### INT-Addition

Die Funktion +I interpretiert die in den rechten Wörtern der Akkumulatoren 1 und 2 stehenden Werte als Zahlen mit dem Datentyp INT. Sie addiert beide Zahlen und speichert die Summe im Akkumulator 1.

Nach Ausführung der Rechnung zeigen die Statusbits A0 und A1 an, ob die Summe negativ, Null oder positiv ist. Die Statusbits OV und OS melden ein Verlassen des erlaubten Zahlenbereichs.

Das linke Wort des Akkumulators 1 bleibt hierbei unverändert.

### INT-Subtraktion

Die Funktion –I interpretiert die in den rechten Wörtern der Akkumulatoren 1 und 2 stehenden Werte als Zahlen mit dem Datentyp INT. Sie subtrahiert den Wert im Akkumulator 1 vom Wert im Akkumulator 2 und speichert die Differenz im Akkumulator 1.

Nach Ausführung der Rechnung zeigen die Statusbits A0 und A1 an, ob die Differenz negativ, Null oder positiv ist. Die Statusbits OV und OS melden ein Verlassen des erlaubten Zahlenbereichs.

Das linke Wort des Akkumulators 1 bleibt hierbei unverändert.

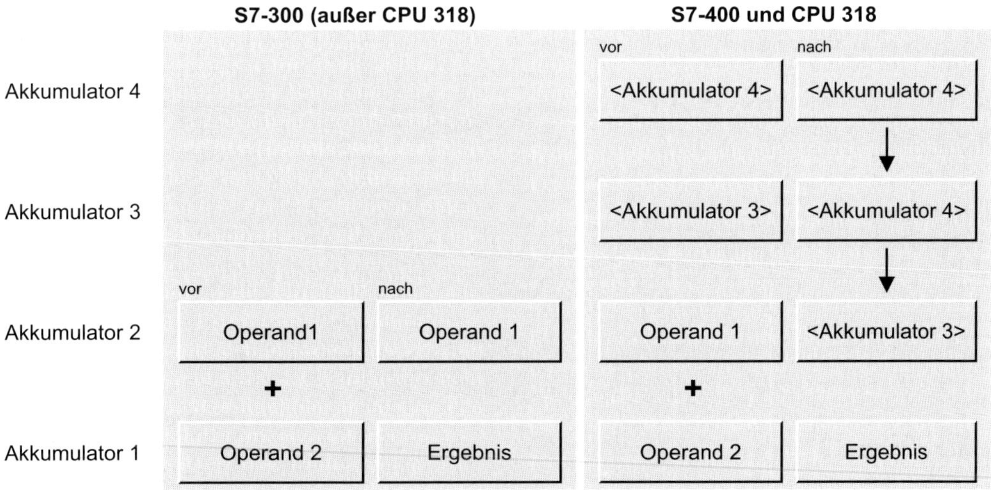


**Bild 10.1** Belegung der Akkumulatoren bei arithmetischen Funktionen

### INT-Multiplikation

Die Funktion *I interpretiert die in den rechten Wörtern der Akkumulatoren 1 und 2 stehenden Werte als Zahlen mit dem Datentyp INT. Sie multipliziert beide Zahlen und speichert das Produkt als Zahl mit dem Datentyp DINT im Akkumulator 1.

Nach Ausführung der Rechnung zeigen die Statusbits A0 und A1 an, ob das Produkt negativ, Null oder positiv ist. Die Statusbits OV und OS melden ein Verlassen des erlaubten INT-Zahlenbereichs.

Nach Ausführung der Funktion *I steht das Produkt als DINT-Zahl im Akkumulator 1.

### INT-Division

Die Funktion /I interpretiert die in den rechten Wörtern der Akkumulatoren 1 und 2 stehenden Werte als Zahlen mit dem Datentyp INT. Sie dividiert den Wert im Akkumulator 2 (Dividend) durch den Wert im Akkumulator 1 (Divisor) und liefert zwei Ergebnisse: den Quotient und den Rest, beide Zahlen mit Datentyp INT (Bild 10.2).

Nach der Funktionsausführung steht im rechten Wort des Akkumulators 1 der Quotient. Er ist das ganzzahlige Ergebnis der Division. Der Quotient ist Null, wenn der Dividend gleich Null und der Divisor ungleich Null ist oder wenn der Betrag des Dividenden kleiner als der Betrag des Divisors ist. Der Quotient ist negativ, wenn der Divisor negativ war.

Im linken Wort steht nach /I der übriggebliebene Rest der Division (nicht die Nachkommastellen!). Bei einem negativen Dividenden ist der Rest auch negativ.

Nach Ausführung der Rechnung zeigen die Statusbits A0 und A1 an, ob der Quotient negativ, Null oder positiv ist. Die Statusbits OV und OS melden ein Verlassen des erlaubten Zahlenbereichs.

Eine Division durch Null liefert als Quotienten und Rest jeweils den Wert Null und setzt die Statusbits A0, A1, OV und OS auf „1".

## 10.3 Rechnen mit Datentyp DINT

### DINT-Addition

Die Funktion +D interpretiert die in den Akkumulatoren 1 und 2 stehenden Werte als Zahlen mit dem Datentyp DINT. Sie addiert beide Zahlen und speichert die Summe im Akkumulator 1.

Nach Ausführung der Rechnung zeigen die Statusbits A0 und A1 an, ob die Summe negativ, Null oder positiv ist. Die Statusbits OV und OS melden ein Verlassen des erlaubten Zahlenbereichs.

### DINT-Subtraktion

Die Funktion –D interpretiert die in den Akkumulatoren 1 und 2 stehenden Werte als Zahlen mit dem Datentyp DINT. Sie subtrahiert den Wert im Akkumulator 1 vom Wert im Akkumulator 2 und speichert die Differenz im Akkumulator 1.

Nach Ausführung der Rechnung zeigen die Statusbits A0 und A1 an, ob die Differenz negativ, Null oder positiv ist. Die Statusbits OV und OS melden ein Verlassen des erlaubten Zahlenbereichs.

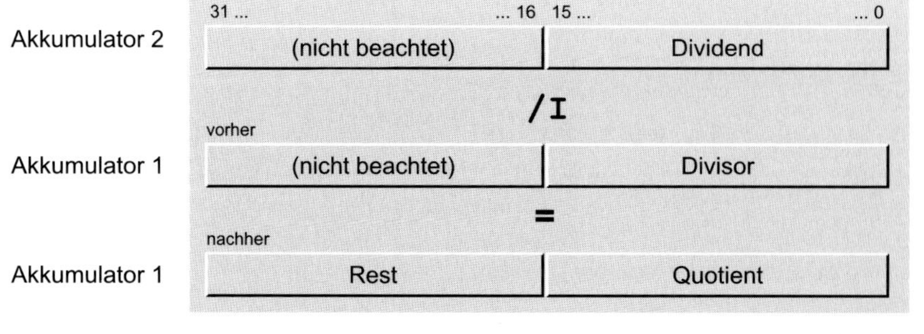


**Bild 10.2** Ergebnisse der arithmetischen Funktion /I

### DINT-Multiplikation

Die Funktion *D interpretiert die in den Akkumulatoren 1 und 2 stehenden Werte als Zahlen mit dem Datentyp DINT. Sie multipliziert beide Zahlen und speichert das Produkt im Akkumulator 1.

Nach Ausführung der Rechnung zeigen die Statusbits A0 und A1 an, ob das Produkt negativ, Null oder positiv ist. Die Statusbits OV und OS melden ein Verlassen des erlaubten Zahlenbereichs.

### DINT-Division mit Quotienten als Ergebnis

Die Funktion /D interpretiert die in den Akkumulatoren 1 und 2 stehenden Werte als Zahlen mit dem Datentyp DINT. Sie dividiert den Wert im Akkumulator 2 (Dividend) durch den Wert im Akkumulator 1 (Divisor) und speichert den Quotienten im Akkumulator 1.

Der Quotient ist das ganzzahlige Ergebnis der Division. Er ist Null, wenn der Dividend gleich Null und der Divisor ungleich Null ist oder wenn der Betrag des Dividenden kleiner als der Betrag des Divisors ist. Der Quotient ist negativ, wenn der Divisor negativ war.

Nach Ausführung der Rechnung zeigen die Statusbits A0 und A1 an, ob der Quotient negativ, Null oder positiv ist. Die Statusbits OV und OS melden ein Verlassen des erlaubten Zahlenbereichs.

Eine Division durch Null liefert als Quotienten den Wert Null und setzt die Statusbits A0, A1, OV und OS auf „1“.

### DINT-Division mit Rest als Ergebnis

Die Funktion MOD interpretiert die in den Akkumulatoren 1 und 2 stehenden Werte als Zahlen mit dem Datentyp DINT. Sie dividiert den Wert im Akkumulator 2 (Dividend) durch den Wert im Akkumulator 1 (Divisor) und speichert den Rest der Division im Akkumulator 1.

Der Rest ist der übrig gebliebene Teil der Division; er entspricht nicht den Nachkommastellen. Bei einem negativen Dividenden ist der Rest auch negativ.

Nach Ausführung der Rechnung zeigen die Statusbits A0 und A1 an, ob der Rest negativ, Null oder positiv ist. Die Statusbits OV und OS melden ein Verlassen des erlaubten Zahlenbereichs.

Eine Division durch Null liefert als Rest den Wert Null und setzt die Statusbits A0, A1, OV und OS auf „1“.

## 10.4 Rechnen mit Datentyp REAL

### REAL-Addition

Die Funktion +R interpretiert die in den Akkumulatoren 1 und 2 stehenden Werte als Zahlen mit dem Datentyp REAL. Sie addiert beide Zahlen und speichert die Summe im Akkumulator 1.

Nach Ausführung der Rechnung zeigen die Statusbits A0 und A1 an, ob die Summe negativ, Null oder positiv ist. Die Statusbits OV und OS melden ein Verlassen des erlaubten Zahlenbereichs.

Bei einer unerlaubten Rechnung (einer der Eingangswerte ist eine ungültige REAL-Zahl oder Sie versuchen, $+\infty$ und $-\infty$ zu addieren), liefert +R einen ungültigen Wert im Akkumulator 1 und setzt die Statusbits A0, A1, OV und OS auf „1“.

### REAL-Subtraktion

Die Funktion –R interpretiert die in den Akkumulatoren 1 und 2 stehenden Werte als Zahlen mit dem Datentyp REAL. Sie subtrahiert die Zahl im Akkumulator 1 von der Zahl im Akkumulator 2 und speichert die Differenz im Akkumulator 1.

Nach Ausführung der Rechnung zeigen die Statusbits A0 und A1 an, ob die Differenz negativ, Null oder positiv ist. Die Statusbits OV und OS melden ein Verlassen des erlaubten Zahlenbereichs.

Bei einer unerlaubten Rechnung (einer der Eingangswerte ist eine ungültige REAL-Zahl oder Sie versuchen, $+\infty$ und $+\infty$ zu subtrahieren), liefert –R einen ungültigen Wert im Akkumulator 1 und setzt die Statusbits A0, A1, OV und OS auf „1“.

**REAL-Multiplikation**

Die Funktion *R interpretiert die in den Akkumulatoren 1 und 2 stehenden Werte als Zahlen mit dem Datentyp REAL. Sie multipliziert beide Zahlen und speichert das Produkt im Akkumulator 1.

Nach Ausführung der Rechnung zeigen die Statusbits A0 und A1 an, ob das Produkt negativ, Null oder positiv ist. Die Statusbits OV und OS melden ein Verlassen des erlaubten Zahlenbereichs.

Bei einer unerlaubten Rechnung (einer der Eingangswerte ist eine ungültige REAL-Zahl oder Sie versuchen, ∞ und 0 zu multiplizieren), liefert *R einen ungültigen Wert im Akkumulator 1 und setzt die Statusbits A0, A1, OV und OS auf „1".

**REAL-Division**

Die Funktion /R interpretiert die in den Akkumulatoren 1 und 2 stehenden Werte als Zahlen mit dem Datentyp REAL. Sie dividiert die Zahl im Akkumulator 2 (Dividend) durch die Zahl im Akkumulator 1 (Divisor) und speichert den Quotienten im Akkumulator 1.

Nach Ausführung der Rechnung zeigen die Statusbits A0 und A1 an, ob der Quotient negativ, Null oder positiv ist. Die Statusbits OV und OS melden ein Verlassen des erlaubten Zahlenbereichs.

Bei einer unerlaubten Rechnung (einer der Eingangswerte ist eine ungültige REAL-Zahl oder Sie versuchen, ∞ durch ∞ oder 0 durch 0 zu dividieren), liefert /R einen ungültigen Wert im Akkumulator 1 und setzt die Statusbits A0, A1, OV und OS auf „1".

## 10.5 Aufeinanderfolgende arithmetische Funktionen

Sie können eine arithmetische Funktion unmittelbar auf eine vorhergehende arithmetische Funktion folgen lassen. Das Ergebnis der ersten Funktion wird dann durch die nächste Funktion weiterverknüpft, als Zwischenspeicher dienen hier die Akkumulatoren.

Hinweis: Beachten Sie hierbei die unterschiedliche Handhabung bei den CPUs von S7-300 (mit 2 Akkumulatoren) und von S7-400 und CPU 318 (mit 4 Akkumulatoren).

**Kettenrechnung bei S7-300 (außer CPU 318)**

Sie führen eine Kettenrechnung durch, indem Sie im Anschluß an eine arithmetische Funktion den nächsten Wert laden und verknüpfen.

Beispiel: Ergeb1 := Wert1 + Wert2 – Wert3

```
L    Wert1;
L    Wert2;
+I   ;          //Wert1 + Wert2
L    Wert3;
-I   ;          //Summe - Wert3
T    Ergeb1;
```

Bei den CPUs mit 2 Akkumulatoren bleibt der zuerst geladene Wert im Akkumulator 2 während der Ausführung der arithmetischen Funktion unverändert. Sie können ihn erneut verwenden, ohne ihn neu laden zu müssen.

Beispiel: Ergeb2 := Wert5 + 2 × Wert6

```
L    Wert6;
L    Wert5;
+R   ;          //Wert5 + Wert6
+R   ;          //Summe + Wert6
T    Ergeb2;
```

Beispiel: Ergeb3 := Wert7 × $(Wert8)^2$

```
L    Wert8;
L    Wert7;
*D   ;          //Wert7 * Wert8
*D   ;          //Produkt * Wert8
T    Ergeb3;
```

**Kettenrechnung bei S7-400 und CPU 318**

Sie führen eine Kettenrechnung durch, indem Sie im Anschluß an eine arithmetische Funktion den nächsten Wert laden und verknüpfen. Bei den CPUs mit 4 Akkumulatoren „rutscht" der im Akkumulator 3 stehende Wert nach der Ausführung der arithmetischen Funktion in den Akkumulator 2. Vorher können Sie mit der Anweisung ENT (siehe Kapitel 6.4 „Akkumulatorfunktionen") ein Zwischenergebnis im Akkumulator 3 speichern (z.B. bei einer Punkt-vor-Strich-Rechnung).

Beispiel:
Ergeb4 := (Wert1 + Wert2) × (Wert3 – Wert4)

```
L    Wert1;
L    Wert2;
+I   ;
L    Wert3;
ENT  ;
L    Wert4;
-I   ;
*I   ;
T    Ergeb4;
```

Zuerst wird die Summe aus *Wert1* und *Wert2* gebildet. Während *Wert3* in den Akkumulator 1 geladen wird, wird diese Summe in den Akkumulator 2 geschoben. Von hier aus kopiert sie die Anweisung ENT in den Akkumulator 3. Nach dem Laden von *Wert4* steht der Inhalt von *Wert3* im Akkumulator 2. Beim Subtrahieren beider Werte wird die Summe vom Akkumulator 3 in den Akkumulator 2 „zurückgeholt". Nun können die Summe und die Differenz multipliziert werden.

## 10.6 Addieren von Konstanten zum Akkumulator 1

| | | |
|---|---|---|
| + | B#16#bb | Addieren einer Bytekonstante |
| + | ±w | Addieren einer Wortkonstanten |
| + | L#±d | Addieren einer Doppelwortkonstanten |

Sie programmieren die Konstantenaddition nach folgendem allgemeinen Schema:

```
Laden                Operand;
Konstantenaddition;
Transferieren        Ergebnis;
```

Die Konstantenaddition wird bevorzugt zur Adressenberechnung verwendet, denn sie beeinflußt – anders als eine arithmetische Funktion – weder den Inhalt der restlichen Akkumulatoren noch die Statusbits.

Die Anweisung „Addiere Konstante" addiert die bei der Operation stehende Konstante zum Inhalt des Akkumulators 1. Sie können diese Konstante als Bytekonstante in Hexadezimalform oder als Wort- und Doppelwortkonstante in Dezimalform angeben. Möchten Sie die Addition einer Wortkonstanten als DINT-Rechnung ausführen lassen, schreiben Sie vor die Konstante ein L#. Ist die angegebene Dezimalkonstante größer als der INT-Zahlenbereich, wird automatisch eine DINT-Rechnung ausgeführt.

Eine Dezimalzahl können Sie mit einem Minuszeichen versehen und auf diese Weise Konstanten auch subtrahieren. Vor der Addition einer Bytekonstanten wird die Bytekonstante auf eine INT-Zahl vorzeichenrichtig erweitert.

Die Addition einer Bytekonstanten oder einer Wortkonstanten beeinflußt wie bei einer Rechnung mit Datentyp INT nur das rechte Wort im Akkumulator 1; ein Übertrag auf das linke Wort findet nicht statt.

Bei einer Überschreitung des INT-Wertebereichs wird das Bit 15 (das Vorzeichenbit) überschrieben. Die Addition einer Doppelwortkonstanten beeinflußt alle 32 Bits des Akkumulators 1 entsprechend einer DINT-Rechnung.

Die Ausführung dieser Anweisungen ist unabhängig von Bedingungen.

Beispiele zur Konstantenaddition:

```
L    AddWert1;
+    B#16#21;
T    AddErgeb1;
```

Der Wert der Variablen *AddWert1* wird um 33 erhöht und zur Variablen *AddErgeb1* transferiert.

```
L    AddWert2;
+    -33;
T    AddErgeb2;
```

Der Wert der Variablen *AddWert2* wird um 33 verringert und in der Variablen *AddErgeb2* gespeichert.

```
L    AddWert3;
+    L#-1;
T    AddErgeb3;
```

Der Wert der Variablen *AddWert3* wird um 1 verringert und in der Variablen *AddErgeb3* abgelegt. Die Subtraktion erfolgt entsprechend einer DINT-Rechnung.

## 10.7 Dekrementieren, Inkrementieren

DEC n    Dekrementieren

INC n    Inkrementieren

Sie programmieren das Dekrementieren und das Inkrementieren nach folgendem allgemeinen Schema:

```
Laden               Operand;
Dekrementieren      Dekrement;
Transferieren       Ergebnis;
```

```
Laden               Operand;
Inkrementieren      Inkrement;
Transferieren       Ergebnis;
```

Die Anweisungen Dekrementieren und Inkrementieren verändern den im Akkumulator 1 stehenden Wert. Er wird verringert (dekrementiert) bzw. erhöht (inkrementiert) um soviele Einheiten, wie der Parameter dieser Anweisung angibt. Der Parameter kann die Werte 0 bis 255 annehmen.

Das Verändern des Akkumulatorinhalts erfolgt nur im rechten Byte. Ein Übertrag auf die links liegenden Bytes erfolgt nicht. Die Rechnung erfolgt „modulo 256“, d.h. bei Erhöhen über den Wert 255 beginnt die Zählung wieder am Anfang bzw. bei Verringern unter den Wert 0 beginnt die Zählung wieder bei 255.

Die Ausführung der Anweisungen Dekrementieren und Inkrementieren ist vom Verknüpfungsergebnis unabhängig. Sie werden bei Bearbeitung immer ausgeführt und beeinflussen weder das Verknüpfungsergebnis noch die Statusbits.

Beispiele:

```
L    IncWert;
INC  5;
T    Incwert;
```

Der Wert der Variablen *IncWert* wird um 5 erhöht.

```
L    DecWert;
DEC  7;
T    DecWert;
```

Der Wert der Variablen *DecWert* wird um 7 verringert.

# 11 Mathematische Funktionen

Unter „mathematische Funktionen“ sind folgende Funktionen zusammengefaßt:

- ▷ Sinus, Cosinus, Tangens
- ▷ Arcussinus, Arcuscosinus, Arcustangens
- ▷ Quadratbildung, Quadratwurzel
- ▷ Exponentialfunktion zur Basis e, natürlicher Logarithmus

Alle mathematischen Funktionen verarbeiten Zahlen im Datenformat REAL. Abhängig vom Funktionsergebnis setzt eine mathematische Funktion die Statusbits A0, A1, OV und OS wie im Kapitel 15 „Statusbits“ beschrieben.

In diesem Kapitel sind die Anweisungen für die Programmiersprache AWL beschrieben. In der Programmiersprache SCL gehören die mathematischen Funktionen zu den SCL-Standardfunktionen (Kapitel 30.3 „Mathematische Funktionen“).

Die Beispiele in diesem Kapitel sind auch auf der dem Buch beiliegenden Diskette in der Bibliothek AWL_Buch unter dem Programm „Digitalfunktionen“ im Funktionsbaustein FB 111 bzw. in der Quelldatei Kap_11 dargestellt.

## 11.1 Bearbeitung einer mathematischen Funktion

Eine mathematische Funktion nimmt die im Akkumulator 1 stehende Zahl als Eingangswert für die auszuführende Funktion und legt das Ergebnis im Akkumulator 1 ab. Sie programmieren eine mathematische Funktion nach folgendem allgemeinen Schema:

```
Laden                 Operand;
Mathematische Funktion;
Transferieren         Ergebnis;
```

Eine mathematische Funktion verändert nur den Inhalt des Akkumulators 1; die Inhalte der anderen Akkumulatoren bleiben unbeeinflußt. Eine mathematische Funktion wird unabhängig von Bedingungen ausgeführt.

Die Tabelle 11.1 zeigt drei Beispiele für mathematische Funktionen. Eine mathematische Funktion führt die Rechnung nach REAL auch dann aus, wenn bei Verwendung von absolut adressierten Operanden keine Datentypen deklariert sind.

Befindet sich bei der Funktionsausführung im Akkumulator 1 eine ungültige REAL-Zahl, liefert die mathematische Funktion eine ungültige REAL-Zahl zurück und setzt die Statusbits A0, A1, OV und OS auf „1“.

**Tabelle 11.1** Beispiele für mathematische Funktionen

| | | |
|---|---|---|
| **Sinus** | Der Wert im Merkerdoppelwort MD 110 enthält einen Winkel im Bogenmaß. Von ihm wird der Sinus gebildet und im Merkerdoppelwort MD 104 gespeichert. | `L MD 110;`<br>`SIN ;`<br>`T MD 104;` |
| **Quadratwurzel** | Vom Wert der Variablen „MatheWert1“ wird die Quadratwurzel gebildet und in der Variablen „MatheWurzel“ abgelegt. | `L "Global_DB".MatheWert1;`<br>`SQRT ;`<br>`T "Global_DB".MatheWurzel;` |
| **Exponent** | Die Variable #Ergebnis enthält die Potenz aus e und #Hochzahl. | `L #Hochzahl;`<br>`EXP ;`<br>`T #Ergebnis;` |

## 11.2 Winkelfunktionen

Die Winkelfunktionen (trigonometrischen Funktionen)

- ▷ SIN Sinus,
- ▷ COS Cosinus und
- ▷ TAN Tangens

erwarten im Akkumulator 1 einen Winkel im Bogenmaß als REAL-Zahl.

Für die Größe eines Winkels sind zwei Einheiten gebräuchlich, das Gradmaß von 0° bis 360° (Altgrad) und das Bogenmaß von 0 bis $2\pi$ (mit $\pi$ = +3.141593e+00). Beide können proportional umgerechnet werden. Beispielsweise beträgt das Bogenmaß für einen 90°-Winkel $\pi/2$, das sind +1.570796e+00.

Bei größeren Werten als $2\pi$ (+6.283185e+00) wird $2\pi$ oder ein Vielfaches davon abgezogen, bis der Eingangswert für die Winkelfunktion kleiner als $2\pi$ ist.

Beispiel:
Berechnung der Blindleistung
Ps = U × I × sin(φ)

```
L    PHI;
SIN  ;
L    Strom;
*R   ;
L    Spannung;
*R   ;
T    B_Leistung;
```

Beachten Sie, daß der Winkel im Bogenmaß vorgegeben werden muß. Liegt ein Winkel im Gradmaß vor, müssen Sie ihn mit dem Faktor

$\pi/180$ = +1.745329e–02

multiplizieren, bevor sie ihn mit einer Winkelfunktion bearbeiten können.

**Tabelle 11.2** Wertebereich der Arcusfunktionen

| Funktion | erlaubter Wertebereich | zurückgelieferter Wert |
|---|---|---|
| ASIN | –1 bis +1 | $-\pi/2$ bis $+\pi/2$ |
| ACOS | –1 bis +1 | 0 bis $\pi$ |
| ATAN | gesamter Bereich | $-\pi/2$ bis $+\pi/2$ |

## 11.3 Arcusfunktionen

Die Arcusfunktionen (zyklometrische Funktionen)

- ▷ ASIN Arcussinus,
- ▷ ACOS Arcuscosinus und
- ▷ ATAN Arcustangens

sind die Umkehrfunktionen der jeweiligen Winkelfunktion. Sie erwarten im Akkumulator 1 eine REAL-Zahl in einem bestimmten Wertebereich und liefern einen Winkel im Bogenmaß zurück (Tabelle 11.2).

Bei Überschreitung des erlaubten Wertebereichs liefert die Arcusfunktion eine ungültige REAL-Zahl zurück und setzt die Statusbits A0, A1, OV und OS auf „1“.

Beispiel: In einem rechtwinkligen Dreieck bilden eine Kathete und die Hypothenuse ein Längenverhältnis von 0,343. Wie groß ist der dazwischenliegende Winkel im Gradmaß?

arcsin (0,343) liefert den Winkel im Bogenmaß und mit dem Faktor 360/$2\pi$ (= 57,2958) multipliziert erhält man den Winkel im Gradmaß (ca. 20°).

```
L    0.343;
ASIN ;
L    57.2958;
*R   ;
T    Winkel_Grad;
```

## 11.4 Sonstige mathematische Funktionen

Als sonstige mathematische Funktionen stehen zur Verfügung

- ▷ SQR Quadrat bilden (Quadrieren),
- ▷ SQRT Quadratwurzel ziehen (Radizieren),
- ▷ EXP Exponentialfunktion zur Basis e bilden und
- ▷ LN natürlichen Logarithmus berechnen (Logarithmus zur Basis e).

### Quadrat bilden

Die Funktion SQR quadriert den im Akkumulator 1 stehenden Wert.

Beispiel:
Berechnung eines Zylindervolumens V = r∑πh

```
L    Radius;
SQR  ;
L    Hoehe;
*R   ;
L    3.141592;
*R   ;
T    Volumen;
```

### Quadratwurzel ziehen

Die Funktion SQRT zieht aus dem im Akkumulator 1 stehenden Wert die Quadratwurzel. Steht ein Wert kleiner als Null im Akkumulator 1, setzt SQRT die Statusbits A0, A1, OV und OS auf „1“ und liefert eine ungültige REAL-Zahl zurück. Steht –0 (minus Null) im Akkumulator 1 wird –0 zurückgeliefert.

Beispiel: $c = \sqrt{a^2 + b^2}$

```
L    #a;
SQR  ;
L    #b;
SQR  ;
+R   ;
SQRT ;
T    #c;
```

(Wenn Sie *a* oder *b* als Lokalvariable deklariert haben, müssen Sie # davorsetzen, damit der Übersetzer sie als Lokalvariable erkennt; sind *a* oder *b* Globalvariable, müssen sie in Anführungszeichen stehen.)

### Potenzieren zur Basis e

Die Funktion EXP berechnet die Potenz aus der Basis e (= 2.718282e+00) und dem im Akkumulator 1 stehenden Wert ($e^{\text{Akku1}}$).

Beispiel: Eine beliebige Potenz kann man über die Formel

$$a^b = e^{b \ln a}$$

berechnen.

```
L    Wert_a;
LN   ;
L    Wert_b;
*R   ;
EXP  ;
T    Potenz;
```

### natürlichen Logarithmus berechnen

Die Funktion LN berechnet aus der im Akkumulator 1 stehenden Zahl den natürlichen Logarithmus zur Basis e (= 2.718282e+00). Steht ein Wert kleiner oder gleich Null im Akkumulator 1, setzt LN die Statusbits A0, A1, OV und OS auf „1“ und liefert eine ungültige REAL-Zahl zurück.

Der natürliche Logarithmus ist die Umkehrfunktion zur Exponentialfunktion: Wenn $y = e^x$ dann ist $x = \ln(y)$.

Beispiel: Berechnung eines Logarithmus zur Basis 10 und zur beliebigen Basis.

Allgemein gilt die Formel

$$\log_b a = \frac{\log_n a}{\log_n b}$$

wobei b bzw. n eine beliebige Basis ist. Setzt man n = e, kann man mit dem natürlichen Logarithmus einen Logarithmus zu einer beliebigen Basis berechnen:

$$\log_b a = \frac{\ln a}{\ln b}$$

im Spezialfall für die Basis 10 lautet die Formel:

$$\lg a = \frac{\ln a}{\ln 10} = 0.4342945 \cdot \ln a$$

# 12 Umwandlungsfunktionen

Die Umwandlungsfunktionen wandeln den Datentyp des im Akkumulator 1 stehenden Werts. Bild 12.1 gibt einen Überblick über die in diesem Kapitel beschriebenen Datentypwandlungen.

In diesem Kapitel sind die Anweisungen für die Programmiersprache AWL beschrieben. In der Programmiersprache SCL zählen die Umwandlungsfunktionen zu den SCL-Standardfunktionen (Kapitel 30.5 „Konvertierungsfunktionen").

Die Bitbelegung der Datenformate erfahren Sie im Kapitel 24 „Datentypen" und wie die Umwandlungsfunktionen die Statusbits setzen im Kapitel 15 „Statusbits".

Die Beispiele in diesem Kapitel sind auch auf der dem Buch beiliegenden Diskette in der Bibliothek AWL_Buch unter dem Programm „Digitalfunktionen" im Funktionsbaustein FB 112 bzw. in der Quelldatei Kap_12 dargestellt.

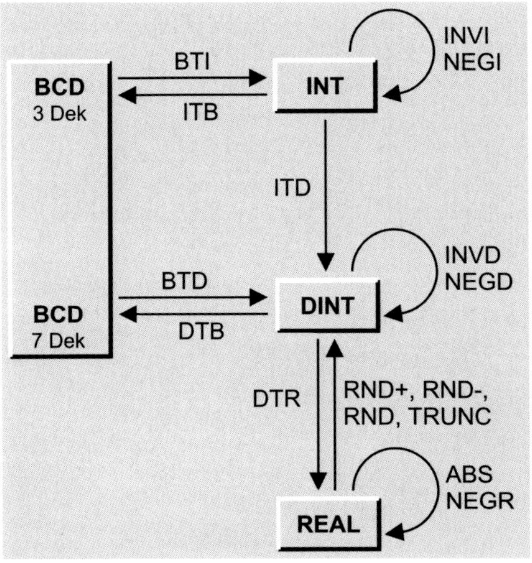


**Bild 12.1** Übersicht Umwandlungsfunktionen

## 12.1 Bearbeitung einer Umwandlungsfunktion

Die Umwandlungsfunktionen wirken nur auf den Akkumulator 1. Je nach Funktion ist hiervon nur das rechte Wort (die Bits 0 bis 15) oder der gesamte Inhalt betroffen. Die Umwandlungsfunktionen verändern nicht die Inhalte der übrigen Akkumulatoren.

Sie programmieren eine Umwandlungsfunktion nach folgendem allgemeinen Schema:

```
Laden                 Operand;
Umwandlungsfunktion;
Transferieren         Ergebnis;
```

Die Tabelle 12.1 zeigt je ein Beispiel für die verschiedenen Datentypen. Eine Umwandlungsfunktion wandelt nach der angegebenen Charakteristik auch dann, wenn bei der Verwendung von absolut adressierten Operanden keine Datentypen deklariert sind. Eine Umwandlungsfunktion wird unabhängig von Bedingungen ausgeführt

### Aufeinanderfolgende Umwandlungsfunktionen

Sie können den Inhalt des Akkumulators 1 mehreren aufeinanderfolgenden Umwandlungen unterziehen und so Umwandlungen in mehreren Stufen vornehmen, ohne die gewandelten Werte zwischenspeichern zu müssen.

Beispiel:

```
L     BCD_Zahl;
BTI   ;          //BCD nach INT
ITD   ;          //INT nach DINT
DTR   ;          //DINT nach REAL
T     REAL_Zahl;
```

Das Beispiel wandelt eine BCD-codierte Zahl mit 3 Dekaden in eine REAL-Zahl.

**Tabelle 12.1** Beispiele für Umwandlungsfunktionen

| | | |
|---|---|---|
| **Wandeln von INT-Zahlen** | Der Wert im Merkerdoppelwort MW 120 wird als INT-Zahl interpretiert und als BCD-Zahl im Merkerwort MW 122 abgelegt. | `L   MW 120;`<br>`ITB ;`<br>`T   MW 122;` |
| **Wandeln von DINT-Zahlen** | Der Wert in der Variablen „WandelDINT" wird als DINT-Zahl interpretiert und in der Variablen „WandelREAL" als REAL-Zahl abgelegt. | `L   "Global_DB".WandelDINT;`<br>`DTR ;`<br>`T   "Global_DB".WandelREAL;` |
| **Wandeln von REAL-Zahlen** | Von der Variablen #Anzeige wird der Absolutwert gebildet. | `L   #Anzeige;`<br>`ABS ;`<br>`T   #Anzeige;` |

## 12.2 Umwandeln von INT- und DINT-Zahlen

Für die Umwandlung von INT- und DINT-Zahlen stehen folgende Funktionen zur Verfügung:

▷ ITD  Datentypwandlung INT nach DINT

▷ ITB  Datentypwandlung INT nach BCD

▷ DTB  Datentypwandlung DINT nach BCD

▷ DTR  Datentypwandlung DINT nach REAL

### Umwandlung INT nach DINT

Die Anweisung ITD interpretiert den im rechten Wort des Akkumulators 1 stehenden Wert (die Bits 0 bis 15) als Zahl mit dem Datentyp INT und überträgt den Signalzustand des Bits 15 (das Vorzeichen) auf das linke Wort in die Bits 16 bis 31.

Die Umwandlung INT nach DINT setzt keine Statusbits.

### Umwandlung INT nach BCD

Die Anweisung ITB interpretiert den im rechten Wort des Akkumulators 1 stehenden Wert (die Bits 0 bis 15) als Zahl mit dem Datentyp INT und wandelt sie in eine BCD-codierte Zahl mit 3 Dekaden. Die 3 Dekaden stehen rechtsbündig im Akkumulator 1 und stellen den Betrag der Dezimalzahl dar. Das Vorzeichen steht in den Bits 12 bis 15. Sind alle Bits auf Signalzustand „0" gesetzt, ist das Vorzeichen positiv; alle Bits auf Signalzustand „1" bedeutet negatives Vorzeichen. Der Inhalt des linken Worts (die Bits 16 bis 31) bleibt unverändert.

Ist die INT-Zahl für eine Wandlung in eine BCD-Zahl zu groß( > 999), setzt die Anweisung ITB die Statusbits OV und OS. Die Umwandlung findet dann nicht statt.

### Umwandlung DINT nach BCD

Die Anweisung DTB interpretiert den im Akkumulator 1 stehenden Wert als Zahl mit dem Datentyp DINT und wandelt sie in eine BCD-codierte Zahl mit 7 Dekaden. Die 7 Dekaden stehen rechtsbündig im Akkumulator 1 und stellen den Betrag der Dezimalzahl dar. Das Vorzeichen steht in den Bits 28 bis 31. Sind alle Bits auf Signalzustand „0" gesetzt, ist das Vorzeichen positiv; alle Bits auf Signalzustand „1" bedeutet negatives Vorzeichen.

Ist die DINT-Zahl für eine Wandlung in eine BCD-Zahl zu groß (> 9 999 999), werden die Statusbits OV und OS gesetzt. Die Umwandlung findet dann nicht statt.

### Umwandlung DINT nach REAL

Die Anweisung DTR interpretiert den Inhalt des Akkumulators 1 als Zahl im DINT-Format und wandelt sie in eine Zahl im REAL-Format.

Da eine Zahl im DINT-Format eine größere Genauigkeit hat als eine Zahl im REAL-Format, wird bei der Wandlung unter Umständen gerundet. Es wird dann zur nächsten ganzen Zahl gerundet (entsprechend der Anweisung RND).

Die Anweisung DTR setzt keine Statusbits.

## 12.3 Umwandlung von BCD-Zahlen

Für die Umwandlung von BCD-Zahlen stehen folgende Funktionen zur Verfügung:

- ▷ BTI Umwandlung BCD nach INT
- ▷ BTD Umwandlung BCD nach DINT

### Umwandlung BCD nach INT

Die Anweisung BTI interpretiert den im rechten Wort des Akkumulators 1 stehenden Wert (die Bits 0 bis 15) als BCD-codierte Zahl mit 3 Dekaden. Die 3 Dekaden stehen rechtsbündig im Akkumulator und stellen den Betrag der Dezimalzahl dar. Das Vorzeichen steht in den Bits 12 bis 15. Signalzustand „0“ dieser Bits bedeutet „positiv“, Signalzustand „1“ bedeutet „negativ“. Bei der Wandlung wird nur der Signalzustand des Bits 15 berücksichtigt. Der Inhalt des linken Worts im Akkumulator 1 (die Bits 16 bis 31) bleibt unbeeinflußt.

Befindet sich in der BCD-codierten Zahl eine Pseudotetrade (Zahlenwert 10 bis 15 bzw. A bis F in der hexadezimalen Darstellung), meldet die CPU einen Programmierfehler und ruft den Organisationsbaustein OB 121 (Programmierfehler) auf. Ist er nicht vorhanden, geht die CPU in den Stoppzustand.

Die Anweisung BTI setzt keine Statusbits.

### Umwandlung BCD nach DINT

Die Anweisung BTD interpretiert den im Akkumulator 1 stehenden Wert als BCD-codierte Zahl mit 7 Dekaden. Die 7 Dekaden stehen rechtsbündig im Akkumulator und stellen den Betrag der Dezimalzahl dar. Das Vorzeichen steht in den Bits 28 bis 31. Signalzustand „0“ dieser Bits bedeutet „positiv“, Signalzustand „1“ bedeutet „negativ“. Bei der Wandlung wird nur der Signalzustand des Bits 31 berücksichtigt.

Befindet sich in der BCD-codierten Zahl eine Pseudotetrade (Zahlenwert 10 bis 15 bzw. A bis F in der hexadezimalen Darstellung), meldet die CPU einen Programmierfehler und ruft den Organisationsbaustein OB 121 (Programmierfehler) auf. Ist er nicht vorhanden, geht die CPU in den Stoppzustand.

Die Anweisung BTD setzt keine Statusbits.

## 12.4 Umwandlung von REAL-Zahlen

Für die Umwandlung einer Zahl im REAL-Format in das DINT-Format (Umwandlung eines gebrochenen Werts in einen ganzzahligen Wert) gibt es mehrere Anweisungen. Sie unterscheiden sich in der Ausführung der Rundung.

Die Tabelle 12.2 zeigt die unterschiedliche Wirkung der Umwandlungsfunktionen REAL nach DINT. Als Beispiel ist der Bereich zwischen –1 und +1 gewählt.

- ▷ RND+ mit Rundung zur nächstgrößeren ganzen Zahl
- ▷ RND– mit Rundung zur nächstkleineren ganzen Zahl
- ▷ RND mit Rundung zur nächsten ganzen Zahl
- ▷ TRUNC ohne Rundung

### Rundung zur nächstgrößeren ganzen Zahl

Die Anweisung RND+ interpretiert den Inhalt des Akkumulators 1 als Zahl im REAL-Format und wandelt sie in eine Zahl im DINT-Format.

Die Anweisung RND+ liefert eine ganze Zahl zurück, die größer oder gleich der zu wandelnden Zahl ist.

Ist der im Akkumulator 1 stehende Wert größer bzw. kleiner als der für eine Zahl im DINT-Format erlaubte Bereich oder entspricht er keiner Zahl im REAL-Format, setzt die Anweisung RND+ die Statusbits OV und OS. Eine Wandlung findet dann nicht statt.

### Rundung zur nächstkleineren ganzen Zahl

Die Anweisung RND– interpretiert den Inhalt des Akkumulators 1 als Zahl im REAL-Format und wandelt sie in eine Zahl im DINT-Format.

Die Anweisung RND– liefert eine ganze Zahl zurück, die kleiner oder gleich der zu wandelnden Zahl ist.

Ist der im Akkumulator 1 stehende Wert größer bzw. kleiner als der für eine Zahl im DINT-Format erlaubte Bereich oder entspricht er keiner Zahl im REAL-Format, setzt die Anweisung RND- die Statusbits OV und OS. Eine Wandlung findet dann nicht statt.

**Tabelle 12.2** Rundungsmodi bei der Umwandlung von REAL-Zahlen

| Eingangswert | | Ergebnis | | | |
|---|---|---|---|---|---|
| REAL | DW#16# | RND | RND+ | RND- | TRUNC |
| 1.0000001 | 3F80 0001 | 1 | 2 | 1 | 1 |
| 1.00000000 | 3F80 0000 | 1 | 1 | 1 | 1 |
| 0.99999995 | 3F7F FFFF | 1 | 1 | 0 | 0 |
| 0.50000005 | 3F00 0001 | 1 | 1 | 0 | 0 |
| 0.50000000 | 3F00 0000 | 0 | 1 | 0 | 0 |
| 0.49999996 | 3EFF FFFF | 0 | 1 | 0 | 0 |
| 5.877476E–39 | 0080 0000 | 0 | 1 | 0 | 0 |
| 0.0 | 0000 0000 | 0 | 0 | 0 | 0 |
| –5.877476E–39 | 8080 0000 | 0 | 0 | –1 | 0 |
| –0.49999996 | BEFF FFFF | 0 | 0 | –1 | 0 |
| –0.50000000 | BF00 0000 | 0 | 0 | –1 | 0 |
| –0.50000005 | BF00 0001 | –1 | 0 | –1 | 0 |
| –0.99999995 | BF7F FFFF | –1 | 0 | –1 | 0 |
| –1.00000000 | BF80 0000 | –1 | –1 | –1 | –1 |
| –1.0000001 | BF80 0001 | –1 | –1 | –2 | –1 |

### Rundung zur nächsten ganzen Zahl

Die Anweisung RND interpretiert den Inhalt des Akkumulators 1 als Zahl im REAL-Format und wandelt sie in eine Zahl im DINT-Format. Die Anweisung RND liefert die am nächsten liegende ganze Zahl zurück. Liegt das Ergebnis genau zwischen gerader und ungerader Zahl, wird die gerade Zahl gewählt.

Ist der im Akkumulator 1 stehende Wert größer bzw. kleiner als der für eine Zahl im DINT-Format erlaubte Bereich oder entspricht er keiner Zahl im REAL-Format, setzt die Anweisung RND die Statusbits OV und OS. Eine Wandlung findet dann nicht statt.

### Ohne Rundung

Die Anweisung TRUNC interpretiert den Inhalt des Akkumulators 1 als Zahl im REAL-Format und wandelt sie in eine Zahl im DINT-Format. Die Anweisung TRUNC liefert den ganzzahligen Anteil der zu wandelnden Zahl zurück; der gebrochene Anteil wird „abgeschnitten“.

Ist der im Akkumulator 1 stehende Wert größer bzw. kleiner als der für eine Zahl im DINT-Format erlaubte Bereich oder entspricht er keiner Zahl im REAL-Format, setzt die Anweisung TRUNC die Statusbits OV und OS. Eine Wandlung findet dann nicht statt.

## 12.5 Sonstige Umwandlungsfunktionen

Als sonstige Umwandlungsfunktionen stehen zur Verfügung:

- ▷ INVI Einerkomplement INT
- ▷ INVD Einerkomplement DINT
- ▷ NEGI Negation einer INT-Zahl (Zweierkomplement)
- ▷ NEGD Negation einer DINT-Zahl (Zweierkomplement)
- ▷ NEGR Negation einer REAL-Zahl
- ▷ ABS Betragsbildung einer REAL-Zahl

### Einerkomplement INT

Die Anweisung INVI negiert den im rechten Wort des Akkumulators 1 stehenden Wert (die Bits 0 bis 15) Bit für Bit. Sie ersetzt die Nullen durch Einsen und umgekehrt. Der Inhalt des linken Worts (die Bits 16 bis 31) bleibt unverändert.

Die Anweisung INVI setzt keine Statusbits.

**Einerkomplement DINT**

Die Anweisung INVD negiert den im Akkumulator 1 stehenden Wert Bit für Bit. Sie ersetzt die Nullen durch Einsen und umgekehrt.

Die Anweisung INVD setzt keine Statusbits.

**Negation INT**

Die Anweisung NEGI interpretiert den im rechten Wort des Akkumulators 1 stehenden Wert (die Bits 0 bis 15) als INT-Zahl und wechselt durch Zweierkomplementbildung das Vorzeichen. Diese Operation ist gleichbedeutend mit einer Multiplikation mit –1. Das linke Wort des Akkumulators 1 (die Bits 16 bis 31) bleibt unverändert.

Die Anweisung NEGI setzt die Statusbits A0, A1, OV und OS.

**Negation DINT**

Die Anweisung NEGD interpretiert den im Akkumulator 1 stehenden Wert als DINT-Zahl und wechselt durch Zweierkomplementbildung das Vorzeichen. Diese Operation ist gleichbedeutend mit einer Multiplikation mit –1.

Die Anweisung NEGD setzt die Statusbits A0, A1, OV und OS.

**Negation REAL**

Die Anweisung NEGR interpretiert den im Akkumulator 1 stehenden Wert als REAL-Zahl und multipliziert diese Zahl mit –1 (es wird das Vorzeichen der Mantisse gewechselt, auch bei einer ungültigen REAL-Zahl).

Die Anweisung NEGR setzt keine Statusbits.

**Betragsbildung REAL**

Die Anweisung ABS interpretiert den im Akkumulator 1 stehenden Wert als REAL-Zahl und bildet von dieser Zahl den Absolutwert (es wird das Vorzeichen der Mantisse auf „0“ gesetzt, auch bei einer ungültigen REAL-Zahl).

Die Anweisung ABS setzt keine Statusbits.

# 13 Schiebefunktionen

Schiebefunktionen verschieben den Inhalt des Akkumulators 1 bitweise nach links oder nach rechts. Tabelle 13.1 zeigt eine Übersicht über die Schiebefunktionen.

In diesem Kapitel sind die Anweisungen für die Programmiersprache AWL beschrieben. In der Programmiersprache SCL gehören die Schiebefunktionen zu den SCL-Standardfunktionen (Kapitel 30.4 „Schieben und Rotieren").

Die Beispiele in diesem Kapitel sind auch auf der dem Buch beiliegenden Diskette in der Bibliothek AWL_Buch unter dem Programm „Digitalfunktionen" im Funktionsbaustein FB 113 bzw. in der Quelldatei Kap_13 dargestellt.

## 13.1 Bearbeitung der Schiebefunktionen

Der Inhalt des Akkumulators 1 wird bitweise nach links oder nach rechts geschoben; je nach Operation wortweise oder doppelwortweise. Die hinausgeschobenen Bits gehen entweder verloren (beim Schieben) oder werden auf der anderen Seite des Worts bzw. Doppelworts wieder übernommen (beim Rotieren). Die Schiebefunktionen lassen die Inhalte der anderen Akkumulatoren unverändert.

Die Schiebefunktionen werden unabhängig von Bedingungen ausgeführt. Sie verändern nur den Inhalt des Akkumulators 1. Das Verknüpfungsergebnis (VKE) wird nicht beeinflußt.

Sie können eine Schiebefunktion auf zwei Arten programmieren:

- ▷ mit der Schiebezahl im Akkumulator 2
- ▷ mit der Schiebezahl als Parameter

Die allgemeinen Schemata sehen wie folgt aus:

```
Laden              Schiebezahl;
Laden              Operand;
Schiebefunktion    ;
Transferieren      Ergebnis;
```

```
Laden              Operand;
Schiebefunktion    Schiebezahl;
Transferieren      Ergebnis;
```

Die Schiebefunktionen setzen das Statusbit A0 auf „0" und das Statusbit A1 auf den Signalzustand des zuletzt hinausgeschobenen Bits (Bild 13.1). Die Auswertung der Statusbits erfolgt mit binären Abfragen oder Sprungfunktionen, wie in den Kapiteln 15 „Statusbits" und 16 „Sprungfunktionen" beschrieben.

**Tabelle 13.1** Übersicht der Schiebefunktionen

| Schiebefunktionen | wortweise | | doppelwortweise | |
|---|---|---|---|---|
| | mit Schiebezahl als Parameter | mit Schiebezahl im Akku 2 | mit Schiebezahl als Parameter | mit Schiebezahl im Akku 2 |
| Schieben links | SLW n | SLW | SLD n | SLD |
| Schieben rechts | SRW n | SRW | SRD n | SRD |
| Schieben mit Vorzeichen | SSI n | SSI | SSD n | SSD |
| Rotieren links | - | - | RLD n | RLD |
| Rotieren rechts | - | - | RRD n | RRD |
| Rotieren links durch A1 | - | - | RLDA [1)] | - |
| Rotieren rechts durch A1 | - | - | RRDA [1)] | - |

[1)] ohne Parameter, da immer nur ein Bit geschoben wird

Tabelle 13.2 zeigt einige Beispiele für die Schiebefunktionen. Das wortweise Schieben verändert nur das rechte Wort im Akkumulator 1; der Inhalt des linken Worts bleibt unbeeinflußt. Das Rotieren durch das Statusbit A1 verschiebt den Akkumulatorinhalt um eine Stelle.

### Aufeinanderfolgende Schiebefunktionen

Schiebefunktionen können beliebig oft auf den Inhalt des Akkumulators angewandt werden.

Beispiel:

```
L    Wert1;
SSD  4;
SLD  2;
T    Ergeb1;
```

Im Beispiel erfolgt ein vorzeichenrichtiges Verschieben um (im Endeffekt) 2 Stellen nach rechts, wobei die beiden rechten Bitstellen auf Signalzustand „0“ zurückgesetzt werden.

## 13.2 Schieben

### Schieben links wortweise

SLW n   Schieben links wortweise um n Bits

SLW   Schieben links wortweise um soviele Bits, wie es im Akkumulator 2 steht

Die Schiebefunktion SLW schiebt den Inhalt der Bits 0 bis 15 des Akkumulators 1 bitweise nach links. Die beim Schieben frei werdenden Bitstellen werden mit Nullen aufgefüllt. Das linke Wort des Akkumulators 1 bleibt unbeeinflußt; ein Übertrag auf Bit 16 erfolgt nicht.

Die Schiebezahl gibt die Anzahl der Bitstellen an, um die verschoben wird. Sie kann als Parameter direkt bei SLW oder als positive Zahl im Format INT rechtsbündig im Akkumulator 2 stehen. Ist die Schiebezahl = 0, erfolgt keine Operationsausführung (Nulloperation NOP); ist sie größer als 15, steht nach Ausführung von SLW Null im rechten Wort des Akkumulators 1.

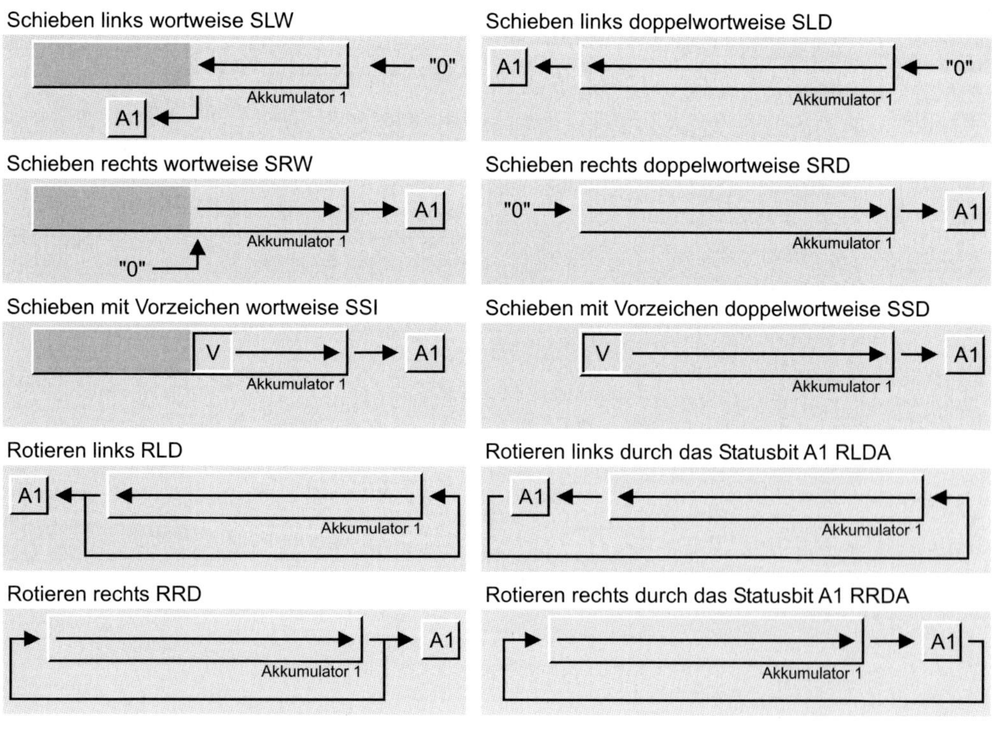


**Bild 13.1** Funktionsweise der Schiebefunktionen

**Tabelle 13.2** Beispiele für Schiebefunktionen

| | | |
|---|---|---|
| **Schieben von Wortvariablen** | Der Wert im Merkerwort MW 130 wird um 4 Stellen nach links geschoben und im Merkerwort MW 132 abgelegt. Die Schiebezahl steht hier als Parameter bei der Schiebeoperation. | `L   MW 130;`<br>`SLW 4;`<br>`T   MW 132;` |
| **Schieben von Doppelwortvariablen** | Der Wert in der Variablen „SchiebEin" wird um „SchiebZahl" nach rechts geschoben und in „SchiebAus" gespeichert. Die Schiebezahl steht hier im Akkumulator 2. | `L   "Global_DB".SchiebZahl;`<br>`L   "Global_DB".SchiebEin;`<br>`SRD ;`<br>`T   "Global_DB".SchiebAus;` |
| **Schieben mit Vorzeichen** | Die Variable #Istwert wird um 2 Stellen nach rechts mit Vorzeichen geschoben und zur Variablen #Anzeige übertragen. | `L   #Istwert;`<br>`SSI 2;`<br>`T   #Anzeige;` |

Interpretiert man den Inhalt des Akkumulators 1 (rechtes Wort) als Zahl im Format INT, so entspricht ein Schieben nach links einem Multiplizieren mit einer Potenzzahl zur Basis 2. Der Exponent ist dabei die Schiebezahl.

### Schieben links doppelwortweise

SLD n  Schieben links doppelwortweise um n Bits

SLD  Schieben links doppelwortweise um soviele Bits, wie es im Akkumulator 2 steht

Mit der Schiebefunktion SLD wird der gesamte Inhalt des Akkumulators 1 bitweise nach links verschoben. Die beim Schieben frei werdenden Bitstellen werden mit Nullen aufgefüllt.

Die Schiebezahl gibt die Anzahl der Bitstellen an, um die verschoben wird. Sie kann als Parameter direkt bei SLD oder als positive Zahl im Format INT rechtsbündig im Akkumulator 2 stehen. Ist die Schiebezahl = 0, erfolgt keine Operationsausführung (Nulloperation NOP); ist sie größer als 31, steht nach Ausführung von SLD Null im Akkumulator 1.

Interpretiert man den Inhalt des Akkumulators 1 als Zahl im Format DINT, so entspricht ein Schieben nach links einem Multiplizieren mit einer Potenzzahl zur Basis 2. Der Exponent ist dabei die Schiebezahl.

### Schieben rechts wortweise

SRW n  Schieben rechts wortweise um n Bits

SRW  Schieben rechts wortweise um soviele Bits, wie es im Akkumulator 2 steht

Die Schiebefunktion SRW schiebt den Inhalt der Bits 0 bis 15 des Akkumulators 1 bitweise nach rechts. Die beim Schieben frei werdenden Bitstellen werden mit Nullen aufgefüllt. Die Bits 16 bis 31 bleiben unbeeinflußt.

Die Schiebezahl gibt die Anzahl der Bitstellen an, um die verschoben wird. Sie kann als Parameter direkt bei SRW oder als positive Zahl im Format INT rechtsbündig im Akkumulator 2 stehen. Ist die Schiebezahl = 0, erfolgt keine Operationsausführung (Nulloperation NOP); ist sie größer als 15, steht nach Ausführung von SRW Null im rechten Wort des Akkumulators 1.

Interpretiert man den Inhalt des Akkumulators 1 (rechtes Wort) als Zahl im Format INT, so entspricht ein Schieben nach rechts einem Dividieren mit einer Potenzzahl zur Basis 2. Der Exponent ist dabei die Schiebezahl. Da die frei werdenden Bits mit Signalzustand „0" aufgefüllt werden, gilt das nur für positive Zahlen. Das Ergebnis einer solchen Division entspricht der abgerundeten ganzen Zahl.

### Schieben rechts doppelwortweise

SRD n Schieben rechts doppelwortweise um n Bits

SRD Schieben rechts doppelwortweise um soviele Bits, wie es im Akkumulator 2 steht

Die Schiebefunktion SRD schiebt den gesamte Inhalt des Akkumulators 1 bitweise nach rechts. Die beim Schieben frei werdenden Bitstellen werden mit Nullen aufgefüllt.

Die Schiebezahl gibt die Anzahl der Bitstellen an, um die verschoben wird. Sie kann als Parameter direkt bei SRD oder als positive Zahl im Format INT rechtsbündig im Akkumulator 2 stehen. Ist die Schiebezahl = 0, erfolgt keine Operationsausführung (Nulloperation NOP); ist sie größer als 31, steht nach Ausführung von SRD Null im Akkumulator 1.

Interpretiert man den Inhalt des Akkumulators 1 als Zahl im Format DINT, so entspricht ein Schieben nach rechts einem Dividieren mit einer Potenzzahl zur Basis 2. Der Exponent ist dabei die Schiebezahl. Da die frei werdenden Bits mit Signalzustand „0" aufgefüllt werden, gilt das nur für positive Zahlen. Das Ergebnis einer solchen Division entspricht der abgerundeten ganzen Zahl.

### Schieben mit Vorzeichen wortweise

SSI n Schieben mit Vorzeichen wortweise um n Bits

SSI Schieben mit Vorzeichen wortweise um so viele Bits, wie es im Akkumulator 2 steht

Die Schiebefunktion SSI schiebt den Inhalt der Bits 0 bis 15 des Akkumulators 1 bitweise nach rechts. Die beim Schieben frei werdenden Bitstellen werden mit dem Signalzustand des Bits 15 (das ist das Vorzeichen einer INT-Zahl) aufgefüllt, d.h. mit „0" bei positiven Zahlen und mit „1" bei negativen Zahlen.

Die Bits 16 bis 31 bleiben unbeeinflußt.

Die Schiebezahl gibt die Anzahl der Bitstellen an, um die verschoben wird. Sie kann als Parameter direkt bei SSI oder als positive Zahl im Format INT rechtsbündig im Akkumulator 2 stehen. Ist die Schiebezahl = 0, erfolgt keine Operationsausführung (Nulloperation NOP); ist sie größer als 15, steht nach Ausführung von SSI das Vorzeichen in allen Bitstellen im rechten Wort des Akkumulators 1.

Interpretiert man den Inhalt des Akkumulators 1 (rechtes Wort) als Zahl im Format INT, so entspricht ein Schieben nach rechts einem Dividieren mit einer Potenzzahl zur Basis 2. Der Exponent ist dabei die Schiebezahl. Das Ergebnis einer solchen Division entspricht der abgerundeten ganzen Zahl.

### Schieben mit Vorzeichen doppelwortweise

SSD n Schieben mit Vorzeichen doppelwortweise um n Bits

SSD Schieben mit Vorzeichen doppelwortweise um soviele Bits, wie es im Akkumulator 2 steht

Die Schiebefunktion SSD schiebt den gesamten Inhalt des Akkumulators 1 bitweise nach rechts. Die beim Schieben frei werdenden Bitstellen werden mit dem Signalzustand des Bits 31 (das ist das Vorzeichen einer DINT-Zahl) aufgefüllt, d.h. mit „0" bei positiven Zahlen und mit „1" bei negativen Zahlen.

Die Schiebezahl gibt die Anzahl der Bitstellen an, um die verschoben wird. Sie kann als Parameter direkt bei SSD oder als positive Zahl im Format INT rechtsbündig im Akkumulator 2 stehen. Ist die Schiebezahl = 0, erfolgt keine Operationsausführung (Nulloperation NOP); ist sie größer als 31, steht nach Ausführung von SSD das Vorzeichen in allen Bitstellen des Akkumulators 1.

Interpretiert man den Inhalt des Akkumulators 1 als Zahl im Format DINT, so entspricht ein Schieben nach rechts einem Dividieren mit einer Potenzzahl zur Basis 2. Der Exponent ist dabei die Schiebezahl. Das Ergebnis einer solchen Division entspricht der abgerundeten ganzen Zahl.

## 13.3 Rotieren

### Rotieren links

RLD n Rotieren links um n Bits

RLD Rotieren links um soviele Bits, wie es im Akkumulator 2 steht

Die Schiebefunktion RLD schiebt den gesamten Inhalt des Akkumulators 1 bitweise nach links. Die beim Schieben frei werdenden Bitstellen werden mit den hinausgeschobenen Bitstellen aufgefüllt.

Die Schiebezahl gibt die Anzahl der Bitstellen an, um die verschoben wird. Sie kann als Parameter direkt bei RLD oder als positive Zahl im Format INT rechtsbündig im Akkumulator 2 stehen. Ist die Schiebezahl = 0, erfolgt keine Operationsausführung (Nulloperation NOP); ist sie 32, bleibt der Inhalt des Akkumulators 1 erhalten und das Statusbit A1 trägt den Signalzustand des zuletzt hinausgeschobenen Bits (Bit 0). Hat die Schiebezahl den Wert 33, erfolgt ein Schieben um eine Stelle, bei 34 um zwei Stellen usw. (das Schieben wird modulo 32 durchgeführt).

### Rotieren rechts

RRD n Rotieren rechts um n Bits

RRD Rotieren rechts um soviele Bits, wie es im Akkumulator 2 steht

Die Schiebefunktion RRD schiebt den gesamten Inhalt des Akkumulators 1 bitweise nach rechts. Die beim Schieben frei werdenden Bitstellen werden mit den hinausgeschobenen Bitstellen aufgefüllt.

Die Schiebezahl gibt die Anzahl der Bitstellen an, um die verschoben wird. Sie kann als Parameter direkt bei RRD oder als positive Zahl im Format INT rechtsbündig im Akkumulator 2 stehen. Ist die Schiebezahl = 0, erfolgt keine Operationsausführung (Nulloperation NOP); ist sie 32, bleibt der Inhalt des Akkumulators 1 erhalten und das Statusbit A1 trägt den Signalzustand des zuletzt hinausgeschobenen Bits (Bit 31). Hat die Schiebezahl den Wert 33, erfolgt ein Schieben um eine Stelle, bei 34 um zwei Stellen usw. (das Schieben wird modulo 32 durchgeführt).

### Rotieren links durch A1

RLDA Rotieren links durch das Statusbit A1 um 1 Stelle

Die Schiebefunktion RLDA schiebt den gesamten Inhalt des Akkumulators 1 um 1 Bit nach links. Die beim Schieben frei werdende Bitstelle (Bit 0) wird mit dem Signalzustand des Statusbits A1 aufgefüllt. Das Statusbit A1 erhält den Signalzustand des hinausgeschobenen Bits (Bit 31); Statusbit A0 wird „0“.

### Rotieren rechts durch A1

RRDA Rotieren rechts durch das Statusbit A1 um 1 Stelle

Die Schiebefunktion RRDA schiebt den gesamten Inhalt des Akkumulators 1 um 1 Bit nach rechts. Die beim Schieben frei werdende Bitstelle (Bit 31) wird mit dem Signalzustand des Statusbits A1 aufgefüllt. Das Statusbit A1 erhält den Signalzustand des hinausgeschobenen Bits (Bit 0); Statusbit A0 wird „0“.

# 14 Wortverknüpfungen

Die Wortverknüpfungen verknüpfen den im Akkumulator 1 stehenden Wert mit einer Konstanten oder mit dem Inhalt des Akkumulators 2 Bit für Bit und legen das Ergebnis im Akkumulator 1 ab. Die Verknüpfung kann wortweise oder doppelwortweise erfolgen.

Als Wortverknüpfungen stehen zur Verfügung:

▷ UND-Verknüpfung

▷ ODER-Verknüpfung

▷ Exklusiv-ODER-Verknüpfung

In diesem Kapitel sind die Anweisungen für die Programmiersprache AWL beschrieben. In der Programmiersprache SCL werden die Wortverknüpfungen durch die logischen Ausdrücke formuliert (Kapitel 27.4.3 „Logische Ausdrücke").

Wie die Wortverknüpfungen die Statusbits A0 und A1 setzen erfahren Sie im Kapitel 15 „Statusbits".

Die Beispiele in diesem Kapitel sind auch auf der dem Buch beiliegenden Diskette in der Bibliothek AWL_Buch unter dem Programm „Digitalfunktionen" im Funktionsbaustein FB 114 bzw. in der Quelldatei Kap_14 dargestellt.

## 14.1 Bearbeitung einer Wortverknüpfung

Sie programmieren eine Wortverknüpfung nach den einem der beiden folgenden allgemeinen Schema:

```
Laden               Operand1;
Laden               Operand2;
Wortverknüpfung     ;
Transferieren       Ergebnis;
```

```
Laden               Operand;
Wortverknüpfung     Konstante;
Transferieren       Ergebnis;
```

Eine Wortverknüpfungen wird unabhängig von Bedingungen ausgeführt. Sie beeinflußt das Verknüpfungsergebnis nicht.

**Tabelle 14.1**
Ergebnisbildung bei Wortverknüpfungen

| | | | | |
|---|---|---|---|---|
| Inhalt des Akkumulators 2 oder Bit der Konstanten | 0 | 0 | 1 | 1 |
| Inhalt des Akkumulators 1 | 0 | 1 | 0 | 1 |
| Ergebnis bei UW, UD | 0 | 0 | 0 | 1 |
| Ergebnis bei OW, OD | 0 | 1 | 1 | 1 |
| Ergebnis bei XOW, XOD | 0 | 1 | 1 | 0 |

### Ergebnisbildung bei den Wortverknüpfungen

Die Wortverknüpfung bildet das Ergebnis Bit für Bit genauso wie im Kapitel 4 „Binäre Verknüpfungen" beschrieben (Tabelle 14.1).

Verknüpft wird das Bit 0 des Akkumulators 1 mit dem Bit 0 des Akkumulators 2 oder der Konstanten; das Ergebnis wird im Bit 0 des Akkumulators abgelegt. Die gleiche Verknüpfung geschieht mit Bit 1, mit Bit 2, usw. bis Bit 15 bzw. Bit 31. Der Inhalt des Akkumulators 2 bleibt unverändert.

### Verknüpfung mit dem Akkumulator 2

Der eigentlichen Wortverknüpfung gehen zwei Ladeanweisungen voraus, die die beiden zu verknüpfenden Werte enthalten. Nach der Wortverknüpfung steht das Ergebnis der Verknüpfung im Akkumulator 1.

Beispiel:

```
L    MW 142;    //Operand 1
L    MW 144;    //Operand 2
UW   ;          //Verknüpfung
T    MW 146;    //Ergebnis
```

### Verknüpfung mit einer Konstanten

Der zu verknüpfende Operand wird in den Akkumulator 1 geladen und mit dem Wert verknüpft, der als Konstante bei der Wortverknüpfung steht. Nach der Wortverknüpfung steht das Ergebnis der Verknüpfung im Akkumulator 1.

**Tabelle 14.2** Beispiele für Wortverknüpfungen

| | | |
|---|---|---|
| **Wortverknüpfung nach UND** | Die oberen 4 Bits im Merkerwort MW 138 werden auf Signalzustand „0“ gesetzt; das Ergebnis wird im Merkerwort MW 140 gespeichert. | `L   MW 138;`<br>`UW  W#16#0FFF;`<br>`T   MW 140;` |
| **Wortverknüpfung nach ODER** | Die Variablen „WVerknWert1“ und „WVerknWert2“ werden bitweise nach ODER verknüpft und das Ergebnis in „WVerknErgeb“ abgelegt. | `L   "Global_DB".WVerknWert1;`<br>`L   "Global_DB".WVerknWert2;`<br>`OD  ;`<br>`T   "Global_DB".WVerknErgeb;` |
| **Wortverknüpfung nach Exklusiv-ODER** | Der aus den Variablen #Eingabe und #Maske durch Exklusiv-ODER gebildete Wert steht in der Variablen #Ablage. | `L   #Eingabe;`<br>`L   #Maske`<br>`XOW ;`<br>`T   #Ablage;` |

Beispiel:

```
L     MW 148;
UW    W#16#807F;
T     MW 150;

L     MD 152;
OD    DW#16#8000_F000;
T     MD 156;
```

Im oberen Beispiel erfolgt die Verknüpfung wortweise, im unteren Beispiel über die gesamte Akkumulatorbreite.

### Wortweises Verknüpfen

Die wortweisen Wortverknüpfungen wirken nur auf das rechte Wort (Bits 0 bis 15) der Akkumulatoren. Das linke Wort (Bits 16 bis 31) bleibt unbeeinflußt (Bild 14.1).

### Aufeinanderfolgende Wortverknüpfungen

Nach der Ausführung einer Wortverknüpfung können Sie gleich die nächste Wortverknüpfung (Laden des Operanden und Ausführung der Wortverknüpfung bzw. Ausführung der Wortverknüpfung mit Konstante) direkt anschließen, ohne daß Sie das Zwischenergebnis in einem Operanden (z.B. Lokaldaten) speichern müssen. Als Zwischenspeicher dienen hier die Akkumulatoren. Beispiele:

```
L     Wert1;
L     Wert2;
UW    ;
L     Wert3;
OW    ;
T     Ergeb1;
```

Das Ergebnis der UW-Verknüpfung steht im Akkumulator 1 und wird mit dem Laden von Wert3 in den Akkumulator 2 geschoben. Nun können beide Werte miteinander nach OW verknüpft werden.

```
L     Wert4;
L     Wert5;
XOW   ;
UW    W#16#FFF0;
T     Ergeb2;
```

Das Ergebnis der XOW-Verknüpfung steht im Akkumulator 1. Dessen Bits 0 bis 3 werden mit der UW-Anweisung auf „0“ gesetzt.

Die Tabelle 14.2 zeigt je ein Beispiel für die verschiedenen Wortverknüpfungen.

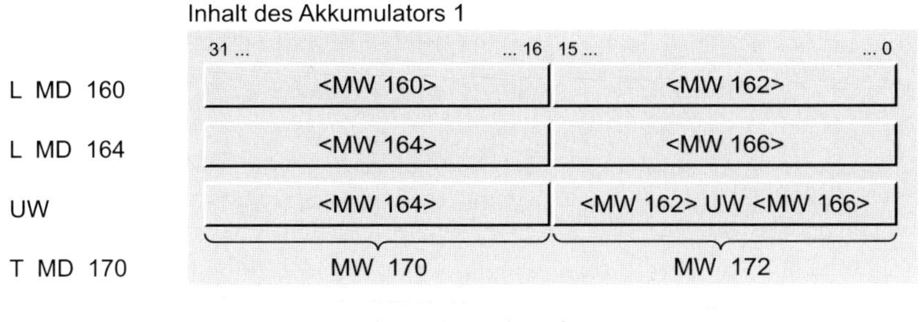


**Bild 14.1** Ausführung einer wortweisen Wortverknüpfung

## 14.2 Beschreibung der Wortverknüpfungen

### Digitale UND-Verknüpfung

| | |
|---|---|
| UW | UND-Verknüpfung (Wort) mit Akku 2 und Akku 1 |
| UW W#16# | UND-Verknüpfung (Wort) mit Konstante und Akku 1 |
| UD | UND-Verknüpfung (Doppelwort) mit Akku 2 und Akku 1 |
| UD DW#16# | UND-Verknüpfung (Doppelwort) mit Konstante und Akku 1 |

Die digitale UND-Verknüpfung verknüpft die einzelnen Bits des im Akkumulator 1 stehenden Werts mit den entsprechenden Bits des Inhalts von Akkumulator 2 bzw. der Konstanten nach UND. Die einzelnen Bits im Ergebniswort führen nur dann Signalzustand „1“, wenn die entsprechenden Bits beider zu verknüpfenden Werte Signalzustand „1“ führen.

Da die im Akkumulator 2 oder die in der Konstanten liegenden Bits mit Signalzustand „0“ diese Bits im Ergebnis ebenfalls auf „0“ setzen, unabhängig von der Belegung dieser Bits im Akkumulator 1, sagt man auch, diese Bits werden „ausgeblendet“. Dieses Ausblenden („Maskieren“) ist das hauptsächliche Anwendungsgebiet der digitalen UND-Verknüpfung.

### Digitale ODER-Verknüpfung

| | |
|---|---|
| OW | ODER-Verknüpfung (Wort) mit Akku 2 und Akku 1 |
| OW W#16# | ODER-Verknüpfung (Wort) mit Konstante und Akku 1 |
| OD | ODER-Verknüpfung (Doppelwort) mit Akku 2 und Akku 1 |
| OD DW#16# | ODER-Verknüpfung (Doppelwort) mit Konstante und Akku 1 |

Die digitale ODER-Verknüpfung verknüpft die einzelnen Bits des im Akkumulator 1 stehenden Werts mit den entsprechenden Bits des Inhalts von Akkumulator 2 bzw. der Konstanten nach ODER. Die einzelnen Bits im Ergebniswort führen nur dann Signalzustand „0“, wenn die entsprechenden Bits beider zu verknüpfenden Werte Signalzustand „0“ führen.

Da im Akkumulator 2 oder in der Konstanten liegenden Bits mit Signalzustand „1“ diese Bits im Ergebnis ebenfalls auf „1“ setzen, unabhängig von der Belegung dieser Bits im Akkumulator 1, sagt man auch, diese Bits werden „eingeblendet“. Dieses Einblenden („Maskieren“) ist das hauptsächliche Anwendungsgebiet der digitalen ODER-Verknüpfung.

### Digitale Exklusiv-ODER-Verknüpfung

| | |
|---|---|
| XOW | Exklusiv-ODER-Verknüpfung (Wort) mit Akku 2 und Akku 1 |
| XOWW#16# | Exklusiv-ODER-Verknüpfung (Wort) mit Konstante und Akku 1 |
| XOD | Exklusiv-ODER-Verknüpfung (Doppelwort) mit Akku 2 und Akku 1 |
| XODDW#16# | Exklusiv-ODER-Verknüpfung (Doppelwort) mit Konstante und Akku 1 |

Die digitale Exklusiv-ODER-Verknüpfung verknüpft die einzelnen Bits des im Akkumulator 1 stehenden Werts mit den entsprechenden Bits des Inhalts von Akkumulator 2 bzw. der Konstanten nach Exklusiv-ODER. Die einzelnen Bits im Ergebniswort führen nur dann Signalzustand „1“, wenn nur eines der entsprechenden Bits beider zu verknüpfender Werte Signalzustand „1“ führt. Hat ein Bit im Akkumulator 2 bzw. der Konstanten den Signalzustand „1“, dann steht im Ergebnis an dieser Stelle der umgekehrte Signalzustand, den das Bit vorher im Akkumulator 1 hatte.

Im Ergebnis führen nur diejenigen Bits Signalzustand „1“, die vor der digitalen Exklusiv-ODER-Verknüpfung in beiden Akkumulatoren bzw. im Akkumulator 1 und in der Konstanten unterschiedlichen Signalzustand haben. Das Herausfinden der mit unterschiedlichen Signalzuständen belegten Bits bzw. das „Negieren“ der Signalzustände einzelner Bits ist das hauptsächliche Anwendungsgebiet der digitalen Exklusiv-ODER-Verknüpfung.

# Programmflußsteuerung

Mit STEP 7 haben Sie vielfältige Möglichkeiten, den Programmfluß zu steuern. Es kann innerhalb eines Bausteins die lineare Programmbearbeitung verlassen werden oder mit parametrierbaren Bausteinaufrufen das Programm strukturiert werden. Sie können die Programmbearbeitung abhängig von zur Laufzeit errechneten Werten, abhängig von Prozeßparametern oder angepaßt an Ihren Anlagenzustand beeinflussen.

Die **Statusbits** geben Auskunft über das Ergebnis einer arithmetischen oder mathematischen Funktion und über auftretende Fehler (z.B. Zahlenbereichsüberschreitung beim Rechnen). Den Signalzustand der Statusbits können Sie mit binären Verknüpfungen direkt in Ihr Programm einbinden.

Mit den **Sprungfunktionen** verzweigen Sie in Ihrem Programm abhängig von den Statusbits, vom Verknüpfungsergebnis oder vom Binärergebnis. Mit AWL können Sie Sprünge mit berechneter Sprungweite ausführen (Sprungverteiler) oder bequem Programmschleifen realisieren (Schleifensprung).

Eine weitere Möglichkeit, die Programmbearbeitung zu beeinflussen, bietet das **Master Control Relay** (MCR). Ursprünglich für Schützensteuerungen entwickelt, bietet AWL eine softwaremäßige Nachbildung dieser Programmsteuermöglichkeit.

Mit den **Bausteinfunktionen** stellt AWL ein Hilfsmittel zur Verfügung, mit dem Sie Ihr Programm strukturieren können. Funktionen und Funktionsbausteine können Sie mehrfach verwenden durch Definition von **Bausteinparametern**.

Die Programmierung von Bausteinen in AWL (mit den Schlüsselwörtern für die quellorientierte Programmierung) entnehmen Sie Kapitel 3.4 „Codebaustein mit AWL programmieren“. Die beiden Kapitel 18 „Bausteinfunktionen“ und 19 „Bausteinparameter“ sind die Fortsetzung davon. Für die Programmiersprache SCL sind dies die Kapitel 3.5 „Codebaustein mit SCL programmieren“ und 29 „SCL-Bausteine“.

Weitergehende Informationen zu den Bausteinparametern, wie sie im Speicher abgelegt sind und wie sie in Verbindung mit zusammengesetzten Datentypen verwendet werden können, zeigt das Kapitel 26 „Direkter Variablenzugriff“.

# 15 Statusbits

Die Statusbits sind binäre „Flags“ (Anzeigenbits), die die CPU zur Steuerung der binären Verknüpfungen verwendet und bei der digitalen Bearbeitung setzt. Sie können diese Statusbits abfragen (z.B. als Ergebnisabfrage bei Rechenfunktionen) oder gezielt beeinflussen. Die Statusbits sind in einem Wort, dem Statuswort, zusammengefaßt.

Die Beispiele in diesem Kapitel sind auch auf der dem Buch beiliegenden Diskette in der Bibliothek AWL_Buch unter dem Programm „Programmflußsteuerung“ im Funktionsbaustein FB 115 bzw. in der Quelldatei Kap_15 dargestellt.

## 15.1 Beschreibung der Statusbits

Die Tabelle 15.1 zeigt die bei AWL vorhandenen Statusbits. Die erste Spalte enthält die Bitnummer im Statuswort. Die CPU verwendet die Binäranzeigen zum Steuern der binären Verknüpfungen; mit den Digitalanzeigen werden hauptsächlich Ergebnisse von arithmetischen und mathematischen Funktionen angezeigt.

**Tabelle 15.1** Statusbits

| Bit | Binäranzeigen | |
|---|---|---|
| 0 | /ER | Erstabfrage |
| 1 | VKE | Verknüpfungsergebnis |
| 2 | STA | Status |
| 3 | OR | Statusbit OR |
| 8 | BIE | Binärergebnis |
| | Digitalanzeigen | |
| 4 | OS | Überlauf speichernd |
| 5 | OV | Überlauf |
| 6 | A0 | Statusbit A0 |
| 7 | A1 | Statusbit A1 |

### Erstabfrage

Das Statusbit /ER lenkt die binäre Verknüpfung innerhalb einer Verknüpfungssteuerung. Ein Verknüpfungsschritt beginnt immer mit /ER = „0“ und einer binären Abfrageanweisung, der Erstabfrage, wie es bei der Beschreibung der binären Verknüpfungen gezeigt wurde. Die Erstabfrage setzt /ER = „1“. Ein Verknüpfungsschritt endet mit einer binären Wertzuweisung oder mit einem bedingten Sprung bzw. einem Bausteinwechsel. Diese setzen /ER = „0“. Die nächste binäre Abfrage ist dann der Beginn einer neuen binären Verknüpfung.

### Verknüpfungsergebnis

Das Statusbit VKE ist der Zwischenspeicher bei binären Verknüpfungen. Die CPU überträgt bei einer Erstabfrage das Abfrageergebnis ins VKE, verknüpft bei jeder folgenden Abfrage das Abfrageergebnis mit dem gespeicherten VKE und legt das Ergebnis wiederum im VKE ab (wie im Kapitel 4 „Binäre Verknüpfungen“ beschrieben). Sie können das VKE auch direkt setzen, rücksetzen, negieren oder im Binärergebnis BIE speichern. Mit dem VKE werden Speicher-, Zeit- und Zählfunktionen gesteuert und bestimmte Sprungfunktionen ausgeführt.

### Status

Das Statusbit STA entspricht dem Signalzustand des adressierten Binäroperanden oder der abgefragten Bedingung bei den binären Verknüpfungen (U, UN, O, ON, X, XN).

Bei Speicherfunktionen (S, R, =) ist der Wert von STA gleich dem geschriebenen Wert oder (falls nicht geschrieben wird, z.B. bei VKE = „0“ oder MCR eingeschaltet) entspricht STA dem Wert des adressierten (und nicht veränderten) Binäroperanden.

Bei Flankenauswertungen FP bzw. FN ist in STA der Wert des VKE vor der Flankenauswertung gespeichert. Alle anderen Binäranweisungen setzen STA = „1“; auch die von Binäranzeigen abhängigen Sprünge SPB, SPBN, SPBI, SPBIN (Ausnahme: CLR setzt STA = „0“).

**Tabelle 15.2** Beispiel für die Beeinflussung der Statusbits

| | Binäranzeigen: | | | | | |
|---|---|---|---|---|---|---|
| **AWL-Anweisungen** | **/ER** | **VKE** | **STA** | **OR** | **Bemerkung** | |
| ... | | | | | | |
| = M 10.0 | 0 | x | x | 0 | | |
| U E 4.0 | 1 | 1 | 1 | 0 | E 4.0 führt „1" | |
| UN E 4.1 | 1 | 1 | 0 | 1 | E 4.1 führt „0" | *Der grau unterlegte Teil ist ein Verknüpfungsschritt* |
| O | 1 | 1 | 1 | 0 | | |
| O E 4.2 | 1 | 1 | 0 | 0 | E 4.2 führt „0" | |
| ON E4.3 | 1 | 1 | 1 | 0 | E 4.3 führt „1" | |
| = A 8.0 | 0 | 1 | 1 | 0 | A 8.0 auf „1" | |
| R A8.1 | 0 | 1 | 0 | 0 | A 8.1 auf „0" | |
| S A8.2 | 0 | 1 | 1 | 0 | A 8.2 auf „1" | |
| U E5.0 | 1 | x | x | | | |
| ... | | | | | | |

| | Digitalanzeigen: | | | | | |
|---|---|---|---|---|---|---|
| **AWL-Anweisungen** | **A0** | **A1** | **OV** | **OS** | **Bemerkung** | |
| ... | | | | | | |
| T MW 10 | x | x | x | x | | |
| L +12 | x | x | x | x | | |
| L +15 | x | x | x | x | | |
| -I | 1 | x | 0 | 0 | Ergebnis negativ | |
| L +20000 | 1 | 0 | 0 | 0 | | |
| *I | 0 | 0 | 1 | 1 | Überlauf | OV und OS auf „1" |
| L +20 | 0 | 1 | 1 | 1 | | |
| +I | 0 | 1 | 0 | 1 | OV wird „0" | OS bleibt „1" |
| T MW 30 | 0 | 1 | 0 | 1 | | |
| L MW 40 | 1 | 1 | 0 | 1 | | |
| ... | | | | | | |

Das Statusbit STA hat keinen Einfluß auf die Bearbeitung der AWL-Anweisungen. Es wird bei den PG-Testfunktionen (z.B. Programmstatus) angezeigt, so daß Sie es zur Verfolgung der Verknüpfungsabläufe oder bei der Fehlersuche verwenden können.

## Statusbit OR

Das Statusbit OR speichert das Ergebnis einer erfüllten UND-Verknüpfung („1") und zeigt einer nachfolgenden ODER-Verknüpfung an, daß das Ergebnis bereits feststeht (im Zusammenhang mit der Anweisung O bei einer UND-vor-ODER-Verknüpfung). Alle anderen bitverarbeitenden Anweisungen setzen das Statusbit OR zurück.

In der Tabelle 15.2 (unter „Binäranzeigen") ist am Beispiel eines Verknüpfungsschritts die Beeinflussung der Binäranzeigen gezeigt. Der Verknüpfungsschritt beginnt mit der ersten Abfrage nach einer Speicherfunktion und endet mit der letzten Speicherfunktion vor einer Abfrage.

## Überlauf

Das Statusbit OV zeigt einen Zahlenbereichsüberlauf oder die Verwendung von ungültigen REAL-Zahlen an. Folgende Funktionen beeinflussen das Statusbit OV: Arithmetische Funktionen, mathematische Funktionen, einige Umwandlungsfunktionen, REAL-Vergleichsfunktionen.

Sie können das Statusbit OV mit Abfrageanweisungen oder mit der Sprunganweisung SPO auswerten.

### Überlauf speichernd

Das Statusbit OS speichert ein Setzen des Statusbits OV: Immer dann, wenn die CPU das Statusbit OV setzt, setzt sie auch das Statusbit OS. Während jedoch die nächste ordnungsgemäß verlaufende Operation OV wieder zurücksetzt, bleibt OS gesetzt. Somit haben Sie Gelegenheit, auch an späterer Stelle in Ihrem Programm einen Zahlenbereichsüberlauf oder eine Operation mit einer ungültigen REAL-Zahl auszuwerten.

Sie können das Statusbit OS mit Abfrageanweisungen oder mit der Sprunganweisung SPS auswerten. SPS oder ein Bausteinwechsel setzen das Statusbit OS zurück.

### Statusbits A0 und A1

Die Statusbits A0 und A1 geben Auskunft über das Ergebnis einer Vergleichsfunktion, einer arithmetischen oder mathematischen Funktion, einer Wortverknüpfung oder über das hinausgeschobene Bit bei einer Schiebefunktion.

Sie können alle Digitalanzeigen mit Sprungfunktionen und Abfrageanweisungen auswerten (siehe weiter unten in diesem Kapitel). Tabelle 15.2 zeigt im unteren Teil „Digitalanzeigen" ein Beispiel für das Setzen der Digitalanzeigen.

### Binärergebnis

Das Statusbit BIE hilft bei der Realisierung des EN/ENO-Mechanismus bei Bausteinaufrufen (in Verbindung mit den grafischen Sprachen). Im Kapitel 15.4 „Anwendung des Binärergebnisses" erfahren Sie, wie STEP 7 das Binärergebnis verwendet. Sie können das Statusbit BIE auch selbst setzen oder rücksetzen und mit Binärabfragen oder mit Sprunganweisungen auswerten.

### Statuswort

Das Statuswort enthält alle Statusbits. Sie können es in den Akkumulator 1 laden oder mit einem Wert aus dem Akkumulator 1 beschreiben.

```
L STW;    //Laden des Statusworts
          //...
T STW;    //Transferieren zum Statuswort
```

Die Beschreibung der Lade- und Transferanweisung entnehmen Sie Kapitel 6 „Übertragungsfunktionen"; die Belegung des Statusworts mit den Statusbits finden Sie in der Tabelle 15.1 weiter oben.

Das Statuswort können Sie verwenden, um die Statusbits abzufragen oder nach Ihren Wünschen zu setzen. Sie können so ein aktuelles Statuswort speichern oder einen Programmteil mit einer bestimmten Belegung der Statusbits beginnen.

Beachten Sie, daß die S7-300-CPUs (außer CPU 318) die Statusbits /ER, STA und OR nicht in den Akkumulator laden; an diesen Stellen steht dann „0" im Akkumulator.

## 15.2 Setzen der Statusbits und Binäranzeigen

Die digitalen Funktionen beeinflussen die Statusbits A0, A1, OV und OS wie in der Tabelle 15.3 gezeigt. Für die Beeinflussung der Statusbits VKE und BIE gibt es spezielle AWL-Anweisungen.

### Statusbits bei INT- und DINT-Rechnung

Die arithmetischen Funktionen mit den Datenformaten INT und DINT setzen alle Digitalanzeigen. Ein Ergebnis Null setzt A0 und A1 auf „0". A0 = „0" und A1 = „1" zeigt ein positives Ergebnis an, A0 = „1" und A1 = „0" ein negatives. Ein Zahlenbereichsüberlauf setzt OV und OS (beachten Sie bei Überlauf die andere Bedeutung von A0 und A1). Eine Division durch Null wird mit „1" aller Digitalanzeigen angezeigt.

### Statusbits bei REAL-Rechnung

Die arithmetischen Funktionen mit dem Datenformat REAL und die mathematischen Funktionen setzen alle Digitalanzeigen. Ein Ergebnis Null setzt A0 und A1 auf „0". A0 = „0" und A1 = „1" zeigt ein positives Ergebnis an, A0 = „1" und A1 = „0" ein negatives. Ein Zahlenbereichsüberlauf setzt OV und OS (beachten Sie bei Überlauf die andere Bedeutung von A0 und A1). Eine ungültige REAL-Zahl wird mit „1" aller Digitalanzeigen angezeigt.

**Tabelle 15.3** Setzen der Statusbits

**INT-Rechnung**

| Das Ergebnis ist: | A0 | A1 | OV | OS |
|---|---|---|---|---|
| < –32 768(+I, –I) | 0 | 1 | 1 | 1 |
| < –32 768(*I) | 1 | 0 | 1 | 1 |
| –32 768 bis –1 | 1 | 0 | 0 | - |
| 0 | 0 | 0 | 0 | - |
| +1 bis +32 767 | 0 | 1 | 0 | - |
| > +32 767(+I, –I) | 1 | 0 | 1 | 1 |
| > +32 767(*I) | 0 | 1 | 1 | 1 |
| 32 768(/I) | 0 | 1 | 1 | 1 |
| (–) 65 536 | 0 | 0 | 1 | 1 |
| Division durch Null | 1 | 1 | 1 | 1 |

**DINT-Rechnung**

| Das Ergebnis ist: | A0 | A1 | OV | OS |
|---|---|---|---|---|
| < –2 147 483 648 (+D, –D) | 0 | 1 | 1 | 1 |
| < -2 147 483 648(*D) | 1 | 0 | 1 | 1 |
| –2 147 483 648 bis –1 | 1 | 0 | 0 | - |
| 0 | 0 | 0 | 0 | - |
| +1 bis +2 147 483 647 | 0 | 1 | 0 | - |
| > +2 147 483 647 (+D, –D) | 1 | 0 | 1 | 1 |
| > +2 147 483 647(*D) | 0 | 1 | 1 | 1 |
| 2 147 483 648(/D) | 0 | 1 | 1 | 1 |
| (–) 4 294 967 296 | 0 | 0 | 1 | 1 |
| Division durch Null (/D, MOD) | 1 | 1 | 1 | 1 |

**REAL-Rechnung**

| Das Ergebnis ist: | A0 | A1 | OV | OS |
|---|---|---|---|---|
| + normalisiert | 0 | 1 | 0 | - |
| ± denormalisiert | 0 | 0 | 1 | 1 |
| ± Null | 0 | 0 | 0 | - |
| – normalisiert | 1 | 0 | 0 | - |
| + unendlich (Division durch Null) | 0 | 1 | 1 | 1 |
| – unendlich (Division durch Null) | 1 | 0 | 1 | 1 |
| ± ungültige REAL-Zahl | 1 | 1 | 1 | 1 |

**Vergleich**

| Das Ergebnis ist: | A0 | A1 | OV | OS |
|---|---|---|---|---|
| gleich | 0 | 0 | 0 | - |
| größer | 0 | 1 | 0 | - |
| kleiner | 1 | 0 | 0 | - |
| ungültige REAL-Zahl | 1 | 1 | 1 | 1 |

**Umwandlung NEG_I**

| Das Ergebnis ist: | A0 | A1 | OV | OS |
|---|---|---|---|---|
| +1 bis +32 767 | 0 | 1 | 0 | - |
| 0 | 0 | 0 | 0 | - |
| –1 bis –32 767 | 1 | 0 | 0 | - |
| (–) 32 768 | 1 | 0 | 1 | 1 |

**Umwandlung NEG_D**

| Das Ergebnis ist: | A0 | A1 | OV | OS |
|---|---|---|---|---|
| +1 bis +2 147 483 647 | 0 | 1 | 0 | - |
| 0 | 0 | 0 | 0 | - |
| –1 bis –2 147 483 647 | 1 | 0 | 0 | - |
| (–) 2 147 483 648 | 1 | 0 | 1 | 1 |

**Schiebefunktion**

| Das hinausgeschobene Bit ist: | A0 | A1 | OV | OS |
|---|---|---|---|---|
| „0" | 0 | 0 | 0 | - |
| „1" | 0 | 1 | 0 | - |
| bei Schiebezahl 0 | - | - | - | - |

**Wortverknüpfung**

| Das Ergebnis ist: | A0 | A1 | OV | OS |
|---|---|---|---|---|
| null | 0 | 0 | 0 | - |
| nicht null | 0 | 1 | 0 | - |

Eine REAL-Zahl nennt man „denormalisiert", wenn sie mit verminderter Genauigkeit dargestellt wird. Der Exponent ist dann Null; der Absolutwert einer denormalisierten REAL-Zahl ist kleiner als 1,175 494 × $10^{-38}$ (siehe auch Kapitel 24 „Datentypen"). Denormalisierte REAL-Zahlen sind für S7-300-CPUs (außer CPU 318) gleichbedeutend mit Null.

### Statusbits bei den Umwandlungsfunktionen

Von den Umwandlungsfunktionen beeinflussen die Zweierkomplemente alle Digitalanzeigen. Zusätzlich setzen bei einem Fehler (Zahlenbereichsüberlauf oder ungültige REAL-Zahl) folgende Umwandlungsoperationen die Statusbits OV und OS:

▷ ITB und DTB:
Umwandlung INT nach BCD

▷ RND+, RND–, RND, TRUNC:
Umwandlung REAL nach DINT

### Statusbits bei Vergleichsfunktionen

Die Vergleichsfunktionen setzen die Statusbits A0 und A1. Das Setzen der Anzeigen ist unabhängig von der ausgeführten Vergleichsfunktion; es hängt nur von der Relation der beiden an der Vergleichsfunktion beteiligten Werte ab. Ein REAL-Vergleich prüft auf gültige REAL-Zahlen.

### Statusbits bei Wortverknüpfungen und Schiebefunktionen

Die Wortverknüpfungen und die Schiebefunktionen setzen die Statusbits A0 und A1. OV wird zurückgesetzt.

### VKE setzen und rücksetzen

Mit SET setzen Sie das Verknüpfungsergebnis auf „1" und mit CLR auf „0". Parallel dazu wird das Statusbit STA ebenfalls auf „1" bzw. auf „0" gesetzt. Beide Anweisungen werden unabhängig von Bedingungen ausgeführt.

SET und CLR setzen auch die Statusbits OR und /ER zurück, d.h. nach SET oder CLR beginnt mit der nächsten Abfrage eine neue Verknüpfung.

Mit SET können Sie ein absolutes Setzen oder Rücksetzen eines Binäroperanden programmieren:

```
SET  ;
S    M 8.0;//Merker wird gesetzt
R    M 8.1;//Merker wird rückgesetzt
CLR  ;
S    Z 1; //Flankenmerker für
          //"Zähler setzen" rücksetzen
```

Das direkte Setzen und Rücksetzen des Verknüpfungsergebnisses ist auch in Verbindung mit Zeiten und Zählern nützlich. Zum Starten einer Zeitfunktion oder zum Zählen brauchen Sie ein Wechsel des VKEs von „0" nach „1" (beachten Sie, daß Sie auch zum Freigeben eine positive Flanke benötigen). In Programmteilen mit vorwiegend Digitalverknüpfungen steht das VKE in der Regel nicht definiert zur Verfügung, z.B. nach den Sprungfunktionen zum Auswerten der Digitalanzeigen. Hier kann man dann mit SET und CLR das VKE definiert setzen bzw. rücksetzen oder einen VKE-Wechsel programmieren.

Wie Sie mit NOT das Verknüpfungsergebnis negieren können, entnehmen Sie dem Kapitel 4 „Binäre Verknüpfungen".

### BIE setzen und rücksetzen

Mit SAVE sichern Sie das VKE im Binärergebnis. SAVE überträgt den Signalzustand vom VKE zum Statusbit BIE. SAVE arbeitet unabhängig von Bedingungen und beeinflußt keine weiteren Statusbits.

```
SET  ;
SAVE ;    //BIE auf "1" setzen
...
UN   OV; //Bei Überlauf
SAVE ;    //BIE auf "0" setzen
```

## 15.3 Auswertung der Statusbits

Die Statusbits VKE und BIE sowie alle Digitalanzeigen lassen sich durch binäre Abfragen und Sprungfunktionen auswerten. Zusätzlich haben Sie die Möglichkeit, alle Statusbits nach dem Laden des Statusworts in den Akkumulator weiter zu bearbeiten.

U - Abfrage auf erfüllte Bedingung und Verknüpfung nach UND
O - Abfrage auf erfüllte Bedingung und Verknüpfung nach ODER
X - Abfrage auf erfüllte Bedingung und Verknüpfung nach Exklusiv-ODER

UN - Abfrage auf nicht erfüllte Bedingung und Verknüpfung nach UND
ON - Abfrage auf nicht erfüllte Bedingung und Verknüpfung nach ODER
XN - Abfrage auf nicht erfüllte Bedingung und Verknüpfung nach Exklusiv-ODER

| | | |
|---|---|---|
| >0 | Ergebnis größer Null | [(A0=0) & (A1=1)] |
| >=0 | Ergebnis größer oder gleich Null | [(A0=0)] |
| <0 | Ergebnis kleiner Null | [(A0=1) & (A1=0)] |
| <=0 | Ergebnis kleiner oder gleich Null | [(A1=0)] |
| <>0 | Ergebnis ungleich Null | [(A0=0) & (A1=1) v (A0=1) & (A1=0)] |
| ==0 | Ergebnis gleich Null | [(A0=0) & (A1=0)] |
| UO | Ergebnis ungültig (unordered) | [(A0=1) & (A1=1)] |
| OV | Überlauf | [OV=1] |
| OS | speichernder Überlauf | [OS=1] |
| BIE | Binärergebnis | |

### Auswertung mit binären Abfragen

Sie können alle unter dem Kapitel 4 „Binäre Verknüpfungen" beschriebenen Abfragen verwenden, um die Digitalanzeigen und das Binärergebnis abzufragen (siehe oben). Die Funktionsweise ist die gleiche wie beispielsweise beim Abfragen eines Eingangs.

### Auswertung mit Sprungfunktionen

Sie können die Statusbits VKE und BIE, alle Kombinationen von A0 und A1 und die Statusbits OV und OS mit entsprechenden Sprungfunktionen auswerten (Tabelle 15.4). Eine genaue Beschreibung der Sprungfunktionen entnehmen Sie dem Kapitel 16 „Sprungfunktionen".

### Hinweise zur Auswertung eines Zahlenbereichsüberlaufs

Ein Rechenergebnis, das sich außerhalb des für den Datentyp definierten Zahlenbereichs befindet, setzt das Statusbit OV und parallel dazu das Statusbit OS (Überlauf speichernd).

Ist das Ergebnis einer nachfolgenden Funktion (z.B. bei Kettenrechnung) innerhalb des erlaubten Zahlenbereichs, so wird die Anzeige OV wieder rückgesetzt. Die Anzeige OS bleibt jedoch gesetzt, so daß ein Ergebnisüberlauf innerhalb einer Kettenrechnung auch im Anschluß daran erkannt wird.

Erst die Sprungfunktion SPS oder ein Bausteinwechsel (Aufruf oder Bausteinende) setzen OS zurück.

**Tabelle 15.4** Auswertung der Statusbits durch Sprungfunktionen

| VKE | BIE | A0 | A1 | OV | OS | ausgeführte Sprungfunktion |
|---|---|---|---|---|---|---|
| „1" | - | - | - | - | - | SPB, SPBB |
| „0" | - | - | - | - | - | SPBN, SPBNB |
| - | „1" | - | - | - | - | SPBI |
| - | „0" | - | - | - | - | SPBIN |
| - | - | 0 | 0 | - | - | SPZ, SPMZ, SPPZ |
| - | - | 0 | 1 | - | - | SPN, SPP, SPPZ |
| - | - | 1 | 0 | - | - | SPN, SPM, SPMZ |
| - | - | 1 | 1 | - | - | SPU |
| - | - | - | - | 1 | - | SPO |
| - | - | - | - | - | 1 | SPS |

Sie können einen Überlauf auswerten mit:

*binären Abfragen*

```
L     Wert1;
L     Wert2;
+I    ;
U     OV;          //Einzelauswertung
=     Status1;
L     Wert3;
+I    ;
U     OV;          //Einzelauswertung
=     Status2;
L     Wert4;
+I    ;
U     OS;          //Gesamtauswertung
=     Status_gesamt;
T     Ergebnis;
```

*Sprungfunktionen*

```
L     Wert1;
L     Wert2;
+I    ;
SPO   STA1;        //Einzelauswertung
L     Wert3;
+I    ;
SPO   STA2;        //Einzelauswertung
L     Wert4;
+I    ;
SPS   STAG;        //Gesamtauswertung
T     Ergebnis;
```

Sie können die Auswertung eines Zahlenüberlaufs entweder nach jeder Rechenoperation vornehmen (Abfrage des Statusbits OV) oder nach der gesamten Rechnung (Abfrage des Statusbits OS).

## 15.4 Anwendung des Binärergebnisses

STEP 7 verwendet das Binärergebnis, um den EN/ENO-Mechanismus in den Programmiersprachen Kontaktplan KOP und Funktionsplan FUP darzustellen. Wenn Sie nur in AWL programmieren, brauchen Sie darauf keine Rücksicht nehmen; Sie haben dann das Binärergebnis als zusätzlichen VKE-Speicher frei zur Verfügung.

Doch auch bei reiner AWL-Programmierung können Sie BIE als Sammelfehleranzeige nutzen, um eine fehlerhafte Bausteinbearbeitung anzuzeigen (wie es auch die Systembausteine SFB und SFC und einige Standardbausteine verwenden).

**EN/ENO-Mechanismus**

In den Programmiersprachen KOP und FUP haben alle Kästen (Boxen) einen Freigabeeingang EN (enable) und einen Freigabeausgang ENO (enable output). Ist der Freigabeeingang mit „1" belegt, wird die Funktion in der Box bearbeitet. Bei ordnungsgemäßer Bearbeitung der Box führt dann der Freigabeausgang ebenfalls Signalzustand „1". Tritt während der Bearbeitung der Box ein Fehler auf (z.B. Überlauf bei einer arithmetischen Funktion), wird ENO auf „0" gesetzt. Führt EN Signalzustand „0", wird ENO ebenfalls auf „0" gesetzt.

Diese Eigenschaften von EN und ENO kann man nutzen, um mehrere Boxen zu einer Kette zusammenzuschalten, wobei der Freigabeausgang ENO auf den Freigabeeingang EN der nächsten Box führt (Bild 15.1). Hierdurch kann dann z.B. die ganze Kette „ausgeschaltet" werden (es wird keine Box bearbeitet, wenn im Beispiel *Eingang1* Signalzustand „0" führt) oder der Rest der Kette wird nicht mehr bearbeitet, wenn eine Box einen Fehler meldet.

Der Eingang EN und der Ausgang ENO sind keine Bausteinparameter, sondern Anweisungsfolgen, die der KOP/FUP-Editor vor und nach allen Boxen (auch bei Funktionen und Funktionsbausteinen) von sich aus generiert. Hierbei verwendet der KOP/FUP-Editor das Binärergebnis, um den Signalzustand an EN während der Bausteinbearbeitung zu speichern bzw. um von der Box die Fehlermeldung abzufragen.

Die im Bild 15.1 gezeigte Anweisungsfolge finden Sie im Netzwerk 8 des FB 115 im Programm „Programmflußsteuerung" wieder (Bibliothek AWL_Buch). Wenn Sie sich dieses Netzwerk im FB 115 am Bildschirm ansehen, können Sie mit ANSICHT → KOP in die Kontaktplandarstellung umschalten. Der Editor zeigt dann die KOP-Grafik.

Wenn Sie Funktionen oder Funktionsbausteine selbst schreiben und diese z.B. in Kontaktplan- oder Funktionsplan-Darstellung verwenden wollen, müssen Sie das Binärergebnis so beeinflussen, daß bei einem festgestellten Fehler BIE auf „0" gesetzt wird (siehe unten).

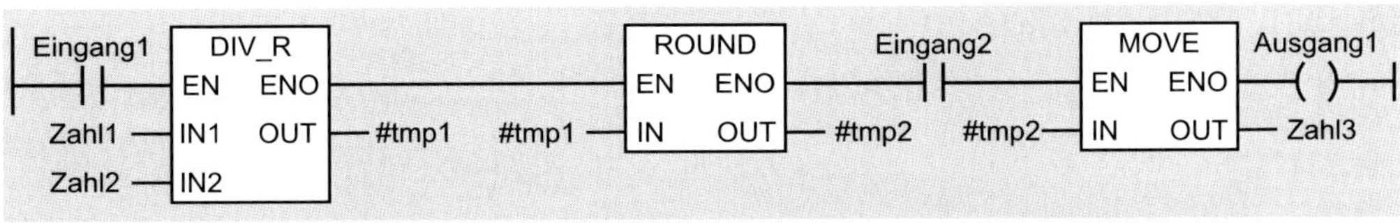


```
       U(
       U(
       U(
       U      Eingang1
       SPBNB  M001          //Auswertung des EN-Eingangs
       L      Zahl1
       L      Zahl2         //der Box
       /R
       T      tmp1
       UN     OV            //Fehlerauswertung in der Box
       SAVE                 //und BIE setzen
       CLR
M001:  U      BIE           //BIE-Abfrage für ENO-Ausgang
       )
       SPBNB  M002          //EN-Eingang nächste Box
       L      tmp1
       RND
       T      tmp2
       UN     OV
       SAVE
       CLR
M002:  U      BIE
       )
       U      Eingang2
       SPBNB  M003          //EN-Eingang letzte Box
       L      tmp2
       T      Zahl3
       SET
       SAVE
       CLR
M003:  U      BIE
       )
       =      Ausgang1
```

**Bild 15.1** Beispiel für den EN/ENO-Mechanismus

## Sammelfehlermeldung bei Bausteinen

Sie können das Binärergebnis als Sammelfehlermeldung bei Bausteinen nutzen. Ist ein Baustein ordnungsgemäß bearbeitet worden, setzen Sie BIE auf „1“. BIE wird auf „0“ gesetzt, wenn ein Baustein einen Fehler meldet.

Beispiel: Am Anfang des Bausteins wird BIE auf „1“ gesetzt. Tritt nun bei der Bausteinbearbeitung ein Fehler auf, z.B. ein Ergebnis überschreitet einen festgelegten Bereich, so daß ein Weiterarbeiten zu unterbinden ist, setzen Sie mit SPBNB das Binärergebnis auf „0“ und springen z.B. ans Bausteinende (im Fehlerfall muß die Bedingung Signalzustand „0“ liefern).

```
SET    ;
SAVE   ;          //BIE = "1"
...
L      10_000;
L      Ergebnis;//wenn Ergebnis>10000
<=I    ;          //dann BIE = "0"
SPBNB  FEHL;      //und Sprung zu FEHL
...
```

Auch das Beispiel „Uhrzeitabfrage“ im Kapitel 26.4 „Kurzbeschreibung „Beispiel Telegramm““ verwendet BIE als Sammelfehlermeldung.

# 16 Sprungfunktionen

Mit Sprungfunktionen können Sie die lineare Bearbeitung des Programms unterbrechen und an anderer Stelle im Baustein fortsetzen. Diese Programmverzweigung kann unabhängig von Bedingungen ausgeführt werden oder nur dann, wenn bestimmte Bedingungen erfüllt sind.

Als Sonderformen der Sprungfunktionen gibt es den Sprungverteiler (Fallverzweigung) und den Schleifensprung.

### Übersicht

| | | |
|---|---|---|
| SPA | *marke* | Sprung absolut |
| SPB | *marke* | Sprung bei VKE = „1“ |
| SPBN | *marke* | Sprung bei VKE = „0“ |
| SPBB | *marke* | Sprung bei VKE = „1“ und VKE speichern |
| SPBNB | *marke* | Sprung bei VKE = „0“ und VKE speichern |
| SPBI | *marke* | Sprung bei BIE = „1“ |
| SPBIN | *marke* | Sprung bei BIE = „0“ |
| SPZ | *marke* | Sprung bei Ergebnis Null |
| SPN | *marke* | Sprung bei Ergebnis nicht Null |
| SPP | *marke* | Sprung bei Ergebnis größer Null (positiv) |
| SPPZ | *marke* | Sprung bei Ergebnis größer oder gleich Null |
| SPM | *marke* | Sprung bei Ergebnis kleiner Null (negativ) |
| SPMZ | *marke* | Sprung bei Ergebnis kleiner oder gleich Null |
| SPU | *marke* | Sprung bei Ergebnis ungültig |
| SPO | *marke* | Sprung bei Überlauf |
| SPS | *marke* | Sprung bei speicherndem Überlauf |
| SPL | *marke* | Sprungverteiler |
| LOOP | *marke* | Schleifensprung |

Dieses Kapitel beschreibt die Sprungfunktionen für die Programmiersprache AWL. In der Programmiersprache SCL können Sie auf vielfältige Weise im Programm verzweigen, z.B. mit der IF-Anweisung (siehe Kapitel 28 „Kontrollanweisungen“).

Die Beispiele in diesem Kapitel sind auch auf der dem Buch beiliegenden Diskette in der Bibliothek AWL_Buch unter dem Programm „Programmflußsteuerung“ im Funktionsbaustein FB 116 bzw. in der Quelldatei Kap_16 dargestellt.

## 16.1 Programmierung einer Sprungfunktion

Eine Sprungfunktion besteht aus der Sprungoperation, die die abgefragte Bedingung festlegt, und einer Sprungmarke, die die Programmstelle kennzeichnet, an der bei einer erfüllten Bedingung die Programmbearbeitung fortgesetzt wird.

Eine Sprungmarke besteht aus bis zu 4 Zeichen, das können Buchstaben, Ziffern und der Unterstrich sein. Eine Sprungmarke darf nicht mit einer Ziffer beginnen. Mit der Sprungmarke, gefolgt von einem Doppelpunkt, wird die Anweisung (die Zeile) gekennzeichnet, die nach der ausgeführten Sprunganweisung bearbeitet werden soll.

Bild 16.1 zeigt ein Beispiel. Die Bedingung zum Sprung ist hier eine Vergleichsfunktion; sie liefert ein Verknüpfungsergebnis. Dieses Verknüpfungsergebnis ist die Sprungbedingung für den Sprung SPB. Ist der Vergleich erfüllt, ist auch das VKE = „1“ und der Sprung zur Sprungmarke GR50 wird ausgeführt. Hier wird dann die Programmbearbeitung fortgesetzt. Ein nicht erfüllter Vergleich liefert ein VKE = „0“, so daß in diesem Beispiel die Sprungfunktion nicht ausgeführt wird. Das Programm wird an der nächstfolgenden Anwei-

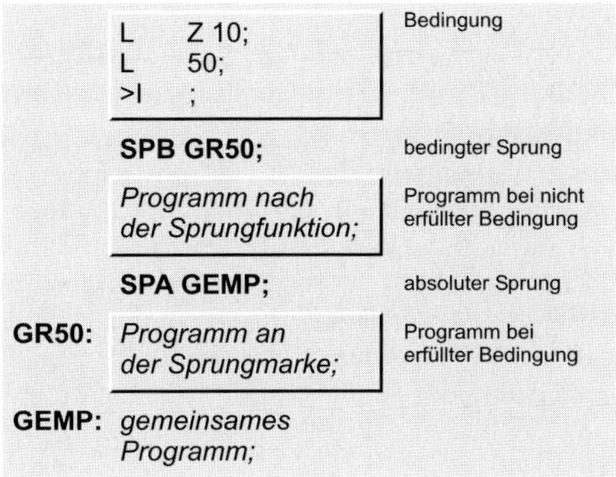


**Bild 16.1** Beispiel für eine Programmverzweigung

sung fortgesetzt. Es kann sowohl vorwärts (in Richtung der Programmbearbeitung; in Richtung höherer Zeilennummern) als auch rückwärts gesprungen werden. Der Sprung kann nur innerhalb eines Bausteins stattfinden; d.h. das Sprungziel muß im gleichen Baustein liegen, in dem auch die Sprunganweisung steht. Eine Aufteilung in Netzwerke hat auf die Sprungfunktion keinen Einfluß.

Das Sprungziel muß eindeutig gekennzeichnet sein, d.h. Sie dürfen eine entsprechende Sprungmarke in einem Baustein nur einmal vergeben. Das Sprungziel kann von mehreren Stellen aus angesprungen werden. Verwenden Sie das Master Control Relay MCR, muß das Sprungziel in der gleichen MCR-Zone bzw. im gleichen MCR-Bereich liegen wie die Sprunganweisung.

Der Programmeditor speichert die Bezeichnung der Sprungmarken im nicht ablaufrelevanten Teil der jeweiligen Bausteine auf dem Datenträger des Programmiergeräts. Im Arbeitsspeicher der CPU (im übersetzten Baustein) sind nur die Sprungweiten enthalten. Bei Programmänderungen von Bausteinen online an der CPU sind deshalb diese Änderungen immer im Datenträger des Programmiergeräts nachzuführen, um so die Originalbezeichnungen zu erhalten. Erfolgt diese Nachführung nicht oder werden Bausteine von der CPU zum Programmiergerät übertragen, werden die nicht ablaufrelevanten Bausteinteile überschrieben bzw. gelöscht. Bei der Anzeige oder beim Ausdruck generiert dann der Editor eigene Bezeichnungen der Sprungmarken (M001, M002 usw.).

## 16.2 Sprung absolut

Die Sprungfunktion SPA wird immer, d.h. unabhängig von irgendwelchen Bedingungen ausgeführt. SPA unterbricht die lineare Bearbeitung des Programms und setzt sie an der Stelle fort, die durch die Sprungmarke gekennzeichnet ist.

Die Sprungfunktion SPA beeinflußt nicht die Statusbits. Stehen sowohl direkt vor der Sprungfunktion als auch beim Sprungziel Abfrageanweisungen, z.B. UE, OE usw., so werden diese wie eine einzige Verknüpfung behandelt.

## 16.3 Sprungfunktionen mit VKE und BIE

Eine Programmverzweigung kann abhängig von den Signalzuständen der Statusbits VKE und BIE erfolgen (Tabelle 16.1). Zusätzlich besteht die Möglichkeit, bei der Abfrage des Statusbits VKE dieses gleichzeitig im Statusbit BIE zu speichern.

### Setzen der Statusbits

Die vom VKE abhängigen Sprungfunktionen setzen sowohl bei erfüllter als auch bei nicht erfüllter Bedingung die Statusbits STA und VKE auf „1" und OR und /ER auf „0".

Daraus folgt für die Anwendung dieser Sprungfunktionen: Das Verknüpfungsergebnis wird immer auf „1" gesetzt. Stehen in den Anweisungen unmittelbar hinter diesen Sprungfunktionen vom Verknüpfungsergebnis abhängige

**Tabelle 16.1** Sprungfunktionen mit VKE und BIE

| VKE | BIE | ausgeführte Sprünge | |
|---|---|---|---|
| „1" | - | SPB | Sprung bei VKE = „1" |
| „1" | → „1" | SPBB | Sprung bei VKE = „1" und VKE speichern |
| „0" | - | SPBN | Sprung bei VKE = „0" |
| „0" | → „0" | SPBNB | Sprung bei VKE = „0" und VKE speichern |
| - | „1" | SPBI | Sprung bei BIE = „1" |
| - | „0" | SPBIN | Sprung bei BIE = „0" |

Operationen, werden sie bei nicht erfolgtem Sprung ausgeführt. Stehen unmittelbar hinter diesen Sprungfunktionen Abfrageanweisungen, z.B. UE, OE usw., werden diese Abfragen als Erstabfragen behandelt, d.h. es beginnt dann eine neue Verknüpfung.

Die vom Binärergebnis abhängigen Sprungfunktionen setzen sowohl bei erfüllter als auch bei nicht erfüllter Bedingung die Statusbits STA auf „1“ und OR und /ER auf „0“; die Statusbits VKE und BIE bleiben unverändert. Daraus folgt für die Anwendung: Diese Sprungfunktionen schließen eine binäre Verknüpfung ab; nach der Sprungfunktion oder am Sprungziel beginnt eine neue Verknüpfung. Das VKE bleibt erhalten und kann nach der Sprungfunktion mit einer Speicherfunktion ausgewertet werden.

**Sprung bei VKE = „1“**

Die Sprungfunktion SPB wird nur dann ausgeführt, wenn bei der Bearbeitung dieser Funktion das VKE „1“ ist. Ist es „0“, wird der Sprung nicht ausgeführt und die Bearbeitung des Programms wird mit der nächstfolgenden Anweisung fortgesetzt.

**Sprung bei VKE = „0“**

Die Sprungfunktion SPBN wird nur dann ausgeführt, wenn bei der Bearbeitung dieser Funktion das VKE „0“ ist. Ist es „1“, wird der Sprung nicht ausgeführt und die Bearbeitung des Programms wird mit der nächstfolgenden Anweisung fortgesetzt.

**Sprung bei VKE = „1“ und VKE speichern**

Die Sprungfunktion SPBB wird nur dann ausgeführt, wenn bei der Bearbeitung dieser Funktion das VKE „1“ ist. Gleichzeitig setzt SPBB das Binärergebnis auf „1“. Ist das VKE „0“, wird der Sprung nicht ausgeführt und die Bearbeitung des Programms wird mit der nächstfolgenden Anweisung fortgesetzt. SPBB setzt das Binärergebnis in diesem Fall auf „0“ (das Verknüpfungsergebnis wird in jedem Fall in das Binärergebnis übertragen).

**Sprung bei VKE = „0“ und VKE speichern**

Die Sprungfunktion SPBNB wird nur dann ausgeführt, wenn bei der Bearbeitung dieser Funktion das VKE „0“ ist. Gleichzeitig setzt SPBNB das Binärergebnis auf „0“. Ist das VKE „1“, wird der Sprung nicht ausgeführt und die Bearbeitung des Programms wird mit der nächstfolgenden Anweisung fortgesetzt. SPBNB setzt das Binärergebnis in diesem Fall auf „1“ (das Verknüpfungsergebnis wird in jedem Fall in das Binärergebnis übertragen).

**Sprung bei BIE = „1“**

Die Sprungfunktion SPBI wird nur dann ausgeführt, wenn bei der Bearbeitung dieser Funktion das Binärergebnis „1“ ist. Ist das Binärergebnis „0“, wird der Sprung nicht ausgeführt und die Bearbeitung des Programms wird mit der nächstfolgenden Anweisung fortgesetzt.

**Sprung bei BIE = „0“**

Die Sprungfunktion SPBIN wird nur dann ausgeführt, wenn bei der Bearbeitung dieser Funktion das Binärergebnis „0“ ist. Ist das Binärergebnis „1“, wird der Sprung nicht ausgeführt und die Bearbeitung des Programms wird mit der nächstfolgenden Anweisung fortgesetzt.

## 16.4 Sprungfunktionen mit A0 und A1

Eine Programmverzweigung kann abhängig von den Statusbits A0 und A1 erfolgen (Tabelle 16.2). Damit können Sie z.B. abfragen, ob das Ergebnis einer Berechnung positiv, Null oder negativ ist. Bei welcher Gelegenheit die Statusbits A0 und A1 gesetzt werden, entnehmen Sie dem Kapitel 15 „Statusbits“.

**Setzen der Statusbits**

Die von den Statusbits A0 und A1 abhängigen Sprungfunktionen verändern keine Statusbits. Beim Sprung wird das Verknüpfungsergebnis „mitgenommen“ und kann weiter verknüpft werden (keine Veränderung von /ER).

Weitere Möglichkeiten, diese Statusbits abzufragen, bilden die binären Abfragen (siehe Kapitel 15 „Statusbits“).

**Tabelle 16.2** Sprungfunktionen mit A0 und A1

| A0 | A1 | ausgeführte Sprünge | |
|---|---|---|---|
| 0 | 0 | SPZ | Sprung bei Null |
| | | SPMZ | Sprung bei Null oder kleiner Null |
| | | SPPZ | Sprung bei Null oder größer Null |
| 1 | 0 | SPM | Sprung bei kleiner Null |
| | | SPMZ | Sprung bei Null oder kleiner Null |
| | | SPN | Sprung bei nicht Null |
| 0 | 1 | SPP | Sprung bei größer Null |
| | | SPPZ | Sprung bei Null oder größer Null |
| | | SPN | Sprung bei nicht Null |
| 1 | 1 | SPU | Sprung bei ungültigem Ergebnis |

### Sprung bei Ergebnis Null

Die Sprungfunktion SPZ wird nur ausgeführt, wenn die Statusbits A0 = „0" und A1 = „0" sind. Das ist dann der Fall, wenn

- ▷ nach einer arithmetischen oder mathematischen Funktion der Inhalt des Akkumulators 1 Null ist,
- ▷ bei einer Vergleichsfunktion der Inhalt des Akkumulators 2 gleich dem Inhalt des Akkumulators 1 ist,
- ▷ nach einer Digitalverknüpfung der Inhalt des Akkumulators 1 Null ist und
- ▷ nach einer Schiebefunktion der Wert des zuletzt hinausgeschobenen Bits „0" ist.

In allen anderen Fällen setzt SPZ die Bearbeitung des Programms mit der nächstfolgenden Anweisung fort.

### Sprung bei Ergebnis nicht Null

Die Sprungfunktion SPN wird nur ausgeführt, wenn die Statusbits A0 und A1 unterschiedlichen Signalzustand haben. Das ist dann der Fall, wenn

- ▷ nach einer arithmetischen oder mathematischen Funktion der Inhalt des Akkumulators 1 nicht Null ist,
- ▷ bei einer Vergleichsfunktion der Inhalt des Akkumulators 2 ungleich dem Inhalt des Akkumulators 1 ist,
- ▷ nach einer Digitalverknüpfung der Inhalt des Akkumulators 1 nicht Null ist und
- ▷ nach einer Schiebefunktion der Wert des zuletzt hinausgeschobenen Bits „1" ist.

In allen anderen Fällen setzt SPN die Bearbeitung des Programms mit der nächstfolgenden Anweisung fort.

### Sprung bei Ergebnis größer Null

Die Sprungfunktion SPP wird nur ausgeführt, wenn die Statusbits A0 = „0" und A1 = „1" sind. Das ist dann der Fall, wenn

- ▷ nach einer arithmetischen oder mathematischen Funktion der Inhalt des Akkumulators 1 im erlaubten positiven Zahlenbereich liegt (eine Überschreitung des Zahlenbereichs fragen Sie mit SPO oder SPS ab),
- ▷ bei einer Vergleichsfunktion der Inhalt des Akkumulators 2 gegenüber dem Inhalt des Akkumulators 1 größer ist,
- ▷ nach einer Digitalverknüpfung der Inhalt des Akkumulators 1 nicht Null ist und
- ▷ nach einer Schiebefunktion der Wert des zuletzt hinausgeschobenen Bits „1" ist.

In allen anderen Fällen setzt SPP die Bearbeitung des Programms mit der nächstfolgenden Anweisung fort.

### Sprung bei Ergebnis größer oder gleich Null

Die Sprungfunktion SPPZ wird nur ausgeführt, wenn das Statusbit A0 = „0" ist. Das ist dann der Fall, wenn

- ▷ nach einer arithmetischen oder mathematischen Funktion der Inhalt des Akkumulators 1 im erlaubten positiven Zahlenbereich liegt oder Null ist (eine Überschreitung des Zahlenbereichs fragen Sie mit SPO oder SPS ab),
- ▷ bei einer Vergleichsfunktion der Inhalt des Akkumulators 2 gegenüber dem Inhalt des Akkumulators 1 größer oder gleich ist,
- ▷ nach jeder Digitalverknüpfung und
- ▷ nach jeder Schiebefunktion.

In allen anderen Fällen setzt SPPZ die Bearbeitung des Programms mit der nächstfolgenden Anweisung fort.

### Sprung bei Ergebnis kleiner Null

Die Sprungfunktion SPM wird nur ausgeführt, wenn die Statusbits A0 = „1" und A1 = „0" sind. Das ist dann der Fall, wenn

- ▷ nach einer arithmetischen oder mathematischen Funktion der Inhalt des Akkumulators 1 im erlaubten negativen Zahlenbereich liegt (eine Überschreitung des Zahlenbereichs fragen Sie mit SPO oder SPS ab) und
- ▷ bei einer Vergleichsfunktion der Inhalt des Akkumulators 2 gegenüber dem Inhalt des Akkumulators 1 kleiner ist.

In allen anderen Fällen setzt SPM die Bearbeitung des Programms mit der nächstfolgenden Anweisung fort.

### Sprung bei Ergebnis kleiner oder gleich Null

Die Sprungfunktion SPMZ wird nur ausgeführt, wenn das Statusbit A1 = „0" ist. Das ist dann der Fall, wenn

- ▷ nach einer arithmetischen oder mathematischen Funktion der Inhalt des Akkumulators 1 im erlaubten negativen Zahlenbereich liegt oder Null ist (eine Überschreitung des Zahlenbereichs fragen Sie mit SPO oder SPS ab) und
- ▷ bei einer Vergleichsfunktion der Inhalt des Akkumulators 2 gegenüber dem Inhalt des Akkumulators 1 kleiner oder gleich ist.

In allen anderen Fällen setzt SPMZ die Bearbeitung des Programms mit der nächstfolgenden Anweisung fort.

### Sprung bei ungültigem Ergebnis

Die Sprungfunktion SPU wird nur ausgeführt, wenn die Statusbits A0 = „1" und A1 = „1" sind. Das ist dann der Fall, wenn

- ▷ bei einer arithmetischen Funktion durch Null dividiert wird und
- ▷ eine ungültige REAL-Zahl als Eingangswert vorgegeben wird oder als Ergebnis entsteht.

In allen anderen Fällen setzt SPU die Bearbeitung des Programms mit der nächstfolgenden Anweisung fort.

## 16.5 Sprungfunktionen mit OV und OS

Eine Programmverzweigung kann abhängig von den Statusbits OV und OS erfolgen. Damit fragen Sie ab, ob das Ergebnis einer Berechnung noch im erlaubten Zahlenbereich liegt. Bei welcher Gelegenheit die Statusbits OV und OS gesetzt werden, entnehmen Sie dem Kapitel 15 „Statusbits".

### Sprung bei Überlauf

Die Sprungfunktion SPO wird nur ausgeführt, wenn das Statusbit OV auf „1" gesetzt ist. Das ist dann der Fall, wenn nach einer Operationsausführung der erlaubte Zahlenbereich verlassen wurde. Folgende Funktionen können das Statusbit OV setzen:

- ▷ arithmetische Funktionen,
- ▷ mathematische Funktionen,
- ▷ Zweierkomplementbildung,
- ▷ Vergleichsfunktionen mit REAL-Zahlen und
- ▷ Umwandlungsfunktionen INT bzw. DINT nach BCD und REAL nach DINT.

Ist das Statusbit OV = „0", setzt SPO die Bearbeitung des Programms mit der nächstfolgenden Anweisung fort.

Bei einer Kettenrechnung mit mehreren hintereinander ausgeführten Rechenoperationen muß die Auswertung des Statusbits OV nach jeder Rechenfunktion erfolgen, da die nächste Rechenoperation, deren Ergebnis im erlaubten Zahlenbereich liegt, OV wieder zurücksetzt. Um einen möglichen Zahlenbereichsüberlauf am Ende der Kettenrechnung auszuwerten, fragen Sie das Statusbit OS ab.

### Sprung bei speicherndem Überlauf

Die Sprungfunktion SPS wird nur ausgeführt, wenn das Statusbit OS auf „1" gesetzt ist. Das ist immer dann der Fall, wenn ein Zahlenbereichsüberlauf das Statusbits OV setzt (siehe oben). Im Gegensatz zu OV bleibt OS gesetzt, wenn anschließend ein Ergebnis im erlaubten Zahlenbereich liegt.

Folgende Funktionen setzen OS wieder zurück:

▷ Bausteinaufruf und Bausteinende

▷ Sprung bei speicherndem Überlauf SPS

Ist das Statusbit OS = „0", setzt SPS die Bearbeitung des Programms mit der nächstfolgenden Anweisung fort.

## 16.6 Sprungverteiler

Der Sprungverteiler SPL gestattet das gezielte (berechnete) Springen zu einem Programmteil im Baustein abhängig von einer Sprungnummer.

SPL arbeitet mit einer Liste aus SPA-Sprungfunktionen zusammen. Diese Liste steht unmittelbar nach SPL und kann maximal 255 Einträge lang sein. Bei SPL steht eine Sprungmarke, die auf das Ende der Liste (auf die erste Anweisung nach der Liste) zeigt.

Einen Sprungverteiler programmieren Sie nach folgendem allgemeinen Schema:

```
L       Sprungzahl;
        SPL    Ende;
        SPA    M0;
        SPA    M1;
        ...
        SPA    Mx;
Ende:   ...
```

Im Beispiel lädt die Variable *Sprungzahl* eine Nummer in den Akkumulator 1. Anschließend steht der Sprungverteiler SPL mit der Sprungmarke ans Ende der Liste aus SPA-Anweisungen.

Die Nummer des auszuführenden Sprungs steht im rechten Byte des Akkumulators 1. Steht 0 im Akkumulator 1, wird die erste Sprunganweisung ausgeführt, bei 1 die zweite usw. Ist die Nummer größer als die Länge der Liste, verzweigt SPL zum Ende der Liste (zur Anweisung, die nach dem letzten Sprung steht).

SPL ist unabhängig von Bedingungen und verändert die Statusbits nicht.

In der Liste dürfen nur SPA-Anweisungen lückenlos stehen. Sie können die Bezeichnungen der Sprungmarken im Rahmen der allgemeinen Bestimmungen beliebig vergeben.

## 16.7 Schleifensprung

Der Schleifensprung LOOP gestattet eine vereinfachte Programmierung von Programmschleifen.

LOOP interpretiert das rechte Wort des Akkumulators 1 als vorzeichenlose 16-bit-Zahl im Bereich von 0 bis 65535.

Bei Bearbeitung dekrementiert LOOP zuerst den Inhalt des Akkumulators 1 um 1. Ist dann der Wert nicht Null, wird der Sprung zur angegebenen Sprungmarke ausgeführt.

Ist nach dem Dekrementieren der Wert gleich Null, wird nicht gesprungen und die unmittelbar darauffolgende Anweisung bearbeitet.

Der Wert im Akkumulator 1 entspricht somit der Anzahl der zu durchlaufenden Programmschleifen. Diese Anzahl müssen Sie in einem Schleifenzähler speichern. Sie können jeden Digitaloperanden als Schleifenzähler verwenden.

Einen Schleifensprung programmieren Sie nach folgendem allgemeinen Schema:

```
        L       Anzahl;
Next:   T       Zaehler;
        ...
        ...
        ...
        L       Zaehler;
        LOOP    Next;
        ...
```

Die Variable *Anzahl* enthält die Zahl der Schleifendurchläufe. Die Variable *Zaehler* enthält die noch auszuführenden Schleifendurchläufe.

Beim ersten Durchlauf wird *Zaehler* mit der Anzahl der Schleifendurchläufe vorbesetzt. Am Ende der Programmschleife wird der Inhalt von *Zaehler* in den Akkumulator geladen und von der Anweisung LOOP dekrementiert. Ist danach der Akkumulatorinhalt nicht Null, wird der Sprung zur angegebenen Sprungmarke – hier: Next – ausgeführt und die Variable *Zaehler* nachgeführt.

Der Schleifensprung verändert die Statusbits nicht.

# 17 Master Control Relay

Ein Master Control Relay („Hauptsteuerrelais") aktiviert oder deaktiviert bei kontaktbehafteten Steuerungen einen Teil der Steuerung, der aus einem oder mehreren Strompfaden bestehen kann. Ein deaktivierter Strompfad

- ▷ schaltet alle nicht speichernden Schütze aus und
- ▷ hält den Zustand von remanenten Schützen.

Erst bei eingeschaltetem Master Control Relay können Sie wieder den Zustand der Schütze ändern.

Dieses Kapitel beschreibt die für die Realisierung des Master Control Relay notwendigen Anweisungen für die Programmiersprache AWL. Mit diesen Anweisungen können Sie auch in der Anweisungsliste die Eigenschaften eines Master Control Relays nachbilden. Beispiele zum Master Control Relay finden Sie auf der dem Buch beiliegenden Diskette in der Bibliothek AWL_Buch unter dem Programm „Programmflußsteuerung" im Funktionsbaustein FB 117 bzw. in der Quelldatei Kap_17.

*Beachten Sie, daß ein Ausschalten mit dem „Software-" Master Control Relay keine NOT-AUS- oder Sicherheitseinrichtung ersetzt! Behandeln Sie ein Schalten mit dem Master Control Relay genauso wie ein Schalten mit einer Speicherfunktion!*

Für die Realisierung des Master Control Relay (MCR) stellt AWL folgende Anweisungen zur Verfügung:

- ▷ MCRA MCR-Bereich aktivieren
- ▷ MCR( MCR-Zone öffnen
- ▷ )MCR MCR-Zone schließen
- ▷ MCRD MCR-Bereich deaktivieren

Mit den Anweisungen MCRA und MCRD kennzeichnen Sie einen Bereich in Ihrem Programm, in dem die MCR-Abhängigkeit wirken soll. Innerhalb dieses Bereichs definieren Sie mit den Anweisungen MCR( und )MCR eine oder mehrere Zonen, in denen die MCR-Abhängigkeit ein- und ausgeschaltet werden kann. Sie können die MCR-Zonen auch geschachtelt anlegen. Das Verknüpfungsergebnis direkt vor einer MCR-Zone schaltet innerhalb dieser Zone die MCR-Abhängigkeit ein oder aus.

## 17.1 MCR-Abhängigkeit

Das MCR wirkt auf alle Operationen, die einen Wert in den Speicher zurückschreiben. Diese MCR-abhängigen Operationen reagieren bei eingeschalteter MCR-Abhängigkeit unabhängig von einer vorangegangenen binären oder digitalen Verknüpfung wie folgt:

- ▷ Zuweisung (=):
  der Operand wird auf „0" zurückgesetzt
- ▷ Setzen (S) oder Rücksetzen (R):
  der Operand bleibt unverändert
- ▷ Transferieren (T):
  es wird Null übertragen.

Einige AWL-Funktionen verwenden – für Sie nicht sichtbar – Transferanweisungen, z.B. um einen Wert in ein Adreßregister zu schreiben. Da eine Transferanweisung bei eingeschalteter MCR-Abhängigkeit den Wert Null schreibt, ist die entsprechende Funktion nicht mehr gewährleistet.

*Folgende Programmteile müssen Sie von der MCR-Abhängigkeit ausklammern, da sonst die CPU in STOP gehen oder ein undefiniertes Laufzeitverhalten aufweisen kann:*

- ▷ Bausteinaufrufe mit Bausteinparametern
- ▷ Zugriffe auf Bausteinparameter, die Parametertypen sind (z.B. BLOCK_DB)
- ▷ Zugriffe auf Bausteinparameter, die Komponenten von zusammengesetzten Datentypen oder UDT sind

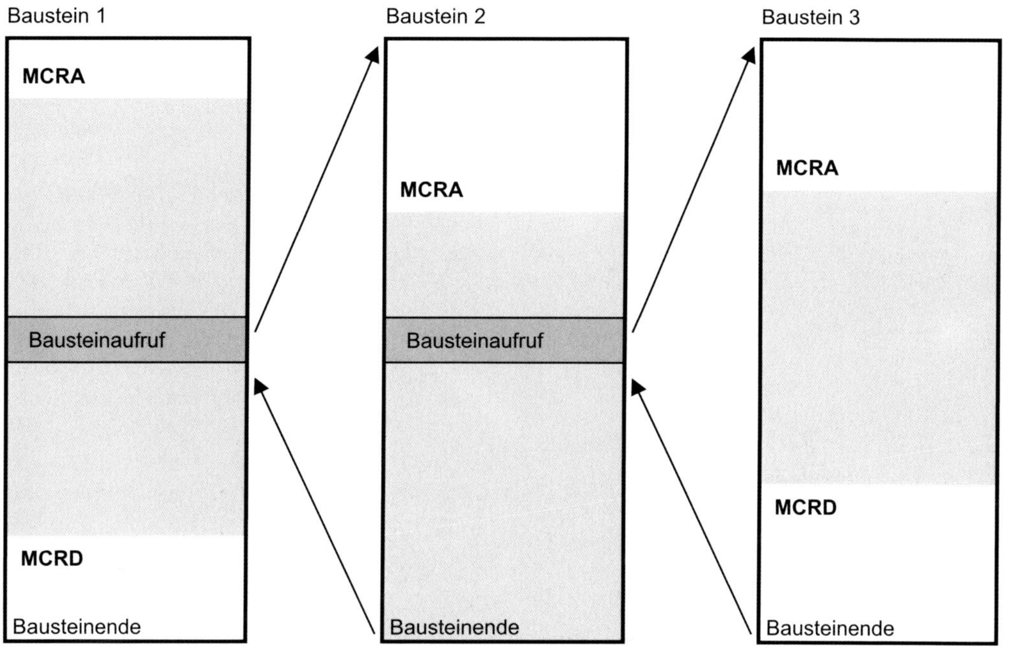


**Bild 17.1** MCR-Bereich bei Bausteinwechsel

Ist die MCR-Abhängigkeit ausgeschaltet, reagieren die MCR-abhängigen Operationen „normal", wie in den entsprechenden Kapiteln beschrieben.

Mit einem Verknüpfungsergebnis (VKE) = „0" direkt vor dem Öffnen einer MCR-Zone schalten Sie die MCR-Abhängigkeit in dieser Zone ein (in Analogie zum Ausschalten des Hauptsteuerrelais). Öffnen Sie eine MCR-Zone mit VKE = „1" (eingeschaltetes Hauptsteuerrelais), erfolgt die Bearbeitung innerhalb der Zone ohne MCR-Abhängigkeit. Beispiel:

```
MCRA  ;         //MCR aktivieren
U     Eingang0;
MCR(  ;         //MCR-Zone öffnen
U     Eingang1;
U     Eingang2;
=     Ausgang0;
)MCR  ;         //MCR-Zone schließen
MCRD  ;         //MCR deaktivieren
```

Im Beispiel setzen Sie mit *Eingang0* = „0" den Operand *Ausgang0* ebenfalls auf „0". Führt *Eingang0* Signalzustand „1", steuern Sie mit *Eingang1* und *Eingang2* den Operand *Ausgang0*.

## 17.2 MCR-Bereich

Um die Eigenschaften des Master Control Relay nutzen zu können, definieren Sie einen MCR-Bereich mit den Anweisungen MCRA und MCRD. Innerhalb eines MCR-Bereichs ist die MCR-Abhängigkeit aktiviert (aber noch nicht eingeschaltet).

```
MCRA;           //MCR aktivieren
...             //MCR-Bereich
MCRD;           //MCR deaktivieren
```

Mit MCRA legen Sie den Anfang eines MCR-Bereichs fest, mit MCRD das Ende. Rufen Sie innerhalb eines MCR-Bereichs einen Baustein auf, ist im aufgerufenen Baustein die MCR-Abhängigkeit deaktiviert (Bild 17.1). Ein MCR-Bereich beginnt erst wieder mit der Anweisung MCRA. Mit dem Verlassen eines Bausteins wird die MCR-Abhängigkeit so eingestellt, wie sie vor dem Bausteinaufruf war, unabhängig davon, mit welcher MCR-Abhängigkeit der aufgerufene Baustein verlassen wurde.

## 17.3 MCR-Zone

Eine MCR-Zone definieren Sie mit den Anweisungen MCR( und )MCR. Innerhalb dieser Zone können Sie die MCR-Abhängigkeit mit VKE = „0“ einschalten und mit VKE = „1“ ausschalten.

```
...             //MCR einschalten mit
"0"
U      Eingang3;
MCR(   ;        //Anfang Abhängigkeit
...
...             //MCR-Zone
...
)MCR   ;        //Ende Abhängigkeit
```

Die Anweisungen MCR( und )MCR beenden eine binäre Verknüpfung.

Innerhalb einer MCR-Zone können Sie wieder eine MCR-Zone öffnen. Die Schachtelungstiefe hat bei MCR-Zonen den Wert 8; d.h. Sie können bis zu achtmal eine Zone öffnen, bevor Sie eine Zone schließen.

Die MCR-Abhängigkeit einer eingeschachtelten MCR-Zone steuern Sie mit dem VKE beim Öffnen der Zone. Ist allerdings in einer „überlagerten“ Zone die MCR-Abhängigkeit eingeschaltet, können Sie in einer „unterlagerten“ MCR-Zone die MCR-Abhängigkeit nicht ausschalten. Das Master Control Relay der ersten MCR-Zone steuert die MCR-Abhängigkeit in allen eingeschachtelten Zonen (Bild 17.2).

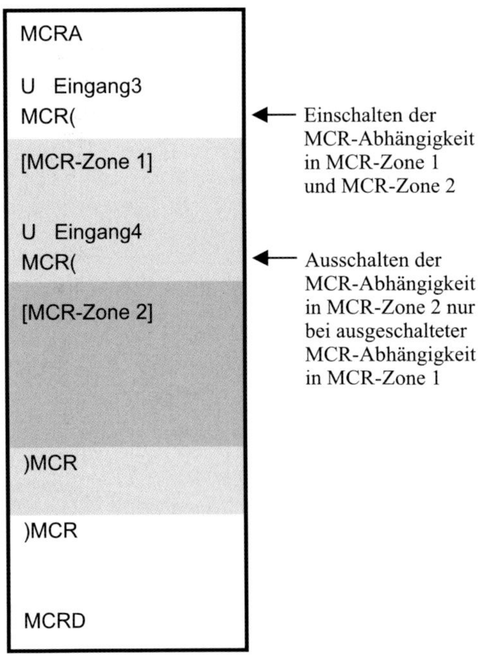


**Bild 17.2**
MCR-Abhängigkeit bei geschachtelten MCR-Zonen

Ein Bausteinaufruf innerhalb einer MCR-Zone ändert nicht die Schachtelungstiefe einer MCR-Zone. Das Programm im aufgerufenen Baustein befindet sich noch in der MCR-Zone (und wird von hier aus gesteuert), die beim Bausteinaufruf geöffnet war. Allerdings müssen Sie in einem aufgerufenen Baustein die MCR-Abhängigkeit durch das Öffnen des MCR-Bereichs wieder aktivieren.

Im Bild 17.3 steuern die Operanden *Eingang5* und *Eingang6* die MCR-Abhängigkeiten. Mit *Eingang5* können Sie mit „0“ die MCR-Abhängigkeit in beiden Zonen einschalten, unabhängig vom Signalzustand des *Eingang6*. Ist die MCR-Abhängigkeit der Zone 1 mit *Eingang5* = „1“ ausgeschaltet, können Sie mit *Eingang6* die MCR-Abhängigkeit der Zone 2 steuern (Tabelle 17.1).

## 17.4 Peripheriebits setzen und rücksetzen

Trotz eingeschalteter MCR-Abhängigkeit können Sie mit Systemfunktionen die Bits eines Peripheriebereichs setzen oder rücksetzen. Voraussetzung ist, daß die zu steuernden Bits im Prozeßabbild der Ausgänge liegen bzw. daß für den zu steuernden Peripheriebereich ein Ausgangs-Prozeßabbild definiert worden ist.

Für das Setzen der Peripheriebits gibt es die Systemfunktion **SFC 79 SET** und für das Rücksetzen die Systemfunktion **SFC 80 RSET** (Tabelle 17.2). Diese Systemfunktionen rufen Sie in einer MCR-Zone auf. Die Systemfunk-

**Tabelle 17.1** MCR-Abhängigkeit bei geschachtelten MCR-Zonen (Beispiel)

| Eingang5 | Eingang6 | Zone 1 | Zone 2 |
|---|---|---|---|
| „1“ | „1“ | keine MCR-Abhängigkeit | |
| „1“ | „0“ | keine MCR-Abhängigkeit | MCR-Abhängigkeit eingeschaltet |
| „0“ | „1“ oder „0“ | MCR-Abhängigkeit eingeschaltet | |

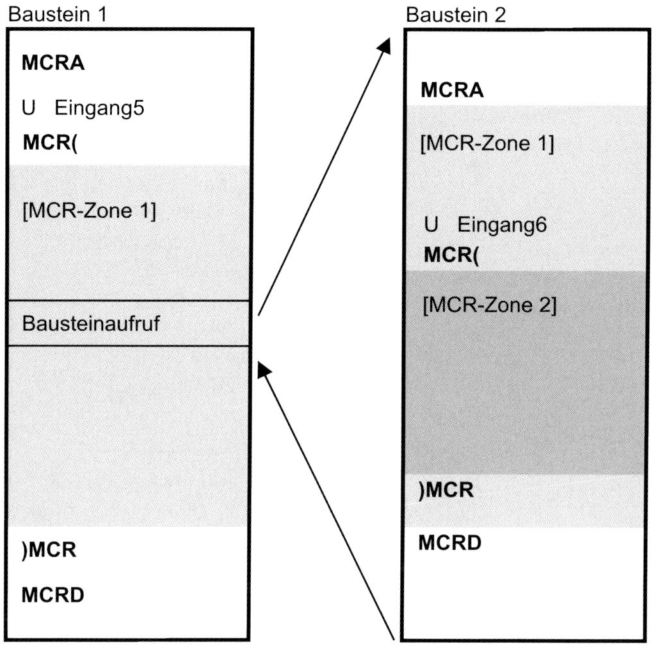


**Bild 17.3** MCR-Zonen bei Bausteinwechsel

tionen wirken nur bei eingeschalteter MCR-Abhängigkeit; ist die MCR-Abhängigkeit ausgeschaltet, bleiben auch die Aufrufe dieser SFCs ohne Wirkung.

Das Setzen und Rücksetzen der Peripheriebits führt auch gleichzeitig das Prozeßabbild der Ausgänge nach. Das Beeinflussen der Peripherie erfolgt byteweise. Die Bits, die mit den SFCs nicht ausgewählt worden sind (im ersten und im letzten Byte), erhalten die Signalzustände, wie sie aktuell im Prozeßabbild vorliegen. Beispiel:

```
CALL SFC 79 (N        := 8,
             RET_VAL  := MW 10,
             SA       := P#12.0);
```

```
CALL SFC 80 ( N        := 16,
              RET_VAL  := MW 12,
              SA       := P#13.5);
```

Im Beispiel setzt der Aufruf der SFC 79 SET die Peripheriebits entsprechend den Ausgängen A 12.0 bis A 12.7; der Aufruf der SFC 80 RSET setzt die Peripheriebits entsprechend den Ausgängen A 13.5 bis A 15.5 zurück.

Mit dem Parameter N bestimmen Sie die Anzahl der zu steuernden Bits, mit dem Parameter SA das erste Bit (Datentyp POINTER). Mit RET_VAL meldet die SFC einen eventuellen Fehler zurück.

**Tabelle 17.2** Parameter der SFCs zum Steuern der Peripheriebits

| SFC | Parameter | Deklaration | Datentyp | Belegung, Beschreibung |
|---|---|---|---|---|
| 79 | N | INPUT | INT | Anzahl der zu setzenden Bits |
| | RET_VAL | OUTPUT | INT | Fehlerinformation |
| | SA | OUTPUT | POINTER | Zeiger auf das erste zu setzende Bit |
| 80 | N | INPUT | INT | Anzahl der rückzusetzenden Bits |
| | RET_VAL | OUTPUT | INT | Fehlerinformation |
| | SA | OUTPUT | POINTER | Zeiger auf das erste rückzusetzende Bit |

# 18 Bausteinfunktionen

In diesem Kapitel erfahren Sie, wie Sie in der Programmiersprache AWL Codebausteine aufrufen und beenden und wie Sie mit Operanden aus Datenbausteinen arbeiten. Den Umgang mit Bausteinparametern beschreibt dann das nächste Kapitel. Dieses Kapitel ist die Fortsetzung der Kapitel 3.4 „Codebaustein mit AWL programmieren“ und 3.6 „Datenbaustein programmieren“.

Bausteinaufrufe in der Programmiersprache SCL sind im Kapitel 29 „SCL-Bausteine“ beschrieben.

Beispiele zu den Bausteinfunktionen finden Sie auf der dem Buch beiliegenden Diskette in der Bibliothek AWL_Buch unter dem Programm „Programmflußsteuerung“ im Funktionsbaustein FB 118 bzw. in der Quelldatei Kap_18.

## 18.1 Bausteinfunktionen für Codebausteine

Zu den Bausteinfunktionen für Codebausteine gehören Anweisungen zum Aufrufen und zum Beenden von Bausteinen (Tabelle 18.1). Codebausteine werden mit CALL aufgerufen und bearbeitet. Sie können dem aufgerufenen Baustein Daten zur Verarbeitung mitgeben und Daten vom aufgerufenen Baustein übernehmen. Diese Datenübergabe erfolgt über die Bausteinparameter. CALL übergibt die Bausteinparameter an den aufgerufenen Baustein und schlägt bei Funktionsbausteinen auch den Instanz-Datenbaustein auf. Wenn Codebausteine keine Bausteinparameter haben, können sie auch mit UC bzw. CC aufgerufen werden. Mit einer Bausteinende-Anweisung wird ein Baustein beendet.

**Tabelle 18.1** Bausteinfunktionen für Codebausteine

| | | |
|---|---|---|
| *Aufruf eines Funktionsbausteins* | | |
| mit Datenbaustein und mit Bausteinparameter | als Lokalinstanz und mit Bausteinparameter | ohne Bausteinparameter, absolut und bedingt |
| **CALL FB 10, DB 10** (<br>Ein1 := Zahl1,<br>Ein2 := Zahl2,<br>Aus := Zahl3); | **CALL** ***name*** (<br>Ein1 := Zahl1,<br>Ein2 := Zahl2,<br>Aus := Zahl3); | **UC FB 11;**<br>**CC FB 11;** |
| *Aufruf einer Funktion* | | |
| mit Funktionswert und mit Bausteinparameter | ohne Funktionswert und mit Bausteinparameter | ohne Bausteinparameter, absolut und bedingt |
| **CALL FC 10** (<br>Ein1 := Zahl1,<br>Ein2 := Zahl2,<br>**RET_VAL** := Zahl3); | **CALL FC 10** (<br>Ein1 := Zahl1,<br>Ein2 := Zahl2,<br>Aus := Zahl3); | **UC FC 11;**<br>**CC FC 11;** |
| *Bausteinende-Anweisungen* | | |
| bedingtes Bausteinende<br>**BEB** | absolutes Bausteinende<br>**BEA** | Bausteinende<br>**BE** |

### 18.1.1 Allgemeines zu Bausteinaufrufen

Wenn ein Codebaustein bearbeitet werden soll, muß er „aufgerufen" werden. Bild 18.1 zeigt an einem Beispiel den Aufruf der Funktion FC 10 im Organisationsbaustein OB 1.

Ein Bausteinaufruf besteht aus der Aufrufanweisung (hier: CALL FC 10) und der Parameterliste. Hat der aufgerufene Baustein keine Bausteinparameter, entfällt die Parameterliste. Nach der Bearbeitung der Aufrufanweisung setzt die CPU die Programmbearbeitung im aufgerufenen Baustein fort (hier: FC 10). Der Baustein wird bis zu einer Bausteinende-Anweisung bearbeitet. Danach wechselt die CPU zurück zum aufrufenden Baustein (hier: OB 1) und fährt mit der Bearbeitung dieses Bausteins nach der Aufrufanweisung fort. Wird ein Organisationsbaustein beendet, arbeitet die CPU im Betriebssystem weiter.

Die Informationen, die die CPU braucht, um zum aufrufenden Baustein zurückzufinden, werden im Baustein-Stack (B-Stack) abgelegt. Bei jedem Bausteinaufruf wird ein neues Stackelement angelegt, das unter anderem die Rücksprungadresse, die Inhalte der Datenbausteinregister und die Adresse des Lokaldaten-Stacks des aufrufenden Bausteins enthält. Geht die CPU wegen eines Fehlers in den Stoppzustand, können Sie mit dem Programmiergerät aus dem Inhalt des B-Stacks die bis zum auslösenden Fehler bearbeiteten Bausteine ermitteln.

Die Bausteinparameter sind die Datenschnittstelle zum aufgerufenen Baustein. Eine Datenübergabe über interne Register (z.B. Akkumulatoren, Adreßregister, VKE) sollten Sie vermeiden, da der Inhalt dieser Register beim Bausteinwechsel verändert werden kann (durch vom Editor „verdeckt" abgesetzte Anweisungen).

### 18.1.2 Aufrufanweisung CALL

Mit CALL rufen Sie FBs, FCs, SFBs und SFCs auf. CALL ist ein absoluter Aufruf, d.h. der angegebene Baustein wird unabhängig von Bedingungen immer aufgerufen und bearbeitet. (Organisationsbausteine können Sie nicht aufrufen; sie werden ereignisgesteuert vom Betriebssystem aufgerufen.)

Beachten Sie, daß die CALL-Anweisung die Datenbausteinregister DB und DI, die Adreßregister AR1 und AR2, die Statusbits einschließlich VKE und die Inhalte der Akkumulatoren verändern kann.

#### Aufruf von Funktionsbausteinen

Sie rufen einen Funktionsbaustein FB auf, indem Sie nach CALL den Funktionsbaustein und, getrennt durch ein Komma, den zum Aufruf gehörenden Instanz-Datenbaustein angeben. Beide Bausteine können Sie absolut oder symbolisch adressieren. Die Zuordnung der Absolutadresse zur Symboladresse geschieht in der Symboltabelle, wobei ein Instanz-Daten-

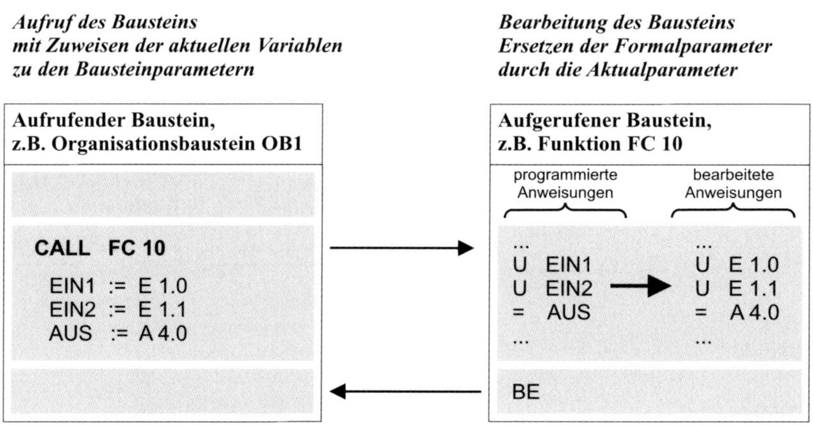


**Bild 18.1** Beispiel eines Bausteinaufrufs

baustein den dazugehörenden Funktionsbaustein als Datentyp hat.

Nach der CALL-Operation folgt die Liste mit den Bausteinparametern. In der quellorientierten Eingabe steht die Liste der Bausteinparameter in runden Klammern; die Bausteinparameter sind durch je ein Komma getrennt.

Bei Funktionsbausteinen müssen Sie nicht alle Bausteinparameter beim Aufruf versorgen. Die nicht versorgten Bausteinparameter behalten ihren aktuellen Wert bei. Geben Sie keine Parameter an, entfallen auch die Klammern bei der quellorientierten Eingabe. Bausteinparameter, die als Zeiger abgelegt werden, sollten jedoch mindestens beim ersten Aufruf versorgt werden, damit hier sinnvolle Werte eingetragen werden (siehe Kapitel 19.3 „Aktualparameter“).

Wenn Sie Funktionsbausteine mit dem Bausteinattribut „multiinstanzfähig“ erzeugt haben, können Sie diese innerhalb anderer „multiinstanzfähiger“ Funktionsbausteine auch als Lokalinstanz aufrufen. Hierbei nutzt der aufgerufene Funktionsbaustein den Instanz-Datenbaustein des aufrufenden Funktionsbausteins als Ablage für seine Lokaldaten. Sie deklarieren in den statischen Lokaldaten des aufrufenden Funktionsbausteins die Lokalinstanz und können dann im Programm den Funktionsbaustein aufrufen (ohne Angabe eines Instanz-Datenbausteins). Die Lokalinstanz wird innerhalb des „übergeordneten“ Funktionsbausteins wie ein zusammengesetzter Datentyp behandelt. Weitere Informationen finden Sie im Kapitel 18.1.6 „Statische Lokaldaten“.

**Aufruf von Funktionen**

Sie rufen eine Funktion FC auf, indem Sie nach CALL die Funktion entweder absolut adressiert oder symbolisch adressiert angeben. Danach folgt die Parameterliste, bei quellorientierter Eingabe in Klammern. Sie müssen alle vorhandenen Parameter versorgen; die Reihenfolge der Parameter ist jedoch beliebig. Der Aufruf von Funktionen mit Funktionswert ist genauso gestaltet wie der Aufruf von Funktionen ohne Funktionswert. Lediglich der erste Ausgangsparameter – er entspricht dem Funktionswert – trägt den Namen RET_VAL.

**Aufruf von Systembausteinen**

Im Betriebssystem der CPU sind Systemfunktionen SFC und Systemfunktionsbausteine SFB enthalten, die Sie nutzen können. Die Anzahl und Art der Systembausteine ist CPU-abhängig. Alle Systembausteine werden mit CALL aufgerufen.

Einen Systemfunktionsbaustein rufen Sie wie einen selbstgeschriebenen Funktionsbaustein auf; den dazugehörenden Instanz-Datenbaustein richten Sie im Anwenderspeicher mit dem Datentyp des SFB ein. Eine Systemfunktion rufen Sie wie eine selbstgeschriebene Funktion auf.

Systembausteine sind nur im Betriebssystem der CPU vorhanden. Beim Aufruf von Systembausteinen während der Offline-Programmierung benötigt der Editor eine Beschreibung der Aufrufschnittstelle, damit er die Parameterversorgung durchführen kann. Diese Schnittstellenbeschreibung befindet sich in der mitgelieferten Bibliothek *Standard Library* unter *System Function Blocks*. Von hier aus kopiert der Editor die entsprechende Schnittstellenbeschreibung in den Offline-Behälter *Bausteine*, wenn Sie einen Systembaustein aufrufen. Die kopierte Schnittstellenbeschreibung erscheint dann als „normales“ Bausteinobjekt.

### 18.1.3 Aufrufanweisungen UC und CC

Mit UC und CC können Sie Funktionsbausteine und Funktionen aufrufen. Bedingung ist, daß die aufgerufene Funktion keine Bausteinparameter und der aufgerufene Funktionsbaustein keinen Instanz-Datenbaustein – und damit auch keine Bausteinparameter und keine statischen Lokaldaten – hat. Der Editor prüft dies jedoch nicht.

Sie können die Operationen UC und CC anwenden, wenn Ihnen ein Baustein zu lang oder zu unübersichtlich ist, indem Sie den Baustein einfach „zerteilen“ und die Teile davon nacheinander aufrufen. Die Aufrufoperationen UC und CC unterscheiden in der Ausführung nicht zwischen Funktionen FC und Funktionsbausteinen FB. Beide Bausteinarten werden gleich behandelt.

Die *Aufrufanweisung UC* ist eine absolute Anweisung, d.h. UC ruft den Baustein unabhängig von Bedingungen immer auf.

Die *Aufrufanweisung CC* ist eine bedingte Anweisung, d.h. CC ruft den Baustein nur dann auf, wenn das Verknüpfungsergebnis (VKE) gleich „1" ist. Ist das VKE „0", ruft CC den Baustein nicht auf und setzt das VKE auf „1". Anschließend wird die auf CC folgende Anweisung bearbeitet.

Beeinflussung der Anzeigen: Das Statusbit OS wird beim Wechsel des Bausteins zurückgesetzt; die Statusbits A0, A1 und OV werden nicht beeinflußt, das Statusbit /ER wird zurückgesetzt; d.h. mit der ersten Abfrageanweisung im neuen Baustein oder nach einem Bausteinaufruf beginnt eine neue Verknüpfung.

Binärer Klammerstack bei einem Bausteinwechsel: Sie können einen Codebaustein auch innerhalb eines binären Klammerausdrucks aufrufen. Die aktuelle Stacktiefe des binären Klammerstacks ändert sich nicht bei einem Bausteinwechsel. Die mögliche Klammerstacktiefe in einem Baustein, der innerhalb einer binären Klammer aufgerufen worden ist, ist deshalb die Differenz zwischen der maximal möglichen Klammertiefe und der aktuellen Klammertiefe beim Bausteinaufruf.

Master Control Relay bei einem Bausteinwechsel: Bei einem Bausteinaufruf wird die MCR-Abhängigkeit deaktiviert. In aufgerufenen Baustein ist das MCR ausgeschaltet, unabhängig davon, ob vor dem Bausteinaufruf das MCR ein- oder ausgeschaltet war. Beim Verlassen eines Bausteins stellt sich die MCR-Abhängigkeit so ein, wie sie vor dem Bausteinaufruf war.

Akkumulatoren und Adreßregister beim Bausteinwechsel: Der Inhalt der Akkumulatoren und der Adreßregister wird bei einem Bausteinwechsel mit UC oder CC nicht verändert.

Datenbausteine bei einem Bausteinwechsel: Der Aufruf eines Bausteins rettet die Datenbausteinregister im B-Stack; die Bausteinende-Anweisung stellt deren Inhalt beim Verlassen des aufgerufenen Bausteins wieder her. Der vor dem Bausteinaufruf aktuelle Global- und Instanz-Datenbaustein sind auch nach dem Bausteinaufruf aufgeschlagen. War vor dem Bausteinaufruf kein Datenbaustein aufgeschlagen (z.B. kein Instanz-Datenbaustein im OB 1), ist auch nach dem Bausteinaufruf kein Datenbaustein aufgeschlagen, unabhängig von den im aufgerufenen Baustein aufgeschlagenen Datenbausteinen.

Zusätzliche Möglichkeiten:

- ▷ Indirekte Adressierung von FB- und FC-Aufrufen mit UC und CC
- ▷ Aufruf über Bausteinparameter mit UC
- ▷ In Funktionsbausteinen auch Aufruf über Bausteinparameter mit CC

### 18.1.4 Bausteinendefunktionen

Mit der Anweisung BEB beenden Sie die Programmbearbeitung im Baustein abhängig vom Verknüpfungsergebnis (VKE), mit dem Anweisungen BEA und BE unabhängig von Bedingungen.

#### Bedingtes Bausteinende BEB

Die Ausführung von BEB ist abhängig vom VKE. Ist bei Bearbeitung von BEB das VKE „1", wird die Anweisung ausgeführt und der zur Zeit bearbeitete Baustein wird beendet. Es erfolgt ein Rücksprung auf den vorher bearbeiteten Baustein, in dem der Bausteinaufruf stand.

Ist bei der Bearbeitung der Anweisung BEB das VKE „0", wird die Anweisung nicht ausgeführt. Die CPU setzt das VKE auf „1" und bearbeitet die auf BEB folgende Anweisung. Eine nachfolgend programmierte Abfrageanweisung ist immer eine Erstabfrage.

#### Absolutes Bausteinende BEA

Bei der Bearbeitung von BEA wird der zur Zeit bearbeitete Baustein verlassen. Es erfolgt ein Rücksprung auf den vorher bearbeiteten Baustein, in dem der Bausteinaufruf stand.

Im Gegensatz zur Anweisung BE können Sie BEA mehrfach innerhalb eines Bausteins programmieren. Der auf BEA folgende Programmteil wird nur dann bearbeitet, wenn er mit einer Sprungfunktion angesprungen wird.

#### Bausteinende BE

Bei der Bearbeitung von BE wird der zur Zeit bearbeitete Baustein beendet. Es erfolgt ein Rücksprung auf den vorher bearbeiteten Baustein, in dem der Bausteinaufruf stand.

BE ist immer die letzte Anweisung eines Bausteins.

Die Programmierung von BE ist freigestellt. Bei der inkrementellen Eingabe beenden Sie die Bausteinprogrammierung mit dem Schließen des Bausteins; bei der quellorientierten Eingabe ersetzt das Schlüsselwort für das Bausteinende, z.B. END_FUNCTION_BLOCK, die Anweisung BE.

### 18.1.5 Temporäre Lokaldaten

Die temporären Lokaldaten verwenden Sie zur Zwischenspeicherung von Ergebnissen, die während der Programmbearbeitung eines Bausteins anfallen. Temporäre Lokaldaten stehen nur während der Bausteinbearbeitung zur Verfügung, nach dem Beenden des Bausteins gehen ihre Inhalte verloren.

Temporäre Lokaldaten sind Operanden, die im Lokaldaten-Stack (L-Stack) im Systemspeicher der CPU liegen. Das Betriebssystem der Zentralbaugruppe stellt die temporären Lokaldaten für jeden Codebaustein bei dessen Aufruf zur Verfügung. Die Werte im L-Stack sind beim Aufruf eines Bausteins quasi zufällig. Um die Lokaldaten sinnvoll nutzen zu können, müssen Sie sie vor dem Lesen erst beschreiben. Nach dem Beenden eines Bausteins wird der L-Stack dem nächsten aufgerufenen Baustein zugewiesen.

Die Anzahl der temporären Lokaldaten, die ein Baustein benötigt, steht in dessen Bausteinkopf. Auf diese Weise erfährt das Betriebssystem, wie viele Bytes beim Bausteinaufruf im L-Stack zur Verfügung gestellt werden müssen. Auch Sie können aus der Eintragung im Bausteinkopf sehen, wieviele Lokaldatenbytes der Baustein benötigt (im Editor bei geöffnetem Baustein mit DATEI → EIGENSCHAFTEN oder im SIMATIC Manager bei markiertem Baustein mit BEARBEITEN → OBJEKTEIGENSCHAFTEN, jeweils auf der Registerkarte „Allgemein - Teil 2“).

#### Deklaration temporärer Lokaldaten

Die temporären Lokaldaten deklarieren Sie im Deklarationsteil des Codebausteins:

- ▷ bei inkrementeller Programmierung unter „temp“ oder
- ▷ bei quellorientierter Programmierung zwischen VAR_TEMP und END_VAR.

Ein Beispiel für die Deklaration temporärer Lokaldaten zeigt Bild 18.2. Die Variable *temp1* liegt in den temporären Lokaldaten und hat den Datentyp INT, die Variable *temp2* den Datentyp REAL.

Die temporären Lokaldaten werden in der Reihenfolge ihrer Deklaration gemäß ihrem Datentyp im L-Stack abgelegt. Nähere Informationen zur Datenablage im L-Stack entnehmen Sie Kapitel 26.2 „Datenablage von Variablen“.

#### Symbolische Adressierung temporärer Lokaldaten

Sie sprechen die temporären Lokaldaten mit ihrem Symbolnamen an. Den Namen vergeben Sie nach den Regeln für bausteinlokale Symbolik.

*inkrementelle Programmierung*

| Adresse | Deklaration | Name | Typ | Anfangswert |
|---|---|---|---|---|
| 0.0 | in | Ein | INT | 0 |
| | out | | | |
| | inout | | | |
| 2.0 | stat | Summe | INT | 0 |
| 0.0<br>2.0 | temp<br>temp | temp1<br>temp2 | INT<br>REAL | |

*quellorientierte Programmierung*

```
VAR_INPUT
  Ein    : INT := 0;
END_VAR
VAR_OUTPUT ... END_VAR
VAR_IN_OUT ... END_VAR
VAR
  Summe : INT := 0;
END_VAR
VAR_TEMP
  temp1 : INT;
  temp2 : REAL;
END_VAR
```

**Bild 18.2** Beispiel für die Deklaration von Lokaldaten in einem Funktionsbaustein

Für die temporären Lokaldaten sind alle Operationen zugelassen, die auch für die Merker gelten. Beachten Sie jedoch, daß sich ein temporäres Lokaldatenbit nicht als Flankenmerker eignet, da es seinen Signalzustand nicht über die Bausteinbearbeitung hinaus beibehält.

Die temporären Lokaldaten eines Bausteins können Sie nur im Baustein selbst ansprechen. (Ausnahme: Über Bausteinparameter kann auf die temporären Lokaldaten des aufrufenden Bausteins zugegriffen werden.)

## Größe des L-Stacks

Die Größe des gesamten L-Stacks ist CPU-spezifisch. Auch die in einer Prioritätsklasse, d.h. im Programm eines Organisationsbausteins zur Verfügung stehende Anzahl an temporären Lokaldatenbytes ist festgelegt. Bei S7-300 (außer CPU 318) ist die Anzahl fest eingestellt, z.B. sind es bei der CPU 314 pro Prioritätsklasse 256 Bytes. Bei S7-400 und bei der CPU 318 können Sie beim Parametrieren der CPU die Anzahl der temporären Lokaldatenbytes Ihren Erfordernissen anpassen. Diese Anzahl müssen sich die in dem betreffenden Organisationsbaustein aufgerufenen Bausteine und die in diesen Bausteinen wiederum aufgerufenen Bausteine teilen.

Beachten Sie in diesem Zusammenhang, daß auch der Editor, z.B. bei der Übergabe von Bausteinparametern, temporäre Lokaldaten verwendet, die Sie an der Programmieroberfläche nicht sehen.

## Startinformation

Das Betriebssystem der CPU übergibt beim Aufruf eines Organisationsbausteins in den temporären Lokaldaten eine Startinformation. Diese Startinformation ist bei jedem Organisationsbaustein 20 Bytes lang und annähernd identisch aufgebaut. Die Belegung der Startinformation für die einzelnen Organisationsbausteine ist in den Kapiteln 20 „Hauptprogramm“, 21 „Alarmbearbeitung“, 22 „Anlaufverhalten“ und 23 „Fehlerbehandlung“ beschrieben.

Diese 20 Bytes Startinformation müssen in jeder verwendeten Prioritätsklasse immer zur Verfügung stehen. Programmieren Sie eine Auswertung von Synchronfehlern (Programmier- und Zugriffsfehler), müssen Sie für die Startinformation dieser Fehler-Organisationsbausteine zusätzlich mindestens 20 Bytes vorsehen, da diese Fehler-OBs in der gleichen Prioritätsklasse bearbeitet werden.

Die Startinformation deklarieren Sie bei der Programmierung eines Organisationsbausteins. Sie ist zwingend notwendig. Vorlagen für die Deklaration in englischer Sprache enthält die Standard-Bibliothek *Standard Library* unter *Organization Blocks*. Benötigen Sie die Startinformation nicht, genügt es, die ersten 20 Bytes z.B. als Feld zu deklarieren (wie im Bild 18.3 gezeigt).

## Absolute Adressierung von temporären Lokaldaten

Normalerweise sprechen Sie die temporären Lokaldaten symbolisch an, die absolute Adressierung ist die Ausnahme. Wenn Sie mit der Datenablage im L-Stack vertraut sind, können Sie sich die Adressen, an denen die statischen Lokaldaten liegen, selbst ausrechnen. Sie sehen die Adressen auch im übersetzten Baustein in der Variablendeklarationstabelle.

Das Operandenkennzeichen für die temporären Lokaldaten lautet L; ein Bit sprechen Sie mit L an, ein Byte mit LB, eine Wort mit LW und ein Doppelwort mit LD.

*inkrementelle Programmierung*

| Adresse | Deklaration | Name | Typ |
|---|---|---|---|
| 0.0 | temp | SINFO | ARRAY [1..20] |
| *1.0 | temp | | BYTE |
| 20.0 | temp | LByte | ARRAY [1..16] |
| *1.0 | temp | | BYTE |

*quellorientierte Programmierung*

```
VAR_TEMP
 SINFO : ARRAY [1..20] OF BYTE;
 LByte : ARRAY [1..16] OF BYTE;
END_VAR
```

**Bild 18.3** Beispiel für die Deklaration temporärer Lokaldaten in einem Organisationsbaustein

Beispiel: Sie möchten sich 16 Bytes temporärer Lokaldaten für absolute Adressierung freihalten, deren einzelne Werte Sie dann z.B. sowohl als Byte als auch als Bit ansprechen wollen. Legen Sie diesen Bereich als Feld gleich an den Beginn der temporären Lokaldaten an, so daß die Adressierung bei 0 beginnt. In einem Organisationsbaustein würden Sie diese Felddeklaration gleich im Anschluß an die Deklaration der Startinformation stellen, so daß in diesem Fall die Adressierung bei 20 beginnt.

Hinweis: Die absolute Adressierung von temporären Lokaldaten ist nur in den Basissprachen AWL, KOP und FUP möglich. Mit SCL können Sie die temporären Lokaldaten nur symbolisch adressieren.

Wie Sie die Adresse einer Variablen in den temporären Lokaldaten zur Laufzeit erfahren, ist im Kapitel 26 „Direkter Variablenzugriff" beschrieben.

**Datentyp ANY**

Eine Variable in den temporären Lokaldaten kann – als Ausnahme – mit dem Datentyp ANY deklariert werden.

Mit AWL können Sie so einen zur Laufzeit veränderbaren ANY-Zeiger generieren. Näheres hierzu siehe Kapitel 26.3.3 „„Variabler" ANY-Zeiger".

Mit SCL können Sie einer temporären ANY-Variablen zur Laufzeit die Adresse einer anderen (komplexen) Variablen zuweisen. Näheres hierzu siehe Kapitel 29.2.4 „Temporäre Lokaldaten".

### 18.1.6 Statische Lokaldaten

Statische Lokaldaten sind Operanden, die ein Funktionsbaustein in seinem Instanz-Datenbaustein ablegt.

Die statischen Lokaldaten sind das „Gedächtnis" eines Funktionsbausteins. Sie behalten ihren Wert solange bei, bis er per Programm geändert wird, genauso wie Datenoperanden in Global-Datenbausteinen.

Die Anzahl der statischen Lokaldaten wird vom Datentyp der Variablen und von der CPU-spezifischen Länge eines Datenbausteins begrenzt.

**Deklaration statischer Lokaldaten**

Die statischen Lokaldaten deklarieren Sie im Deklarationsteil des Funktionsbausteins:

- ▷ bei inkrementeller Programmierung unter „stat" oder
- ▷ bei quellorientierter Programmierung zwischen VAR und END_VAR.

Das Bild 18.2 im Kapitel 18.1.5 „Temporäre Lokaldaten" zeigt beispielhaft eine Variablendeklaration in einem Funktionsbaustein. Zuerst werden die Bausteinparameter deklariert, danach die statischen Lokaldaten und am Schluß die temporären Lokaldaten.

Die statischen Lokaldaten werden in der Reihenfolge ihrer Deklaration gemäß ihrem Datentyp im Instanz-Datenbaustein nach den Bausteinparametern abgelegt. Nähere Informationen zur Datenablage in Datenbaustein entnehmen Sie Kapitel 26.2 „Datenablage von Variablen".

**Symbolische Adressierung statischer Lokaldaten**

Sie sprechen die statischen Lokaldaten mit ihrem Symbolnamen an. Den Namen vergeben Sie nach den Regeln für bausteinlokale Symbolik.

Sie können statische Lokaldaten mit allen Operationen ansprechen, die auch in Verbindung mit Datenoperanden in Global-Datenbausteinen verwendet werden können.

Beispiel: Der Funktionsbaustein „Summierer" addiert einen Eingangswert zu einem in den statischen Lokaldaten gespeicherten Wert und legt die Summe wieder in den statischen Lokaldaten ab. Beim nächsten Aufruf wird auf diese Summe wieder der Eingangswert addiert usw. (Bild 18.4 oben).

*Summe* ist eine Variable im Datenbaustein „SummiererDaten", dem Instanz-Datenbaustein des Funktionsbausteins „Summierer" (die Namen aller Bausteine können Sie im zugelassenen Rahmen in der Symboltabelle selbst festlegen). Der Instanz-Datenbaustein hat die Datenstruktur des Funktionsbausteins; im Beispiel enthält er zwei INT-Variable mit den Namen *Ein* und *Summe*.

FB "Summierer"

| Adresse | Deklaration | Name | Typ |
|---|---|---|---|
| + 0.0 | in | Ein | INT |
| + 2.0 | stat | Summe | INT |

```
L     #Ein;
L     #Summe;
+I    ;
T     #Summe;
```

DB "SummiererDaten"

| Adresse | Deklaration | Name | Typ |
|---|---|---|---|
| + 0.0 | in | Ein | INT |
| + 2.0 | stat | Summe | INT |

FB "Auswertung"

| Adresse | Deklaration | Name | Typ |
|---|---|---|---|
| 0.0 | in | Addieren | BOOL |
| 0.1 | in | Loeschen | BOOL |
| 2.0 | stat | FM_Add | BOOL |
| 2.1 | stat | FM_Loe | BOOL |
| 4.0 | stat | Speicher | Summierer |

```
    U     #Addieren;
    FP    #FM_Add;
    SPBN  M1;
    CALL  #Speicher
      (Ein := "Wert2");
M1: U     #Loeschen;
    FP    #FM_Loe;
    SPBN  Ende;
    L     #Speicher.Summe;
    T     "Ergebnis";
    L     0;
    T     #Speicher.Summe;
```

DB "AuswertungDaten"

| Adresse | Deklaration | Name | Typ |
|---|---|---|---|
| 0.0 | in | Addieren | BOOL |
| 0.1 | in | Loeschen | BOOL |
| 2.0 | stat | FM_Add | BOOL |
| 2.1 | stat | FM_Loe | BOOL |
| 4.0 | stat:in | Speicher.Ein | INT |
| 6.0 | stat | Speicher.Summe | INT |

*Der Datenbaustein zeigt in der* ***Datensicht*** *alle einzelnen Variablen, so daß die Variablen einer Lokalinstanz mit ihrem vollständigen Namen erscheinen.*

*Gleichzeitig sieht man deren Adresse, mit der sie absolut angesprochen werden können.*

**Bild 18.4** Beispiel für statische Lokaldaten und Lokalinstanzen

## Zugriff auf statische Lokaldaten von außerhalb des Funktionsbausteins

In der Regel werden die statischen Lokaldaten nur im Funktionsbaustein selbst verarbeitet. Da sie jedoch in einem Datenbaustein gespeichert sind, können Sie jederzeit auf die statischen Lokaldaten wie auf Variablen in einem Global-Datenbaustein mit

*„Datenbausteinname“.Operandenname*

zugreifen.

In unserem kleinen Beispiel heißt der Datenbaustein *„SummiererDaten“* und der Datenoperand *Summe*. Ein Zugriff könnte wie folgt aussehen:

```
L    "SummiererDaten".Summe;
T    MW 20;
L    0;
T    "SummiererDaten".Summe;
```

## Lokalinstanzen

Normalerweise geben Sie beim Aufruf eines Funktionsbausteins den für den Aufruf vorgesehenen Instanz-Datenbaustein an. In diesem legt dann der Funktionsbaustein seine Bausteinparameter und seine statischen Lokaldaten ab.

Ab STEP 7 V2 können Sie „Multiinstanzen“ bilden, d.h. einen Funktionsbaustein in einem anderen Funktionsbaustein als Lokalinstanz aufrufen. Die statischen Lokaldaten (und die Bausteinparameter) des aufgerufenen Funktionsbausteins sind dann eine Untermenge der statischen Lokaldaten des aufrufenden Bausteins. Voraussetzung ist, daß sowohl der aufrufende als auch der aufgerufene Funktionsbaustein die Bausteinversion 2 hat, also „multiinstanzfähig“ ist. Sie können auf diese Weise bis zu acht Funktionsbausteinaufrufe „schachteln“.

Beispiel (Bild 18.4 unten): Sie deklarieren in den statischen Lokaldaten des Funktionsbausteins „Auswertung“ eine Variable *Speicher*, die dem Funktionsbaustein „Summierer“ entspricht und dessen Datenstruktur aufweist. Nun können Sie den Funktionsbaustein „Summierer“ über die Variable *Speicher* aufrufen, allerdings ohne Angabe eines Datenbausteins, denn die Daten für *Speicher* liegen „bausteinlokal“ in den statischen Lokaldaten (*Speicher* ist die Lokalinstanz des FBs „Summierer“).

Auf die statischen Lokaldaten von *Speicher* greifen Sie im Programm des Funktionsbausteins „Auswertung“ zu wie auf Strukturkomponenten unter Angabe des Strukturnamens (*Speicher*) und des Komponentennamens (*Summe*).

Der Instanz-Datenbaustein „AuswertungDaten“ enthält somit die Variablen *Speicher.Ein* und *Speicher.Summe*, die Sie auch als Globalvariablen ansprechen können, z.B. als *„Auswertung-Daten“.Speicher.Summe*.

Dieses Beispiel zur Anwendung einer Lokalinstanz finden Sie in den Funktionsbausteinen FB 6, 7 und 8 im Programm „Programmfluß-steuerung“ auf der dem Buch beiliegende Diskette. Das Programm im Kapitel 19.5.3 „Beispiel Zuförderung“ enthält weitere Anwendungen von Lokalinstanzen.

**Absolute Adressierung von statischen Lokaldaten**

Normalerweise sprechen Sie die statischen Lokaldaten symbolisch an, die absolute Adressierung ist die Ausnahme. Innerhalb eines Funktionsbausteins ist der Instanz-Datenbaustein über das DI-Register aufgeschlagen. Operanden in diesem Datenbaustein, und das sind die statischen Lokaldaten genauso wie die Bausteinparameter, tragen deshalb das Operandenkennzeichen DI. Ein Bit sprechen Sie mit DIX, ein Byte mit DIB, ein Wort mit DIW und ein Doppelwort mit DID an.

Wenn Sie mit der Datenablage in einem Datenbaustein vertraut sind, können Sie sich die absoluten Adressen, an denen die statischen Lokaldaten liegen, selbst ausrechnen. Sie sehen die Adressen auch im übersetzten Baustein in der Variablendeklarationstabelle. Aber Vorsicht! *Diese Adressen sind Adressen relativ zum Anfang der Instanz.* Sie gelten nur dann, wenn Sie den Funktionsbaustein mit einem Datenbaustein aufrufen. Rufen Sie den Funktionsbaustein als Lokalinstanz auf, liegen die Lokaldaten der lokalen Instanz mitten im Instanz-Datenbaustein des aufrufenden Funktionsbausteins. Die absoluten Adressen sehen Sie z.B. im übersetzten Instanz-Datenbaustein, in dem alle Lokalinstanzen enthalten sind. Wählen Sie ANSICHT → DATENSICHT, wenn Sie die Adresse einzelner Lokaldatenoperanden ablesen wollen.

Betrachtet man unser Beispiel, könnte man die Variable *Summe* im Funktionsbaustein „Summierer“ mit DIW 2 ansprechen, wenn der FB „Summierer“ mit einem Datenbaustein aufgerufen wird (vgl. die Operandenbelegung im DB „SummiererDaten“), und mit DIW 6, wenn der FB „Summierer“ als Lokalinstanz im FB „Auswertung“ aufgerufen wird (vgl. die Operandenbelegung im DB „AuswertungDaten“).

Wenn wir aber einen Funktionsbaustein programmieren, von dem wir noch nicht wissen, ob er mit einem Datenbaustein oder als Lokalinstanz aufgerufen wird, d.h. der „multiinstanzfähig“ sein soll, wie können wir dann die statischen Lokaldaten absolut adressieren? Kurz gesagt, wir addieren zur Adresse der Variablen den Offset der Lokalinstanz aus dem Adreßregister AR2. Näheres hierzu in den Kapiteln 25 „Indirekte Adressierung“ und 26 „Direkter Variablenzugriff“.

Hinweis: Die absolute Adressierung von statischen Lokaldaten ist nur in den Basissprachen AWL, KOP und FUP möglich. Mit SCL können Sie die statischen Lokaldaten nur symbolisch adressieren.

## 18.2 Bausteinfunktionen für Datenbausteine

In den Datenbausteinen speichern Sie die Daten Ihres Programms. Prinzipiell können Sie auch den Merkerbereich zum Datenspeichern verwenden; mit den Datenbausteinen haben Sie jedoch bezüglich Datenumfang, Datenstrukturierung und Datentypen wesentlich mehr Möglichkeiten. Dieses Kapitel zeigt Ihnen

- ▷ wie Sie mit Datenoperanden arbeiten,
- ▷ wie Sie Datenbausteine aufrufen und
- ▷ wie Sie Datenbausteine zur Laufzeit erzeugen, löschen und testen.

Sie können Datenbausteine in zwei Ausprägungen verwenden: als *Global-Datenbausteine*, die keinem Codebaustein zugeordnet sind, und als *Instanz-Datenbausteine*, die einem Funktionsbaustein fest zugeordnet sind. Die Daten in den Global-Datenbausteinen sind sozusagen „freie“ Daten, die jeder Codebaustein verwenden kann. Sie selbst bestimmen deren Umfang und Struktur direkt durch die Programmierung des Global-Datenbausteins. Ein Instanz-Datenbaustein enthält nur die Daten, mit denen der dazugehörende Funktionsbaustein arbeitet; dieser bestimmt dann auch die Struktur und die Ablage der Daten in „seinem“ Instanz-Datenbaustein.

Die Anzahl und die Länge von Datenbausteinen ist CPU-spezifisch. Die Numerierung der Datenbausteine beginnt bei 1; ein Datenbaustein DB 0 ist nicht vorhanden. Sie können jeden Datenbaustein entweder als Global-Datenbaustein oder als Instanz-Datenbaustein verwenden.

Die Datenbausteine, die Sie in Ihrem Programm verwenden, müssen Sie vorher erzeugen („einrichten“), entweder durch Programmierung, wie z.B. die Codebausteine, oder zur Laufzeit durch die Systemfunktion SFC 22 CREAT_DB.

Datenbausteine müssen im Arbeitsspeicher liegen, damit sie vom Anwenderprogramm aus gelesen und beschrieben werden können. Sie können Datenbausteine auch im Ladespeicher lassen, indem Sie das Bausteinattribut „Unlinked“ verwenden (Schlüsselwort UNLINKED bei der quellorientierten Eingabe).

Derartige Datenbausteine belegen keinen Platz im Arbeitsspeicher. Allerdings können Sie Datenbausteine im Ladespeicher nur mit der Systemfunktion SFC 20 BLKMOV nur lesen. Dieses Vorgehen ist geeignet für Datenbausteine mit Parametrierdaten oder Rezepturdaten, die relativ selten beim Steuern der Anlage oder des Prozesses benötigt werden.

Wenn Sie in den Bausteineigenschaften das Attribut „DB ist schreibgeschützt in der AS“ einstellen (entsprechend dem Schlüsselwort READ_ONLY bei der quellorientierten Eingabe), kann aus diesem Datenbaustein nur gelesen werden.

### 18.2.1 Zwei Datenbausteinregister

Die CPU stellt für die Bearbeitung der Datenoperanden zwei Datenbausteinregister zur Verfügung. In diesen Registern stehen die Nummern der gerade aktuellen Datenbausteine; das sind die Datenbausteine, mit deren Operanden gerade gearbeitet wird. Vor dem Zugriff auf einen Datenbaustein-Operanden müssen Sie den Datenbaustein aufschlagen, in dem der Operand liegt. Wenn Sie den komplettadressierten Zugriff auf Datenoperanden verwenden (mit Angabe des Datenbausteins, siehe unten), brauchen Sie sich um das Aufschlagen der Datenbausteine und um die Belegung der Datenbausteinregister nicht zu kümmern. Der Editor generiert aus Ihren Angaben die benötigten Anweisungen.

Der Editor verwendet das erste Datenbausteinregister bevorzugt für den Zugriff auf Global-Datenbausteine und das zweite Datenbausteinregister bevorzugt für den Zugriff auf Instanz-Datenbausteine. Deshalb erhielten diese Register auch die Namen „Global-Datenbausteinregister“ (kurz: DB-Register) und „Instanz-Datenbausteinregister“ (kurz: DI-Register). Die Behandlung der Register durch die CPU ist absolut gleichwertig. Jeder Datenbaustein kann über eines der beiden Register (auch über beide gleichzeitig) aufgeschlagen werden.

Wenn Sie ein Datenwort laden, müssen Sie angeben, in welchem der beiden möglichen aufgeschlagenen Datenbausteine das Datenwort liegt. Ist der Datenbaustein über das DB-Register aufgeschlagen worden, heißt das Datenwort DBW; liegt das Datenwort in dem über das DI-Register aufgeschlagenen Datenbaustein, heißt es DIW. Entsprechend werden die anderen Datenoperanden benannt (Tabelle 18.2).

**Tabelle 18.2** Datenoperanden

| Datenoperand | liegt in einem Datenbaustein, der aufgeschlagen ist über das | |
|---|---|---|
| | DB-Register | DI-Register |
| Datenbit | DBX y.x | DIX y.x |
| Datenbyte | DBB y | DIB y |
| Datenwort | DBW y | DIW y |
| Datendoppelwort | DBD y | DID y |

x = Bitadresse, y = Byteadresse

### 18.2.2 Zugriff auf Datenoperanden

Für den Zugriff auf Datenoperanden können Sie folgende Möglichkeiten nutzen:

▷ symbolische Adressierung mit Komplettadressierung,

▷ absolute Adressierung mit Komplettadressierung und

▷ absolute Adressierung mit Teiladressierung.

Weitere Adressiermöglichkeiten entnehmen Sie dem Kapitel 25 „Indirekte Adressierung".

Der symbolische Zugriff auf die Datenoperanden erfordert am wenigsten Systemkenntnisse. Für den absoluten Zugriff oder gar das Nutzen der beiden Datenbausteinregister müssen Sie die weiter unten beschriebenen Hinweise beachten.

#### Symbolische Adressierung von Datenoperanden

Ich empfehle Ihnen, Datenoperanden soweit wie möglich symbolisch anzusprechen. Die symbolische Adressierung

▷ erleichert das Lesen und Verstehen des Programms (wenn sinnfällige Begriffe als Symbole eingesetzt werden),

▷ verringert Schreibfehler bei der Programmierung (der Editor vergleicht die in der Symboltabelle und im Programm verwendeten Begriffe, „Zahlendreher" wie z.B. L DBB 156 und L DBB 165 bei Verwendung absoluter Adressen kommen hier nicht vor) und

▷ erfordert keine Kenntnis der Programmierung auf Maschinensprache-Ebene (Welcher Datenbaustein ist von der CPU gerade aufgeschlagen?).

Die symbolische Adressierung verwendet den komplettadressierten Zugriff (Datenbaustein zusammen mit Datenoperand), so daß der Datenoperand immer eindeutig adressiert wird.

Die Festlegung der Symboladresse eines Datenoperanden nehmen Sie in zwei Schritten vor:

1) Zuordnung des Datenbausteins in der Symboltabelle
Datenbausteine sind globale Daten, die innerhalb eines Programms eindeutig adressiert werden. In der Symboltabelle ordnen Sie der Absolutadresse des Datenbausteins (z.B. DB 51) ein Symbol zu (z.B. Motor1).

2) Zuordnung des Datenoperanden im Datenbaustein
Die Namen der Datenoperanden (und den Datentyp) legen Sie bei der Programmierung des Datenbausteins fest. Der Name gilt nur im entsprechenden Baustein (ist „bausteinlokal"). Denselben Namen können Sie auch in einem anderen Baustein für eine andere Variable verwenden.

#### Komplettadressierter Zugriff auf Datenoperanden

Beim komplettadressierten Zugriff geben Sie den Datenbaustein zusammen mit dem Datenoperanden an. Sie können diese Adressierungsart symbolisch oder absolut durchführen:

```
L     MOTOR1.ISTWERT;
L     DB 51.DBW 20;
```

MOTOR1 ist die Symboladresse, die Sie in der Symboltabelle einem Datenbaustein zugeordnet haben. ISTWERT ist der Datenoperand, den Sie beim Programmieren des Datenbausteins definiert haben. Der Symbolname MOTOR1.ISTWERT ist die eindeutige Angabe des Datenoperanden, ebenso wie die Angabe DB 51.DBW 20.

Der komplettadressierte Datenzugriff ist nur in Verbindung mit dem Global-Datenbausteinregister (DB-Register) möglich. Bei komplettadressierten Datenoperanden setzt der Editor zwei Anweisungen ab: Zuerst wird der Datenbaustein über das DB-Register aufgeschlagen und danach erfolgt der Zugriff auf den Datenoperanden.

Den komplettadressierten Zugriff können Sie bei allen Operationen verwenden, die für den Datentyp des angesprochenen Datenoperanden zugelassen sind. Es sind die binären Verknüpfungen und die Speicherfunktionen für Binäroperanden und die Lade- und Transferfunktionen für Digitaloperanden. Sie können z.B. auch an Bausteinparametern den komplettadressierten Datenoperanden angeben (was dringend empfohlen wird, siehe Kapitel 19 „Bausteinparameter").

### Datenoperanden absolut adressieren

Für die absolute Adressierung der Datenoperanden müssen Sie die Adressen kennen, an denen der Editor die Datenoperanden beim Einrichten plaziert. Sie erfahren die Adressen, indem Sie nach der Programmierung und Übersetzung des Datenbausteins diesen ausgeben. Sie sehen dann in der Adressenspalte die Absolutadresse, an der die entsprechende Variable beginnt.

Dieses Verfahren eignet sich für alle Datenbausteine, sowohl für die, die Sie als Global-Datenbausteine verwenden, als auch für die, die Sie als Instanz-Datenbausteine verwenden. Auf diese Weise sehen Sie auch, wo der Editor die Bausteinparameter und die statischen Lokaldaten bei Funktionsbausteinen ablegt.

Möchten Sie die Adresse berechnen, gibt Ihnen Kapitel 26.2 „Datenablage von Variablen" wertvolle Hinweise.

Datenoperanden werden wie z.B. die Merker byteweise adressiert und werden auch im Zusammenhang mit den gleichen Operationen verwendet (Tabelle 18.3) und genauso ausgeführt.

Haben Sie vor, die Operanden eines Datenbausteins ausschließlich absolut zu adressieren, reservieren Sie die benötigte Anzahl von Bytes über eine Feld-Deklaration.

**Tabelle 18.3** Operationen mit Datenoperanden

| Anweisung | | Bedeutung |
|---|---|---|
| U | - | Abfrage auf Signalzustand „1" und Verknüpfung nach UND von einem |
| O | - | Abfrage auf Signalzustand „1" und Verknüpfung nach ODER von einem |
| X | - | Abfrage auf Signalzustand „1" und Verknüpfung nach Exklusiv-ODER von einem |
| UN | - | Abfrage auf Signalzustand „0" und Verknüpfung nach UND von einem |
| ON | - | Abfrage auf Signalzustand „0" und Verknüpfung nach ODER von einem |
| XN | - | Abfrage auf Signalzustand „0" und Verknüpfung nach Exklusiv-ODER von einem |
| = | - | Zuweisung zu einem |
| S | - | Setzen von einem |
| R | - | Rücksetzen von einem |
| FP | - | Flankenauswertung für positive Flanke mit einem |
| FN | - | Flankenauswertung für negative Flanke mit einem |
| | DBX y.x | Datenbit über das DB-Register |
| | DIX y.x | Datenbit über das DI-Register |
| | DBz.DBX y.x | komplettadressierten Datenbit |
| L | - | Laden von einem |
| T | - | Transferieren zu einen |
| | DBB y | Datenbyte über das DB-Register |
| | DBW y | Datenwort über das DB-Register |
| | DBD y | Datendoppelwort über das DB-Register |
| | DIB y | Datenbyte über das DI-Register |
| | DIW y | Datenwort über das DI-Register |
| | DID y | Datendoppelwort über das DI-Register |
| | DBz.DBB y | komplettadressierten Datenbyte |
| | DBz.DBW y | komplettadressierten Datenwort |
| | DBz.DBD y | komplettadressierten Datendoppelwort |

x = Bitadresse, y = Byteadresse, z = Nummer des Datenbausteins

### 18.2.3 Datenbaustein aufschlagen

AUF DB x — Aufschlagen eines Datenbausteins über das DB-Register mit Absolutadresse

AUF DB name — Aufschlagen eines Datenbausteins über das DB-Register mit Symboladresse

AUF DI x — Aufschlagen eines Datenbausteins über das DI-Register mit Absolutadresse

AUF DI name — Aufschlagen eines Datenbausteins über das DI-Register mit Symboladresse

Das Aufschlagen eines Datenbausteins wird unabhängig von irgendwelchen Bedingungen ausgeführt. Es beeinflußt nicht das Verknüpfungsergebnis und die Akkumulatorinhalte; die Schachtelungstiefe der Bausteinaufrufe ändert sich nicht.

Der aufgeschlagene Datenbaustein muß im Arbeitsspeicher stehen.

Beispiel: Der Wert des Datenworts DBW 10 aus dem Datenbaustein DB 12 soll in das Datenwort DBW 12 des Datenbausteins DB 13 übertragen werden (Bild 18.5 links). Die Werte in den Datenwörtern DBW 14 aus den Datenbausteinen DB 12 und DB 13 sollen addiert werden; das Ergebnis ist im Datenwort DBW 14 des Datenbausteins DB 14 zu speichern.

Sie können dieses Beispiel auf zwei Arten programmieren: mit Teiladressierung und mit Komplettadressierung (Bild 18.5 rechts).

Beim Aufschlagen eines Datenbausteins bleibt ein Datenbaustein so lange „gültig“, bis ein anderer Datenbaustein aufgeschlagen wird. Dies kann unter Umständen – für Sie nicht sichtbar – durch den Editor geschehen (siehe „Besonderheiten bei absoluter Adressierung von Daten“ weiter unten). Z.B. kann ein Bausteinaufruf mit CALL in Verbindung mit Parameterübergabe den Inhalt der Datenbausteinregister verändern.

Bei einem Bausteinwechsel mit UC oder CC bleiben die Inhalte der Datenbausteinregister erhalten. Beim Zurückkehren zum aufrufenden Baustein stellt die Bausteinende-Anweisung die alten Inhalte der Register wieder her.

### 18.2.4 Datenbausteinregister tauschen

TDB — Tausche Datenbausteinregister

Die Anweisung TDB tauscht die Inhalte der Datenbausteinregister. Sie wird unabhängig von Bedingungen ausgeführt und beeinflußt weder die Statusbits noch die anderen Register.

Beispiel: Mit der Anweisung TDB können Sie über den „Umweg“ über das DB-Register einen als Bausteinparameter übergebenen Datenbaustein über das DI-Register aufschlagen (was direkt nicht möglich ist).

```
TDB  ;
AUF  #Daten2;
TDB  ;
```

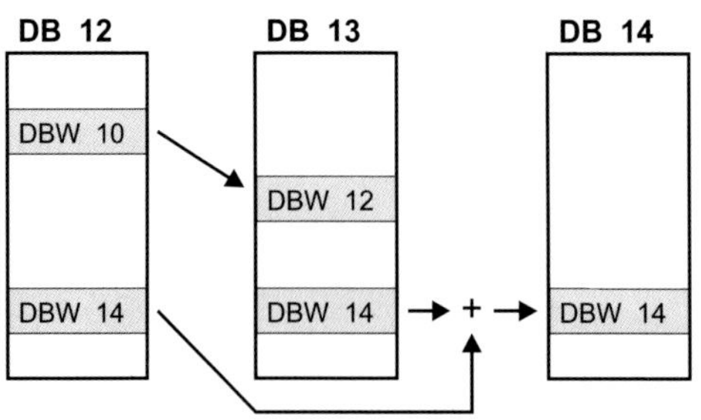


| Programmierung mit Teiladressierung | Programmierung mit Komplettadressierung |
|---|---|
| AUF DB 12;<br>L DBW 10; | L DB 12.DBW 10; |
| AUF DB 13;<br>T DBW 12; | T DB 13.DBW 12; |
| AUF DB 12;<br>L DBW 14; | L DB 12.DBW 14; |
| AUF DB 13;<br>L DBW 14; | L DB 13.DBW 14; |
| +I ; | +I ; |
| AUF DB 14;<br>T DBW 14; | T DB 14.DBW 14; |

**Bild 18.5** Aufschlagen von Datenbausteinen (Beispiel)

Mit TDB bringen Sie den Inhalt des DB-Registers vorübergehend in das DI-Register. Dann schlagen Sie über den Bausteinparameter *#Daten2* den als Aktualparameter übergebenen Datenbaustein auf; d.h. Sie schreiben seine Nummer in das DB-Register. Nach erneutem Tauschen steht nun im DB-Register wieder der alte Wert und im DI-Register die Nummer des parametrierten Datenbausteins.

### 18.2.5 Datenbausteinlänge und -nummer

| | | |
|---|---|---|
| L | DBLG | Laden der Länge des über das DB-Register aufgeschlagenen Datenbausteins |
| L | DBNO | Laden der Nummer des über das DB-Register aufgeschlagenen Datenbausteins |
| L | DILG | Laden der Länge des über das DI-Register aufgeschlagenen Datenbausteins |
| L | DINO | Laden der Nummer des über das DI-Register aufgeschlagenen Datenbausteins |

Die Anweisung L DBLG lädt die Länge des Datenbausteins, der über das DB-Register aufgeschlagen wurde, in den Akkumulator 1. Die Länge ist gleichbedeutend mit der Anzahl der Datenbytes. Entsprechendes trifft auf die Anweisung L DILG zu.

Die Anweisung L DBNO lädt die Nummer des Datenbausteins, der über das DB-Register aufgeschlagen wurde, in den Akkumulator 1. Mit L DINO erfahren Sie die Nummer des gerade aktuellen Datenbausteins, der über das DI-Register aufgeschlagen wurde.

Diese Anweisungen übertragen den vorherigen Inhalt des Akkumulators 1 in den Akkumulator 2 entsprechend einer „normalen" Ladefunktion. Ist kein Datenbaustein über das betreffende Register aufgeschlagen worden, wird sowohl als Länge als auch als Nummer Null geladen.

Ein direktes Zurückschreiben der Nummer in ein Datenbausteinregister ist nicht möglich; Sie können die Datenbausteinregister nur über AUF DB bzw. AUF DI und TDB (Datenbausteinregister tauschen) beeinflussen.

### 18.2.6 Besonderheiten bei der Datenadessierung

#### Änderung der DB-Registerbelegung

Bei folgenden Funktionen generiert der Editor zusätzliche Anweisungen, die den Inhalt eines der beiden Datenbausteinregister verändern können:

*Komplettadressierung von Datenoperanden*

Bei jeder Komplettadressierung von Datenoperanden schlägt der Programmeditor mit der Anweisung AUF DB zuerst den Datenbaustein auf und greift dann auf den Datenoperanden zu. Hier wird jedesmal das DB-Register überschrieben. Dies gilt auch für die Versorgung von Bausteinparametern mit komplettadressierten Datenoperanden.

*Zugriff auf Bausteinparameter*

Ein Zugriff auf folgende Bausteinparameter verändert den Inhalt des DB-Registers: bei Funktionen alle Bausteinparameter mit zusammengesetztem Datentyp und bei Funktionsbausteinen Durchgangsparameter mit zusammengesetztem Datentyp.

*Bausteinaufrufe CALL FB und CALL SFB*

CALL FB und CALL SFB speichern vor dem eigentlichen Bausteinaufruf die Nummer des aktuellen Instanz-Datenbausteins im DB-Register (durch Tauschen der Datenbausteinregister) und schlagen den Instanz-Datenbaustein für den aufgerufenen Funktionsbaustein auf. Auf diese Weise ist in einem aufgerufenen Funktionsbaustein immer der dazugehörende Instanz-Datenbaustein aufgeschlagen. Nach dem eigentlichen Bausteinaufruf tauschen CALL FB und CALL SFB erneut die Datenbausteinregister, so daß im aufrufenden Funktionsbaustein wieder der aktuelle Instanz-Datenbaustein zur Verfügung steht. Dadurch verändern CALL FB und CALL SFB den Inhalt des DB-Registers.

*DI-Register in Funktionsbausteinen*

In Funktionsbausteinen ist das DI-Register fest mit der Nummer des aktuellen Instanz-Datenbausteins belegt. Sämtliche Zugriffe auf Bau-

```
VAR_TEMP
  ZW_DB : WORD;     //Zwischenspeicher für Global-Datenbaustein
  ZW_DI : WORD;     //Zwischenspeicher für Instanz-Datenbaustein
END_VAR
//Datenbausteinregister retten
  L    DBNO;        //Nummer des Global-Datenbausteins zwischenspeichern
  T    ZW_DB;
  L    DINO;        //Nummer des Instanz-Datenbausteins zwischenspeichern
  T    ZW_DI;
//Arbeiten mit teiladressierten Datenoperanden
//unter Verwendung beider Datenbausteinregister
  AUF  DB 12;       //Datenbaustein DB 12 über das DB-Register aufschlagen
  AUF  DI 13;       //Datenbaustein DB 13 über das DI-Register aufschlagen
  L    DBW 16;      //##########
  T    DIW 28;      //# Vorsicht bei symbolischer Adressierung in diesem
  L    DID 30;      //# Programmteil, z.B. bei der Verwendung von Baustein-
  L    DBD 30;      //# parametern, von bausteinlokalen Variablen und von
  +R   ;            //# komplettadressierten Datenoperanden
  T    DID 26;      //##########
//Datenbausteinregister wiederherstellen
  AUF  DB[ZW_DB];   //ursprünglichen Global-Datenbaustein aufschlagen
  AUF  DI[ZW_DI];   //ursprünglichen Instanz-Datenbaustein aufschlagen
```

**Bild 18.6** Beispiel zur direkten Verwendung beider Datenbausteinregister

steinparameter oder statische Lokaldaten erfolgen über das DI-Register und, nebenbei bemerkt, bei „multiinstanzfähigen" Funktionsbausteinen auch über das Adreßregister AR2. Beachten Sie diese feste Belegung, wenn Sie mit TDB oder AUF DI den Inhalt des DI-Registers verändern.

Wenn Sie z.B. für einen Datenaustausch beide Datenbausteinregister gleichzeitig verwenden wollen, müssen Sie vorher die Registerinhalte retten und anschließend wiederherstellen. Das im Bild 18.6 gezeigte Beispiel beschreibt eine entsprechende Möglichkeit.

### Nachträgliche Änderung in der Belegung von Datenbausteinen

Im Eigenschaftsfenster des Offline-Objektbehälters *Bausteine* im Register „Bausteine" können Sie einstellen, ob bei einer Änderung in der Datenbausteinbelegung für die bereits gespeicherten Codebausteine beim erneuten Anzeigen und Speichern die Absolutadresse oder das Symbol des Datenoperanden Vorrang haben soll.

Die Voreinstellung ist „Absolutadresse hat Vorrang" (das gleiche Verhalten wie bei den bisherigen STEP 7-Versionen). Diese Voreinstellung bedeutet, daß bei einer Änderung in der Deklaration die Absolutadresse im Programm erhalten bleibt und sich entsprechend das Symbol ändert. Bei der Einstellung „Symbol hat Vorrang" ändert sich die Absolutadresse und das Symbol bleibt bestehen.

Beispiel: Im Datenbaustein DB 1 sei das Datenwort DBW 10 mit dem Symbol *Istwert* belegt. Im Programm laden Sie dieses Datenwort z.B. mit

```
L "Daten".IstwertDB1.DBW 10
```

wenn „Daten" das Symbol für den Datenbaustein DB 1 ist. Fügen Sie nun direkt vor dem Datenwort DBW 10 ein zusätzliches Datenwort mit dem Symbol *MaxStrom* ein, so steht bei erneutem Öffnen (und Abspeichern) des Codebausteins im Programm:

bei „Absolutadresse hat Vorrang":

```
L "Daten".MaxStrom      DB1.DBW 10
```

bei „Symboladresse hat Vorang":

```
L "Daten".Istwert       DB1.DBW 12
```

Für den Zugriff auf Datenoperanden in Global-Datenbausteinen gilt das Gleiche wie für den Zugriff auf globale Operanden (z.B. Eingänge), denen in der Symboltabelle ein Symbol zugeordnet wird. Detaillierte Information hierüber finden Sie im Kapitel 2.5.6 „Operandenvorrang“.

## 18.3 Systemfunktionen für Datenbausteine

Für die Hantierung von Datenbausteinen gibt es vier Systemfunktionen, deren Parameter in der Tabelle 18.4 beschrieben sind.

- ▷ SFC 22 CREAT_DB
  Datenbaustein im Arbeitsspeicher erzeugen
- ▷ SFC 82 CREA_DBL
  Datenbaustein im Ladespeiche erzeugen
- ▷ SFC 23 DEL_DB
  Datenbaustein löschen
- ▷ SFC 24 TEST_DB
  Datenbaustein testen

### 18.3.1 Erzeugen eines Datenbausteins im Arbeitsspeicher

Die Systemfunktion SFC 22 CREAT_DB erzeugt einen Datenbaustein im Arbeitsspeicher. Als Nummer des Datenbausteins nimmt die Systemfunktion die kleinste freie Nummer in dem Nummernband, das durch die Eingangsparameter LOW_LIMIT und UP_LIMIT vorgegeben wird. Die an diesen Parametern angegebenen Nummern zählen mit zum Nummernband. Sind beide Werte gleich, wird der Datenbaustein mit genau dieser Nummer erzeugt. Die Nummer eines im Anwenderprogramm bereits enthaltenen Datenbausteins können Sie nicht mehr vergeben, auch dann nicht, wenn der Datenbaustein nur im Ladespeicher steht.

Der Ausgangsparameter DB_NUMBER liefert die Nummer des tatsächlich erzeugten Datenbausteins. Mit dem Eingangsparameter COUNT geben Sie die Länge des zu erzeugenden Datenbausteins an. Die Länge entspricht der Anzahl der Datenbytes und muß geradzahlig sein.

Durch das Erzeugen wird der betreffende Datenbaustein nicht aufgerufen. Es ist nach wie vor der aktuelle Datenbaustein gültig. In einem mit der Systemfunktion erzeugten Datenbaustein stehen zufällige Daten. Für eine sinnvolle Nutzung muß in einem so erzeugten Datenbaustein zuerst geschrieben werden, bevor Daten gelesen werden.

Ein mit der SFC 22 CREAT_DB erzeugter Datenbaustein ist nur im Arbeitsspeicher vorhanden. Er kann nicht zurück in die Offline-Datenhaltung geladen werden (er ist nicht im Offline-Projekt vorhanden). Verwenden Sie keine Micro Memory Card, ist ein mit der SFC 22 CREAT_DB erzeugter Datenbaustein nach einem Urlöschen oder einem ungepufferten Einschalten nicht mehr vorhanden.

Im Fehlerfall wird kein Datenbaustein erzeugt, der Parameter DB_NUMBER ist mit Null belegt und über RET_VAL wird eine Fehlernummer ausgegeben.

### 18.3.2 Erzeugen eines Datenbausteins im Ladespeicher

Die Systemfunktion SFC 82 CREA_DBL erzeugt einen Datenbaustein im Ladespeicher. Als Nummer des Datenbausteins nimmt die Systemfunktion die kleinste freie Nummer in dem Nummernband, das durch die Eingangsparameter LOW_LIMIT und UP_LIMIT vorgegeben wird. Die an diesen Parametern angegebenen Nummern zählen mit zum Nummernband. Sind beide Werte gleich, wird der Datenbaustein mit genau dieser Nummer erzeugt. Die Nummer eines im Anwenderprogramm bereits enthaltenen Datenbausteins können Sie nicht mehr vergeben, auch dann nicht, wenn der Datenbaustein nur im Arbeitsspeicher steht.

Der Ausgangsparameter DB_NUM liefert die Nummer des tatsächlich erzeugten Datenbausteins. Mit dem Eingangsparameter COUNT geben Sie die Länge des zu erzeugenden Datenbaustein an. Die Länge entspricht der Anzahl der Datenbytes und muß geradzahlig sein.

**Tabelle 18.4** SFCs für die Hantierung von Datenbausteinen

| SFC | Name | Deklaration | Datentyp | Belegung, Beschreibung |
|---|---|---|---|---|
| 22 | LOW_LIMIT | INPUT | WORD | kleinste Nummer des zu erzeugenden Datenbausteins |
| | UP_LIMIT | INPUT | WORD | größte Nummer des zu erzeugenden Datenbausteins |
| | COUNT | INPUT | WORD | Länge des Datenbausteins in Bytes (gerade Anzahl) |
| | RET_VAL | OUTPUT | INT | Fehlerinformation |
| | DB_NUMBER | OUTPUT | WORD | Nummer des eingerichteten Datenbausteins |
| 82 | REQ | INPUT | BOOL | Anstoß zum Erzeugen mit Signalzustand „1“ |
| | LOW_LIMIT | INPUT | WORD | kleinste Nummer des zu erzeugenden Datenbausteins |
| | UP_LIMIT | INPUT | WORD | größte Nummer des zu erzeugenden Datenbausteins |
| | COUNT | INPUT | WORD | Länge des Datenbaustein in Bytes (gerade Anzahl) |
| | ATTRIB | INPUT | BYTE | Eigenschaften des erzeugten Datenbausteins |
| | SRCBLK | INPUT | ANY | Datenbereich im Arbeitsspeicher, mit dem der erzeugte Datenbaustein initialisiert wird |
| | RET_VAL | OUTPUT | INT | Fehlerinformation |
| | BUSY | OUTPUT | BOOL | bei TRUE ist das Erzeugen noch nicht beendet |
| | DB_NUM | OUTPUT | WORD | Nummer des eingerichteten Datenbausteins |
| 23 | DB_NUMBER | INPUT | WORD | Nummer des zu löschenden Datenbausteins |
| | RET_VAL | OUTPUT | INT | Fehlerinformation |
| 24 | DB_NUMBER | INPUT | WORD | Nummer des zu testenden Datenbausteins |
| | RET_VAL | OUTPUT | INT | Fehlerinformation |
| | DB_LENGTH | OUTPUT | WORD | Länge des Datenbausteins (in Bytes) |
| | WRITE_PROT | OUTPUT | BOOL | TRUE = schreibgeschützt |

Der erzeugte Datenbaustein wird mit dem Datenbereich vorbelegt, der am Eingangsparameter SRCBLK angegeben ist. Sie können hier einem ganzen Datenbaustein, z.B. DB 160 oder „Archiv 1“, eine Variable aus einem Datenbaustein oder einen absolut adressierten Datenbereich als ANY-Zeiger, z.B. P#DB160.DBX16.0 BYTE 64, angeben. Die Quelle muß ein Datenbereich im Arbeitsspeicher sein.

Ist der Quellbereich kleiner als der Zielbereich, wird der Quellbereich komplett in den Zielbereich geschrieben. Die restlichen Bytes des Zielbereichs werden mit Null aufgefüllt. Ist der Quellbereich größer als der Zielbereich, wird der Zielbereich komplett beschrieben; die restlichen Bytes des Quellbereichs werden ignoriert.

Dem erzeugten Datenbaustein können Sie mit dem Eingangsparameter ATTRIB die folgenden Eigenschaften mitgeben:

▷ Bit 0 = „1“
Der Datenbaustein hat die Eigenschaft *Unlinked*. Nach einem Übertragen in die Offline-Datenhaltung und einem Zurückladen in die CPU steht der Datenbaustein weiterhin nur im Ladespeicher.

▷ Bit 1 = „1“
Der Datenbaustein hat die Eigenschaft *DB ist schreibgeschützt in der AS*. Die Werte dieses Datenbausteins können Sie nur lesen.

▷ Bit 2 = „1“
Der Datenbaustein hat die Eigenschaft *Non_Retain*. (nicht remanent, wird von STEP 7 V5.1 SP3 nicht unterstützt.)

Die restlichen Bits sind derzeit nicht belegt.

Die Systemfunktion SFC 82 CREA_DBL arbeitet asynchron: Sie stoßen den Erzeugungsvorgang mit Signalzustand „1" am Eingangsparameter REQ an. Auf die gelesenen und beschriebenen Datenbereiche dürfen Sie erst dann wieder zugreifen, wenn der Ausgangsparameter BUSY wieder Signalzustand „0" führt.

Durch das Erzeugen wird der betreffende Datenbaustein nicht aufgerufen. Es ist nach wie vor der aktuelle Datenbaustein gültig.

Im Fehlerfall wird kein Datenbaustein erzeugt, die Ausgangsparameter sind undefiniert belegt und es wird über den Funktionswert eine Fehlermeldung ausgegeben.

### 18.3.3 Löschen eines Datenbausteins

Die Systemfunktion SFC 23 DEL_DB löscht den Datenbaustein im RAM-Speicher (Arbeits- und Ladespeicher), dessen Nummer am Eingangsparameter DB_NUMBER vorgegeben wird. Der Datenbaustein darf dabei nicht aufgeschlagen sein, sonst wechselt die CPU in den STOP-Zustand.

Ein mit dem Schlüsselwort *Unlinked* erzeugter Datenbaustein und ein Datenbaustein auf einer Flash EPROM Memory Card kann mit der SFC 23 nicht gelöscht werden.

Im Fehlerfall wird der Datenbaustein nicht gelöscht und es wird im Funktionswert eine Fehlernummer gemeldet.

### 18.3.4 Testen eines Datenbausteins

Die Systemfunktion SFC 24 TEST_DB liefert Informationen über einen Datenbaustein, dessen Nummer Sie am Eingangsparameter DB_NUMBER angeben. Am Ausgangsparameter DB_LENGTH steht die Anzahl der vorhandenen Bytes und am Ausgangsparameter WRITE_PROT, ob der Datenbaustein schreibgeschützt ist.

Steht der getestete Datenbaustein nur im Ladespeicher, wird dies als Fehler über RET_VAL angezeigt; die Parameter DB_LENGTH und WRITE_PROT sind jedoch korrekt belegt.

Ist der angegebene Datenbaustein nicht im Anwenderspeicher der CPU vorhanden, wird RET_VAL = W#16#80B1 zurückgemeldet.

## 18.4 Nulloperationen

Nulloperationen bewirken bei der Bearbeitung durch die CPU keinerlei Reaktion. AWL kennt NOP 0, NOP 1 und BLD-Anweisungen als Nulloperationen.

### 18.4.1 NOP-Anweisungen

Die Anweisungen NOP 0 (Bitmuster 16mal „0") und NOP 1 (Bitmuster 16mal „1") können Sie verwenden, um eine Anweisung, die nichts bewirkt, einzugeben. Beachten Sie, daß Nulloperationen Speicherplatz belegen (2 Bytes) und eine Befehlslaufzeit haben.

Beispiel: Bei einer Sprungmarke muß immer eine Anweisung stehen. Möchten Sie an einem Einsprung in Ihrem Programm nichts ausführen lassen, verwenden Sie NOP 0.

```
      U    E 1.0
      SPB  MXX1
      ...
MXX1: NOP 0
      ...
```

Eine Leerzeile zur übersichtlichen Kommentierung können Sie mit einem (leeren) Zeilenkommentar effektiver eingeben (keinen Speicherbedarf im Anwenderspeicher und keine Laufzeiteinbußen, da kein Code abgesetzt wird).

### 18.4.2 Bildaufbau-Anweisungen

Der Editor verwendet die Bildaufbau-Anweisungen BLD nnn, um Informationen zur Rückübersetzung in das Programm einzubinden.

Die BLD-Anweisungen werden nicht angezeigt.

# 19 Bausteinparameter

Dieses Kapitel beschreibt den Umgang mit Bausteinparametern. Sie erfahren, wie Sie

- ▷ Bausteinparameter deklarieren,
- ▷ mit Bausteinparametern arbeiten,
- ▷ Bausteinparameter versorgen und
- ▷ Bausteinparameter „weiterreichen“.

Bausteinparameter stellen die Übergabeschnittstelle zwischen dem aufrufenden und dem aufgerufenen Baustein dar. Alle Funktionen und Funktionsbausteine können mit Bausteinparametern versehen werden.

## 19.1 Bausteinparameter allgemein

### 19.1.1 Festlegung der Bausteinparameter

Mit Bausteinparametern machen Sie die in einem Baustein stehende Bearbeitungsvorschrift (die Bausteinfunktion) parametrierbar. Beispiel: Sie wollen einen Baustein als Addierer schreiben, den Sie in Ihrem Programm mehrfach mit unterschiedlichen Variablen einsetzen wollen. Die Variablen übergeben Sie als Bausteinparameter, in unserem Beispiel zwei Eingangsparameter und einen Ausgangsparameter (Bild 19.1). Da der Addierer keine Werte intern speichern muß, eignet sich als Bausteintyp eine Funktion.

Sie definieren einen Bausteinparameter als Eingangsparameter, wenn Sie seinen Wert im Bausteinprogramm nur abfragen bzw. laden. Wenn Sie einen Bausteinparameter nur beschreiben (Zuweisen, Setzen, Rücksetzen, Transferieren), verwenden Sie einen Ausgangsparameter. Einen Durchgangsparameter müssen Sie immer dann verwenden, wenn ein Bausteinparameter sowohl abgefragt als auch beschrieben wird (der Editor überprüft dies jedoch nicht).

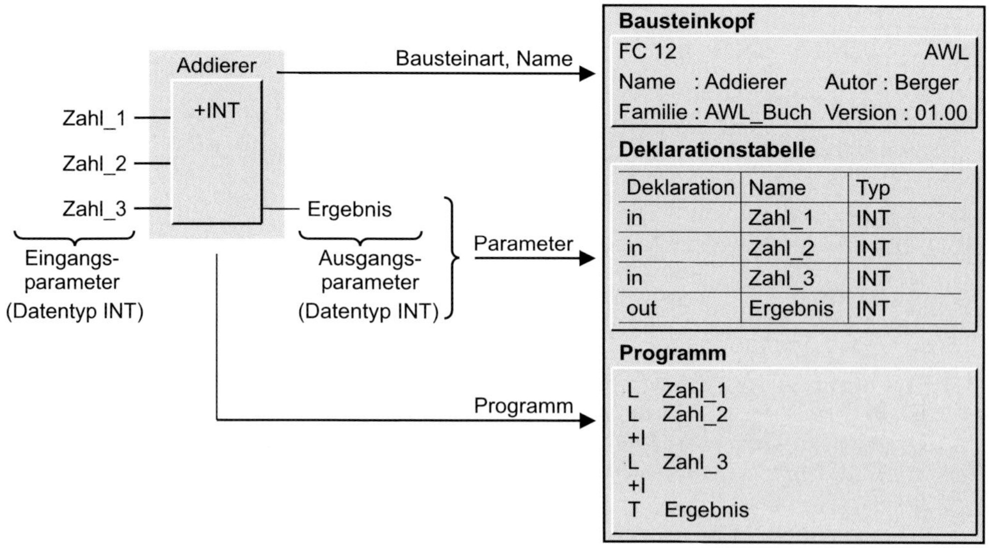


**Bild 19.1** Beispiel zu Bausteinparametern

### 19.1.2 Bearbeitung der Bausteinparameter

Im Programm des Addierers stehen die Namen der Bausteinparameter als Platzhalter für die späteren aktuellen Variablen. Sie verwenden die Bausteinparameter wie symbolisch adressierte Variablen; sie heißen im Programm *Formalparameter.*

Die Funktion „Addierer“ können Sie nun mehrfach in Ihrem Programm aufrufen. Bei jedem Aufruf übergeben Sie an den Bausteinparametern andere Werte an den Addierer (Bild 19.2). Die Werte können Konstanten, Operanden oder Variablen sein; man nennt sie *Aktualparameter.*

Zur Laufzeit ersetzt die CPU den Formalparameter durch den Aktualparameter. Der erste Aufruf im Beispiel addiert die Inhalte der Merkerwörter MW 30, MW 32 und MW 34 und legt das Ergebnis im Merkerwort MW 40 ab. Der gleiche Baustein mit den Aktualparametern des zweiten Aufrufs addiert die Datenwörter DBW 30, DBW 32 und DBW 34 des Datenbausteins DB 10 und legt das Ergebnis im Datenwort DBW 40 des Datenbausteins DB 10 ab.

### 19.1.3 Deklaration der Bausteinparameter

Die Bausteinparameter legen Sie bei der Programmierung eines Bausteins in dessen Deklarationsteil fest. Bei inkrementeller Eingabe füllen Sie eine Liste aus; bei quellorientierter Eingabe definieren Sie die Bausteinparameter in bestimmten Abschnitten (Bild 19.3). Das Schlüsselwort lautet VAR_INPUT für Eingangsparameter, VAR_OUTPUT für Ausgangsparameter und VAR_IN_OUT für Durchgangsparameter.

Die Vorbelegung ist optional und nur bei Funktionsbausteinen sinnvoll, wenn der Bausteinparameter als Wert gespeichert ist. Dies trifft zu bei allen Bausteinparametern mit elementarem Datentyp und bei Eingangs- und Ausgangsparametern mit zusammengesetztem Datentyp. Die Angabe eines Parameterkommentars ist freigestellt und immer möglich.

Der *Bausteinparametername* kann bis zu 24 Zeichen lang sein. Er darf nur aus Buchstaben (ohne länderspezifische Zeichen wie z.B. Umlaute), aus Ziffern und aus dem Unterstrich bestehen. Der Name darf kein Schlüsselwort sein.

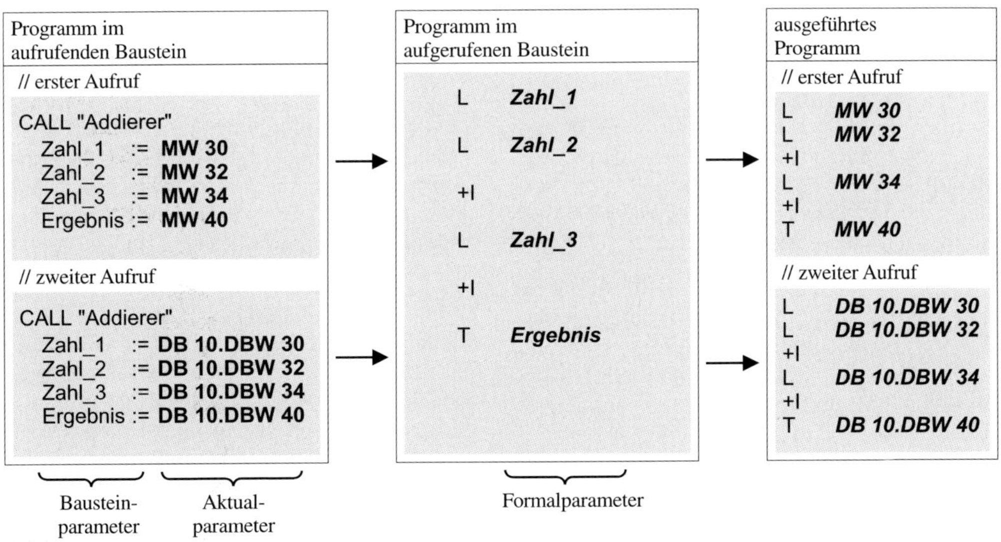


**Bild 19.2** Bausteinaufruf mit Bausteinparameter

*inkrementelle Programmierung*

| Adresse | Deklaration | Name | Typ | Anfangswert | Kommentar |
|---|---|---|---|---|---|
| 0.0 | in | Handbetrieb | BOOL | TRUE | Steuerung mit Hand |
| 2.0 | in | Sollwert | INT | 10000 | Drehzahl für Motor1 |
| 4.0 | in | Kennlinie | ANY | | Zeiger auf Datenbereich |
| 14.0 | out | Istwert | INT | 0 | Drehzahl von Motor1 |
| 16.0 | out | Temperatur | REAL | 0.000000e+00 | Temperatur von Motor1 |
| 20.0 | out | Meldung | WORD | W#16#0 | Störungsmeldung |
| 22.0 | in_out | FM | AR-<br>RAY[1..16] | | Flankenmerker |
| *0.1 | in_out | | BOOL | | |
| 28.0 | in_out | Interface | DWORD | DW#16#0 | Schnittstelle zu Motor2 |

*quellorientierte Programmierung*

```
VAR_INPUT
   Handbetrieb : BOOL      := TRUE;            //Steuerung mit Hand
   Sollwert    : INT       := 10_000;          //Drehzahl für Motor1
   Kennlinie   : ANY;                          //Zeiger auf Datenbereich
END_VAR

VAR_OUTPUT
   Istwert     : INT       := 0;               //Drehzahl von Motor1
   Temperatur  : REAL      := 0.0;             //Temperatur von Motor1
   Meldung     : WORD      := 16#0000;         //Störungsmeldung
END_VAR

VAR_IN_OUT
   FM          : ARRAY[1..8] OF BOOL;          //Flankenmerker
   Interface   : DWORD     := 16#0000_0000;    //Schnittstelle zu Motor2
END_VAR
```

**Bild 19.3** Beispiele für die Deklaration von Bausteinparametern

Bei der Eingabe eines Bausteinparameternamens wird die Groß- und Kleinschreibung nicht unterschieden. Bei der Ausgabe setzt der Editor die Schreibweise ein, die bei der Deklaration des Bausteinparameternamens festgelegt wurde.

Für den *Datentyp* eines Bausteinparameters sind alle elementaren, zusammengesetzten und anwenderdefinierten Datentypen zugelassen. Zusätzlich können Sie bei Bausteinparametern die Parametertypen verwenden.

STEP 7 speichert die Namen der Bausteinparameter im nicht ablaufrelevanten Teil der jeweiligen Bausteine auf dem Datenträger des Programmiergeräts. Im Arbeitsspeicher der CPU (im übersetzten Baustein) sind nur die Deklarationstypen und die Datentypen enthalten. Bei Programmänderungen von Bausteinen online an der CPU sind deshalb diese Änderungen immer im Datenträger des Programmiergeräts nachzuführen, um so die Originalnamen zu erhalten.

Erfolgt diese Nachführung nicht oder werden Bausteine von der CPU zum Programmiergerät übertragen, werden die nicht ablaufrelevanten Bausteinteile überschrieben bzw. gelöscht. Bei der Anzeige oder beim Ausdruck generiert dann der Editor eine Ersatzsymbolik (INn bei Eingangsparametern, OUTn bei Ausgangsparametern und INOUTn bei Durchgangsparametern mit n von 1 beginnend).

### 19.1.4 Deklaration des Funktionswerts

Der Funktionswert bei Funktionen ist ein besonders behandelter Ausgangsparameter. Er trägt den Namen RET_VAL (bzw. ret_val) und ist als erster Ausgangsparameter definiert.

Als Datentyp des Funktionswerts sind alle elementaren Datentypen zugelassen und zusätzlich die Datentypen DATE_AND_TIME, STRING, POINTER, ANY und anwenderdefinierte Datentypen UDT. ARRAY und STRUCT sind nicht erlaubt.

Das oben genannte Beispiel des Addierers kann auch mit der Summe als Funktionswert programmiert werden.

#### Quellorientierte Programmierung

In der quellorientierten Programmierung deklarieren Sie den Funktionswert, indem Sie im Anschluß an die Bausteinart, durch einen Doppelpunkt getrennt, den Datentyp des Funktionswerts angeben.

```
FUNCTION FC 12 : INT
VAR_INPUT
  Zahl_1 : INT;
  Zahl_2 : INT;
  Zahl_3 : INT;
END_VAR
BEGIN
  L   Zahl_1;
  L   Zahl_2;
  +I  ;
  L   Zahl_3;
  +I  ;
  T   RET_VAL;
END_FUNCTION
```

Im Beispiel hat der Funktionswert den Datentyp INT. Mit T RET_VAL wird ihm die Summe aus *Zahl_1*, *Zahl_2* und *Zahl_3* zugewiesen.

#### Inkrementelle Programmierung

Bei der inkrementellen Programmierung geben Sie in der Variablendeklarationstabelle dem *ersten* Ausgangsparameter den Namen RET_VAL. Damit wird dieser Ausgangsparameter als Funktionswert der Funktion FC definiert.

Im Programm behandeln Sie den Funktionswert wie einen Ausgangsparameter. Im Beispiel weisen Sie die Summe aus *Zahl_1*, *Zahl_2* und *Zahl_3* mit T RET_VAL dem Funktionswert zu.

### 19.1.5 Versorgung von Bausteinparametern

Beim Aufruf eines Bausteins versorgen Sie dessen Bausteinparameter mit Aktualparametern. Diese können Konstanten, absolut adressierte Operanden, komplettadressierte Datenoperanden oder symbolisch adressierte Variablen sein. Der Aktualparameter muß den gleichen Datentyp wie der Bausteinparameter aufweisen (Kapitel 19.3 „Aktualparameter").

Ab STEP 7 V5.1 müssen Sie in der Programmquelle die Bausteinparameter genau in der Reihenfolge angeben, die Sie in der Deklaration des Bausteins bei dessen Programmierung festgelegt haben.

Sie müssen alle Bausteinparameter einer Funktion bei jedem Aufruf versorgen. Bei Funktionsbausteinen ist die Versorgung einzelner oder aller Bausteinparameter wahlfrei.

## 19.2 Formalparameter

In diesem Kapitel erfahren Sie, wie Sie innerhalb eines Bausteins auf die Bausteinparameter zugreifen können. Die Tabelle 19.1 zeigt, daß der Zugriff auf Bausteinparameter mit elementaren Datentypen, der Zugriff auf Komponenten eines Felds oder einer Struktur und der Zugriff auf Zeit- und Zählfunktionen uneingeschränkt möglich ist.

Derzeit wird ein direkter Zugriff auf zusammengesetzte Datentypen und bei den Parametertypen POINTER und ANY von AWL nicht unterstützt. Sie können jedoch erworbene Bausteine oder Systembausteine, die derartige Parameter haben, mit den entsprechenden Variablen versorgen. Wie Sie Parameter mit diesen Datentypen in Ihren selbst geschriebenen Bausteinen dennoch verwenden können, erfahren Sie im Kapitel 26 „Direkter Variablenzugriff".

**Tabelle 19.1** Zugriff auf Bausteinparameter (allgemein)

| Datentypen | Zugelassen bei IN | I_O | OUT | Zugriff im Baustein |
|---|---|---|---|---|
| *elementare Datentypen* | | | | |
| BOOL | x | x | x | mit binären Abfragen und Speicheroperationen |
| BYTE, WORD, DWORD, CHAR, INT, DINT, REAL, S5TIME, TIME, TOD, DATE | x | x | x | mit Lade- und Transferoperationen |
| *zusammengesetzte Datentypen* | | | | |
| DT, STRING | x | x | x | bei AWL nicht direkt möglich |
| ARRAY, STRUCT | | | | |
| binäre Einzelkomponenten | x | x | x | mit binären Abfragen und Speicheroperationen |
| digitale Einzelkomponenten | x | x | x | mit Lade- und Transferoperationen |
| komplette Variable | x | x | x | bei AWL nicht direkt möglich |
| *Parametertypen* | | | | |
| TIMER | x | - | - | mit allen Operationen für Zeitfunktionen |
| COUNTER | x | - | - | mit allen Operationen für Zählfunktionen |
| BLOCK_FC, BLOCK_FB | x | - | - | Aufruf mit UC und CC2) |
| BLOCK_DB | x | - | - | Aufschlagen mit AUF DB |
| BLOCK_SDB | x | - | - | nicht möglich3) |
| POINTER, ANY | x | x | x1) | bei AWL nicht direkt möglich |

1) nur bei Funktionen 2) CC nicht bei Funktionen 3) nur bei Systembausteinen sinnvoll

**Bausteinparameter mit Datentyp BOOL**

Bausteinparameter mit dem Datentyp BOOL können einzelne binäre Variablen oder binäre Komponenten von Feldern und Strukturen sein. Eingangs- und Durchgangsparameter können Sie mit binären Verknüpfungen abfragen, Ausgangs- und Durchgangsparameter mit Speicherfunktionen beeinflussen.

Bei Funktionen FC müssen Sie einem binären Ausgangsparameter und einem Funktionswert im Baustein einen Wert zuweisen bzw. ihn setzen oder rücksetzen. Sie dürfen z.B. den Baustein nicht vorher verlassen.

Die Tabelle 19.2 zeigt die zugelassenen Operationen. Anstelle des Bausteinparameters xxxx setzen Sie bei der Programmierung den Formalparameter ein.

Nachdem die CPU den als Bausteinparameter vorgegebenen Aktualparameter eingesetzt hat, bearbeitet sie die Anweisung so wie in den Kapiteln 4 „Binäre Verknüpfungen" und 5 „Speicherfunktionen" beschrieben.

**Bausteinparameter mit digitalem Datentyp**

Bausteinparameter mit digitalem Datentyp belegen 8, 16 oder 32 Bits (alle elementaren Datentypen außer BOOL). Es können einzelne digitale Variablen oder digitale Komponenten von Feldern und Strukturen sein. Eingangs- und Durchgangsparameter lesen Sie mit der Ladefunktion, Ausgangs- und Durchgangsparameter schreiben Sie mit der Transferfunktion.

Bei Funktionen FC müssen Sie zu einem digitalen Ausgangsparameter und zu einem Funktionswert einen Wert transferieren. Sie dürfen z.B. den Baustein nicht vorher verlassen.

L xxxx Laden eines Eingangs- oder Durchgangsparameters

T xxxx Transferieren zu einem Ausgangs- oder Durchgangsparameter

Anstelle des Bausteinparameters xxxx setzen Sie bei der Programmierung den Formalparameter ein.

**Tabelle 19.2** Zugriff auf Bausteinparameter mit Datentyp BOOL

| | | |
|---|---|---|
| U | - | UND-Verknüpfung mit Abfrage auf Signalzustand „1" |
| UN | - | UND-Verknüpfung mit Abfrage auf Signalzustand „0" |
| O | - | ODER-Verknüpfung mit Abfrage auf Signalzustand „1" |
| ON | - | ODER-Verknüpfung mit Abfrage auf Signalzustand „0" |
| X | - | Exklusiv-ODER-Verknüpfung mit Abfrage auf Signalzustand „1" |
| XN | - | Exklusiv-ODER-Verknüpfung mit Abfrage auf Signalzustand „0" |
| - | xxxx | eines Eingangs- oder Durchgangsparameters mit Datentyp BOOL |
| - | xxxx | eines Eingangsparameters mit Datentyp TIMER |
| - | xxxx | eines Eingangsparameters mit Datentyp COUNTER |
| S | - | Setzen |
| R | - | Rücksetzen |
| = | - | Zuweisung |
| - | xxxx | eines Ausgangs- oder Durchgangsparameters mit Datentyp BOOL |
| FP | - | Flankenauswertung positiv |
| FN | - | Flankenauswertung negativ |
| - | xxxx | eines Durchgangsparameters mit Datentyp BOOL |

Nachdem die CPU den Aktualparameter eingesetzt hat, bearbeitet sie die Anweisungen so wie im Kapitel 6 „Übertragungsfunktionen" beschrieben.

### Bausteinparameter vom Datentyp DT und STRING

Der direkte Zugriff auf Bausteinparameter vom Datentyp DT und STRING ist derzeit nicht möglich. In Funktionsbausteinen können Sie Parameter mit den Datentypen DT und STRING an Parameter von aufgerufenen Bausteinen „weiterreichen".

Das Kapitel 26 „Direkter Variablenzugriff" zeigt Ihnen, wie Sie den Zugriff auf Parameter mit höherem Datentyp selbst programmieren können.

### Bausteinparameter vom Datentyp ARRAY und STRUCT

Der direkte Zugriff auf Bausteinparameter vom Datentyp ARRAY und STRUCT ist komponentenweise möglich, d.h. Sie können auf einzelne binäre oder digitale Komponenten mit den entsprechenden Operationen zugreifen (binäre Verknüpfungen, Speicherfunktionen, Lade- und Transferfunktionen).

Der Zugriff auf die komplette Variable (ganzes Feld oder ganze Struktur) ist derzeit nicht möglich, auch nicht der Zugriff auf einzelne Komponenten mit zusammengesetztem oder anwenderdefiniertem Datentyp. In Funktionsbausteinen können Sie Parameter mit den Datentypen ARRAY und STRUCT an Parameter von aufgerufenen Bausteinen „weiterreichen".

Das Kapitel 26 „Direkter Variablenzugriff" zeigt Ihnen, wie Sie den Zugriff auf Parameter mit höherem Datentyp selbst programmieren können.

### Bausteinparameter mit anwenderdefiniertem Datentyp

Bausteinparameter mit anwenderdefiniertem Datentyp behandeln Sie wie Bausteinparameter mit dem Datentyp STRUCT.

Der direkte Zugriff auf Bausteinparameter vom Datentyp UDT ist komponentenweise möglich, d.h. Sie können auf einzelne binäre oder digitale Komponenten mit den entsprechenden Operationen zugreifen (binäre Verknüpfungen, Speicherfunktionen, Lade- und Transferfunktionen).

Der Zugriff auf die komplette Variable ist derzeit nicht möglich, auch nicht der Zugriff auf einzelne Komponenten mit zusammengesetztem oder anwenderdefiniertem Datentyp. In Funktionsbausteinen können Sie Parameter mit dem Datentyp UDT an Parameter von aufgerufenen Bausteinen „weiterreichen“.

Das Kapitel 26 „Direkter Variablenzugriff“ zeigt Ihnen, wie Sie den Zugriff auf Parameter mit höherem Datentyp selbst programmieren können.

### Bausteinparameter vom Datentyp TIMER

Zusätzlich zu den in der Tabelle 19.2 angegebenen Abfrage-Anweisungen können Sie einen Bausteinparameter mit Datentyp TIMER mit folgenden Anweisungen programmieren:

| | | |
|---|---|---|
| SI | - | Starten als Impuls |
| SE | - | Starten als Einschaltverzögerung |
| SV | - | Starten als verlängerter Impuls |
| SS | - | Starten als speichernde Einschaltverzögerung |
| SA | - | Starten als Ausschaltverzögerung |
| R | - | Rücksetzen |
| FR | - | Freigeben |
| - | xxxx | eines Eingangsparameters mit dem Datentyp TIMER |

Anstelle des Bausteinparameters xxxx setzen Sie bei der Programmierung den Formalparameter ein.

Die CPU bearbeitet nach dem Einsetzen des Formalparameters diese AWL-Anweisung genauso, wie es im Kapitel 7 „Zeitfunktionen“ beschrieben ist. Beim Starten einer Zeit kann der Zeitwert auch ein Bausteinparameter vom Datentyp S5TIME sein.

### Bausteinparameter vom Datentyp COUNTER

Zusätzlich zu den in der angegebenen Abfrage-Anweisungen können Sie einen Bausteinparameter mit Datentyp COUNTER mit folgenden Anweisungen programmieren:

| | | |
|---|---|---|
| S | - | Zähler setzen |
| ZV | - | Zählen vorwärts |
| ZR | - | Zählen rückwärts |
| R | - | Rücksetzen |
| FR | - | Freigeben |
| - | xxxx | eines Eingangsparameters mit dem Datentyp COUNTER |

Anstelle des Bausteinparameters xxxx setzen Sie bei der Programmierung den Formalparameter ein.

Die CPU bearbeitet nach dem Einsetzen des Formalparameters diese AWL-Anweisung genauso, wie es im Kapitel 8 „Zählfunktionen“ beschrieben ist. Beim Setzen eines Zählers kann der Zählwert auch ein Bausteinparameter z.B. vom Datentyp WORD sein.

### Bausteinparameter vom Datentyp BLOCK_xx

| | | |
|---|---|---|
| AUF | - | Aufschlagen eines Datenbausteins (Parametertyp BLOCK_DB) |
| UC | - | Aufrufen einer Funktion (Parametertyp BLOCK_FC) |
| UC | - | Aufrufen eines Funktionsbausteins (Parametertyp BLOCK_FB) |
| CC | - | Bedingtes Aufrufen einer Funktion (Parametertyp BLOCK_FC) |
| CC | - | Bedingtes Aufrufen eines Funktionsbausteins (Parametertyp BLOCK_FB) (siehe Text) |
| - | xxxx | über einen Eingangsparameter |

Anstelle des Bausteinparameters xxxx setzen Sie bei der Programmierung den Formalparameter ein.

Beim Aufschlagen eines Datenbausteins über einen Bausteinparameter verwendet die CPU immer das Global-Datenbausteinregister (DB-Register).

Die mit Bausteinparametern übergebenen Funktionen und Funktionsbausteine dürfen selbst keine Bausteinparameter haben. Ein bedingtes Aufrufen eines Bausteins über einen Bausteinparameter ist nur möglich, wenn es der Bausteinparameter eines Funktionsbausteins ist.

Sie können bei einem Funktionsbausteinaufruf als Instanz-Datenbaustein auch einen Datenbaustein einsetzen, den Sie als Bausteinparameter übergeben haben. Da der Editor keine Möglichkeit hat, den Datentyp des zur Laufzeit eingesetzten Datenbausteins zu prüfen, müssen Sie selbst dafür sorgen, daß der übergebene Datenbaustein auch als Instanz-Datenbaustein zum aufgerufenen Funktionsbaustein paßt.

Beispiel: Ein Bausteinparameter vom Typ BLOCK_DB mit dem Namen *#Daten* können Sie im Aufruf eines Funktionsbausteins als Instanz-Datenbaustein angeben:

```
CALL FB 10, #Daten
```

**Bausteinparameter vom Datentyp POINTER und ANY**

Der direkte Zugriff auf Bausteinparameter vom Datentyp POINTER und ANY ist nicht möglich.

Das Kapitel 26 „Direkter Variablenzugriff" zeigt Ihnen, wie Sie den Zugriff auf Parameter mit den Datentypen POINTER und ANY selbst programmieren können.

## 19.3 Aktualparameter

Wenn Sie einen Baustein aufrufen, versorgen Sie dessen Bausteinparameter mit den Konstanten, Operanden oder Variablen, mit denen er arbeiten soll. Dies sind die Aktualparameter. Rufen Sie den Baustein in Ihrem Programm öfter auf, verwenden Sie in der Regel bei jedem Aufruf andere Aktualparameter.

Der Aktualparameter muß im Datentyp mit dem Bausteinparameter übereinstimmen: An einen Bausteinparameter vom Datentyp BOOL können Sie nur einen binären Aktualparameter (z.B. ein Merkerbit) anlegen; einen Bausteinparameter vom Datentyp ARRAY können Sie nur mit einer gleich dimensionierten Feld-Variablen versorgen. Die Tabelle 19.3 zeigt im Überblick, welche Operanden Sie bei welchem Datentyp als Aktualparameter verwenden können.

Beim Aufruf von Funktionen müssen Sie alle Bausteinparameter mit Aktualparametern versorgen.

Beim Aufruf von Funktionsbausteinen müssen Sie die Bausteinparameter nicht versorgen. STEP 7 speichert alle Bausteinparameter mit elementarem Datentyp, Eingangs- und Ausgangsparameter mit zusammengesetztem Datentyp und Eingangsparameter mit den Datentypen TIMER, COUNTER und BLOCK_xx als Wert bzw. als Nummer ab. Durchgangsparameter mit zusammengesetztem Datentyp und Bausteinparameter mit den Datentypen POINTER und ANY werden als Zeiger auf den Aktualparameter abgelegt. Zumindest die letztgenannten Bausteinparameter sollten Sie – mindestens beim ersten Aufruf – versorgen, damit hier ein sinnvoller Wert eingetragen wird.

Auf die Bausteinparameter des Funktionsbausteins können Sie auch direkt zugreifen. Da sie in einem Datenbaustein liegen, können Sie die Bausteinparameter wie Datenoperanden behandeln.

**Tabelle 19.3** Versorgung mit Aktualparametern

| Datentyp des Bausteinparameters | zugelassene Aktualparameter |
|---|---|
| elementarer Datentyp | ▷ einfache Operanden, komplettadressierte Datenoperanden, Konstanten<br>▷ Komponenten von Feldern / Strukturen mit elementarem Datentyp<br>▷ Bausteinparameter des aufrufenden Bausteins<br>▷ Komponenten von Bausteinparametern des aufrufenden Bausteins mit elementarem Datentyp |
| zusammengesetzter Datentyp | ▷ Variablen oder Bausteinparameter des aufrufenden Bausteins |
| TIMER, COUNTER und BLOCK_xx | ▷ Zeiten, Zähler und Bausteine |
| POINTER | ▷ einfache Operanden, komplettadressierte Datenoperanden<br>▷ Bereichszeiger oder DB-Zeiger |
| ANY | ▷ Variablen jeden Datentyps<br>▷ ANY-Zeiger |

Beispiel: Ein Funktionsbaustein mit dem Instanz-Datenbaustein „Hubstation_1“ steuert einen binären Ausgangsparameter mit dem Namen *Oben*. Nach der Bearbeitung im Funktionsbaustein (nach dessen Aufruf) können Sie, ohne daß Sie den Ausgangsparameter versorgt haben, den Parameter wie folgt abfragen:

```
U     "Hubstation_1".Oben;
```

Diese Abfrage programmieren Sie anstelle der Parameterversorgung.

### Versorgung von Bausteinparametern mit elementaren Datentypen

Als Aktualparameter mit elementaren Datentypen sind die in Tabelle 19.4 gezeigten Aktualparameter zugelassen.

Eingangs-, Ausgangs- und Merkeroperanden als Aktualparameter können Sie absolut oder symbolisch adressieren. Eingangsoperanden sollten nur an Eingangsparametern, Ausgangsoperanden nur an Ausgangsparametern stehen (ist jedoch nicht zwingend). Merkeroperanden sind für alle Deklarationstypen geeignet. Sie dürfen Peripherie-Eingänge nur an Eingangsparametern, Peripherie-Ausgänge nur an Ausgangsparametern anlegen.

Bei der Verwendung von teiladressierten Datenoperanden müssen Sie beachten, daß beim Zugriff auf den Bausteinparameter (im aufgerufenen Baustein) der gerade aufgeschlagene Datenbaustein auch der „richtige“ ist. Da der Editor beim Bausteinaufruf unter Umständen den Datenbaustein wechselt, ist eine Teiladressierung bei Datenoperanden nicht zu empfehlen. Verwenden Sie deshalb nur komplettadressierte Datenoperanden.

Temporäre Lokaldaten werden in der Regel symbolisch adressiert. Sie liegen im L-Stack des aufrufenden Bausteins (sie werden im aufrufenden Baustein deklariert).

Ist der aufrufende Baustein ein Funktionsbaustein, können Sie auch seine statischen Lokaldaten als Aktualparameter verwenden (siehe weiter unten „Weiterreichen von Bausteinparametern“). In der Regel sind die statischen Daten symbolisch adressiert. Verwenden Sie die absolute Adressierung über das DI-Register (DI-Operanden), müssen Sie sicherstellen, daß beim Zugriff auf den Bausteinparameter (im aufgerufenen Baustein) der gerade über das DI-Register aufgeschlagene Datenbaustein auch der „richtige“ ist. Beachten Sie in diesem Zu-

**Tabelle 19.4** Aktualparameter mit elementaren Datentypen

| Operanden | Zugelassen bei | | | Binäroperand oder Symbolname | Digitaloperand oder Symbolname |
|---|---|---|---|---|---|
| | IN | I_O | OUT | | |
| Eingänge (Prozeßabbild) | x | x | x | E y.x | EB y, EW y, ED y |
| Ausgänge (Prozeßabbild) | x | x | x | A y.x | AB y, AW y, AD y |
| Merker | x | x | x | M y.x | MB y, MW y, MD y |
| Peripherie-Eingänge | x | - | - | - | PEB y, PEW y, PED y |
| Peripherie-Ausgänge | - | - | x | - | PAB y, PAW y, PAD y |
| Globaldaten | | | | | |
| Teiladressierung | x | x | x | DBX y.x | DBB y, DBW y, DBD y |
| Komplettadressierung | x | x | x | DB z.DBX y.x | DB z.DBB y, usw. |
| temporäre Lokaldaten | x | x | x | L y.x | LB y, LW y, LD y |
| statische Lokaldaten | x | x | x | DIX y.x | DIB y, DIW y, DID y |
| Konstanten | x | - | - | TRUE, FALSE | alle digitalen Konstanten |
| Komponenten von ARRAY oder STRUCT | x | x | x | Vollständiger Komponentenname | Vollständiger Komponentenname |

x = Bitnummer, y = Byteadresse, z = Datenbausteinnummer

sammenhang, daß bei Verwendung des aufgerufenen Bausteins als Lokalinstanz die Absolutadresse der bausteinlokalen Variablen von der Deklaration der Lokalinstanz im aufgerufenen Baustein abhängt.

Bei einem Bausteinparameter vom Datentyp BOOL können Sie die Konstanten TRUE (Signalzustand „1“) oder FALSE (Signalzustand „0“) anlegen, bei Bausteinparametern mit digitalem Datentyp alle dem Datentyp entsprechenden Konstanten. Eine Versorgung mit Konstanten ist nur bei Eingangsparametern sinnvoll.

Einen Bausteinparameter mit elementarem Datentyp können Sie auch mit Komponenten von Feldern und Strukturen versorgen, sofern eine solche Komponente den gleichen Datentyp wie der Bausteinparameter hat.

### Versorgung von Bausteinparametern mit zusammengesetztem Datentyp

Jeder Bausteinparameter kann von zusammengesetztem oder anwenderdefiniertem Datentyp sein. Als Aktualparameter sind Variablen mit gleichem Datentyp zugelassen.

Für die Versorgung der Bausteinparameter vom Datentyp DT oder STRING sind einzelne Variablen oder Komponenten von Feldern bzw. Strukturen zugelassen, die den gleichen Datentyp aufweisen. Eine Versorgung mit Konstanten ist bei AWL nicht möglich.

Versorgen Sie einen Funktionsbaustein mit einer STRING-Variablen, muß diese die gleiche maximale Länge aufweisen wie der STRING-Bausteinparameter.

Beim Anlegen der STRING-Variablen in den temporären Lokaldaten ist eine Vorbelegung nicht möglich, so daß quasi „zufällige“ Werte in der STRING-Variablen stehen. Verwenden Sie eine derartige Variable als Aktualparameter für eine IEC-Funktion, müssen Sie diese Variable per Programm mit „gültigen“ Werten vorbelegen (die IEC-Funktion prüft vor dem Schreiben zu einer STRING-Variablen, ob der zu schreibende Wert auch in diese Variable „hineinpaßt“).

Für die Versorgung der Bausteinparameter vom Datentyp ARRAY oder STRUCT sind Variablen mit exakt der gleichen Struktur wie der Bausteinparameter zugelassen.

Eine Parameterversorgung mit zusammengesetzten Datentypen finden Sie in den Beispielen „Telegramm aufbereiten“ und „Uhrzeitabfrage“ im Kapitel 26.4 „Kurzbeschreibung „Beispiel Telegramm““.

### Versorgung von Bausteinparametern mit anwenderdefiniertem Datentyp

Bei komplexen oder umfangreichen Datenstrukturen empfiehlt sich die Verwendung von anwenderdefinierten Datentypen (UDT). Zuerst definieren Sie den UDT und wenden ihn dann an, um z.B. im Datenbaustein die Variable anzulegen oder den Bausteinparameter zu deklarieren. Danach können Sie die Variable beim Versorgen des Bausteinparameters verwenden. Auch hier gilt, daß der Aktualparameter (die Variable) den gleichen Datentyp (den gleichen UDT) haben muß wie der Bausteinparameter.

Ein kompletter Datenbaustein mit dem gleichen UDT-Typ wie der Bausteinparameter ist als Aktualparameter nicht zugelassen.

Die Parameterversorgung mit anwenderdefinierten Datentypen ist anhand des Beispiels „Telegrammdaten“ im Kapitel 26.4 „Kurzbeschreibung „Beispiel Telegramm““ gezeigt.

### Versorgung von Bausteinparametern mit Typ TIMER, COUNTER und BLOCK_xx

Einen Bausteinparameter vom Typ TIMER versorgen Sie mit einer Zeitfunktion, einen Bausteinparameter vom Typ COUNTER mit einer Zählfunktion. An Bausteinparametern mit den Parametertypen BLOCK_FC und BLOCK_FB dürfen Sie nur Bausteine ohne eigene Parameter anlegen, die dann beim Zugriff mit UC (und bei Funktionsbausteinen auch CC) aufgerufen werden. BLOCK_DB versorgen Sie mit einem Datenbaustein, der im aufgerufenen Baustein über das DB-Register aufgeschlagen wird.

Bausteinparameter mit den Typen TIMER, COUNTER und BLOCK_xx dürfen nur Eingangsparameter sein.

### Versorgung von Bausteinparametern vom Typ POINTER

Für Bausteinparameter vom Parametertyp POINTER sind Zeiger (Konstanten) und Operanden zugelassen. Diese Zeiger sind entweder

Bereichszeiger (32-bit-Zeiger) oder DB-Zeiger (48-bit-Zeiger). Die Operanden sind von elementarem Datentyp und können auch komplett-adressierte Datenoperanden sein.

Bei Funktionsbausteinen sind Ausgangsparameter mit dem Typ POINTER nicht zugelassen.

### Versorgung von Bausteinparametern vom Typ ANY

Für Bausteinparameter vom Parametertyp ANY sind Variablen aller Datentypen zugelassen. Welche Variablen (welche Operanden bzw. Datentypen) an die Bausteinparameter angelegt werden müssen oder welche Variablen einen Sinn machen, legt die Programmierung innerhalb des aufgerufenen Bausteins fest. Sie können auch eine Konstante im Format des ANY-Zeigers „P#[Datenbaustein.]Operand Datentyp Anzahl" angeben und damit einen absolut adressierten Bereich definieren.

Eine Ausnahme bildet die Versorgung eines ANY-Parameters mit einem temporären Lokaldatum vom Datentyp ANY. In diesem Fall bildet der Editor keinen Zeiger auf die Variable, sondern geht davon aus, daß in den temporären Lokaldaten bereits ein Zeiger von Datentyp ANY vorhanden ist. Sie haben so die Möglichkeit, an einen ANY-Parameter einen ANY-Zeiger anzulegen, den Sie zur Laufzeit verändern können. Besonders in Verbindung mit der Systemfunktion SFC 20 BLKMOV kann der „variable ANY-Zeiger" sehr nützlich sein (siehe Beispiel „Puffereintrag" im Kapitel 26.4 „Kurzbeschreibung „Beispiel Telegramm"").

Bei Funktionsbausteinen sind Ausgangsparameter mit dem Typ ANY nicht zugelassen.

## 19.4 „Weiterreichen" von Bausteinparametern

Das „Weiterreichen" von Bausteinparametern ist eine spezielle Form des Zugriffs und des Versorgens von Bausteinparametern. Es werden die Bausteinparameter des aufrufenden Bausteins an die Parameter des aufgerufenen Bausteins „weitergereicht". Hier ist dann der Formalparameter des aufrufenden Bausteins der Aktualparameter des aufgerufenen Bausteins.

Generell gilt auch hier, daß der Aktualparameter vom gleichen Typ sein muß wie der Formalparameter, d.h. die betreffenden Bausteinparameter müssen in ihren Datentypen übereinstimmen. Weiterhin gilt, daß Sie einen Eingangsparameter des aufrufenden Bausteins nur an einen Eingangsparameter des aufgerufenen Bausteins anlegen können und einen Ausgangsparameter nur an einen Ausgangsparameter. Einen Durchgangsparameter des aufrufenden Bausteins können Sie an alle Deklarationstypen des aufgerufenen Bausteins angelegen.

Bezüglich der Datentypen gibt es Einschränkungen, bedingt durch die unterschiedliche Ablage (Speicherung) der Bausteinparameter bei Funktionen und Funktionsbausteinen. Bausteinparameter von elementarem Datentyp können im Rahmen der Aussage des vorhergehenden Absatzes uneingeschränkt weitergereicht werden. Zusammengesetzte Datentypen an Eingangs- und Ausgangsparametern können nur dann weitergereicht werden, wenn der aufrufende Baustein ein Funktionsbaustein ist. Bausteinparameter mit den Parametertypen TIMER, COUNTER und BLOCK_xx können nur von einem Eingangsparameter auf einen Eingangsparameter weitergereicht werden, wenn der aufgerufene Baustein ein Funktionsbaustein ist. Diese Aussagen sind in der Tabelle 19.5 dargestellt.

Das „Weiterreichen" der Parametertypen TIMER, COUNTER und BLOCK_DB bei Funktionen können Sie mit Hilfe der indirekten Adressierung durchführen. Der betreffende Parameter bekommt zunächst den Datentyp WORD oder INT; ihn versorgen Sie mit einer Konstanten oder einer Variablen, die als Inhalt die Nummer der Zeit, des Zählers oder des zu übergebenden Bausteins hat. Diesen Parameter können Sie an andere Bausteine „weiterreichen", da er von elementarem Datentyp ist. Im „letzten" Baustein übertragen Sie mit einer Ladefunktion den Inhalt des Parameters in ein temporäres Lokaldatenwort und bearbeiten die Zeitfunktion, den Zähler oder den Baustein speicherindirekt

**Tabelle 19.5** Erlaubte Kombinationen beim Weiterreichen von Bausteinparametern

| aufrufender → aufgerufener | FC ruft FC auf | | | FB ruft FC auf | | | FC ruft FB auf | | | FB ruft FB auf | | |
|---|---|---|---|---|---|---|---|---|---|---|---|---|
| Deklarationstyp | E | Z | P | E | Z | P | E | Z | P | E | Z | P |
| Eingang → Eingang | x | - | - | x | x | - | x | - | x | x | x | x |
| Ausgang → Ausgang | x | - | - | x | x | - | x | - | - | x | x | - |
| Durchgang → Eingang | x | - | - | x | - | - | x | - | - | x | - | - |
| Durchgang → Ausgang | x | - | - | x | - | - | x | - | - | x | - | - |
| Durchgang → Durchgang | x | - | - | x | - | - | x | - | - | x | - | - |

E = Elementare Datentypen
Z = Zusammengesetzte Datentypen
P = Parametertypen TIMER, COUNTER und BLOCK_xx

## 19.5 Beispiele

### 19.5.1 Beispiel Förderband

Das Beispiel zeigt die Übergabe von Signalzuständen über Bausteinparameter. Hierzu verwenden wir die im Kapitel 5 „Speicherfunktionen" erläuterte Funktion einer Förderbandsteuerung. Die Förderbandsteuerung soll in einem Funktionsbaustein stehen und alle Ein- und Ausgänge sollen über Bausteinparameter geführt werden, so daß der Funktionsbaustein mehrfach (für mehrere Förderbänder) aufgerufen werden kann. Bild 19.4 zeigt die Ein- und Ausgangsparameter für den Funktionsbaustein sowie die verwendeten statischen Lokaldaten.

Die Aufteilung der Parameter ist in diesem Fall recht einfach: Alle Binäroperanden, die Eingänge waren, sind zu Eingangsparametern geworden, alle Ausgänge zu Ausgangsparametern und alle Merker zu statischen Lokaldaten. Sie werden auch bemerkt haben, daß die Namen geringfügig geändert wurden, denn als Zeichen für bausteinlokale Variablen sind nur Buchstaben, Ziffern und der Unterstrich zugelassen.

Der Funktionsbaustein „Förderband" soll zwei Förderbänder steuern. Hierzu wird er zweimal aufgerufen; das erste Mal mit den Ein- und Ausgängen des Förderbands 1 und das zweite Mal mit denen des Förderbands 2. Für jeden Aufruf benötigt der Funktionsbaustein einen Instanz-Datenbaustein, in dem er die Daten für die Förderbänder ablegt. Der Datenbaustein für das Förderband 1 soll „BandDaten1" heißen, der für das Förderband 2 „BandDaten2".

Das ausgeführte Programmierbeispiel finden Sie auf der dem Buch beiliegenden Diskette in der Bibliothek AWL_Buch unter dem Programm „Beispiel Fördertechnik". Das Quellprogramm enthält die Programmierung des Funktionsbausteins mit den Eingangsparametern, den Ausgangsparametern und den statischen Lokaldaten. Daran anschließend steht die Programmierung der Instanz-Datenbausteine; hier genügt die Angabe des Funktionsbausteins als Deklarationsteil. Sie können beliebige Datenbausteine als Instanz-Datenbausteine verwenden, z.B. DB 21 für „BandDaten1" und DB 22 für „BandDaten2". In der Symboltabelle haben diese Datenbausteine den Datentyp des Funktionsbausteins.

Am Ende des Quellprogramms sehen Sie noch zwei komplette Aufrufe des Funktionsbausteins, wie sie z.B. im OB 1 stehen könnten. Als Aktu-

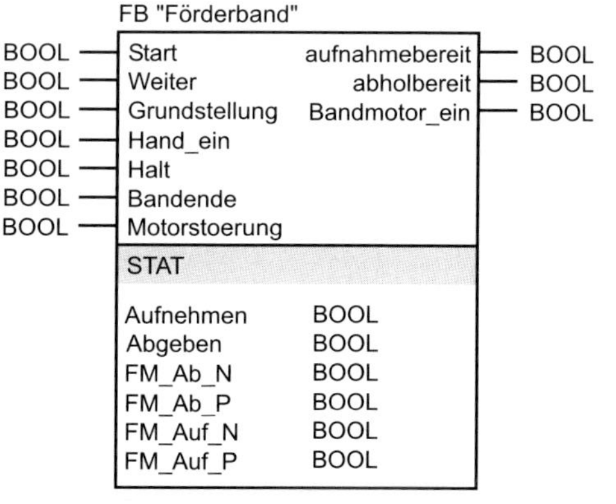


**Bild 19.4**
Funktionsbaustein für Beispiel Förderband

alparameter werden die Eingänge und Ausgänge aus der Symboltabelle verwendet. In den Fällen, in denen diese globalen Symbole Sonderzeichen enthalten, müssen Sie diese Symbole im Programm in Anführungszeichen setzen.

### 19.5.2 Beispiel Stückgutzähler

Das Beispiel zeigt die Behandlung von Bausteinparametern mit elementaren Datentypen und mit Parametertypen. Grundlage der Funktion ist das Beispiel „Fördergutzähler“ aus dem Kapitel 8 „Zählfunktionen“. Die gleiche Funktion wird hier als Funktionsbaustein realisiert, wobei alle globalen Variablen entweder als Bausteinparameter oder als statische Lokaldaten deklariert sind (Bild 19.5).

Zeit- und Zählfunktionen werden über Bausteinparameter mit den Parametertypen TIMER und COUNTER übergeben. Diese Bausteinparameter müssen Eingangsparameter sein. Auch die Startwerte des Zählers (*Anzahl*) und die der Zeitfunktion (*Dauer1* und *Dauer2*) können als Bausteinparameter übergeben werden; der Datentyp der Bausteinparameter entspricht hier dem der Aktualparameter.

Die Flankenmerker werden in den statischen Lokaldaten abgelegt, die Impulsmerker in den temporären Lokaldaten.

Das ausgeführte Programmierbeispiel finden Sie auf der dem Buch beiliegenden Diskette in der Bibliothek AWL_Buch unter dem Programm „Beispiel Fördertechnik“. Das Quellprogramm enthält den Funktionsbaustein „Stückgutzähler“, den dazugehörenden Instanz-Datenbaustein „ZählDaten“ und den Aufruf des Funktionsbausteins mit Instanz-Datenbaustein.

### 19.5.3 Beispiel Zuförderung

Die gleichen Funktionsbausteine, wie in den beiden vorangegangenen Beispielen beschrieben, können auch als Lokalinstanzen aufgerufen werden. In unserem Beispiel heißt das, wir programmieren einen Funktionsbaustein „Zuförderung“, der vier Förderbänder steuern und

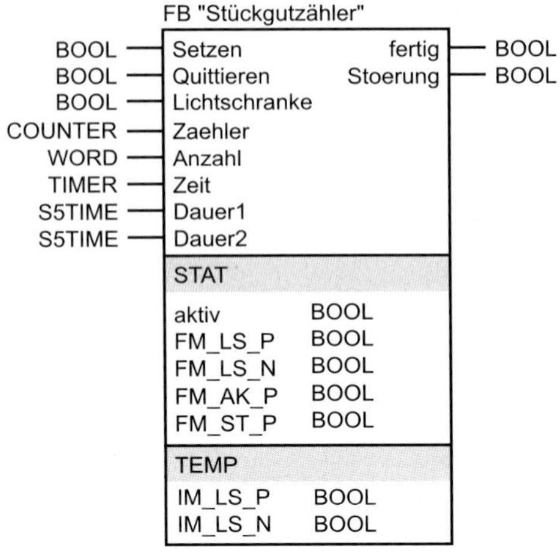


**Bild 19.5**
Funktionsbaustein für Beispiel Stückgutzähler

das Fördergut zählen soll. In diesem Funktionsbaustein wird der FB „Förderband“ viermal und der FB „Stückgutzähler“ einmal aufgerufen. Der Aufruf geschieht nicht mit jeweils einem eigenem Instanz-Datenbaustein, sondern die aufgerufenen FBs sollen ihre Daten im Instanz-Datenbaustein des Funktionsbausteins „Zuförderung“ ablegen.

Bild 19.6 zeigt, wie die einzelnen Förderbandsteuerungen untereinander verschaltet sind (der FB „Stückgutzähler“ ist hier nicht dargestellt). Das Startsignal geht auf den Eingang *Start* der Steuerung von Band 1, der Ausgang *abholbereit* geht auf den Eingang *Start* von Band 2 usw. Der Ausgang *abholbereit* des Bands 4 schließlich geht auf den Ausgang *Entnehmen* von „Zuförderung“. Die gleiche Signalkette in umgekehrter Richtung geht von *Entnommen* über *Weiter* und *aufnahmebereit* zu *Auflegen*.

*Bandmotor*, *Lichtschranke* und */Motorstörung* sind individuelle Signale der Förderbänder; *Ruecksetzen*, *Anfahren* und *Anhalten* steuern alle Förderbänder über *Grundstellung*, *Hand_ein* und *Halt*.

Genauso ist auch das nachfolgende Quellprogramm für den Funktionsbaustein „Zuförderung“ aufgebaut. Die Eingangs- und Ausgangs-

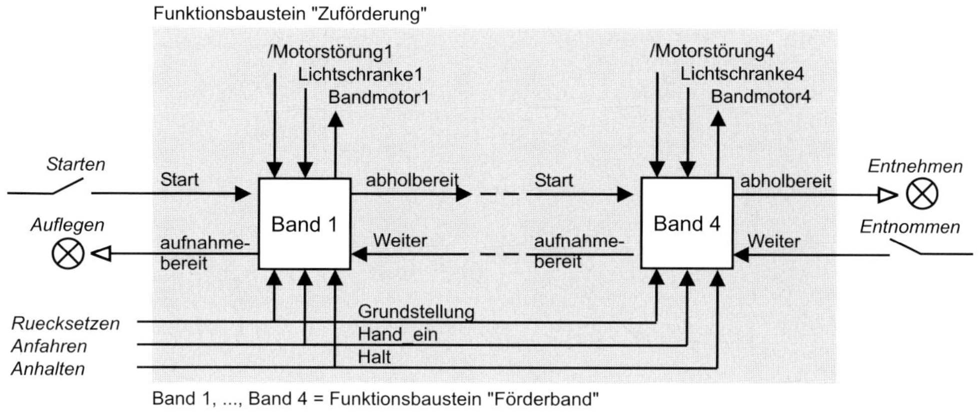


**Bild 19.6** Programmierbeispiel Zuförderung

parameter des Funktionsbausteins können dem Bild entnommen werden. Zusätzlich sind hier die Digitalwerte für den Stückgutzähler *Anzahl*, *Dauer1* und *Dauer2* als Eingangsparameter ausgeführt. Die Daten der einzelnen Förderbandsteuerungen und die des Stückgutzählers deklarieren wir in den statischen Lokaldaten genauso wie einen anwenderdefinierten Datentyp, nämlich mit Namen und Datentyp. Die Variable *Band1* soll die Datenstruktur vom Funktionsbaustein „Förderband" erhalten, die Variable *Band2* ebenfalls usw. und die Variable *Check* erhält die Datenstruktur des Funktionsbausteins „Stückgutzähler".

Das Programm im Funktionsbaustein beginnt mit der Versorgung der gemeinsamen Signale für alle Förderbänder. Hier nutzen wir die Eigenschaft aus, daß die Bausteinparameter der als Lokalinstanz aufgerufenen Funktionsbausteine statische Lokaldaten im aktuellen Baustein sind und genauso behandelt werden können. Der Bausteinparameter *Anfahren* des aktuellen Funktionsbausteins steuert die Eingangsparameter *Hand_ein* aller vier Förderbandsteuerung durch einfache Zuweisung. Genauso verfahren wir mit den Signalen *Anhalten* und *Ruecksetzen*. Somit sind schon die Förderbandsteuerungen mit den gemeinsamen Signalen versorgt. (Sie können selbstverständlich diese Eingangsparameter auch beim jeweiligen Aufruf des Funktionsbausteins versorgen.)

Die anschließenden Aufrufe der Funktionsbausteine zur Förderbandsteuerung enthalten nur noch die Bausteinparameter für die individuellen Signale für jedes Förderband und die Verbindung zu den Bausteinparametern von „Zuförderung". Die individuellen Signale sind die Lichtschranken, die Befehle für den Bandmotor und die Motorstörungen. (Wir nutzen hier die Tatsache, daß beim Aufruf eines Funktionsbausteins nicht alle Bausteinparameter versorgt werden müssen.)

Die Verschaltung zwischen den einzelnen Bandsteuerungen programmieren wir mit Zuweisungen.

Der FB „Stückgutzähler" wird als Lokalinstanz aufgerufen, auch wenn er keine engere Verbindung mit den Signalen der Förderbandsteuerungen hat. Seine Daten nimmt der Instanz-Datenbaustein von „Zuförderung" auf.

Die Eingangsparameter *Anzahl*, *Dauer1* und *Dauer2* von „Zuförderung" brauchen nur einmal eingestellt werden. Dies kann mit der Voreinstellung erledigt sein (wie im Beispiel) oder im Anlaufprogramm im OB 100 geschehen (z.B. durch direkte Zuweisung, wenn diese drei Parameter wie Globaldaten behandelt werden).

Das in der Bibliothek AWL_Buch unter dem Programm „Beispiel Fördertechnik" stehende Quellprogramm enthält den Funktionsbaustein „Zuförderung" und den dazugehörenden Instanz-Datenbaustein „ZuförderDaten". Am Schluß ist der Aufruf des Funktionsbausteins „Zuförderung" mit Instanz-Datenbaustein für das Hauptprogramm gezeigt.

```
FUNCTION_BLOCK "Zuförderung"
TITLE = Steuerung mehrerer Förderbänder
//Beispiel für Lokalinstanzen (Deklaration, Aufrufe)

NAME    : Zufoerd
AUTHOR  : Berger
FAMILY  : AWL_Buch
VERSION : 01.00

VAR_INPUT
  Starten        : BOOL   := FALSE;       //Förderbänder starten
  Entnommen      : BOOL   := FALSE;       //Fördergut wurde vom Band genommen
  Anfahren       : BOOL   := FALSE;       //Förderbänder mit Hand anfahren
  Anhalten       : BOOL   := FALSE;       //Förderbänder stoppen
  Ruecksetzen    : BOOL   := FALSE;       //Steuerung in Grundstellung bringen
  Zaehler        : COUNTER;               //Zähler für das Stückgut
  Anzahl         : WORD   := W#16#0200;   //Anzahl Fördergut
  Zeit           : TIMER;                 //Zeitfunktion für die Überwachung
  Dauer1         : S5TIME := S5T#5s;      //Überwachungszeit für Fördergut
  Dauer2         : S5TIME := S5T#10s;     /Überwachungszeit für Lücke
END_VAR

VAR_OUTPUT
  Auflegen       : BOOL   := FALSE;       //neues Fördergut aufs Band legen
  Entnehmen      : BOOL   := FALSE;       //Fördergut vom Band nehmen
END_VAR

VAR
  Band1 : "Förderband";                   //Steuerung für das Band 1
  Band2 : "Förderband";                   //Steuerung für das Band 2
  Band3 : "Förderband";                   //Steuerung für das Band 3
  Band4 : "Förderband";                   //Steuerung für das Band 4
  Check : "Stückgutzähler";               //Steuerung für Zählen und Überwachen
END_VAR

BEGIN

NETWORK
TITLE = Versorgung der gemeinsamen Signale

     U    Anfahren;
     =    Band1.Hand_ein;
     =    Band2.Hand_ein;
     =    Band3.Hand_ein;
     =    Band4.Hand_ein;

     U    Anhalten;
     =    Band1.Halt;
     =    Band2.Halt;
     =    Band3.Halt;
     =    Band4.Halt;

     U    Ruecksetzen;
     =    Band1.Grundstellung;
     =    Band2.Grundstellung;
     =    Band3.Grundstellung;
     =    Band4.Grundstellung;
```

*(Fortsetzung siehe nächste Seite)*

```
NETWORK
TITLE = Aufruf der Förderband-Steuerungen

  CALL Band1 (
    Start           := Starten,
    aufnahmebereit  := Auflegen,
    Bandende        := Lichtschranke1,
    Motorstoerung   := "/Motorstörung1",
    Bandmotor_ein   := Bandmotor1_ein);

  U  Band2.aufnahmebereit;
  =  Band1.Weiter;
  U  Band1.abholbereit;
  =  Band2.Start;

  CALL Band2 (
    Bandende        := Lichtschranke2,
    Motorstoerung   := "/Motorstörung2",
    Bandmotor_ein   := Bandmotor2_ein);

  U  Band3.aufnahmebereit;
  =  Band2.Weiter;
  U  Band2.abholbereit;
  =  Band3.Start;

  CALL Band3 (
    Bandende        := Lichtschranke3,
    Motorstoerung   := "/Motorstörung3",
    Bandmotor_ein   := Bandmotor3_ein);

  U  Band4.aufnahmebereit;
  =  Band3.Weiter;
  U  Band3.abholbereit;
  =  Band4.Start;

  CALL Band4 (
    Weiter          := Entnommen,
    abholbereit     := Entnehmen,
    Bandende        := Lichtschranke4,
    Motorstoerung   := "/Motorstörung4",
    Bandmotor_ein   := Bandmotor4_ein);

NETWORK
TITLE = Aufruf für Zählen und Überwachen

  CALL Check (
    Setzen         := Setzen,
    Quittieren     := Quittieren,
    Lichtschranke  := Lichtschranke1,
    Zaehler        := #Zaehler,
    Anzahl         := #Anzahl,
    Zeit           := #Zeit,
    Dauer1         := #Dauer1,
    Dauer2         := #Dauer2,
    fertig         := fertig,
    Stoerung       := "Störung");

NETWORK
TITLE = Bausteinende
  BE

END_FUNCTION_BLOCK
```

# Programmbearbeitung

Dieser Teil des Buches beschreibt die verschiedenen Arten der Anwenderprogrammbearbeitung.

Das **Hauptprogramm** läuft zyklisch ab. Nach jedem Programmdurchlauf beginnt die CPU mit der Programmbearbeitung wieder am Programmanfang. Diese Art der Bearbeitung ist die „normale" Bearbeitung von SPS-Programmen.

Zahlreiche Systemfunktionen unterstützen die Nutzung der Systemleistungen, wie z.B. Echtzeit-Uhr steuern oder Kommunikation über Bussysteme durchführen. Die Systemfunktionen gestatten im Gegensatz zur statischen Einstellung über die CPU-Parametrierung eine dynamische Anwendung zur Laufzeit.

Das Hauptprogramm kann durch eine **Alarmbearbeitung** unterbrochen werden. Die unterschiedlichen Unterbrechungsmöglichkeiten (Uhrzeitalarme, Verzögerungsalarme, Weckalarme, Prozeßalarme, DPV1-Alarme, Mehrprozessoralarm) sind in Prioritätsklassen eingeteilt, deren Bearbeitungspriorität Sie in weiten Bereichen selbst festlegen können. Die Alarmbearbeitung bietet Ihnen damit die Möglichkeit, unabhängig von der Bearbeitungszeit des Hauptprogramms schnell auf Signale aus dem gesteuerten Prozeß zu reagieren oder periodisch ablaufende Steuerungsvorgänge auf einfache Weise zu realisieren.

Vor dem Hauptprogramm startet die CPU ein **Anlaufprogramm**, in dem Sie Einstellungen zur Programmbearbeitung, Vorbelegungen von Variablen oder Parametrierung von Baugruppen vornehmen können.

Zur Programmbearbeitung gehört auch die **Fehlerbehandlung**. Hier unterscheidet STEP 7 zwischen Synchronfehlern, die im direkten Zusammenhang mit der Bearbeitung des Anwenderprogramms auftreten, und Asynchronfehlern, die unabhängig von der Programmbearbeitung erfaßt werden. In jedem Fall haben Sie die Möglichkeit, die dann bearbeitete Fehlerroutine Ihren Wünschen entsprechend anzupassen.

# 20 Hauptprogramm

Das Hauptprogramm ist das zyklisch bearbeitete Anwenderprogramm; es ist die „normale" Programmbearbeitung bei speicherprogrammierbaren Steuerungen. Die überwiegende Anzahl der Steuerungen arbeitet nur mit dieser Programmbearbeitungsart. Wird eine ereignisgesteuerte Programmbearbeitung eingesetzt, bildet sie in der Regel nur einen Zusatz zum Hauptprogramm.

Das Hauptprogramm wird im Organisationsbaustein OB 1 aufgerufen. Es läuft in der niedrigsten Prioritätsklasse und kann von allen anderen Programmbearbeitungsarten unterbrochen werden. Das Anwenderprogramm wird im Betriebszustand RUN bearbeitet, der mit dem Betriebsartenschalter auf der Frontseite der CPU eingestellt wird. Bei einem Kippschalter als Betriebsartenschalter ist es die Stellung RUN, bei einem Schlüsselschalter sind es die Stellungen RUN und RUN-P. In der Stellung RUN-P kann die CPU über ein angeschlossenes PG programmiert werden. In der Stellung RUN können Sie den Schlüssel abziehen, so daß niemand unbefugt die Betriebsart ändern kann; Programme können in dieser Stellung des Schalters nur noch gelesen werden.

## 20.1 Programmgliederung

### 20.1.1 Programmstruktur

Eine komplexe Automatisierungsaufgabe analysieren bedeutet, diese in Anlehnung an die Struktur des zu steuernden Prozesses in kleinere Aufgaben bzw. Funktionen zu gliedern. Die erhaltenen Einzelaufgaben definieren Sie, indem Sie die Funktion bestimmen und die Schnittstellensignale zum Prozeß oder zu anderen Einzelaufgaben festlegen. Die Aufteilung in Einzelaufgaben können Sie in Ihr Programm übernehmen. Auf diese Weise entspricht die Struktur Ihres Programms der Gliederung der Automatisierungsaufgabe.

Ein gegliedertes Anwenderprogramm kann leichter projektiert werden und kann in Abschnitten (bei sehr großen Anwenderprogrammen auch von mehreren Personen) programmiert werden. Nicht zuletzt werden Programmtest sowie Service und Wartung durch diese Aufteilung vereinfacht.

Eine Strukturierung des Anwenderprogramms hängt von seiner Größe und Funktion ab. Hierbei unterscheidet man drei „Methoden":

Bei einem **linearen Programm** steht das gesamte Hauptprogramm im Organisationsbaustein OB 1. Jeder Strompfad steht in einem Netzwerk. STEP 7 numeriert alle Netzwerke der Reihe nach durch. Beim Editieren und Testen können Sie jedes Netzwerk direkt über dessen Nummer erreichen.

Ein **unterteiltes Programm** ist im Prinzip ein lineares Programm, das in einzelne Blöcke (einzelne Bausteine) aufgeteilt ist. Die Aufteilung kann ihren Grund darin haben, daß das Programm für den Organisationsbaustein OB 1 zu lang ist, oder Sie möchten der Übersichtlichkeit halber in einzelne Programmblöcke gliedern. Die erhaltenen Bausteine werden dann der Reihe nach aufgerufen. In der gleichen Art und Weise, wie Sie das Programm im Organisationsbaustein OB 1 unterteilen, können Sie auch das Programm in einem anderen Baustein unterteilen. Sie haben so die Möglichkeit, zusammengehörende technologische Funktionen von einem Baustein aus zur Bearbeitung aufzurufen. Vorteil dieser Programmstruktur ist, daß Sie trotz linearem Programm abschnittsweise testen und inbetriebsetzen können (durch einfaches Weglassen oder Hinzufügen von Bausteinaufrufen).

Ein **strukturiertes Programm** wird verwendet, wenn die Aufgabenstellung sehr umfangreich ist, wenn Sie Programmfunktionen mehrfach nutzen möchten oder wenn komplexe Aufgabenstellungen vorliegen. Strukturieren heißt, das Programm in Abschnitte (Bausteine) gliedern, die in sich geschlossene Funktionen oder einen funktionellen Rahmen aufweisen und möglichst wenige Signale mit anderen Bausteinen austauschen. Wenn Sie jedem Programmteil eine bestimmte (technologische) Funktion zuordnen, erhalten Sie bei der Programmierung überschaubare Bausteine mit einfachen Schnittstellen zu anderen Bausteinen.

Die Programmiersprachen AWL und SCL unterstützen die strukturierte Programmierung durch Funktionen, mit denen Sie „Bausteine" (in sich geschlossene Programmteile) erstellen können. Das Kapitel 3 „SIMATIC S7-Programm" beschreibt unter „Bausteine" die Bausteinarten und deren möglichen Einsatz. Eine ausführliche Beschreibung der Funktionen zum Aufrufen und Beenden von Bausteinen in AWL finden Sie im Kapitel 18 „Bausteinfunktionen". Über die Aufrufschnittstelle (die Bausteinparameter) erhalten die Bausteine die zu verarbeitenden Signale und Daten und geben die Ergebnisse auch wieder über diese Schnittstelle zurück. Die Möglichkeiten der Parameterübergabe sind ausführlich im Kapitel 19 „Bausteinparameter" beschrieben. Die Bausteinhantierung mit SCL beschreibt Kapitel 29 „SCL-Bausteine".

### 20.1.2 Programmorganisation

Mit der Programmorganisation legen Sie fest, ob und in welcher Reihenfolge die CPU die von Ihnen erstellten Bausteine bearbeitet. Dazu programmieren Sie in den übergeordneten Bausteinen die Aufrufe der Bausteine in der gewünschten Reihenfolge. Die Reihenfolge der Bausteinaufrufe gestalten Sie hierbei zweckmäßigerweise so, daß sich darin die technologische oder funktionelle Gliederung der gesteuerten Gesamtanlage spiegelt.

#### Schachtelungstiefe

Die maximale Schachtelungstiefe gilt für eine Prioritätsklasse (für das Programm in einem Organisationsbaustein) und ist CPU-abhängig festgelegt. Sie hat z.B. bei der CPU 314 den Wert 8. D.h. beginnend mit einem Organisationsbaustein (Schachtelungstiefe 1) können Sie noch weitere 7 Bausteine in „horizontaler" Richtung (geschachtelt) aufrufen. Werden mehr Bausteine aufgerufen, geht die CPU mit der Fehlermeldung „Bausteinstack-Überlauf" in den Stoppzustand. Beachten Sie, daß in die Schachtelungstiefe auch die Aufrufe von Systemfunktionsbausteinen SFB und Systemfunktionen SFC mit eingehen.

Der Aufruf eines Datenbausteins, der ja nur ein Aufschlagen oder Anwählen eines Datenbereichs ist, hat keinen Einfluß auf die Schachtelungstiefe von Bausteinen. Die Schachtelungstiefe ändert sich auch nicht, wenn mehrere Bausteine nacheinander (linear) aufgerufen werden.

#### Praxisnahe Programmgliederung

Im Organisationsbaustein OB 1 sollten Sie die Bausteine des Hauptprogramms derart aufrufen, daß Sie eine Grobgliederung Ihres Programms erhalten. Hierbei ist eine Programmgliederung sowohl nach technologischen als auch nach funktionellen Gesichtspunkten möglich.

Die folgenden Erläuterungen können nur grobe, sehr allgemein gehaltene Ansichten sein, die einem Einsteiger Denkanstöße in Richtung Programmstrukturierung geben und Ideen zur Verwirklichung seiner Steuerungsaufgabe liefern. Fortgeschrittene Programmierer haben in der Regel genug Erfahrung, um eine der speziellen Steuerungsaufgabe gerecht werdende Programmgliederung zu finden.

Eine **technologische Programmgliederung** lehnt sich stark an den Aufbau der zu steuernden Anlage an. Den einzelnen Programmteilen entsprechen einzelne Teile der Anlage oder des zu steuernden Prozesses. Dieser Grobgliederung unterlagert sind die Abfrage der Endschalter und Bediengeräte und die Steuerung der Stellglieder und Anzeigegeräte (speziell pro Anlageneinheit). Der Signalaustausch zwischen den einzelnen Anlagenteilen (oder besser: Programmteilen) geschieht über Merker oder Globaldatenoperanden.

Eine **funktionelle Programmgliederung** richtet sich nach der auszuführenden Steuerungsfunktion. Eine derartige Programmgliederung nimmt vorerst auf die Struktur der zu steuernden Anlage keine Rücksicht. Die Einteilung der

Anlage wird erst in den unterlagerten Bausteinen sichtbar, wenn die durch die Grobgliederung erhaltene Steuerungsfunktion noch weiter unterteilt wird.

**In der Praxis** treten meistens Mischformen beider Gliederungskonzepte auf. Bild 20.1 zeigt ein Beispiel: Im Betriebsartenprogramm und im Datenverarbeitungsprogramm spiegelt sich anlagenübergreifend eine funktionelle Gliederung. Die Programmteile Zufördern 1, Zufördern 2, Bearbeiten und Abfördern lehnen sich in ihrer technologischen Strukturierung an die zu steuernden Anlageneinheiten an.

Das Beispiel zeigt auch die Verwendung der verschiedenen Bausteinarten. Im OB 1 steht das Hauptprogramm; in ihm werden die Bausteine für die Betriebsarten, für die einzelnen Anlageneinheiten und für die Datenverarbeitung aufgerufen. Diese Bausteine sind Funktionsbausteine mit einem Instanz-Datenbaustein als Datenspeicher. Zuförderung 1 und Zuförderung 2 sind identisch aufgebaut; zur Steuerung dient der FB 20, bei der Zuförderung 1 mit dem DB 20 als Instanz-Datenbaustein, bei der Zuförderung 2 mit dem DB 21.

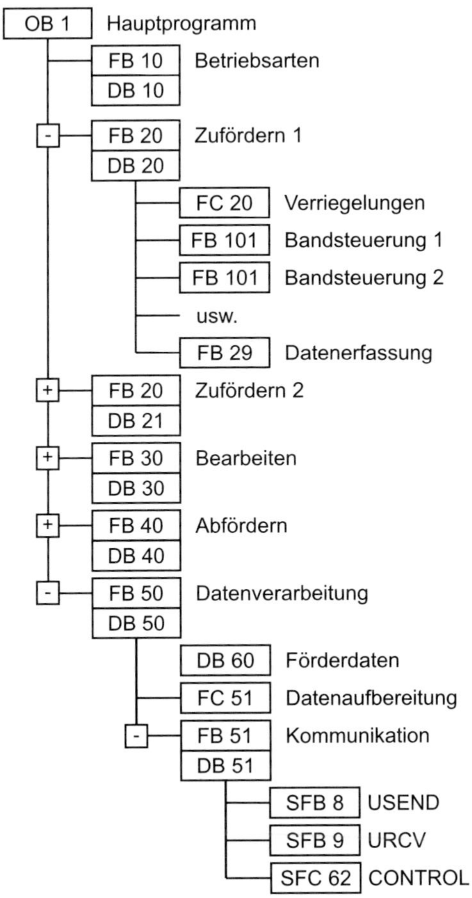


**Bild 20.1** Beispiel für eine Programmgliederung

In der Zufördersteuerung bearbeitet die Funktion FC 20 die Verriegelungen; sie fragt Eingänge oder Merker ab und steuert die lokalen Daten des FB 20. Der Funktionsbaustein FB 101 enthält die Steuerung für ein Förderband; er wird pro Förderband einmal aufgerufen. Der Aufruf geschieht als Lokalinstanz, so daß seine Lokaldaten im Instanz-Datenbaustein DB 20 enthalten sind. Das gleiche gilt für die Datenerfassung FB 29.

Die Datenverarbeitung FB 50 mit DB 50 verarbeitet die mit dem FB 29 (und anderen Bausteinen) erfaßten Daten, die im Global-Datenbaustein DB 60 liegen. Die Funktion FC 51 bereitet diese Daten für die Übertragung auf. Die Übertragung steuert der FB 51 (mit DB 51), in dem die Systembausteine SFB 8, SFB 9 und SFC 62 aufgerufen werden. Auch hier legen die SFBs ihre Instanzdaten im „übergeordneten" DB 51 ab.

## 20.2 Zyklussteuerung

### 20.2.1 Prozeßabbild-Aktualisierung

Das Prozeßabbild ist ein Teil des CPU-internen Systemspeichers (Kapitel 1.1.4 „Speicherbereiche der Zentralbaugruppe"). Es beginnt bei der Peripherieadresse 0 und endet an einer durch die jeweilige CPU festgelegten Obergrenze. Bei entsprechend ausgelegten CPUs können Sie diese Grenze selbst festlegen.

Normalerweise liegen alle Digitalbaugruppen im Adressenbereich des Prozeßabbilds; alle Analogbaugruppen erhalten eine Adresse außerhalb des Prozeßabbilds. Verfügt die CPU über eine freie Adressenzuordnung, können Sie in der Konfigurationstabelle prinzipiell jede Baugruppe über das Prozeßabbild führen oder außerhalb des Prozeßabbilds adressieren.

Das Prozeßabbild besteht aus dem Eingangs-Prozeßabbild (Eingänge E) und dem Ausgangs-Prozeßabbild (Ausgänge A).

Nach dem CPU-Anlauf und noch vor der ersten Bearbeitung des OB 1 transferiert das Betriebssystem die Signalzustände des Ausgangs-Prozeßabbilds zu den Ausgabebaugruppen und übernimmt die Signalzustände der Eingabebaugruppen in das Eingangs-Prozeßabbild. Danach wird der OB 1 bearbeitet, in dem normalerweise die Signalzustände der Eingänge miteinander verknüpft werden und die Ausgänge gesteuert werden. Nach Beenden des OB 1 beginnt ein neuer Zyklus mit der Aktualisierung des Prozeßabbilds (Bild 20.2).

Tritt bei der automatischen Aktualisierung des Prozeßabbilds ein Fehler auf, z.B. weil eine Baugruppe nicht mehr ansprechbar ist, wird der Organisationsbaustein OB 85 „Programmablauffehler" aufgerufen. Ist der OB 85 nicht vorhanden, geht die CPU in STOP.

### Teilprozeßabbilder

Bei entsprechend ausgelegten CPUs können Sie das Prozeßabbild in bis zu 9 bzw. 16 Teilprozeßabbilder aufteilen. Die Aufteilung nehmen Sie bei der Parametrierung der Signalbaugruppen vor, in dem Sie bei der Adressenvergabe festlegen, über welches Teilprozeßabbild die Baugruppe adressiert werden soll. Die Aufteilung können Sie getrennt nach Eingangs- und Ausgangs-Prozeßabbild vornehmen.

Alle Baugruppen, die Sie nicht einem Teilprozeßabbild 1 bis 8 bzw. 15 zuordnen, liegen im Teilprozeßabbild 0, das auch OB1-Prozeßabbild

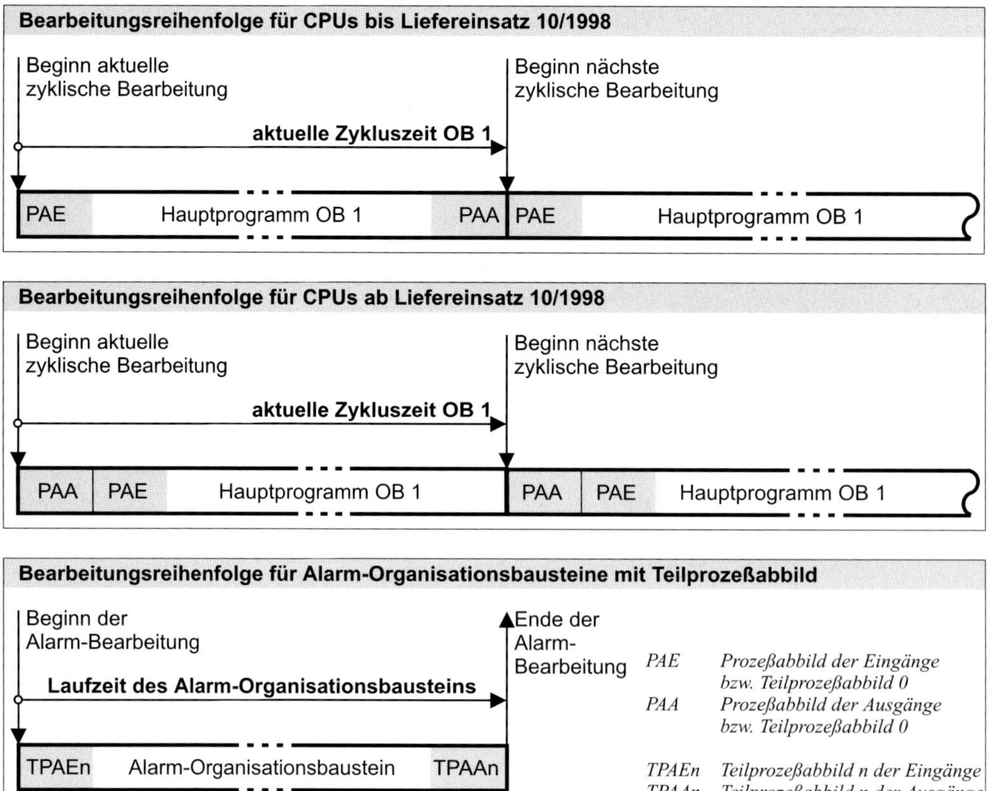


**Bild 20.2** Prozeßabbild-Aktualisierung

(OB1-PA) genannt wird. Dieses Teilprozeßabbild 0 wird im Rahmen der zyklischen Bearbeitung vom Betriebssystem der CPU automatisch aktualisiert. Über die Parametrierung der CPU können Sie diese automatische Aktualisierung auch ausschalten.

Bei entsprechend ausgelegten CPUs können Sie die Teilprozeßabbilder auch den Alarm-Organisationsbausteinen zuordnen, so daß sie dann automatisch beim Aufruf dieser OBs aktualisiert werden.

### SFC 26 UPDAT_PI
### SFC 27 UPDAT_PO

Die Teilprozeßabbilder können Sie auch selbst durch den Aufruf einer Systemfunktion im Anwenderprogramm aktualisieren. Für ein Eingangs-Teilprozeßabbild verwenden Sie die SFC 26 UPDAT_PI und für ein Ausgangs-Teilprozeßabbild die SFC 27 UPDAT_PO.

Die Parameter dieser SFCs zeigt die Tabelle 20.1. Mit diesen SFCs können Sie auch das Teilprozeßabbild 0 aktualisieren.

Die Aktualisierung einzelner Teilprozeßabbilder über den Aufruf dieser SFCs können Sie zu jeder beliebigen Zeit an jeder beliebigen Stelle durchführen. Beispielsweise können Sie für eine Prioritätsklasse (eine Programmbearbeitungsebene) ein Teilprozeßabbild definieren und dieses dann bei der Bearbeitung dieser Prioritätsklasse am Anfang und am Ende des entsprechenden Organisationsbausteins aktualisieren lassen.

Die Aktualisierung eines Prozeßabbilds ist durch den Aufruf einer höheren Prioritätsklasse unterbrechbar. Tritt bei der Aktualisierung eines Prozeßabbilds ein Fehler auf, z.B. weil eine Baugruppe nicht mehr ansprechbar ist, wird er über den Funktionswert der SFC zurückgemeldet.

## 20.2.2 Zyklusüberwachungszeit

Die Programmbearbeitung im Organisationsbaustein OB 1 wird zeitlich überwacht; dies geschieht durch die sogenannte „Zykluszeitüberwachung". Standardmäßig ist die Überwachungszeit auf 150 ms eingestellt. Über die Parametrierung der CPU können Sie diesen Wert zwischen 1 ms und 6 s einstellen.

Dauert die Bearbeitung des Hauptprogramms länger als die eingestellte Zyklusüberwachungszeit, ruft die CPU den Organisationsbaustein OB 80 „Zeitfehler" auf. Ist er nicht vorhanden, wechselt die CPU in den Stoppzustand.

Die Zyklusüberwachungszeit umfaßt die gesamte Bearbeitungszeit des OB 1. Hierin eingeschlossen sind auch die Bearbeitungszeiten für höhere Prioritätsklassen, die (im aktuellen Zyklus) das Hauptprogramm unterbrechen. Auch Kommunikationsprozesse durch das Betriebssystem, z.B. GD-Kommunikation oder PG-Zugriffe auf die CPU (z.B. Programmstatus!), vergrößern die Laufzeit des Hauptprogramms. Teilweise können Sie diese Belastung durch entsprechende Parametrierung der CPU („Zyklusbelastung durch Kommunikation" auf der Registerkarte „Zyklus/Taktmerker") beeinflussen.

### Zyklusstatistik

Sind Sie mit dem Programmiergerät online an einer laufenden CPU verbunden, können Sie mit ZIELSYSTEM → BAUGRUPPENZUSTAND ein Dialogfeld aufrufen, das mehrere Registerkarten enthält. Die Registerkarte „Zykluszeit" zeigt die aktuelle Zykluszeit sowie die kürzeste und längste Zykluszeit. Angezeigt werden auch die parametrierte Mindestzyklusdauer und die Zyklusüberwachungszeit.

**Tabelle 20.1** Parameter der SFCs zur Prozeßabbildaktualisierung

| Parametername | bei SFC | | Deklaration | Datentyp | Belegung, Beschreibung |
|---|---|---|---|---|---|
| PART | 26 | 27 | INPUT | BYTE | Nummer des Teilprozeßabbilds (0 bis 15) |
| RET_VAL | 26 | 27 | OUTPUT | INT | Fehlerinformation |
| FLADDR | 26 | 27 | OUTPUT | WORD | bei einem Zugriffsfehler die Adresse des ersten fehlerverursachenden Bytes |

Die aktuelle Zykluszeit des letzten Zyklus sowie die minimale und maximale Zykluszeit seit dem letzten Anlauf erfahren Sie auch über die temporären Lokaldaten aus der Startinformation des OB 1.

### SFC 43 RE_TRIGR Zyklusüberwachungszeit neu starten

Mit dem Aufruf der Systemfunktion SFC 43 RE_TRIGR starten Sie die Zyklusüberwachungszeit neu; sie läuft dann mit dem über die CPU-Parametrierung eingestellten Wert neu an. Die SFC 43 hat keine Parameter.

### Laufzeiten des Betriebssystems

Zur Zykluszeit zählen auch die Laufzeiten des Betriebssystems. Diese setzen sich wie folgt zusammen:

- ▷ Systemsteuerung der zyklischen Bearbeitung („Leerzyklus“), fester Wert
- ▷ Aktualisierung des Prozeßabbilds, abhängig von der Anzahl der zu aktualisierenden Bytes
- ▷ Aktualisierung der Zeitfunktionen, abhängig von der Anzahl der zu aktualisierenden Zeitfunktionen
- ▷ Belastung durch Kommunikation

Kommunikationsfunktionen für die CPU sind z.B. das Übertragen von Anwenderprogrammbausteinen oder der Datenaustausch zwischen CPU-Baugruppen mittels Systemfunktionen. Die Zeit, die die CPU für diese Funktionen aufwenden soll, kann durch Parametrierung der CPU begrenzt werden.

Alle Werte zur Laufzeit des Betriebssystems sind Eigenschaften der jeweiligen CPU.

## 20.2.3 Mindestzyklusdauer, Hintergrundbearbeitung

Bei entsprechend ausgelegten CPUs können Sie eine Mindestzyklusdauer vorgeben. Dauert die Bearbeitung des Hauptprogramms (einschließlich Unterbrechungen) nicht so lange wie vorgegeben, wartet die CPU, bis die eingestellte Mindestzyklusdauer erreicht ist. Erst dann beginnt sie den nächsten Zyklus mit erneutem Aufrufen des OB 1.

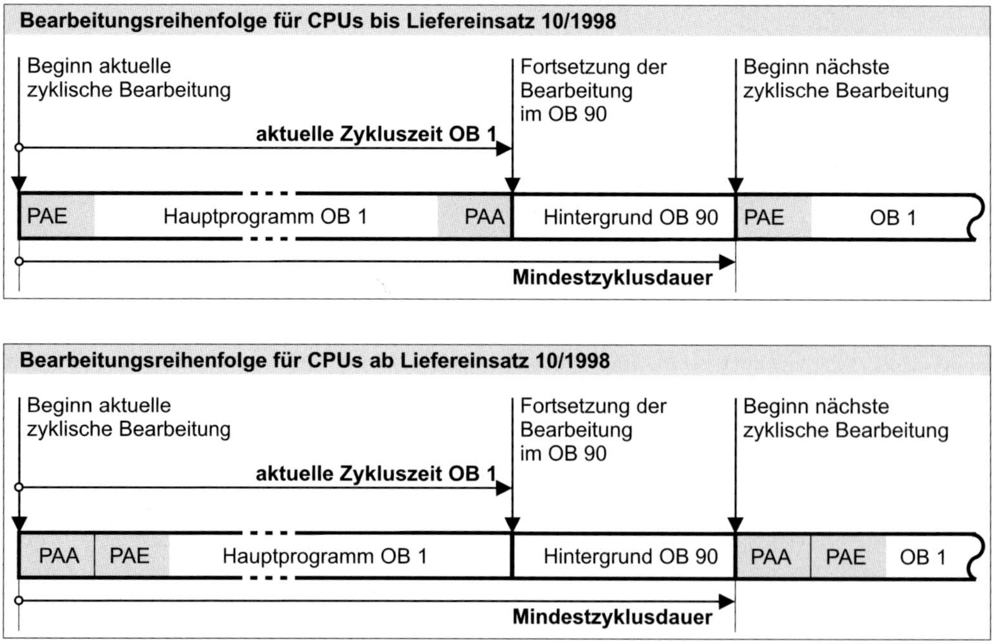


**Bild 20.3** Mindestzyklusdauer und Hintergrundbearbeitung

Die Mindestzyklusdauer ist defaultmäßig auf 0 ms eingestellt, d.h. die Funktion ist ausgeschaltet. Sie können eine Einstellung zwischen 1 ms und 6 s in der Registerkarte „Zyklus/Taktmerker" beim Parametrieren der CPU vornehmen.

### Hintergrundbearbeitung OB 90

In der Zeitspanne zwischen dem tatsächlichen Zyklusende und dem Ablauf der Mindestzyklusdauer bearbeitet die CPU den Organisationsbaustein OB 90 „Hintergrundbearbeitung" (Bild 20.3). Die Bearbeitung des OB 90 erfolgt „scheibchenweise": Mit dem Aufruf des OB 1 durch das Betriebssystem wird die Bearbeitung im OB 90 unterbrochen und mit dem Bearbeitungsende des OB 1 an der unterbrochenen Stelle fortgesetzt. Die Unterbrechung durch den OB 1 kann nach jeder Anweisung geschehen; ein im OB 90 aufgerufener Systembaustein wird jedoch noch zuende bearbeitet.

Die Bearbeitungsdauer eines „Scheibchens" hängt von der aktuellen Zykluszeit des OB 1 ab. Je näher die Bearbeitungszeit des OB 1 an der Mindestzyklusdauer liegt, desto weniger Zeit bleibt für die Bearbeitung des OB 90. Eine Überwachung der Programmbearbeitungszeit im OB 90 findet nicht statt.

Die Bearbeitung des OB 90 findet nur im Betriebszustand RUN statt. Sie kann durch Alarm- und Fehlerereignisse unterbrochen werden, genauso wie die Bearbeitung im OB 1. Die Startinformation in den temporären Lokaldaten (Byte 1) informiert, bei welchen Ereignissen die Programmbearbeitung im OB 90 wieder von vorne beginnt:

▷ B#16#91
nach einem CPU-Anlauf,

▷ B#16#92
nachdem ein im OB 90 bearbeiteter Baustein gelöscht oder ersetzt worden ist,

▷ B#16#93
nach dem (erneuten) Laden des OB 90 im Betriebszustand RUN,

▷ B#16#95
nachdem das Programm im OB 90 durchlaufen wurde und ein neuer Hintergrundzyklus beginnt.

### 20.2.4 Reaktionszeit

Wenn das Anwenderprogramm im OB 1 mit den Signalzuständen der Prozeßabbilder arbeitet, erhält man eine Reaktionszeit, die von der Programmbearbeitungszeit (der Zykluszeit) abhängt. Die Reaktionszeit liegt zwischen einer und zwei Zykluszeiten, wie das folgende Beispiel erläutert.

Wird beispielsweise ein Endschalter angefahren, ändert er seinen Signalzustand von „0" nach „1". Diese Änderung erfaßt die Steuerung bei der darauffolgenden Prozeßabbildaktualisierung und setzt den zum Endschalter gehörenden Eingang auf „1". Das Programm wertet diese Änderung aus, indem es z.B. einen Ausgang zurücksetzt, um den entsprechenden Motor auszuschalten. Die Übertragung des zurückgesetzten Ausgangs geschieht am Ende der Programmbearbeitung; erst dann wird das entsprechende Bit auf der Digitalausgabebaugruppe zurückgenommen.

Im günstigsten Fall erfolgt gleich im Anschluß an die Änderung des Endschaltersignals die Prozeßabbildaktualisierung (Bild 20.4). Dann dauert es nur eine Zykluszeit lang, bis der entsprechende Ausgang reagiert. Im ungünstigen Fall ist gerade die Prozeßabbildaktualisierung abgeschlossen, wenn sich das Endschaltersignal ändert. Dann muß etwa eine Zykluszeit gewartet werden, bis die Steuerung die Änderung bemerkt und den Eingang setzt. Nach einer weiteren Zykluszeit kann dann reagiert werden.

Die Bearbeitungszeit des Anwenderprogramms enthält bei dieser Betrachtung alle Vorgänge in einem Programmzyklus (also auch z.B. Bearbeitung von Alarmen, Bearbeitungen im Betriebssystem wie Aktualisierung der Zeitfunktionen, Steuerung der MPI-Schnittstelle, Prozeßabbildaktualisierung).

Die Reaktionszeit auf eine Änderung des Eingangssignals kann also zwischen einer und zwei Zykluszeiten betragen. Zur Reaktionszeit hinzu kommen noch die Verzögerungszeiten für die Eingabebaugruppen und Schaltzeiten von Schützen, usw.

Sie können in Einzelfällen eine Verkleinerung der Reaktionszeiten erreichen, indem Sie die Peripherie direkt ansprechen oder Programmteile ereignisgesteuert aufrufen.

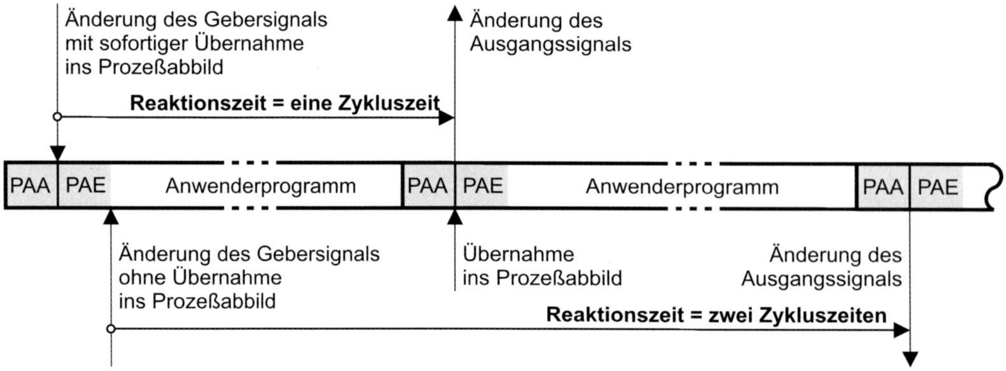


**Bild 20.4** Reaktionszeiten von speicherprogrammierbaren Steuerungen

### 20.2.5 Startinformation

Das Betriebssystem der CPU übergibt dem Organisationsbaustein OB 1, wie jedem Organisationsbaustein, eine Startinformation in den ersten 20 Byte der temporären Lokaldaten. Die Deklaration der Startinformation können Sie mit eigenen Angaben selbst erstellen oder Sie verwenden die Vorlagen aus der Standardbibliothek *Standard Library* unter *Organization Blocks*.

Die Tabelle 20.2 zeigt diese Belegung der Startinformation für den OB 1, die defaultmäßige symbolische Bezeichnung und die Datentypen. Die Bezeichnung können Sie jederzeit ändern und Ihnen genehmere Namen vergeben. Auch wenn Sie die Startinformation nicht nutzen, müssen Sie die ersten 20 Byte der temporären Lokaldaten hierfür reservieren (z.B. mit einem Feld aus 20 Bytes).

Alle Ereignismeldungen bei SIMATIC S7 haben einen festgelegten Aufbau, der durch die Ereignisklasse spezifiziert ist. Die Startinformation des OB 1 meldet z.B. das Ereignis

**Tabelle 20.2** Startinformation für den OB 1

| Byte | Variablenname | Datentyp | Beschreibung | Belegung |
|---|---|---|---|---|
| 0 | OB1_EV_CLASS | BYTE | Ereignisklasse | B#16#11 = Aufruf Standard-OB |
| 1 | OB1_SCAN_1 | BYTE | Startinfo | B#16#01 = erster Zyklus nach Neustart (Warmstart)<br>B#16#02 = erster Zyklus nach Wiederanlauf<br>B#16#03 = jeder weitere Zyklus<br>B#16#04 = erster Zyklus nach Kaltstart |
| 2 | OB1_PRIORITY | BYTE | Priorität | B#16#01 |
| 3 | OB1_OB_NUMBR | BYTE | OB-Nummer | B#16#01 |
| 4 | OB1_RESERVED_1 | BYTE | reserviert | - |
| 5 | OB1_RESERVED_2 | BYTE | reserviert | - |
| 6..7 | OB1_PREV_CYCLE | INT | vorherige Zykluszeit | in ms |
| 8..9 | OB1_MIN_CYCLE | INT | minimale Zykluszeit | in ms |
| 10..11 | OB1_MAX_CYCLE | INT | maximale Zykluszeit | in ms |
| 12..19 | OB1_DATE_TIME | DT | Ereigniseintritt | Aufrufzeitpunkt des OBs (zyklisch) |

B#16#11 als Aufruf eines Standard-OBs. Aus der Belegung des nächsten Bytes können Sie erkennen, ob sich das Hauptprogramm im ersten Zyklus nach dem Einschalten befindet und so z.B. Initialisierungsroutinen im zyklischen Programm aufrufen.

Die Priorität und die OB-Nummer des Hauptprogramms sind festgelegt. Mit drei INT-Werten gibt die Startinformation Auskunft über die Zykluszeit des letzten abgelaufenen Zyklus und über die minimale und maximale Zykluszeit seit dem letzten Einschalten. Der letzte Wert im Format DATE_AND_TIME gibt an, wann die Prioritätssteuerung das Ereignis zum Aufrufen des OB 1 empfangen hat.

Beachten Sie, daß Sie die Startinformation eines Organisationsbausteins nur im Organisationsbaustein selbst direkt lesen können, da es sich hier um temporäre Lokaldaten handelt. Benötigen Sie Werte aus der Startinformation auch in Bausteinen, die in tieferen Aufrufebenen liegen, rufen Sie an der entsprechenden Stelle im Programm die Systemfunktion SFC 6 RD_SINFO auf.

**SFC 6 RD_SINFO**
**Startinformation auslesen**

Die Systemfunktion SFC 6 RD_SINFO stellt Ihnen die Startinformation des aktuellen Organisationsbausteins (das ist der OB an der Spitze des Aufrufbaums) und die des zuletzt ausgeführten Anlauf-OBs auch in einer tieferen Aufrufebene zur Verfügung (Tabelle 20.3).

Der Ausgangsparameter TOP_SI enthält die ersten 12 Bytes der Startinformation des aktuellen OBs, der Ausgangsparameter START_UP_SI die ersten 12 Bytes der Startinformation des zuletzt ausgeführten Anlauf-OBs. Der Zeitstempel ist in beiden Fällen nicht dabei.

Der Aufruf der SFC 6 RD_SINFO ist nicht nur innerhalb des Hauptprogramms an beliebiger Stelle zugelassen, sondern in jeder Prioritätsklasse, auch im Programm eines Fehler-Organisationsbausteins oder im Anlauf. Wird die SFC z.B. in einem Alarm-Organisationsbaustein aufgerufen, enthält TOP_SI die Startinformation des Alarm-OBs. Bei einem Aufruf im Anlauf haben TOP_SI und START_UP_SI den gleichen Inhalt.

## 20.3 Programmfunktionen

Zusätzlich zur Parametrierung der CPU mit der Hardware-Konfiguration können Sie einige Programmfunktionen auch über die integrierten Systemfunktionen dynamisch zur Laufzeit einstellen.

### 20.3.1 Echtzeituhr

Mit folgenden Systemfunktionen steuern Sie die Echtzeituhr in der CPU:

▷ SFC 0 SET_CLK
Uhrzeit und Datum stellen

▷ SFC 1 READ_CLK
Uhrzeit und Datum lesen

▷ SFC 48 SNC_RTCB
Synchronisieren der CPU-Uhren

**Tabelle 20.3** Parameter der SFC 6 RD_SINFO

| SFC | Parametername | Deklaration | Datentyp | Belegung, Beschreibung |
|---|---|---|---|---|
| 6 | RET_VAL | OUTPUT | INT | Fehlerinformation |
| | TOP_SI | OUTPUT | STRUCT | Startinformation des aktuellen OBs (mit der gleichen Struktur wie START_UP_SI) |
| | START_UP_SI | OUTPUT | STRUCT | Startinformation des zuletzt gestarteten OBs: |
| | .EV_CLASS | | BYTE | Ereigniskennung und Ereignisklasse |
| | .EV_NUM | | BYTE | Ereignisnummer |
| | .PRIORITY | | BYTE | Bearbeitungspriorität (Nummer der Ablaufebene) |
| | .NUM | | BYTE | OB-Nummer |
| | .TYP2_3 | | BYTE | Kennung der Zusatzinformation 2_3 |
| | .TYP1 | | BYTE | Kennung der Zusatzinformation 1 |
| | .ZI1 | | WORD | Zusatzinformation 1 |
| | .ZI2_3 | | DWORD | Zusatzinformation 2_3 |

**Tabelle 20.4** Parameter der SFCs für die Echtzeituhr

| SFC | Parametername | Deklaration | Datentyp | Belegung, Beschreibung |
|---|---|---|---|---|
| 0 | PDT | INPUT | DT | Datum und Uhrzeit (neu) |
| | RET_VAL | OUTPUT | INT | Fehlerinformation |
| 1 | RET_VAL | OUTPUT | INT | Fehlerinformation |
| | CDT | OUTPUT | DT | Datum und Uhrzeit (aktuell) |
| 48 | RET_VAL | OUTPUT | INT | Fehlerinformation |

Die Parameter der Systemfunktionen entnehmen Sie der Tabelle 20.4.

Sind mehrere CPUs in einem Subnetz miteinander verbunden, parametrieren Sie die Uhr einer CPU als „Master-Uhr". Beim Parametrieren der CPU geben Sie auch das Synchronisationsintervall an, nach dem automatisch alle Uhren im Subnetz nach der Master-Uhr synchronisiert werden.

Die SFC 48 SNC_RTCB rufen Sie in der CPU mit der Master-Uhr auf. Der Aufruf synchronisiert alle Uhren im Subnetz unabhängig von der automatischen Synchronisation. Stellen Sie mit der SFC 0 SET_CLK eine Master-Uhr, werden automatisch alle anderen Uhren im Subnetz auf diesen Wert synchronisiert.

### 20.3.2 Systemzeit lesen

Die Systemzeit einer CPU läuft beim Einschalten der CPU an. Die Systemzeit läuft solange sich die CPU im Anlauf oder im RUN befindet. Bei STOP oder HALT wird der aktuelle Wert der Systemzeit „eingefroren".

Lösen Sie bei einer S7-400-CPU einen Wiederanlauf aus, läuft die Systemzeit ab dem gespeicherten Wert weiter. Kaltstart oder Neustart (Warmstart) setzen die Systemzeit zurück.

Die Systemzeit liegt im Datenformat TIME vor, wobei nur die positiven Werte vorkommen:

TIME#0ms bis
TIME#24d20h31m23s647ms.

Bei einem Überlauf beginnt die Systemzeit wieder bei 0. Eine CPU 3xx (außer CPU 318) aktualisiert die Systemzeit alle 10 ms, CPU 318 und eine CPU 4xx alle 1 ms.

#### SFC 64 TIME_TCK
#### Systemzeit lesen

Mit der Systemfunktion SFC 64 TIME_TCK lesen Sie die aktuelle Systemzeit. Der Parameter RET_VAL enthält die gelesene Systemzeit im Datenformat TIME.

Die Systemzeit können Sie nutzen, um z.B. die aktuelle Laufzeit der CPU zu lesen oder durch Differenzbildung die Zeitdauer zwischen zwei SFC 64-Aufrufen zu berechnen. Die Differenz zweier Werte im TIME-Format bilden Sie durch DINT-Subtraktion.

### 20.3.3 Betriebsstundenzähler

Ein Betriebsstundenzähler in einer CPU zählt die Stunden, während er läuft. Sie können den Betriebsstundenzähler z.B. zum Erfassen der CPU-Laufzeit nutzen oder um die Betriebsdauer von angeschlossenen Geräten zu ermitteln.

Die Anzahl der Betriebsstundenzähler pro CPU ist CPU-spezifisch. Im STOP oder HALT der CPU steht auch der Betriebsstundenzähler; läuft die CPU wieder an, setzt er die Zählung ab dem letzten Wert fort.

Ist eine Zeitdauer von 32767 Stunden erreicht, bleibt der Betriebsstundenzähler stehen und meldet Überlauf. Einen Betriebsstundenzähler kann man nur mit einem SFC-Aufruf auf einen neuen Wert oder auf Null stellen.

Zum Steuern eines Betriebsstundenzählers stehen Ihnen folgende Systemfunktionen zur Verfügung:

▷ SFC 2 SET_RTM
Betriebsstundenzähler setzen

▷ SFC 3 CTRL_RTM
Betriebsstundenzähler starten oder stoppen

▷ SFC 4 READ_RTM
Betriebsstundenzähler lesen

Die Tabelle 20.5 zeigt die Parameter dieser Systemfunktionen.

**Tabelle 20.5** Parameter der SFCs für den Betriebsstundenzähler

| SFC | Parameter | Deklaration | Datentyp | Belegung, Beschreibung |
|---|---|---|---|---|
| 2 | NR | INPUT | BYTE | Nummer des Betriebsstundenzählers (B#16#00 bis B#16#07) |
| | PV | INPUT | INT | neuer Wert für den Betriebsstundenzähler |
| | RET_VAL | OUTPUT | INT | Fehlerinformation |
| 3 | NR | INPUT | BYTE | Nummer des Betriebsstundenzählers (B#16#00 bis B#16#07) |
| | S | INPUT | BOOL | Betriebsstundenzähler starten (mit „1") oder stoppen (mit „0") |
| | RET_VAL | OUTPUT | INT | Fehlerinformation |
| 4 | NR | INPUT | BYTE | Nummer des Betriebsstundenzählers (B#16#00 bis B#16#07) |
| | RET_VAL | OUTPUT | INT | Fehlerinformation |
| | CQ | OUTPUT | BOOL | Betriebsstundenzähler läuft („1") oder ist angehalten („0") |
| | CV | OUTPUT | INT | aktueller Wert des Betriebsstundenzählers |

Der Parameter NR steht für die Nummer des Betriebsstundenzählers und hat den Datentyp BYTE. Sie können ihn mit einer Konstanten oder mit einer Variablen versorgen (wie alle Eingangsparameter mit elementarem Datentyp). Mit PV (Datentyp INT) stellen Sie den Betriebsstundenzähler auf einen Anfangswert. Der Parameter S der SFC 3 startet (mit Signalzustand „1") oder stoppt (mit „0") den angewählten Betriebsstundenzähler. CQ gibt an, ob der abgefragte Betriebsstundenzähler läuft (mit Signalzustand „1") oder ob er angehalten ist (mit „0"). Der Parameter CV meldet im Datenformat INT die abgelaufenen Stunden.

### 20.3.4 CPU-Speicher komprimieren

Durch mehrfaches Löschen und Nachladen von Bausteinen, wie es z.B. beim Online-Ändern von Bausteinen vorkommt, können auf der CPU im Arbeitsspeicher und im RAM-Ladespeicher Lükken entstehen, die den nutzbaren Speicherbereich verringern. Durch die Funktion „Komprimieren" stoßen Sie ein CPU-Programm an, das diese Lükken durch Zusammenschieben der Bausteine auffüllt. Sie können „Komprimieren" über die Bedienung eines angeschlossenen Programmiergeräts anstoßen oder durch den Aufruf der Systemfunktion **SFC 25 COMPRESS**. Die Parameter der SFC 25 finden Sie in der Tabelle 20.6.

Der Komprimiervorgang wird über mehrere Programmzyklen verteilt. Mit BUSY = „1" meldet die SFC, daß sie noch aktiv ist, mit DONE = „1" meldet die SFC das Beenden des Komprimiervorgangs. Die SFC kann nicht komprimieren, wenn gerade ein extern angestoßener Komprimiervorgang läuft, wenn die Funktion „Baustein löschen" aktiv ist und wenn gerade PG-Funktionen auf den zu verschiebenden Baustein zugreifen (z.B. Programmstatus).

Beachten Sie, daß Bausteine ab einer bestimmten, CPU-spezifischen Maximallänge mit COMPRESS nicht verschoben werden können. Dann bleiben Lücken im CPU-Speicher. Nur das vom PG aus angestoßene Komprimieren im Betriebszustand STOP schließt alle Lücken.

### 20.3.5 Warten und Stoppen

Mit der Systemfunktion **SFC 47 WAIT** halten Sie die Programmbearbeitung für eine vorgegebene Zeitdauer an.

Die SFC 47 WAIT hat den Eingangsparameter WT mit dem Datentyp INT, an dem Sie die Wartezeit in Mikrosekunden ($\mu$s) angeben.

Die maximale Wartezeit beträgt 32767 $\mu$s, die kleinstmögliche Wartezeit entspricht der Ausführungszeit der Systemfunktion. Diese ist abhängig von der verwendeten CPU.

**Tabelle 20.6** Parameter der SFC 25 COMPRESS

| SFC | Parameter | Deklaration | Datentyp | Belegung, Beschreibung |
|---|---|---|---|---|
| 25 | RET_VAL | OUTPUT | INT | Fehlerinformation |
| | BUSY | OUTPUT | BOOL | Komprimierung ist noch aktiv (mit „1“) |
| | DONE | OUTPUT | BOOL | Komprimierung ist abgeschlossen (mit „1“) |

Die SFC 47 kann durch höherpriore Ereignisse unterbrochen werden. Bei S7-300 verlängert sich dann die Wartezeit um die Bearbeitungszeit des höherprioren Unterbrechungsprogramms.

Mit der Systemfunktion **SFC 46 STP** beenden Sie die Programmbearbeitung; die CPU geht dann in den Stoppzustand. Die SFC 46 hat keine Parameter.

### 20.3.6 Mehrprozessorbetrieb

SIMATIC S7-400 gestattet einen Mehrprozessorbetrieb. Bis zu vier entsprechend ausgelegte CPUs können Sie gemeinsam in einem Baugruppenträger am gleichen P-Bus und K-Bus betreiben.

Eine S7-400-Station ist automatisch im Mehrprozessorbetrieb, wenn Sie in der Hardware-Konfiguration mehr als eine CPU im Zentralbaugruppenträger anordnen. Die Steckplätze sind beliebig; die CPUs werden durch eine Nummer unterschieden, die beim Stecken automatisch in aufsteigender Reihenfolge vergeben wird. Die CPU-Nummer können Sie auf der Registerkarte „Multicomputing“ auch selbst einstellen.

Die Konfigurationsdaten der CPUs müssen alle gemeinsam (gleichzeitig) in das Zielsystem geladen werden, auch dann, wenn Sie nur an einer CPU Änderungen vornehmen.

Nach dem Parametrieren der CPUs ordnen Sie jede Baugruppe in der Station einer CPU zu. Dies geschieht beim Parametrieren der Baugruppe in der Registerkarte „Adressen“ unter „CPU-Zuordnung“ (Bild 20.5). Gleichzeitig mit dem Adreßraum der Baugruppe ordnen Sie auch die Alarme der Baugruppe dieser CPU zu. Mit Ansicht Æ Filtern Æ CPU-Nr.x-Baugruppen können Sie in den Konfigurationstabellen die einer CPU zugeordneten Baugruppen hervorheben.

Die CPUs im Mehrprozessorverbund haben alle den gleichen Betriebszustand. Das bedeutet

- ▷ sie müssen alle mit der gleichen Anlaufart parametriert sein,
- ▷ sie gehen gleichzeitig in den Betriebszustand RUN,
- ▷ sie gehen alle in den Betriebszustand HALT, wenn Sie in einer CPU im Einzelschrittmodus testen
- ▷ sie gehen alle in den Betriebszustand STOP, sobald eine CPU in STOP geht.

Beim Ausfall eines Baugruppenträgers in der Station wird der Organisationsbaustein OB 86 in jeder CPU aufgerufen.

Die Anwenderprogramme in den einzelnen CPUs laufen voneinander unabhängig; sie sind nicht synchronisiert.

Mit dem Aufruf der SFC 35 MP_ALM starten Sie den Organisationsbaustein OB 60 „Mehrprozessoralarm“ in allen CPUs gleichzeitig (siehe Kapitel 21.7 „Mehrprozessoralarm“).

## 20.4 Kommunikation über Dezentrale Peripherie

Ähnlich wie zentral angeordnete Baugruppen einer CPU zugeordnet sind und von dieser ausgesteuert werden, sind dezentral angeordnete Baugruppen (Stationen, DP-Slaves) einem DP-Master zugeordnet. Den DP-Master mit allen „seinen“ DP-Slaves bezeichnet man als DP-Mastersystem. Es können mehrere DP-Mastersysteme in einer S7-Station vorhanden sein.

Die DP-Slaves belegen wie die zentral angeordneten Baugruppen Adressen im Peripheriebe-

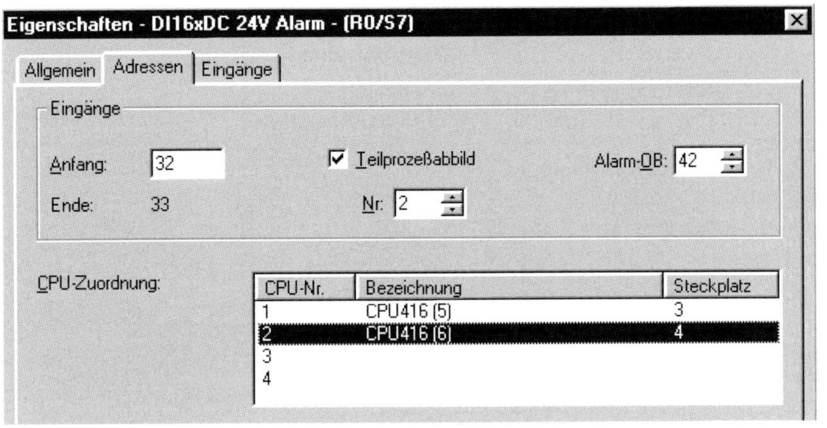


**Bild 20.5** Baugruppenzuordnung im Mehrprozessorbetrieb

reich der CPU („logischer Adreßraum"). Der DP-Master ist sozusagen „transparent" für die Adressen der DP-Slaves; die CPU „sieht" die Adressen der DP-Slaves, so daß sich die Adressen der DP-Slaves mit denen der zentral angeordneten Baugruppen nicht überlappen dürfen, auch nicht mit denen von DP-Slaves in anderen der CPU zugeordneten DP-Mastersystemen.

Neuere DP-Master kennen zwei Betriebsarten: DPV1 und S7-kompatibel. „S7-kompatibel" entspricht der bisherigen Betriebsart. Sie können damit alle DP-Norm-Slaves nach EN 50170 betreiben, zusätzlich die „DP-S7-Slaves" von Siemens, die auch bisher schon Alarme an den DP-Master stellen konnten. In der Betriebsart DPV1 können darüber hinaus auch DP-Slaves verwendet werden, die die neuen Eigenschaften nach IEC 61131 aufweisen, wie z.B. eine erhöhte Diagnose- und Parametrierfähigkeit durch die Verwendung von azyklisch übertragenen Datensätzen oder die Verwendung von neuen Alarmarten. Für diese neuen „DPV1-Slaves" gibt es dann auch neue Systemfunktionen zur Datensatzübertragung und neue Alarm-Organisationsbausteine.

Das Projektieren der Dezentralen Peripherie hat große Ähnlichkeit mit dem der zentralen Baugruppen. Ausgangspunkt ist der DP-Master mit dem grafisch dargestellte DP-Mastersystem. Daran werden die Stationen „angehängt" und anschließend adressiert und parametriert.

Besondere Anforderungen an die Konsistenz (die Zusammengehörigkeit) von Nutzdaten erfordern spezielle Systemfunktionen für die Dezentrale Peripherie: So kann trotz der seriellen Übertragung bei DP-Slaves die Datenkonsistenz über die vom S7-System garantierten 4 Bytes hinausgehen und man kann Gruppen von DP-Slaves so zusammenschalten, daß sie synchron Daten liefern bzw. ausgeben.

### 20.4.1 Dezentrale Peripherie adressieren

Jeder DP-Slave hat zusätzlich zur Teilnehmeradresse eine geographische Adresse, eine Baugruppenanfangsadresse und eventuell eine Diagnoseadresse (Bild 20.6).

#### Teilnehmeradresse

Jeder Teilnehmer am PROFIBUS-Subnetz hat eine im Subnetz eindeutige Adresse, die Teilnehmeradresse (Stationsnummer), die ihn von den anderen Teilnehmern am Subnetz unterscheidet. Mit dieser Teilnehmeradresse wird die Station am PROFIBUS angesprochen.

Beachten Sie, daß die Adressen der aktiven Busteilnehmer zueinander eine Lücke von mindestens 1 haben müssen (z.B. bei DP-Master und Teilnehmer am Querverkehr). STEP 7 berücksichtigt dies bei der automatischen Vergabe der Teilnehmeradressen.

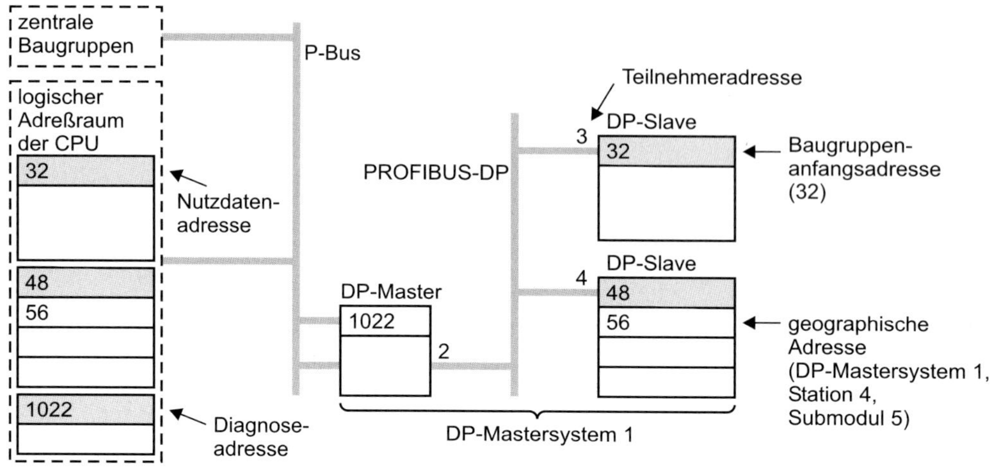


**Bild 20.6** Adressen in einem DP-Mastersystem

## Geographische Adresse

Die geographische Adresse eines DP-Slaves entspricht der Steckplatzadresse einer zentral angeordneten Baugruppe. Sie setzt sich zusammen aus der DP-Mastersystem-ID (wird beim Projektieren festgelegt) und der Teilnehmeradresse am PROFIBUS (entspricht der Racknummer).

Bei modular aufgebauten DP-Slaves kommt die Steckplatznummer hinzu, bei Baugruppen mit Submodulen zusätzlich der Submodulsteckplatz (wie bei S7-300 beginnt die Steckplatznumerierung bei 4).

Wenn ein DP-Master die Betriebsart DPV1 hat, werden in der Hardware-Konfiguration die Steckplätze des modularen DP-Slaves ab Steckplatz 1 beginnend dargestellt, so daß man jetzt z.B. bei ET200M auch die Anschaltungsbaugruppe auf Steckplatz 2 sieht. Die gesamte DP-Station wird bei DPV1 durch den virtuellen Steckplatz 0 repräsentiert.

## Baugruppenanfangsadresse, Datenkonsistenz

Unter der Baugruppenanfangsadresse („logische Basisadresse“) erreichen Sie die Nutzdaten eines kompakten DP-Slaves bzw. einer Baugruppe in einem modularen DP-Slave. Sie entspricht der Baugruppenanfangsadresse einer zentralen Baugruppe. Haben die Adressen eines DP-Slaves eine Datenkonsistenz von 1, 2 oder 4 Byte hat, können Sie die Nutzdaten mit Lade- und Transferanweisungen ansprechen. Wenn die Baugruppenanfangsadresse im Prozeßabbild liegt, werden die Nutzdaten im Rahmen des Prozeßabbildtransfers übertragen. Auch die Zuordnung zu einem Teilprozeßabbild ist möglich.

Beträgt die Datenkonsistenz 3 oder mehr als 4 Bytes (bis zu einer CPU-spezifischen Größe), benötigen Sie die Systemfunktionen SFC 14 DPRD_DAT und SFC 15 DPWR_DAT, um die Nutzdaten konsistent zu lesen bzw. zu schreiben. Die SFCs lesen bzw. schreiben die am Parameter RECORD angelegten Datenbereiche unter Umgehung des Prozeßabbilds, es sei denn, das Prozeßabbild ist Datenquelle bzw. Datenziel am Parameter RECORD.

Das Bild 20.7 veranschaulicht beispielhaft die Übertragung von Nutzdaten. Der DP-Master überträgt zyklisch die Nutzdaten „seiner“ DP-Slaves, im Beispiel von einer Station mit der Baugruppenanfangsadresse 32 und einer Datenkonsistenz von 4 Bytes (DP-Slave 1) und von einer Station mit der Baugruppenanfangsadresse 48 und einer Datenkonsistenz von 8 Bytes (DP-Slave 2).

Die Nutzdatenbytes des DP-Slaves 1 stehen im Übergabebereich des DP-Masters am P-Bus der

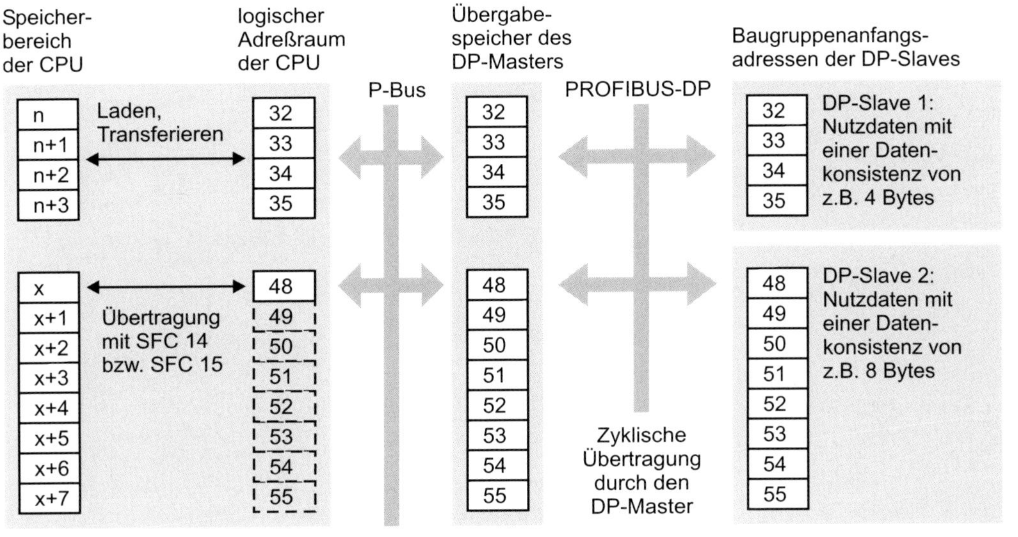


**Bild 20.7** Übertragung von Nutzdaten bei Dezentraler Peripherie

CPU zur Verfügung und können, wie jede andere zentral angeordnete Baugruppe auch, mit Laden und Transferieren in den Speicherbereich der CPU, z.B. in einen Datenbaustein, übertragen werden. Mit den angegebenen Adressen liegen die Bytes im Prozeßabbild, so daß sie über Eingänge bzw. Ausgänge auch binär verarbeitet werden können.

Die Nutzdatenbytes des DP-Slaves 2 liegen auch vollständig im Übergabebereich des DP-Masters, am P-Bus ist jedoch nur die Baugruppenanfangsadresse (im Beispiel 48) ansprechbar.

Die restlichen Adressen sind (theoretisch) frei, sie werden jedoch von der Hardware-Konfiguration für eine anderweitige Nutzung gesperrt. Über diese Baugruppenanfangsadresse adressieren die SFCs 14 und 15 die Nutzdaten des DP-Slaves 2 und tauschen sie mit einem Speicherbereich der CPU aus z.B. mit einen Datenbaustein.

Mit Laden und Transferieren ist diese Adresse nicht ansprechbar, auch nicht vom Betriebssystem bei der Prozeßabbildaktualisierung; im Beispiel wird das Prozeßabbild zwischen den Adressen 48 und 55 nicht aktualisiert. Sie können jedoch als Quelle bzw. Ziel an den Systemfunktionen SFC 14/15 Bereiche im Prozeßabbild angeben und so dennoch diese Adressen nutzen.

### Übergabespeicher bei intelligenten DP-Slaves

Bei kompakten und modularen DP-Slaves liegen die Adressen der Ein- und Ausgänge im Peripheriebereich der zentralen CPU (im folgenden „Master-CPU" genannt).

Bei intelligenten Slaves hat die Master-CPU keinen direkten Zugriff auf die Ein-/Ausgabebaugruppen des DP-Slaves. Jeder intelligente DP-Slave hat deshalb einen Übergabespeicher, der sich in mehrere Teilbereiche mit unterschiedlicher Länge und Datenkonsistenz aufteilen läßt. Aus der Sicht der Master-CPU erscheint so der intelligente DP-Slave je nach Aufteilung wie ein kompakter oder wie ein modularer DP-Slave.

Die Größe des gesamten Übergabespeichers ist abhängig vom DP-Slave. Die Adressen des Übergabespeichers legen Sie bei der Projektierung fest: die Adressen aus der Sicht der Slave-CPU bei der Projektierung des intelligenten DP-Slaves und die Adressen aus der Sicht der Master-CPU beim Einfügen des intelligenten

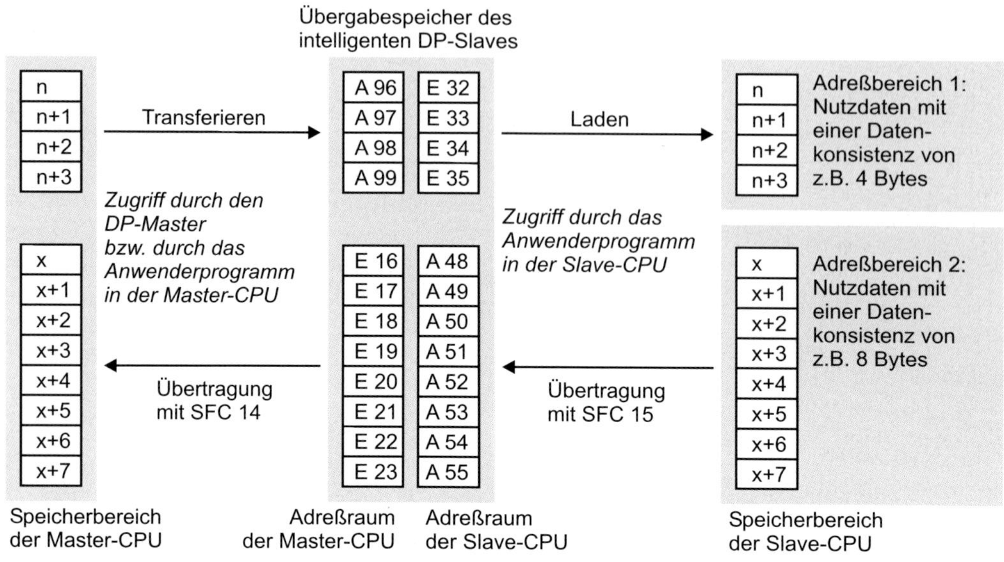


**Bild 20.8** Übergabespeicher bei intelligenten DP-Slaves

DP-Slaves in das DP-Mastersystem. Ausnahme: Bildet der CP 342-5DP die DP-Schnittstelle für den intelligenten Slave, wird die Aufteilung seines Übergabespeichers erst beim Ankoppeln an das DP-Mastersystem projektiert.

Aus der Sicht des DP-Masters (genauer: aus der Sicht der zentralen Master-CPU) dürfen sich die Adressen des Übergabespeichers nicht mit den Adressen anderer Baugruppen in der (zentralen) S7-Station überschneiden. Aus der Sicht der Slave-CPU dürfen sich die Adressen des Übergabespeichers nicht mit denen der im intelligenten DP-Slaves angeordneten Baugruppen überlappen.

Die Adreßbereiche des Übergabespeichers verhalten sich bezüglich Nutzdatenzugriff und Datenkonsistenz wie einzelne Baugruppen, d.h. die niedrigste Adresse eines Adreßbereichs ist die „Baugruppenanfangsadresse". Entsprechend der eingestellte Datenkonsistenz greifen Sie auf die Nutzdaten eines Adreßbereichs mit Laden/Transferieren oder mit den SFC 14/15 zu, sowohl im Programm der Master-CPU als auch im Programm der Slave-CPU. Sie können im Programm der Slave-CPU mit der SFC 7 DP_PRAL für einen Adreßbereich auch einen Prozeßalarm in der Master-CPU auslösen.

Das Beispiel im Bild 20.8 zeigt einen Übergabespeicher mit zwei Adreßbereichen. Der Adreßbereich 1 ist aus der Sicht der Master-CPU eine Ausgabebaugruppe, die mit Transferieren beschrieben werden kann (oder auch mit binären Speicheroperationen, wenn die Adressen im Prozeßabbild liegen). Für die Slave-CPU ist der Adreßbereich 1 eine Eingabebaugruppe, die mit Laden oder, wenn die Adressen im Prozeßabbild liegen, mit Abfrageoperationen gelesen werden kann. Der Adreßbereich 2 mit einer Datenkonsistenz von 8 Bytes kann von der Slave-CPU nur mit der SFC 15 geschrieben werden und von der Master-CPU nur mit der SFC 14 gelesen werden.

## Diagnoseadressen

Entsprechend ausgelegte DP-Slaves können zusätzlich zu ihren Nutzdaten sogenannte Diagnosedaten liefern, die über den Status des DP-Slaves Auskunft geben. Im Anwenderprogramm werden diese Diagnosedaten mit Systembausteinen abgefragt. Für herkömmliche DP-Norm-Slaves gibt es hierfür die Systemfunktion SFC 13 DPNRM_DG. Bei DP-S7-Slaves verwendet man die SFC 59 RD_REC, um den Datensatz DS1 mit den Diagnosedaten zu lesen. DPV1-Slaves sind in der Lage, umfangreichere Diagnosedaten zu liefern, die mit dem Systemfunktionsbaustein SFB 52 RDREC gelesen werden können. Die Adressierung der Baugruppen geschieht über die logischen Baugruppenanfangsadressen der Nutzdaten.

Auch Anschaltungsbaugruppen oder die komplette DP-Station können Diagnosedaten liefern. Wegen fehlender Nutzdatenadressen bekommen diese Baugruppen bzw. Stationen Diagnoseadressen zugewiesen, über die man die Diagnosedaten lesen kann.

Die Diagnoseadresse belegt ein Byte Peripherie-Eingänge. Defaultmäßig vergibt STEP 7 die Diagnoseadresse beginnend mit der höchsten Adresse im Peripheriebereich der CPU. Sie können die Diagnoseadresse ändern. Die Adreßübersicht in der Hardware-Konfiguration kennzeichnet die Diagnoseadresse mit einem Stern.

In DPV1-Modus ist die Diagnoseadresse der DP-Station dem virtuellen Steckplatz 0 zugeordnet. Die mit dieser Adresse gelesenen Diagnosedaten sind Daten, die nur der gesamten Station zugeordnet werden können, wie z.B. Stationsausfall/Stationswiederkehr.

Bei der Projektierung intelligenter DP-Slaves wird auch eine Diagnoseadresse für den DP-Master vergeben. Über diese Adresse kann der DP-Slave die Diagnosedaten des DP-Masters lesen. (Registerkarte „Adressen“ im Bild 20.9). Sendet die Slave-Station z.B. einen Diagnosealarm an die Master-Station, werden die Adressen auf der Registerkarte „Betriebsart“ verwendet. Die unter „Diagnoseadresse“ stehende Adresse repräsentiert Diagnosedaten, die nur die komplette DP-Station betreffen. Die unter „Adresse für Steckplatz 2“ stehende Diagnoseadresse repräsentiert die Slave-CPU als Baugruppe. Die den beiden letztgenannten Diagnoseadressen entsprechenden Adressen in der Masterstation werden beim Koppeln des intelligenten DP-Slaves an das DP-Mastersystem vergeben. Unter diesen Diagnoseadressen sieht dann die Master-CPU die Diagnosedaten der Slave-Station.

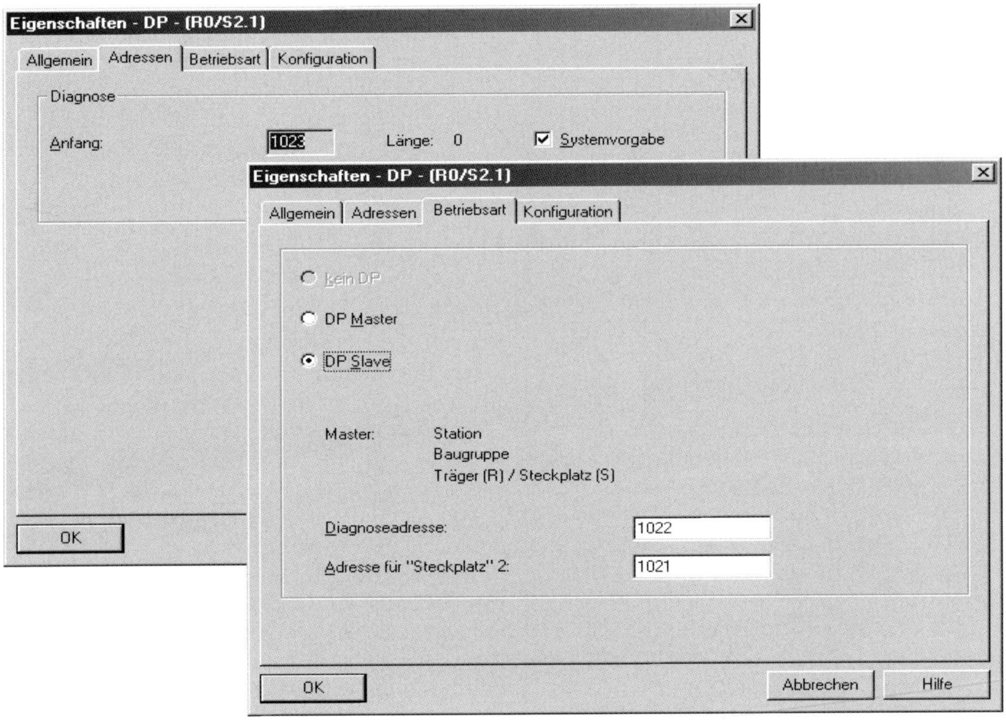


**Bild 20.9** Diagnoseadressen aus der Sicht eines intelligenten DP-Slaves

### 20.4.2 Dezentrale Peripherie projektieren

#### Allgemeines Vorgehen

Die Dezentrale Peripherie projektieren Sie im wesentlichen wie die zentral angeordneten Baugruppen. Anstatt Baugruppen in einem Baugruppenträger anzuordnen, ordnen Sie hier DP-Stationen (PROFIBUS-Teilnehmer) einem DP-Mastersystem zu. Für die notwendigen Tätigkeiten wird folgende Reihenfolge empfohlen:

1) Mit dem SIMATIC Manager legen Sie ein neues Projekt an oder öffnen ein vorhandenes.

2) Mit dem SIMATIC Manager legen Sie im Projekt ein PROFIBUS-Subnetz an und stellen gegebenenfalls das Busprofil ein.

3) Mit dem SIMATIC Manager legen Sie im Projekt die Masterstation an, die den DP-Master aufnehmen soll, z.B. eine S7-400-Station.

   Wenn Ihre Anlage intelligente DP-Slaves enthält, legen Sie jetzt auch die entsprechenden Slavestationen, z.B. S7-300-Stationen, an.

   Mit dem Öffnen der Masterstation starten Sie die Hardware-Konfiguration.

4) Mit der Hardware-Konfiguration plazieren Sie einen DP-Master in die Masterstation. Das kann z.B. eine CPU mit integrierter DP-Schnittstelle sein. Der DP-Schnittstelle weisen Sie das vorher angelegte PROFIBUS-Subnetz zu und erhalten ein DP-Mastersystem. Im Register „Betriebsart" legen Sie auch den DP-Mode fest: DPV1 oder S7-kompatibel. Die restlichen Baugruppen können Sie auch später konfigurieren. Station speichern und übersetzen.

5) Wenn Sie eine S7-Station für einen intelligenten DP-Slave angelegt haben, öffnen Sie diese in der Hardware-Konfiguration und „stecken" Sie die Baugruppe mit der gewünschten DP-Schnittstelle, z.B. eine S7-300-CPU mit integrierter DP-Schnittstelle oder ein ET 200X-Basismodul BM 147/CPU. Stellen Sie gegebenenfalls die DP-Schnittstelle als „DP-Slave" ein, weisen Sie der DP-Schnittstelle das vorher angelegte PROFIBUS-Subnetz zu und projektieren Sie die Nutzdatenschnittstelle aus der Sicht des DP-Slaves (Übergabespeicher). Die restlichen Baugruppen können Sie auch später konfigurieren. Station speichern und übersetzen.

   Verfahren Sie mit weiteren Stationen, die für intelligente DP-Slaves vorgesehen sind, in gleicher Art und Weise.

6) Öffnen Sie die Masterstation mit dem DP-Mastersystem und ziehen Sie nun mit der Maus aus dem Hardware-Katalog die PROFIBUS-Teilnehmer (kompakte und modulare DP-Slaves) auf das DP-Mastersystem. Teilnehmeradresse vergeben, eventuell die Baugruppenanfangs- und die Diagnoseadresse einstellen.

7) Wenn Sie intelligente DP-Slaves angelegt haben, ziehen Sie das entsprechende Stellvertretersymbol (im Hardware-Katalog unter „PROFIBUS-DP" und „bereits projektierte Stationen") mit der Maus auf das DP-Mastersystem.

   Öffnen Sie das Symbol und weisen Sie nun einen bereits projektierten intelligenten DP-Slave zu („Koppeln"), vergeben Sie eine Teilnehmeradresse und projektieren Sie die Nutzdatenschnittstelle aus der Sicht des DP-Masters (bzw. aus der Sicht der zentralen Master-CPU). Verfahren Sie mit jedem intelligenten DP-Slave in gleicher Art und Weise.

8) Alle Stationen speichern und übersetzen. Das DP-Mastersystem ist nun projektiert. Sie können die Konfiguration nun mit zentralen Baugruppen oder weiteren DP-Slaves ergänzen.

Das so konfigurierte DP-Mastersystem können Sie auch mit der Netzprojektierung grafisch darstellen. Netzprojektierung öffnen, z.B. mit Doppelklick auf ein Subnetz. Wählen Sie ANSICHT → DP-SLAVES, um die Slaves anzuzeigen. Ebenfalls mit der Netzprojektierung können Sie ein DP-Mastersystem anlegen (genauer: die Teilnehmer einem PROFIBUS-Subnetz zuweisen). Das Parametrieren der Stationen nehmen Sie nach deren Öffnen mit der Hardware-Konfiguration vor. Auch hier müssen Sie einen intelligenten DP-Slave zuerst einrichten, bevor Sie ihn in ein DP-Mastersystem einbinden können.

### DP-Master konfigurieren

Voraussetzung: Sie haben mit dem SIMATIC Manager ein Projekt und eine S7-Station angelegt. Sie öffnen die S7-Station und legen einen Baugruppenträger an (siehe Kapitel 2.3 „Station konfigurieren"). Nun ziehen Sie aus dem Hardware-Katalog die DP-Master-Baugruppe in die Konfigurationstabelle des Baugruppenträgers. Evtl. haben Sie bereits eine CPU mit DP-Anschluß gewählt. In der Zeile darunter wird der DP-Master angezeigt mit einer Verbindung zu einem DP-Mastersystem im Stationsfenster (schwarz-weiß unterbrochene Schiene).

Beim Plazieren der DP-Master-Baugruppe wählen Sie in einem Fenster, welchem PROFIBUS-Subnetz das DP-Mastersystem zugeordnet werden soll und welche Teilnehmeradresse der DP-Master erhält. Sie können in diesem Fenster auch ein neues PROFIBUS-Subnetz anlegen.

Im Register „Betriebsart" legen Sie auch den DP-Mode fest, mit dem der DP-Master betrieben werden soll. Diese Betriebsart gilt für das gesamte DP-Mastersystem.

Ist kein DP-Mastersystem vorhanden (evtl. sehen Sie es nicht, weil ein Objekt davorliegt oder es sich außerhalb des sichtbaren Bereichs befindet), erzeugen Sie es, in dem Sie in der Konfigurationstabelle den DP-Master markieren und EINFÜGEN → DP-MASTERSYSTEM wählen. Die Teilnehmeradresse und die Verbindung zum PROFIBUS-Subnetz ändern Sie mit markierter Baugruppe und BEARBEITEN → OBJEKTEIGENSCHAFTEN, Registerkarte „Allgemein" und Schaltfläche „Eigenschaften".

*CP 342-5DP als DP-Master*

Ist ein CP 342-5DP der DP-Master, plazieren Sie ihn in der Konfigurationstabelle der Station, markieren Sie ihn und wählen BEARBEITEN → OBJEKTEIGENSCHAFTEN. Auf der Registerkarte „Betriebsart" stellen Sie „DP Master" ein.

Die Registerkarte „Adressen" zeigt die Nutzdatenadresse, die der CP im Adreßraum der CPU belegt. Aus der Sicht der Master-CPU ist der CP 342-5DP eine „Analogbaugruppe" mit einer Baugruppenanfangsadresse und 16 Bytes Nutzdaten.

An einen CP 342-5DP als DP-Master können nur DP-Normslaves angeschlossen werden bzw. DP-S7-Slaves, die sich wie DP-Normslaves verhalten. Sie finden die geeigneten DP-Slaves im Hardware-Katalog unter „PROFIBUS-DP" und „CP 342-5 als DP-Master". Markieren Sie den gewünschten Slave-Typ und ziehen Sie ihn auf das DP-Mastersystem.

Der Übergabespeicher als DP-Master ist maximal 240 Bytes lang. Er wird in einem Stück mit den ladbaren Bausteinen FC 1 DP_SEND und FC 2 DP_RECV übertragen (enthalten in der Standardbibliothek *Standard Library* unter dem Programm *Communication Blocks*).

Die Datenkonsistenz erstreckt sich über den gesamten Übergabespeicher.

Sie lesen die Diagnosedaten der angeschlossenen DP-Slaves mit der FC 3 DP_DIAG (z.B. Stationsliste, Diagnosedaten einer bestimmten Station). Die FC 4 DP_CTRL übergibt Steueraufträge an den CP 342-5DP (z.B. SYNC-/FREEZE-Kommando, CLEAR-Kommando, Betriebszustand des CP 342-5DP setzen).

Sie erhalten eine Liste der belegten Adressen, wahlweise Eingänge und/oder Ausgänge, mit ANSICHT → ADREßÜBERSICHT und markierter CPU bzw. markiertem CP 342-5DP. Sie können sich zusätzlich die bestehenden Adreßlücken anzeigen lassen.

### Kompakte DP-Slaves konfigurieren

Die kompakten DP-Slaves sind im Hardware-Katalog unter „PROFIBUS-DP" und dem entsprechenden Unterkatalog zu finden, z.B. ET 200B. Klicken Sie auf den ausgesuchten DP-Slave und ziehen Sie ihn mit der Maus auf das Symbol für das DP-Mastersystem.

Sie erhalten das Eigenschaftsblatt der Station; darin stellen Sie die Teilnehmeradresse und eventuell die Diagnoseadresse ein. Danach erscheint im oberen Teil des Stationsfensters der DP-Slave als Symbol und im unteren Teil eine Konfigurationstabelle für diese Station.

Ein Doppelklick auf das Symbol im oberen Teil des Stationsfensters öffnet ein Dialogfeld mit einer oder mehreren Registerkarten, in denen Sie die gewünschten Stationseigenschaften einstellen. Im unteren Teilfenster sehen Sie dann die Ein-/Ausgangsadressen. Mit Doppelklick auf eine Adressenzeile erhalten Sie ein Fenster zum Ändern der vorgeschlagenen Adressen.

Das untere Teilfenster zeigt wahlweise die Konfigurationstabelle des markierten DP-Slaves oder des Mastersystems (umschalten mit der „Pfeil"-Schaltfläche).

### Modularen DP-Slave konfigurieren

Die modularen DP-Slaves sind im Hardware-Katalog unter „PROFIBUS-DP" und dem entsprechenden Unterkatalog zu finden, z.B. ET 200M.

Klicken Sie auf die ausgesuchte Anschaltung (Basismodul) und ziehen Sie es mit der Maus auf das Symbol für das DP-Mastersystem. Sie erhalten das Eigenschaftsblatt der Station; darin stellen Sie die Teilnehmeradresse und eventuell die Diagnoseadresse ein. Danach erscheint im oberen Teil des Stationsfensters der DP-Slave als Symbol und im unteren Teil eine Konfigurationstabelle für diese Station.

Plazieren Sie nun die Baugruppen, die Sie im Hardware-Katalog *unter der ausgesuchten Anschaltung (!)* finden, in der Konfigurationstabelle. Ein Doppelklick auf die Zeile öffnet das Eigenschaftsblatt der Baugruppe und gestattet das Parametrieren der Baugruppe.

Beachten Sie, daß sowohl der Adreßbereich pro Slave im DP-Master als auch der Adreßbereich der DP-Slave-Anschaltung begrenzt sind. Beispielsweise liegt die Grenze bei der CPU 315-2DP als DP-Master bei 122 Bytes Eingänge und 122 Bytes Ausgänge pro Slave (bei acht 8kanaligen Baugruppen im ET 200M würde diese Grenze überschritten werden: 8 x 16 = 128 Byte) und bei ET 200X als DP-Slave bei maximal 104 Bytes Eingänge und maximal 104 Bytes Ausgänge.

### CPU mit integrierter DP-Schnittstelle als intelligenten DP-Slave konfigurieren

Mit einer entsprechend ausgelegten CPU können Sie die Station entweder als DP-Master-Station oder als DP-Slave-Station parametrieren. Bevor die Station als DP-Slave an ein DP-Mastersystem angebunden werden kann, muß sie erzeugt werden. Die Vorgehensweise ist hierbei genauso wie bei einer „normalen" Station; also: im SIMATIC Manager eine S7-Station in das Projekt einfügen und das Objekt *Hardware* öffnen. In der Hardware-Konfiguration einen Baugruppenträger in das Fenster ziehen und die gewünschten Baugruppen plazieren. Für die Projektierung des DP-Slaves genügt die CPU, alle anderen Baugruppen können Sie auch später hinzufügen.

Beim Einfügen der CPU wird das Eigenschaftsblatt der PROFIBUS-Schnittstelle aufgeblendet. Hier müssen Sie der DP-Schnittstelle ein Subnetz zuordnen und eine Teilnehmeradresse vergeben. Wenn das PROFIBUS-Subnetz noch nicht im Projekt existiert, können Sie mit der Schaltfläche „Neu" eines erzeugen. Es ist das Subnetz, an dem der intelligente Slave später angebunden wird.

BEARBEITEN → OBJEKTEIGENSCHAFTEN bei markierter DP-Schnittstelle oder ein Doppelklick auf die Schnittstelle öffnet das Eigenschaftsblatt der Schnittstelle. Auf der Registerkarte „Betriebsart" wählen Sie die Option „DP Slave". Nun können Sie auf der Registerkarte „Konfiguration" die Nutzdatenschnittstelle aus der Sicht des DP-Slaves konfigurieren. Wählen Sie MS (Master-Slave-Konfiguration) als Mode und legen Sie die Struktur und die Adressen der Übergabeschnittstelle aus der Sicht der Slave-CPU fest (Bild 20.10). Hinweise zur Nutzdatenschnittstelle finden Sie im Kapitel 20.4.1 „Dezentrale Peripherie adressieren" unter „Übergabespeicher bei intelligenten DP-Slaves".

Die Größe und Struktur des Übergabespeichers ist CPU-spezifisch. Bei der CPU 315-2DP beispielsweise können Sie den gesamten Übergabespeicher in bis zu 32 Adreßbereiche aufteilen, die Sie getrennt ansprechen können. Ein solcher Adreßbereich kann max. 32 Byte groß sein. Der gesamte Übergabespeicher kann maximal 122 Eingangs- und 122 Ausgangsadressen groß sein.

Die lokal festgelegten Adressen liegen im Adressenvolumen der Slave-CPU. Diese Adressen dürfen sich nicht mit Adressen von zentralen oder dezentralen Baugruppen in der DP-Slave-Station überschneiden. Die niedrigste Adresse eines Adreßbereichs gilt als „Baugruppenanfangsadresse".

Über die auf die Registerkarte „Adressen" angezeigte Diagnoseadresse erhält das Anwenderprogramm in der Slave-CPU Diagnose-Informationen vom DP-Master.

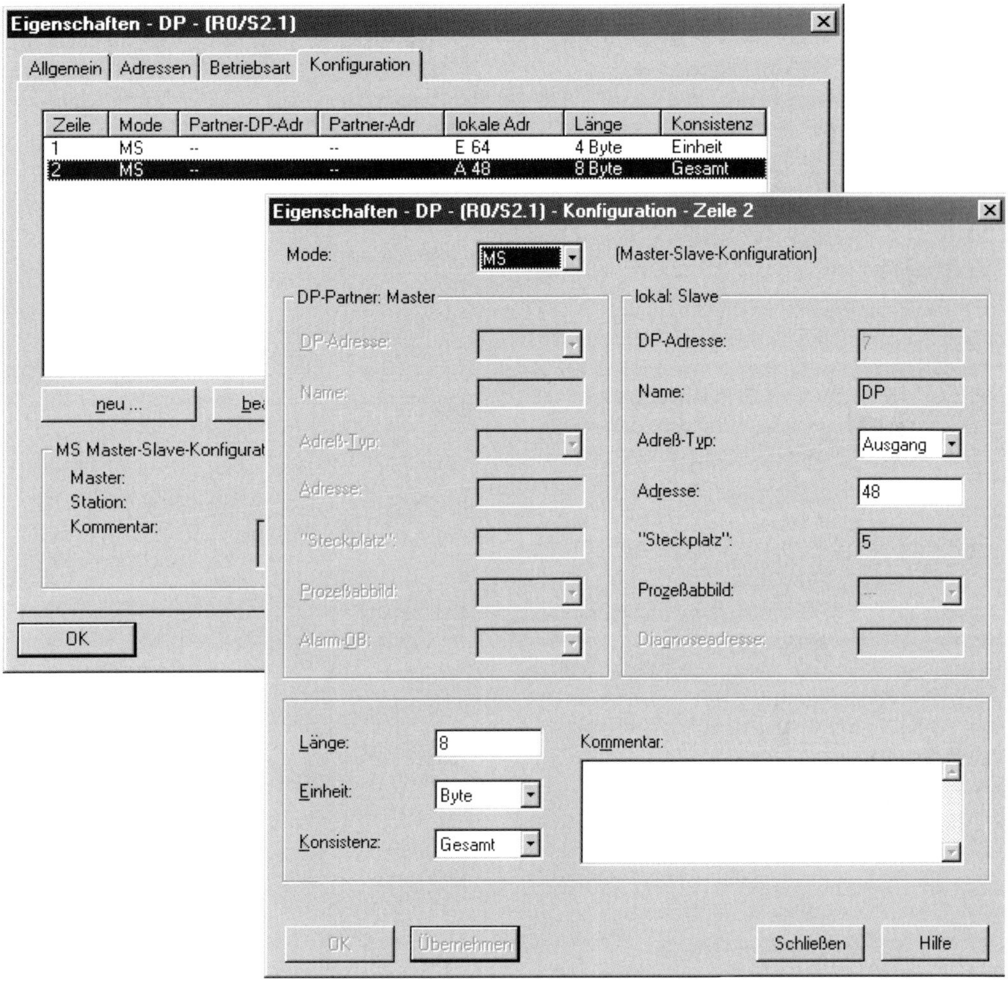


**Bild 20.10** Übergabespeicher eines intelligenten Slaves mit integrierter DP-Schnittstelle projektieren

Mit STATION → SPEICHERN UND ÜBERSETZEN schließen Sie die Projektierung des intelligenten DP-Slaves ab. Das Anbinden des intelligenten DP-Slaves an das DP-Mastersystem ist weiter unten beschrieben.

### BM 147/CPU als intelligenten DP-Slave projektieren

Wenn Sie eine ET 200X als intelligenten DP-Slave erzeugen wollen, fügen Sie zuerst im SIMATIC Manager unter dem Projekt eine SIMATIC 300-Station ein und öffnen das Objekt *Hardware*.

In der Hardware-Konfiguration nun aus dem Hardware-Katalog unter „PROFIBUS-DP" und „ET200X" das Objekt *BM147/CPU* in das freie Fenster ziehen oder mit einen Doppelklick auswählen. Wählen Sie im aufgeblendeten Eigenschaftsblatt der DP-Schnittstelle die Teilnehmeradresse und das PROFIBUS-Subnetz aus (oder Sie erzeugen eines und weisen es der DP-Schnittstelle zu). Sie erhalten eine Konfigurationstabelle wie bei einer SIMATIC 300-Station. Die angezeigte CPU steht hier stellvertretend für die intelligente Anschaltung BM 147 der ET 200X-Station. Diese CPU hat keine MPI-Adresse in der Adressen-Tabelle, da sie ja keine MPI-Schnittstelle hat (das BM 147/CPU wird über die MPI-Schnittstelle der Master-Station programmiert).

Ein Doppelklick auf die CPU-Zeile öffnet das Fenster für die CPU-Eigenschaften; ein Doppelklick auf die DP-Schnittstelle öffnet das Eigenschaftsfenster der Schnittstelle. Stellen Sie die Adressenbereiche für die Nutzdatenschnittstelle ein, an dieser Stelle aus der Sicht des DP-Slaves. Die Anfangsadressen sind bei BM147 fest auf 128 eingestellt; die Größe des Nutzdatenbereichs beträgt maximal 32 Byte Eingänge und 32 Byte Ausgänge. Diesen Bereich können Sie in acht Teilbereiche mit unterschiedlicher Datenkonsistenz aufteilen. Die Diagnoseadresse ist auf 127 festgelegt; über diese Adresse erhält das Slave-Programm Diagnose-Informationen vom DP-Master.

Die weitere Konfiguration der ET 200X-Station geschieht wie bei einer S7-300-Station mit fester Steckplatzadressierung. Sie können nur die Baugruppen anordnen, die sich im Hardware-Katalog unter „BM147/CPU" befinden.

Mit STATION → SPEICHERN UND ÜBERSETZEN schließen Sie die Projektierung des intelligenten DP-Slaves ab. Das Anbinden des intelligenten DP-Slaves an das DP-Mastersystem ist weiter unten beschrieben.

### IM 151/CPU als intelligenten DP-Slave projektieren

Wenn Sie eine ET 200S als intelligenten DP-Slave erzeugen wollen, fügen Sie zuerst im SIMATIC Manager unter dem Projekt eine SIMATIC 300-Station ein und öffnen das Objekt *Hardware*.

In der Hardware-Konfiguration nun aus dem Hardware-Katalog unter „PROFIBUS-DP" und „ET200S" das Objekt *IM151/CPU* in das freie Fenster ziehen oder mit einem Doppelklick auswählen. Wählen Sie im aufgeblendeten Eigenschaftsblatt der DP-Schnittstelle die Teilnehmeradresse und das PROFIBUS-Subnetz aus (oder Sie erzeugen eines und weisen es der DP-Schnittstelle zu). Sie erhalten eine Konfigurationstabelle wie bei einer SIMATIC 300-Station. Die angezeigte CPU steht hier stellvertretend für die intelligente Anschaltung IM 151 der ET 200S-Station. Diese CPU hat keine MPI-Adresse in der Adressen-Tabelle, da sie ja keine MPI-Schnittstelle hat (das IM 151/CPU wird über die MPI-Schnittstelle der Master-Station programmiert).

Ein Doppelklick auf die CPU-Zeile öffnet das Fenster für die CPU-Eigenschaften; ein Doppelklick auf die DP-Schnittstelle öffnet das Eigenschaftsfenster der Schnittstelle. Stellen Sie die Adressenbereiche für die Nutzdatenschnittstelle ein, an dieser Stelle aus der Sicht des DP-Slaves. Die Größe des Nutzdatenbereichs beträgt beim IM 151/CPU maximal 64 Byte Eingänge und 64 Byte Ausgänge. Diesen Bereich können Sie in acht Teilbereiche mit unterschiedlicher Datenkonsistenz aufteilen. Über die Diagnoseadresse erhält das Slave-Programm Diagnose-Informationen vom DP-Master.

Die weitere Konfiguration der ET 200S-Station geschieht wie bei einer S7-300-Station mit fester Steckplatzadressierung. Sie können nur die Baugruppen anordnen, die sich im Hardware-Katalog unter „IM151/CPU" befinden.

Mit STATION → SPEICHERN UND ÜBERSETZEN schließen Sie die Projektierung des intelligenten DP-Slaves ab. Das Anbinden des intelligenten DP-Slaves an das DP-Mastersystem ist weiter unten beschrieben.

### S7-300-Station mit CP 342-5DP als intelligenten DP-Slave projektieren

Fügen Sie im SIMATIC Manager eine S7-300-Station ein, öffnen Sie das Objekt *Hardware* und konfigurieren Sie eine „normale" S7-300-Station. Unter anderem ordnen Sie auch eine Kommunikationsbaugruppe CP 342-5DP in der Konfigurationstabelle an.

Beim Einfügen erscheint das Eigenschaftsblatt der DP-Schnittstelle; ordnen Sie hier der DP-Schnittstelle das Subnetz zu, an das später der intelligente DP-Slave angebunden werden soll, und vergeben Sie die Teilnehmeradresse.

BEARBEITEN → OBJEKTEIGENSCHAFTEN bei markiertem CP 342-5DP oder ein Doppelklick auf ihn öffnet das Eigenschaftsfenster. In der Registerkarte „Betriebsart" wählen Sie die Option „DP-Slave".

Die Registerkarte „Adressen“ zeigt die Nutzdatenschnittstelle aus der Sicht der Slave-CPU (Anfangsadresse und 16 Bytes Länge). Die Größe des Übergabespeichers beträgt beim CP 342-5DP als DP-Slave max. 86 Bytes, die Sie nach dem Koppeln an das Mastersystem in verschiedene Adreßbereiche aufteilen können.

Mit STATION → SPEICHERN UND ÜBERSETZEN schließen Sie die Projektierung des intelligenten DP-Slaves ab.

**Anbinden eines intelligenten DP-Slaves an einen DP-Master**

Voraussetzung: Sie haben ein Projekt angelegt, eine DP-Master-Station und den intelligenten DP-Slave projektiert (jeweils mindestens mit der DP-Schnittstelle). Der DP-Master und der DP-Slave müssen für das gleiche PROFIBUS-Subnetz projektiert sein.

Öffnen Sie die Master-Station; es muß ein DP-Mastersystem (schwarz-weiß-unterbrochene Schiene) vorhanden sein, andernfalls erzeugen sie es mit EINFÜGEN → DP-MASTERSYSTEM.

Im Hardware-Katalog unter „PROFIBUS-DP“ und „bereits projektierte Stationen“ finden Sie die Objekte, die die intelligenten Slaves repräsentieren: „CPU31x-2 DP“ steht z.B. für S7-300-Stationen mit einem integrierten DP-Slave, „X-BM147/CPU“ steht für ET 200X-Stationen mit BM 147/CPU, „ET200S / CPU“ steht für einen intelligenten ET 200S-DP-Slave und „S7-300 CP342-5 DP“ für S7-300-Stationen mit CP 342-5 als DP-Slave-Anschaltung. Markieren Sie den gewünschten Slave-Typ und ziehen Sie ihn auf das DP-Mastersystem.

*CPU, ET 200X oder ET 200S als DP-Slave*

Das „Ziehen“ auf das DP-Mastersystem oder ein Doppelklick auf den DP-Slave öffnet das Eigenschaftsblatt. Auf der Registerkarte „Kopplung“ sind die bereits für dieses PROFIBUS-Subnetz projektierten Slaves aufgelistet. Markieren Sie den gewünschten Slave und klikken Sie auf die Schaltfläche „Koppeln“. Als Ergebnis wird in der gleichen Dialogbox unten die aktive Kopplung aufgeführt.

In der Registerkarte „Allgemein“ stellen Sie die Diagnoseadressen des DP-Slaves aus der Sicht der Master-Station ein.

In der Registerkarte „Konfiguration“ stellen Sie nun die Adressen der Nutzdatenschnittstelle aus der Sicht des DP-Masters ein. Ausgangsadressen beim Master sind Eingangsadressen beim Slave und umgekehrt. Weitere Hinweise zur Nutzdatenschnittstelle finden Sie im Kapitel 20.4.1 „Dezentrale Peripherie adressieren“ unter „Übergabespeicher bei intelligenten DP-Slaves“.

*CP 342-5DP als DP-Slave*

Das „Ziehen“ auf das DP-Mastersystem oder ein Doppelklick auf den DP-Slave öffnet das Eigenschaftsblatt. Auf der Registerkarte „Kopplung“ sind die bereits für dieses PROFIBUS-Subnetz projektierten Slaves aufgelistet. Markieren Sie den gewünschten Slave und klikken Sie auf die Schaltfläche „Koppeln“. Als Ergebnis wird in der gleichen Dialogbox unten die aktive Kopplung aufgeführt.

Bei markiertem DP-Slave wird im unteren Teil des Stationsfensters dessen Konfigurationstabelle gezeigt. Nun strukturieren Sie den Übergabespeicher: Das „Universalmodul“ aus dem Hardware-Katalog (unter den verwendeten CP) in eine Zeile der Konfigurationstabelle ziehen oder eine Zeile markieren und Doppelklick auf das „Universalmodul“. Für jeden einzelnen (zusammengehörenden) Adreßbereich im Übergabespeicher plazieren Sie ein Universalmodul; die maximale Anzahl beträgt 32.

BEARBEITEN → OBJEKTEIGENSCHAFTEN bei markiertem Universalmodul im unteren Teilfenster oder Doppelklick auf die Tabellenzeile öffnet ein Fenster, in dem Sie die Eigenschaften des Adreßbereichs festlegen: Leerplatz, Eingangs- oder Ausgangsbereich oder beides. Bestimmen Sie die Anfangsadresse und die Länge des Bereichs.

Die hier festgelegten Adressen liegen im Adressenbereich der Master-CPU. Die Größe eines Bereichs kann maximal 64 Bytes betragen; die gesamte Größe des Übergabebereichs maximal 86 Bytes.

Ist ein CP 342-5DP der DP-Master, kann die Strukturierung des Übergabespeichers entfallen, denn der CP 342-5DP überträgt den gesamten Übergabebereich in einem Stück.

Bei der Aufteilung des Übergabespeichers legen Sie die Adreßbereiche beginnend von Byte 0 bündig aneinander. Sie sprechen den gesamten belegten Übergabespeicher in der Slave-CPU mit den ladbaren Bausteinen FC 1 DP_SEND und FC 2 DP_RECV an (enthalten in der Standardbibliothek *Standard Library* unter dem Programm *Communication Blocks*).

Die Datenkonsistenz erstreckt sich über den gesamten Übergabespeicher.

In der Registerkarte „Allgemein" stellen Sie die Diagnoseadresse des DP-Slaves aus der Sicht der Master-Station ein. Die Diagnosedaten werden mit der FC 3 DP_DIAG (in der Master-Station) gelesen.

Weitere Hinweise zur Nutzdatenschnittstelle finden Sie im Kapitel 20.4.1 „Dezentrale Peripherie adressieren" unter „Übergabespeicher bei intelligenten DP-Slaves".

### GSD-Dateien

Sie können DP-Slaves, die nicht im Baugruppenkatalog enthalten sind, „nachinstallieren". Hierfür benötigen Sie die auf den Slave zugeschnittene Typdatei (GSD-Datei, Geräte-Stammdaten-Datei). Ab GSD-Revision 3 unterstützen mit einer GSD-Datei eingebrachte DP-Slaves die DPV1-Funktionalität. Wählen Sie in der Hardware-Konfiguration EXTRAS → NEUE GSD INSTALLIEREN und geben Sie im aufgeblendeten Fenster das Verzeichnis der GSD-Datei an. Hierbei können Sie das Piktogramm, das STEP 7 zur grafischen Darstellung des DP-Slaves verwendet, vorgeben. STEP 7 übernimmt die GSD-Datei und zeigt den Slave im Hardware-Katalog unter „Weitere Feldgeräte" an.

Mit EXTRAS → STATIONS-GSD IMPORTIEREN können Sie GSD-Dateien, die bereits in einem anderen S7-Projekt vorliegen, in das aktuelle Projekt kopieren.

STEP 7 speichert die GSD-Dateien im Verzeichnis ...\Step7\S7data\gsd. Die beim nachträglichen Installieren oder Importieren gelöschten GSD-Dateien werden im Unterverzeichnis ...\gsd\bkp*n* abgelegt. Von hier aus können sie mit EXTRAS → NEUE GSD INSTALLIEREN wiederhergestellt werden.

### PROFIBUS PA konfigurieren

Zum Konfigurieren eines PROFIBUS-PA-Mastersystems und zum Parametrieren der PA-Feldgeräte benötigen Sie die Optionssoftware SIMATIC PDM. Mit der Hardware-Konfiguration stellen Sie mit dem DP/PA-Link die Verbindung zum DP-Mastersystem her: Im Hardware-Katalog unter „PROFIBUS-DP" und „DP/PA-Link" die Anschaltung IM 157 auf das DP-Mastersystem „ziehen". Mit dem DP-Slave wird gleichzeitig ein PA-Mastersystem in einem eigenen PROFIBUS-Subnetz (45,45 kBit/s) angelegt; sichtbar an der schwarz-weiß unterbrochenen Schiene.

Der DP/PA-Koppler überträgt die Daten zwischen den Bussystemen unverändert und ohne sie zu interpretieren; er wird deshalb nicht parametriert. Die PA-Feldgeräte werden vom DP-Master adressiert. Sie können über eine GSD-Datei als DP-Normslave in die Hardware-Konfiguration von STEP 7 eingebunden werden. Danach finden Sie die PA-Feldgeräte im Hardware-Katalog unter „PROFIBUS-DP" und „Weitere Feldgeräte".

### DP/AS-i-Link konfigurieren

Das DP/AS-Interface-Link konfigurieren Sie wie einen modularen DP-Slave. Im Hardware-Katalog finden Sie unter „PROFIBUS-DP" und „DP/AS-i" die Baugruppen zur Auswahl, die Sie auf das DP-Mastersystem „ziehen" können, im folgenden beispielsweise das DP/AS-i-Link 20. In den aufgeblendeten Fenstern zuerst die Sollkonfiguration (16 bzw. 20 Bytes) und danach die Teilnehmeradresse festlegen.

Beim DP/AS-i-Link 20 können Sie als Sollkonfiguration 16 Byte Ein-/Ausgänge festlegen und zusätzlich noch 4 Byte für Steuerkommandos. Im letzteren Fall schlägt die Hardware-Konfiguration im unteren Teilfenster 16 Byte Nutzdaten mit Adressen im Prozeßabbild vor und 4 Byte Kommandos mit Adressen ab z.B. 512.

BEARBEITEN → OBJEKTEIGENSCHAFTEN bei markierter Adressenzeile im unteren Teilfenster oder Doppelklick auf die Adressenzeile öffnet ein Fenster, in dem Sie die von der Hardware-Konfiguration vorgeschlagenen Adressen ändern können und, eine geeignete CPU vorausgesetzt, auch das Teilprozeßabbild einstellen können.

BEARBEITEN → OBJEKTEIGENSCHAFTEN bei markiertem DP-Slave oder ein Doppelklick auf den DP-Slave öffnet das Slave-Eigenschaftsfenster. Auf der Registerkarte „Parametrieren" stellen Sie die Parameter der AS-i-Slaves ein, je 4 Bit für einen Slave.

Das AS-i-Mastersystem mit den AS-i-Slaves wird von der Hardware-Konfiguration nicht angezeigt.

## SYNC-/FREEZE-Gruppen projektieren

Das Steuerkommando SYNC veranlaßt die zu einer Gruppe zusammengefaßten DP-Slaves zur gleichzeitigen (synchronen) Ausgabe der Ausgangszustände. Das Steuerkommando FREEZE veranlaßt die zu einer Gruppe zusammengefaßten DP-Slaves, die aktuellen Eingangssignalzustände gleichzeitig (synchron) „einzufrieren", um sie anschließend zyklisch vom DP-Master abholen zu lassen. Die Steuerkommandos UNSYNC und UNFREEZE heben jeweils die Wirkung von SYNC und FREEZE wieder auf.

Voraussetzung ist, daß der DP-Master und die DP-Slaves eine entsprechende Funktionalität aufweisen. Aus den Objekteigenschaften eines DP-Slaves ersehen Sie, welches Kommando er unterstützt (DP-Slave markieren, BEARBEITEN → OBJEKTEIGENSCHAFTEN, Registerkarte „Allgemein" unter „SYNC/FREEZE-Fähigkeiten").

Pro DP-Mastersystem können Sie bis zu 8 SYNC-/FREEZE-Gruppen bilden, die entweder das Kommando SYNC, das Kommando FREEZE oder beide ausführen sollen. Jeden DP-Slave können Sie einer Gruppe zuordnen; beim CP 342-5DP mit bestimmtem Ausgabestand kann ein DP-Slave in bis zu 8 Gruppen vertreten sein.

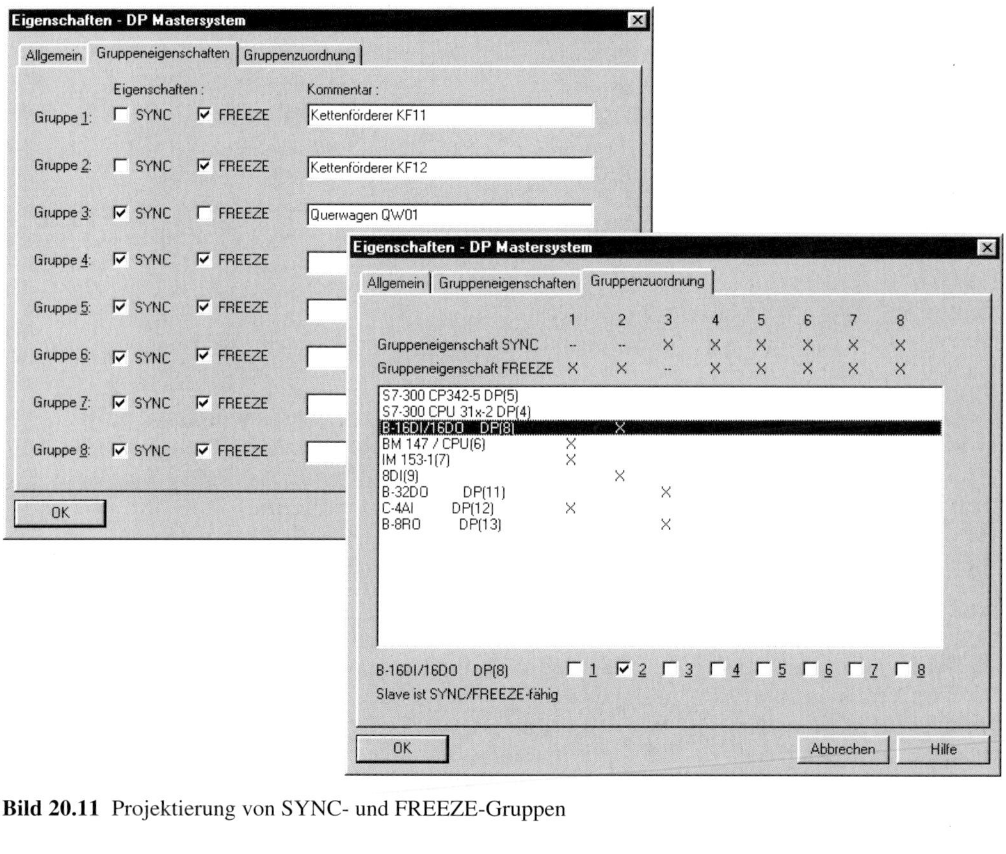


**Bild 20.11** Projektierung von SYNC- und FREEZE-Gruppen

Mit dem Aufruf der SFC 11 DPSYC_FR stoßen Sie im Anwenderprogramm die Ausgabe eines Kommandos an eine Gruppe an (siehe Kapitel 20.4.3 „Systemfunktionen für Dezentrale Peripherie"). Der DP-Master sendet daraufhin das entsprechende Kommando gleichzeitig an alle DP-Slaves in der angegebenen Gruppe.

Die SYNC/FREEZE-Gruppen projektieren Sie im Anschluß an die Konfiguration des DP-Mastersystems (alle DP-Slaves müssen im DP-Mastersystem vorhanden sein). Markieren Sie das DP-Mastersystem (die schwarz-weiß-unterbrochene Schiene) und wählen Sie BEARBEITEN → OBJEKTEIGENSCHAFTEN. Im aufgeblendeten Fenster legen Sie zuerst auf der Registerkarte „Gruppeneigenschaften" die auszuführenden Kommandos der Gruppen fest (Bild 20.11), danach ordnen Sie auf der Registerkarte „Gruppenzuordnung" die DP-Slaves den einzelnen Gruppen zu.

Hier markieren Sie nacheinander jeden der mit seiner Teilnehmernummer aufgeführten DP-Slaves und wählen jeweils die Gruppe, zu der er gehören soll. Kann ein DP-Slave ein bestimmtes Kommando nicht ausführen, z.B. FREEZE, können die Gruppen, die dieses Kommando enthalten, nicht ausgewählt werden, z.B. alle Gruppen mit FREEZE-Kommando. Mit OK die Projektierung der SYNC/FREEZE-Gruppen abschließen.

Beachten Sie, daß bei der Projektierung von gleichlangen Buszyklen (Äquidistanz) die Gruppen 7 und 8 eine besondere Bedeutung erlangen.

### Äquidistante (gleichlange) Buszyklen projektieren

Im Normalfall steuert der DP-Master die ihm zugeordneten DP-Slaves zyklisch ohne Pause an. Durch S7-Kommunikation, wenn z.B. das Programmiergerät Steuerfunktionen über das PROFIBUS-Subnetz ausführt, können hierbei die zeitlichen Abstände variieren. Sollen beispielsweise Ausgänge über die Dezentrale Peripherie in immer gleichem Intervall gesteuert werden, können Sie bei entsprechend ausgelegtem DP-Master gleichlange Buszyklen einstellen. Hierbei muß der DP-Master der einzige Klasse-1-Master am PROFIBUS-Subnetz sein.

Äquidistanzverhalten ist bei den Busprofilen „DP" und „Benutzerdefiniert" möglich.

Das Eigenschaftsfenster des PROFIBUS-Subnetzes erhalten Sie z.B. in der Netzprojektierung bei markiertem PROFIBUS-Subnetz und BEARBEITEN → OBJEKTEIGENSCHAFTEN. Wählen Sie auf der Registerkarte „Netzeinstellungen" die Schaltfläche „Optionen". Auf der Registerkarte „Äquidistanz" das Kontrollkästchen „Äquidistanten Buszyklus aktivieren / Äquidistanz-Zeit neu berechnen" anklicken. Die vorgeschlagene Äquidistanz-Zeit können Sie ändern, jedoch nicht unter die angezeigte Mindestzeit. Die Schaltfläche „Details" zeigt die einzelnen Anteile der Äquidistanz-Zeit. Beachten Sie, daß die Äquidistanz-Zeit umso höher ausfällt, je mehr Programmiergeräte direkt am PROFIBUS-Subnetz angeschlossen sind und je mehr intelligente DP-Slaves das DP-Mastersystem enthält.

Wenn Sie zusätzlich zum Äquidistanzverhalten SYNC-/FREEZE-Gruppen projektieren, beachten Sie bitte folgendes:

- ▷ Für DP-Slaves in der Gruppe 7 löst der DP-Master automatisch ein SYNC-/FREEZE-Kommando in jedem Buszyklus aus. Eine Auslösung durch das Anwenderprogramm wird unterbunden.
- ▷ Die Gruppe 8 wird für das Äquidistanzsignal verwendet und ist für die Belegung mit DP-Slaves gesperrt. Sie können kein Äquidistanzverhalten einstellen, wenn Sie Slaves für die Gruppe 8 bereits projektiert haben.

### Direkten Datenaustausch (Querverkehr) projektieren

In einem DP-Mastersystem steuert der DP-Master ausschließlich die ihm zugeordneten Slaves. Bei entsprechend ausgelegten Stationen kann nun ein anderer Teilnehmer (Master oder intelligenter Slave, „Empfänger" genannt) am PROFIBUS-Subnetz „mithören", welche Eingangsdaten ein DP-Slave (der „Sender") „seinem" Master sendet. Dieser direkte Datenaustausch wird auch „Querverkehr" genannt. Prinzipiell können, ab einem bestimmten Ausgabestand, alle DP-Slaves Sender im direkten Datenaustausch sein.

Den direkten Datenaustausch projektieren Sie mit der Hardware-Konfiguration im Eigenschaftsfenster des DP-Slaves (Empfänger), wenn alle Stationen am PROFIBUS-Subnetz angeschlossen sind. Öffnen Sie die Empfänger-Station und wählen Sie BEARBEITEN → OBJEKTEIGENSCHAFTEN bei markierter DP-Schnittstelle. Die Registerkarte „Konfiguration" enthält die Übergabeschnittstelle zwischen DP-Slave und DP-Master. Klicken Sie auf die Schaltfläche „neu" und stellen Sie im aufgeblendeten Konfigurationsfenster den Mode DX (direkter Datenaustausch) ein. Im gleichen Fenster legen Sie auch die Parameter für den DP-Partner (Sender) fest.

Den direkten Datenaustausch können Sie auch zwischen zwei DP-Mastersystemen am gleichen PROFIBUS-Subnetz anwenden. Beispielsweise kann der Master im Mastersystem 1 auf diese Weise die Daten eines Slaves im Mastersystem 2 „mithören".

### 20.4.3 Systemfunktionen für Dezentrale Peripherie

Folgende SFCs können Sie in Verbindung mit der Dezentralen Peripherie verwenden:

▷ SFC 7 DP_PRAL
Prozeßalarm auslösen

▷ SFC 11 DPSYN_FR
SYNC/FREEZE-Kommandos senden

▷ SFC 12 D_ACT_DP
DP-Slave aktivieren/deaktivieren

▷ SFC 13 DPNRM_DG
Diagnosedaten von einem DP-Normslave lesen

▷ SFC 14 DPRD_DAT
Nutzdaten von einem DP-Slave lesen

▷ SFC 15 DPWR_DAT
Nutzdaten zu einem DP-Slave schreiben

Die Parameter dieser SFCs finden Sie in der Tabelle 20.7.

Bei eingestellter DPV1-Betriebsart und DP-Slaves, die die DPV1-Funktionalität unterstützen, können Sie zum Parametrieren und Diagnosedaten Lesen weitere Systembausteine verwenden (siehe Kapitel 21.9 „Alarmzusatzinformation lesen" und 22.5 „Baugruppen parametrieren").

#### SFC 7 DP_PRAL
#### Prozeßalarm auslösen

Mit der SFC 7 DP_PRAL lösen Sie aus dem Anwenderprogramm eines intelligenten Slaves beim zugehörigen DP-Master einen Prozeßalarm aus.

Am Parameter AL_INFO übergeben Sie eine von Ihnen festgelegte Alarmkennung, die in die Startinformation des im DP-Master aufgerufenen Alarm-OBs übertragen wird (Variable OBxx_POINT_ADDR). Mit REQ = „1" wird die Alarmanforderung angestoßen; die Parameter RET_VAL und BUSY zeigen den Auftragsstatus. Der Auftrag ist abgeschlossen, wenn der Alarm-OB im DP-Master bearbeitet worden ist.

Der Übergabespeicher zwischen DP-Master und intelligentem DP-Slave kann in einzelne Adreßbereiche aufgeteilt werden, die, aus der Sicht der Master-CPU, einzelne Baugruppen darstellen. Die niedrigste Adresse eines Adreßbereichs gilt als Baugruppenanfangsadresse. Für jeden dieser Adreßbereiche („virtuelle" Baugruppen) können Sie einen Prozeßalarm im Master auslösen.

Sie spezifizieren einen Adreßbereich an der SFC 7 mit den Parametern IOID und LADDR aus der Sicht der Slave-CPU (die E/A-Kennung und Anfangsadresse der Slave-Seite angeben). In der Startinformation des Alarm-OBs stehen dann die Adressen der alarmauslösenden „Baugruppe" aus der Sicht der Master-CPU.

#### SFC 11 DPSYN_FR
#### SYNC/FREEZE-Kommandos senden

Mit der SFC 11 DPSYN_FR senden Sie die Kommandos SYNC, UNSYNC, FREEZE und UNFREEZE zu einer SYNC/FREEZE-Gruppe, die Sie mit der Hardware-Konfiguration projektiert haben. Der Sendevorgang wird mit REQ = „1" angestoßen und ist beendet, wenn BUSY = „0" meldet.

Im Parameter GROUP belegt eine Gruppe je ein Bit (von Bit 0 = Gruppe 1 bis Bit 7 = Gruppe 8). Auch die Kommandos im Parameter MODE sind bitweise organisiert:

▷ UNFREEZE, wenn Bit 2 = „1"

▷ FREEZE, wenn Bit 3 = „1"

▷ UNSYNC, wenn Bit 4 = „1"

▷ SYNC, wenn Bit 5 = „1"

**Tabelle 20.7** Parameter der SFCs zum Ansprechen der Dezentralen Peripherie

| SFC | Parameter | Deklaration | Datentyp | Belegung, Beschreibung |
|---|---|---|---|---|
| 7 | REQ | INPUT | BOOL | Anforderung zum Auslösen mit REQ = „1“ |
| | IOID | INPUT | BYTE | B#16#54 = Eingangskennung<br>B#16#55 = Ausgangskennung |
| | LADDR | INPUT | WORD | Anfangsadresse eines Adreßbereichs im Übergabespeicher |
| | AL_INFO | INPUT | DWORD | Alarmkennung (Übergabe an die Startinfo des Alarm-OBs) |
| | RET_VAL | OUTPUT | INT | Fehlerinformation |
| | BUSY | OUTPUT | BOOL | Noch keine Quittung vom DP-Master bei BUSY = „1“ |
| 11 | REQ | INPUT | BOOL | Anforderung zum Senden mit REQ = „1“ |
| | LADDR | INPUT | WORD | Projektierte Diagnoseadresse des DP-Masters |
| | GROUP | INPUT | BYTE | DP-Slave-Gruppe (aus der Hardware-Konfiguration) |
| | MODE | INPUT | BYTE | Kommando (siehe Text) |
| | RET_VAL | OUTPUT | INT | Fehlerinformation |
| | BUSY | OUTPUT | BOOL | Auftrag läuft noch bei BUSY = „1“ |
| 12 | REQ | INPUT | BOOL | Anforderung zum Aktivieren/Deaktivieren mit REQ = „1“ |
| | MODE | INPUT | BYTE | Funktionsmodus<br>0 Abfrage, ob der DP-Slave aktiviert oder deaktiviert ist<br>1 DP-Slave aktivieren<br>2 DP-Slave deaktivieren<br>3 Aktivieren/Deaktivieren abbrechen |
| | LADDR | INPUT | WORD | Diagnose- bzw. Baugruppenanfangsadresse des DP-Slaves |
| | RET_VAL | OUTPUT | INT | Abfrageergebnis bzw. Fehlerinformation |
| | BUSY | OUTPUT | BOOL | Auftrag läuft noch bei BUSY = „1“ |
| 13 | REQ | INPUT | BOOL | Anforderung zum Lesen mit REQ = „1“ |
| | LADDR | INPUT | WORD | Projektierte Diagnoseadresse des DP-Slaves |
| | RET_VAL | OUTPUT | INT | Fehlerinformation |
| | RECORD | OUTPUT | ANY | Zielbereich für die gelesenen Diagnosedaten |
| | BUSY | OUTPUT | BOOL | Lesevorgang läuft noch bei BUSY = „1“ |
| 14 | LADDR | INPUT | WORD | Projektierte Anfangsadresse (aus dem E-Bereich) |
| | RET_VAL | OUTPUT | INT | Fehlerinformation |
| | RECORD | OUTPUT | ANY | Zielbereich für die gelesenen Nutzdaten |
| 15 | LADDR | INPUT | WORD | Projektierte Anfangsadresse (aus dem A-Bereich) |
| | RECORD | INPUT | ANY | Quellbereich für die zu schreibenden Nutzdaten |
| | RET_VAL | OUTPUT | INT | Fehlerinformation |

Auf diese Weise können Sie mit einem einzigen Aufruf mehrere Kommandos auch an mehrere Gruppen senden.

Nach einem Anlauf sind der SYNC-Mode und der FREEZE-Mode auf den DP-Slaves zunächst ausgeschaltet. Es werden vom DP-Master der Reihe nach die Eingänge der DP-Slaves abgefragt und die Ausgänge der DP-Slaves gesteuert; die DP-Slaves geben die erhaltenen Ausgangssignale sofort an den Ausgangsklemmen aus.

Möchten Sie zu einem bestimmten Zeitpunkt die Eingangssignale mehrerer DP-Slaves „einfrieren“, geben Sie das Kommando FREEZE an die betreffende Gruppe aus. Die nun der Reihe nach vom DP-Master gelesenen Eingangssignale tragen die Signalzustände, die sie beim „Einfrieren" hatten. Diese Eingangssignale behalten ihren Wert solange bei, bis Sie mit einem erneuten FREEZE-Kommando die DP-Slaves veranlassen, die nun aktuellen Eingangssignale einzulesen und festzuhalten, oder bis Sie mit dem Kommando UNFREEZE die DP-Slaves wieder in den „normalen" Modus zurückschalten.

Möchten Sie zu einem bestimmten Zeitpunkt die Ausgangssignale mehrerer DP-Slaves synchron ausgeben lassen, geben Sie zunächst das Kommando SYNC an die betreffende Gruppe aus. Die angesprochenen DP-Slaves halten daraufhin die aktuellen Signale an den Ausgangsklemmen. Nun können Sie die gewünschten Signalzustände zu den DP-Slaves übertragen. Nach abgeschlossener Übertragung geben Sie erneut das Kommando SYNC aus; damit veranlassen Sie die DP-Slaves, die erhaltenen Ausgangssignale gleichzeitig an die Ausgangsklemmen durchzuschalten. Die DP-Slaves halten die Signale an den Ausgangsklemmen solange, bis Sie mit einem erneuten SYNC-Kommando die neuen Ausgangssignale durchschalten oder bis Sie mit dem Kommando UNSYNC die DP-Slaves wieder in ihren „normalen" Modus zurückschalten.

### SFC 12 D_ACT_DP
### DP-Slave aktivieren/deaktivieren

Mit der SFC 12 D_ACT_DP deaktivieren Sie einen projektierten (und vorhandenen) DP-Slave, so daß er vom DP-Master nicht mehr angesprochen wird. Die Ausgangsklemmen von deaktivierten Ausgabeslaves führen Null oder einen Ersatzwert.

Ein deaktivierter Slave kann ohne Fehlermeldung vom Bus genommen werden; er wird nicht als gestört oder fehlend gemeldet. Die Aufrufe der Asynchronfehler-Organisationsbausteine OB 85 (Programmablauffehler, wenn die Nutzdaten des deaktivierten Slaves in einem automatisch aktualisierten Prozeßabbild liegen) und OB 86 (Stationsausfall) unterbleiben. Sie dürfen nach dem Deaktivieren den DP-Slave nicht mehr vom Programm aus ansprechen, da sonst Peripheriezugriffsfehler gemeldet wird.

Mit der SFC 12 D_ACT_DP aktivieren Sie einen deaktivierten DP-Slave wieder. Der DP-Slave wird vom DP-Master wie bei einer Stationswiederkehr konfiguriert und parametriert. Beim Aktivieren werden die Asynchronfehler-OBs 85 und 86 nicht gestartet. Wenn nach dem Aktivieren der Parameter BUSY Signalzustand „0" führt, kann der DP-Slave vom Anwenderprogramm aus angesprochen werden.

### SFC 13 DPMRM_DG
### Diagnosedaten lesen

Mit der SFC 13 DPNRM_DG lesen Sie die Diagnosedaten eines DP-Norm-Slaves. Der Lesevorgang wird mit REQ = „1" angestoßen und ist beendet, wenn BUSY = „0" meldet. Dann steht im Funktionswert RET_VAL die Anzahl der gelesenen Bytes. Je nach Slave sind die Diagnosedaten mindestens 6 Bytes und maximal 240 Bytes lang. Bei größeren Längen werden die ersten 240 Bytes übertragen und dann das entsprechende Overflow-Bit in den Daten gesetzt.

Der Parameter RECORD beschreibt den Bereich, in dem die gelesenen Daten abgelegt werden. Als Aktualparameter sind Variablen mit den Datentypen ARRAY und STRUCT oder ein ANY-Zeiger mit Datentyp BYTE (z.B. P#DBzDBXy.x BYTE nnn) zugelassen.

### SFC 14 DPRD_DAT
### Nutzdaten lesen

Die SFC 14 DPRD_DAT liest von einem DP-Slave konsistente Nutzdaten, die eine Länge von 3 Bytes oder größer als 4 Bytes aufweisen. Die Länge der Datenkonsistenz legen Sie beim Parametrieren des DP-Slaves fest.

Der Parameter LADDR erhält die Baugruppenanfangsadresse des DP-Slaves (Eingangsbereich).

Der Parameter RECORD beschreibt den Bereich, in dem die gelesenen Daten abgelegt werden. Als Aktualparameter sind Variablen mit den Datentypen ARRAY und STRUCT oder ein ANY-Zeiger mit Datentyp BYTE (z.B. P#DBzDBXy.x BYTE nnn) zugelassen.

**SFC 15 DPWR_DAT**
**Nutzdaten schreiben**

Die SC 15 DPWR_DAT schreibt zu einem DP-Slave konsistente Nutzdaten, die eine Länge von 3 Bytes oder größer als 4 Bytes aufweisen. Die Länge der Datenkonsistenz legen Sie beim Parametrieren des DP-Slaves fest.

Der Parameter LADDR erhält die Baugruppenanfangsadresse des DP-Slaves (Ausgangsbereich).

Der Parameter RECORD beschreibt den Bereich, aus dem die übertragenen Daten gelesen werden. Als Aktualparameter sind Variablen mit den Datentypen ARRAY und STRUCT oder ein ANY-Zeiger mit Datentyp BYTE (z.B. P#DBzDBXy.x BYTE nnn) zugelassen.

Werden Peripherie-Ausgänge (PA) adressiert, deren Adressen im Prozeßabbild der Ausgänge (A) liegen, wird das Prozeßabbild nachgeführt (wie bei der Transferieren-Anweisung).

## 20.5 Globaldatenkommunikation

### 20.5.1 Grundlagen

Die Globaldatenkommunikation (GD-Kommunikation) ist ein im Betriebssystem der CPUs integrierter Kommunikationsdienst, um über den MPI-Bus geringe, zeitunkritische Datenmengen auszutauschen.

Die übertragbaren Globaldaten umfassen

▷ Ein- und Ausgänge (Prozeßabbilder)

▷ Merker

▷ Daten in Datenbausteinen

▷ Zeit- und Zählwerte als zu sendende Daten.

Voraussetzung ist, daß die CPUs über die MPI-Schnittstelle untereinander vernetzt sind oder daß sie, wie im S7-400-Baugruppenträger, über den K-Bus verbunden sind. Alle CPUs müssen im gleichen STEP 7-Projekt vorhanden sein, um die GD-Kommunikation projektieren zu können.

Die zyklische GD-Kommunikation benötigt kein Anwenderprogramm; für ereignisgesteuerte GD-Kommunikation bei S7-400 stehen Systemfunktionen zur Verfügung.

Beachten Sie, daß eine Empfänger-CPU den Empfang von Globaldaten nicht quittiert. Der Sender erhält also keine Rückmeldungen, ob und welcher Empfänger Daten empfangen hat. Sie haben jedoch die Möglichkeit, sich den Status der Kommunikation zwischen zwei CPUs sowie den Gesamtstatus aller GD-Kreise einer CPU anzeigen zu lassen.

Das Senden und Empfangen von Globaldaten wird von sog. Untersetzungsfaktoren gesteuert. Sie geben an, nach wievielen (Anwenderprogramm-) Zyklen die CPU die Daten sendet bzw. empfängt. Das Senden und Empfangen erfolgt asynchron zwischen Sender und Empfänger jeweils am Zykluskontrollpunkt, d.h. nach der zyklischen Programmbearbeitung, bevor ein neuer Programmzyklus beginnt (wie z.B. auch die Prozeßabbildaktualisierung).

Der Datenaustausch erfolgt in Form von Datenpaketen (GD-Pakete) zwischen CPUs, die zu GD-Kreisen zusammengefaßt sind.

**GD-Kreis**

Die CPUs, die ein gemeinsames GD-Paket austauschen, bilden einen GD-Kreis. Ein GD-Kreis kann sein

▷ die einseitige Verbindung von einer CPU, die ein GD-Paket zu mehreren anderen CPUs sendet, die das Paket empfangen.

▷ die zweiseitige Verbindung zwischen zwei CPUs, wobei jede der beiden CPUs je ein GD-Paket zur anderen CPU senden kann.

▷ die zweiseitige Verbindung zwischen drei CPUs, wobei jede der drei CPUs je ein GD-Paket zu den beiden anderen CPUs senden kann (nur S7-400-CPUs)

In einem GD-Kreis können maximal 15 CPUs miteinander Daten austauschen. Eine CPU kann auch mehreren GD-Kreisen angehören. Welche Ressourcen hierbei jede einzelne CPU hat, entnehmen Sie bitte der Tabelle 20.8.

**GD-Paket**

Ein PD-Paket besteht aus dem Paketkopf und einer oder mehreren Globaldatenelementen (GD-Elementen):

▷ Paketkopf (8 Byte)

▷ Kennung 1. GD-Element (2 Byte)

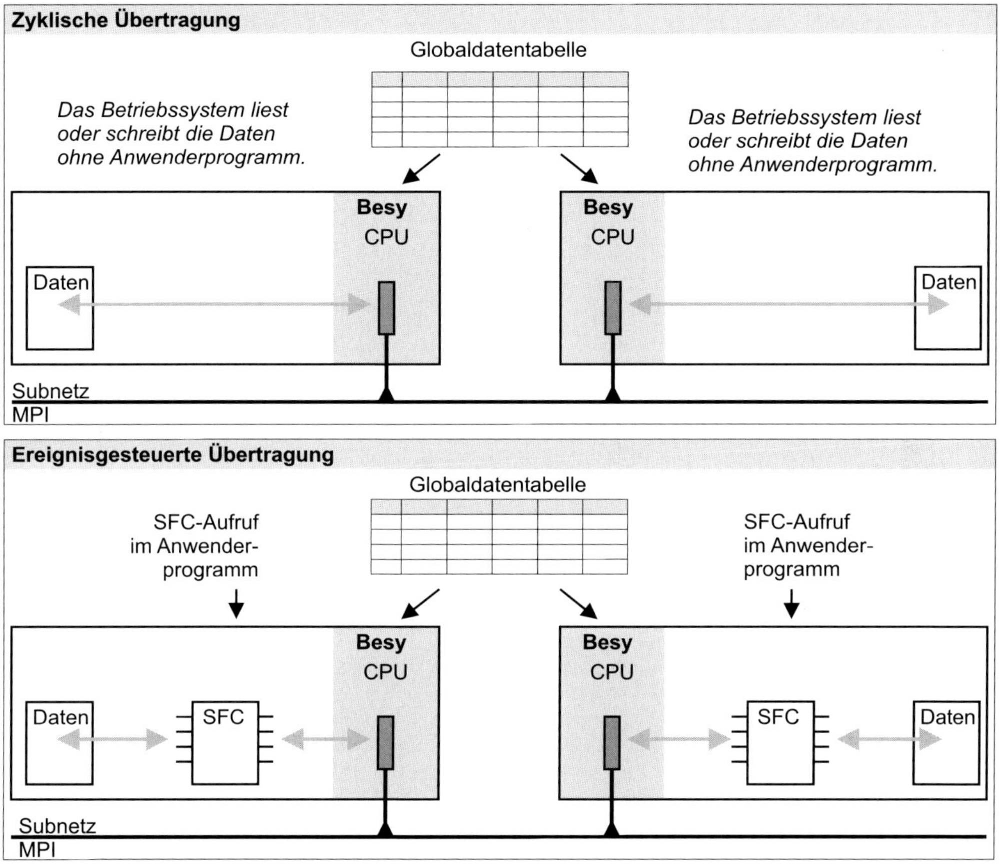


**Bild 20.12** Globaldatenkommunikation

- ▷ Nutzdaten 1. GD-Element (x Byte)
- ▷ Kennung 2. GD-Element (2 Byte)
- ▷ Nutzdaten 2. GD-Element (x Byte)
- ▷ usw.

Jedes GD-Element setzt sich aus 2 Bytes Beschreibung und den eigentlichen Nettodaten zusammen. Um z.B. ein Merkerbyte zu übertragen, werden 3 Bytes im GD-Paket benötigt, für ein Merkerwort sind es 4 Bytes und für ein Merkerdoppelwort 6 Bytes. Eine boole'sche Variable belegt 1 Byte an Nettodaten; sie benötigt also den gleichen Platz wie eine bytebreite Variable. Zeit- und Zählwerte belegen mit je 2 Bytes Nettodaten jeweils 4 Bytes im GD-Paket.

Ein GD-Element kann auch ein Operandenbereich sein. Beispielsweise steht MB 0:15 für den Bereich vom Merkerbyte MB 0 bis zu MB 15 und DB20.DBW14:8 für den Datenbereich, der im Datenbaustein DB 20 liegt, ab Datenwort DBW 14 beginnt und 8 Datenworte umfaßt.

Die maximale Größe eines GD-Pakets beträgt bei S7-300 32 Bytes und bei S7-400 64 Bytes. Die maximale Anzahl an Nettodatenbytes pro Paket erreichen Sie mit der Übertragung von nur einem GD-Element, das bei S7-300 max. 22 Bytes an Nettodaten enthalten kann und bei S7-400 max. 54 Bytes.

**Tabelle 20.8** CPU-Ressourcen für die Globaldaten-Kommunikation

| GD-Ressourcen<br><br>Max. Anzahl an: | CPU 312<br>CPU 313<br>CPU 314 | CPU 315<br>CPU 316 | CPU 318 | CPU 412<br>CPU 413<br>CPU 414 | CPU 416<br>CPU 417 |
|---|---|---|---|---|---|
| GD-Kreise je CPU | 4 | 4 | 8 | 8 | 16 |
| Empfangs-GD-Pakete je CPU | 4 | 4 | 16 | 16 | 32 |
| Empfangs-GD-Pakete je Kreis | 1 | 1 | 2 | 2 | 2 |
| Sende-GD-Pakete je CPU | 4 | 4 | 8 | 8 | 16 |
| Sende-GD-Pakete je Kreis | 1 | 1 | 1 | 1 | 1 |
| max. Größe eines GD-Pakets | 32 Byte | 32 Bytes | 64 Byte | 64 Byte | 64 Byte |
| max. Datenkonsistenz | 8 Bytes | 8 Bytes | 32 Bytes | 16 Bytes | 32 Bytes |

### Datenkonsistenz

Die Datenkonsistenz erstreckt sich über ein GD-Element. Überschreitet ein GD-Element eine CPU-spezifische Größe, gelten die in der Tabelle 20.8 angegebenen Bereiche.

Ist ein GD-Element größer als die Länge der Datenkonsistenz, werden Blöcke mit konsistenten Daten der entsprechenden Länge gebildet, beginnend mit dem ersten Byte.

## 20.5.2 GD-Kommunikation projektieren

### Voraussetzungen

Sie haben ein Projekt angelegt, ein MPI-Subnetz ist vorhanden und Sie haben die S7-Stationen konfiguriert. Mindestens die CPU muß in den Stationen vorhanden sein. Im Eigenschaftsfenster der CPU (Doppelklick auf die CPU-Zeile in der Hardware-Konfiguration bzw. auf die Zeile mit dem MPI-Schnittstellenmodul) stellen Sie in der Registerkarte „Allgemein" unter der Schaltfläche „Eigenschaften" der MPI-Schnittstelle die MPI-Adresse ein und wählen das MPI-Subnetz, mit dem die CPU verbunden ist.

### Globaldatentabelle

Die GD-Kommunikation projektieren Sie durch das Ausfüllen einer Tabelle. Bei markiertem Symbol für das MPI-Subnetz im SIMATIC Manager oder in der Netzprojektierung erhalten Sie mit EXTRAS → GLOBALDATEN DEFINIEREN eine leere Globaldatentabelle. Markieren Sie eine Spalte und wählen Sie BEARBEITEN → CPU. Markieren Sie im linken Teil des sich öffnenden Projektauswahlfensters die Station und im rechten Teil die CPU. Mit „OK" wird diese CPU in die Globaldatentabelle übernommen.

Verfahren Sie mit den anderen an der GD-Kommunikation teilnehmenden CPUs genauso. Eine Globaldatentabelle kann bis zu 15 CPU-Spalten enthalten.

Zum Projektieren der Datenübertragung zwischen den CPUs markieren Sie die erste Zelle unter der Sende-CPU und geben den Operanden ein, dessen Wert übertragen werden soll (Abschluß mit RETURN).

Mit BEARBEITEN → SENDER definieren Sie diesen Wert als zu sendenden Wert, kenntlich am vorangestellten Zeichen „>" und dunkel unterlegt. In derselben Zeile tragen Sie unter der Empfänger-CPU den Operanden ein, der den Wert aufnehmen soll (die Eigenschaft „Empfänger" ist voreingestellt). Zeit- und Zählfunktionen dürfen Sie nur als Sender verwenden; der Empfänger muß ein wortbreiter Operand je Zeit- bzw. Zählfunktion sein.

Eine Zeile kann mehrere Empfänger enthalten, jedoch nur einen Sender (Tabelle 20.9). Nach dem Ausfüllen wählen Sie den Menüpunkt GD-TABELLE → ÜBERSETZEN.

Nach dem ersten Übersetzen (Phase 1) sind die erzeugten Systemdaten für die Globaldaten-Kommunikation ausreichend. Konfigurieren Sie zusätzlich den GD-Status (den Status der GD-Verbindung) und die Untersetzungsfakto-

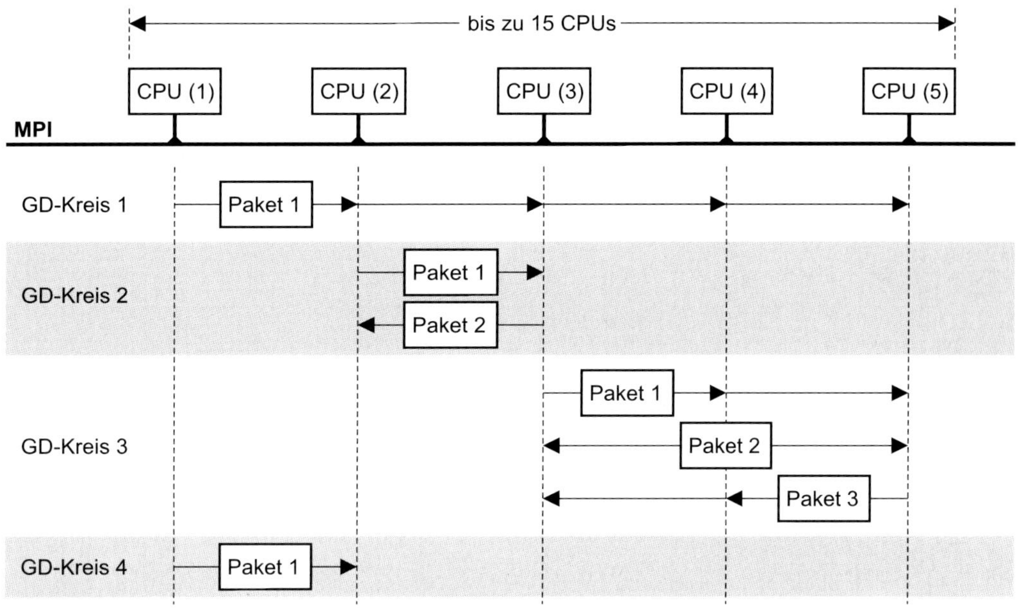


**Bild 20.13** Beispiel für GD-Kreise

ren, müssen Sie die GD-Tabelle anschließend ein zweites Mal übersetzen.

## GD-Kennung

Nach fehlerfreier Übersetzung füllt STEP 7 die Spalte „GD Kennung“ aus. Die GD-Kennung zeigt Ihnen, wie die übertragenen Daten in GD-Kreise, GD-Pakete und GD-Elemente strukturiert sind. Z.B. entspricht die GD-Kennung „GD 2.1.3“ dem GD-Kreis 2, GD-Paket 1, GD-Element 3. Sie können dann in der CPU-Spalte der Globaldatentabelle die Ressourcenbelegung (Anzahl der GD-Kreise) je CPU ermitteln.

## GD-Status

Nach der Übersetzung können Sie mit ANSICHT → GD-STATUS die Operanden für den Kommunikationsstatus in die Globaldatentabelle eintragen. Der Gesamtstatus (GST) zeigt den Status aller Kommunikationsverbindungen in der Tabelle. Der Status (GDS) zeigt den Status einer Kommunikationsverbindung (eines gesendeten GD-Pakets). Der Status wird jeweils in einem Doppelwort angezeigt.

## Untersetzungsfaktoren

Die GD-Kommunikation benötigt einen spürbaren Anteil der Bearbeitungszeit im CPU-Betriebssystem und beansprucht Übertragungszeit auf dem MPI-Bus. Um diese „Kommunikationslast“ gering halten zu können, ist die Angabe eines „Untersetzungsfaktors“ möglich. Ein Untersetzungsfaktor gibt an, nach wievielen Programmzyklen die Daten (genauer: ein GD-Paket) gesendet bzw. empfangen werden sollen.

Da mit einem Untersetzungsfaktor die Aktualisierung der Daten nicht in jedem Programmzyklus erfolgt, sollten Sie auch keine zeitkritischen Daten über diese Form der Kommunikation übertragen.

Mit ANSICHT → UNTERSETZUNGSFAKTOREN haben Sie die Möglichkeit, nach der ersten (fehlerfreien) Übersetzung die Untersetzungsfaktoren (SR) für jedes GD-Paket und jede CPU selbst zu bestimmen. Standardmäßig ist der Untersetzungsfaktor so eingestellt, daß bei „leerer“ CPU (kein Anwenderprogramm vorhanden) die GD-Pakete ca. alle 10 ms gesendet und empfangen werden. Wird dann ein Anwen-

**Tabelle 20.9** Beispiel für eine GD-Tabelle mit Status und Untersetzungsfaktoren

| GD-Kennung | Station 417 \ CPU417 (3) | Station 417 \ CPU414 (4) | Station 416\ CPU 416 (5) | Station 315 Slave\ CPU315 (7) | Station 314CP\ CPU314 (10) |
|---|---|---|---|---|---|
| GST | MD100 | MD100 | MD100 | DB10.DBD200 | DB10.DBD200 |
| GDS 1.1 | DB9.DBD0 | | MD92 | DB10.DBD204 | DB10.DBD204 |
| SR 1.1 | 44 | 0 | 44 | 8 | 8 |
| GD 1.1.1 | >DB9.DBW10 | | MW90 | DB10.DBW208 | DB10.DBW208 |
| GDS 2.1 | MD96 | MD96 | | | |
| SR 2.1 | 44 | 23 | 0 | 0 | 0 |
| GD 2.1.1 | >Z10:10 | DB3.DBW20:10 | | | |
| GDS 3.1 | | | MD96 | | |
| SR 3.1 | 0 | 0 | 44 | 8 | 8 |
| GD 3.1.1 | | | >MW98 | DB10.DBW220 | DB10.DBW210 |

derprogramm geladen, vergrößert sich der Zeitabstand.

Sie können die Untersetzungsfaktoren im Bereich von 1 bis 255 eingeben. Beachten Sie, daß mit kleiner werdenden Untersetzungsfaktoren die Kommunikationslast einer CPU größer wird. Um die Kommunikationslast im erträglichen Rahmen zu halten, stellen Sie den Untersetzungsfaktor in der Sende-CPU so ein, daß das Produkt aus Untersetzungsfaktor und Zykluszeit bei S7-300 größer als 60 ms und bei S7-400 größer als 10 ms ist. In der Empfangs-CPU muß dieses Produkt kleiner als in der Sende-CPU sein, damit kein GD-Paket verloren geht.

Mit Untersetzungsfaktor 0 schalten Sie bei S7-400-CPUs den zyklischen Datenaustausch des betreffenden GD-Pakets aus, wenn Sie es nur ereignisgesteuert mit SFCs senden oder empfangen wollen.

Nach dem Konfigurieren des GD-Status und der Untersetzungsfaktoren müssen Sie die GD-Tabelle ein zweites Mal übersetzen. Dann trägt STEP 7 die übersetzten Daten in das Objekt *Systemdaten* im Behälter *Bausteine* ein. Die GD-Kommunikation wird wirksam, wenn Sie die GD-Tabelle mit ZIELSYSTEM → LADEN IN BAUGRUPPE in die angeschlossenen CPUs übertragen.

Auch mit dem Übertragen des Objekts *Systemdaten*, in dem alle Hardware-Einstellungen und Parametrierungen gespeichert sind, wird die GD-Kommunikation wirksam.

### 20.5.3 Systemfunktionen für GD-Kommunikation

Bei S7-400 können Sie die GD-Kommunikation auch von Ihrem Programm aus steuern. Zusätzlich oder alternativ zur zyklischen Übertragung der Globaldaten können Sie mit folgenden SFCs ein GD-Paket senden oder empfangen:

▷ SFC 60 GD_SND
GD-Paket senden

▷ SFC 61 GD_RCV
GD-Paket empfangen

Die Parameter dieser SFCs sind in der Tabelle 20.10 aufgelistet. Voraussetzung für den Einsatz dieser SFCs ist eine projektierte Globaldatentabelle. Nach dem Übersetzen dieser Tabelle zeigt Ihnen STEP 7 in der Spalte „GD Kennung" die Nummern der GD-Kreise und GD-Pakete, die Sie zur Parameterversorgung brauchen.

Die SFC 60 GD_SND trägt das GD-Paket in den Systemspeicher der CPU ein und veranlaßt ein Übertragen; die SFC 61 GD_RCV holt sich das GD-Paket vom Systemspeicher. Ist für das GD-Paket in der GD-Tabelle ein Untersetzungsfaktor größer als 0 angegeben, erfolgt zusätzlich die zyklische Übertragung.

Wünschen Sie bei der Übertragung mit SFC 60 und SFC 61 Datenkonsistenz für das gesamte GD-Paket, müssen Sie auf der Sende- und auf der Empfangsseite während der Bearbeitung der SFC 60 bzw. SFC 61 die Bearbeitung hö-

**Tabelle 20.10** Parameter der SFCs zur GD-Kommunikation

| Parameter | vorhanden bei SFC | | Deklaration | Datentyp | Belegung, Beschreibung |
|---|---|---|---|---|---|
| CIRCLE_ID | 60 | 61 | INPUT | BYTE | Nummer des GD-Kreises |
| BLOCK_ID | 60 | 61 | INPUT | BYTE | Nummer des zu sendenden bzw. zu empfangenden GD-Pakets |
| RET_VAL | 60 | 61 | OUTPUT | INT | Fehlerinformation |

herpriorer Alarme und Asynchronfehler sperren oder verzögern.

Die SFCs müssen nicht paarweise aufgerufen werden; es ist auch ein „gemischter" Betrieb möglich. Beispielsweise können Sie mit dem SFC 60 GD_SND GD-Pakete ereignisgesteuert senden, diese dann aber zyklisch empfangen.

## 20.6 S7-Basiskommunikation

### 20.6.1 Stationsinterne S7-Basiskommunikation

#### Grundlagen

Mit der stationsinternen S7-Basiskommunikation können Sie innerhalb einer SIMATIC-Station Daten zwischen programmierbaren Baugruppen austauschen. Die hierfür erforderlichen Kommunikationsfunktionen sind SFCs im Betriebssystem der CPU. Diese SFCs bauen die Kommunikationsverbindungen bei Bedarf selbst auf. Deshalb werden diese stationsinternen Verbindungen nicht über die Verbindungstabelle projektiert („Kommunikation über nichtprojektierte Verbindungen", SFC-Kommunikation).

Eine stationsinterne S7-Basiskommunikation kann z.B. parallel zum zyklischen Datenaustausch über PROFIBUS-DP zwischen der Master-CPU und der Slave-CPU stattfinden, bei der ereignisgesteuert Daten übertragen werden (Bild 20.14).

#### Adressierung der Teilnehmer, Verbindungen

Die Teilnehmeridentifikation wird aus der Peripherieadresse abgeleitet: Am Parameter LADDR geben Sie die Baugruppenanfangsadresse an und am Parameter IOID, ob diese Adresse im Eingangs- oder im Ausgangsbereich liegt.

Diese Systemfunktionen bauen die erforderlichen Kommunikationsverbindungen dynamisch auf und – parametrierbar – nach Auftragsende auch wieder ab. Kann ein Verbindungsaufbau wegen fehlender Ressourcen entweder im Sendegerät oder im Empfangsgerät nicht durchgeführt werden, wird „temporärer Ressourcenmangel" gemeldet. Der Übertragungsanstoß ist dann zu wiederholen. Zwischen zwei Kommunikationspartnern kann es in jeder Richtung maximal eine Verbindung geben.

Durch Veränderung der Bausteinparameter zur Laufzeit können Sie eine Systemfunktion für verschiedene Kommunikationsverbindungen nutzen. Eine SFC darf sich nicht selbst unterbrechen. Sie dürfen einen Programmteil, in dem einer dieser SFCs verwendet wird, nur im Betriebszustand STOP verändern; danach muß ein Neustart ausgeführt werden.

#### Nutzdaten, Datenkonsistenz

Als Nutzdaten übertragen diese SFCs maximal 76 Bytes. Das Betriebssystem einer CPU stellt unabhängig von der Übertragungsrichtung die Nutzdaten in Blöcken zusammen, die in sich datenkonsistent sind. Die Länge der konsistent übertragenen Daten ist eine CPU-spezifische Größe. Tauschen zwei CPUs Daten aus, ist für die Datenkonsistenz der übertragenen Daten die Blockgröße der „passiven" CPU maßgebend.

#### Stationsinterne S7-Basiskommunikation projektieren

Speziell für die stationsinterne S7-Basiskommunikation ist keine Projektierung notwendig, da die Datenübertragung über dynamische Verbin-

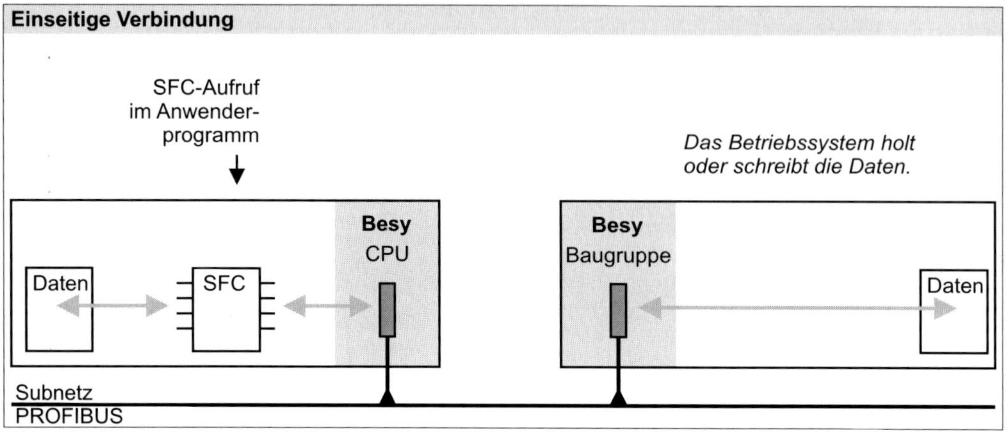


**Bild 20.14** Stationsinterne S7-Basiskommunikation

dungen abgewickelt wird. Sie verwenden einfach ein vorhandenes PROFIBUS-Subnetz oder erzeugen eines, entweder im SIMATIC Manager (das Objekt *Projekt* markieren und EINFÜGEN → SUBNETZ → PROFIBUS) oder in der Netzkonfiguration (siehe Kapitel 2.4 „Netz projektieren").

Beispiel: Sie haben Dezentrale Peripherie projektiert mit einer CPU 315-2DP als Master. Eine weitere CPU 315-2DP verwenden Sie als intelligenten DP-Slave. Von beiden Steuerungen aus können Sie nun mit der stationsinternen S7-Basiskommunikation Daten lesen und schreiben.

### 20.6.2 Systemfunktionen für stationsinterne S7-Basiskommunikation

Folgende Systemfunktionen wickeln die Datenübertragung innerhalb einer Station ab:

▷ SFC 72 I_GET
Daten lesen

▷ SFC 73 I_PUT
Daten schreiben

▷ SFC 74 I_ABORT
Verbindung abbrechen

Die Parameter dieser SFCs finden Sie in der Tabelle 20.11.

**SFC 72 I_GET**
**Daten lesen**

Ein Auftragsanstoß erfolgt mit REQ = „1" und BUSY = „0" („Erstaufruf"). Während der Auftrag läuft, wird BUSY auf „1" gesetzt; Änderungen am Parameter REQ wirken sich nun nicht mehr aus. Bei Auftragsende wird BUSY auf „0" zurückgenommen. Steht nun an REQ immer noch „1" an, wird der Auftrag sofort wieder gestartet.

Nach dem Anstoß des Lesevorgangs stellt das Betriebssystem im Partnergerät die unter VAR_ADDR geforderten Daten zusammen und sendet sie. Die empfangenen Daten werden bei einem SFC-Aufruf komplett in den Zielbereich eingetragen. RET_VAL zeigt dann die Anzahl der übertragenen Bytes.

Ist CONT = „0", wird die Kommunikationsverbindung wieder abgebaut. CONT = „1" läßt die Verbindung bestehen. Die Daten werden auch dann gelesen, wenn der Kommunikationspartner im Betriebszustand STOP ist.

Die Parameter RD und VAR_ADDR beschreiben den Bereich, aus dem die zu sendenden Daten gelesen werden oder in den die empfangenen Daten geschrieben werden. Als Aktualparameter sind Operanden, Variablen oder mit einem ANY-Zeiger adressierte Datenbereiche

**Tabelle 20.11** Parameter der SFCs für stationsinterne S7-Basiskommunikation

| Parameter | vorhanden bei SFC | | | Deklaration | Datentyp | Belegung, Beschreibung |
|---|---|---|---|---|---|---|
| REQ | 72 | 73 | 74 | INPUT | BOOL | Auftragsanstoß mit REQ = „1“ |
| CONT | 72 | 73 | - | INPUT | BOOL | CONT = „1“: Verbindung bleibt nach Auftragsende bestehen |
| IOID | 72 | 73 | 74 | INPUT | BYTE | B#16#54 = Eingangsbereich, B#16#55 = Ausgangsbereich |
| LADDR | 72 | 73 | 74 | INPUT | WORD | Baugruppenanfangsadresse |
| VAR_ADDR | 72 | 73 | - | INPUT | ANY | Datenbereich im Partnergerät |
| SD | - | 73 | - | INPUT | ANY | Datenbereich in der eigenen CPU, der die Sendedaten enthält |
| RET_VAL | 72 | 73 | 74 | OUTPUT | INT | Fehlerinformation |
| BUSY | 72 | 73 | 74 | OUTPUT | BOOL | Auftrag läuft bei BUSY = „1“ |
| RD | 72 | - | - | OUTPUT | ANY | Datenbereich in der eigenen CPU, der die Empfangsdaten aufnimmt |

zugelassen. Eine Datentypprüfung zwischen Sende- und Empfangsdaten findet nicht statt.

### SFC 73 I_PUT
### Daten schreiben

Ein Auftragsanstoß erfolgt mit REQ = „1“ und BUSY = „0“ („Erstaufruf“). Während der Auftrag läuft, wird BUSY auf „1“ gesetzt; Änderungen am Parameter REQ wirken sich nun nicht mehr aus. Bei Auftragsende wird BUSY auf „0“ zurückgenommen. Steht nun an REQ immer noch „1“ an, wird der Auftrag sofort wieder gestartet.

Nach dem Anstoß des Schreibvorgangs übernimmt beim Erstaufruf das Betriebssystem alle Daten aus dem Quellbereich in einen internen Puffer und sendet sie zum Partnergerät. Dort werden die empfangenen Daten von dessen Betriebssystem in den Datenbereich VAR_ADDR geschrieben. Anschließend wird BUSY auf „0“ gesetzt. Die Daten werden auch dann geschrieben, wenn der Kommunikationspartner im Betriebszustand STOP ist.

Die Parameter SD und VAR_ADDR beschreiben den Bereich, aus dem die zu sendenden Daten gelesen werden oder in den die empfangenen Daten geschrieben werden. Als Aktualparameter sind Operanden, Variablen oder mit einem ANY-Zeiger adressierte Datenbereiche zugelassen. Eine Datentypprüfung zwischen Sende- und Empfangsdaten findet nicht statt.

### SFC 74 I_ABORT
### Verbindung abbrechen

Mit REQ = „1“ brechen Sie eine bestehende Verbindung zum angegebenen Kommunikationspartner ab. Mit I_ABORT können Sie nur Verbindungen abbrechen, die mit den SFCs I_GET oder I_PUT in der eigenen Station aufgebaut wurden.

Während der Auftrag läuft, wird BUSY auf „1“ gesetzt; Änderungen am Parameter REQ wirken sich nun nicht mehr aus. Bei Auftragsende wird BUSY auf „0“ zurückgenommen. Steht nun an REQ immer noch „1“ an, wird der Auftrag sofort wieder gestartet.

## 20.6.3 Stationsexterne S7-Basiskommunikation

### Grundlagen

Mit der stationsexternen S7-Basiskommunikation können Sie ereignisgesteuert Daten zwischen SIMATIC-S7-Stationen austauschen. Die Stationen müssen über ein MPI-Subnetz miteinander verbunden sein. Die hierfür erforderlichen Kommunikationsfunktionen sind SFCs im Betriebssystem der CPU. Diese SFCs bauen die Kommunikationsverbindungen bei Bedarf selbst auf. Deshalb werden diese stationsexternen Verbindungen nicht über die Verbindungstabelle pro-

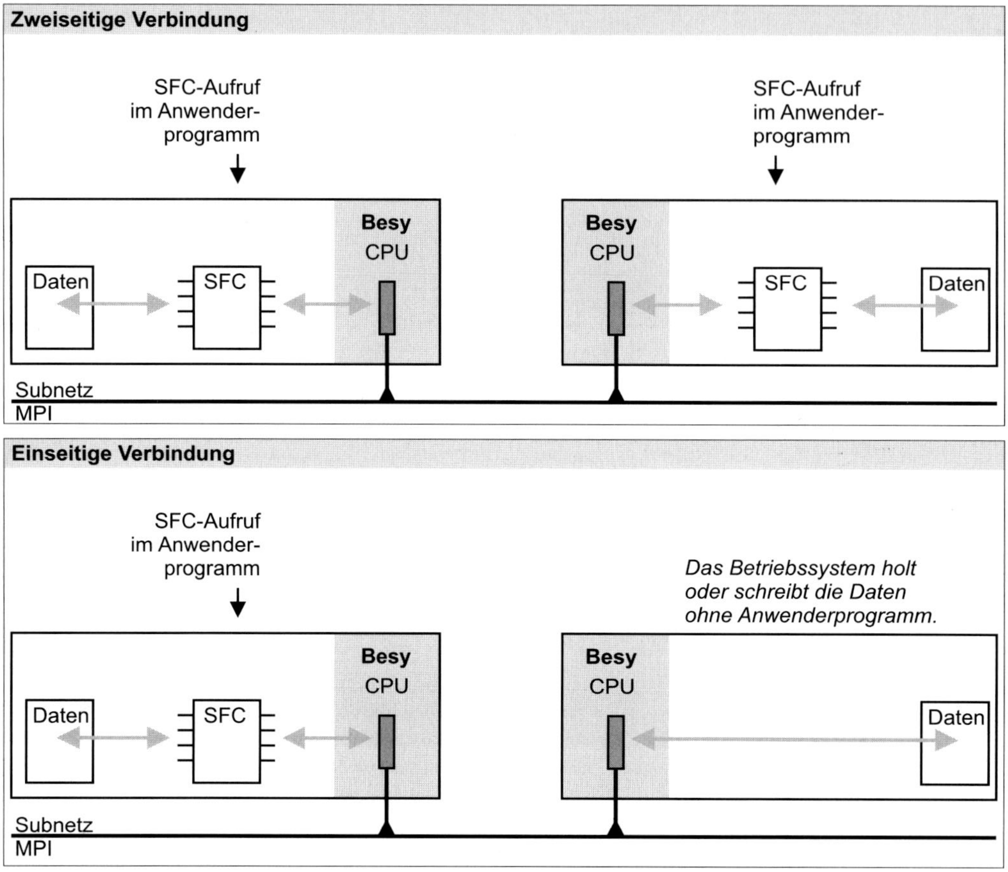


**Bild 20.15** Stationsexterne S7-Basiskommunikation

jektiert („Kommunikation über nichtprojektierte Verbindungen", SFC-Kommunikation).

Eine stationsexterne S7-Basiskommunikation kann z.B. parallel zur zyklischen Globaldaten-Kommunikation ereignisgesteuert Daten übertragen.

### Adressierung der Teilnehmer, Verbindungen

Sie sprechen Teilnehmer an, die am gleichen MPI-Subnetz angeschlossen sind. Die Teilnehmeridentifikation wird aus der MPI-Adresse abgeleitet (Parameter DEST_ID).

Diese Systemfunktionen bauen die erforderlichen Kommunikationsverbindungen dynamisch auf und – parametrierbar – nach Auftragsende auch wieder ab. Kann ein Verbindungsaufbau wegen fehlender Ressourcen entweder im Sendegerät oder im Empfangsgerät nicht durchgeführt werden, wird „temporärer Ressourcenmangel" gemeldet. Der Übertragungsanstoß ist dann zu wiederholen. Zwischen zwei Kommunikationspartnern kann es in jeder Richtung maximal eine Verbindung geben.

Beim Übergang von RUN nach STOP werden alle aktiv aufgebauten Verbindungen (alle SFCs außer X_RECV) abgebaut.

Durch Veränderung der Bausteinparameter zur Laufzeit können Sie eine Systemfunktion für verschiedene Kommunikationsverbindungen nutzen. Eine SFC darf sich nicht selbst unterbrechen. Sie dürfen einen Programmteil, in dem einer dieser SFCs verwendet wird, nur im Betriebszustand STOP verändern; danach muß ein Neustart ausgeführt werden.

**Nutzdaten, Datenkonsistenz**

Als Nutzdaten übertragen diese SFCs maximal 76 Bytes. Das Betriebssystem einer CPU stellt unabhängig von der Übertragungsrichtung die Nutzdaten in Blöcken zusammen, die in sich datenkonsistent sind. Die Länge der konsistent übertragenen Daten ist eine CPU-spezifische Größe.

Tauschen zwei CPUs über die SFCs X_GET oder X_PUT Daten aus, ist für die Datenkonsistenz der übertragenen Daten die Blockgröße der „passiven" CPU maßgebend.

Bei einer SEND/RECEIVE-Verbindung werden alle Daten konsistent übertragen.

**Stationsexterne S7-Basiskommunikation projektieren**

Speziell für die stationsexterne S7-Basiskommunikation ist keine Projektierung notwendig, da die Datenübertragung über dynamische Verbindungen abgewickelt wird. Sie verwenden einfach ein vorhandenes MPI-Subnetz oder erzeugen eines.

Beispiel: Sie haben einen geteilten S7-400-Baugruppenträger mit je einer CPU 416. Zusätzlich schließen Sie eine S7-300-Station mit einer CPU 314 über ein MPI-Kabel an eine der S7-400-CPUs an. Alle drei CPU projektieren Sie z.B. in der Hardware-Konfiguration als „vernetzt" über ein MPI-Subnetz. Sie können nun von allen drei Steuerungen aus mit der stationsexternen S7-Basiskommunikation Daten austauschen.

### 20.6.4 Systemfunktionen für stationsexterne S7-Basiskommunikation

Folgende Systemfunktionen wickeln die Datenübertragung zwischen Partnern in verschiedenen Stationen ab:

- ▷ SFC 65 X_SEND
  Daten senden
- ▷ SFC 66 X_RCV
  Daten empfangen
- ▷ SFC 67 X_GET
  Daten lesen
- ▷ SFC 68 X_PUT
  Daten schreiben
- ▷ SFC 69 X_ABORT
  Verbindung abbrechen

Die Parameter dieser SFCs finden Sie in der Tabelle 20.12.

**Tabelle 20.12** Parameter der SFCs für stationsexterne S7-Basiskommunikation

| Parameter | vorhanden bei SFC | | | | | Deklaration | Datentyp | Belegung, Beschreibung |
|---|---|---|---|---|---|---|---|---|
| REQ | 65 | - | 67 | 68 | 69 | INPUT | BOOL | Auftragsanstoß mit REQ = „1" |
| CONT | 65 | - | 67 | 68 | - | INPUT | BOOL | CONT = „1": Verbindung bleibt nach Auftragsende bestehen |
| DEST_ID | 65 | - | 67 | 68 | 69 | INPUT | WORD | Teilnehmeridentifikation des Partners (MPI-Adresse) |
| REQ_ID | 65 | - | - | - | - | INPUT | DWORD | Auftragskennung |
| VAR_ADDR | - | - | 67 | 68 | - | INPUT | ANY | Datenbereich im Partnergerät |
| SD | 65 | - | - | 68 | - | INPUT | ANY | Datenbereich in der eigenen CPU, der die Sendedaten enthält |
| EN_DT | - | 66 | - | - | - | INPUT | BOOL | bei „1": Übernahme empfangener Daten |
| RET_VAL | 65 | 66 | 67 | 68 | 69 | OUTPUT | INT | Fehlerinformation |
| BUSY | 65 | - | 67 | 68 | 69 | OUTPUT | BOOL | Auftrag läuft bei BUSY = „1" |
| REQ_ID | - | 66 | - | - | - | OUTPUT | DWORD | Auftragskennung |
| NDA | - | 66 | - | - | - | OUTPUT | BOOL | bei „1": Daten sind angekommen |
| RD | - | 66 | 67 | - | - | OUTPUT | ANY | Datenbereich in der eigenen CPU, der die Empfangsdaten aufnimmt |

**SFC 65 X_SEND**
**Daten senden**

Ein Auftragsanstoß erfolgt mit REQ = „1“ und BUSY = „0“ („Erstaufruf“). Während der Auftrag läuft, wird BUSY auf „1“ gesetzt; Änderungen am Parameter REQ wirken sich nun nicht mehr aus. Bei Auftragsende wird BUSY auf „0“ zurückgenommen. Steht nun an REQ immer noch „1“ an, wird der Auftrag sofort wieder gestartet.

Beim Erstaufruf liest das Betriebssystem alle Daten aus dem Quellbereich in einen internen Puffer und überträgt sie zum Partnergerät.

Für die Dauer des Sendevorgangs führt BUSY den Wert „1“. Wenn der Partner das Abholen der Daten gemeldet hat, wird BUSY auf „0“ gesetzt und der Sendeauftrag ist beendet.

Bei CONT = „0“ wird die Verbindung wieder abgebaut und die entsprechenden CPU-Ressourcen stehen anderen Kommunikationsverbindungen zur Verfügung. Bei CONT = „1“ bleibt die Verbindung bestehen. Mit dem Parameter REQ_ID haben Sie die Möglichkeit, den Sendedaten eine Kennung mitzugeben, die Sie an der SFC X_RCV auswerten können.

Der Parameter SD beschreibt den Bereich, aus dem die zu sendenden Daten gelesen werden. Als Aktualparameter sind Operanden, Variablen oder mit einem ANY-Zeiger adressierte Datenbereiche zugelassen. Eine Datentypprüfung zwischen Sende- und Empfangsdaten findet nicht statt.

**SFC 66 X_RCV**
**Daten empfangen**

Die empfangenen Daten werden in einem internen Puffer abgelegt. Es können mehrere Sendungen in der zeitlichen Reihenfolge des Eintreffens in einer Warteschlange gespeichert werden.

Mit EN_DT = „0“ prüfen Sie, ob Daten empfangen wurden; NDA führt dann „1“, RET_VAL zeigt die Anzahl Bytes der empfangenen Daten und REQ_ID zeigt die gleiche Belegung wie der entsprechende Parameter der SFC 65 X_SEND. Mit EN_DT = „1“ überträgt die SFC die zuerst eingetragene (älteste) Datensendung komplett in den Zielbereich; NDA führt dann „1“ und RET_VAL die Anzahl der übertragenen Bytes. Sind bei EN_DT = „1“ keine Daten in der internen Warteschlange, führt NDA = „0“.

Bei einem Neustart werden alle in der Warteschlange stehenden Datensendungen verworfen.

Bei einem Verbindungsabbruch und bei einem Wiederanlauf wird der älteste Eintrag in der Warteschlange, wenn er mit EN_DT = „0“ bereits „abgefragt“ worden ist, beibehalten, andernfalls wie auch die übrigen Warteschlangeneinträge verworfen.

Der Parameter RD beschreibt den Bereich, in den die empfangenen Daten geschrieben werden. Als Aktualparameter sind Operanden, Variablen oder mit einem ANY-Zeiger adressierte Datenbereiche zugelassen.

Eine Datentypprüfung zwischen Sende- und Empfangsdaten findet nicht statt. Wenn die empfangenen Daten irrelevant sind, ist am Parameter RD ein „leerer“ ANY-Zeiger (NIL-Pointer) erlaubt.

**SFC 67 X_GET**
**Daten lesen**

Ein Auftragsanstoß erfolgt mit REQ = „1“ und BUSY = „0“ („Erstaufruf“). Während der Auftrag läuft, wird BUSY auf „1“ gesetzt; Änderungen am Parameter REQ wirken sich nun nicht mehr aus.

Bei Auftragsende wird BUSY auf „0“ zurückgenommen. Steht nun an REQ immer noch „1“ an, wird der Auftrag sofort wieder gestartet.

Nach dem Anstoß des Lesevorgangs stellt das Betriebssystem im Partnergerät die unter VAR_ADDR angeforderten Daten zusammen und sendet sie. Die empfangenen Daten werden bei einem SFC-Aufruf komplett in den am Parameter RD angegebenen Zielbereich eingetragen. RET_VAL zeigt dann die Anzahl der übertragenen Bytes.

Ist CONT = „0“, wird die Kommunikationsverbindung wieder abgebaut. CONT = „1“ läßt die Verbindung bestehen. Die Daten werden auch dann gelesen, wenn der Kommunikationspartner im Betriebszustand STOP ist.

Die Parameter RD und VAR_ADDR beschreiben den Bereich, aus dem die zu sendenden Daten gelesen werden oder in den die empfangenen Daten geschrieben werden. Als Aktualparameter sind Operanden, Variablen oder mit einem ANY-Zeiger adressierte Datenbereiche zugelassen. Eine Datentypprüfung zwischen Sende- und Empfangsdaten findet nicht statt.

**SFC 68 X_PUT**
**Daten schreiben**

Ein Auftragsanstoß erfolgt mit REQ = „1“ und BUSY = „0“ („Erstaufruf“). Während der Auftrag läuft, wird BUSY auf „1“ gesetzt; Änderungen am Parameter REQ wirken sich nun nicht mehr aus.

Bei Auftragsende wird BUSY auf „0“ zurückgenommen. Steht nun an REQ immer noch „1“ an, wird der Auftrag sofort wieder gestartet.

Nach dem Anstoß des Schreibvorgangs übernimmt beim Erstaufruf das Betriebssystem alle Daten aus dem am Parameter SD angegebenen Quellbereich in einen internen Puffer und sendet sie zum Partnergerät. Dort werden die empfangenen Daten von dessen Betriebssystem in den am Parameter VAR_ADDR angegebenen Datenbereich geschrieben. Anschließend wird BUSY auf „0“ gesetzt.

Die Daten werden auch dann geschrieben, wenn der Kommunikationspartner im Betriebszustand STOP ist.

Die Parameter SD und VAR_ADDR beschreiben den Bereich, aus dem die zu sendenden Daten gelesen werden oder in den die empfangenen Daten geschrieben werden. Als Aktualparameter sind Operanden, Variablen oder mit einem ANY-Zeiger adressierte Datenbereiche zugelassen. Eine Datentypprüfung zwischen Sende- und Empfangsdaten findet nicht statt.

**SFC 69 X_ABORT**
**Verbindung abbrechen**

Mit REQ = „1“ brechen Sie eine bestehende Verbindung zum angegebenen Kommunikationspartner ab. Mit der SFC X_ABORT können Sie nur Verbindungen abbrechen, die mit den SFCs X_SEND, X_GET oder X_PUT in der eigenen Station aufgebaut wurden.

## 20.7 S7-Kommunikation

### 20.7.1 Grundlagen

Mit der S7-Kommunikation übertragen Sie größere Datenmengen zwischen SIMATIC S7-Stationen. Die Stationen sind über ein Subnetz miteinander verbunden; es kann ein MPI-, ein PROFIBUS- oder ein Ethernet-Subnetz sein. Die Kommunikationsverbindungen sind statisch; sie werden in der Verbindungstabelle projektiert („Kommunikation über projektierte Verbindungen“, SFB-Kommunikation).

Die Kommunikationsfunktionen sind Systemfunktionsbausteine SFB, die im Betriebssystem der S7-400-CPUs integriert sind. Der dazugehörende Instanz-Datenbaustein befindet sich im Anwenderspeicher. Wenn Sie die S7-Kommunikation nutzen wollen, kopieren Sie die Schnittstellenbeschreibung der SFBs aus der Standardbibliothek *Standard Library* unter *System Function Blocks* in den Behälter *Bausteine*, generieren Sie für jeden Aufruf einen Instanz-Datenbaustein und rufen Sie den SFB mit dem dazugehörenden Instanz-Datenbaustein auf. Bei inkrementeller Eingabe können Sie den SFB auch aus dem Programmelemente-Katalog auswählen und den Instanz-Datenbaustein automatisch generieren lassen.

**S7-Kommunikation projektieren**

Voraussetzung für die S7-Kommunikation ist eine projektierte Verbindungstabelle, in der die Kommunikationsverbindungen definiert werden.

Eine Kommunikationsverbindung ist durch eine Verbindungs-ID für jeden Kommunikationspartner spezifiziert. Die Verbindungs-ID vergibt STEP 7 beim Übersetzen der Verbindungstabelle. Die „Lokale ID“ verwenden Sie für die Parametrierung der SFB in der Baugruppe, von der aus die Verbindung betrachtet wird, die „Partner ID“ für die Parametrierung der SFB in der Partner-Baugruppe.

Es ist möglich, für unterschiedliche Sende-/Empfangsaufträge dieselbe logische Verbindung zu benutzen. Zur Unterscheidung müssen Sie zusätzlich zur Verbindungs-ID eine Auftrags-ID angeben, um die Zusammengehörigkeit des Sende- und Empfangsbausteins festzulegen.

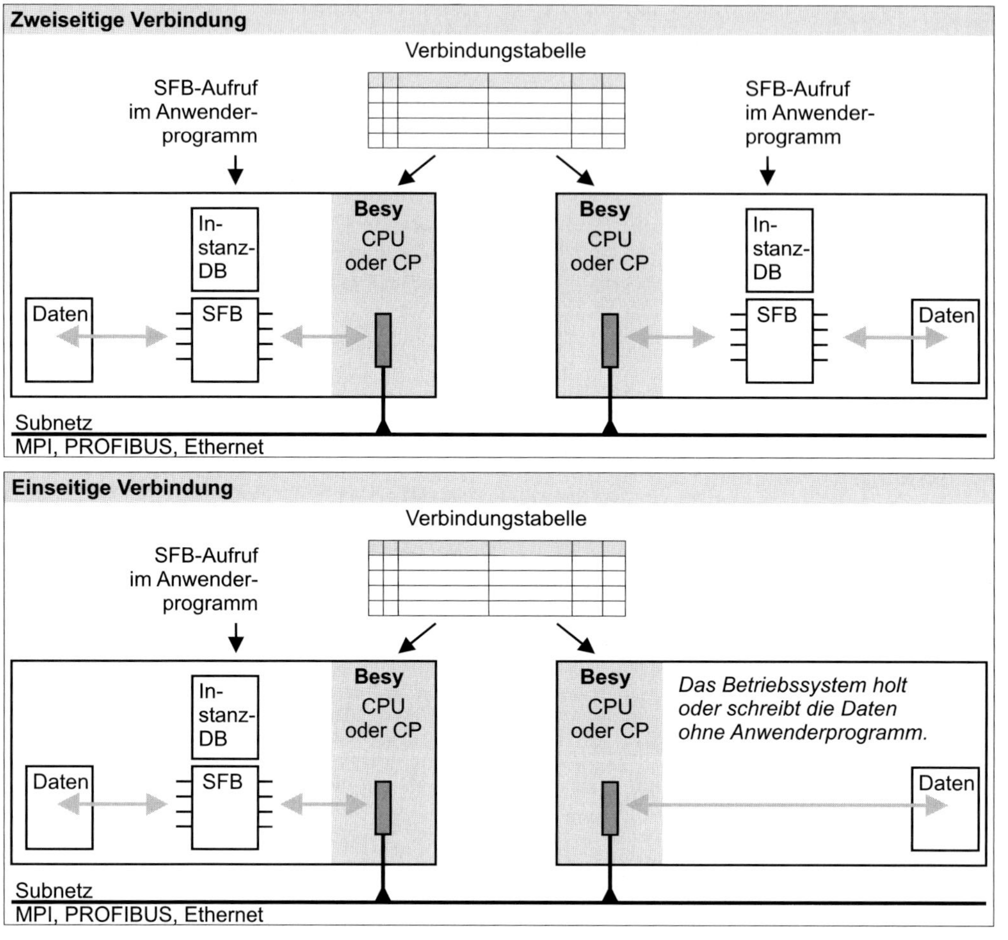


**Bild 20.16** S7-Kommunikation

## Initialisierung

Die S7-Kommunikation muß im Anlauf initialisiert werden, damit die Verbindung zum Kommunikationspartner aufgebaut werden kann. Die Initialisierung findet in der CPU statt, die in der Verbindungstabelle das Attribut „Aktiver Verbindungsaufbau = ja“ erhält. Hierbei rufen Sie die im zyklischen Betrieb verwendeten Kommunikations-SFBs in einem Anlauf-OB auf und versorgen die Parameter (sofern vorhanden) wie folgt:

▷ REQ = FALSE

▷ ID = Lokale Verbindungs-ID aus der Verbindungstabelle (Datentyp WORD W#16#xxxx)

▷ PI_NAME = Variable mit dem Inhalt ‘P_PROGRAM’ in ASCII-Codierung (z.B. ARRAY[1..9] OF CHAR).

Die SFBs müssen solange in einer Programmschleife aufgerufen werden, bis der Parameter DONE Signalzustand „1“ führt. Die Parameter ERROR und STATUS informieren über die aufgetretenen Fehler und über den Auftragsstatus. Die Datenbereiche brauchen Sie im Anlauf nicht zu beschalten (betrifft die Parameter ADDR_x, RD_x und SD_x).

Im zyklischen Betrieb rufen Sie die Kommunikations-SFBs absolut auf und steuern die Datenübertragung über die Parameter REQ und EN_R.

### 20.7.2 Zweiseitiger Datenaustausch

Für den zweiseitigen Datenaustausch benötigen Sie einen SEND- und einen RECEIVE-Baustein, jeweils an den Enden einer Verbindung. Beide Bausteine tragen die Verbindungs-IDs, die in der Verbindungstabelle in der gleichen Zeile stehen. Sie können auch mehrere „Baustein-Pärchen“ einsetzen, die sich dann durch die Auftrags-ID unterscheiden.

Für den zweiseitigen Datenaustausch stehen folgende SFBs zur Verfügung:

▷ SFB 8 USEND
unkoordiniertes Senden eines Datenpakets mit CPU-spezifischer Länge

▷ SFB 9 URCV
unkoordiniertes Empfangen eines Datenpakets mit CPU-spezifischer Länge

▷ SFB 12 BSEND
Senden eines Datenblocks mit bis zu 64 kByte Länge

▷ SFB 13 BRCV
Empfangen eines Datenblocks mit bis zu 64 kByte Länge

SFB 8 und SFB 9 bzw. SFB 12 und SFB 13 müssen immer paarweise eingesetzt werden.

Die Parameter dieser SFBs finden Sie in der Tabelle 20.13.

#### SFB 8 USEND und SFB 9 URCV Unkoordiniertes Senden und Empfangen

An den Parametern SD_x und RD_x geben Sie die Variable oder den Bereich an, den Sie übertragen wollen. Der Sendebereich SD_x muß mit dem entsprechenden Empfangsbereich RD_x übereinstimmen. Verwenden Sie die Parameter lückenlos von 1 beginnend. Die nicht benötigten Parameter belegen Sie nicht (an einem SFB brauchen, wie auch bei einem FB, nicht alle Parameter versorgt werden).

Beim Erstaufruf des SFB 9 wird ein Empfangsfach angelegt; bei allen weiteren Aufrufen müssen die empfangenen Daten in dieses Empfangsfach hineinpassen.

Eine positive Flanke am Parameter REQ (request) startet den Datenaustausch, eine positive Flanke am Parameter R (reset) bricht ihn ab. Mit „1“ am Parameter EN_R (enable to receive) wird die Empfangsbereitschaft signalisiert.

**Tabelle 20.13** SFB-Parameter für Daten senden und empfangen

| Parameter | vorhanden bei SFB | | | | Deklaration | Datentyp | Belegung, Beschreibung |
|---|---|---|---|---|---|---|---|
| REQ | 8 | - | 12 | - | INPUT | BOOL | Datenaustausch starten |
| EN_R | - | 9 | - | 13 | INPUT | BOOL | Empfangsbereit |
| R | - | - | 12 | - | INPUT | BOOL | Datenaustausch abbrechen |
| ID | 8 | 9 | 12 | 13 | INPUT | WORD | Verbindungs-ID |
| R_ID | 8 | 9 | 12 | 13 | INPUT | DWORD | Auftrags-ID |
| DONE | 8 | - | 12 | - | OUTPUT | BOOL | Auftrag fertig bearbeitet |
| NDR | - | 9 | - | 13 | OUTPUT | BOOL | neue Daten übernommen |
| ERROR | 8 | 9 | 12 | 13 | OUTPUT | BOOL | Fehler aufgetreten |
| STATUS | 8 | 9 | 12 | 13 | OUTPUT | WORD | Auftragsstatus |
| SD_1 | 8 | - | 12 | - | IN_OUT | ANY | Erster Sendebereich |
| SD_2 | 8 | - | - | - | IN_OUT | ANY | Zweiter Sendebereich |
| SD_3 | 8 | - | - | - | IN_OUT | ANY | Dritter Sendebereich |
| SD_4 | 8 | - | - | - | IN_OUT | ANY | Vierter Sendebereich |
| RD_1 | - | 9 | - | 13 | IN_OUT | ANY | Erster Empfangsbereich |
| RD_2 | - | 9 | - | - | IN_OUT | ANY | Zweiter Empfangsbereich |
| RD_3 | - | 9 | - | - | IN_OUT | ANY | Dritter Empfangsbereich |
| RD_4 | - | 9 | - | - | IN_OUT | ANY | Vierter Empfangsbereich |
| LEN | - | - | 12 | 13 | IN_OUT | WORD | Datenblocklänge in Bytes |

Den Parameter ID versorgen Sie mit der Verbindungs-ID, die STEP 7 in der Verbindungstabelle sowohl für das lokale als auch für das Partner-Gerät festlegt (beide IDs können unterschiedlich sein). Mit R_ID legen Sie eine frei wählbare, jedoch eindeutige Auftragskennung fest, die beim Sende- und Empfangsbaustein gleich sein muß. So können mehrere Paare aus Sende- und Empfangsbaustein eine einzige logische Verbindung (über ID spezifiziert) nutzen.

Der Baustein übernimmt die Aktualparameter an ID und R_ID beim ersten Aufruf in seinen Instanz-Datenbaustein. Mit dem ersten Aufruf wird die Kommunikationsbeziehung (für diese Instanz) festgeschrieben bis zum nächsten Neustart.

Mit Signalzustand „1" an den Parametern DONE oder NDR signalisiert der Baustein, daß der Auftrag fehlerfrei beendet wurde. Ein aufgetretener Fehler wird am Parameter ERROR mit „1" angezeigt. Der Parameter STATUS zeigt mit einer Belegung ungleich Null entweder eine Warnung (ERROR = „0") oder einen Fehler (ERROR = „1") an. Die Parameter DONE, NDR, ERROR und STATUS müssen Sie nach jedem Bausteinaufruf auswerten.

### SFB 12 BSEND und SFB 13 BRCV Blockorientiertes Senden und Empfangen

An den Parametern SD_x bzw. RD_x geben Sie einen Zeiger auf das erste Byte des Datenbereichs an (die Länge wird nicht ausgewertet); die Anzahl Bytes der zu übertragenden oder empfangenen Daten steht im Parameter LEN.

Die übertragene Datenmenge kann bis zu 64 kByte betragen; der Übertragungsvorgang verläuft in Blöcken asynchron zur Bearbeitung des Anwenderprogramms.

Eine positive Flanke am Parameter REQ (request) startet den Datenaustausch, eine positive Flanke am Parameter R (reset) bricht ihn ab. Mit „1" am Parameter EN_R (enable to receive) wird die Empfangsbereitschaft signalisiert. Den Parameter ID versorgen Sie mit der Verbindungs-ID, die STEP 7 in der Verbindungstabelle sowohl für das lokale als auch für das Partner-Gerät festlegt (beide IDs können unterschiedlich sein).

**Tabelle 20.14** SFB-Parameter für Daten lesen und schreiben

| Parameter | bei SFB | | Deklaration | Datentyp | Belegung, Beschreibung |
|---|---|---|---|---|---|
| REQ | 14 | 15 | INPUT | BOOL | Datenaustausch starten |
| ID | 14 | 15 | INPUT | WORD | Verbindungs-ID |
| NDR | 14 | - | OUTPUT | BOOL | neue Daten übernommen |
| DONE | - | 15 | OUTPUT | BOOL | Auftrag fertig bearbeitet |
| ERROR | 14 | 15 | OUTPUT | BOOL | Fehler aufgetreten |
| STATUS | 14 | 15 | OUTPUT | WORD | Auftragsstatus |
| ADDR_1 | 14 | 15 | IN_OUT | ANY | Erster Datenbereich im Partnergerät |
| ADDR_2 | 14 | 15 | IN_OUT | ANY | Zweiter Datenbereich im Partnergerät |
| ADDR_3 | 14 | 15 | IN_OUT | ANY | Dritter Datenbereich im Partnergerät |
| ADDR_4 | 14 | 15 | IN_OUT | ANY | Vierter Datenbereich im Partnergerät |
| RD_1 | 14 | - | IN_OUT | ANY | Erster Empfangsbereich |
| RD_2 | 14 | - | IN_OUT | ANY | Zweiter Empfangsbereich |
| RD_3 | 14 | - | IN_OUT | ANY | Dritter Empfangsbereich |
| RD_4 | 14 | - | IN_OUT | ANY | Vierter Empfangsbereich |
| SD_1 | - | 15 | IN_OUT | ANY | Erster Sendebereich |
| SD_2 | - | 15 | IN_OUT | ANY | Zweiter Sendebereich |
| SD_3 | - | 15 | IN_OUT | ANY | Dritter Sendebereich |
| SD_4 | - | 15 | IN_OUT | ANY | Vierter Sendebereich |

Mit R_ID legen Sie eine frei wählbare, jedoch eindeutige Auftragskennung fest, die beim Sende- und Empfangsbaustein gleich sein muß. So können mehrere Paare aus Sende- und Empfangsbaustein eine einzige logische Verbindung (über ID spezifiziert) nutzen.

Der Baustein übernimmt die Aktualparameter an ID und R_ID beim ersten Aufruf in seinen Instanz-Datenbaustein. Mit dem ersten Aufruf wird die Kommunikationsbeziehung (für diese Instanz) festgeschrieben bis zum nächsten Neustart.

Mit Signalzustand „1“ an den Parametern DONE oder NDR signalisiert der Baustein, daß der Auftrag fehlerfrei beendet wurde. Ein aufgetretener Fehler wird am Parameter ERROR mit „1“ angezeigt. Der Parameter STATUS zeigt mit einer Belegung ungleich Null entweder eine Warnung (ERROR = „0“) oder einen Fehler (ERROR = „1“) an. Die Parameter DONE, NDR, ERROR und STATUS müssen Sie nach *jedem* Bausteinaufruf auswerten.

### 20.7.3 Einseitiger Datenaustausch

Bei einem einseitigen Datenaustausch steht der Aufruf des Kommunikations-SFBs nur in einer CPU. In der Partner-CPU erledigt das Betriebssystem die notwendigen Kommunikationsfunktionen.

Für den einseitigen Datenaustausch stehen folgende SFBs zur Verfügung

▷ SFB 14 GET
Daten bis zu einer CPU-spezifischen Maximallänge lesen

▷ SFB 15 PUT
Daten bis zu einer CPU-spezifischen Maximallänge schreiben

Die Tabelle 20.14 zeigt die Parameter dieser SFBs.

Die mit dem SFB 14 gelesenen Daten werden im Partnergerät vom Betriebssystem zusammengestellt; die mit dem SFB 15 geschriebenen Daten verteilt das Betriebssystem im Partnergerät. Ein Sende- oder Empfangs(anwender)programm im Partnergerät ist nicht erforderlich.

Eine positive Flanke am Parameter REQ (request) startet den Datenaustausch. Den Parameter ID versorgen Sie mit der Verbindungs-ID, die STEP 7 in der Verbindungstabelle festlegt.

Mit „1“ an den Parametern DONE oder NDR signalisiert der Baustein, daß der Auftrag fehlerfrei beendet wurde. Ein aufgetretener Fehler wird am Parameter ERROR mit „1“ angezeigt. Der Parameter STATUS zeigt mit einer Belegung ungleich Null entweder eine Warnung (ERROR = „0“) oder einen Fehler (ERROR = „1“) an. Die Parameter DONE, NDR, ERROR und STATUS müssen Sie nach *jedem* Bausteinaufruf auswerten.

An den Parametern ADDR_n geben Sie die Variable oder den Bereich im Partnergerät an, von dem Sie Daten holen wollen oder zu dem Sie Daten schicken wollen. Die Bereiche an ADDR_n müssen mit den entsprechenden Bereichen an SD_n bzw. RD_n übereinstimmen. Verwenden Sie die Parameter lückenlos von 1 beginnend. Die nicht benötigten Parameter belegen Sie nicht (an einem SFB brauchen, wie auch bei einem FB, nicht alle Parameter versorgt werden).

### 20.7.4 Druckdaten übertragen

Mit dem SFB 16 PRINT können Sie über einen Kommunikationsprozessor CP 441 eine Formatbeschreibung und Daten zu einem Drucker übertragen. Die Tabelle 20.15 zeigt die Parameter dieses SFBs.

Eine positive Flanke am Parameter REQ startet den Datenaustausch mit dem durch die Parameter ID und PRN_NR ausgewählten Drucker. Mit DONE = „1“ zeigt der Baustein die fehlerfrei beendete Datenübertragung an. Ein aufgetretener Fehler wird am Parameter ERROR mit „1“ angezeigt. Der Parameter STATUS zeigt mit einer Belegung ungleich Null entweder eine Warnung (ERROR = „0“) oder einen Fehler (ERROR = „1“) an. Die Parameter DONE, ERROR und STATUS müssen Sie nach jedem Bausteinaufruf auswerten.

Am Parameter FORMAT geben Sie die zu druckenden Zeichen im Datentyp STRING an. Sie können in diese Zeichenkette bis zu vier Formatbeschreibungen für Variable einbinden, die Sie an den Parametern SD_1 bis SD_4 angeben. Verwenden Sie die Parameter lückenlos von 1 beginnend; die nicht benötigten Parameter belegen Sie nicht. Maximal können Sie pro Druckauftrag 420 Bytes übertragen (Summe aus FORMAT und allen Variablen).

**Tabelle 20.15** Parameter des SFB 16 PRINT

| Parameter | Deklaration | Datentyp | Belegung, Beschreibung |
|---|---|---|---|
| REQ | INPUT | BOOL | Datenaustausch starten |
| ID | INPUT | WORD | Verbindungs-ID |
| DONE | OUTPUT | BOOL | Auftrag fertig bearbeitet |
| ERROR | OUTPUT | BOOL | Fehler aufgetreten |
| STATUS | OUTPUT | WORD | Auftragsstatus |
| PRN_NR | IN_OUT | BYTE | Druckernummer |
| FORMAT | IN_OUT | STRING | Formatbeschreibung |
| SD_1 | IN_OUT | ANY | Erste Variable |
| SD_2 | IN_OUT | ANY | Zweite Variable |
| SD_3 | IN_OUT | ANY | Dritte Variable |
| SD_4 | IN_OUT | ANY | Vierte Variable |

### 20.7.5 Steuerfunktionen

Für das Steuern des Partnergeräts stehen folgende SFBs zur Verfügung

▷ SFB 19 START
Im Partnergerät einen Neustart durchführen

▷ SFB 20 STOP
Das Partnergerät in den STOP-Zustand schalten

▷ SFB 21 RESUME
Im Partnergerät einen Wiederanlauf durchführen

Diese SFBs gehören zum einseitigen Datenaustausch; im Partnergerät ist hierfür kein Anwenderprogramm erforderlich. Die Parameter dieser SFBs sind in der Tabelle 20.16 erläutert.

Eine positive Flanke am Parameter REQ startet den Datenaustausch. Den Parameter ID versorgen Sie mit der Verbindungs-ID, die STEP 7 in der Verbindungstabelle festlegt.

Mit „1“ am Parameter DONE signalisiert der Baustein, daß der Auftrag fehlerfrei beendet wurde. Ein aufgetretener Fehler wird am Parameter ERROR mit „1“ angezeigt. Der Parameter STATUS zeigt mit einer Belegung ungleich Null entweder eine Warnung (ERROR = „0“) oder einen Fehler (ERROR = „1“) an. Die Parameter DONE, ERROR und STATUS müssen Sie nach *jedem* Bausteinaufruf auswerten.

Den Parameter PI_NAME versorgen Sie mit einer Feldvariablen mit dem Inhalt „P_PROGRAM“ (ARRAY [1..9] OF CHAR). Die Parameter ARG und IO_STATE sind derzeit ohne Bedeutung und werden nicht versorgt.

**SFB 19 START** führt im Partnergerät einen Neustart durch. Voraussetzung ist, daß sich das Partnergerät im Zustand STOP befindet und daß der Betriebsartenschalter auf RUN oder RUN-P steht.

**SFB 20 STOP** versetzt das Partnergerät in den Zustand STOP. Voraussetzung für die fehlerfreie Auftragsbearbeitung ist, daß sich das Partnergerät nicht im Zustand STOP befindet.

**SFB 21 RESUME** führt im Partnergerät einen Wiederanlauf durch. Voraussetzung ist, daß sich das Partnergerät im Zustand STOP befindet, daß der Betriebsartenschalter auf RUN oder RUN-P steht und daß ein Wiederanlauf zu diesem Zeitpunkt zugelassen ist.

### 20.7.6 Überwachungsfunktionen

Für Überwachungsfunktionen stehen folgende Systembausteine zur Verfügung

▷ SFB 22 STATUS
Status des Partnergeräts abfragen

▷ SFB 23 USTATUS
Status des Partnergeräts empfangen

▷ SFC 62 CONTROL
Zustand einer SFB-Instanz abfragen

▷ SFC 87 C_DIAG
Verbindungszustand ermitteln

Die Parameter der Systembausteine sind in den Tabellen 20.17, 20.18 und 20.19 beschrieben.

**Tabelle 20.16** SFB-Parameter für Partnergerät steuern

| Parameter | vorhanden bei SFB | | | Deklaration | Datentyp | Belegung, Beschreibung |
|---|---|---|---|---|---|---|
| REQ | 19 | 20 | 21 | INPUT | BOOL | Datenaustausch starten |
| ID | 19 | 20 | 21 | INPUT | WORD | Verbindungs-ID |
| DONE | 19 | 20 | 21 | OUTPUT | BOOL | Auftrag fertig bearbeitet |
| ERROR | 19 | 20 | 21 | OUTPUT | BOOL | Fehler aufgetreten |
| STATUS | 19 | 20 | 21 | OUTPUT | WORD | Auftragsstatus |
| PI_NAME | 19 | 20 | 21 | IN_OUT | ANY | Programmname (P_PROGRAM) |
| ARG | 19 | - | 21 | IN_OUT | ANY | nicht relevant |
| IO_STATE | 19 | 20 | 21 | IN_OUT | BYTE | nicht relevant |

Für diese Systembausteine gilt: Ein aufgetretener Fehler wird am Parameter ERROR mit „1“ angezeigt. Der Parameter STATUS zeigt mit einer Belegung ungleich Null entweder eine Warnung (ERROR = „0“) oder einen Fehler (ERROR = „1“) an.

## SFB 22 STATUS
## Status des Partnergeräts abfragen

SFB 22 STATUS holt den Status des Partnergeräts und zeigt ihn in den Parametern PHYS (physikalischer Status), LOG (logischer Status) und LOCAL (Betriebszustand, falls das Partnergerät eine S7-CPU ist) an.

Eine positive Flanke am Parameter REQ (request) startet die Abfrage. Den Parameter ID versorgen Sie mit der Verbindungs-ID, die STEP 7 in der Verbindungstabelle festlegt.

Mit „1“ am Parameter NDR signalisiert der Baustein, daß der Auftrag fehlerfrei beendet wurde. Die Parameter NDR, ERROR und STATUS müssen Sie nach *jedem* Bausteinaufruf auswerten.

## SFB 23 USTATUS
## Status des Partnergeräts empfangen

SFB 23 USTATUS empfängt den Status des Partnergeräts, den es bei Änderung unaufgefordert schickt. Der Gerätestatus wird in den Parametern PHYS, LOG und LOCAL angezeigt.

Mit Signalzustand „1“ am Parameter EN_R (enable to receive) wird die Empfangsbereitschaft signalisiert. Den Parameter ID versorgen Sie mit der Verbindungs-ID, die STEP 7 in der Verbindungstabelle festlegt.

Mit „1“ am Parameter NDR signalisiert der Baustein, daß der Auftrag fehlerfrei beendet wurde. Die Parameter NDR, ERROR und STATUS müssen Sie nach *jedem* Bausteinaufruf auswerten.

**Tabelle 20.17** SFB-Parameter für Status abfragen

| Parameter | bei SFB | | Deklaration | Datentyp | Belegung, Beschreibung |
|---|---|---|---|---|---|
| REQ | 22 | - | INPUT | BOOL | Datenaustausch starten |
| EN_R | - | 23 | INPUT | BOOL | Empfangsbereit |
| ID | 22 | 23 | INPUT | WORD | Verbindungs-ID |
| NDR | 22 | 23 | OUTPUT | BOOL | neue Daten übernommen |
| ERROR | 22 | 23 | OUTPUT | BOOL | Fehler aufgetreten |
| STATUS | 22 | 23 | OUTPUT | WORD | Auftragsstatus |
| PHYS | 22 | 23 | IN_OUT | ANY | Physikalischer Zustand |
| LOG | 22 | 23 | IN_OUT | ANY | Logischer Zustand |
| LOCAL | 22 | 23 | IN_OUT | ANY | Betriebszustand einer S7-CPU als Partnergerät |

**Tabelle 20.18** Parameter der SFC 62 CONTROL

| Parameter | Deklaration | Datentyp | Belegung, Beschreibung |
|---|---|---|---|
| EN_R | INPUT | BOOL | Empfangsbereit |
| I_DB | INPUT | BLOCK_DB | Instanz-Datenbaustein |
| OFFSET | INPUT | WORD | Nummer der Lokalinstanz |
| RET_VAL | OUTPUT | INT | Fehlerinformation |
| ERROR | OUTPUT | BOOL | Fehler aufgetreten |
| STATUS | OUTPUT | WORD | Statuswort |
| I_TYP | OUTPUT | BYTE | Kennung Bausteintyp |
| I_STATE | OUTPUT | BYTE | Kennung aktueller Zustand |
| I_CONN | OUTPUT | BOOL | Verbindungszustand („1“ = Verbindung vorhanden) |
| I_STATUS | OUTPUT | WORD | Zustandsparameter STATUS der SFB-Instanz |

### SFC 62 CONTROL
### Zustand einer SFB-Instanz abfragen

SFC 62 CONTROL ermittelt den Zustand einer SFB-Instanz und der dazugehörenden Verbindung im lokalen Gerät. Am Parameter I_DB geben Sie den Instanz-Datenbaustein des SFBs an. Wird der SFB als Lokalinstanz aufgerufen, geben Sie am Parameter OFFSET die Nummer der Lokalinstanz an (0 wenn keine Lokalinstanz vorliegt, 1 bei der ersten Lokalinstanz, 2 bei der zweiten, usw.).

Mit Signalzustand „1“ am Parameter EN_R (enable to receive) wird die Empfangsbereitschaft signalisiert. Die Parameter ERROR und STATUS müssen Sie nach jedem Bausteinaufruf auswerten.

Die Parameter I_TYP, I_STATE, I_CONN und I_STATUS geben Auskunft über den Status der lokalen SFB-Instanz.

### SFC 87 C_DIAG
### Verbindungszustand ermitteln

Die Systemfunktion SFC 87 C_DIAG ermittelt den aktuellen Status fest projektierter Verbindungen, das sind alle S7-Verbindungen und alle hochverfügbaren S7-Verbindungen. Bei jedem Aufruf liest die SFC 87 C_DIAG die Verbindungsdaten aus dem Betriebssystem und trägt sie zur Auswertung in den Anwenderspeicher ein. Danach quittiert die SFC das Auslesen im Betriebssystem, so daß eine Statusänderung seit dem letzten Auslesen erfaßt werden kann. Möchten Sie die Verbindungen permanent überwachen, rufen Sie die SFC in regelmäßigen Zeitabständen, z.B. alle 10 Sekunden in einem Weckalarm-Organisationsbaustein, auf.

Die SFC 87 C_DIAG ist eine asynchron arbeitende Systemfunktion. Sie stoßen einen Auftrag mit Signalzustand „1“ am Parameter REQ an. Kann der Auftrag sofort ausgeführt werden, liefert beim Erstaufruf die SFC am Parameter BUSY Signalzustand „0“ zurück, andernfalls ist bei BUSY = „1“ der Auftrag noch in Bearbeitung.

Die Tabelle 20.19 zeigt die Parameter der SFC 87 C_DIAG.

**Tabelle 20.19** Parameter der SFC 87 C_DIAG

| Parameter | Deklaration | Datentyp | Belegung, Beschreibung |
|---|---|---|---|
| REQ | INPUT | BOOL | Auftragsanstoß mit Signalzustand „1“ |
| MODE | INPUT | BYTE | Betriebsart, siehe Text |
| RET_VAL | OUTPUT | INT | Fehlerinformation |
| BUSY | OUTPUT | BOOL | bei „1“ läuft der aktuelle Auftrag noch |
| N_CON | OUTPUT | INT | Index der letzten Struktur |
| CON_ARR | OUTPUT | ANY | Zielbereich für die gelesenen Verbindungsdaten |

Die SFC 87 C_DIAG kann in verschiedenen Betriebsarten arbeiten, die Sie am Parameter MODE einstellen:

▷ MODE = B#16#00
Die SFC quittiert das Auslesen ohne die Verbindungsdaten zu kopieren.

▷ MODE = B#16#01
Die SFC kopiert die Verbindungsdaten und quittiert das Auslesen.

▷ MODE = B#16#02
Die SFC kopiert die Verbindungsdaten nur dann, wenn sie sich geändert haben, und quittiert – auch wenn keine Änderung eingetreten ist – das Auslesen.

▷ MODE = B#16#03
Die SFC kopiert die Verbindungsdaten ohne zu quittieren.

DIE SFC 87 C_DIAG überträgt die aktuellen Verbindungsdaten aus dem Betriebssystem in den am Parameter CON_ARR angegebenen Zielbereich. Der Zielbereich ist ein Feld von Strukturen; eine Feldkomponente enthält jeweils die Daten für eine Verbindung. Die Anzahl der Feldelemente (Strukturen) muß der Anzahl der möglichen Verbindungen entsprechen. Bild 20.17 zeigt, wie eine entsprechende Feldvariable mit den Verbindungsdaten aufgebaut sein kann.

Das Feld mit den Verbindungsdaten ist nicht nach den Verbindungs-IDs geordnet; die einzelnen Verbindungen können willkürlich den Feldelementen zugeordnet sein. Zwischen Feldelementen mit gültigen Verbindungen können auch Feldelemente mit ungültigen Verbindungen stehen. Die Daten einer Verbindung sind zueinander konsistent.

```
DATA_BLOCK con_data          //Datenbaustein mit den Verbindungsdaten
...
STRUCT
...
con_req          : BOOL;     //Auftragsanstoß
con_busy         : BOOL;     //Auftrag läuft
con_error        : INT;      //Fehlerinformation der SFC
con_index        : INT;      //von der SFC gelesene Anzahl Feldelemente
con_status       : ARRAY [1..12] OF STRUCT
      CON_ID     : WORD;     //Verbindungs-ID
      STAT_CON   : BYTE;     //Verbindungsstatus
      PROD_CON   : BYTE;     //Teilverbindungsnummer der Produktiv-Verbindung
      STBY_CON   : BYTE;     //Teilverbindungsnummer der Standby-Verbindung
      DIS_PCON   : BOOL;     //Zustandsänderung der Hochverfügbarkeit
      DIS_CON    : BOOL;     //Zustandsänderung der Verb. (ohne Hochverfügbarkeit)
      RES0       : BYTE;     //Reserve
      RES1       : BYTE;     //Reserve
      END_STRUCT;
...
END_STRUCT
END_DATA_BLOCK
```

Für die Variablen- und Komponentennamen können Sie eigene Ausdrücke verwenden.
Der Aufruf könnte dann z.B. wie folgt aussehen:

```
CALL C_DIAG (
      REQ     := con_data.con_req,
      MODE    := B#16#02,
      RET_VAL := con_data.con_error,
      BUSY    := con_data.con_busy,
      N_CON   := con_data.con_index,
      CON_ARR := con_data.con_status);
```

**Bild 20.17** Programmierbeispiel für die SFC 87 C_DIAG

## 20.8 PtP-Kommunikation bei S7-300C

### 20.8.1 Grundlagen

Mit der Punkt-zu-Punkt-Kommunikation (PtP, point to point) übertragen Sie Daten über eine serielle Schnittstelle zu einem Kommunikationspartner, z.B. einem Drucker oder einer SIMATIC S5-Station. Bei einigen S7-300-Kompakt-CPUs ist bereits eine RS 422/485-Schnittstelle (X.27) integriert.

Die Kommunikationsverbindungen werden mit der Hardware-Konfiguration beim Parametrieren der CPU in den Schnittstelleneigenschaften angegeben. Als Übertragungsprotokolle stehen der ASCII-Modus, die Prozedur 3964(R) und die Rechnerkopplung RK512 zur Verfügung.

Die Kommunikationsfunktionen sind Systemfunktionsbausteine SFB, die im Betriebssystem der S7-300C-CPU integriert sind. Die Instanz-Datenbausteine für diese SFBs liegen im Anwenderspeicher. Die SFBs führen keine Parameterprüfung durch. Bei falscher Parametrierung kann es vorkommen, daß die CPU in STOP geht. Verwenden Sie das Übertragungsprotokoll der Rechnerkopplung, kommt ein Synchronisations-Datenbaustein hinzu (einmal für alle Rechnerkopplungs-SFBs im Anwenderspeicher, Bild 20.18).

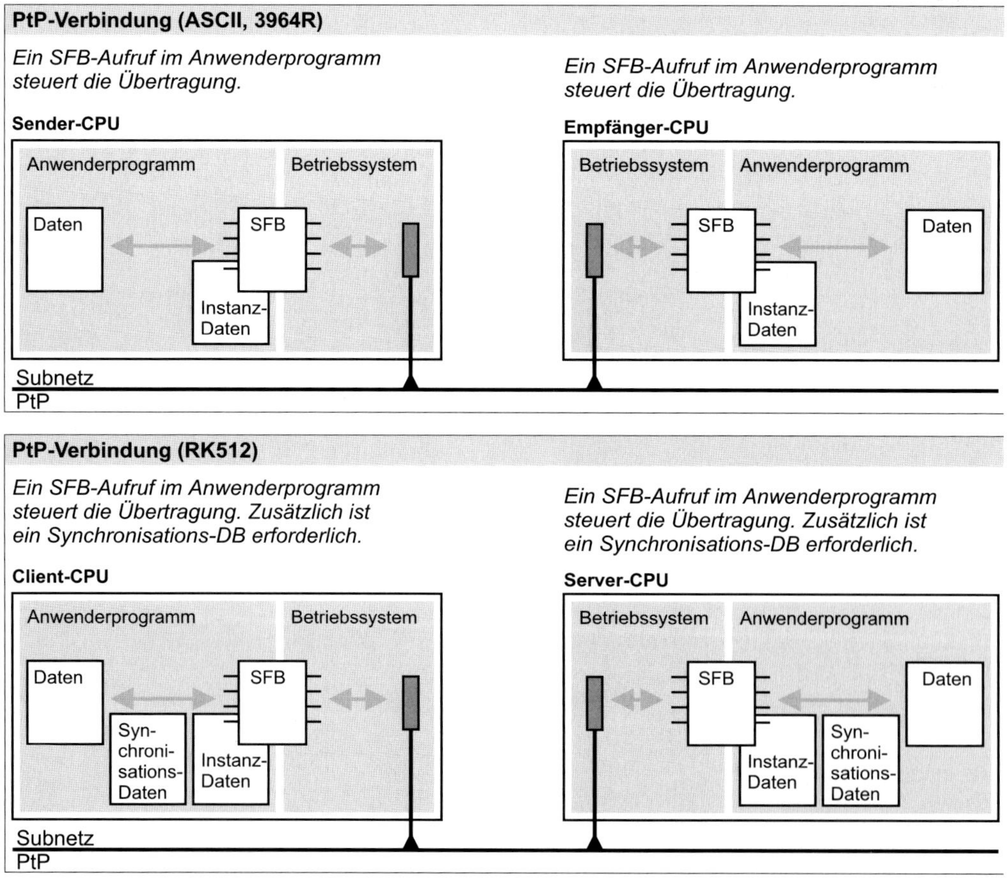


**Bild 20.18** Punkt-zu-Punkt-Kommunikation bei S7-300C

**PtP-Kommunikation projektieren**

Mit der Hardware-Konfiguration stellen Sie im Eigenschaftsfenster der Punkt-zu-Punkt-Schnittstelle das Übertragungsprotokoll ein:

▷ ASCII-Modus
Die Daten werden als ASCII-Zeichen übertragen. Beim Senden erfolgt keine Quittierung. Einstellung der Signalbelegung und der Übertragungsparameter, wie z.B. Baudrate, Parität, Endezeichen.

▷ Prozedur 3964(R)
Die Daten werden zum Kommunikationspartner gesendet und von diesem bei ordnungsgemäßem Empfang positiv quittiert. Es wird der Datenempfang quittiert. Einstellung der Signalbelegung und der Übertragungsparameter, wie z.B. Baudrate, Parität, Blockcheck.

▷ Rechnerkopplung RK512
Die Datenübertragung kann durch sogenannte Koppelmerker koordiniert werden. Der Datenempfang und das Abholen der Daten werden quittiert. Einstellung der Signalbelegung und der Übertragungsparameter, wie z.B. Baudrate, Parität, Blockcheck.

Bei den Übertragungsprotokollen 3964(R) und RK512 müssen die Kommunikationspartner unterschiedliche Priorität haben, um die Reihenfolge bei gleichzeitigem Sendewunsch festzulegen.

### 20.8.2 ASCII-Treiber und Prozedur 3964(R)

Über die Punkt-zu-Punkt-Verbindung können Sie unter der Verwendung des ASCII-Treibers oder unter Verwendung der Prozedur 3964(R) Daten senden und empfangen. Die hierfür benötigten Systemfunktionsbausteine sind:

▷ SFB 60 SEND_PTP
Daten senden mit ASCII-Treiber oder Prozedur 3964(R)

▷ SFB 61 RCV_PTP
Daten empfangen mit ASCII-Treiber oder Prozedur 3964(R)

▷ SFB 62 RES_RCVB
Empfangspuffer löschen bei ASCII-Treiber oder Prozedur 3964(R)

Die Tabelle 20.20 zeigt die Parameter dieser Systemfunktionsbausteine.

**SFB 60 SEND_PTP**
**Daten senden mit ASCII-Treiber oder Prozedur 3964R**

Mit dem Systemfunktionsbaustein SFB 60 SEND_PTP wird ein Datenbereich zu einem Kommunikationspartner gesendet. Mit der Hardware-Konfiguration stellen Sie das Übertragungsprotokoll und die Übertragungsparameter ein. Den Bereich der zu sendenden Daten spezifizieren Sie am Parameter SD_1. Die Länge des gesendeten Datenbereichs hängt von der

**Tabelle 20.20** SFB-Parameter für Daten senden und empfangen mit ASCII-Treiber oder Prozedur 3964(R)

| Parameter | vorhanden bei SFB | | | Deklaration | Datentyp | Belegung, Beschreibung |
|---|---|---|---|---|---|---|
| REQ | 60 | - | 62 | INPUT | BOOL | Auftragsanstoß mit Signalzustand „1“ |
| EN_R | - | 61 | - | INPUT | BOOL | Empfangsfreigabe |
| R | 60 | 61 | 62 | INPUT | BOOL | bei „1“ wird der Auftrag abgebrochen |
| LADDR | 60 | 61 | 62 | INPUT | WORD | Submoduladresse der Schnittstelle |
| DONE | 60 | - | 62 | OUTPUT | BOOL | bei „1“ läuft der Auftrag noch |
| NDR | - | 61 | - | OUTPUT | BOOL | bei „1“ ist der Auftrag ohne Fehler beendet |
| ERROR | 60 | 61 | 62 | OUTPUT | BOOL | bei „1“ ist ein Fehler aufgetreten |
| STATUS | 60 | 61 | 62 | OUTPUT | WORD | Fehlerinformation |
| SD_1 | 60 | - | - | IN_OUT | ANY | Sendefach |
| RD_1 | - | 61 | - | IN_OUT | ANY | Empfangsfach |
| LEN | 60 | 61 | - | IN_OUT | INT | Anzahl der übertragenen Bytes |

Parametrierung der Schnittstelle ab, z.B. Senden bis zur am Parameter LEN angegebene Länge oder Senden bis zu einem Endezeichen.

Mit dem ASCII-Treiber können Sie Telegramme bis zu einer Länge von 1024 Bytes senden. Der SFB 60 SEND_PTP überträgt die Daten in Konsistenzblöcken von 206 Bytes. Während die Übertragung läuft, dürfen Sie die Daten im Sendebereich nicht verändern.

Das Senden wird mit steigender Signalflanke am Parameter REQ angestoßen. Mit Signalzustand „1" am Parameter DONE signalisiert der SFB einen erfolgreich abgeschlossenen Auftrag. Bei einem Fehler wird der Parameter ERROR auf „1" gesetzt und die Fehlerinformation am Parameter STATUS ausgegeben.

Mit Signalzustand „1" am Parameter R brechen Sie einen laufenden Sendeauftrag ab und setzen die Aufrufinstanz in den Grundzustand zurück.

**SFB 61 RCV_PTP**
**Daten empfangen mit ASCII-Treiber oder Prozedur 3964R**

Mit dem Systemfunktionsbaustein SFB 61 RCV_PTP wird ein Datenbereich von einem Kommunikationspartner empfangen. Mit der Hardware-Konfiguration stellen Sie das Übertragungsprotokoll und die Übertragungsparameter ein. Die empfangenen Daten werden in den durch den Parameter RD_1 spezifizierten Bereich eingetragen. Die Anzahl der empfangenen Bytes steht im Parameter LEN.

Der SFB 61 RCV_PTP empfängt die Daten in Konsistenzblöcken von 206 Bytes. Während der laufenden Übertragung dürfen Sie auf die Daten im Empfangsbereich nicht zugreifen.

Der CPU-interne Empfangspuffer hat eine Größe von 2048 Bytes. In der Parametrierung der Schnittstelle legen Sie unter anderem fest, ob Sie den Empfangspuffer in ganzer Länge für den Datenempfang nutzen oder die Anzahl der empfangenen Telegramme begrenzen.

Mit Signalzustand „1" am Parameter EN_R geben Sie den Datenempfang frei. Der Parameter NDR zeigt mit Signalzustand „1" an, wenn neue Daten erfolgreich empfangen wurden. Bei einem Fehler wird der Parameter ERROR auf „1" gesetzt und die Fehlerinformation am Parameter STATUS ausgegeben.

Mit Signalzustand „1" am Parameter R brechen Sie einen laufenden Empfangsauftrag ab und setzen die Aufrufinstanz in den Grundzustand zurück.

**SFB 62 RES_RCVB**
**Empfangspuffer löschen bei ASCII-Treiber oder Prozedur 3964R**

Der Systemfunktionsbaustein SFB 62 RES_RCVB löscht den Empfangspuffer der Punkt-zu-Punkt-Schnittstelle. Ein während des Löschens eingehendes Telegramm ist davon ausgenommen.

Das Löschen wird mit steigender Signalflanke am Parameter REQ angestoßen. Mit Signalzustand „1" am Parameter DONE signalisiert der SFB ein erfolgreich abgeschlossenes Löschen. Bei einem Fehler wird der Parameter ERROR auf „1" gesetzt und die Fehlerinformation am Parameter STATUS ausgegeben. DONE, ERROR und STATUS sind nur einen Aufruf lang gesetzt.

Mit Signalzustand „1" am Parameter R brechen Sie das Löschen ab und setzen die Aufrufinstanz in den Grundzustand zurück.

### 20.8.3 Rechnerkopplung RK512

Über die Punkt-zu-Punkt-Verbindung können Sie unter der Verwendung der Rechnerkopplung RK512 Daten senden und empfangen. Die hierfür benötigten Systemfunktionsbausteine sind:

▷ SFB 63 SEND_RK
Daten senden mit der Rechnerkopplung RK512

▷ SFB 64 FETCH_RK
Daten holen mit der Rechnerkopplung RK512

▷ SFB 65 SERVE_RK
Daten empfangen und bereitstellen mit der Rechnerkopplung RK512

Die Tabelle 20.21 zeigt die Parameter dieser Systemfunktionsbausteine.

**Spezifikation des Übertragungsbereichs**

Der SFB 63 SEND_RK sendet aus dem mit SD_1 spezifizierten Bereich und adressiert ei-

**Tabelle 20.21** SFB-Parameter für Daten senden und empfangen mit Rechnerkopplung RK512

| Parameter | vorhanden bei SFB | | | Deklaration | Datentyp | Belegung, Beschreibung |
|---|---|---|---|---|---|---|
| SYNC_DB | 63 | 64 | 65 | INPUT | INT | Nummer des Synchronisations-Datenbausteins |
| REQ | 63 | 64 | - | INPUT | BOOL | Auftragsanstoß bei „1“ |
| EN_R | - | - | 65 | INPUT | BOOL | Empfangsfreigabe mit „1“ |
| R | 63 | 64 | 65 | INPUT | BOOL | Auftragsabbruch bei „1“ |
| LADDR | 63 | 64 | 65 | INPUT | WORD | logische Basisadresse der Schnittstelle |
| R_CPU | 63 | 64 | - | INPUT | INT | CPU-Nummer der Partner-Station |
| R_TYPE | 63 | 64 | - | INPUT | CHAR | Art des Datenbausteins in der Partner-CPU |
| R_DBNO | 63 | 64 | - | INPUT | INT | Nummer des Datenbausteins in der Partner-CPU |
| R_OFFSET | 63 | 64 | - | INPUT | INT | Nummer des Anfangsbytes in der Partner-CPU |
| R_CF_BYT | 63 | 64 | - | INPUT | INT | Nummer des Koppelmerkerbytes in der Partner-CPU |
| R_CF_BIT | 63 | 64 | - | INPUT | INT | Nummer des Koppelmerkerbits in der Partner-CPU |
| DONE | 63 | 64 | - | OUTPUT | BOOL | bei „1”: Auftrag fehlerfrei fertiggestellt |
| NDR | - | - | 65 | OUTPUT | BOOL | bei „1”: Auftrag fehlerfrei fertiggestellt |
| ERROR | 63 | 64 | 65 | OUTPUT | BOOL | bei „1“: Auftrag mit Fehler abgeschlossen |
| STATUS | 63 | 64 | 65 | OUTPUT | WORD | Fehlerinformation |
| L_TYPE | - | - | 65 | OUTPUT | CHAR | Typ des Datenbereichs auf lokaler CPU |
| L_DBNO | - | - | 65 | OUTPUT | INT | Nummer des Datenbausteins in lokaler CPU |
| L_OFFSET | - | - | 65 | OUTPUT | INT | Nummer des Anfangsbytes in lokaler CPU |
| L_CF_BYT | - | - | 65 | OUTPUT | INT | Nummer des Koppelmerkerbytes in lokaler CPU |
| L_CF_BIT | - | - | 65 | OUTPUT | INT | Nummer des Koppelmerkerbits in lokaler CPU |
| SD_1 | 63 | - | - | IN_OUT | ANY | Sendefach |
| RD_1 | - | 64 | - | IN_OUT | ANY | Empfangsfach |
| LEN | 63 | 64 | 65 | IN_OUT | INT | Anzahl Datenbytes |

nen Datenbaustein-Bereich im Partnergerät. Der SFB 64 FETCH_RK kann alle Operandenbereiche im Partnergerät adressieren und legt die geholten Daten in dem mit dem Parameter RD_1 spezifizierten Datenbaustein-Bereich ab. Der SFB 65 SERVE_RK kann empfangene Daten in einem Datenbaustein ablegen und aus allen Operandenbereichen Daten bereitstellen. Die zulässige Belegung der Parameter entnehmen Sie der Tabelle 20.22. Einige Werte sind nur in Verbindung mit einer SIMATIC S5-Station als Partnergerät sinnvoll.

### Synchronisations-Datenbaustein

Die Systemfunktionsbausteine der Rechnerkopplung arbeiten zusätzlich zum Instanz-Datenbaustein mit einem Synchronisations-Datenbaustein zusammen, der die Aktivitäten aller Rechnerkopplungsinstanzen synchronisiert und steuert. Der Datenbaustein ist einmal im Anwenderspeicher vorhanden. Sie richten ihn als Global-Datenbaustein mit einer Mindestlänge von 240 Bytes ein. Die Nummer des Datenbausteins geben Sie am Parameter SYNC_DB an.

**Tabelle 20.22** Spezifikation des Übertragungsbereichs

| Parameter | Typ | SFB 63 Daten senden | SFB 64 Daten holen | SFB 65 Daten empfangen | SFB 65 Daten bereitstellen | Bedeutung |
|---|---|---|---|---|---|---|
| R_CPU | INT | 0 bis 4 | 0 bis 4 | - | - | 0 = Einprozessorbetrieb<br>1..4 = Nummer der CPU im Mehrprozessorbetrieb |
| R_TYPE | CHAR | D, X | D, X, M, E, A, T, Z | - | - | D = Datenbaustein DB<br>X = erweiterter Datenbaustein DX<br>M = Merkerbereich<br>E = Prozeßabbild der Eingänge<br>A = Prozeßabbild der Ausgänge<br>T = Zeitwerte<br>Z = Zählwerte |
| L_TYPE | CHAR | - | - | D | D, M, E, A, T, Z | |
| R_DBNO | INT | 0 bis 255 | 0 bis 255 | - | | Nummer des Datenbausteins (bei M, E, A, T und Z irrelevant) |
| L_DBNO | INT | - | - | 1 bis n [1)] | 1 bis n [1)] | |
| R_OFFSET | INT | 0 bis 510 | 0 bis 510 | - | - | erstes Byte bei Datenbausteinen (muß eine gerade Adresse sein) |
| | | - | 0 bis 255 | - | - | erstes Byte bei M, E, A, T und Z |
| L_OFFSET | INT | - | - | 0 bis 1024 | 0 bis 1024 | Länge des Telegramms |

[1)] CPU-spezifisch

**Koordinierung mit Koppelmerker**

Der Datenempfang über die Rechnerkopplung kann mit Koppelmerkern koordiniert werden. Ein Koppelmerker ist ein Bit aus dem Operandenbereich Merker M. Für je einen Übertragungsauftrag verwenden Sie einen Koppelmerker, dessen Adresse Sie an den Parametern R_CF_BYT und R_CF_BIT bzw. L_CF_BYT und L_CF_BIT angeben.

Ist die lokale CPU der Client, werden die Systemfunktionsbausteine SFB 63 SEND_RK zum Datensenden und SFB 64 FETCH_RK zum Datenholen verwendet. Beim Senden und beim Holen von Daten aus der Partner-CPU wird die Adresse des Koppelmerkers mitgegeben. Hat dieser Koppelmerker in der Partner-CPU den Signalzustand „0", erlaubt die Partner-CPU in Falle des Sendens die Übernahme des Datenpakets in den Anwenderspeicher und im Falle des Holens das Lesen des Datenpakets aus dem Anwenderspeicher. Danach wird der Koppelmerker von der Kommunikationsfunktion gesetzt als Zeichen dafür, daß die Datenübertragung erfolgt ist. Nun können die Daten durch das Anwenderprogramm bearbeitet bzw. neu aufbereitet werden. Wenn dann der Koppelmerker durch das Anwenderprogramm zurückgesetzt wird, ist die Datenübertragung wieder freigegeben. Der Koppelmerker in der Partner-CPU erlaubt so ein Steuern der Datenübertragung.

Ist die lokale CPU der Server, werden die Daten mit dem Systemfunktionsbaustein SFB 65 SERVE_RK empfangen, wenn der Client Daten sendet, oder zur Verfügung gestellt, wenn der Client Daten holt. Am SFB parametrieren Sie den (im Server) lokalen Koppelmerker, mit dem Sie dann im Anwenderprogramm das Empfangen oder Bereitstellen der Daten steuern. Der SFB zeigt an den Parametern L_CF_BYT und L_CF_BIT an, welcher Koppelmerker für den gerade ausgeführten Auftrag verwendet wird und auf „1" gesetzt worden ist. Nach der Bearbeitung der Daten (Abholen oder neu Bereitstellen) setzen Sie per Programm den Koppelmerker wieder zurück und geben dadurch die Bearbeitung des nächsten Übertragungsauftrags frei.

**SFB 63 SEND_RK**
**Daten senden mit der Rechnerkopplung RK512**

Mit dem Systemfunktionsbaustein SFB 63 SEND_RK wird ein Datenbereich zu einem Kommunikationspartner gesendet. Mit der Hardware-Konfiguration stellen Sie das Übertragungsprotokoll und die Übertragungsparameter ein. Den Bereich der zu sendenden Daten spezifizieren Sie am Parameter SD_1. Die Länge des gesendeten Datenbereichs geben Sie am Parameter LEN an. Beachten Sie, daß die Byteanzahl gerade sein muß.

Der SFB 63 SEND_RK überträgt die Daten nur dann, wenn im Kommunikationspartner der Koppelmerker den Signalzustand „0" hat. Ein Telegramm kann bis zu 1024 Bytes lang sein. Die Daten werden in Konsistenzblöcken zu 128 Bytes übertragen. Während die Übertragung läuft, dürfen Sie die Daten im Sendebereich nicht verändern.

Das Senden wird mit steigender Signalflanke am Parameter REQ angestoßen. Mit Signalzustand „1" am Parameter DONE signalisiert der SFB einen erfolgreich abgeschlossenen Auftrag. Bei einem Fehler wird der Parameter ERROR auf „1" gesetzt und die Fehlerinformation am Parameter STATUS ausgegeben.

Mit Signalzustand „1" am Parameter R brechen Sie einen laufenden Sendeauftrag ab und setzen die Aufrufinstanz in den Grundzustand zurück.

### SFB 64 FETCH_RK
### Daten holen mit der Rechnerkopplung RK512

Mit dem Systemfunktionsbaustein SFB 64 FETCH_RK wird ein Datenbereich von einem Kommunikationspartner geholt. Mit der Hardware-Konfiguration stellen Sie das Übertragungsprotokoll und die Übertragungsparameter ein. Die geholten Daten werden in den durch den Parameter RD_1 spezifizierten Bereich eingetragen. Die Anzahl der empfangenen Bytes steht im Parameter LEN.

Der SFB 64 FETCH_RK holt die Daten nur dann, wenn im Kommunikationspartner der Koppelmerker den Signalzustand „0" hat. Ein Telegramm kann bis zu 1024 Bytes lang sein. Die Daten werden in Konsistenzblöcken von 128 Bytes übertragen. Während der laufenden Übertragung dürfen Sie auf die Daten im Empfangsbereich nicht zugreifen.

Mit Signalzustand „1" am Parameter EN_R geben Sie das Datenholen frei. Der Parameter NDR zeigt mit Signalzustand „1" an, wenn neue Daten erfolgreich geholt wurden. Bei einem Fehler wird der Parameter ERROR auf „1" gesetzt und die Fehlerinformation am Parameter STATUS ausgegeben.

Mit Signalzustand „1" am Parameter R brechen Sie einen laufenden Holauftrag ab und setzen die Aufrufinstanz in den Grundzustand zurück.

### SFB 65 SERVE_RK
### Daten empfangen und bereitstellen mit der Rechnerkopplung RK512

Der Systemfunktionsbaustein SFB 65 SERVE_RK übernimmt Serverfunktionalität für die Rechnerkopplung RK512. Er übernimmt einen Datenbereich, der von einem Kommunikationspartner gesendet wurde, und stellt einen Datenbereich zur Verfügung, der von einem Kommunikationspartner geholt wird. Die empfangenen oder bereitgestellten Daten werden in den durch die Parameter L_TYPE, L_DBNO und L_OFFSET spezifizierten Bereich eingetragen. Die Anzahl der übertragenen Bytes steht im Parameter LEN.

Der SFB 65 SERVE_RK überträgt die Daten in Konsistenzblöcken von 128 Bytes. Während der laufenden Übertragung dürfen Sie auf die Daten im Übertragungsbereich nicht zugreifen. Die Koordinierung der Datenübertragung steuern Sie im Anwenderprogramm mit einem Koppelmerker.

Mit Signalzustand „1" am Parameter EN_R geben Sie die Auftragsbearbeitung frei. Der Parameter NDR zeigt mit Signalzustand „1" an, wenn neue Daten erfolgreich empfangen oder geholt wurden. Bei einem Fehler wird der Parameter ERROR auf „1" gesetzt und die Fehlerinformation am Parameter STATUS ausgegeben.

Mit Signalzustand „1" am Parameter R brechen Sie einen laufenden Auftrag ab und setzen die Aufrufinstanz in den Grundzustand zurück.

# 21 Alarmbearbeitung

Die Alarmbearbeitung ist eine ereignisgesteuerte Programmbearbeitung. Das Betriebssystem unterbricht beim Auftreten eines entsprechenden Ereignisses die Bearbeitung des Hauptprogramms und ruft ein Programm auf, das dem Ereignis zugeordnet ist. Ist dieses Programm abgearbeitet, fährt das Betriebssystem mit der Programmbearbeitung an der unterbrochenen Stelle im Hauptprogramm fort. Eine derartige Unterbrechung kann nach jeder Operation (Anweisung) stattfinden.

Unterbrechungsereignisse können Alarme und Fehler sein. Die Reihenfolge der Bearbeitung bei quasi gleichzeitigem Auftreten der Unterbrechungsereignisse regelt eine Prioritätssteuerung. Mehrere Unterbrechungsereignisse können zu Prioritätsklassen zusammengefaßt werden.

Jedes zu einem Unterbrechungsereignis gehörende Programm steht in einem Organisationsbaustein, in dem weitere Bausteine aufgerufen werden können. Ein Ereignis mit höherer Priorität unterbricht die Programmbearbeitung in einem Organisationsbaustein, dem ein Ereignis mit niedrigerer Priorität zugeordnet ist. Die Programmunterbrechung durch höherpriore Ereignisse können Sie mit Systemfunktionen beeinflussen.

## 21.1 Allgemeines

SIMATIC S7 stellt folgende Unterbrechungsereignisse (Alarme) zur Verfügung:

- ▷ Uhrzeitalarm
  ein vom Betriebssystem bei einer bestimmten Uhrzeit abgegebener Alarm, entweder einmalig oder in periodischen Abständen
- ▷ Verzögerungsalarm
  ein nach einer bestimmten Zeit abgegebener Alarm, dessen Startzeitpunkt vom Aufruf einer Systemfunktion festgelegt wird
- ▷ Weckalarm
  ein Alarm, den das Betriebssystem in periodisch auftretenden Intervallen generiert
- ▷ Prozeßalarm
  Alarm von einer Baugruppe, entweder über einen Eingang von einem Prozeßsignal abgeleitet oder auf der Baugruppe selbst generiert
- ▷ DPV1-Alarm
  Alarm von einem PROFIBUS-DPV1-Slave
- ▷ Mehrprozessoralarm
  ein Alarm von einer anderen CPU im Mehrprozessorverbund

Weitere Unterbrechungsereignisse sind die Synchronfehler, die im Zusammenhang mit der Programmbearbeitung auftreten können, und die Asynchronfehler wie z.B. der Diagnosealarm. Die Bearbeitung dieser Ereignisse ist im Kapitel 23 „Fehlerbehandlung“ beschrieben.

### Prioritäten

Ein Ereignis mit höherer Priorität unterbricht ein Programm, das aufgrund eines Ereignisses mit niedrigerer Priorität bearbeitet wird. Die niedrigste Priorität hat das Hauptprogramm (Prioritätsklasse 1), die höchste Bearbeitungspriorität haben Asynchronfehler (Prioritätsklasse 26), wenn man einmal vom Anlauf absieht. Alle anderen Ereignisse sind in einer dazwischenliegenden Prioritätsklasse angeordnet. Bei S7-300 (außer CPU 318) sind die Prioritäten fest eingestellt, bei S7-400 und CPU 318 können Sie die Prioritäten per CPU-Parametrierung verändern.

Eine Übersicht aller Prioritätsklassen mit den defaultmäßig zugeordneten Organisationsbausteinen zeigt Ihnen der Kapitel 3.1.2 „Prioritätsklassen“.

### Sperren der Alarmbearbeitung

Der Aufruf der Organisationsbausteine für die ereignisgesteuerte Programmbearbeitung kann mit den Systemfunktionen SFC 39 DIS_IRT und SFC 40 EN_IRT gesperrt und freigegeben und mit SFC 41 DIS_AIRT und SFC 42 EN_AIRT verzögert und freigegeben werden (siehe Kapitel 21.8 „Alarmereignisse hantieren“).

### Aktuelle Signalzustände

In einem Alarmprogramm ist es mitunter erforderlich, mit den aktuellen Signalzuständen der Peripheriebaugruppen zu arbeiten (und nicht mit den Signalzuständen der Eingänge, die am Anfang des Hauptprogramms aktualisiert wurden) und die erzielten Signalzustände direkt zur Peripherie zu schreiben (und nicht zu warten, bis am Ende des Hauptprogramms das Ausgangs-Prozeßabbild aktualisiert wird).

Bei wenigen Ein- und Ausgängen für das Alarmprogramm genügt es, mit Lade- und Transferanweisungen direkt auf die Peripheriebaugruppen zuzugreifen. Hierbei ist es empfehlenswert, bei den Peripheriesignalen eine strikte Trennung zwischen Hauptprogramm und Alarmprogramm einzuhalten.

Wenn Sie im Alarmprogramm viele Ein- und Ausgangssignale aktuell verarbeiten wollen, bietet sich bei S7-400-CPUs die Verwendung von Teilprozeßabbildern an. Bei der Adreßvergabe ordnen Sie jede Baugruppe einem Teilprozeßabbild zu. Mit den SFC 26 UPDAT_PI und SFC 27 UPDAT_PO aktualisieren Sie im Anwenderprogramm dann die Teilprozeßabbilder (siehe auch Kapitel 20.2.1 „Prozeßabbild-Aktualisierung“).

Bei neuen S7-400-CPUs können Sie jedem Alarm-Organisationsbaustein (jeder Alarm-Prioritätsklasse) ein Eingangs- und ein Ausgangs-Teilprozeßabbild zuordnen und so beim Auftreten des Alarms die Prozeßabbilder automatisch aktualisieren lassen.

### Startinformation, temporäre Lokaldaten

Jeder Organisationsbaustein liefert in den ersten 20 Bytes seiner temporären Lokaldaten die Startinformation. Die Deklaration der Startinformation können Sie mit eigenen Angaben selbst erstellen oder Sie verwenden die Vorlagen aus der Standard-Bibliothek *Standard Library* unter *Organization Blocks*.

Die zur Verfügung stehenden temporären Lokaldaten sind pro Prioritätsklasse bei S7-300 fest mit 256 Bytes vorgegeben. Bei S7-400 können Sie die Anzahl pro Prioritätsklasse per CPU-Parametrierung (Registerkarte „Lokaldaten“) einstellen, wobei die Summe eine fest eingestellte, CPU-spezifische Obergrenze nicht überschreiten darf. Beachten Sie, daß die Mindestanzahl der temporären Lokaldaten bei verwendeten Prioritätsklassen 20 Bytes für die Startinformation sein muß. Bei nicht verwendeten Prioritätsklassen geben Sie den Wert 0 an.

Beachten Sie, daß Sie die Startinformation eines Organisationsbausteins nur im Organisationsbaustein selbst direkt lesen können, da es sich um temporäre Lokaldaten handelt. Benötigen Sie Werte aus der Startinformation auch in Bausteinen, die in tieferen Aufrufebenen liegen, rufen Sie an der entsprechenden Stelle im Programm die Systemfunktion SFC 6 RD_SINFO auf (siehe Kapitel 20.2.5 „Startinformation“).

### Aktuelle Alarminformation

Im Alarm-Organisationsbaustein erhalten Sie in den Bytes 4 bis 11 der Startinformation die für den auslösenden Alarm spezifischen Informationen. In vielen Fällen liefert die alarmauslösende Komponente zusätzliche Informationen, die Sie dann im Alarm-Organisationsbaustein mit dem Systemfunktionsbaustein SFB 54 RALRM lesen können. Dies ist besonders bei PROFIBUS-DP-Slaves der Fall (siehe Kapitel 21.9 „Alarmzusatzinformation lesen“).

## 21.2 Uhrzeitalarme

Sie verwenden einen Uhrzeitalarm, wenn Sie ein Programm zu einer bestimmten Uhrzeit einmalig oder periodisch, beispielsweise täglich, bearbeiten lassen wollen. Für die Bearbeitung eines Uhrzeitalarms sind bei STEP 7 die Organisationsbausteine OB 10 bis OB 17 vorgesehen, wobei es von der verwendeten CPU abhängt, welche dieser acht Organisationsbausteine tatsächlich zur Verfügung stehen.

Sie können die Uhrzeitalarme in der Hardwarekonfiguration projektieren oder mit Systemfunktionen vom Programm aus zur Laufzeit steuern. Voraussetzung für die ordnungsgemäße Bearbeitung der Uhrzeitalarme ist eine richtig eingestellte Echtzeituhr auf der CPU.

Die Tabelle 21.1 zeigt Ihnen die Startinformationen für die Uhrzeitalarme. Der Platzhalter xx steht für die Nummer des betreffenden Alarm-Organisationsbausteins 10 bis 17.

### 21.2.1 Bearbeitung der Uhrzeitalarme

#### Allgemeines

Um einen Uhrzeitalarm zu starten, müssen Sie zuerst den Startzeitpunkt einstellen und dann den Uhrzeitalarm aktivieren. Beide Tätigkeiten können Sie getrennt sowohl mit der Hardwarekonfiguration als auch mit SFCs durchführen. Beachten Sie, daß bei Aktivierung mit der Hardwarekonfiguration der Uhrzeitalarm automatisch nach der Parametrierung der CPU gestartet wird.

Einen Uhrzeitalarm können Sie auf zwei Arten starten:

- ▷ einmalig, der entsprechende OB wird dann einmalig zum eingestellten Zeitpunkt aufgerufen oder
- ▷ periodisch, der entsprechende OB wird, je nach Parametrierung, minütlich, stündlich, täglich, wöchentlich, monatlich, am Monatsletzten oder jährlich gestartet.

Nach einem einmaligen Aufruf eines Uhrzeitalarm-OBs wird der Uhrzeitalarm storniert. Sie können einen laufenden Uhrzeitalarm auch mit der SFC 29 CAN_TINT stornieren.

Möchten Sie einen stornierten Uhrzeitalarm wieder nutzen, müssen Sie erneut den Startzeitpunkt einstellen und den Uhrzeitalarm aktivieren.

Mit der SFC 31 QRY_TINT fragen Sie den Status eines Uhrzeitalarms ab.

#### Verhalten im Anlauf

Bei einem Kaltstart oder Neustart löscht das Betriebssystem alle von Ihnen mit einer SFC vorgenommenen Einstellungen. Die mit der Hardwarekonfiguration parametrierten Einstellungen bleiben erhalten. Bei einem Wiederanlauf setzt die CPU die Bearbeitung der Uhrzeitalarme im ersten kompletten Zyklus des Hauptprogramms fort.

Sie können sich im Anlaufprogramm über den Zustand der Uhrzeitalarme mit dem Aufruf der SFC 31 informieren und gegebenenfalls die Uhrzeitalarme stornieren oder neu stellen und aktivieren. Die Bearbeitung der Uhrzeitalarm-OBs findet nur im Betriebszustand RUN statt.

**Tabelle 21.1** Startinformation für Uhrzeitalarme

| Byte | Variablenname | Datentyp | Beschreibung | Belegung |
|---|---|---|---|---|
| 0 | OBxx_EV_CLASS | BYTE | Ereignisklasse | B#16#11 = kommendes Ereignis |
| 1 | OBxx_STRT_INF | BYTE | Startanforderung für den Alarm-OB | B#16#11 = OB 31 |
| 2 | OBxx_PRIORITY | BYTE | Prioritätsklasse | Defaultwert 2 für alle Uhrzeitalarme |
| 3 | OBxx_OB_NUMBR | BYTE | OB-Nummer | B#16#xx |
| 4 | OBxx_RESERVED_1 | BYTE | Reserve | - |
| 5 | OBxx_RESERVED_2 | BYTE | Reserve | - |
| 6..7 | OBxx_PERIOD_EXE | WORD | Intervall bei periodisch aufgerufenen OBs | siehe Beschreibung des SFC 28 SET_TINT |
| 8..9 | OBxx_RESERVED_3 | INT | Reserve | - |
| 10..11 | OBxx_RESERVED_4 | INT | Reserve | - |
| 12..19 | OBxx_DATE_TIME | DATE_AND_ TIME | Ereigniseintritt | Aufrufzeitpunkt des OBs |

xx steht für die OB-Nummer 10 bis 17

### Fehlerverhalten

Fehlt zum Zeitpunkt seines Aufrufs der Uhrzeitalarm-OB im Anwenderprogramm, ruft das Betriebssystem den OB 85 (Programmbearbeitungsfehler) auf. Ist der OB 85 nicht vorhanden, geht die CPU in den Betriebszustand STOP.

Uhrzeitalarme, die durch CPU-Parametrierung abgewählt wurden, können – auch wenn der entsprechende OB vorhanden ist – nicht ausgeführt werden. Die CPU geht dann in den STOP-Zustand.

Aktivieren Sie einen Uhrzeitalarm zur einmaligen Bearbeitung und liegt der Startzeitpunkt (aus der Sicht der Echtzeituhr) in der Vergangenheit, ruft das Betriebssystem den OB 80 (Zeitfehler) auf. Ist er nicht vorhanden, geht die CPU in den Betriebszustand STOP.

Aktivieren Sie einen Uhrzeitalarm zur periodischen Bearbeitung und liegt der Startzeitpunkt (aus der Sicht der Echtzeituhr) in der Vergangenheit, wird der Uhrzeitalarm-OB zur nächsten fälligen Periode bearbeitet.

Stellen Sie die Echtzeituhr vor, sei es durch Korrektur oder Synchronisation, so daß der Startzeitpunkt für einen Uhrzeitalarm-OB übersprungen wird, ruft das Betriebssystem den OB 80 (Zeitfehler) auf. Danach wird der Uhrzeitalarm-OB einmal bearbeitet.

Haben Sie die Echtzeituhr zurückgestellt, sei es durch Korrektur oder Synchronisation, dann wird ein aktivierter Uhrzeitalarm-OB an den bereits durchlaufenen Zeitpunkten nicht mehr bearbeitet.

Ist ein Uhrzeitalarm-OB noch in Bearbeitung und erfolgt bereits der nächste (periodische) Aufruf, ruft das Betriebssystem den OB 80 (Zeitfehler) auf. Nach der Bearbeitung des OB 80 und des Uhrzeitalarm-OBs wird der Uhrzeitalarm-OB erneut gestartet.

### Sperren, Verzögern und Freigeben

Der Aufruf der Uhrzeitalarm-OBs kann mit den Systemfunktionen SFC 39 DIS_IRT und SFC 40 EN_IRT gesperrt und freigegeben und mit SFC 41 DIS_AIRT und SFC 42 EN_AIRT verzögert und freigegeben werden.

## 21.2.2 Uhrzeitalarme mit STEP 7 projektieren

Die Projektierung der Uhrzeitalarme geschieht über die Hardwarekonfiguration. Sie öffnen die angewählte CPU mit BEARBEITEN → OBJEKTEIGENSCHAFTEN und wählen im angezeigten Dialogfeld die Registerkarte „Uhrzeitalarme“.

Bei S7-300 (außer CPU 318) ist die voreingestellte Bearbeitungspriorität fest mit 2 belegt. Bei S7-400 und bei der CPU 318 können Sie die Priorität abhängig von der CPU im Bereich von 2 bis 24 für jeden möglichen OB ändern; mit Priorität 0 wählen Sie die Bearbeitung des entsprechenden OBs ab. Sie sollten Prioritäten nicht mehrfach vergeben, denn bei gleichzeitigem Auftreten von mehr als 12 Unterbrechungsereignissen mit gleicher Priorität können Alarme verloren gehen.

Die Option „Aktiv“ schaltet das automatische Starten des Uhrzeitalarms ein. Unter „Ausführung“ wählen Sie aus einer Liste, ob der OB einmalig oder mit einer bestimmten Periode zu bearbeiten ist. Die Angabe des Startzeitpunkts (Datum und Uhrzeit) schließt die Parametrierung ab.

Mit dem Speichern der Hardwarekonfiguration schreibt STEP 7 die übersetzten Daten in das Objekt *Systemdaten* im Offline-Anwenderprogramm *Bausteine*. Von hier aus können Sie die Parametrierdaten im STOP-Zustand zur CPU laden, wo sie sofort wirksam werden.

## 21.2.3 Systemfunktionen für Uhrzeitalarme

Mit folgenden Systemfunktionen können Sie einen Uhrzeitalarm steuern:

▷ SFC 28 SET_TINT
Uhrzeitalarm stellen

▷ SFC 29 CAN_TINT
Uhrzeitalarm stornieren

▷ SFC 30 ACT_TINT
Uhrzeitalarm aktivieren

▷ SFC 31 QRY_TINT
Uhrzeitalarm abfragen

Die Parameter dieser Systemfunktionen finden Sie in der Tabelle 21.2.

**Tabelle 21.2** Parameter der SFCs für Uhrzeitalarmbearbeitung

| SFC | Parameter | Deklaration | Datentyp | Belegung, Beschreibung |
|---|---|---|---|---|
| 28 | OB_NR | INPUT | INT | Nummer des OBs, der zur angegebenen Uhrzeit einmalig oder periodisch aufgerufen werden soll |
| | SDT | INPUT | DT | Startdatum und Startuhrzeit im Format DATE_AND_TIME |
| | PERIOD | INPUT | WORD | Periode vom Startzeitpunkt aus:<br>W#16#0000 = einmalig<br>W#16#0201 = minütlich<br>W#16#0401 = stündlich<br>W#16#1001 = täglich<br>W#16#1201 = wöchentlich<br>W#16#1401 = monatlich<br>W#16#2001 = Monatsletzter<br>W#16#1801 = jährlich |
| | RET_VAL | OUTPUT | INT | Fehlerinformation |
| 29 | OB_NR | INPUT | INT | Nummer des OBs, dessen Startzeitpunkt gelöscht werden soll |
| | RET_VAL | OUTPUT | INT | Fehlerinformation |
| 30 | OB_NR | INPUT | INT | Nummer des OBs, der aktiviert werden soll |
| | RET_VAL | OUTPUT | INT | Fehlerinformation |
| 31 | OB_NR | INPUT | INT | Nummer des OBs, dessen Status abgefragt werden soll |
| | RET_VAL | OUTPUT | INT | Fehlerinformation |
| | STATUS | OUTPUT | WORD | Status des Uhrzeitalarms |

### SFC 28 SET_TINT
### Uhrzeitalarm stellen

Sie bestimmen den Startzeitpunkt für einen Uhrzeitalarm mit dem Aufruf der Systemfunktion SFC 28 SET_TINT. Die SFC 28 stellt nur den Startzeitpunkt ein; zum Starten des Uhrzeitalarm-OBs müssen Sie den Uhrzeitalarm mit der SFC 30 ACT_TINT aktivieren. Sie geben den Startzeitpunkt am Parameter SDT im Format DATE_AND_TIME an, z.B. DT#1997-06-30-08:30. Angegebene Sekunden und Millisekunden ignoriert das Betriebssystem und setzt diese Werte auf Null. Beim Einstellen des Startzeitpunkts wird ein eventueller alter Wert des Startzeitpunkts überschrieben. Ein laufender Uhrzeitalarm wird storniert, d.h. der Uhrzeitalarm muß neu aktiviert werden.

### SFC 30 ACT_TINT
### Uhrzeitalarm aktivieren

Sie aktivieren einen Uhrzeitalarm mit dem Aufruf der Systemfunktion SFC 30 ACT_TINT. Das Aktivieren setzt eine eingestellte Uhrzeit für den Uhrzeitalarm voraus. Liegt bei einem einmaligen Start der Startzeitpunkt in der Vergangenheit, meldet die SFC 30 einen Fehler. Bei periodischem Start ruft das Betriebssystem den entsprechenden OB zum nächsten fälligen Zeitpunkt auf. Ein einmalig bearbeiteter Uhrzeitalarm ist nach der Bearbeitung quasi gelöscht; Sie können ihn erneut (auf einen anderen Startzeitpunkt) stellen und aktivieren.

### SFC 29 CAN_TINT
### Uhrzeitalarm stornieren

Mit dem Aufruf der Systemfunktion SFC 29 CAN_TINT löschen Sie einen gestellten Startzeitpunkt und deaktivieren damit den Uhrzeitalarm. Der entsprechende OB wird nicht mehr aufgerufen. Möchten Sie diesen Uhrzeitalarm wieder nutzen, müssen Sie zuerst den Startzeitpunkt neu stellen und dann den Uhrzeitalarm aktivieren.

**SFC 31 QRY_TINT**
**Uhrzeitalarm abfragen**

Über den Zustand eines Uhrzeitalarms informieren Sie sich mit dem Aufruf der Systemfunktion SFC 31 QRY_TINT. Sie erhalten am Parameter STATUS die gewünschte Information.

Wenn die Bits Signalzustand „1" führen, haben sie folgende Bedeutung:

0 Uhrzeitalarm ist vom Betriebssystem gesperrt
1 neuer Uhrzeitalarm wird verworfen
2 Uhrzeitalarm ist aktiviert und nicht abgelaufen
3 (- reserviert -)
4 Uhrzeitalarm-OB ist geladen
5 es besteht keine Ausführungssperre
6 (und folgende: - reserviert -)

## 21.3 Verzögerungsalarme

Mit einem Verzögerungsalarm haben Sie die Möglichkeit, unabhängig von den Zeitfunktionen eine Zeitverzögerung zu realisieren. Für die Bearbeitung eines Verzögerungsalarms sind bei STEP 7 die Organisationsbausteine OB 20 bis OB 23 vorgesehen, wobei es von der verwendeten CPU abhängt, welche dieser vier Organisationsbausteine tatsächlich zur Verfügung stehen.

Die Prioritäten der Verzögerungsalarm-OBs projektieren Sie mit der Hardwarekonfiguration; das Steuern übernehmen Systemfunktionen.

Die Tabelle 21.3 zeigt Ihnen die Startinformationen für die Verzögerungsalarme. Der Platzhalter xx steht für die Nummer des betreffenden Alarm-Organisationsbausteins 20 bis 23.

### 21.3.1 Bearbeitung der Verzögerungsalarme

**Allgemeines**

Sie starten einen Verzögerungsalarm mit dem Aufruf der SFC 32 SRT_DINT; mit ihr übergeben Sie auch die Verzögerungsdauer und die Nummer des ausgewählten Organisationsbausteins an das Betriebssystem. Nach dem Ablauf der Verzögerung wird der entsprechende OB aufgerufen.

Sie können die Bearbeitung eines Verzögerungsalarms stornieren. Dann wird der dazugehörende OB nicht mehr aufgerufen.

Mit der SFC 34 QRY_DINT fragen Sie den Status des Verzögerungsalarms ab.

**Tabelle 21.3** Startinformation für Verzögerungsalarme

| Byte | Variablenname | Datentyp | Beschreibung | Belegung |
|---|---|---|---|---|
| 0 | OBxx_EV_CLASS | BYTE | Ereignisklasse | B#16#11 = kommendes Ereignis |
| 1 | OBxx_STRT_INF | BYTE | Startanforderung für den Alarm-OB | B#16#21 = OB 20 |
| 2 | OBxx_PRIORITY | BYTE | Prioritätsklasse | Defaultwerte 3 bis 6 (OB 20 bis OB 23) |
| 3 | OBxx_OB_NUMBR | BYTE | OB-Nummer | B#16#xx |
| 4 | OBxx_RESERVED_1 | BYTE | Reserve | - |
| 5 | OBxx_RESERVED_2 | BYTE | Reserve | - |
| 6..7 | OBxx_SIGN | WORD | Auftragskennung | siehe Beschreibung des SFC 32 SRT_DINT |
| 8..11 | OBxx_DTIME | TIME | abgelaufene Verzögerungszeit | siehe Beschreibung des SFC 32 SRT_DINT |
| 12..19 | OBxx_DATE_TIME | DATE_AND_TIME | Ereigniseintritt | Aufrufzeitpunkt des OBs |

xx steht für die OB-Nummer 20 bis 23

**Verhalten im Anlauf**

Bei einem Kaltstart oder Neustart löscht das Betriebssystem alle von Ihnen programmierten Einstellungen zu Verzögerungsalarmen. Bei einem Wiederanlauf bleiben die Einstellungen bis zur Bearbeitung im Betriebszustand RUN erhalten, wobei der „Restzyklus“ zum Anlaufprogramm zählt.

Sie können einen Verzögerungsalarm im Anlaufprogramm mit dem Aufruf der SFC 32 starten. Nach Ablauf der Verzögerungszeit muß sich die CPU im Betriebszustand RUN befinden, um den entsprechenden Organisationsbaustein bearbeiten zu können. Ist das nicht der Fall, wartet die CPU mit dem OB-Aufruf bis zum Ende des Anlaufs und ruft den Verzögerungsalarm-OB noch vor dem ersten Netzwerk im Hauptprogramm auf.

**Fehlerverhalten**

Fehlt zum Zeitpunkt seines Aufrufs der Verzögerungsalarm-OB im Anwenderprogramm, ruft das Betriebssystem den OB 85 (Programmbearbeitungsfehler) auf. Ist der OB 85 nicht vorhanden, geht die CPU in den Betriebszustand STOP.

Ist die Verzögerungszeit abgelaufen und der dazugehörenden OB ist noch in Bearbeitung, ruft das Betriebssystem den OB 80 (Zeitfehler) auf oder geht in den Betriebszustand STOP, wenn der OB 80 nicht vorhanden ist.

Verzögerungsalarme, die durch CPU-Parametrierung abgewählt wurden, können – auch wenn der entsprechende OB vorhanden ist – nicht ausgeführt werden. Die CPU geht dann in den STOP-Zustand.

**Sperren, Verzögern und Freigeben**

Der Aufruf der Verzögerungsalarm-OBs kann mit den Systemfunktionen SFC 39 DIS_IRT und SFC 40 EN_IRT gesperrt und freigegeben und mit SFC 41 DIS_AIRT und SFC 42 EN_AIRT verzögert und freigegeben werden.

### 21.3.2 Verzögerungsalarme mit STEP 7 projektieren

Die Projektierung der Verzögerungsalarme geschieht über die Hardwarekonfiguration. Sie öffnen die angewählte CPU mit BEARBEITEN → OBJEKTEIGENSCHAFTEN und wählen im angezeigten Dialogfeld die Registerkarte „Alarme“.

Bei S7-300 (außer CPU 318) ist die voreingestellte Bearbeitungspriorität fest mit 3 belegt. Bei S7-400 und bei der CPU 318 können Sie die Priorität abhängig von der CPU im Bereich von 2 bis 24 für jeden möglichen OB ändern; mit Priorität 0 wählen Sie die Bearbeitung des entsprechenden OBs ab. Sie sollten Prioritäten nicht mehrfach vergeben, denn bei gleichzeitigem Auftreten von mehr als 12 Unterbrechungsereignissen mit gleicher Priorität können Alarme verloren gehen.

Mit dem Speichern der Hardwarekonfiguration schreibt STEP 7 die übersetzten Daten in das Objekt *Systemdaten* im Offline-Anwenderprogramm *Bausteine*. Von hier aus können Sie die Parametrierdaten im STOP-Zustand zur CPU übertragen, wo sie sofort wirksam werden.

### 21.3.3 Systemfunktionen für Verzögerungsalarme

Mit folgenden Systemfunktionen können Sie einen Verzögerungsalarm steuern:

▷ SFC 32 SRT_DINT
Verzögerungsalarm starten

▷ SFC 33 CAN_DINT
Verzögerungsalarm stornieren

▷ SFC 34 QRY_DINT
Verzögerungsalarm abfragen

Die Parameter dieser Systemfunktionen finden Sie in der Tabelle 21.4.

**SFC 32 SRT_DINT**
**Verzögerungsalarm starten**

Sie starten einen Verzögerungsalarm mit dem Aufruf der Systemfunktion SFC 32 SRT_DINT. Der SFC-Aufruf ist gleichzeitig der Startzeitpunkt, ab dem die parametrierte Zeitspanne läuft. Nachdem die Verzögerungszeit abgelaufen ist, ruft die CPU den parametrierten OB auf und übergibt in der Startinformation für diesen OB den Verzögerungszeitwert und eine Auftragskennung. Die Auftragskennung legen Sie im Parameter SIGN der SFC 32 fest; denselben Wert können Sie in den Bytes 6 und 7

**Tabelle 21.4** Parameter der SFCs für die Verzögerungsalarmbearbeitung

| SFC | Parameter | Deklaration | Datentyp | Belegung, Beschreibung |
|---|---|---|---|---|
| 32 | OB_NR | INPUT | INT | Nummer des OBs, der nach der Verzögerungszeit aufgerufen werden soll |
| | DTIME | INPUT | TIME | Zeitspanne der Verzögerung; zugelassen: T#1ms bis T#1m |
| | SIGN | INPUT | WORD | Auftragskennung, die der entsprechende OB in den Startinformationen bei seinem Aufruf führt (beliebige Belegung) |
| | RET_VAL | OUTPUT | INT | Fehlerinformation |
| 33 | OB_NR | INPUT | INT | Nummer des OBs, dessen Bearbeitung storniert werden soll |
| | RET_VAL | OUTPUT | INT | Fehlerinformation |
| 34 | OB_NR | INPUT | INT | Nummer des OBs, dessen Status abgefragt werden soll |
| | RET_VAL | OUTPUT | INT | Fehlerinformation |
| | STATUS | OUTPUT | WORD | Status des Verzögerungsalarms |

der Startinformation des dazugehörenden Verzögerungsalarm-OBs lesen. Sie stellen die Verzögerungszeit im Raster von 1 ms ein. Die Genauigkeit der Verzögerungszeit beträgt ebenfalls 1 ms. Beachten Sie, daß sich die Bearbeitung der Verzögerungsalarm-OBs hinauszögern kann, wenn zum Zeitpunkt des OB-Aufrufs Organisationsbausteine mit höherer Priorität bearbeitet werden. Sie können eine laufende Verzögerungszeit mit einem neuen Wert überschreiben, indem Sie die SFC 32 erneut aufrufen. Mit dem SFC-Aufruf beginnt dann die neue Verzögerungszeit zu laufen.

### SFC 33 CAN_DINT
### Verzögerungsalarm stornieren

Mit dem Aufruf der Systemfunktion SFC 33 CAN_DINT stornieren Sie einen gestarteten Verzögerungsalarm. Der parametrierte Organisationsbaustein wird dann nicht aufgerufen.

### SFC 34 QRY_DINT
### Verzögerungsalarm abfragen

Über den Zustand eines Verzögerungsalarms informiert Sie die Systemfunktion SFC 34 QRY_DINT. Mit der OB-Nummer wählen Sie den Verzögerungsalarm aus und erhalten im Parameter STATUS die gewünschte Information.

Wenn die Bits Signalzustand „1“ führen, haben sie folgende Bedeutung:

0 Verzögerungsalarm ist vom Betriebssystem gesperrt
1 neuer Verzögerungsalarm wird verworfen
2 Verzögerungsalarm ist aktiviert und nicht abgelaufen
3 (- reserviert -)
4 Verzögerungsalarm-OB ist geladen
5 es besteht keine Ausführungssperre
6 (und folgende: - reserviert -)

## 21.4 Weckalarme

Ein Weckalarm ist ein in periodischen Zeitabständen ausgelöster Alarm, der die Bearbeitung eines Weckalarm-OBs veranlaßt. Mit einem Weckalarm haben Sie die Möglichkeit, ein bestimmtes Programm in einem Zeitintervall bearbeiten zu lassen, das von der Bearbeitungszeit des zyklischen Programms unabhängig ist.

Für die Bearbeitung der Weckalarme sind bei STEP 7 die Organisationsbausteine OB 30 bis OB 38 vorgesehen, wobei es von der verwendeten CPU abhängt, welche dieser neun Organisationsbausteine tatsächlich zur Verfügung stehen.

Die Weckalarmbearbeitung wird in der Hardwarekonfiguration bei der Parametrierung der CPU eingestellt.

**Tabelle 21.5** Startinformation für Weckalarme

| Byte | Variablenname | Datentyp | Beschreibung | Belegung |
|---|---|---|---|---|
| 0 | OBxx_EV_CLASS | BYTE | Ereignisklasse | B#16#11 = kommendes Ereignis |
| 1 | OBxx_STRT_INF | BYTE | Startanforderung für den Alarm-OB | B#16#31 = OB 31 |
| 2 | OBxx_PRIORITY | BYTE | Prioritätsklasse | Defaultwerte 7 bis 15 (OB 30 bis 38) |
| 3 | OBxx_OB_NUMBR | BYTE | OB-Nummer | B#16#xx |
| 4 | OBxx_RESERVED_1 | BYTE | Reserve | - |
| 5 | OBxx_RESERVED_2 | BYTE | Reserve | - |
| 6..7 | OBxx_PHS_OFFSET | INT | Phasenverschiebung | msec, siehe Tabelle 21.6 |
| 8..9 | OBxx_RESERVED_3 | INT | Reserve | - |
| 10..11 | OBxx_EXC_FREQ | INT | Zeitintervall | msec, siehe Tabelle 21.6 |
| 12..19 | OBxx_DATE_TIME | DATE_AND_TIME | Ereigniseintritt | Aufrufzeitpunkt des OBs |

xx steht für die OB-Nummer 30 bis 38

Die Tabelle 21.5 zeigt Ihnen die Startinformationen für die Weckalarme. Der Platzhalter xx steht für die Nummer des betreffenden Alarm-Organisationsbausteins 30 bis 38.

### 21.4.1 Bearbeitung der Weckalarme

#### Weckalarm auslösen bei S7-300

Bei S7-300 gibt es den Weckalarm-OB 35 mit der festen Bearbeitungspriorität 12; bei der CPU 318 die OB 32 und OB 35 mit einstellbaren Prioritäten und Phasenverschiebung (siehe unten). Sie können per CPU-Parametrierung das Zeitintervall und die Phasenverschiebung von 1 ms bis 1 min in 1 ms-Schritten einstellen.

#### Weckalarm auslösen bei S7-400

Sie definieren einen Weckalarm beim Parametrieren der CPU. Ein Weckalarm hat drei Parameter: das Zeitintervall, die Phasenverschiebung und die Priorität. Die einstellbaren Werte gehen beim Zeitintervall und bei der Phasenverschiebung von 1 ms bis 1 min im Raster von 1 ms; die Priorität ist je nach CPU von 2 bis 24 wählbar bzw. ist 0 (= Weckalarm nicht aktiv).

STEP 7 besitzt die in der Tabelle 21.6 gezeigten Organisationsbausteine als Maximalumfang.

#### Phasenverschiebung

Sie können die Phasenverschiebung nutzen, um Weckalarmprogramme, die ein gemeinsames Vielfaches im Zeitintervall aufweisen, dennoch zeitversetzt bearbeiten zu lassen. Sie erreichen dadurch eine höhere Genauigkeit der Zeitintervalle.

Der Startzeitpunkt der Zeitintervalle und der Phasenverschiebung ist der Übergang des Betriebszustands von ANLAUF nach RUN. Danach ist der Aufrufzeitpunkt für einen Weckalarm-OB das Zeitintervall plus die Phasenverschiebung. Ein Beispiel hierzu zeigt das Bild 21.1. Für das Zeitintervall 1 ist keine Phasenverschiebung eingestellt; Zeitintervall 2 ist doppelt

**Tabelle 21.6** Defaulteinstellung bei Weckalarmen

| OB | Zeitintervall | Phase | Priorität |
|---|---|---|---|
| 30 | 5 s | 0 ms | 7 |
| 31 | 2 s | 0 ms | 8 |
| 32 | 1 s | 0 ms | 9 |
| 33 | 500 ms | 0 ms | 10 |
| 34 | 200 ms | 0 ms | 11 |
| 35 | 100 ms | 0 ms | 12 |
| 36 | 50 ms | 0 ms | 13 |
| 37 | 20 ms | 0 ms | 14 |
| 38 | 10 ms | 0 ms | 15 |

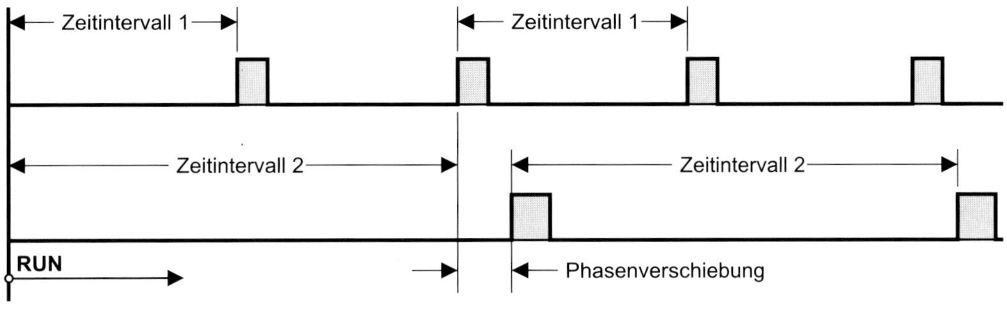


**Bild 21.1** Beispiel für Phasenverschiebung bei Weckalarmen

so groß wie Zeitintervall 1. Durch die Phasenverschiebung des Zeitintervalls 2 werden die entsprechenden OBs für Intervall 2 nicht gleichzeitig mit den OBs für Intervall 1 aufgerufen. So muß der niederpriore OB nicht warten und kann exakt sein Zeitintervall einhalten.

### Verhalten im Anlauf

Im Anlaufprogramm ist keine Weckalarmbearbeitung möglich. Die Zeitintervalle beginnen erst beim Übergang in den Betriebszustand RUN.

### Fehlerverhalten

Wenn bei einem laufenden Weckalarm-OB der dazugehörende Weckalarm erneut ansteht, ruft das Betriebssystem den OB 80 (Zeitfehler) auf. Ist der OB 80 nicht vorhanden, geht die CPU in den Betriebszustand STOP.

Das Betriebssystem speichert den nicht ausgeführten Weckalarm und führt ihn bei nächster Gelegenheit aus. Pro Prioritätsklasse wird nur ein nicht ausgeführter Weckalarm gespeichert, unabhängig von der Anzahl der nicht zur Ausführung gelangten Weckalarme.

Weckalarme, die durch CPU-Parametrierung abgewählt wurden, können – auch wenn der entsprechende OB vorhanden ist – nicht ausgeführt werden. Die CPU geht dann in den STOP-Zustand.

### Sperren, Verzögern und Freigeben

Der Aufruf der Weckalarm-OBs kann mit den Systemfunktionen SFC 39 DIS_IRT und SFC 40 EN_IRT gesperrt und freigegeben und mit SFC 41 DIS_AIRT und SFC 42 EN_AIRT verzögert und freigegeben werden.

## 21.4.2 Weckalarme mit STEP 7 projektieren

Die Projektierung der Weckalarme geschieht über die Hardwarekonfiguration. Sie öffnen die angewählte CPU mit BEARBEITEN → OBJEKTEIGENSCHAFTEN und wählen Sie im angezeigten Dialogfeld die Registerkarte „Weckalarm“.

Bei S7-300 (außer CPU 318) ist die Bearbeitungspriorität mit 12 fest eingestellt. Bei S7-400 und bei der CPU 318 können Sie die Priorität im Bereich von 2 bis 24 für jeden möglichen OB ändern (CPU-spezifisch); mit Priorität 0 wählen Sie die Bearbeitung des entsprechenden OBs ab. Sie sollten Prioritäten nicht mehrfach vergeben, denn bei gleichzeitigem Auftreten von mehr als 12 Unterbrechungsereignissen mit gleicher Priorität können Alarme verloren gehen.

Unter „Ausführung“ wählen Sie für jeden verwendeten OB das Intervall, unter „Phasenverschiebung“ den verzögerten Aufrufzeitpunkt.

Mit dem Speichern der Hardwarekonfiguration schreibt STEP 7 die übersetzten Daten in das Objekt *Systemdaten* im Offline-Anwenderprogramm *Bausteine*. Von hier aus können Sie die Parametrierdaten im STOP-Zustand zur CPU laden, wo sie sofort wirksam werden.

## 21.5 Prozeßalarme

Sie verwenden Prozeßalarme, um Ereignisse im gesteuerten Prozeß sofort im Anwenderprogramm zu erfassen und mit einem entsprechenden Programm darauf zu reagieren. Für die Bearbeitung eines Prozeßalarms sind bei STEP 7 die Organisationsbausteine OB 40 bis OB 47 vorgesehen, wobei es von der verwendeten CPU abhängt, welche dieser acht Organisationsbausteine tatsächlich zur Verfügung stehen.

Sie projektieren die Prozeßalarmbearbeitung in der Hardwarekonfiguration. Mit den Systemfunktionen SFC 55 WR_PARM, SFC 56 WR_DPARM und SFC 57 PARM_MOD können Sie die prozeßalarmerfassenden Baugruppen auch während des laufenden Betriebs (um-)parametrieren.

Die Tabelle 21.7 zeigt Ihnen die Startinformationen für die Prozeßalarme. Der Platzhalter xx steht für die Nummer des betreffenden Alarm-Organisationsbausteins 40 bis 47.

### 21.5.1 Auslösung eines Prozeßalarms

Die Auslösung eines Prozeßalarms erfolgt auf einer dafür ausgelegten Baugruppe. Das kann z.B. eine Digitaleingabebaugruppe sein, die ein vom Prozeß kommendes Signal erfaßt, oder eine Funktionsbaugruppe, die durch einen Vorgang auf der Baugruppe einen Prozeßalarm auslöst.

Die Auslösung eines Prozeßalarms ist zunächst defaultmäßig gesperrt. Sie geben mit der Parametrierung die Bearbeitung eines Prozeßalarms frei (statischer Parameter). Hierbei können Sie wählen, ob der Prozeßalarm bei kommendem Ereignis, bei gehendem Ereignis oder bei beiden ausgelöst werden soll (dynamischer Parameter). Dynamische Parameter können Sie per SFC-Aufruf zur Laufzeit ändern.

In einem dafür ausgelegten intelligenten DP-Slave können Sie mit der SFC 7 DP_PRAL in der Master-CPU einen Prozeßalarm auslösen.

Nach der Bearbeitung des zum Prozeßalarm gehörenden Organisationsbausteins wird der Prozeßalarm auf der Baugruppe quittiert.

#### Auflösung bei S7-300

Tritt während der Bearbeitung eines Prozeßalarm-OBs ein Ereignis ein, das den gerade bearbeiteten Prozeßalarm erneut auslösen würde, geht dieser Prozeßalarm verloren, wenn das Ereignis nach der Quittierung nicht mehr ansteht.

**Tabelle 21.7** Startinformation für Prozeßalarme

| Byte | Variablenname | Datentyp | Beschreibung | Belegung |
|---|---|---|---|---|
| 0 | OBxx_EV_CLASS | BYTE | Ereignisklasse | B#16#11 = kommendes Ereignis |
| 1 | OBxx_STRT_INF | BYTE | Startanforderung für den Alarm-OB | B#16#41 = OB 41 |
| 2 | OBxx_PRIORITY | BYTE | Prioritätsklasse | Defaultwerte 16 bis 23 (OB 40 bis 47) |
| 3 | OBxx_OB_NUMBR | BYTE | OB-Nummer | B#16#xx |
| 4 | OBxx_RESERVED_1 | BYTE | Reserve | - |
| 5 | OBxx_IO_FLAG | BYTE | E/A-Kennung | B#16#54 = Eingabebaugruppe, Eingabemodul<br>B#16#55 = Ausgabebaugruppe, Ausgabemodul |
| 6..7 | OBxx_MDL_ADDR | WORD | Baugruppenanfangsadresse der alarmauslösenden Komponenten | |
| 8..11 | OBxx_POINT_ADDR | DWORD | Alarminformation | |
| 12..19 | OBxx_DATE_TIME | DATE_AND_TIME | Ereigniseintritt | Aufrufzeitpunkt des OBs |

xx steht für die OB-Nummer 40 bis 47

Hierbei spielt es keine Rolle, ob das Ereignis von der Baugruppe kommt, deren Prozeßalarm gerade bearbeitet wird, oder von einer anderen Baugruppe.

Während der Bearbeitung eines Prozeßalarms kann ein Diagnosealarm ausgelöst werden. Tritt in der Zeit vom Auslösen des Prozeßalarms bis zu dessen Quittierung auf demselben Kanal ein weiterer Prozeßalarm auf, wird über einen Diagnosealarm der Prozeßalarmverlust zur Systemdiagnose gemeldet.

**Auflösung bei S7-400**

Tritt während der Bearbeitung eines Prozeßalarm-OBs ein Ereignis auf dem gleichen Kanal der gleichen Baugruppe auf, das den gerade bearbeiteten Prozeßalarm erneut auslösen würde, geht dieser Prozeßalarm verloren. Tritt das Ereignis auf einem anderen Kanal derselben Baugruppe auf oder auf einer anderen Baugruppe, startet das Betriebssystem nach dem Bearbeiten des Prozeßalarm-OBs den Organisationsbaustein noch einmal.

### 21.5.2 Bearbeitung der Prozeßalarme

**Alarminformation abfragen**

In den Bytes 6 und 7 der Startinformation eines Prozeßalarm-OBs steht die Anfangsadresse der Baugruppe, die den Prozeßalarm ausgelöst hat. Ist diese Adresse eine Eingangsadresse, steht B#16#54 im Byte 5 der Startinformation, andernfalls B#16#55. Die Bytes 8 bis 11 enthalten bei Digitaleingabebaugruppen den Zustand der Eingänge und bei den anderen Baugruppen den Alarmzustand der Baugruppe.

**Alarmbearbeitung im Anlaufprogramm**

Im Anlaufprogramm erzeugen die Baugruppen keine Prozeßalarme. Die Alarmbearbeitung beginnt beim Übergang in den Betriebszustand RUN. Beim Übergang anstehende Prozeßalarme gehen verloren.

**Fehlerbehandlung**

Fehlt bei Prozeßalarmauslösung der entsprechende Prozeßalarm-OB im Anwenderprogramm, ruft das Betriebssystem den OB 85 (Programmbearbeitungsfehler) auf. Der Prozeßalarm wird quittiert. Ist der OB 85 nicht vorhanden, geht die CPU in den Betriebszustand STOP.

Prozeßalarme, die durch CPU-Parametrierung abgewählt wurden, können – auch wenn der entsprechende OB vorhanden ist – nicht ausgeführt werden. Die CPU geht dann in den STOP-Zustand.

**Sperren, Verzögern und Freigeben**

Der Aufruf der Prozeßalarm-OBs kann mit den Systemfunktionen SFC 39 DIS_IRT und SFC 40 EN_IRT gesperrt und freigegeben und mit SFC 41 DIS_AIRT und SFC 42 EN_AIRT verzögert und freigegeben werden.

### 21.5.3 Prozeßalarme mit STEP 7 projektieren

Die Projektierung der Prozeßalarme geschieht über die Hardwarekonfiguration. Sie öffnen die angewählte CPU mit BEARBEITEN → OBJEKTEIGENSCHAFTEN und wählen im angezeigten Dialogfeld die Registerkarte „Alarme".

Bei S7-300 (außer CPU 318) ist die voreingestellte Bearbeitungspriorität des OB 40 fest mit 16 belegt. Bei S7-400 und bei der CPU 318 können Sie die Priorität im Bereich von 2 bis 24 für jeden möglichen OB ändern (CPU-spezifisch); mit Priorität 0 wählen Sie die Bearbeitung des entsprechenden OBs ab. Sie sollten Prioritäten nicht mehrfach vergeben, denn bei gleichzeitigem Auftreten von mehr als 12 Unterbrechungsereignissen mit gleicher Priorität können Alarme verloren gehen.

Zusätzlich müssen Sie auf den entsprechenden Baugruppen die Auslösung eines Prozeßalarms freigeben. Sie Parametrieren hierfür diese Baugruppen in ähnlicher Weise wie die CPU.

Mit dem Speichern der Hardwarekonfiguration schreibt STEP 7 die übersetzten Daten in das Objekt *Systemdaten* im Offline-Anwenderprogramm *Bausteine*; von hier aus können Sie im STOP-Zustand die Parametrierdaten zur CPU laden. Die Parametrierdaten für die CPU werden sofort nach dem Laden wirksam, die für die Baugruppen nach dem nächsten Anlauf.

## 21.6 DPV1-Alarme

PROFIBUS-DPV1-Slaves können zusätzlich zu den bisher bei SIMATIC S7 bekannten Alarmtypen folgende Alarme auslösen:

▷ Statusalarm, wenn z.B. der DPV1-Slave seinen Betriebszustand wechselt; es wird der Alarm-Organisationsbaustein OB 55 aufgerufen.

▷ Update-Alarm, wenn z.B. der DPV1-Slave über den PROFIBUS oder direkt neu parametriert wurde; es wird der Alarm-Organisationsbaustein OB 56 aufgerufen.

▷ Herstelleralarm, wenn im DPV1-Slave ein vom Hersteller dafür vorgesehenes Ereignis auftritt; es wird der Alarm-Organisationsbaustein OB 57 aufgerufen. Die den Alarm auslösenden Ereignisse sind hierbei vom Hersteller des DPV1-Slaves definiert.

In den Startinformationen der DPV1-Alarm-Organisationsbausteine ist die Herkunft des Alarms, der Alarm-Specifier und die Länge der zusätzlich zur Verfügung stehenden Alarminformationen angegeben (Tabelle 21.8). Die Alarmzusatzinformationen lesen Sie mit dem Systemfunktionsbaustein SFB 54 RALRM (Kapitel 21.9 „Alarmzusatzinformation lesen“).

### Verhalten im Anlauf

PROFIBUS-DPV1-Slaves können auch dann Alarme generieren, wenn sich die Master-CPU im STOP befindet. Im STOP kann die Master-CPU keinen Alarm-Organisationsbaustein aufrufen; die Bearbeitung der Alarme wird auch nicht nachgeholt, wenn die CPU in RUN geht.

Es werden jedoch die empfangenen Alarmereignisse in den Diagnosepuffer und in die Baugruppenzustandsdaten eingetragen. Die Baugruppenzustandsdaten können Sie mit der Systemfunktion SFC 51 RDSYSST lesen.

### Fehlerbehandlung

Fehlt bei DPV1-Alarmauslösung der entsprechende DPV1-Alarm-OB im Anwenderprogramm, ruft das Betriebssystem den OB 85 (Programmbearbeitungsfehler) auf. Der DPV1-Alarm wird quittiert. Ist der OB 85 nicht vorhanden, geht die CPU in den Betriebszustand STOP.

### Sperren, Verzögern und Freigeben

Der Aufruf der DPV1-Alarm-OBs kann mit den Systemfunktionen SFC 39 DIS_IRT und SFC 40 EN_IRT gesperrt und freigegeben und mit den Systemfunktionen SFC 41 DIS_AIRT und SFC 42 EN_AIRT verzögert und freigegeben werden.

### DPV1-Alarme mit STEP 7 projektieren

Die Projektierung der DPV1-Alarme geschieht über die Hardwarekonfiguration. Sie öffnen die angewählte CPU mit BEARBEITEN → OBJEKTEIGENSCHAFTEN und wählen im aufgeblendeten Eigenschaftsfenster die Registerkarte „Alarme“.

Die voreingestellte Priorität ist 2. Sie können die Priorität im Bereich von 2 bis 24 einstellen. Mit Priorität 0 wählen Sie den Alarm ab. DPV1-Alarme, die abgewählt wurden, können – auch wenn der entsprechende OB vorhanden ist – nicht ausgeführt werden. Die CPU geht dann in den STOP-Zustand.

Zusätzlich müssen Sie auf den entsprechenden DPV1-Slaves die Alarmauslösung parametrieren.

Mit dem Speichern der Hardwarekonfiguration schreibt STEP 7 die übersetzten Daten in das Objekt Systemdaten im Offline-Anwenderprogramm Bausteine; von hier aus können Sie im STOP-Zustand die Parametrierdaten zur CPU laden. Die Parametrierdaten für die CPU werden sofort nach dem Laden wirksam, die für die DPV1-Slaves nach dem nächsten Anlauf.

## 21.7 Mehrprozessoralarm

Mit dem Mehrprozessoralarm haben Sie die Möglichkeit, im Mehrprozessorbetrieb in allen beteiligten CPUs synchron auf ein Ereignis zu reagieren. Die Auslösung des Mehrprozessoralarms übernimmt die SFC 35 MP_ALM. Für die Bearbeitung des Mehrprozessoralarms steht der Organistionsbaustein OB 60 mit der fest eingestellten Priorität 25 zur Verfügung.

**Tabelle 21.8** Startinformation für DPV1-Alarme

| Byte | Variablenname | Datentyp | Beschreibung | Belegung |
|---|---|---|---|---|
| 0 | OBxx_EV_CLASS | BYTE | Ereignisklasse | B#16#11 = kommendes Ereignis |
| 1 | OBxx_STRT_INF | BYTE | Startanforderung für den OB xx | B#16#xx |
| 2 | OBxx_PRIORITY | BYTE | Prioritätsklasse | B#16#02 = Defaultwert |
| 3 | OBxx_OB_NUMBR | BYTE | OB-Nummer | B#16#xx |
| 4 | OBxx_RESERVED_1 | BYTE | Reserve | - |
| 5 | OBxx_IO_FLAG | BYTE | E/A-Kennung | B#16#54 = Eingabebaugruppe, Eingabemodul<br>B#16#55 = Ausgabebaugruppe, Ausgabemodul |
| 6..7 | OBxx_MDL_ADDR | WORD | Baugruppenanfangsadresse der alarmauslösenden Komponenten | |
| 8 | OBxx_LEN | BYTE | Länge des Alarmdatensatzes | |
| 9 | OBxx_TYPE | BYTE | Kennung für den Alarmtyp | B#16#00 = reserviert<br>B#16#01 = Diagnosealarm<br>B#16#02 = Prozeßalarm<br>B#16#03 = Ziehenalarm<br>B#16#04 = Steckenalarm<br>B#16#05 = Statusalarm<br>B#16#06 = Update-Alarm<br>B#16#07..1F = reserviert<br>B#16#20..7E = Herstelleralarm<br>B#16#7F = reserviert |
| 10 | OBxx_SLOT | BYTE | Steckplatznummer der alarmauslösenden Komponenten | |
| 11 | OBxx_SPEC | BYTE | Specifier | Bit 1 und 0:<br>0 0 reserviert<br>0 1 kommendes Ereignis<br>1 0 gehendes Ereignis mit Fehler<br>1 1 gehendes Ereignis weitere Fehler<br>Bit 2:<br>0 keine zusätzlich Quittung erforderlich<br>1 zusätzliche Quittung erforderlich<br>Bit 3 bis 7: reserviert |
| 12..19 | OBxx_DATE_TIME | DATE_ AND_TIME | Ereigniseintritt | Aufrufzeitpunkt des OBs |

xx steht für die OB-Nummer 55, 56 oder 57

### Allgemeines

Der Aufruf der SFC 35 MP_ALM stößt die Bearbeitung des Mehrprozessoralarm-OBs an. Befindet sich die CPU im Einprozessorbetrieb, wird der OB 60 sofort gestartet. Im Mehrprozessorbetrieb wird der OB 60 auf allen beteiligten CPUs gleichzeitig gestartet, d.h. auch die CPU, in der die SFC 35 aufgerufen worden ist, wartet mit dem Aufruf des OB 60 solange, bis alle anderen CPUs ihre Bereitschaft melden.

**Tabelle 21.9** Parameter der SFC 35 MP_ALM

| Parameter | Deklaration | Datentyp | Belegung, Beschreibung |
|---|---|---|---|
| JOB | INPUT | BYTE | Auftragskennung im Bereich B#16#00 bis B#16#0F |
| RET_VAL | OUTPUT | INT | Fehlerinformation |

Der Mehrprozessoralarm wird nicht in der Hardwarekonfiguration projektiert; er ist in jeder mehrprozessorfähigen CPU vorhanden. Trotzdem muß in der Registerkarte „Lokaldaten" der CPU unter der Prioritätsklasse 25 eine ausreichende Anzahl an Lokaldatenbytes (mindestens 20) reserviert werden.

### Verhalten im Anlauf

Der Mehrprozessoralarm wird nur im Betriebszustand RUN ausgelöst. Ein Aufruf der SFC 35 in Anlauf wird mit Fehlermeldung 32 929 (W#16#80A1) über den Funktionswert abgewiesen.

### Fehlerverhalten

Ist der OB 60 noch in Bearbeitung, wenn die SFC 35 erneut bearbeitet wird, meldet die SFC 35 über den Funktionswert den Fehler 32928 (W#16#80A0). In keiner der beteiligten CPUs wird dann der OB 60 gestartet.

Fehlt zum Zeitpunkt seines Aufrufs der OB 60 in einer CPU oder ist dessen Bearbeitung durch Systemfunktionen gesperrt oder verzögert, hat das keine weiteren Auswirkungen. Auch die SFC 35 meldet dann keinen Fehler.

### Sperren, Verzögern und Freigeben

Der Aufruf des Mehrprozessoralarm-OBs kann mit den Systemfunktionen SFC 39 DIS_IRT und SFC 40 EN_IRT gesperrt und freigegeben und mit SFC 41 DIS_AIRT und SFC 42 EN_AIRT verzögert und freigegeben werden.

### SFC 35 MP_ALM
### Mehrprozessoralarm

Mit der Systemfunktion SFC 35 MP_ALM lösen Sie einen Mehrprozessoralarm aus. Die Tabelle 21.9 zeigt die Parameter der SFC 35.

Mit dem Parameter JOB können Sie eine Auftragskennung übergeben. Denselben Wert lesen Sie in den Bytes 6 und 7 der Startinformation des OB 60 in allen CPUs.

## 21.8 Alarmereignisse hantieren

Für die Hantierung von Alarmen und Asynchronfehlern stehen Ihnen folgende Systemfunktionen zur Verfügung:

▷ SFC 39 DIS_IRT
Alarmereignisse sperren

▷ SFC 40 EN_IRT
Gesperrte Alarmereignisse freigeben

▷ SFC 41 DIS_AIRT
Alarmereignisse verzögern

▷ SFC 42 EN_AIRT
Verzögerte Alarmereignisse freigeben

Die Tabelle 21.10 zeigt die Parameter dieser Systemfunktionen.

Diese Systemfunktionen beeinflussen alle Alarme und alle Asynchronfehler. Für die Hantierung von Synchronfehlern stehen Ihnen die Systemfunktionen SFC 36 bis SFC 38 zur Verfügung.

### SFC 39 DIS_IRT
### Alarmereignisse sperren

Die Systemfunktion SFC 39 DIS_IRT sperrt die Bearbeitung neuer Alarm- und Asynchronfehlerereignisse. Alle neuen Alarme und Asynchronfehler werden verworfen. Tritt nach einer Sperre ein Alarm oder Asynchronfehler auf, wird der dazugehörende Organisationsbaustein nicht mehr bearbeitet; ist der OB nicht vorhanden, geht die CPU nicht in den STOP-Zustand.

Die Bearbeitungssperre bleibt über alle Prioritätsklassen hinweg solange gültig, bis sie von der SFC 40 EN_IRT wieder aufgehoben wird. Nach einem Neustart ist die Bearbeitung aller Alarme und Asynchronfehler freigegeben.

Mit den Parametern MODE und OB_NR geben Sie an, welche Alarme und Asynchronfehler gesperrt werden sollen. MODE = B#16#00 sperrt die Bearbeitung aller Alarme und Asynchronfehler. MODE = B#16#01 sperrt die Bearbeitung einer Alarmklasse, deren erste OB-Nummer Sie am Parameter OB_NR angeben.

Beispielsweise wird mit MODE = B#16#01 und OB_NR = 40 die Bearbeitung aller Prozeßalarme gesperrt; OB = 80 würde die Bearbeitung aller Asynchronfehler sperren. MODE = B#16#02 sperrt die Bearbeitung des Alarms oder Asynchronfehlers, dessen OB-Nummer Sie am Parameter OB_NR angeben.

Unabhängig von einer Bearbeitungssperre trägt das Betriebssystem jeden neuen Alarm oder Asynchronfehler in den Diagnosepuffer ein.

### SFC 40 EN_IRT
### Gesperrte Alarmereignisse freigeben

Die Systemfunktion SFC 40 EN_IRT gibt die Bearbeitung der Alarm- und Asynchronfehlerereignisse frei, die mit der SFC 39 DIS_IRT gesperrt worden ist. Nach der Freigabe wird bei einem auftretenden Alarm oder Asynchronfehler der dazugehörende Organisationsbaustein bearbeitet; ist er nicht vorhanden, geht die CPU in den STOP-Zustand (nicht bei OB 81 Stromversorgungsfehler).

Mit den Parametern MODE und OB_NR geben Sie an, welche Alarme und Asynchronfehler freigegeben werden sollen. MODE = B#16#00 gibt die Bearbeitung aller Alarme und Asynchronfehler frei. MODE = B#16#01 gibt die Bearbeitung einer Alarmklasse frei, deren erste OB-Nummer Sie am Parameter OB_NR angeben. MODE = B#16#02 gibt die Bearbeitung des Alarms oder Asynchronfehlers frei, dessen OB-Nummer Sie am Parameter OB_NR angeben.

### SFC 41 DIS_AIRT
### Alarmereignisse verzögern

Die Systemfunktion SFC 41 DIS_AIRT verzögert die Bearbeitung höherpriorer neuer Alarm- und Asynchronfehlerereignisse. Verzögern heißt, das Betriebssystem speichert die während der Verzögerung auftretenden Alarm- und Asynchronfehlerereignisse und bearbeitet sie nach dem Aufheben der Verzögerung. Nach dem Aufruf der SFC 41 wird das Programm im aktuellen Organisationsbaustein (in der aktuellen Prioritätsklasse) von einem auftretenden höherprioren Unterbrechungsereignis nicht unterbrochen; es gehen keine Alarme oder Asynchronfehler verloren.

Die Verzögerung der Bearbeitung bleibt bis zum Bearbeitungsende des aktuellen OBs oder bis zum Aufruf der SFC 42 EN_AIRT bestehen.

Sie können die SFC 41 mehrfach hintereinander aufrufen. Der Parameter RET_VAL zeigt die Anzahl der Aufrufe an. Die SFC 42 müssen Sie dann genauso oft wie die SFC 41 aufrufen, damit die Bearbeitung der Alarme und Asynchronfehler wieder freigegeben wird.

### SFC 42 EN_AIRT
### Verzögerte Alarmereignisse freigeben

Die Systemfunktion SFC 42 EN_AIRT gibt die Bearbeitung der Alarme und Asynchronfehler wieder frei, die mit der SFC 41 verzögert worden ist. Sie müssen die SFC 42 genauso oft auf-

**Tabelle 21.10** Parameter der Systemfunktionen für Alarmereignisbearbeitung

| SFC | Parameter | Deklaration | Datentyp | Belegung, Beschreibung |
|---|---|---|---|---|
| 39 | MODE | INPUT | BYTE | Sperrmodus (siehe Text) |
| | OB_NR | INPUT | INT | OB-Nummer (siehe Text) |
| | RET_VAL | OUTPUT | INT | Fehlerinformation |
| 40 | MODE | INPUT | BYTE | Freigabemodus (siehe Text) |
| | OB_NR | INPUT | INT | OB-Nummer (siehe Text) |
| | RET_VAL | OUTPUT | INT | Fehlerinformation |
| 41 | RET_VAL | OUTPUT | INT | (neue) Anzahl der Verzögerungen |
| 42 | RET_VAL | OUTPUT | INT | Anzahl der verbleibenden Verzögerungen |

rufen, wie Sie vorher (im aktuellen OB) die SFC 41 aufgerufen haben. Der Parameter RET_VAL zeigt die Anzahl der noch wirksamen Verzögerungen an; ist RET_VAL = 0, ist die Bearbeitung der Alarme und Asynchronfehler wieder freigegeben.

Rufen Sie die SFC 42 auf, ohne daß vorher die SFC 41 aufgerufen worden ist, zeigt RET_VAL den Wert 32896 (W#16#8080).

## 21.9 Alarmzusatzinformation lesen

Der Systemfunktionsbaustein **SFB 54 RALRM** liest – falls vorhanden – zusätzliche Alarminformationen von den alarmauslösenden Komponenten (Baugruppen oder Module). Er wird in einem Alarm-Organisationsbaustein oder in einem darin aufgerufenen Baustein aufgerufen. Die Bearbeitung des SFB 54 RALRM erfolgt synchron, d.h. gleich nach dem Aufruf stehen die angeforderten Daten an den Ausgangsparametern zur Verfügung. Aus der Tabelle 21.11 ersehen Sie die Bausteinparameter des SFB 54 RALRM.

Der SFB 54 RALRM kann prinzipiell in allen Organisationsbausteinen für alle Ereignisse aufgerufen werden. Rufen Sie ihn in einem Organisationsbaustein auf, dessen Startereignis kein Alarm aus der Peripherie ist, ist entsprechend weniger Information verfügbar. Abhängig vom jeweiligen Organisationsbaustein und der alarmauslösenden Komponente werden in den Zielbereichen, die durch die Parameter TINFO und AINFO spezifiziert sind, unterschiedliche Informationen eingetragen (Tabelle 21.12).

Der Zielbereich TINFO (task information) enthält in den Bytes 0 bis 19 die komplette Startinformation des Organisationsbausteine, in dem der SFB 54 RALRM aufgerufen wurde, unabhängig von der Schachtelungstiefe, in der er aufgerufen wurde. Damit ersetzt der SFB 54 RALRM teilweise die Systemfunktion SFC 6 RD_SINFO. In den Bytes 20 bis 27 liegen Verwaltungsinformationen, z.B. von welcher Komponente der Alarm ausgelöst worden ist.

Der Zielbereich AINFO (alarm information) enthält in den Byte 0 bis 3 die Kopfinformation (z.B. Anzahl empfangene Bytes der Alarmzusatzinformation oder Alarmtyp) und in den Bytes 4 bis 223 die komponentenspezifische Alarmzusatzinformation selbst.

Die Belegung des Parameters MODE bestimmt die Betriebsart des SFB 54 RALRM. Im Mode = 0 zeigt Ihnen der SFB die alarmauslösende Komponente im Parameter ID; NEW ist mit TRUE belegt. Mit Mode = 1 werden alle Ausgangsparameter beschrieben. Im Mode = 2 prü-

**Tabelle 21.11** Parameter des Systemfunktionsbausteins SFB 54 RALRM

| Parameter | Deklaration | Datentyp | Belegung, Beschreibung |
|---|---|---|---|
| MODE | INPUT | INT | Betriebart: 0 = zeigt die alarmauslösende Komponente an<br>1 = beschreibt alle Ausgangsparameter<br>2 = prüft, ob die angewählte Komponente den Alarm ausgelöst hat |
| F_ID | INPUT | DWORD | Baugruppenanfangsadresse der abzufragenden Komponente |
| MLEN | INPUT | INT | maximale Anzahl Bytes der abzufragenden Alarmzusatzinformationen |
| NEW | INPUT | BOOL | TRUE = ein neuer Alarm wurde empfangen |
| STATUS | OUTPUT | DWORD | Fehlerkennung |
| ID | OUTPUT | DWORD | Baugruppenanfangsadresse der alarmauslösenden Komponente |
| LEN | OUTPUT | INT | Anzahl Bytes der empfangenen Alarmzusatzinformation |
| TINFO | OUTPUT | ANY | Zielbereich für OB-Startinformation und Verwaltungsinformation |
| AINFO | OUTPUT | ANY | Zielbereich für Kopfinformation und Alarmzusatzinformation |

fen Sie, ob die mit Parameter F_ID spezifizierte Komponente die alarmauslösende war. Trifft dies zu, führt der Parameter NEW den Wert TRUE und es werden alle anderen Ausgangsparameter beschrieben.

Um ordnungsgemäß arbeiten zu können, benötigt der SFB 54 RALRM für jeden Aufruf in den verschiedenen Organisationsbausteinen jeweils eigene Instanzdaten, z.B. jeweils einen eigenen Instanz-Datenbaustein.

**Tabelle 21.12** Belegung der Parameter TINFO und AINFO

| Alarmtyp | OB-Nr. | TINFO | | AIFO | |
|---|---|---|---|---|---|
| | | OB-Start-information | Verwaltungs-information | Kopf-information | Alarmzusatz-information |
| | | Byte 0 bis 19 | Byte 20 bis 27 | Byte 0 bis 3 | Byte 4 bis 223 |
| Prozeßalarm zentral | 40 bis 47 | ja | ja | ja | nein |
| Prozeßalarm dezentral | 40 bis 47 | ja | ja | ja | wie von DP-Slave geliefert |
| Statusalarm | 55 | ja | ja | ja | ja |
| Update-Alarm | 56 | ja | ja | ja | ja |
| Herstelleralarm | 57 | ja | ja | ja | ja |
| Peripherie-Redundanzfehler | 70 | ja | ja | nein | nein |
| Diagnosealarm zentral | 82 | ja | ja | ja | Diagnose-Datensatz 1 |
| Diagnosealarm dezentral | 82 | ja | ja | ja | wie vom DP-Slave geliefert |
| Ziehen-/Steckenalarm zentral | 83 | ja | ja | ja | nein |
| Ziehen-/Steckenalarm dezentral | 83 | ja | ja | ja | wie vom DP-Slave geliefert |
| Baugruppenträger-, Stationsausfall | 86 | ja | ja | nein | nein |
| alle anderen Ereignisse | | ja | nein | nein | nein |

# 22 Anlaufverhalten

## 22.1 Allgemeines

### 22.1.1 Betriebszustände

Bevor die CPU nach dem Einschalten mit der Bearbeitung des Hauptprogramms beginnt, bearbeitet sie ein Anlaufprogramm. ANLAUF ist ein Betriebszustand der CPU, wie z.B. auch STOP oder RUN. Dieses Kapitel beschreibt die Tätigkeiten der CPU am Betriebszustandsübergang zum und vom ANLAUF und im Anlauf selbst.

Nach dem Einschalten ① befindet sich die CPU im Betriebszustand STOP (Bild 22.1). Steht der Betriebsartenschalter an der Frontseite der CPU auf RUN oder RUN-P, wechselt die CPU in den Betriebszustand ANLAUF ② und danach in den Zustand RUN ③. Tritt während der Bearbeitung im ANLAUF oder RUN ein „schwerwiegender" Fehler auf oder stellen Sie den Betriebsartenschalter auf STOP, wechselt die CPU zurück in den Zustand STOP ④ ⑤.

Im Betriebszustand HALT testen Sie das Anwenderprogramm mit Haltepunkten im Einzelschrittmodus. Sie erreichen diesen Betriebszustand sowohl von RUN als auch von ANLAUF aus und kehren zum ursprünglichen Betriebszustand zurück, wenn Sie den Testbetrieb abbrechen ⑥ ⑦. Aus dem Betriebszustand HALT können Sie die CPU auch sofort in STOP schalten ⑧.

Beim Parametrieren der CPU können Sie mit der Registerkarte „Anlauf" Eigenschaften für den Anlauf festlegen, wie z.B. die maximal zulässige Zeit für die Fertigmeldung der Baugruppen nach dem Einschalten der Spannungsversorgung, oder ob die CPU anlaufen soll, wenn die vorgegebene Konfiguration nicht mit dem tatsächlichen Aufbau übereinstimmt, oder in welcher Anlaufart die CPU starten soll.

SIMATIC S7 kennt als Anlaufarten den *Kaltstart*, den *Neustart (Warmstart)* und den *Wiederanlauf*. Bei einem Kaltstart oder Neustart beginnt die Bearbeitung des Hauptprogramms immer am Anfang. Ein Wiederanlauf setzt im Hauptprogramm an der unterbrochenen Stelle auf und bearbeitet den „Restzyklus" noch zu Ende.

Bei S7-CPUs mit Lieferung vor 10/98 gibt es den Neustart und den Wiederanlauf. Der Neustart entspricht in seiner Funktionalität dem Warmstart.

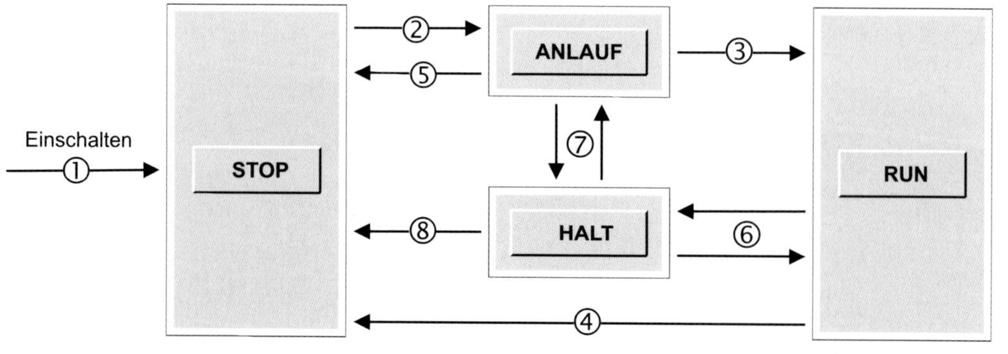


**Bild 22.1** Betriebszustände der CPU

Sie haben die Möglichkeit, im Betriebszustand ANLAUF ein Programm einmalig bearbeiten zu lassen. Hierfür stellt STEP 7 die Organisationsbausteine OB 102 (Kaltstart), OB 100 (Neustart bzw. Warmstart) und OB 101 (Wiederanlauf) zur Verfügung. Anwendungsbeispiele sind die Parametrierung von Baugruppen, sofern sie nicht durch die CPU vorgenommen wird, und die Programmierung von Voreinstellungen für Ihr Hauptprogramm.

### 22.1.2 Betriebszustand HALT

Die CPU wechselt in den Betriebszustand HALT, wenn Sie das Programm mit Haltepunkten (im „Einzelschrittmodus") testen. Dann leuchtet die STOP-LED und die RUN-LED blinkt.

Im Betriebszustand HALT sind die Ausgabebaugruppen gesperrt. Ein Schreiben zu den Baugruppen beeinflußt zwar die Baugruppenspeicher, schaltet jedoch die Signalzustände nicht „nach außen" auf die Baugruppenausgänge. Erst mit Verlassen des Betriebszustands HALT werden die Ausgabebaugruppen wieder freigegeben.

Alle Zeitbearbeitungen durch das Betriebssystem werden im HALT ausgesetzt. Das betrifft z.B. die Bearbeitung der Zeitfunktionen, Taktmerker und Betriebsstundenzähler, die Zykluszeitüberwachung und Mindestzyklusdauer, die Bearbeitung der Weckalarme und Verzögerungsalarme. Ausnahme: Die Echtzeituhr läuft normal weiter.

Mit jedem Weiterschalten um eine Anweisung im Testmodus laufen die Zeiten für die Dauer des Einzelschritts ein Stückchen weiter und simulieren so ein an die „normale" Programmbearbeitung angelehntes Zeitverhalten.

Im Betriebszustand HALT ist die CPU passiv kommunikationsfähig; d.h. sie kann Globaldaten empfangen oder am einseitigen Datenaustausch teilnehmen.

Fällt im Betriebszustand HALT die Spannung aus, so gehen gepufferte CPUs bei Netzwiederkehr in den Betriebszustand STOP. Ungepufferte CPUs führen dann einen automatischen Neustart aus.

### 22.1.3 Sperren der Ausgabebaugruppen

Im STOP und im HALT sind alle Ausgabebaugruppen gesperrt (Signal OD, output disable). Gesperrte Ausgabebaugruppen geben Signal Null aus oder, falls sie entsprechend ausgelegt sind, den Ersatzwert. Über eine Variablentabelle können Sie mit der Funktion „PA freischalten" auch im STOP Ausgänge auf den Baugruppen steuern.

Im Anlauf bleiben die Ausgabebaugruppen gesperrt. Erst mit Erreichen des zyklischen Betriebs werden die Ausgabebaugruppen freigegeben.

Im Kaltstart (OB 102) und Neustart (OB 100) sind die Prozeßabbilder und die Baugruppenspeicher gelöscht. Wollen Sie im OB 102 bzw. OB 100 Eingänge abfragen, müssen Sie die Signalzustände mit Direktzugriff von den Baugruppen laden. Sie können dann die Eingänge setzen (z.B. mit Ladeanweisungen vom Operandenbereich PE zum Operandenbereich E übertragen) und danach mit den Eingängen arbeiten. Möchten Sie, daß bestimmte Ausgänge am Übergang vom Neustart zum zyklischen Programm (vor dem Aufrufen des OB 1) gesetzt werden, müssen Sie die Ausgabebaugruppen mit Direktzugriff ansprechen. Ein Setzen der Ausgänge (im Prozeßabbild) genügt nicht, da das Prozeßabbild der Ausgänge am Ende des Neustartprogramms nicht übertragen wird.

Bei einem Wiederanlauf wird im OB 101 und auch im Restzyklus mit dem „alten" Prozeßabbild der Ein- und Ausgänge, das vor dem Ausschalten oder STOP gültig war, gearbeitet. Am Ende des Restzyklus wird das Prozeßabbild der Ausgänge zu den Baugruppenspeichern übertragen (aber noch nicht zu den externen Ausgängen durchgeschaltet, da die Ausgabebaugruppen noch gesperrt sind).

Sie haben nun die Möglichkeit, per Parametrierung die CPU zu veranlassen, das Prozeßabbild der Ausgänge und die Baugruppenspeicher am Ende des Wiederanlaufs zu löschen. Vor dem Wechsel in den OB 1 nimmt die CPU das Sperrsignal zurück, so daß die Signalzustände der Baugruppenspeicher auf die externen Ausgänge geschaltet werden.

### 22.1.4 Anlauf-Organisationsbausteine

Bei einem Kaltstart ruft die CPU einmalig vor der Bearbeitung des Hauptprogramms den Organisationsbaustein OB 102 auf; bei einem Neustart ist es der Organisationsbaustein OB 100. Ist der OB 102 bzw. OB 100 nicht vorhanden, beginnt die CPU gleich mit der zyklischen Bearbeitung.

Bei einem Wiederanlauf ruft die CPU einmalig vor der Bearbeitung des Hauptprogramms den Organisationsbaustein OB 101 auf. Ist der OB 101 nicht vorhanden, beginnt die CPU gleich mit der Bearbeitung an der unterbrochenen Stelle.

Die Startinformation in den temporären Lokaldaten ist bei den Anlauf-Organisationsbausteinen gleich aufgebaut, die Tabelle 22.1 zeigt die Belegung für den OB 100. Die Ursache des Anlaufs erfahren Sie durch die Belegung der Anlaufanforderung (Byte 1):

B#16#81 Manueller Neustart (OB 100)
B#16#82 Automatischer Neustart (OB 100)
B#16#83 Manueller Wiederanlauf (OB 101)
B#16#84 Automatischer Wiederanlauf (OB 101)
B#16#85 Manueller Kaltstart (OB 102)
B#16#86 Automatischer Kaltstart (OB 102)

Die Nummer des Stoppereignisses und die Zusatzinformation spezifizieren den Anlauf genauer (z.B. ob ein manueller Neustart über den Betriebsartenschalter ausgelöst wurde). Mit dieser Information können Sie ein ereignisgerechtes Anlaufprogramm erstellen.

Beachten Sie, daß im Anlaufprogramm einer S7-300-CPU keine asynchronen Systembausteine bearbeitet werden können. Im Anlaufprogramm können Sie Ausgänge im Prozeßabbild setzen bzw. rücksetzen, die Übertragung zu den Ausgabebaugruppen geschieht jedoch erst beim Übergang in den Betriebszustand RUN.

## 22.2 Einschalten

### 22.2.1 Betriebszustand STOP

Der Betriebszustand STOP wird erreicht

- ▷ nach dem Einschalten der CPU
- ▷ nach dem Umschalten des Betriebsartenschalters von RUN nach STOP
- ▷ beim Auftreten eines „schwerwiegenden“ Fehlers bei der Programmbearbeitung
- ▷ wenn die Systemfunktion SFC 46 STP bearbeitet wird
- ▷ nach Anforderung durch eine Kommunikationsfunktion (Stoppanforderung vom Programmiergerät oder durch Kommunikations-Funktionsbausteine von einer anderen CPU)

Die CPU trägt die Ursache des STOP-Zustands in den Diagnosepuffer ein. In diesem Betriebszustand können Sie auch die CPU-Informatio-

**Tabelle 22.1** Startinformationen für die Anlauf-OBs

| Byte | Name | Datentyp | Beschreibung |
|---|---|---|---|
| 0 | OB100_EV_CLASS | BYTE | Ereignisklasse |
| 1 | OB100_STRTUP | BYTE | Anlaufanforderung (siehe Text) |
| 2 | OB100_PRIORITY | BYTE | Prioritätsklasse |
| 3 | OB100_OB_NUMBR | BYTE | OB-Nummer |
| 4 | OB100_RESERVED_1 | BYTE | reserviert |
| 5 | OB100_RESERVED_2 | BYTE | reserviert |
| 6..7 | OB100_STOP | WORD | Nummer des Stoppereignisses |
| 8..11 | OB100_STRT_INFO | DWORD | Zusatzinformationen zum aktuellen Anlauf |
| 12..19 | OB100_DATE_TIME | DT | Ereigniseintritt |

nen mit einem PG lesen, um die Stoppursache zu lokalisieren.

Im Betriebszustand STOP wird das Anwenderprogramm nicht bearbeitet. Die CPU übernimmt die Einstellungen – entweder die Vorgaben, die Sie mit der Hardwarekonfiguration beim Parametrieren der CPU gemacht haben, oder die Defaulteinstellungen – und versetzt die angeschlossenen Baugruppen in den parametrierten Grundzustand.

Im Betriebszustand STOP kann die CPU Globaldaten über die GD-Kommunikation empfangen und sie kann passiv einseitige Kommunikationsfunktionen ausführen. Die Echtzeituhr läuft.

Im Zustand STOP können Sie die CPU parametrieren, so z.B. auch die MPI-Adresse einstellen, das Anwenderprogramm übertragen oder ändern, und Sie können die CPU urlöschen.

### 22.2.2 Urlöschen

Das Urlöschen versetzt die CPU in den „Grundzustand“. Sie lösen das Urlöschen mit einem Programmiergerät nur im Betriebszustand STOP aus oder mit dem Betriebsartenschalter: Schalter in der Taststellung MRES mindestens 3 s halten, dann loslassen und nach spätestens 3 s wieder mindestens 3 s in der Stellung MRES halten.

Die CPU löscht das gesamte im Arbeitsspeicher und im RAM-Ladespeicher stehende Anwenderprogramm. Auch der Systemspeicher (z.B. Merker, Zeiten und Zähler) wird gelöscht, unabhängig von der Einstellung zum Remanenzverhalten.

Die CPU setzt die Parameter aller Baugruppen – auch ihre eigenen – auf die Defaulteinstellung zurück. Eine Ausnahme bilden die MPI-Parameter. Sie werden nicht verändert, so daß eine urgelöschte CPU am MPI-Bus noch ansprechbar bleibt. Der Diagnosepuffer, die Echtzeituhr und die Betriebsstundenzähler werden beim Urlöschen ebenfalls nicht zurückgesetzt.

Ist eine Memory Card mit Flash EPROM gesteckt, kopiert die CPU das Anwenderprogramm aus der Memory Card in den Arbeitsspeicher. Befinden sich Konfigurationsdaten auf der Memory Card, werden diese von der CPU übernommen.

### 22.2.3 Remanenzverhalten

Ein Speicherbereich ist remanent, wenn dessen Inhalt auch nach Abschalten der Versorgungsspannung und nach Einschalten beim Übergang von STOP nach RUN erhalten bleibt (in den Anlaufarten Warm- und Kaltstart).

Remanente Speicherbereiche können Merker, Zeiten, Zähler und bei S7-300 auch Datenbereiche sein. Die Länge der remanenten Bereiche ist CPU-spezifisch. Sie bestimmen mit der Parametrierung der CPU über die Registerkarte „Remanenz“, welche Bereiche mit welcher Länge remanent sind.

Verwenden Sie eine Batteriepufferung oder besitzt die CPU eine Micro Memory Card, bleiben die Signalzustände der als remanent parametrierten Merker, Zeiten und Zähler erhalten. Das Anwenderprogramm und die Anwenderdaten werden nicht verändert.

Ist die Memory Card ein Flash EPROM und ist *keine Batteriepufferung* vorhanden, verhalten sich S7-300 und S7-400 unterschiedlich. Bei S7-300 bleiben die Signalzustände der als remanent eingestellten Merker, Zeiten und Zähler erhalten, bei S7-400 nicht.

Die Inhalte der als remanent eingestellten Datenbausteine bleiben bei S7-300 ebenfalls erhalten. Beachten Sie, daß bei S7-300 die Inhalte der remanenten Datenbereiche in der CPU gespeichert werden, und nicht auf der Memory Card.

Die restlichen Datenbausteine bei S7-300 und alle Datenbausteine bei S7-400 werden von der Memory Card in den Arbeitsspeicher kopiert, ebenso die Codebausteine. Es bleiben nur die Datenbausteine erhalten, die auf der Memory Card stehen; die mit der SFC 22 CREAT_DB erzeugten Datenbausteine sind nicht remanent. Die Datenbausteine haben nach dem Anlauf den auf der Memory Card stehenden Inhalt, d.h. den Inhalt, mit dem sie programmiert worden sind.

### 22.2.4 Anlaufparametrierung

Auf der Registerkarte „Anlauf" der CPUs können Sie einen Anlauf durch folgende Einstellungen beeinflussen:

▷ Anlauf bei Sollausbau ungleich Istausbau
Es wird auch dann ein Anlauf durchgeführt, wenn die parametrierte Hardware-Konfiguration mit der tatsächlichen nicht übereinstimmt.

▷ Hardwaretest bei Neustart (Warmstart)
Die S7-300-CPUs führen beim Einschalten einen Hardwaretest durch.

▷ PAA löschen bei Wiederanlauf
Die S7-400-CPUs löschen bei einem Wiederanlauf alle Ausgangs-Prozeßabbilder.

▷ Wiederanlauf sperren bei Anlauf durch Bedienung
Es ist kein manueller Wiederanlauf zugelassen.

▷ Anlauf nach NETZ-EIN
Festlegung der Anlaufart nach Einschalten der Versorgungsspannung

▷ Überwachungszeit für Fertigmeldung der Baugruppen
Läuft die Überwachungszeit für eine Baugruppe ab, bleibt die CPU im STOP. Das Ereignis wird in den Diagnosepuffer eingetragen (wichtig für das Einschalten der Spannung an Erweiterungsbaugruppenträgern).

▷ Überwachungszeit für die Übertragung der Parameter an die Baugruppen
Läuft die Überwachungszeit ab, bleibt die CPU im STOP. Das Ereignis wird in den Diagnosepuffer eingetragen. (Sie können bei diesem Fehler die CPU – ohne Urlöschen – mit einer höheren Überwachungszeit nur dann parametrieren, wenn Sie die Systemdaten eines „leeren" Projekts übertragen, in denen der neue Wert der Überwachungszeit eingetragen ist, die Baugruppenparametrierung also innerhalb der „alten" Überwachungszeit abgeschlossen ist.)

▷ Überwachungszeit für Wiederanlauf
Ist die Zeitspanne zwischen Netz-Aus und Netz-Ein oder die Zeitspanne zwischen STOP und RUN größer als die Überwachungszeit, bleibt die CPU in STOP. Die Angabe 0 ms schaltet die Überwachung aus.

## 22.3 Anlaufarten

### 22.3.1 Betriebszustand ANLAUF

Die CPU führt einen Anlauf durch

▷ nach Einschalten der Netzspannung

▷ nach Drehen des Betriebsartenschalters von STOP nach RUN oder RUN-P bzw. Schalten des Kippschalters von STOP nach RUN

▷ nach Anforderung durch eine Kommunikationsfunktion (Anstoß von einem Programmiergerät oder durch Kommunikations-Funktionsbausteine von einer anderen CPU)

Einen Anlauf lösen Sie *manuell* durch den Betriebsartenschalter oder eine Kommunikationsfunktion oder *automatisch* durch Einschalten der Versorgungsspannung aus.

Das Anlaufprogramm kann beliebig lang sein. Für die Ausführung des Anlaufprogramms besteht keine zeitliche Begrenzung; die Zykluszeitüberwachung ist nicht aktiv.

Während der Bearbeitung des Anlaufprogramms werden keine Unterbrechungsereignisse bearbeitet. Ausnahmen sind Fehler, die wie im RUN behandelt werden (Aufruf der entsprechenden Fehler-Organisationsbausteine).

Die CPU aktualisiert im Anlauf die Zeitfunktionen, die Betriebsstundenzähler und die Echtzeituhr.

Während des Anlaufs sind die Ausgabebaugruppen gesperrt, d.h. es können keine Ausgangssignale ausgegeben werden. Erst am Ende des Anlaufs vor Beginn des zyklischen Programms wird die Ausgabesperre aufgehoben.

Ein laufendes Anlaufprogramm kann z.B. durch Betätigen des Betriebsartenschalters oder durch Netzspannungsausfall abgebrochen werden. Das abgebrochene Anlaufprogramm wird dann beim Einschalten von Anfang an bearbeitet. Ein abgebrochener Kaltstart oder Neustart muß wiederholt werden. Nach einem abgebrochenen Wiederanlauf ist jede Anlaufart möglich.

Bild 22.2 zeigt die Tätigkeiten einer S7-400-CPU bei einem Anlauf.

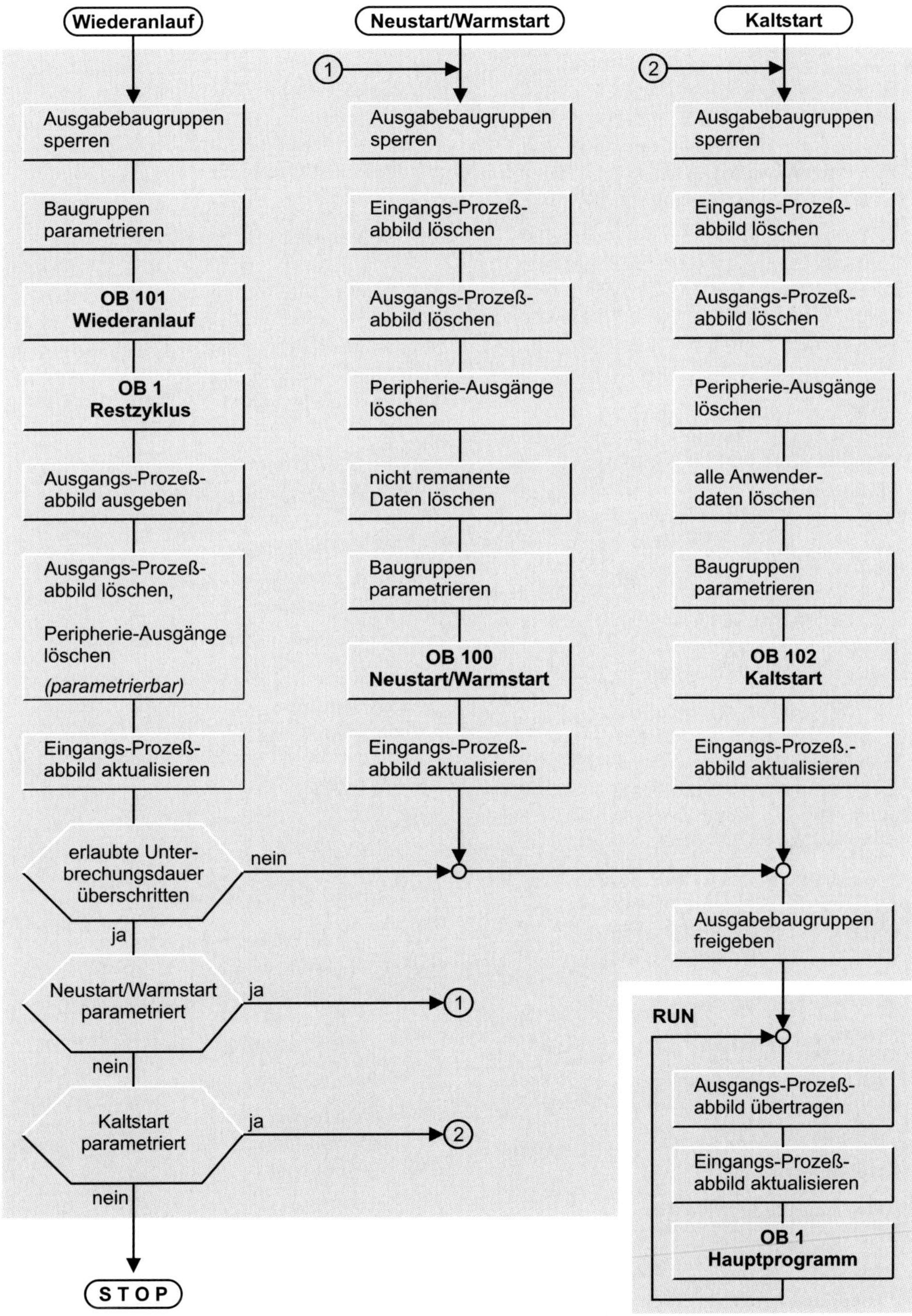


**Bild 22.2** CPU-Tätigkeiten im Anlauf (S7-400)

### 22.3.2 Kaltstart

Bei einem Kaltstart versetzt die CPU sich selbst und die Baugruppen in den projektierten Grundzustand, löscht alle Daten im Systemspeicher (auch die remanenten), ruft den OB 102 auf und bearbeitet dann das Hauptprogramm im OB 1 von Anfang an.

Das aktuelle Programm und die aktuellen Daten im Arbeitsspeicher werden gelöscht und damit auch die mit der SFC 22 CREAT_DB erzeugten Datenbausteine; das Programm aus dem Ladespeicher wird neu geladen. (Im Gegensatz zum Urlöschen wird ein RAM-Ladespeicher nicht gelöscht.)

#### Manueller Kaltstart

Bei neueren CPUs kann ein Kaltstart nicht mehr manuell mit dem Betriebsartenschalter ausgelöst werden. Bei älteren CPUs wird ein manueller Kaltstart mit dem Betriebsartenschalter ausgelöst, wenn vor dem Übergang von STOP nach RUN bzw. RUN-P der Schalter mindestens 3 s in der Taststellung MRES gehalten wurde.

Ein manueller Kaltstart kann auch durch eine Kommunikationsfunktion von einem PG oder mit SFB von einer anderen CPU aus ausgelöst werden. Der Betriebsartenschalter muß hierbei auf RUN oder RUN-P stehen.

Ein manueller Kaltstart kann immer ausgelöst werden, es sei denn, die CPU fordert Urlöschen an.

#### Automatischer Kaltstart

Ein automatischer Kaltstart wird durch das Einschalten der Versorgungsspannung ausgelöst. Der Kaltstart wird durchgeführt, wenn

▷ die CPU beim Ausschalten der Spannung nicht im STOP war

▷ der Betriebsartenschalter auf RUN oder RUN-P steht

▷ die CPU bei einem Kaltstart durch Spannungsausfall unterbrochen wurde

▷ „automatischer Kaltstart beim Netz-Ein“ parametriert ist

Betreiben Sie die CPU ohne Pufferbatterie, führt sie beim Einschalten einen ungepufferten automatischen Neustart durch. Die CPU startet automatisch das Urlöschen und kopiert dann das Anwenderprogramm von der Memory Card in den Arbeitsspeicher. Die Memory Card muß ein Flash EPROM sein.

### 22.3.3 Neustart (Warmstart)

Bei einem Neustart (Warmstart) versetzt die CPU sich selbst und die Baugruppen in den projektierten Grundzustand, löscht die nicht remanenten Daten im Systemspeicher, ruft den OB 100 auf und bearbeitet dann das Hauptprogramm im OB 1 von Anfang an.

Das aktuelle Programm und die aktuellen Daten im Arbeitsspeicher bleiben erhalten, ebenso die per SFC erzeugten Datenbausteine.

#### Manueller Neustart

Ein manueller Neustart wird ausgelöst

▷ durch den Betriebsartenschalter an der Zentralbaugruppe beim Übergang von STOP nach RUN oder RUN-P (bei S7-400-CPUs mit Anlaufartenschalter steht dieser in der Stellung CRST)

▷ durch eine Kommunikationsfunktion von einem PG oder mit SFB von einer anderen CPU; der Betriebsartenschalter muß hierbei auf RUN oder RUN-P stehen.

Ein manueller Neustart kann immer ausgelöst werden, es sei denn, die CPU fordert Urlöschen an.

#### Automatischer Neustart

Ein automatischer Neustart wird durch das Einschalten der Versorgungsspannung ausgelöst. Der Neustart wird durchgeführt, wenn

▷ die CPU beim Ausschalten der Spannung nicht im STOP war

▷ der Betriebsartenschalter auf RUN oder RUN-P steht

▷ die CPU bei einem Neustart durch Spannungsausfall unterbrochen wurde

▷ „automatischer Neustart beim Netz-Ein“ parametriert ist

Ein vorhandener Anlaufartenschalter bleibt bei einem automatischen Neustart wirkungslos.

Besitzt die CPU eine Micro Memory Card, verhält sie sich genau so wie eine CPU mit Pufferbatterie. Betreiben Sie eine CPU ohne Micro Memory Card und ohne Pufferbatterie, führt sie beim Einschalten einen ungepufferten automatischen Neustart durch. Die CPU startet automatisch das Urlöschen und kopiert dann das Anwenderprogramm von der Memory Card in den Arbeitsspeicher. Die Memory Card muß ein Flash EPROM sein.

### 22.3.4 Wiederanlauf

Ein Wiederanlauf ist nur bei S7-400 möglich.

Bei einem STOP oder Spannungsausfall speichert die CPU alle Unterbrechungsereignisse und die für das Bearbeiten des Anwenderprogramms wichtigen CPU-internen Register. Bei einem Wiederanlauf kann sie daher an der Programmstelle weitermachen, an der sie in der Bearbeitung unterbrochen wurde. Es kann das Hauptprogramm, aber auch ein Alarm- oder Fehlerprogramm sein. Alle („alten“) Unterbrechungsereignisse sind gespeichert und werden abgearbeitet.

Der sog. „Restzyklus“, von der Programmstelle, an der die CPU bei einem Wiederanlauf aufsetzt bis zum Ende des Hauptprogramms, zählt noch zum Anlauf. Es werden keine (neuen) Alarme bearbeitet. Die Ausgabebaugruppen sind gesperrt; sie befinden sich im Grundzustand.

Ein Wiederanlauf ist nur dann zulässig, wenn das Anwenderprogramm im STOP nicht verändert wurde, z.B. durch Änderung eines Bausteins.

Sie können durch Parametrierung der CPU festlegen, nach welcher Unterbrechungsdauer die CPU noch einen Wiederanlauf durchführen darf (100 ms bis 1 h). Dauert die Unterbrechung länger, ist nur noch ein Kaltstart oder ein Neustart erlaubt. Die Unterbrechungsdauer ist die Zeit vom Verlassen des RUN-Zustands (STOP oder Spannungsausschalten) bis zum Wiedereintritt in den RUN-Zustand (nach der Bearbeitung von OB 101 und dem Restzyklus).

**Manueller Wiederanlauf**

Ein manueller Wiederanlauf wird ausgelöst

▷ durch das Umschalten des Betriebsartenschalters von STOP nach RUN oder RUN-P, wenn der Anlaufartenschalter auf WRST steht (nur möglich bei CPUs mit Anlaufartenschalter)

▷ durch eine Kommunikationsfunktion von einem PG oder mit SFB von einer anderen CPU; der Betriebsartenschalter muß hierbei auf RUN oder RUN-P stehen.

Ein manueller Wiederanlauf ist nur möglich, wenn beim Parametrieren der CPU in der Registerkarte „Anlauf“ die Wiederanlaufsperre aufgehoben wird. Die Ursache für den STOP-Zustand muß manuell herbeigeführt worden sein, entweder durch den Betriebsartenschalter oder durch eine Kommunikationsfunktion; nur dann kann aus dem Stopp heraus ein manueller Wiederanlauf durchgeführt werden.

**Automatischer Wiederanlauf**

Ein automatischer Wiederanlauf wird durch das Einschalten der Versorgungsspannung ausgelöst. Die CPU führt einen automatischen Wiederanlauf nur dann durch,

▷ wenn sie beim Ausschalten nicht in STOP war

▷ der Betriebsartenschalter beim Einschalten auf RUN oder RUN-P steht

▷ „automatischer Wiederanlauf bei Netz-Ein“ parametriert ist

▷ die Pufferbatterie eingelegt und in Ordnung ist

Bei einem automatischen Wiederanlauf ist die Stellung eines evtl. vorhandenen Anlaufschalters unbedeutend.

## 22.4 Baugruppenadresse ermitteln

Mit folgenden SFCs können Sie die Adressen einer Baugruppe ermitteln:

▷ SFC 5 GADR_LGC
Logische Adresse eines Baugruppenkanals ermitteln

▷ SFC 50 RD_LGADR
Sämtliche logische Adressen einer Baugruppe ermitteln

▷ SFC 49 LGC_GADR
Steckplatzadresse einer Baugruppe ermitteln

Die Tabelle 22.2 zeigt die Parameter dieser SFCs.

Die SFCs haben als gemeinsame Parameter für die logische Adresse (= Adresse im Peripheriebereich) IOID und LADDR. IOID ist entweder mit B#16#54 belegt, das entspricht den Peripherie-Eingängen PE, oder mit B#16#55, das für die Peripherie-Ausgänge PA steht. LADDR enthält eine Peripherieadresse der Baugruppe im angegebenen Bereich PE oder PA, die dem ausgesuchten Kanal entspricht. Bei Kanal 0 ist es die Baugruppenanfangsadresse.

Für die mit diesen SFCs ermittelten Adressen muß mit der Hardwarekonfiguration eine Zuordnung zwischen logischer Adresse (Baugruppenanfangsadresse) und Steckplatzadresse (Anordnung der Baugruppe in einem Baugruppenträger oder einer Station der Dezentralen Peripherie) erfolgt sein.

### SFC 5 GADR_LGC Logische Adresse eines Baugruppenkanals ermitteln

Die Systemfunktion SFC 5 GADR_LGC liefert Ihnen die logische Adresse eines Kanals, wenn Sie die Steckplatzadresse („geographische"

**Tabelle 22.2** Parameter der SFCs zum Ermitteln der Baugruppenadresse

| SFC | Parameter | Deklaration | Datentyp | Belegung, Beschreibung |
|---|---|---|---|---|
| 5 | SUBNETID | INPUT | BYTE | Bereichskennung |
| | RACK | INPUT | WORD | Nummer des Baugruppenträgers |
| | SLOT | INPUT | WORD | Nummer des Steckplatzes |
| | SUBSLOT | INPUT | BYTE | Nummer des Submoduls |
| | SUBADDR | INPUT | WORD | Offset im Nutzdatenadreßraum der Baugruppe |
| | RET_VAL | OUTPUT | INT | Fehlerinformation |
| | IOID | OUTPUT | BYTE | Bereichskennung |
| | LADDR | OUTPUT | WORD | Logische Adresse des Kanals |
| 50 | IOID | INPUT | BYTE | Bereichskennung |
| | LADDR | INPUT | WORD | eine logische Adresse der Baugruppe |
| | RET_VAL | OUTPUT | INT | Fehlerinformation |
| | PEADDR | OUTPUT | ANY | WORD-Feld für die PE-Adressen |
| | PECOUNT | OUTPUT | INT | Anzahl der zurückgelieferten PE-Adressen |
| | PAADDR | OUTPUT | ANY | WORD-Feld für die PA-Adressen |
| | PACOUNT | OUTPUT | INT | Anzahl der zurückgelieferten PA-Adressen |
| 49 | IOID | INPUT | BYTE | Bereichskennung |
| | LADDR | INPUT | WORD | eine logische Adresse der Baugruppe |
| | RET_VAL | OUTPUT | INT | Fehlerinformation |
| | AREA | OUTPUT | BYTE | Bereichskennung |
| | RACK | OUTPUT | WORD | Nummer des Baugruppenträgers |
| | SLOT | OUTPUT | WORD | Nummer des Steckplatzes |
| | SUBADDR | OUTPUT | WORD | Offset im Nutzdatenadreßraum der Baugruppe |

Adresse) vorgeben. Am Parameter SUBNETID geben Sie die Nummer des Subnetzes an, falls die Baugruppe zur Dezentralen Peripherie gehört oder B#16#00, falls die Baugruppe in einem Baugruppenträger steckt. Der Parameter RACK entspricht der Nummer des Baugruppenträgers oder der Nummer der Station bei Dezentraler Peripherie. Hat die Baugruppe keinen Submodulsteckplatz, geben Sie B#16#00 am Parameter SUBSLOT an. SUBADDR enthält den Adreßoffset in den Nutzdaten der Baugruppe (W#16#0000 entspricht z.B. der Baugruppenanfangsadresse).

**SFC 49 LGC_GADR**
**Steckplatzadresse einer Baugruppe ermitteln**

Die SFC 49 LGC_GADR gibt Ihnen die Steckplatzadresse einer Baugruppe zurück, wenn Sie ihr eine beliebige logische Adresse der Baugruppen vorgeben. Ziehen Sie von der vorgegebenen Nutzdatenadresse den Adressenoffset (Parameter SUBADDR) ab, erhalten Sie die Baugruppenanfangsadresse. Der Wert am Parameter AREA gibt an, in welchem System die Baugruppe betrieben wird (Tabelle 22.3).

**SFC 50 RD_LGADR**
**Sämtliche logische Adressen einer Baugruppe ermitteln**

Die SFC 50 RD_LGADR gibt Ihnen sämtliche logischen Adressen einer Baugruppe zurück, wenn Sie ihr eine beliebige Adresse aus dem Nutzdatenbereich vorgeben.

An die Parameter PEADDR und PAADDR legen Sie einen Bereich aus WORD-Komponenten an (einen wortweisen ANY-Zeiger, z.B. P#DBzDBXy.x WORD nnn).

Die SFC 50 zeigt Ihnen dann an den Parametern PECOUNT und PACOUNT die Anzahl der in diesen Bereichen zurückgelieferten Einträge.

## 22.5 Baugruppen parametrieren

### 22.5.1 Allgemeines zum Parametrieren von Baugruppen

Die meisten S7-Baugruppen können parametriert werden, d.h. es können auf der Baugruppe Werte eingestellt werden, die von den Defaulteinstellungen abweichen. Zur Vorgabe der Parameter öffnen Sie in der Hardware-Konfiguration die Baugruppe und füllen die Registerkarten im angezeigten Dialogfeld aus. Mit dem Übertragen des Objekts *Systemdaten* im Behälter *Bausteine* zum Zielsystem übertragen Sie auch die Baugruppenparameter.

Die CPU überträgt die Baugruppenparameter automatisch zu den Baugruppen

▷ bei einem Anlauf

▷ nach dem Stecken einer Baugruppe in einem projektierten Steckplatz (S7-400)

▷ nach der „Wiederkehr" eines Baugruppenträgers oder einer Station der Dezentralen Peripherie.

**Statische und dynamische Baugruppenparameter**

Die Baugruppenparameter werden in statische Parameter und dynamische Parameter unterteilt. Beide Parameterarten können Sie in der Hardware-Konfiguration offline einstellen. Die dynamischen Parameter können Sie auch per

**Tabelle 22.3** Bedeutung der Ausgangsparameter der SFC 49 LGC_GADR

<table>
<tr><th>AREA</th><th>System</th><th>Bedeutung von RACK, SLOT und SUBADDR</th></tr>
<tr><td>0</td><td>S7-400</td><td rowspan="2">RACK = Nummer des Baugruppenträgers<br>SLOT = Nummer des Steckplatzes<br>SUBADDR = Adreßoffset zur Anfangsadresse</td></tr>
<tr><td>1</td><td>S7-300</td></tr>
<tr><td>2</td><td>Dezentrale Peripherie</td><td>RACK, SLOT und SUBADDR ohne Bedeutung</td></tr>
<tr><td>3</td><td>S5-P-Bereich</td><td rowspan="4">RACK = Nummer des Baugruppenträgers<br>SLOT = Steckplatznummer der Adaptionskapsel<br>SUBADDR = Adresse im S5-Bereich</td></tr>
<tr><td>4</td><td>S5-Q-Bereich</td></tr>
<tr><td>5</td><td>S5-IM3-Bereich</td></tr>
<tr><td>6</td><td>S5-IM4-Bereich</td></tr>
</table>

SFC-Aufruf zur Laufzeit verändern. Im Anlauf werden die mit den SFCs auf den Baugruppen eingestellten Parameter durch die mit der Hardware-Konfiguration eingestellten (und auf der CPU gespeicherten) Parameter überschrieben.

Die Parameter der Signalbaugruppen stehen in zwei Datensätzen: die statischen Parameter im Datensatz 0, die dynamischen Parameter im Datensatz 1. Mit der SFC 57 PARM_MOD übertragen Sie beide Datensätze zur Baugruppe, mit der SFC 56 WR_DPARM übertragen Sie den Datensatz 0 oder 1, und mit der SFC 55 WR_PARM nur den Datensatz 1. Die Datensätze müssen in den Systemdatenbausteinen auf der CPU vorhanden sein.

Nach der Parametrierung einer S7-400-Baugruppe werden die eingestellten Werte erst dann gültig, wenn die Baugruppe das Bit 2 „Betriebszustand" im Byte 2 des Diagnosedatensatzes 0 den Wert „RUN" angenommen hat (kann mit der SFC 59 RD_REC gelesen werden).

### Asynchrone Bearbeitung der Systembausteine

Bis auf die Systemfunktion SFC 54 RD_DPARM arbeiten die Systembausteine für Baugruppenparametrierung und Datensatzübertragung asynchron. Die Funktionsausführung erstreckt sich über mehrere Aufrufe und wird mit dem Bausteinparameter REQ = „1" angestoßen. Während der Dauer der Auftragsbearbeitung führt der Parameter BUSY Signalzustand „1" und der Parameter RET_VAL bzw. STATUS den Wert W#16#7001 (Auftrag in Bearbeitung).

Ein bestimmter Auftrag für eine Baugruppe ist spezifiziert durch die Belegung der Parameter IOID, LADDR und RECNUM bzw. ID und INDEX. Solange BUSY = „1" ist, hat ein erneuter Aufruf für den gleichen Auftrag mit REQ = „1" keine Wirkung, RET_VAL bzw. STATUS wird hierbei auf W#16#7002 gesetzt.

Tritt beim Anstoßen eines Auftrags ein Fehler auf, wird dies über RET_VAL bzw. STATUS gemeldet und BUSY bleibt „0".

Ist der Auftrag abgeschlossen, hat BUSY den Signalzustand „0". Bei fehlerfreiem Abschluß führt RET_VAL bzw. STAUS den Wert W#16#0000; bei der SFC 59 RD_REC steht die Anzahl der übertragenen Bytes in RET_VAL. Im Fehlerfall führt RET_VAL bzw. STATUS den Fehlercode.

### Baugruppen- und Datensatzadressierung

Zur Adressierung für die Datensatzübertragung verwenden Sie die *niedrigste* Baugruppenanfangsadresse (Parameter LADDR) zusammen mit der Kennzeichnung, ob Sie diese Adresse als Eingang oder als Ausgang definiert haben (Parameter IOID). Bei neueren Systemfunktionen entfällt IOID; die E/A-Kennung steht dann im Bit 15 von LADDR bzw. ID („0" = Eingang, „1" = Ausgang).

Haben Sie den Eingangs- und den Ausgangsbereich mit der gleichen Anfangsadresse versehen, verwenden Sie die Kennung für Eingang. Die E/A-Kennung verwenden Sie unabhängig davon, ob Sie einen Lese- oder einen Schreibzugriff ausführen wollen. Die Datensatznummer geben Sie am Parameter RECNUM bzw. INDEX vor.

Am Parameter RECORD mit dem Datentyp ANY legen Sie einen Bereich aus BYTE-Komponenten an. Das kann eine Variable vom Datentyp ARRAY, STRUCT oder UDT sein oder ein byteweiser ANY-Zeiger (beispielsweise P#DBzDBXy.x BYTE *nnn*). Verwenden Sie eine Variable, kann es nur eine „komplette" Variable sein; einzelne Feld- oder Strukturkomponenten sind nicht zugelassen.

### Zulässige Datensatznummern

Für die Systemfunktionen zur Baugruppenparametrierung sind Datensätze mit den Nummern 1 bis 240 zulässig. Bei den SFC 54 RD_DPARM und SFC 56 WR_DPARM müssen die entsprechenden Datensätze in den Systemdaten vorhanden ein.

Die SFC 58 WR_REC kann Datensätze im Bereich 2 bis 240 bearbeiten, die SFC 59 RD_REC im Bereich 0 bis 240. SFB 52 RDREC und SFB 53 WRREC übertragen Datensätze mit den Nummer 0 bis 255.

Die Datensätze 0 und 1 haben bei SIMATIC S7 eine besondere Bedeutung:

▷ Datensatz 0: Lesen von Diagnosedaten (4 Bytes) und Schreiben von statischen Baugruppenparametern

▷ Datensatz 1: Lesen von Diagnosedaten (Datensatz 0 und weiteren Daten) und Schreiben von dynamischen Baugruppenparametern

Ein Datensatz kann bis zu 240 Bytes lang sein.

### 22.5.2 Systemfunktionen zur Baugruppenparametrierung

Zum Parametrieren von Baugruppen stehen folgende Systemfunktionen zur Verfügung:

▷ SFC 54 RD_DPARM
Vordefinierte Parameter lesen

▷ SFC 55 WR_PARM
Dynamische Parameter schreiben

▷ SFC 56 WR_DPARM
Vordefinierte Parameter schreiben

▷ SFC 57 PARM_MOD
Baugruppe parametrieren

▷ SFC 102 RD_DPARA
Vordefinierte Parameter lesen

Die Parameter der aufgelisteten Systemfunktionen sind in der Tabelle 22.4 beschrieben.

**SFC 54 RD_DPARM**
**Vordefinierte Parameter lesen**

Die Systemfunktion SFC 54 RD_DPARM überträgt den Datensatz mit der am Parameter RECNUM angegebenen Nummer aus dem entsprechenden Systemdatenbaustein SDB zu dem am Parameter RECORD angegebenen Zielbereich.

Die Übertragung erfolgt synchron; die Systemfunktion wird solange bearbeitet, bis der Datensatz übertragen ist. Da aus dem Ladespeicher gelesen wird, kann – je nach Anwendung – bei umfangreichen Datensätzen die relativ lange Bearbeitungszeit stören. Verwenden Sie in diesem Fall die SFC 102 RD_DPARA, die diese Funktion asynchron ausführt.

Den gelesenen Datensatz kann man z.B. nun auswerten oder ändern und mit der SFC 58 WR_REC zur Baugruppe schreiben.

**SFC 55 WR_PARM**
**Dynamische Parameter schreiben**

Die Systemfunktion SFC 55 WR_PARM überträgt den mit RECORD adressierten Datensatz zur Baugruppe, die durch die Parameter IOID und LADDR ausgewählt ist. Die Nummer des Datensatzes geben Sie am Parameter RECNUM an. Der Datensatz darf nur die dynamischen Baugruppenparameter enthalten, es darf nicht der Datensatz 0 sein. Falls die Baugruppenparameter im dazugehörenden Systemdatenbaustein SDB vorhanden sind, dürfen sie nicht als statisch gekennzeichnet sein.

Der Datensatz wird beim Auftragsanstoß von der SFC komplett gelesen; die Übertragung kann sich über mehrere Programmzyklen verteilen. Der Parameter BUSY führt Signalzustand „1" während der Übertragung.

**Tabelle 22.4** Parameter der Systemfunktionen zur Baugruppenparametrierung

| vorhanden bei SFC | | | | | Parameter | Deklaration | Datentyp | Belegung, Beschreibung |
|---|---|---|---|---|---|---|---|---|
| - | 55 | 56 | 57 | 102 | REQ | INPUT | BOOL | mit „1" Anforderung zum Schreiben |
| 54 | 55 | 56 | 57 | - | IOID | INPUT | BYTE | B#16#54 = Peripherie-Eingänge PE<br>B#16#55 = Peripherie-Ausgänge PA |
| 54 | 55 | 56 | 57 | 102 | LADDR | INPUT | WORD | Baugruppenanfangsadresse |
| 54 | 55 | 56 | - | 102 | RECNUM | INPUT | BYTE | Datensatznummer |
| - | 55 | - | - | - | RECORD | INPUT | ANY | Datensatz |
| 54 | 55 | 56 | 57 | 102 | RET_VAL | OUTPUT | INT | Fehlerinformation |
| - | 55 | 56 | 57 | 102 | BUSY | OUTPUT | BOOL | bei „1" läuft die Übertragung noch |
| 54 | - | - | - | 102 | RECORD | OUTPUT | ANY | Datensatz |

**SFC 56 WR_DPARM**
**Vordefinierte Parameter schreiben**

Die Systemfunktion SFC 56 WR_DPARM überträgt den Datensatz mit der am Parameter RECNUM angegebenen Nummer aus dem entsprechenden Systemdatenbaustein SDB zur Baugruppe, die mit den Parametern IOID und LADDR ausgewählt wurde.

Die Übertragung kann sich über mehrere Programmzyklen verteilen; der Parameter BUSY führt Signalzustand „1“ während der Übertragung.

**SFC 57 PARM_MOD**
**Baugruppe parametrieren**

Die Systemfunktion SFC 57 PARM_MOD überträgt sämtliche Datensätze einer Baugruppe, die beim Parametrieren der Baugruppe mit der Hardwarekonfiguration projektiert wurden.

Die Übertragung kann sich über mehrere Programmzyklen verteilen; der Parameter BUSY führt Signalzustand „1“ während der Übertragung.

**SFC 102 RD_DPARA**
**Vordefinierte Parameter lesen**

Die Systemfunktion SFC 102 RD_DPARA überträgt den Datensatz mit der am Parameter RECNUM angegebenen Nummer aus dem entsprechenden Systemdatenbaustein SDB zu dem am Parameter RECORD angegebenen Zielbereich.

Die Übertragung erfolgt asynchron und kann sich über mehrere Programmzyklen verteilen; der Parameter BUSY führt Signalzustand „1“ während der Übertragung.

Den gelesenen Datensatz kann man z.B. nun auswerten oder ändern und mit der SFC 58 WR_REC zur Baugruppe schreiben.

### 22.5.3 Bausteine zur Datensatzübertragung

Zum Übertragen von Datensätzen stehen folgenden Systembausteine zur Verfügung:

▷ SFC 58 WR_REC
Datensatz schreiben

▷ SFC 59 RD_REC
Datensatz lesen

▷ SFB 52 RDREC
Datensatz lesen

▷ SFB 53 WRREC
Datensatz schreiben

Die Parameter der aufgelisteten Systemfunktionen sind in der Tabelle 22.5 und die der Systemfunktionsbausteine in der Tabelle 22.6 beschrieben.

**SFC 58 WR_REC**
**Datensatz schreiben**

Die Systemfunktion SFC 58 WR_REC überträgt den mit dem Parameter RECORD adressierten Datensatz mit der Nummer RECNUM zur Baugruppe, die mit den Parametern IOID

**Tabelle 22.5** Parameter der Systemfunktionen zur Datensatzübertragung

| vorhanden bei | | Parameter | Deklaration | Datentyp | Belegung, Beschreibung |
|---|---|---|---|---|---|
| SFC 58 | SFC 59 | REQ | INPUT | BOOL | mit „1“ Anforderung zum Schreiben |
| SFC 58 | SFC 59 | IOID | INPUT | BYTE | B#16#54 = Eingabebaugruppe<br>B#16#55 = Ausgabebaugruppe |
| SFC 58 | SFC 59 | LADDR | INPUT | WORD | Baugruppenanfangsadresse |
| SFC 58 | SFC 59 | RECNUM | INPUT | BYTE | Datensatznummer |
| SFC 58 | - | RECORD | INPUT | ANY | Datensatz |
| SFC 58 | SFC 59 | RET_VAL | OUTPUT | INT | Fehlerinformation |
| SFC 58 | SFC 59 | BUSY | OUTPUT | BOOL | bei „1“ läuft die Übertragung noch |
| - | SFC 59 | RECORD | OUTPUT | ANY | Datensatz |

**Tabelle 22.6** Parameter der Systemfunktionsbausteine zur Datensatzübertragung

| vorhanden bei | | Parameter | Deklaration | Datentyp | Belegung, Beschreibung |
|---|---|---|---|---|---|
| SFB 52 | SFB 53 | REQ | INPUT | BOOL | mit „1“ Anforderung zum Schreiben |
| SFB 52 | SFB 53 | ID | INPUT | DWORD | Baugruppenanfangsadresse |
| SFB 52 | SFB 53 | INDEX | INPUT | INT | Datensatznummer |
| SFB 52 | - | MLEN | INPUT | INT | maximale Anzahl Bytes des zu lesenden Datensatzes |
| - | SFB 53 | LEN | INPUT | INT | maximale Anzahl Bytes des zu übertragenden Datensatzes |
| SFB 52 | - | VALID | OUTPUT | BOOL | „1“ = neuer Datensatz wurde empfangen und ist gültig |
| - | SFB 53 | DONE | OUTPUT | BOOL | Datensatz wurde übertragen |
| SFB 52 | SFB 53 | BUSY | OUTPUT | BOOL | bei „1“ läuft die Übertragung noch |
| SFB 52 | SFB 53 | ERROR | OUTPUT | BOOL | bei „1“ trat ein Fehler auf |
| SFB 52 | SFB 53 | STATUS | OUTPUT | DWORD | Statuscodes |
| SFB 52 | - | LEN | OUTPUT | INT | Anzahl Bytes der gelesenen Daten |
| SFB 52 | SFB 53 | RECORD | OUTPUT | ANY | Datensatz |

und LADDR ausgewählt wurde. Die Übertragung wird mit „1“ am Parameter REQ gestartet. Die SFC liest beim Auftragsanstoß den kompletten Datensatz.

Die Übertragung kann sich über mehrere Programmzyklen verteilen; der Parameter BUSY führt Signalzustand „1“ während der Übertragung.

### SFC 59 RD_REC
### Datensatz lesen

Die Systemfunktion SFC 59 RD_REC überträgt mit „1“ am Parameter REQ den mit dem Parameter RECNUM adressierten Datensatz von der Baugruppe und legt ihn im Zielbereich RECORD ab. Der Zielbereich muß größer oder gleichlang wie der Datensatz sein. Bei fehlerfreier Übertragung steht im Parameter RET_VAL die Anzahl der übertragenen Bytes.

Die Übertragung kann sich über mehrere Programmzyklen verteilen; der Parameter BUSY führt Signalzustand „1“ während der Übertragung.

S7-300 mit Lieferstand vor Februar 1997: Die SFC liest aus dem angegebenen Datensatz so viele Daten, wie der Zielbereich aufnehmen kann. Der Zielbereich darf nicht größer sein als der angewählte Datensatz.

### SFB 52 RDREC
### Datensatz lesen

Der Systemfunktionsbaustein SFB 52 RDREC liest mit „1“ am Parameter REQ den Datensatz INDEX von der Baugruppe und legt ihn im Zielbereich RECORD ab. Der Zielbereich muß größer als oder gleichlang wie der Datensatz sein. Wieviele Bytes Sie lesen wollen, geben Sie am Parameter MLEN an.

Die Übertragung kann sich über mehrere Programmzyklen verteilen; der Parameter BUSY führt „1“ während der Übertragung.

Mit Signalzustand „1“ am Parameter VALID wird signalisiert, daß der Datensatz fehlerfrei gelesen wurde. Der Parameter LEN zeigt dann die Anzahl der übertragenen Bytes an.

Bei einem Fehler wird ERROR auf „1“ gesetzt. Der Parameter STATUS enthält dann die Fehlerinformation.

Der Systemfunktionsbaustein SFB 52 RDREC enthält die Funktionalität der Systemfunktion SFC 59 RD_REC und kann diese ersetzen.

**SFB 53 WRREC**
**Datensatz schreiben**

Der Systemfunktionsbaustein SFB 53 WRREC schreibt mit „1“ am Parameter REQ den Datensatz INDEX vom Quellbereich RECORD zur Baugruppe. Wieviele Bytes Sie schreiben wollen, geben Sie am Parameter LEN an.

Die Übertragung kann sich über mehrere Programmzyklen verteilen; der Parameter BUSY führt „1“ während der Übertragung.

Mit Signalzustand „1“ am Parameter DONE wird signalisiert, daß der Datensatz fehlerfrei geschrieben wurde. Bei einem Fehler wird ERROR auf „1“ gesetzt. Der Parameter STATUS enthält dann die Fehlerinformation.

Der Systemfunktionsbaustein SFB 53 WRREC enthält die Funktionalität der Systemfunktion SFC 58 WR_REC und kann diese ersetzen.

# 23 Fehlerbehandlung

Die CPU meldet von ihr oder den Baugruppen erkannte Fehler auf verschiedene Arten:

▷ Fehler bei arithmetischen Operationen (Überlauf, ungültige REAL-Zahl) mit dem Setzen der Statusbits (z.B. Statusbit OV bei Zahlenbereichsüberlauf)

▷ Fehler bei der Bearbeitung des Anwenderprogramms (Synchronfehler) mit dem Aufruf der Organisationsbausteine OB 121 und OB 122

▷ Fehler im Automatisierungssystem unabhängig von der Programmbearbeitung (Asynchronfehler) mit dem Aufruf der Organisationsbausteine OB 80 bis OB 87

Das Auftreten eines Fehlers und evtl. die Fehlerursache zeigt die CPU durch Fehler-LEDs an der Frontseite an. Bei schwerwiegenden Fehlern (z.B. unzulässiger Operationscode) geht die CPU direkt in den Betriebszustand STOP.

Im Betriebszustand STOP können Sie mit einem Programmiergerät über die CPU-Auskunftsfunktionen die Inhalte des Baustein-Stacks (B-Stack), des Unterbrechungs-Stacks (U-Stack) und des Lokaldaten-Stacks (L-Stack) auslesen und so Rückschlüsse auf die Fehlerursache ziehen.

Die Systemdiagnose kann Fehler auf den Baugruppen erkennen und trägt diese Fehler in einen Diagnosepuffer ein. Im Diagnosepuffer stehen auch Informationen über die Betriebszustandsübergänge der CPU (z.B. STOP-Ursachen).

Der Inhalt des Diagnosepuffers bleibt im Betriebszustand STOP, beim Urlöschen und bei Spannungsausfall erhalten; er kann nach Spannungswiederkehr und nach einem Anlauf mit einem Programmiergerät gelesen werden.

Bei neuen CPUs können Sie durch Parametrierung der CPU einstellen, wieviele Einträge der Diagnosepuffer aufnehmen soll.

## 23.1 Synchronfehler

Das Betriebssystem der CPU generiert ein Synchronfehlerereignis, wenn in unmittelbarem Zusammenhang mit der Programmbearbeitung ein Fehler auftritt. Ist ein Synchronfehler-OB nicht programmiert, wechselt die CPU bei einem Synchronfehlerereignis in den Betriebszustand STOP. Es werden zwei Fehlerarten unterschieden:

▷ **Programmierfehler**, es wird der OB 121 aufgerufen, und

▷ **Zugriffsfehler**, es wird der OB 122 aufgerufen.

Die Tabelle 23.1 zeigt die Startinformationen für beide Synchronfehler-Organisationsbausteine.

Ein Synchronfehler-OB hat die gleiche Priorität wie der Baustein, in dem der Fehler verursacht wurde. Deshalb kann im Synchronfehler-OB auf die Register des unterbrochenen Bausteins zugegriffen werden, und deshalb kann auch das Programm im Synchronfehler-OB die Register (gegebenenfalls mit geändertem Inhalt) an den unterbrochenen Baustein zurückgeben.

Beachten Sie, daß beim Aufruf eines Synchronfehler-OBs dessen 20 Bytes Startinformation zusätzlich im L-Stack der fehlerverursachenden Prioritätsklasse abgelegt werden, ebenso die weiteren temporären Lokaldaten der Synchronfehler-OBs und die aller in diesen OBs aufgerufenen Bausteine.

Bei S7-400 kann aus einem Synchronfehler-OB ein weiterer Synchronfehler-OB gestartet werden. Die zusätzliche Bausteinschachtelungstiefe in einem Synchronfehler-OB beträgt 3 bei S7-400-CPUs und 4 bei S7-300-CPUs.

Sie können mit den Systemfunktionen SFC 36 MSK_FLT, SFC 37 DMSK_FLT und SFC 38 READ_ERR den Aufruf eines Synchronfehler-OBs sperren und freigeben.

**Tabelle 23.1** Startinformationen der Synchronfehler-OBs

| Variablenname | Datentyp | Beschreibung, Belegung |
|---|---|---|
| OB12x_EV_CLASS | BYTE | B#16#25 = Aufruf Programmierfehler-OB 121<br>B#16#29 = Aufruf Zugriffsfehler-OB 122 |
| OB12x_SW_FLT | BYTE | Fehlercode (siehe Kapitel 23.2.1 „Fehlermasken") |
| OB12x_PRIORITY | BYTE | Prioritätsklasse, in der der Fehler aufgetreten ist |
| OB12x_OB_NUMBR | BYTE | OB-Nummer (B#16#79 bzw. B#16#80) |
| OB12x_BLK_TYPE | BYTE | Art des unterbrochenen Bausteins (nur S7-400)<br>OB: B#16#88, FB: B#16#8E, FC: B#16#8C |
| OB121_RESERVED_1<br>OB122_MEM_AREA | BYTE | Belegung des Bytes (B#16#xy):<br>7... (x) ... 4:<br>1 Bitzugriff<br>2 Bytezugriff<br>3 Wortzugriff<br>4 Doppelwortzugriff<br>3 ... (y) ... 0:<br>0 Peripheriebereich PE oder PA<br>1 Eingangs-Prozeßabbild E<br>2 Ausgangs-Prozeßabbild A<br>3 Merker M<br>4 Global-Datenbaustein DB<br>5 Instanz-Datenbaustein DI<br>6 temporäre Lokaldaten L<br>7 temporäre Lokaldaten des Vorgängerbausteins V |
| OB121_FLT_REG<br><br><br><br>OB122_MEM_ADDR | WORD | OB 121: Fehlerquelle:<br>▷ fehlerhafte Adresse (bei Lese-/Schreibzugriff)<br>▷ fehlerhafter Bereich (bei Bereichsfehler)<br>▷ fehlerhafte Nummer des Bausteins, der Zeit-/Zählfunktion<br>OB 122: Operandenadresse, an der der Fehler aufgetreten ist |
| OB12x_BLK_NUM | WORD | Nummer des Bausteins, in dem der Fehler aufgetreten ist (nur S7-400) |
| OB12x_PRG_ADDR | WORD | Fehleradresse im fehlerverursachenden Baustein (nur S7-400) |
| OB12x_DATE_TIME | DT | Erfassungszeitpunkt des Programmierfehlerereignisses |

## 23.2 Synchronfehlerereignisse hantieren

Für die Hantierung von Synchronfehlerereignissen stehen Ihnen folgende Systemfunktionen zur Verfügung:

▷ SFC 36 MSK_FLT
Synchronfehlerereignisse maskieren (OB-Aufruf sperren)

▷ SFC 37 DMSK_FLT
Synchronfehlerereignisse demaskieren (OB-Aufruf wieder freigeben)

▷ SFC 38 READ_ERR
Ereignisstatusregister lesen

Das Betriebssystem trägt unabhängig von der Verwendung der Systemfunktionen SFC 36 bis SFC 38 das Synchronfehlerereignis in den Diagnosepuffer ein. Die Parameter der Systemfunktionen sind in der Tabelle 23.2 erläutert.

### 23.2.1 Fehlermasken

Mit den Fehlermasken steuern Sie die Systemfunktionen für die Synchronfehlerhantierung. In der Programmierfehlermaske steht für jeden erkannten Programmierfehler ein Bit, in der Zugriffsfehlermaske für jeden erkannten Zugriffsfehler. Bei der Vorgabe der Fehlermaske setzen Sie das Bit, das dem Synchronfehler entspricht, den Sie maskieren, demaskieren oder abfragen wollen. Die von den Systemfunktionen rückgemeldeten Fehlermasken zeigen mit Signalzustand „1" die noch maskierten oder die aufgetretenen Synchronfehler.

**Tabelle 23.2** Parameter der SFCs für Synchronfehlerbearbeitung

| SFC | Parameter | Deklaration | Datentyp | Belegung, Beschreibung |
|---|---|---|---|---|
| 36 | PRGFLT_SET_MASK | INPUT | DWORD | neue (zusätzliche) Programmierfehlermaske |
| | ACCFLT_SET_MASK | INPUT | DWORD | neue (zusätzliche) Zugriffsfehlermaske |
| | RET_VAL | OUTPUT | INT | W#16#0001 = die neue Maske überschneidet sich mit der bestehenden Maske |
| | PRGFLT_MASKED | OUTPUT | DWORD | komplette Programmierfehlermaske |
| | ACCFLT_MASKED | OUTPUT | DWORD | komplette Zugriffsfehlermaske |
| 37 | PRGFLT_RESET_MASK | INPUT | DWORD | Programmierfehlermaske zum Zurücknehmen |
| | ACCFLT_RESET_MASK | INPUT | DWORD | Zugriffsfehlermaske zum Zurücknehmen |
| | RET_VAL | OUTPUT | INT | W#16#0001 = die neue Maske enthält Bits, die (in der gespeicherten Maske) nicht gesetzt sind |
| | PRGFLT_MASKED | OUTPUT | DWORD | übrig gebliebene Programmierfehlermaske |
| | ACCFLT_MASKED | OUTPUT | DWORD | übrig gebliebene Zugriffsfehlermaske |
| 38 | PRGFLT_QUERY | INPUT | DWORD | Programmierfehlermaske zum Abfragen |
| | ACCFLT_QUERY | INPUT | DWORD | Zugriffsfehlermaske zum Abfragen |
| | RET_VAL | OUTPUT | INT | W#16#0001 = die Abfragemaske enthält Bits, die (in der gespeicherten Maske) nicht gesetzt sind |
| | PRGFLT_CLR | OUTPUT | DWORD | Programmierfehlermaske mit Fehlermeldungen |
| | ACCFLT_CLR | OUTPUT | DWORD | Zugriffsfehlermaske mit Fehlermeldungen |

Die Belegung der Zugriffsfehlermaske finden Sie in der Tabelle 23.3, die Spalte Fehlercode zeigt die Belegung der Variablen OB122_SW_FLT in der Startinformation des OB 122.

Die Belegung der Programmierfehlermaske finden Sie in der Tabelle 23.4, die Spalte Fehlercode zeigt die Belegung der Variablen OB121_SW_FLT in der Startinformation des OB 121.

**Tabelle 23.3** Belegung der Zugriffsfehlermaske

| Bit | Fehlercode | Belegung |
|---|---|---|
| 3 | B#16#42 | Peripheriezugriffsfehler beim Lesen<br>S7-300: Die Baugruppe ist nicht vorhanden oder quittiert nicht<br>S7-400: Eine vorhandene Baugruppe quittiert nicht beim Peripheriezugriff (QVZ) |
| 4 | B#16#43 | Peripheriezugriffsfehler beim Schreiben<br>S7-300: Die Baugruppe ist nicht vorhanden oder quittiert nicht<br>S7-400: Eine vorhandene Baugruppe quittiert nicht beim Peripheriezugriff (QVZ) |
| 5 | B#16#44 | nur S7-400:<br>Peripheriezugriffsfehler beim Lesen von nicht vorhandenen Baugruppen (PZF)<br>oder (bei älteren Ausgabeständen) erneuter Zugriff auf nicht quittierende Baugruppen |
| 6 | B#16#45 | nur S7-400:<br>Peripheriezugriffsfehler beim Schreiben zu nicht vorhandenen Baugruppen (PZF)<br>oder (bei älteren Ausgabeständen) erneuter Zugriff auf nicht quittierende Baugruppen |

**Tabelle 23.4** Belegung der Programmierfehlermaske

| Bit | Fehlercode | Belegung |
|---|---|---|
| 1 | B#16#21 | BCD-Wandlungsfehler (Pseudotetrade beim Wandeln) |
| 2 | B#16#22 | Bereichslängenfehler beim Lesen (Operand liegt außerhalb des erlaubten Bereichs) |
| 3 | B#16#23 | Bereichslängenfehler beim Schreiben (Operand liegt außerhalb des erlaubten Bereichs) |
| 4 | B#16#24 | Bereichsfehler beim Lesen (falscher Bereich im Bereichszeiger) |
| 5 | B#16#25 | Bereichsfehler beim Schreiben (falscher Bereich im Bereichszeiger) |
| 6 | B#16#26 | fehlerhafte Nummer einer Zeitfunktion |
| 7 | B#16#27 | fehlerhafte Nummer einer Zählfunktion |
| 8 | B#16#28 | Adressenfehler beim Lesen<br>(Bitadresse <>0 bei Byte-, Wort- oder Doppelwortzugriff bei indirekter Adressierung) |
| 9 | B#16#29 | Adressenfehler beim Schreiben<br>(Bitadresse <>0 bei Byte-, Wort- oder Doppelwortzugriff bei indirekter Adressierung) |
| 16 | B#16#30 | Schreibfehler Global-Datenbaustein (schreibgeschützter Baustein) |
| 17 | B#16#31 | Schreibfehler Instanz-Datenbaustein (schreibgeschützter Baustein) |
| 18 | B#16#32 | fehlerhafte Nummer eines Global-Datenbausteins (DB-Register) |
| 19 | B#16#33 | fehlerhafte Nummer eines Instanz-Datenbausteins (DI-Register) |
| 20 | B#16#34 | fehlerhafte Nummer einer Funktion FC |
| 21 | B#16#35 | fehlerhafte Nummer eines Funktionsbausteins FB |
| 26 | B#16#3A | aufgerufener Datenbaustein DB nicht vorhanden |
| 28 | B#16#3C | aufgerufene Funktion FC nicht vorhanden |
| 30 | B#16#3E | aufgerufener Funktionsbaustein FB nicht vorhanden |

Die S7-400-CPUs unterscheiden zwei Arten von Peripheriezugriffsfehlern: Zugriff auf eine nicht vorhandene Baugruppe und fehlerhafter Zugriff auf eine als vorhanden eingetragene Baugruppe. Fällt eine Baugruppe während des Betriebs aus, erfolgt bei einem Zugriff nach ca. 150 $\mu$s diese Baugruppe als „nicht vorhanden“ eingetragen, so daß dann bei jedem weiteren Zugriff Peripheriezugriffsfehler PZF gemeldet wird. Die CPU meldet auch einen PZF, wenn auf eine nicht vorhandene Baugruppe zugegriffen wird, sei es nun direkt über den Peripheriebereich oder indirekt über das Prozeßabbild.

Die in den Tabellen nicht aufgeführten Bits der Fehlermasken sind für die Synchronfehlerhantierung nicht relevant.

### 23.2.2 Synchronfehlerereignisse maskieren

Die Systemfunktion SFC 36 MSK_FLT sperrt über die Fehlermasken den Aufruf der Synchronfehler-OBs. Mit Signalzustand „1“ kennzeichnen Sie in den Fehlermasken, bei welchen Synchronfehlern die OBs nicht aufgerufen werden sollen (die Synchronfehlerereignisse werden „maskiert“). Die angegebene Maskierung wird zusätzlich zu der im Betriebssystem gespeicherten Maskierung übernommen. Im Funktionswert meldet die SFC 36, ob für die an den Eingangsparametern angegebene Maskierung mindestens bei einem Bit bereits eine (gespeicherte) Maskierung vorlag (W#16#0001).

Die SFC 36 liefert an den Ausgangsparametern alle aktuell maskierten Ereignisse mit Signalzustand „1“ zurück.

Tritt ein maskiertes Synchronfehlerereignis auf, wird der entsprechende OB nicht aufgerufen und das Ereignis im Ereignisstatusregister eingetragen. Die Sperre gilt für die aktuelle Prioritätsklasse (Programmbearbeitungsebene). Wenn Sie beispielsweise den Aufruf eines Synchronfehler-OBs im Hauptprogramm sperren, wird der Synchronfehler-OB dennoch aufgerufen, wenn der Fehler in einem Alarmprogramm auftritt.

### 23.2.3 Synchronfehlerereignisse demaskieren

Die Systemfunktion SFC 37 DMSK_FLT gibt über die Fehlermasken den Aufruf der Synchronfehler-OBs frei. Mit Signalzustand „1“ kennzeichnen Sie in den Fehlermasken, für welche Synchronfehler die OBs wieder aufgerufen werden sollen (die Synchronfehlerereignisse werden „demaskiert“). Die der angegebenen Demaskierung entsprechenden Einträge im Ereignisstatusregister werden gelöscht. Im Funktionswert meldet die SFC 37 mit W#16#0001, wenn für die an den Eingangsparametern angegebene Demaskierung mindestens bei einem Bit keine (gespeicherte) Maskierung vorlag.

Die SFC 37 liefert an den Ausgangsparametern alle aktuell maskierten Ereignisse mit Signalzustand „1“ zurück.

Tritt ein demaskiertes Synchronfehlerereignis auf, wird der entsprechende OB aufgerufen und das Ereignis im Ereignisstatusregister eingetragen. Die Freigabe gilt für die aktuelle Prioritätsklasse (Programmbearbeitungsebene).

### 23.2.4 Ereignisstatusregister lesen

Die Systemfunktion SFC 38 READ_ERR liest das Ereignisstatusregister aus. Mit Signalzustand „1“ kennzeichnen Sie in den Fehlermasken, für welche Synchronfehler Sie die Einträge lesen wollen. Im Funktionswert meldet die SFC 38 mit W#16#0001, wenn für die an den Eingangsparametern angegebene Auswahl mindestens bei einem Bit keine (gespeicherte) Maskierung vorlag.

Die SFC 38 liefert an den Ausgangsparametern die ausgewählten Ereignisse mit Signalzustand „1“ zurück, wenn sie aufgetreten sind, und löscht bei der Abfrage diese Ereignisse im Ereignisstatusregister. Es werden die Synchronfehler gemeldet, die in der aktuellen Prioritätsklasse (Programmbearbeitungsebene) aufgetreten sind.

### 23.2.5 Ersatzwert eintragen

Mit der SFC 44 REPL_VAL haben Sie die Möglichkeit, von einem Synchronfehler-OB aus einen Ersatzwert in den Akkumulator 1 einzutragen. Sie wenden die SFC 44 an, wenn Sie von einer Baugruppe keinen Wert mehr lesen können (z.B. wenn die Baugruppe defekt ist). Dann wird bei jedem Zugriff der OB 122 („Zugriffsfehler“) aufgerufen. Aus der Startinformation erkennen Sie, welche Baugruppe den Fehler verursacht hat. Mit dem Aufruf der SFC 44 können Sie nun einen Ersatzwert in den Akkumulator laden; die Programmbearbeitung wird dann mit diesem Ersatzwert fortgesetzt. Die Tabelle 23.5 zeigt die Parameter der SFC 44.

Sie dürfen die SFC 44 nur in einem Synchronfehler-OB aufrufen (OB 121 oder OB 122).

## 23.3 Asynchronfehler

Asynchronfehler sind Fehler, die unabhängig von der Programmbearbeitung auftreten können. Tritt ein Asynchronfehler auf, ruft das Betriebssystem einen der folgenden Organisationsbausteine auf:

OB 80 Zeitfehler

OB 81 Stromversorgungsfehler

OB 82 Diagnose-Alarm

OB 83 Ziehen/Stecken-Alarm

OB 84 CPU-Hardwarefehler

OB 85 Programmablauffehler

OB 86 Baugruppenträgerausfall

OB 87 Kommunikationsfehler

Der Aufruf des OB 82 (Diagnose-Alarm) ist im Kapitel 23.4 „Systemdiagnose“ beschrieben.

**Tabelle 23.5** Parameter der SFC 44 REPL_VAL

| SFC | Parametername | Deklaration | Datentyp | Belegung, Beschreibung |
|---|---|---|---|---|
| 44 | VAL | INPUT | DWORD | Ersatzwert |
| | RET_VAL | OUTPUT | INT | Fehlerinformation |

Bei S7-400H gibt es zusätzlich noch drei Asynchronfehler-OBs:

OB 70 Peripherie-Redundanzfehler

OB 72 CPU-Redundanzfehler

OB 73 Kommunikations-Redundanzfehler

Der Aufruf dieser Asynchronfehler-Organisationsbausteine kann mit den Systemfunktionen SFC 39 DIS_IRT und SFC 40 EN_IRT gesperrt und freigegeben und mit SFC 41 DIS_AIRT und SFC 42 EN_AIRT verzögert und freigegeben werden.

### Zeitfehler

Das Betriebssystem ruft den Organisationsbaustein OB 80 auf, wenn einer der folgenden Fehler auftritt:

▷ Überschreitung der Zyklusüberwachungszeit

▷ OB-Anforderungsfehler (der angeforderte OB ist noch in Bearbeitung, oder ein OB wird innerhalb einer Prioritätsklasse zu oft angefordert)

▷ Uhrzeitfehleralarm (abgelaufener Uhrzeitalarm durch Vorstellen der Uhrzeit oder nach Übergang in RUN)

Ist der OB 80 nicht vorhanden, wechselt die CPU bei einem Zeitfehler in den Betriebszustand STOP. Die CPU geht ebenfalls in STOP, wenn der OB im gleichen Programmzyklus ein zweites Mal aufgerufen wird.

### Stromversorgungsfehler

Das Betriebssystem ruft den Organisationsbaustein OB 81 auf, wenn einer der folgenden Fehler auftritt:

▷ mindestens eine Pufferbatterie im Zentralgerät oder in einem Erweiterungsgerät ist leer

▷ Pufferspannung im Zentralgerät oder in einem Erweiterungsgerät fehlt

▷ Ausfall der 24 V-Versorgung im Zentralgerät oder in einem Erweiterungsgerät

Der OB 81 wird bei kommendem und gehendem Ereignis aufgerufen. Ist der OB 81 nicht vorhanden, läuft die CPU bei einem Stromversorgungsfehler weiter.

### Ziehen/Stecken-Alarm

Das Betriebssystem überwacht im Sekundenabstand die Baugruppenkonfiguration. Jedes Ziehen oder Stecken einer Baugruppe in den Betriebszuständen RUN, STOP und ANLAUF führt zu je einem Eintrag in den Diagnosepuffer und in die Systemzustandsliste.

Zusätzlich ruft das Betriebssystem im RUN den Organisationsbaustein OB 83 auf. Ist der OB 83 nicht vorhanden, wechselt die CPU bei einem Ziehen/Stecken-Alarm in den Betriebszustand STOP.

Bis zum Auslösen des Ziehen/Stecken-Alarms kann eine Sekunde vergehen. Dadurch ist es möglich, daß beim Ziehen einer Baugruppe zwischenzeitlich ein Zugriffsfehler oder ein Fehler bei der Prozeßabbildaktualisierung gemeldet wird.

Wird eine geeignete Baugruppe auf einen projektierten Steckplatz gesteckt, erfolgt eine automatische Parametrierung der Baugruppe durch die CPU mit den auf der CPU vorliegenden Datensätzen. Erst danach wird der OB 83 aufgerufen, um die gesteckte Baugruppe wieder betriebsbereit zu melden.

### CPU-Hardwarefehler

Das Betriebssystem ruft den Organisationsbaustein OB 84 auf, wenn ein Schnittstellenfehler (MPI-Netz, PROFIBUS-DP) auftritt oder verschwindet. Ist der OB 84 nicht vorhanden, wechselt die CPU bei einem CPU-Hardwarefehler in den Betriebszustand STOP.

### Programmablauffehler

Das Betriebssystem ruft den Organisationsbaustein OB 85 auf, wenn eines der folgenden Ereignisse auftritt:

▷ Startanforderung für einen nicht geladenen Organisationsbaustein

▷ Fehler beim Zugriff des Betriebssystems auf einen Baustein (z.B. fehlender Instanz-Datenbaustein beim Aufruf eines Systemfunktionsbausteins SFB)

▷ Peripheriezugriffsfehler bei der systemseitigen (automatischen) Aktualisierung des Prozeßabbilds

Bei den S7-400-CPUs und der CPU 318 wird der OB 85 bei einem systemseitigen Peripheriezugriffsfehler aufgerufen, d.h. beim Aktualisieren des Prozeßabbilds in jedem Zyklus. In das betreffende Byte im Eingangs-Prozeßabbild wird dann beim Aktualisieren jedesmal der Ersatzwert oder Null eingetragen.

Bei den S7-300-CPUs (außer CPU 318) erfolgt bei einem Peripheriezugriffsfehler beim automatischen Aktualisieren des Prozeßabbilds kein Aufruf des OB 85. Beim ersten fehlerhaften Zugriff wird der Ersatzwert bzw. Null in das betreffende Byte eingetragen; anschließend wird es nicht mehr aktualisiert.

Bei entsprechend ausgelegten CPUs können Sie bei einem systemseitig aufgetretenen Peripheriezugriffsfehler den Aufrufmodus des OB 85 per CPU-Parametrierung beeinflussen:

- ▷ Der OB 85 wird jedesmal aufgerufen. Es wird jedesmal das betroffene Eingangsbyte mit dem Ersatzwert bzw. Null beschrieben.
- ▷ Der OB 85 wird beim ersten Zugriffsfehler mit dem Attribut „kommend" aufgerufen. Ein betroffenes Eingangsbyte wird nur das erste Mal mit dem Ersatzwert bzw. Null beschrieben; danach nicht mehr aktualisiert. Ist der Fehler wieder behoben, wird der OB 85 mit dem Attribut „gehend" aufgerufen; danach wieder „normal" aktualisiert.
- ▷ Der OB 85 wird bei einem Zugriffsfehler nicht aufgerufen. Betroffene Eingangsbytes werden einmalig mit dem Ersatzwert bzw. Null beschrieben und dann nicht mehr aktualisiert.

Ist der OB 85 nicht vorhanden, wechselt die CPU bei einem Programmablauffehler in den Betriebszustand STOP.

### Baugruppenträgerausfall

Das Betriebssystem ruft den Organisationsbaustein OB 86 auf, wenn es den Ausfall eines Baugruppenträgers (Spannungsausfall, unterbrochene Leitung, defekte IM) sowie den Ausfall eines Subnetzes oder einer Station der Dezentralen Peripherie erkennt. Der OB 86 wird bei kommendem und gehendem Ereignis aufgerufen.

Im Mehrprozessorbetrieb wird bei einem Baugruppenträgerausfall der OB 86 in allen CPUs aufgerufen.

Ist der OB 86 nicht vorhanden, wechselt die CPU bei einem Baugruppenträgerausfall in den Betriebszustand STOP.

### Kommunikationsfehler

Das Betriebssystem ruft den Organisationsbaustein OB 87 auf, wenn ein Kommunikationsfehler auftritt. Kommunikationsfehler sind z.B.

- ▷ Falsche Telegrammkennung oder Telegrammlängenfehler bei der Globaldaten-Kommunikation
- ▷ Senden von Diagnoseeinträgen nicht möglich
- ▷ Fehler bei der Uhrzeitsynchronisation
- ▷ GD-Status nicht in einen Datenbaustein eintragbar

Ist der OB 87 nicht vorhanden, wechselt die CPU bei einem Kommunikationsfehler in den Betriebszustand STOP.

### Peripherie-Redundanzfehler

Das Betriebssystem einer H-CPU ruft den Organisationsbaustein OB 70 auf, wenn ein Redundanzverlust auf PROFIBUS-DP auftritt, z.B. bei einem Busausfall am aktiven DP-Master oder bei einem Fehler in der Anschaltung eines DP-Slaves.

Ist der OB 70 nicht vorhanden, läuft die CPU bei einem Peripherie-Redundanzfehler weiter.

### CPU-Redundanzfehler

Das Betriebssystem einer H-CPU ruft den Organisationsbaustein OB 72 auf, wenn eines der folgenden Ereignisse auftritt:

- ▷ Redundanzverlust der CPU
- ▷ Vergleichsfehler (z.B. im RAM, im PAA)
- ▷ Reserve-Master-Umschaltung
- ▷ Synchronisationsfehler
- ▷ Fehler in einem SNYC-Modul
- ▷ Abbruch des Aufdatens

Ist der OB 72 nicht vorhanden, läuft die CPU bei einem CPU-Redundanzfehler weiter.

## 23.4 Systemdiagnose

### 23.4.1 Diagnoseereignisse und Diagnosepuffer

Die Systemdiagnose ist die Erkennung, Auswertung und die Meldung von Fehlern, die innerhalb des Automatisierungssystems auftreten. Beispiele für solche Fehler sind Fehler im Anwenderprogramm oder Ausfälle auf Baugruppen aber auch Drahtbruch bei Signalbaugruppen. Diese *Diagnoseereignisse* können sein:

▷ Diagnosealarme von diagnosefähigen Baugruppen

▷ Systemfehler und Betriebszustandsübergänge der CPU

▷ Anwendermeldungen durch Systemfunktionen.

Die diagnosefähigen Baugruppen unterscheiden zwischen parametrierbaren und nichtparametrierbaren Diagnoseereignissen. Bei den parametrierbaren Diagnoseereignissen erfolgt eine Meldung nur dann, wenn Sie mittels Parametrierung die Diagnose freigegeben haben. Die nichtparametrierbaren Diagnoseereignisse werden unabhängig von der Diagnosefreigabe immer gemeldet. Bei einem zu meldenden Diagnoseereignis

▷ leuchtet die Fehler-LED an der CPU

▷ wird das Diagnoseereignis an das Betriebssystem der CPU weitergegeben

▷ wird ein Diagnosealarm ausgelöst, wenn Sie bei der Parametrierung den Diagnosealarm freigegeben haben (standardmäßig sind die Diagnosealarme gesperrt).

Alle an das Betriebssystem der CPU gemeldeten Diagnoseereignisse werden in einen *Diagnosepuffer* in der Reihenfolge ihres Auftretens mit Datum und Uhrzeit eingetragen. Der Diagnosepuffer ist ein gepufferter Speicherbereich in der CPU, der auch beim Urlöschen seinen Inhalt behält. Der Diagnosepuffer ist als Ringpuffer aufgebaut, seine Größe ist CPU-spezifisch. Ist der Diagnosepuffer voll, wird der jeweils älteste Eintrag vom aktuellen Diagnoseereignis überschrieben.

Sie können den Diagnosepuffer mit einem Programmiergerät jederzeit auslesen. Im Parameterblock *Systemdiagnose* der CPU können Sie einstellen, ob Sie erweiterte Diagnosepuffereinträge (zusätzlich alle OB-Aufrufe) wünschen. Sie können auch einstellen, ob der letzte Diagnoseeintrag, bevor die CPU in den STOP-Zustand geht, zu einem dafür angemeldeten Teilnehmer am MPI-Bus gesendet wird.

### 23.4.2 Anwendereintrag in den Diagnosepuffer schreiben

Mit der Systemfunktion SFC 52 WR_USMSG schreiben Sie einen Eintrag in den Diagnosepuffer und können ihn an alle angemeldeten Teilnehmer am MPI-Bus senden. Die Tabelle 23.6 zeigt die Parameter der SFC 52.

Der Eintrag in den Diagnosepuffer entspricht in seinem Aufbau dem eines Systemereignisses, z.B. der Startinformation eines Organisationsbausteins. Sie können im Rahmen der zugelassenen Belegung die Ereignis-ID (Parameter EVENTN) und die Zusatzinformationen (Parameter INFO1 und INFO2) frei wählen.

Die Ereignis-ID ist mit den ersten beiden Bytes des Puffereintrags identisch (Bild 23.1). Für einen Anwendereintrag zugelassen sind die Ereignisklassen 8 (Diagnoseeinträge für Signalbaugruppen), 9 (Standard-Anwenderereignisse), A und B (frei verfügbare Anwenderereignisse).

**Tabelle 23.6** Parameter für SFC 52 WR_USMSG

| SFC | Parametername | Deklaration | Datentyp | Belegung, Beschreibung |
|---|---|---|---|---|
| 52 | SEND | INPUT | BOOL | bei „1“: Senden ist freigeben |
| | EVENTN | INPUT | WORD | Ereignis-ID |
| | INFO1 | INPUT | ANY | Zusatzinformation 1 (ein Wort) |
| | INFO2 | INPUT | ANY | Zusatzinformation 2 (ein Doppelwort) |
| | RET_VAL | OUTPUT | INT | Fehlerinformation |

Die Zusatzinformation 1 entspricht den Bytes 7 und 8 des Puffereintrags (ein Wort) und die Zusatzinformation 2 den Bytes 9 bis 12 (ein Doppelwort). Der Inhalt beider Variablen ist frei wählbar.

Mit SEND = „1“ bestimmen Sie, daß der Diagnosepuffereintrag an die angemeldeten Teilnehmer gesendet werden soll. Auch wenn ein Senden nicht möglich ist (z.B. kein Teilnehmer angemeldet ist oder der Sendepuffer voll ist) erfolgt dennoch der Eintrag in den Diagnosepuffer (wenn das Bit 9 der Ereignis-ID gesetzt ist).

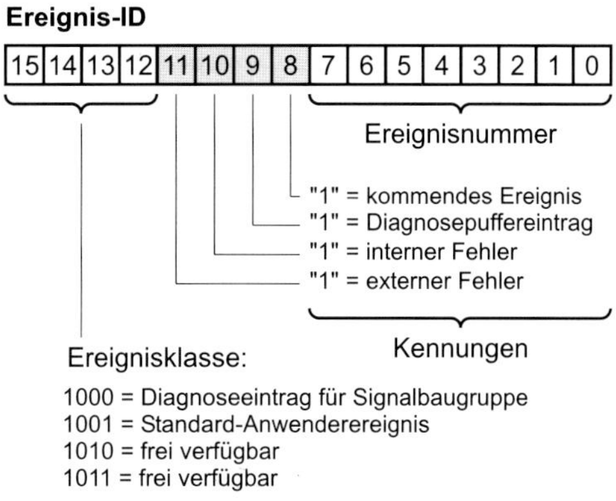


**Bild 23.1** Ereignis-ID bei Diagnosepuffereinträgen

### 23.4.3 Auswertung des Diagnosealarms

Bei einem kommenden und gehenden Diagnosealarm unterbricht das Betriebssystem die aktuelle Bearbeitung des Anwenderprogramms und ruft den Organisationsbaustein OB 82 auf. Ist der OB 82 nicht programmiert, geht bei einem Diagnosealarm die CPU in den STOP-Zustand. Sie können die Bearbeitung des OB 82 mit den Systemfunktionen SFC 39 DIS_IRT und SFC 40 EN_IRT sperren bzw. freigeben und mit den SFC 41 DIS_AIRT und SFC 42 EN_AIRT verzögern bzw. freigeben.

Im ersten Byte der Startinformation steht B#16#39 für einen kommenden Diagnosealarm und B#16#38 für einen gehenden. Das sechste Byte zeigt die Adressenkennung an (B#16#54 entspricht einem Eingang, B#16#55 einem Ausgang); die darauffolgende INT-Variable enthält die Adresse der Baugruppe, die den Diagnose-Alarm gesendet hat. Die nachfolgenden vier Bytes enthalten die Diagnoseinformation, die die Baugruppe liefert.

Sie können im OB 82 die Systemfunktion SFC 59 RD_REC (Datensatz lesen) nutzen, um detailliertere Fehlerinformationen zu erhalten. Die Diagnoseinformationen sind bis zum Verlassen des OB 82 konsistent, d.h. sie bleiben eingefroren. Mit Verlassen des OB 82 wird der Diagnosealarm auf der Baugruppe quittiert.

Die Diagnosedaten einer Baugruppe stehen in den Datensätzen DS 0 und DS 1. Der Datensatz DS 0 enthält 4 Byte Diagnosedaten, die den aktuellen Zustand der Baugruppe beschreiben. Die Belegung dieser vier Bytes ist mit der Belegung der Bytes 8 bis 11 der Startinformation des OB 82 identisch. Der Datensatz DS 1 enthält die vier Bytes des Datensatzes DS 0 und zusätzlich die baugruppenspezifischen Diagnosedaten.

### 23.4.4 Systemzustandsliste lesen

Die Systemzustandsliste (SZL) beschreibt den aktuellen Zustand eines Automatisierungssystems. Der Inhalt der SZL kann durch Auskunftsfunktionen nur gelesen, nicht aber geändert werden. Sie können mit der Systemfunktion SFC 51 RDSYSST eine Teilliste der SZL auslesen. Die Teillisten sind virtuelle Listen, d.h. sie werden vom Betriebssystem der CPU nur auf Anforderung zusammengestellt. Die Parameter der SFC 51 sind in der Tabelle 23.7 erläutert.

Sie stoßen das Lesen mit REQ = „1“ an und erkennen an BUSY = „0“ den Abschluß des Lesevorgangs. Das Betriebssystem kann mehrere asynchron angestoßene Lesevorgänge quasi gleichzeitig bearbeiten, die Anzahl ist CPU-abhängig. Meldet die SFC 51 über den Funktionswert einen Ressourcenmangel (W#16#8085), stoßen Sie den Lesevorgang noch einmal an.

Die Belegung der Parameter SZL_ID und INDEX sind CPU-abhängig. Der Parameter SZL_HEADER hat den Datentyp STRUCT mit den Variablen LENGTHDR (Datentyp WORD) und N_DR (WORD) als Komponenten. In LENGTHDR steht die Länge eines Datensatzes, in N_DR die Anzahl der gelesenen Datensätze.

**Tabelle 23.7** Parameter der SFC 51 RDSYSST

| SFC | Parameter | Deklaration | Datentyp | Belegung, Beschreibung |
|---|---|---|---|---|
| 51 | REQ | INPUT | BOOL | bei „1“: Anstoß der Bearbeitung |
| | SZL_ID | INPUT | WORD | SZL-ID der Teilliste |
| | INDEX | INPUT | WORD | Typ oder Nummer des Teillistenobjekts |
| | RET_VAL | OUTPUT | INT | Fehlerinformation |
| | BUSY | OUTPUT | BOOL | bei „1“: Lesevorgang noch nicht abgeschlossen |
| | SZL_HEADER | OUTPUT | STRUCT | Länge und Anzahl der gelesenen Datensätze |
| | DR | OUTPUT | ANY | Feld für die gelesenen Datensätze |

Am Parameter DR geben Sie die Variable oder den Datenbereich an, in den die SFC 51 die Datensätze eintragen soll. Beispielsweise stellen Sie mit P#DB200.DBX0.0 WORD 256 einen Bereich von 256 Datenwörtern im Datenbaustein DB 200 von DBB 0 an beginnend zur Verfügung. Ist der zur Verfügung gestellte Bereich zu klein, werden so viele Datensätze wie möglich geliefert. Es werden nur vollständige Datensätze übertragen. Der Bereich muß jedoch mindestens einen Datensatz aufnehmen können.

# Variablenhantierung

Dieser Teil des Buchs gibt Auskunft über die Hantierung komplexer Variablen. Hierzu ist die Kenntnis im Aufbau der Datentypen notwendig, die Beherrschung der indirekten Adressierung ist Voraussetzung und man braucht eine Möglichkeit, die Adresse der Variablen zur Laufzeit zu bestimmen.

Variablen mit elementaren **Datentypen** lassen sich mit AWL-Anweisungen direkt ansprechen, seien es nun binäre Verknüpfungen, Speicherfunktionen oder Laden und Transferieren. Bei zusammengesetzten Datentypen und bei anwenderdefinierten Datentypen ist derzeit nur ein direktes Ansprechen der einzelnen Komponenten möglich. Will man dennoch Variablen mit diesen Datentypen verarbeiten, muß man die Struktur (den inneren Aufbau) der Variablen kennen.

Die **indirekte Adressierung** gestattet es, Operanden anzusprechen, deren Adresse erst zur Laufzeit bekannt ist. Sie können wählen zwischen der speicherindirekten und der registerindirekten Adressierung. Sogar den Operandenbereich können Sie erst zur Laufzeit einsetzen. Mit der indirekten Adressierung haben Sie die Möglichkeit, Variablen mit zusammengesetzten und anwenderdefinierten Datentypen absolut anzusprechen.

Der **direkte Variablenzugriff** lädt die aktuelle Adresse einer Lokalvariablen. Wenn Sie die Adresse ermittelt haben, können Sie Lokalvariablen (und damit auch Bausteinparameter) mit beliebigen Datentypen bearbeiten. Die hierfür notwendigen Informationen stehen in den beiden vorangegangenen Kapiteln.

Mehrere umfangreiche Beispiele – zusammengefaßt im Kapitel 26.4 „Kurzbeschreibung „Beispiel Telegramm““ – verdeutlichen die Hantierung komplexer Variablen. Die Beispiele „Telegrammdaten“, „Telegramm aufbereiten“ und „Uhrzeitabfrage“ behandeln den Umgang mit anwenderdefinierten Datentypen und die Anwendung von Variablen mit zusammengesetzten Datentypen in Verbindung mit System- und Standardfunktionen. Die Beispiele „Prüfsumme“ und „Datumswandlung“ beschreiben den Zugriff auf Parameter mit komplexen Datentypen mit Hilfe der indirekten Adressierung. Das Beispiel „Telegramm speichern“ zeigt, wie man mit der Systemfunktion SFC 20 BLKMOV Datenbereiche übertragen kann, deren Adresse erst zur Laufzeit berechnet wird.

# 24 Datentypen

Datentypen legen die Eigenschaften von Daten fest, im wesentlichen die Darstellung des Inhalts eines oder mehrerer zusammengehörender Operanden und die zulässigen Bereiche. STEP 7 stellt vordefinierte Datentypen zur Verfügung, die Sie zusätzlich zu selbst definierten Datentypen zusammenstellen können. Die Datentypen sind global verfügbar; sie können in jedem Baustein verwendet werden.

Kapitel 3.7 „Variablen und Konstanten" zeigt eine Übersicht aller Datentypen und die entsprechende Konstantendarstellung.

Dieses Kapitel gibt detaillierte Informationen zu elementaren und zusammengesetzten Datentypen und zeigt die Struktur (den Aufbau) entsprechender Variablen. Sie erfahren, wie anwenderdefinierte Datentypen erstellt und angewendet werden.

Beispiele zu den Datentypen sind auf der dem Buch beiliegenden Diskette in der Bibliothek AWL_Buch unter dem Programm „Variablenhantierung" in den Funktionsbausteinen FB 101, FB 102 und FB 103 bzw. in der Quelldatei Kap_24 dargestellt.

## 24.1 Elementare Datentypen

Variablen mit elementaren Datentypen sind maximal ein Doppelwort lang; sie können also mit Lade- und Transferfunktionen bzw. mit binären Verknüpfungen und Speicherfunktionen bearbeitet werden.

### 24.1.1 Deklaration elementarer Datentypen

Elementare Datentypen können ein Bit, ein Byte, ein Wort oder ein Doppelwort belegen.

*Deklaration*

| |
|---|
| *varname* : *datentyp* := *Vorbelegung*; |

*varname* ist der Name der Variablen
*datentyp* ist ein elementarer Datentyp
*Vorbelegung* ist ein fester Wert

Die Bezeichnungen der Datentypen (z.B. BOOL, REAL) sind Schlüsselwörter; sie dürfen auch mit Kleinbuchstaben geschrieben werden. Eine Variable mit elementarem Datentyp kann global in der Symboltabelle oder lokal im Deklarationsteil eines Bausteins deklariert werden.

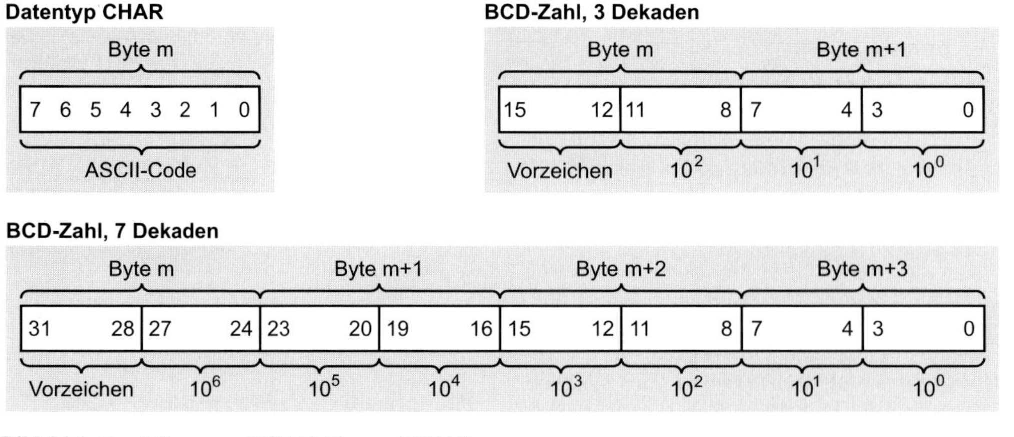


**Bild 24.1** Darstellung von BCD-Zahlen und CHAR

*Vorbelegung*

Bei der Deklaration kann die Variable vorbelegt werden (nicht als Bausteinparameter an einer Funktion oder als temporäre Variable). Die Vorbelegung muß vom gleichen Datentyp wie die Variable sein.

*Anwendung*

Variablen mit elementarem Datentyp können Sie an entsprechend deklarierte Bausteinparameter (vom gleichen Datentyp, POINTER oder ANY) anlegen oder mit „normalen" AWL-Anweisungen (z.B. binäre Abfragen, Ladefunktionen) ansprechen.

*Ablage der Variablen*

Eine Variable vom elementaren Datentyp wird wie der entsprechende Operand abgelegt. Es sind alle Operandenbereiche, auch Bausteinparameter, zugelassen.

### 24.1.2 BOOL, BYTE, WORD, DWORD, CHAR

Eine Variable mit Datentyp BOOL stellt einen Bitwert dar (z.B. Eingang E 1.0). Variablen mit den Datentypen BYTE, WORD und DWORD sind Bitfolgen aus 8, 16 bzw. 32 Bits. Die einzelnen Bits werden nicht bewertet. Die möglichen Darstellungen als Konstanten zeigt Ihnen Kapitel 3 „SIMATIC S7-Programm".

Sonderformen dieser Datentypen sind die BCD-Zahlen und der Zählwert, wie er in Verbindung mit den Zählfunktionen verwendet wird, sowie der Datentyp CHAR, der ein Zeichen in ASCII-Codierung darstellt (Bild 24.1).

#### BCD-Zahlen

In AWL werden BCD-Zahlen nicht besonders gekennzeichnet. Sie geben eine BCD-codierte Zahl mit dem Datentyp 16# (hexadezimal) ein und verwenden nur die Ziffern 0 bis 9.

BCD-codierte Zahlen kommen vor beim codierten Laden von Zeit- und Zählwerten und in Verbindung mit Umwandlungsfunktionen. Zur Vorgabe eines Zeitwerts beim Starten einer Zeitfunktion gibt es den Datentyp S5TIME# (siehe weiter unten), zur Vorgabe eines Zählwerts den Datentyp 16# oder C#. Ein Zählwert C# ist eine BCD-codierte Zahl zwischen 000 und 999, wobei das Vorzeichen immer 0 ist.

In der Regel sind BCD-codierte Zahlen vorzeichenlose Zahlen. In Verbindung mit den Umwandlungsfunktionen wird das Vorzeichen einer BCD-codierten Zahl in der links außen liegenden (höchsten) Dekade untergebracht. Dadurch geht im Zahlenbereich eine Dekade verloren.

Bei einer in einem 16-bit-Wort untergebrachten BCD-codierten Zahl steht das Vorzeichen in der obersten Dekade, wobei nur die Bitstelle 15 relevant ist. Signalzustand „0" bedeutet, daß die Zahl positiv ist. Signalzustand „1" steht für eine negative Zahl. Das Vorzeichen beeinflußt nicht die Belegung der einzelnen Dekaden. Für ein 32-bit-Wort gilt eine äquivalente Belegung.

Der zur Verfügung stehende Zahlenbereich beträgt bei 16-bit-BCD-Zahlen 0 bis ±999 und bei 32-bit-BCD-Zahlen 0 bis ±9 999 999.

#### CHAR

Eine Variable mit Datentyp CHAR (Zeichen) belegt ein Byte. Der Datentyp CHAR stellt ein einziges Zeichen dar, das im ASCII-Format abgelegt ist. Beispiel: 'A'. Sie können jedes abdruckbare Zeichen in einfachen Anführungszeichen verwenden.

In Verbindung mit AWL-Ladeanweisungen gibt es für einige Sonderzeichen die in der Tabelle 24.1 gezeigte Notation. Beispiel: L '$$' lädt ein Dollarzeichen in ASCII-Codierung.

Zusätzlich können Sie weitere Sonderformen des Datentyps CHAR beim Laden von ASCII-codierten Zeichen in den Akkumulator verwenden: Mit L 'a' laden Sie ein Zeichen rechtsbündig (in diesem Fall ein a), mit L 'aa' zwei Zeichen und mit L 'aaaa' 4 Zeichen in den Akkumulator.

**Tabelle 24.1** Sonderzeichen für CHAR

| CHAR | Hex | Bedeutung |
|---|---|---|
| $$ | $24_{hex}$ | Dollarzeichen |
| $' | $27_{hex}$ | einfaches Anführungszeichen |
| $L oder $l | $0A_{hex}$ | Zeilenvorschub (LF) |
| $P oder $p | $0C_{hex}$ | Seitenvorschub (FF) |
| $R oder $r | $0D_{hex}$ | Wagenrücklauf (CR) |
| $T oder $t | $09_{hex}$ | Tabulator |

### 24.1.3 Zahlendarstellungen

In diesem Kapitel sind die Datentypen INT, DINT und REAL zusammengefaßt. Die Bitbelegung dieser Datentypen zeigt Bild 24.2.

#### INT

Eine Variable mit Datentyp INT stellt eine ganze Zahl dar, die als Ganzzahl (16-bit-Festpunktzahl) gespeichert wird. Der Datentyp INT hat kein spezielles Kennzeichen.

Eine Variable mit Datentyp INT belegt ein Wort. Die Signalzustände der Bits 0 bis 14 stehen für den Stellenwert der Zahl; der Signalzustand von Bit 15 stellt das Vorzeichen (V) dar. Signalzustand „0" heißt, die Zahl ist positiv. Signalzustand „1" steht für eine negative Zahl. Die Darstellung einer negativen Zahl erfolgt im Zweierkomplement.

Der Zahlenbereich geht

von +32 767 ($7FFF_{hex}$)

bis –32 768 ($8000_{hex}$).

#### DINT

Eine Variable mit Datentyp DINT stellt eine ganze Zahl dar, die als Ganzzahl (32-bit-Festpunktzahl) abgelegt wird. Eine ganze Zahl wird als DINT-Variable gespeichert, wenn sie größer als +32 767 oder kleiner als –32 768 ist oder wenn als Typkennzeichen ein L# vor der Zahl steht.

Eine Variable mit Datentyp DINT belegt ein Doppelwort. Die Signalzustände der Bits 0 bis 30 stehen für die Stellenwerte der Zahl; im Bit 31 ist das Vorzeichen abgelegt. Für eine positive Zahl steht „0" in diesem Bit, für eine negative „1". Negative Zahlen werden im Zweierkomplement abgelegt.

Der Zahlenbereich geht

von +2 147 483 647 ($7FFF\ FFFF_{hex}$)

bis –2 147 483 648 ($8000\ 0000_{hex}$).

Beispiel für AWL: Mit L –100 laden Sie eine INT-Zahl in den Akkumulator; mit L L#–100 eine DINT-Zahl. Der Unterschied liegt in der Belegung des linken Worts im Akkumulator: Beim Beispiel der INT-Zahl –100 steht hier der Wert $0000_{hex}$, bei der DINT-Zahl –100 das Vorzeichen $FFFF_{hex}$.

Beispiel für SCL: Wenn Sie den konstanten Wert –100 angeben, wandelt der Editor den Wert automatisch in eine DINT-Zahl, wenn er mit einer DINT-Variablen verknüpft wird („implizite" Datentypwandlung).

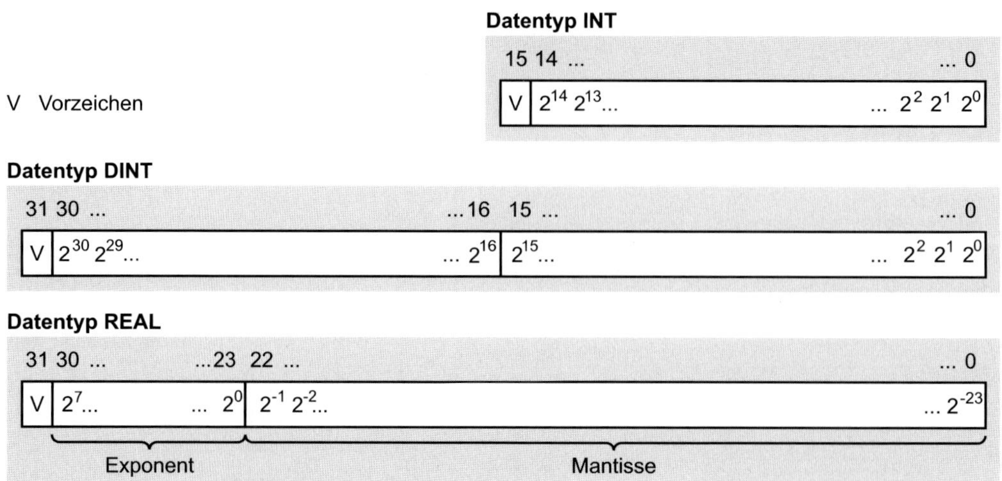


**Bild 24.2** Bitbelegung der Datentypen INT, DINT und REAL

### REAL

Eine Variable mit Datentyp REAL stellt eine gebrochene Zahl dar, die als 32-bit-Gleitpunktzahl abgelegt wird. Eine ganze Zahl wird als REAL-Variable gespeichert, wenn nach dem Punkt (der für das Komma steht) eine Null steht.

Beispiel für AWL: Während 100 bzw. L#100 die positive Zahl 100 im Formal INT bzw. DINT kennzeichnet, geben Sie 100 im REAL-Format mit 100.0 oder 1.0e+2 an (Angabe mit Dezimalpunkt mit oder ohne Exponent).

Beispiel für SCL: In Verbindung mit REAL-Variablen können Sie konstante Werte in jeder numerischen Darstellung angeben. Der Wert 100 z.B. wird vom Editor automatisch in eine DINT- oder REAL-Zahl gewandelt, wenn er mit einer entsprechenden Variablen verknüpft wird („implizite" Datentypwandlung).

In der Exponentendarstellung können Sie vor dem „e" oder „E" eine ganze oder gebrochene Zahl mit 7 relevanten Stellen mit Vorzeichen angeben. Die Angabe nach „e" oder „E" ist der Exponent zur Basis 10. Die Umrechnung der REAL-Variablen in die interne Darstellung einer Gleitpunktzahl übernimmt STEP 7.

Bei den REAL-Variablen unterscheidet man Zahlen, die mit der vollen Genauigkeit dargestellt werden können („normalisierte" Gleitpunktzahlen), und Zahlen mit einer eingeschränkten Genauigkeit („denormalisierte" Gleitpunktzahlen). Der Wertebereich einer normalisierten Gleitpunktzahl liegt zwischen den Grenzen:

$-3{,}402\,823 \times 10^{+38}$ bis $-1{,}175\,494 \times 10^{-38}$
$\pm 0$
$+1{,}175\,494 \times 10^{-38}$ bis $+3{,}402\,823 \times 10^{+38}$

Eine denormalisierte Gleitpunktzahl kann zwischen folgenden Grenzen liegen:

$-1{,}175\,494 \times 10^{-38}$ bis $-1{,}401\,298 \times 10^{-45}$
und
$+1{,}401\,298 \times 10^{-45}$ bis $+1{,}175\,494 \times 10^{-38}$

Die S7-300-CPUs (außer CPU 318) können nicht mit denormalisierten Gleitpunktzahlen rechnen. Das Bitmuster einer denormalisierten Zahl wird wie eine Null interpretiert. Fällt ein Rechenergebnis in diesen Bereich, wird es als Null dargestellt, wobei die Statusbits OV und OS gesetzt werden (Zahlenbereichsunterschreitung).

Die CPUs rechnen mit der vollen Genauigkeit der Gleitpunktzahlen. Die Anzeige am PG kann, bedingt durch Rundungsfehler beim Wandeln, von der theoretisch genauen Darstellung abweichen.

Eine Variable mit Datentyp REAL besteht intern aus drei Komponenten: dem Vorzeichen, dem 8-bit-Exponenten zur Basis 2 und der 23-bit-Mantisse. Das Vorzeichen kann die Werte „0" (positiv) oder „1" (negativ) annehmen. Der Exponent wird um eine Konstante (Bias, +127) erhöht abgelegt, so daß er einen Wertebereich von 0 bis 255 aufweist. Die Mantisse stellt den gebrochenen Anteil dar. Der ganzzahlige Anteil der Mantisse wird nicht abgelegt, da er entweder immer 1 (bei normalisierten Gleitpunktzahlen) oder immer 0 (bei denormalisierten Gleitpunktzahlen) ist. Die Tabelle 24.2 zeigt die internen Bereichsgrenzen einer Gleitpunktzahl.

**Tabelle 24.2** Bereichsgrenzen einer Gleitpunktzahl

| Vorz. | Exponent | Mantisse | Bedeutung |
|---|---|---|---|
| 0 | 255 | ungleich 0 | keine gültige Gleitpunktzahl (not a number) |
| 0 | 255 | 0 | + unendlich |
| 0 | 1 ... 254 | beliebig | positive normalisierte Gleitpunktzahl |
| 0 | 0 | ungleich 0 | positive denormalisierte Gleitpunktzahl |
| 0 | 0 | 0 | + Null |
| 1 | 0 | 0 | – Null |
| 1 | 0 | ungleich 0 | negative denormalisierte Gleitpunktzahl |
| 1 | 1 ... 254 | beliebig | negative normalisierte Gleitpunktzahl |
| 1 | 255 | 0 | – unendlich |
| 1 | 255 | ungleich 0 | keine gültige Gleitpunktzahl (not a number) |

### 24.1.4 Zeitdarstellungen

In diesem Kapitel sind die Datentypen S5TIME, DATE, TIME und TIME_OF_DAY zusammengefaßt. Die Bitbelegung dieser Datentypen zeigt Bild 24.3.

Ein in diese Kategorie passender Datentyp (DATE_AND_TIME) gehört zu den zusammengesetzten Datentypen, da er 8 Bytes belegt.

#### S5TIME

Eine Variable mit Datentyp S5TIME wird bei den Basissprachen AWL, KOP und FUP zur Versorgung der SIMATIC-Zeitfunktionen verwendet (SCL verwendet hierfür die Darstellung des Datentyps TIME). Der Datentyp S5TIME belegt ein 16-bit-Wort mit 1 + 3 Dekaden.

Die Zeitdauer wird in Stunden, Minuten, Sekunden und Millisekunden angegeben. Die Wandlung in die interne Darstellung übernimmt STEP 7. Die interne Darstellung erfolgt als BCD-Zahl von 000 bis 999. Das Zeitraster kann folgende Werte annehmen: 10 ms (0000), 100 ms (0001), 1 s (0010) und 10 s (0011). Die Zeitdauer ist das Produkt aus Zeitraster und Zeitwert.

Beispiele:

S5TIME#500ms (= $0050_{hex}$)

S5T#2h46m30s (= $3999_{hex}$)

#### DATE

Eine Variable mit Datentyp DATE (Datum) wird in einem Wort als vorzeichenlose Festpunktzahl abgelegt. Der Inhalt der Variablen entspricht der Anzahl der Tage seit 01.01.1990. Die Darstellung enthält das Jahr, den Monat und den Tag, jeweils getrennt durch einen Bindestrich. Beispiele:

DATE#1990-01-01 (= $0000_{hex}$)

D#2168-12-31 (= $FF62_{hex}$)

#### TIME

Eine Variable mit Datentyp TIME (Zeitdauer) belegt ein Doppelwort. Die Darstellung enthält die Angaben für Tage (d), Stunden (h), Minuten (m), Sekunden (s) und Millisekunden (ms), wobei einzelne Angaben weggelassen werden können. Der Inhalt der Variablen wird als Millisekunden (ms) interpretiert und als 32-bit-Festpunktzahl mit Vorzeichen abgelegt.

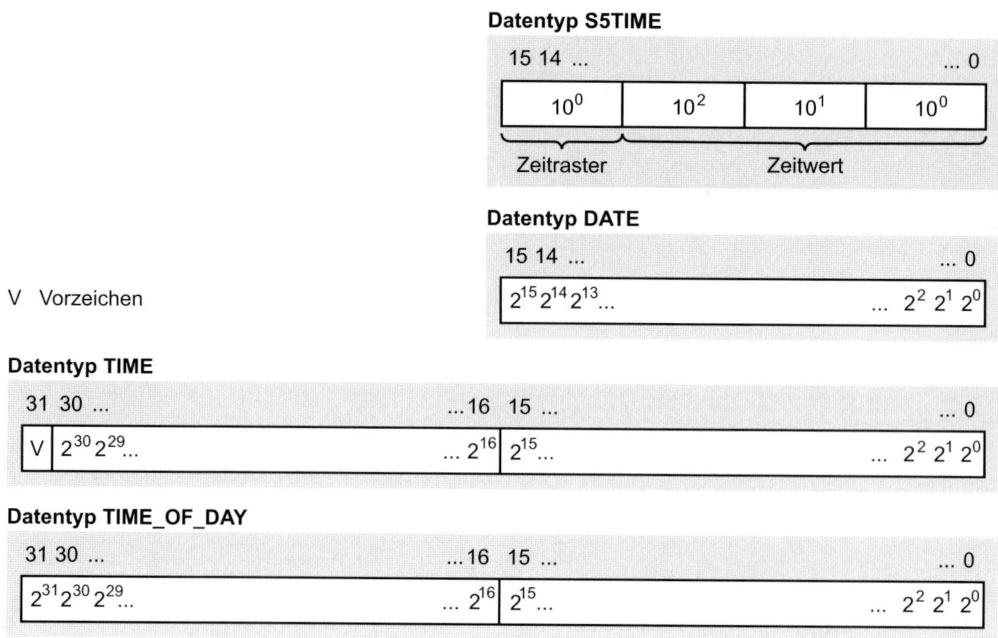


**Bild 24.3** Bitbelegung der Datentypen S5TIME, DATE, TIME und TIME_OF_DAY

Beispiele:

TIME#24d20h31m23s647ms (= 7FFF_FFFF$_{hex}$)

TIME#0ms (= 0000_0000$_{hex}$)

T#–24d20h31m23s648ms (= 8000_0000$_{hex}$)

SCL verwendet diese Darstellung für die Zeitdauer bei SIMATIC-Zeitfunktionen (S5TIME). Der Editor rechnet dann den angegebenen TIME-Wert in eine S5TIME-Darstellung (1+3 Dekaden) um und rundet gegebenenfalls ab.

Für TIME ist auch eine „Dezimaldarstellung" möglich, z.B. TIME#2.25h bzw. T#2.25h. Diese Darstellung ist bei SCL nur für positive Werte zugelassen.

Beispiele:

TIME#0.0h (= 0000_0000$_{hex}$)

TIME#24.855134d (= 7FFF_FFFF$_{hex}$)

### TIME_OF_DAY

Eine Variable mit Datentyp TIME_OF_DAY (Tageszeit) belegt ein Doppelwort. Es enthält die Anzahl der Millisekunden seit Tagesbeginn (0:00 Uhr) als vorzeichenlose Festpunktzahl. Die Darstellung enthält die Angaben für Stunden, Minuten und Sekunden, jeweils getrennt durch einen Doppelpunkt. Die Angaben der Millisekunden, im Anschluß an die Sekunden durch einen Punkt getrennt, kann entfallen.

Beispiele:

TIME_OF_DAY#00:00:00 (= 0000_0000$_{hex}$)

TOD#23:59:59.999 (= 0526_5BFF$_{hex}$)

## 24.2 Zusammengesetzte Datentypen

Zusammengesetzte Datentypen sind Datentypen, die (in ihrer Gesamtheit) mit AWL-Anweisungen nicht direkt bearbeitet werden können, jedoch bei SCL-Ausdrücken (Wertzuweisungen) erlaubt sind. STEP 7 definiert folgende vier zusammengesetzte Datentypen:

▷ DATE_AND_TIME
Datum und Uhrzeit (BCD-codiert)

▷ STRING
Zeichenfolge mit bis zu 254 Zeichen

▷ ARRAY
Feld (Zusammenstellung gleichartiger Variablen)

▷ STRUCT
Struktur (Zusammenstellung verschiedenartiger Variablen)

Die Datentypen sind vordefiniert, wobei die Länge des Datentyps STRING (Zeichenkette) und die Zusammensetzung und Größe der Datentypen ARRAY (Feld) und STRUCT (Struktur) vom Anwender festgelegt werden.

Sie können Variablen mit zusammengesetzten Datentypen nur in Global-Datenbausteinen, in Instanz-Datenbausteinen, als temporäre Lokaldaten oder als Bausteinparameter deklarieren.

### 24.2.1 DATE_AND_TIME

Der Datentyp DATE_AND_TIME (Datum und Uhrzeit) repräsentiert einen Zeitpunkt, bestehend aus dem Datum und der Uhrzeit. Statt DATE_AND_TIME können Sie auch die Abkürzung DT verwenden.

**Tabelle 24.3** Beispiele für die Deklaration von DT-Variablen und STRING-Variablen

| Name | Typ | Anfangswert | Kommentar |
|---|---|---|---|
| Datum1 | DT | DT#1990-01-01-00:00:00 | DT-Variable Minimalwert |
| Datum2 | DATE_AND_TIME | DATE_AND_TIME#2089-12-31-23:59:59.999 | DT-Variable Maximalwert |
| Vorname | STRING[10] | 'Anna' | STRING-Variable, 4 Zeichen von 10 belegt |
| Nachname | STRING[14] | 'Müller-Thurgau' | STRING-Variable, alle 14 Zeichen belegt |
| neueZeile | STRING[2] | '$R$L' | STRING-Variable, mit Sonderzeichen belegt |
| LeerKette | STRING[16] | '' | STRING-Variable ohne Eintrag |

*Deklaration*

*varname* : DATE_AND_TIME
:= *Vorbelegung*;
*varname* : DT := *Vorbelegung*;

DATE_AND_TIME bzw. DT sind Schlüsselwörter; sie dürfen auch mit Kleinbuchstaben geschrieben werden.

*Vorbelegung*

Bei der Deklaration kann die Variable vorbelegt werden (nicht als Bausteinparameter an einer Funktion, als Durchgangsparameter an einem Funktionsbaustein oder als temporäre Variable). Die Vorbelegung muß vom Typ DATE_AND_TIME bzw. DT sein und folgendes Aussehen haben:

Schlüsselwort#Jahr-Monat-Tag-Stunden:Minuten:Sekunden.Millisekunden

Die Angabe der Millisekunden kann entfallen (Tabelle 24.3).

*Anwendung*

Variablen mit Datentyp DT können an Bausteinparametern vom Datentyp DT oder ANY angelegt werden; z.B. können sie mit der Systemfunktion SFC 20 BLKMOV kopiert werden. Zur Verarbeitung dieser Variablen gibt es Standardbausteine („IEC-Funktionen“).

*Aufbau der Variablen*

Eine Variable mit Datentyp DATE_AND_TIME belegt 8 Bytes (Bild 24.4). Die Variable beginnt an einer Wortgrenze (an einem Byte mit gerader Adresse). Alle Angaben liegen im BCD-Format vor.

### 24.2.2 STRING

Der Datentyp STRING repräsentiert eine Zeichenkette, bestehend aus bis zu 254 Zeichen.

Deklaration

*varname* : STRING[*maxAnzahl*]
:= *Vorbelegung*;

STRING ist ein Schlüsselwort; es darf auch mit Kleinbuchstaben geschrieben werden.

*maxAnzahl* gibt die Anzahl der Zeichen an, die eine derart deklarierte Variable aufnehmen kann (von 0 bis 254). Diese Angabe kann auch weggelassen werden; dann setzt der Editor eine Länge von 254 Bytes ein. Bei Funktionen FC läßt der Editor keine Längenangabe zu bzw. verlangt die Standardlänge 254.

**Datenformat DT**

| | | |
|---|---|---|
| Byte n | Jahr | 0 bis 99 |
| Byte n+1 | Monat | 1 bis 12 |
| Byte n+2 | Tag | 1 bis 31 |
| Byte n+3 | Stunde | 0 bis 23 |
| Byte n+4 | Minute | 0 bis 59 |
| Byte n+5 | Sekunde | 0 bis 59 |
| Byte n+6 | ms | 0 bis 999 |
| Byte n+7 | | W.Tag |

W.Tag = Wochentag
von 1 = Sonntag
bis 7 = Samstag

**Datenformat STRING**

| | | | |
|---|---|---|---|
| Byte n | maximale Länge | (k) | |
| Byte n+1 | aktuelle Länge | (m) | |
| Byte n+2 | 1. Zeichen | aktuelle Länge | maximale Länge |
| Byte n+3 | 2. Zeichen | aktuelle Länge | maximale Länge |
| Byte ... | ... | aktuelle Länge | maximale Länge |
| Byte n+m+1 | m. Zeichen | aktuelle Länge | maximale Länge |
| Byte ... | ... | | maximale Länge |
| Byte n+k+1 | ... | | maximale Länge |

**Bild 24.4** Aufbau einer DT- und einer STRING-Variablen

*Vorbelegung*

Bei der Deklaration kann die Variable vorbelegt werden (nicht als Bausteinparameter an einer Funktion, als Durchgangsparameter an einem Funktionsbaustein oder als temporäre Variable). Die Vorbelegung erfolgt mit ASCII-codierten Zeichen in einfachen Anführungszeichen bzw. mit vorangestelltem Dollarzeichen bei bestimmten Zeichen (siehe Datentyp CHAR).

Ist der Vorbelegungswert kürzer als die deklarierte Maximallänge, werden die restlichen Zeichenplätze nicht belegt. Bei der Weiterverarbeitung einer Variablen mit dem Datentyp STRING werden nur die aktuell belegten Zeichenplätze berücksichtigt. Eine Vorbelegung als „Leerstring“ ist möglich.

*Anwendung*

Variablen mit Datentyp STRING können an Bausteinparametern vom Datentyp STRING oder ANY angelegt werden; z.B. können sie mit der Systemfunktion SFC 20 BLKMOV kopiert werden. Zur Verarbeitung dieser Variablen gibt es Standardbausteine („IEC-Funktionen“). Besonderheiten bezüglich der Anwendung bei SCL siehe Kapitel 27.5.2 „Zuweisung von DT- und STRING-Variablen“.

*Aufbau der Variablen*

Eine Variable mit Datentyp STRING (Zeichenkette) ist maximal 256 Zeichen lang mit 254 Bytes Nettodaten. Sie beginnt an einer Wortgrenze (an einem Byte mit gerader Adresse).

Beim Anlegen der Variablen wird deren maximale Länge festgelegt. Bei der Vorbelegung bzw. beim Bearbeiten der Zeichenkette wird die aktuelle Länge (die tatsächlich benutzte Länge der Zeichenkette = Anzahl der gültigen Zeichen) eingetragen. Im ersten Byte der Zeichenkette steht die maximale Länge, im zweiten Byte die aktuelle Länge; danach folgen die Zeichen im ASCII-Format (Bild 24.4).

### 24.2.3 ARRAY

Der Datentyp ARRAY stellt ein Feld aus einer festen Anzahl von Komponenten gleichen Datentyps dar.

Deklaration

> *feldname* : ARRAY [*minIndex..maxIndex*]
> OF *datentyp* := *Vorbelegung*;
>
> *feldname* : ARRAY [$minIndex_1..maxIndex_1$,..,
> $minIndex_6..maxIndex_6$]
> OF *datentyp* := *Vorbelegung*;

ARRAY und OF sind Schlüsselwörter, die auch mit Kleinbuchstaben geschrieben werden dürfen.

*feldname* ist der Name des Felds

*minIndex* ist die untere Grenze des Felds, *maxIndex* die obere. Beide Grenzen sind INT-Zahlen im Bereich von –32 768 bis +32 767; *maxIndex* muß größer oder gleich *minIndex* sein. Ein Feld kann bis zu 6 Dimensionen aufweisen, deren Grenzen durch je ein Komma getrennt angegeben werden.

*datentyp* ist jeder Datentyp außer ARRAY selbst, auch anwenderdefinierte Datentypen

**Tabelle 24.4** Beispiele für Feld-Deklarationen

| Name | Typ | Anfangswert | Kommentar |
|---|---|---|---|
| Messwert | ARRAY[1..24] | 0.4, 1.5, 11 (2.6, 3.0) | Feldvariable mit 24 REAL-Komponenten |
| | REAL | | |
| Uhrzeit | ARRAY[-10..10] | 21 (TOD#08:30:00) | Feld Uhrzeit mit 21 Komponenten |
| | TIME_OF_DAY | | |
| Ergebnis | ARRAY[1..24,1..4] | 96 (L#0) | zweidimensionales Feld mit 96 Komponenten |
| | DINT | | |
| Zeichen | ARRAY[1..2,3..4] | 2 (‘a’), 2 (‘b’) | zweidimensionales Feld mit 4 Komponenten |
| | CHAR | | |

*Vorbelegung*

Bei der Deklaration können Sie die einzelnen Feldkomponenten mit Werten vorbelegen (nicht als Bausteinparameter an einer Funktion, als Durchgangsparameter an einem Funktionsbaustein oder als temporäre Variable). Der Datentyp der Vorbelegungswerte muß zum Datentyp des Felds passen.

Sie brauchen nicht alle Feldkomponenten vorbelegen; ist die Anzahl der Vorbelegungswerte kleiner als die Anzahl der Feldkomponenten, werden nur die ersten Komponenten vorbelegt. Die Anzahl der Vorbelegungswerte darf nicht größer sein als die Anzahl der Feldkomponenten. Die Vorbelegungswerte sind durch je ein Komma getrennt. Eine mehrfache Vorbelegung mit gleichen Werten wird in runden Klammern mit einem vorangestellten Wiederholfaktor angegeben.

*Anwendung*

Ein Feld können Sie als komplette Variable an Bausteinparametern anlegen, die vom Datentyp ARRAY mit gleichem Aufbau oder vom Datentyp ANY sind. Beispielsweise können Sie mit der Systemfunktion SFC 20 BLKMOV den Inhalt einer Feld-Variablen kopieren. Sie können an einem Bausteinparameter auch eine einzelne Feldkomponente angeben, wenn der Bausteinparameter den gleichen Datentyp wie die Komponente hat.

Wenn die einzelnen Feldkomponenten vom elementaren Datentyp sind, können Sie sie mit „normalen" AWL-Anweisungen bearbeiten.

Eine Feldkomponente wird mit dem Feldnamen und einem Index in eckigen Klammern angesprochen. Der Index ist bei AWL ein fester Wert und kann zur Laufzeit nicht verändert werden (keine variable Indizierung möglich).

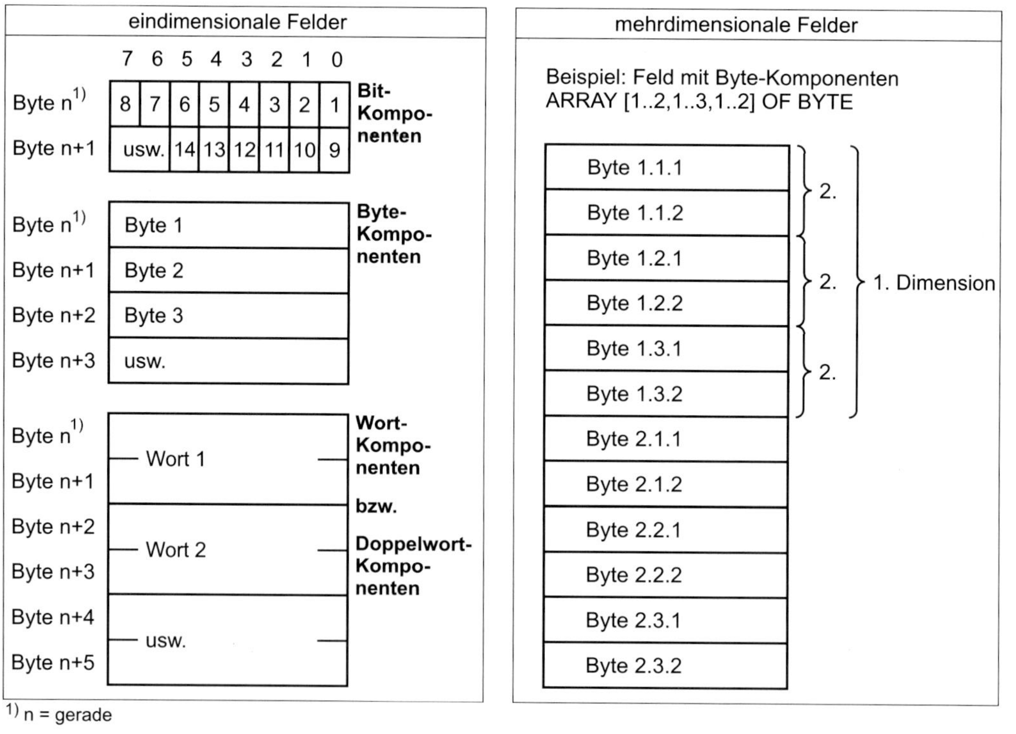


**Bild 24.5** Aufbau einer ARRAY-Variablen

Bei SCL kann der Index auch eine Variable oder ein Ausdruck vom Datentyp INT sein, dessen Wert zur Laufzeit veränderbar ist.

*Mehrdimensionale Felder*

Felder können bis zu 6 Dimensionen aufweisen. Hierbei gilt sinngemäß das Gleiche wie für eindimensionale Felder. Die Bereiche der Dimensionen werden bei der Deklaration in eckigen Klammern durch je ein Komma getrennt geschrieben.

Beim Ansprechen der Feldkomponenten mehrdimensionaler Felder müssen Sie bei AWL stets die Indizes aller Dimensionen angeben. Bei SCL ist eine Adressierung von Teilfeldern möglich (siehe Kapitel 27.5.4 „Zuweisung von Feldern").

*Aufbau der Variablen*

Eine ARRAY-Variable beginnt immer an einer Wortgrenze, d.h. an einem Byte mit gerader Adresse. ARRAY-Variablen belegen den Speicher bis zur nächsten Wortgrenze.

Komponenten mit Datentyp BOOL beginnen im niederwertigsten Bit; Komponenten mit Datentyp BYTE und CHAR im rechten Byte (Bild 24.5 links). Die einzelnen Komponenten werden der Reihe nach aufgelistet.

In mehrdimensionalen Feldern werden die Komponenten zeilenweise (dimensionsweise) abgelegt, beginnend mit der ersten Dimension (Bild 24.5 rechts). Eine neue Dimension beginnt bei Bit- und Byte-Komponenten immer im nächsten Byte, bei Komponenten anderer Datentypen immer im nächsten Wort (im nächsten geraden Byte).

### 24.2.4 STRUCT

Der Datentyp STRUCT repräsentiert eine Datenstruktur aus einer festen Anzahl von Komponenten, die jeweils einen unterschiedlichen Datentyp aufweisen können.

Deklaration

*structname* : STRUCT
    *komp1name* : *datentyp* := *Vorbelegung*;
    *komp2name* : *datentyp* := *Vorbelegung*;
    ...
    END_STRUCT;

STRUCT und END_STRUCT sind Schlüsselwörter, die auch mit Kleinbuchstaben geschrieben werden dürfen.

*structname* ist der Name der Struktur.

*komp1name*, *komp2name* usw. sind die Namen der einzelnen Strukturkomponenten.

*datentyp* ist der Datentyp der einzelnen Komponenten. Es können alle Datentypen verwendet werden, auch weitere Strukturen.

*Vorbelegung*

Bei der Deklaration können die einzelnen Strukturkomponenten mit Werten vorbelegt werden (nicht als Bausteinparameter an einer Funktion, als Durchgangsparameter an einem Funktionsbaustein oder als temporäre Variable). Der Datentyp der Vorbelegungswerte muß zum Datentyp der Komponente passen.

*Anwendung*

Eine Struktur können Sie als komplette Variable an Bausteinparametern anlegen, die vom Datentyp STRUCT mit gleichem Aufbau oder vom Datentyp ANY sind. Beispielsweise können Sie mit der Systemfunktion SFC 20 BLKMOV den Inhalt einer STRUCT-Variablen ko-

**Tabelle 24.5** Beispiel für die Deklaration einer Struktur

| Name | Typ | Anfangswert | Kommentar |
|---|---|---|---|
| MotSteu | STRUCT | | einfache Strukturvariable mit 4 Komponenten |
| Ein | BOOL | FALSE | Variable MotSteu.Ein vom Typ BOOL |
| Aus | BOOL | TRUE | Variable MotSteu.Aus vom Typ BOOL |
| Verz | S5TIME | S5TIME#5s | Variable MotSteu.Verz vom Typ S5TIME |
| maxDreh | INT | 5000 | Variable MotSteu.maxDreh vom Typ INT |
| | END_STRUCT | | |

pieren. Sie können an einem Bausteinparameter auch eine einzelne Strukturkomponente angeben, wenn der Bausteinparameter den gleichen Datentyp wie die Komponente hat.

Wenn die einzelnen Strukturkomponenten vom elementaren Datentyp sind, können Sie sie mit „normalen" AWL-Anweisungen bearbeiten.

Eine Strukturkomponente wird mit dem Strukturnamen und, getrennt durch einen Punkt, mit dem Komponentennamen angesprochen.

*Aufbau der Variablen*

Eine STRUCT-Variable beginnt immer an einer Wortgrenze, d.h. an einem Byte mit gerader Adresse; anschließend liegen dann die einzelnen Komponenten in der Reihenfolge ihrer Deklaration im Speicher. STRUCT-Variable belegen den Speicher bis zur nächsten Wortgrenze.

Komponenten mit Datentyp BOOL beginnen im niederwertigsten Bit des nächsten Bytes; Komponenten mit Datentyp BYTE und CHAR im nächsten Byte (Bild 24.6). Komponenten mit anderen Datentypen beginnen an einer Wortgrenze.

Eine geschachtelte Struktur ist eine Struktur als Komponente einer anderen Struktur. Es ist eine Schachtelungstiefe von maximal 6 Strukturen möglich. Alle Komponenten können einzeln mit „normalen" AWL-Anweisungen angesprochen werden, sofern sie von elementarem Datentyp sind. Die einzelnen Namen sind durch je einen Punkt getrennt.

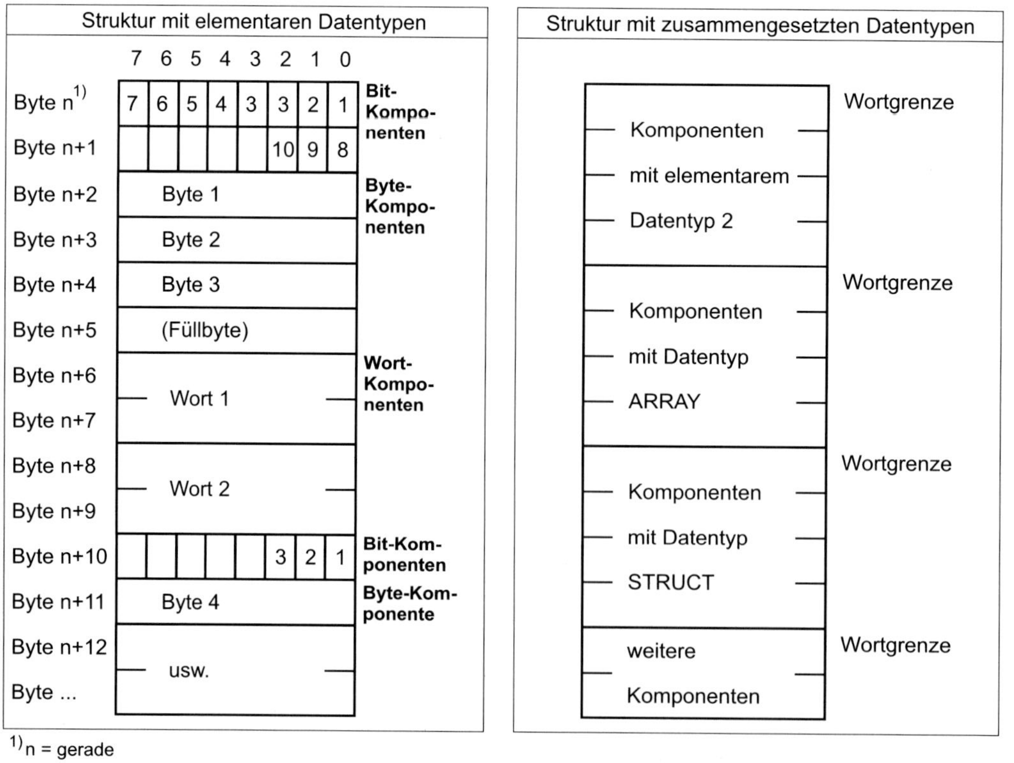


1) n = gerade

**Bild 24.6** Aufbau einer STRUCT-Variablen

## 24.3 Anwenderdefinierte Datentypen

Ein anwenderdefinierter Datentyp (UDT) entspricht einer Struktur (Zusammenfassung von Komponenten mit beliebigem Datentyp), die global gültig ist. Sie können einen anwenderdefinierten Datentyp einsetzen, wenn sich eine Datenstruktur häufig in Ihrem Programm befindet oder Sie einer Datenstruktur einen Namen geben wollen.

UDTs erstellen Sie mit dem inkrementellen Editor oder mit dem Texteditor als Quelldatei. Sie werden in den Programmiersprachen AWL und SCL auf die gleiche Art und Weise programmiert und eingesetzt (sie können auch inkrementell programmierte UDTs in SCL verwenden, wenn sie im Objektbehälter *Bausteine* liegen).

UDTs sind global gültig; d.h. sie können, einmal deklariert, in allen Bausteinen verwendet werden. UDTs können symbolisch adressiert werden; die Zuweisung zur Absolutadresse nehmen Sie in der Symboltabelle vor. Der Datentyp eines UDT (in der Symboltabelle) ist mit der Absolutadresse identisch.

Wenn Sie einer Variablen die im UDT definierte Datenstruktur geben wollen, weisen Sie ihr bei der Deklaration den UDT wie einen „normalen" Datentyp zu. Der UDT kann hierbei absolut adressiert (UDT 0 bis UDT 65 535) oder symbolisch adressiert sein.

Sie können auch einen UDT für einen ganzen Datenbaustein definierten. Bei der Programmierung des Datenbausteins weisen sie dem Baustein dann diesen UDT als Datenstruktur zu.

Das Beispiel „Telegrammdaten" im Kapitel 26.4 „Kurzbeschreibung „Beispiel Telegramm"" zeigt den Umgang mit anwenderdefinierten Datentypen.

### 24.3.1 UDT inkrementell programmieren

Einen anwenderdefinierten Datentyp legen Sie im SIMATIC Manager bei markiertem Objekt *Bausteine* mit EINFÜGEN → S7-BAUSTEIN → DATENTYP an oder im Editor mit DATEI → NEU und Eingabe „UDTn" in die Zeile „Objektname".

Ein Doppelklick auf das Objekt *UDT* im Programmfenster öffnet eine Deklarationstabelle, die genauso aussieht wie die Deklarationstabelle eines Datenbausteins. Ein UDT wird genauso wie ein Datenbaustein programmiert, die einzelnen Zeilen mit Name, Typ, Anfangswert und Kommentar. Lediglich ein Umschalten in die Datensicht ist nicht möglich (Sie legen mit einem UDT keine Variablen an, sondern nur eine Ansammlung von Datentypen; deshalb können hier auch keine Aktualwerte stehen).

Die Anfangswerte, die Sie im UDT programmieren, werden bei der Deklaration auf die Variablen übertragen.

### 24.3.2 UDT quellorientiert programmieren

Die quellorientierte Eingabe eines UDTs entspricht der einer STRUCT-Variablen, „eingerahmt" von den Schlüsselwörtern TYPE und END_TYPE.

Deklaration

```
TYPE udtname
    STRUCT
    komp1name : datentyp := Vorbelegung;
    komp2name : datentyp := Vorbelegung;
    ...
    END_STRUCT
END_TYPE
```

TYPE, END_TYPE, STRUCT und END_STRUCT sind Schlüsselwörter, die auch mit Kleinbuchstaben geschrieben werden dürfen.

**Tabelle 24.6** Beispiel für einen anwenderdefinierten Datentyp UDT

| Name | Typ | Anfangswert | Kommentar |
|---|---|---|---|
| | STRUCT | | |
| Kennung | WORD | W#16#F200 | UDT-Komponente Kennung vom Typ WORD |
| Nummer | INT | 0 | UDT-Komponente Nummer vom Typ INT |
| Uhrzeit | TIME_OF_DAY | TOD#0:0:0.0 | UDT-Komponente Uhrzeit vom TYP TOD |
| | END_STRUCT | | |

*udtname* ist der Name des anwenderdefinierten Datentyps. Statt *udtname* können Sie auch die Absolutadresse UDTn verwenden.

*komp1name*, *komp2name* usw. sind die Namen der einzelnen Strukturkomponenten.

*datentyp* ist der Datentyp der einzelnen Komponenten. Es können alle Datentypen außer POINTER und ANY (auch nicht als Komponenten eines Felds oder einer Struktur) verwendet werden.

Anwenderdefinierte Datentypen werden wie Strukturen vorbelegt und angewendet; der Aufbau ist der gleiche wie von Strukturen.

Bei der Vorbelegung eines anwenderdefinierten Datentyps UDT gilt auch bei SCL die Konstanten-Schreibweise von AWL (siehe Übersicht im Kapitel 3.7.3 „Elementare Datentypen“).

# 25 Indirekte Adressierung

Mit der indirekten Adressierung sind Sie in der Lage, Operanden zu adressieren, deren Adresse erst zur Laufzeit feststeht. Sie können mit indirekter Adressierung auch Programmteile mehrfach, z.B. in einer Schleife, bearbeiten lassen und bei jedem Durchlauf den verwendeten Operanden andere Adressen zuweisen. Dieses Kapitel zeigt, wie die Programmiersprache AWL Sie hierbei unterstützt. Die indirekte Adressierung für die Programmiersprache SCL ist im Kapitel 27.2.3 „Indirekte Adressierung bei SCL" beschrieben.

Da bei der indirekten Adressierung die Adressen erst zur Laufzeit errechnet werden, besteht die Gefahr, daß ungewollt Speicherbereiche überschrieben werden. *Das Automatisierungssystem kann dann unerwartet reagieren! Lassen Sie deshalb bei der Anwendung der indirekten Adressierung äußerste Vorsicht walten!*

Die Beispiele in diesem Kapitel sind auch auf der dem Buch beiliegenden Diskette in der Bibliothek AWL_Buch unter dem Programm „Variablenhantierung" im Funktionsbaustein FB 125 bzw. in der Quelldatei Kap_25 dargestellt.

## 25.1 Zeiger

Die Adresse für die indirekte Adressierung muß so aufgebaut sein, daß sie die Bitadresse, die Byteadresse und gegebenenfalls auch den Operandenbereich enthält. Sie hat deshalb ein besonderes Format, das man Zeiger (Pointer) nennt. Ein Zeiger wird verwendet, um gleichsam auf einen Operanden zu zeigen.

STEP 7 kennt drei Typen von Zeigern:

- ▷ Bereichszeiger; sie sind 32 Bit lang und enthalten einen bestimmten Operanden oder seine Adresse
- ▷ DB-Zeiger; sie sind 48 Bit lang und enthalten zusätzlich zum Bereichszeiger auch die Nummer des Datenbausteins
- ▷ ANY-Zeiger; sie sind 80 Bit lang und enthalten zusätzlich zum DB-Zeiger weitere Angaben wie z.B. den Datentyp des Operanden

Für die indirekte Adressierung ist nur der Bereichszeiger von Bedeutung, der DB-Zeiger und der ANY-Zeiger werden bei der Übergabe von Bausteinparametern verwendet. Da diese Zeigertypen den Bereichszeiger enthalten, beschreibt dieses Kapitel auch den Aufbau des DB-Zeigers und des ANY-Zeigers.

### 25.1.1 Bereichszeiger

Der Bereichszeiger enthält die Operandenadresse und eventuell auch den Operandenbereich. Ohne Operandenbereich ist es ein *bereichsinterner* Zeiger; enthält der Zeiger auch den Operandenbereich, spricht man von einem *bereichsübergreifenden* Zeiger.

Sie können einen Bereichszeiger unmittelbar adressieren und in den Akkumulator oder in die Adreßregister laden, da er 32 Bit lang ist. Die Notation für die Konstantendarstellung lautet:

P#y.x für einen bereichsinternen Zeiger (z.B. P#22.0) und

P#Zy.x für einen bereichsübergreifenden Zeiger (z.B. P#M22.0)

mit x = Bitadresse, y = Byteadresse und Z = Bereich. Als Bereich geben Sie das Operandenkennzeichen an. Die Belegung des Bits 31 unterscheidet die beiden Zeigerarten (Bild 25.1).

Der Bereichszeiger hat grundsätzlich eine Bitadresse, die auch bei Digitaloperanden immer angegeben werden muß; bei Digitaloperanden ist die Bitadresse 0 (Null). Mit dem Bereichszeiger P#M22.0 beispielsweise können Sie das Merkerbit M 22.0 adressieren, aber auch das Merkerbyte MB 22, das Merkerwort MW 22 oder das Merkerdoppelwort MD 22.

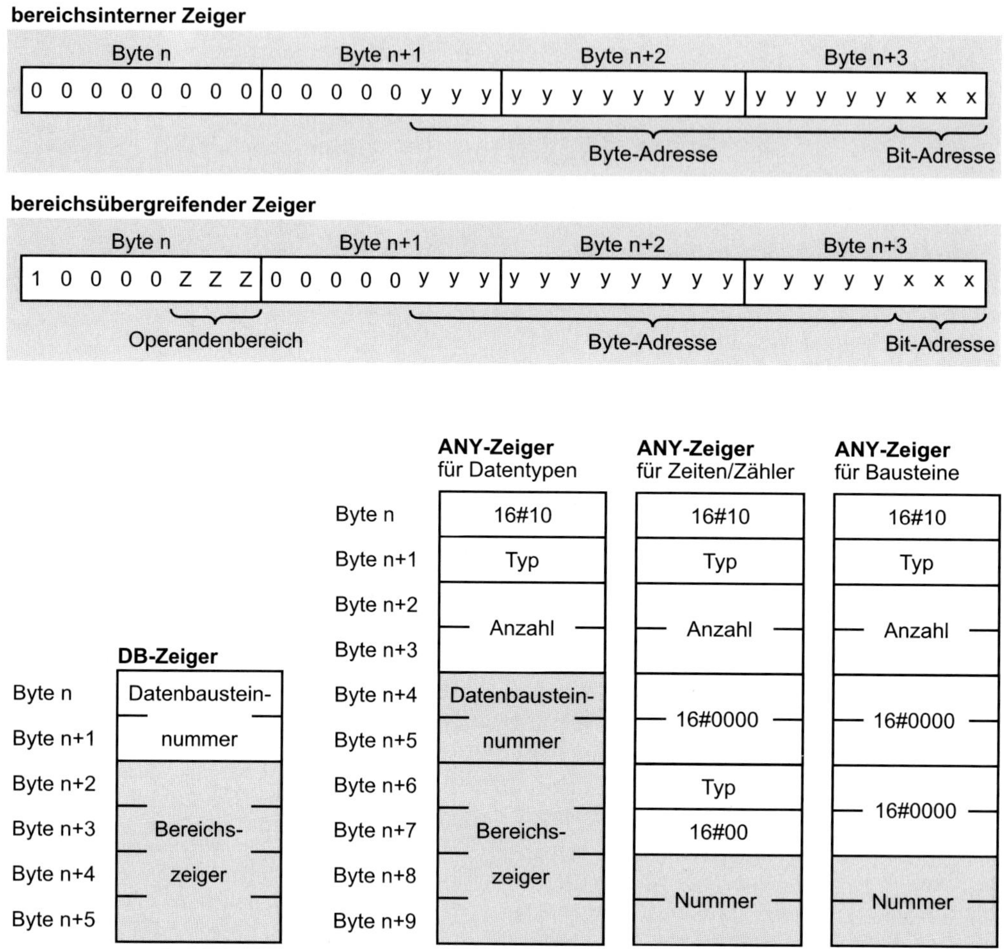


**Operandenbereich:**

0 0 0 Peripherie (P)
0 0 1 Eingänge (E)
0 1 0 Ausgänge (A)
0 1 1 Merker (M)
1 0 0 Globaldaten (DBX)
1 0 1 Instanzdaten (DIX)
1 1 0 temporäre Lokaldaten (L)[1]
1 1 1 temporäre Lokaldaten des Vorgängerbausteins (V)[2]

[1] nicht bei bereichsübergreifender Adressierung
[2] nur bei Bausteinparameterübergabe

**Typ im ANY-Zeiger:**

**elementare Datentypen**

01 BOOL
02 BYTE
03 CHAR
04 WORD
05 INT
06 DWORD
07 DINT
08 REAL
09 DATE
0A TOD
0B TIME
0C S5TIME

**zusammengesetzte Datentypen**

0E DT
13 STRING

**Parametertypen**

17 BLOCK_FB
18 BLOCK_FC
19 BLOCK_DB
1A BLOCK_SDB
1C COUNTER
1D TIMER

**Null-Zeiger**

00 NIL

**Bild 25.1** Aufbau der Zeiger für indirekte Adressierung

### 25.1.2 DB-Zeiger

Ein DB-Zeiger enthält zusätzlich zum Bereichszeiger auch eine Datenbausteinnummer als positive INT-Zahl. Sie gibt den Datenbaustein an, wenn der Bereichszeiger die Operandenbereiche Globaldaten oder Instanzdaten enthält. In allen anderen Fällen steht Null in den ersten beiden Bytes.

Die Notation des Zeigers kennen Sie aus der Komplettadressierung von Datenoperanden. Auch hier werden der Datenbaustein und der Datenoperand, getrennt durch einen Punkt, angegeben:

P#Datenbaustein.Datenoperand

Beispiel: P#DB 10.DBX 20.5

Diesen Zeiger können Sie nicht laden; Sie können ihn jedoch an einem Bausteinparameter mit Parametertyp POINTER anlegen, um so auf einen Datenoperanden zu zeigen (nicht bei SCL). STEP 7 verwendet intern diesen Zeigertyp, um Aktualparameter zu übergeben.

### 25.1.3 ANY-Zeiger

Der ANY-Zeiger enthält zusätzlich zum DB-Zeiger auch noch den Datentyp und einen Wiederholfaktor. Damit ist es möglich, auch auf einen Datenbereich zu zeigen.

Den ANY-Zeiger gibt es in zwei Ausführungen: für Variable mit Datentypen und für Variable mit Parametertypen. Wird auf eine Variable mit einem Datentyp gezeigt, enthält der ANY-Zeiger einen DB-Zeiger, den Typ und einen Wiederholfaktor. Zeigt der ANY-Zeiger auf eine Variable mit Parametertyp, enthält er zusätzlich zum Typ lediglich die Nummer anstelle des DB-Zeigers. Bei einer Zeit- oder Zählfunktion wird im Byte (n+6) der Typ wiederholt; im Byte (n+7) steht B#16#00. In allen anderen Fällen steht in diesen beiden Bytes der Wert W#16#0000.

Im ersten Byte des ANY-Zeigers steht die Syntax-ID; sie ist bei STEP 7 immer $10_{hex}$. Der Typ gibt den Datentyp der Variablen an, für die der ANY-Zeiger gilt. Variablen mit elementaren Datentypen, DT und STRING erhalten den im Bild 25.1 gezeigten Typ und die Anzahl 1.

Legen Sie eine Variable mit dem Datentyp ARRAY oder STRUCT (auch UDT) an einen ANY-Parameter, generiert der Editor einen ANY-Zeiger auf das Feld oder die Struktur. Dieser ANY-Zeiger enthält als Typ die Kennung für BYTE ($02_{hex}$) und als Anzahl die Anzahl Bytes, die die Variable lang ist. Hierbei ist der Datentyp der einzelnen Feld- oder Strukturkomponenten ohne Bedeutung. Auf ein WORD-Feld zeigt so ein ANY-Zeiger mit der doppelten Anzahl Bytes. Ausnahme: Ein Zeiger auf ein Feld aus Komponenten mit dem Datentyp CHAR wird auch mit CHAR-Typ ($03_{hex}$) angelegt.

Sie können einen ANY-Zeiger an einem Bausteinparameter mit Parametertyp ANY anlegen, wenn Sie auf eine Variable oder einen Operandenbereich zeigen wollen (nicht bei SCL).

Die Konstantendarstellung für *Datentypen* lautet:

P#[Datenbaustein.]Operand Typ Anzahl

Beispiele:

- ▷ P#DB 11.DBX 30.0 INT 12
  Bereich mit 12 Wörtern im DB 11 ab DBB 30
- ▷ P#M 16.0 BYTE 8
  Bereich mit 8 Bytes ab MB 16
- ▷ P#E 18.0 WORD 1
  Eingangswort EW 18
- ▷ P#E 1.0 BOOL 1
  Eingang E 1.0

Bei *Parametertypen* schreiben Sie den Zeiger:

L# Nummer Typ Anzahl

Beispiele:

| | |
|---|---|
| ▷ L# 10 TIMER 1 | Zeitfunktion T10 |
| L# 2 COUNTER 1 | Zählfunktion Z2 |

Der Editor legt daraufhin einen ANY-Zeiger an, der im Typ und in der Anzahl mit den Angaben in der Konstantendarstellung übereinstimmt. Beachten Sie, daß die Operandenadresse im ANY-Zeiger für Datentypen immer eine Bitadresse sein muß.

Die Angabe eines konstanten ANY-Zeigers ist dann sinnvoll, wenn Sie einen Datenbereich ansprechen wollen, für den Sie keine Variable deklariert haben. Grundsätzlich können Sie an einen ANY-Parameter auch Variablen oder Operanden anlegen. Beispielsweise ist die Darstellung 'P#E 1.0 BOOL 1' identisch mit 'E 1.0' oder der entsprechenden Symboladresse.

Mit dem Parametertyp ANY können Sie auch Variablen in den temporären Lokaldaten deklarieren. Sie verwenden diese Variablen, um einen zur Laufzeit veränderbaren ANY-Zeiger zu erzeugen (siehe Kapitel 26.3.3 „„Variabler“ ANY-Zeiger“).

Geben Sie bei der Deklaration eines ANY-Parameters an einem Funktionsbaustein keine Vorbelegung an, belegt der Editor die Syntax-ID mit $10_{hex}$ und die restlichen Bytes mit $00_{hex}$. Diesen (leeren) ANY-Zeiger stellt er dann (in der Datensicht) so dar: P#P0.0 VOID 0.

## 25.2 Arten der indirekten Adressierung bei AWL

Dieses Kapitel beschreibt die indirekte Adressierung für die Programmiersprache AWL; für SCL siehe Kapitel 27.2.3 „Indirekte Adressierung bei SCL“.

### 25.2.1 Allgemeines

Die indirekte Adressierung ist nur bei absoluter Adressierung möglich. Symbolisch adressierte Variablen können Sie nicht indirekt adressieren (auch die Komponenten eines Felds müssen Sie bei AWL einzeln direkt ansprechen). Möchten Sie eine Variable indirekt ansprechen, müssen Sie die absolute Adresse der Variable kennen. AWL unterstützt Sie hierbei durch den direkten Variablenzugriff (siehe nächstes Kapitel). Die absolute Adressierung kennt

▷ die unmittelbare Adressierung,

▷ die direkte Adressierung und

▷ die indirekte Adressierung.

Eine Sonderform der indirekten Adressierung ist die Adressierung über Bausteinparameter: Mit der Angabe des Aktualparameters am Bausteinparameter bestimmen Sie den Operanden, der zur Laufzeit bearbeitet werden soll.

Von *unmittelbarer Adressierung* spricht man, wenn der Zahlenwert zusammen mit der Operation angegeben wird. Beispiele für unmittelbare Adressierung sind das Laden eines konstanten Werts in den Akkumulator, das Schieben um einem festen Wert, aber auch das Setzen oder Rücksetzen des Verknüpfungsergebnisses mit SET bzw. CLR.

Mit der *direkten Adressierung* sprechen Sie die Operanden direkt an, z.B. U E 1.2 oder L MW 122. Der Wert, den Sie verknüpfen oder in den Akkumulator laden wollen, steht in einem Operanden, d.h. in einer Speicherzelle. Diese Speicherzelle adressieren Sie, indem Sie die Adresse in der AWL-Anweisung direkt angeben.

Bei der *indirekten Adressierung* steht anstelle der Adresse in der AWL-Anweisung ein Verweis, wo die Adresse zu finden ist. Je nach Art des Verweises unterscheidet man zwei Arten der indirekten Adressierung:

Die **speicherindirekte Adressierung** verwendet einen Operanden aus dem Systemspeicher, um die Adresse aufzunehmen. Beispiel: In der Anweisung T AW [MD 220] steht im Merkerdoppelwort MD 220 die Adresse des Ausgangsworts, zu dem transferiert werden soll.

Die **registerindirekte Adressierung** verwendet ein Adreßregister, um die Adresse des Operanden zu bestimmen. Beispiel: Mit der Anweisung T AW [AR1,P#2.0] wird zu dem Ausgangswort transferiert, dessen Adresse um 2 (Byte) höher ist als die im Adreßregister AR1 stehende Adresse.

Sie können die registerindirekte Adressierung in zwei Varianten verwenden: Bei der *bereichsinternen* registerindirekten Adressierung programmieren Sie in der Anweisung den Operandenbereich, für den die Adresse im Adreßregister gelten soll. Die Adresse im Adreßregister bewegt sich also innerhalb eines Operandenbereichs (Beispiel: L MW[AR1,P#0.0], Laden des Merkerworts, dessen Adresse im AR1 steht). Bei der *bereichsübergreifenden* registerindirekten Adressierung geben Sie in der Anweisung nur die Operandenbreite (Bit, Byte, Wort oder Doppelwort) an; der Operandenbereich steht im Adreßregister und kann dynamisch verändert werden (Beispiel: L W[AR1,P#0.0], Laden des Worts, dessen Operandenbereich und Adresse im AR1 stehen).

**Tabelle 25.1** Indirekt adressierbare Operanden

| indirekt adressierbare Operanden | Adressierung | Zeiger |
|---|---|---|
| Peripherie, Eingänge, Ausgänge, Merker, Globaldaten, Instanzdaten, temporäre Lokaldaten | speicherindirekt und registerindirekt | Bereichszeiger, entweder bereichsintern oder bereichsübergreifend |
| Zeiten, Zähler, Funktionen, Funktionsbausteine, Datenbausteine | speicherindirekt | 16-bit-Nummer |

### 25.2.2 Indirekt adressierbare Operanden

Man kann die indirekt adressierbaren Operanden in zwei Kategorien einteilen:

▷ Operanden, die mit einem elementaren Datentyp belegt werden können, und

▷ Operanden, die mit einem Parametertyp belegt werden können.

Erstere können Sie speicher- und registerindirekt adressieren, letztere nur speicherindirekt (Tabelle 25.1). Die Operanden, die keine Bitadresse haben können, brauchen auch im Zeiger keine Bitadresse, so daß sie mit einer 16 Bit breiten Nummer als Adresse auskommen (vorzeichenlose INT-Zahl).

Die Bereiche der Zeiger haben eine theoretische Größe von 0 bis 65535 (Byteadresse bzw. Nummer). In der Praxis werden die Adressen vom Operandenvolumen der jeweiligen CPU begrenzt. Die Bitadresse liegt im Bereich von 0 bis 7.

### 25.2.3 Speicherindirekte Adressierung

Bei der speicherindirekten Adressierung steht die Adresse in einem Operanden. Dieser (Adressen-) Operand ist doppelwortbreit, wenn ein Bereichszeiger notwendig ist, oder wortbreit, wenn über eine Nummer indirekt adressiert wird.

Der Adressenoperand kann in einem der folgenden Operandenbereiche liegen:

▷ Merker
als absolut adressierter Operand oder symbolisch adressierte Variable

▷ L-Stack (temporäre Lokaldaten)
als absolut adressierter Operand oder symbolisch adressierte Variable

▷ Global-Datenbaustein
als absolut adressierter Operand
Beachten Sie bei der Verwendung von Globaldatenoperanden, daß auch der „richtige“ Datenbaustein über das DB-Register aufgeschlagen ist. Adressieren Sie z.B. einen Globaldatenoperanden indirekt über ein Globaldatendoppelwort, müssen beide Operanden im gleichen Datenbaustein liegen.

▷ Instanz-Datenbaustein
als absolut adressierter Operand oder als symbolisch adressierte Variable
Bei der Verwendung von Instanzdaten als Adressenoperand bestehen Einschränkungen, siehe nachfolgenden Text.

Verwenden Sie Instanzdaten als Adressenoperanden in Funktionen, behandeln Sie sie genauso wie Globaldatenoperanden; Sie benutzen lediglich das DI-Register anstelle des DB-Registers. Eine symbolische Adressierung ist in diesem Fall nicht zugelassen. In Funktionsbausteinen können Sie Instanzdaten als Adressenoperanden nur dann einsetzen, wenn Sie den Baustein als CODE_VERSION1-Baustein übersetzen (nicht „multiinstanzfähig“).

#### Indirekte Adressierung mit einem Bereichszeiger

Der für die speicherindirekte Adressierung benötigte Bereichszeiger ist immer ein bereichsinterner Zeiger; d.h. er besteht aus Byte- und Bitadresse. Wenn Sie Digitaloperanden adressieren wollen, müssen Sie als Bitadresse immer 0 angeben.

Beispiel: Im Merkerdoppelwort MD 10 stehe der Zeiger P#30.0. Die Anweisung U M [MD 10] spricht das Merkerbit an, dessen Adresse im Merkerdoppelwort MD 10 steht; es wird also der Merker M 30.0 abgefragt (Bild 25.2). Mit der Anweisung L MW [MD 10] laden Sie das Merkerwort MW 30 in den Akkumulator.

Sie können die speicherindirekte Adressierung für alle Binäroperanden in Verbindung mit den binären Verknüpfungen und den Speicherfunk-

speicherindirekte Adressierung mit Bereichszeiger

```
L     P#30.0;           //Zeiger in den Akkumulator 1 laden
T     MD 10;            //im Merkerdoppelwort speichern
L     MW [MD 10];       //digital adressieren
...
U     M [MD 10];        //binär adressieren
```

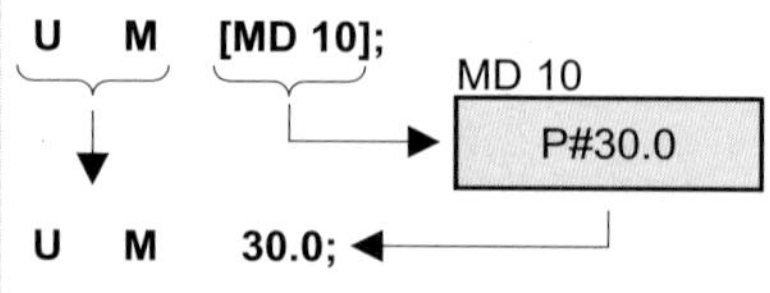


speicherindirekte Adressierung mit Nummer

```
L     133;              //Zeiger in den Akkumulator 1 laden
T     MW 20;            //im Merkerwort speichern
AUF   DB [MW 20];       //Global-DB aufschlagen
...
SI    T [MW 20];        //Zeit starten
```

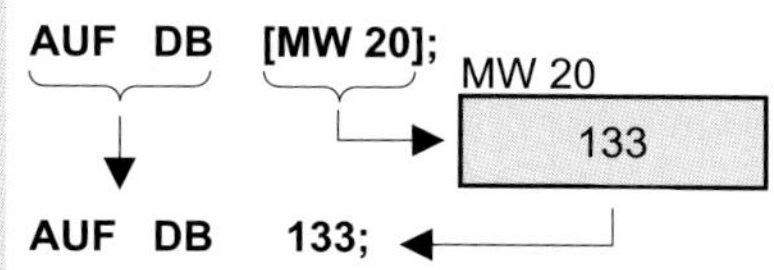


registerindirekte bereichsinterne Adressierung

```
LAR1 P#10.0;            //Zeiger in das Adreßregister 1 laden
...
L     MW [AR1,P#4.0];//digital adressieren
...
U     E [AR1,P#2.1];    //binär adressieren
```

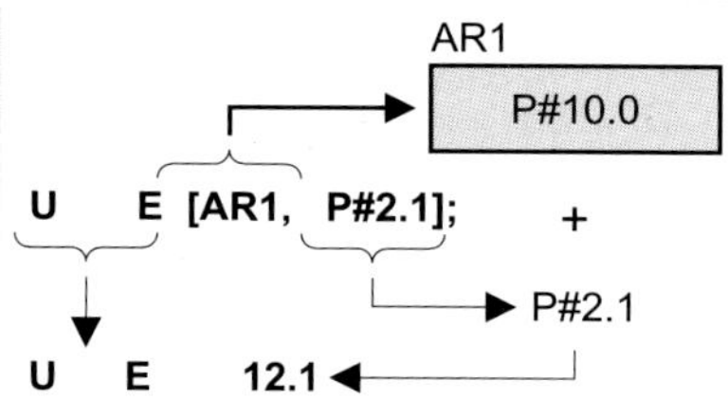


registerindirekte bereichsübergreifende Adressierung

```
LAR1 P#M12.0;           //Zeiger in das Adreßregister 1 laden
...
L     B [AR1,P#4.0];    //digital adressieren
...
=     [AR1,P#0.7];      //binär adressieren
```

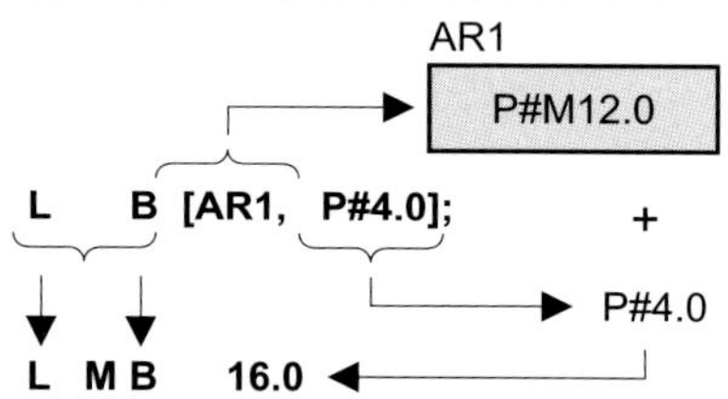


**Bild 25.2** Arten der indirekten Adressierung

tionen anwenden und für alle Digitaloperanden in Verbindung mit den Lade- und Transferfunktionen.

### Indirekte Adressierung mit einer Nummer

Die Nummer für die indirekte Adressierung von Zeiten, Zählern und Bausteinen ist 16 Bits breit. Für das Speichern der Adresse genügt ein wortbreiter Operand.

Beispiel: Im Merkerwort MW 20 stehe die Nummer 133. Die Anweisung AUF DB [MW 20] schlägt den Global-Datenbaustein auf, dessen Nummer im Merkerwort MW 20 steht. Mit der Anweisung SI T [MW 20] starten Sie die Zeit T 133 als Impuls.

Sie können alle Zeit- und Zähloperationen zusammen mit indirekter Adressierung anwenden. Einen Datenbaustein können Sie sowohl über das DB-Register (AUF DB [..]) als auch über das DI-Register (AUF DI [..]) aufschlagen. Steht Null im Adressenwort, führt die CPU eine NOP-Operation aus.

Den Aufruf von Codebausteinen können Sie mit UC FC [..] und CC FC [..] bzw. UC FB [..] und CC FB [..] indirekt adressieren. Der Aufruf mit UC bzw. CC ist lediglich ein Wechsel in einen anderen Baustein; eine Übergabe von Bausteinparametern oder ein Aufschlagen eines Instanz-Datenbausteins findet nicht statt.

### 25.2.4 Registerindirekte bereichsinterne Adressierung

Bei der registerindirekten bereichsinternen Adressierung steht die Adresse in einem der beiden Adreßregister. Der Inhalt des Adreßregisters ist ein bereichsinterner Zeiger.

Bei der registerindirekten Adressierung wird zusätzlich zur Angabe des Adreßregisters ein Offset (Versatz) angegeben, der bei der Operationsausführung zum Inhalt des Adreßregisters addiert wird (ohne den Inhalt des Adreßregisters zu ändern). Dieser Offset hat das Format eines bereichsinternen Zeigers. Sie müssen ihn immer angeben und sie können ihn nur als Konstante angeben. Bei indirekt adressierten Digitaloperanden muß dieser Offset die Bitadresse 0 haben. Der maximale Wert beträgt P#8191.7.

Beispiel: Im Adreßregister AR1 stehe der Bereichszeiger P#10.0 (mit LAR1 können Sie den Zeiger direkt in das Adreßregister AR1 laden, siehe weiter unten). Die Anweisung U E [AR1,P#2.1] addiert zum Inhalt des Adreßregisters AR1 den Zeiger P#2.1 und bildet auf diese Weise die Adresse des Eingangs, der abgefragt werden soll. Mit der Anweisung L MW [AR1,P#4.0] laden Sie das Merkerwort MW 14 in den Akkumulator.

#### Bereichsinterne Adressierung mit bereichsübergreifenden Zeigern

Steht im Adreßregister ein bereichsübergreifender Zeiger und verwenden Sie dieses Adreßregister in Verbindung mit bereichsinternen Operationen, wird der im Adreßregister stehende Operandenbereich ignoriert.

Beispiel: Die folgenden Anweisungen laden einen bereichsübergreifenden Zeiger auf das Globaldatenbit DBX 20.0 in das Adreßregister AR1 und führen dann eine bereichsinterne Adressierung über das AR1 auf ein Merkerdoppelwort durch. Bei der Ausführung der Ladeanweisung wird das Merkerdoppelwort MD 20 geladen.

```
LAR1   P#DBX20.0;
L      MD[AR1,P#0.0];
```

### 25.2.5 Registerindirekte bereichsübergreifende Adressierung

Bei der registerindirekten bereichsübergreifenden Adressierung steht die Adresse in einem der beiden Adreßregister. Der Inhalt des Adreßregisters ist ein bereichsübergreifender Zeiger.

Bei der bereichsübergreifenden Adressierung schreiben Sie den Operandenbereich in Verbindung mit dem Bereichszeiger in das Adreßregister. Wenn Sie die indirekte Adressierung anwenden, geben Sie als Operanden nur eine Kennung für die Operandenbreite an: keine Angabe bei einem Bit, „B“ bei einem Byte, „W“ bei einem Wort und „D“ bei einem Doppelwort.

Wie auch bei der bereichsinternen Adressierung arbeiten Sie hier mit einem Offset, den Sie als festen Wert mit Bitadresse angeben. Der Inhalt des Adreßregisters ändert sich durch den Offset nicht.

Beispiel: Im Adreßregister AR1 stehe der Bereichszeiger P#M12.0 (mit LAR1 P#M12.0 können Sie den Zeiger direkt in das Adreßregister AR1 laden, siehe weiter unten). Die Anweisung

```
L B [AR1,P#4.0]
```

addiert zum Inhalt des Adreßregisters AR1 den Zeiger P#4.0 und bildet auf diese Weise die Adresse des Merkerbytes, das geladen werden soll (hier MB 16). Mit der Anweisung

```
= [AR1,P#0.7]
```

weisen Sie dem Merkerbit M 12.7 das Verknüpfungsergebnis zu.

Die bereichsübergreifende Adressierung können Sie nicht auf temporäre Lokaldaten anwenden (Stopp der CPU). Weichen Sie auf die bereichsinterne Adressierung aus, wenn der adressierte Bereich in den temporären Lokaldaten liegt.

**Tabelle 25.2** Vergleich indirekte Adressierungsarten

| Speicherindirekt | | Registerindirekt bereichsintern | | Registerindirekt bereichsübergreifend | |
|---|---|---|---|---|---|
| L | P#4.7 | LAR1 | P#4.7 | LAR1 | P#A4.7 |
| T | MD 24 | | | | |
| S | A [MD 24] | S | A [AR1,P#0.0] | S | [AR1,P#0.0] |

### 25.2.6 Zusammenfassung

Wann setzt man welche Adressierungsart ein? Nehmen Sie, wenn es geht, die registerindirekte bereichsinterne Adressierung. AWL unterstützt diese Adressierungsart am besten. Sie sehen den angesprochenen Operandenbereich bei der Operation und die CPU bearbeitet die registerindirekte bereichsinterne Adressierung am schnellsten.

Die speicherindirekte Adressierung bietet dann Vorteile, wenn mehr als zwei Zeiger aktuell beim Programmablauf beteiligt sind. Beachten Sie jedoch die „Gültigkeitsdauer" eines Zeigers: Ein Zeiger im Merkerbereich steht während des gesamten Programms auch über mehrere Programmzyklen hinweg uneingeschränkt zur Verfügung. Ein Zeiger in einem Datenbaustein ist solange gültig, wie der Datenbaustein aufgeschlagen ist. Ein Zeiger im temporären Lokaldatenbereich hat nur während der Laufzeit des Bausteins Gültigkeit.

Sollen auch Operandenbereiche während der Laufzeit variabel angewählt werden können, ist die registerindirekte bereichsübergreifende Adressierung die richtige Wahl.

Die Tabelle 25.2 zeigt einen Vergleich der indirekten Adressierungsarten. Alle gezeigten Anweisungsfolgen führen zum gleichen Ergebnis, dem Setzen des Ausgangs A 4.7.

## 25.3 Arbeiten mit den Adreßregistern

Das Bild 25.3 zeigt Ihnen die in Verbindung mit den Adreßregistern möglichen Anweisungen in der Programmiersprache AWL, oben als Liste und darunter als Grafik

Alle Anweisungen werden unabhängig von Bedingungen ausgeführt und beeinflussen nicht die Statusbits.

### 25.3.1 Laden in ein Adreßregister

Die Anweisung LAR*n* lädt einen Bereichszeiger in das Adreßregister AR*n*. Als Quelle können Sie einen bereichsinternen oder bereichsübergreifenden Zeiger oder ein Doppelwort aus den Operandenbereichen Merker, temporäre Lokaldaten, Globaldaten und Instanzdaten wählen. Der Inhalt des Doppelworts muß dem Format eines Bereichszeigers entsprechen.

Geben Sie keinen Operanden an, lädt LAR*n* den Inhalt des Akkumulators 1 in das Adreßregister AR*n*.

Mit der Anweisung LAR1 AR2 kopieren Sie den Inhalt des Adreßregisters AR2 in das Adreßregister AR1.

Beispiele:

```
LAR2    P#20.0;  //AR2 mit P#20.0 laden
L       P#24.0;
LAR1    ;        //AR1 mit <Akku 1> laden
LAR1    MD 120;  //AR1 mit <MD 120> laden
LAR1    AR2;     //AR1 mit <AR2> laden
```

### 25.3.2 Transferieren aus einem Adreßregister

Die Anweisung TAR*n* transferiert den kompletten Bereichszeiger aus dem Adreßregister AR*n*. Als Ziel können Sie ein Doppelwort aus den Operandenbereichen Merker, temporäre Lokaldaten, Globaldaten und Instanzdaten angeben.

Geben Sie keinen Operanden an, transferiert TARn den Inhalt des Adreßregisters AR*n* in den Akkumulator 1. Der vorherige Inhalt des Akkumulators 1 wird hierbei in den Akkumulator 2 geschoben; der vorherige Inhalt des Akkumulators 2 geht verloren. Die Akkumulatoren 3 und 4 bleiben unbeeinflußt.

Mit der Anweisung TAR1 AR2 kopieren Sie den Inhalt des Adreßregisters AR1 in das Adreßregister AR2.

| | | |
|---|---|---|
| LAR1 | - | Lade das Adreßregister AR1 |
| LAR2 | - | Lade das Adreßregister AR2 |
| | P#Zy.x | mit einem bereichsübergreifenden Zeiger |
| | P#y.x | mit einem bereichsinternen Zeiger |
| LAR1 | - | Lade das Adreßregister AR1 mit dem Inhalt eines |
| LAR2 | - | Lade das Adreßregister AR2 mit dem Inhalt eines |
| | MD y | Merkerdoppelworts |
| | LD y | Lokaldatendoppelworts |
| | DBD y | Globaldatendoppelworts |
| | DID y | Instanzdatendoppelworts [1)] |
| LAR1 | | Lade das Adreßregister AR1 mit dem Inhalt des Akkumulators 1 |
| LAR2 | | Lade das Adreßregister AR2 mit dem Inhalt des Akkumulators 1 |
| LAR1 | AR2 | Lade das Adreßregister AR1 mit dem Inhalt des Adreßregisters AR 2 |
| TAR1 | - | Transferiere den Inhalt des Adreßregisters AR1 zu einem |
| TAR2 | - | Transferiere den Inhalt des Adreßregisters AR2 zu einem |
| | MD y | Merkerdoppelwort |
| | LD y | Lokaldatendoppelwort |
| | DBD y | Globaldatendoppelwort |
| | DID y | Instanzdatendoppelwort [1)] |
| TAR1 | | Transferiere den Inhalt des Adreßregisters AR1 zum Akkumulator 1 |
| TAR2 | | Transferiere den Inhalt des Adreßregisters AR2 zum Akkumulator 1 |
| TAR1 | AR2 | Transferiere den Inhalt des Adreßregisters AR1 zum Adreßregister AR 2 |
| TAR | | Tausche die Inhalte der Adreßregister |
| +AR1 | | Addiere den Inhalt des Akkumulators 1 zum Adreßregister AR 1 |
| +AR2 | | Addiere den Inhalt des Akkumulators 1 zum Adreßregister AR 2 |
| +AR1 | P#y.x | Addiere einen Zeiger zum Inhalt des Adreßregisters AR1 |
| +AR2 | P#y.x | Addiere einen Zeiger zum Inhalt des Adreßregisters AR2 |

[1)] Bei der Verwendung dieser Operanden gibt es Einschränkungen (siehe nachstehend unter „Besonderheiten bei der indirekten Adressierung“).

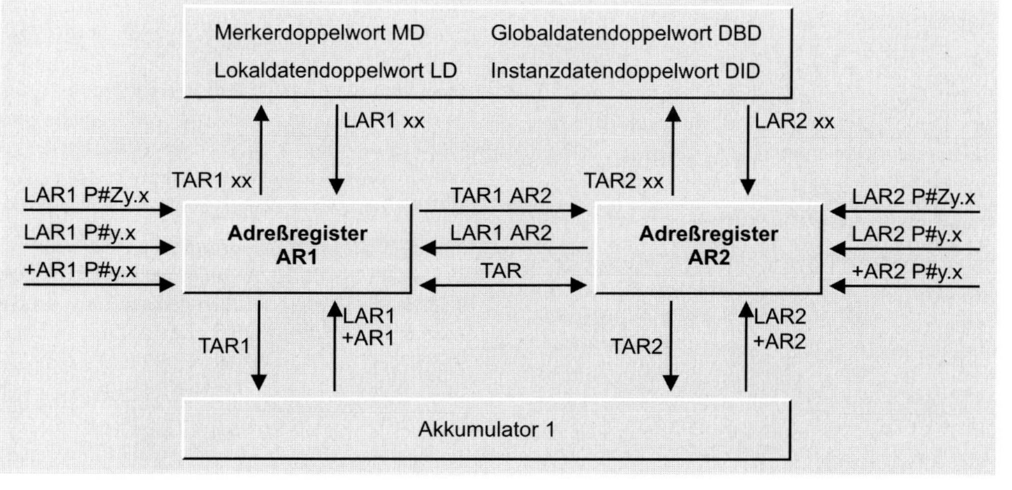


**Bild 25.3** AWL-Anweisungen in Verbindung mit den Adreßregistern

Beispiele:

```
TAR2    MD 140;  //<AR2> zum MD 140
                   transferieren
TAR1    ;        //<AR1> zum Akku 1
                   transferieren
TAR1    AR2;     //<AR1> zum AR2
                   transferieren
```

### 25.3.3 Tausche Adreßregister

Die Anweisung TAR tauscht die Inhalte der Adreßregister AR1 und AR2.

Beispiel: Es werden 8 Bytes Daten zwischen dem Merkerbereich ab MB 100 und dem Datenbereich ab DB 20.DBB 200 übertragen. Die Übertragungsrichtung bestimmt der Merker M 126.6. Führt M 126.6 Signalzustand „0", werden die Inhalte der Adreßregister getauscht. Möchten Sie auf diese Weise zwischen zwei Datenbausteinen Daten übertragen, laden Sie zusammen mit den Adreßregistern auch die beiden Datenbausteinregister (mit AUF DB und AUF DI) und tauschen sie gegebenenfalls mit der Anweisung TDB.

```
        LAR1  P#M100.0;
        LAR2  P#DBX200.0;
        AUF   DB 20;
        U     M 126.6;
        SPB   UEB;
        TAR   ;
UEB:    L     D[AR1,P#0.0];
        T     D[AR2,P#0.0];
        L     D[AR1,P#4.0];
        T     D[AR2,P#4.0];
```

Hinweis: Für das Übertragen von größeren Datenbereichen gibt es die Systemfunktion SFC 20 BLKMOV.

### 25.3.4 Addieren zum Adreßregister

Zu den Adreßregistern können Sie einen Wert addieren, um z.B. in Programmschleifen die Adresse eines Operanden bei jedem Schleifendurchlauf zu erhöhen. Den Wert geben Sie entweder als Konstante (als bereichsinternen Zeiger) bei der Anweisung an oder er steht im rechten Wort des Akkumulators 1. Die Art des im Adreßregisters stehenden Zeigers (bereichsintern oder bereichsübergreifend) und der Operandenbereich bleiben erhalten.

**Addieren mit Zeiger**

Die Anweisungen +AR1 P#y.x und +AR2 P#y.x addieren einen Zeiger zum angegebenen Adreßregister. Beachten Sie, daß bei diesen Anweisungen der Bereichszeiger eine maximale Größe von P#4095.7 hat. Steht ein Wert größer als P#4095.7 im Akkumulator, wird die Zahl als Festpunktzahl im Zweierkomplement interpretiert und subtrahiert (siehe unten).

Beispiel: Ein Datenbereich soll wortweise mit einem Wert verglichen werden. Ist der Vergleichswert größer als der Wert im Datenfeld, soll ein Merkerbit auf „1" gesetzt werden, sonst auf „0".

```
        AUF   DB 14;
        LAR1  P#DBX20.0;
        LAR2  P#M10.0;
        L     Anzahl_Daten;
Schl:   T     Schleifenzähler;
        L     Vergleichswert;
        L     W[AR1,P#0.0];
        >I    ;
        =     [AR2,P#0.0];
        +AR1  P#2.0;
        +AR2  P#0.1;
        L     Schleifenzähler;
        LOOP  Schl;
```

**Addieren mit Wert im Akkumulator**

Die Anweisungen +AR1 und +AR2 interpretieren den im Akkumulator 1 stehenden Wert als Zahl im INT-Format, erweitern ihn vorzeichenrichtig auf 24 Bit und addieren ihn zum Inhalt des Adreßregisters. Auf diese Weise kann auch ein Zeiger verkleinert werden. Ein Über- oder Unterschreiten des maximalen Bereichs der Byteadresse (0 bis 65535) hat keine weiteren Auswirkungen: Die obersten Bits werden „abgeschnitten" (Bild 25.4).

Beachten Sie, daß die Bitadresse in den Bits 0 bis 2 steht. Möchten Sie die Byteadresse bereits im Akkumulator 1 erhöhen, müssen Sie ab Bit 3 addieren (den Wert um 3 nach links schieben).

Beispiel: Im Datenbaustein DB 14 sollen die 16 Bytes gelöscht werden, deren Adressen sich aus dem Zeiger im Merkerdoppelwort MD 220 und einem (Byte-) Offset im Merkerbyte MB 18 errechnen. Vor der Addition zum AR1 muß der Inhalt des MB 18 ausgerichtet werden (SLW 3).

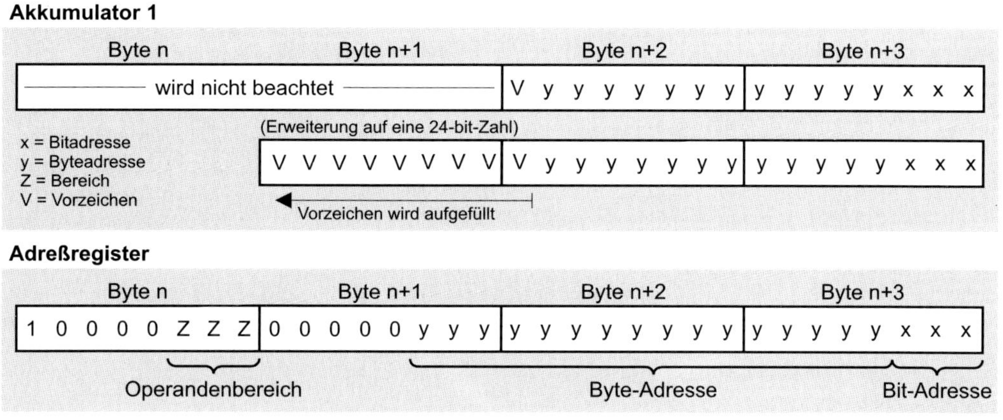


**Bild 25.4** Addieren zum Adreßregister

```
AUF    DB 14;
LAR1   MD 220;
L      MB 18;
SLW    3;
+AR1   ;
L      0;
T      DBD[AR1,P#0.0];
T      DBD[AR1,P#4.0];
T      DBD[AR1,P#8.0];
T      DBD[AR1,P#12.0];
```

Hinweis: Für das Auffüllen von größeren Datenbereichen mit Bitmustern gibt es die Systemfunktion SFC 21 FILL.

## 25.4 Besonderheiten bei der indirekten Adressierung

### 25.4.1 Verwendung des Adreßregisters AR1

AWL verwendet das Adreßregister AR1, um auf Bausteinparameter zuzugreifen, die als DB-Zeiger übergeben werden. Bei Funktionen sind dies alle Bausteinparameter mit zusammengesetztem Datentyp und bei Funktionsbausteinen Durchgangsparameter mit zusammengesetztem Datentyp.

Wenn Sie also auf einen derartigen Bausteinparameter zugreifen, z.B. um eine Bitkomponente einer Struktur abzufragen oder einen INT-Wert zu einer Feldkomponente zu schreiben, wird der Inhalt des Adreßregisters AR1 verändert, und, nebenbei bemerkt, auch der Inhalt des DB-Registers. Dies trifft auch dann zu, wenn Sie Bausteinparameter mit diesem Datentyp an aufgerufene Bausteine „weiterreichen".

Verwenden Sie das Adreßregister AR1, so darf zwischen dem Laden des Adreßregisters und der indirekten Adressierung kein oben beschriebener Zugriff auf einen Bausteinparameter erfolgen. Andernfalls müssen Sie den Inhalt des AR1 vor dem Zugriff retten und nach dem Zugriff wieder laden.

Beispiel: Sie laden einen Zeiger ins AR1 und adressieren indirekt über dieses Adreßregister. Zwischendurch möchten Sie den Wert der Strukturkomponente *Motor.Ist* laden. Vor dem Laden von *Motor.Ist* retten Sie die Inhalte des DB-Registers und des Adreßregisters AR1; nach dem Laden stellen Sie die Inhalte der Register wieder her (Bild 25.5 oben).

### 25.4.2 Verwendung des Adreßregisters AR2

STEP 7 verwendet bei „multiinstanzfähigen" Funktionsbausteinen (Bausteinversion 2) das Adreßregister AR2 als „Basisadreßregister" für Instanzdaten. Beim Aufruf einer Instanz steht P#DBX0.0 im AR2 und alle Zugriffe auf Bausteinparameter oder statische Lokaldaten im FB verwenden die registerindirekte bereichsinterne Adressierung mit dem Operandenbereich DI über dieses Register. Ein Aufruf einer Lokalinstanz erhöht mit +AR2 P#y.x die „Basisadresse", so daß innerhalb des aufgerufenen Funktionsbausteins, der den Instanz-Datenbaustein des aufrufenden Funktionsbausteins ver-

```
//******************** Adreßregister AR1 retten ********************
...
VAR_TEMP
  AR1Speicher : DWORD;
  DBSpeicher  : WORD;
END_VAR
...
//Indirekte Adressierung mit AR1 und DB-Register
LAR1    P#y.x;
AUF     DB z;
...
//Registerinhalte retten
L       DBNO;
T       DBSpeicher;
TAR1    AR1Speicher;
//Zugriff auf Bausteinparameter mit zusammengesetztem Datentyp
L       Motor.Ist;
//Registerinhalte wieder herstellen
AUF     DB [DBSpeicher];
LAR1    AR1Speicher;
T       DBW[AR1,P#0.0];// geladenen Wert speichern

//******************** Adreßregister AR2 retten ********************
...
VAR_TEMP
  AR2Speicher : DWORD;
  DISpeicher  : WORD;
END_VAR
...

//Registerinhalte retten
L       DINO;
T       DISpeicher;
TAR2    AR2Speicher;
//Indirekte Adressierung mit AR2 und DI-Register
LAR2    P#y.x;
AUF     DI z;
...
L       DIW[AR2, P#0.0];
...
//Registerinhalte wieder herstellen
AUF     DI [DISpeicher];
LAR2    AR2Speicher;
```

**Bild 25.5** Beispiele: Adreßregister AR1 und AR2 retten

wendet, relativ zu dieser Adresse zugegriffen werden kann. Auf diese Weise können Funktionsbausteine sowohl als eigenständige Instanz als auch als Lokalinstanz (und hier an beliebiger Stelle in einem Funktionsbaustein, auch mehrfach) aufgerufen werden.

Programmieren Sie einen Funktionsbaustein mit Bausteinversion 1 (nicht „multiinstanzfähig“), verwendet STEP 7 das Adreßregister AR2 nicht.

Wenn Sie also in einem „multiinstanzfähigen“ Funktionsbaustein das Adreßregister AR2 verwenden wollen, müssen Sie den Inhalt vorher retten und nach der Verwendung wiederherstellen. In dem Bereich, in dem Sie mit dem Adreßregister AR2 arbeiten, dürfen Sie keinen Zugriff auf Bausteinparameter oder statische Lokaldaten programmieren.

Innerhalb von Funktionen gibt es keine Einschränkungen beim Arbeiten mit dem Adreßregister AR2.

Beispiel: Sie wollen in einem Funktionsbaustein mit AR2 und dem DI-Register indirekt adressieren. Vorher retten Sie deren Inhalte. Sie dürfen erst wieder auf Bausteinparameter oder statische Lokaldaten zugreifen, wenn Sie die Inhalte von AR2 und DI-Register wieder hergestellt haben (Bild 25.5 unten).

### 25.4.3 Einschränkungen bei statischen Lokaldaten

Bei Funktionsbausteinen, die mit CODE_VERSION1 übersetzt sind (nicht „multiinstanzfähig"), können Sie alle in diesem Kapitel beschriebenen Anweisungen uneingeschränkt verwenden.

Bei „multiinstanzfähigen" Funktionsbausteinen greift der Editor auf Instanzdaten über das Adreßregister AR2 zu (siehe oben); d.h. alle Zugriffe geschehen indirekt. Dies gilt auch in Verbindung mit der indirekten Adressierung oder im Umgang mit Adreßregistern. Wenn Sie die Instanzdaten, in denen Sie Bereichszeiger speichern, absolut adressieren, übernimmt der Editor die Absolutadresse. Sobald Sie jedoch symbolisch adressieren, weist der Editor diese Programmierung als „doppelte indirekte Adressierung" ab.

Die Tabelle 25.3 zeigt zwei Beispiele hierzu: Bei der speicherindirekten Adressierung können Sie bei einem „multiinstanzfähigen" Funktionsbaustein einen Zeiger, den Sie in den statischen Lokaldaten speichern wollen, nicht direkt einsetzen. Sie kopieren den Zeiger in ein temporäres Lokaldatum und können dann mit ihm arbeiten. Den Zeiger in den statischen Lokaldaten können Sie nicht direkt in ein Adreßregister laden oder den Inhalt eines Adreßregisters nicht direkt zum Zeiger transferieren (zweites Beispiel).

**Tabelle 25.3** Unterschiedliche Programmierung bei statischen Lokaldaten

| im FB mit CODE_VERSION1 (nicht „multiinstanzfähig") | im „multiinstanzfähigen" Funktionsbaustein |
|---|---|
| `VAR`<br>`  Zeiger : DWORD;`<br>`END_VAR` | `VAR`<br>`  Zeiger : DWORD;`<br>`END_VAR`<br>`VAR_TEMP`<br>`  tZeiger : DWORD;`<br>`END_VAR` |
| `L    MW[Zeiger];` | `L    Zeiger;`<br>`T    tZeiger;`<br>`L    MW[tZeiger];` |
| `LAR1 Zeiger;` | `L    Zeiger;`<br>`LAR1;` |
| `TAR1 Zeiger;` | `TAR1;`<br>`T    Zeiger;` |

# 26 Direkter Variablenzugriff

In diesem Kapitel erfahren Sie, wie Sie in der Programmiersprache AWL direkt auf die Absolutadresse von Lokalvariablen zugreifen können. Für Lokalvariablen mit elementarem Datentyp gibt es die „normalen“ AWL-Anweisungen. Lokalvariablen mit zusammengesetztem Datentyp oder Bausteinparameter vom Typ POINTER oder ANY können nicht „als Ganzes“ gehandhabt werden. Für die Bearbeitung dieser Variablen ermittelt man zuerst die Anfangsadresse, an der die Variable gespeichert ist, und bearbeitet dann mit der indirekten Adressierung Teile der Variablen. Auf diese Weise können Sie auch Bausteinparameter mit zusammengesetzten Datentypen bearbeiten.

Die Beispiele in diesem Kapitel sind auch auf der dem Buch beiliegenden Diskette in der Bibliothek AWL_Buch unter dem Programm „Variablenhantierung“ im Funktionsbaustein FB 126 bzw. in der Quelldatei Kap_26 dargestellt.

## 26.1 Variablenadresse laden

Die Anfangsadresse einer Lokalvariablen erhalten Sie mit den Anweisungen

```
L      P#name;
LAR1   P#name;
LAR2   P#name;
```

mit *name* als Name der Lokalvariablen. Diese Anweisungen laden einen bereichsübergreifenden Zeiger in den Akkumulator 1 bzw. in die Adreßregister AR1 oder AR2. Der Bereichszeiger enthält die Adresse des ersten Bytes der Variablen. Ist *name* nicht eindeutig als Lokalvariable zu identifizieren, setzen Sie vor den Namen ein ‘#’, so daß die Anweisung z.B. lautet: L P##*name*. Abhängig vom Baustein sind für *name* die in der Tabelle 26.1 angegebenen Variablenbereiche zugelassen.

Bei Funktionen läßt sich die Adresse eines Bausteinparameters nicht direkt in ein Adreßregister laden. Sie können hier den Weg über den Akkumulator 1 gehen (z.B.: L P#name; LAR1;).

In Funktionsbausteinen, die mit dem Schlüsselwort CODE_VERSION1 übersetzt sind (nicht „multiinstanzfähig“), wird die absolute Adresse der Instanzvariablen geladen.

In „multiinstanzfähigen“ Funktionsbausteinen wird bei den statischen Lokaldaten und den Bausteinparametern die absolute Adresse *relativ zum Adreßregister AR2* geladen. Wenn Sie die absolute Adresse der Variablen im Instanz-Datenbaustein ermitteln wollen, müssen Sie den *bereichsinternen Zeiger* (nur die Adresse) des AR2 zur geladenen Variablenadresse addieren.

**Tabelle 26.1** Erlaubte Operanden für Variablenadresse laden

| Operation | *name* ist ein | OB | FC | FB V1 | FB V2 |
|---|---|---|---|---|---|
| L P#*name* | temporäres Lokaldatum | x | x | x | x |
| | statisches Lokaldatum | - | - | x | x [1)] |
| | Bausteinparameter | - | x | x | x [1)] |
| LAR*n* P#*name* | temporäres Lokaldatum | x | x | x | x |
| | statisches Lokaldatum | - | - | x | x [1)] |
| | Bausteinparameter | - | - | x | x [1)] |

[1)] Variablenadresse relativ zum Adreßregister AR2

Beispiel 1:
Variablenadresse ins Adreßregister AR1 laden

```
TAR2  ;
UD    DW#16#00FF_FFFF;
LAR1  P#name;
+AR1  ;
```

Mit den ersten beiden Anweisungen wird die im AR2 stehende Adresse in den Akkumulator geladen und mit +AR1 zum Inhalt den AR1 addiert. Als Ergebnis steht die Adresse der Variablen *#name* im AR1.

Beispiel 2:
Variablenadresse in den Akkumulator 1 laden

```
TAR2  ;
UD    DW#16#00FF_FFFF;
L     P#name;
+D    ;
```

Ähnlich wie im Beispiel 1; als Ergebnis steht hier die Adresse der Variablen *#name* im Akkumulator 1.

Die Addition des bereichsinternen Zeigers kann entfallen, wenn er den Wert P#0.0 hat. Das ist dann der Fall, wenn Sie den Funktionsbaustein nicht als Lokalinstanz verwenden.

Beachten Sie, daß Sie mit 'LAR2 P#name' das Adreßregister AR2 überschreiben, das bei „multiinstanzfähigen" Funktionsbausteinen als „Basisadreßregister" für die Adressierung der Instanzdaten verwendet wird!

Mit diesen Ladeanweisungen können Sie nur eine Gesamtvariable ansprechen, keine einzelnen Komponenten von Feldern, Strukturen oder Lokalinstanzen. Variablen in Global-Datenbausteinen sowie in den Operandenbereichen Eingänge, Ausgänge, Peripherie und Merker können Sie mit diesen Ladeanweisungen nicht erreichen.

Die Tabelle 26.2 zeigt, wie Sie die Adresse einer INT- und einer STRING-Variablen in den statischen Lokaldaten ermitteln können und wie Sie mit dieser Adresse weiterarbeiten. Verwenden Sie das Beispielprogramm in einem Funktionsbaustein, den Sie als Lokalinstanz aufrufen, müssen Sie, wie oben gezeigt, zur Variablenadresse die Basisadresse addieren.

**Tabelle 26.2** Variablenadresse laden (Beispiele)

```
//Variablendeklaration (Funktionsbaustein ist nicht Lokalinstanz!)
//Die Variablenbelegung beginnt bei Adresse P#0.0
VAR
  Feld    : ARRAY [1..22] OF BYTE;      //ARRAY-Variable, belegt 22 Bytes
  Nummer  : INT := 123;                 //INT-Variable, belegt 2 Bytes
  Vorname : STRING[12] := 'Elisabeth'; //STRING-Variable, belegt 14 Bytes
END_VAR
```

| | |
|---|---|
| LAR1 P#Nummer; | Lädt die Anfangsadresse von *Nummer* ins AR1<br>Im AR1 steht jetzt P#DIX22.0 |
| L W[AR1,P#0.0]; | entspricht der Anweisung L DIW 22 bzw. L *Nummer* |
| LAR1 P#Vorname; | Lädt die Anfangsadresse von *Vorname* ins AR1<br>Im AR1 steht jetzt P#DIX24.0 |
| L B[AR1,P#0.0]; | Lädt das erste Byte (die Maximallänge der Zeichenkette) in den Akkumulator 1 |
| L B[AR1,P#2.0]; | Lädt das dritte Byte (das erste relevante Byte) in den Akkumulator 1 |
| L 'Hans';<br>T D[AR1,P#2.0]; | Schreibt 'Hans' in die Zeichenkette |
| L 4;<br>T B[AR1,P#1.0]; | Korrigiert die aktuelle Länge der Zeichenkette auf 4<br>Die Variable *Vorname* trägt nun den Inhalt 'Hans' |

## 26.2 Datenablage von Variablen

### 26.2.1 Ablage in Global-Datenbausteinen

Der Editor legt die einzelnen Variablen in der Reihenfolge ihrer Deklaration in den Datenbaustein. Hierbei gelten im wesentlichen folgende Regeln:

▷ Die erste Bit-Variable einer ununterbrochenen Deklarationsfolge liegt im Bit 0 des nächsten Bytes, danach folgen die nächsten Bit-Variablen.

▷ Byte-Variablen werden im nächsten Byte abgelegt.

▷ Wort- und Doppelwort-Variablen beginnen immer an einer Wortgrenze, d.h. an einem Byte mit gerader Adresse.

▷ DT- und STRING-Variablen beginnen an einer Wortgrenze.

▷ ARRAY-Variablen beginnen an einer Wortgrenze und werden bis zur nächsten Wortgrenze „aufgefüllt". Das gilt auch für Bit- und Byte-Felder. Feldkomponenten mit elementaren Datentypen werden wie oben beschrieben abgelegt. Feldkomponenten mit höheren Datentypen beginnen an Wortgrenzen. Jede Dimension eines Felds ist wie ein eigenständiges Feld ausgerichtet.

▷ STRUCT-Variablen beginnen an einer Wortgrenze und werden bis zur nächsten Wortgrenze „aufgefüllt". Das gilt auch für reine Bit- und Byte-Strukturen. Strukturkomponenten mit elementaren Datentypen werden wie oben beschrieben abgelegt. Strukturkomponenten mit höheren Datentypen beginnen an Wortgrenzen.

Durch das Zusammenfassen von Bit-Variablen und paarweises Anordnen von Byte-Variablen können Sie Ihre Daten speicherplatzoptimal in einem Datenbaustein unterbringen.

Im Bild 26.1 sehen Sie je ein Beispiel für eine nicht optimierte und eine optimierte Datenablage. Beachten Sie, daß der Editor ARRAY- und STRUCT-Variablen immer bis zum nächsten Wort „auffüllt"; d.h. in eine entstandene Byte-Lücke können keine Bit- oder Byte-Variablen gelegt werden. Sie können jedoch innerhalb der Struktur die Variablen optimiert anordnen.

### 26.2.2 Ablage in Instanz-Datenbausteinen

Der Editor legt die Variablen in einem Instanz-Datenbaustein in folgender Reihenfolge ab:

▷ Eingangsparameter

▷ Ausgangsparameter

▷ Durchgangsparameter

▷ Lokalvariablen
(einschließlich Lokalinstanzen)

Jede Variable wird in der Reihenfolge ihrer Deklaration gespeichert. Die Deklarationsbereiche beginnen jeweils an einer Wortgrenze, d.h. an einem Byte mit gerader Adresse. Innerhalb der Deklarationsbereiche sind die einzelnen Variablen wie im vorherigen Kapitel beschrieben angeordnet (wie in einem Global-Datenbaustein). Bild 26.2 zeigt ein Beispiel für die Belegung eines Instanz-Datenbausteins.

### 26.2.3 Ablage in den temporären Lokaldaten

Die Ablage der Variablen in den temporären Lokaldaten (L-Stack) entspricht der Ablage in einem Global-Datenbaustein. Die Belegung beginnt immer beim (relativen) Byte 0. Beachten Sie, daß bei Organisationsbausteinen die ersten 20 Bytes durch die Startinformation belegt sind. Auch wenn Sie die Startinformation nicht nutzen, müssen die ersten 20 Bytes deklariert werden (und sei es nur durch ein Feld mit 20 Bytes).

Der Editor selbst verwendet auch Lokaldaten, z.B. bei der Parameterübergabe bei einem Bausteinaufruf. Die symbolisch deklarierten und die selbst verwendeten temporären Lokaldaten legt der Editor in der Reihenfolge der Deklaration bzw. der Verwendung an. Die absolut adressierten temporären Lokaldaten werden hierbei nicht berücksichtigt, so daß es zu Überschneidungen kommen kann, wenn Sie nicht wissen, welche Lokaldaten der Editor anlegt. Wenn Sie absolut auf Lokaldaten zugreifen wollen oder müssen, können Sie z.B. an erster Stelle der temporären Lokaldaten-Deklaration ein Feld deklarieren, das die benötigte Anzahl an Bytes (Wörtern, Doppelwörtern) freihält. In diesem Feldbereich können Sie dann absolut zugreifen. Bei Organisationsbausteinen definieren Sie das Feld nach den 20 Bytes für die Startinformation.

```
DATA_BLOCK AblageNichtOptimiert
STRUCT
  Bit1      : BOOL;
  Bit2      : BOOL;
  Bit3      : BOOL;
  Real1     : REAL;
  Byte1     : BYTE;
  Bitfeld   : ARRAY [1..3] OF BOOL;
  Struktur  : STRUCT
    S_Bit1  : BOOL;
    S_Bit2  : BOOL;
    S_Bit3  : BOOL;
    S_Int1  : INT;
    S_Byte  : BYTE;
    END_STRUCT;
  Zeichen   : STRING[3];
  Datum     : DATE;
  Byte2     : BYTE;
END_STRUCT
BEGIN
END_DATA_BLOCK
```

```
DATA_BLOCK AblageOptimiert
STRUCT
  Bit1      : BOOL;
  Bit2      : BOOL;
  Bit3      : BOOL;
  Byte1     : BYTE;
  Real1     : REAL;
  Bitfeld   : ARRAY [1..3] OF BOOL;
  Struktur  : STRUCT
    S_Bit1  : BOOL;
    S_Bit2  : BOOL;
    S_Bit3  : BOOL;
    S_Byte  : BYTE;
    S_Int1  : INT;
    END_STRUCT;
  Zeichen   : STRING[3];
  Byte2     : BYTE;
  Datum     : DATE;
END_STRUCT
BEGIN
END_DATA_BLOCK
```

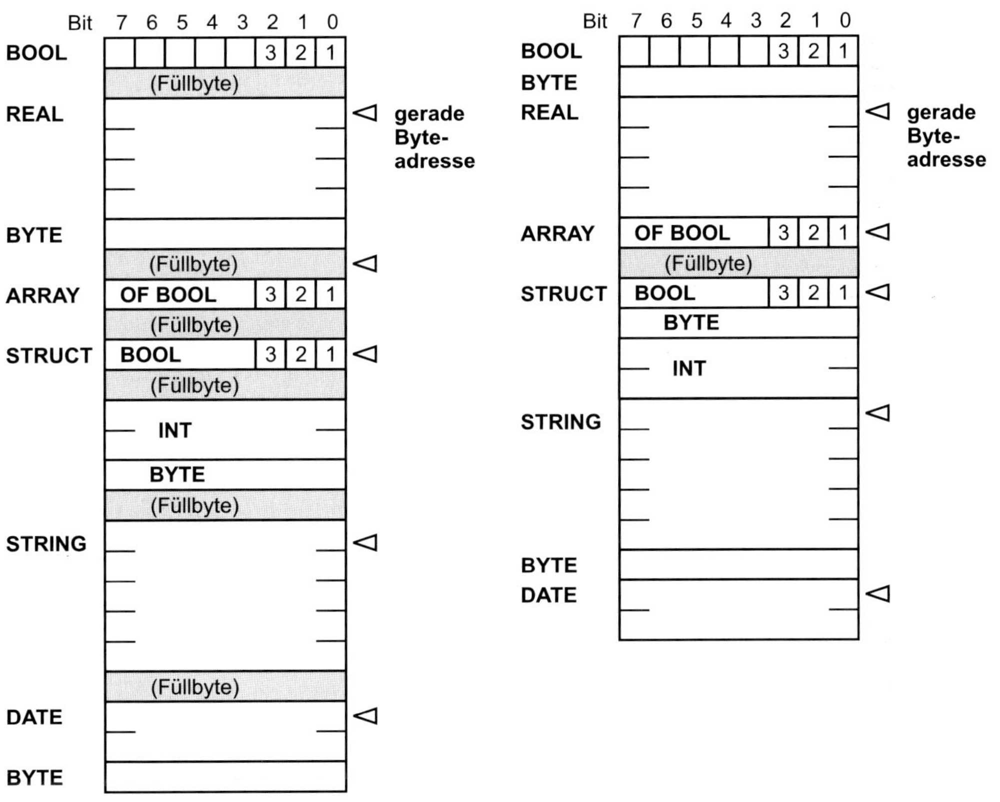


**Bild 26.1** Beispiel für die Belegung eines Datenbausteins

```
FUNCTION_BLOCK AblageBeispiel
VAR_INPUT
  E_Bit1    : BOOL;
  E_Bit2    : BOOL;
  E_Bit3    : BOOL;
  E_Real1   : REAL;
END_VAR
VAR_OUTPUT
  A_Byte1   : BYTE;
  A_BYTE2   : BYTE;
  A_BYTE3   : BYTE;
END_VAR
VAR_IN_OUT
  D_BYTE1   : BYTE;
  D_Bit1    : BOOL;
  D_Bit2    : BOOL;
  D_Bit3    : BOOL;
END_VAR
VAR
  Datum     : DATE;
  Zeichen   : STRING[3];
  Bitfeld   : ARRAY [1..3] OF BYTE;
END_VAR
BEGIN
//...
END_FUNCTION_BLOCK
```

```
ORGANIZATION_BLOCK Zyklus
VAR_TEMP
  SInfo      : ARRAY [1..20] OF BYTE;
  LDaten     : ARRAY [1..16] OF BYTE;
  Temp1      : STRING [36];
  Temp2      : BOOL;
  Temp3      : BOOL;
  Temp4      : BOOL;
  Temp5      : BYTE;
  Temp6      : INT;
END_VAR
BEGIN
//Zugriff über absolute Adressen
  ...
  T     LW 20;
  ...
  =     L  22.2;
//Zugriff symbolisch
  T     Temp6;
  =     Temp3;
  T     LDaten[16];
//Variablenadresse laden
  L     P#Temp1;
  LAR1  P#Temp2;
//...
END_ORGANIZATION_BLOCK
```

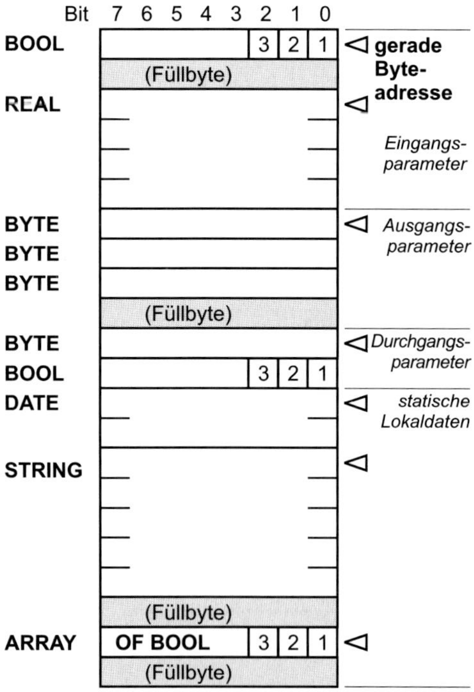


**Bild 26.2**
Beispiel für die Belegung eines Instanz-Datenbausteins

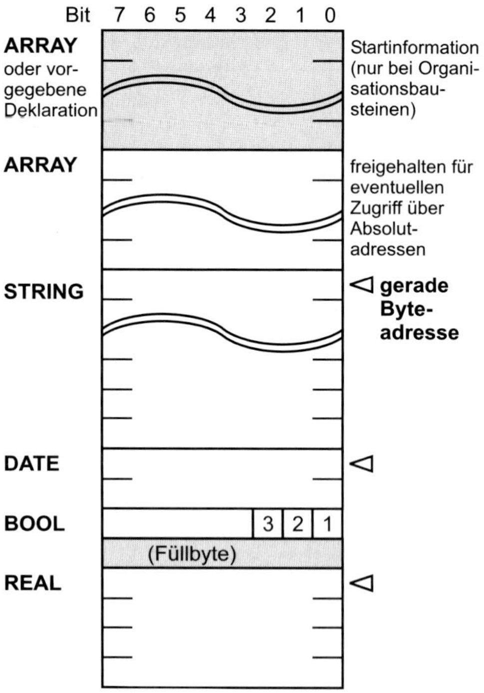


**Bild 26.3**
Beispiel für die Belegung des L-Stacks bei Organisationsbausteinen

Das Beispiel im Bild 26.3 zeigt die Belegung der temporären Lokaldaten eines Organisationsbausteins. Das Feld *LDaten* schließt sich gleich an die Startinformationen an, beginnt also beim Byte LB 20 und reicht in diesem Beispiel bis Byte LB 35. Diesen Bereich belegt der Editor nicht mit eigenen temporären Daten, so daß Sie diesen Bereich für absolute Adressierung nutzen können.

Bei Funktionen und Funktionsbausteinen fallen die Startinformationen weg. Benötigen Sie temporäre Lokaldaten für absolute Adressierung, legen Sie in diesen Bausteinen das Feld als erste Variable an; es beginnt dann beim Byte LB 0.

## 26.3 Datenablage bei Parameterübergabe

Die Ablage der Bausteinparameter erfolgt bei Funktionen und Funktionsbausteinen unterschiedlich. Sie als Anwender brauchen sich darum nicht zu kümmern; Sie programmieren die Bausteinparameter für beide Bausteintypen in gleicher Art und Weise. Beim direkten Zugriff auf die Bausteinparameter ist dieser Unterschied jedoch sehr wichtig.

### 26.3.1 Parameterablage bei Funktionen

Der Editor legt einen Bausteinparameter einer Funktion als bereichsübergreifenden Bereichszeiger im Bausteincode nach der eigentlichen Aufrufanweisung ab, so daß jeder Bausteinparameter ein Doppelwort an Speicherplatz benötigt. Der Zeiger weist je nach Datentyp und Deklarationstyp auf den Aktualparameter selbst, auf eine Kopie des Aktualparameters in den temporären Lokaldaten des aufrufenden Bausteins (legt der Editor an) oder auf einen Zeiger in den temporären Lokaldaten des aufrufenden Bausteins, der dann wiederum auf den Aktualparameter weist (Tabelle 26.3). Ausnahme: Bei den Parametertypen TIMER, COUNTER und BLOCK_xx ist der Zeiger eine 16-bit-Nummer, die im linken Wort des Bausteinparameters liegt.

Bei elementaren Datentypen zeigt der Bausteinparameter direkt auf den Aktualoperanden (Bild 26.4). Mit dem Bereichszeiger als Bausteinparameter kann man jedoch keine Konstanten und keine Operanden erreichen, die in Datenbausteinen liegen. Deshalb kopiert der Editor beim Übersetzen des Bausteins eine Konstante oder einen in einem Datenbaustein liegenden (komplett adressierten) Aktualoperanden in die temporären Lokaldaten des aufrufenden Bausteins und stellt den Bereichszeiger darauf. Dieser Operandenbereich heißt V (temporäre Lokaldaten des Vorgängerbausteins, V-Bereich).

Das Kopieren in den V-Bereich findet bei Eingangs- und Durchgangsparametern vor dem eigentlichen FC-Aufruf statt, bei Durchgangs- und Ausgangsparametern und damit auch beim Funktionswert nach dem Aufruf. Deshalb gilt auch die Regel, daß Sie Eingangsparameter nur abfragen und Ausgangsparameter nur beschreiben dürfen. Wenn Sie beispielsweise zu einem Eingangsparameter mit einem komplett adressierten Datenoperanden einen Wert transferieren, wird der Wert in den temporären Lokaldaten des Vorgängerbausteins abgelegt und vergessen, denn ein Kopieren in die „eigentliche“ Variable im Datenbaustein findet nicht mehr statt.

**Tabelle 26.3** Parameterablage bei Funktionen

| Datentyp | INPUT | IN_OUT | OUTPUT |
|---|---|---|---|
| | der Parameter ist ein Bereichszeiger auf einen | | |
| elementar | Wert | Wert | Wert |
| zusammengesetzt | DB-Zeiger | DB-Zeiger | DB-Zeiger |
| TIMER, COUNTER, BLOCK | Nummer | nicht möglich | nicht möglich |
| POINTER | DB-Zeiger | DB-Zeiger | DB-Zeiger |
| ANY | ANY-Zeiger | ANY-Zeiger | ANY-Zeiger |

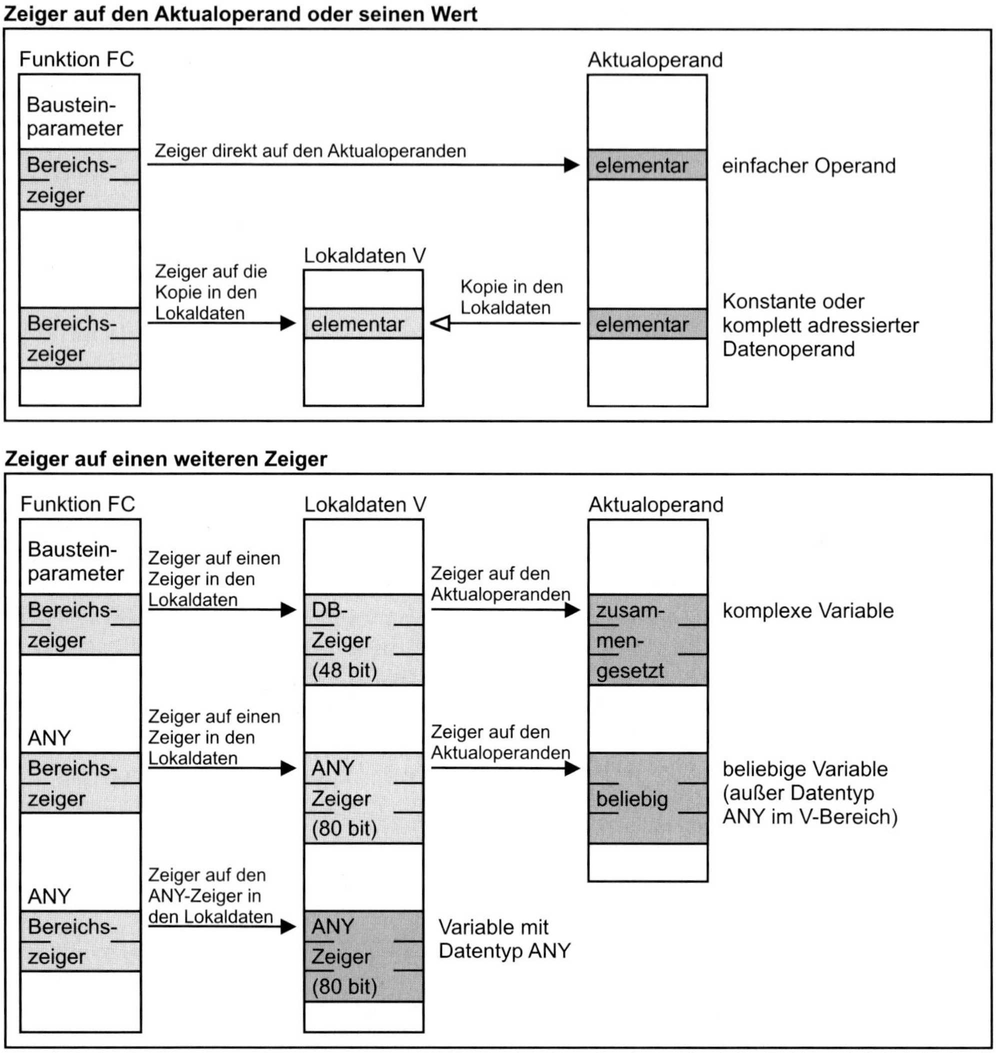


**Bild 26.4** Parameterübergabe bei Funktionen

Ähnliches gilt für das Laden eines entsprechenden Ausgangsparameters: Da ein Kopieren von der „eigentlichen" Variablen aus dem Datenbaustein in den V-Bereich nicht stattfindet, laden Sie in diesem Fall einen (unbestimmten) Wert aus dem V-Bereich.

Aufgrund des Kopiervorgangs **müssen** Sie einen Ausgangsparameter und damit auch einen Funktionswert mit elementarem Datentyp im Baustein definiert mit einem Wert beschreiben, wenn als Aktualparameter ein komplettadressierter Datenoperand vorgesehen ist oder vorgesehen sein könnte. Wenn Sie den Ausgangsparameter nicht mit einem Wert belegen (z.B. indem Sie den Baustein vorher verlassen oder über die Programmstelle hinwegspringen), wird auch das Lokaldatum nicht versorgt. Es steht dann auf dem Wert, den es „zufällig" vor dem Bausteinaufruf hatte. Der Ausgangsparameter wird dann mit diesem „undefinierten" Wert beschrieben.

Bei zusammengesetzten Datentypen (DT, STRING, ARRAY, STRUCT sowie UDT) liegen die Aktualparameter entweder in einem Datenbaustein oder im V-Bereich. Da ein Bereichszeiger einen Aktualoperanden in einem Datenbaustein nicht erreicht, legt der Editor beim Übersetzen einen DB-Zeiger im V-Bereich an, der dann auf den Aktualoperanden im Datenbaustein (DB-Nr. <> 0) oder auf den V-Bereich (DB-Nr. = 0) zeigt. Die DB-Zeiger für alle Deklarationstypen im V-Bereich werden vor dem „eigentlichen" FC-Aufruf angelegt.

Bei den Parametertypen TIMER, COUNTER und BLOCK_xx steht anstelle des Bereichszeigers eine Nummer im Bausteinparameter (16 Bit linksbündig im 32-Bit-Parameter).

Der Parametertyp POINTER wird genauso behandelt wie ein zusammengesetzter Datentyp.

Beim Parametertyp ANY legt der Editor einen 10 Byte langen ANY-Zeiger im V-Bereich an, der dann auf jede beliebige Variable zeigen kann. Das Prinzip ist das gleiche wie bei den zusammengesetzten Datentypen.

Eine Ausnahme hiervon macht der Editor, wenn Sie an einen Bausteinparameter vom Typ ANY einen Aktualparameter anlegen, der in den temporären Lokaldaten liegt und den Datentyp ANY aufweist. Dann legt der Editor keinen weiteren ANY-Zeiger mehr an, sondern stellt den Bereichszeiger (den Bausteinparameter) direkt auf den Aktualparameter (in diesem Fall kann zur Laufzeit der ANY-Zeiger verändert werden, siehe Kapitel 26.3.3 „„Variabler" ANY-Zeiger").

### 26.3.2 Parameterablage bei Funktionsbausteinen

Der Editor legt die Bausteinparameter eines Funktionsbausteins in dessen Instanz-Datenbaustein. Beim Funktionsbausteinaufruf generiert der Editor Anweisungssequenzen, die die Werte der Aktualparameter vor dem eigentlichen Aufruf in den Instanz-Datenbaustein kopieren und nach dem Aufruf wieder zurück vom Instanz-Datenbaustein zu den Aktualparametern. Diese Anweisungssequenzen sehen Sie beim Betrachten des übersetzten Bausteins nicht, Sie bemerken es indirekt am belegten Speicherplatz.

Im Instanz-Datenbaustein stehen die Bausteinparameter entweder als Wert, als 16-bit-Nummer oder als Zeiger auf den Aktualparameter (Tabelle 26.4). Bei der Ablage als Wert richtet sich der benötigte Speicherplatz nach dem Datentyp des Bausteinparameters; die Nummer belegt 2 Bytes, die Zeiger belegen fest 6 Bytes (DB-Zeiger) bzw. 10 Bytes (ANY-Zeiger).

Die Zusammenhänge zwischen Bausteinparameter, Instanzdaten-Belegung und Aktualparameter zeigt Bild 26.5. Beim Kopieren von Aktualparametern mit zusammengesetztem Datentyp in den Instanz-Datenbaustein (Eingangsparameter) oder zurück zum Aktualparameter (Ausgangsparameter) verwendet der Editor die Systemfunktion SFC 20 BLKMOV, deren Parameter er im temporären Lokaldatenbereich des aufrufenden Bausteins aufbaut.

Das Kopieren von Bausteinparametern, die als Wert im Instanz-Datenbaustein abgelegt werden, geschieht durch Anweisungssequenzen bei Eingangs- und Durchgangsparametern vor dem „eigentlichen" FB-Aufruf, bei Durchgangs- und Ausgangsparametern nach dem Aufruf. Deshalb gilt auch die Regel, daß Sie Eingangsparameter nur abfragen und Ausgangsparameter nur beschreiben dürfen. Wenn Sie beispielsweise zu einem Eingangsparameter einen (neuen) Wert transferieren, geht der aktuelle Wert

**Tabelle 26.4** Parameterablage bei Funktionsbausteinen

| Datentyp | INPUT | IN_OUT | OUTPUT |
|---|---|---|---|
| elementar | Wert | Wert | Wert |
| zusammengesetzt | Wert | DB-Zeiger | Wert |
| TIMER, COUNTER, BLOCK | Nummer | nicht möglich | nicht möglich |
| POINTER | DB-Zeiger | DB-Zeiger | nicht möglich |
| ANY | ANY-Zeiger | ANY-Zeiger | nicht möglich |

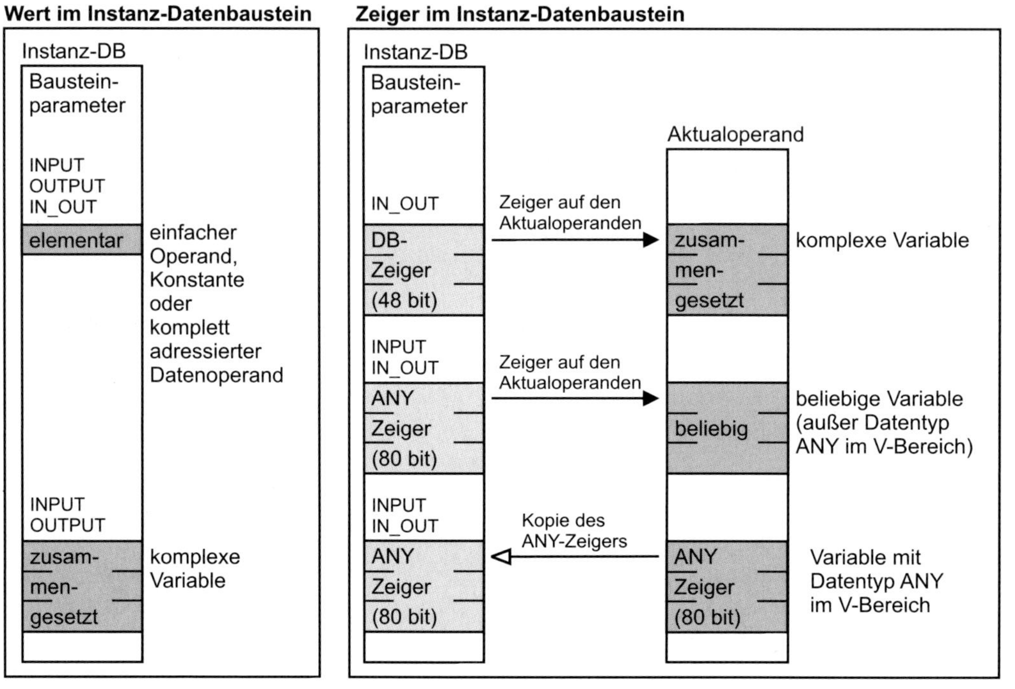


**Bild 26.5** Parameterübergabe bei Funktionsbausteinen

des Aktualparameters verloren. Wenn Sie einen Ausgangsparameter laden, laden Sie den (alten) Wert im Instanz-Datenbaustein und nicht den des Aktualparameters.

Weil die Bausteinparameter im Instanz-Datenbaustein gespeichert sind, brauchen sie auch nicht bei jedem Aufruf des Funktionsbausteins versorgt werden. Das Programm arbeitet bei Nichtversorgung mit dem „alten“ Wert des Eingangs- oder Durchgangsparameters oder Sie holen sich den Wert des Ausgangsparameters an einer anderen nachfolgenden Stelle im Programm ab. Sie können außerhalb des Funktionsbausteins die Variablen im Instanz-Datenbaustein wie die Variablen in einem Global-Datenbaustein ansprechen (mit dem symbolischen Namen des Datenbausteins und dem Namen des Bausteinparameters). Das gleiche gilt auch für die statischen Lokaldaten.

Wenn Sie an einem ANY-Parameter eine temporäre Lokalvariable mit Datentyp ANY anlegen, kopiert der Editor den Inhalt dieser Variablen in den ANY-Zeiger (in den Bausteinparameter) im Instanz-Datenbaustein.

### 26.3.3 „Variabler“ ANY-Zeiger

ANY-Parameter lassen sich nur mit Datenbereichen oder Variablen parametrieren, die bereits beim Übersetzen festliegen müssen. Beispiel: Kopieren einer Variablen in einen Datenbereich mit der SFC 20 BLKMOV

```
CALL SFC 20 (
  SRCBLK  := "Empfangsfach".Daten,
  DSTBLK  := P#DB63.DBW0.0 BYTE 8,
  RET_VAL := SFC20Fehler);
```

Hierbei hat man keine Möglichkeit, zur Laufzeit die Variable oder den Datenbereich zu ändern bzw. neu festzulegen, denn der Editor legt einen festen ANY-Zeiger auf die Aktualparameter in den temporären Lokaldaten an (siehe weiter oben in diesem Kapitel).

Eine Ausnahme macht der Editor, wenn der Aktualparameter selbst in den temporären Lokaldaten liegt und den Datentyp ANY aufweist. Dann wird kein weiterer ANY-Zeiger aufgebaut, sondern der Editor interpretiert diese ANY-Variable als ANY-Zeiger auf einen Aktualparameter. Das bedeutet, die ANY-Variable muß wie ein ANY-Zeiger aufgebaut sein.

Diese in den temporären Lokaldaten liegende ANY-Variable kann man nun zur Laufzeit ändern und so einem ANY-Parameter jeweils einen anderen Aktualparameter vorgeben. Um diesen „variablen" ANY-Zeiger anzulegen, geht man wie folgt vor:

▷ Anlegen einer temporären Lokalvariablen mit dem Datentyp ANY (Der Name der ANY-Variablen kann beliebig im zugelassenen Rahmen für bausteinlokale Variable festgelegt werden.):

```
VAR_TEMP
  ANY_ZEIGER : ANY;
END_VAR
```

▷ Die ANY-Variable mit Werten versehen:

| die Adresse zur Laufzeit ist bekannt (z.B. ab 0) | | die Adresse zur Laufzeit ist nicht bekannt | |
|---|---|---|---|
| | | LAR1 P#ANY_ZEIGER; | |
| L | W#16#1002; | L | W#16#1002; |
| T | LW 0; | T | LW[AR1,P#0.0]; |
| L | 16; | L | 16; |
| T | LW 2; | T | LW[AR1,P#2.0]; |
| L | 63; | L | 63; |
| T | LW4; | T | LW[AR1,P#4.0]; |
| L | P#DBB0.0; | L | P#DBB0.0; |
| T | LD 6; | T | LD[AR1,P#6.0]; |

▷ Den ANY-Parameter versorgen, z.B. an einer SFC 20

```
CALL SFC 20 (
  SRCBLK  := "Empfangsfach".Daten,
  DSTBLK  := ANY_ZEIGER,
  RET_VAL := SFC20Fehler);
```

Dieses Verfahren ist nicht auf die SFC 20 BLKMOV beschränkt; Sie können es auf alle ANY-Parameter beliebiger Bausteine anwenden.

Beispiel: Wir wollen einen Kopierbaustein schreiben, der Datenbereiche zwischen zwei Datenbausteinen kopieren soll. Der Quell- und Zieldatenbereich soll parametrierbar sein. Wir verwenden die SFC 20 BLKMOV zum Kopieren. Der Baustein – eine Funktion FC – hat folgende Parameter:

```
VAR_INPUT
  QDB  : INT;   //Quelle Datenbaustein
  QANF : INT;   //Quelle Anfangsadresse
  ANZB : INT;   //Anzahl Bytes
  ZDB  : INT;   //Ziel Datenbaustein
  ZANF : INT;   //Ziel Anfangsadresse
END_VAR
```

Der Funktionswert soll die Fehlermeldung der SFC 20 erhalten und kann dann auch genauso ausgewertet werden, als wenn wir die SFC 20 direkt verwenden würden. Zusätzlich wird das Statusbit BIE bei einem Fehler auf „0" gesetzt.

Für die bausteinlokalen Daten genügen zwei ANY-Variablen, jeweils als Zeiger für den Quell- und den Zielbereich:

```
VAR_TEMP
  QANY  : ANY; //ANY-Zeiger Quelle
  ZANY  : ANY; //ANY-Zeiger Ziel
END_VAR
```

Da uns die Adresse der ANY-Zeiger in den temporären Lokaldaten bekannt ist, können wir sie absolut programmieren, z.B. die Aufbereitung des Quellzeigers:

```
L    W#16#1002; //Typ BYTE
T    LW 0;
L    ANZB;       //Anzahl Bytes
T    LW 2;
L    QDB;        //Quell-DB
T    LW 4;
L    QANF;       //Anfang der Quelle
SLD  3;
OD   DW#16#8400_0000;
T    LD 6;
```

Der Zielzeiger, der an der Adresse LB 10 beginnt, wird entsprechend aufbereitet.

Nun fehlt nur noch die Parameterversorgung für die SFC 20:

```
CALL SFC 20 (
  SRCBLK  := QANY,
  DSTBLK  := ZANY,
  RET_VAL := RET_VAL);
```

Der Funktionswert RET_VAL der SFC 20 wird mit dem Funktionswert RET_VAL unserer Funktion FC versorgt.

Sie finden dieses kleine Beispiel vollständig auf der dem Buch beiliegenden Diskette (Funktion FC 47 in der Bibliothek AWL_Buch im Programm „Allgemeine Beispiele").

Auf diese Weise läßt sich ein ANY-Zeiger beliebig belegen, z.B. kann man auch den Typ im Wort 0 oder den Bereichszeiger variieren, so daß Sie im Prinzip beliebige Variable und Datenbereiche, z.B. auch den Merkerbereich, adressieren können.

Hinweis: Wenn der in den temporären Lokaldaten liegende ANY-Zeiger auf eine Variable zeigt, die ebenfalls in den temporären Lokaldaten des aufrufenden Bauteins steht, muß als Operandenbereich V eingetragen werden, denn aus der Sicht des aufgerufenen Bausteins liegt diese Variable in den temporären Lokaldaten des Vorgängerbausteins.

## 26.4 Kurzbeschreibung „Beispiel Telegramm"

Die folgenden Beispiele vertiefen die Kenntnis in der Hantierung komplexer Variablen. Das Programm der verschiedenen Bausteine zeigt jeweils schwerpunktmäßig einen bestimmten Aspekt dieses Themas. Die ausgewiesene technologische Funktion der Beispiele, wie z.B. „Telegrammaufbereitung" und „Prüfsumme bilden", tragen lediglich zur Anschaulichkeit bei und sind nur kurz, soweit wie nötig abgehandelt.

An dieser Stelle sind die Beispiele mit Text und Bildern beschrieben. Das Programm dazu finden Sie auf der dem Buch beiliegenden Diskette in der Bibliothek AWL_Buch unter dem Programm „Beispiel Telegramm".

Dieses Beispiel besteht aus folgenden Teilen:

▷ Telegrammdaten
(UDT 51, UDT 52, DB 61, DB 62, DB 63)
zeigt den Umgang mit selbstdefinierten Datenstrukturen

▷ Uhrzeitabfrage (FC 61)
zeigt den Umgang mit System- und Standardbausteinen

▷ Prüfsumme (FC 62)
zeigt eine Anwendung des direkten Zugriffs auf Variablen

▷ Telegramm aufbereiten (FB 51)
zeigt die Verwendung von
SFC 20 BLKMOV mit festen Adressen

▷ Telegramm speichern (FB 52)
zeigt die Anwendung des „variablen"
ANY-Zeigers

▷ Datumswandlung (FC 63)
zeigt die Verarbeitung von Variablen mit zusammengesetzten Datentypen

**Beispiel Telegrammdaten**

Das Beispiel zeigt, wie Sie häufig vorkommende Datenstrukturen als eigenen Datentyp definieren können und wie Sie diesen Datentyp bei der Variablendeklaration und der Parameterdeklaration verwenden.

Wir bauen eine Datenhaltung für kommende und gehende Telegramme auf: ein Sendefach mit der Struktur eines Telegramms, ein Empfangsfach mit der gleichen Struktur und einen (Empfangs-) Ringpuffer, der ankommende Telegramme zwischenspeichern soll (Bild 26.6).

Da die Datenstruktur des Telegramms häufig vorkommt, wollen wir sie als anwenderdefinierten Datentyp (UDT) Telegramm definieren. Das Telegramm enthält einen Telegrammkopf, dessen Struktur wir ebenfalls einen Namen geben wollen. Das Sendefach und das Empfangsfach sollen Datenbausteine sein, die je eine Variable mit der Struktur von Telegramm enthalten. Schließlich ist da noch der Ringpuffer, ein Datenbaustein mit einem Feld aus acht Komponenten, die auch die Datenstruktur Telegramm aufweisen.

Zuerst definieren wir den UDT Header, dann den UDT Telegramm. Telegramm besteht aus einer Struktur Header, einem Feld *Mess* mit 4 Komponenten und einer Variablen *Pruf*. Alle Komponenten werden mit Null vorbelegt. In den Datenbausteinen „Sendefach" und „Empfangsfach" wird je eine Variable *Daten* mit der Struktur *Telegramm* definiert.

Im Initialisierungsteil des Datenbausteins können nun die Variablen individuell vorbelegt werden. Im Beispiel erhält die Komponente *Kenn* jeweils einen Wert, der von der Vorbelegung beim UDT abweicht. Der Datenbaustein „Puffer" enthält die Variable *Eintrag* als Feld mit 8 Komponenten der Struktur *Telegramm.*

Auch hier könnten die einzelnen Komponenten im Initialisierungsteil mit anderen Werten vorbelegt werden (zum Beispiel:
Eintrag[1].Kopf.Numm := 1).

Dieses Beispiel enthält die folgenden Objekte, mit denen in den nächsten Beispielen gearbeitet wird:

UDT 51 Anwenderdefinierter Datentyp Header

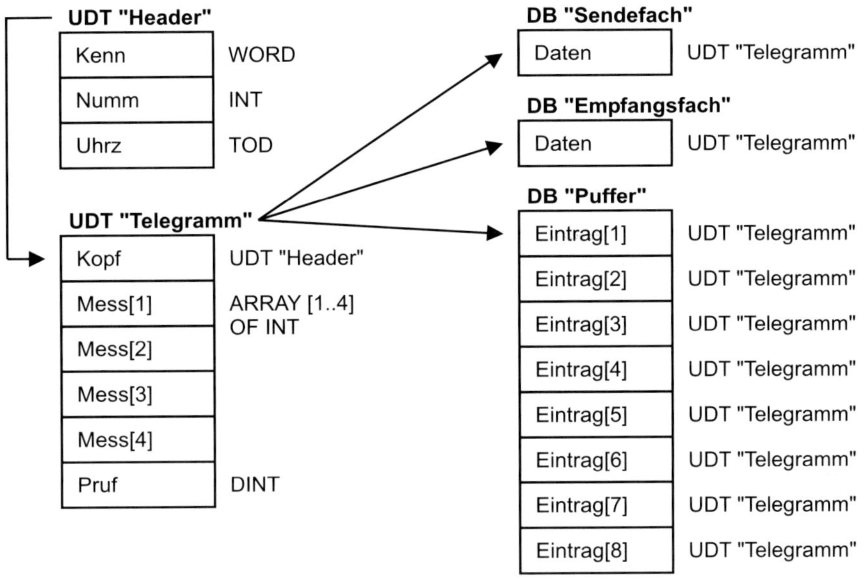


**Bild 26.6** Datenstruktur für das Beispiel Telegrammdaten

| | |
|---|---|
| UDT 52 | Anwenderdefinierter Datentyp Telegramm |
| DB 61 | Sendefach |
| DB 62 | Empfangsfach |
| DB 63 | Ringpuffer |

### Beispiel Uhrzeitabfrage

Das Beispiel zeigt den Umgang mit System- und Standardbausteinen (Fehler auswerten, aus der Bibliothek kopieren, umbenennen).

Die Funktion „Uhrzeitabfrage“ soll die Tageszeit der in der CPU integrierten Echtzeit-Uhr als Funktionswert ausgeben. Hierzu benötigen wir die Systemfunktion SFC 1 READ_CLK, die das Datum und die Tageszeit der Echtzeit-Uhr im Datenformat DATE_AND_TIME bzw. DT liest. Da wir nur die Tageszeit lesen wollen, benötigen wir zusätzlich die IEC-Funktion FC 8 DT_TOD. Diese Funktion holt die Tageszeit im Format TIME_OF_DAY bzw. TOD aus dem Datenformat DT (Bild 26.7)

Die Zeitangabe der Echtzeit-Uhr wird im Datenbaustein „Daten66“ abgelegt, da wir diese Information noch für das Beispiel „Datumswandlung“ benötigen. Ohne diese zusätzliche Verwendung hätte man statt der Variablen *CPU_Zeit* auch eine temporäre Lokalvariable deklarieren können.

*Fehlerauswertung*

Die Systemfunktionen melden einen Fehler über das Binärergebnis BIE und über den Funktionswert RET_VAL. Ein Fehler liegt vor, wenn das Binärergebnis BIE = „0“ ist; dann ist auch der Funktionswert negativ (das Bit 15 ist gesetzt). Die IEC-Standardfunktionen melden einen Fehler nur über das Binärergebnis.

Beide Arten der Fehlerauswertung sind im Beispiel gezeigt. In der Funktion „Uhrzeitabfrage“ wird zuerst das Binärergebnis auf „1“ gesetzt; liegt ein Fehler vor, wird das Binärergebnis vom betreffenden Baustein auf „0“ gesetzt. Dann wird ein ungültiger Wert für die Uhrzeit ausgegeben. Nach dem Aufruf der Funktion „Uhrzeitabfrage“ kann man also auch über das Binärergebnis abfragen, ob ein Fehler aufgetreten ist.

*Offline-Programmierung von Systemfunktionen*

Vor dem Übersetzen des Beispielprogramms oder vor dem Aufrufen bei der inkrementellen

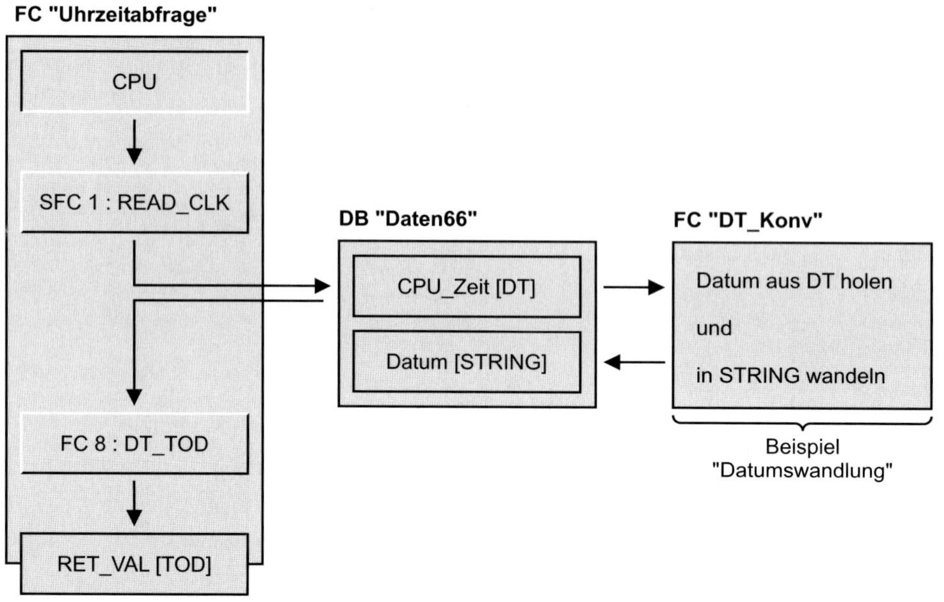


**Bild 26.7** Beispiel Uhrzeitabfrage

Programmeingabe müssen die Systemfunktion SFC 1 und die Standardfunktion FC 8 im Offline-Anwenderprogramm enthalten sein.

Beide Funktionen sind im Lieferumfang von STEP 7 enthalten. Sie finden diese Funktionen in den mitgelieferten Baustein Bibliotheken. (Für die in der CPU integrierten Systemfunktionen liegt nicht das Programm der Systemfunktionen in der Bibliothek, sondern nur eine Schnittstellenbeschreibung. Über diese Schnittstellenbeschreibung kann die Funktion offline aufgerufen werden; die Schnittstellenbeschreibung wird nicht zur CPU übertragen. Die ladbaren Funktionen wie die IEC-Funktionen liegen als ablauffähiges Programm in der Bibliothek.)

Mit DATEI → ÖFFNEN wählen Sie unter dem SIMATIC Manager die Bibliothek *Standard Library* an und öffnen die Bibliothek *System Function Blocks*. Hier finden Sie unter *Blocks* alle Schnittstellenbeschreibungen für die Systemfunktionen. Wenn Sie das Projektfenster Ihres Projekts noch geöffnet haben, können Sie mit FENSTER → ANORDNEN → VERTIKAL beide Fenster nebeneinander darstellen und die ausgewählten Systemfunktionen mit der Maus in Ihr Programm „ziehen" (SFC mit der Maus markieren, „festhalten", auf Bausteine oder in dessen geöffnetes Fenster ziehen und „loslassen"). In der gleichen Weise kopieren Sie die Standardfunktion FC 8. Sie finden diese in der Bibliothek *IEC Converting Blocks*. Die FC 8 ist eine ladbare Funktion; sie belegt also Anwenderspeicher im Gegensatz zur SFC 1.

Wenn im Editor bei inkrementeller Programmierung aus dem Programmelemente-Katalog unter „Bibliotheken" ein Standardbaustein aufgerufen wird, wird er automatisch in *Bausteine* kopiert und in die Symboltabelle eingetragen.

*Standardfunktionen umbenennen*

Eine ladbare Standardfunktion können Sie umbenennen. Sie markieren im Projektfenster die Standardfunktion (z.B. FC 8) und klicken (noch-)einmal auf die Bezeichnung. Es erscheint ein Rahmen um den Namen und sie können eine neue Adresse angeben (z.B. FC 98). Wenn Sie nun bei markierter (in FC 98 umbenannter) Standardfunktion die F1-Taste drücken, erhalten Sie dennoch die Online-Hilfe für die ursprüngliche Standardfunktion (FC 8).

Ist beim Kopieren ein gleichadressierter Baustein bereits vorhanden, können Sie in einem aufgeblendeten Dialogfeld zwischen Überschreiben und Umbenennen wählen.

*Symboladresse*

In der Symboltabelle können Sie den Systemfunktionen und Standardfunktionen Namen zuordnen, so daß Sie diese Funktionen auch symbolisch ansprechen können. Diese Namen können Sie im Rahmen der zugelassenen Definition für Bausteinnamen frei vergeben. Im Beispiel ist (wegen der besseren Identifikation) jeweils der Bausteinname als Symbolname gewählt worden.

**Beispiel Prüfsumme**

Dieses Beispiel zeigt den direkten Zugriff auf einen Bausteinparameter vom Typ ANY unter Ermittlung der Variablenadresse und Verwendung der indirekten Adressierung.

Es soll von einer Datenstruktur eine Prüfsumme gebildet werden durch einfaches Aufaddieren aller Bytes, wobei ein eventueller Übertrag (Überlauf, Verlassen des Zahlenbereichs für DINT) nicht berücksichtigt wird.

Alle Datenstrukturen (STRUCT und UDT) werden vom Editor wie ein Feld mit Byte-Komponenten behandelt, wenn sie an einem Bausteinparameter vom Parametertyp ANY angelegt werden. Mit diesem Programm können Sie also nicht nur von einem Feld mit Byte-Komponenten (ARRAY OF BYTE) die Prüfsumme bilden, sondern auch von Strukturvariablen. Möchten Sie das Programm auch auf Variablen mit anderen Datentypen anwenden, müssen Sie die entsprechende Abfrage (Typkennung im ANY-Zeiger) ändern.

Die Funktion „Prüfsumme“ verwendet den direkten Variablenzugriff, um die Absolutadresse des Bausteinparameters zu erhalten (genauer: die Adresse, an der der Editor den ANY-Zeiger auf den Aktualparameter abgelegt hat).

Zuerst wird geprüft, ob die Typkennung „Byte“ und ein Wiederholfaktor größer als 1 eingetragen ist. Im Fehlerfall wird das Binärergebnis BIE auf „0“ gesetzt und die Funktion mit einem Funktionswert gleich Null verlassen.

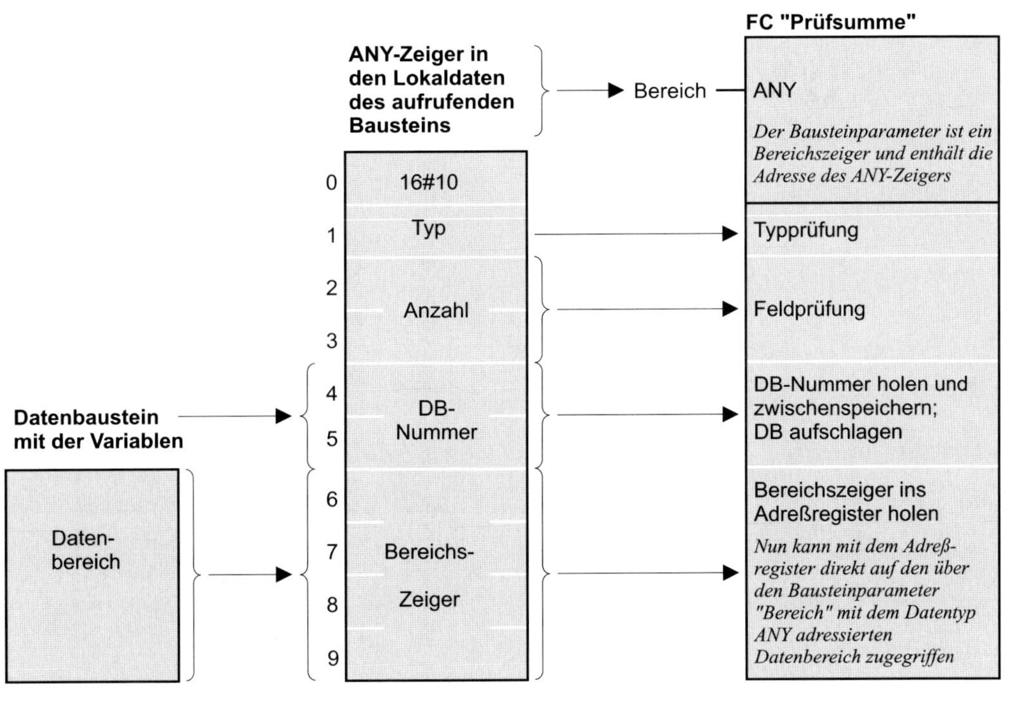


**Bild 26.8** Beispiel Prüfsumme

Die Anfangsadresse des (zur Laufzeit existierenden) Aktualparameters steht im ANY-Zeiger. Sie wird in das Adreßregister AR1 geladen. Liegt die Variable in einem Datenbaustein, wird auch dieser Datenbaustein aufgeschlagen.

Das nächste Netzwerk addiert die Werte aller Bytes, aus denen der Aktualparameter besteht. Die Programmschleife wird so oft durchlaufen, bis die Variable *Anzahl* den Wert Null hat (LOOP dekrementiert diesen Wert).

Anschließend wird die Summe zum Funktionswert übertragen.

### Beispiel Telegramm aufbereiten

Das Beispiel zeigt das Kopieren komplexer Variablen mit der Funktion SFC 20 BLKMOV.

Der Datenbaustein „Sendefach" soll mit den Daten für ein Telegramm gefüllt werden. Wir verwenden einen Funktionsbaustein, der die Kennung und die laufende Nummer in seinem Instanz-Datenbaustein gespeichert hat. Die Nettodaten schließlich stehen in einem Global-Datenbaustein; sie werden mit der Systemfunktion BLKMOV in das Sendefach kopiert.

Die Uhrzeit entnehmen wir der Echtzeit-Uhr in der CPU mit Hilfe der Funktion „Uhrzeitabfrage" (siehe vorhergehendes Beispiel) und die Prüfsumme bilden wir durch einfaches Aufaddieren aller Bytes des Telegrammkopfes und der Daten (siehe Beispiel „Prüfsumme"). Die Programm- und Datenstrukturen zeigt Bild 26.9.

Das erste Netzwerk im Funktionsbaustein FB „TeleGen" überträgt die im Instanz-Datenbaustein gespeicherte Kennung in den Telegrammkopf. Die laufende Nummer wird um +1 erhöht und ebenfalls in den Telegrammkopf eingetragen.

Das zweite Netzwerk enthält den Aufruf der Funktion „Uhrzeitabfrage", die die Uhrzeit aus der Echtzeituhr entnimmt und im Format TIME_OF_DAY in den Telegrammkopf einträgt.

Im dritten Netzwerk sehen Sie eine Methode, mit der Systemfunktion SFC 20 BLKMOV zur Laufzeit ausgewählte Variablen zu kopieren, ohne die indirekte Adressierung anzuwenden. Es ist daher auch nicht erforderlich, die Absolutadresse und den Aufbau der Variablen zu kennen.

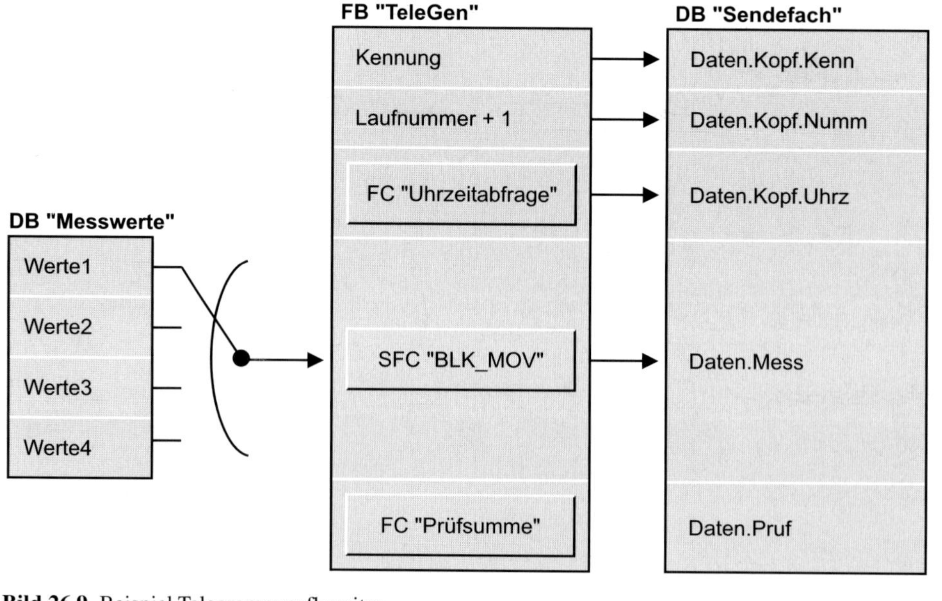


**Bild 26.9** Beispiel Telegramm aufbereiten

Das Prinzip ist sehr einfach: Mit dem Sprungverteiler wird die gewünschte Kopierfunktion angewählt. Zugelassen als Auswahlkriterium sind die Zahlen 1 bis 4. Das Beispiel „Telegramm speichern“ zeigt die gleiche Funktionalität, diesmal mit variablem Zielbereich, unter Anwendung eines zur Laufzeit berechneten Zeigers.

Das nächste Netzwerk bildet die Prüfsumme über den Telegrammkopf und die Telegrammdaten. Da die Funktion „Prüfsumme“ die Prüfsumme über einen einzigen Datenbereich bildet, werden zuerst der Telegrammkopf und die Daten in der temporären Variablen *Block* zusammengefaßt. Deren Inhalt wird dann byteweise addiert und in der Prüfsumme im Sendetelegramm abgelegt.

Der FB „TeleGen“ ist so programmiert, daß er zum Generieren des Telegramms über eine Signalflanke aufzurufen ist.

### Beispiel Telegramm speichern

Dieses Beispiel zeigt schwerpunktmäßig die Verwendung eines „variablen“ ANY-Zeigers.

Ein Telegramm im Datenbaustein „Empfangsfach“ soll an die nächste Stelle im Datenbaustein Ringpuffer eingetragen werden. Die bausteinlokale Variable Eintrag bestimmt den Ort im Ringpuffer; aus deren Wert wird die Adresse im Ringpuffer berechnet (Bild 26.10).

Wenn sich die Nummer des Telegramms im Empfangsfach geändert hat, soll das Telegramm in einen Puffer auf den nächsten Platz geschrieben werden. Der Puffer soll ein Datenbaustein sein, der 8 Telegramme aufnehmen kann. Nach dem Eintrag des achten Telegramms soll das nächste Telegramm wieder an der ersten Stelle eingetragen werden.

Der FB „TeleStor“ vergleicht im Datenbaustein „Empfangsfach“ die eingetragene Telegrammnummer mit der gespeicherten. Bei unterschiedlicher Telegrammnummer wird die gespeicherte nachgeführt und das Telegramm im Empfangsfach zum Datenbaustein „Puffer“ in den nächsten Eintrag kopiert. Das Kopieren übernimmt die Systemfunktion SFC 20 BLKMOV. Da das Ziel je nach Wert von *Eintrag* unterschiedlich sein kann, berechnen wir die Absolutadresse des Zielbereichs, bilden daraus einen ANY-Zeiger in der Variablen *ANY_Zeiger* und übergeben ihn der SFC am Parameter DSTBLK. Beachten Sie, daß Sie zur indirekten Adressierung einer temporären Lokalvariablen nur die bereichsinterne Adressierung verwenden.

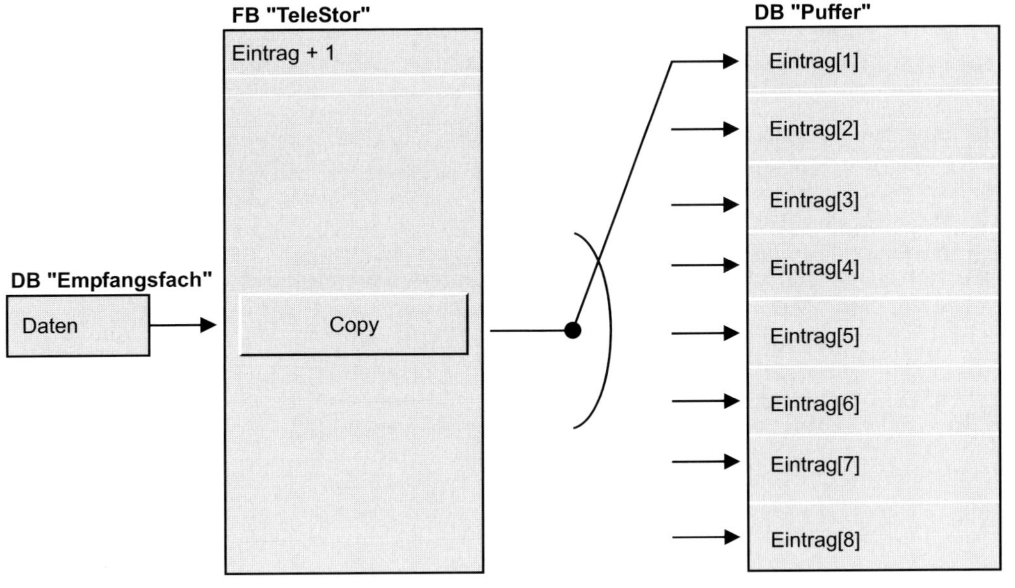


**Bild 26.10** Beispiel Telegramm speichern

Die Datenstruktur *Telegramm* hat eine Länge von 20 Byte (Kopf: 8 Byte, Mess: 8 Byte, Pruf: 4 Byte). Die Variable *Daten* im Datenbaustein „Empfangsfach" ist also 20 Byte lang, ebenso ist jede Komponente des Felds *Eintrag* im Datenbaustein „Puffer" 20 Byte lang. Die einzelnen Komponenten *Eintrag[n]* beginnen demnach an der Byteadresse n * 20, wobei n der Variablen *Eintrag* entspricht.

**Beispiel Datumswandlung**

Das Beispiel zeigt schwerpunktmäßig die Verarbeitung von Variablen mit zusammengesetzten Datentypen unter Verwendung des direkten Variablenzugriffs und der indirekten Adressierung mit beiden Adreßregistern.

In einem Global-Datenbaustein „Daten66" liegen die Variablen *CPU_Zeit* (Datentyp DATE_AND_TIME) und *Datum* (Datentyp STRING). Aus der Variablen *CPU_Zeit* soll das Datum entnommen werden und als Zeichenkette im Format „JJMMTT" in der Variablen *Datum* abgelegt werden.

Das Programm in der Funktion „DT_Konv" verwendet das Adreßregister AR1 und das DB-Register für den Zeiger auf den Eingangsparameter *Zeitpunkt* und das Adreßregister AR2 und das DI-Register für den Zeiger auf den Funktionswert (entspricht der STRING-Variablen *Datum* im Datenbaustein „Daten66"). Das Programm steht in einer Funktion, so daß beide Datenbausteinregister und beide Adreßregister uneingeschränkt zur Verfügung stehen.

Das Programm im ersten Netzwerk ermittelt die Adresse für den Aktualparameter am Bausteinparameter *Zeitpunkt*, die er zur Laufzeit hat, und legt die Adresse im DB-Register und im AR1 ab. Ein Aktualparameter mit zusammengesetztem Datentyp kann nur in einem Datenbaustein (Global- oder Instanzdaten) oder in den temporären Lokaldaten des aufrufenden Bausteins (im V-Bereich) stehen. Steht der Aktualparameter in einem Datenbaustein, würde die Datenbausteinnummer ins DB-Register geladen werden und der Bereichszeiger im AR1 enthielte den Operandenbereich DB. Steht der Aktualparameter im V-Bereich, würde Null ins DB-Register geladen werden und der Bereichszeiger im AR1 enthielte den Operandenbereich V.

Das zweite Netzwerk enthält das äquivalente Programm für den Funktionswert, dessen Adresse anschließend im Adreßregister AR2 und im DI-Register steht. Um auch indirekt über das DI-Register adressieren zu können, muß im AR2 der Operandenbereich DI eingetragen werden. Je nach Speicherplatz des Aktualoperanden würde hier jedoch entweder DB für einen Datenbaustein oder V für den V-Bereich stehen. Indem wir das Bit 24 im AR2 auf „1" setzen, ändern wir den Operandenbereich DB in DI, verändern aber einen eventuellen Operandenbereich V nicht.

Derart vorbereitet kann im nächsten Netzwerk die für den Aktualparameter am Funktionswert festgelegte Maximallänge überprüft werden. Die Länge muß mindestens 6 Zeichen betragen. Ist sie kleiner als 6, wird „0" ins Binärergebnis BIE eingetragen (andernfalls „1") und die Bausteinbearbeitung beendet. Auf diese Weise können Sie nach dem Aufruf der Funktion „DT_Konv" über das Binärergebnis eine fehlerhafte Bearbeitung abfragen.

Das nächste Netzwerk holt das Jahr und den Monat aus *Zeitpunkt* (liegt BCD-codiert vor), wandelt die Werte in ASCII-Zeichen (setzt eine 3 davor) und schreibt sie zurück zum Funktionswert. Das gleiche geschieht mit den Tagen.

Die Nachführung der aktuellen Länge im Funktionswert beendet das Programm.

# Structured Control Language (SCL)

Structured Control Language (SCL) ist eine höhere Programmiersprache für SIMATIC S7. Die Sprache basiert auf der Norm DIN EN 6.1131-3 Teil „strukturierter Text" und hat die PLC-Open Base Level Zertifizierung, wenn die internationale Mnemonik verwendet wird (in diesem Buch ist die deutsche Mnemonik beschrieben). SCL ist optimiert für die Programmierung von speicherprogrammierbaren Steuerungen und enthält sowohl Sprachelemente aus der Programmiersprache PASCAL als auch typische SPS-Elemente wie z.B. Ein- und Ausgänge.

SCL eignet sich insbesondere für die Programmierung von komplexen Algorithmen oder für Aufgabenstellungen aus dem Bereich der Datenverwaltung. SCL unterstützt die S7-Bausteinstruktur und ermöglicht so, ein S7-Programm zusammen mit den Basis-Programmiersprachen AWL, KOP und FUP zu erstellen.

S7-SCL ist als Optionssoftware zu STEP 7 Basis erhältlich. Die Beschreibung in diesem Buch basiert auf der SCL-Version 5.1.

Nach der Installation ist SCL vollständig in den SIMATIC Manager integriert und wird wie eine der Basissprachen (z.B. AWL) angewendet. Mit dem SCL-Programmeditor erstellen Sie innerhalb eines S7-Projekts die Programmquellen, die Sie mit dem SCL-Compiler anschließend übersetzen. Das Anwenderprogramm enthält die übersetzten SCL-Bausteine; es kann auch übersetzte Bausteine enthalten, die in anderen Sprachen erstellt worden sind. Mit dem SCL-Debugger testen Sie die mit SCL erstellten Bausteine online in der CPU.

Die **Sprachelemente** von SCL unterscheiden sich in der Notation der Anweisungen von den Sprachelementen der Basissprachen (Operatoren, Ausdrücke, Wertzuweisungen). Allen gemeinsam sind die Datentypen, die Operandenbereiche, die symbolische Programmierung und die Bausteinstruktur.

Mit den **Kontrollanweisungen** führen Sie Programmverzweigungen (Alternativen) durch, wiederholen Programmteile mehrfach (Programmschleifen) oder verlassen die lineare Programmbearbeitung und setzen sie an einer anderen Stelle im Baustein fort (Sprünge).

Mit SCL programmieren Sie **Bausteine** und können Bausteine aufrufen (quasi in Ihr Programm einbinden), die mit SCL oder einer anderen S7-Programmiersprache erstellt wurden. Sie haben mit SCL Zugang zu allen Systemfunktionen.

Als **SCL-Funktionen** stehen die Standardfunktionen, wie z.B. Konvertierungsfunktionen, zur Verfügung oder Sie programmieren eigene Funktionen mit SCL und AWL. Zusätzlich ermöglichen die bei STEP 7 Basis mitgelieferten **IEC-Funktionen** die Hantierung von Variablen mit zusammengesetzten Datentypen.

# 27 Einführung, Sprachelemente

Dieses Kapitel beschreibt im Überblick die Voraussetzungen, die zum Programmieren mit SCL notwendig sind. Die genaue Beschreibung ist in den Kapiteln 2 und 3 enthalten; an entsprechender Stelle wird darauf verwiesen.

Im Kapitel 2 „Programmiersoftware STEP 7" werden die „Programmierwerkzeuge" vorgestellt: der Symboleditor, der SCL-Programmeditor, -Compiler und -Debugger. Sie erfahren, in welcher Umgebung Sie ein SCL-Programm schreiben können.

Das Kapitel 3 „SIMATIC S7-Programm" zeigt Ihnen, wie ein Anwenderprogramm aufgebaut ist. Es beschreibt die verschiedenen Arten der Programmbearbeitung, den Programmaufbau aus Bausteinen und listet alle erforderlichen Schlüsselwörter für die Bausteinprogrammierung auf. Sie erhalten eine Einführung in die Adressierung von Variablen und die Datentypen von STEP 7.

Die Beispiele in diesem Kapitel sind auch auf der dem Buch beiliegenden Diskette in der Bibliothek SCL_Buch unter dem Programm „27 Sprachbeschreibung" zu finden.

## 27.1 Einbindung in SIMATIC

### 27.1.1 Installation

Voraussetzung für die Installation von SCL ist ein vorhandener SIMATIC-Manager mit einer geeigneten Version. SCL wird mit dem SETUP-Programm installiert; der Speicherbedarf beträgt ca. 8 MByte, wenn alle Sprachen und Beispiele installiert werden. Für SCL benötigen Sie eine entsprechende Autorisierung, die auf einer eigenen Diskette mitgeliefert wird.

### 27.1.2 Projekt einrichten

Auch bei SCL ist der SIMATIC Manager das zentrale Werkzeug. Zum Programmieren mit SCL müssen Sie ihn starten und, wie auch bei einer Basissprache, ein Projekt einrichten (Kapitel 2.1 „STEP 7 Basis"). Sie können den Projekt-Assistenten verwenden oder das Projekt „per Hand" erzeugen.

Beim Konfigurieren der Station genügt die Anordnung einer CPU, so daß der SIMATIC Manager die Behälter für das dazugehörende S7-Programm einrichtet. Sie können ein S7-Programm auch direkt unter einem Projekt einrichten, um es dann später einer CPU zuzuordnen.

Sie können auch ein bereits vorhandenes Projekt benutzen. Es müssen die Behälter *S7-Programm*, *Quellen* und *Bausteine* vorhanden sein, ferner *Symbole* für die Symboltabelle. Ist ein Objekt nicht vorhanden, generieren Sie es, indem Sie den (übergeordneten) Behälter markieren und den Menübefehl EINFÜGEN wählen.

Wenn Sie ein vorhandenes Projekt verwenden, können bereits AWL-Quellen oder übersetzte Bausteine, z.B. in FUP geschrieben, vorhanden sein. Dies stört den SCL-Programmeditor nicht. Sie können sogar bereits übersetzte Bausteine im SCL-Programm aufrufen, gleich mit welcher Sprache sie geschrieben wurden.

### 27.1.3 SCL-Quelle editieren

Markieren Sie den Behälter *Quellen* und wählen Sie EINFÜGEN → SCL-QUELLE. Dieser Menübefehl ist nur dann vorhanden, wenn Sie SCL installiert haben. Das eingefügte Objekt *SCL-Quelle(1)* können Sie nun mit einem anderen Namen versehen. Ein Doppelklick auf die SCL-Quelle ruft den SCL-Programmeditor auf, der eine leere Quelldatei anzeigt. Nun können Sie das SCL-Programm eingeben.

Der Umgang mit dem SCL-Programmeditor ist im Kapitel 2.5.4 „SCL-Programmeditor" beschrieben. Sie beginnen die Programmeingabe mit dem Editieren eines Bausteins. Wie ein Baustein aufgebaut ist und wie die Schlüsselwörter lauten, zeigt Kapitel 3.5 „Codebaustein mit SCL programmieren“.

Zum Einstieg ein kleines einfaches Beispiel: Wir programmieren eine Funktion „Begrenzer“, die einen Eingangswert auf einen oberen und einen unteren Wert begrenzt, und rufen diese Funktion im Organisationsbaustein OB 1 auf (Bild 27.1).

Das Beispielprogramm beginnt mit der Definition des Bausteintyps für den Begrenzer (eine Funktion FC) und legt den Datentyp des Funktionswerts fest (INT). Danach folgt die Deklaration der Bausteinparameter: je ein INT-Eingang für den Maximalwert, den Minimalwert und den Eingangswert. Das eigentliche Programm steht nach dem Deklarationsteil. Wenn der Eingangswert IN größer als der Maximalwert ist, dann soll der Funktionswert den Maximalwert annehmen. Ist das nicht der Fall und der Eingangswert ist kleiner als der Minimalwert, wird dem Funktionswert der Minimalwert zugewiesen. Trifft beides nicht zu, dann erhält der Funktionswert den Inhalt des Eingangswerts.

Anschließend rufen wir die Funktion „Begrenzer“ im Organisationsbaustein „Hauptprogramm“ auf. Auch in SCL müssen Sie in einem Organisationsbaustein 20 Bytes temporäre Lokaldaten als Startinformation reservieren, auch dann, wenn Sie sie nicht nutzen.

Im Unterschied zu den Basissprachen ist bei SCL eine Funktion FC mit Funktionswert eine „echte“ Funktion, die Sie anstelle eines Operanden in einen Ausdruck einbinden können, vorausgesetzt, die Datentypen passen zueinander. Beim Aufruf der Funktion „Begrenzer“ im Organisationsbaustein „Hauptprogramm“ wird deren Wert einer Globalvariablen „Ergebnis“ zugewiesen; diese Variable enthält nun den auf die Grenzen „Maximum“ und „Minimum“ beschränkten „Eingangswert“.

Eine SCL-Quelle kann einen oder mehrere Bausteine enthalten. Sie können auch mehrere Quellen erstellen, die dann mit einer Übersetzungssteuerdatei in der angegebenen Reihenfolge übersetzt werden.

Speichern Sie die Quelldatei mit DATEI → SPEICHERN. Da wir im Programm Symbole anstelle von Operanden verwendet haben, müssen wir vor dem Übersetzen die Symboltabelle ausfüllen.

```
FUNCTION Begrenzer : INT
VAR_INPUT
      MAX : INT;                           //Maximalwert
      IN : INT;                            //Eingangswert
      MIN : INT;                           //Minimalwert
END_VAR
BEGIN
IF IN > MAX THEN Begrenzer := MAX;         //begrenzt auf obere Grenze
      ELSIF IN < MIN THEN Begrenzer := MIN;//begrenzt auf untere Grenze
      ELSE Begrenzer := IN;                //der Wert liegt zwischen den Grenzen
END_IF;
END_FUNCTION

ORGANIZATION_BLOCK Hauptprogramm
VAR_TEMP
      SINFO : ARRAY [1..20] OF BYTE;
END_VAR
BEGIN
Ergebnis := Begrenzer (MAX := Maximum, IN := Eingangswert, MIN := Minimum);
END_ORGANIZATION_BLOCK
```

**Bild 27.1** Beispiel „Begrenzer“

### 27.1.4 Symboltabelle ausfüllen

Das Ausfüllen der Symboltabelle geschieht in SCL genauso wie in den Basissprachen (siehe Kapitel 2.5.2 „Symboltabelle"). Sie können auch eine bereits vorhandene, teilweise ausgefüllte Symboltabelle mit den gewünschten Einträgen ergänzen (in einem S7-Programm kann es immer nur eine einzige Symboltabelle geben). Die Symboltabelle wird durch das Objekt *Symbole* im Behälter *S7-Programm* repräsentiert.

EXTRAS → SYMBOLTABELLE im SCL-Programmeditor oder ein Doppelklick auf *Symbole* im SIMATIC Manager ruft den Symboleditor auf. Wir geben die von uns verwendeten Symbole in eine leere Symboltabelle ein oder ergänzen bereits vorhandene Einträge (Tabelle 27.1).

Selbstverständlich können Sie zum Ausprobieren andere Operanden wählen. Anschließend Symboltabelle speichern.

### 27.1.5 SCL-Programm übersetzen

Zum Übersetzen öffnen Sie die SCL-Quelle falls sie nicht noch offen ist. Die zum Übersetzen notwendigen Optionen finden Sie unter EXTRAS → EINSTELLUNGEN auf der Registerkarte „Compiler" (wenn z.B. Bausteine erzeugt werden sollen, wählen Sie die Option „Bausteine werden generiert").

Mit DATEI → ÜBERSETZEN wird die Quelle übersetzt; die übersetzten Bausteine werden im Behälter *Bausteine* abgelegt. Einzelheiten zum Übersetzen sind im Kapitel 2.5.4 „SCL-Programmeditor" beschrieben.

Sie können mit einer Übersetzungssteuerdatei auch mehrere Quellen in einer wählbaren Reihenfolge gemeinsam übersetzen lassen. Beachten Sie, daß aufgerufene Bausteine oder Funktionen beim Übersetzen vorhanden sein müssen, sei es als übersetzter Baustein im Behälter *Bausteine*, als (fehlerfreie) Programmquelle vor dem Aufruf in der Quelldatei oder als Standardfunktion in der Standard-Bibliothek.

### 27.1.6 SCL-Bausteine laden

Ist das Programmiergerät an eine CPU angeschlossen, werden die übersetzten Bausteine mit ZIELSYSTEM → LADEN in den Anwenderspeicher der CPU geladen. Die CPU sollte im Betriebszustand STOP sein, denn die Reihenfolgen beim Laden kann von der Aufrufreihenfolge abweichen. Was Sie sonst noch beachten müssen, finden Sie im Kapitel 2.6 „Online-Betrieb".

Die Hantierung der Bausteine können Sie auch mit dem SIMATIC Manager im Offline- bzw. Online-Fenster vornehmen.

### 27.1.7 SCL-Bausteine testen

Der SCL-Debugger kann einzelne Bausteine im Programmstatus („Kontinuierliches Beobachten") oder im Einzelschrittmodus testen. Im Programmstatus sehen Sie die Belegung der Variablen beim kontinuierlichen Programmbearbeiten. Im Einzelschrittmodus können Sie das Programm an einem Haltepunkt stoppen und dann schrittweise Anweisung für Anweisung unter Beobachtung der Variablenwerte bearbeiten lassen (Kapitel 2.7 „Programm testen").

Zum Testen eines SCL-Programms kann zusätzlich auch die Variablentabelle herangezogen werden. Sie können hier während des laufenden Programms Variablenwerte vorgeben und die Ergebnisse beobachten.

**Tabelle 27.1** Symboltabelle für das Beispiel „Begrenzer"

| Symbol | Adresse | Datentyp | Kommentar |
|---|---|---|---|
| Hauptprogramm | OB 1 | OB 1 | Baustein der zyklischen Programmbearbeitung |
| Begrenzer | FC 271 | FC 271 | Funktion zum Begrenzen einer INT-Variablen |
| Eingangswert | MW 10 | INT | vorgegebener Wert |
| Maximum | MW 12 | INT | oberer Grenzwert |
| Minimum | MW 14 | INT | unterer Grenzwert |
| Ergebnis | MW 16 | INT | begrenzter Wert |

### 27.1.8 Operanden und Datentypen

#### Operandenbereiche

Die Operanden und Variablen in SCL entsprechen denen der Basissprachen (siehe Kapitel 1.5 „Operandenbereiche").

▷ Eingänge E, Ausgänge A, Merker M

▷ Peripherie-Eingänge PE, Peripherie-Ausgänge PA

▷ Global-Datenoperanden D

▷ temporäre und statische Lokaldaten (nur symbolische Adressierung möglich)

▷ Organisationsbausteine OB, Funktionsbausteine FB, Funktionen FC mit und ohne Funktionswert, Datenbausteine DB

Zeitfunktionen T und Zählfunktionen Z werden in SCL als „Standardfunktionen" behandelt (siehe Kapitel 30.1 „Zeitfunktionen" und 30.2 „Zählfunktionen").

Hinweis: Die Global-Datenoperanden haben gegenüber den Basissprachen ein anderes Operandenkennzeichen. Die bei SCL verwendeten Operandenkennzeichen finden Sie im Kapitel 27.2.1 „Absolute Adressierung".

Bei SCL können auch Funktionsaufrufe, die einen Funktionswert liefern, als Operanden in Ausdrücke eingesetzt werden.

#### Datentypen

Die Definition eines Datentyps enthält:

▷ Art und Bedeutung der Datenelemente (z.B. Integerzahl, Zeichenkette)

▷ Zulässige Bereiche (Zahlenbereiche, Länge einer Zeichenkette)

▷ Zulässige Operationen, die mit einem Datentyp ausgeführt werden können

▷ Schreibweise der Konstanten

Die Datentypen in SCL sind die gleichen wie in den Basissprachen: Kapitel 3.7 „Variablen und Konstanten" zeigt einen Überblick in tabellarischer Form; Kapitel 24 „Datentypen" enthält die detaillierten Beschreibungen.

Zahlenwerte können als Dezimalzahlen, Hexadezimalzahlen, Oktalzahlen (8#17 entspricht 16#F entspricht 15dez) und Binärzahlen dargestellt werden.

#### Datentypklassen

In Verbindung mit Wertverknüpfungen sind bei SCL Klassen von Datentypen definiert, die bei den entsprechenden Verknüpfungen gleiches Verhalten aufweisen:

▷ ANY_INT umfaßt die Datentypen INT und DINT

▷ ANY_NUM umfaßt die Datentypen INT, DINT und REAL

▷ ANY_BIT umfaßt die Datentypen BOOL, BYTE, WORD und DWORD

Diese Datentypklassen sind eingeführt worden, um die Beschreibung der Operanden übersichtlicher zu gestalten; es können keine Variablen mit diesen Datentypklassen deklariert werden.

#### Konstantenschreibweise

Eine Konstante ist ein fester Wert, der sich im allgemeinen bei der Programmausführung nicht ändert. Konstanten werden verwendet, um bei der Variablendeklaration die Variablen mit Anfangswerten vorzubelegen oder um sie im Programm mit Variablen zu verknüpfen, z.B. als Grenzwerte.

Eine Konstante erhält bei SCL den Datentyp erst mit der arithmetischen Verknüpfung. Die Konstante 1234 z.B. kann je nach Anwendung den Datentyp INT oder den Datentyp REAL aufweisen:

```
int1  := int2 + 1234;
                  //INT-Konstante
real1 := real2 + 1234;
                  //REAL-Konstante
```

Bei SCL können Sie einer Konstanten auch einen Datentyp zuweisen („typisierte" Konstantenschreibweise). Mit einem geeigneten Präfix versehen, können Sie z.B. eine WORD-Variable in der Deklaration mit einer Dezimal-, Hexadezimal-, Oktal- oder Binärzahl vorbelegen. Folgendes Beispiel zeigt den Inhalt der Variablen jeweils mit dem gleichen Wert, jedoch mit verschiedenen Darstellungen:

```
w1 : WORD := W#1234;    //dezimal
w2 : WORD := W#16#04D2;//hexadezimal
w3 : WORD := W#8#2322; //oktal
w4 : WORD := W#2#0000_0100_1101_0010;
                        //binär
```

### Datentyp bei absolut adressierten Operanden

Ein absolut adressierter Operand besitzt immer einen Datentyp ANY_BIT (z.B. hat Merkerdoppelwort MD10 den Datentyp DWORD). Erst wenn der Operand symbolisch adressiert wird („wenn eine Variable daraus geworden ist") oder nach einer Datentypwandlung, kann der Operand mit einem Datentyp z.B. DINT oder REAL verwendet werden.

```
MW14 := SHL(IN := MW12, N := 2);
real1 := real2 + DWORD_TO_REAL(MD10);
```

### Datentyp STRING

Die Darstellung einer Zeichenkette geschieht in einfachen Anführungszeichen; mit $hh können nicht abdruckbare Steuerzeichen eingegeben werden (hh steht stellvertretend für den hexadezimal dargestellten Wert des ASCII-Zeichens).

```
string1 := '$0A$0D'; //neue Zeile
```

Zur Unterbrechung einer Zeichenkette, z.B. am Zeilenende oder für Kommentare, die nicht ausgedruckt oder angezeigt werden sollen, stehen die Zeichen '$>' und '<$' zur Verfügung.

```
string2 := 'ABCDEFGHIJKLMNOP$>
         <$QRSTUVWXYZ';
```

## 27.[illegible].9 Datentypsichten

Bei SCL können Sie eine bereits deklarierte Variable mit zusätzlichen Datentypen (genauer: mit zusätzlichen Datentypsichten) belegen. Danach ist es möglich, den Inhalt der Variablen ganz oder in Teilbereichen mit unterschiedlichen Datentypen anzusprechen.

Beispiel: Sie deklarieren einen Eingangsparameter mit dem Namen *Station* und dem Datentyp STRING. Die Variable *Station* übergeben Sie an einen aufgerufenen Baustein, um sie weiterzubearbeiten, z.B. mit einer Nummer zu ergänzen. Zusätzlich wollen Sie die aktuelle Länge von *Station* ermitteln. Dazu legen Sie eine zusätzliche Datentypsicht beispielsweise in Form einer Struktur von zwei Bytes über die Variable *Station*. Das zweite Byte enthält dann die aktuelle String-Länge. Die zusätzliche Datentypsicht soll den Namen *Len* erhalten, die Komponenten heißen *max* und *akt*.

```
VAR_INPUT
  Station : STRING[24] := ' ';
  Len AT Station : STRUCT
      max : BYTE; //Maximale Länge
      akt : BYTE; //Aktuelle Länge
      END_STRUCT;
END_VAR
....
IF WORD_TO_INT(Len.akt) > 12
      THEN ...
END_IF;
...
```

Zuerst deklarieren Sie die Variable mit dem „ursprünglichen" Datentyp und mit eventueller Vorbelegung. Danach können Sie diese Variable mit dem Schlüsselwort AT mit einer zusätzlichen Datentypsicht belegen:

```
Sicht AT Variable : Datentyp; //Kommentar
```

Sie können über eine Variable mehrere Datentypsichten legen, die Sie durch den Namen unterscheiden. Eine Vorbelegung mit festen Werten (Initialisierung) ist nicht möglich.

Der Speicherbedarf der Datentypsicht darf nicht größer sein als die mit der Sicht belegte Variable (der neue Datentyp muß in die Variable „passen").

Sie verwenden eine Datentypsicht wie jede andere Variable, jedoch nur lokal im Baustein. Im oberen Beispiel versorgt der aufrufende Baustein den Eingangsparameter *Station* mit einer Zeichenkette; die Datentypsicht als Bytestruktur ist ihm nicht zugänglich.

Eine Datentypsicht kann über Bausteinparameter und über temporäre und statische Lokaldaten gelegt werden. Die Deklaration der Datentypsicht muß im selben Deklarationsblock wie die Deklaration der Variablen erfolgen.

Die Tabelle 27.2 zeigt Ihnen, welche Datentypsichten Sie über eine Variable mit bestimmten Datentyp legen können. Liegt z.B. die Variable in den temporären Lokaldaten einer FC und hat sie einen zusammengesetzten Datentyp, dann können die darüber gelegten Datentypsichten den Datentyp elementar, zusammengesetzt sowie POINTER und ANY haben.

Variablen mit dem Typ TIMER, COUNTER und BLOCK_xx können nicht mit Datentypsichten belegt werden.

**Tabelle 27.2** Erlaubte Datentypsichten

| Baustein | Die Variable ist deklariert im Block | Die Variable hat den Datentyp | | | |
|---|---|---|---|---|---|
| | | elementar | zusammengesetzt | POINTER | ANY |
| FC | VAR_INPUT | E | Z | | |
| | VAR_OUTPUT | E | Z | | |
| | VAR_IN_OUT | E | Z | | |
| | VAR [1] | E Z | E Z A | | Z |
| | VAR_TEMP | E Z | E Z A | | Z |
| FB | VAR_INPUT | E Z | E Z P A | Z | Z |
| | VAR_OUTPUT | E Z | E Z | | |
| | VAR_IN_OUT | E | Z | | |
| | VAR | E Z | E Z | | |
| | VAR_TEMP | E Z | E Z A | | Z |

[1] entspricht den temporären Lokaldaten

Datentyp der Sicht:

E elementar (BOOL, CHAR, BYTE, WORD, DWORD, INT, DINT, REAL, S5TIME, TIME, DATE, TIME_OF_DAY)

Z zusammengesetzt (DATE_AND_TIME, STRING, ARRAY, STRUCT) und UDT

P POINTER

A ANY

## 27.2 Adressierung

### 27.2.1 Absolute Adressierung

Die absolute Adressierung spricht Operanden relativ zum Anfang des Operandenbereichs an; z.B. E1.0 (Eingangsbit 0 im Byte 1). Die absolute Adressierung bei SCL entspricht der bei den Basissprachen (Kapitel 3.3 „Variablen adressieren“), wobei allerdings das Operandenkennzeichen von Global-Datenoperanden unterschiedlich ist (Tabelle 27.3).

Der Zugriff auf Global-Datenoperanden erfolgt bei SCL nur komplett adressiert. Hierbei kann der Datenbaustein auch ein Bausteinparameter von Typ BLOCK_DB sein (siehe auch Kapitel 27.2.3 „Indirekte Adressierung bei SCL“).

Hinweis: Beachten Sie, daß bei SCL zwischen dem Operandenkennzeichen und der Operandenadresse kein Trennzeichen (Leerzeichen oder Tabulator) stehen darf.

Abweichungen gegenüber den Basissprachen: keine absolute Adressierung von temporären und statischen Lokaldaten; der Aufruf eines Datenbausteins mit anschließendem teiladressierten Zugriff ist nicht möglich; Ermittlung der Nummer und der Länge des aktuellen Global- oder Instanz-Datenbausteins nicht möglich.

**Tabelle 27.3** Operandenkennzeichen für absolute Adressierung

| Operandenbereich | Bit | Byte | Wort | Doppelwort |
|---|---|---|---|---|
| Eingänge | Ey.x | EBy | EWy | EDy |
| Ausgänge | Ay.x | ABy | AWy | ADy |
| Peripherie-Eingänge | - | PEBy | PEWy | PEDy |
| Peripherie-Ausgänge | - | PABy | PAWy | PADy |
| Merker | My.x | MBy | MWy | MDy |
| Global-Datenoperanden | DBz.DXy.x<br>DBz.Dy.x | DBz.DBy | DBz.DWy | DBz.DDy |

x = Bitadresse, y = Byteadresse, z = Datenbausteinnummer

### 27.2.2 Symbolische Adressierung

Die symbolische Adressierung spricht Operanden und Variablen mit einem Namen an. Der Name wird für globale Daten in der Symboltabelle vergeben; für Lokaldaten im Deklarationsteil des Bausteins.

Die symbolische Adressierung bei SCL entspricht der bei den Basissprachen (Kapitel 3.3 „Variablen adressieren"). Für den komplettadressierten Zugriff auf Global-Datenoperanden ist auch eine gemischte absolut/symbolische Bezeichnung zugelassen, wie z.B.:

```
DB10.Sollwert
"Motor1Daten".DW12.
```

In SCL können Sie im Deklarationsteil eines Bausteins Konstanten mit einem Namen versehen und sie im Programm als Symbol verwenden.

### 27.2.3 Indirekte Adressierung bei SCL

#### Indirekte Adressierung von globalen Operanden

Die indirekte Adressierung von globalen Operanden basiert auf der absoluten Adressierung. Statt der Operandenadresse wird eine INT-Variable in eckigen Klammern angegeben; bei Bitoperanden sind es zwei INT-Variablen:

- ▷ E*[byteindex, bitindex]*
- ▷ MB[*byteindex*]

*byteindex* und *bitindex* sind Konstanten, zur Laufzeit änderbare Variablen oder Ausdrücke mit Datentyp INT. Folgende Operandenbereiche können Sie auf diese Weise adressieren:

- ▷ Peripherie-Eingänge PE, Peripherie-Ausgänge PA (jeweils keine Bitadressierung)
- ▷ Eingänge E, Ausgänge A und Merker M
- ▷ globale Datenoperanden D (sowohl Datenbaustein als auch Datenoperand)
- ▷ Zeitfunktionen T und Zählfunktionen Z (jeweils keine Bitadressierung)

#### Indirekte Adressierung von Global-Datenoperanden

Die indirekte Adressierung von Global-Datenoperanden basiert auf der absoluten Adressierung, wobei sowohl die Adresse des Datenoperanden als auch die des Datenbausteins zur Laufzeit geändert werden kann.

```
//**********************************************************************
//Beispiel für indirekte Adressierung von globalen Operanden
k := 120; FOR i := 48 TO 62 BY 2 DO
MW[k] := PEW[i]; k := k + 2; END_FOR;

//**********************************************************************
//indirekte Adressierung von Datenbausteinen;
//der DB-Index liegt mit Datentyp WORD vor
M0.0 := WORD_TO_BLOCK_DB(dbindex_w).DX0.0;
M0.0 := WORD_TO_BLOCK_DB(dbindex_w).DX[byteindex,bitindex];

//der DB-Index liegt mit Datentyp INT vor
M0.0 := WORD_TO_BLOCK_DB(INT_TO_WORD(dbindex_i)).DX0.0;
M0.0 := WORD_TO_BLOCK_DB(INT_TO_WORD(dbindex_i)).DX[byteindex,bitindex];

//**********************************************************************
//indirekte Adressierung über einen Bausteinparameter
//mit dem Namen "Daten" und dem Parametertyp BLOCK_DB
M0.0 := Daten.DX0.0;                          //absolute Adressierung
M0.0 := Daten.DX[byteindex,bitindex];         //indirekte Adressierung
```

**Bild 27.2** Beispiele für indirekte Adressierung von Global-Datenoperanden

Sie können den Datenbaustein sowohl absolut als auch symbolisch adressieren:

▷ DB10.DX[*byteindex*, *bitindex*]
▷ MotorDaten.DW[*byteindex*]

*byteindex* und *bitindex* sind Konstanten, zur Laufzeit änderbare Variablen oder Ausdrücke mit Datentyp INT.

Mit der Konvertierungsfunktion WORD_TO_BLOCK_DB können Sie einen Datenbaustein indirekt adressieren. Die DB-Nummer wird als Variable oder Ausdruck mit dem Datentyp WORD angegeben (Beispiele siehe Bild 27.2).

▷ WORD_TO_BLOCK_DB(*dbindex*).DW0

*dbindex* ist eine zur Laufzeit änderbare Variable oder ein Ausdruck mit Datentyp WORD.

Wird der Datenbaustein indirekt adressiert, kann der Datenoperand nicht symbolisch angesprochen werden.

### Adressierung von Datenoperanden über einen Bausteinparameter BLOCK_DB

Liegt der Datenbaustein als Bausteinparameter vor, können seine Datenoperanden absolut und indirekt adressiert werden (Bild 27.2). Beispiel: Der Eingangsparameter *Daten* ist vom Typ BLOCK_DB:

▷ Daten.DW0
▷ Daten.DX2.0

▷ Daten.DW[*byteindex*]
▷ Daten.DX[*byteindex.bitindex*]

*byteindex* und *bitindex* sind Konstanten, zur Laufzeit änderbare Variablen oder Ausdrücke mit Datentyp INT.

Wird der Datenbaustein über einen Bausteinparameter adressiert, kann der Datenoperand nicht symbolisch angesprochen werden.

### Adressierung von Feldern

Bei SCL können Sie als Feldindex sowohl eine Konstante als auch eine Variable oder einen Ausdruck mit Datentyp INT einsetzen und ihn so zur Laufzeit ändern. Sie können auch Teilfelder als Variable ansprechen (Kapitel 27.5.4 „Zuweisung von Feldern“).

Bei der Vorbesetzung können Wiederholfaktoren für die einzelnen Felddimensionen getrennt vergeben werden.

## 27.3 Operatoren

Ein Ausdruck steht für einen Wert. Er kann aus einem einzelnen Operanden (einer einzelnen Variablen) bestehen oder aus mehreren Operanden (Variablen), die durch Operatoren miteinander verknüpft sind.

Beispiel: $a + b$;
$a$ und $b$ sind Operanden, + ist der Operator.

Die Reihenfolge der Verknüpfung ist durch die Priorität der Operatoren vorgegeben und kann durch Klammerung gesteuert werden. Eine Mischung der Ausdrücke ist zulässig, sofern die bei der Berechnung des Ausdrucks entstehenden Datentypen dies erlauben.

SCL stellt die in der Tabelle 27.4 angegebenen Operatoren zur Verfügung. Operatoren gleicher Priorität werden von links nach rechts bearbeitet.

## 27.4 Ausdrücke

Ein Ausdruck ist eine Formel zur Berechnung eines Werts und besteht aus Operanden (Variablen) und Operatoren. Im einfachsten Fall ist ein Ausdruck ein Operand, eine Variable oder eine Konstante. Hierbei kann ein Vorzeichen oder eine Negation mit eingeschlossen sein.

Ein Ausdruck kann aus Operanden bestehen, die durch Operatoren miteinander verknüpft sind. Auch Ausdrücke lassen sich mit Operatoren verknüpfen, so daß ein Ausdruck sehr komplex aufgebaut sein kann. Mit Klammerung kann die Reihenfolge der Bearbeitung in einem Ausdruck gesteuert werden.

Das Ergebnis eines Ausdrucks kann einer Variablen oder einem Bausteinparameter zugewiesen werden oder als Bedingung in einer Kontrollanweisung verwendet werden.

Ausdrücke unterscheidet man nach der Verknüpfungsart in arithmetische Ausdrücke, Vergleichsausdrücke und logische Ausdrücke.

**Tabelle 27.4** Operatoren bei SCL

| Verknüpfung | Benennung | Operator | Priorität |
|---|---|---|---|
| Klammerung | (*Ausdruck*) | (, ) | 1 |
| Arithmetik | Potenz | ** | 2 |
| | unäres Plus, unäres Minus (Vorzeichen) | +, - | 3 |
| | Multiplikation, Division | *, /, DIV, MOD | 4 |
| | Addition, Subtraktion | +, - | 5 |
| Vergleich | kleiner, kleiner-gleich, größer, größer-gleich | <, <=, >, >= | 6 |
| | gleich, ungleich | =, <> | 7 |
| Binäre Verknüpfung | Negation (unär) | NOT | 3 |
| | UND-Verknüpfung | AND, & | 8 |
| | Exklusiv-ODER | XOR | 9 |
| | ODER-Verknüpfung | OR | 10 |
| Zuweisung | Zuweisung | := | 11 |

„unär" heißt, dieser Operator ist einem Operanden fest zugeordnet

### 27.4.1 Arithmetische Ausdrücke

Ein arithmetischer Ausdruck besteht entweder aus einem numerischen Wert oder er verknüpft zwei Werte oder Ausdrücke mit arithmetischen Operatoren. Beispiel:

```
Spannung * Strom
```

Die Tabelle 27.5 zeigt die zugelassenen Datentypen für arithmetische Ausdrücke und den Datentyp des Ergebnisses.

Die Angabe der Datentypklasse ANY_NUM bedeutet, der Datentyp des ersten oder zweiten Operanden kann INT, DINT oder REAL sein. Wenn Sie einen INT- und einen DINT-Operanden miteinander verknüpfen, ist das Ergebnis von Datentyp DINT; wenn Sie einen INT- oder DINT-Operanden mit einem REAL-Operanden verknüpfen, trägt das Ergebnis den Datentyp REAL. Vor der arithmetischen Verknüpfung führt der Programmeditor (für Sie nicht sichtbar) eine entsprechende Datentypwandlung durch (siehe auch Tabelle 30.4 „Implizite Konvertierungsfunktionen").

Bei einer Division muß der zweite Operand ungleich Null sein. Bild 27.3 zeigt einige Beispiele für arithmetische Ausdrücke in Verbindung mit Wertzuweisungen.

### 27.4.2 Vergleichsausdrücke

Ein Vergleichsausdruck vergleicht die Werte zweier Operanden und liefert einen booleschen Wert; ist der Vergleich erfüllt, liefert er das Ergebnis TRUE, andernfalls FALSE. Beispiel:

```
Spannung1 > Spannung2
```

Die miteinander verglichenen Operanden müssen den gleichen Datentyp bzw. die gleichen Datentypklasse (ANY_INT, ANY_NUM, ANY_BIT) aufweisen (Tabelle 27.5). Zur besseren Übersicht empfiehlt es sich, Vergleichsausdrücke in Klammern zu schreiben.

Vergleichsausdrücke können miteinander logisch verknüpft werden, wie z.B.

```
(Wert1 > 40) AND NOT (Wert2 = 20)
```

Der Vergleich von Variablen mit dem Datentyp CHAR erfolgt nach dem ASCII-Zeichencode.

Für den Vergleich von Variablen mit den Datentypen STRING und DT stehen die IEC-Funktionen zur Verfügung; das sind ladbare FC-Bausteine in der Standardbibliothek *Standard Library* in Programm *IEC Function Blocks*.

Bild 27.3 zeigt einige Beispiele für Vergleichsausdrücke in Verbindung mit Wertzuweisungen.

**Tabelle 27.5** Datentypen und Operatoren in SCL-Ausdrücken

| Operation | Operator | 1. Operand | 2. Operand | Ergebnis |
|---|---|---|---|---|
| **Arithmetische Ausdrücke** | | | | |
| Potenz | ** | ANY_NUM | INT | REAL |
| Multiplikation | * | ANY_NUM<br>TIME | ANY_NUM<br>ANY_INT | ANY_NUM<br>TIME |
| Division | / | ANY_NUM | ANY_NUM | ANY_NUM |
| Integer-Division | DIV | ANY_INT<br>TIME | ANY_INT<br>ANY_INT | ANY_INT<br>TIME |
| Modulo-Division | MOD | ANY_INT | ANY_INT | ANY_INT |
| Addition | + | ANY_NUM<br>TIME<br>TOD<br>DT | ANY_NUM<br>TIME<br>TIME<br>TIME | ANY_NUM<br>TIME<br>TOD<br>TOD |
| Subtraktion | – | ANY_NUM<br>TIME<br>TOD<br>DATE<br>TOD<br>DT | ANY_NUM<br>TIME<br>TIME<br>DATE<br>TOD<br>TIME | ANY_NUM<br>TIME<br>TOD<br>TIME<br>TIME<br>DT |
| **Vergleichsausdrücke** | | | | |
| Vergleich auf gleich, ungleich, kleiner, kleiner-gleich, größer, größer-gleich | =, <>, <, <=, >, >=, | ANY_NUM<br>CHAR oder STRING<br>TIME<br>DATE<br>TIME_OF_DAY | ANY_NUM<br>CHAR oder STRING<br>TIME<br>DATE<br>TIME_OF_DAY | BOOL<br>BOOL<br>BOOL<br>BOOL<br>BOOL |
| Vergleich auf gleich und ungleich | =, <> | ANY_BIT | ANY_BIT | BOOL |
| **Logische Ausdrücke** | | | | |
| Negation | NOT | ANY_BIT | - | ANY_BIT |
| UND-Verknüpfung (Konjunktion) | AND, & | ANY_BIT | ANY_BIT | ANY_BIT |
| Exklusiv-ODER (Exklusiv Disjunktion) | XOR | ANY_BIT | ANY_BIT | ANY_BIT |
| ODER-Verknüpfung (Disjunktion) | OR | ANY_BIT | ANY_BIT | ANY_BIT |

### 27.4.3 Logische Ausdrücke

Ein logischer Ausdruck verknüpft Operanden und Ausdrücke vom Datentyp ANY_BIT nach UND, ODER und Exklusiv-ODER.

Beispiel:

```
Automatik AND NOT Hand_ein
```

Zu den logischen Ausdrücken gehört auch die (boolesche) Negation; sie wird ähnlich wie das Vorzeichen einer Zahl behandelt.

Ein logischer Ausdruck liefert einen Wert mit der Datentypklasse ANY_BIT. Das Ergebnis eines logischen Ausdrucks ist vom Datentyp BOOL, wenn beide Operanden auch vom Datentyp BOOL sind. Ist einer der Operanden oder sind beide ein Bitmuster vom Datentyp BYTE, WORD oder DWORD, trägt das Ergebnis den „mächtigsten" Datentyp der beteiligten Operanden.

Bild 27.3 zeigt einige Beispiele für logische Ausdrücke in Verbindung mit Wertzuweisungen.

## 27.5 Wertzuweisungen

Mit einer Wertzuweisung wird einer Variablen der Wert einer anderen Variablen oder eines Ausdrucks zugewiesen. Links vom Zuweisungsoperator := steht die Variable, die den Wert des rechts stehenden Operanden oder Ausdrucks übernimmt.

Die Datentypen auf beiden Seiten des Zuweisungszeichens müssen gleich sein. Ausnahme „Implizite Datentypkonvertierung": Wenn der Datentyp der Variablen mindestens die gleiche oder eine größere Bitbreite hat wie der Datentyp des Ausdrucks, wird der Datentyp des Ausdrucks implizit konvertiert (der Wert des Ausdrucks wird im Datentyp automatisch gewandelt und der Variablen zugewiesen). Andernfalls ist eine explizite Konvertierung (mit Konvertierungsfunktionen) notwendig.

### 27.5.1 Zuweisung für elementare Datentypen

Einer Variablen bzw. einem Operanden kann ein konstanter Wert, eine andere Variable, ein Operand oder ein Ausdruck zugewiesen werden (Bild 27.3).

Absolut adressierte Operanden (z.B. MW 10) haben den Datentyp ANY_BIT; d.h. je nach „Datenbreite" BOOL, BYTE, WORD oder DWORD. Möchten Sie einem absolut adressierten Operanden einen Wert mit einem anderen Datentyp zuweisen, verwenden Sie die Datentypkonvertierung oder weisen in der Symboltabelle dem Operanden einen Namen und den gewünschten Datentyp zu.

```
(******************************** Zuweisung *******************************)
Automatik   := TRUE;                //Zuweisung eines konstanten Werts
Sollwert    := Anf_Sollwert;        //Zuweisung einer Variablen
Abweichung := Istwert - Sollwert;  //Zuweisung eines Ausdrucks
Anzeige := INT_TO_WORD(Abweichung);//Zuweisung eines Funktionswerts

(********************** Arithmetische Ausdrücke ************************)
Leistung    := Spannung * Strom;
Volumen     := 4/3 * PI * Radius**3;
Loesung1    := -P/2 + SQRT(SQR(P/2) - Q);
Mittelwert := (Motor[1].Leistung + Motor[2].Leistung)/2;

(*********************** Vergleichsausdrücke ***************************)
ZuGross := Spannung_Ist > Spannung_Soll;
Warnung := (Spannung * Strom) >= 20_000;
M101.0  := Sollwert = Istwert;
IF Abweichung > 2_000 THEN Anzeige := 16#F002; END_IF;

(*********************** Logische Ausdrücke ****************************)
A4.0 := E1.0 & E1.1;
Ein  := (Hand_ein OR Auto_ein) AND NOT Stoerung;
MW30 := MW32 AND Maske;
Impulse := (Flankenmerker XOR ED16) AND ED16; Flankenmerker := ED16;
```

**Bild 27.3** Operatoren, Ausdrücke und Wertzuweisungen

### 27.5.2 Zuweisung von DT- und STRING-Variablen

Jeder DT-Variablen kann eine andere DT-Variable oder eine DT-Konstante zugewiesen werden.

Jeder STRING-Variablen kann eine andere STRING-Variable oder eine Zeichenkette zugewiesen werden. Ist die zugewiesene Zeichenkette länger als die links vom Zuweisungsoperator stehende Variable, wird beim Übersetzen eine Warnung ausgegeben.

Bei der Deklaration in den temporären Lokaldaten ist keine Vorbelegung möglich. Wenn Sie STRING-verarbeitende Funktionen verwenden, die die STRING-Variable (auch als Ausgangsparameter) auf gültige Belegung prüfen, wie z.B. die IEC-Funktionen, müssen Sie die Vorbelegung ausprogrammieren.

### 27.5.3 Zuweisung von Strukturen

Eine STRUCT-Variable ist einer anderen STRUCT-Variablen nur dann zuweisbar, wenn

- ▷ die Datenstrukturen übereinstimmen,
- ▷ die Strukturkomponenten in ihrem Datentyp übereinstimmen,
- ▷ die Strukturkomponenten in ihrem Namen übereinstimmen.

Einzelne Strukturkomponenten können wie Variablen des entsprechenden Datentyps gehandhabt werden, beispielsweise kann eine Strukturkomponente *Motor1.Sollwert* mit Datentyp INT einer anderen INT-Variablen zugewiesen werden bzw. kann dieser Strukturkomponente ein INT-Wert zugewiesen werden.

### 27.5.4 Zuweisung von Feldern

Eine ARRAY-Variable ist einer anderen ARRAY-Variablen nur dann zuweisbar, wenn sowohl die Datentypen der Feldkomponenten als auch die Feldgrenzen mit kleinstem und größtem Feldindex übereinstimmen.

Einzelne Feldkomponenten können wie Variablen des entsprechenden Datentyps gehandhabt werden.

Bei mehrdimensionalen Feldern können Sie **Teilfelder** wie entsprechend dimensionierte Variablen behandeln: Sie lassen von rechts beginnend Feldindizes weg und erhalten einen niedriger dimensionierten Teilbereich des ursprünglichen Felds. Beispiel:

`Feld1 : ARRAY [1..8,1..16] OF INT`
stellt ein zweidimensionales Feld dar; Sie können nun das gesamte Feld mit `Feld1` ansprechen, ein Teilfeld mit `Feld1[i]` (entspricht den Zeilen der Matrix) und eine Feldkomponente mit `Feld1[i,j]`.

Das Teilfeld `Feld1[i]` können Sie einem entsprechend dimensioniertem Feld zuweisen, z.B. `Feld2 := Feld1[i]` mit i = 1 bis 8 und `Feld 2 : ARRAY [1..16] OF INT`.

# 28 Kontrollanweisungen

Mit den Kontrollanweisungen führen Sie Programmverzweigungen durch, wiederholen Programmteile mehrfach oder springen an eine andere Stelle im Programm des Bausteins. SCL stellt folgende Kontrollanweisungen zur Verfügung:

| | |
|---|---|
| IF | Programmverzweigung abhängig von einem BOOL-Wert |
| CASE | Programmverzweigung abhängig von einem INT-Wert |
| FOR | Programmschleife mit einer Laufvariablen |
| WHILE | Programmschleife mit einer Durchführungsbedingung |
| REPEAT | Programmschleife mit einer Abbruchbedingung |
| CONTINUE | Abbruch des aktuellen Schleifendurchlaufs |
| EXIT | Verlassen der Programmschleife |
| GOTO | Sprung zu einer Sprungmarke |
| RETURN | Verlassen des Bausteins |

Hinweis: Achten Sie darauf, daß bei Verwendung von Programmschleifen die Zyklusüberwachungszeit nicht überschritten wird.

Die Beispiele in diesem Kapitel sind auch auf der dem Buch beiliegenden Diskette in der Bibliothek SCL_Buch unter dem Programm „28 Kontrollanweisungen“ beschrieben.

## 28.1 IF-Anweisung

Mit der IF-Anweisung verzweigen Sie den Programmfluß abhängig von einem booleschen Wert. Je nach Verzweigungsart können Sie verschiedene Formen der IF-Anweisung programmieren.

```
IF Bedingung
   THEN Anweisungen;
END_IF;
```

*Bedingung* ist ein Operand oder ein Ausdruck mit einem booleschen Wert. Hat *Bedingung* den Wert TRUE, werden die Anweisungen nach THEN ausgeführt. Hat *Bedingung* den Wert FALSE, wird die Programmbearbeitung mit der nächsten Anweisung nach END_IF fortgesetzt. END_IF schließt eine IF-Anweisung ab.

```
IF Bedingung
   THEN Anweisungen1;
   ELSE Anweisungen0;
END_IF;
```

Wie im vorhergehenden Beispiel hat auch hier *Bedingung* entweder den Wert TRUE oder FALSE. Bei TRUE werden die Anweisungen nach THEN ausgeführt, bei FALSE die Anweisungen nach ELSE.

```
IF Bedingung1
   THEN Anweisungen1;
   ELSIF Bedingung2
      THEN Anweisungen2;
   ELSE Anweisungen0;
END_IF;
```

IF-Anweisungen kann man schachteln. Ist *Bedingung1* erfüllt (TRUE), werden die *Anweisungen1* ausgeführt und danach die Programmbearbeitung nach END_IF fortgesetzt. Hat *Bedingung1* den Wert FALSE, wird *Bedingung2* geprüft; ist der Wert TRUE, werden die *Anweisungen* 2 ausgeführt und die Programmbearbeitung nach END_IF fortgesetzt.

Sie können beliebig viele Kombinationen ELSIF ... THEN ... zwischen IF ... THEN ... und ELSE einfügen. Ist keine Bedingung erfüllt, werden die Anweisungen nach ELSE bearbeitet. ELSE und die nachfolgenden Anweisungen können auch entfallen.

Beispiel: Ist die Variable *Istwert* größer als die Variable *Sollwert*, werden die Anweisungen nach THEN bearbeitet. Andernfalls erfolgt der Vergleich auf *Istwert* kleiner *Sollwert* und, bei Erfüllung, die Bearbeitung der Anweisungen nach ELSIF. Ist keiner der beiden Vergleiche erfüllt, werden die Anweisungen nach ELSE bearbeitet.

```
IF Istwert > Sollwert
   THEN ueber := TRUE;
        unter := FALSE;
        gleich := FALSE;
   ELSIF Istwert < Sollwert
        THEN unter := TRUE;
             ueber := FALSE;
             gleich := FALSE;
   ELSE gleich := TRUE;
        ueber := FALSE;
        unter := FALSE;
END_IF;
```

## 28.2 CASE-Anweisung

Mit der CASE-Anweisung können Sie abhängig von einem INT-Wert eine von mehreren Anweisungsfolgen bearbeiten lassen.

Der allgemeine Aufbau einer CASE-Anweisung sieht wie folgt aus:

```
CASE Auswahl OF
   Konst1 : Anweisungen1;
   Konst2 : Anweisungen2;
   ...
   Konstx : AnweisungenX;
   ELSE     Anweisungen0;
END_CASE;
```

*Auswahl* ist ein Operand oder ein Ausdruck mit Datentyp INT. Hat *Auswahl* den Wert von *Konst1* werden die *Anweisungen1* bearbeitet und danach die Programmbearbeitung nach END_CASE fortgesetzt. Hat *Auswahl* den Wert von *Konst2*, werden die *Anweisungen2* bearbeitet usw.

Findet sich in der Werteliste kein Wert, der *Auswahl* entspricht, werden die Anweisungen nach ELSE bearbeitet. Der ELSE-Zweig kann auch entfallen.

Die Werteliste mit *Konst1*, *Konst2*, usw. besteht aus INT-Konstanten. Für eine Komponente in der Werteliste sind verschiedene Ausdrücke möglich:

- ▷ eine einzelne INT-Zahl,
- ▷ ein Bereich aus INT-Zahlen (z.B. 15..20) oder
- ▷ eine Aufzählung aus INT-Zahlen und INT-Zahlenbereichen (z.B. 21,25,30..33).

Jeder Wert darf in der Werteliste nur einmal vorkommen.

CASE-Anweisungen können geschachtelt werden. Anstelle eines Anweisungsblocks in der Auswahltabelle einer CASE-Anweisung kann wiederum eine CASE-Anweisung stehen.

Beispiel: Abhängig von der Belegung der Variablen *Kennung* wird der Variablen *Fehlernummer* ein Wert zugewiesen.

```
CASE Kennung OF
0      : Fehlernummer := 0;
1,3,5  : Fehlernummer := Kennung + 128;
6..10  : Fehlernummer := Kennung;
ELSE     Fehlernummer := 16#7F;
END_CASE;
```

## 28.3 FOR-Anweisung

Mit der FOR-Anweisung wird eine Programmschleife wiederholt bearbeitet solange eine Laufvariable innerhalb eines angegebenen Wertebereichs liegt.

Die allgemeine Darstellung einer FOR-Anweisung sieht wie folgt aus:

```
FOR Laufvariable := Anfangswert
    TO Endwert
    BY Schrittweite
    DO Anweisungen;
END_FOR;
```

In der Startzuweisung wird einer Laufvariablen ein Anfangswert zugewiesen. Die Laufvariable legen Sie selbst fest; sie muß eine Variable mit dem Datentyp INT oder DINT sein. *Anfangswert* ist ein beliebiger INT- bzw. DINT-Ausdruck, ebenso *Endwert* und *Schrittweite*.

Bei Beginn der Schleifenbearbeitung wird die Laufvariable auf den Anfangswert gesetzt. Gleichzeitig werden *Endwert* und *Schrittweite* berechnet und „eingefroren" (eine Änderung dieser Werte während der Schleifenbearbeitung hat keine Wirkung auf die Bearbeitung der Schleife). Danach wird die Abbruchbedingung abgefragt und – falls sie nicht erfüllt ist – die Programmschleife bearbeitet.

Nach jedem Schleifendurchlauf wird die Laufvariable um die Schrittweite erhöht (bei positiver Schrittweite) bzw. erniedrigt (bei negativer Schrittweite). Die Angabe 'BY Schrittweite' kann entfallen; dann wird +1 als Schrittweite eingesetzt. Liegt die Laufvariable außerhalb des Bereichs von Startwert und Endwert, wird die Programmbearbeitung nach END_FOR fortgesetzt.

Der letzte Schleifendurchlauf erfolgt mit dem Endwert bzw. dem Wert *Endwert* minus *Schrittweite*, wenn der Endwert nicht genau erreicht wird. Die Laufvariable hat nach Verlassen einer vollständig durchlaufenen Programmschleife den Wert des letzten Schleifendurchlaufs plus *Schrittweite*.

FOR-Schleifen können geschachtelt werden: Innerhalb der FOR-Schleife können weitere FOR-Schleifen mit anderen Laufvariablen programmiert werden.

In der FOR-Schleife kann mit CONTINUE der aktuelle Programmdurchlauf abgebrochen werden; EXIT beendet die gesamte FOR-Schleifenbearbeitung.

Beispiel: Die Peripheriewörter PEW 128 bis PEW 142 werden in die Merkerwörter MW 128 bis MW 142 eingelesen.

```
FOR i := 128 TO 142 BY 2 DO
  MW[i] := PEW[i];
END_FOR;
```

## 28.4 WHILE-Anweisung

Mit der WHILE-Anweisung wird eine Programmschleife wiederholt bearbeitet solange eine Durchführungsbedingung erfüllt ist.

Die allgemeine Darstellung einer WHILE-Anweisung sieht wie folgt aus:

```
WHILE Bedingung DO
   Anweisungen;
END_WHILE;
```

*Bedingung* ist ein Operand oder ein Ausdruck mit dem Datentyp BOOL. Die Anweisungen nach DO werden solange wiederholt bearbeitet, wie *Bedingung* den Wert TRUE hat. *Bedingung* wird vor jeder Schleifenbearbeitung abgefragt. Ist der Wert FALSE wird die Programmbearbeitung nach END_WHILE fortgesetzt. Das kann auch schon vor dem ersten Schleifendurchlauf der Fall sein (die Anweisungen in der Programmschleife werden dann nicht bearbeitet).

WHILE-Schleifen können geschachtelt werden: Innerhalb der WHILE-Schleife können weitere WHILE-Schleifen programmiert werden.

In der WHILE-Schleife kann mit CONTINUE der aktuelle Programmdurchlauf abgebrochen werden; EXIT beendet die gesamte WHILE-Schleifenbearbeitung.

Beispiel: Der Datenbaustein DB10 wird nach dem Bitmuster 16#FFFF durchsucht: Im Datenwort DW0 steht entweder 16#FFFF oder der Abstand bis zum nächsten Datenwort, in dem 16#FFFF oder wiederum der Abstand zum nächsten Datenwort stehen könnte.

```
i := 0;
WHILE DB10.DB[i] = 16#FFFF DO
  i := i + WORD_TO_INT(DB10.DB[i]);
END_WHILE;
```

## 28.5 REPEAT-Anweisung

Mit der REPEAT-Anweisung wird eine Programmschleife wiederholt bearbeitet solange eine Abbruchbedingung nicht erfüllt ist.

Die allgemeine Darstellung einer REPEAT-Anweisung sieht wie folgt aus:

```
REPEAT
   Anweisungen;
UNTIL Bedingung
END_REPEAT;
```

*Bedingung* ist ein Operand oder ein Ausdruck mit dem Datentyp BOOL. Die Anweisungen nach REPEAT werden solange wiederholt bearbeitet, wie *Bedingung* den Wert FALSE hat. *Bedingung* wird nach jeder Schleifenbearbeitung abgefragt. Ist der Wert TRUE, wird die Programmbearbeitung nach END_REPEAT fortgesetzt. Die Programmschleife wird mindestens einmal durchlaufen, auch wenn die Abbruchbedingung von Anfang an erfüllt ist.

REPEAT-Schleifen können geschachtelt werden: Innerhalb der REPEAT-Schleife können weitere REPEAT-Schleifen programmiert werden.

In der REPEAT-Schleife kann mit CONTINUE der aktuelle Programmdurchlauf abgebrochen werden; EXIT beendet die gesamte REPEAT-Schleifenbearbeitung.

Beispiel: Die SFC 25 COMPRESS wird im Anlaufprogramm solange aufgerufen, bis sie mit dem Komprimieren des Anwenderspeichers fertig ist.

```
REPEAT
  SFC_ERROR := COMPRESS(
       BUSY := aktiv,
       DONE := fertig);
  UNTIL fertig
END_REPEAT;
```

## 28.6 CONTINUE-Anweisung

Mit CONTINUE beenden Sie den aktuellen Programmdurchlauf in einer FOR-, WHILE- oder REPEAT-Schleife.

Nach der Bearbeitung von CONTINUE werden die Bedingungen für eine Fortsetzung der Programmschleife abgefragt (bei WHILE und REPEAT) bzw. wird die Laufvariable um die Schrittweite verändert und geprüft, ob sie noch im Laufbereich ist. Sind die Bedingungen erfüllt, beginnt nach CONTINUE der nächste Schleifendurchlauf.

CONTINUE bewirkt den Abbruch des Programmdurchlaufs derjenigen Schleife, die die CONTINUE-Anweisung unmittelbar umgibt.

Beispiel: Mit zwei geschachtelten FOR-Schleifen werden Merkerbits gesetzt. Wenn die Byteadresse (i) gleich Null ist und die Bitadresse (k) kleiner als 2 ist, werden die nachfolgenden Anweisungen der inneren FOR-Schleife nicht bearbeitet (das Setzen beginnt mit dem Merkerbit M0.3).

```
FOR i := 0 TO 2 DO
 FOR k := 0 TO 7 DO
  IF (k<2 & i=0) THEN CONTINUE; END_IF;
  M[i,k] := TRUE;
 END_FOR;
END_FOR;
```

## 28.7 EXIT-Anweisung

Mit EXIT verlassen sie eine FOR-, WHILE- oder REPEAT-Schleife unabhängig von Bedingungen an beliebiger Stelle. Die Schleifenbearbeitung wird sofort abgebrochen und das Programm nach END_FOR, END_WHILE oder END_REPEAT bearbeitet.

EXIT bewirkt das Verlassen derjenigen Schleife, die die EXIT-Anweisung unmittelbar umgibt.

Beispiel: Mit zwei geschachtelten FOR-Schleifen werden Merkerbits gesetzt. Wenn die Byteadresse (i) gleich 2 ist und die Bitadresse (k) größer als 5 ist, wird die Bearbeitung der inneren FOR-Schleife abgebrochen (das Setzen endet mit dem Merkerbit M2.5).

```
FOR i := 0 TO 2 DO
 FOR k := 0 TO 7 DO
  IF (i=2 & k>5) THEN EXIT; END_IF;
  M[i,k] := TRUE;
 END_FOR;
END_FOR;
```

Im Beispiel wird bei EXIT die Bearbeitung der FOR-Schleife mit der Laufvariablen *k* abgebrochen. Die Bearbeitung der äußeren FOR-Schleife mit der Laufvariablen *i* wird davon nicht beeinflußt. Allerdings ist das Beispiel so ausgelegt, daß die EXIT-Anweisung in letzten Durchlauf der „i-Schleife" wirksam wird.

## 28.8 RETURN-Anweisung

Mit RETURN verlassen Sie den aktuell bearbeiteten Baustein ohne Bedingungen. Die Programmbearbeitung wird im aufrufenden Baustein fortgesetzt bzw. im Betriebssystem, wenn ein Organisationsbaustein verlassen wird.

Am Bausteinende kann RETURN entfallen.

RETURN überträgt den Signalzustand der OK-Variablen auf den ENO-Ausgang des verlassenen Bausteins.

Beispiel: Bedingtes Bausteinende

```
IF Fehler <> 0 THEN RETURN; END_IF;
```

## 28.9 GOTO-Anweisung

Mit GOTO können Sie die Programmbearbeitung an einer anderen Stelle fortsetzen.

Beispiel:

```
      GOTO M1;
      ...;    //übersprungene
      ...;    //Anweisungen
M1:   ...;    //Sprungziel
```

Die Verbindung zwischen der GOTO-Anweisung und dem Sprungziel stellt die Sprungmarke dar. Sprungmarken müssen Sie im Deklarationsteil des Bausteins zwischen den Schlüsselwörtern LABEL und END_LABEL vereinbaren. Der Name einer Sprungmarke ist wie der Name einer bausteinlokalen Variablen aufgebaut.

Eine Sprungmarke muß eindeutig sein; sie darf im Baustein nur einmal vergeben werden. Sie können von mehreren GOTO-Anweisungen zu einer Sprungmarke springen.

Nach der Bearbeitung der GOTO-Anweisung, wird die Programmbearbeitung mit der Anweisung fortgesetzt, an der die Sprungmarke steht. Sprungmarke und Anweisung sind durch einen Doppelpunkt getrennt.

Nach einer Sprungmarke muß immer eine Anweisung folgen. Es ist auch eine „Leeranweisung“ erlaubt:

```
Markel: ;
```

Das Sprungziel muß innerhalb eines Bausteins liegen. Bilden Anweisungen einen definierten Block, z.B. einen Programmrumpf innerhalb einer Programmschleife,

- ▷ muß das Sprungziel innerhalb dieses Anweisungsblocks liegen, wenn die GOTO-Anweisung auch innerhalb des Anweisungsblocks liegt,
- ▷ kann man nicht „von „außen“ in diesen Anweisungsblock springen.

Beispiel:

```
...
LABEL
M1, M2, M3, ENDE;
END_LABEL;
...
GOTO CASE Auswahl DO;
1 : GOTO M1;
2 : GOTO M2;
3 : GOTO M3;
ELSE GOTO Ende;
END_CASE;
M1: ...Anweisungen1...;
GOTO Ende;
M2 : ...Anweisungen2...;
GOTO Ende;
M3: ...Anweisungen3...;
Ende: ;
```

Hinweis: GOTO ist nicht in der Norm definiert. SCL stellt alle für eine strukturierte Programmierung notwendigen Anweisungen und Funktionen zur Verfügung, so daß auf GOTO verzichtet werden kann.

# 29 SCL-Bausteine

## 29.1 Allgemeines zu SCL-Bausteinen

SCL verwendet die Bausteinstruktur genauso wie die Basissprachen. Sie können einzelne Bausteine mit SCL programmieren, die Sie dann z.B. in einem FUP-Baustein aufrufen, oder Sie rufen in SCL Bausteine auf, die Sie z.B. mit AWL erstellt haben.

Um im Anwenderprogramm Bausteine mit verschiedenen Erstellsprachen nutzen zu können, muß die Bausteinschnittstelle „genormt" aufgebaut sein. Dies bedeutet im wesentlichen die Versorgung des EN-Eingangs und des ENO-Ausgangs (siehe Kapitel 29.4 „EN/ENO-Mechanismus").

Programmierbeispiele zu diesem Kapitel finden Sie auf der dem Buch beiliegenden Diskette in der Bibliothek SCL_Buch im Programm „29 Bausteinaufrufe".

### Struktur des Anwenderprogramms

Die Schnittstelle zwischen Betriebssystem und Anwenderprogramm sind die Organisationsbausteine. Organisationsbausteine werden vom Betriebssystem der CPU bei bestimmten Ereignissen aufgerufen, z.B. bei Alarmen. Die für eine speicherprogrammierbare Steuerung „normale" Programmbearbeitung ist die zyklische Bearbeitung; der zugeordnete Organisationsbaustein ist der OB 1 (Kapitel 3.1 „Programmbearbeitung").

Das Anwenderprogramm im OB 1 können Sie nach Belieben in einzelne Teilprogramme („Bausteine") aufteilen. In Codebausteinen steht das Anwenderprogramm, in Datenbausteinen stehen die Anwenderdaten. Codebausteine sind Unterprogramme, die Sie aufrufen müssen, damit sie bearbeitet werden (Kapitel 20.1 „Programmgliederung").

### Bausteine

STEP 7 stellt als Codebausteine Funktionen FC und Funktionsbausteine FB zur Verfügung. Funktionsbausteine FB werden zusammen mit einem Datenbaustein aufgerufen, in dem die bausteinlokalen Variablen gespeichert werden („Gedächtnis" des Bausteins). Diesen, einem FB-Aufruf zugeordneten Datenbaustein nennt man *Instanz-Datenbaustein*; es kann ein eigener Datenbaustein oder ein Teil eines „übergeordneten" Datenbausteins sein. Funktionen FC besitzen keinen Datenbaustein, können aber einen *Funktionswert* haben. Dieser Funktionswert gestattet es, eine Funktion FC (genauer ihr Funktionswert) z.B. in einem arithmetischen Ausdruck mit anderen Variablen zu verknüpfen (Kapitel 3.2 „Bausteine").

Beide Bausteinarten können Bausteinparameter besitzen. Bausteinparameter machen die Bearbeitungsvorschrift (die Bausteinfunktion) parametrierbar. Sie deklarieren die Bausteinparameter beim Programmieren des Bausteins: als *Eingangsparameter* (VAR_INPUT), wenn Sie seinen Wert im Bausteinprogramm nur abfragen bzw. lesen, als *Ausgangsparameter* (VAR_OUTPUT), wenn Sie ihn nur beschreiben und als *Durchgangsparameter* (VAR_IN_OUT), wenn er sowohl gelesen als auch beschrieben wird.

Wenn Sie im Programm des Bausteins einen Bausteinparameter ansprechen, verwenden Sie einen *Formalparameter* mit dem Namen des Bausteinparameters. Der Formalparameter dient als Platzhalter für den *Aktualparameter*, den die CPU zur Laufzeit bei der Programmbearbeitung einsetzt. Die Aktualparameter weisen Sie beim Aufruf des Bausteins den Bausteinparametern zu; sie stellen die Werte dar, mit denen der Baustein arbeiten soll bzw. die der Baustein zurückliefert.

## 29.2 SCL-Bausteine programmieren

Die Werkzeuge für die Programmierung von SCL-Bausteinen sind im Kapitel 2 beschrieben; die entsprechenden Schlüsselwörter finden Sie im Kapitel 3.5 „Codebaustein mit SCL programmieren“. Datenbausteine und anwenderdefinierte Datentypen werden im wesentlichen wie bei AWL programmiert (Kapitel 3.6 „Datenbaustein programmieren“ und 24.3 „Anwenderdefinierte Datentypen“).

Um die programmtechnischen Unterschiede zwischen den verschiedenen Codebausteinarten hervorzuheben, werden wir die Funktion „Begrenzer“ aus der Einleitung zum Kapitel 27 „Einführung, Sprachelemente“ realisieren als

- ▷ Funktion FC 291 ohne Funktionswert
- ▷ Funktion FC 292 mit Funktionswert
- ▷ Funktionsbaustein FB 291 mit eigenem Datenbaustein DB 291
- ▷ Funktionsbaustein FB 291 als Lokalinstanz im Funktionsbaustein FB 290

Anschließend wollen wir alle Bausteine in einem Funktionsbaustein aufrufen. Das Programm ist immer das gleiche; lediglich die Deklaration und die Versorgung der Parameter ändern sich.

Hinweis: Da das „Begrenzer“-Programm keine lokalen Daten speichert und einen Wert zurückliefert, ist eine Funktion FC mit Funktionswert hierfür die optimale Bausteinart.

### 29.2.1 Funktion FC ohne Funktionswert

Eine Funktion FC ohne Funktionswert hat den Datentyp VOID. In unserem Beispiel hat die Funktion FC 291 die Eingangsparameter MAX, IN, MIN und den Ausgangsparameter OUT.

```
FUNCTION FC291 : VOID
VAR_INPUT
  MAX : INT;
  IN  : INT;
  MIN : INT;
END_VAR
VAR_OUTPUT
  OUT : INT;
END_VAR
BEGIN
IF IN > MAX THEN OUT := MAX;
  ELSIF IN < MIN THEN OUT := MIN;
  ELSE OUT := IN;
END_IF;
END_FUNCTION
```

Alle Ausgangsparameter mit elementarem Datentyp in einer Funktion müssen beim Bearbeiten des Bausteins definiert beschrieben (gesetzt) und auch zur Laufzeit bearbeitet werden. Eingangsparameter dürfen nur gelesen, Ausgangsparameter nur beschrieben werden.

### 29.2.2 Funktion FC mit Funktionswert

Eine Funktion FC mit Funktionswert hat den Datentyp des Funktionswerts (Rückgabewerts). In unserem Beispiel hat die Funktion FC 292 die Eingangsparameter MAX, IN, MIN und einen Funktionswert, der die Adresse (den Namen) der Funktion trägt, entweder absolut oder symbolisch. Der Datentyp des Funktionswerts wird nach dem Bausteinnamen, getrennt durch einen Doppelpunkt, angegeben.

```
FUNCTION FC292 : INT
VAR_INPUT
  MAX : INT;
  IN  : INT;
  MIN : INT;
END_VAR
BEGIN
IF IN > MAX THEN FC292 := MAX;
  ELSIF IN < MIN THEN FC292 := MIN;
  ELSE FC292 := IN;
END_IF;
END_FUNCTION
```

Als Datentyp des Funktionswerts können Sie alle elementaren Datentypen verwenden und zusätzlich die Datentypen DATE_AND_TIME, STRING und anwenderdefinierte Datentypen UDT. ARRAY, STRUCT, POINTER und ANY sind nicht erlaubt.

Ist der Funktionswert vom Datentyp STRING, wird die reservierte Länge von der Compilereinstellung bestimmt (und nicht von der in eckige Klammern angegebene Maximallänge).

Alle Ausgangsparameter mit elementarem Datentyp in einer Funktion müssen beim Bearbeiten des Bausteins definiert beschrieben (gesetzt) und auch zur Laufzeit bearbeitet werden. Eingangsparameter dürfen nur gelesen, Ausgangsparameter nur beschrieben werden.

Dem Funktionswert muß im Programm der FC ein Wert zugewiesen werden, z.B. durch einen Ausdruck mit dem gleichen Datentyp. Diese Zuweisung muß auch zur Laufzeit bearbeitet werden.

### 29.2.3 Funktionsbaustein FB

Ein Funktionsbaustein hat einen Instanz-Datenbaustein, in dem er seine Variablen speichern kann (entweder wird der Funktionsbaustein mit eigenem Datenbaustein aufgerufen oder er verwendet den Datenbaustein des aufrufenden Funktionsbausteins). Wir wollen dies nutzen und deklarieren die Grenzwerte als statische Lokalvariable. Als Bausteinparameter bleiben der Eingangswert IN und das Ergebnis OUT.

```
FUNCTION_BLOCK FB291
VAR_INPUT
  IN  : INT;
END_VAR
VAR_OUTPUT
  OUT : INT;
END_VAR
VAR
  MAX : INT := 10_000;
  MIN : INT := -5_000;
END_VAR
BEGIN
IF IN > MAX THEN OUT := MAX;
  ELSIF IN < MIN THEN OUT := MIN;
  ELSE OUT := IN;
END_IF;
END_FUNCTION_BLOCK
```

Eingangsparameter dürfen nur gelesen, Ausgangsparameter nur beschrieben werden.

Für den Aufruf gibt es zwei Varianten: Aufruf mit eigenem Datenbaustein oder Aufruf als Lokalinstanz. Bei der Programmierung des Funktionsbausteins braucht auf die Art des späteren Bausteinaufrufs keine Rücksicht genommen werden. Beachten Sie jedoch, daß bei der Verwendung als Lokalinstanz mindestens ein Bausteinparameter oder ein statisches Lokaldatum vorhanden ist; die Instanzlänge darf nicht Null sein.

Hinweis: Ein- und Ausgangsparameter mit zusammengesetzten Datentypen werden als Wert im Instanz-Datenbaustein gespeichert, Durchgangsparameter als Zeiger auf den Aktualparameter (siehe Kapitel 26.3.2 „Parameterablage bei Funktionsbausteinen“).

### 29.2.4 Temporäre Lokaldaten

Alle Codebausteine haben temporäre Lokaldaten, die Sie als Zwischenspeicher im Baustein nutzen können. Sie wenden bei SCL die temporären Lokaldaten wie bei den Basissprachen an. Detaillierte Informationen finden Sie im Kapitel 18.1.5 „Temporäre Lokaldaten“.

Die temporären Lokaldaten deklarieren Sie im Deklarationsteil des Bausteins unter VAR_TEMP. Es sind alle elementaren, zusammengesetzten und die anwenderdefinierten Datentypen zugelassen sowie die Datentypen POINTER und ANY. Für ANY gibt es eine Sonderbehandlung (siehe unten).

Temporäre Lokaldaten lassen sich bei der Deklaration nicht vorbelegen. Bei STRING-Variablen reserviert der Editor bei der Belegung des L-Stacks deshalb die Länge, die auf der Registerkarte „Compiler“ unter EXTRAS → EINSTELLUNGEN eingetragen ist.

Wenn temporäre Lokaldaten sinnvolle Werte enthalten sollen, müssen Sie vorher beschrieben werden. Dies gilt auch für (temporäre) STRING-Variablen, die an einen Ausgangsparameter angelegt werden, z.B. bei IEC-Funktionen. Beim Beschreiben prüft die IEC-Funktion, ob in den Längenangaben der STRING-Variablen ein sinnvoller (gültiger) Wert steht. Sie erreichen dies durch das Zuweisen eines (beliebigen) Werts zur Variablen im Programm, bevor sie verwendet wird.

Bei SCL können Sie Variablen mit gleichen Datentypen als Liste deklarieren:

```
VAR_TEMP
Wert1, Wert2, Wert3 : INT;
...
END_VAR
```

Beachten Sie, daß mit SCL die temporären Lokaldaten nur symbolisch adressiert werden.

#### Datentyp ANY

Temporäre Lokaldaten mit dem Datentyp ANY können die Adresse eines Operanden oder einer globalen oder bausteinlokalen Variablen speichern:

```
any_var := MW10;
any_var := Sollwert;
any_var := DB10.Feld1;
```

Eine temporäre Lokalvariable mit dem Datentyp ANY können Sie auch mit NIL, einem Zeiger „auf Nichts“, vorbelegen.

```
any_var := NIL;
```

Beispiel: Mit der SFC 20 BLKMOV sollen abhängig von einer Kennung verschiedene Datensätze in ein Sendefach kopiert werden:

```
...
VAR_TEMP
Adresse := ANY;
...
END_VAR
...
CASE Kennung OF
1: Adresse := Datensatz1;
2: Adresse := Datensatz2;
...
ELSE Adresse := NIL;
END_CASE;
SFC_ERROR := BLKMOV(
   SRCBLK := Adresse,
   DSTBLK := Sendefach);
```

Sie können die einzelnen Komponenten eines ANY-Zeigers, wie z.B. DB-Nummer oder Operand, mit Hilfe einer Datentypsicht direkt bearbeiten (siehe Kapitel 27.1.9 „Datentypsichten").

### 29.2.5 Statische Lokaldaten

Die statischen Lokaldaten sind das „Gedächtnis" eines Funktionsbausteins. Sie werden im Instanz-Datenbaustein gespeichert und behalten ihren Wert solange, bis er per Programm geändert wird, genauso wie Datenoperanden in einem Global-Datenbaustein.

In den statischen Lokaldaten deklarieren Sie auch die Lokalinstanzen von Funktionsbausteinen und Systemfunktionsbausteinen. Detaillierte Informationen finden Sie im Kapitel 18.1.6 „Statische Lokaldaten".

Sie deklarieren die statischen Lokaldaten mit den Schlüsselwörtern VAR und END_VAR. Es sind alle elementaren, zusammengesetzten und die anwenderdefinierten Datentypen zugelassen sowie die Datentypen POINTER und ANY.

Bei SCL können Sie Variablen mit gleichen Datentypen als Liste deklarieren. Derart deklarierte Variablen lassen sich nicht vorbelegen:

```
VAR
Wert1, Wert2, Wert3 : INT;
...
END_VAR
```

Beachten Sie, daß mit SCL die statischen Lokaldaten im Funktionsbaustein nur symbolisch adressiert werden.

Da die statischen Lokaldaten in einem Datenbaustein liegen, können Sie auch wie Global-Datenoperanden angesprochen werden. Der Zugriff geschieht komplettadressiert mit der Angabe des Datenbausteins und des Datenoperanden.

### 29.2.6 Bausteinparameter

Die Bausteinparameter bilden die Schnittstelle zwischen dem aufrufenden und dem aufgerufenen Baustein. Sie werden als Eingangs-, Durchgangs- und Ausgangsparameter deklariert (Kapitel 19.1.3 „Deklaration der Bausteinparameter").

Eingangsparameter dürfen Sie nur abfragen, Ausgangsparameter nur beschreiben. Wenn Sie einen Bausteinparameter lesen, verändern und zurückschreiben wollen, verwenden Sie einen Durchgangsparameter.

Bei Funktionen FC sind die Bausteinparameter Zeiger auf den Aktualparameter oder auf einen weiteren Zeiger. Bei Funktionsbausteinen FB werden die Bausteinparameter im Instanz-Datenbaustein abgelegt (Kapitel 26.3 „Datenablage bei Parameterübergabe").

Bei SCL können Sie Bausteinparameter mit gleichen Datentypen als Liste deklarieren. Derart deklarierte Variablen lassen sich nicht vorbelegen. Beispiel:

```
VAR_INPUT
Wert1, Wert2, Wert3 : INT;
...
END_VAR
```

Da die Bausteinparameter in einem Datenbaustein liegen, können Sie auch wie Global-Datenoperanden angesprochen werden. Der Zugriff geschieht komplettadressiert mit der Angabe des Datenbausteins und des Datenoperanden.

```
Ergebnis := DB279.DW20;
Ergebnis := DB279.Summe;
Ergebnis := AddiererDaten.Summe;
Ergebnis := AddiererDaten.DW20;
```

Bei Ausgangsparametern ist es die einzige Möglichkeit, deren Werte weiter zu verarbeiten (siehe Bausteinaufrufe in den Kapiteln 29.3.3 „Funktionsbaustein mit eigenem Datenbaustein“ und 29.3.4 „Funktionsbaustein als Lokalinstanz“).

**Vorbelegung von Bausteinparametern**

Die Vorbelegung von Bausteinparametern ist optional und nur bei Funktionsbausteinen erlaubt, wenn der Bausteinparameter als Wert gespeichert ist. Dies trifft zu bei allen Bausteinparametern mit elementarem Datentyp und bei Eingangs- und Ausgangsparametern mit zusammengesetztem Datentyp.

Nehmen Sie keine Vorbelegung vor, verwendet der Editor als Initialisierungswert, je nach Datentyp, Null, den kleinsten Wert oder Leerzeichen. Die Default-Vorbelegung bei Parametern vom Typ BLOCK_DB ist der DB1 (DB0 ist nicht zugelassen, da er nicht existiert).

Wenn Sie zu STRING-Variablen keine Längenangaben machen, setzt der Compiler als maximale Länge 254 und als aktuelle Länge 0 ein bzw. er übernimmt die Einstellung auf der Registerkarte „Compiler“ unter EXTRAS → EINSTELLUNGEN.

### 29.2.7 Formalparameter

Mit den Formalparametern sprechen Sie im Programm des Bausteins die Bausteinparameter an. Die Formalparameter tragen den gleichen Namen wie die Bausteinparameter und werden in den Anweisungen anstelle eines Operanden eingesetzt.

**Formalparameter mit elementarem Datentyp**

Formalparameter mit elementarem Datentyp können Sie anstelle von Operanden mit gleichem Datentyp in jedem Ausdruck einsetzen und an Bausteinparameter von aufgerufenen Bausteinen „weiterreichen“.

Bausteinparameter mit elementarem Datentyp können Sie mit mehreren Datentypsichten belegen und so mit verschiedenen Formalparametern ansprechen.

**Formalparameter mit zusammengesetztem Datentyp und UDT**

Formalparameter mit zusammengesetztem Datentyp und mit anwenderdefinierten Datentypen können Sie anstelle von Operanden mit gleichem Datentyp in einer Zuweisung einsetzen und an Bausteinparameter von aufgerufenen Bausteinen „weiterreichen“. In gleicher Weise können Sie mit einzelnen Komponenten der Datentypen ARRAY, STRUCT und UDT verfahren.

Bausteinparameter mit zusammengesetztem Datentyp können Sie mit mehreren Datentypsichten belegen und so mit verschiedenen Formalparametern ansprechen. Dies ist besonders bei den Datentypen DT und STRING nützlich, deren einzelne Bytes sie sonst nicht bearbeiten können.

**Formalparameter mit den Parametertypen TIMER und COUNTER**

Formalparameter mit den Parametertypen TIMER und COUNTER können mit den SIMATIC-Zeitfunktionen bzw. SIMATIC-Zählfunktionen bearbeitet werden (Kapitel 30.1 „Zeitfunktionen“ und 30.2 „Zählfunktionen“). Formalparameter mit diesen Datentypen können auch an Parameter aufgerufener Bausteine weitergereicht werden.

**Formalparameter mit den Parametertypen BLOCK_xx**

Mit einem Formalparameter vom Typ BLOCK_DB können Sie im Baustein einen Datenoperanden in einem Datenbaustein ansprechen, der über den Bausteinparameter übergebenen worden ist (siehe Kapitel 27.2.3 „Indirekte Adressierung bei SCL“). Einen Formalparameter diesen Typs können Sie auch an einen Parameter eines aufgerufenen Bausteins weiterreichen.

Formalparameter mit den Parametertypen BLOCK_FB und BLOCK_FC können in SCL nur an aufgerufene Bausteine weitergereicht werden (keine Bearbeitung der Formalparameter im Baustein).

**Formalparameter mit den Datentypen POINTER und ANY**

Formalparameter mit den Datentypen POINTER und ANY können als ganze Einheit in SCL an aufgerufene Bausteine weitergereicht werden. Ausnahme: Wenn der Aktualparameter in den temporären Lokaldaten liegt, ist ein Weiterreichen nicht erlaubt.

Bausteinparameter mit den Datentypen POINTER und ANY können Sie mit mehreren Datentypsichten belegen und so mit verschiedenen Formalparametern ansprechen. Dies ist besonders beim Datentyp ANY nützlich, da Sie auf diese Weise z.B. einen ANY-Zeiger zur Laufzeit ändern können.

## 29.3 SCL-Bausteine aufrufen

Beim Aufruf eines Bausteins unterscheidet SCL Bausteine mit und ohne Funktionswert.

Funktionsbausteine FB und Funktionen FC ohne Funktionswert sind lediglich Programmverzweigungen im Sinne von Unterprogrammen; hierzu zählen auch Systemfunktionsbausteine SFB und Systemfunktionen SFC ohne Funktionswert.

Funktionen FC mit Funktionswert können in Wertzuweisungen und Ausdrücken anstelle von Variablen verwendet werden. Die Tabelle 29.1 zeigt eine Übersicht über die Bausteinaufrufe.

Systemfunktionsbausteine SFB rufen Sie genauso wie Funktionsbausteine FB auf und Systemfunktionen SFC wie Funktionen FC. Rufen Sie Systemfunktionsbausteine SFB mit Datenbaustein auf, liegt der Datenbaustein im Anwenderprogramm.

Beim Aufruf eines Bausteins mit Bausteinparameter werden die Bausteinparameter mit *Aktualparametern* versorgt. Das sind die Werte (Konstanten, Variablen oder Ausdrücke), mit denen der Baustein zur Laufzeit arbeitet und in denen er seine Ergebnisse ablegt.

Beim Aufruf von Funktionen FC und Systemfunktionen SFC müssen alle Bausteinparameter versorgt werden.

Beim Aufruf von Funktionsbausteinen FB und Systemfunktionsbausteinen SFB ist die Versorgung von Bausteinparametern wahlfrei. Ausgangsparameter bei FBs und SFBs werden nicht beim Aufruf mit Aktualparametern versorgt sondern mit Direktzugriff auf die Instanzdaten.

**Tabelle 29.1** SCL-Bausteinaufrufe

| *Aufruf einer Funktion* | |
|---|---|
| mit Funktionswert | ohne Funktionswert |
| Variable := FCx(...);<br>Variable := FC_name(...); | FCx(...);<br>FC_name(...); |
| *Aufruf eines Funktionsbausteins* | |
| mit Datenbaustein | als Lokalinstanz |
| FBx.DBx(...);<br>FB_name.DB_name(...); | lokal_name(...); |

### 29.3.1 Funktion FC ohne Funktionswert

```
FC291(MAX := Maximum,
      IN  := Eingangswert,
      MIN := Minimum,
      OUT := Ergebnis);
```

Der Aufruf geschieht unter Angabe der Bausteinadresse (absolut oder symbolisch) mit nachfolgender Parameterliste in Klammern.

Alle Parameter müssen versorgt werden, die Reihenfolge ist freigestellt. Hat eine Funktion FC keine Parameter, müssen die Klammern dennoch geschrieben werden.

Hat eine Funktion als einzigen Parameter einen Eingangsparameter, kann bei der Versorgung der Parametername weggelassen werden.

Beispiel: Wandlung der INT-Variablen Drehzahl in eine STRING-Variable Anzeige:

```
Anzeige := I_STRNG(Drehzahl);
```

### 29.3.2 Funktion FC mit Funktionswert

```
Ergebnis := FC292(
     MAX := Maximum,
     IN  := Eingangswert,
     MIN := Minimum);
```

Eine Funktion FC mit Funktionswert kann in jedem Ausdruck anstelle einer Variablen verwendet werden, die den gleichen Datentyp hat; im Beispiel in einer Wertzuweisung. Der globalen Variablen *Ergebnis* wird der Funktionswert der Funktion FC 292 zugewiesen.

Der Aufruf geschieht unter Angabe der Bausteinadresse (absolut oder symbolisch) mit nachfolgender Parameterliste in Klammern.

Alle Parameter müssen versorgt werden, die Reihenfolge ist freigestellt. Hat eine Funktion FC keine Parameter, müssen die Klammern dennoch geschrieben werden.

Hat eine Funktion als einzigen Parameter einen Eingangsparameter, kann bei der Versorgung der Parametername weggelassen werden.

Verwenden Sie beim Bausteinaufruf den EN-Eingang und führt dieser Eingang FALSE, dann ist der Funktionswert undefiniert (mit einem quasi beliebigen Wert belegt).

### 29.3.3 Funktionsbaustein mit eigenem Datenbaustein

Beim Aufruf des Funktionsbausteins wird der Instanz-Datenbaustein angegeben. Er kann entweder in der Programmquelle (nach dem Funktionsbaustein und vor dessen Aufruf) programmiert werden oder SCL generiert den im Aufruf angegebenen Datenbaustein, falls er noch nicht vorhanden ist. Der Instanz-Datenbaustein kann auch bei SCL inkrementell ohne Quelle programmiert werden (Kapitel 3.6.1 „Datenbaustein inkrementell programmieren“).

Als Instanz-Datenbaustein kann jeder beliebige freie Datenbaustein verwendet werden. Die symbolische Bezeichnung kann im zugelassenen Rahmen frei gewählt werden.

```
DATA_BLOCK DB291
  FB291
BEGIN
END_DATA_BLOCK
```

Aufruf mit Instanz-Datenbaustein:

```
FB291.DB291(IN := Eingangswert);
Ergebnis := DB291.OUT;
```

Der Aufruf geschieht unter Angabe des Funktionsbausteins mit nachfolgendem, durch einen Punkt getrennten Instanz-Datenbaustein und der Parameterliste in Klammern. Die Adressen (Namen) der Bausteine können absolut oder symbolisch angegeben werden.

Die Versorgung der Bausteinparameter bei Funktionsbausteinen ist freigestellt. Da Durchgangsparameter mit zusammengesetztem Datentyp als Zeiger gespeichert werden, sollten sie beim ersten Aufruf des Funktionsbausteins versorgt werden, damit ein sinnvoller Wert eingetragen wird. Wird ein Bausteinparameter nicht versorgt, behält er seinen zuletzt eingestellten Wert bei. Auch wenn kein Parameter versorgt wird, müssen die Klammern geschrieben werden.

Alle Parameter können auch als Global-Datenoperanden unter Angabe des Instanz-Datenbausteins und des Parameternamens angesprochen werden. Im Beispiel sind die Grenzwerte mit Konstanten vorbelegt. Sie können auch vor dem Funktionsbausteinaufruf versorgt werden mit

```
DB291.MAX := Maximum;
DB291.MIN := Minimum;
```

Ausgangsparameter können bei einem Funktionsbausteinaufruf nicht versorgt werden. Ihr Wert wird bei Bedarf direkt aus dem Instanz-Datenbaustein gelesen und ohne ihn zwischenzuspeichern weiterverarbeitet:

```
IF DB291.OUT > 10_000 THEN ... END_IF;
```

### 29.3.4 Funktionsbaustein als Lokalinstanz

In einem Funktionsbaustein können andere Funktionsbausteine als Lokalinstanzen deklariert und aufgerufen werden. Die aufzurufenden Funktionsbausteine legen dann ihre Lokaldaten im Instanz-Datenbaustein des aufrufenden Funktionsbausteins ab.

```
FUNCTION_BLOCK FB290
...
VAR
  Begrenzer : FB291;
END_VAR
...
BEGIN
...
Begrenzer(IN := Eingangswert);
Ergebnis := Begrenzer.OUT;
...
END_FUNCTION_BLOCK
```

Die Deklaration als Lokalinstanz nehmen Sie in den statischen Lokaldaten vor; Sie vergeben einen Namen (z.B. Begrenzer) und weisen als Datentyp den Funktionsbaustein (FB291 oder dessen Symbolnamen) zu. Beim Übersetzen muß der aufzurufende Funktionsbaustein bereits vorhanden sein, entweder als übersetzter Baustein im Behälter *Bausteine* oder als (fehlerfreie) Programmquelle, die vor dem Aufruf übersetzt wird.

Das gleiche Vorgehen wählen Sie, wenn Sie einen Systemfunktionsbaustein SFB als Lokalinstanz aufrufen.

Der Aufruf als Lokalinstanz geschieht unter Angabe des Variablennamens mit nachfolgender Parameterliste in Klammern. Die Versorgung der Bausteinparameter bei Funktionsbausteinen ist freigestellt. Da Durchgangsparameter mit zusammengesetztem Datentyp als Zeiger gespeichert werden, sollten sie beim ersten Aufruf des Funktionsbausteins versorgt werden, damit ein sinnvoller Wert eingetragen wird. Wird ein Bausteinparameter nicht versorgt, behält er seinen zuletzt eingestellten Wert bei. Auch wenn kein Parameter versorgt wird, müssen die Klammern geschrieben werden.

Sie können für den gleichen Funktionsbaustein mehrere Lokalinstanzen mit verschiedenen Namen erstellen.

Alle Parameter einer Lokalinstanz können auch als Komponenten einer Strukturvariablen unter Angabe des Lokalinstanznamens und des Parameternamens angesprochen werden. Im Beispiel sind die Grenzwerte mit Konstanten vorbelegt. Sie können auch vor dem Aufruf der Lokalinstanz versorgt werden mit

```
Begrenzer.MAX := Maximum;
Begrenzer.MIN := Minimum;
```

Ausgangsparameter können bei einem Funktionsbausteinaufruf nicht versorgt werden (gilt auch für Lokalinstanzen). Ihr Wert wird bei Bedarf als Komponente der Lokalinstanz gelesen:

```
Ergebnis := Begrenzer.OUT;
```

Sie können auch von „außerhalb" des aufrufenden Funktionsbausteins auf die Parameter einer Lokalinstanz zugreifen. Der Zugriff geschieht wie der Zugriff auf Global-Datenoperanden mit der Angabe des Datenbausteins (DB 290), der Lokalinstanz (Begrenzer) und des Parameternamens:

```
DB290.Begrenzer.MAX := Maximum;
DB290.Begrenzer.MIN := Minimum;
Ergebnis := DB290.Begrenzer.OUT;
```

### 29.3.5 Aktualparameter

Beim Bausteinaufruf versorgen Sie die Bausteinparameter mit aktuellen Werten („Aktualparameter") in Form einer Zuweisung (siehe vorhergehende Kapitel). Für Aktualparameter gelten bei SCL die gleichen Aussagen wie bei AWL (siehe Kapitel 19.3 „Aktualparameter") bis auf folgende Besonderheiten:

▷ Bausteinparameter mit den zusammengesetzten Datentypen DT und STRING können bei SCL mit konstanten Werten versorgt werden.

▷ Bausteinparameter mit dem Datentyp POINTER können nicht mit Konstanten versorgt werden, auch nicht in der Form P#Operand. Als Ausnahme ist die Vorbesetzung mit einen Nullzeiger NIL zugelassen.

▷ Bausteinparameter mit dem Datentyp ANY können nicht mit Konstanten versorgt werden, auch nicht mit einem ANY-Zeiger in der Form P#[Datenbaustein.]Operand Typ Anzahl. Als Ausnahme ist die Vorbesetzung mit einen Nullzeiger NIL zugelassen.

▷ Bausteinparameter können Sie mit Ausdrücken versorgen, die einen Wert mit dem gleichen Datentyp wie der Bausteinparameter liefern. Beispielweise kann auch eine Funktion FC mit Funktionswert ein Aktualparameter sein.

Hinweis: Wenn Sie beim Aufruf eines FB oder einer FC einen Formalparameter vom Typ POINTER oder ANY mit einer temporären Variablen versorgen, dürfen Sie diesen Parameter in dem aufgerufenen Baustein nicht an einen weiteren Baustein durchreichen. Die Adressen der temporären Variablen verlieren beim Durchreichen ihre Gültigkeit.

## 29.4 EN/ENO-Mechanismus

Bei SCL können Sie bestimmte Ausdrücke auf korrekte Bearbeitung prüfen, z.B. ob bei einer Rechenfunktion das Ergebnis noch im erlaubten Zahlenbereich liegt. Diese Abfrage wird in der OK-Variablen gespeichert. Über den ENO-Ausgang des Bausteins machen Sie die Belegung von OK auch dem aufrufenden Baustein bekannt. Schließlich können Sie mit EN den Bausteinaufruf abhängig von Bedingungen durchführen.

Die vordefinierten Variablen EN und ENO können Sie für alle Bausteine verwenden (FC, SFC, FB, SFB und auch IEC-Funktionen), für alle Standardfunktionen (z.B. Schieben, Konvertieren) außer für Zeitfunktionen und Zählfunktionen.

Wie der EN/ENO-Mechanismus in den Basissprachen gehandhabt wird, steht im Kapitel 15 „Statusbits", insbesondere im Kapitel 15.4 „Anwendung des Binärergebnisses".

### 29.4.1 OK-Variable

SCL bietet eine vordefinierte Variable mit dem Namen „OK" und dem Datentyp BOOL. Diese Variable zeigt Fehler bei der Programmausführung in einem SCL-Baustein an, aber nur dann, wenn Sie im SCL-Programmeditor mit EXTRAS → EINSTELLUNGEN auf der Registerkarte „Compiler" die Option „OK Flag setzen" angewählt haben.

Der Editor bzw. der Compiler überprüfen nicht, ob diese Option eingestellt ist, wenn Sie die OK-Variable im Programm verwenden.

Am Bausteinanfang hat die Variable OK den Wert TRUE. Bei einem Programmfehler wird OK auf FALSE gesetzt. Sie können jederzeit die Variable OK mit SCL-Anweisungen abfragen oder der Variablen OK einen Wert zuweisen.

```
SUM := SUM + IN;
IF OK
   THEN (* kein Fehler aufgetreten *);
   ELSE (* fehlerhafte Addition *);
END_IF;
```

Die OK-Variable wird beeinflußt von arithmetischen Ausdrücken und einigen Konvertierungsfunktionen (Kapitel 30.5.2 „Explizite Konvertierungsfunktionen"). Wenn bei der Bearbeitung von Standardfunktionen, wie z.B. bei den mathematischen Funktionen, ein Fehler auftritt, wird es über den ENO-Ausgang gemeldet (siehe unten).

Beim Verlassen des Bausteins wird der Wert der OK-Variablen dem ENO-Ausgang zugewiesen.

### 29.4.2 ENO-Ausgang

Im Ausgang ENO (enable output) legt der aufgerufene Baustein das Ergebnis der OK-Variablen ab. ENO hat den Datentyp BOOL. Mit ENO kann nach dem Bausteinaufruf abgefragt werden, ob die Bearbeitung im Baustein ordnungsgemäß erfolgte (ENO = TRUE) oder ob ein Fehler aufgetreten ist (ENO = FALSE).

```
FC15 (Ein1:= ..., Ein2 := ...);
IF ENO
   THEN (* alles in Ordnung *);
   ELSE (* Fehler aufgetreten *);
END_IF;
```

Möchten Sie nach dem Bausteinaufruf einen mit ENO gemeldeten Sammelfehler an den aufrufenden Baustein „weiterreichen", müssen Sie die OK-Variable entsprechend setzen:

```
FC15 (Ein1:= ..., Ein2 := ...);
OK := ENO;
```

Sie können dem ENO-Ausgang im Baustein auch einen Wert zuweisen, indem Sie die OK-Variable entsprechend setzen.

```
IF (* Fehler aufgetreten *)
   THEN OK := FALSE; RETURN;
END_IF;
```

ENO ist kein Bausteinparameter sondern eine Anweisungsfolge, die der Programmeditor generiert, wenn Sie ENO verwenden. ENO wird nicht deklariert. Sie fragen ENO unmittelbar nach dem Bausteinaufruf ab.

Wenn Sie den Bausteinaufruf mit dem EN-Eingang steuern (siehe nächstes Kapitel) und EN hat den Wert FALSE, so daß der Bausteinaufruf nicht ausgeführt wird, dann hat auch der ENO-Ausgang den Wert FALSE.

Hinweis: Wenn ein mit den Basissprachen geschriebener Baustein als Fehlermeldung das Binärergebnis BIE verwendet, können Sie nach dem Aufruf dieses Bausteins in SCL die Fehlermeldung mit dem ENO-Ausgang abfragen (siehe auch Kapitel 15.4 „Anwendung des Binärergebnisses").

### 29.4.3 EN-Eingang

Mit dem booleschen Eingang EN steuern Sie einen Bausteinaufruf. Wird EN mit TRUE versorgt, wird der aufgerufene Baustein bearbeitet.

Wird EN mit FALSE versorgt, wird der aufgerufene Baustein nicht bearbeitet. Es findet dann ein Sprung über den Bausteinaufruf auf die nächst folgende Anweisung statt.

```
FC15 (EN := E1.0,
      Ein1 := ...,
      Ein2 := ...);
(* FC15 wird nur dann bearbeitet, wenn
E1.0 = "1" ist *)
```

Verwenden Sie EN nicht, wird der Baustein immer bearbeitet.

EN ist kein Bausteinparameter sondern eine Anweisungsfolge, die der Programmeditor generiert, wenn Sie EN verwenden. EN wird nicht deklariert. Sie verwenden EN in der Parameterliste wie einen Eingangsparameter.

Sie können EN mit ENO versorgen, dann findet die Bearbeitung des aufgerufenen Bausteins nur dann statt, wenn der vorhergehend aufgerufene Baustein ordnungsgemäß bearbeitet worden ist. Beispiel:

FC16 wird nur dann aufgerufen, wenn FC15 bearbeitet worden ist und kein Fehler aufgetreten ist.

```
FC15 (EN := E1.0,
      Ein1 := ...,
      Ein2 := ...);
FC16 (EN := ENO,
      Ein1 := ...,
      Ein2 := ...);
```

Ist in der gleichen Aufrufebene vorher kein Baustein aufgerufen worden, hat ENO den Wert TRUE.

Beachten Sie, daß eine Funktion FC oder eine Systemfunktion SFC einen undefinierten (quasi beliebig belegten) Funktionswert liefert, wenn Sie deren Bearbeitung mit EN steuern und EN den Wert FALSE hat.

# 30 SCL-Funktionen

## 30.1 Zeitfunktionen

Die im Systemspeicher der CPU vorhandenen Zeiten werden bei SCL als Funktionen mit Funktionswert angesprochen. Der Funktionsname für die verschiedenen Verhaltensweisen der Zeitfunktionen lautet:

- ▷ S_PULSE (Impulszeit)
- ▷ S_PEXT (Verlängerter Impuls)
- ▷ S_ODT (Einschaltverzögerung)
- ▷ S_ODTS (speichernde Einschaltverzögerung)
- ▷ S_OFFDT (Ausschaltverzögerung)

Alle Zeitfunktionen haben die in der Tabelle 30.1 gezeigten Parameter. Beispiel für den Aufruf einer Zeitfunktion:

```
Zeitwert_BCD := S_PULSE(
       T_NO := Zeitoperand,
       S    := Starteingang,
       TV   := Zeitdauer,
       R    := Ruecksetzen,
       Q    := Zeitstatus,
       BI   := Zeitwert_dual);
```

Das Verhalten der Zeitfunktionen mit Impulsdiagrammen ist ausführlich im Kapitel 7 „Zeitfunktionen“ beschrieben. Beachten Sie, daß das Freigeben einer Zeitfunktion in SCL nicht vorhanden ist.

Für die Versorgung der Parameter einer Zeitfunktion gelten folgende Regeln:

- ▷ T_NO muß immer versorgt werden.
- ▷ S und TV können paarweise weggelassen werden.
- ▷ Q kann entfallen.
- ▷ BI kann entfallen.

Zusätzlich zu den SIMATIC-Zeitfunktionen werden bei entsprechend ausgelegten CPUs „IEC-Zeitfunktionen“ als Systemfunktionsbausteine SFB zur Verfügung gestellt:

- ▷ SFB 3 TP
  Impulsbildung
- ▷ SFB 4 TON
  Einschaltverzögerung
- ▷ SFB 5 TOF
  Ausschaltverzögerung

Diese Funktionen sind im Kapitel 7.7 „IEC-Zeitfunktionen“ beschrieben. Die Bausteinhülsen liegen in der Standardbibliothek *Standard Library* im Programm *System Function Blocks*.

Beispiele zu den SIMATIC- und den IEC-Zeitfunktionen finden Sie auf der dem Buch beiliegenden Diskette in der Bibliothek SCL_Buch im Programm „30 SCL-Funktionen“ in der Quelldatei „Zeitfunktionen“.

**Tabelle 30.1** Parameter für die SIMATIC-Zeitfunktionen

| Parameter | Deklaration | Datentyp | Bedeutung |
|---|---|---|---|
| T_NO | INPUT | TIMER | Zeitoperand |
| S | INPUT | BOOL | Zeit starten |
| TV | INPUT | S5TIME | zu setzender Zeitwert |
| R | INPUT | BOOL | Zeit rücksetzen |
| Funktionswert | OUTPUT | S5TIME | aktueller Zeitwert BCD-codiert |
| Q | OUTPUT | BOOL | Zeitstatus |
| BI | OUTPUT | WORD | aktueller Zeitwert dual-codiert |

## 30.2 Zählfunktionen

Die im Systemspeicher der CPU vorhandenen Zähler werden bei SCL als Funktionen mit Funktionswert angesprochen. Der Funktionsname für die verschiedenen Verhaltensweisen der Zählfunktionen lautet:

▷ S_CU (Vorwärtszähler)

▷ S_CD (Rückwärtszähler)

▷ S_CUD (Vorwärts-Rückwärtszähler)

Die Zählfunktionen haben die in der Tabelle 30.2 gezeigten Parameter. Beispiel für den Aufruf einer Zählfunktion:

```
Zaehlwert_BCD := S_CU(
        C_NO := Zaehloperand,
        CU   := Vorwaertszaehlen,
        S    := Setzeingang,
        PV   := Zaehlwert,
        R    := Ruecksetzen,
        Q    := Zaehlerstatus,
        CV   := Zaehlwert_dual);
```

Das Verhalten der Zählfunktionen ist ausführlich im Kapitel 8 „Zählfunktionen" beschrieben. Beachten Sie, daß das Freigeben einer Zählfunktion in SCL nicht vorhanden ist.

Für die Versorgung der Parameter einer Zählfunktion gelten folgende Regeln:

▷ Bei der Zählfunktion S_CU ist der Parameter CD nicht vorhanden.

▷ Bei der Zählfunktion S_CD ist der Parameter CU nicht vorhanden.

▷ C_NO muß immer versorgt werden.

▷ CU und CD sind je nach Zählfunktion zu versorgen

▷ S und PV können paarweise weggelassen werden

▷ Q kann entfallen

▷ CV kann entfallen

Als Konstante kann am zu setzenden Zählwert PV eine INT-Zahl im Bereich von 0 bis 999 oder eine Hex-Zahl im Bereich von 16#000 bis 16#3E7 angelegt werden.

Zusätzlich zu den SIMATIC-Zählfunktionen werden bei entsprechend ausgelegten CPUs „IEC-Zählfunktionen" als Systemfunktionsbausteine SFB zur Verfügung gestellt:

▷ SFB 0 CTU
Vorwärtszähler

▷ SFB 1 CTD
Rückwärtszähler

▷ SFB 2 CTUD
Vorwärts-Rückwärtszähler

Diese Funktionen sind im Kapitel 8.6 „IEC-Zählfunktionen" ausführlich beschrieben. Die Bausteinhülsen liegen in der Standardbibliothek *Standard Library* im Programm *System Function Blocks*.

Beispiele zu den SIMATIC- und den IEC-Zählfunktionen finden Sie auf der dem Buch beiliegenden Diskette in der Bibliothek SCL_Buch im Programm „30 SCL-Funktionen" in der Quelldatei „Zählfunktionen".

**Tabelle 30.2** Parameter für die SIMATIC-Zählfunktionen

| Parameter | Deklaration | Datentyp | Bedeutung |
|---|---|---|---|
| C_NO | INPUT | COUNTER | Zähloperand |
| CU | INPUT | BOOL | Vorwärtszählen |
| CD | INPUT | BOOL | Rückwärtszählen |
| S | INPUT | BOOL | Zähler setzen |
| PV | INPUT | WORD | zu setzender Zählwert |
| R | INPUT | BOOL | Zähler rücksetzen |
| Funktionswert | OUTPUT | WORD | aktueller Zählwert BCD-codiert |
| Q | OUTPUT | BOOL | Zählerstatus |
| CV | OUTPUT | WORD | aktueller Zählwert dual-codiert |

## 30.3 Mathematische Funktionen

SCL stellt Ihnen folgende mathematischen Funktionen zur Verfügung:

- ▷ Winkelfunktionen:
  SIN Sinus
  COS Cosinus
  TAN Tangens
- ▷ Arcusfunktionen:
  ASIN Arcussinus
  ACOS Arcuscosinus
  ATAN Arcustangens
- ▷ Logarithmische Funktionen:
  EXP Potenz zur Basis e
  EXPD Potenz zur Basis 10
  LN natürlicher Logarithmus
  LOG dekadischer Logarithmus
- ▷ Sonstige mathematische Funktionen:
  ABS Absolutbetrag bilden
  SQR Quadrat bilden
  SQRT Quadratwurzel ziehen

Eine mathematische Funktion verarbeitet INT-, DINT- und REAL-Zahlen. Wenn Sie als Eingangsparameter eine INT- oder DINT-Zahl angeben, wird sie automatisch in eine REAL-Zahl gewandelt.

Die mathematischen Funktionen arbeiten intern mit REAL-Zahlen und liefern als Ergebnis eine REAL-Zahl. Ausnahme: ABS liefert als Ergebnis den Datentyp, der am Eingang liegt.

Eine Winkelfunktion (trigonometrische Funktion) erwartet als Eingangswert einen Winkel im Bogenmaß im Bereich von 0 bis $2\pi$ (mit $\pi$ = +3.141593e+00) entsprechend 0° bis 360°. Die Arcusfunktionen (zyklometrische Funktionen) sind die Umkehrfunktionen der Winkelfunktionen; sie liefern einen Winkel im Bogenmaß. Die zulässigen Wertebereiche für die Arcusfunktionen lauten:

| Funktion | erlaubter Wertebereich | zurückgelieferter Wert |
|---|---|---|
| ASIN | –1 bis +1 | $-\pi/2$ bis $+\pi/2$ |
| ACOS | –1 bis +1 | 0 bis $\pi$ |
| ATAN | gesamter Bereich | $-\pi/2$ bis $+\pi/2$ |

Beispiele:

```
Blindleistung :=
      Spannung * Strom * SIN(phi);
Volumen := SQR(Radius) * Hoehe * PI;
c := SQRT(SQR(a) + SQR(b));
```

## 30.4 Schieben und Rotieren

Der allgemeine Funktionsaufruf für die Schiebe- und Rotierfunktionen lautet:

```
Ergebnis := Funktion(
      IN := Eingangswert,
      N  := Schiebezahl);
```

Die Schieben- und Rotierfunktionen haben zwei Eingangsparameter: Der Parameter N mit Datentyp INT gibt die Anzahl der Stellen an, um die geschoben bzw. rotiert wird. Der Parameter IN gibt die zu schiebende Variable im Datentyp ANY_BIT (BOOL, BYTE, WORD, DWORD) an. Der Funktionswert hat den gleichen Datentyp wie der Eingangswert.

Beispiele:

```
MW14 := SHL(IN := MW12, N := 2);
erg_dword := ROR(
       IN := ein_dword,
       N  := schieb_int);
```

**Tabelle 30.3** Schiebe- und Rotierfunktionen

| | | |
|---|---|---|
| SHL | Schieben links | Der Eingangswert IN wird um N Stellen nach links geschoben; die frei werdenden Stellen werden mit Nullen aufgefüllt. |
| SHR | Schieben rechts | Der Eingangswert IN wird um N Stellen nach rechts geschoben; die frei werdenden Stellen werden mit Nullen aufgefüllt. |
| ROL | Rotieren links | Der Eingangswert IN wird um N Stellen nach links rotiert; die frei werdenden Stellen werden mit den hinausgeschobenen Stellen aufgefüllt. |
| ROR | Rotieren rechts | Der Eingangswert IN wird um N Stellen nach rechts rotiert; die frei werdenden Stellen werden mit den hinausgeschobenen Stellen aufgefüllt. |

## 30.5 Konvertierungsfunktionen

Wenn Sie Variablen miteinander verknüpfen, müssen diese Variablen den gleichen Datentyp aufweisen. Dies trifft auch zu, wenn Sie Wertzuweisungen vornehmen oder Funktions- bzw. Bausteinparameter versorgen. Liegt eine Variable nicht im benötigten Datentyp vor, muß der Datentyp gewandelt werden. Hierfür gibt es die Konvertierungsfunktionen.

SCL bietet zwei Arten von Konvertierungsfunktionen. „Klasse A"-Konvertierungen kann SCL auch automatisch („implizit") ausführen, da sie nicht mit einem Informationsverlust verbunden sind (z.B. Wandlung von BYTE nach WORD). „Klasse B"-Konvertierungen müssen Sie explizit angeben (z.B. Wandlung von REAL nach INT). Einen eventuell drohenden Informationsverlust können Sie mit einer davor geschalteten Prüfung abfangen oder Sie fragen in diesen Fällen die OK-Variable ab (muß in den Compiler-Eigenschaften eingestellt werden).

Variablen mit den Datentypen DATE_AND_TIME und STRING können Sie mit den IEC-Funktionen (*Standard Library* und *IEC Function Blocks*, beschrieben im Kapitel 31 „IEC-Funktionen") wandeln und bearbeiten.

### 30.5.1 Implizite Konvertierungsfunktionen

Implizite Konvertierungsfunktionen werden von SCL „automatisch" ausgeführt. Sie können sie auch programmieren, z.B. dann, wenn Sie dadurch die Übersichtlichkeit oder Lesbarkeit des Programms steigern wollen.

Die Tabelle 30.4 zeigt die bei SCL vorhandenen impliziten Konvertierungsfunktionen.

Bei der Wandlung CHAR_TO_STRING wird eine STRING-Variable mit der Länge 1 gebildet und die OK-Variable auf FALSE gesetzt.

Beispiele:

```
MB10 := M7.0;
real_var := int_var;
string_var := char_var;
```

Im Beispiel erhält das Merkerbit M10.7 den Signalzustand der Merkerbits M7.0. Die restlichen Bits werden auf Signalzustand „0" gesetzt.

### 30.5.2 Explizite Konvertierungsfunktionen

Explizite Konvertierungsfunktionen müssen Sie im Programm angeben; trotzdem wird bei einigen von ihnen keine Wandlung durchgeführt und kein Code abgesetzt (in der Tabelle 30.5 mit „Übernahme ohne Änderung" gekennzeichnet). Bei einigen Konvertierungsfunktionen wird die OK-Variable beeinflußt.

Beispiele:

```
MB10 := CHAR_TO_BYTE(char_var);
int_var := WORD_TO_INT(MW20);
real_var := DWORD_TO_REAL(MD30);
```

Beachten Sie, daß im letzten Beispiel keine Zahlenwandlung stattfindet. Das Bitmuster des Merkerdoppelworts wird unverändert in die REAL-Variable übernommen.

**Tabelle 30.4** Implizite Konvertierungsfunktionen

| Funktion | OK | Konvertierung |
|---|---|---|
| BOOL_TO_BYTE | N | wird mit führenden Nullen ergänzt |
| BOOL_TO_WORD | N | |
| BOOL_TO_DWORD | N | |
| BYTE_TO_WORD | N | |
| BYTE_TO_DWORD | N | |
| WORD_TO_DWORD | N | |
| INT_TO_DINT | N | Ergänzung der führenden Stellen mit dem Vorzeichen |
| INT_TO_REAL | N | - |
| DINT_TO_REAL | N | bei der Wandlung wird u.U. die Genauigkeit verringert |
| CHAR_TO_STRING | J | Wandlung in eine Zeichenkette mit einem Zeichen |

**Tabelle 30.5** Explizite Konvertierungsfunktionen

| Funktion | Konvertierung | OK | Bemerkungen |
|---|---|---|---|
| BYTE_TO_BOOL<br>WORD_TO_BOOL<br>DWORD_TO_BOOL | niederwertigstes Bit wird übernommen | J<br>J<br>J | die OK-Variable führt TRUE, wenn im nicht übernommenen Teil der Variablen ein Bit auf „1“ gesetzt ist |
| WORD_TO_BYTE<br>DWORD_TO_BYTE | niederwertiges Byte wird übernommen | J<br>J | |
| DWORD_TO_WORD | niederwertiges Wort wird übernommen | J | |
| CHAR_TO_BYTE | ohne Änderung der Belegung | N | |
| BYTE_TO_CHAR | ohne Änderung der Belegung | N | |
| CHAR_TO_INT | Auffüllen des höherwertigen Bytes mit Nullen | N | |
| INT_TO_CHAR | Übernahme des niederwertigen Bytes ohne Änderung | J | OK = TRUE, wenn im linken Byte ein Bit gesetzt ist |
| STRING_TO_CHAR | Übernahme des ersten Zeichens | J | OK = FALSE, wenn die STRING-Länge ungleich 1 ist |
| WORD_TO_INT | Übernahme ohne Änderung | N | |
| DWORD_TO_DINT | | N | |
| INT_TO_WORD | | N | |
| DINT_TO_DWORD | | N | |
| REAL_TO_DWORD | | N | keine Wandlung ! |
| DWORD_TO_REAL | | N | keine Wandlung ! |
| DINT_TO_INT | Kopieren des Bits für das Vorzeichen | J | OK = FALSE, wenn der Zahlenbereich überschritten wird |
| REAL_TO_INT | Runden auf INT | J | |
| REAL_TO_DINT | Runden auf DINT | J | |
| ROUND | Wandlung REAL nach DINT mit Runden | J | wie REAL_TO_DINT |
| TRUNC | Wandlung REAL nach DINT ohne Runden („Abschneiden“ des gebrochenen Anteils) | J | OK = FALSE, wenn der Zahlenbereich überschritten wird |
| DINT_TO_TIME | Übernahme ohne Änderung | N | |
| DINT_TO_TOD | | J | OK = FALSE, wenn der Bereich für TOD überschritten wird |
| DINT_TO_DATE | | J | OK = FALSE, wenn das linke Wort belegt ist |
| DATE_TO_DINT | | N | |
| TIME_TO_DINT | | N | |
| TOD_TO_DINT | | N | |
| WORD_TO_BLOCK_DB | Übernahme ohne Änderung | N | |
| BLOCK_DB_TO_WORD | Übernahme ohne Änderung | N | |

Die OK-Variable wird bei REAL_TO_xxx-Wandlungen auch dann auf FALSE gesetzt, wenn keine gültige REAL-Zahl vorliegt.

## 30.6 Eigene Funktionen mit SCL programmieren

Finden Sie unter den angebotenen SCL-Standardfunktionen und den IEC-Funktionen keine passende Funktion, können Sie sich mit SCL auch eigene Funktionen schreiben, die Sie dann Ihren Bedürfnissen anpassen können.

Die richtige Bausteinart für diesen Zweck ist die Funktion FC mit Funktionswert. Die Beschreibungen zur Programmierung und zum Aufruf finden Sie in den Kapiteln 29.2.2 „Funktion FC mit Funktionswert" und 29.3.2 „Funktion FC mit Funktionswert".

In vielen Fällen reichen die Sprachmittel von SCL nicht aus, um die gewünschte Funktion programmieren zu können. Dann bleibt noch die Möglichkeit, die Funktion mit AWL zu realisieren (siehe Kapitel 30.7 „Eigene Funktionen mit AWL programmieren"). Doch mit dem Prinzip der Datentypsichten bietet auch SCL die Möglichkeit, komplexe Variablen zu bearbeiten. Welche Variablen Sie mit welchen Datentypsichten belegen können, zeigt Ihnen das Kapitel 27.1.9 „Datentypsichten".

### Bitweises Bearbeiten von Variablen mit elementaren Datentypen

Beispiel: Sie möchten bei einer Doppelwortvariablen einzelne Bits bearbeiten, z.B. abfragen, miteinander verknüpfen und das Ergebnis wieder in ein Bit schreiben. Hierzu legen Sie als Datentypsicht ein Bitfeld über die Variable und können nun die einzelnen Bits als Feldkomponenten adressieren.

```
VAR_TEMP
DW_Var : DWORD;
Muster AT DW_Var : ARRAY [0..31] OF BOOL;
END_VAR
...
Muster[1] := Muster[10] & Muster[11];
...
```

In dem kleinen Beispiel werden die Bits 10 und 11 der Variablen *DW_Var* nach UND verknüpft und das Ergebnis dem Bit 1 zugewiesen.

### Bearbeitung von Variablen mit den Datentypen DT und STRING

Variablen mit den Datentypen DT und STRING werden mit SCL normalerweise als „ganze" Variable behandelt, beispielsweise beim Versorgen von Funktionseingängen oder beim Weiterreichen von einem Bausteinparameter an einen anderen. Für die Bearbeitung von Variablen mit den Datentypen DT oder STRING stehen Ihnen die IEC-Funktionen aus der STEP 7-Standardbibliothek zur Verfügung.

Möchten Sie Teile einer Variablen mit den Datentypen DT und STRING mit SCL-Anweisugnen bearbeiten, legen Sie eine Datentypsicht über die Variable, deren Komponenten mit SCL bearbeitet werden können. Für das Abbild von DT- und STRING-Variablen eignen sich z.B. BYTE-Felder (Tabelle 30.6).

### Beispiel für eine SCL-Funktion

Die Funktion „Stunde" soll die Angabe der Stunden aus dem Datenformat DT extrahieren und mit Datentyp INT liefern.

```
FUNCTION Stunde : INT
VAR_INPUT
  DATUM : DT;
  TMP AT DATUM : ARRAY [1..8] OF BYTE;
END_VAR
Stunde :=
  WORD_TO_INT(SHR(IN:=TMP[4],N:=4))*10 +
  WORD_TO_INT(TMP[4] AND 16#0F);
END_FUNCTION
(* LESEN DER CPU-ZEIT UND
AUFRUF DER FUNKTION "Stunde" *)
SFC_ERROR := READ_CLK(DATUM_UHRZEIT);
IF Stunde(DATUM_UHRZEIT) >= 18
  THEN FEIERABEND := TRUE;
END_IF;
```

### Verschiedene Sichten auf Felder und Strukturen

Variablen mit den Datentypen ARRAY und STRUCT können Sie mit Datentypsichten belegen, die wiederum die Datentypen ARRAY und STRUCT aufweisen. Eine Anwendung ist z.B. das Einrichten eines Datenbereichs für ein Sende- oder Empfangsfach für Telegramme.

Das Einrichten auf die Maximallänge des Fachs nehmen Sie z.B. mit einem Bytefeld vor. Für jedes Telegramm, das Sie im Fach bearbeiten wollen, können Sie eine Datentypsicht über das Fach legen, die die Struktur des Telegramms aufweist. Die Datentypsicht ist speziell auf das entsprechende Telegramm angepaßt; sie kann somit auch kürzer sein als das Fach.

**Tabelle 30.6** Häufig angewendete Datentypsichten

| Datentyp der Variablen | Datentypsicht | Deklarationsbeispiel für eine Variable mit dem Namen TEMPVAR und eine Datentypsicht mit dem Namen SICHT |
|---|---|---|
| elementar | Bitfeld | `TEMPVAR : DWORD;`<br>`SICHT AT TEMPVAR : ARRAY[0..31] OF BOOL;` |
| DT | BYTE-Feld | `TEMPVAR : DT;`<br>`SICHT AT TEMPVAR : ARRAY [1..8] OF BYTE;` |
| STRING | CHAR-Feld | `TEMPVAR : STRING[max];`<br>`SICHT AT TEMPVAR : ARRAY [1..max] OF CHAR;` |
| ARRAY | STRUCT | `TEMPVAR : ARRAY[0..255] OF BYTE;`<br>`SICHT1 AT TEMPVAR : STRUCT`<br>`    name : datentyp;`<br>`    .... : ...`<br>`    END_STRUCT;`<br>`SICHT2 AT TEMPVAR : STRUCT`<br>`    name : datentyp;`<br>`    .... : ...`<br>`    END_STRUCT;` |
| ANY | STRUCT | `TEMPVAR : ANY;`<br>`SICHT AT TEMPVAR : STRUCT`<br>`   ID  : BYTE;`<br>`   TYP : BYTE;`<br>`   ANZ : INT;`<br>`   DBN : INT;`<br>`   PTR : DWORD;`<br>`   END_STRUCT;` |

### Manipulation des ANY-Zeigers

Legen Sie in den temporären Lokaldaten eine Variable mit dem Datentyp ANY an, interpretiert der Compiler diese Variable als Zeiger und gibt sie z.B. direkt an einen ANY-Eingangsparameter eines aufgerufenen Bausteins weiter (siehe Kapitel 29.2.4 „Temporäre Lokaldaten").

Diesen ANY-Zeiger können Sie mit Hilfe einer Datentypsicht zur Laufzeit manipulieren und so z.B. dynamisch verschiedene Quelldatenbereiche für Kopierbausteine vorgeben.

Beispiel: Kopieren aus einem Datenbereich, der mit den Variablen *Datenbaustein*, *Datenanfang* und *Anzahlbyte* spezifiziert ist, zu einer Variablen *Sendefach*.

```
FUNCTION_BLOCK COPY
VAR_INPUT
  BEREICH        : ANY;
  DATENBAUSTEIN  : INT;
  DATENANFANG    : INT;
  ANZAHLBYTE     : INT;
END_VAR
VAR_TEMP
  SFC_ERROR : INT;
    SENDEFACH : ANY;
    SICHT AT SENDEFACH : STRUCT
      ID  : WORD;
      TYP : BYTE;
      ANZ : INT;
      DBN : INT;
      PTR : DWORD;
      END_STRUCT;
END_VAR
BEGIN
SICHT.ID   := 16#10;
SICHT.TYP  := 16#02;
SICHT.ANZ  := ANZAHLBYTE;
SICHT.DBN  := DATENBAUSTEIN;
SICHT.PTR  := INT_TO_WORD(8*DATENANFANG);
SFC_ERROR  := BLKMOV(
   SRCBLK  := BEREICH,
   DSTBLK  := SENDEFACH);
END_FUNCTION_BLOCK
(* Aufruf des FBs *)
COPY.COPYDATA(
  BEREICH        := SENDEFACH,
  DATENBAUSTEIN  := 309,
  DATENANFANG    := 32,
  ANZAHLBYTE     := 32);
```

Weitere Beispiele zu diesem Thema finden Sie auf der dem Buch beiliegenden Diskette in der Bibliothek SCL_Buch unter dem Programm „Beispiele allgemein".

## 30.7 Eigene Funktionen mit AWL programmieren

Die Funktion FC mit Funktionswert gestattet das Programmieren eigener Funktionen, allerdings nach wie vor mit den Möglichkeiten der SCL-Programmiersprache. Da Sie jedoch in Ihrem Programm mit verschiedenen Programmiersprachen erstellte Bausteine mischen können, ist es auch möglich, Funktionen FC mit AWL zu programmieren und Sie dann in SCL aufzurufen. Sie nutzen auf diese Weise den gegenüber SCL erweiterten Funktionsumfang von AWL, beispielsweise den direkten Zugriff auf Variablenadressen oder die Adressierung über die Adreßregister.

AWL-Bausteine können Sie auf zwei Arten programmieren: inkrementell oder quellorientiert (Kapitel 3.4 „Codebaustein mit AWL programmieren"). Wählen Sie die quellorientierte Programmierung, ist das Vorgehen genauso wie bei SCL-Bausteinen:

1) Sie erzeugen im Behälter *Quellen* eine AWL-Quelle.

2) Sie öffnen die AWL-Quelle mit einem Doppelklick.

3) Sie programmieren das Quellprogramm mit der Programmiersprache AWL (siehe Anmerkungen weiter unten)

4) Wenn Sie für die Funktionen symbolische Namen gewählt haben, führen Sie die Symboltabelle nach.

5) Sie übersetzen das AWL-Programm und haben anschließend die übersetzten Funktionen im Behälter *Bausteine* zur Verfügung.

6) Sie können die neuen Funktionen wie z.B. die Standard-Funktionen im SCL-Programm aufrufen.

Die quellorientierte AWL-Programmierung verwendet fast die gleichen Schlüsselwörter für die Bausteinprogrammierung wie SCL (siehe Tabelle 3.3 im Kapitel 3.4.2 „AWL-Codebaustein inkrementell programmieren"). Als wesentlicher Unterschied bei Funktionen mit Funktionswert hat der Funktionswert im Programm den Namen RET_VAL (oder ret_val). Der Variablen RET_VAL weisen Sie dann im Programm den Wert der Funktion zu.

Für unser kleines Beispiel wählen wir Funktionen für die Abfrage, das Starten und das Rücksetzen einer Zeitfunktion, um eine einfache Hantierung der Zeitfunktionen zu erhalten. Wie die Zeitfunktionen in AWL programmiert werden, zeigt Kapitel 7 „Zeitfunktionen".

Die Funktion T_SCAN liefert den Status des parametrierten Zeitoperanden:

```
FUNCTION T_SCAN : BOOL
VAR_INPUT
  T_NO : TIMER;
END_VAR
BEGIN
  U T_NO; = RET_VAL;
END_FUNCTION
```

Die Funktion T_PULSE startet über einen Eingang einen Zeitoperanden als Impuls:

```
FUNCTION T_PULSE : VOID
VAR_INPUT
  T_NO : TIMER; Start : BOOL;
  Zeitwert : S5TIME;
END_VAR
BEGIN
  U Start; L Zeitwert; SI T_NO;
END_FUNCTION
```

Die Funktion T_RESET setzt bei jedem Aufruf einen Zeitoperanden zurück:

```
FUNCTION T_RESET : VOID
VAR_INPUT
  T_NO : TIMER;
END_VAR
BEGIN
  SET; R T_NO;
END_FUNCTION
```

Nach dem Übersetzen können diese Funktionen z.B. wie folgt in einem SCL-Programm angewendet werden:

```
IF NOT T_SCAN(T1)
   THEN T_PULSE(T_NO := T2,
                Start := E1.0,
                Zeitwert := S5T#5s);
   ELSE T_RESET(T3);
END_IF;
```

Diese Beispiele finden Sie auf der dem Buch beiliegenden Diskette in der Bibliothek SCL_Buch im Programm „Beispiele allgemein".

## 30.8 Kurzbeschreibung der SCL-Beispiele

### 30.8.1 Beispiel Fördertechnik

Das Beispiel „Fördertechnik“ zeigt die Anwendung für binäre Verknüpfungen, Speicherfunktionen und Bausteinaufrufe. Es ist für die Programmiersprache AWL ausgelegt. Wenn Sie – mit AWL-Kenntnissen – sich in die Programmiersprache SCL einarbeiten wollen, finden Sie hier Anregungen, wie typische AWL-Funktionen in SCL umgesetzt werden können.

Das Bild 30.1 zeigt die Programm und Datenstruktur dieses Beispiels. Die genaue Beschreibung finden Sie in den Abschnitten

▷ 5.5 „Beispiel Förderbandsteuerung“ (FC 11)

▷ 8.7 „Beispiel Fördergutzähler“ (FC 12)

▷ 19.5.1 „Beispiel Förderband (FB 21)

▷ 19.5.2 „Beispiel Stückgutzähler“ (FB 22)

▷ 19.5.3 „Beispiel Zuförderung“ (FB 20)

Sie finden das Programm dieses Beispiels auf der dem Buch beiliegenden Diskette in der Bibliothek SCL_Buch unter dem Programm „Fördertechnik“.

### 30.8.2 Beispiel Telegramm

Das Beispiel „Telegramm“ zeigt den Umgang mit anwenderdefinierten Datentypen und das Kopieren von Datenbereichen. In der Programmiersprache AWL ist in diesem Zusammenhang die Anwendung der indirekten Adressierung mit den Adreßregistern und die Manipulation des ANY-Zeigers dargestellt (Kapitel 26.4 „Kurzbeschreibung „Beispiel Telegramm““).

Die gleiche Funktionalität kann mit der Programmiersprache SCL teilweise sehr viel eleganter ausgeführt werden. Besondere Unterstützung erfahren Sie hier durch die Möglichkeit, einzelnen Feldkomponenten zur Laufzeit indiziert zu bearbeiten (Bild 30.2).

Auch für das Formulieren dieser Aufgabenstellung ist SCL besser geeignet (übersichtlicher und damit leichter anzuwenden und weniger fehleranfällig). Dennoch bietet AWL mit dem direkte Zugriff auf Variablen eine Funktionalität, die SCL nicht aufweist, so daß teilweise die Lösung etwas anders realisiert wurde als in AWL.

Sie finden das Programm dieses Beispiels auf der dem Buch beiliegenden Diskette in der Bibliothek SCL_Buch unter dem Programm „Telegramm“.

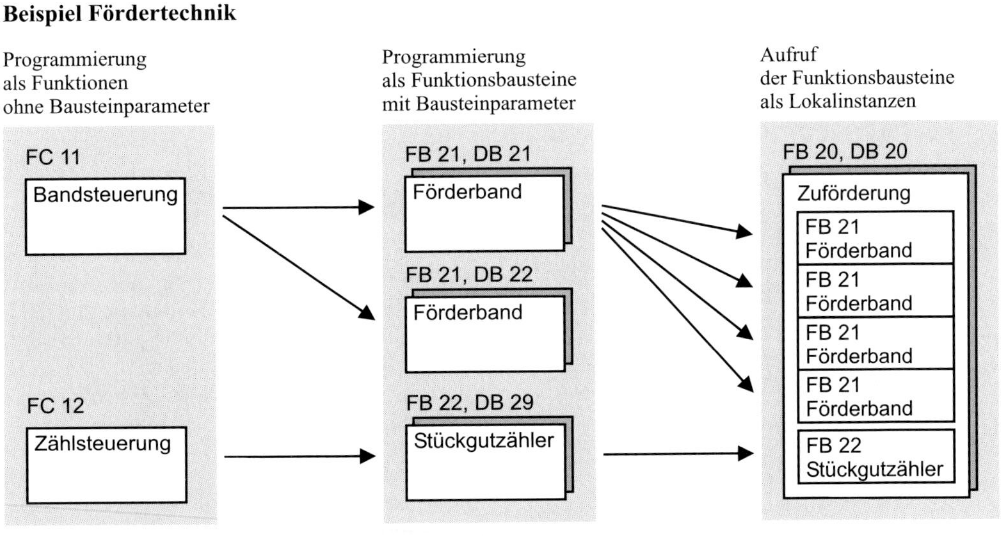


**Bild 30.1** Daten- und Programmstruktur für das Beispiel Fördertechnik

**Beispiel Telegramm**

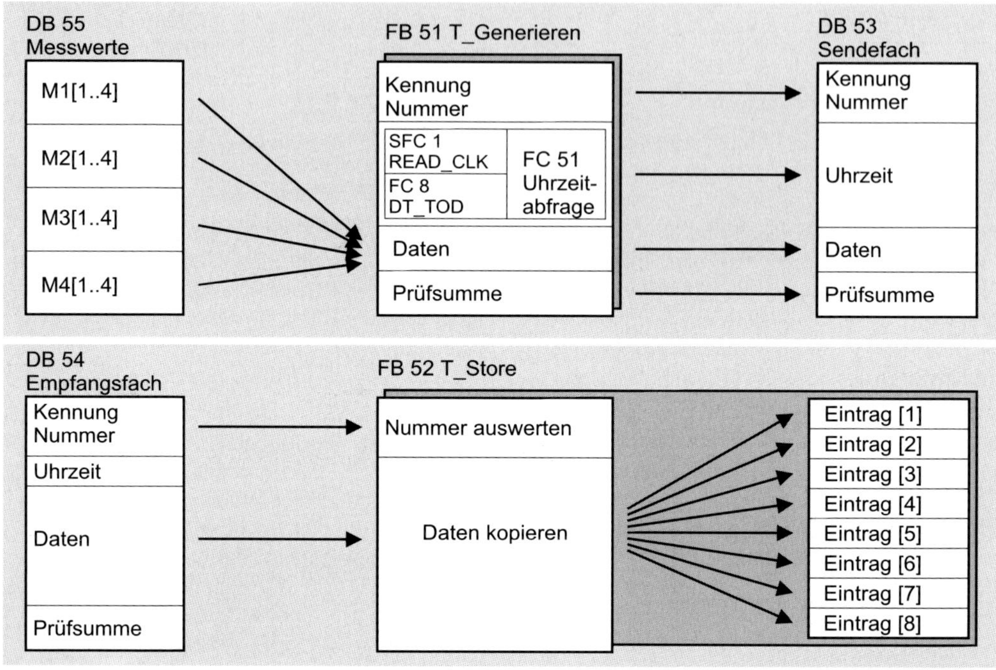


**Bild 30.2** Daten- und Programmstruktur für das Beispiel Telegramm

## 30.3 Allgemeine Beispiele

Die allgemeinen Beispiele zeigen schwerpunktmäßig das Bearbeiten von Variablen mit zusammengesetzten Datentypen und die Manipulation des ANY-Zeigers mit Hilfe von Datentypsichten.

Folgende Funktionen führen eine Datentypwandlung mit den SCL-Sprachmitteln durch:

▷ FC 61 DT_TO_STRING
Extrahieren des Datums und wandeln in eine STRING-Variable

▷ FC 62 DT_TO_DATE
Extrahieren des Datums und wandeln in eine DATE-Variable

▷ FC 63 DT_TO_TOD
Extrahieren der Uhrzeit und wandeln in eine TOD-Variable

Den Zugriff auf Variablen mit zusammengesetztem Datentyp sowie die Datenhaltung in einem Ringpuffer und einem Fallregister zeigen die Funktionsbausteine

▷ FB 61 Variablenlänge

▷ FB 62 Prüfsumme

▷ FB 63 Ringpuffer

▷ FB 64 Fallregister

Wie Sie einfache Funktionen mit AWL schreiben und diese Funktionen in Ihr SCL-Programm einbinden können, zeigen die Quellprogramme „AWL-Funktionen“ und „Aufruf AWL-Funktionen“. Sie sehen hier eine Möglichkeit, SIMATIC-Zeiten und -Zähler bei SCL wie in den Basissprachen anzuwenden.

Sie finden diese Beispiele auf der dem Buch beiliegenden Diskette in der Bibliothek SCL_Buch unter dem Programm „Beispiele allgemein“.

# 31 IEC-Funktionen

Die IEC-Funktionen sind ladbare Funktionen FC, die mit STEP 7 geliefert werden. Sie liegen in der Bibliothek *Standard Library* im Programm *IEC Function Blocks*. Sie ergänzen die Standardfunktionen von SCL und können auch von anderen Sprachen, z.B. von AWL, verwendet werden. Im Anhang finden Sie die Übersicht über alle IEC-Funktionen. An dieser Stelle werden sie geordnet nach folgenden Funktionsgruppen beschrieben:

▷ Konvertierungsfunktionen

▷ Vergleichsfunktionen für DATE_AND_TIME

▷ Vergleichsfunktionen für STRING

▷ STRING-Funktionen

▷ Datum/Uhrzeit-Funktionen

▷ Numerische Funktionen

Der Aufruf ist in SCL-Notation dargestellt. Verwenden Sie die IEC-Funktionen in AWL, trägt der Funktionswert den Namen RET_VAL und stellt den ersten Ausgangsparameter dar. Beispiel:

Aufruf in SCL:

```
VerglErgebnis := EQ_STRNG(
       S1 := string1,
       S2 := string2);
```

Aufruf in AWL:

```
CALL EQ_STRNG(
       S1 := string1,
       S2 := string2,
       RET_VAL := VerglErgebnis);
```

Einige IEC-Funktionen setzen das Binärergebnis BIE als Sammelfehlermeldung. BIE kann in SCL über den ENO-Ausgang abgefragt werden, in AWL direkt über binäre Abfragen oder Sprungfunktionen.

## 31.1 Konvertierungsfunktionen

### Allgemeines

Die Konvertierungsfunktionen wandeln den Datentyp einer Variablen. Am Funktionseingang liegt der zu wandelnde Wert, der Funktionswert hat den neuen Datentyp.

*Allgemeiner Aufruf:*

```
var_aus :=
        Konvertierungsfunktion(var_ein);
```

Einige Konvertierungsfunktionen setzen das Binärergebnis BIE bzw. den ENO-Ausgang auf FALSE, wenn bei der Wandlung ein Fehler aufgetreten ist. Eine Wandlung findet in dieses Fall nicht statt.

Beispiel: Der INT-Wert in der Variablen *Drehzahl* soll in eine Zeichenkette gewandelt werden, die in der Variablen *Anzeige* liegt.

```
Anzeige := I_STRNG(Drehzahl);
IF ENO
   THEN (*Wandlung war in Ordnung*);
   ELSE (*Fehler aufgetreten*);
END_IF;
```

Wenn Sie einen STRING-Funktionswert einer STRING-Variablen zuweisen, die in den temporären Lokaldaten liegt, müssen Sie per Programm dieser Variablen einen definierten Wert mit der erforderlichen Länge zuweisen (in den temporären Lokaldaten ist per Deklaration eine Vorbelegung nicht möglich).

Für die in den temporären Lokaldaten deklarierte STRING-Variable wird ein bestimmter Platz (Anzahl Bytes) reserviert. Diese Länge können Sie in den Compiler-Eigenschaften einstellen. Nehmen Sie keine Einstellung vor, werden 254 (+2) Bytes belegt.

**FC 33 S5TI_TIM**
**Datentypwandlung S5TIME nach TIME**

Die Funktion FC 33 S5TI_TIM wandelt das Datenformat S5TIME in das Format TIME.

Die Funktion meldet keine Fehler.

**FC 40 TIM_S5TI**
**Datentypwandlung TIME nach S5TIME**

Die Funktion FC 40 TIM_S5TI wandelt das Datenformat TIME in das Format S5TIME. Bei der Wandlung wird abgerundet.

Ist der Eingangsparameter größer als das darstellbare S5TIME-Format (größer als TIME#02:46:30.000), wird als Ergebnis S5TIME#999.3 ausgegeben und das Binärergebnis BIE bzw. der ENO-Ausgang werden auf FALSE gesetzt.

**FC 16 I_STRNG**
**Datentypwandlung INT nach STRING**

Die Funktion FC 16 I_STRNG wandelt eine Variable im INT-Format in eine Zeichenkette. Die Zeichenkette wird mit einem führenden Vorzeichen darstellt (Anzahl der Ziffern plus Vorzeichen).

Ist die am Funktionswert angegebene Variable zu kurz, findet keine Wandlung statt und das Binärergebnis BIE bzw. der ENO-Ausgang werden auf FALSE gesetzt.

**FC 5 DI_STRNG**
**Datentypwandlung DINT nach STRING**

Die Funktion FC 5 DI_STRNG wandelt eine Variable im DINT-Format in eine Zeichenkette. Die Zeichenkette wird mit einem führenden Vorzeichen darstellt (Anzahl der Ziffern plus Vorzeichen).

Ist die am Funktionswert angegebene Variable zu kurz, findet keine Wandlung statt und das Binärergebnis BIE bzw. der ENO-Ausgang werden auf FALSE gesetzt.

**FC 30 R_STRNG**
**Datentypwandlung REAL nach STRING**

Die Funktion FC 30 R_STRNG wandelt eine Variable im REAL-Format in eine Zeichenkette. Die Zeichenkette wird mit 14 Stellen darstellt:

| | | |
|---|---|---|
| ±v.nnnnnnnE±xx | ± | Vorzeichen |
| | v | 1 Vorkommastelle |
| | n | 7 Nachkommastellen |
| | x | 2 Exponentenstellen |

Ist die am Funktionswert angegebene Variable zu kurz oder liegt am Eingangsparameter keine gültige Gleitpunktzahl an, findet keine Wandlung statt und das Binärergebnis BIE bzw. der ENO-Ausgang werden auf FALSE gesetzt.

**FC 38 STRNG_I**
**Datentypwandlung STRING nach INT**

Die Funktion FC 38 STRNG_I wandelt eine Zeichenkette in eine Variable im INT-Format. Das erste Zeichen in der Zeichenkette darf ein Vorzeichen oder eine Ziffer sein, die dann folgenden Zeichen müssen aus Ziffern bestehen.

Ist die Länge der Zeichenkette Null oder größer als 6, befinden sich unerlaubte Zeichen in der Zeichenkette oder übersteigt der gewandelte Wert den INT-Zahlenbereich, findet keine Wandlung statt und das Binärergebnis BIE bzw. der ENO-Ausgang werden auf FALSE gesetzt.

**FC 37 STRNG_DI**
**Datentypwandlung STRING nach DINT**

Die Funktion FC 37 STRNG_DI wandelt eine Zeichenkette in eine Variable im DNT-Format. Das erste Zeichen in der Zeichenkette darf ein Vorzeichen oder eine Ziffer sein, die dann folgenden Zeichen müssen aus Ziffern bestehen.

Ist die Länge der Zeichenkette Null oder größer als 11, befinden sich unerlaubte Zeichen in der Zeichenkette oder übersteigt der gewandelte Wert den DINT-Zahlenbereich, findet keine Wandlung statt und das Binärergebnis BIE bzw. der ENO-Ausgang werden auf FALSE gesetzt.

**FC 39 STRNG_R**
**Datentypwandlung STRING nach REAL**

Die Funktion FC 39 STRNG_R wandelt eine Zeichenkette in eine Variable im REAL-Format. Die Zeichenkette muß in folgendem Format vorliegen:

| | | |
|---|---|---|
| ±v.nnnnnnnE±xx | ± | Vorzeichen |
| | v | 1 Vorkommastelle |
| | n | 7 Nachkommastellen |
| | x | 2 Exponentenstellen |

Ist die Länge der Zeichenkette kleiner als 14, ist sie nicht wie oben gezeigt aufgebaut oder übersteigt der gewandelte Wert den REAL-Zahlenbereich, findet keine Wandlung statt und das Binärergebnis BIE bzw. der ENO-Ausgang werden auf FALSE gesetzt.

## 31.2 Vergleichsfunktionen

Die Vergleichsfunktionen vergleichen die Werte zweier Variablen und melden das Vergleichsergebnis über den Funktionswert zurück. Der Funktionswert hat den Wert TRUE, wenn der Vergleich erfüllt ist, anderfalls FALSE. Eine Vergleichsfunktion meldet keinen Fehler. Es gibt Vergleichsfunktionen für DT-Variablen und für STRING-Variablen.

*Allgemeiner Aufruf:*

```
Ergebnis :=
      Vergleichsfunktion_DT(
      DT1 := DT_var1,
      DT2 := DT_var2);

Ergebnis :=
      Vergleichsfunktion_STRNG(
      S1 := STRING_var1,
      S2 := STRING_var2);
```

**FC 9 EQ_DT**
**Vergleich DT auf gleich**

Die Funktion FC 9 EQ_DT vergleicht die Inhalte zweier Variablen im DATE_AND_TIME-Format auf gleich und gibt nur dann TRUE als Funktionswert aus, wenn der Zeitpunkt am Parameter DT1 gleich dem Zeitpunkt am Parameter DT2 ist.

**FC 28 NE_DT**
**Vergleich DT auf ungleich**

Die Funktion FC 28 NE_DT vergleicht die Inhalte zweier Variablen im DATE_AND_TIME-Format auf ungleich und gibt nur dann TRUE als Funktionswert aus, wenn der Zeitpunkt am Parameter DT1 ungleich dem Zeitpunkt am Parameter DT2 ist.

**FC 14 GT_DT**
**Vergleich DT auf größer**

Die Funktion FC 14 GT_DT vergleicht die Inhalte zweier Variablen im DATE_AND_TIME-Format auf größer und gibt nur dann TRUE als Funktionswert aus, wenn der Zeitpunkt am Parameter DT1 größer (jünger) als der Zeitpunkt am Parameter DT2 ist.

**FC 12 GE_DT**
**Vergleich DT auf größer oder gleich**

Die Funktion FC 12 GE_DT vergleicht die Inhalte zweier Variablen im DATE_AND_TIME-Format auf größer oder gleich und gibt nur dann TRUE als Funktionswert aus, wenn der Zeitpunkt am Parameter DT1 größer (jünger) als Zeitpunkt am Parameter DT2 ist oder wenn beide Zeitpunkte gleich sind.

**FC 23 LT_DT**
**Vergleich DT auf kleiner**

Die Funktion FC 23 LT_DT vergleicht die Inhalte zweier Variablen im DATE_AND_TIME-Format auf kleiner und gibt nur dann TRUE als Funktionswert aus, wenn der Zeitpunkt am Parameter DT1 kleiner (älter) als Zeitpunkt am Parameter DT2 ist.

**FC 18 LE_DT**
**Vergleich DT auf kleiner oder gleich**

Die Funktion FC 18 LE_DT vergleicht die Inhalte zweier Variablen im DATE_AND_TIME-Format auf kleiner oder gleich und gibt nur dann TRUE als Funktionswert aus, wenn der Zeitpunkt am Parameter DT1 kleiner (älter) als Zeitpunkt am Parameter DT2 ist oder wenn beide Zeitpunkte gleich sind.

**FC 10 EQ_STRNG**
**Vergleich STRING auf gleich**

Die Funktion FC 10 EQ_STRNG vergleicht die Inhalte zweier Variablen im STRING-Format auf gleich und gibt nur dann TRUE als Funktionswert aus, wenn die Zeichenkette am Parameter S1 gleich der Zeichenkette am Parameter S2 ist.

**FC 29 NE_STRNG**
**Vergleich STRING auf ungleich**

Die Funktion FC 29 NE_STRNG vergleicht die Inhalte zweier Variablen im STRING-Format auf ungleich und gibt nur dann TRUE als Funktionswert aus, wenn die Zeichenkette am Parameter S1 ungleich der Zeichenkette am Parameter S2 ist.

**FC 15 GT_STRNG**
**Vergleich STRING auf größer**

Die Funktion FC 19 LE_STRNG vergleicht die Inhalte zweier Variablen im STRING-Format auf kleiner oder gleich und gibt nur dann TRUE als Funktionswert aus, wenn die Zeichenkette am Parameter S1 kleiner als die Zeichenkette am Parameter S2 ist oder wenn beide Zeichenketten gleich sind. Die Zeichen werden beginnend von links über ihre ASCII-Codierung verglichen (z.B. ist 'A' kleiner als 'a'). Das erste unterschiedliche Zeichen entscheidet über das Vergleichsergebnis. Bei Gleichheit der ersten Zeichen gilt die kürzere Zeichenkette als kleiner.

**FC 13 GE_STRNG**
**Vergleich STRING auf größer oder gleich**

Die Funktion FC 13 GE_STRNG vergleicht die Inhalte zweier Variablen im STRING-Format auf größer oder gleich und gibt nur dann TRUE als Funktionswert aus, wenn die Zeichenkette am Parameter S1 größer als die Zeichenkette am Parameter S2 ist oder wenn beide Zeichenketten gleich sind. Die Zeichen werden beginnend von links über ihre ASCII-Codierung verglichen (z.B. ist 'a' größer als 'A'). Das erste unterschiedliche Zeichen entscheidet über das Vergleichsergebnis. Bei Gleichheit der ersten Zeichen gilt die längere Zeichenkette als größer.

**FC 24 LT_STRNG**
**Vergleich STRING auf kleiner**

Die Funktion FC 24 LT_STRNG vergleicht die Inhalte zweier Variablen im STRING-Format auf kleiner und gibt nur dann TRUE als Funktionswert aus, wenn die Zeichenkette am Parameter S1 kleiner als die Zeichenkette am Parameter S2 ist. Die Zeichen werden beginnend von links über ihre ASCII-Codierung verglichen (z.B. ist 'A' kleiner als 'a'). Das erste unterschiedliche Zeichen entscheidet über das Vergleichsergebnis. Bei Gleichheit der ersten Zeichen gilt die kürzere Zeichenkette als kleiner.

**FC 19 LE_STRNG**
**Vergleich STRING auf kleiner oder gleich**

Die Funktion FC 15 GT_STRNG vergleicht die Inhalte zweier Variablen im STRING-Format auf größer und gibt nur dann TRUE als Funktionswert aus, wenn die Zeichenkette am Parameter S1 größer als die Zeichenkette am Parameter S2 ist. Die Zeichen werden beginnend von links über ihre ASCII-Codierung verglichen (z.B. ist 'a' größer als 'A'). Das erste unterschiedliche Zeichen entscheidet über das Vergleichsergebnis. Bei Gleichheit der ersten Zeichen gilt die längere Zeichenkette als größer.

## 31.3 STRING-Funktionen

Die STRING-Funktionen ermöglichen den Umgang mit Zeichenketten. Einige STRING-Funktionen setzen das Binärergebnis BIE bzw. den ENO-Ausgang auf FALSE, wenn bei der Bearbeitung der STRING-Funktion ein Fehler aufgetreten ist.

Die STRING-Funktionen prüfen die Aktualparameter auf Plausibilität (z.B. ob eine am Bausteinparameter angelegte STRING-Variable auch lang genug ist). Verwenden Sie eine STRING-Variable, die Sie in den temporären Lokaldaten deklariert haben, als Aktualparameter, müssen Sie vorher dieser Variablen eine (beliebige) Zeichenkette in der erforderlichen Länge zuweisen. Der Grund: Variablen in den temporären Lokaldaten können vom Compiler nicht vorbelegt werden. In ihnen stehen also quasi zufällige Werte, bei STRING-Variablen auch in den Bytes für die maximale und die aktuelle Länge. Mit der Zuweisung erhalten diese Bytes sinnvolle Werte.

Für eine in den temporären Lokaldaten deklarierte STRING-Variable wird ein bestimmter Platz (Anzahl Bytes) reserviert. Diese Länge können Sie in den Compiler-Eigenschaften einstellen. Nehmen Sie keine Einstellung vor, werden 254 (+2) Bytes belegt.

### FC 21 LEN
### Länge einer STRING-Variablen

Aufruf: *int* := LEN (*string*);

Die Funktion FC 21 LEN gibt die aktuelle Länge einer Zeichenkette (Anzahl der gültigen Zeichen) als Funktionswert aus. Ein Leerstring hat die Länge Null. Die maximale Länge beträgt 254.

Die Funktion meldet keine Fehler.

### FC 11 FIND
### Suchen in einer STRING-Variablen

Aufruf: *int* := FIND (IN1 := *string*, IN2 := *string*);

Die Funktion FC 11 FIND liefert die Position der zweiten Zeichenkette (IN2) innerhalb der ersten Zeichenkette (IN1). Die Suche beginnt links; es wird das erste Auftreten der Zeichenkette gemeldet. Ist die zweite Zeichenkette in der ersten nicht vorhanden, wird Null zurückgemeldet.

Die Funktion meldet keine Fehler.

### FC 20 LEFT
### Linker Teil einer STRING-Variablen

Aufruf: *string* := LEFT (IN := *string*, L := *int*);

Die Funktion FC 20 LEFT liefert die ersten L Zeichen einer Zeichenkette. Ist L größer als die aktuelle Länge der STRING-Variablen, wird der Eingangswert zurückgeliefert. Bei L = 0 und bei einem Leerstring als Eingangswert wird ein Leerstring zurückgeliefert.

Ist L negativ, wird ein Leerstring ausgegeben und das Binärergebnis BIE bzw. der ENO-Ausgang werden auf FALSE gesetzt.

### FC 32 RIGHT
### Rechter Teil einer STRING-Variablen

Aufruf: *string* := RIGHT (IN := *string*, L := *int*);

Die Funktion FC 32 RIGHT liefert die letzten L Zeichen einer Zeichenkette. Ist L größer als die aktuelle Länge der STRING-Variablen, wird der Eingangswert zurückgeliefert. Bei L = 0 und bei einem Leerstring als Eingangswert wird ein Leerstring zurückgeliefert.

Ist L negativ wird ein Leerstring ausgegeben und das Binärergebnis BIE bzw. der ENO-Ausgang werden auf FALSE gesetzt.

### FC 26 MID
### Mittlerer Teil einer STRING-Variablen

Aufruf: *string* := MID (IN := *string*, L := *int*, P := *int*);

Die Funktion FC 26 MID liefert den mittleren Teil einer Zeichenkette (L Zeichen ab dem P. Zeichen einschließlich). Geht die Summe aus L und P über die aktuelle Länge der STRING-Variablen hinaus, wird eine Zeichenkette ab dem P. Zeichen bis zum Ende des Eingangswerts geliefert.

In allen anderen Fällen (P liegt außerhalb der aktuellen Länge, P und/oder L gleich Null oder negativ) wird ein Leerstring ausgegeben und das Binärergebnis BIE bzw. der ENO-Ausgang werden auf FALSE gesetzt.

### FC 2 CONCAT
### Zusammenfassen zweier STRING-Variablen

Aufruf: *string* := CONCAT (IN1 := *string*, IN2 := *string*);

Die Funktion FC 2 CONCAT faßt zwei STRING-Variable zu einer Zeichenkette zusammen.

Ist die Ergebniszeichenkette länger als die am Ausgangsparameter angelegte Variable, wird die Ergebniszeichenkette auf die maximal eingerichtete Länge begrenzt und das Binärergebnis bzw. der ENO-Ausgang werden auf FALSE gesetzt.

**FC 17 INSERT**
**Einfügen in eine STRING-Variable**

Aufruf: *string* := INSERT (IN1 := *string*, IN2 := *string*, P := *int*);

Die Funktion FC 17 INSERT fügt die Zeichenkette am Parameter IN2 in die Zeichenkette am Parameter IN1 nach dem P. Zeichen ein. Ist P gleich Null, wird die zweite Zeichenkette vor der ersten Zeichenkette eingefügt. Ist P größer als die aktuelle Länge der ersten Zeichenkette, wird die zweite Zeichenkette an die erste angehängt.

Ist P negativ wird ein Leerstring ausgegeben und das Binärergebnis BIE bzw. der ENO-Ausgang werden auf FALSE gesetzt. Das Binärergebnis bzw. der ENO-Ausgang werden auch auf FALSE gesetzt, wenn die Ergebniszeichenkette länger ist als die am Ausgangsparameter angegebene Variable; in diesem Fall wird die Ergebniszeichenkette auf die maximal eingerichtete Länge begrenzt.

**FC 4 DELETE**
**Löschen in einer STRING-Variablen**

Aufruf: *string* := DELETE (IN := *string*, L := *int*, P := *int*);

Die Funktion FC 4 DELETE löscht in einer Zeichenkette L Zeichen ab dem P. Zeichen (einschließlich). Ist L und/oder P gleich Null oder ist P größer als die aktuelle Länge der Eingangszeichenkette, wird die Eingangszeichenkette zurückgeliefert. Ist die Summe aus L und P größer als die Eingangszeichenkette, wird bis zum Ende der Zeichenkette gelöscht.

Ist L und/oder P negativ wird ein Leerstring ausgegeben und das Binärergebnis BIE bzw. der ENO-Ausgang werden auf FALSE gesetzt.

**FC 31 REPLACE**
**Ersetzen in einer STRING-Variablen**

Aufruf: *string* := REPLACE (IN1 := *string*, IN2 := *string*, L := *int*, P := *int*);

Die Funktion FC 31 REPLACE ersetzt L Zeichen der ersten Zeichenkette (IN1) ab dem P. Zeichen (einschließlich) durch die zweite Zeichenkette (IN2). Ist L gleich Null wird die erste Zeichenkette zurückgeliefert. Ist P gleich Null oder Eins wird ab dem 1. Zeichen (einschließlich) ersetzt. Liegt P außerhalb der ersten Zeichenkette, wird die zweite Zeichenkette an die erste Zeichenkette angehängt.

Ist L und/oder P negativ wird ein Leerstring ausgegeben und das Binärergebnis BIE bzw. der ENO-Ausgang werden auf FALSE gesetzt. Das Binärergebnis bzw. der ENO-Ausgang werden auch auf FALSE gesetzt, wenn die Ergebniszeichenkette länger ist als die am Ausgangsparameter angegebene Variable; in diesem Fall wird die Ergebniszeichenkette auf die maximal eingerichtete Länge begrenzt.

## 31.4 Datum/Uhrzeit-Funktionen

Mit den Datum/Uhrzeit-Funktionen handhaben Sie Variablen mit den Datentypen DATE, TIME_OF_DAY und DATE_AND_TIME.

Einige Datum/Uhrzeit-Funktionen setzen das Binärergebnis BIE bzw. den ENO-Ausgang auf FALSE, wenn bei der Bearbeitung der Funktion ein Fehler aufgetreten ist.

**FC 3 D_TOD_DT**
**Zusammenfassen DATE und TIME_OF_ DAY zu DT**

Aufruf: *date_and_time* := D_TOD_DT (IN1 := *date*; IN2 := *time_of_day*);

Die Funktion FC 3 D_TOD_DT faßt die Datenformate DATE (D#) und TIME_OF_DAY (TOD#) zusammen und wandelt diese Formate in das Datenformat DATE_AND_TIME (DT#). Der Eingangswert IN1 muß zwischen den Grenzen DATE#1990-01-01 und DATE#2089-12-31 liegen.

Die Funktion meldet keine Fehler.

**FC 6 DT_DATE**
**Extrahieren DATE aus DT**

Aufruf: *date* := DT_DATE (*date_and_time*);

Die Funktion FC 6 DT_DATE extrahiert das Datenformat DATE (D#) aus dem Format DATE_AND_TIME (DT#). DATE liegt zwischen den Grenzen DATE#1990-1-1 und DATE#2089-12-31.

Die Funktion meldet keine Fehler.

**FC 7 DT_DAY**
**Extrahieren des Wochentags aus DT**

Aufruf: *int* := DT_DAY (*date_and_time*);

Die Funktion FC 7 DT_DAY extrahiert den Wochentag aus dem Format DATE_AND_TIME (DT#). Der Wochentag liegt im Datenform INT vor:

| | |
|---|---|
| 1 | Sonntag |
| 2 | Montag |
| 3 | Dienstag |
| 4 | Mittwoch |
| 5 | Donnerstag |
| 6 | Freitag |
| 7 | Samstag |

Die Funktion meldet keine Fehler.

**FC 8 DT_TOD**
**Extrahieren TIME_OF_DAY aus DT**

Aufruf:
*time_of_day* := DT_DAY (*date_and_time*);

Die Funktion FC 8 DT_TOD extrahiert das Datenformat TIME_OF_DAY (TOD#) aus dem Format DATE_AND_TIME (DT#).

Die Funktion meldet keine Fehler.

**FC 1 AD_DT_TM**
**Zeitdauer auf einen Zeitpunkt addieren**

Aufruf: *date_and_time* := AD_DT_TM (T := *date_and_time*, D := *time*);

Die Funktion FC 1 AD_DT_TM addiert eine Zeitdauer im Format TIME (T#) auf einen Zeitpunkt im Format DATE_AND_TIME (DT#) und liefert als Ergebnis einen neuen Zeitpunkt im Format DATE_AND_TIME (DT#). Der Zeitpunkt (Parameter T) muß in Bereich von DT#1990-01-01-00:00:00.000 und DT#2089-12-31-59:59:59.999 liegen. Die Funktion führt keine Eingangsprüfung durch.

Liegt das Ergebnis der Addition nicht im oben angegebenen Bereich, wird das Ergebnis auf den entsprechenden Wert begrenzt und das Binärergebnis BIE bzw. der ENO-Ausgang werden auf FALSE gesetzt.

**FC 35 SB_DT_TM**
**Zeitdauer von einem Zeitpunkt subtrahieren**

Aufruf: *date_and_time* := SB_DT_TM (T := *date_and_time*, D := *time*);

Die Funktion FC 35 SB_DT_TM subtrahiert eine Zeitdauer im Format TIME (T#) von einem Zeitpunkt im Format DATE_AND_TIME (DT#) und liefert als Ergebnis einen neuen Zeitpunkt im Format DATE_AND_TIME (DT#). Der Zeitpunkt (Parameter T) muß in Bereich von DT#1990-01-01-00:00:00.000 und DT#2089-12-31-59:59:59.999 liegen. Die Funktion führt keine Eingangsprüfung durch.

Liegt das Ergebnis der Subtraktion nicht im oben angegebenen Bereich, wird das Ergebnis auf den entsprechenden Wert begrenzt und das Binärergebnis BIE bzw. der ENO-Ausgang werden auf FALSE gesetzt.

**FC 34 SB_DT_DT**
**Zwei Zeitpunkte subtrahieren**

Aufruf: *time* := SB_DT_DT (T1 := *date_and_time*, T2 := *date_and_time*);

Die Funktion FC 34 SB_DT_DT subtrahiert zwei Zeitpunkte im Format DATE_AND_TIME (DT#) und liefert als Ergebnis eine Zeitdauer im Format TIME (T#). Die Zeitpunkte müssen in Bereich von

DT#1990-01-01-00:00:00.000 und

DT#2089-12-31-59:59:59.999

liegen. Die Funktion führt keine Eingangsprüfung durch. Ist der erste Zeitpunkt (Parameter T1) größer (jünger) als der zweite (Parameter T2), ist das Ergebnis positiv; ist der erste Zeitpunkt kleiner (älter) als der zweite, ist das Ergebnis negativ.

Liegt das Ergebnis der Subtraktion außerhalb des TIME-Zahlenbereichs, wird das Ergebnis auf den entsprechenden Wert begrenzt und das Binärergebnis BIE bzw. der ENO-Ausgang werden auf FALSE gesetzt.

## 31.5 Numerische Funktionen

Die numerischen Funktionen lassen den Funktionswert unverändert und setzen das Binärergebnis BIE bzw. den ENO-Ausgang auf FALSE, wenn

▷ eine parametrierte Variable einen unzulässigen Datentyp hat,

▷ alle parametrierten Variablen untereinander nicht den gleichen Datentyp haben,

▷ eine REAL-Variable keine gültige Gleitpunktzahl darstellt.

**FC 22 LIMIT**
**Begrenzer**

Aufruf: *any_num* := LIMIT (MN := *any_num*, IN := *any_num*; MX := *any_num*);

Die Funktion FC 22 begrenzt den Zahlenwert der Variablen IN auf die an den Parametern MN und MX angegebenen Grenzwerte. Als Eingangswerte sind Variablen vom Datentyp INT, DINT und REAL zugelassen. Alle Eingangswerte (Aktualparameter) müssen vom gleichen Datentyp sein. Der untere Grenzwert (Parameter MN) muß kleiner sein als der obere Grenzwert (Parameter MX).

Die Funktion meldet einen Fehler, wenn zusätzlich zu den eingangs erwähnten Fehlern der untere Grenzwert MN nicht kleiner ist als der obere Grenzwert MX.

**FC 25 MAX**
**Maximumauswahl**

Aufruf: *any_num* := MAX( IN1 := *any_num*, IN2 := *any_num*, IN3 := *any_num*);

Die Funktion FC 25 MAX wählt aus drei numerischen Variablenwerten den größten aus. Als Eingangswerte sind Variablen vom Datentyp INT, DINT und REAL zugelassen. Alle Eingangswerte (Aktualparameter) müssen vom gleichen Datentyp sein.

**FC 27 MIN**
**Minimumauswahl**

Aufruf: *any_num* := MIN( IN1 := *any_num*, IN2 := *any_num*, IN3 := *any_num*);

Die Funktion FC 27 MIN wählt aus drei numerischen Variablenwerten den kleinsten aus. Als Eingangswerte sind Variablen vom Datentyp INT, DINT und REAL zugelassen. Alle Eingangswerte (Aktualparameter) müssen vom gleichen Datentyp sein.

**FC 36 SEL**
**Binärauswahl**

Aufruf: *any* := SEL (G := *bool*, IN0 := *any*, IN1 := *any*);

Die Funktion FC 36 SEL wählt abhängig von einem Schalter (Parameter G) einen aus zwei Variablenwerten (IN0 und IN1) aus. Als Eingangswerte an den Parametern IN0 und IN1 sind Variablen mit allen elementaren Datentypen außer BOOL zugelassen. Beide Eingangsvariablen und der Funktionswert müssen vom gleichen Datentyp sein.

# Anhang

Dieser Teil des Buchs enthält eine Anleitung zum Konvertieren eines STEP 5-Programms in ein STEP 7-Programm, eine Übersicht über den Inhalt der STEP 7-Bausteinbibliotheken und eine Übersicht aller AWL- und SCL-Anweisungen und -Funktionen.

Mit dem Optionspaket **S5/S7-Konverter** können Sie ein vorhandenes STEP 5-Programm in ein (STEP 7-) AWL-Programm als Quelldatei konvertieren.

STEP 7 enthält im Lieferumfang **Baustein-Bibliotheken** mit ladbaren Funktionen FC und Funktionsbausteinen FB und mit Bausteinköpfen und Schnittstellenbeschreibung von Systemfunktionen SFC und Systemfunktionsbausteinen SFB.

Die ladbaren Funktionen FC und Funktionsbausteine FB sind übersetzte Bausteine, die Sie in Ihr Anwenderprogramm (genauer: in den Offline-Behälter *Bausteine*) kopieren und dann aufrufen können. Diese Bausteine belegen Speicherplatz wie ganz „normale" Anwenderbausteine und werden auch in die CPU geladen.

Ladbare Funktionen und Funktionsbausteine können Sie umbenennen, z.B. wenn Sie deren Nummer bereits mit selbstgeschriebenen Bausteinen belegt haben. Dennoch erhalten Sie die korrekte Online-Hilfe (Funktionstaste F1 bei markiertem Baustein), da sich die Hilfefunktion an den Bausteineigenschaften FAMILY und NAME orientiert.

Die Systemfunktionen SFC und Systemfunktionsbausteine SFB sind Bausteine im Betriebssystem der CPU. Um diese Bausteine auch offline aufrufen zu können, enthält die Standard-Bibliothek den Bausteinkopf und die Schnittstellenbeschreibung dieser Bausteine (das Programm befindet sich ja in der CPU). Die Schnittstellenbeschreibungen können Sie wie einen übersetzten Baustein in den Offline-Behälter *Bausteine* kopieren und dann den Systembaustein aufrufen. Der Programmeditor erfährt aus der Schnittstellenbeschreibung, wieviele Bausteinparameter der Systembaustein aufweist und welchen Datentyp und welchen Namen ein Bausteinparameter hat.

Beim inkrementellen Programmieren ziehen Sie die Bibliotheksbausteine aus dem Programmelemente-Katalog in das Programmfenster und rufen sie damit auf. Der Programmeditor kopiert dann automatisch diese Bausteine in Ihr Programm.

Wenn Sie beim quellorientierten Programmieren die Bibliotheksbausteine mit dem symbolischen Namen aufrufen, der in der Symboltabelle der Bibliothek enthalten ist, dann wird beim Übersetzen der Standardbaustein ebenfalls automatisch in Ihr Programm kopiert.

Eine **AWL-Operationsübersicht** und eine **SCL-Anweisungsübersicht** schließen das Buch ab.

# 32 S5/S7-Konverter

Mit dem S5/S7-Konverter können Sie ein STEP 5-Programm in eine STEP 7-AWL-Quelldatei umsetzen. Hierbei wandelt der Konverter alle direkt konvertierbaren Anweisungen in entsprechende STEP 7-Anweisungen um. STEP 5-Anweisungen, die nicht in STEP 7-Anweisungen umgesetzt werden können, werden auskommentiert. Der Konverter übernimmt alle Kommentare. Optional kann auch die Zuordnungsliste in eine importierbare Symboltabelle konvertiert werden.

Um eine Ablaufsteuerung mit GRAPH 5 in ein STEP 7-Programm umzusetzen, müssen Sie das Programm mit S7-GRAPH neu erstellen.

Der S5/S7-Konverter gehört zum Lieferumfang des STEP 7 Basispakets. Für die Benutzung des Konverters benötigen Sie keine Autorisierung.

Im elektronischen Katalog CA01 (CD) finden Sie unter dem Menüpunkt AUSWAHLHILFEN → SIMATIC Unterstützung bei der hardwaremäßigen Umsetzung eines SIMATIC S5-Aufbaus in einen SIMATIC S7-Aufbau. Nach der Auswahl des S5-Aufbaus mit BEARBEITEN → SIGNALLISTE ERZEUGEN und BEARBEITEN → KONFIGURATION ERZEUGEN aus den Angaben für den S5-Aufbau eine S7-Station generieren (lassen).

## 32.1 Allgemeines

Zum Konvertieren eines STEP 5-Programms benötigen Sie die Programmdatei *name*ST.S5D und die Querverweisliste *name*XR.INI sowie bei symbolischer Adressierung die Zuordnungsliste *name*Z0.SEQ. Zusätzlich können Sie eine Makrodatei erstellen. Sie enthält Anweisungsfolgen, die der Konverter anstelle von bestimmten STEP 5-Anweisungen einsetzen kann. Aus diesen Dateien generiert der Konverter eine STEP 7-Quelldatei und gegebenenfalls eine Symboltabelle. Alle generierten Dateien werden im gleichen Verzeichnis wie die ursprünglichen STEP 5-Dateien abgelegt.

Der Konverter überführt Organisationsbausteine mit Anwenderprogramm in die entsprechenden STEP 7-Organisationsbausteine und alle anderen Codebausteine in Funktionen FC. Die Bausteinnummern der FC-Bausteine werden von Null beginnend fortlaufend durchnumeriert; Sie haben die Möglichkeit, in einem Dialogfenster die vorgeschlagenen Bausteinnummern zu ändern.

Der Konverter erkennt Standardbausteine aus folgenden Siemens-Bausteinpaketen:

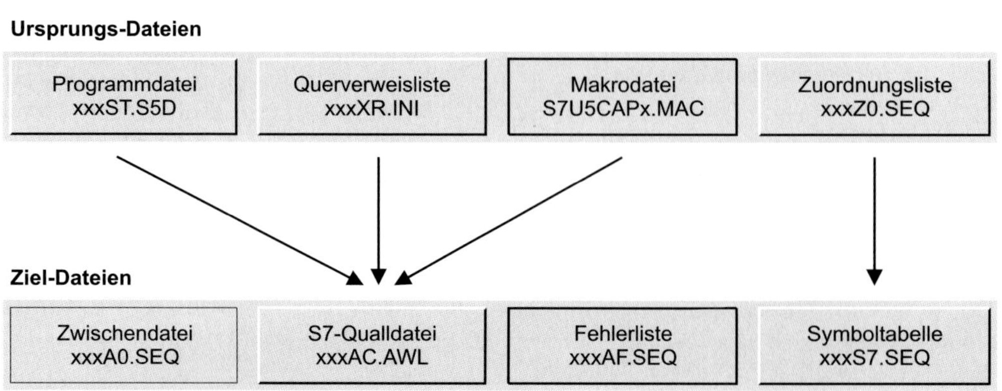


**Bild 32.1** Dateien für den Konverter

- ▷ Gleitpunktarithmetik
- ▷ Signalfunktionen
- ▷ Grundfunktionen mit Analogfunktionen
- ▷ Mathematische Funktionen

Für die Standardbausteine aus diesen Paketen gibt es Ersatzbausteine in der Bibliothek *S5-S7 Converting Blocks*, die im Lieferumfang von STEP 7 enthalten ist. In dieser Bibliothek finden Sie auch Standardbausteine („integrierte Funktionen"), die einige der in den S5-115U-CPUs integrierten Funktionsbausteine ersetzen.

Enthält das STEP 5-Programm Bausteine aus diesen Paketen, setzt der Konverter den Aufruf um und meldet, welche Bausteine in dem Programm vorkommen. Sie müssen dann vor dem Übersetzen des konvertierten Programms die entsprechenden Bausteine aus der Bibliothek in Ihr Anwenderprogramm kopieren.

Beim Konvertieren eines STEP 5-Programms können Sie sich etwa an folgenden Ablauf halten:

- ▷ Prüfung auf Ablauffähigkeit des Programms in der Zielumgebung
- ▷ gegebenenfalls Vorbereitung des STEP 5-Programms (Entfernen nicht konvertierbarer Teile, die z.B. durch CPU-Parametrierung ersetzt werden)
- ▷ bei Bedarf Erstellung von Makros (Ersetzen von STEP 5-Anweisungen durch selbstgewählte STEP 7-Anweisungsfolgen beim Konvertieren)
- ▷ Konvertierung (Erzeugung eines STEP 7-Quellprogramms)
- ▷ Einrichten eines STEP 7-Projekts mit Importieren des Quellprogramms und der Symboltabelle in das STEP 7-Projekt, bei Bedarf die verwendeten Standardfunktionen kopieren
- ▷ bei erforderlicher Nachbearbeitung das STEP 7-Quellprogramm korrigieren bzw. ergänzen
- ▷ Übersetzung

Der Ablauf einer Konvertierung ist nicht festgeschrieben. Sie können z.B. ein STEP 5-Programm auch ohne Vorbereitung konvertieren und danach alle Korrekturen im STEP 7-Quellprogramm vornehmen.

## 32.2 Vorbereiten

### 32.2.1 Ablauffähigkeit auf dem Zielsystem prüfen

Möchten Sie ein vorhandenes STEP 5-Programm auch in SIMATIC S7 einsetzen, müssen Sie zuerst prüfen, ob es auch auf dem Zielsystem ablauffähig sein kann. Beispielsweise:

- ▷ Hat die Ziel-CPU die geforderten Eigenschaften? Sind die erforderlichen Programmablaufeigenschaften vorhanden?
- ▷ Mit welchen Baugruppen hat das STEP 5-Programm gearbeitet? Welche Baugruppen werden beim STEP 7-Programm angesprochen?
- ▷ Hat die Ziel-CPU die erforderliche Anzahl an Operanden (z.B. Eingänge, Ausgänge, Bausteine)?

Sie können ein S5-Erweiterungsgerät über die Anschaltung IM 463-2 oder bestimmte S5-Baugruppen in einer Adaptionskapsel in einer S7-400 betreiben. Ebenso besteht die Möglichkeit, SIMATIC S5-Baugruppen über PROFIBUS-DP als Dezentrale Peripherie an SIMATIC S7 anzuschließen.

### 32.2.2 Programmablaufeigenschaften prüfen

Die Programmablaufebenen, wie Sie sie von SIMATIC S5 her kennen, entsprechen weitgehend den Programmablaufebenen in SIMATIC S7, jetzt Prioritätsklassen genannt. Die Einstellungen, die Sie im Datenbaustein DB 1 bzw. DX 0 oder evtl. in den Systemdaten vorgenommen haben, ersetzen Sie durch die Parametrierung der S7-CPU (z.B. Anlaufverhalten, Weckalarmbearbeitung).

Die integrierten Organisationsbausteine und die integrierten Funktionsbausteine bei S5 entsprechen bei S7 den Systembausteinen. Wenn Sie bei S5 integrierte Funktionen verwendet haben, müssen Sie diese Funktionalität bei S7 mit Systembausteinen oder durch Parametrieren der CPU nachbilden.

### Datenbaustein DB 1

Bei S5-115U werden die Programmablaufeigenschaften im Datenbaustein DB 1 bzw. in den Systemdaten BS eingestellt. Die Tabelle 32.1 oben zeigt, wie diese Eigenschaften bei SIMATIC S7 realisiert werden können.

### Systemdienste

Die CPUs der S5-115U bieten Systemdienste an, die Sie mit dem Organisationsbaustein OB 250 (CPU 945) oder über das Systemdatum BS 125 (CPU 941 bis CPU 944) nutzen können. Die Tabelle 32.1 mitte enthält Vorschläge für die Umsetzung dieser Systemdienste in SIMATIC S7.

### Datenbaustein DX 0

Bei den CPUs des oberen Leistungsbereichs bestimmen die Einträge im Datenbaustein DX 0 die Programmablaufeigenschaften. Die Tabelle 32.1 unten zeigt die Umsetzung in SIMATIC S7.

## 32.2.3 Baugruppen prüfen

### E/A-Baugruppen

Vergleichen Sie die Technischen Daten der eingesetzten E/A-Baugruppen mit denen der SM-Baugruppen bei S7. Stehen Analogbaugruppen mit dem erforderlichen Bereich zur Verfügung? Beachten Sie, wenn Sie direkt auf Analogbaugruppen zugreifen, das zu S5 unterschiedliche Datenformat.

### Intelligente Peripheriebaugruppen IP

Einige IP-Baugruppen können Sie in Verbindung mit der Adaptionskapsel auch in S7-400 einsetzen:

- ▷ IP 240 — Positionier-, Wegerfassungs- und Zählbaugruppe
- ▷ IP 242B — Zählbaugruppe
- ▷ IP 244 — Temperaturreglerbaugruppe
- ▷ IP 246/247 — Positionierbaugruppen
- ▷ WF 721/723 — Positionierbaugruppen
- ▷ WF 705 — Wegerfassungsbaugruppe

Für diese Baugruppen gibt es Standardbausteine, die zusammen mit der Baugruppe und der Adaptionskapsel geliefert werden. Hatten Sie diese Baugruppen im Einsatz, müssen Sie die S5-Standard-Bausteine gegen die S7-Standard-Bausteine austauschen und Ihr Programm entsprechend der neuen Parameterversorgung anpassen. Für die restlichen IP-Baugruppen setzen Sie vergleichbare FM-Baugruppen ein.

### Kommunikationsprozessoren CP

Die bei S5 verwendeten Kommunikationsprozessoren ersetzen Sie durch CP-Baugruppen mit entsprechender Funktionalität. Die CP-Baugruppen werden bei S7 über die SFB-Kommunikation angesprochen, ein Ersatz für die S5-Hantierungsbausteine. Die Funktionalität ist ähnlich, jedoch mit den STEP 7-Sprachmitteln realisiert. Ein entsprechendes S5-Programm mit Hantierungsfunktionen müssen Sie an die SFB-Bausteine anpassen.

### S5-Baugruppen in S7-400

Mit einer *Anschaltung IM 463-2* koppeln Sie S5-Erweiterungsgeräte an eine S7-400. An jede der beiden Schnittstellen können Sie bis zu vier S5-Erweiterungsgeräte anschließen; maximal sind vier IM 463-2 in einem Zentralbaugruppenträger einsetzbar. Im S5-Erweiterungsgerät übernimmt eine Anschaltung IM 314 die Kopplung. Es sind nur Digital- und Analogbaugruppen zugelassen. Prozeßalarme können nicht übertragen werden. Die Peripheriebereiche der S5-Baugruppen stellen Sie (wie von S5 her gewohnt) auf der S5-Anschaltung IM 314 ein. Es stehen die Peripheriebereiche P, Q, IM3 und IM4 zur Verfügung.

Mit einer *Adaptionskapsel* können Sie einige IP- und WF-Baugruppen in einer S7-400 betreiben (siehe oben). Die S5-Adressen stellen Sie wie gewohnt auf den Baugruppen ein.

Die Zuordnung der S5-Adressen zu den S7-Adressen parametrieren Sie in der Hardware-Konfiguration. Sie finden die Anschaltung IM 463-2 und die Adaptionskapsel im Hardware-Katalog unter SIMATIC 400 → IM-400 → S5 ADAPTER. Nach dem Anordnen im Baugruppenträger adressieren Sie diese Baugruppen

**Tabelle 32.1** Gegenüberstellung Programmablaufeigenschaften

| **Datenbaustein DB 1 und Systemdaten (S5-115U)** | | | |
|---|---|---|---|
| Funktion | 941 - 944 | 945 | Ersatz bei S7 |
| Anlaufverzögerung | x | x | CPU-Parameter „Anlauf" |
| Remanenzverhalten | x | x | CPU-Parameter „Remanenz" |
| Zykluszeitüberwachung | x | x | CPU-Parameter „Zyklus / Taktmerker" |
| Zeitintervalle für Weckalarme | x | x | CPU-Parameter „Weckalarm" |
| Softwareschutz | x | x | CPU-Parameter „Schutz" |
| Ausgabesperre Prozeßabbilder | x | x | Hantierung über Teilprozeßabbilder: SFC 26 UPDAT_PI, SFC 27 UPDAT_PO |
| Integrierte Uhr | x | x | CPU-Parameter „Diagnose / Uhr" SFC 0 SET_CLK, SFC 1 READ_CLK |
| Verzögerungsalarm OB 6 | | | |
| Zeitdauer | x | x | CPU-Parameter „Alarme" |
| Bearbeitungspriorität | x | - | CPU-Parameter „Alarme" |
| Sequentieller PA-Transfer | - | x | - entfällt - |
| Reduzierter PAA-Transfer | - | x | - entfällt - |
| **Systemdienste OB 250 und BS 125** | | | |
| Funktion | OB 250 | BS 125 | Ersatz bei S7 |
| Zeitintervalle für Weckalarme | x | - | CPU-Parameter „Weckalarm" |
| Zeitdauer Verzögerungsalarm | x | - | CPU-Parameter „Alarme" |
| Reduzierter PAA-Transfer | x | - | - entfällt - |
| DBA/DBL-Register lesen/schreiben | x | - | lesen mit z.B. L DBNO, L DBLG direktes Schreiben entfällt |
| DX/FX-Bausteine indirekt aufrufen | x | - | indirekter Bausteinaufruf |
| Bausteinkennung ändern | x | - | - entfällt - |
| Bestückungsabbild aktualisieren | x | x | - entfällt - |
| Bausteinadressenliste aufbauen | x | x | - entfällt - |
| Datenbaustein erzeugen | x | x | SFC 22 CREAT_DB |
| Peripheriezugriffe ohne QVZ | x | x | Synchronfehlerereignisse hantieren: SFC 36 MSK_FLT, SFC 37 DMSK_FLT SFC 38 READ_ERR |
| Digitalausgaben sperren/freigeben | x | x | Master Control Relay MCR |
| Baustein löschen | x | x | Datenbaustein löschen: SFC 23 DEL_DB |
| Prozeßabbild aktualisieren | - | x | Hantierung über Teilprozeßabbilder: SFC 26 UPDAT_PI, SFC 27 UPDAT_PO |
| Datenbaustein DB 1 interpretieren | - | x | - entfällt - |
| **Datenbaustein DX 0** | | | |
| Funktion | 135U | 155U | Ersatz bei S7 |
| Anlaufverhalten | x | x | CPU-Parameter „Anlauf" |
| Anzahl der bearbeiteten Zeitzellen | x | x | - entfällt - (fest eingestellt) |
| Zykluszeitüberwachung | x | x | CPU-Parameter „Zyklus / Taktmerker" |
| Mehrprozessoranlauf, Koppelmerker | x | x | - entfällt - |
| Genauigkeit Gleitpunktarithmetik | x | - | - entfällt - |
| Zeitalarmbearbeitung | - | x | CPU-Parameter „Weckalarm" |
| Prozeßalarmbearbeitung, Interrupt | x | x | CPU-Parameter „Alarme" |
| Prozeßalarme pegel/flankengetriggert | x | - | Baugruppenparametrierung |
| Adressierfehlerüberwachung | x | - | OB 122 (Peripheriezugriffsfehler) |
| Fehlerbehandlung (Systemstopp) | x | - | ersetzt durch Hantierung der Fehler-OBs |

wie S7-Signalbaugruppen im Peripheriebereich, getrennt nach Eingangs- und Ausgangsadresse. Beachten Sie, daß einerseits die S7-Adreßbereiche sowie andererseits die S5-Adreßbereiche sich nicht überschneiden.

### 32.2.4 Operanden prüfen

Prüfen Sie die Anzahl der verfügbaren Operanden der gewählte Ziel-CPU. Sind genügend Eingänge, Ausgänge, Merker, Zeiten und Zähler vorhanden? Der Konverter setzt die Merker aus dem erweiterten Bereich (S-Merker) in Merker ab M 256.0 um.

Bei S7 gibt es einen einzigen Peripheriebereich. Alle in den S5-Peripheriebereichen P, Q, IM3 und IM4 und im Globalbereich adressierten Baugruppen werden nun im S7-Peripheriebereich P adressiert (darauf müssen Sie achten, wenn Sie sehr viele Baugruppen in den erweiterten Peripheriebereichen adressiert haben und diese Baugruppen z.B. über die IM 463-2 an eine S7-400 anschließen). Der Kachelbereich entfällt ersatzlos.

Der Konverter setzt alle Bausteine mit Anwenderprogramm (außer Organisationsbausteine) in Funktionen um, d.h. die Summe aller Programmbausteine (PB), Schrittbausteine ohne Ablaufkettenprogramm (SB) und Funktionsbausteine (FB und FX) darf die erlaubte Anzahl der Funktionen (FC) nicht überschreiten. Ebensowenig darf die Summe aus den Datenbausteinen (DB und DX) die erlaubte Anzahl der S7-Datenbausteine überschreiten. Diese Einschränkungen sind in der Praxis nur dann relevant, wenn Sie S7-300 als Zielsystem verwenden.

Die Systemdatenbereiche BA, BB, BS und BT entfallen bei S7 ersatzlos. Informationen, die Sie in diesen Bereichen zwischengespeichert haben, speichern Sie bei S7 in Global-Datenbausteinen oder in Merkern. Systeminformationen aus dem BS-Bereich erhalten Sie nun über Systemfunktionen; über diesen Bereich angestoßene Funktionen realisieren Sie über Systemfunktionen oder CPU-Parametrierung.

**STEP 5-Programm vorbereiten**

Bereits vor dem Konvertieren können Sie Ihr STEP 5-Programm an den zukünftigen Einsatz als STEP 7-Programm vorbereiten (müssen es aber nicht; alle Korrekturen können Sie auch nach dem Konvertieren in der STEP 7-Quelldatei durchführen). Mit dieser Anpassung reduzieren Sie die Anzahl der Fehlermeldungen und Warnungen. Beispielsweise können Sie folgende Anpassungen vor dem Konvertieren vornehmen:

- ▷ Löschen der Datenbausteine mit Programmeigenschaften DB 1 bzw. DX 0
- ▷ Entfernen aller Aufrufe von integrierten Bausteinen oder Zugriffen auf den Systemdatenbereich BS, deren Funktionalität über die Parametrierung der S7-CPU erreicht werden kann
- ▷ Anpassen der Operandenbereiche Eingänge, Ausgänge und Peripherie an die (neuen) Baugruppenadressen (Sie sollten hierbei beachten, daß der STEP 5-Adressenbereich nicht überschritten wird, sonst wird bereits ein Fehler im ersten Konverterlauf gemeldet; eine Konvertierung für diese Anweisungen findet dann nicht statt)
- ▷ Sie können nicht konvertierbare Programmteile, die wiederholt vorkommen, bis auf eine „eindeutige“ STEP 5-Anweisung pro Programmteil löschen. Dieser „eindeutigen“ Anweisung weisen Sie ein Makro (eine STEP 7-Anweisungsfolge) zu, das den Programmteil ersetzen soll.
- ▷ Wenn Ihr Programm sehr viele (und lange) Datenbausteine enthält, die keine Datenstruktur aufweisen (z.B. als Datenpuffer verwendet werden), können Sie die Anzahl der zu übersetzenden Anweisungen und damit den Quellcode zum Teil erheblich reduzieren, wenn Sie die Datenwörter in diesen Datenbausteinen bis auf ein Datenwort löschen. Nach dem Konvertieren (und noch vor dem Übersetzen) programmieren Sie den Inhalt dieser Datenbausteine in der Quelldatei mit einer Feld-Deklaration, z.B. Puffer : ARRAY [1..256] OF WORD.

Mit dem Konverter können Sie nicht nur komplette Programme konvertieren, sondern auch einzelne Bausteine.

## 32.3 Konvertieren

### 32.3.1 Makros erstellen

Sie haben die Möglichkeit, vor dem Konvertieren Makros zu erstellen, um nicht konvertierbare STEP 5-Anweisungen zu ersetzen oder eine zur Standardkonvertierung unterschiedliche Umsetzung vorzunehmen. Sie erstellen die Konvertierungsmakros mit dem Konverter. Bei doppelter Definition eines Makros wird der zuerst definierte eingesetzt. Makros mit dem SIMATIC-Befehlssatz (deutsch) werden in der Datei S7U5CAPA.MAC abgelegt; Makros mit internationalem Befehlssatz (englisch) in der Datei S7U5CAPB.MAC. Der Konverter unterscheidet zwischen Befehlsmakros und OB-Makros. Sie können je 256 Befehlsmakros und OB-Makros erstellen.

*Befehlsmakros* ersetzen eine STEP 5-Anweisung durch eine Folge von selbst vorgegebenen STEP 7-Anweisungen.

Allgemeiner Aufbau eines Befehlsmakros:

```
$MAKRO: <STEP 5-Anweisung>
<STEP 7-Anweisungsfolge>
$ENDMAKRO
```

Die STEP 5-Anweisung muß vollständig angegeben werden (mit komplettem Operanden). An deren Stelle setzt dann der Konverter jedesmal die angegebene STEP 7-Anweisungsfolge ab.

Beispiel: Sie verwenden im STEP 5-Programm für die CPU 945 einen Verzögerungsalarm (Organisationsbaustein OB 6), den Sie mit dem Aufruf der Sonderfunktion OB 250 gestartet haben:

```
L   KF  +200
L   KB     1
SPA OB   250
```

Die erste Ladeanweisung enthält die Anzahl der Millisekunden, um die der Aufruf des OB 6 verzögert werden soll. Diese Anweisung kann bestehen bleiben, die beiden restlichen Anweisungen ersetzen Sie durch eine STEP 5-Anweisung, die sonst nicht in Ihrem Programm vorkommt, z.B. P BT 200.0, so daß Ihr STEP 5-Programm vor dem Konvertieren an dieser Stelle lautet:

```
L   KF  +200
P   BT 200.0
```

Sie schreiben nun folgendes Befehlsmakro:

```
$MAKRO: P BT 200.0
T MD 250;
CALL SFC 32 (
  OB_NR   := 20,
  DTIME   := MD 250,
  SIGN    := W#16#0000,
  RET_VAL := MW 254);
$ENDMAKRO
```

Die STEP 5-Anweisung P BT 200.0 wird beim Konvertieren ersetzt durch die angegebene STEP 7-Anweisungsfolge. Die Verzögerungszeit im ms wird in das (Schmier-)Merkerwort MW 250 geladen und danach die SFC 32 aufgerufen. Für den Verzögerungs-OB schlägt der Konverter vor dem Starten im Dialogfenster statt der Nummer 6 die Nummer 20 vor.

*OB-Makros* ersetzen einen OB-Aufruf (SPA OB oder SPB OB) durch die angegebene STEP 7-Anweisungsfolge.

Der allgemeine Aufbau eines OB-Makros lautet:

```
$OBCALL: <Nummer des OBs>
<STEP 7-Anweisungsfolge>
$ENDMAKRO
```

Beispiel: Sie verwenden im STEP 5-Programm für die CPU 945 den Organisationsbaustein OB 160, um eine Wartezeit zu starten. Eine Wartezeit ist bei STEP 7 durch die Systemfunktion SFC 47 WAIT realisiert. Wenn Sie das Makro

```
$OBCALL: 160
T MW 250;
CALL SFC 47 (WT := MW 250);
$ENDMAKRO
```

eingeben, ersetzt der Konverter jeden Aufruf des OB 160 (auch einen bedingten Aufruf) durch die angegebene Anweisungsfolge.

Die Eingabe der Makros beginnt mit BEARBEITEN → ERSETZUNGSMAKRO. In die geöffnete Datei S7U5CAPA.MAC geben Sie die Makros ein und speichern die Datei mit DATEI → SPEICHERN. Mit DATEI → BEENDEN schließen Sie die Makro-Eingabe ab.

### 32.3.2 Konvertierung vorbereiten

Existiert für Ihr STEP 5-Programm noch keine Querverweisliste *name*XR.INI, müssen sie zur Konvertierung eine erzeugen (unter STEP 5 mit VERWALTUNG → XREF ERZEUGEN).

Sie können nun

▷ ein eigenes Arbeitsverzeichnis für die Konvertierung erstellen und die erforderlichen Dateien in dieses Verzeichnis kopieren oder

▷ die Konvertierung im Verzeichnis (im Ordner) durchführen, in dem die STEP 5-Dateien liegen (falls Sie mit dem gleichen Programmiergerät unter STEP 5 gearbeitet haben) oder

▷ die Konvertierung auf Diskette durchführen (falls Sie die STEP 5-Dateien auf einem anderen Programmiergerät erzeugt haben).

Das Verzeichnis zur Konvertierung muß die Dateien *name*ST.S5D und *name*XR.INI sowie gegebenenfalls *name*Z0.SEQ enthalten. Der Konverter legt die Zieldateien *name*AC.AWL sowie *name*A0.SEQ und gegebenenfalls *name*AF.SEQ und *name*S7.SEQ ebenfalls in dieses Verzeichnis.

Die Datei S7S5CAPx.MAC liegt im Windows-Verzeichnis.

### 32.3.3 Konverter starten

Sie rufen den S5/S7-Konverter über die Windows 9x/NT-Taskleiste auf: START → SIMATIC → STEP 7 → S5 DATEI KONVERTIEREN. Mit DATEI → ÖFFNEN wählen Sie die S5-Programmdatei aus, die Sie konvertieren möchten. Wenn Sie auf „OK" klicken, zeigt der Konverter die Quell- und Zieldateien sowie die Zuordnung der alten zu den neuen Bausteinen. Bei Bedarf können Sie die Namen der Zieldateien im Textfeld ändern. Die vorgeschlagene Bausteinnummer ändern Sie, indem Sie zweimal auf die Zeile klicken und im Dialogfeld die neue Bausteinnummer eingeben. Standardbausteine kennzeichnet der Konverter durch einen Stern (Sie müssen dann vor dem Übersetzen der S7-Quelldatei diese Bausteine aus der Bausteinbibliothek in Ihr Offline-Anwenderprogramm kopieren).

Mit der Schaltfläche „Start" starten Sie den Konverter. Er übersetzt im ersten Lauf das S5-Programm in eine S5-ASCII-Textdatei (*name*A0.seq) und im zweiten Lauf diese in die S7-Quelldatei. Die Zuordnungsliste wird in die Symboltabelle übersetzt. Mit dem Anzeigen der Fehlermeldungen und Warnungen ist die Konvertierung beendet. Alle Fehler und Warnungen sind in der Fehlerdatei *name*AF.SEQ enthalten.

Fehlermeldungen werden ausgegeben, wenn Teile des S5-Programms nicht konvertierbar sind und nur als Kommentar in das S7-Programm aufgenommen werden. Warnungen enthalten Hinweise auf eventuell bestehende Probleme; sie werden ausgegeben, wenn die konvertierten Anweisungen noch einmal überprüft werden sollten. Die Meldungen beziehen sich teilweise auf das S5-Programm (z.B. wenn ein unerlaubter MC 5-Code gefunden wird) oder auf das S7-Programm (z.B. wenn eine nicht konvertierbare Anweisung gefunden wird). Wenn Sie auf eine Meldung klicken, zeigt der Konverter in einem Fenster die Umgebung der Meldung.

Für die Bearbeitung der Fehlermeldungen und Warnungen ist es sinnvoll, die Fehlerliste auszudrucken.

### 32.3.4 Konvertierbare Funktionen

Die Tabelle 32.2 zeigt die Anweisungen, die im wesentlichen unverändert konvertiert werden. Hierzu gehören auch Anweisungen mit Operanden, die bei STEP 7 durch andere ersetzt werden, wie z.B. die erweiterten Merker S durch die Merker M ab 256. Es können auch Änderungen in der Syntax vorkommen (z.B. +G wird +R). Bei diesen Anweisungen werden Sie in der Regel nicht nachbessern müssen.

Die Substitutionsanweisungen (Zugriffe auf Bausteinparameter) werden weitestgehend konvertiert. Nacharbeit ist notwendig bei Anweisungen, die sowohl Zeit- als auch Zählfunktionen ansprechen (z.B. SVZ =*parname*) sowie bei der Bearbeitung von Bausteinparametern (B =*parname*). Hier können sowohl Code- als auch Datenbausteine als Aktualoperanden eingesetzt sein und (wichtig!): Die Bausteinnummer kann sich durch das Konvertieren geändert haben.

Organisationsbausteine erhalten die bei STEP 7 verwendete Nummer. Alle anderen Bausteine

**Tabelle 32.2** Konvertierung der Operationen

| Funktionen bei STEP 5 | Funktionen bei STEP 7 |
|---|---|
| Binäre Verknüpfungen, Speicherfunktionen | Binäre Verknüpfungen, Speicherfunktionen |
| Zeit- und Zählfunktionen | Zeit- und Zählfunktionen |
| Bit-Test-Funktionen | wird ersetzt durch SET mit anschließender Abfrage bzw. durch zweimaliges Negieren mit Setzen/Rücksetzen |
| Lade- und Transferfunktionen (ohne Systemdaten und Absolutadresse) | Lade- und Transferfunktionen |
| Vergleichsfunktionen | Vergleichsfunktionen |
| Rechenfunktionen | Rechenfunktionen |
| Digitalverknüpfungen | Wortverknüpfungen |
| Schiebefunktionen | Schiebefunktionen |
| Sprungfunktionen | Sprungfunktionen |
| Umwandlungsfunktionen | Umwandlungsfunktionen |
| Alarme sperren/freigeben | ersetzt durch SFC 41, SFC 42 |
| Stoppfunktionen | ersetzt durch SFC 46 |
| Nulloperationen (NOP, ***, Leerzeile) | NOP, NETWORK, // (leerer Zeilenkommentar) |

mit Anwenderprogramm werden Funktionen FC. Der Konverter setzt Datenbausteine DB in Global-Datenbausteine mit gleicher Nummer um. Aus Datenbausteinen DX werden Datenbausteine DB ab der Nummer 256 (aus DX 1 wird DB 257, usw.). Die Nummern schlägt der Konverter vor; Sie können alle vorgeschlagenen Bausteinnummern vor dem Konvertierungslauf in einem Bildschirmfenster ändern.

Die Bibliotheksnummer der Bausteine übernimmt der Konverter als AUTHOR in den Bausteinkopf. Der Name eines Funktionsbausteins wird als NAME übernommen, sofern er keine Sonderzeichen enthält (sonst ohne Sonderzeichen mit dem Originalnamen als Kommentar).

Aufrufe von Sonderfunktionen werden nicht konvertiert (sie müssen z.B. durch Systemfunktionen ersetzt werden).

Die Adressen der Eingänge und Ausgänge werden unverändert übernommen. Der Konverter setzt bei Lade- und Transferanweisungen mit Operanden aus dem P-Bereich Peripherie-Eingänge PE und Peripherie-Ausgänge PA mit unveränderten Adressen ein. Operanden aus dem Q-Bereich werden auf den Peripheriebereich (P) ab der Adresse 256 abgebildet (aus L QB 0 wird L PEB 256, aus T QB 1 wird T PAB 257, usw.).

Die Adressen der Merker M werden unverändert übernommen. Dies gilt auch für die als „Schmiermerker“ eingesetzten Merker von Merkerbyte MB 200 bis MB 255. Wenn Sie Ihr STEP 5-Programm weitgehend unverändert konvertieren, können Sie die Schmiermerker wie gewohnt beibehalten. Möchten Sie das STEP 5-Programm oder Teile davon weiterhin auch in STEP 7-Umgebung nutzen, empfehle ich Ihnen, die „Schmiermerker“ bausteinweise auf die temporären Lokaldaten zu legen. Dies gilt besonders dann, wenn Sie eigene Programmstandards von STEP 5 nach STEP 7 übernehmen wollen. Die erweiterten Merker S werden auf die Merker ab Adresse 256 abgebildet (aus U S 0.0 wird U M 256.0, aus L SY 2 wird L MB 258, usw.)

Zeit- und Zählfunktionen werden unverändert konvertiert. Der direkte Zugriff auf einzelne Bits des Zeit- bzw. Zählworts ist unter STEP 7 nicht mehr möglich. Das Beeinflussen der Flankenmerker in diesen Wörtern mit den Bit-Test-Anweisungen können Sie durch SET und CLR in Verbindung mit der entsprechenden Zeit- und Zähloperation ersetzen.

Beachten Sie, daß die Daten bei STEP 7 byteweise adressiert werden (bei STEP 5 dagegen wortweise). Aus einem DL 0 wird so ein DBB 0, aus einem DR 0 wird ein DBB 1; die Umrechnung für beliebige Adressen ersehen Sie

**Tabelle 32.3**
Adressenumrechnung für Datenoperanden

| STEP 5 | STEP 7 |
|---|---|
| DL [n] | DBB [2n] |
| DR [n] | DBB [2n+1] |
| DW [n] | DBW [2n] |
| DD [n] | DBD [2n] |
| D [(n).0..7] | DBX [(2n+1).0..7] |
| D [(n).8..15] | DBX [(2n).0..7] |

aus der Tabelle 32.3. Bei direkt und indirekt adressierten Datenoperanden setzt der Konverter die richtige S7-Adresse ein; bei über Bausteinparameter adressierten Datenoperanden müssen Sie die Umrechnung auf byteweise Adressierung selbst vornehmen.

Gleitpunktzahlen, sofern sie als Konstanten bei Ladeanweisungen angegeben wurden oder als Aktualparameter verwendet wurden, werden unverändert übernommen und bei der Übersetzung wie STEP 7-Gleitpunktzahlen behandelt. Auch die Standardbausteine, die als Ersatz für die STEP 5-Standard-Funktionsbausteine geliefert werden, verarbeiten Gleitpunktzahlen im STEP 7-Format (Datentyp REAL). Haben Sie in Ihrem STEP 5-Programm selbst Gleitpunktzahlen zusammengestellt oder z.B. über Rechnerkopplung von anderen Geräten übernommen, müssen Sie die STEP 5-Darstellung dieser Gleitpunktzahlen an den Datentyp REAL anpassen. Ein Beispiel zur Umwandlung finden Sie auf der dem Buch beiliegenden Diskette in der Bibliothek AWL_ Buch unter dem Programm „Beispiele allgemein" (FC 45 GP_TO_REAL).

## 32.4 Nachbearbeiten

### 32.4.1 STEP 7-Projekt anlegen

Zur Fertigstellung der Konvertierung legen Sie ein STEP 7-Projekt an, das im Aufbau Ihrem Zielsystem entspricht (falls Sie es nicht schon vorher angelegt haben, um die S7-Baugruppenadressen zu erfahren). Möchten Sie Baugruppenadressen ändern, Baugruppen parametrieren oder die Ablaufeigenschaften der CPU ändern, benötigen Sie eine Hardware-Konfiguration (d.h. ein komplett eingerichtetes Projekt). Wenn die Defaulteinstellungen der Baugruppeneigenschaften nicht geändert werden müssen, genügt auch das Einrichten eines baugruppenunabhängigen Programms.

▷ Sie legen eine Station an (S7-300 oder S7-400), öffnen das Objekt *Hardware* und konfigurieren die Station. Mit der Hardware-Konfiguration stellen Sie auch die Eigenschaften der CPU ein (z.B. Nummern der Alarm-OBs). Zusammen mit der CPU legt der SIMATIC-Manager auch die unterlagerten Objektbehälter an.

▷ Bei markiertem Objekt *Quellen* holen Sie mit EINFÜGEN → EXTERNE QUELLE die generierte Datei *name*AC.AWL in den Quellprogrammbehälter.

▷ Verwendet Ihr Programm S5-Standardbausteine, öffnen Sie die Bibliothek *S5-S7 Converting Blocks* unter *Standard Library* und kopieren die S7-Standardbausteine, die der Konverter in der Bausteinliste mit einem Stern anzeigt, in das Offline-Anwenderprogramm *Bausteine* Ihres Projekts. Verwenden Sie im konvertierten Programm S7-Systembausteine (z.B. SFC 20 BLKMOV), öffnen Sie die Bibliothek *System Function Blocks* und kopieren die verwendeten Systembausteine in das Offline-Anwenderprogramm *Bausteine*.

▷ Haben Sie mit symbolischer Programmierung gearbeitet, öffnen Sie die (leere) Symboltabelle Symbole und holen die umgesetzten Symbole *name*S7.SEQ mit SYMBOLTABELLE → IMPORTIEREN.

Nach diesen Vorbereitungen können Sie nun mit dem Editor die Quelldatei bearbeiten, bevor Sie diese übersetzen (Sie reduzieren die Anzahl der Fehlermeldungen, wenn Sie vor dem Übersetzen alle Korrekturen durchführen).

### 32.4.2 Nichtkonvertierbare Funktionen

Nach dem Konvertieren müssen Sie die Quelldatei in der Regel nachbearbeiten. Das betrifft alle in der Tabelle 32.4 gezeigten Anweisungen.

### 32.4.3 Adressenänderungen

Die Adressenänderungen betreffen im wesentlichen die Ein- und Ausgabebaugruppen. Sie müssen unter Umständen die Zugriffe auf die Eingänge und Ausgänge sowie die direkten Peripheriezugriffe den (neuen) Baugruppenadressen anpassen. Sie können diese Anpassung bereits vor dem Konvertieren in der STEP 5-Datei vornehmen (wenn das Adreßvolumen STEP 5-gerecht ist) oder in der S7-Quelldatei die Absolutadressen mit Hilfe der „Ersetzen"-Funktion des verwendeten Editors austauschen (Achtung, wenn sich der alte und der neue Adreßbereich überlappen).

Bei Programmen mit symbolischer Adressierung können Sie auch eine Quelle mit Symboladressen erzeugen, in der Symboltabelle die Absolutadressen ändern und dann neu übersetzen. Sie gehen hierbei wie folgt vor:

- ▷ Voraussetzung ist eine Symboltabelle mit Symbolen für alle zu ändernden Absolutadressen und ein fehlerfrei übersetztes Programm (die Bausteine, in denen die absolut adressierten Operanden vorkommen, müssen in übersetzter Form vorliegen).
- ▷ Sie stellen den Editor auf symbolische Adressierung ein: Mit EXTRAS → EINSTELLUNGEN erhalten Sie ein Dialogfeld; in der Registerkarte „Editor" wählen Sie die Option SYMBOLISCHE DARSTELLUNG.
- ▷ Sie generieren mit dem Editor eine neue Quelldatei mit DATEI → QUELLE GENERIEREN. Nach der Eingabe des Dateinamens wählen Sie im gezeigten Dialogfenster alle Bausteine aus, die Sie als Quelldatei mit symbolischer Adressierung erhalten wollen. In der neuen Quelldatei stehen nun die Anweisungen mit symbolischer Adressierung.
- ▷ Als nächstes korrigieren Sie nun in der Symboltabelle alle Absolutadressen vom (alten) S5-Stand auf den (neuen) S7-Stand.
- ▷ Wenn Sie jetzt die neue Quelldatei übersetzen, stehen in den übersetzten Bausteinen die neuen Absolutadressen.

### 32.4.4 Indirekte Adressierung

Der Konverter kann die indirekte Adressierung mit B MW und B DW auch mit STEP 7-Anweisungen nachvollziehen. Hierbei ist jedoch eine Umrechnung des Zeigers auf das STEP 7-Format erforderlich, was in Verbindung mit dem Zwischenspeichern der Akkumulatorinhalte und des Statusworts zu einem vergrößerten Speicherbedarf führt.

Meistens können Sie durch geeignete Programmierung die indirekte Adressierung, sei es nun speicherindirekt oder registerindirekt, mit weniger Anweisungen und übersichtlicher durchführen.

Kommt die indirekte Adressierung sehr häufig vor, lohnt sich die STEP 7-angepaßte Programmierung in jedem Fall.

**Tabelle 32.4** Nichtkonvertierbare Funktionen

| Funktionen bei STEP 5 | Bemerkung |
|---|---|
| Lade- und Transferfunktionen<br>mit Systemdaten<br>mit absoluten Adressen | <br>Ersatz z.B. durch Systemfunktionen<br>muß durch neues Programm ersetzt werden |
| Registerfunktionen (LIR, TIR, LDI, TDI, MBA, MAB, MSA, MAS, MBA, MSB, MBR, ABR, ACR) | muß durch neues Programm ersetzt werden |
| Blocktransfer (TNB, TNW, TXB, TXW) | Ersatz durch SFC 20 BLKMOV |
| Bearbeitungsfunktionen<br>B DW, B MW<br>B BS | <br>wird konvertiert<br>muß durch neues Programm ersetzt werden |
| Aufruf von Sonderfunktionen | Sonderfunktionen durch SFC ersetzen |
| LIM, SIM, AFS, AFF | kann durch SFC 39 .. SFC 42 ersetzt werden |
| Semaphorfunktionen (SES, SEF, TSC, TSG) | kein Ersatz |
| Sonstige (AAS, AAF, ASM, UBE) | kein Ersatz |

**Tabelle 32.5** Konvertierung der indirekten Adressierung

| STEP 5-Programm | konvertiertes Programm | optimiertes Programm |
|---|---|---|
| FB 174<br>Name : VERGL | FUNCTION FC 4 : VOID<br>NAME: VERGL<br>VAR_TEMP<br>conv_akku1 :dword;<br>conv_akku2 :dword;<br>conv_stw :word;<br>END_VAR<br>BEGIN<br>NETWORK | FUNCTION FC 4 : VOID<br>NAME: VERGL<br><br><br><br><br><br>BEGIN |
| :L KB 20<br>:T DW 2<br>:L KB 50<br>:T DW 3<br>SCHL :L EW 10 | L 20;<br>T DBW 4;<br>L 50;<br>T DBW 6;<br>SCHL: L EW 10; | LAR1 P#40.0;<br><br>LAR2 P#50.0;<br><br>SCHL: L EW 10; |
| | T conv_akku1;<br>L STW;<br>T conv_stw;<br>L DBB 5;<br>SLW 4;<br>LAR1;<br>L conv_stw;<br>T STW;<br>L conv_akku1; | |
| :B DW 2<br>:L DW 0 | L DBW[AR1,P#0.0]; | L DBW[AR1,P#0.0]; |
| :>F | >I; | >I; |
| | T conv_akku1;<br>TAK;<br>T conv_akku2;<br>L STW;<br>T conv_stw;<br>L DBB 6;<br>SLW 5;<br>SRW 5;<br>L DBB 7;<br>SLW 3;<br>OW;<br>LAR1;<br>L conv_stw;<br>T STW;<br>L conv_akku2;<br>L conv_akku1; | |
| :B DW 3<br>:= M 0.0 | = M[AR1,P#0.0]; | = M[AR2,P#0.0]; |
| :L DW 2<br>:I 1<br>:T DW 2<br>:L KB 100<br>:>F<br>:SPB =ENDE<br>:L DL 3<br>:I 1<br>:T DL 3<br>:L KB 8<br>:<F<br>:SPB =SCHL<br>:L DR 3<br>:I 1<br>:T DW 3<br>:SPA =SCHL<br>ENDE :NOP 0<br>:BE | L DBW 4;<br>INC 1;<br>T DBW 4;<br>L 100;<br>>I;<br>SPB ENDE;<br>L DBB 6;<br>INC 1;<br>T DBB 6;<br>L 8;<br><I;<br>SPB SCHL;<br>L DBB 7;<br>INC 1;<br>T DBW 6;<br>SPA SCHL;<br>ENDE: NOP 0;<br>END_FUNCTION | <br>+AR1 P#2.0;<br>TAR1;<br>L P#200.0;<br>>D;<br>SPB ENDE;<br><br>+AR2 P#0.1;<br><br><br><br><br><br><br><br>SPA SCHL;<br>ENDE: NOP 0;<br>END_FUNCTION |

- ▷ indirekte Adressierung von Zeiten, Zählern und Bausteinen
  Wird umgewandelt in die speicherindirekte Adressierung unter Verwendung eines temporären Lokaldatenworts.
- ▷ indirekte Adressierung von Bausteinen
  Die Vergabe der neuen Bausteinnummern kann nicht berücksichtigt werden (Nachführung von Hand)
- ▷ indirekte Adressierung von Operanden
  Wird bit- und wortweise umgewandelt unter Verwendung von AR1, Zwischenspeicherung von STW, Akku 1 und 2 in temporäre Lokaldaten (siehe unten)
- ▷ indirekte Adressierung über das BR-Register
  Keine Konvertierung möglich, Umwandeln per Hand über Adreßregister
- ▷ sonstige indirekte Adressierung
  Müssen per Hand umgesetzt werden

| | |
|---|---|
| Sprung-funktionen | Ersatz durch Sprungverteiler SPL |
| Schiebe-funktionen | Ersatz durch Schiebefunktionen mit Schiebezahl im Akkumulator 2 |
| TNB, TNW | Ersatz durch SFC 20 BLKMOV mit „variablem" ANY-Zeiger |
| LIR, TIR | kein direkter Ersatz vorhanden |
| Dekrementieren/ Inkrementieren | kein direkter Ersatz vorhanden |

Die indirekte Adressierung mit B MW und B DW von binären Verknüpfungen, Speicherfunktionen, Lade- und Transferfunktionen setzt der Konverter in ein STEP 7-Programm um. Hierbei muß der STEP 5-Zeiger in das Format eines bereichsinternen STEP 7-Zeigers überführt werden (mit Zwischenspeicherung der Akkumulatorinhalte und des Statusworts). Das Ergebnis ist eine umfangreiche Anweisungsfolge (siehe Beispiel).

Wenn Sie sehr viele indirekte Adressierungen in Ihrem Programm verwendet haben, lohnt sich unter Umständen eine Umsetzung per Hand. Als Indexregister haben Sie beide Adreßregister AR1 und AR2 (in Funktionen FC) uneingeschränkt zur Verfügung. Sie können auch wie bei STEP 5 speicherindirekt über Merker oder Daten adressieren, benötigen dann jedoch pro Indexregister ein Doppelwort statt eines Worts.

Das Beispiel in der Tabelle 32.5 zeigt in der ersten Spalte ein STEP 5-Programm, mit dem ein Datenfeld mit dem Bitmuster eines Eingangsworts verglichen wird; bei Gleichheit wird jeweils ein Merkerbit gesetzt. Die zweite Spalte enthält das konvertierte Programm. Unter der Verwendung beider Adreßregister können Sie ein direkt vergleichbares Programm schreiben, das wesentlich weniger Anweisungen benötigt.

Zuerst werden die Adreßregister mit den Zeigern geladen (byteweise Adressierung der Daten berücksichtigen!). Der Zugriff auf die Datenwörter und die Merkerbits erfolgt dann registerindirekt. Nach jedem Vergleich wird das Adreßregister AR1 um 2 Bytes erhöht, das Adreßregister AR2 um ein Bit (die Umrechnung auf die Byteadresse entfällt). Im Beispiel wird als Abbruchkriterium wie in der STEP 5-Vorlage der Zeiger auf die Datenwörter verwendet; an dieser Stelle bietet STEP 7 die Verwendung des Schleifensprungs LOOP.

### 32.4.5 Zugriff auf „überlange" Datenbausteine

Der Zugriff auf „überlange" Datenbausteine, d.h. der Zugriff auf Datenoperanden, die eine Byteadresse > 255 hatten, wurde bei STEP 5 mit absoluter Adressierung durchgeführt. Man ermittelte die Datenbaustein-Anfangsadresse, addierte den Operanden-Offset und sprach den Datenoperanden entweder direkt mit LIR/TIR oder über das BR-Register mit LRW/TRW an.

Bei STEP 7 können Sie die Datenoperanden bis zur zugelassenen Grenze (8095 bei S7-300, 32767 bei S7-400) direkt adressieren. Sie können also den Zugriff über die Absolutadresse durch eine „normale" AWL-Anweisung ersetzen.

### 32.4.6 Arbeiten mit Absolutadressen

Die Hantierung von absoluten Speicheradressen ist bei STEP 5 notwendig, wenn Sie Datenoperanden in „überlangen" Datenbausteinen adressieren, wenn Sie mit dem BR-Register indirekt adressieren oder wenn Sie den Blocktransfer einsetzen. Der Zugriff auf absolute Speicheradressen ist bei STEP 7 nicht mehr möglich; der STEP-Adreßzähler (mit den dazugehörenden Operationen) ist ersatzlos gestrichen.

Der Zugriff auf Datenoperanden in „überlangen" Datenbausteinen wird bei STEP 7 direkt mit „normalen" Anweisungen durchgeführt. In diesem Zusammenhang entfällt auch die Ermittlung der Datenbaustein-Anfangsadresse aus der Bausteinadressenliste. Für die indirekte Adressierung über das BR-Register bietet sich die registerindirekte Adressierung an, bei Bedarf auch bereichsübergreifend.

Die Systemfunktion SFC 20 BLKMOV ist der Ersatz für den Blocktransfer. Die zu kopierenden Variablen oder Speicherbereiche geben Sie direkt als Parameter an. Möchten Sie den Quell- oder Zielbereich zur Laufzeit ändern, verwenden Sie einen „variablen" ANY-Zeiger als Aktualparameter.

### 32.4.7 Parameterversorgung

Der Konverter übernimmt die Aktualparameter an Bausteinaufrufen ohne Änderung. Wenn Sie mit einem Aktualparameter Adressen vorgegeben haben, müssen Sie diese Adreßvorgabe prüfen und gegebenenfalls ändern.

Beispiele:

▷ Angabe einer Datenwortnummer:
muß auf byteweise Adressierung umgerechnet werden

▷ Angabe einer Peripherieadresse:
es muß die neue Baugruppenadresse eingesetzt werden

▷ Übergabe eines Bausteins:
muß mit der neuen Bausteinnummer versehen werden

### 32.4.8 Sonderfunktions-Organisationsbausteine

Die Organisationsbausteine mit Sonderfunktionen können Sie in STEP 7 mit Systemfunktionen oder mit AWL-Anweisungen ersetzen (Tabelle 32.6). Einige Funktionen entfallen ganz (z.B. Kacheladressierung, Zugriffe auf das Systemprogramm).

### 32.4.9 Fehlerbehandlung

Die Meldung einer Bereichsüberschreitung durch die Statusbits OV und OS ist bei STEP 7 ähnlich wie bei STEP 5, allerdings mit geringfügigen Abweichungen. Fragen Sie OV und OS ab, sollten Sie sich über die genaue Funktionalität in Verbindung mit der betreffenden Anweisung (z.B. Arithmetischen Funktion) informieren.

Die Systemfunktionen SFC melden fast alle über den Funktionswert RET_VAL einen eventuellen Fehler zurück. Diesen Wert können Sie im Programm auswerten.

STEP 7 kennt Fehler-Organisationsbausteine für Synchronfehler (OB 121, OB 122) und Asynchronfehler (OB 80 bis OB 87). Die Tabelle 32.7 zeigt Ihnen, wie Sie die Fehler-Organisationsbausteine von STEP 5 bei STEP 7 ersetzen können.

**Tabelle 32.6** Umsetzung der Sonderfunktions-Organisationsbausteine

| Funktion | 115U | 135U | 155U | S7-Ersatz |
|---|---|---|---|---|
| Anzeigenbyte bearbeiten | - | 110 | - | Anweisungsfolge |
| Akkumulatoren bearbeiten | - | 111 - 113 | 131 - 133 | Anweisungsfolge |
| Alarme hantieren | - | 120 - 123 | 122<br>141 - 143 | SFC 39 DIS_IRT, SFC 40 EN_IRT,<br>SFC 41 DIS_AIRT, SFC 42 EN_AIRT |
| Aktivierung eines Zeitauftrags | - | 151 | 151 | SFC 28 SET_TINT, SFC 29 CAN_TINT,<br>SFC 30 ACT_TINT,.SFC 31 QRY_TINT |
| Verzögerungsalarm hantieren | - | 153 | 153 | SFC 32 SRT_DINT, SFC 33 QRY_DINT,<br>SFC 34 CAN_DINT |
| Variable Wartezeit | 160 | - | - | SFC 43 WAIT |
| Baustein löschen | - | - | 124 | Datenbaustein: SFC 23 DEL_DB |
| Baustein erzeugen | 125 | - | 125 | Datenbaustein: SFC 22 CREAT_DB |
| Baustein-Stack lesen | - | 170 | - | - entfällt - |
| Datenbaustein testen | - | 181 | - | SFC 24 TEST_DB |
| Datenbaustein-Zugriff | - | 180 | - | - entfällt - |
| Datenbausteine kopieren | 183, 184 | 254, 255 | 254, 255 | SFC 20 BLKMOV (Datenbereiche) |
| Datenbereiche kopieren | 182<br>190 - 193 | 182<br>190 - 193 | - | SFC 20 BLKMOV |
| Uhrzeit setzen und lesen | - | 150 | 121, 150 | SFC 0 SET_CLK, SFC 1 READ_CLK |
| Zyklusstatistik | - | 152 | - | Startinformation OB 1,<br>SFC 6 RD_SINFO |
| Statusinformation lesen | - | 228 | - | Startinformation, SFC 6 RD_SINFO |
| Mehrprozessor-kommunikation | - | 200 - 205 | 200 - 205 | Ersatz: GD-Kommunikation |
| Anlaufarten vergleichen | - | 223 | 223 | - entfällt - |
| Koppelmerker übertragen | - | 224 | - | GD-Kommunikation |
| Zykluszeit einstellen | - | 221 | - | CPU-Parametrierung |
| Zykluszeittriggerung | - | 222 | 31, 222 | SFC 43 RE_TRIGR |
| Prozeßabbilder übertragen | 254, 255 | - | 126 | SFC 26 UPDAT_PI, SFC 27 UPDAT_PO |
| Zählschleife | - | 160 - 163 | - | Anweisungsfolge |
| Vorzeichenerweiterung | 220 | 220 | - | Anweisungsfolge |
| Kachelzugriffe | - | 216 - 218 | | - entfällt - |
| Systemprogrammzugriff | - | 226, 227 | - | - entfällt - |
| Schieberegister bearbeiten | - | 240 - 248 | - | - entfällt - |
| Hantierungsbausteine | - | 230 - 237 | - | SFB-Bausteine für Kommunikation |
| PID-Algorithmus | 251 | 250 - 251 | - | Standardbausteine Regelung |
| Systemdienst ausführen | 250 | - | - | (siehe weiter oben unter „Programm-ablaufeigenschaften prüfen") |

**Tabelle 32.7** Umsetzung der Fehler-Organisationsbausteine

| Funktion | S5-115 | S5-135 | S5-155 | S7-Ersatz |
|---|---|---|---|---|
| Aufruf eines nicht geladenen Bausteins | 19 | 19 | 19 | OB 121 |
| Quittungsverzug bei Direktzugriff auf Peripheriebaugruppen | 23 | 23 | 23 | OB 122 |
| Quittungsverzug beim Aktualisieren des Prozeßabbilds | 24 | 24 | 24 | OB 122 |
| Adressierfehler | - | 25 | 25 | OB 122 |
| Zykluszeitüberschreitung | 26 | 26 | 26 | OB 80 |
| Substitutionsfehler | 27 | 27 | 27 | - |
| Stopp durch Bedienung | - | 28 | - | - |
| Quittungsverzug beim Eingangsbyte EB 0 | - | - | 28 | OB 85 |
| nicht zulässiger Operationscode | - | 29 | - | STOP |
| Quittungsverzug beim Direktzugriff im erweiterten Peripheriebereich | - | - | 29 | OB 122 |
| Nicht zulässiger Parameter | - | 30 | - | - |
| Parityfehler oder Quittungsverzug beim Zugriff auf den Anwenderspeicher | - | - | 30 | OB 122 |
| Sonderfunktionssammelfehler | - | 31 | - | - |
| Transferfehler bei Datenbausteinen | 32 | 32 | 32 | OB 121 |
| Weckfehler bei zeitgesteuerter Bearbeitung | 33 | 33 | 33 | OB 80 |
| Batterieausfall | 34 | - | - | OB 81 |
| Reglerfehler | - | 34 | - | - |
| Fehler beim Erzeugen eines Datenbausteins | - | - | 34 | (SFC) |
| Peripheriefehler | 35 | - | - | OB 86 |
| Schnittstellenfehler | - | 35 | - | OB 84 |
| Fehler beim Selbsttest | - | - | 36 | - |

# 33 Baustein-Bibliotheken

Im Lieferumfang von STEP 7 Basissoftware ist die Bibliothek *Standard Library* enthalten, die folgende Bibliotheksprogramme enthält:

- ▷ Organization Blocks
  Organisationsbausteine
- ▷ System Function Blocks
  Integrierte Systembausteine
- ▷ IEC Function Blocks
  IEC-Funktionen
- ▷ S5-S7 Converting Blocks
  Konverterfunktionen S5
- ▷ TI-S7 Converting Blocks
  Konverterfunktionen TI
- ▷ PID Control Blocks
  Regelungsfunktionen
- ▷ Communication Blocks
  DP-Funktionen

Aus den oben aufgelisteten Bibliotheksprogrammen können Sie Bausteine oder Schnittstellenbeschreibungen in eigene Projekte oder Bibliotheken kopieren.

## 33.1 Organization Blocks

(Prio = voreingestellte Prioritätsklasse)

| OB | Prio | Bezeichnung |
|---|---|---|
| 1 | 1 | Hauptprogramm |
| 10 | 2 | Uhrzeitalarm 0 |
| 11 | 2 | Uhrzeitalarm 1 |
| 12 | 2 | Uhrzeitalarm 2 |
| 13 | 2 | Uhrzeitalarm 3 |
| 14 | 2 | Uhrzeitalarm 4 |
| 15 | 2 | Uhrzeitalarm 5 |
| 16 | 2 | Uhrzeitalarm 6 |
| 17 | 2 | Uhrzeitalarm 7 |
| 20 | 3 | Verzögerungsalarm 0 |
| 21 | 4 | Verzögerungsalarm 1 |
| 22 | 5 | Verzögerungsalarm 2 |
| 23 | 6 | Verzögerungsalarm 3 |

| OB | Prio | Bezeichnung |
|---|---|---|
| 30 | 7 | Weckalarm 0 (5 s) |
| 31 | 8 | Weckalarm 1 (2 s) |
| 32 | 9 | Weckalarm 2 (1 s) |
| 33 | 10 | Weckalarm 3 (500 ms) |
| 34 | 11 | Weckalarm 4 (200 ms) |
| 35 | 12 | Weckalarm 5 (100 ms) |
| 36 | 13 | Weckalarm 6 (50 ms) |
| 37 | 14 | Weckalarm 7 (20 ms) |
| 38 | 15 | Weckalarm 8 (10 ms) |
| 40 | 16 | Prozeßalarm 0 |
| 41 | 17 | Prozeßalarm 1 |
| 42 | 18 | Prozeßalarm 2 |
| 43 | 19 | Prozeßalarm 3 |
| 44 | 20 | Prozeßalarm 4 |
| 45 | 21 | Prozeßalarm 5 |
| 46 | 22 | Prozeßalarm 6 |
| 47 | 23 | Prozeßalarm 7 |
| 55 | 2 | DPV1-Statusalarm |
| 56 | 2 | DPV1-Updatealarm |
| 57 | 2 | DPV1-Herstelleralarm |
| 60 | 25 | Mehrprozessoralarm |
| 70 | 25 | Peripherie-Redundanzfehler [1)] |
| 72 | 28 | CPU-Redundanzfehler |
| 73 | 25 | Kommunikations-Redundanzfehler |
| 80 | 26 | Zeitfehler [1)] |
| 81 | 26 | Stromversorgungsfehler [1)] |
| 82 | 26 | Diagnosealarm [1)] |
| 83 | 26 | Ziehen/Stecken-Alarm [1)] |
| 84 | 26 | CPU-Hardware-Fehler [1)] |
| 85 | 26 | Prioritätsklassenfehler [1)] |
| 86 | 26 | DP-Fehler [1)] |
| 87 | 26 | Kommunikationsfehler [1)] |
| 90 | 29 | Hintergrundbearbeitung |
| 100 | 27 | Neustart (Warmstart) |
| 101 | 27 | Wiederanlauf |
| 102 | 27 | Kaltststart |
| 121 | - | Programmierfehler |
| 122 | - | Peripheriezugriffsfehler |

[1)] Prio = 28 im Anlauf

## 33.2 System Function Blocks

### S7-Kommunikation

| SFB | Name | Bezeichnung |
|---|---|---|
| 8 | USEND | Unkoordiniertes Senden |
| 9 | URVC | Unkoordiniertes Empfangen |
| 12 | BSEND | Blockorientiertes Senden |
| 13 | BRCV | Blockorientiertes Empfangen |
| 14 | GET | Daten vom Partner lesen |
| 15 | PUT | Daten zum Partner schreiben |
| 16 | PRINT | Daten zum Drucker schreiben |
| 19 | START | Neustart im Partner anstoßen |
| 20 | STOP | Partner in STOP setzen |
| 21 | RESUME | Wiederanlauf im Partner anstoßen |
| 22 | STATUS | Status des Partners abfragen |
| 23 | USTATUS | Status des Partners empfangen |

| SFC | Name | Bezeichnung |
|---|---|---|
| 62 | CONTROL | Kommunikationsstatus abfragen |
| 87 | C_DIAG | Verbindungszustand ermitteln |

### Punkt-zu-Punkt-Kopplung S7-300C

| SFB | Name | Bezeichnung |
|---|---|---|
| 60 | SEND_PTP | Daten senden (ASCII, 3964 (R)) |
| 61 | RCV_PTP | Daten empfangen (ASCII, 3964(R)) |
| 62 | RES_RCVB | Empfangspuffer löschen (ASCII, 3964(R)) |
| 63 | SEND_RK | Daten senden (RK 512) |
| 64 | FETCH_RK | Daten holen (RK 512) |
| 65 | SERVE_RK | Daten empfangen und bereitstellen (RK 512) |

### Globaldaten-Kommunikation

| SFC | Name | Bezeichnung |
|---|---|---|
| 60 | GD_SND | GD-Paket senden |
| 61 | GD_RCV | GD-Paket übernehmen |

### S7-Basiskommunikation

| SFC | Name | Bezeichnung |
|---|---|---|
| 65 | X_SEND | Daten senden extern |
| 66 | X_RCV | Daten empfangen extern |
| 67 | X_GET | Daten lesen extern |
| 68 | X_PUT | Daten schreiben extern |
| 69 | X_ABORT | externe Verbindung abbrechen |
| 72 | I_GET | Daten lesen intern |
| 73 | I_PUT | Daten schreiben intern |
| 74 | I_ABORT | interne Verbindung abbrechen |

### Integrierte Funktionen CPU 312/314/614

| SFB | Name | Bezeichnung |
|---|---|---|
| 29 | HS_COUNT | High-Speed-Counter |
| 30 | FREQ_MES | Frequency Meter |
| 38 | HSC_A_B | „Zähler A/B“ steuern |
| 39 | POS | „Positionieren“ steuern |
| 41 | CONT_C | Kontinuierliches Regeln |
| 42 | CONT_S | Schrittregeln |
| 43 | PULSEGEN | Impulsformen |

| SFC | Name | Bezeichnung |
|---|---|---|
| 63 | AB_CALL | Assemblerbaustein aufrufen |

### Integrierte Funktionen S7-300C

| SFB | Name | Bezeichnung |
|---|---|---|
| 44 | ANALOG | Positionieren mit Analogausgang |
| 46 | DIGITAL | Positionoeren mit Digitalausgang |
| 47 | COUNT | Zähler steuern |
| 48 | FREQUENC | Frequenzmessung steuern |
| 49 | PULSE | Pulsweitenmodulation steuern |

**Dezentrale Peripherie**

| SFB | Name | Bezeichnung |
|---|---|---|
| 54 | RALRM | Alarm empfangen |

| SFC | Name | Bezeichnung |
|---|---|---|
| 7 | DP_PRAL | Prozeßalarm auslösen |
| 11 | DPSYN_FR | SYNC/FREEZE |
| 12 | D_ACT_DP | DP-Slave deaktivieren bzw. aktivieren |
| 13 | DPNRM_DG | Diagnosedaten lesen |
| 14 | DPRD_DAT | Slave-Daten lesen |
| 15 | DPWR_DAT | Slave-Daten schreiben |
| 126 | SYNC_PI | Teilprozeßabbild Eingänge taktsynchron aktualisieren |
| 127 | SYNC_PO | Teilprozeßabbild Ausgänge taktsynchron aktualisieren |

**Bausteinbezogene Meldungen erzeugen**

| SFB | Name | Bezeichnung |
|---|---|---|
| 33 | ALARM | Meldungen mit Quittungsanzeige |
| 34 | ALARM_8 | Meldungen ohne Begleitwerte |
| 35 | ALARM_8P | Meldungen mit Begleitwerten |
| 36 | NOTIFY | Meldungen ohne Quittungsanzeige |
| 37 | AR_SEND | Archivdaten senden |

| SFC | Name | Bezeichnung |
|---|---|---|
| 9 | EN_MSG | Meldungen freigeben |
| 10 | DIS_MSG | Meldungen sperren |
| 17 | ALARM_SQ | quittierbare Meldungen |
| 18 | ALARM_S | stets quittierte Meldungen |
| 19 | ALARM_SC | Quittierzustand ermitteln |
| 105 | READ_SI | dynamische Systemressourcen auslesen |
| 106 | DEL_SI | dynamische Systemressourcen freigeben |
| 107 | ALARM_DQ | quittierbare Meldungen |
| 108 | ALARM_D | stets quittierte Meldungen |

**Schrittschaltwerk**

| SFB | Name | Bezeichnung |
|---|---|---|
| 32 | DRUM | Schrittschaltwerk |

**IEC-Timer und IEC-Counter**

| SFB | Name | Bezeichnung |
|---|---|---|
| 0 | CTU | Vorwärtszähler |
| 1 | CTD | Rückwärtszähler |
| 2 | CTUD | Vorwärts/Rückwärtszähler |
| 3 | TP | Impuls |
| 4 | TON | Einschaltverzögerung |
| 5 | TOF | Ausschaltverzögerung |

**CPU-Uhr und Betriebsstundenzähler**

| SFC | Name | Bezeichnung |
|---|---|---|
| 0 | SET_CLK | Uhrzeit stellen |
| 1 | READ_CLK | Uhrzeit lesen |
| 2 | SET_RTM | Betriebsstundenzähler setzen |
| 3 | CTRL_RTM | Betriebsstundenzähler steuern |
| 4 | READ_RTM | Betriebsstundenzähler lesen |
| 48 | SNC_RTCB | Slave-Uhren synchronisieren |
| 64 | TIME_TCK | Systemzeit lesen |
| 100 | SET_CLKS | Uhrzeit stellen und Uhrzeitstatus setzen |

**Kopier- und Bausteinfunktionen**

| SFC | Name | Bezeichnung |
|---|---|---|
| 20 | BLKMOV | Datenbereich kopieren |
| 81 | UBLKMOV | Datenbereich ununterbrechbar kopieren |
| 21 | FILL | Datenbereich vorbesetzen |
| 83 | READ_DBL | Ladespeicher lesen |
| 84 | WRIT_DBL | Ladespeicher schreiben |
| 22 | CREAT_DB | Datenbaustein im Arbeitsspeicher erzeugen |
| 82 | CREA_DBL | Datenbaustein im Ladespeicher erzeugen |
| 23 | DEL_DB | Datenbaustein löschen |
| 24 | TEST_DB | Datenbaustein testen |
| 25 | COMPRESS | Speicher komprimieren |
| 44 | REPL_VAL | Ersatzwert eintragen |

**H-CPU**

| SFC | Name | Bezeichnung |
|---|---|---|
| 90 | H_CTRL | H-CPU-Abläufe steuern |

**Unterbrechungsereignisse**

| SFC | Name | Bezeichnung |
|---|---|---|
| 28 | SET_TINT | Uhrzeitalarm stellen |
| 29 | CAN_TINT | Uhrzeitalarm stornieren |
| 30 | ACT_TINT | Uhrzeitalarm aktivieren |
| 31 | QRY_TINT | Uhrzeitalarm abfragen |
| 32 | SRT_DINT | Verzögerungsalarm starten |
| 33 | CAN_DINT | Verzögerungsalarm stornieren |
| 34 | QRY_DINT | Verzögerungsalarm abfragen |
| 35 | MP_ALM | Mehrprozessoralarm auslösen |
| 36 | MSK_FLT | Synchronfehler maskieren |
| 37 | DMSK_FLT | Synchronfehler demaskieren |
| 38 | READ_ERR | Ereignisstatusregister lesen |
| 39 | DIS_IRT | Asynchronfehler sperren |
| 40 | EN_IRT | Asynchronfehler freigeben |
| 41 | DIS_AIRT | Asynchronfehler verzögern |
| 42 | EN_AIRT | Asynchronfehler freigeben |

**Datensatzübertragung**

| SFB | Name | Bezeichnung |
|---|---|---|
| 52 | RDREC | Datensatz von einem DP-Slave lesen |
| 53 | WRREC | Datensatz zu einem DP-Slave schreiben |

| SFC | Name | Bezeichnung |
|---|---|---|
| 54 | RD_DPARM | Vordefinierte Parameter lesen |
| 102 | RD_DPARA | Vordefinierte Parameter lesen |
| 55 | WR_PARM | Dynamische Parameter schreiben |
| 56 | WR_DPARM | Vordefinierte Parameter schreiben |
| 57 | PARM_MOD | Baugruppe parametrieren |
| 58 | WR_REC | Datensatz schreiben |
| 59 | RD_REC | Datensatz lesen |

**Baugruppen adressieren**

| SFC | Name | Bezeichnung |
|---|---|---|
| 5 | GADR_LGC | logische Adresse ermitteln |
| 49 | LGC_GADR | Steckplatz ermitteln |
| 50 | RD_LGADR | alle logischen Adressen ermitteln |

**Systemdiagnose**

| SFC | Name | Bezeichnung |
|---|---|---|
| 6 | RD_SINFO | Startinformation lesen |
| 51 | RDSYSST | SZL-Teilliste auslesen |
| 52 | WR_USMSG | Eintrag in den Diagnose-puffer |

**Prozeßabbildaktualisierung**

| SFC | Name | Bezeichnung |
|---|---|---|
| 26 | UPDAT_PI | Prozeßabbild der Eingänge aktualisieren |
| 27 | UPDAT_PO | Prozeßabbild der Ausgänge aktualisieren |
| 79 | SET | Peripherie-Bitfeld setzen |
| 80 | RSET | Peripherie-Bitfeld rücksetzen |

**Programmkontrolle**

| SFC | Name | Bezeichnung |
|---|---|---|
| 43 | RE_TRIGR | Zykluszeitüberwachung nachtriggern |
| 46 | STP | in den Zustand STOP wechseln |
| 47 | WAIT | Verzögerungszeit abwarten |

## 33.3 IEC Function Blocks

**Mathematische Funktionen**

| FC | Name | Bezeichnung |
|---|---|---|
| 22 | LIMIT | Begrenzer |
| 25 | MAX | Maximumauswahl |
| 27 | MIN | Minimumauswahl |
| 36 | SEL | Binärauswahl |

**Stringfunktionen**

| FC | Name | Bezeichnung |
|---|---|---|
| 21 | LEN | Länge eines STRING |
| 20 | LEFT | Linker Teil eines STRING |
| 32 | RIGHT | Rechter Teil eines STRING |
| 26 | MID | Mittlerer Teil eines STRING |
| 2 | CONCAT | STRINGs zusammenfassen |
| 17 | INSERT | STRING einfügen |
| 4 | DELETE | STRING löschen |
| 31 | REPLACE | STRING ersetzen |
| 11 | FIND | STRING suchen |
| 16 | I_STRNG | INT nach STRING wandeln |
| 5 | DI_STRNG | DINT nach STRING wandeln |
| 30 | R_STRNG | REAL nach STRING wandeln |
| 38 | STRNG_I | STRING nach INT wandeln |
| 37 | STRNG_DI | STRING nach DINT wandeln |
| 39 | STRNG_R | STRING nach REAL wandeln |

**Datums- und Zeitfunktionen**

| FC | Name | Bezeichnung |
|---|---|---|
| 3 | D_TOD_DT | DATE und TOD zu DT vereinen |
| 6 | DT_DATE | DATE aus DT extrahieren |
| 7 | DT_DAY | Wochentag aus DT extrahieren |
| 8 | DT_TOD | TOD aus DT extrahieren |
| 33 | S5TI_TIM | S5TIME nach TIME wandeln |
| 40 | TIM_S5TI | TIME nach S5TIME wandeln |
| 1 | AD_DT_TM | TIME zu DT addieren |
| 35 | SB_DT_TM | TIME von DT subtrahieren |
| 34 | SB_DT_DT | DT von DT subtrahieren |

**Vergleiche**

| FC | Name | Bezeichnung |
|---|---|---|
| 9 | EQ_DT | Vergleich DT auf gleich |
| 28 | NE_DT | Vergleich DT auf ungleich |
| 14 | GT_DT | Vergleich DT auf größer |
| 12 | GE_DT | Vergleich DT auf größer-gleich |
| 23 | LT_DT | Vergleich DT auf kleiner |
| 18 | LE_DT | Vergleich DT auf kleiner-gleich |
| 10 | EQ_STRNG | Vergleich STRING auf gleich |
| 29 | NE_STRNG | Vergleich STRING auf ungleich |
| 15 | GT_STRNG | Vergleich STRING auf größer |
| 13 | GE_STRNG | Vergleich STRING auf größer-gleich |
| 24 | LT_STRNG | Vergleich STRING auf kleiner |
| 19 | LE_STRNG | Vergleich STRING auf kleiner-gleich |

## 33.4 S5-S7 Converting Blocks

**Gleitpunktarithmetik**

| FC | Name | Bezeichnung |
|---|---|---|
| 61 | GP_FPGP | Festpunkt in Gleitpunkt wandeln |
| 62 | GP_GPFP | Gleitpunkt in Festpunkt wandeln |
| 63 | GP_ADD | Gleitpunktzahlen addieren |
| 64 | GP_SUB | Gleitpunktzahlen subtrahieren |
| 65 | GP_MUL | Gleitpunktzahlen multiplizieren |
| 66 | GP_DIV | Gleitpunktzahlen dividieren |
| 67 | GP_VGL | Gleitpunktzahlen vergleichen |
| 68 | GP_RAD | Gleitpunktzahl radizieren |

### Grundfunktionen

| FC | Name | Bezeichnung |
|---|---|---|
| 85 | ADD_32 | 32-bit-Festpunkt-Addierer |
| 86 | SUB_32 | 32-bit-Festpunkt-Subtrahierer |
| 87 | MUL_32 | 32-bit-Festpunkt-Multiplizierer |
| 88 | DIV_32 | 32-bit-Festpunkt-Dividierer |
| 89 | RAD_16 | 16-bit-Festpunkt-Radizierer |
| 90 | REG_SCHB | Schieberegister bitweise |
| 91 | REG_SCHW | Schieberegister wortweise |
| 92 | REG_FIFO | Pufferspeicher (FIFO) |
| 93 | REG_LIFO | Kellerspeicher (LIFO) |
| 94 | DB_COPY1 | Datenbereich kopieren (direkt) |
| 95 | DB_COPY2 | Datenbereich kopieren (indirekt) |
| 96 | RETTEN | Schmiermerker retten (AG 155U) |
| 97 | LADEN | Schmiermerker laden (AG 155U) |
| 98 | COD_B8 | BCD-Dual-Wandlung 8 Dekaden |
| 99 | COD_32 | Dual-BCD-Wandlung 8 Dekaden |

### Signalfunktionen

| FC | Name | Bezeichnung |
|---|---|---|
| 69 | MLD_TG | Taktgeber |
| 70 | MLD_TGZ | Taktgeber mit Zeitfunktion |
| 71 | MLD_EZW | Erstwert Einfachblinken wortweise |
| 72 | MLD_EDW | Erstwert Doppelblinken wortweise |
| 73 | MLD_SAMW | Sammelmeldung wortweise |
| 74 | MLD_SAM | Sammelmeldung |
| 75 | MLD_EZ | Erstwert Einfachblinken |
| 76 | MLD_ED | Erstwert Doppelblinken |
| 77 | MLD_EZWK | Erstwert Einfachblinken (wortweise) Merker |
| 78 | MLD_EZDK | Erstwert Doppelblinken (wortweise) Merker |
| 79 | MLD_EZK | Erstwert Einfachblinken Merker |
| 80 | MLD_EDK | Erstwert Doppelblinken Merker |

### Integrierte Funktionen

| FC | Name | Bezeichnung |
|---|---|---|
| 81 | COD_B4 | BCD-Dual-Wandlung 4 Dekaden |
| 82 | COD_16 | Dual-BCD-Wandlung 4 Dekaden |
| 83 | MUL_16 | 16-bit-Festpunkt-Multiplizierer |
| 84 | DIV_16 | 16-bit-Festpunkt-Dividierer |

### Analogfunktionen

| FC | Name | Bezeichnung |
|---|---|---|
| 100 | AE_460_1 | Analogeingabe 460 |
| 101 | AE_460_2 | Analogeingabe 460 |
| 102 | AE_463_1 | Analogeingabe 463 |
| 103 | AE_463_2 | Analogeingabe 463 |
| 104 | AE_464_1 | Analogeingabe 464 |
| 105 | AE_464_2 | Analogeingabe 464 |
| 106 | AE_466_1 | Analogeingabe 466 |
| 107 | AE_466_2 | Analogeingabe 466 |
| 108 | RLG_AA1 | Analogausgabe |
| 109 | RLG_AA2 | Analogausgabe |
| 110 | PER_ET1 | Peripherie ET 100 |
| 111 | PER_ET2 | Peripherie ET 100 |

### Mathematische Funktionen

| FC | Name | Bezeichnung |
|---|---|---|
| 112 | SINUS | Sinus |
| 113 | COSINUS | Cosinus |
| 114 | TANGENS | Tangens |
| 115 | COTANG | Cotangens |
| 116 | ARCSIN | Arcussinus |
| 117 | ARCCOS | Arcuscosinus |
| 118 | ARCTAN | Arcustangens |
| 119 | ARCCOT | Arcuscotangens |
| 120 | LN_X | natürlicher Logarithmus |
| 121 | LG_X | Logarithmus zur Basis 10 |
| 122 | B_LOG_X | Logarithmus zur beliebigen Basis |
| 123 | E_H_N | Exponentialfunktion mit Basis e |
| 124 | ZEHN_H_N | Exponentialfunktion mit Basis 10 |
| 125 | A2_H_A1 | Exponentialfunktion mit beliebiger Basis |

## 33.5 TI-S7 Converting Blocks

| FB | Name | Bezeichnung |
|---|---|---|
| 80 | LEAD_LAG | Lead/Lag-Algorithmus |
| 81 | DCAT | Diskreter Steuerungszeitalarm |
| 82 | MCAT | Motorsteuerungszeitalarm |
| 83 | IMC | Index Matrix Vergleich |
| 84 | SMC | Matrixscanner |
| 85 | DRUM | Ereignis maskierbare Drum |
| 86 | PACK | Sammle/Verteile Tabellendaten |

| FC | Name | Bezeichnung |
|---|---|---|
| 80 | TONR | Speichernde Einschaltverzögerung |
| 81 | IBLKMOV | Datenbereich indirekt übertragen |
| 82 | RSET | Prozeßabbild bitweise rücksetzen |
| 83 | SET | Prozeßabbild bitweise setzen |
| 84 | ATT | Wert in Tabelle eintragen |
| 85 | FIFO | Ersten Wert der Tabelle ausgeben |
| 86 | TBL_FIND | Wert in Tabelle suchen |
| 87 | LIFO | Letzten Tabellenwert ausgeben |
| 88 | TBL | Tabellenoperation ausführen |
| 89 | TBL_WRD | Wert aus der Tabelle kopieren |
| 90 | WSR | Datum speichern |
| 91 | WRD_TBL | Tabellenelement verknüpfen |
| 92 | SHRB | Bit in Bitschieberegister schieben |
| 93 | SEG | Bitmuster für 7-Segment-Anzeige |
| 94 | ATH | ASCII-Hexadezimal-Wandlung |
| 95 | HTA | Hexadazimal-ASCII-Wandlung |
| 96 | ENCO | Niederwertigstes gesetztes Bit |
| 97 | DECO | Bit im Wort setzen |
| 98 | BCDCPL | Zehnerkomplement erzeugen |
| 99 | BITSUM | Gesetzte Bits zählen |
| 100 | RSETI | PA byteweise rücksetzen |
| 101 | SETI | PA byteweise setzen |
| 102 | DEV | Standardabweichung berechnen |
| 103 | CDT | Korrelierte Datentabellen |
| 104 | TBL_TBL | Tabellenverknüpfung |
| 105 | SCALE | Werte skalieren |
| 106 | UNSCALE | Werte deskalieren |

## 33.6 PID Control Blocks

| FB | Name | Bezeichnung |
|---|---|---|
| 41 | CONT_C | Kontinuierliches Regeln |
| 42 | CONT_S | Schrittregeln |
| 43 | PULSGEN | Impulsformen |
| 58 | TCONT_CP | kontinuierliches Temperaturregeln |
| 59 | TCONT_S | Temperatur-Schrittregeln |

## 33.7 Communication Blocks

| FC | Name | Bezeichnung |
|---|---|---|
| 1 | DP_SEND | Daten senden |
| 2 | DP_RECV | Daten empfangen |
| 3 | DP_DIAG | Diagnose |
| 4 | DP_CTRL | Steuern |

# 34 Operationsübersicht AWL

Die folgende Übersicht gibt die Operationen mit absolut adressierten Operanden wieder.

Bei den Adressierungsarten sind zusätzlich möglich:

| | | |
|---|---|---|
| U E [Doppelwort] | speicherindirekt mit den Doppelwörtern<br>MD Merkerdoppelwort<br>LD Lokaldatendoppelwort<br>DBD Globaldatendoppelwort<br>DID Instanzdatendoppelwort | alle Operanden |
| U E [AR1, P#offset]<br>U E [AR2, P#offset]<br>U [AR1, P#offset]<br>U [AR2, P#offset] | registerindirekt bereichsintern mit AR1<br>registerindirekt bereichsintern mit AR2<br>registerindirekt bereichsübergreifend mit AR1<br>registerindirekt bereichsübergreifend mit AR2 | keine Zeitfunktionen, keine Zählfunktionen und keine Bausteine |
| U #name | parameterindirekt | alle Operanden |

## 34.1 Basisfunktionen

### 34.1 Binäre Verknüpfungen

U - UND mit Abfrage auf „1"
UN - UND mit Abfrage auf „0"
O - ODER mit Abfrage auf „1"

ON - ODER mit Abfrage nach „0"
X - Exklusiv-ODER mit Abfrage auf „1"
XN - Exklusiv-ODER mit Abfrage auf „0"

- E eines Eingangs
- A eines Ausgangs
- M eines Merkers

- L eines Lokaldatenbits
- T einer Zeitfunktion
- Z einer Zählfunktion

- DBX eines Globaldatenbits
- DIX eines Instanzdatenbits

- ==0 Ergebnis gleich Null
- <>0 Ergebnis ungleich Null

- >0 Ergebnis größer Null
- >=0 Ergebnis größer-gleich Null
- <0 Ergebnis kleiner Null
- <=0 Ergebnis kleiner-gleich Null

- UO Ergebnis ungültig
- OV Überlauf
- OS speichernder Überlauf
- BIE Binärergebnis

U( UND Klammer auf
UN( UND NICHT Klammer auf

O( ODER Klammer auf
ON( ODER NICHT Klammer auf

X( Exklusiv-ODER Klammer auf
XN( Exklusiv-ODER NICHT Klammer auf

) Klammer zu

O ODER-Verknüpfung von UND-Funktionen

NOT VKE negieren
SET VKE setzen
CLR VKE rücksetzen

SAVE VKE ins BIE retten

### 34.1.2 Speicherfunktionen

| | | |
|---|---|---|
| = | - | Zuweisung |
| S | - | Setzen |
| R | - | Rücksetzen |
| FP | - | Flanke positiv |
| FN | - | Flanke negativ |
| | | |
| - | E | eines Eingangs |
| - | A | eines Ausgangs |
| - | M | eines Merkers |
| - | L | eines Lokaldatenbits |
| - | DBX | eines Globaldatenbits |
| - | DIX | eines Instanzdatenbits |

### 34.1.3 Übertragungsfunktionen

| | | |
|---|---|---|
| L | - | Laden |
| T | - | Transferieren |
| | | |
| - | EB | eines Eingangsbytes |
| - | EW | eines Eingangsworts |
| - | ED | eines Eingangsdoppelworts |
| | | |
| - | AB | eines Ausgangsbytes |
| - | AW | eines Ausgangsworts |
| - | AD | eines Ausgangsdoppelworts |
| | | |
| - | MB | eines Merkerbytes |
| - | MW | eines Merkerworts |
| - | MD | eines Merkerdoppelworts |
| | | |
| - | LB | eines Lokaldatenbytes |
| - | LW | eines Lokaldatenworts |
| - | LD | eines Lokaldatendoppelworts |
| | | |
| - | DBB | eines Globaldatenbytes |
| - | DBW | eines Globaldatenworts |
| - | DBD | eines Globaldatendoppelworts |
| | | |
| - | DIB | eines Instanzdatenbytes |
| - | DIW | eines Instanzdatenworts |
| - | DID | eines Instanzdatendoppelworts |
| | | |
| - | STW | des Statusworts |
| | | |
| L | PEB | Laden Peripheriebyte |
| L | PEW | Laden Peripheriewort |
| L | PED | Laden Peripheriedoppelwort |
| | | |
| T | PAB | Transferieren Peripheriebyte |
| T | PAW | Transferieren Peripheriewort |
| T | PAD | Transferieren Peripherie-doppelwort |
| | | |
| L | T | Direktes Laden eines Zeitwerts |
| LC | T | Codiertes Laden eines Zeitwerts |
| L | Z | Direktes Laden eines Zählwerts |
| LC | Z | Codiertes Laden eines Zählwerts |
| | | |
| L | konst | Laden einer Konstanten |
| L | P#.. | Laden eines Zeigers |
| L | P#var | Laden einer Variablen-Anfangsadresse |

**Akkumulatorfunktionen**

| | |
|---|---|
| PUSH | Akkus „nach oben“ schieben |
| POP | Akkus „nach unten“ schieben |
| ENT | Akkus schieben (ohne A1) |
| LEAVE | Akkus schieben (ohne A1) |
| | |
| TAK | Akku 1 und Akku 2 tauschen |
| TAW | Akku 1 Bytes 0 und 1 tauschen |
| TAD | Akku 1 alle Bytes tauschen |

### 34.1.4 Zeitfunktionen

| | | |
|---|---|---|
| SI | T | Starten als Impuls |
| SV | T | Starten als verlängerter Impuls |
| SE | T | Starten als Einschaltverzögerung |
| SS | T | Starten als speichernde Einschalt-verzögerung |
| SA | T | Starten als Ausschaltverzögerung |
| | | |
| R | T | Zeitfunktion rücksetzen |
| FR | T | Zeitfunktion freigeben |

### 34.1.5 Zählfunktionen

| | | |
|---|---|---|
| ZV | Z | Zählfunktion vorwärtszählen |
| ZR | Z | Zählfunktion rückwärtszählen |
| | | |
| S | Z | Zählfunktion setzen |
| R | Z | Zählfunktion rücksetzen |
| FR | Z | Zählfunktion freigeben |

## 34.2 Digitalfunktionen

### 34.2.1 Vergleichsfunktionen

| | |
|---|---|
| ==I | INT-Vergleich auf gleich |
| <>I | INT-Vergleich auf ungleich |
| >I | INT-Vergleich auf größer |
| >=I | INT-Vergleich auf größer-gleich |
| <I | INT-Vergleich auf kleiner |
| <=I | INT-Vergleich auf kleiner-gleich |

| | |
|---|---|
| ==D | DINT-Vergleich auf gleich |
| <>D | DINT-Vergleich auf ungleich |
| >D | DINT-Vergleich auf größer |
| >=D | DINT-Vergleich auf größer-gleich |
| <D | DINT-Vergleich auf kleiner |
| <=D | DINT-Vergleich auf kleiner-gleich |
| ==R | REAL-Vergleich auf gleich |
| <>R | REAL-Vergleich auf ungleich |
| >R | REAL-Vergleich auf größer |
| >=R | REAL-Vergleich auf größer-gleich |
| <R | REAL-Vergleich auf kleiner |
| <=R | REAL-Vergleich auf kleiner-gleich |

### 34.2.2 Mathematische Funktionen

| | |
|---|---|
| SIN | Sinus |
| COS | Cosinus |
| TAN | Tangens |
| ASIN | Arcussinus |
| ACOS | Arcuscosinus |
| ATAN | Arcustangens |
| SQR | Quadrieren |
| SQRT | Radizieren |
| EXP | Exponent zur Basis e |
| LN | natürlicher Logarithmus |

### 34.2.3 Arithmetische Funktionen

| | |
|---|---|
| +I | INT-Addition |
| -I | INT-Subtraktion |
| *I | INT-Multiplikation |
| /I | INT-Division |
| +D | DINT-Addition |
| -D | DINT-Subtraktion |
| *D | DINT-Multiplikation |
| /D | DINT-Division (Ganzzahl) |
| MOD | DINT-Division (Rest) |
| +R | REAL-Addition |
| -R | REAL-Subtraktion |
| *R | REAL-Multiplikation |
| /R | REAL-Division |
| + konst | Addieren einer Konstante |
| + P#.. | Addieren eines Zeigers |
| DEC n | Dekrementieren |
| INC n | Inkrementieren |

### 34.2.4 Umwandlungsfunktionen

| | |
|---|---|
| ITD | Wandlung INT nach DINT |
| ITB | Wandlung INT nach BCD |
| DTB | Wandlung DINT nach BCD |
| DTR | Wandlung DINT nach REAL |
| BTI | Wandlung BCD nach INT |
| BTD | Wandlung BCD nach DINT |
| | Wandlung von REAL nach DINT mit |
| RND+ | Rundung zur nächstgrößeren Zahl |
| RND- | Rundung zur nächstkleineren Zahl |
| RND | Rundung zur nächsten ganzen Zahl |
| TRUNC | ohne Rundung |
| INVI | INT-Einerkomplement |
| INVD | DINT-Einerkomplement |
| NEGI | INT-Negation |
| NEGD | DINT-Negation |
| NEGR | REAL-Negation |
| ABS | REAL-Betragsbildung |

### 34.2.5 Schiebefunktionen

| | |
|---|---|
| SLW - | Schieben links wortweise |
| SLD - | Schieben links doppelwortweise |
| SRW - | Schieben rechts wortweise |
| SRD - | Schieben rechts doppelwortweise |
| SSI - | Schieben mit Vorzeichen wortweise |
| SSD - | Schieben mit Vorzeichen doppelwortweise |
| RLD - | Rotieren links doppelwortweise |
| RRD - | Rotieren rechts doppelwortweise |
| - n | um n Stellen |
| - | mit Schiebezahl im Akku 2 |
| RLDA | Rotieren links durch A1 |
| RRDA | Rotieren rechts durch A1 |

### 34.2.6 Wortverknüpfungen

| | |
|---|---|
| UW - | UND wortweise |
| UD - | UND doppelwortweise |
| OW - | ODER wortweise |
| OD - | ODER doppelwortweise |
| XOW- | Exklusiv-ODER wortweise |
| XOD - | Exklusiv-ODER doppelwortweise |
| - *konst* | mit einer Wort/Doppelwortkonstanten |
| - | mit dem Inhalt von Akku 2 |

## 34.3 Programmflußsteuerung

### 34.3.1 Sprungfunktionen

| | | |
|---|---|---|
| SPA | *marke* | Sprung absolut |
| | | Sprung bei |
| SPB | *marke* | VKE = „1“ |
| SPBB | *marke* | VKE = „1“ mit VKE speichern |
| SPBN | *marke* | VKE = „0“ |
| SPBNB | *marke* | VKE = „0“ mit VKE speichern |
| SPBI | *marke* | BIE = „1“ |
| SPBIN | *marke* | BIE = „0“ |
| | | Sprung bei Ergebnis |
| SPZ | *marke* | Null |
| SPN | *marke* | nicht Null |
| SPP | *marke* | größer Null |
| SPPZ | *marke* | größer oder gleich Null |
| SPM | *marke* | kleiner Null |
| SPMZ | *marke* | kleiner oder gleich Null |
| SPU | *marke* | ungültig |
| SPO | *marke* | Sprung bei Überlauf |
| SPS | *marke* | Sprung bei speicherndem Überlauf |
| SPL | *marke* | Sprungverteiler |
| LOOP | *marke* | Schleifensprung |

### 34.3.2 Master Control Relay

| | |
|---|---|
| MCRA | MCR-Bereich aktivieren |
| MCRD | MCR-Bereich deaktivieren |
| MCR( | MCR-Zone öffnen |
| )MCR | MCR-Zone schließen |

### 34.3.3 Bausteinfunktionen

| | | |
|---|---|---|
| CALL | FB | Funktionsbaustein aufrufen |
| CALL | FC | Funktion aufrufen |
| CALL | SFB | Systemfunktionsbaustein aufrufen |
| CALL | SFC | Systemfunktion aufrufen |
| UC | FB | Funktionsbaustein absolut aufrufen |
| CC | FB | Funktionsbaustein bedingt aufrufen |
| UC | FC | Funktion absolut aufrufen |
| CC | FC | Funktion bedingt aufrufen |
| BEA | | Bausteinende absolut |
| BEB | | Bausteinende bedingt |
| BE | | Bausteinende |
| AUF | DB | Global-Datenbaustein aufrufen |
| AUF | DI | Instanz-Datenbaustein aufrufen |
| TDB | | Datenbausteinregister tauschen |
| L | DBNO | Global-Datenbausteinnummer laden |
| L | DINO | Instanz-Datenbausteinnummer laden |
| L | DBLG | Global-Datenbausteinlänge laden |
| L | DILG | Instanz-Datenbausteinlänge laden |
| NOP | 0 | Nulloperation |
| NOP | 1 | Nulloperation |
| BLD | n | Bildaufbauanweisung |

## 34.4 Indirekte Adressierung

| | | |
|---|---|---|
| LAR1 | - | AR1 laden mit |
| LAR2 | - | AR2 laden mit |
| - | MD | einem Merkerdoppelwort |
| - | LD | einem Lokaldatendoppelwort |
| - | DBD | einem Globaldatendoppelwort |
| - | DID | einem Instanzdatendoppelwort |
| LAR1 | | AR1 mit dem Akku 1 laden |
| LAR2 | | AR2 mit dem Akku 1 laden |
| LAR1 | AR2 | AR1 mit dem AR2 laden |
| LAR1 | P#.. | AR1 mit einem Zeiger laden |
| LAR2 | P#.. | AR2 mit einem Zeiger laden |
| LAR1 | P#*var* | AR1 mit einer Variablen-Anfangsadresse laden |
| LAR2 | P#*var* | AR2 mit einer Variablen-Anfangsadresse laden |
| TAR1 | - | AR1 transferieren zu |
| TAR2 | - | AR2 transferieren zu |
| - | MD | einem Merkerdoppelwort |
| - | LD | einem Lokaldatendoppelwort |
| - | DBD | einem Globaldatendoppelwort |
| - | DID | einem Instanzdatendoppelwort |
| TAR1 | | AR1 zum Akku 1 transferieren |
| TAR2 | | AR2 zum Akku 1 transferieren |
| TAR1 | AR2 | AR1 zum AR2 transferieren |
| TAR | | AR1 und AR2 tauschen |
| +AR1 | | Akku 1 zum AR1 addieren |
| +AR2 | | Akku 1 zum AR2 addieren |
| +AR1 | P#.. | Zeiger zum AR1 addieren |
| +AR2 | P#.. | Zeiger zum AR2 addieren |

# 35 Anweisungs- und Funktionsübersicht SCL

## 35.1 Operatoren

| Verknüpfung | Benennung | Operator | Priorität |
|---|---|---|---|
| Klammerung | (*Ausdruck*) | (, ) | 1 |
| Arithmetik | Potenz | ** | 2 |
| | unäres Plus, unäres Minus (Vorzeichen) | +, - | 3 |
| | Multiplikation, Division | *, /, DIV, MOD | 4 |
| | Addition, Subtraktion | +, - | 5 |
| Vergleich | kleiner, kleiner-gleich, größer, größer-gleich | <, <=, >, >= | 6 |
| | gleich, ungleich | =, <> | 7 |
| Binäre Verknüpfung | Negation (unär) | NOT | 3 |
| | UND-Verknüpfung | AND, & | 8 |
| | Exklusiv-ODER | XOR | 9 |
| | ODER-Verknüpfung | OR | 10 |
| Zuweisung | Zuweisung | := | 11 |

## 35.2 Kontrollanweisungen

| | |
|---|---|
| IF | Programmverzweigung mit BOOL-Wert |
| CASE | Programmverzweigung mit INT-Wert |
| FOR | Programmschleife mit Laufvariable |
| WHILE | Programmschleife mit Durchführungsbedingung |
| REPEAT | Programmschleife mit Abbruchbedingung |
| CONTINUE | Abbruch des aktuellen Schleifendurchlaufs |
| EXIT | Verlassen der Programmschleife |
| GOTO | Sprung zu einer Sprungmarke |
| RETURN | Verlassen des Bausteins |

## 35.3 Bausteinaufrufe

| | |
|---|---|
| Funktionen FC mit Funktionswert | *Variable* := FC*x*(...);<br>*Variable* := *FCname*(...); |
| Systemfunktionen SFC mit Funktionswert | *Variable* := SFC*x*(...);<br>*Variable* := *SFCname*(...); |
| Funktionen FC ohne Funktionswert | FC*x*(...);<br>*FCname*(...); |
| Funktionsbausteine FB mit Datenbaustein | FB*x*.DB*x*(...);<br>*FBname.DBname*(...); |
| Systemfunktions-bausteine SFB mit Datenbaustein | SFB*x*.DB*x*(...);<br>*SFBname.DBname*(...); |
| Funktionsbausteine FB und Systemfunktions-bausteine SFB als Lokalinstanz | *lokalname*(...); |

Die Versorgung der Bausteinparameter ist bei FC- und SFC-Bausteinen Pflicht, bei FB- und SFB-Bausteinen wahlfrei.

# 35.4 SCL-Standardfunktionen

## 35.4.1 Zeitfunktionen

| Aufruf | Datentyp |
|---|---|
| `Zeitwert_BCD :=` | WORD |
| `  Zeitfunktion(` | (siehe unten) |
| `  T_NO := Zeitoperand,` | TIMER |
| `  S    := Starteingang,` | BOOL |
| `  TV   := Zeitdauer,` | S5TIME |
| `  R    := Ruecksetzen,` | BOOL |
| `  Q    := Zeitstatus,` | BOOL |
| `  BI   := Zeitwert_dual` | WORD |

mit Zeitfunktion

| | |
|---|---|
| S_PULSE | Impulszeit |
| S_PEXT | verlängerter Impuls |
| S_ODT | Einschaltverzögerung |
| S_ODTS | speichernde Einschaltverzögerung |
| S_OFFDT | Ausschaltverzögerung |

## 35.4.2 Zählfunktionen

| Aufruf Vorwärtszähler | Datentyp |
|---|---|
| `Zaehlwert_BCD :=` | WORD |
| `  S_CU(` | |
| `  C_NO := Zaehloperand,` | COUNTER |
| `  CU   := Vorwaertszaehlen,` | BOOL |
| `  S    := Setzeingang,` | BOOL |
| `  PV   := Zaehlwert,` | WORD |
| `  R    := Ruecksetzen,` | BOOL |
| `  Q    := Zaehlerstatus,` | BOOL |
| `  CV   := Zaehlwert_dual);` | WORD |

| Aufruf Rückwärtszähler | Datentyp |
|---|---|
| `Zaehlwert_BCD :=` | WORD |
| `  S_CD(` | |
| `  C_NO := Zaehloperand,` | COUNTER |
| `  CD   := Rueckwaertszaehlen,` | BOOL |
| `  S    := Setzeingang,` | BOOL |
| `  PV   := Zaehlwert,` | WORD |
| `  R    := Ruecksetzen,` | BOOL |
| `  Q    := Zaehlerstatus,` | BOOL |
| `  CV   := Zaehlwert_dual);` | WORD |

| Aufruf Vorwärts-Rückwärts-Zähler | Datentyp |
|---|---|
| `Zaehlwert_BCD :=` | WORD |
| `  S_CU(` | |
| `  C_NO := Zaehloperand,` | COUNTER |
| `  CU   := Vorwaertszaehlen,` | BOOL |
| `  CD   := Rueckwaertszaehlen,` | BOOL |
| `  S    := Setzeingang` | BOOL |
| `  PV   := Zaehlwert,` | WORD |
| `  R    := Ruecksetzen,` | BOOL |
| `  Q    := Zaehlerstatus,` | BOOL |
| `  CV   := Zaehlwert_dual);` | WORD |

## 35.4.3 Konvertierungsfunktionen

*implizite Konvertierungsfunktionen*

| | |
|---|---|
| BOOL_TO_BYTE<br>BOOL_TO_WORD<br>BOOL_TO_DWORD<br>BYTE_TO_WORD<br>BYTE_TO_DWORD<br>WORD_TO_DWORD | Ergänzung mit führenden Nullen |
| INT_TO_DINT<br>INT_TO_REAL<br>DINT_TO_REAL | mit Vorzeichenerweiterung |
| CHAR_TO_STRING | |

*explizite Konvertierungsfunktionen*

| | |
|---|---|
| BYTE_TO_BOOL<br>WORD_TO_BOOL<br>DWORD_TO_BOOL<br>WORD_TO_BYTE<br>DWORD_TO_BYTE<br>DWORD_TO_WORD | niederwertiges Bit/Byte/Wort wird übernommen |
| CHAR_TO_BYTE<br>BYTE_TO_CHAR<br>CHAR_TO_INT<br>INT_TO_CHAR | ohne Änderung der Bitbelegung |
| STRING_TO_CHAR | |
| WORD_TO_INT<br>DWORD_TO_DINT<br>INT_TO_WORD<br>DINT_TO_DWORD<br>REAL_TO_DWORD<br>DWORD_TO_REAL | ohne Änderung der Bitbelegung (keine Wandlung!) |
| DINT_TO_INT<br>REAL_TO_DINT<br>REAL_TO_INT | mit Rundung auf INT bzw. DINT |
| TRUNC<br>ROUND | Wandlung REAL nach DINT |
| DINT_TO_TIME<br>DINT_TO_TOD<br>DINT_TO_DATE<br>DATE_TO_DINT<br>TIME_TO_DINT<br>TOD_TO_DINT | ohne Änderung der Bitbelegung |
| BLOCK_DB_TO_WORD<br>WORD_TO_BLOCK_DB | ohne Änderung der Bitbelegung |

### 35.4.4 Mathematische Funktionen

| Aufruf | Datentyp |
|---|---|
| `Ergebnis :=` | REAL |
| `MatheFunktion(` | (siehe unten) |
| `Eingangswert);` | ANY_NUM |

mit MatheFunktion:

SIN Sinus
COS Cosinus
TAN Tangens

ASIN Arcussinus
ACOS Arcuscosinus
ATAN Arcustangens

EXP Potenz zur Basis e
EXPD Potenz zur Basis 10

LN natürlicher Logarithmus
LOG dekadischer Logarithmus

SQR Quadrat bilden
SQRT Quadratwurzel ziehen

| Aufruf ABS | Datentyp |
|---|---|
| `Ergebnis :=` | ANY_NUM |
| `ABS(Eingangswert);` | ANY_NUM |

### 35.4.5 Schieben und Rotieren

| Aufruf | Datentyp |
|---|---|
| `Ergebnis :=` | ANY_BIT |
| `Schiebefunktion(` | (siehe unten) |
| `IN := Eingangswert,` | ANY_BIT |
| `N  := Schiebezahl);` | INT |

mit der Schiebefunktion:

SHL Schieben links
SHR Schieben rechts
ROL Rotieren links
ROR Rotieren rechts

# Stichwortverzeichnis

## A



## B

## C



## D

## T



## U



## V



## W

# Abkürzungsverzeichnis

| | |
|---|---|
| AI | Analog Input, Analogeingabe |
| AO | Analog Output, Analogausgabe |
| AS | Automatisierungssystem |
| ASI | Aktor-Sensor-Interface |
| AWL | Anweisungsliste |
| BIE | Binärergebnis |
| CFC | Continous Function Chard |
| CP | Communikation Processor, Kommunikationsprozessor |
| CPU | Central Prozessor Unit, Zentralbaugruppe |
| DB | Data Block, Datenbaustein |
| DI | Digital Input, Digitaleingabe |
| DO | Digital Output, Digitalausgabe |
| DP | Dezentrale Peripherie |
| DS | Datensatz |
| EPROM | Erasable Programmable Read Only Memory, löschbarer Festwertspeicher |
| FB | Function Block, Funktionsbaustein |
| FC | Function Call, Funktion |
| FEPROM | Flash Erasable Programmable Read Only Memory, elektrisch löschbarer Festwertspeicher |
| FM | Function Module, Funktionsbaugruppe |
| FUP | Funktionsplan |
| IM | Interface Module, Anschaltungsbaugruppe |
| KOP | Kontaktplan |
| MC | Memory Card |
| MCR | Master Control Relay, Hauptsteuerrelais |
| MMC | Micro Memory Card |
| MPI | Multi Point Interface, mehrpunktfähige Schnittstelle |
| OB | Organization Block, Organisationsbaustein |
| OP | Operator Panel, Bedien- und Beobachtgerät |
| PG | Programmiergerät |
| PS | Power Supply, Stromversorgung |
| RAM | Random Access Memory, Schreib-/Lesespeicher |
| SCL | Structured Control Language |
| SDB | System Data Block, Systemdatenbaustein |
| SFB | System Function Block, Systemfunktionsbaustein |
| SFC | System Function Call, Systemfunktion |
| SM | Signal Module, Signalbaugruppe |
| SZL | Systemzustandsliste |
| UDT | User Data Type, anwenderdefinierter Datentyp |
| VAT | Variablentabelle |
| VKE | Verknüpfungsergebnis |

# STEP 7 Demo Software 1/99

## Inhalt

Auf der dem Buch beiliegenden STEP 7 Demo-CD finden Sie

- ▷ eine Demo-Version der Programmiersoftware STEP 7 V5.0
- ▷ eine Demo-Version der Optionssoftware S7-SCL V4.01 zum Programmieren in einer höheren Programmiersprache
- ▷ eine Demo-Version der Optionssoftware S7-GRAPH V4.0 zum grafischen Programmieren von Ablaufsteuerungen
- ▷ eine Demo-Version der Optionssoftware S7-HiGraph V4.01 zum Programmieren mittels Zustandsgraphen
- ▷ eine Demo-Version der Optionssoftware CFC V4.02 zum komfortablen grafischen Projektieren
- ▷ Microsoft Internet Explorer mit eingeschränkter Funktionalität
- ▷ Adobe Acrobat Reader zum Lesen der elektronischen Handbücher

## Installation

Als Installationsvoraussetzungen benötigen Sie ein SIMATIC-Programmiergerät oder einen PC mit folgendem Ausbau:

- ▷ Prozessor
  80486 oder Pentium
- ▷ RAM-Speicherausbau
  mindestens 32 MByte,
  empfohlen 64 MByte
- ▷ Speicherausbau auf der Festplatte
  - ca. 150 MByte für STEP 7 V5.0 Demo-Version in einer Sprache
  - ca. 10 MByte für S7-SCL V4.01
  - ca. 20 MByte für S7-GRAPH V4.0
  - ca. 9 MByte für S7-HiGraph V4.01
  - ca. 31 MByte für CFC V4.02
- ▷ Betriebssystem
  Windows 95, Windows 98, Windows NT

Zur Installation legen bitte die CD ein und wählen Sie nach der Benutzerregistrierung das gewünschte Programm aus.

Die STEP 7 Demo-Version darf nur auf einem Rechner installiert werden, auf dem sich keine Vollversion von STEP 7 oder STEP 7 Mini befindet.

Weiterführende Informationen und Hinweise finden Sie in der auf der CD mitgelieferten Datei LIESMICH.WRI.

Bevor die Demo-Version der Optionspakete S7-SCL, S7-GRAPH, S7-HiGraph und CFC installiert werden kann, muß entweder die Demo-Version oder die Vollversion von STEP 7 V5.0 bereits installiert worden sein.

Die Optionspakete müssen im gleichen Laufwerk installiert werden wie STEP 7 oder STEP 7 Demo.

## Einschränkungen der Demo-Version gegenüber den Vollversionen

- ▷ Projekte bzw. Projektdaten, wie z.B. Bausteine, können nicht gespeichert werden.
- ▷ Quelldateien können nicht übersetzt werden.
- ▷ Nur vorhandene Programme können in das Zielsystem geladen werden.
- ▷ CFC: siehe Liesmich-Datei.

Die Demo-Software auf dieser CD ist nicht für den produktiven Einsatz bei Programmierung, Test und Inbetriebnahme von SIMATIC-Steuerungen freigegeben. Eine Haftung von Siemens, gleich aus welchem Rechtsgrund, für durch die Verwendung der Demo-Software verursachten Schäden ist ausgeschlossen, soweit nicht z.B. bei Schäden an privat genutzten Sachen, Personenschäden oder wegen Vorsatzes oder grober Fahrlässigkeit zwingend haftend.